오투

과학탐구

물리학 I

STRUCTURE ... 구성과 특징

❶ 핵심 개념만 쏙쏙 뽑은 내용 정리

내신 및 수능 대비에 핵심이 되는 내용을 개념과 도표를 이용하여 한눈에 들어오도록 쉽고 간결하게 정리하였습니다.

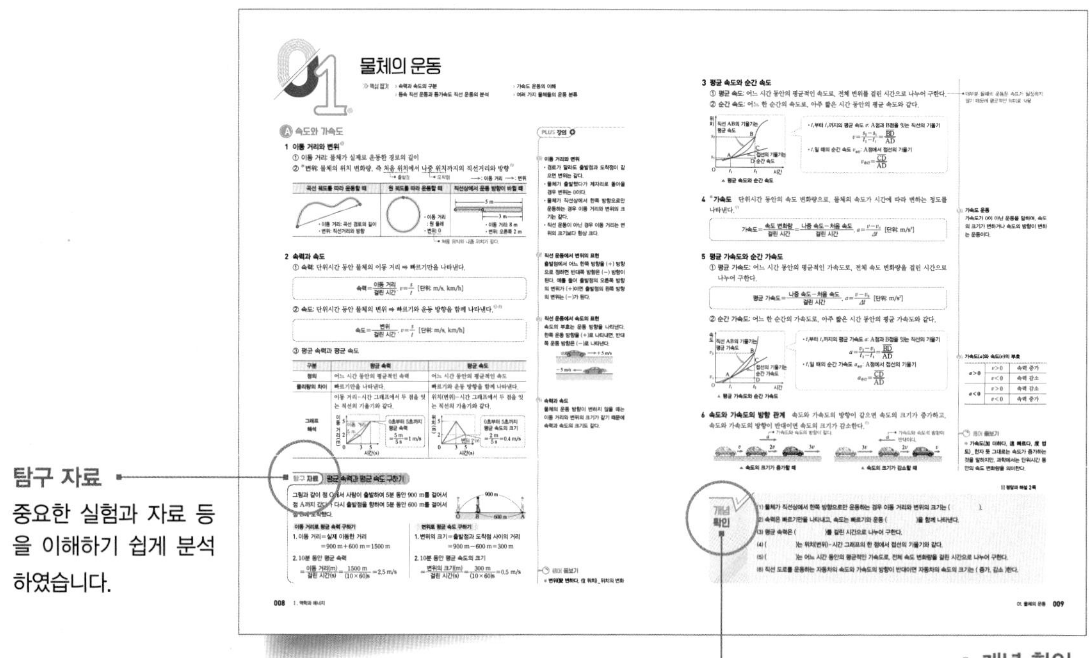

탐구 자료

중요한 실험과 자료 등을 이해하기 쉽게 분석하였습니다.

개념 확인

핵심 개념을 이해했는지 바로 바로 확인할 수 있습니다.

❷ 기출 자료를 통한 수능 자료 마스터

개념은 알지만 문제가 풀리지 않았던 것은 개념이 문제에 어떻게 적용되었는지 몰랐기 때문입니다. 수능 및 평가원 기출 자료 분석을 ○, × 문제로 구성하여 한눈에 파악하고 집중 훈련이 가능하도록 하였습니다.

❸ 수능 **1점**, 수능 **2점**, 수능 **3점** 문제까지!

기본 개념을 확인하는 수능 1점 문제와 수능에 출제되었던 2점·3점 기출 문제 및 이와 유사한 난이도의 예상 문제로 구성하였습니다.

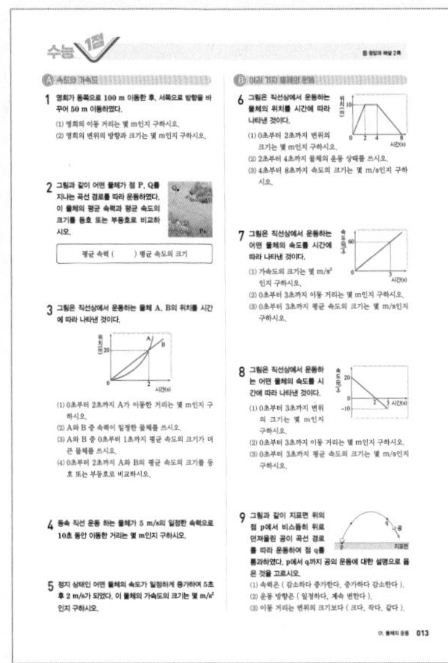

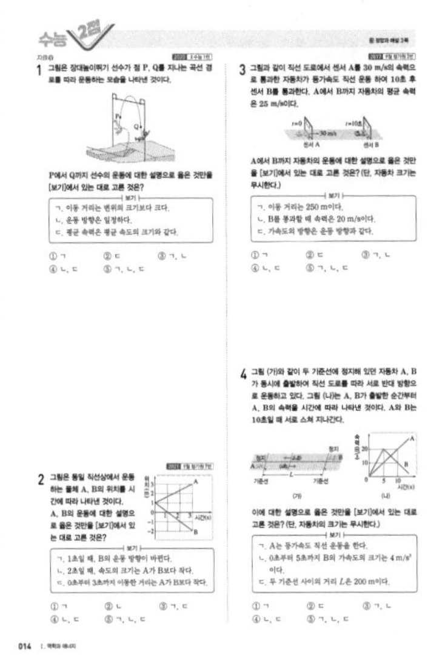

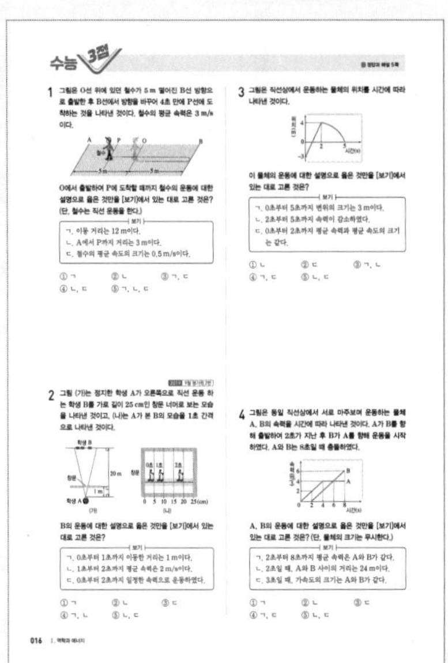

❹ 정확하고 확실한 **해설**

각 보기에 대한 자세한 해설을 모두 제시하였습니다.
특히, [자료 분석]과 [선택지 분석]을 통해 해설만으로는 이해하기 어려웠던 부분을 완벽하게 이해할 수 있도록 하였습니다.

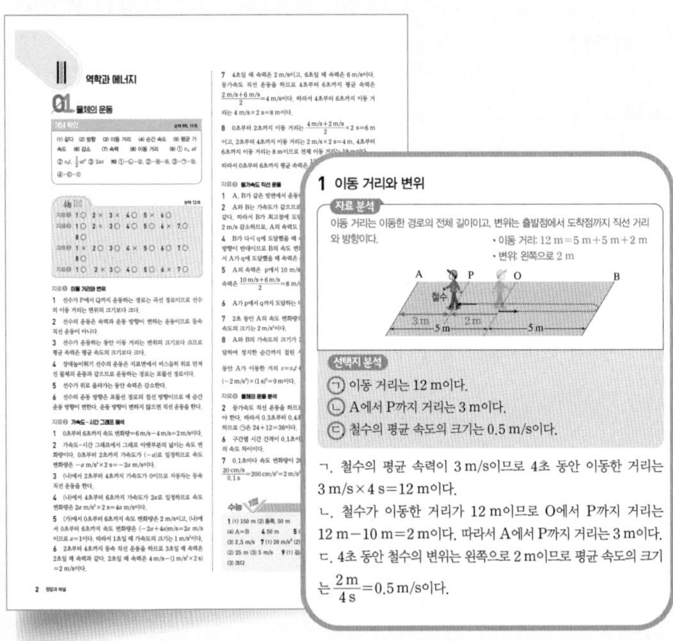

대수능 대비 특별자료

- **최근 4개년 수능 출제 경향**
- **대학수학능력시험 완벽 분석**
- **실전 기출 모의고사 2회**
  실전을 위해 최근 3개년 수능, 평가원 기출 문제로 모의고사를 구성하였습니다.
- **실전 예상 모의고사 3회**
  완벽한 마무리를 위해 실제 수능과 유사한 형태의 예상 문제로 구성하였습니다.

CONTENTS ··· 차례

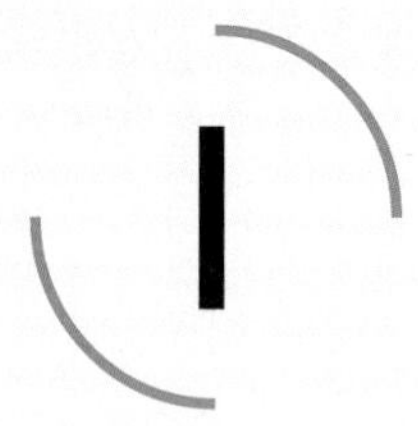

역학과 에너지

물질과 전자기장

파동과 정보 통신

II

역학과 에너지

학습 계획표

	학습 날짜	다시 확인할 개념 및 문제
01 물체의 운동	/	
02 뉴턴 운동 법칙	/	
03 운동량과 충격량	/	
04 역학적 에너지 보존	/	
05 열역학 제1법칙	/	
06 열역학 제2법칙	/	
07 특수 상대성 이론	/	

01 물체의 운동

핵심 짚기 › 속력과 속도의 구분 › 가속도 운동의 이해 › 등속 직선 운동과 등가속도 직선 운동의 분석 › 여러 가지 물체들의 운동 분류

A 속도와 가속도

1 이동 거리와 변위[1]

① 이동 거리: 물체가 실제로 운동한 경로의 길이

② *변위: 물체의 위치 변화량, 즉 처음 위치(출발점)에서 나중 위치(도착점)까지의 직선거리와 방향[2]

→: 이동 거리 →: 변위

곡선 궤도를 따라 운동할 때	원 궤도를 따라 운동할 때	직선상에서 운동 방향이 바뀔 때
 • 이동 거리: 곡선 경로의 길이 • 변위: 직선거리와 방향	 • 이동 거리 : 원 둘레 • 변위: 0	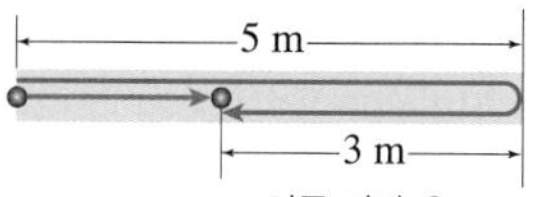 • 이동 거리: 8 m • 변위: 오른쪽 2 m

→ 처음 위치와 나중 위치가 같다.

2 속력과 속도

① 속력: 단위시간 동안 물체의 이동 거리 ➡ 빠르기만을 나타낸다.

$$속력=\frac{이동\ 거리}{걸린\ 시간},\ v=\frac{s}{t}\quad [단위: m/s, km/h]$$

② 속도: 단위시간 동안 물체의 변위 ➡ 빠르기와 운동 방향을 함께 나타낸다.[3][4]

$$속도=\frac{변위}{걸린\ 시간},\ v=\frac{s}{t}\quad [단위: m/s, km/h]$$

③ 평균 속력과 평균 속도

구분	평균 속력	평균 속도
정의	어느 시간 동안의 평균적인 속력	어느 시간 동안의 평균적인 속도
물리량의 차이	빠르기만을 나타낸다.	빠르기와 운동 방향을 함께 나타낸다.
그래프 해석	이동 거리-시간 그래프에서 두 점을 잇는 직선의 기울기와 같다. 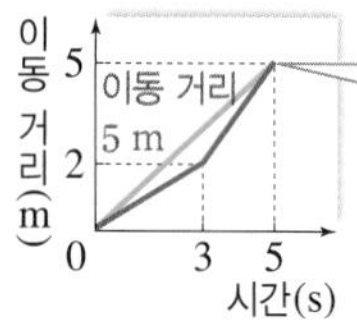 0초부터 5초까지 평균 속력 $=\frac{5\ m}{5\ s}=1\ m/s$	위치(변위)-시간 그래프에서 두 점을 잇는 직선의 기울기와 같다. 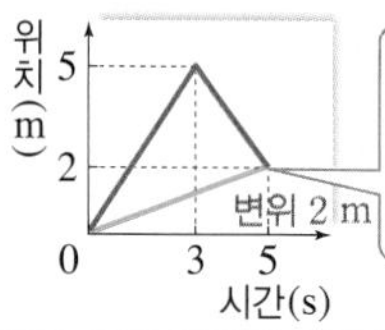 0초부터 5초까지 평균 속도의 크기 $=\frac{2\ m}{5\ s}=0.4\ m/s$

탐구 자료 평균 속력과 평균 속도 구하기

그림과 같이 점 O에서 사람이 출발하여 5분 동안 900 m를 걸어서 점 A까지 갔다가 다시 출발점을 향하여 5분 동안 600 m를 걸어서 점 B에 도착했다.

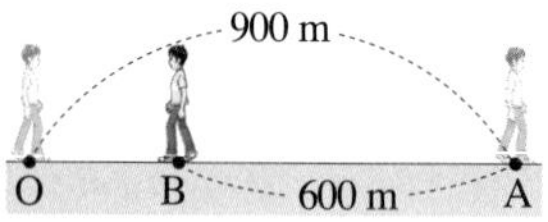

이동 거리로 평균 속력 구하기

1. 이동 거리=실제 이동한 거리
=900 m+600 m=1500 m

2. 10분 동안 평균 속력

$$=\frac{이동\ 거리(m)}{걸린\ 시간(s)}=\frac{1500\ m}{(10\times60)s}=2.5\ m/s$$

변위로 평균 속도 구하기

1. 변위의 크기=출발점과 도착점 사이의 거리
=900 m−600 m=300 m

2. 10분 동안 평균 속도의 크기

$$=\frac{변위의\ 크기(m)}{걸린\ 시간(s)}=\frac{300\ m}{(10\times60)s}=0.5\ m/s$$

PLUS 강의

1 이동 거리와 변위
• 경로가 달라도 출발점과 도착점이 같으면 변위는 같다.
• 물체가 출발했다가 제자리로 돌아올 경우 변위는 0이다.
• 물체가 직선상에서 한쪽 방향으로만 운동하는 경우 이동 거리와 변위의 크기는 같다.
• 직선 운동이 아닌 경우 이동 거리는 변위의 크기보다 항상 크다.

2 직선 운동에서 변위의 표현
출발점에서 어느 한쪽 방향을 (+) 방향으로 정하면 반대쪽 방향은 (−) 방향이 된다. 예를 들어 출발점의 오른쪽 방향의 변위가 (+)이면 출발점의 왼쪽 방향의 변위는 (−)가 된다.

3 직선 운동에서 속도의 표현
속도의 부호는 운동 방향을 나타낸다. 한쪽 운동 방향을 (+)로 나타내면, 반대쪽 운동 방향은 (−)로 나타낸다.

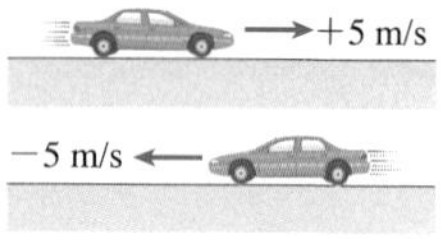

4 속력과 속도
물체의 운동 방향이 변하지 않을 때는 이동 거리와 변위의 크기가 같기 때문에 속력과 속도의 크기도 같다.

용어 돋보기
* 변위(變 변하다, 位 위치)_위치의 변화

3 평균 속도와 순간 속도

① **평균 속도:** 어느 시간 동안의 평균적인 속도로, 전체 변위를 걸린 시간으로 나누어 구한다.

- 대부분 물체의 운동은 속도가 일정하지 않기 때문에 평균적인 의미로 사용

② **순간 속도:** 어느 한 순간의 속도로, 아주 짧은 시간 동안의 평균 속도와 같다.

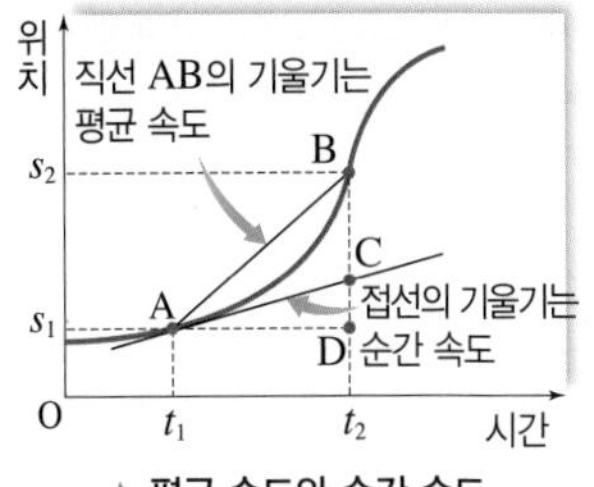

▲ 평균 속도와 순간 속도

- t_1부터 t_2까지의 평균 속도 v: A점과 B점을 잇는 직선의 기울기

$$v=\frac{s_2-s_1}{t_2-t_1}=\frac{\overline{\mathrm{BD}}}{\overline{\mathrm{AD}}}$$

- t_1일 때의 순간 속도 $v_{순간}$: A점에서 접선의 기울기

$$v_{순간}=\frac{\overline{\mathrm{CD}}}{\overline{\mathrm{AD}}}$$

4 *가속도

단위시간 동안의 속도 변화량으로, 물체의 속도가 시간에 따라 변하는 정도를 나타낸다.[5]

$$가속도=\frac{속도\ 변화량}{걸린\ 시간}=\frac{나중\ 속도-처음\ 속도}{걸린\ 시간},\ a=\frac{v-v_0}{\Delta t}\ [단위:\ \mathrm{m/s^2}]$$

⑤ **가속도 운동**
가속도가 0이 아닌 운동을 말하며, 속도의 크기가 변하거나 속도의 방향이 변하는 운동이다.

5 평균 가속도와 순간 가속도

① **평균 가속도:** 어느 시간 동안의 평균적인 가속도로, 전체 속도 변화량을 걸린 시간으로 나누어 구한다.

$$평균\ 가속도=\frac{나중\ 속도-처음\ 속도}{걸린\ 시간},\ a=\frac{v-v_0}{\Delta t}\ [단위:\ \mathrm{m/s^2}]$$

② **순간 가속도:** 어느 한 순간의 가속도로, 아주 짧은 시간 동안의 평균 가속도와 같다.

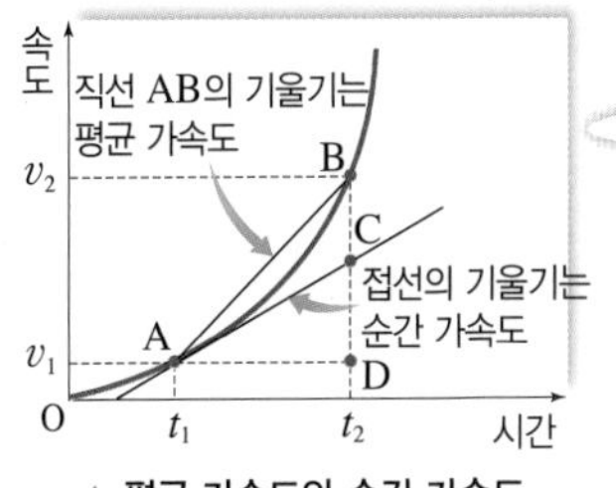

▲ 평균 가속도와 순간 가속도

- t_1부터 t_2까지의 평균 가속도 a: A점과 B점을 잇는 직선의 기울기

$$a=\frac{v_2-v_1}{t_2-t_1}=\frac{\overline{\mathrm{BD}}}{\overline{\mathrm{AD}}}$$

- t_1일 때의 순간 가속도 $a_{순간}$: A점에서 접선의 기울기

$$a_{순간}=\frac{\overline{\mathrm{CD}}}{\overline{\mathrm{AD}}}$$

⑥ **가속도(a)와 속도(v)의 부호**

$a>0$	$v>0$	속력 증가
	$v<0$	속력 감소
$a<0$	$v>0$	속력 감소
	$v<0$	속력 증가

6 속도와 가속도의 방향 관계

속도와 가속도의 방향이 같으면 속도의 크기가 증가하고, 속도와 가속도의 방향이 반대이면 속도의 크기가 감소한다.[6]

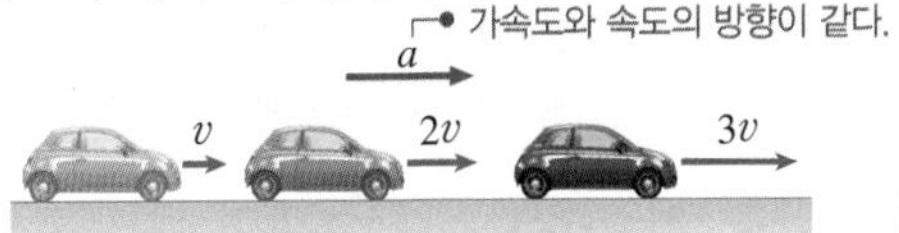

▲ 속도의 크기가 증가할 때

▲ 속도의 크기가 감소할 때

용어 돋보기

* **가속도(加 더하다, 速 빠르다, 度 법도)**_ 한자 뜻 그대로는 속도가 증가하는 것을 말하지만, 과학에서는 단위시간 동안의 속도 변화량을 의미한다.

정답과 해설 2쪽

개념 확인

(1) 물체가 직선상에서 한쪽 방향으로만 운동하는 경우 이동 거리와 변위의 크기는 (   ).

(2) 속력은 빠르기만을 나타내고, 속도는 빠르기와 운동 (   )을 함께 나타낸다.

(3) 평균 속력은 (   )를 걸린 시간으로 나누어 구한다.

(4) (   )는 위치(변위)-시간 그래프의 한 점에서 접선의 기울기와 같다.

(5) (   )는 어느 시간 동안의 평균적인 가속도로, 전체 속도 변화량을 걸린 시간으로 나누어 구한다.

(6) 직선 도로를 운동하는 자동차의 속도와 가속도의 방향이 반대이면 자동차의 속도의 크기는 (증가, 감소)한다.

물체의 운동

Ⓑ 여러 가지 물체의 운동

1 속력과 운동 방향이 모두 일정한 운동 —• 속도가 일정한 운동

① 등속 직선 운동: 속도가 일정한 운동, 즉 속력과 운동 방향이 모두 일정한 운동[6]

$$\text{이동 거리}=\text{속력}\times\text{시간},\ s=vt \Rightarrow v=\frac{s}{t}=\text{일정}$$

② 등속 직선 운동 그래프

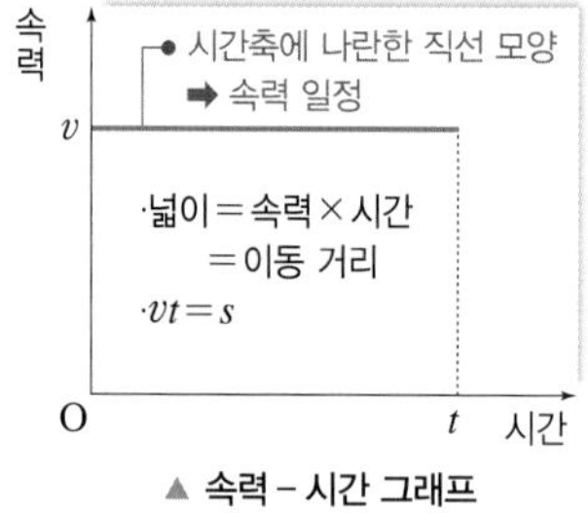

▲ 속력-시간 그래프

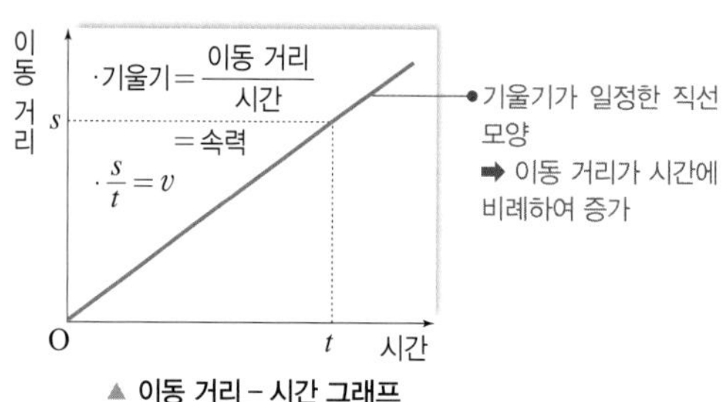

▲ 이동 거리-시간 그래프

③ 등속 직선 운동의 예: 에스컬레이터, 무빙워크, 컨베이어 벨트 등

2 속력만 변하는 운동

운동 방향이 일정하므로 직선 운동을 하고, 속력이 변하므로 가속도 운동을 한다.

① 등가속도 직선 운동: 가속도의 크기와 방향이 일정한 직선 운동, 즉 속도가 일정하게 증가하거나 감소하는 직선 운동

• 식 ①과 ②에서 시간 t를 소거하여 정리하면 식 ③이 나온다.

$$① \ v=v_0+at,\quad ② \ s=v_0t+\frac{1}{2}at^2,\quad ③ \ 2as=v^2-v_0^2$$

(v: 나중 속도, v_0: 처음 속도, a: 가속도, t: 시간, s: 변위)

② 등가속도 직선 운동 그래프

구분	가속도-시간 그래프	속도-시간 그래프	위치-시간 그래프
가속도>0 일 때	가속도 a, 넓이=속도 증가량, $\Delta v = at$	속도 v, v_0, $\frac{1}{2}at^2$, at, v_0t	위치 s, $s = v_0t + \frac{1}{2}at^2$
가속도<0 일 때	가속도 O, $-a$, 넓이=속도 감소량, $\Delta v=-at$	속도 v_0, $-v$, 처음 방향으로 이동한 거리, 반대 방향으로 이동한 거리, t	위치 s, 운동 방향이 바뀌는 순간

속도가 0이 되는 순간을 전후로 운동 방향이 바뀐다.

[등가속도 직선 운동 하는 물체의 평균 속도][7]

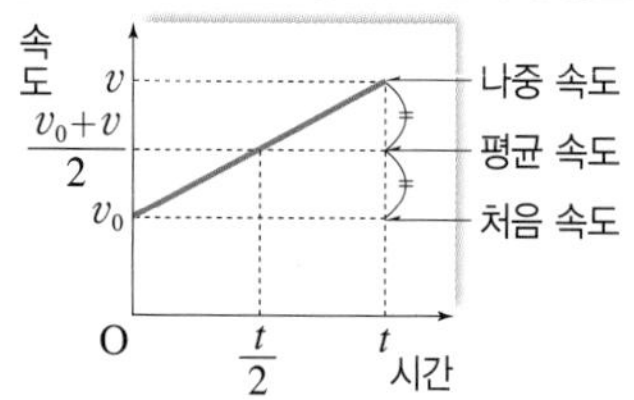

등가속도 직선 운동 하는 물체의 평균 속도는 처음 속도와 나중 속도의 중간값과 같다.

$$\text{평균 속도}=\frac{\text{처음 속도}+\text{나중 속도}}{2}$$

③ 등가속도 직선 운동의 예: 자유 낙하 운동,[8] 빗면을 미끄러져 내려오는 물체의 운동, 연직 위로 던져 올린 물체의 운동 등

---

[6] 등속 직선 운동의 조건
물체에 힘이 작용하지 않거나 물체에 작용하는 알짜힘이 0이어야 한다.

[7] 평균 속도와 변위
등가속도 직선 운동 하는 물체의 평균 속도에 시간을 곱하면 변위를 구하는 등가속도 직선 운동의 식을 유도할 수 있다.

$$\Rightarrow s=\frac{v_0+v}{2}t=\frac{v_0+v_0+at}{2}t=v_0t+\frac{1}{2}at^2$$

[8] 자유 낙하 운동 식
처음 속도가 $0(v_0=0)$이고, 중력만을 받아 낙하하는 물체는 가속도가 중력 가속도 g로 일정한 등가속도 직선 운동을 하므로 다음 식이 성립한다.

$$v=gt,\ s=\frac{1}{2}gt^2,\ v^2=2gs$$

탐구 자료 빗면을 따라 내려가는 물체의 운동 분석

표는 빗면 위에 역학 수레를 가만히 놓아 역학 수레가 내려가는 동안 역학 수레의 위치를 0.1초 간격으로 측정한 것이다.

시간(s)	0		0.1		0.2		0.3		0.4
위치(cm)	0		1		4		9		16
평균 속도(cm/s)		10		30		50		70	
속도 변화량(cm/s)			20		20		20		
평균 가속도(cm/s^2)			200		200		200		

1. 수레의 평균 속도는 시간에 따라 일정하게 증가한다.
2. 수레의 속도 변화량은 20 cm/s로 일정하다.
3. 수레는 평균 가속도가 2 m/s^2으로 일정한 등가속도 운동을 한다.

3 운동 방향만 변하는 운동 운동 방향이 변하므로 가속도 운동

① **등속 원운동:** 일정한 속력으로 원 궤도를 따라 도는 물체의 운동
- 속력: 항상 일정하다.
- 운동 방향: 원 궤도의 각 위치에서 접선 방향이다.
- 예: 놀이 공원의 대관람차, 회전 그네, 인공 위성 등

② **속력은 일정하고 운동 방향만 변하는 운동의 예:** 굽은 도로를 등속으로 달리는 자동차

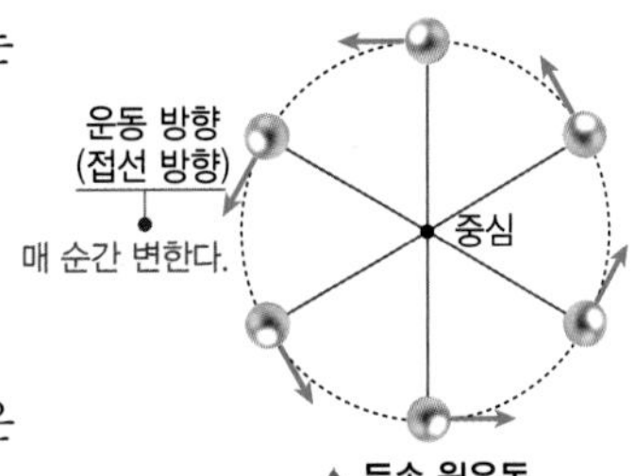

▲ 등속 원운동

4 속력과 운동 방향이 모두 변하는 운동 속력과 운동 방향이 모두 변하므로 가속도 운동

① **진자 운동:** 실에 매단 물체가 같은 경로를 왕복하는 운동
- 속력: 양 끝에서 0이고, 진동의 중심에서 가장 빠르다.
- 운동 방향: 진자가 그리는 궤도의 각 위치에서 접선 방향이다. ➡ 매 순간 변한다.
- 예: 놀이 공원의 바이킹, 그네 등

② ***포물선 운동:** 물체가 포물선을 그리며 움직이는 운동
- 속력: 수평 방향 속력은 일정하다. 연직 방향으로 올라갈 때 속력은 감소하고, 내려올 때 속력은 증가한다.
- 운동 방향: 포물선 궤도의 각 위치에서 접선 방향이다. ➡ 매 순간 변한다.
- 예: 비스듬히 던진 공, 수평으로 던진 물체 등[9]

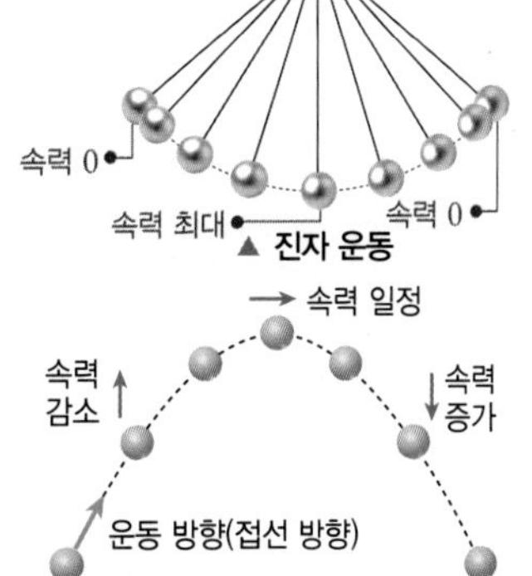

▲ 진자 운동

▲ 포물선 운동

[9] **수평 방향으로 던진 물체의 운동**
속력과 운동 방향이 모두 변하는 운동이다. 수평 방향으로는 등속 운동을 하고, 연직 방향으로는 자유 낙하 운동과 같은 등가속도 운동을 한다.

용어 돋보기
* **포물선(拋 던지다 物 물체 線 줄)**_던져진 물체가 날아가면서 그리는 선

정답과 해설 2쪽

개념 확인

(7) 이동 거리-시간 그래프의 기울기는 (   )을 나타낸다.

(8) 속력-시간 그래프에서 그래프 아랫부분의 넓이는 (   )를 나타낸다.

(9) 등가속도 직선 운동의 관계식을 완성하시오. (처음 속도 v_0, 시간 t초 후의 속도 v, 가속도 a, 시간 t초 후의 변위 s)

① $v=$(   )+(   ) ② $s=$(   )+(   ) ③ (   ) $=v^2-v_0^2$

(10) 여러 가지 운동의 특징과 운동의 예시를 관련 있는 것끼리 연결하시오.

① 등속 원운동 •	• ㉠ 속력만 변하는 운동 •	• ⓐ 무빙 워크
② 등속 직선 운동 •	• ㉡ 방향만 변하는 운동 •	• ⓑ 자유 낙하 운동
③ 등가속도 직선 운동 •	• ㉢ 속력과 운동 방향이 모두 변하는 운동 •	• ⓒ 비스듬히 던져올린 공
④ 포물선 운동 •	• ㉣ 속력과 운동 방향이 모두 일정한 운동 •	• ⓓ 인공 위성

정답과 해설 2쪽

2020 ● Ⅱ수능 1번

자료❶ 이동 거리와 변위

그림은 장대높이뛰기 선수가 점 P, Q를 지나는 곡선 경로를 따라 운동하는 모습을 나타낸 것이다. (단, 공기 저항은 무시한다.)

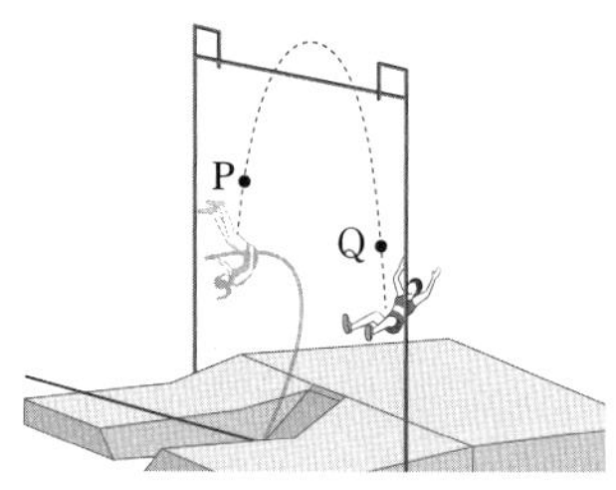

1. 선수가 P에서 Q까지 운동하는 동안 이동 거리는 변위의 크기보다 크다. (○, ×)
2. 선수의 운동은 등속 직선 운동이다. (○, ×)
3. 선수가 운동하는 동안 평균 속력과 평균 속도의 크기는 같다. (○, ×)
4. 선수가 운동하는 곡선 경로는 포물선 경로이다. (○, ×)
5. 선수가 위로 올라가는 동안 속력은 증가한다. (○, ×)
6. 선수의 운동 방향은 계속 변한다. (○, ×)

2018 ● 6월 평가원 3번

자료❷ 가속도-시간 그래프 해석

그림 (가)는 직선 운동을 하는 자동차의 모습을 나타낸 것이며, 0초일 때 점 P에서 자동차의 속력은 4 m/s이고, 6초일 때 점 Q에서 자동차의 속력은 6 m/s이다. 그림 (나)는 자동차의 가속도를 시간에 따라 나타낸 것이다.

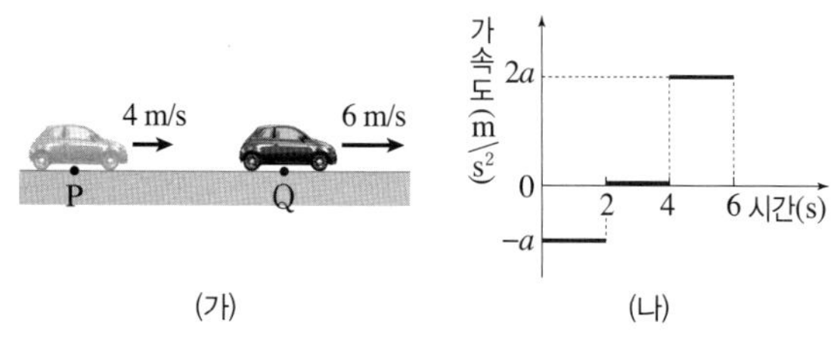

1. (가)에서 0초부터 6초까지 속도 변화량은 2 m/s이다. (○, ×)
2. (나)에서 0초부터 2초까지 속도 변화량은 $2a$ m/s이다. (○, ×)
3. (나)에서 2초부터 4초까지 등속 직선 운동을 한다. (○, ×)
4. (나)에서 4초부터 6초까지 속도 변화량은 $4a$ m/s이다. (○, ×)
5. 1초일 때 가속도의 크기는 1 m/s^{2}이다. (○, ×)
6. 3초일 때 속력은 3 m/s이다. (○, ×)
7. 4초부터 6초까지 이동 거리는 8 m이다. (○, ×)
8. 0초부터 6초까지 평균 속력은 3 m/s이다. (○, ×)

2020 ● 9월 평가원 9번

자료❸ 등가속도 직선 운동

그림과 같이 빗면을 따라 등가속도 직선 운동 하는 물체 A, B가 각각 점 p, q를 10 m/s, 2 m/s의 속력으로 지난다. p와 q 사이의 거리는 16 m이고, A와 B는 q에서 만난다. (단, A, B는 동일 연직면상에서 운동하며, 물체의 크기, 마찰은 무시한다.)

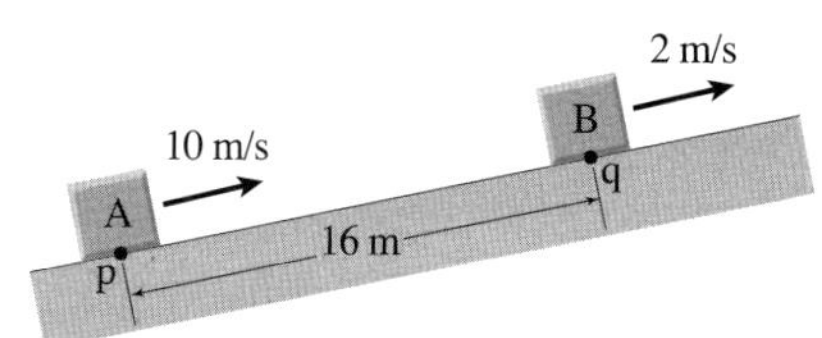

1. A와 B의 가속도는 다르다. (○, ×)
2. B가 최고점에 도달하여 정지한 순간 A의 속력은 8 m/s이다. (○, ×)
3. B가 다시 점 q에 도달하였을 때, A도 점 q에 도달한다. (○, ×)
4. A가 q에 도달하였을 때 속력은 7 m/s이다. (○, ×)
5. A가 p에서 q까지 도달하는 동안 평균 속력은 8 m/s이다. (○, ×)
6. A가 p를 지나는 순간부터 2초 후 B와 만난다. (○, ×)
7. A의 가속도의 크기는 2 m/s^{2}이다. (○, ×)
8. B가 최고점에 도달하여 정지한 순간 A와 점 p 사이의 거리는 9 m이다. (○, ×)

2019 ● 6월 평가원 6번

자료❹ 물체의 운동 분석

표는 기울기가 일정하고 마찰이 없는 빗면을 운동하는 물체의 위치를 0.1초 간격으로 나타낸 것이다.

시간(s)	0	0.1	0.2	0.3	0.4	0.5
위치(cm)	0	6	14	24	㉠	50
구간 거리(cm)	6	8	10	12	14	
구간 평균 속도(cm/s)						
속도 변화량(cm/s)						
평균 가속도(m/s²)						

1. 구간 거리는 0.1초 간격의 위치 차이이다. (○, ×)
2. ㉠은 38이다. (○, ×)
3. 구간 평균 속도는 구간 거리를 걸린 시간 0.1초로 나누어 구한다. (○, ×)
4. 구간 평균 속도(cm/s)의 빈칸에 들어갈 값은 60, 80, 100, 120, 140이다. (○, ×)
5. 속도 변화량(cm/s)의 빈칸에 들어갈 값은 20으로 일정하다. (○, ×)
6. 속도 변화량은 1초 간격의 속도 차이이다. (○, ×)
7. 물체는 2 m/s^{2}의 가속도로 등가속도 직선 운동을 한다. (○, ×)

정답과 해설 2쪽

Ⓐ 속도와 가속도

1 **영희가 동쪽으로 100 m 이동한 후, 서쪽으로 방향을 바꾸어 50 m 이동하였다.**

(1) 영희의 이동 거리는 몇 m인지 구하시오.
(2) 영희의 변위의 방향과 크기는 몇 m인지 구하시오.

2 **그림과 같이 어떤 물체가 점 P, Q를 지나는 곡선 경로를 따라 운동하였다. 이 물체의 평균 속력과 평균 속도의 크기를 등호 또는 부등호로 비교하시오.**

평균 속력 (　　　) 평균 속도의 크기

3 **그림은 직선상에서 운동하는 물체 A, B의 위치를 시간에 따라 나타낸 것이다.**

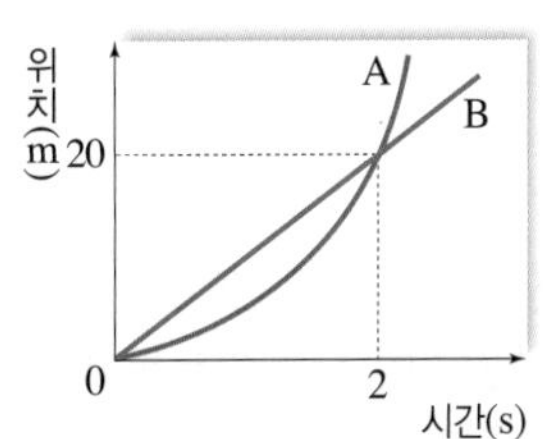

(1) 0초부터 2초까지 A가 이동한 거리는 몇 m인지 구하시오.
(2) A와 B 중 속력이 일정한 물체를 쓰시오.
(3) A와 B 중 0초부터 1초까지 평균 속도의 크기가 더 큰 물체를 쓰시오.
(4) 0초부터 2초까지 A와 B의 평균 속도의 크기를 등호 또는 부등호로 비교하시오.

4 **등속 직선 운동 하는 물체가 5 m/s의 일정한 속력으로 10초 동안 이동한 거리는 몇 m인지 구하시오.**

5 **정지 상태인 어떤 물체의 속도가 일정하게 증가하여 5초 후 2 m/s가 되었다. 이 물체의 가속도의 크기는 몇 m/s^2 인지 구하시오.**

Ⓑ 여러 가지 물체의 운동

6 **그림은 직선상에서 운동하는 물체의 위치를 시간에 따라 나타낸 것이다.**

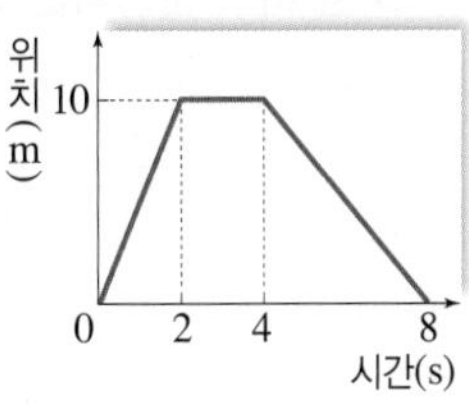

(1) 0초부터 2초까지 변위의 크기는 몇 m인지 구하시오.
(2) 2초부터 4초까지 물체의 운동 상태를 쓰시오.
(3) 4초부터 8초까지 속도의 크기는 몇 m/s인지 구하시오.

7 **그림은 직선상에서 운동하는 어떤 물체의 속도를 시간에 따라 나타낸 것이다.**

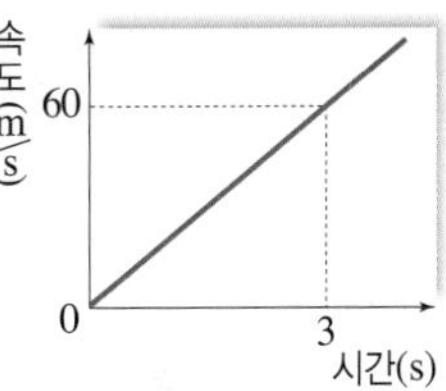

(1) 가속도의 크기는 몇 m/s^2 인지 구하시오.
(2) 0초부터 3초까지 이동 거리는 몇 m인지 구하시오.
(3) 0초부터 3초까지 평균 속도의 크기는 몇 m/s인지 구하시오.

8 **그림은 직선상에서 운동하는 어떤 물체의 속도를 시간에 따라 나타낸 것이다.**

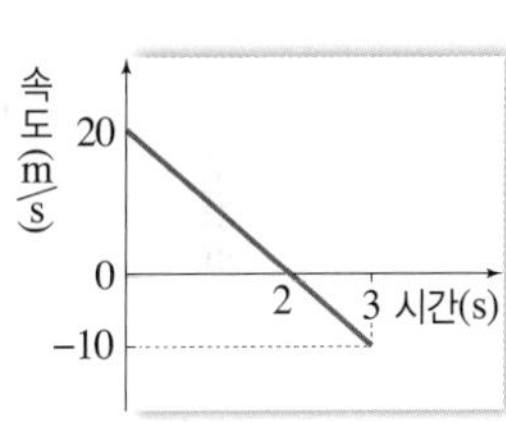

(1) 0초부터 3초까지 변위의 크기는 몇 m인지 구하시오.
(2) 0초부터 3초까지 이동 거리는 몇 m인지 구하시오.
(3) 0초부터 3초까지 평균 속도의 크기는 몇 m/s인지 구하시오.

9 **그림과 같이 지표면 위의 점 p에서 비스듬히 위로 던져올린 공이 곡선 경로를 따라 운동하여 점 q를 통과하였다. p에서 q까지 공의 운동에 대한 설명으로 옳은 것을 고르시오.**

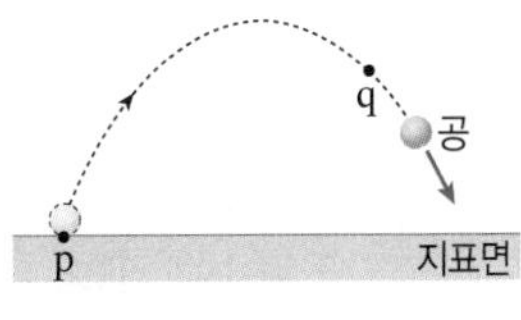

(1) 속력은 (감소하다 증가한다, 증가하다 감소한다).
(2) 운동 방향은 (일정하다, 계속 변한다).
(3) 이동 거리는 변위의 크기보다 (크다, 작다, 같다).

정답과 해설 3쪽

자료❶ 2020 Ⅱ수능 1번

1 그림은 장대높이뛰기 선수가 점 P, Q를 지나는 곡선 경로를 따라 운동하는 모습을 나타낸 것이다.

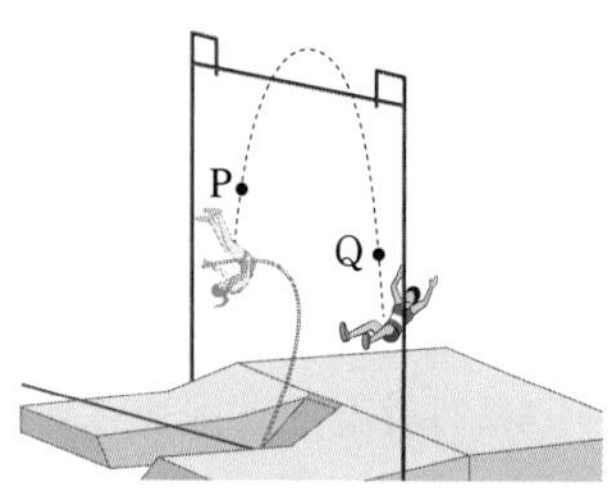

P에서 Q까지 선수의 운동에 대한 설명으로 옳은 것만을 [보기]에서 있는 대로 고른 것은?

보기
ㄱ. 이동 거리는 변위의 크기보다 크다.
ㄴ. 운동 방향은 일정하다.
ㄷ. 평균 속력은 평균 속도의 크기와 같다.

① ㄱ ② ㄷ ③ ㄱ, ㄴ
④ ㄴ, ㄷ ⑤ ㄱ, ㄴ, ㄷ

2021 9월 평가원 7번

2 그림은 동일 직선상에서 운동하는 물체 A, B의 위치를 시간에 따라 나타낸 것이다.
A, B의 운동에 대한 설명으로 옳은 것만을 [보기]에서 있는 대로 고른 것은?

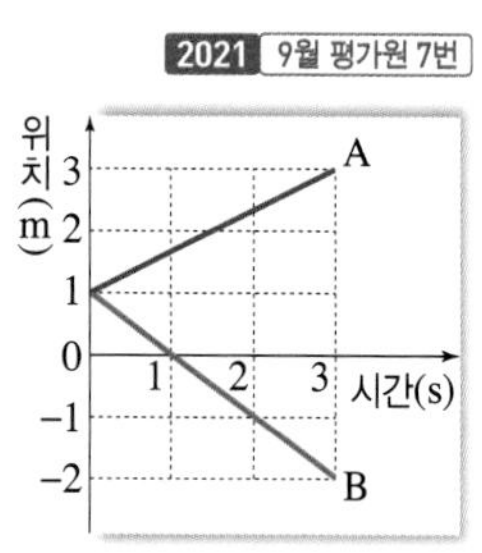

보기
ㄱ. 1초일 때, B의 운동 방향이 바뀐다.
ㄴ. 2초일 때, 속도의 크기는 A가 B보다 작다.
ㄷ. 0초부터 3초까지 이동한 거리는 A가 B보다 작다.

① ㄱ ② ㄴ ③ ㄱ, ㄷ
④ ㄴ, ㄷ ⑤ ㄱ, ㄴ, ㄷ

2017 9월 평가원 3번

3 그림과 같이 직선 도로에서 센서 A를 30 m/s의 속력으로 통과한 자동차가 등가속도 직선 운동 하여 10초 후 센서 B를 통과한다. A에서 B까지 자동차의 평균 속력은 25 m/s이다.

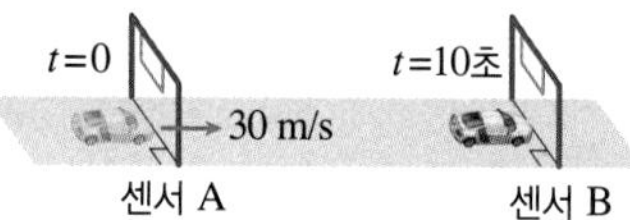

A에서 B까지 자동차의 운동에 대한 설명으로 옳은 것만을 [보기]에서 있는 대로 고른 것은? (단, 자동차 크기는 무시한다.)

보기
ㄱ. 이동 거리는 250 m이다.
ㄴ. B를 통과할 때 속력은 20 m/s이다.
ㄷ. 가속도의 방향은 운동 방향과 같다.

① ㄱ ② ㄷ ③ ㄱ, ㄴ
④ ㄴ, ㄷ ⑤ ㄱ, ㄴ, ㄷ

4 그림 (가)와 같이 두 기준선에 정지해 있던 자동차 A, B가 동시에 출발하여 직선 도로를 따라 서로 반대 방향으로 운동하고 있다. 그림 (나)는 A, B가 출발한 순간부터 A, B의 속력을 시간에 따라 나타낸 것이다. A와 B는 10초일 때 서로 스쳐 지나간다.

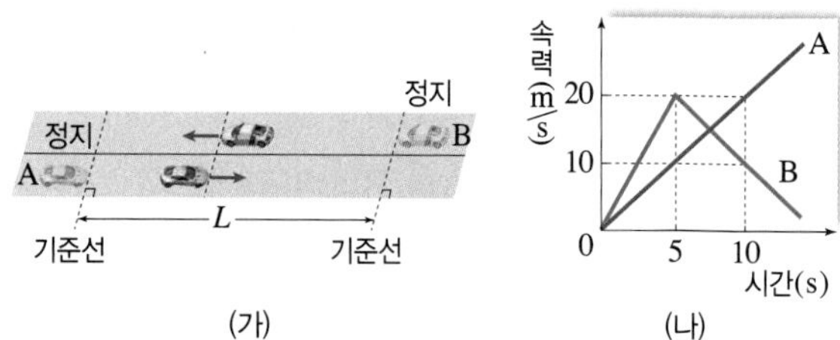

이에 대한 설명으로 옳은 것만을 [보기]에서 있는 대로 고른 것은? (단, 자동차의 크기는 무시한다.)

보기
ㄱ. A는 등가속도 직선 운동을 한다.
ㄴ. 0초부터 5초까지 B의 가속도의 크기는 4 m/s^{2}이다.
ㄷ. 두 기준선 사이의 거리 L은 200 m이다.

① ㄱ ② ㄷ ③ ㄱ, ㄴ
④ ㄴ, ㄷ ⑤ ㄱ, ㄴ, ㄷ

자료❷ 2018 6월 평가원 3번

5 그림 (가)는 직선 운동을 하는 자동차의 모습을 나타낸 것이며, 0초일 때 점 P에서 자동차의 속력은 4 m/s이고, 6초일 때 점 Q에서 자동차의 속력은 6 m/s이다. 그림 (나)는 자동차의 가속도를 시간에 따라 나타낸 것이다.

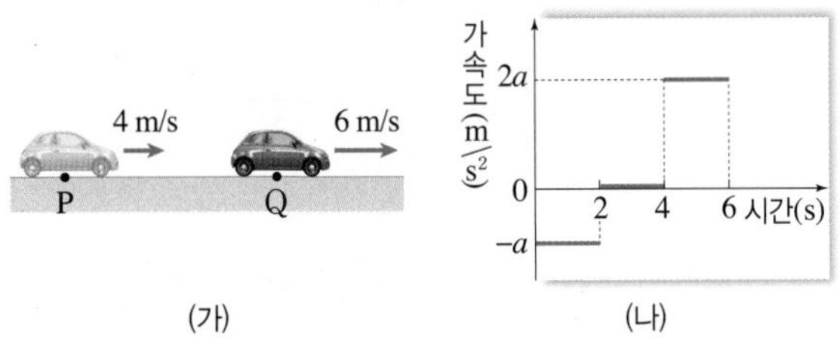

(가) (나)

자동차의 운동에 대한 설명으로 옳은 것만을 [보기]에서 있는 대로 고른 것은?

보기

ㄱ. 1초일 때 가속도의 크기는 $1\ \mathrm{m/s^2}$이다.
ㄴ. 3초일 때 속력은 2 m/s이다.
ㄷ. 0초부터 6초까지 평균 속력은 3 m/s이다.

① ㄱ ② ㄷ ③ ㄱ, ㄴ
④ ㄴ, ㄷ ⑤ ㄱ, ㄴ, ㄷ

자료❸ 2020 9월 평가원 9번

6 그림과 같이 빗면을 따라 등가속도 운동 하는 물체 A, B가 각각 점 p, q를 10 m/s, 2 m/s의 속력으로 지난다. p와 q 사이의 거리는 16 m이고, A와 B는 q에서 만난다.

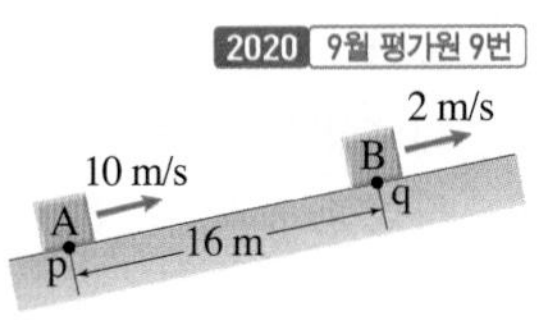

이에 대한 설명으로 옳은 것만을 [보기]에서 있는 대로 고른 것은? (단, A, B는 동일 연직면상에서 운동하며, 물체의 크기, 마찰은 무시한다.)

보기

ㄱ. q에서 만나는 순간, 속력은 A가 B의 4배이다.
ㄴ. A가 p를 지나는 순간부터 2초 후 B와 만난다.
ㄷ. B가 최고점에 도달했을 때, A와 B 사이의 거리는 8 m이다.

① ㄱ ② ㄷ ③ ㄱ, ㄴ
④ ㄴ, ㄷ ⑤ ㄱ, ㄴ, ㄷ

7 그림과 같이 수평면 위의 두 지점 p, q에서 물체 A, B가 동시에 출발한다. A는 정지 상태에서 가속도가 a로 일정한 등가속도 직선 운동을 하고, B는 4 m/s의 속도로 등속 직선 운동을 한다. p와 q 사이의 거리는 8 m이다. 출발 후 4초 동안 이동한 거리는 B가 A의 2배이다.

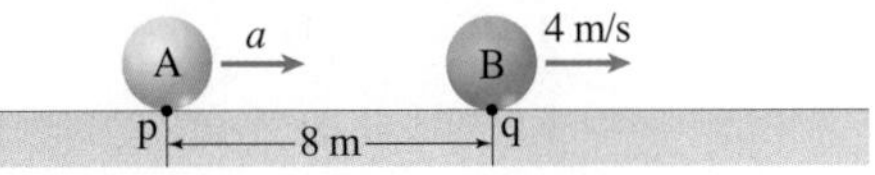

이에 대한 설명으로 옳은 것만을 [보기]에서 있는 대로 고른 것은? (단, A, B는 동일 직선상에서 운동하며, 크기는 무시한다.)

보기

ㄱ. $a = 1\ \mathrm{m/s^2}$이다.
ㄴ. A가 p에서 q까지 운동한 시간은 3초이다.
ㄷ. A가 출발한 순간부터 B와 만날 때까지 걸리는 시간은 9초이다.

① ㄱ ② ㄴ ③ ㄱ, ㄷ
④ ㄴ, ㄷ ⑤ ㄱ, ㄴ, ㄷ

8 그림 (가)는 연직 위로 던진 구슬을, (나)는 선수가 던진 농구공을, (다)는 회전하고 있는 놀이 기구를 타고 있는 사람을 나타낸 것이다.

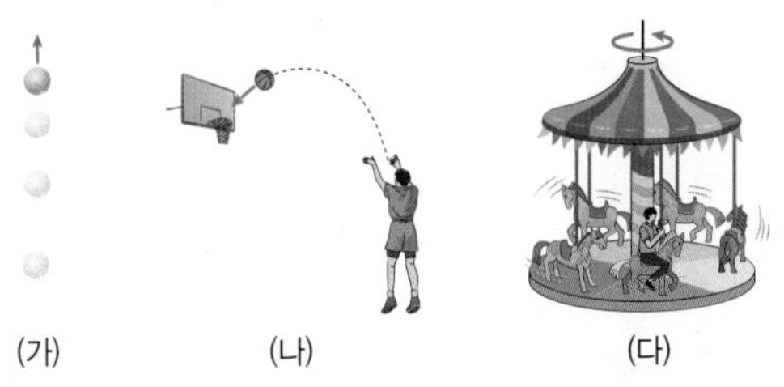
(가) (나) (다)

이에 대한 설명으로 옳은 것만을 [보기]에서 있는 대로 고른 것은?

보기

ㄱ. (가)에서 구슬의 속력은 변한다.
ㄴ. (나)에서 농구공의 속력은 변하지 않고, 운동 방향만 변한다.
ㄷ. (다)에서 사람의 운동 방향은 변하지 않는다.

① ㄱ ② ㄷ ③ ㄱ, ㄴ
④ ㄴ, ㄷ ⑤ ㄱ, ㄴ, ㄷ

1 그림은 O선 위에 있던 철수가 5 m 떨어진 B선 방향으로 출발한 후 B선에서 방향을 바꾸어 4초 만에 P선에 도착하는 것을 나타낸 것이다. 철수의 평균 속력은 3 m/s이다.

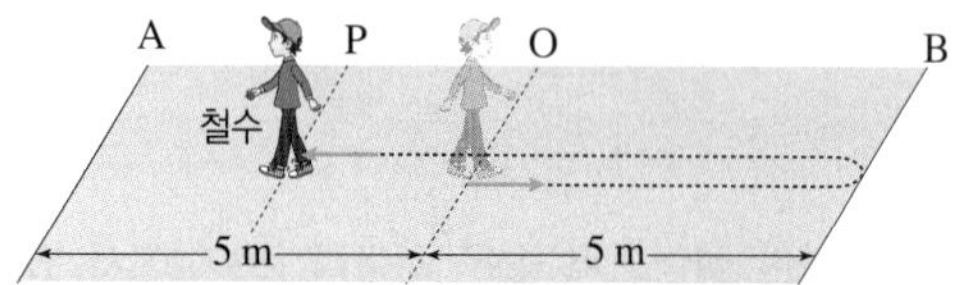

O에서 출발하여 P에 도착할 때까지 철수의 운동에 대한 설명으로 옳은 것만을 [보기]에서 있는 대로 고른 것은? (단, 철수는 직선 운동을 한다.)

보기
ㄱ. 이동 거리는 12 m이다.
ㄴ. A에서 P까지 거리는 3 m이다.
ㄷ. 철수의 평균 속도의 크기는 0.5 m/s이다.

① ㄱ ② ㄴ ③ ㄱ, ㄷ
④ ㄴ, ㄷ ⑤ ㄱ, ㄴ, ㄷ

2019 9월 평가원 2번

2 그림 (가)는 정지한 학생 A가 오른쪽으로 직선 운동 하는 학생 B를 가로 길이 25 cm인 창문 너머로 보는 모습을 나타낸 것이고, (나)는 A가 본 B의 모습을 1초 간격으로 나타낸 것이다.

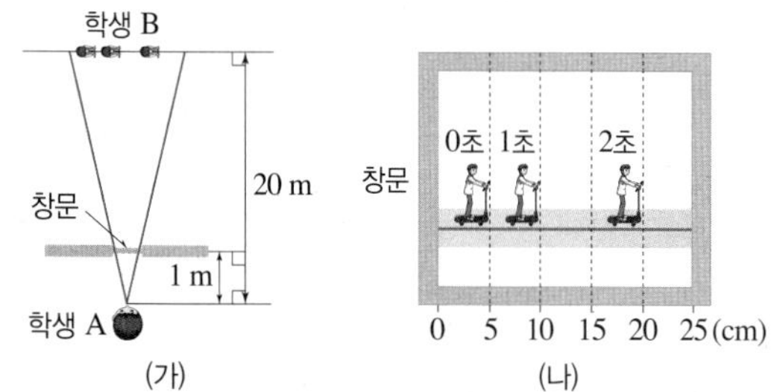

(가) (나)

B의 운동에 대한 설명으로 옳은 것만을 [보기]에서 있는 대로 고른 것은?

보기
ㄱ. 0초부터 1초까지 이동한 거리는 1 m이다.
ㄴ. 1초부터 2초까지 평균 속력은 2 m/s이다.
ㄷ. 0초부터 2초까지 일정한 속력으로 운동하였다.

① ㄱ ② ㄴ ③ ㄷ
④ ㄱ, ㄴ ⑤ ㄴ, ㄷ

3 그림은 직선상에서 운동하는 물체의 위치를 시간에 따라 나타낸 것이다.

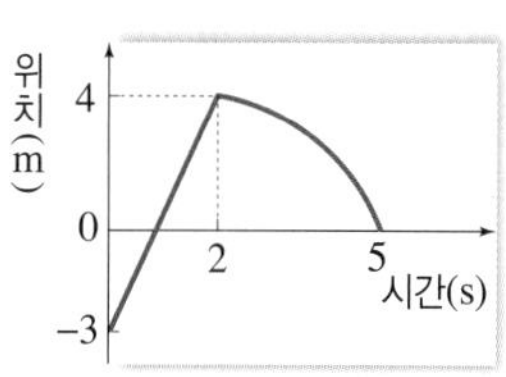

이 물체의 운동에 대한 설명으로 옳은 것만을 [보기]에서 있는 대로 고른 것은?

보기
ㄱ. 0초부터 5초까지 변위의 크기는 3 m이다.
ㄴ. 2초부터 5초까지 속력이 감소하였다.
ㄷ. 0초부터 2초까지 평균 속력과 평균 속도의 크기는 같다.

① ㄴ ② ㄷ ③ ㄱ, ㄴ
④ ㄱ, ㄷ ⑤ ㄴ, ㄷ

4 그림은 동일 직선상에서 서로 마주보며 운동하는 물체 A, B의 속력을 시간에 따라 나타낸 것이다. A가 B를 향해 출발하여 2초가 지난 후 B가 A를 향해 운동을 시작하였다. A와 B는 8초일 때 충돌하였다.

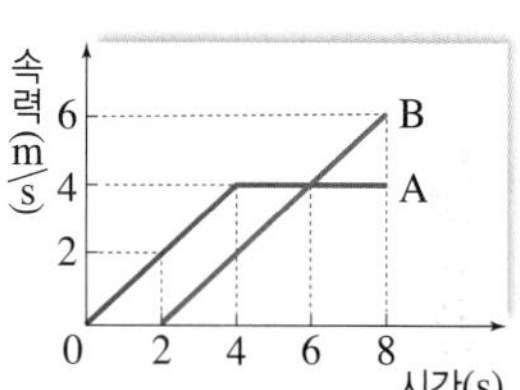

A, B의 운동에 대한 설명으로 옳은 것만을 [보기]에서 있는 대로 고른 것은? (단, 물체의 크기는 무시한다.)

보기
ㄱ. 2초부터 8초까지 평균 속력은 A와 B가 같다.
ㄴ. 2초일 때, A와 B 사이의 거리는 24 m이다.
ㄷ. 3초일 때, 가속도의 크기는 A와 B가 같다.

① ㄱ ② ㄴ ③ ㄷ
④ ㄱ, ㄷ ⑤ ㄴ, ㄷ

5 그림은 직선 도로에서 정지해 있던 자동차가 $t=0$일 때 기준선 P에서 출발하여 기준선 R까지 등가속도 직선 운동하는 모습을 나타낸 것이다. $t=7$초일 때 기준선 Q를 통과하고 $t=9$초일 때 기준선 R를 통과한다. Q와 R 사이의 거리는 32 m이다.

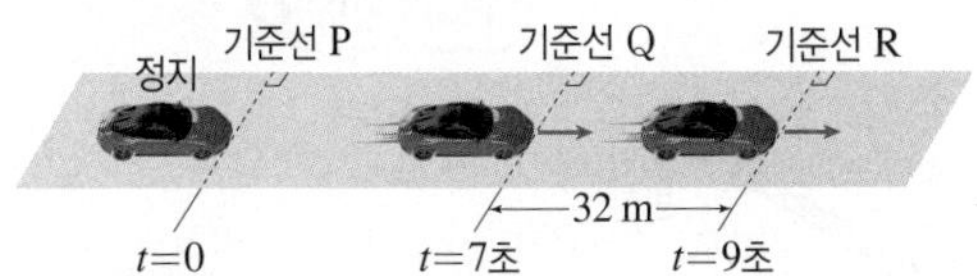

자동차의 운동에 대한 설명으로 옳은 것만을 [보기]에서 있는 대로 고른 것은? (단, 자동차의 크기는 무시한다.)

보기

ㄱ. $t=8$초일 때 속력은 16 m/s이다.

ㄴ. 가속도의 크기는 2 m/s^{2}이다.

ㄷ. $t=2$초부터 $t=7$초까지 이동 거리는 35 m이다.

① ㄱ ② ㄴ ③ ㄱ, ㄴ ④ ㄱ, ㄷ ⑤ ㄴ, ㄷ

6 그림은 직선 도로에서 기준선 P를 각각 속력 v_0, $2v_0$으로 동시에 통과한 자동차 A, B가 각각 등가속도 직선 운동 하여 A가 기준선 Q를 통과하는 순간 B가 기준선 R를 통과하는 모습을 나타낸 것이다. A, B의 가속도는 크기가 a로 같고 방향이 반대이며, A, B의 속력은 각각 Q, R를 통과하는 순간 같다. P와 Q 사이, Q와 R 사이의 거리는 각각 $5L$, x이다.

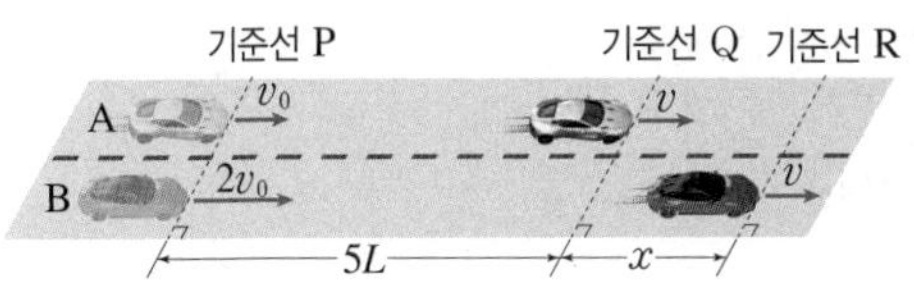

이에 대한 설명으로 옳은 것만을 [보기]에서 있는 대로 고른 것은? (단, A, B는 도로와 나란하게 운동하며, A, B의 크기는 무시한다.)

보기

ㄱ. A가 Q를 통과하는 순간의 속력은 $\frac{3}{2}v_0$이다.

ㄴ. $a=\frac{v_0^2}{8L}$이다.

ㄷ. $x=2L$이다.

① ㄱ ② ㄴ ③ ㄱ, ㄷ ④ ㄴ, ㄷ ⑤ ㄱ, ㄴ, ㄷ

자료❹ 2019 6월 평가원 6번

7 다음은 물체의 운동을 분석하기 위한 실험이다.

[실험 과정]

(가) 그림과 같이 빗면에서 직선 운동 하는 수레를 디지털카메라로 동영상 촬영한다.

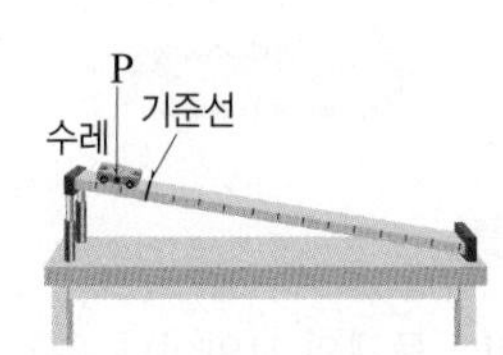

(나) 동영상 분석 프로그램을 이용하여 수레의 한 지점 P가 기준선을 통과하는 순간부터 0.1초 간격으로 P의 위치를 기록한다.

[실험 결과]

시간(s)	0	0.1	0.2	0.3	0.4	0.5
위치(cm)	0	6	14	24	㉠	50

• 수레는 가속도의 크기가 ㉡ 인 등가속도 직선 운동을 하였다.

이에 대한 설명으로 옳은 것만을 [보기]에서 있는 대로 고른 것은?

보기

ㄱ. ㉠은 36이다.

ㄴ. ㉡은 2 m/s^{2}이다.

ㄷ. P가 기준선을 통과하는 순간의 속력은 0.4 m/s이다.

① ㄱ ② ㄷ ③ ㄱ, ㄴ ④ ㄴ, ㄷ ⑤ ㄱ, ㄴ, ㄷ

2019 수능 11번

8 그림과 같이 기준선에 정지해 있던 자동차가 출발하여 직선 경로를 따라 운동한다. 자동차는 구간 A에서 등가속도, 구간 B에서 등속도, 구간 C에서 등가속도 운동 한다. A, B, C의 길이는 모두 같고, 자동차가 구간을 지나는 데 걸린 시간은 A에서가 C에서의 4배이다.

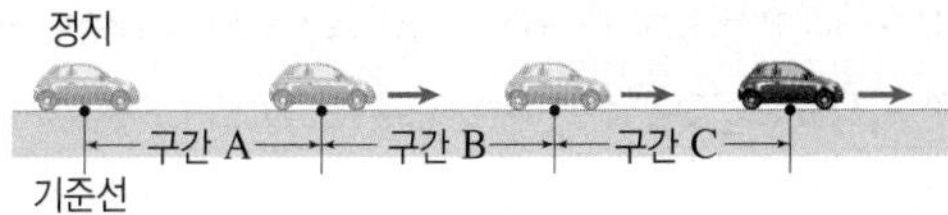

자동차의 운동에 대한 설명으로 옳은 것만을 [보기]에서 있는 대로 고른 것은? (단, 자동차의 크기는 무시한다.)

보기

ㄱ. 평균 속력은 B에서가 A에서의 2배이다.

ㄴ. 구간을 지나는 데 걸린 시간은 B에서가 C에서의 2배이다.

ㄷ. 가속도의 크기는 C에서가 A에서의 8배이다.

① ㄱ ② ㄷ ③ ㄱ, ㄴ ④ ㄴ, ㄷ ⑤ ㄱ, ㄴ, ㄷ

뉴턴 운동 법칙

≫ 핵심 짚기 › 알짜힘과 운동의 관계 이해 › 뉴턴 운동 법칙의 이해
› 뉴턴 운동 법칙을 적용하여 물체의 운동 분석

Ⓐ 힘

1 힘 물체의 모양이나 운동 상태를 변화시키는 원인

① 힘의 표시: 힘의 3요소(힘의 크기, 힘의 방향, 힘의 작용점)를 화살표로 나타낸다.

② 힘의 단위: N(뉴턴), kgf(킬로그램힘)[1]

③ 알짜힘(합력): 물체에 여러 힘이 작용할 때 모든 힘을 합한 것

④ 힘의 합성과 알짜힘

힘의 크기
힘의 방향
힘의 작용점

▲ **힘의 표시**
화살표의 길이가 길수록 힘의 크기가 크고, 화살표의 방향이 힘의 방향이다.

- 두 힘이 같은 방향으로 작용할 때

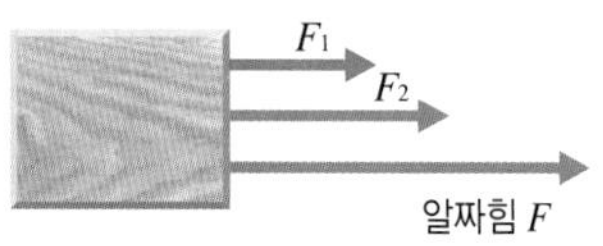

- 알짜힘의 크기: 두 힘의 합
  $F=F_1+F_2$
- 알짜힘의 방향: 두 힘의 방향

- 두 힘이 반대 방향으로 작용할 때

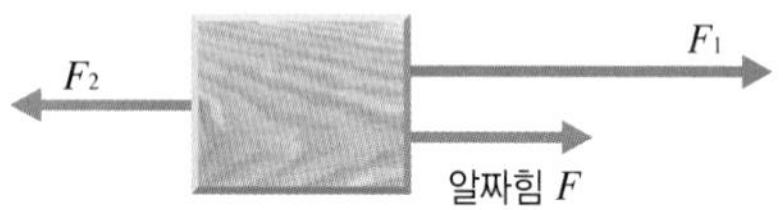

- 알짜힘의 크기: 두 힘의 차
  $F=F_1-F_2(F_1>F_2)$
- 알짜힘의 방향: 큰 힘의 방향

- 여러 힘이 작용할 때

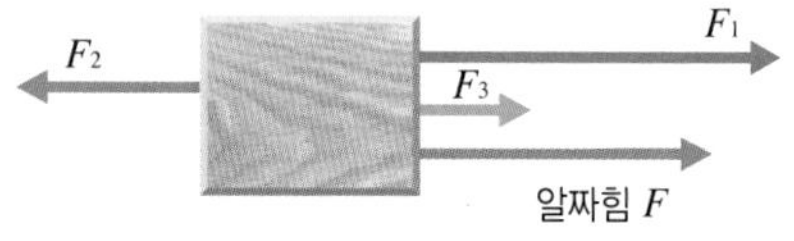

- 알짜힘의 크기: 같은 방향의 두 힘의 합력에서 반대 방향의 힘을 합성한 값
  $F=F_1+F_3-F_2$
- 알짜힘의 방향: 여러 힘의 합력의 방향

2 힘의 *평형 일직선상에서 한 물체에 크기가 같고, 방향이 반대인 힘이 작용하여 알짜힘이 0이 된 상태

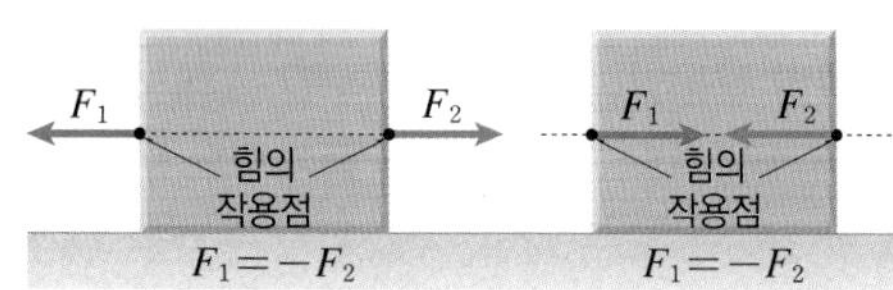

- 알짜힘의 크기=0
- F_1, F_2는 힘의 평형 관계이다.

3 알짜힘과 운동의 관계 물체의 운동 상태 변화는 알짜힘에 의해 결정된다.

① 알짜힘과 운동 방향에 따른 운동 상태 변화

알짜힘과 운동 방향	알짜힘 → 운동 방향 →	알짜힘 ← 운동 방향 →	알짜힘 ↓ 운동 방향 →	알짜힘 ↗ 운동 방향 →
운동 상태 변화	운동 방향과 같은 방향으로 알짜힘을 받으면 속력이 빨라진다.	운동 방향과 반대 방향으로 알짜힘을 받으면 속력이 느려진다.	운동 방향과 수직인 방향으로 알짜힘을 받으면 속력은 변하지 않고, 운동 방향만 변한다.	운동 방향과 비스듬한 방향으로 알짜힘을 받으면 속력과 운동 방향이 모두 변한다.

② 알짜힘과 물체의 운동

- 알짜힘이 0일 때: 물체의 운동 상태가 변하지 않는다.
- 알짜힘이 0이 아닐 때: 물체는 알짜힘의 방향으로 가속도 운동을 한다.

PLUS 강의

[1] **힘의 단위 kgf(킬로그램힘)**
1 kgf은 질량이 1 kg인 물체에 작용하는 지구 중력의 크기를 나타낸다.
➡ 1 kgf≒9.8 N

용어 돋보기

* **평형(平 평평하다, 衡 저울대)**_어떤 물체에 두 힘이 동시에 작용하여 그 효과가 서로 상쇄되어 있는 상태

Ⓑ 뉴턴 운동 제1법칙

1 *관성 물체가 원래의 운동 상태를 유지하려는 성질

① **관성의 크기:** 물체의 질량이 클수록 관성이 크다. ─● 물체의 운동 상태를 변화시키기 어렵다.

예 자동차보다 질량이 큰 기차는 정지시키거나 출발시키는 데 더 큰 힘이 든다.

② **관성에 의한 현상**[2]

(: 관성을 나타내는 물체)

정지 관성: 정지 상태인 물체는 계속 정지해 있으려고 한다.		운동 관성: 운동하는 물체는 운동 상태를 계속 유지하려고 한다.	

정지해 있던 버스가 갑자기 출발하면 승객이 뒤로 넘어진다.	종이 위에 동전을 놓고 종이를 튕기면 종이는 날아가고, 동전은 컵 속에 떨어진다.	달리던 버스가 갑자기 정지하면 승객이 앞으로 넘어진다.	달리던 사람이 돌부리에 걸려 앞으로 넘어진다.

2 뉴턴 운동 제1법칙(관성 법칙) 물체에 작용하는 알짜힘이 0이면 정지해 있던 물체는 계속 정지해 있고, 운동하던 물체는 계속 등속 직선 운동을 한다.

탐구 자료 갈릴레이의 *사고 실험

갈릴레이는 마찰이 없는 빗면에서 공을 놓으면 공은 다음과 같이 운동할 것이라고 예측하였다.

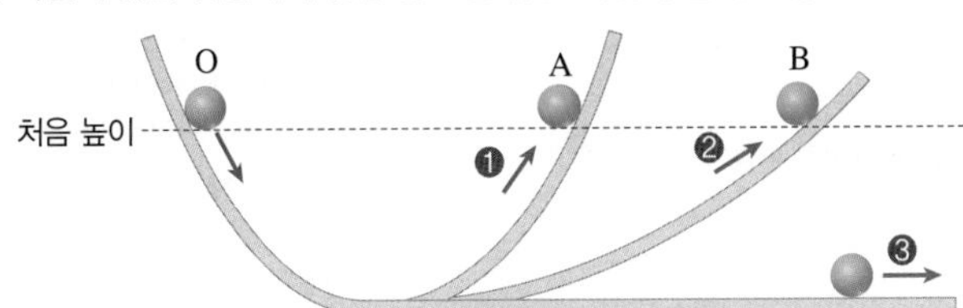

1. **가정:** 마찰이나 공기 저항이 없다.
2. **사고 실험 과정**
   ❶ O에서 놓은 공은 빗면을 따라 운동하여 처음과 같은 높이인 A까지 올라갈 것이다.
   ❷ 오른쪽 빗면의 기울기를 완만하게 한 후 O에서 공을 놓아도 공은 더 멀리 운동하여 처음 높이인 B까지 올라갈 것이다.
   ❸ 오른쪽 면을 수평하게 하면 공은 영원히 등속 직선 운동을 계속할 것이다.
3. **결론:** 운동하는 물체에 힘이 작용하지 않으면 물체는 계속 등속 직선 운동을 할 것이다.

② 관성과 실을 당길 때 나타나는 현상
그림과 같이 추의 위아래에 실을 매달고 아래쪽 실을 천천히 당기면 당기는 힘에 추의 무게가 더해져서 위쪽 실이 끊어진다. 반면 실을 빠르게 당기면 추는 관성에 의해 제자리에 정지해 있고, 아래쪽 실만 당기는 힘을 받아 아래쪽 실이 끊어진다.

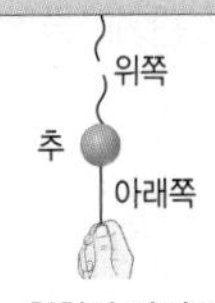

▲ 천천히 당길 때

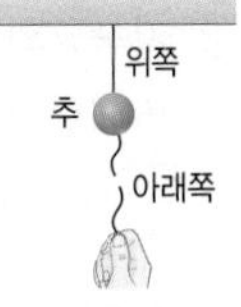

▲ 빠르게 당길 때

용어 돋보기

* **관성(慣 버릇, 性 성질)**_물체가 외부의 작용을 받지 않는 한 정지 또는 운동 상태를 계속 유지하려고 하는 성질

* **사고(思 생각하다, 考 상고하다) 실험**_논리적인 생각에 의해 결론을 도출하는 과정

정답과 해설 7쪽

(1) 힘은 물체의 모양이나 (   )를 변화시키는 원인이다.
(2) 한 물체에 작용하는 모든 힘을 합한 것을 (   )이라고 한다.
(3) 일직선상에서 한 물체에 작용하는 두 힘의 크기가 같고, 방향이 반대일 때 두 힘은 (   ) 관계이다.
(4) 물체가 운동 방향과 수직인 방향으로 힘을 받으면 (   )은 변하지 않고 (   )만 변한다.
(5) 물체가 원래의 운동 상태를 유지하려는 성질을 (   )이라고 한다.
(6) 물체가 계속 정지해 있거나 등속 직선 운동을 계속 하는 경우 물체에 작용하는 알짜힘은 (   )이다.

뉴턴 운동 법칙

C 뉴턴 운동 제2법칙

1 가속도, 알짜힘, 질량의 관계

① **가속도와 알짜힘의 관계:** 물체의 질량이 일정하면 가속도는 물체에 작용하는 알짜힘에 비례한다.[3]

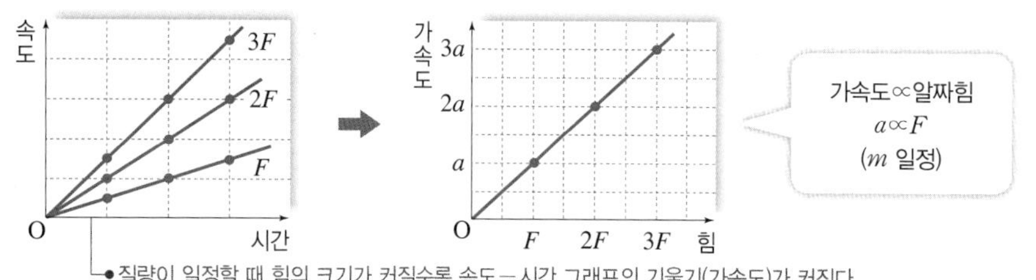

② **가속도와 질량의 관계:** 물체에 작용하는 알짜힘이 일정하면 가속도는 물체의 질량에 반비례한다.[4]

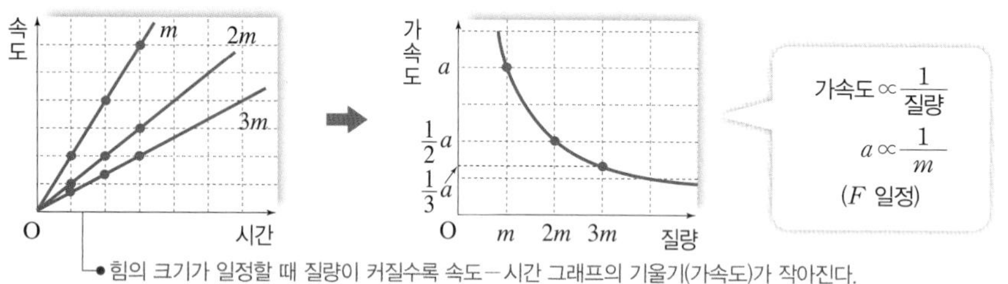

2 뉴턴 운동 제2법칙(가속도 법칙)

물체의 가속도 a(m/s^2)는 물체에 작용한 알짜힘 F(N)에 비례하고, 물체의 질량 m(kg)에 반비례한다.[5][6] → 가속도의 방향은 작용하는 알짜힘의 방향과 같다.

$$\text{가속도}=\frac{\text{알짜힘}}{\text{질량}},\ a=\frac{F}{m} \Rightarrow F=ma$$ → 운동 방정식이라고도 한다.

[가속도 법칙을 이용한 도르래에 매달린 물체의 운동 분석]

그림과 같이 마찰이 없는 고정 도르래에 두 물체가 실로 연결되어 함께 운동하고 있다. (단, 실과 도르래의 질량은 무시한다.)

1. 물체에 작용하는 알짜힘 F를 구한 후 운동 방정식($F=ma$)을 세운다.
   $T-mg=ma$, $Mg-T=Ma$
2. 운동 방정식으로부터 물체의 가속도(a)의 크기를 구할 수 있다.
   $a=\dfrac{M-m}{M+m}g$

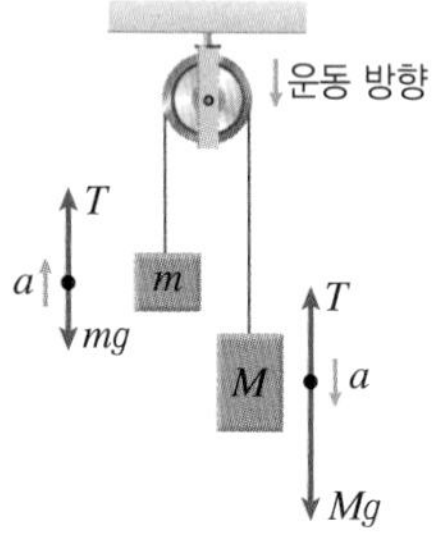

> **[3] 가속도가 0일 때 알짜힘**
> 물체의 가속도가 0이면 그 물체에 작용하는 알짜힘은 0이다. ➡ 물체에 작용하는 알짜힘이 0이면 물체의 운동 상태가 변하지 않는다.(관성 법칙)

> **[4] 가속도와 질량**
> 질량이 클수록 관성이 크므로 물체의 운동 상태를 유지하려는 성질이 크다. 따라서 가속도는 질량에 반비례한다.

> **[5] 힘의 단위 N(뉴턴)**
> $F=ma$에서 질량 m의 단위는 kg, 가속도 a의 단위는 m/s^{2}이므로 힘 F의 단위는 kg·m/s^{2}이다. 이를 N(뉴턴)이라고 한다. 1 N은 질량이 1 kg인 물체에 1 m/s^{2}의 가속도가 생기게 하는 힘이다.

> **[6] 질량과 무게**
> 무게는 물체에 작용하는 중력이므로 질량에 중력 가속도(약 9.8 m/s^2)를 곱하여 구한다.
> 예 질량이 50 kg인 물체의 무게는 50 kgf 또는 50 kg×9.8 m/s^2=490 N이다.

D 뉴턴 운동 제3법칙

1 뉴턴 운동 제3법칙(작용 반작용 법칙)

한 물체가 다른 물체에 힘을 가하면 힘을 받은 물체도 힘을 가한 물체에 크기가 같고 방향이 반대인 힘을 동시에 가한다.[7]

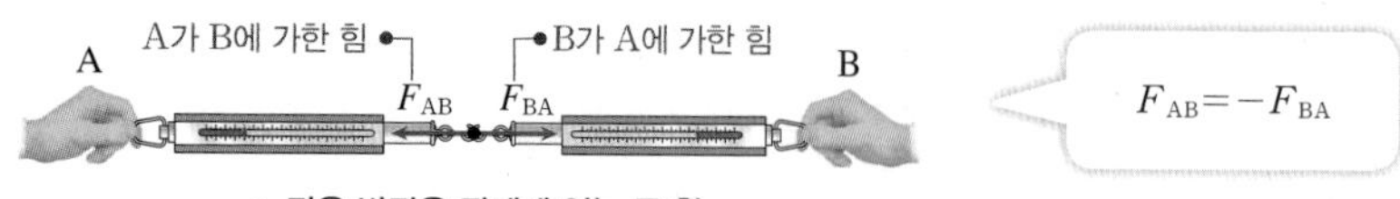

▲ 작용 반작용 관계에 있는 두 힘

- 작용 반작용 관계에 있는 두 힘은 크기가 같고 방향이 반대이다.
- 작용과 반작용은 같은 작용선상에서 서로 다른 물체에 작용한다.

> **[7] 작용과 반작용**
> 힘은 항상 두 물체 사이에서 주고받는 형태로 작용한다. 이때 하나의 힘을 작용이라 하면, 동시에 작용하는 다른 힘을 반작용이라고 한다.

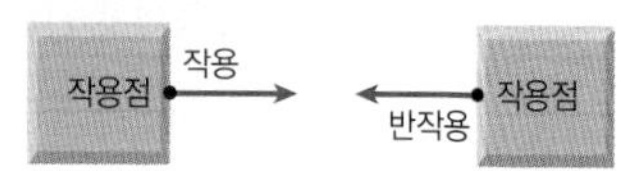

2 작용 반작용의 예 힘은 두 물체 사이의 상호 작용이므로 항상 쌍으로 작용한다.

로켓과 연소 가스	발과 공	물과 노	지구와 달
로켓이 가스를 내뿜는 힘의 반작용으로 가스가 로켓을 밀어준다.	발이 공에 가하는 힘의 반작용으로 공도 발에 힘을 가한다.	노로 물을 뒤로 미는 힘의 반작용으로 배가 앞으로 나아간다.	지구가 달을 당기는 힘의 반작용으로 달도 지구를 당긴다.

3 작용 반작용과 두 힘의 평형 8

구분	작용 반작용	두 힘의 평형
공통점	두 힘의 크기가 같고 방향이 반대이며, 같은 작용선상에 있다.	
차이점	두 물체 사이에 작용하는 힘으로, 작용점이 상대방 물체에 있다. 작용점 / 작용 · 작용점 / 반작용	한 물체에 작용하는 두 힘으로, 두 힘의 작용점이 한 물체에 있다. 작용점 / 힘 · 작용점 / 힘

8 작용 반작용과 평형 관계의 예

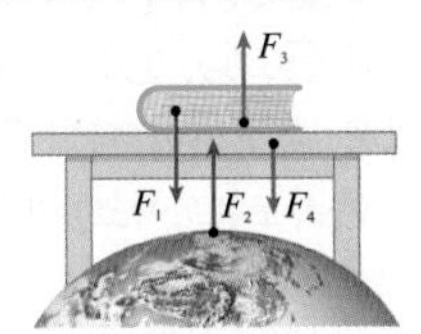

- F_1: 지구가 책을 잡아당기는 힘
- F_2: 책이 지구를 잡아당기는 힘
- F_3: 책상면이 책을 떠받치는 힘
- F_4: 책이 책상면을 누르는 힘

➡ 작용 반작용 관계인 두 힘: F_1과 F_2, F_3과 F_4

➡ 평형 관계인 두 힘: F_1과 F_3

[운동 법칙을 이용한 물체의 운동 분석] 9

1. 두 물체가 실에 연결되어 수평면에 놓여 있을 때 (단, 모든 마찰은 무시한다.)

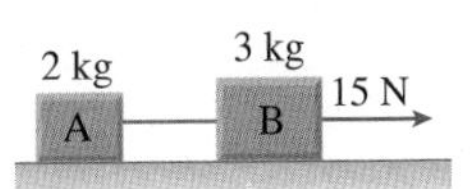

두 물체의 가속도
$15\ \text{N}=5\ \text{kg}\times a$
$\therefore a=3\ \text{m/s}^2$

- A에 작용하는 알짜힘 $=2\ \text{kg}\times3\ \text{m/s}^2=6\ \text{N}$
- B에 작용하는 알짜힘 $=3\ \text{kg}\times3\ \text{m/s}^2=9\ \text{N}$
- A가 B를 당기는 힘: $15\ \text{N}-9\ \text{N}=6\ \text{N}$
- B가 A를 당기는 힘: 작용 반작용 법칙에 따라 B가 A를 당기는 힘도 6 N이다.

2. 두 물체가 도르래에 걸쳐 연결되어 있을 때 (단, 모든 마찰은 무시하고, 중력 가속도는 $10\ \text{m/s}^2$이다.)

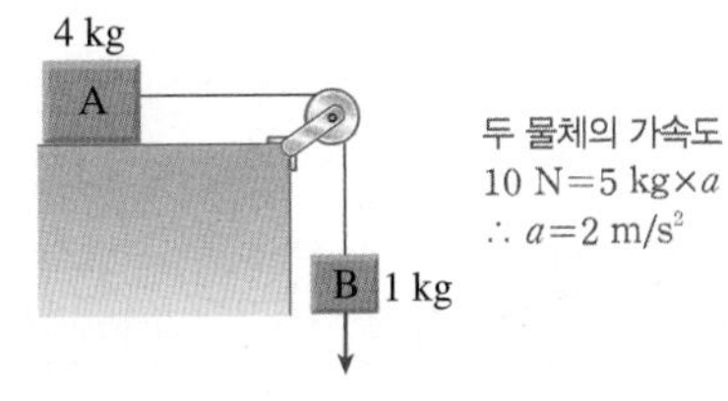

두 물체의 가속도
$10\ \text{N}=5\ \text{kg}\times a$
$\therefore a=2\ \text{m/s}^2$

- A에 작용하는 알짜힘 $=4\ \text{kg}\times2\ \text{m/s}^2=8\ \text{N}$
- B에 작용하는 알짜힘 $=1\ \text{kg}\times2\ \text{m/s}^2=2\ \text{N}$
- A가 B를 당기는 힘: $10\ \text{N}-2\ \text{N}=8\ \text{N}$
- B가 A를 당기는 힘: 작용 반작용 법칙에 따라 B가 A를 당기는 힘도 8 N이다.

9 두 물체를 연결했을 때 운동 방정식 세우기

❶ 두 물체에 작용하는 알짜힘을 구한다.
❷ 전체 질량을 구한다.
❸ $F=ma$ 식에 대입하여 가속도를 구한다.
❹ 각 물체에 작용하는 알짜힘을 구한다.
❺ 두 물체 사이에 작용하는 힘을 구한다.

정답과 해설 7쪽

(7) 질량이 일정한 물체의 가속도의 크기는 (   )의 크기에 비례하고, 물체의 가속도의 방향은 물체에 작용한 (   )의 방향과 같다.

(8) 물체에 작용한 알짜힘의 크기가 일정할 때 가속도는 질량에 (   )한다.

(9) 힘은 항상 두 물체 사이에서 (   )한다.

(10) 작용 반작용 관계인 두 힘의 (   )는 같고, (   )은 반대이다.

(11) 뉴턴의 운동 법칙과 관련이 있는 내용을 옳게 연결하시오.

① 관성 법칙 •   • ㉠ $F=ma$
② 가속도 법칙 •   • ㉡ $F_{AB}=-F_{BA}$
③ 작용 반작용 법칙 •   • ㉢ 등속 직선 운동 하는 물체에 작용하는 알짜힘은 0이다.

정답과 해설 7쪽

2018 • 6월 평가원 10번

자료❶ 가속도 법칙 실험

질량이 $2m$인 수레와 질량이 m인 추를 이용하여 힘, 질량, 가속도 사이의 관계를 알아보는 실험이다.

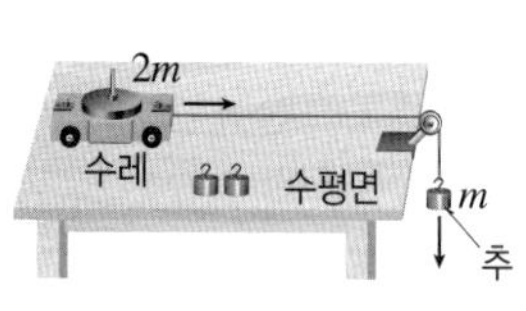

실험	수레 위의 추의 수	실에 매달린 추의 수
A	0	1
B	0	2
C	1	2

표와 같이 수레 위의 추와 실에 매달린 추의 수를 바꾸어 가며 실험하였다. 그래프의 ㉠, ㉡, ㉢은 실험 A, B, C의 결과를 순서없이 나타낸 것이다. (단, 중력 가속도는 g이고, 마찰은 무시한다.)

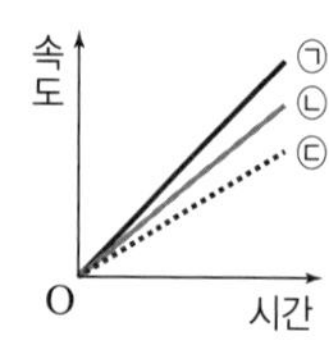

1. 실에 매달린 추의 무게가 수레와 추를 움직이는 알짜힘이다. (○, ×)
2. 실험 A에서 운동하는 물체 전체의 질량은 m이다. (○, ×)
3. 실험 A에서 수레의 가속도의 크기는 $\frac{1}{3}g$이다. (○, ×)
4. 실험 C에서 알짜힘의 크기는 $3mg$이다. (○, ×)
5. 실험 C에서 수레의 가속도의 크기는 $\frac{1}{2}g$이다. (○, ×)
6. 실험 B의 결과는 ㉠이다. (○, ×)

2021 • 6월 평가원 18번

자료❷ 운동 법칙과 속력-시간 그래프 해석

그림 (가)와 같이 물체 A, B에 크기가 각각 F, $4F$인 힘이 수평 방향으로 작용한다. 실로 연결된 A, B는 함께 등가속도 직선 운동을 하다가 실이 끊어진 후 각각 등가속도 직선 운동을 한다. 그림 (나)는 B의 속력을 시간에 따라 나타낸 것이다. A의 질량은 1 kg이다. (단, 모든 마찰은 무시한다.)

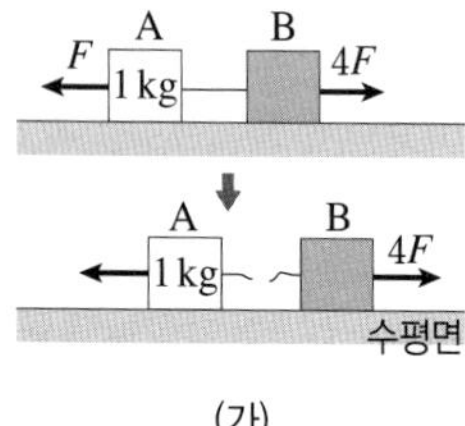

(가)

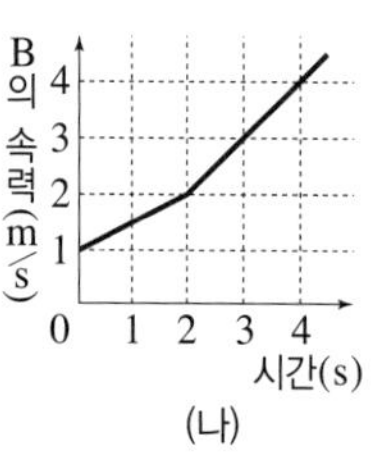

(나)

1. 실은 3초에 끊어졌다. (○, ×)
2. 0초부터 2초까지 A, B에 작용하는 알짜힘은 $3F$이다. (○, ×)
3. B의 질량을 m이라고 하면, $3F=(1\text{ kg}+m)\times 0.5\text{ m/s}^2$이다. (○, ×)
4. B의 질량을 m이라고 하면, $4F=m\times 1\text{ m/s}^2$이다. (○, ×)
5. B의 질량은 3 kg이다. (○, ×)
6. 3초일 때, A의 속력은 1 m/s이다. (○, ×)
7. A와 B 사이의 거리는 4초일 때가 3초일 때보다 2.25 m만큼 크다. (○, ×)

2019 • 수능 18번

자료❸ 실로 연결된 물체의 운동

그림 (가)와 같이 질량이 각각 $3m$, $2m$, $4m$인 물체 A, B, C가 실로 연결된 채 정지해 있다. 실 p, q는 빗면과 나란하다. 그림 (나)는 (가)에서 p가 끊어진 후, A, B, C가 등가속도 운동 하는 모습을 나타낸 것이다. (단, 중력 가속도는 g이고, 실의 질량, 모든 마찰과 공기 저항은 무시한다.)

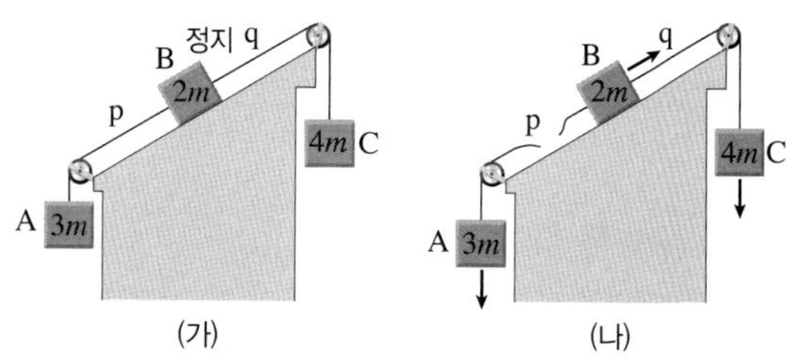

(가) (나)

1. (가)에서 A, B, C에 작용하는 알짜힘의 크기는 mg이다. (○, ×)
2. (나)에서 B, C에 작용하는 알짜힘의 크기는 $3mg$이다. (○, ×)
3. (나)에서 B의 가속도의 크기는 $\frac{1}{2}g$이다. (○, ×)
4. (나)에서 B에 작용하는 알짜힘의 크기는 mg이다. (○, ×)
5. (나)에서 C에 작용하는 알짜힘의 크기는 $4mg$이다. (○, ×)

2021 • 9월 평가원 9번

자료❹ 작용 반작용 법칙

그림은 수평면과 나란하고 크기가 F인 힘으로 물체 A, B를 벽을 향해 밀어 정지한 모습을 나타낸 것이다. A, B의 질량은 각각 $2m$, m이다. (단, 물체와 수평면 사이의 마찰은 무시한다.)

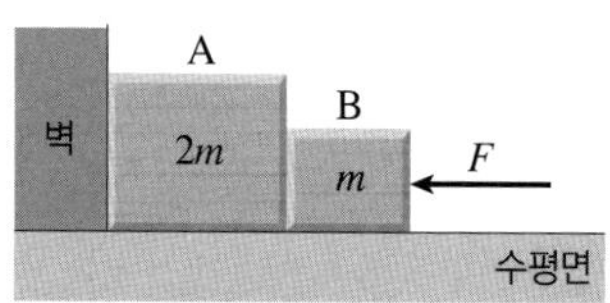

1. B에 작용하는 알짜힘은 0이다. (○, ×)
2. A가 B를 미는 힘의 크기는 $\frac{2}{3}F$이다. (○, ×)
3. A가 B를 미는 힘의 반작용은 B가 A를 미는 힘이다. (○, ×)
4. 벽이 A를 미는 힘과 B가 A를 미는 힘의 크기는 같다. (○, ×)
5. A가 벽을 미는 힘과 벽이 A를 미는 힘은 평형 관계이다. (○, ×)

정답과 해설 8쪽

A 힘

1 힘과 운동의 관계에 대한 설명으로 옳은 것만을 [보기]에서 있는 대로 고르시오.

보기

ㄱ. 물체가 운동 방향으로 알짜힘을 받으면 속력이 증가한다.
ㄴ. 물체가 운동 방향과 수직인 방향으로 알짜힘을 받으면 속력이 감소한다.
ㄷ. 물체가 운동 방향과 비스듬한 방향으로 알짜힘을 받으면 운동 방향만 변한다.

B 뉴턴 운동 제1법칙

2 관성 법칙과 관련 있는 현상으로 옳은 것만을 [보기]에서 있는 대로 고르시오.

보기

ㄱ. 사람이 벽을 밀면 사람이 뒤로 밀린다.
ㄴ. 달리던 버스가 갑자기 정지하면 사람이 앞으로 넘어진다.
ㄷ. 마찰이 없는 수평면에서 물체가 등속 직선 운동을 계속한다.
ㄹ. 지구와 달 사이에 서로 잡아당기는 힘이 작용한다.

C 뉴턴 운동 제2법칙

3 질량이 10 kg인 수레에 힘 F를 작용할 때 수레의 가속도가 2 m/s²이라면, F의 크기는 몇 N인지 구하시오.

4 그림은 질량이 5 kg인 물체의 속도를 시간에 따라 나타낸 것이다.

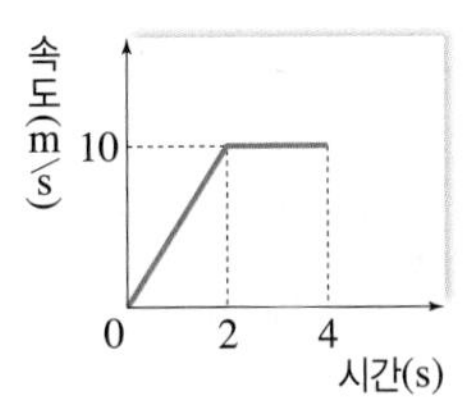

(1) 0초부터 2초까지 물체의 가속도의 크기를 구하시오.
(2) 0초부터 2초까지 물체에 작용한 알짜힘의 크기를 구하시오.
(3) 2초부터 4초까지 물체에 작용한 알짜힘의 크기를 구하시오.

5 그림과 같이 수평면에 정지해 있는 질량 2 kg인 물체에 5초 동안 수평 방향으로 8 N의 알짜힘을 일정하게 작용하였다.
5초일 때, 물체의 속력은 몇 m/s인지 구하시오.

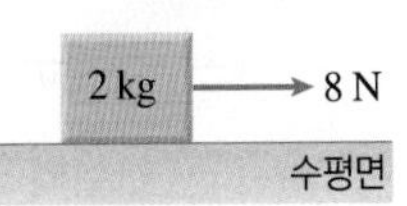

6 그림과 같이 질량이 각각 m, $3m$인 물체 A와 B를 줄로 연결하여 도르래에 걸쳐 놓고 A를 손으로 눌렀더니 A, B 모두 정지해 있다. (단, 중력 가속도는 g이고, 모든 마찰은 무시한다.)

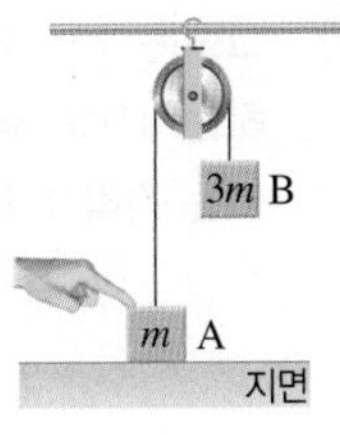

(1) 줄이 A를 당기는 힘의 크기를 구하시오.
(2) 손을 놓은 후 B가 지면에 닿기 전, A의 가속도의 크기를 구하시오.
(3) 손을 놓은 후 B가 지면에 닿기 전, 줄이 B를 당기는 힘의 크기를 구하시오.

7 그림은 마찰이 없는 수평면에서 질량이 각각 3 kg, 2 kg인 물체 A, B를 실로 연결하고 B를 수평 방향으로 10 N의 일정한 힘으로 당기는 모습을 나타낸 것이다.

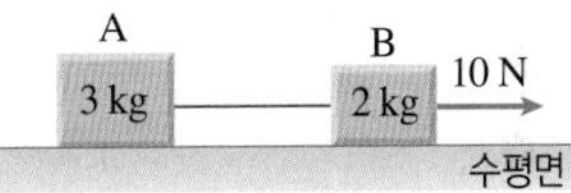

이에 대한 설명으로 옳지 않은 것은? (단, 실의 질량은 무시한다.)

① 두 물체의 가속도의 크기는 2 m/s²이다.
② A에 작용하는 알짜힘의 크기는 6 N이다.
③ 실이 A를 당기는 힘의 크기는 6 N이다.
④ B에 작용하는 알짜힘의 크기는 6 N이다.
⑤ 실이 A를 당기는 힘의 크기는 실이 B를 당기는 힘의 크기와 같다.

D 뉴턴 운동 제3법칙

8 그림은 지면에 정지해 있는 바위에 작용하는 중력(mg)을 화살표로 나타낸 것이다.
다음 질문에 대한 답을 [보기]에서 골라 기호를 쓰시오.

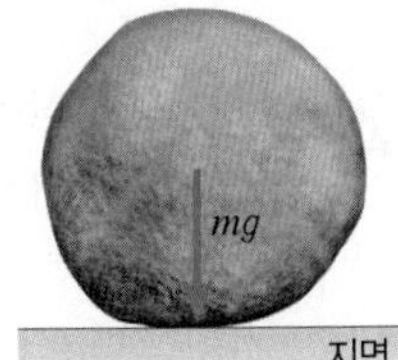

보기

ㄱ. 지면이 바위를 떠받치는 힘
ㄴ. 바위가 지구를 당기는 힘
ㄷ. 바위가 지면을 누르는 힘
ㄹ. mg
ㅁ. $2mg$

(1) 바위에 작용하는 중력과 작용 반작용 관계인 힘은?
(2) 바위에 작용하는 중력과 평형을 이루는 힘은?
(3) 지면이 바위를 떠받치는 힘의 크기는?

1 그림은 xy 평면에서 질량 2 kg인 물체에 동시에 작용하는 4개의 힘을 나타낸 것이다. F_1, F_2, F_3, F_4의 크기는 각각 1 N, 2 N, 3 N, 2 N이다.

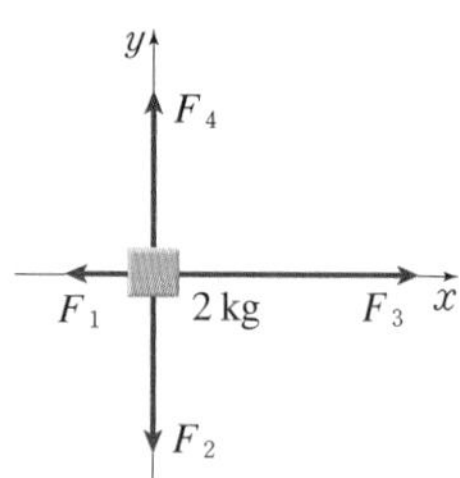

이에 대한 설명으로 옳은 것만을 [보기]에서 있는 대로 고른 것은? (단, 물체의 크기는 무시한다.)

보기

ㄱ. 물체의 가속도 방향은 $+x$ 방향이다.
ㄴ. 물체의 가속도 크기는 2 m/s²이다.
ㄷ. F_2와 F_4는 힘의 평형 관계이다.

① ㄱ　② ㄷ　③ ㄱ, ㄴ　④ ㄱ, ㄷ　⑤ ㄴ, ㄷ

2 물체가 정지 상태를 계속 유지하려는 관성과 관련된 현상만을 [보기]에서 있는 대로 고른 것은?

보기

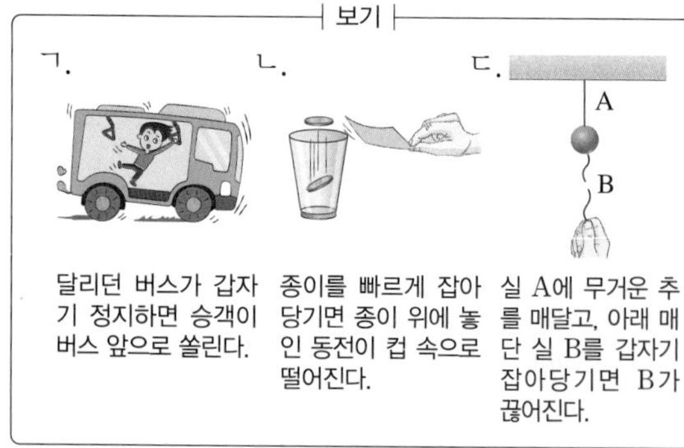

ㄱ. 달리던 버스가 갑자기 정지하면 승객이 버스 앞으로 쏠린다.
ㄴ. 종이를 빠르게 잡아당기면 종이 위에 놓인 동전이 컵 속으로 떨어진다.
ㄷ. 실 A에 무거운 추를 매달고, 아래 매단 실 B를 갑자기 잡아당기면 B가 끊어진다.

① ㄱ　② ㄷ　③ ㄱ, ㄴ　④ ㄴ, ㄷ　⑤ ㄱ, ㄴ, ㄷ

자료❶　2018 6월 평가원 10번

3 다음은 질량이 m인 추, 질량이 $2m$인 수레를 이용하여 힘, 질량, 가속도 사이의 관계를 알아보는 실험이다.

[실험 과정]

(가) 수레와 추를 도르래를 통해 실로 연결한 후 추를 가만히 놓고 수레의 속도를 측정한다.

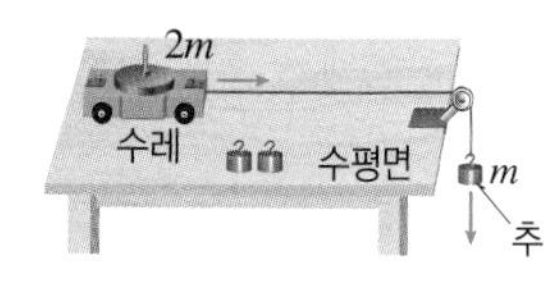

(나) 수레 위의 추와 실에 매달린 추의 수를 바꾸어 가며 과정 (가)를 반복한다.

실험	수레 위의 추의 수	실에 매달린 추의 수
A	0	1
B	0	2
C	1	2

[실험 결과]

그래프의 ㉠, ㉡, ㉢은 표의 실험 A, B, C의 결과를 순서 없이 나타낸 것이다.

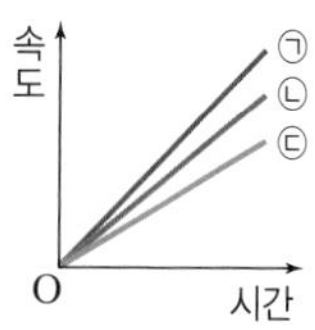

실험 A, B, C의 결과로 옳은 것은?

	A	B	C
①	㉠	㉡	㉢
②	㉠	㉢	㉡
③	㉡	㉠	㉢
④	㉢	㉠	㉡
⑤	㉢	㉡	㉠

4 그림 (가)는 질량이 각각 6 kg, 2 kg, m인 물체가 실로 연결되어 경사면과 수평면에서 운동하는 모습을, (나)는 (가)에서 질량 m인 물체에 경사면과 나란하게 아래쪽으로 20 N의 힘이 작용할 때 운동하는 모습을 나타낸 것이다. (가), (나)에서 모든 물체는 각각 가속도의 크기가 1 m/s²인 직선 운동을 한다.

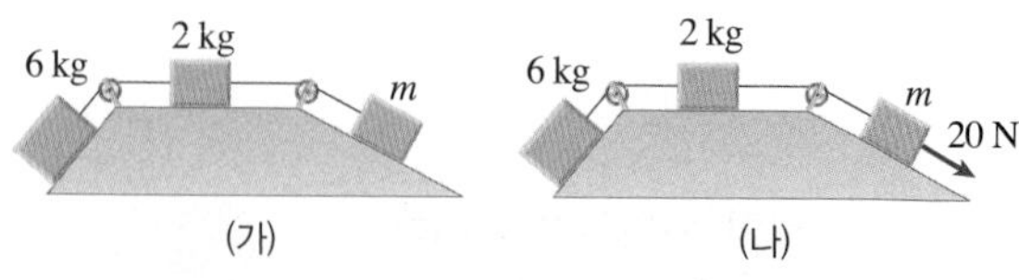

m은? (단, 실의 질량, 모든 마찰과 공기 저항은 무시한다.)

① 1 kg　② 2 kg　③ 3 kg　④ 4 kg　⑤ 5 kg

2019 6월 평가원 7번

5 그림 (가)는 물체 A와 B를, (나)는 물체 A와 C를 각각 실로 연결하고 수평 방향의 일정한 힘 F로 당기는 모습을 나타낸 것이다. 질량은 C가 B의 3배이고, 실은 수평면과 나란하다. 등가속도 직선 운동을 하는 A의 가속도의 크기는 (가)에서가 (나)에서의 2배이다.

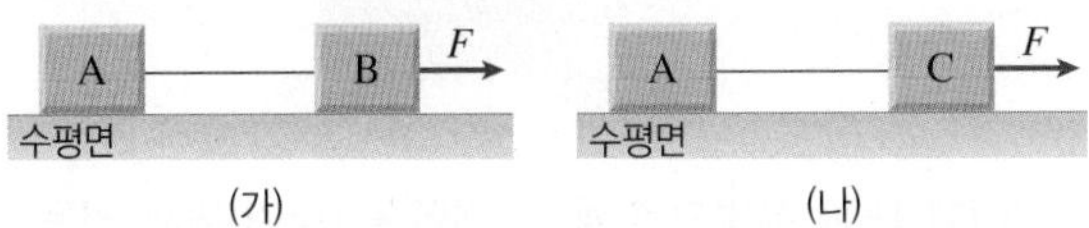

(가) (나)

이에 대한 설명으로 옳은 것만을 [보기]에서 있는 대로 고른 것은? (단, 실의 질량, 마찰과 공기 저항은 무시한다.)

보기

ㄱ. A의 질량은 B의 질량과 같다.

ㄴ. C에 작용하는 알짜힘의 크기는 B에 작용하는 알짜힘의 크기의 3배이다.

ㄷ. (가)에서 실이 A를 당기는 힘의 크기는 (나)에서 실이 C를 당기는 힘의 크기와 같다.

① ㄱ ② ㄴ ③ ㄱ, ㄷ
④ ㄴ, ㄷ ⑤ ㄱ, ㄴ, ㄷ

자료❷ 2021 6월 평가원 18번

6 그림 (가)와 같이 물체 A, B에 크기가 각각 F, $4F$인 힘이 수평 방향으로 작용한다. 실로 연결된 A, B는 함께 등가속도 직선 운동을 하다가 실이 끊어진 후 각각 등가속도 직선 운동을 한다. 그림 (나)는 B의 속력을 시간에 따라 나타낸 것이다. A의 질량은 1 kg이다.

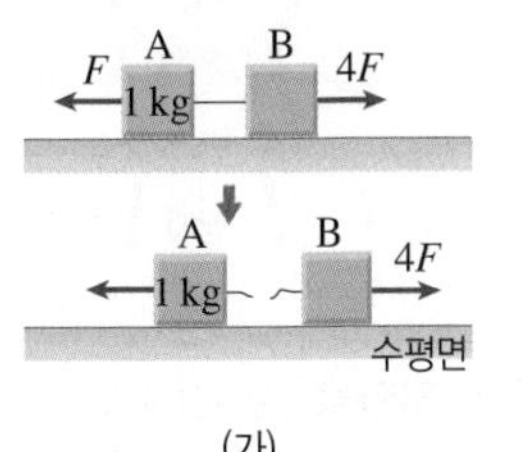

(가)

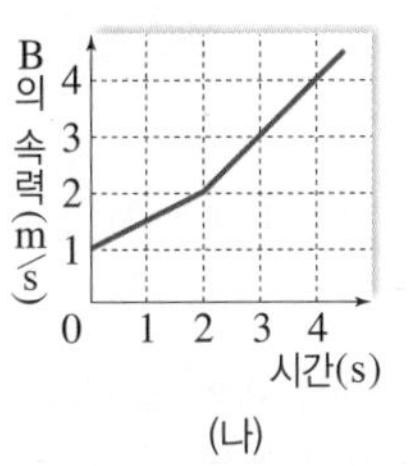

(나)

이에 대한 설명으로 옳은 것만을 [보기]에서 있는 대로 고른 것은? (단, 실의 질량과 모든 마찰은 무시한다.)

보기

ㄱ. B의 질량은 3 kg이다.

ㄴ. 3초일 때, A의 속력은 1.5 m/s이다.

ㄷ. A와 B 사이의 거리는 4초일 때가 3초일 때보다 2.5 m만큼 크다.

① ㄱ ② ㄴ ③ ㄱ, ㄷ
④ ㄴ, ㄷ ⑤ ㄱ, ㄴ, ㄷ

2020 6월 평가원 15번

7 그림 (가)는 수평면 위에 있는 물체 A가 물체 B, C에 실 p, q로 연결되어 정지해 있는 모습을 나타낸 것이다. 그림 (나)는 (가)에서 p, q 중 하나가 끊어진 경우, 시간에 따른 A의 속력을 나타낸 것이다. A, B의 질량은 같고, C의 질량은 2 kg이다.

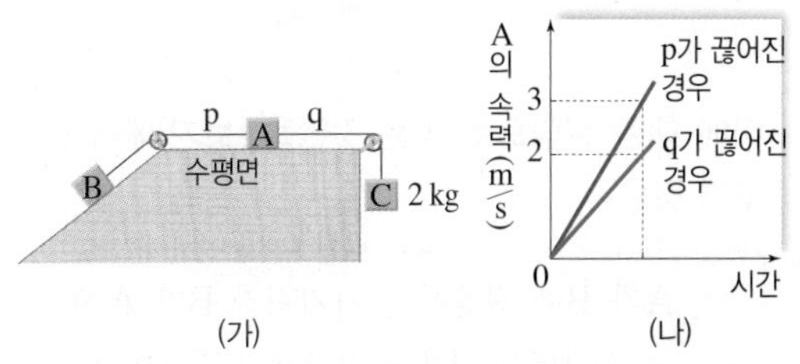

(가) (나)

A의 질량은? (단, 실의 질량, 마찰과 공기 저항은 무시한다.)

① 3 kg ② 4 kg ③ 5 kg
④ 6 kg ⑤ 7 kg

자료❸ 2019 수능 18번

8 그림 (가)와 같이 질량이 각각 $3m$, $2m$, $4m$인 물체 A, B, C가 실로 연결된 채 정지해 있다. 실 p, q는 빗면과 나란하다. 그림 (나)는 (가)에서 p가 끊어진 후, A, B, C가 등가속도 운동 하는 모습을 나타낸 것이다.

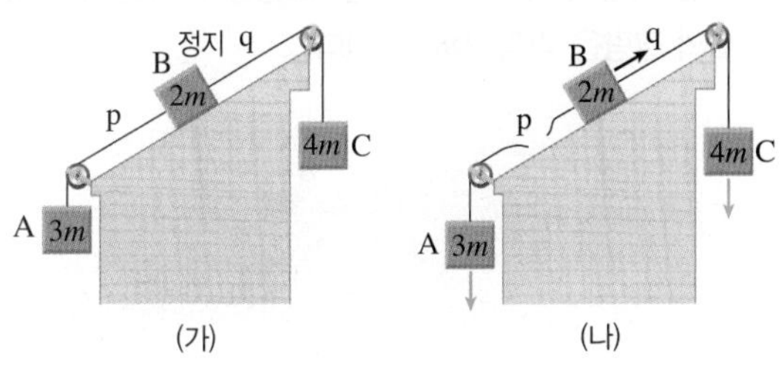

(가) (나)

(나)의 상황에 대한 설명으로 옳은 것만을 [보기]에서 있는 대로 고른 것은? (단, 중력 가속도는 g이고, 실의 질량, 모든 마찰과 공기 저항은 무시한다.)

보기

ㄱ. 가속도의 크기는 A가 B의 2배이다.

ㄴ. A에 작용하는 알짜힘의 크기는 C에 작용하는 알짜힘의 크기보다 작다.

ㄷ. q가 B를 당기는 힘의 크기는 mg이다.

① ㄱ ② ㄴ ③ ㄱ, ㄷ
④ ㄴ, ㄷ ⑤ ㄱ, ㄴ, ㄷ

2018 9월 평가원 3번

9 그림은 자석 A와 B가 수평면에 놓인 플라스틱 컵의 바닥면을 사이에 두고 정지해 있는 모습을 나타낸 것이다.

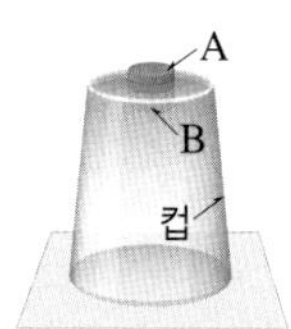

이에 대한 설명으로 옳은 것만을 [보기]에서 있는 대로 고른 것은?

보기

ㄱ. A가 B에 작용하는 자기력과 B가 A에 작용하는 자기력은 작용과 반작용의 관계이다.
ㄴ. A가 컵을 누르는 힘의 크기는 B에 작용하는 중력의 크기보다 크다.
ㄷ. B를 제거하면 A가 컵을 누르는 힘의 크기는 감소한다.

① ㄱ ② ㄷ ③ ㄱ, ㄴ
④ ㄴ, ㄷ ⑤ ㄱ, ㄴ, ㄷ

자료④

2021 9월 평가원 9번

10 그림은 수평면과 나란하고 크기가 F인 힘으로 물체 A, B를 벽을 향해 밀어 정지한 모습을 나타낸 것이다. A, B의 질량은 각각 $2m$, m이다.

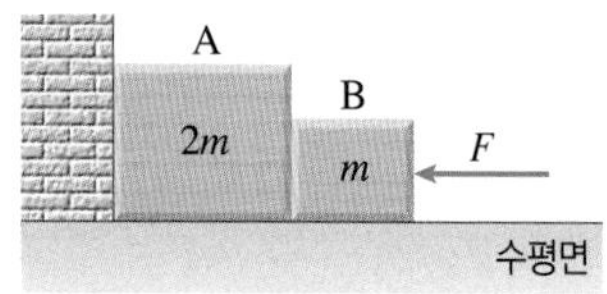

이에 대한 설명으로 옳은 것만을 [보기]에서 있는 대로 고른 것은? (단, 물체와 수평면 사이의 마찰은 무시한다.)

보기

ㄱ. 벽이 A를 미는 힘의 반작용은 A가 B를 미는 힘이다.
ㄴ. 벽이 A를 미는 힘의 크기와 B가 A를 미는 힘의 크기는 같다.
ㄷ. A가 B를 미는 힘의 크기는 $\frac{2}{3}F$이다.

① ㄱ ② ㄴ ③ ㄱ, ㄷ
④ ㄴ, ㄷ ⑤ ㄱ, ㄴ, ㄷ

11 그림과 같이 마찰이 없는 수평면 위에 질량이 각각 1 kg, 3 kg인 두 물체 A, B가 놓여 있다.

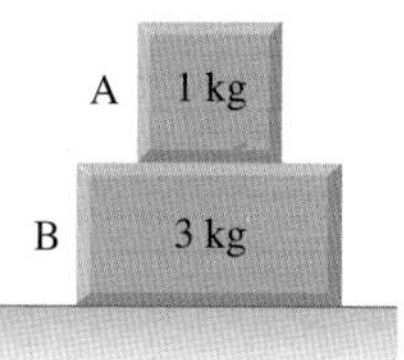

이에 대한 설명으로 옳은 것만을 [보기]에서 있는 대로 고른 것은? (단, 중력 가속도는 10 m/s^{2}이다.)

보기

ㄱ. A가 B를 누르는 힘의 크기는 10 N이다.
ㄴ. B가 수평면으로부터 받는 힘의 크기는 30 N이다.
ㄷ. A가 B를 누르는 힘과 B가 A를 떠받치는 힘은 평형 관계이다.

① ㄱ ② ㄴ ③ ㄱ, ㄷ
④ ㄴ, ㄷ ⑤ ㄱ, ㄴ, ㄷ

12 그림은 드론에 질량이 m인 상자가 연결된 모습을 나타낸 것이다. (가)는 정지 상태이고, (나)는 등속 직선 운동을 하고 있다.

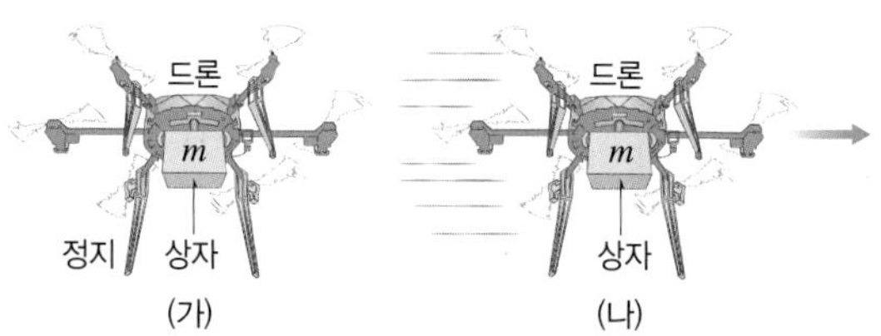

이에 대한 설명으로 옳은 것만을 [보기]에서 있는 대로 고른 것은? (단, 중력 가속도는 g이다.)

보기

ㄱ. (가)에서 상자가 드론에 작용하는 힘의 크기는 mg이다.
ㄴ. 상자에 작용하는 알짜힘의 크기는 (가)와 (나)에서 모두 0이다.
ㄷ. 상자에 작용하는 중력과 드론이 상자에 작용하는 힘은 작용 반작용 관계이다.

① ㄴ ② ㄷ ③ ㄱ, ㄴ
④ ㄱ, ㄷ ⑤ ㄴ, ㄷ

정답과 해설 11쪽

2019 Ⅱ 6월 평가원 4번

1 다음은 힘, 질량, 가속도 사이의 관계를 알아보는 실험이다.

[실험 과정]

(가) 그림과 같이 수평인 실험대 위에 운동 센서를 놓고 도르래를 통해 수레와 추를 실로 연결한다.

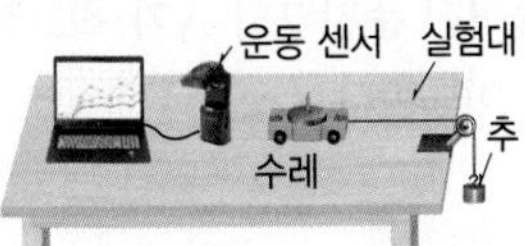

(나) 수레를 가만히 놓고 수레의 속력을 운동 센서로 측정한다.

(다) 추의 질량을 바꾸어 과정 (나)를 반복한다.

실험	수레의 질량	추의 질량
Ⅰ	m	m
Ⅱ	m	㉠

[실험 결과]

그래프는 실험 Ⅰ, Ⅱ의 결과를 나타낸 것이다.

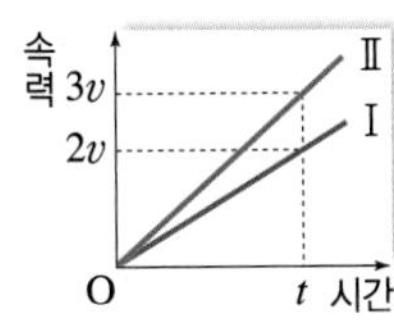

이에 대한 설명으로 옳은 것만을 [보기]에서 있는 대로 고른 것은? (단, 중력 가속도는 g이고, 모든 마찰, 공기 저항은 무시한다.)

보기

ㄱ. Ⅰ에서 추의 가속도의 크기는 $\frac{1}{2}g$이다.

ㄴ. ㉠은 $3m$이다.

ㄷ. Ⅱ에서 실이 추를 당기는 힘의 크기는 $\frac{3}{4}mg$이다.

① ㄱ ② ㄷ ③ ㄱ, ㄴ ④ ㄴ, ㄷ ⑤ ㄱ, ㄴ, ㄷ

2017 9월 평가원 12번

2 그림 (가)는 물체 A, B, C를 실 p, q로 연결한 후, 손이 A에 연직 방향으로 일정한 힘 F를 가해 A, B, C가 정지한 모습을 나타낸 것이다. 그림 (나)는 (가)에서 A를 놓은 순간부터 물체가 운동하여 C가 지면에 닿고 이후 B가 C와 충돌하기 전까지 A의 속력을 시간에 따라 나타낸 것이다.

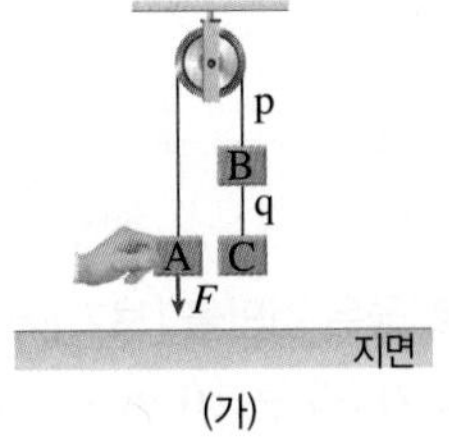

(가)

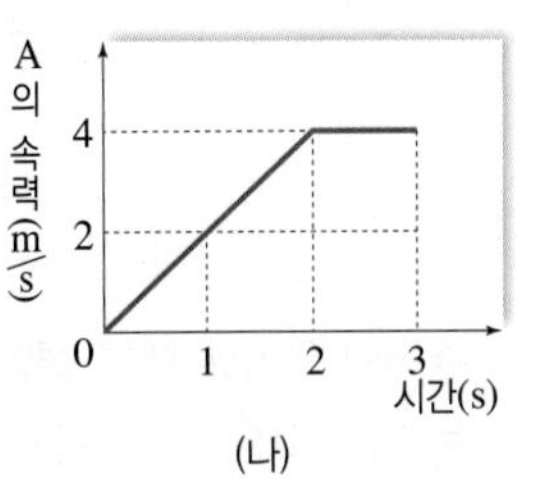

(나)

이에 대한 설명으로 옳은 것만을 [보기]에서 있는 대로 고른 것은? (단, 중력 가속도는 $10\ m/s^2$이고, 모든 마찰과 공기 저항은 무시한다.)

보기

ㄱ. F의 크기는 C에 작용하는 중력의 크기와 같다.

ㄴ. 질량은 A가 C의 2배이다.

ㄷ. 1초일 때, p가 B를 당기는 힘의 크기는 q가 B를 당기는 힘의 크기보다 크다.

① ㄱ ② ㄷ ③ ㄱ, ㄴ ④ ㄴ, ㄷ ⑤ ㄱ, ㄴ, ㄷ

3 그림 (가), (나)와 같이 물체 A, B가 용수철저울과 실로 연결되어 운동을 하고 있다. (가)에서 A는 등속 직선 운동을, (나)에서 A는 수평면에서 등가속도 직선 운동을 한다.

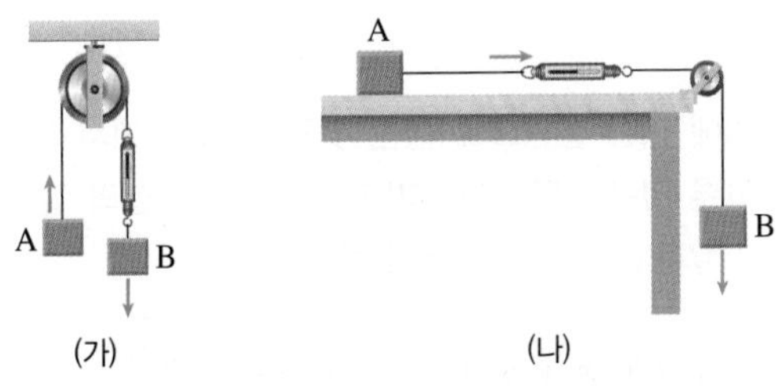

(가) (나)

(가), (나)에서 용수철저울에 나타나는 힘의 크기를 각각 $F_{(가)}$, $F_{(나)}$라고 할 때, $F_{(가)} : F_{(나)}$는? (단, 용수철저울과 실의 질량, 모든 마찰 및 공기 저항은 무시한다.)

① 1 : 1 ② 1 : 2 ③ 2 : 1 ④ 2 : 3 ⑤ 3 : 1

2021 9월 평가원 10번

4 그림 (가)는 수평면 위의 질량이 $8m$인 수레와 질량이 각각 m인 물체 2개를 실로 연결하고 수레를 잡아 정지한 모습을, (나)는 (가)에서 수레를 가만히 놓은 뒤 시간에 따른 수레의 속도를 나타낸 것이다. 1초일 때, 물체 사이의 실 p가 끊어졌다.

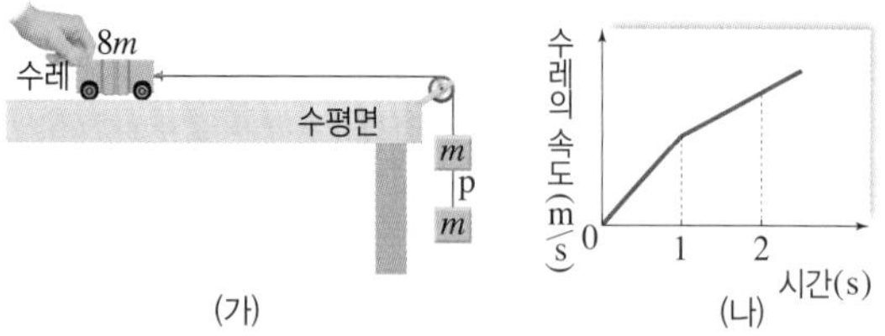

(가) (나)

수레의 운동에 대한 설명으로 옳은 것만을 [보기]에서 있는 대로 고른 것은? (단, 중력 가속도는 $10\ m/s^2$이고, 실의 질량 및 모든 마찰과 공기 저항은 무시한다.)

보기

ㄱ. 1초일 때, 수레의 속도의 크기는 1 m/s이다.

ㄴ. 2초일 때, 수레의 가속도의 크기는 $\frac{10}{9}$ m/s^{2}이다.

ㄷ. 0초부터 2초까지 수레가 이동한 거리는 $\frac{32}{9}$ m이다.

① ㄱ ② ㄷ ③ ㄱ, ㄴ ④ ㄴ, ㄷ ⑤ ㄱ, ㄴ, ㄷ

5 그림 (가)는 물체 A, B, C를 실 p, q로 연결한 후, A에 수평면과 나란한 방향으로 일정한 크기의 힘 F를 가해 A, B, C가 정지한 모습을 나타낸 것이다. 그림 (나)는 (가)에서 p가 끊어진 후 A, C가 같은 크기의 가속도로 각각 등가속도 직선 운동하는 모습을 나타낸 것이다. A, C의 질량은 각각 $2m$, m이다.

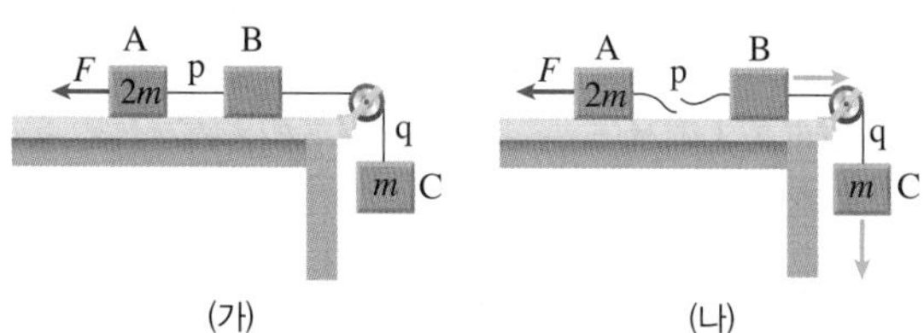

(가) (나)

이에 대한 설명으로 옳은 것만을 [보기]에서 있는 대로 고른 것은? (단, 중력 가속도는 g이고, 실의 질량, 모든 마찰과 공기 저항은 무시한다.)

보기

ㄱ. (나)에서 A의 가속도의 크기는 $\frac{1}{3}g$이다.

ㄴ. B의 질량은 m이다.

ㄷ. q가 C를 당기는 힘의 크기는 (가)에서가 (나)에서보다 작다.

① ㄱ ② ㄴ ③ ㄷ ④ ㄱ, ㄴ ⑤ ㄴ, ㄷ

6 그림 (가)와 같이 질량이 각각 $3m$, m, $2m$인 물체 A, B, C가 실로 연결된 상태로 각각 빗면에서 일정한 속력 v로 운동하고 있다. 그림 (나)는 (가)에서 A가 점 p에 도달하는 순간, A, B를 연결하고 있던 실이 끊어져 A, B, C가 각각 등가속도 직선 운동 하는 모습을 나타낸 것이다. (나)에서 실이 B에 작용하는 힘의 크기는 $\frac{1}{4}mg$이고, 실이 끊어진 순간부터 A가 최고점에 도달할 때까지 C는 d만큼 이동한다.

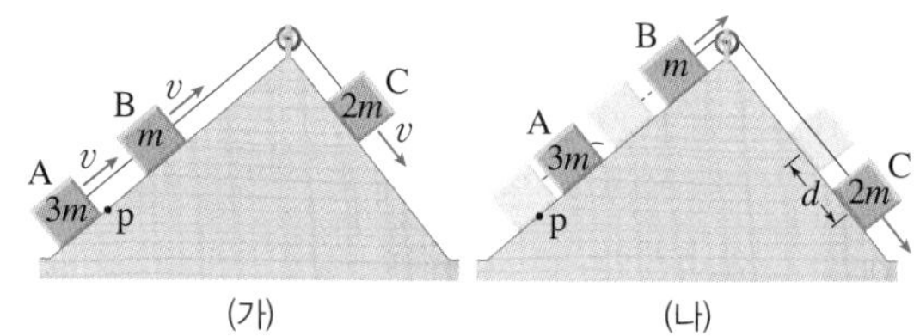

(가) (나)

이에 대한 설명으로 옳은 것만을 [보기]에서 있는 대로 고른 것은? (단, 중력 가속도는 g이고, 물체의 크기, 실의 질량과 모든 마찰은 무시한다.)

보기

ㄱ. (가)에서 실이 A를 당기는 힘의 크기는 실이 C를 당기는 힘보다 크다.

ㄴ. (나)에서 B의 가속도는 $\frac{1}{8}g$이다.

ㄷ. d는 $\frac{12v^2}{g}$이다.

① ㄱ ② ㄴ ③ ㄱ, ㄷ ④ ㄴ, ㄷ ⑤ ㄱ, ㄴ, ㄷ

7 그림과 같이 어른과 어린이가 줄의 양 끝을 잡고 수평으로 잡아당기고 있을 때, 어른은 움직이지 않고 어린이는 일정한 속력으로 끌려가고 있다.

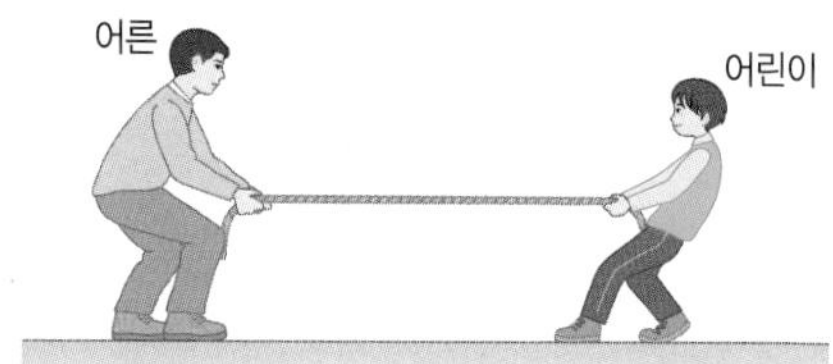

이에 대한 설명으로 옳은 것만을 [보기]에서 있는 대로 고른 것은?

보기

ㄱ. 어른이 어린이를 당기는 힘의 크기는 어린이가 어른을 당기는 힘의 크기보다 크다.

ㄴ. 어린이에게 왼쪽으로 알짜힘이 작용한다.

ㄷ. 어른에게 작용하는 마찰력의 크기는 어린이에게 작용하는 마찰력의 크기와 같다.

① ㄱ ② ㄴ ③ ㄷ ④ ㄱ, ㄴ ⑤ ㄱ, ㄴ, ㄷ

2021 수능 10번

8 그림 (가)는 저울 위에 놓인 물체 A, B가 정지해 있는 모습을, (나)는 (가)의 A에 크기가 F인 힘을 연직 방향으로 가할 때 A, B가 정지해 있는 모습을 나타낸 것이다. 저울에 측정된 힘의 크기는 (나)에서가 (가)에서의 2배이다.

(가)

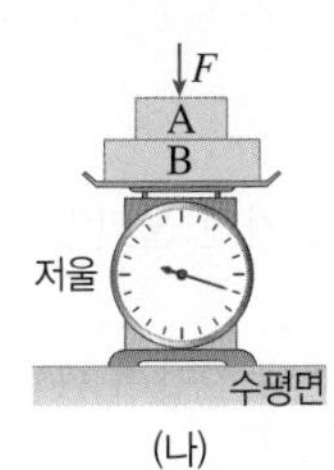

(나)

이에 대한 설명으로 옳은 것만을 [보기]에서 있는 대로 고른 것은?

보기

ㄱ. (가)에서 A에 작용하는 중력과 B가 A에 작용하는 힘은 작용 반작용 관계이다.
ㄴ. (나)에서 B가 A에 작용하는 힘의 크기는 F보다 크다.
ㄷ. (나)의 저울에 측정된 힘의 크기는 $3F$이다.

① ㄱ ② ㄴ ③ ㄱ, ㄷ
④ ㄴ, ㄷ ⑤ ㄱ, ㄴ, ㄷ

9 그림과 같이 마찰이 없는 수평면에 대전체 A, B가 한 쪽 끝이 고정된 가벼운 실 p, q에 각각 연결되어 수평을 유지한 상태로 정지해 있다.

이에 대한 설명으로 옳은 것만을 [보기]에서 있는 대로 고른 것은? (단, 실은 수평을 유지한다.)

보기

ㄱ. A가 B를 당기는 힘과 B가 A를 당기는 힘은 작용 반작용의 관계이다.
ㄴ. A, B가 띠는 전하의 종류는 같다.
ㄷ. p가 A를 당기는 힘과 q가 B를 당기는 힘은 힘의 평형 관계이다.

① ㄱ ② ㄴ ③ ㄱ, ㄷ
④ ㄴ, ㄷ ⑤ ㄱ, ㄴ, ㄷ

2021 6월 평가원 8번

10 그림 (가), (나)는 물체 A, B, C가 수평 방향으로 24 N의 힘을 받아 함께 등가속도 직선 운동 하는 모습을 나타낸 것이다. A, B, C의 질량은 각각 4 kg, 6 kg, 2 kg이고, (가)와 (나)에서 A가 B에 작용하는 힘의 크기는 각각 F_1, F_2이다.

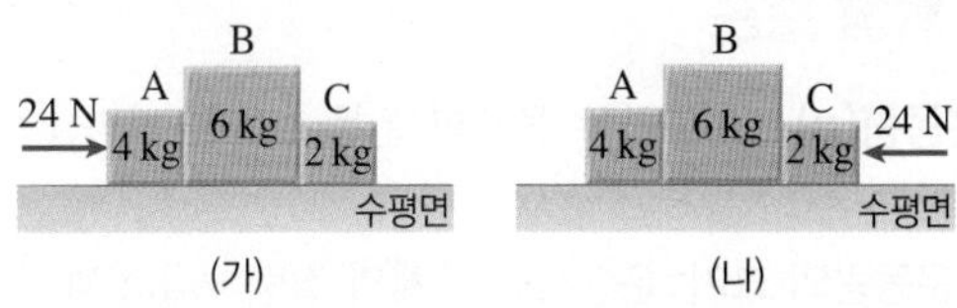

$F_1 : F_2$는? (단, 모든 마찰은 무시한다.)

① 1 : 2 ② 2 : 3 ③ 1 : 1
④ 3 : 2 ⑤ 2 : 1

2020 9월 평가원 16번

11 그림 (가)는 저울 위에 고정된 수직 봉을 따라 연직 방향으로 운동할 수 있는 로봇을 수직 봉에 매달고 로봇이 정지한 상태에서 저울의 측정값을 0으로 맞춘 모습을 나타낸 것이고, (나)는 (가)의 로봇이 운동하는 동안 저울에서 측정한 힘을 시간에 따라 나타낸 것이다. 로봇의 질량은 0.1 kg이고, t_1일 때 정지해 있다.

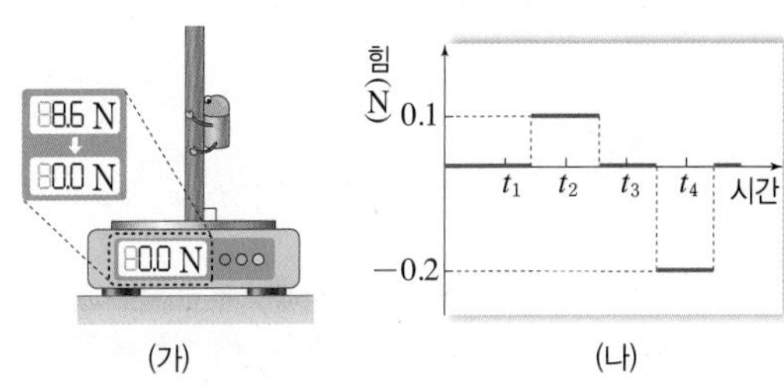

(가) (나)

로봇의 운동에 대한 설명으로 옳은 것만을 [보기]에서 있는 대로 고른 것은?

보기

ㄱ. t_2일 때, 로봇에 작용하는 알짜힘의 방향은 연직 윗방향이다.
ㄴ. t_3일 때, 속력은 0이다.
ㄷ. t_4일 때, 가속도의 크기는 $1\ m/s^2$이다.

① ㄱ ② ㄴ ③ ㄱ, ㄷ
④ ㄴ, ㄷ ⑤ ㄱ, ㄴ, ㄷ

운동량과 충격량

≫ 핵심 짚기
- 운동량 보존 법칙의 이해와 적용
- 충격량과 운동량의 관계 이해
- 충격을 줄이는 원리
- 충돌과 안전장치

Ⓐ 운동량 보존

1 *운동량(p) 운동하는 물체의 운동 효과를 나타내는 양으로, 크기와 방향을 가진 물리량이다.

① 운동량의 크기: 운동하는 물체의 질량 m(kg)과 속도 v(m/s)에 비례한다. ➡ 질량이 클수록, 속도가 빠를수록 운동량이 크다.

> 운동량=질량×속도, $p=mv$ [단위: kg·m/s]

② 운동량의 방향: 속도의 방향과 같다. ➡ 직선상에서 어느 한쪽 방향의 운동량을 (+)로 나타내면, 반대 방향의 운동량은 (−)로 나타낸다.

③ 운동량의 변화량(Δp): 질량이 m인 물체의 속도가 v에서 v'으로 변하는 경우, 운동량의 변화량은 다음과 같다.[1]

> 운동량의 변화량=나중 운동량−처음 운동량, $\Delta p=mv'-mv$

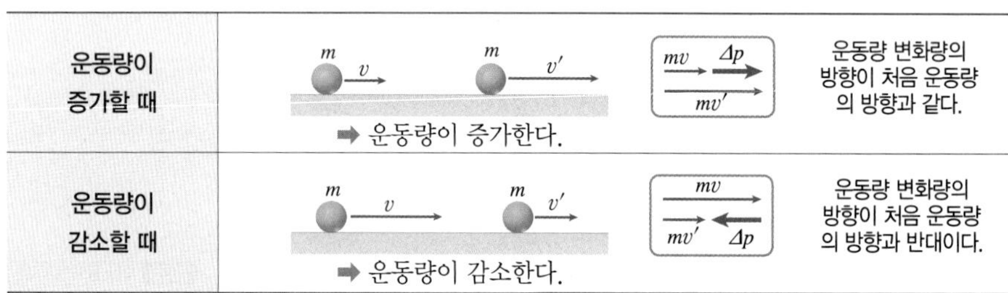

운동량이 증가할 때	m, v → m, v' ➡ 운동량이 증가한다.	mv, Δp, mv'	운동량 변화량의 방향이 처음 운동량의 방향과 같다.
운동량이 감소할 때	m, v → m, v' ➡ 운동량이 감소한다.	mv, mv', Δp	운동량 변화량의 방향이 처음 운동량의 방향과 반대이다.

2 운동량 보존 법칙

① 운동량 보존 법칙: 두 물체가 충돌할 때 외부에서 힘이 작용하지 않으면 충돌 전과 충돌 후의 운동량의 합은 일정하게 보존된다.[2]

[물체의 충돌과 운동량 보존]

질량이 m_A, m_B인 두 물체 A, B가 각각 v_A, v_B의 속도로 운동하다가 충돌하였다.
➡ 충돌 전 물체 A와 B의 운동량의 합$=m_Av_A+m_Bv_B$

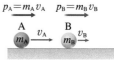

$p_A=m_Av_A$ $p_B=m_Bv_B$ A v_A B v_B m_A m_B
충돌 전

작용 반작용 법칙에 의해 충돌 과정에서 두 물체는 같은 크기의 힘을 서로 반대 방향으로 받는다. 이때 $-F_A=F_B$의 관계가 성립하고, 가속도 법칙에 따라 힘 $F=ma=m\frac{\Delta v}{\Delta t}$이다.
➡ $-F_A=F_B$에서 $-m_A\frac{\Delta v_A}{\Delta t}=m_B\frac{\Delta v_B}{\Delta t}$

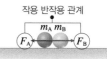

작용 반작용 관계 m_A m_B F_A F_B
충돌 중

충돌 후 속도가 각각 v_A', v_B'가 되었다면 $-m_A\frac{v_A'-v_A}{\Delta t}=m_B\frac{v_B'-v_B}{\Delta t}$에서 $m_Av_A-m_Av_A'=m_Bv_B'-m_Bv_B$이다.
➡ $m_Av_A+m_Bv_B=m_Av_A'+m_Bv_B'$

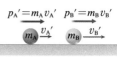

$p_A'=m_Av_A'$ $p_B'=m_Bv_B'$ m_A v_A' m_B v_B'
충돌 후

> 충돌 전 운동량의 합=충돌 후 운동량의 합
> $m_Av_A+m_Bv_B=m_Av_A'+m_Bv_B'$

PLUS 강의

[1] 운동량-시간 그래프

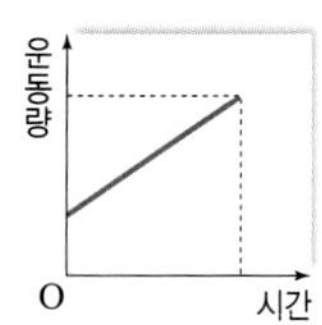

그래프의 기울기는 물체가 받은 알짜힘을 나타낸다.

➡ 그래프의 기울기$=\frac{\text{운동량의 변화량}}{\text{걸린 시간}}=\frac{m\Delta v}{\Delta t}=ma=F$

[2] 충돌의 종류와 운동 에너지

- 탄성 충돌: 운동량과 운동 에너지가 보존된다. 탄성 충돌하는 두 물체의 질량이 같으면 충돌 전과 후에 속도가 교환된다.

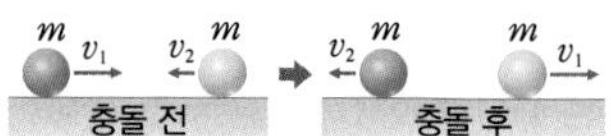

- 완전 비탄성 충돌: 충돌 후 두 물체가 붙어서 함께 운동하는 경우로, 운동량은 보존되고, 운동 에너지는 보존되지 않는다.

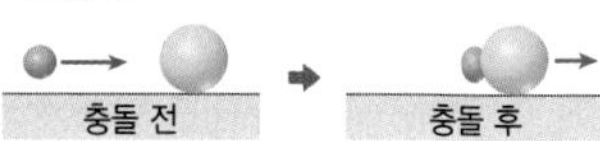

용어 돋보기

* **운동량(momentum, 運 옮기다, 動 움직이다, 量 헤아리다)**_물체가 움직이려는 양, 즉 운동의 효과를 나타내는 물리량

탐구 자료 역학 수레를 이용한 운동량 보존 실험

(가) 실험대 위의 수레 A를 밀어 B와 정면으로 충돌시키는 과정을 동영상으로 촬영한다.
(나) 동영상을 재생하여 일정한 시간 간격으로 수레의 위치를 기록한 후 충돌 전과 후 A, B의 속도를 구한다.
(다) 역학 수레의 질량을 변화시키거나 A의 속도를 변화시켜 (가), (나) 과정을 반복한다.

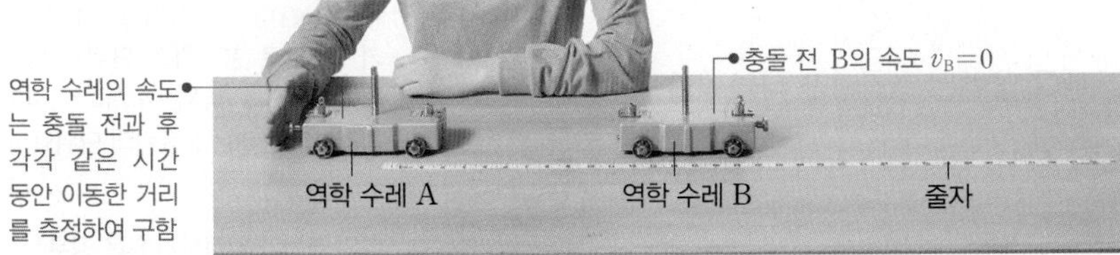

1. 실험 결과

충돌 전 운동량의 합 / 충돌 후 운동량의 합

A의 질량(m_A)	B의 질량(m_B)	충돌 전 A의 속도(v_A)	충돌 후 A의 속도(v_A')	충돌 후 B의 속도(v_B')	m_Av_A	$m_Av_A'+m_Bv_B'$
0.5 kg	0.5 kg	0.6 m/s	0.15 m/s	0.45 m/s	0.3 kg·m/s	0.3 kg·m/s
1.0 kg	0.5 kg	0.6 m/s	0.3 m/s	0.6 m/s	0.6 kg·m/s	0.6 kg·m/s
0.5 kg	0.5 kg	1.0 m/s	0.25 m/s	0.75 m/s	0.5 kg·m/s	0.5 kg·m/s

2. 결론: 두 물체의 충돌에서 충돌 전과 후의 운동량의 총합이 같다. ➡ 두 물체의 충돌에서 충돌 전과 후의 운동량의 총합이 보존된다.

② 다양한 상황에서 성립하는 운동량 보존 법칙[3]

- 한 물체가 두 물체로 분리될 때: 직선상에서 질량이 m_1, m_2인 수레 A, B가 압축된 용수철을 사이에 두고 정지해 있다가 고정 장치를 해제하여 각각 v_1, v_2의 속도로 운동하였다. 분리 전 수레의 운동량의 합은 0이므로 분리 후 두 수레의 운동량의 합도 0이다.
  $0=m_1v_1+m_2v_2$ ➡ $m_1v_1=-m_2v_2$
- 두 물체가 한 물체로 합쳐질 때: 직선상에서 질량이 m_1, m_2인 수레 C, D가 각각 v_1, v_2의 속도로 운동하다가 충돌한 후 하나로 합쳐져서 속도 v로 운동하였다. 충돌 후 한 물체로 합쳐졌으므로 충돌 후 질량은 m_1+m_2이다.
  $m_1v_1+m_2v_2=(m_1+m_2)v$ ➡ $v=\dfrac{m_1v_1+m_2v_2}{m_1+m_2}$

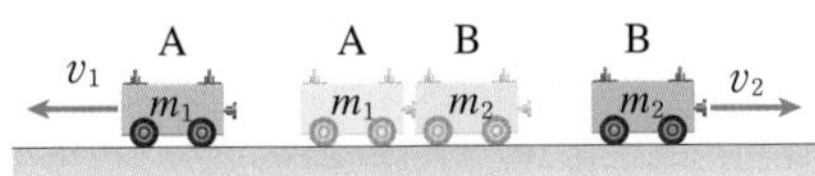

▲ 한 물체가 두 물체로 분리될 때

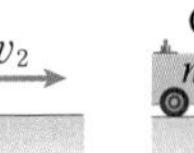
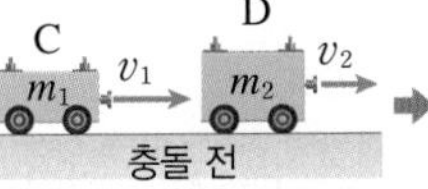
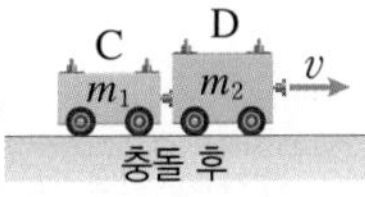

▲ 두 물체가 한 물체로 합쳐질 때

[3] **운동량 보존 법칙의 성립**
- 한 물체가 두 물체로 분리되거나 두 물체가 충돌 후 붙어서 운동하는 경우에도 성립한다.
- 작은 원자끼리의 충돌에서부터 거대한 은하끼리의 충돌까지도 성립한다.

정답과 해설 14쪽

개념 확인

(1) 운동량은 물체의 질량에 (   )를 곱한 물리량이다.
(2) 직선 도로에서 오른쪽으로 달리는 자동차의 운동량의 방향이 (+)이면 (   )으로 달리는 자동차의 운동량의 방향은 (−)이다.
(3) 10 m/s의 속력으로 운동하는 질량 2 kg인 공의 운동량의 크기는 (   )이다.
(4) 운동량의 변화량은 (처음, 나중) 운동량에서 (처음, 나중) 운동량을 뺀 값이다.
(5) 운동량−시간 그래프의 기울기는 물체가 받은 (   )을 의미한다.
(6) (   ) 법칙: 충돌 전 운동량의 합=충돌 후 운동량의 합

운동량과 충격량

Ⓑ 충격량과 운동량의 관계

1 ***충격량(I)** 물체가 받은 충격의 정도를 나타내는 양으로, 크기와 방향을 가진 물리량이다.

① **충격량의 크기:** 충돌하는 동안 물체에 작용한 힘 F와 힘이 작용한 시간 Δt에 비례한다.

> 충격량=힘×시간, $I=F\Delta t$ [단위: N·s, kg·m/s][4]

② **충격량의 방향:** 힘의 방향과 같다.

③ **힘 – 시간 그래프와 충격량:** 그래프 아랫부분의 넓이는 충격량을 나타낸다.

힘이 일정할 때	힘이 일정하게 증가할 때	힘이 일정하지 않을 때[5]
힘 / O / 시간 / 넓이=충격량	힘 / O / 시간 / 넓이 =충격량	힘 / O / 시간 / 넓이 =충격량

2 충격량과 운동량 변화량의 관계

① **충격량과 운동량 변화량의 관계:** 물체가 충격량을 받으면 운동량이 변한다. ➡ 물체가 받은 충격량은 물체의 운동량의 변화량과 같다.

> 충격량=운동량의 변화량=나중 운동량−처음 운동량, $I=\Delta p$

[운동량과 충격량의 관계식 유도]

질량이 m인 물체가 속도 v_1로 운동하고 있을 때 일정한 크기의 힘 F가 시간 Δt 동안 운동 방향으로 작용하여 물체의 속도가 v_2로 변하였다.

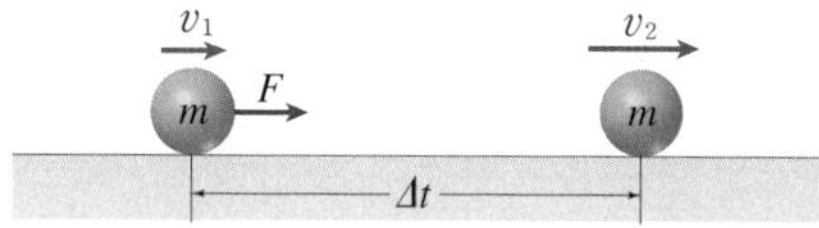

물체에 작용한 힘 $F=ma=m\dfrac{v_2-v_1}{\Delta t}$이므로, 충격량 $I=F\Delta t=mv_2-mv_1=m\Delta v=\Delta p$이다.

➡ 물체가 충돌할 때 물체가 받은 충격량은 물체의 운동량의 변화량과 같다.

② **충격량(운동량의 변화량)을 크게 하는 방법**

- 힘의 크기가 일정할 때 힘이 작용하는 시간이 길수록 충격량의 크기가 커진다.
  예 대포의 포신이 길수록 포탄에 힘이 작용하는 시간이 길어져 충격량이 커지므로 포탄이 멀리 날아간다.
- 힘이 작용하는 시간이 일정할 때 작용하는 힘의 크기가 클수록 충격량의 크기가 커진다.
  예 야구공을 큰 힘으로 치면 야구공이 더 멀리 날아간다.

탐구 자료 빨대로 뭉친 종이 멀리 날리기

(가) 뭉친 종이를 빨대 입구에 넣고 빨대를 부는 힘의 크기를 다르게 하여 입으로 불어 종이가 날아간 거리를 측정한다.

(나) 빨대를 부는 힘의 크기를 일정하게 하고, 빨대의 길이를 다르게 하여 입으로 불어 종이가 날아간 거리를 측정한다.

1. (가): 부는 힘의 크기가 클수록 뭉친 종이가 멀리 날아간다.
   ➡ 부는 힘의 크기가 클수록 종이가 받은 충격량이 크다. ─ 빨대를 벗어날 때 종이의 운동량이 크다.
2. (나): 빨대의 길이가 길수록 뭉친 종이가 멀리 날아간다.
   ➡ 빨대의 길이가 길수록 종이가 힘을 받는 시간이 길므로 충격량이 크다. ─ 빨대를 벗어날 때 종이의 운동량이 크다.

---

[4] **충격량과 운동량의 단위**
힘=질량×가속도이므로 단위로 나타내면 $\mathrm{kg\cdot m/s^2}$=N이고, 시간의 단위가 s이므로 충격량의 단위는 N·s=$(\mathrm{kg\cdot m/s^2})\cdot \mathrm{s}$ =kg·m/s이다. 따라서 충격량의 단위는 운동량의 단위와 같다.

[5] **힘의 크기가 일정하지 않은 경우**
물체에 작용하는 힘의 크기가 일정하지 않을 때에도 힘 – 시간 그래프 아랫부분의 넓이는 물체가 받는 충격량을 나타낸다. 따라서 충격량을 힘이 작용한 시간으로 나누어 평균 힘을 구할 수 있다.

> 평균 힘=$\dfrac{\text{충격량}}{\text{충돌 시간}}$

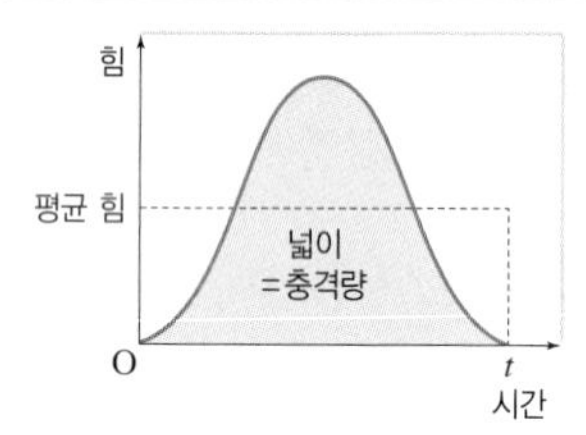

용어 돋보기

* 충격량(impulse, 衝 찌르다, 擊 부딪히다, 量 헤아리다)_ 힘의 크기와 그 힘이 작용한 시간의 곱

C 충돌과 안전장치

1 충격력 물체가 충돌할 때 받는 평균 힘[6]

2 충격력(평균 힘)과 충돌 시간의 관계 물체가 받는 충격량이 일정할 때 충돌 시간이 길수록 충격력이 작아진다.

[충격력과 충돌 시간의 관계]

똑같은 두 컵을 같은 높이에서 각각 단단한 바닥(A)과 푹신한 방석(B) 위에 가만히 놓아 떨어뜨린다.

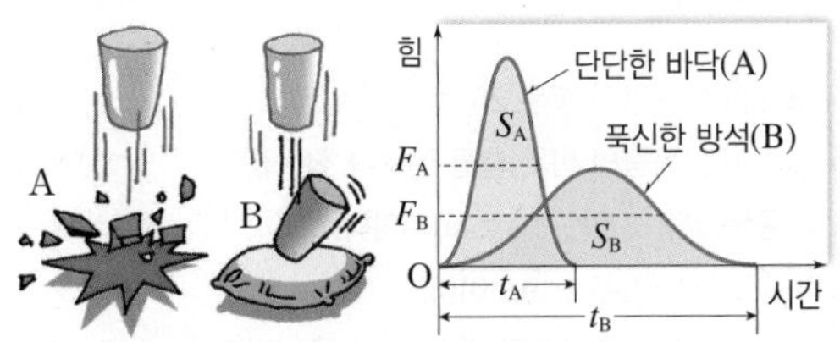

그래프 아랫부분의 넓이	A=B ($S_A=S_B$)
충격량(운동량의 변화량)	A=B
힘(충격력)을 받는 시간	A<B ($t_A<t_B$)
평균 힘(충격력)	A>B ($F_A>F_B$)

- **충돌 전후 두 컵의 운동량:** 충돌 직전 두 컵의 질량과 속도가 같으므로 두 컵의 운동량은 같고, 충돌 후 두 컵의 속도가 0으로 같으므로 두 컵의 운동량은 0으로 같다. —• 충격량이 같다.
- **두 컵이 받는 힘:** 충격량이 같을 때 충돌 시간이 길어지면 컵이 받는 평균 힘(충격력)의 크기는 작아진다.

➡ 단단한 바닥에 떨어진 컵은 깨지고, 푹신한 방석 위에 떨어진 컵은 깨지지 않는다.

3 안전장치

① 충격을 줄이는 원리: 사람의 안전과 물체의 온전한 보전을 위해서 충격력을 줄이거나 힘을 받는 시간을 길게 한다.

② 충격을 줄이는 방법[7]

- 운동선수가 착용하는 보호대는 충격이 가해질 때 힘을 받는 시간을 길게 하여 운동선수가 받는 충격을 줄여 준다.
- 에어백은 충격이 가해질 때 힘을 받는 시간을 길게 하여 사람이 받는 충격을 줄여 준다.
- 자동차의 범퍼는 충돌할 때 힘을 받는 시간을 길게 하여 자동차가 받는 충격을 줄여 준다.
- 공기가 충전된 포장재는 물건이 외부와 충돌할 때 힘을 받는 시간을 길게 하여 물건이 받는 충격을 줄여 준다.
- 구조용 에어 매트는 충격이 가해질 때 힘을 받는 시간을 길게 하여 사람이 받는 충격을 줄여 준다.
- 멀리뛰기 선수가 착지할 때 무릎을 굽히면 충돌할 때 힘을 받는 시간이 길어지므로 선수가 받는 충격이 줄어든다.
- 야구 선수가 공을 받을 때 손을 뒤로 빼면서 받으면 손이 힘을 받는 시간이 길어지므로 손이 받는 충격이 줄어든다.

[6] 충격량과 충격력

충격량=평균 힘(충격력)×시간

- 충격량이 같을 때: 충돌 시간이 길수록 충격력이 작아진다.
- 충격력이 같을 때: 충돌 시간이 길수록 충격량이 커진다.

[7] 충격을 줄이는 방법

▲ 자동차의 범퍼

▲ 공기가 충전된 포장재

▲ 구조용 에어 매트

▲ 야구 선수

정답과 해설 14쪽

개념 확인

(7) 충격량은 물체에 작용한 힘과 힘이 작용한 (　　　　)을 곱한 물리량으로, 충격량의 방향은 물체에 작용한 (　　　　)의 방향과 같다.

(8) 물체가 받은 (　　　　)만큼 물체의 운동량이 변한다.

(9) 힘-시간 그래프에서 그래프 아랫부분의 넓이는 (　　　　)을 나타낸다.

(10) 충격량이 같을 때 충돌 시간이 길수록 충격력이 (커, 작아)진다.

(11) 사람이나 물체의 안전을 위해 충돌 시간을 길게 하여 (　　　　)을 줄이는 안전장치를 사용한다.

정답과 해설 14쪽

2021 ● 6월 평가원 9번

자료❶ 운동량 보존 실험

그림 (가)와 같이 질량이 1 kg인 수레 A에 달린 용수철을 압축시켜 고정시킨 후 질량이 2 kg인 수레 B를 가만히 접촉시키고, A의 용수철 고정 장치를 해제하여 정지해 있던 A와 B가 서로 반대 방향으로 운동하게 한다. 그림 (나)는 A와 B가 분리된 이후부터 이동한 거리를 시간에 따라 나타낸 것이다.

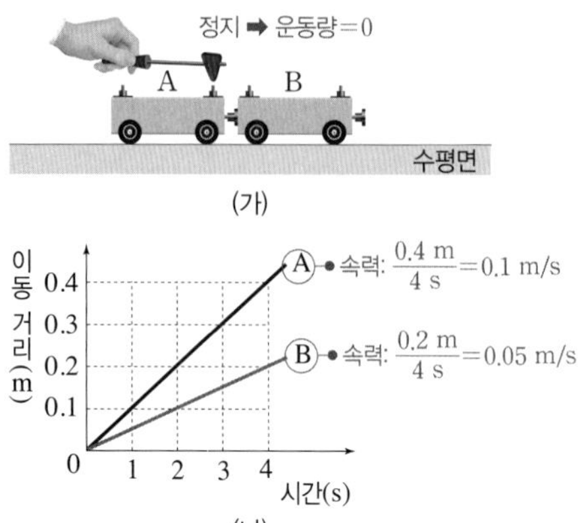

1. (가)에서 두 수레의 운동량의 합은 0이다. (○, ×)
2. A와 B가 분리된 이후 A의 속력은 B의 2배이다. (○, ×)
3. 2초일 때, B의 운동량의 크기는 0.2 kg·m/s이다. (○, ×)
4. 4초일 때, 운동량의 크기는 A와 B가 같다. (○, ×)
5. 4초일 때, A와 B의 운동량의 합은 0.2 kg·m/s이다. (○, ×)
6. 운동량 보존 법칙은 두 물체가 충돌할 때뿐만 아니라 한 물체가 두 물체로 분리되는 경우에도 성립한다. (○, ×)

2021 ● 6월 평가원 13번

자료❷ 충격량과 운동량의 관계

그림 (가)는 질량이 2 kg인 수레가 물체를 향해 운동하는 모습을 나타낸 것이고, (나)는 수레가 물체와 충돌하는 동안 직선 운동하는 수레의 속력을 시간에 따라 나타낸 것이다.

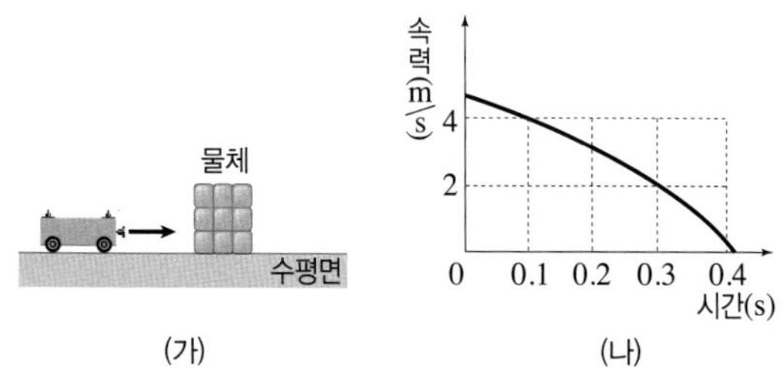

1. 0.1초부터 0.3초까지 수레의 속력 변화량의 크기는 2 m/s이다. (○, ×)
2. 0.1초부터 0.3초까지 수레의 운동량 변화량의 크기는 2 kg·m/s이다. (○, ×)
3. 0.1초부터 0.3초까지 수레가 받은 충격량의 크기는 4 N·s이다. (○, ×)
4. 0.1초부터 0.3초까지 수레가 받은 평균 힘의 크기는 40 N이다. (○, ×)

자료❸ 물체의 충돌에서 운동량과 충격량

그림은 마찰이 없는 수평면에서 질량이 각각 2 kg, 3 kg인 두 물체 A와 B가 충돌하는 모습을 나타낸 것이다. 충돌 전 A와 B의 속도는 7 m/s, 2 m/s이고, 충돌 후 B의 속도는 6 m/s이며, 동일 직선상에서 운동한다.

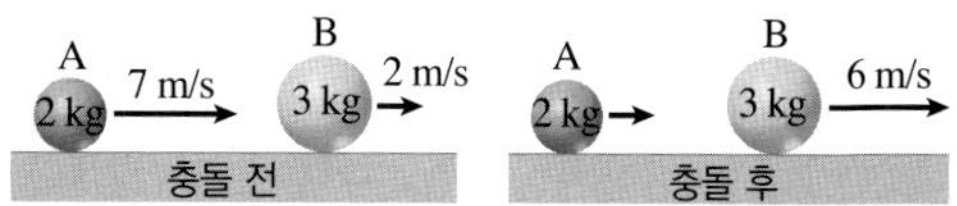

1. 충돌 전 두 물체의 운동량의 합은 20 kg·m/s이다. (○, ×)
2. 충돌 후 두 물체의 운동량의 합은 충돌 전보다 작아진다. (○, ×)
3. 충돌 후 A의 운동량의 크기는 3 kg·m/s이다. (○, ×)
4. 충돌 후 A의 속도의 크기는 1 m/s이다. (○, ×)
5. 충돌 과정에서 A가 받은 충격량의 크기는 12 N·s이다. (○, ×)
6. 충돌 시간이 0.5초라면 B가 받은 평균 힘은 6 N이다. (○, ×)

자료❹ 충격력과 충돌 시간의 관계

그림 (가)는 마찰이 없는 수평면 위에서 질량이 m인 공을 발로 차는 모습을 나타낸 것이다. 그림 (나)는 (가)에서 공이 발로부터 받은 힘의 크기를 시간에 따라 각각 나타낸 것이다. A와 B의 그래프 아랫부분의 넓이는 $5mv$로 같다.

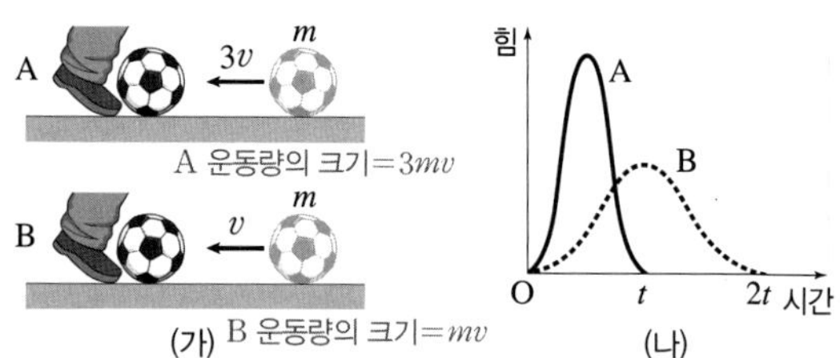

1. (가)에서 발로 차기 전 두 공의 운동량의 크기는 같다. (○, ×)
2. A와 B에서 공이 받은 충격량은 같다. (○, ×)
3. A와 B에서 공의 운동량 변화량은 같다. (○, ×)
4. 공이 발을 떠나는 순간, 공의 운동량은 A와 B에서 같다. (○, ×)
5. 공이 발을 떠나는 순간, 공의 속력은 B에서가 A에서의 3배이다. (○, ×)
6. 공이 받은 평균 힘의 크기는 A에서가 B에서의 2배이다. (○, ×)

정답과 해설 15쪽

Ⓐ 운동량 보존

1 그림은 질량이 2 kg인 물체의 운동량을 시간에 따라 나타낸 것이다.

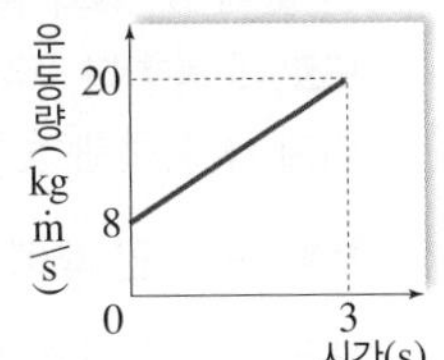

(1) 3초일 때, 물체의 속력은 몇 m/s인지 구하시오.

(2) 0초부터 3초까지 운동량 변화량의 크기는 몇 kg·m/s인지 구하시오.

(3) 0초부터 3초까지 물체가 받은 알짜힘의 크기는 몇 N인지 구하시오.

2 그림과 같이 두 물체가 운동하다가 충돌 후 한 덩어리가 되어 운동하였다.

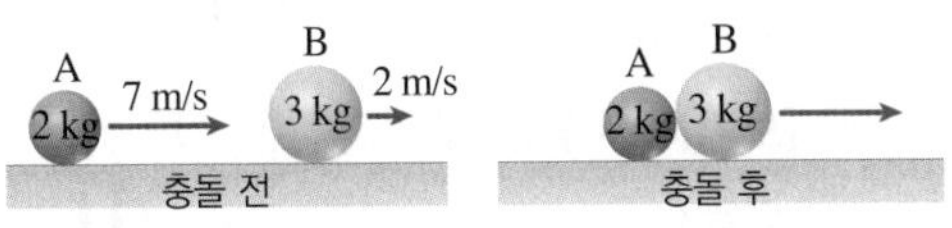

충돌 후 한 덩어리가 된 물체의 속력이 몇 m/s인지 구하시오. (단, 마찰은 무시한다.)

Ⓑ 충격량과 운동량의 관계

3 운동량과 충격량에 대한 설명으로 옳은 것만을 [보기]에서 있는 대로 고르시오.

보기

ㄱ. 운동량은 질량과 속도의 곱이다.
ㄴ. 충격량은 크기와 방향이 있다.
ㄷ. 물체가 받은 충격량은 물체의 운동량과 같다.

4 그림은 수평면에서 정지해 있는 물체에 작용하는 힘을 시간에 따라 나타낸 것이다.
0초에서 4초 동안 이 물체의 운동량의 변화량의 크기는 몇 kg·m/s인지 구하시오.

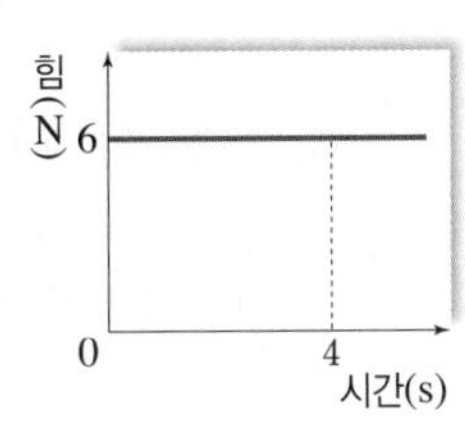

5 정지해 있는 질량이 1 kg인 공에 힘을 0.1초 동안 작용하였더니 공의 속력이 30 m/s가 되었다. 이때 공에 작용한 평균 힘의 크기는 몇 N인지 구하시오.

Ⓒ 충돌과 안전장치

6 그림은 동일한 물체 A, B를 같은 높이에서 재질이 다른 바닥에 떨어뜨렸을 때, 물체 A와 B가 바닥에 닿는 순간부터 정지할 때까지 작용한 힘을 시간에 따라 나타낸 것이다.

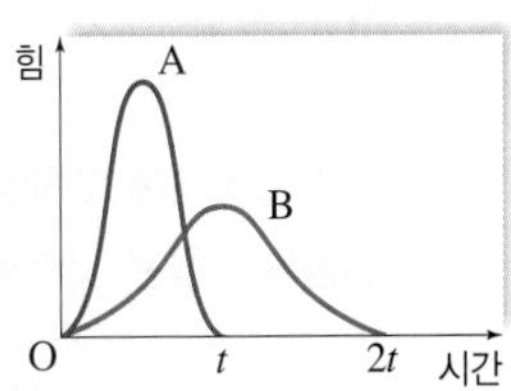

바닥에 충돌하는 과정에서 발생한 두 물체의 물리량을 등호 또는 부등호로 비교하시오.

(1) 운동량의 변화량: A (　　　) B
(2) 충격량: A (　　　) B
(3) 충돌 시간: A (　　　) B
(4) 평균 힘(충격력): A (　　　) B

7 똑같은 달걀 A와 B를 같은 높이에서 시멘트 바닥과 푹신한 방석에 떨어뜨릴 때 시멘트 바닥에 떨어진 A는 깨졌으나 방석에 떨어진 B는 깨지지 않았다. 이에 대한 설명으로 옳지 않은 것은?

① 달걀이 힘을 받은 시간은 A가 B보다 짧다.
② 달걀이 받은 충격량의 크기는 A가 B보다 크다.
③ 달걀에 작용한 평균 힘의 크기는 A가 B보다 크다.
④ 달걀이 시멘트 바닥과 방석에 충돌하기 직전 운동량은 A와 B가 같다.
⑤ 달걀이 시멘트 바닥과 방석에 충돌하는 동안 운동량의 변화량의 크기는 A와 B가 같다.

8 물체가 충격을 받을 때 힘을 받는 시간을 길게 하여 충격력의 크기를 감소시키는 경우가 아닌 것은?

① 대포의 포신을 길게 만든다.
② 자동차에 에어백과 범퍼를 설치한다.
③ 농구공을 받을 때 손을 뒤로 빼면서 받는다.
④ 야구 포수가 손을 뒤로 빼면서 공을 받는다.
⑤ 번지 점프를 할 때 잘 늘어나는 줄을 사용한다.

정답과 해설 15쪽

1 그림과 같이 수레 A, B 사이에 압축된 용수철을 넣고 실을 사용하여 두 수레를 연결한 후, 수레 끝에서 수레 멈추개까지의 거리가 각각 L이 되도록 두 수레를 수평인 실험대에 놓았다. 두 수레를 연결한 실을 끊었더니 A가 먼저 수레 멈추개에 도착하였다.

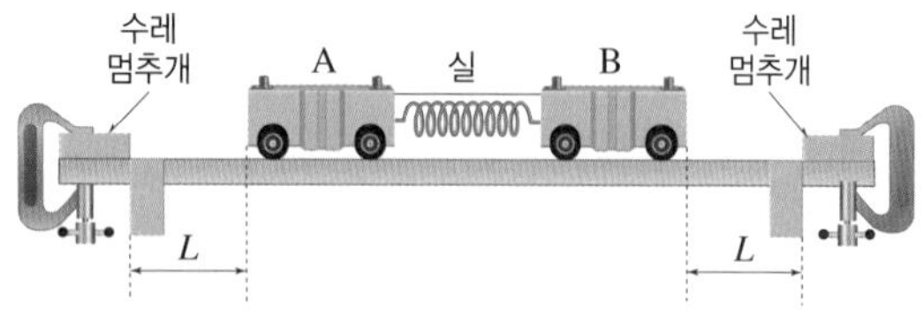

수레가 멈추개에 도착하기 전까지 운동하는 A와 B에 대한 설명으로 옳은 것만을 [보기]에서 있는 대로 고른 것은?

보기
ㄱ. A의 질량이 B보다 작다.
ㄴ. A의 속력이 B보다 크다.
ㄷ. 운동량의 크기는 A가 B보다 크다.

① ㄱ ② ㄷ ③ ㄱ, ㄴ ④ ㄴ, ㄷ ⑤ ㄱ, ㄴ, ㄷ

2018 수능 19번

2 그림 (가)와 같이 수평 방향의 일정한 힘 F가 작용하여 물체 A, B가 함께 운동하던 중에 A와 B 사이의 실이 끊어진다. 실이 끊어진 후에도 A에는 F가 계속 작용하고, A, B는 각각 등가속도 직선 운동을 한다. B의 질량은 2 kg이고, B의 가속도의 크기는 실이 끊어지기 전과 후가 같다. 그림 (나)는 실이 끊어지기 전과 후 A의 속력을 시간에 따라 나타낸 것이다.

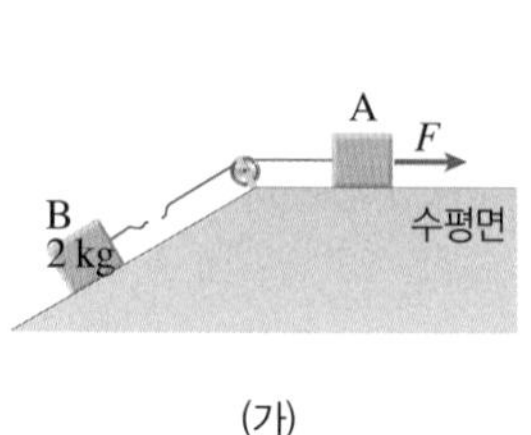

(가)

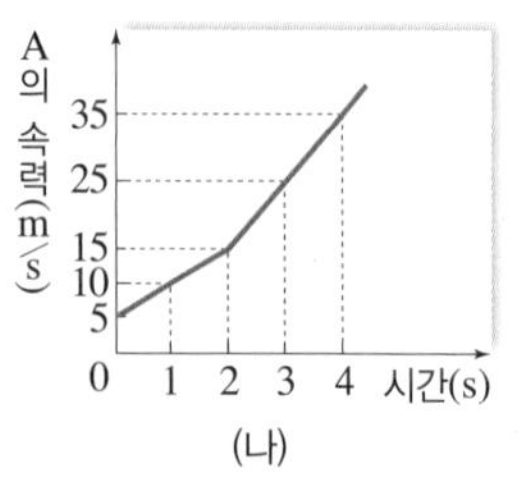

(나)

이에 대한 설명으로 옳은 것만을 [보기]에서 있는 대로 고른 것은? (단, 실의 질량, 모든 마찰과 공기 저항은 무시한다.)

보기
ㄱ. A의 질량은 4 kg이다.
ㄴ. 1초일 때, B에 작용하는 알짜힘의 크기는 10 N이다.
ㄷ. 3초일 때, B의 운동량의 크기는 20 kg·m/s이다.

① ㄱ ② ㄷ ③ ㄱ, ㄴ ④ ㄴ, ㄷ ⑤ ㄱ, ㄴ, ㄷ

2021 9월 평가원 17번

3 그림과 같이 우주 공간에서 점 O를 향해 질량이 각각 m인 물체 A, B와 질량이 $2m$인 우주인이 v_0의 일정한 속도로 운동한다. 우주인은 O에 도착하는 속도를 줄이기 위해 O를 향해 A, B의 순서로 물체를 하나씩 민다. A, B를 모두 민 후에, 우주인의 속도는 $\frac{1}{3}v_0$이 되고, A와 B는 속도가 서로 같으며 충돌하지 않는다.

A를 민 직후에 우주인의 속도는?

① $\frac{1}{3}v_0$ ② $\frac{4}{9}v_0$ ③ $\frac{2}{3}v_0$ ④ $\frac{7}{9}v_0$ ⑤ $\frac{8}{9}v_0$

4 그림은 어떤 물체의 운동량을 시간에 따라 나타낸 것이다.
이에 대한 설명으로 옳은 것만을 [보기]에서 있는 대로 고른 것은?

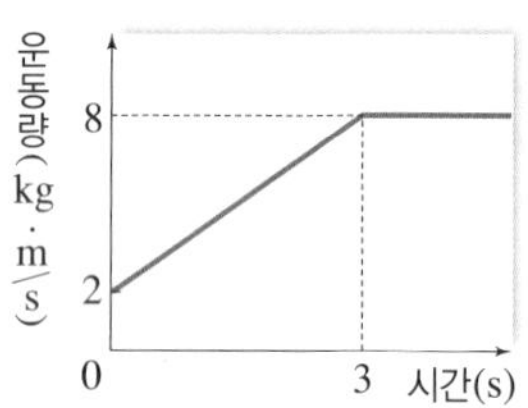

보기
ㄱ. 0초부터 3초까지 물체가 받은 충격량의 크기는 15 N·s이다.
ㄴ. 0초부터 3초까지 물체에 작용한 알짜힘의 크기는 2 N이다.
ㄷ. 3초 이후 물체의 가속도의 크기는 2 m/s²이다.

① ㄱ ② ㄴ ③ ㄱ, ㄴ ④ ㄱ, ㄷ ⑤ ㄴ, ㄷ

2017 6월 평가원 4번

5 그림과 같이 인라인 스케이트를 신고 서 있던 철수와 영희가 서로 미는 동안 동일 직선상에서 반대 방향으로 운동한다.
철수와 영희가 서로 미는 동안, 이에 대한 설명으로 옳은 것만을 [보기]에서 있는 대로 고른 것은?

보기
ㄱ. 철수가 영희에 작용하는 힘과 영희가 철수에 작용하는 힘은 작용과 반작용의 관계이다.
ㄴ. 가속도의 방향은 철수와 영희가 서로 반대이다.
ㄷ. 철수가 영희로부터 받은 충격량의 크기는 영희가 철수로부터 받은 충격량의 크기와 같다.

① ㄱ ② ㄷ ③ ㄱ, ㄴ ④ ㄴ, ㄷ ⑤ ㄱ, ㄴ, ㄷ

6 다음은 충격량에 대한 실험이다.

[실험 과정]
(가) 동일한 빨대를 길이가 각각 10 cm, 15 cm, 20 cm로 자르고, 질량과 크기가 같은 플라스틱 구슬을 준비한다.

(나) 빨대의 입구 부분에 구슬을 넣고, 빠져나갈 때까지 같은 크기의 힘으로 불어 구슬을 수평으로 발사시킨다.
(다) 구슬이 날아간 수평 거리를 측정한다.
(라) 빨대를 부는 힘의 크기를 크게 하여 과정 (나), (다)를 반복한다.
(마) 빨대의 길이를 달리하고, (나)에서와 같은 크기의 힘으로 빨대를 불어 과정 (나), (다)를 반복한다.

구슬의 운동에 대한 설명으로 옳은 것만을 [보기]에서 있는 대로 고른 것은?

보기
ㄱ. 빨대의 길이가 같을 때, 빨대를 부는 힘의 크기가 클수록 구슬이 받은 충격량이 크다.
ㄴ. 빨대를 부는 힘의 크기가 같을 때, 빨대의 길이가 길수록 더 멀리 날아간다.
ㄷ. 구슬이 받은 충격량의 크기와 구슬의 운동량 변화량의 크기는 같다.

① ㄱ ② ㄴ ③ ㄱ, ㄷ
④ ㄴ, ㄷ ⑤ ㄱ, ㄴ, ㄷ

7 그림은 마찰이 없는 수평면에 정지해 있던 물체가 외부로부터 두 번의 충격을 받았을 때 물체의 속도를 시간에 따라 나타낸 것이다. 첫 번째 충격과 두 번째 충격에서 물체가 힘을 받은 시간은 각각 t_0, $3t_0$이었다.

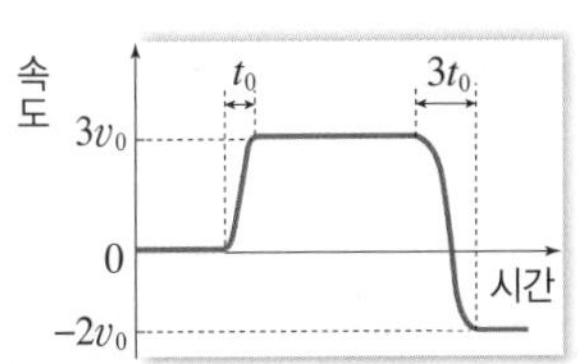

첫 번째 충격과 두 번째 충격에서 물체가 받은 평균 힘의 크기를 각각 F_1, F_2라고 할 때, $F_1 : F_2$는?

① 2 : 3 ② 3 : 1 ③ 3 : 5
④ 5 : 9 ⑤ 9 : 5

8 그림 (가)와 같이 수평면에서 질량이 $3m$인 공 A가 정지해 있는 질량이 m인 핀 B를 향해 등속 직선 운동 한다. 그림 (나)는 A, B가 충돌하는 동안 B가 A로부터 받은 힘의 크기를 시간에 따라 나타낸 것이다. A와 B의 충돌 시간은 T이고, 그래프 아랫부분의 넓이는 S이다.

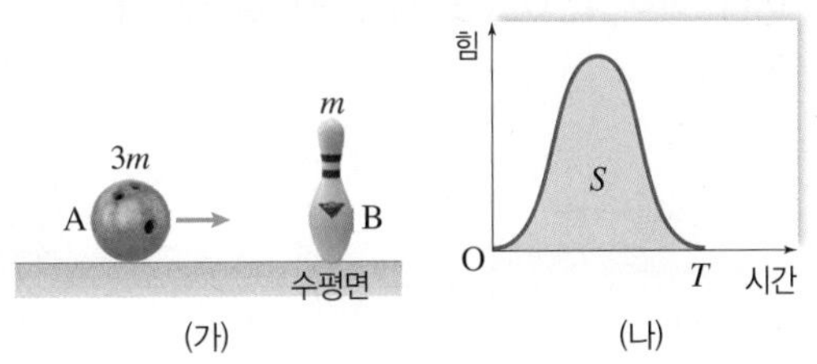

(가) (나)

이에 대한 설명으로 옳은 것만을 [보기]에서 있는 대로 고른 것은? (단, 충돌 후 A, B는 충돌 전 A의 운동 방향과 같은 방향으로 운동하고, A, B의 크기, 모든 마찰과 공기 저항은 무시한다.)

보기
ㄱ. 충돌하는 동안 A가 B로부터 받은 충격량의 크기는 B가 A로부터 받은 충격량의 크기보다 크다.
ㄴ. 충돌 직후 B의 속력은 $\frac{S}{m}$이다.
ㄷ. 충돌하는 동안 A가 B에 작용한 평균 힘은 $\frac{S}{2T}$이다.

① ㄱ ② ㄴ ③ ㄷ
④ ㄱ, ㄴ ⑤ ㄴ, ㄷ

2021 9월 평가원 2번

9 그림 A, B, C는 충격량과 관련된 예를 나타낸 것이다.

A. 골프채를 휘두르는 속도를 더 크게 하여 공을 친다.

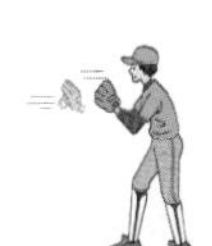
B. 글러브를 뒤로 빼면서 공을 받는다.

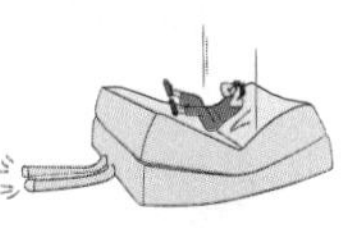
C. 사람을 안전하게 구조하기 위해 낙하 지점에 에어 매트를 설치한다.

이에 대한 설명으로 옳은 것만을 [보기]에서 있는 대로 고른 것은?

보기
ㄱ. A에서는 공이 받는 충격량이 커진다.
ㄴ. B에서는 충돌 시간이 늘어나 글러브가 받는 평균 힘이 작아진다.
ㄷ. C에서는 사람의 운동량의 변화량과 사람이 받는 충격량이 같다.

① ㄱ ② ㄷ ③ ㄱ, ㄴ
④ ㄴ, ㄷ ⑤ ㄱ, ㄴ, ㄷ

정답과 해설 17쪽

1 그림은 수평인 얼음판에 정지해 있는 물체 B를 향해 물체 A와 C가 일정한 속력 v로 운동하는 어느 순간의 모습을 나타낸 것이다. A, B, C의 질량은 각각 $2m$, m, $2m$이고, 이 순간 A, B, C의 위치는 x축상의 0, L, $3L$이다. 이후 A, B, C는 서로 충돌할 때마다 한 덩어리로 뭉쳤다.

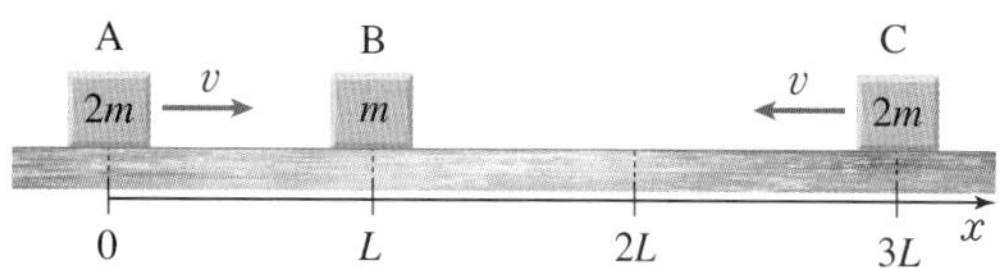

세 물체의 운동에 대한 설명으로 옳은 것만을 [보기]에서 있는 대로 고른 것은? (단, 물체의 크기, 모든 마찰과 공기 저항은 무시한다.)

보기

ㄱ. 위치 $1.4L$에서 두 번째 충돌이 일어난다.
ㄴ. 두 번째 충돌 후 세 물체는 모두 정지한다.
ㄷ. 두 번째 충돌에서 운동량의 변화량은 C가 B의 2배이다.

① ㄱ ② ㄷ ③ ㄱ, ㄴ
④ ㄴ, ㄷ ⑤ ㄱ, ㄴ, ㄷ

2 그림 (가)와 같이 질량 m인 물체 A를 경사면의 높이 h인 곳에 가만히 놓았더니, A가 경사면을 내려와 수평면에 정지해 있던 질량 $2m$인 물체 B와 충돌한 후 한 덩어리가 되어 운동하였다. 그림 (나)와 같이 B를 경사면의 높이 h인 곳에 가만히 놓았더니, B가 경사면을 내려와 수평면에 정지해 있던 A와 충돌한 후 한 덩어리가 되어 운동하였다.

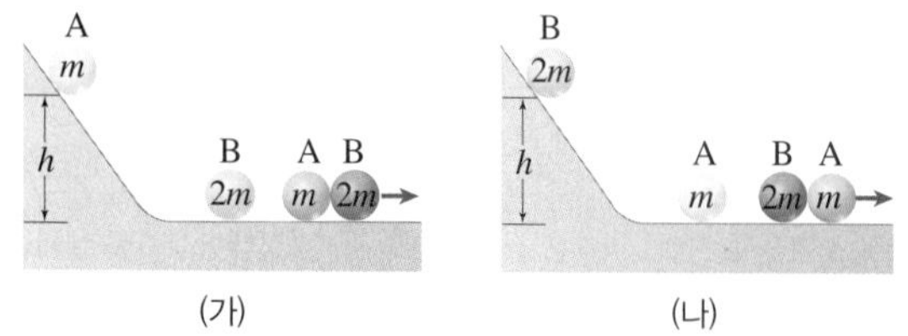

(가) (나)

(나)에서가 (가)에서보다 큰 물리량만을 [보기]에서 있는 대로 고른 것은? (단, 물체의 크기와 모든 마찰 및 공기 저항은 무시한다.)

보기

ㄱ. 충돌 후 한 덩어리가 된 물체의 속력
ㄴ. 충돌하는 동안 B가 받은 충격량의 크기
ㄷ. 충돌하는 동안 A의 운동량 변화량의 크기

① ㄱ ② ㄷ ③ ㄱ, ㄴ
④ ㄱ, ㄷ ⑤ ㄴ, ㄷ

자료❶ 2021 6월 평가원 9번

3 다음은 역학 수레를 이용한 실험이다.

[실험 과정]

(가) 그림과 같이 질량이 1 kg인 수레 A에 달린 용수철을 압축시켜 고정시킨 후 질량이 2 kg인 수레 B를 가만히 접촉시킨다.

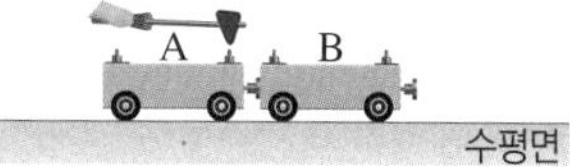

(나) A의 용수철 고정 장치를 해제하여, 정지해 있던 A와 B가 서로 반대 방향으로 운동하게 한다.
(다) A와 B가 분리된 이후부터 시간에 따라 이동한 거리를 측정한다.

[실험 결과]

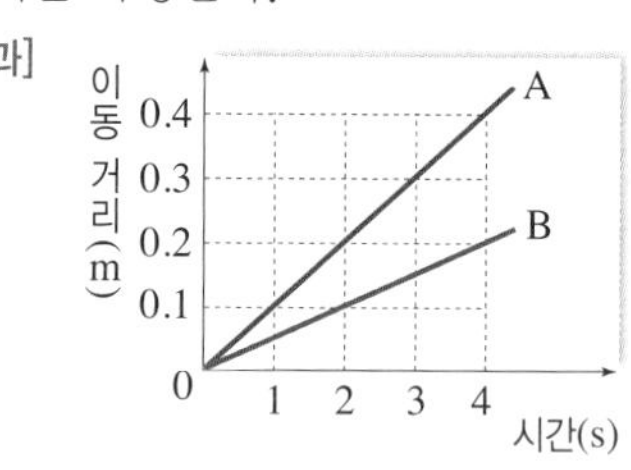

이에 대한 설명으로 옳은 것만을 [보기]에서 있는 대로 고른 것은?

보기

ㄱ. 2초일 때, A의 속력은 0.2 m/s이다.
ㄴ. 3초일 때, B의 운동량의 크기는 0.4 kg·m/s이다.
ㄷ. 4초일 때, 운동량의 크기는 A와 B가 같다.

① ㄱ ② ㄷ ③ ㄱ, ㄴ
④ ㄴ, ㄷ ⑤ ㄱ, ㄴ, ㄷ

2021 수능 9번

4 그림과 같이 질량이 2 kg인 물체 A가 3 m/s의 속력으로 등속 직선 운동을 하다가 물체 B와 0.2초 동안 충돌한 후 반대 방향으로 1 m/s의 속력으로 등속 직선 운동을 한다.

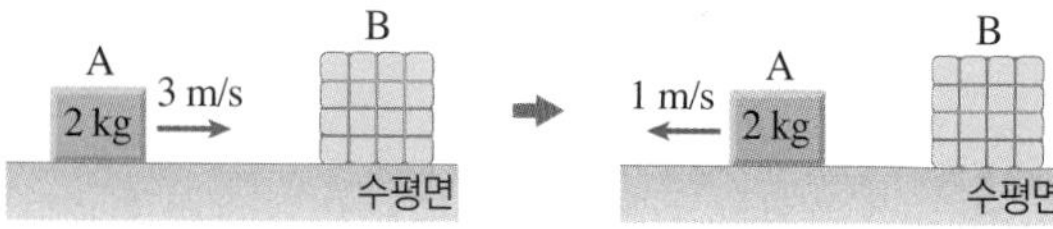

충돌하는 동안 A가 B로부터 받은 평균 힘의 크기는?

① 10 N ② 20 N ③ 30 N
④ 40 N ⑤ 50 N

5 그림 (가)는 수평면에서 4 m/s의 속력으로 운동하는 물체 A가 물체 B와 충돌하기 전의 모습을 나타낸 것이다. 그림 (나)는 충돌 전후 B의 위치를 시간에 따라 나타낸 것이다. A, B의 질량은 각각 4 kg, 2 kg이고, 충돌 전후 A, B는 동일 직선상에서 운동한다.

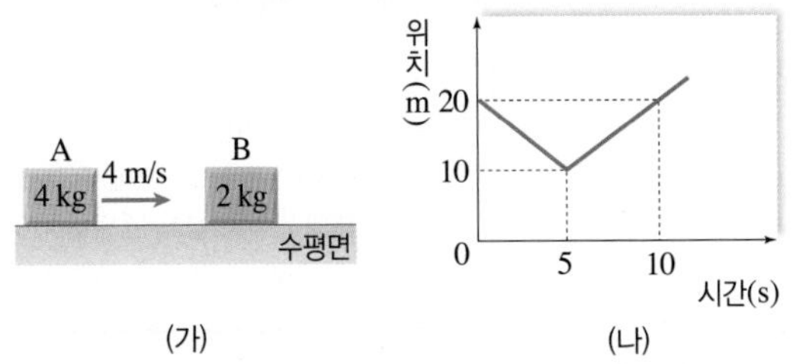

(가) (나)

이에 대한 설명으로 옳은 것만을 [보기]에서 있는 대로 고른 것은? (단, 물체의 크기, 모든 마찰과 공기 저항은 무시한다.)

보기

ㄱ. B가 A로부터 받은 충격량의 크기는 8 N·s이다.
ㄴ. 충돌 후 A의 속력은 1 m/s이다.
ㄷ. 충돌 후 두 물체는 한 덩어리가 되어 운동한다.

① ㄱ ② ㄴ ③ ㄱ, ㄷ
④ ㄴ, ㄷ ⑤ ㄱ, ㄴ, ㄷ

6 그림 (가)와 같이 수평면에서 질량 m인 물체 A가 정지해 있는 물체 B를 향해 속력 v로 등속 직선 운동을 한다. 그림 (나)는 A가 $x=0$을 통과한 순간부터 A와 B의 위치 x를 시간에 따라 나타낸 것이다.

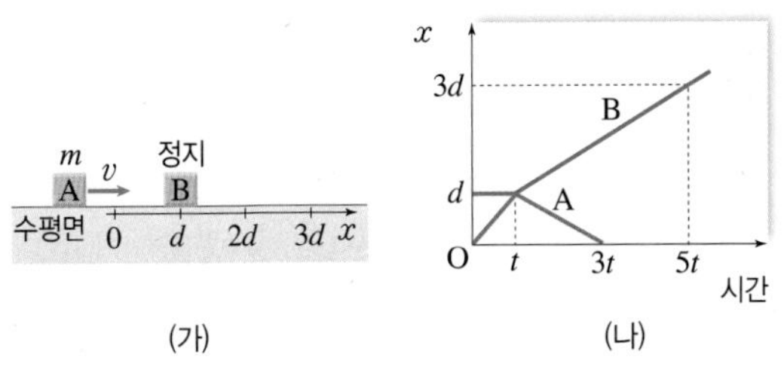

(가) (나)

이에 대한 설명으로 옳은 것만을 [보기]에서 있는 대로 고른 것은?

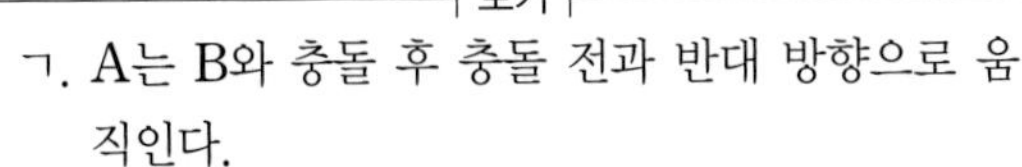

보기

ㄱ. A는 B와 충돌 후 충돌 전과 반대 방향으로 움직인다.
ㄴ. B의 질량은 $3m$이다.
ㄷ. B가 A로부터 받은 충격량의 크기는 $\frac{3}{2}mv$이다.

① ㄱ ② ㄴ ③ ㄱ, ㄷ
④ ㄴ, ㄷ ⑤ ㄱ, ㄴ, ㄷ

7 그림 (가)는 질량이 0.2 kg인 공이 다가오자 수평 방향으로 공을 차서 되돌려 보내는 모습을 나타낸 것이다. 그림 (나)는 (가)에서 공을 발로 차기 전부터 후까지 공의 속력을 시간에 따라 나타낸 것이다. 공을 차기 전후에 공은 동일 직선상에서 운동하고, 공이 발에 접촉한 시간은 0.1초이다.

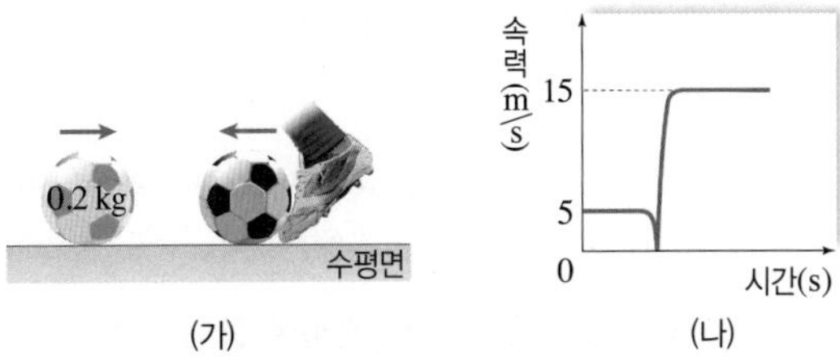

(가) (나)

이에 대한 설명으로 옳은 것만을 [보기]에서 있는 대로 고른 것은? (단, 공의 크기, 모든 마찰과 공기 저항은 무시한다.)

보기

ㄱ. 공이 받은 충격량의 크기는 2 N·s이다.
ㄴ. 공이 받은 평균 힘의 크기는 40 N이다.
ㄷ. 발이 공에 작용하는 힘의 크기는 공이 발에 작용하는 힘의 크기와 같다.

① ㄱ ② ㄴ ③ ㄱ, ㄷ
④ ㄴ, ㄷ ⑤ ㄱ, ㄴ, ㄷ

8 수평면 위에 정지해 있던 물체 A, B를 각각 수평 방향으로 스틱으로 쳤더니 A, B가 각각 수평면을 따라 속력 v로 등속 직선 운동을 하였다. 그림은 A, B가 각각 스틱으로부터 받은 힘을 시간에 따라 나타낸 것이다. 그래프 아랫부분의 넓이는 A가 B의 2배이다.

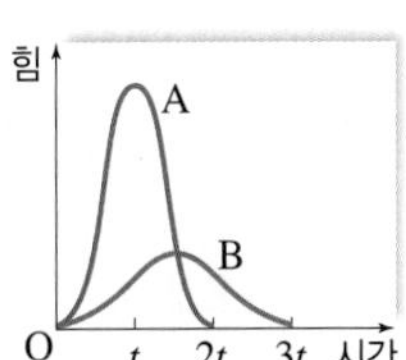

이에 대한 설명으로 옳은 것만을 [보기]에서 있는 대로 고른 것은? (단, A, B의 크기는 무시한다.)

보기

ㄱ. A, B가 등속 직선 운동 하는 동안 운동량의 크기는 A가 B의 4배이다.
ㄴ. 질량은 A가 B의 2배이다.
ㄷ. 스틱으로 치는 동안 스틱으로부터 받은 평균 힘의 크기는 A가 B의 3배이다.

① ㄱ ② ㄷ ③ ㄱ, ㄴ
④ ㄱ, ㄷ ⑤ ㄴ, ㄷ

역학적 에너지 보존

≫ 핵심 짚기
- 일·운동 에너지 정리
- 역학적 에너지 보존 법칙
- 운동 에너지와 퍼텐셜 에너지 이해
- 역학적 에너지가 보존되지 않는 운동

Ⓐ 일과 에너지

1 일 물체에 힘을 작용하여 물체가 힘의 방향으로 이동하였을 때 물체에 작용한 힘이 일을 하였다고 한다.[1]

일(J)=힘(N)×힘의 방향으로 이동한 거리(m)

$W=Fs\cos\theta$(θ: F와 s가 이루는 각)

- 1 J: 1 N의 힘이 물체에 작용하여 물체가 힘의 방향으로 1 m 이동하였을 때 한 일의 양이다.

힘의 방향과 이동 방향이 같을 때($\theta=0°$)[2]	힘의 방향과 이동 방향이 각 θ를 이룰 때($0°<\theta<90°$)	힘의 방향과 이동 방향이 수직일 때($\theta=90°$)
이동 방향, F, s	이동 방향, $F\sin\theta$, F, θ, $F\cos\theta$, s	F, 이동 방향, s
$W=Fs\cos 0°=Fs$	$W=Fs\cos\theta$	$W=Fs\cos 90°=0$[3]

→ $F\times\cos\theta$=힘의 이동 거리 방향 성분의 크기

2 운동 에너지(E_k) 운동하는 물체가 가지는 에너지 여기서 잠깐 44쪽

① 운동 에너지의 크기: 질량이 m(kg)인 물체가 v(m/s)의 속력으로 운동할 때 운동 에너지 E_k는 다음과 같다.

$$E_k=\frac{1}{2}mv^2$$ [단위: J(줄)] → 일의 단위와 같다.

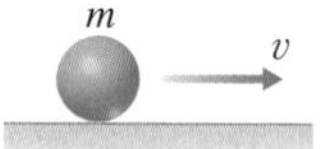

② 일·운동 에너지 정리: 알짜힘이 한 일(W)은 물체의 운동 에너지 변화량(ΔE_k)과 같다.

[일과 운동 에너지]

속도 v_0으로 운동하는 질량 m인 물체에 운동 방향으로 알짜힘 F를 작용하여 거리 s만큼 이동시켰을 때 물체의 속도가 v가 된 경우 물체는 등가속도 직선 운동을 한다.

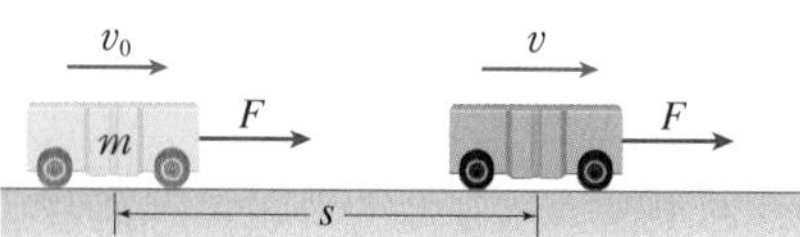

❶ 물체의 가속도: $a=\frac{F}{m}$

❷ 등가속도 직선 운동 식에 적용: $2as=v^2-v_0^2$에 $a=\frac{F}{m}$를 대입하면 $2\times\frac{F}{m}\times s=v^2-v_0^2$

❸ 힘 F가 한 일: $W=Fs=\frac{1}{2}mv^2-\frac{1}{2}mv_0^2$ ➡ 힘 F가 한 일=물체의 운동 에너지 변화량

3 *퍼텐셜 에너지(E_p)

① 중력 퍼텐셜 에너지: 중력이 작용하는 공간에서 물체가 *기준면으로부터 다른 높이에 있을 때 가지는 에너지

- 중력 퍼텐셜 에너지의 크기: 질량이 m(kg)인 물체가 기준면으로부터 높이 h(m)에서 가지는 퍼텐셜 에너지 E_p는 다음과 같다.

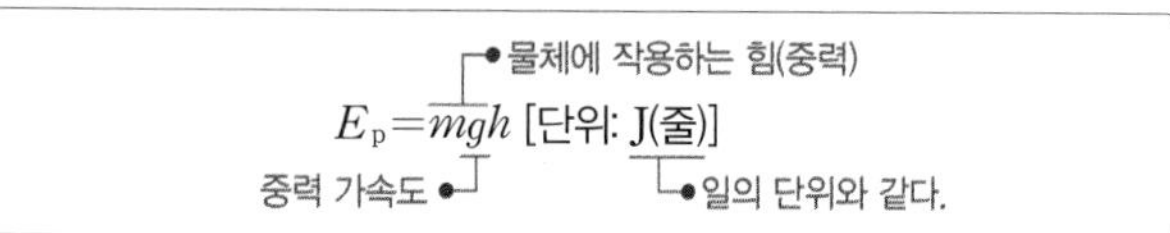

$$E_p=mgh$$ [단위: J(줄)]

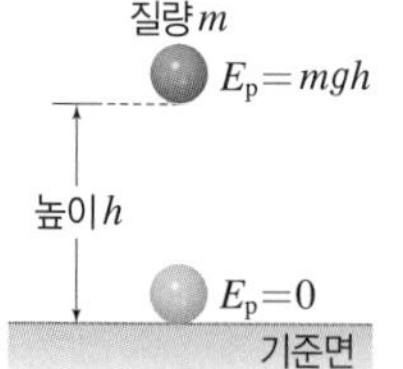

PLUS 강의

[1] **힘-이동 거리 그래프**
힘-이동 거리 그래프에서 그래프 아랫부분의 넓이는 힘이 한 일을 나타낸다.

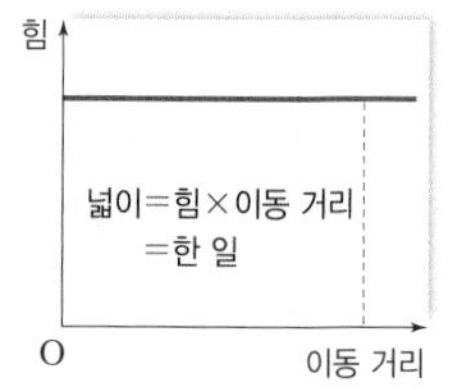

[2] **힘의 방향과 이동 방향이 반대일 때**
$W=Fs\cos180°=-Fs$
즉, 힘의 방향과 이동 방향이 반대일 때 일의 양은 (−)값이다.

[3] **힘이 한 일이 0인 경우**
$W=Fs\cos\theta$에서 F 또는 s가 0이거나, 힘의 방향과 물체의 이동 방향이 이루는 각 $\theta=90°$가 되어 $\cos90°=0$이면 힘이 한 일은 0이다.

$F=0$	마찰이 없는 수평면에서 물체가 등속 직선 운동을 할 때
$s=0$	물체에 힘을 작용하였으나 움직이지 않고 정지해 있을 때
$\theta=90°$	물체를 들고 수평면을 걸어갈 때

용어 돋보기

* **퍼텐셜 에너지(potential energy)**_ 중력, 탄성력, 전기력 등이 작용하는 공간에서 물체가 가지는 에너지

* **기준면(基 터, 準 준하다, 面 낯)**_ 물체의 높이를 측정하는 기준이 되는 면, 일반적으로 지면을 기준면으로 함

- 일과 중력 퍼텐셜 에너지: 물체를 들어 올리면 퍼텐셜 에너지가 증가하고, 물체가 낙하하면 퍼텐셜 에너지가 감소한다.

[일과 중력 퍼텐셜 에너지] ④

1. 높이 증가

- 물체를 들어 올리는 힘: mg
  =물체에 작용하는 중력의 크기
  =물체의 무게
- 힘이 물체에 한 일:
  힘×이동 거리$=mgh$

➡ 중력 퍼텐셜 에너지 증가

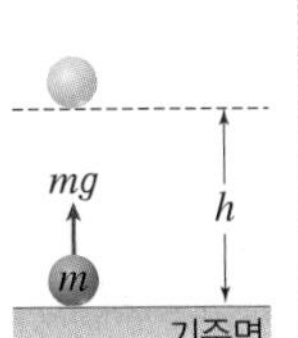

2. 높이 감소

- 물체에 작용하는 힘: mg (중력)
- 중력이 물체에 한 일:
  중력×이동 거리$=mgh$

➡ 중력 퍼텐셜 에너지 감소

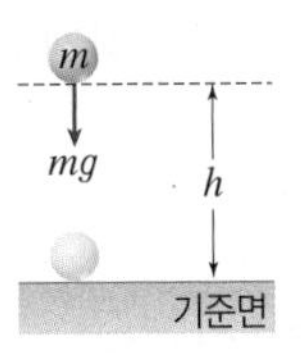

④ **기준면에 따른 중력 퍼텐셜 에너지 차이**
- 기준면이 달라지면 중력 퍼텐셜 에너지도 달라진다.
- 두 지점 사이의 중력 퍼텐셜 에너지 차이는 기준면에 관계없이 일정하다.
- 기준면에 대한 높이 차이가 같으면 물체의 운동 경로에 관계없이 중력 퍼텐셜 에너지 차이도 같다.
- 기준면보다 낮은 위치에서는 중력 퍼텐셜 에너지가 (−)값을 갖는다.

② **탄성 퍼텐셜 에너지**: 늘어나거나 압축된 용수철과 같이 탄성을 가지고 변형된 물체가 가지는 에너지

- 탄성 퍼텐셜 에너지의 크기: 용수철 상수가 k(N/m)인 용수철이 길이 x(m)만큼 변형되었을 때 가지는 퍼텐셜 에너지 E_p는 다음과 같다.

$$E_p=\frac{1}{2}kx^2 \text{ [단위: J(줄)]}$$

J(줄): 일의 단위와 같다.

- 일과 탄성 퍼텐셜 에너지: 용수철의 평형점에서 용수철을 늘리거나 압축시키면 퍼텐셜 에너지가 증가하고, 용수철이 평형점 위치로 돌아가면 퍼텐셜 에너지가 감소한다.

[일과 탄성 퍼텐셜 에너지]

- 용수철을 당기는 힘: kx — 용수철의 탄성력과 크기는 같고 방향이 반대인 힘
- 용수철의 길이를 x만큼 변형시키는 동안 힘 F가 한 일: $W=Fs=\frac{1}{2}\times kx\times x=\frac{1}{2}kx^2$

➡ 탄성 퍼텐셜 에너지 증가

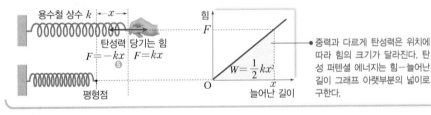

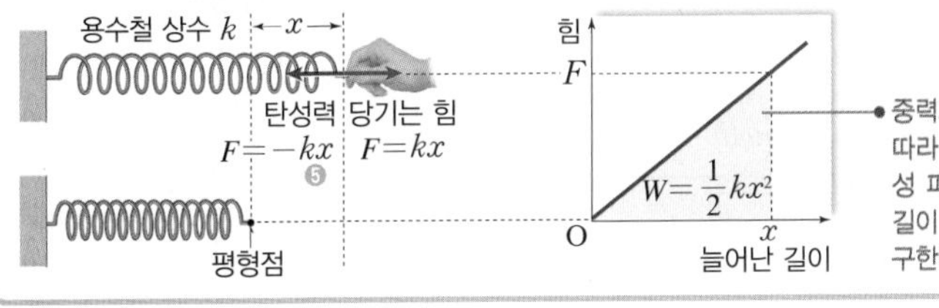

중력과 다르게 탄성력은 위치에 따라 힘의 크기가 달라진다. 탄성 퍼텐셜 에너지는 힘−늘어난 길이 그래프 아랫부분의 넓이로 구한다.

⑤ **탄성력**
용수철을 변형시킬 때 탄성력 F의 크기는 용수철의 변형된 길이 x(m)에 비례하며, 이때 (−) 부호는 탄성력의 방향이 용수철의 변형된 방향과 반대임을 의미한다.
➡ $F=-kx$

정답과 해설 20쪽

(1) 물체에 힘을 작용하여 물체가 ( )의 방향으로 이동하였을 때 일을 하였다고 한다.

(2) 힘−이동 거리 그래프 아랫부분의 넓이는 힘이 한 ( )을 나타낸다.

(3) 물체에 작용한 힘의 방향과 물체의 이동 방향이 수직이면, 물체에 한 일의 양은 ( )이다.

(4) 일과 에너지의 단위는 ( )로 같다.

(5) 물체에 작용한 알짜힘이 한 일은 물체의 ( ) 변화량과 같다. 따라서 정지해 있던 물체의 운동 에너지가 100 J이 되게 하려면 물체에 ( )의 일을 해 주어야 한다.

(6) 물체의 중력 퍼텐셜 에너지가 증가하면 물체의 높이는 (증가, 감소)하고, 물체의 중력 퍼텐셜 에너지가 감소하면 물체의 높이는 (증가, 감소)한다.

(7) 용수철 상수가 k인 용수철을 x만큼 당겼을 때, 용수철에 저장된 탄성 퍼텐셜 에너지는 ( )이다.

역학적 에너지 보존

B 역학적 에너지 보존

1 역학적 에너지 물체의 운동 에너지와 퍼텐셜 에너지의 합 ➡ $E=E_k+E_p$

2 중력에 의한 역학적 에너지 보존 마찰이나 공기 저항이 없으면 중력만 받아 운동하는 물체의 역학적 에너지는 높이에 관계없이 일정하게 보존된다.

• 퍼텐셜 에너지와 운동 에너지는 서로 전환되지만, 그 합인 역학적 에너지는 일정하게 보존된다.

$$mgh=mgh_1+\frac{1}{2}mv_1^2=mgh_2+\frac{1}{2}mv_2^2=\frac{1}{2}mv^2=\text{일정}$$

① 물체가 낙하 운동을 할 때 역학적 에너지 보존 ⑥

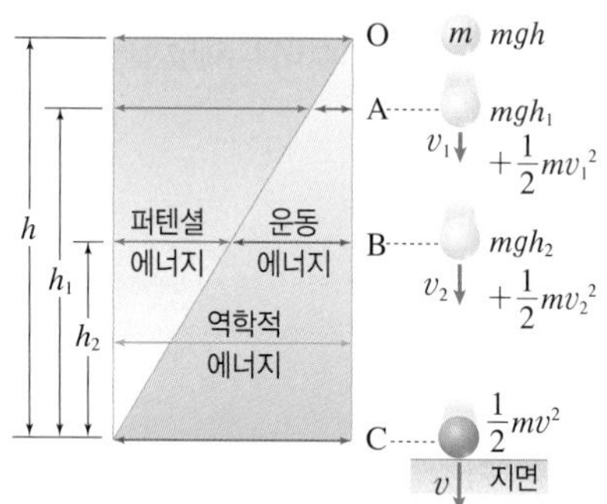

위치	퍼텐셜 에너지	운동 에너지	역학적 에너지
O	mgh (최대)	0(최소)	mgh (일정)
A	mgh_1	$\frac{1}{2}mv_1^2=mg(h-h_1)$	
B	mgh_2	$\frac{1}{2}mv_2^2=mg(h-h_2)$	
C	0(최소)	$\frac{1}{2}mv^2$(최대)$=mgh$	

② 롤러코스터가 운동할 때 역학적 에너지 보존 ⑦

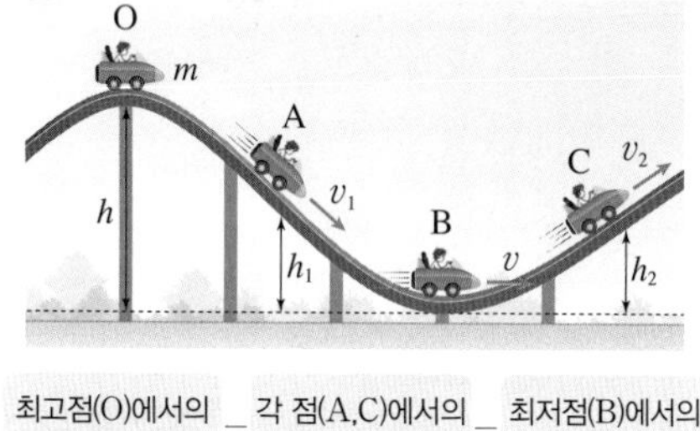

위치	퍼텐셜 에너지	운동 에너지	역학적 에너지
O	mgh (최대)	0(최소)	mgh (일정)
A	mgh_1	$\frac{1}{2}mv_1^2=mg(h-h_1)$	
B	0(최소)	$\frac{1}{2}mv^2$(최대)$=mgh$	
C	mgh_2	$\frac{1}{2}mv_2^2=mg(h-h_2)$	

⑥ **중력에 의한 역학적 에너지 보존**
- 물체가 높이 h_1에서 h_2까지 떨어질 때 중력 퍼텐셜 에너지 감소량만큼 중력이 물체에 일을 한다.
$W=Fs=mg(h_1-h_2)$
- 일·운동 에너지 정리에 따라 중력이 한 일만큼 물체의 운동 에너지가 증가한다.
$mgh_1-mgh_2=\frac{1}{2}mv_2^2-\frac{1}{2}mv_1^2$
위의 식을 정리하면
$\frac{1}{2}mv_1^2+mgh_1=\frac{1}{2}mv_2^2+mgh_2$
따라서 물체가 낙하 운동을 할 때 운동 에너지와 중력 퍼텐셜 에너지의 합(역학적 에너지)이 일정하다.

⑦ **역학적 에너지 전환**
- 물체가 내려갈 때: 퍼텐셜 에너지 감소량=운동 에너지 증가량
- 물체가 올라갈 때: 운동 에너지 감소량=퍼텐셜 에너지 증가량

3 탄성력에 의한 역학적 에너지 보존 용수철에 질량이 m인 물체를 매달아 평형점 O에서 A만큼 잡아당겼다가 놓았다. 가만히 놓은 물체의 위치가 x_1에서 x_2로 변하는 동안 속력이 v_1에서 v_2로 변하였다면 탄성 퍼텐셜 에너지가 감소한 만큼 물체의 운동 에너지가 증가하므로 역학적 에너지는 보존된다.⑧ • 탄성 퍼텐셜 에너지 감소량만큼 탄성력이 물체에 일을 한다.

위치	퍼텐셜 에너지	운동 에너지	역학적 에너지
C	$\frac{1}{2}kA^2$(최대)	0(최소)	$\frac{1}{2}kA^2$(일정)
B	$\frac{1}{2}kx_1^2$	$\frac{1}{2}mv_1^2$	
A	$\frac{1}{2}kx_2^2$	$\frac{1}{2}mv_2^2$	
O	0(최소)	$\frac{1}{2}mv^2$(최대)	

$$\frac{1}{2}kA^2=\frac{1}{2}kx_1^2+\frac{1}{2}mv_1^2=\frac{1}{2}kx_2^2+\frac{1}{2}mv_2^2=\frac{1}{2}mv^2=\text{일정}$$

⑧ **수평면에서 운동하는 용수철 진자의 역학적 에너지 보존**

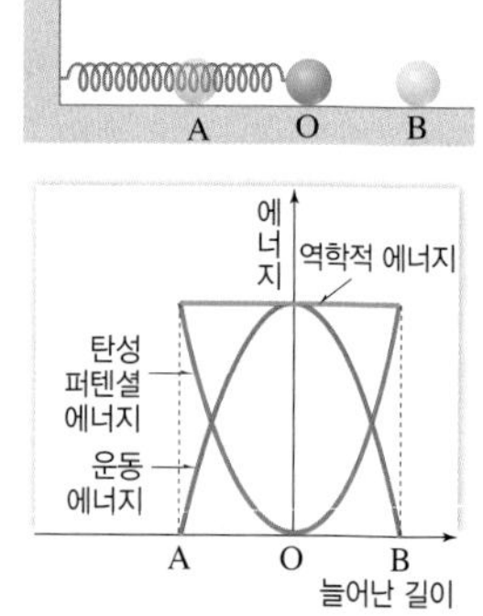

마찰이나 공기 저항이 없을 때 용수철에 물체를 매달아 잡아당겼다 놓으면 물체는 일정한 진폭으로 계속 왕복 운동을 하게 된다.

4 역학적 에너지 보존 법칙 여기서 잠깐 44쪽

① 마찰이나 공기 저항을 받지 않으면 물체의 운동 에너지와 퍼텐셜 에너지의 합인 역학적 에너지는 일정하게 보존된다.

② 물체의 퍼텐셜 에너지가 증가하면 운동 에너지는 감소하고, 운동 에너지가 증가하면 퍼텐셜 에너지는 감소한다.

5 역학적 에너지가 보존되지 않는 운동

① 물체가 마찰이나 공기 저항을 받으며 운동하는 경우 역학적 에너지가 감소한다.

➡ 역학적 에너지가 마찰이나 공기 저항에 의해 열에너지 등으로 전환된다.

예 미끄럼틀 타기, 그네 타기, 스카이다이빙 하기 등

[마찰력에 의해 감소한 역학적 에너지] [9]

그림 (가)와 같이 수평면에서 용수철 상수가 $k=200$ N/m인 용수철에 질량이 2 kg인 물체를 매단 후 용수철의 길이를 0.2 m만큼 잡아당겼다가 놓았더니, (나)와 같이 용수철의 길이가 0.1 m만큼 압축되었다.

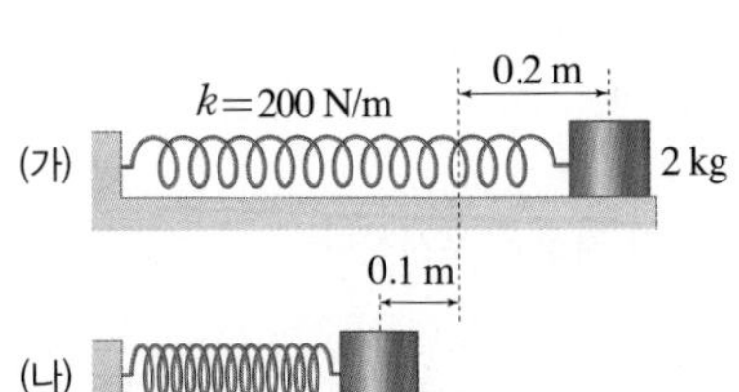

- (가)에서 물체의 역학적 에너지
  $=0.2$ m 위치에서 탄성 퍼텐셜 에너지
  $=\frac{1}{2}\times 200\ \text{N/m}\times(0.2\ \text{m})^2=4\ \text{J}$
- (나)에서 물체의 역학적 에너지
  $=0.1$ m 위치에서 탄성 퍼텐셜 에너지
  $=\frac{1}{2}\times 200\ \text{N/m}\times(0.1\ \text{m})^2=1\ \text{J}$

➡ 역학적 에너지 감소량은 마찰력이 물체에 해 준 일의 양과 같으므로 $4\ \text{J}-1\ \text{J}=3\ \text{J}$이다.

└● 열에너지로 전환

⑨ **마찰력의 크기**

마찰력은 물체의 속력과 관계없이 일정하다. 따라서 마찰력이 한 일의 양으로 마찰력의 크기를 구할 수 있다.

$$\text{마찰력의 크기}=\frac{\text{마찰력이 한 일의 양}}{\text{이동 거리}}=\frac{3\ \text{J}}{0.3\ \text{m}}=10\ \text{N}$$

탐구 자료) 마찰면에 따른 용수철 진자의 역학적 에너지 [10]

(가) 나무판으로 빗면을 만들어 나무 도막을 매단 용수철을 건다.
(나) 나무 도막을 잡아당겼다가 가만히 놓은 후 운동 모습을 관찰한다.
(다) 나무판 위에 유리판, 종이 등을 올려놓고 (가), (나)를 반복한다.

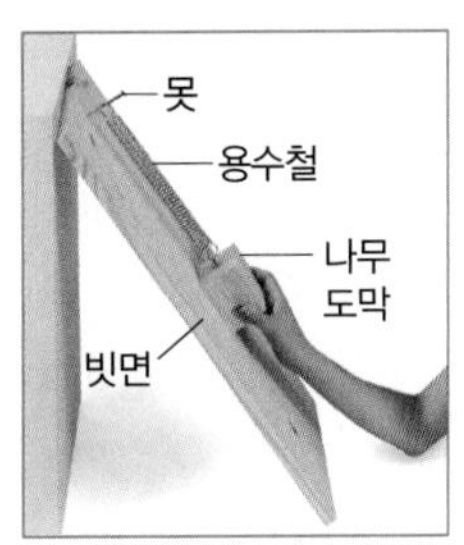

1. **나무 도막의 운동:** 나무 도막이 진동하는 폭이 줄어들다가 멈춘다.
2. **에너지 전환:** 역학적 에너지의 일부가 마찰에 의해 열에너지로 전환된다.
3. **역학적 에너지:** 마찰이 있는 면에서 역학적 에너지는 보존되지 않는다. 이때 마찰면이 거칠수록 역학적 에너지가 감소하는 정도가 크다.
   ➡ 역학적 에너지 감소 정도는 나무판>종이>유리판 순이다.

⑩ **용수철 진자의 역학적 에너지 보존**

- 빗면에서 운동하는 용수철 진자: 중력 퍼텐셜 에너지+탄성 퍼텐셜 에너지+운동 에너지
- 수평면에서 운동하는 용수철 진자: 탄성 퍼텐셜 에너지+운동 에너지

② 역학적 에너지가 보존되지 않는 운동에서도 역학적 에너지와 열에너지 등을 합한 전체 에너지는 항상 일정하게 보존된다.—● 에너지는 한 형태에서 다른 형태로 전환될 수 있지만, 에너지의 전환 과정에서 새로 생겨나거나 소멸되지 않으므로 전환 전후 에너지의 총량은 같다.

[높은 곳에서 떨어뜨린 공의 운동]

높은 곳에서 공을 가만히 놓으면 공은 처음 떨어뜨린 높이보다 점점 낮게 튀어오른다.

1. **공의 역학적 에너지:** 공의 역학적 에너지가 마찰이나 공기 저항에 의해 열에너지 등으로 전환되어 감소한다.
   ➡ 역학적 에너지는 감소하여 보존되지 않는다.
2. **전체 에너지:** 역학적 에너지와 열에너지 등을 합한 전체 에너지는 일정하게 보존된다.

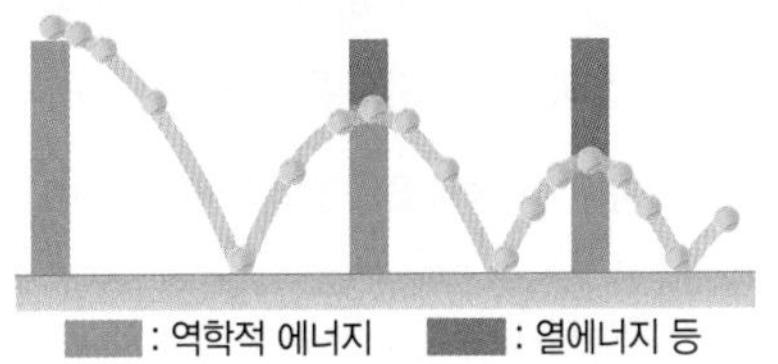

정답과 해설 20쪽

(8) 역학적 에너지는 물체의 (　　　　) 에너지와 (　　　　) 에너지의 합이다.

(9) 마찰이나 공기 저항이 없으면 물체의 역학적 에너지는 일정하게 (　　　　)된다.

(10) 지면을 기준면으로 높이 H인 곳에서 질량이 m인 물체를 자유 낙하시키면 물체가 지면에 도달할 때까지 중력이 물체에 한 일은 (　　　　)이다. (단, 중력 가속도는 g이다.)

(11) 물체가 마찰이나 공기 저항을 받아 운동하는 경우 (　　　　) 에너지는 열에너지 등으로 전환되어 보존되지 않는다.

역학 문제의 다양한 풀이

힘, 운동, 에너지와 관련된 문제들은 복잡하고 다양한 역학적 상황들을 제시하는 경우가 많습니다. 이러한 문제들을 해결할 때는 꼭 한 가지 법칙만 적용하지 않고, 두, 세 가지 법칙을 적용하면 편리하게 풀이할 수 있습니다. 자, 그럼 복잡한 역학적 상황들을 다양하게 풀이하는 방법을 한눈에 정리해 볼까요?

1 > 운동하는 물체에 작용하는 힘의 크기가 일정할 때, 물체의 속력을 구하는 두 가지 방법

그림은 자동차가 등가속도 직선 운동 하는 모습을 나타낸 것이다. 점 a, b, c, d는 운동 경로상에 있고, b와 c, c와 d 사이의 거리는 각각 L, $3L$이다. 자동차의 운동 에너지는 c에서가 b에서의 $\frac{5}{4}$배이다.

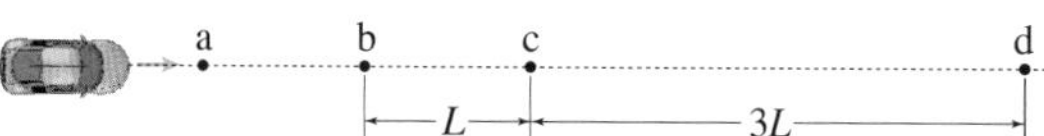

자동차의 속력은 d에서가 b에서의 몇 배인지 구하시오. (단, 자동차의 크기, 마찰과 공기 저항은 무시한다.)

등가속도 직선 운동의 식을 이용하는 방법

$2as=v^2-v_0^2$

❶ 자동차의 가속도를 a, 점 b, c, d를 지날 때의 속력을 각각 v_b, v_c, v_d라고 하면
$2aL=v_c^2-v_b^2$ ⋯①이고,
$6aL=v_d^2-v_c^2$ ⋯②이다.

❷ 운동 에너지는 c에서가 b에서의 $\frac{5}{4}$배이므로
$\frac{1}{2}mv_c^2=\frac{5}{4}\times\frac{1}{2}mv_b^2$에서 $v_c^2=\frac{5}{4}v_b^2$ ⋯③이다.

❸ 식 ①에 ③을 대입하면 $v_b^2=8aL$ ⋯④이 되고,
식 ②에 ③을 대입하면 $6aL=v_d^2-\frac{5}{4}v_b^2$ ⋯⑤이다.

❹ 식 ④, ⑤를 연립하여 정리하면
$v_d^2=6aL+\frac{5}{4}(8aL)=16aL$이므로 $v_d=\sqrt{2}v_b$이다.

➡ 따라서 자동차의 속력은 d에서가 b에서의 $\sqrt{2}$배이다.

일·에너지 정리를 이용하는 방법

알짜힘 F가 한 일=물체의 운동 에너지 변화량

자동차의 알짜힘이 한 일은 자동차의 운동 에너지로 전환되고, 자동차의 운동 에너지는 자동차의 이동 거리에 비례한다.

❶ 자동차의 알짜힘을 F라고 하고, 점 b에서의 운동 에너지를 E_b라고 하면 점 c에서 운동 에너지는 $\frac{5}{4}E_b$이다.

❷ 점 b에서 c까지 이동하는 동안 알짜힘 F가 한 일은
$F\times L=\frac{5}{4}E_b-E_b=\frac{1}{4}E_b$이다.

❸ 점 d에서 운동 에너지를 E_d라고 하면
$E_d=E_b+(F\times 4L)=E_b+4\left(\frac{1}{4}E_b\right)=2E_b$이다.

❹ 점 b에서 자동차의 속력을 v_b,
점 d에서 자동차의 속력을 v_d라고 하면
$E_d=\frac{1}{2}mv_d^2=2\left(\frac{1}{2}mv_b^2\right)$에서 $v_d=\sqrt{2}v_b$이다.

➡ 따라서 자동차의 속력은 d에서가 b에서의 $\sqrt{2}$배이다.

2 > 운동량과 역학적 에너지가 함께 나올 때, 운동량 보존 법칙과 역학적 에너지 보존 법칙을 적용하여 구하는 방법

그림과 같이 질량이 m인 물체 B가 용수철에 연결되어 정지해 있는 질량이 m인 물체 A를 향하여 v_0의 속도로 운동하여 충돌한다. A, B가 충돌 후 용수철이 최대로 압축되었을 때 용수철의 탄성 퍼텐셜 에너지는 충돌 전 B의 운동 에너지의 몇 배인지 구하시오. (단, 마찰과 공기 저항은 무시한다.)

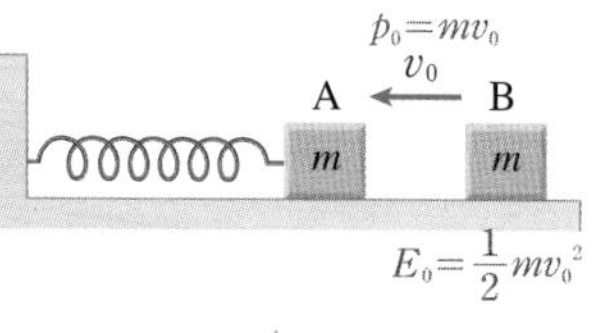

❶ 충돌 전 물체 B의 운동량은 mv_0이고, 운동 에너지 $E_0=\frac{1}{2}mv_0^2$이다.

[운동량 보존] 충돌 후 두 물체가 v의 속력으로 함께 운동할 때 질량은 $m+m=2m$이고, 충돌 후 두 물체의 운동량은 운동량 보존 법칙에 따라 $2mv=mv_0$이다.

❷ 충돌 후 두 물체의 속력 $v=\frac{mv_0}{2m}=\frac{1}{2}v_0$이다.

❸ 두 물체의 운동 에너지 $E_k=\frac{1}{2}2m\left(\frac{1}{2}v_0\right)^2=\frac{1}{4}mv_0^2=\frac{1}{2}E_0$이다. ─• 운동 에너지 감소

[역학적 에너지 보존] 충돌 직후의 운동 에너지는 역학적 에너지 보존 법칙에 따라 용수철이 압축되면서 용수철의 탄성 퍼텐셜 에너지로 전환된다.

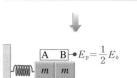

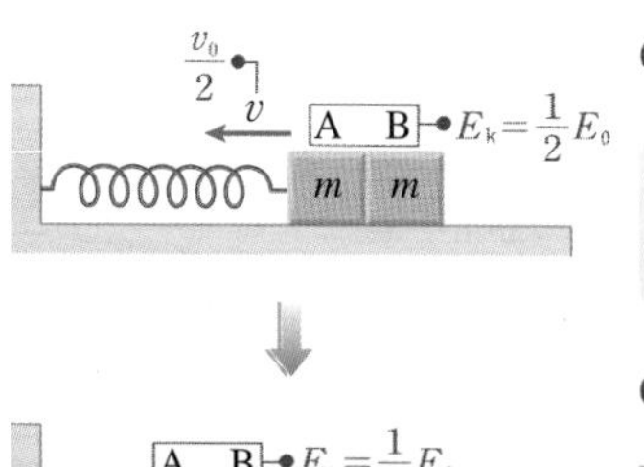

❹ 용수철이 최대로 압축되었을 때 퍼텐셜 에너지 $E_p=E_k=\frac{1}{2}E_0$이다.

➡ 따라서 용수철이 최대로 압축되었을 때 용수철의 탄성 퍼텐셜 에너지는 충돌 전 B의 운동 에너지의 $\frac{1}{2}$배이다.

정답과 해설 20쪽

2018 ● 수능 16번

자료 ❶ 일·운동 에너지 정리

그림과 같이 물체 A에 수평 방향으로 10 N의 힘 F가 작용하여 물체 A, B가 정지해 있다. 이 상태에서 F의 크기를 30 N으로 하여 실을 당기다가 놓는다. A의 처음 위치 p와 실을 놓는 순간의 위치 q 사이의 거리는 0.4 m이다. A가 p에서 q까지 운동하는 동안 B의 중력 퍼텐셜 에너지 증가량은 B의 운동 에너지 증가량의 2배이다. 중력 가속도는 10 m/s²이고, 실의 질량, 물체의 크기, 모든 마찰과 공기 저항은 무시한다.

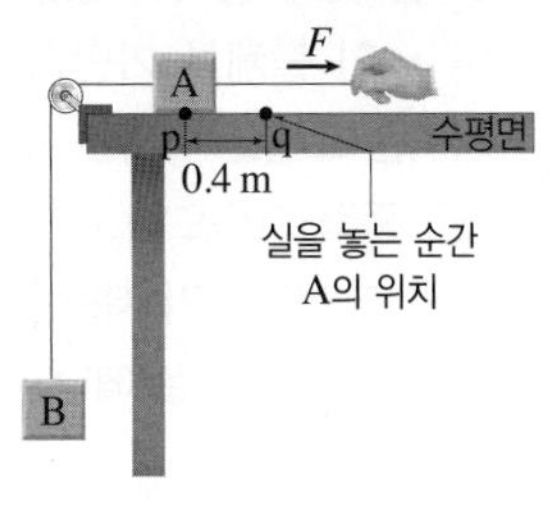

1. B에 작용하는 중력은 30 N이다. (○, ×)
2. A가 q에 도달하는 순간 A와 B의 운동 에너지 합은 8 J이다. (○, ×)
3. A가 p에서 q까지 운동하는 동안 힘 F가 한 일은 8 J이다. (○, ×)
4. A가 p에서 q까지 운동하는 동안 B의 중력 퍼텐셜 에너지는 4 J 증가하였다. (○, ×)
5. A가 q에 있을 때 A의 운동 에너지는 4 J이다. (○, ×)
6. A가 q에서 다시 p를 지나는 순간 A의 운동 에너지는 9 J이다. (○, ×)

2017 ● 수능 10번

자료 ❷ 줄로 연결된 물체의 역학적 에너지 보존

그림 (가)는 0초일 때 정지해 있던 물체 A, B, C가 실로 연결된 채 등가속도 운동을 하다가 2초일 때 A와 B를 연결하고 있던 실이 끊어진 후 A, B, C가 등가속도 운동을 하고 있는 것을, (나)는 시간에 따른 B의 속력을 나타낸 것이다. 질량은 A가 C보다 크고, B의 질량은 m이다. 중력 가속도는 10 m/s²이고, 모든 마찰과 공기 저항은 무시한다.

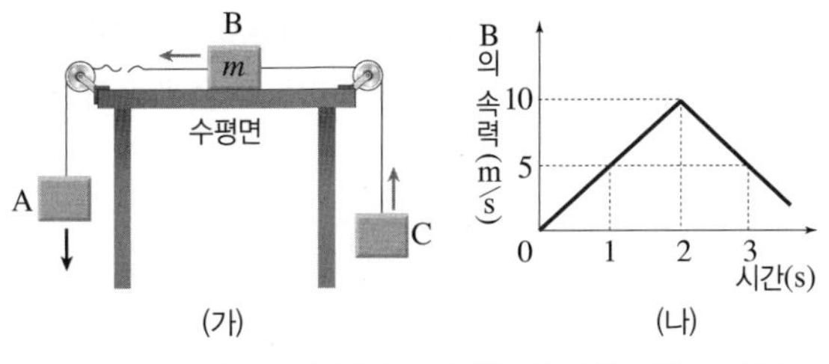

(가) (나)

1. C의 질량은 m이다. (○, ×)
2. A의 질량은 $3m$이다. (○, ×)
3. B의 역학적 에너지는 3초일 때가 2초일 때보다 작다. (○, ×)
4. C의 역학적 에너지는 3초일 때가 2초일 때보다 크다. (○, ×)
5. 2초부터 3초까지, C의 퍼텐셜 에너지 증가량은 C의 운동 에너지 감소량과 같다. (○, ×)

2020 ● 수능 17번

자료 ❸ 궤도에서 역학적 에너지 보존

그림과 같이 레일을 따라 운동하는 물체가 점 p, q, r를 지난다. 물체는 빗면 구간 A를 지나는 동안 역학적 에너지가 $2E$만큼 증가하고, 높이가 h인 수평 구간 B에서 역학적 에너지가 $3E$만큼 감소하여 정지한다. 물체의 속력은 p에서 v, B의 시작점 r에서 V이고, 물체의 운동 에너지는 q에서가 p에서의 2배이다. 물체의 크기, 마찰과 공기 저항은 무시한다.

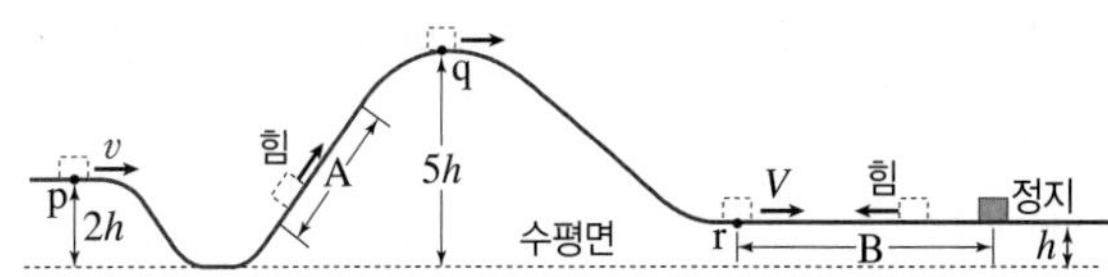

1. p에서 물체의 역학적 에너지와 q에서 물체의 역학적 에너지는 같다. (○, ×)
2. 물체의 질량을 m이라고 하고, 구간 A를 지나기 전과 후를 비교해 보면 관계식 $2mgh+\frac{1}{2}mv^2+2E=5mgh+mv^2$을 만족한다. (○, ×)
3. 수평면을 기준으로 q에서 역학적 에너지는 r에서 운동 에너지와 같다. (○, ×)
4. 구간 B를 지나기 전과 후를 비교해 보면 관계식 $4mgh+mv^2=3E$를 만족한다. (○, ×)

2021 ● 9월 평가원 20번

자료 ❹ 중력과 탄성력에 의한 역학적 에너지 보존 법칙

그림 (가)는 물체 A와 실로 연결된 물체 B를 원래 길이가 L_0인 용수철과 수평면 위에서 연결하여 잡고 있는 모습을, (나)는 (가)에서 B를 가만히 놓은 후, 용수철의 길이가 L까지 늘어나 A의 속력이 0인 순간의 모습을 나타낸 것이다. A, B의 질량은 각각 m이고, 용수철 상수는 k이다. 중력 가속도는 g이고, 실과 용수철의 질량 및 모든 마찰과 공기 저항은 무시한다.

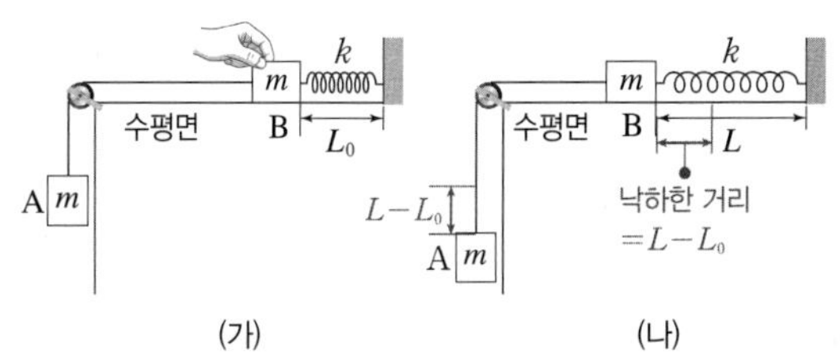

(가) (나)

1. (가)에서 (나)까지 A의 중력 퍼텐셜 에너지 감소량은 $mg(L-L_0)$이다. (○, ×)
2. (가)에서 (나)까지 A의 중력 퍼텐셜 에너지 감소량은 (나)에서 탄성 퍼텐셜 에너지 증가량보다 크다. (○, ×)
3. (가)에서 (나)가 되는 동안 A의 속력은 증가하다 감소한다. (○, ×)
4. B가 $\frac{(L-L_0)}{2}$ 위치에 있을 때 속력이 최대이다. (○, ×)

정답과 해설 20쪽

Ⓐ 일과 에너지

1 그림과 같이 수평면에서 질량이 1 kg, 속력이 2 m/s인 수레에 운동 방향으로 3 N의 힘을 작용하여 수레를 힘의 방향으로 1 m 이동시켰다.

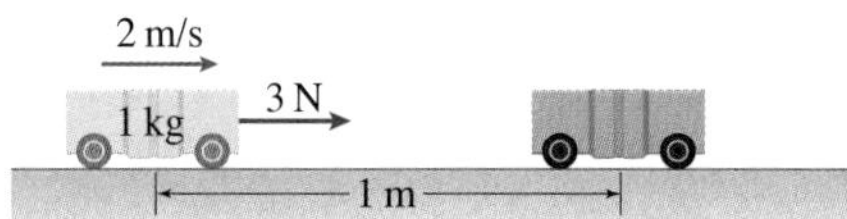

이때 수레의 운동 에너지는? (단, 마찰과 공기 저항은 무시한다.)

① 1 J ② 2 J ③ 3 J ④ 4 J ⑤ 5 J

Ⓑ 역학적 에너지 보존

2 지면으로부터 높이 10 m에서 질량이 1 kg인 물체가 자유 낙하 운동을 한다. (단, 중력 가속도는 10 m/s^{2}이고, 중력 퍼텐셜 에너지의 기준면은 지면이다.)

(1) 물체가 자유 낙하 하기 전의 중력 퍼텐셜 에너지는 몇 J인지 구하시오.
(2) 중력 퍼텐셜 에너지와 운동 에너지가 같은 높이는 몇 m인지 구하시오.
(3) 물체가 지면에 닿는 순간의 속력은 몇 m/s인지 구하시오.

3 지면에서 질량이 m인 물체를 속력 v로 연직 위로 던졌다. 이에 대한 설명으로 옳지 않은 것은? (단, 지면에서 중력 퍼텐셜 에너지는 0이고, 중력 가속도는 g이며, 공기 저항은 무시한다.)

① 물체가 위로 올라가는 동안 물체에 작용하는 알짜힘의 방향은 아래쪽이다.
② 최고점의 높이는 $\frac{v^2}{2g}$이다.
③ 최고점에서 역학적 에너지는 $\frac{1}{2}mv^2$이다.
④ 최고점에서 내려오는 동안 속력이 증가한다.
⑤ 최고점에서 다시 지면으로 내려올 때까지 걸린 시간은 $\frac{v}{2g}$이다.

4 어떤 용수철이 10 cm 늘어났을 때 탄성 퍼텐셜 에너지가 10 J이다. 이 용수철을 잡아당겨 30 cm 늘어났을 때 탄성 퍼텐셜 에너지는 몇 J인지 구하시오.

5 그림은 지면으로부터 높이가 $4h$인 곳에 정지해 있는 질량이 m인 물체를 가만히 낙하시키는 모습을 나타낸 것이다. (단, 중력 가속도는 g이고, 물체의 크기와 공기 저항은 무시한다. 중력 퍼텐셜 에너지의 기준면은 지면이다.)

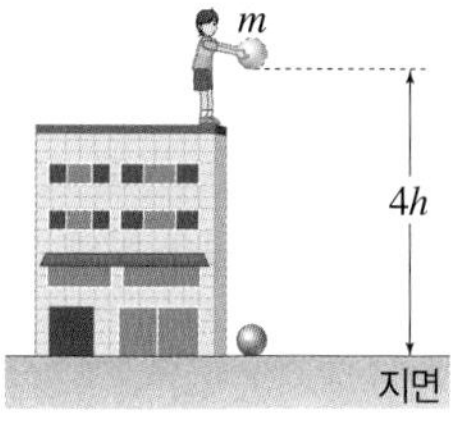

(1) 중력 퍼텐셜 에너지가 운동 에너지의 3배가 되는 위치의 높이를 쓰시오.
(2) 물체가 높이 h를 지날 때 운동 에너지를 쓰시오.
(3) 물체가 지면에 도달하는 순간의 속력을 쓰시오.

6 그림은 용수철에 질량이 m인 물체를 매달았을 때 용수철의 늘어난 길이가 x인 상태로 물체가 정지해 있는 모습을 나타낸 것이다. (단, 중력 가속도는 g이다.)

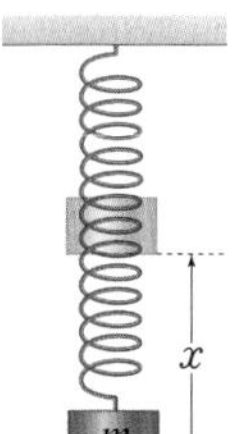

(1) 용수철 상수는 얼마인지 쓰시오.
(2) 용수철에 저장된 탄성 퍼텐셜 에너지는 얼마인지 쓰시오.

7 그림 (가)와 같이 수평면에서 용수철 상수가 k인 용수철에 매달린 물체를 잡아당겨 용수철의 길이를 $2A$만큼 늘였다가 가만히 놓았더니, 물체가 진동하다가 그림 (나)와 같이 용수철의 길이가 A만큼 줄어든 지점에 정지하였다.

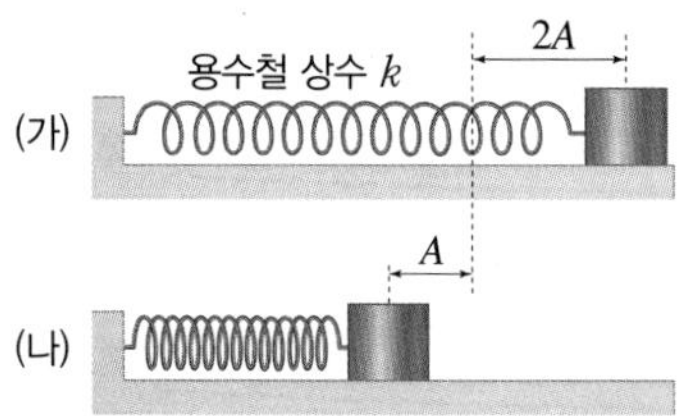

(1) (나)에서 용수철에 저장된 탄성 퍼텐셜 에너지를 쓰시오.
(2) 역학적 에너지는 (보존된다, 보존되지 않는다).
(3) (가)에서 (나)로 변하는 과정에서 발생한 열에너지를 쓰시오.

정답과 해설 21쪽

1 그림은 수평면에 놓인 물체를 수평 방향으로 100 N의 힘을 작용하여 10 m 이동시키는 모습을 나타낸 것이다. 물체와 수평면 사이에 작용하는 마찰력의 크기는 20 N이다.

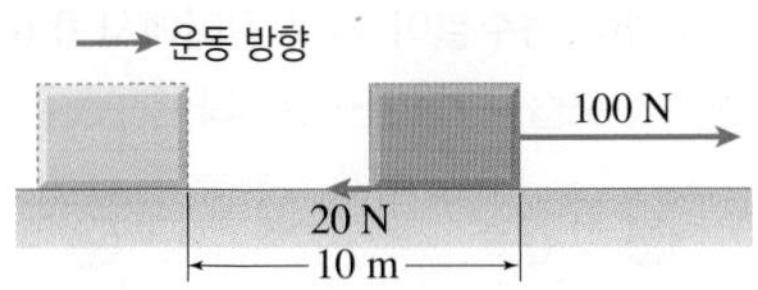

이에 대한 설명으로 옳은 것만을 [보기]에서 있는 대로 고른 것은?

보기
ㄱ. 물체에 작용하는 알짜힘의 크기는 80 N이다.
ㄴ. 100 N이 한 일의 양은 1000 J이다.
ㄷ. 마찰력이 한 일은 −200 J이다.

① ㄴ ② ㄷ ③ ㄱ, ㄴ
④ ㄱ, ㄷ ⑤ ㄱ, ㄴ, ㄷ

2 그림 (가)는 마찰이 없는 수평면에서 물체에 힘 F를 작용하여 직선 운동시키는 모습을, 그림 (나)는 이 물체의 운동 에너지 E_k를 위치 x에 따라 나타낸 것이다.

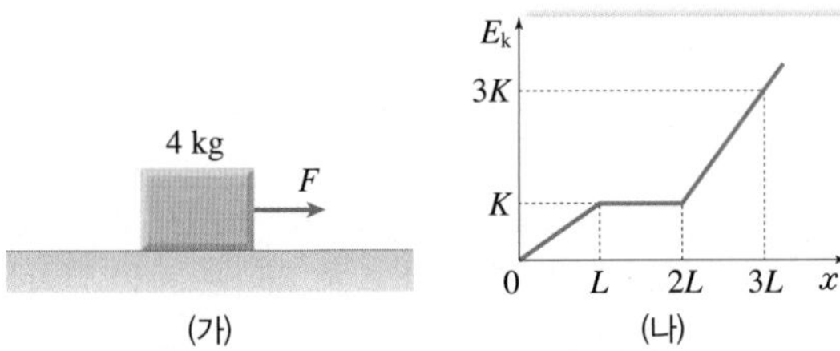

이에 대한 설명으로 옳은 것만을 [보기]에서 있는 대로 고른 것은?

보기
ㄱ. 0에서 L까지 F의 크기는 $\frac{K}{L}$로 일정하다.
ㄴ. F가 물체에 한 일은 $2L$에서 $3L$까지가 0에서 L까지의 3배이다.
ㄷ. L에서 $2L$까지 F가 물체에 한 일은 0이다.

① ㄱ ② ㄴ ③ ㄷ
④ ㄱ, ㄷ ⑤ ㄴ, ㄷ

3 그림은 전동기가 도르래를 통해 줄로 연결되어 있는 질량이 1 kg인 물체를 일정한 속력 2 m/s로 연직 위로 2 m 끌어올리는 모습을 나타낸 것이다.

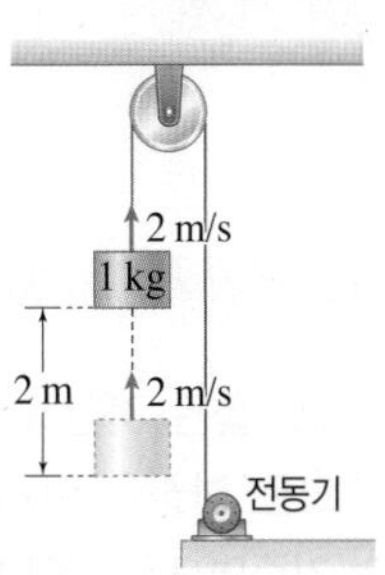

물체를 2 m 끌어올리는 동안 전동기가 한 일의 양은? (단, 중력 가속도는 10 m/s^{2}이고, 모든 마찰과 공기 저항, 줄의 질량은 무시한다.)

① 2 J ② 4 J ③ 8 J
④ 20 J ⑤ 22 J

4 그림과 같이 빗면 위의 점 O에 정지해 있던 물체에 빗면 위쪽 방향으로 100 N의 일정한 크기의 힘을 작용하여 점 A까지 밀었더니 물체는 점 B까지 올라가 정지하였다. 점 O를 기준으로 점 A에서 물체의 운동 에너지와 중력 퍼텐셜 에너지는 같다.

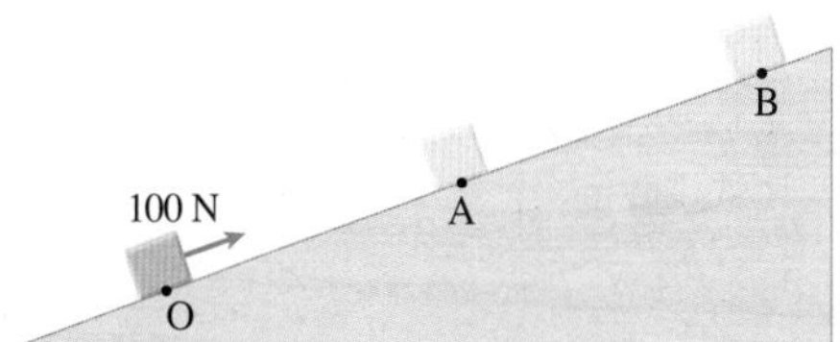

이에 대한 설명으로 옳은 것만을 [보기]에서 있는 대로 고른 것은? (단, 물체의 크기, 모든 마찰과 공기 저항은 무시한다.)

보기
ㄱ. O와 A 사이에서 물체에 작용하는 알짜힘의 크기는 50 N이다.
ㄴ. A에서 B까지의 거리는 O에서 A까지의 거리와 같다.
ㄷ. A에서 물체의 운동 에너지는 B로 이동하면서 중력 퍼텐셜 에너지로 전환된다.

① ㄱ ② ㄴ ③ ㄱ, ㄷ
④ ㄴ, ㄷ ⑤ ㄱ, ㄴ, ㄷ

5 그림은 점 A에 정지해 있던 철수가 수영장의 미끄럼틀을 타고 점 B를 거쳐 점 C까지 내려오는 것을 나타낸 것이다.

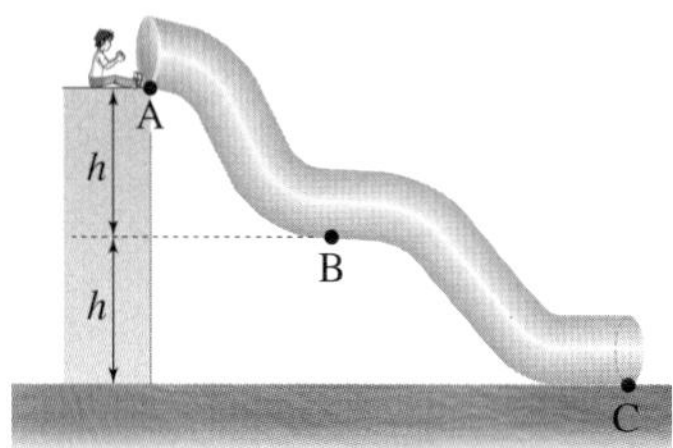

이에 대한 설명으로 옳은 것만을 [보기]에서 있는 대로 고른 것은? (단, 모든 마찰은 무시하며, 수면인 점 C를 퍼텐셜 에너지의 기준면으로 한다.)

보기

ㄱ. 철수의 속력은 C에서가 B에서의 2배이다.

ㄴ. 철수의 중력 퍼텐셜 에너지는 A에서가 B에서의 2배이다.

ㄷ. C까지 내려오는 동안 중력이 철수에게 한 일은 C에서 철수의 운동 에너지와 같다.

① ㄱ　② ㄴ　③ ㄱ, ㄴ　④ ㄱ, ㄷ　⑤ ㄴ, ㄷ

2020 9월 평가원 17번

6 그림과 같이 마찰이 없는 궤도를 따라 운동하는 물체 A, B가 각각 높이 $2h_0$, h_0인 지점을 v_0, $2v_0$의 속력으로 지난다. h_0인 지점에서 B의 운동 에너지는 중력 퍼텐셜 에너지의 4배이다. 궤도의 구간 Ⅰ, Ⅱ는 각각 수평면, 경사면이고, 구간 Ⅲ은 높이가 $4h_0$인 수평면이다.

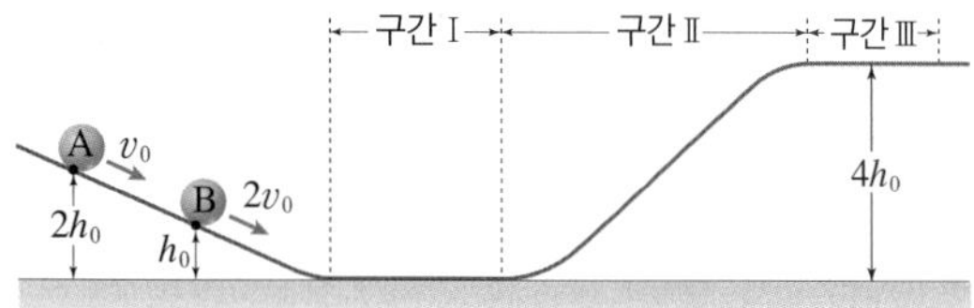

이에 대한 설명으로 옳은 것만을 [보기]에서 있는 대로 고른 것은? (단, Ⅰ에서 중력 퍼텐셜 에너지는 0이고, 물체는 동일 연직면상에서 운동하며, 물체의 크기는 무시한다.)

보기

ㄱ. Ⅰ을 통과하는 데 걸리는 시간은 A가 B의 $\frac{5}{3}$배이다.

ㄴ. Ⅱ에서 A의 운동 에너지와 중력 퍼텐셜 에너지가 같은 지점의 높이는 h_0이다.

ㄷ. Ⅲ에서 B의 속력은 v_0이다.

① ㄱ　② ㄷ　③ ㄱ, ㄴ　④ ㄴ, ㄷ　⑤ ㄱ, ㄴ, ㄷ

2021 수능 20번

7 그림 (가)와 같이 질량이 각각 2 kg, 3 kg, 1 kg인 물체 A, B, C가 용수철 상수가 200 N/m인 용수철과 실에 연결되어 정지해 있다. 수평면에 연직으로 연결된 용수철은 원래 길이에서 0.1 m만큼 늘어나 있다. 그림 (나)는 (가)의 C에 연결된 실이 끊어진 후, A가 연직선상에서 운동하여 용수철이 원래 길이에서 0.05 m만큼 늘어난 순간의 모습을 나타낸 것이다.

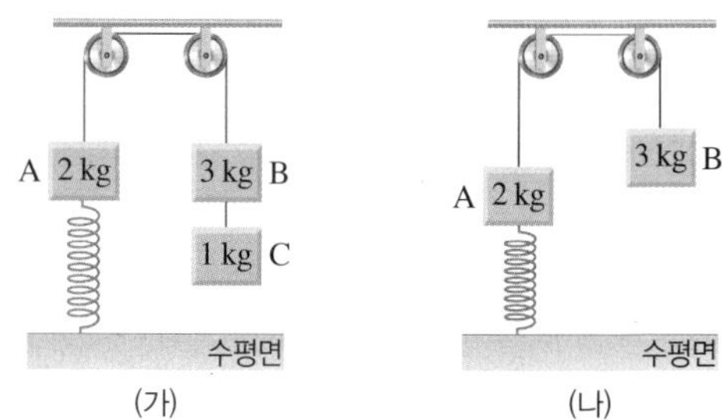

(나)에서 A의 운동 에너지는 용수철에 저장된 탄성 퍼텐셜 에너지의 몇 배인가? (단, 중력 가속도는 10 m/s^{2}이고, 실과 용수철의 질량, 모든 마찰과 공기 저항은 무시한다.)

① $\frac{1}{5}$　② $\frac{2}{5}$　③ $\frac{3}{5}$　④ $\frac{4}{5}$　⑤ 1

자료 3

2020 수능 17번

8 그림과 같이 레일을 따라 운동하는 물체가 점 p, q, r를 지난다. 물체는 빗면 구간 A를 지나는 동안 역학적 에너지가 $2E$만큼 증가하고, 높이가 h인 수평 구간 B에서 역학적 에너지가 $3E$만큼 감소하여 정지한다. 물체의 속력은 p에서 v, B의 시작점 r에서 V이고, 물체의 운동 에너지는 q에서가 p에서의 2배이다.

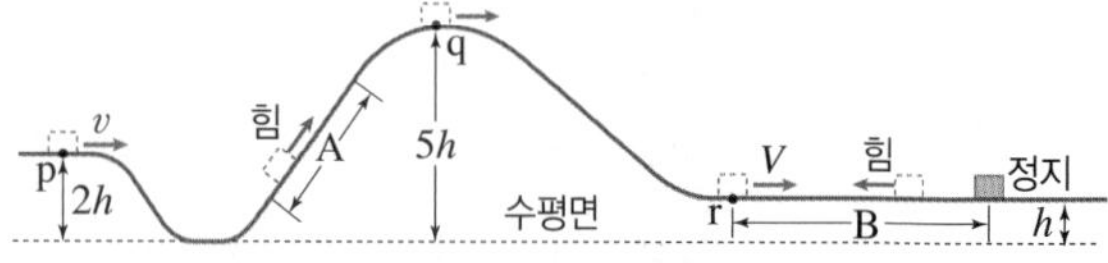

V는? (단, 물체의 크기, 마찰과 공기 저항은 무시한다.)

① $\sqrt{2}v$　② $2v$　③ $\sqrt{6}v$　④ $3v$　⑤ $2\sqrt{3}v$

2020 수능 16번

1 그림은 자동차가 등가속도 직선 운동 하는 모습을 나타낸 것이다. 점 a, b, c, d는 운동 경로상에 있고, a와 b, b와 c, c와 d 사이의 거리는 각각 $2L$, L, $3L$이다. 자동차의 운동 에너지는 c에서가 b에서의 $\frac{5}{4}$배이다.

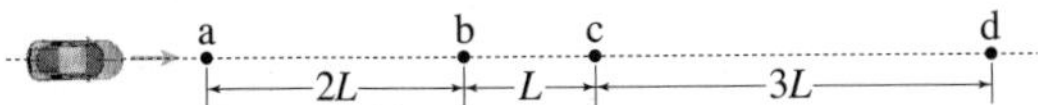

자동차의 속력은 d에서가 a에서의 몇 배인가? (단, 자동차의 크기는 무시한다.)

① $\sqrt{3}$배 ② 2배 ③ $2\sqrt{2}$배
④ 3배 ⑤ $2\sqrt{3}$배

2 그림과 같이 지면에 정지해 있던 물체에 연직 방향의 일정한 힘 F와 중력이 함께 작용하여 높이 15 m까지 가속되다가, 이후 중력만 작용하여 높이 h까지 도달한 후 낙하하였다. 물체가 지면에서 15 m 높이까지 올라가는 데 걸린 시간은 1초이다.

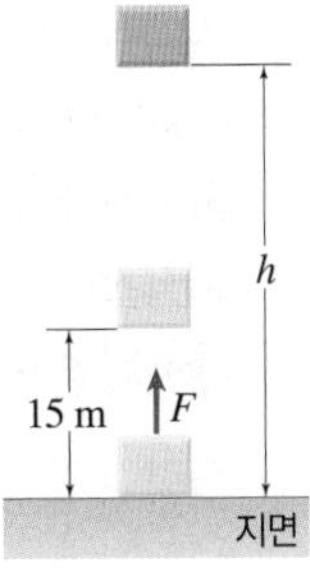

이에 대한 설명으로 옳은 것만을 [보기]에서 있는 대로 고른 것은? (단, 중력 가속도는 $10\ m/s^2$이고, 지면에서 중력에 의한 퍼텐셜 에너지는 0이며, 공기 저항은 무시한다.)

보기

ㄱ. F의 크기는 물체에 작용하는 중력의 4배이다.
ㄴ. $h=45$ m이다.
ㄷ. F가 한 일은 높이 h에서 물체의 중력 퍼텐셜 에너지와 같다.

① ㄱ ② ㄴ ③ ㄱ, ㄷ
④ ㄴ, ㄷ ⑤ ㄱ, ㄴ, ㄷ

2020 수능 20번

3 그림 (가)는 물체 A, B가 운동을 시작하는 순간의 모습을, (나)는 A와 B의 높이가 (가) 이후 처음으로 같아지는 순간의 모습을 나타낸 것이다. 점 p, q, r, s는 A, B가 직선 운동을 하는 빗면 구간의 점이고, p와 q, r와 s 사이의 거리는 각각 L, $2L$이다. A는 p에서 정지 상태에서 출발하고, B는 q에서 속력 v로 출발한다. A가 q를 v의 속력으로 지나는 순간에 B는 r를 지난다.

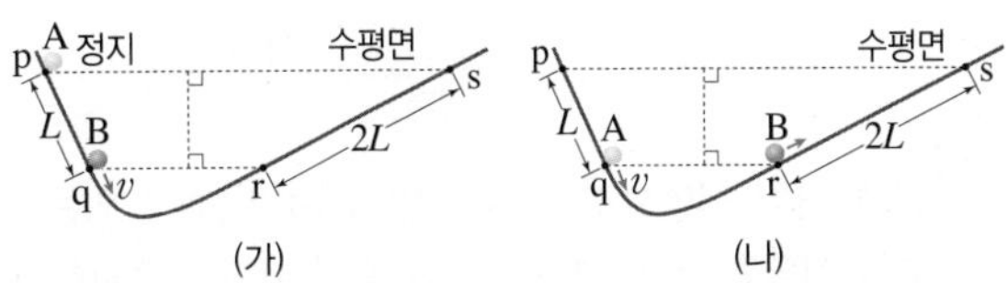

A와 B가 처음으로 만나는 순간, A의 속력은? (단, 물체의 크기, 마찰과 공기 저항은 무시한다.)

① $\frac{1}{8}v$ ② $\frac{1}{6}v$ ③ $\frac{1}{5}v$ ④ $\frac{1}{4}v$ ⑤ $\frac{1}{2}v$

2021 6월 평가원 20번

4 그림 (가)와 같이 동일한 용수철 A, B가 연직선상에 x만큼 떨어져 있다. 그림 (나)는 (가)의 A를 d만큼 압축시키고 질량 m인 물체를 올려놓았더니 물체가 힘의 평형을 이루며 정지해 있는 모습을, (다)는 (나)의 A를 $2d$만큼 더 압축시켰다가 가만히 놓는 순간의 모습을, (라)는 (다)의 물체가 A와 분리된 후 B를 압축시킨 모습을 나타낸 것이다. B가 $\frac{1}{2}d$만큼 압축되었을 때 물체의 속력은 0이다.

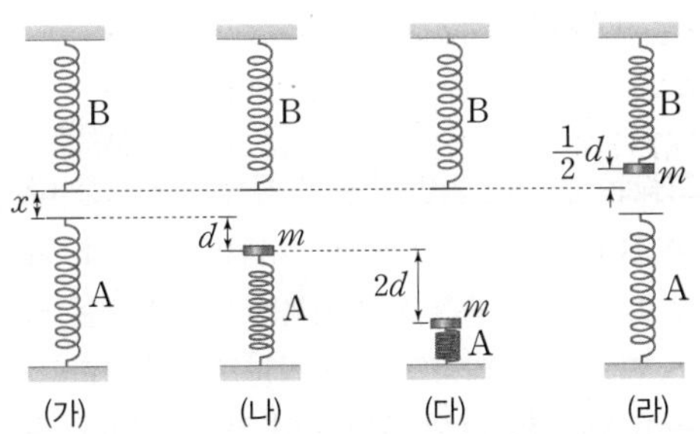

이에 대한 설명으로 옳은 것만을 [보기]에서 있는 대로 고른 것은? (단, 중력 가속도는 g이고, 물체의 크기, 용수철의 질량, 공기 저항은 무시한다.)

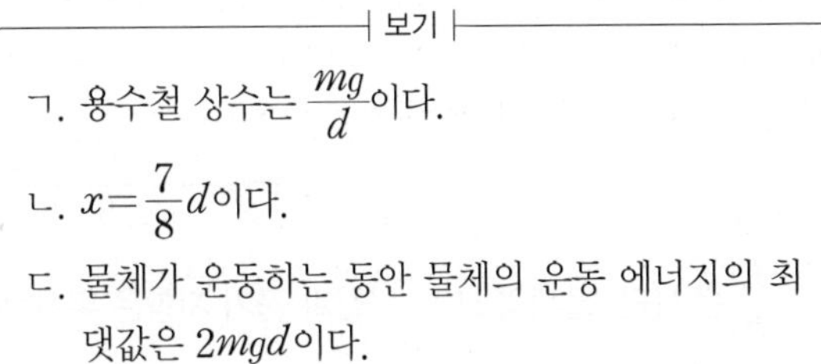

보기

ㄱ. 용수철 상수는 $\frac{mg}{d}$이다.
ㄴ. $x=\frac{7}{8}d$이다.
ㄷ. 물체가 운동하는 동안 물체의 운동 에너지의 최댓값은 $2mgd$이다.

① ㄴ ② ㄷ ③ ㄱ, ㄴ
④ ㄱ, ㄷ ⑤ ㄱ, ㄴ, ㄷ

5 그림과 같이 빗면 위의 점 O에 물체를 가만히 놓았더니 물체가 일정한 시간 간격으로 빗면 위의 점 A, B, C를 통과하였다. 물체는 BC 구간에서 마찰력을 받아 속도가 일정한 운동을 하였다. 물체의 중력 퍼텐셜 에너지 차는 O와 B 사이에서 32 J이다.

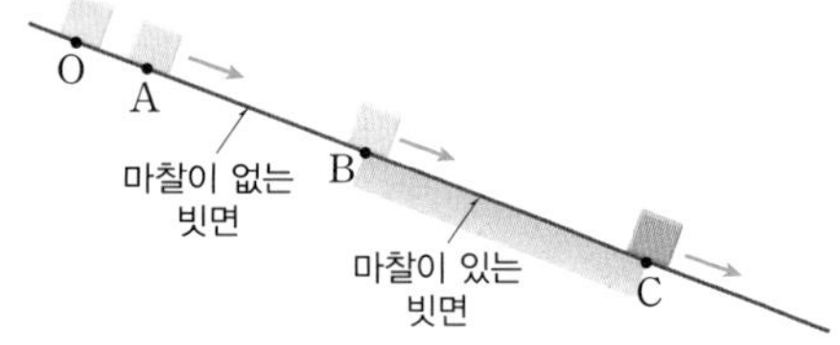

이에 대한 설명으로 옳은 것만을 [보기]에서 있는 대로 고른 것은? (단, 물체의 크기와 공기 저항은 무시한다.)

보기

ㄱ. B에서 물체의 속력은 A에서의 4배이다.
ㄴ. C에서 물체의 운동 에너지는 32 J이다.
ㄷ. BC 구간에서 물체는 역학적 에너지가 32 J만큼 감소한다.

① ㄱ ② ㄷ ③ ㄱ, ㄴ ④ ㄴ, ㄷ ⑤ ㄱ, ㄴ, ㄷ

2020 6월 평가원 18번

6 그림은 점 p에 가만히 놓은 물체가 궤도를 따라 운동하여 점 q에서 정지한 모습을 나타낸 것이다. 길이가 각각 l, $2l$인 수평 구간 A, B에서는 물체에 같은 크기의 일정한 힘이 운동 방향의 반대 방향으로 작용한다. p와 A의 높이 차는 h_1, A와 B의 높이 차는 h_2이다. 물체가 B를 지나는 데 걸린 시간은 A를 지나는 데 걸린 시간의 2배이다.

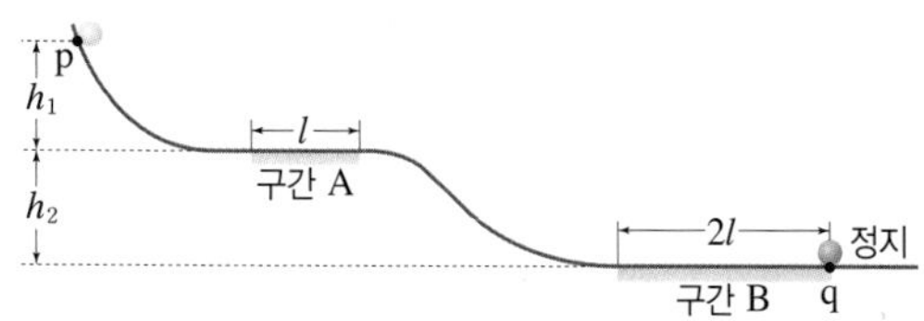

$\frac{h_1}{h_2}$은? (단, 물체의 크기, 마찰과 공기 저항은 무시한다.)

① $\frac{1}{2}$ ② $\frac{3}{5}$ ③ $\frac{3}{4}$ ④ $\frac{4}{5}$ ⑤ $\frac{5}{6}$

7 그림 (가)는 질량이 각각 m, $3m$, $2m$인 물체 A, B, C를 실로 연결한 후, A를 손으로 잡아 A와 C가 같은 높이에서 정지한 모습을 나타낸 것이다. A와 B 사이에 연결된 실은 p이고, B와 C 사이의 거리는 $2h$이다. 그림 (나)는 (가)에서 A를 가만히 놓은 후 A와 B의 높이가 같아진 순간의 모습을 나타낸 것이다.

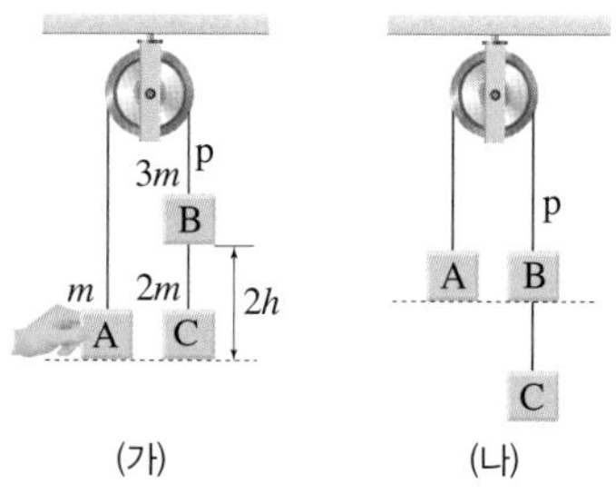

이에 대한 설명으로 옳은 것만을 [보기]에서 있는 대로 고른 것은? (단, 중력 가속도는 g이고, 모든 마찰과 공기 저항, 실의 질량은 무시한다.)

보기

ㄱ. (나)에서 A의 속력은 $\sqrt{\frac{3}{2}gh}$이다.
ㄴ. (나)에서 p가 B를 당기는 힘의 크기는 $\frac{5}{3}mg$이다.
ㄷ. (가)에서 (나)가 되는 과정에서 역학적 에너지 변화량의 크기는 B가 A보다 크다.

① ㄱ ② ㄴ ③ ㄱ, ㄷ ④ ㄴ, ㄷ ⑤ ㄱ, ㄴ, ㄷ

2019 6월 평가원 20번

8 그림과 같이 물체 A, B를 실로 연결하고 빗면의 점 P에 A를 가만히 놓았더니 A, B가 함께 등가속도 운동을 하다가 A가 점 Q를 지나는 순간 실이 끊어졌다. 이후 A는 등가속도 직선 운동을 하여 점 R를 지난다. A가 P에서 Q까지 운동하는 동안, A의 운동 에너지 증가량은 B의 중력 퍼텐셜 에너지 증가량의 $\frac{4}{5}$배이고, A의 운동 에너지는 R에서가 Q에서의 $\frac{9}{4}$배이다.

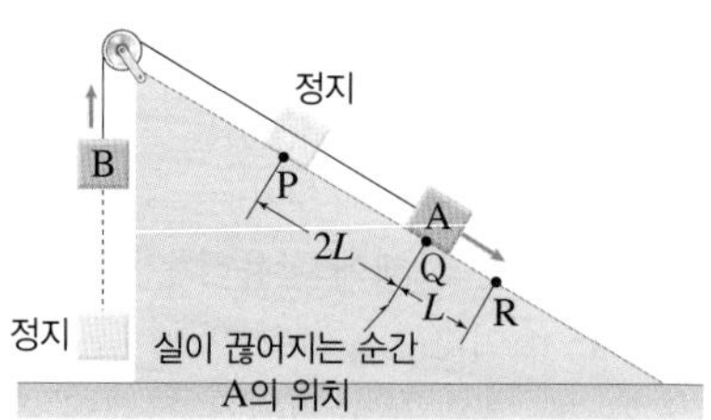

A, B의 질량을 각각 m_A, m_B라 할 때, $\frac{m_A}{m_B}$는? (단, 물체의 크기, 마찰과 공기 저항은 무시한다.)

① 3 ② 4 ③ 5 ④ 6 ⑤ 7

2018 9월 평가원 19번

9 그림 (가)는 물체 A, B, C가 실 p, q로 연결되어 경사면에 정지해 있는 모습을 나타낸 것이다. q가 B를 당기는 힘의 크기는 p가 A를 당기는 힘의 크기의 3배이다. 그림 (나)는 (가)에서 p가 끊어진 후, A, B, C가 등가속도 직선 운동을 하는 모습을 나타낸 것이다. A와 B는 정지 상태에서 출발해 같은 시간 동안 각각 $3s$, s만큼 서로 반대 방향으로 운동하였고, 이 동안 A의 운동 에너지 증가량은 E_A, C의 역학적 에너지 감소량은 E_C이다.

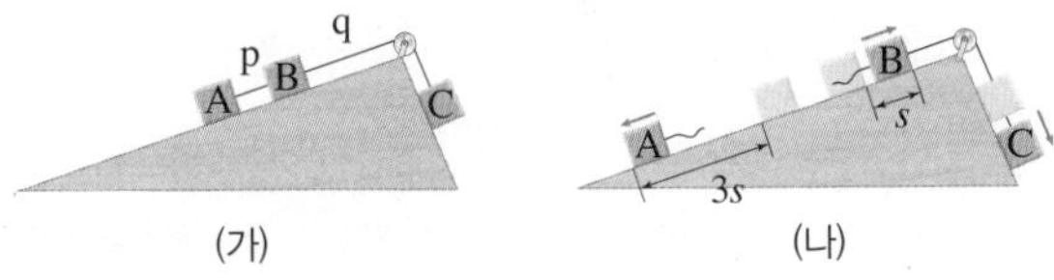

(가) (나)

$\frac{E_C}{E_A}$는? (단, 마찰과 공기 저항, 실의 질량은 무시한다.)

① $\frac{2}{9}$ ② $\frac{1}{3}$ ③ $\frac{2}{3}$
④ $\frac{7}{9}$ ⑤ $\frac{8}{9}$

자료❷ 2017 수능 10번

10 그림 (가)는 0초일 때 정지해 있던 물체 A, B, C가 실로 연결된 채 등가속도 운동을 하다가 2초일 때 A와 B를 연결하고 있던 실이 끊어진 후 A, B, C가 등가속도 운동을 하고 있는 것을, (나)는 시간에 따른 B의 속력을 나타낸 것이다. 질량은 A가 C보다 크고, B의 질량은 m이다.

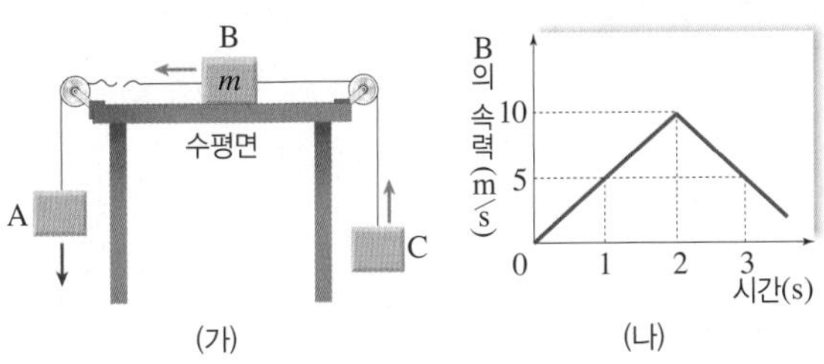

(가) (나)

이에 대한 설명으로 옳은 것만을 [보기]에서 있는 대로 고른 것은? (단, 중력 가속도는 10 m/s²이고, 모든 마찰과 공기 저항은 무시한다.)

보기

ㄱ. C의 운동 방향은 1초일 때와 3초일 때가 서로 반대이다.
ㄴ. 질량은 A가 C의 4배이다.
ㄷ. C의 역학적 에너지는 3초일 때가 2초일 때보다 크다.

① ㄱ ② ㄴ ③ ㄷ
④ ㄱ, ㄴ ⑤ ㄴ, ㄷ

11 그림 (가), (나)는 질량이 $2m$인 물체 A와 질량이 $3m$인 물체 B를 실로 연결한 후 가만히 놓았을 때 A, B가 s만큼 이동한 순간의 모습을 나타낸 것이다. (가), (나)에서 A, B가 s만큼 운동하는 데 걸린 시간은 각각 t_1, t_2이다.

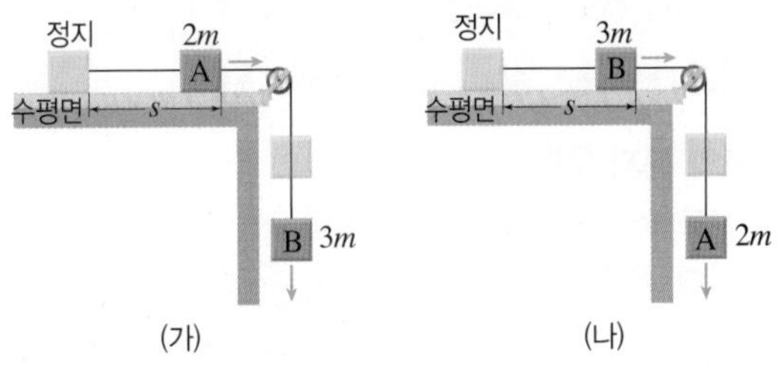

(가) (나)

$\frac{t_2}{t_1}$는? (단, 실의 질량, 모든 마찰과 공기 저항은 무시한다.)

① $\sqrt{2}$ ② $\sqrt{3}$ ③ $\sqrt{\frac{2}{3}}$
④ $\sqrt{\frac{3}{2}}$ ⑤ 2

자료❹ 2021 9월 평가원 20번

12 그림 (가)는 물체 A와 실로 연결된 물체 B를 원래 길이가 L_0인 용수철과 수평면 위에서 연결하여 잡고 있는 모습을, (나)는 (가)에서 B를 가만히 놓은 후, 용수철의 길이가 L까지 늘어나 A의 속력이 0인 순간의 모습을 나타낸 것이다. A, B의 질량은 각각 m이고, 용수철 상수는 k이다.

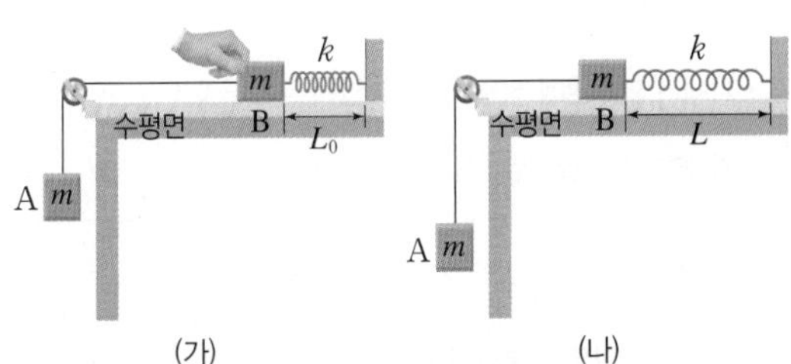

(가) (나)

이에 대한 설명으로 옳은 것만을 [보기]에서 있는 대로 고른 것은? (단, 중력 가속도는 g이고, 실과 용수철의 질량 및 모든 마찰과 공기 저항은 무시한다.)

보기

ㄱ. $L-L_0=\frac{2mg}{k}$이다.
ㄴ. 용수철의 길이가 L일 때, A에 작용하는 알짜힘은 0이다.
ㄷ. B의 최대 속력은 $\sqrt{\frac{m}{k}}g$이다.

① ㄱ ② ㄴ ③ ㄱ, ㄷ
④ ㄴ, ㄷ ⑤ ㄱ, ㄴ, ㄷ

열역학 제1법칙

핵심 짚기 › 기체가 하는 일 계산 › 기체의 내부 에너지 › 열역학 제1법칙의 적용 › 열역학 과정

Ⓐ 기체가 하는 일과 내부 에너지

1 온도와 분자 운동

① **온도:** 물체의 차갑고 뜨거운 정도를 수치로 나타낸 것

- 절대 온도: 분자 운동이 멈추는 상태를 물체의 가장 낮은 온도인 0 K(켈빈)으로 정하고, 섭씨온도와 눈금 간격을 동일하게 맞춘 온도 체계이다.[1] → 절대 온도(K) =섭씨온도(℃)+273.15

② **온도와 분자 운동:** 온도가 높을수록 분자 운동이 활발하다.
➡ 분자들의 평균 운동 에너지($\overline{E_k}$)는 절대 온도에 비례한다.

2 열과 열기관

① **열:** 온도가 다른 두 물체가 접촉해 있을 때 온도가 높은 물체에서 온도가 낮은 물체로 스스로 이동하는 에너지이다.[2]

② **열평형 상태:** 온도가 다른 두 물체가 접촉해 있을 때 두 물체의 온도가 같아진 상태이다.

③ **열기관:** 열을 일로 바꾸는 장치로, 열을 이용하여 기체의 부피를 변화시킴으로써 피스톤을 움직여 동력을 얻는다.[3]

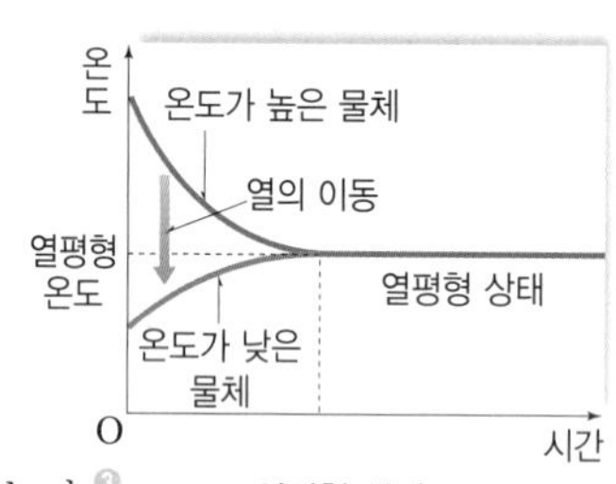

▲ 열평형 상태

3 기체가 하는 일

기체가 일정한 압력 P를 유지하면서 팽창할 때, 기체가 외부에 한 일 W는 기체의 압력 P와 부피 변화 ΔV의 곱과 같다.[4]

$$W=P\Delta V \text{ [단위: J(줄)]}$$

[기체가 하는 일]

기체가 일정한 압력 P를 유지하면서 팽창할 때, 단면적 A인 피스톤이 Δl만큼 이동하여 부피가 $\Delta V=A\Delta l$만큼 변한다. (단, 피스톤에 작용하는 마찰은 무시한다).

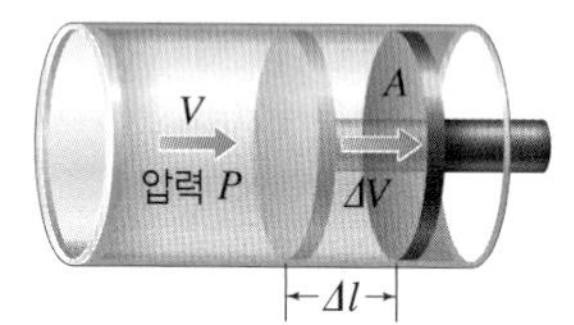

- **기체가 피스톤에 작용하는 힘:** 압력$=\dfrac{\text{힘}}{\text{넓이}}$이므로 $F=PA$이다.
- **기체가 하는 일:** 일=힘×이동 거리이므로 $W=F\Delta l=PA\Delta l=P\Delta V$이다.

① 기체의 부피 변화와 기체가 외부에 한 일의 관계

기체의 부피가 팽창할 때	기체의 부피가 수축할 때
뜨거운 물 / 부피가 증가하므로 기체가 외부에 일을 한다. ➡ $\Delta V>0$이므로 $W>0$이다.	얼음물 / 부피가 감소하므로 기체가 외부로부터 일을 받는다. ➡ $\Delta V<0$이므로 $W<0$이다.

② 압력과 부피의 관계 그래프: 기체가 한 일은 압력-부피 그래프 아랫부분의 넓이와 같다.

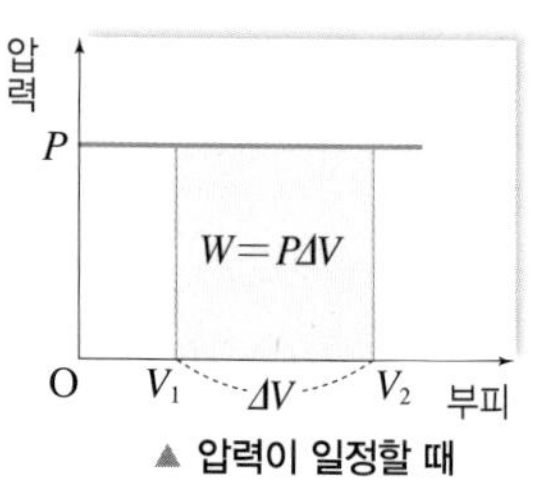

▲ 압력이 일정할 때

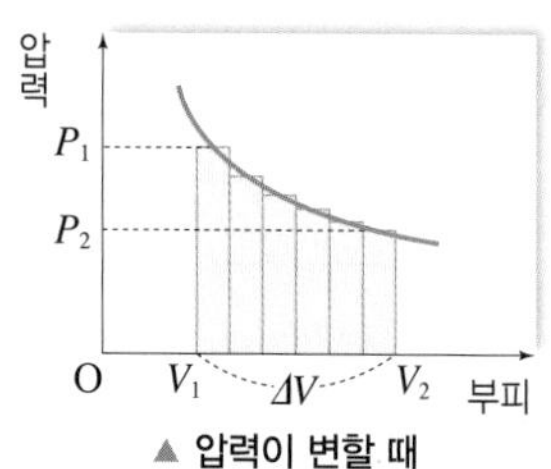

▲ 압력이 변할 때

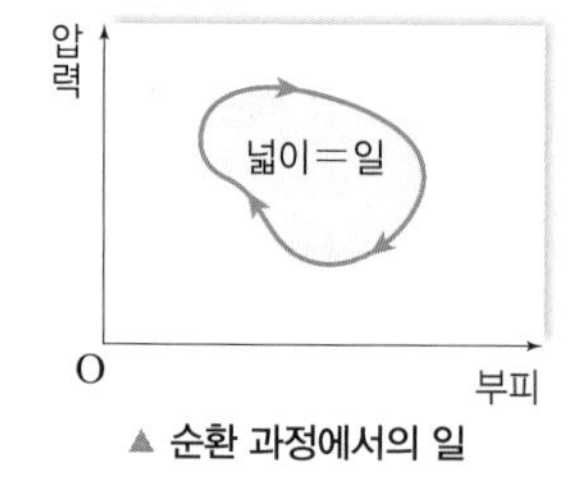

▲ 순환 과정에서의 일

PLUS 강의

[1] **섭씨온도**
1기압에서 순수한 물이 어는 온도를 0 ℃(섭씨온도), 끓는 온도를 100 ℃로 정하고, 그 사이를 백등분한 온도 체계이다.

[2] **열량**
온도가 높은 물체에서 온도가 낮은 물체로 이동하는 열의 양을 열량이라고 한다.

[3] **열기관의 종류**
- 내연 기관: 기관의 내부에서 연료를 연소시켜 일을 하는 기관
  예 가솔린 기관, 디젤 기관 등
- 외연 기관: 기관의 외부에서 열에너지를 얻어 일을 하는 기관
  예 증기 기관 등

[4] **압력(P)**
단위 넓이에 작용하는 힘의 크기이다. 넓이가 A인 물체에 크기가 F인 힘이 수직으로 작용할 때, 압력 P는 다음과 같다.

$$P=\frac{F}{A} \text{ [단위: N/m}^2\text{, Pa]}$$

4 기체의 *내부 에너지 기체 분자의 운동 에너지와 퍼텐셜 에너지의 총합을 말한다.

① 기체 분자는 열운동에 의한 운동 에너지와 기체 분자 사이에 작용하는 힘에 의한 퍼텐셜 에너지를 가진다.

② *이상 기체의 내부 에너지(U)는 기체 분자의 운동 에너지의 총합이므로 기체 분자의 수 N과 절대 온도 T에 비례한다.[5]

$$U \propto N\overline{E_k} \Rightarrow U \propto NT$$

(U: 이상 기체의 내부 에너지, N: 기체 분자의 수, $\overline{E_k}$: 기체 분자의 평균 운동 에너지, T: 절대 온도)

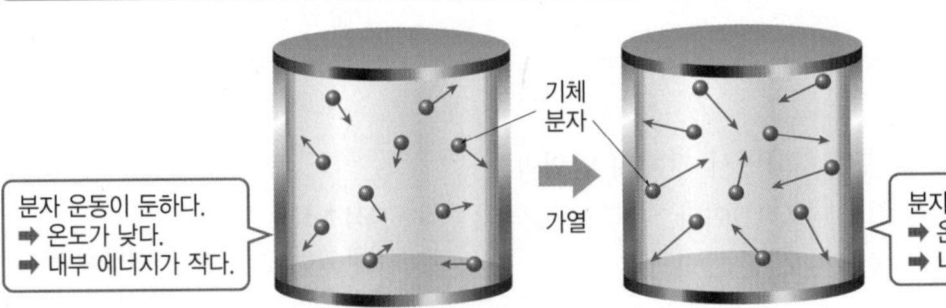
기체 분자
가열
분자 운동이 둔하다.
➡ 온도가 낮다.
➡ 내부 에너지가 작다.
분자 운동이 활발하다.
➡ 온도가 높다.
➡ 내부 에너지가 크다.
▲ 온도에 따른 기체 분자의 운동

5 기체의 압력(P), 부피(V), 절대 온도(T)의 관계

압력-부피 그래프	부피-온도 그래프	압력-온도 그래프
일정량의 이상 기체의 압력은 부피에 반비례한다.	일정량의 이상 기체의 부피는 절대 온도에 비례한다.	일정량의 이상 기체의 압력은 절대 온도에 비례한다.
P, T 일정, O, V	V, P 일정, O, T	P, V 일정, O, T
➡ 압력$\propto\frac{1}{부피}$, $P\propto\frac{1}{V}$	➡ 부피$\propto$절대 온도, $V\propto T$	➡ 압력$\propto$절대 온도, $P\propto T$

[5] **이상 기체의 퍼텐셜 에너지**
이상 기체의 경우 분자 사이에 작용하는 힘을 무시하므로 퍼텐셜 에너지는 0이다.

용어 돋보기

* **내부 에너지(internal energy)**_물질을 구성하는 분자들이 가진 에너지의 총합
* **이상 기체(理 이치, 想 생각, 氣 기운, 體 몸)**_분자들 사이에 작용하는 인력을 무시할 수 있는 이상적인 기체

정답과 해설 27쪽

개념 확인

(1) (   )는 분자 운동이 멈추는 상태를 물체의 가장 낮은 온도인 0 K으로 정한 온도 체계이다.

(2) 기체 분자의 평균 운동 에너지는 기체의 절대 온도에 (   )한다.

(3) (   )은 온도가 다른 두 물체가 접촉했을 때 온도가 높은 물체에서 온도가 낮은 물체로 스스로 이동하는 에너지이다.

(4) 열을 잃은 물체의 온도는 (올라, 내려)가고, 열을 얻은 물체의 온도는 (올라, 내려)간다.

(5) 온도가 다른 두 물체가 접촉해 있을 때 시간이 지난 후 두 물체의 온도가 같아진 상태를 (   ) 상태라고 한다.

(6) 압력 P를 일정하게 유지하면서 기체의 부피가 ΔV만큼 증가하였을 때, 기체가 한 일은 (   )이다.

(7) 기체의 부피가 팽창할 때 기체는 외부에 (   )을 한다.

(8) 기체가 팽창할 때 압력-부피 그래프 아랫부분의 넓이는 기체가 한 (   )이다.

(9) 이상 기체의 내부 에너지는 기체 분자의 (   ) 에너지의 총합이고, 기체 분자의 수와 (   )에 비례한다.

(10) 온도가 일정할 때, 부피는 압력에 (비례, 반비례)한다.

열역학 제1법칙

B 열역학 제1법칙

1 열역학 제1법칙 기체가 흡수한 열 Q는 기체의 내부 에너지 변화량 ΔU와 기체가 외부에 한 일 W의 합과 같다.

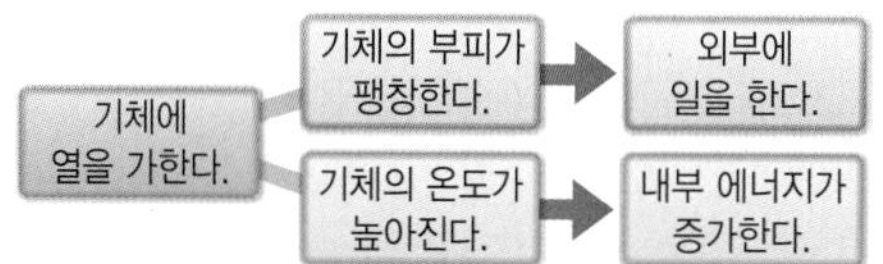

$$Q=\Delta U+W=\Delta U+P\Delta V$$ — 기체가 열을 얻었을 때 $Q>0$이며, 기체가 열을 잃었을 때 $Q<0$이다.

➡ 열역학 제1법칙의 의미: 열에너지와 역학적 에너지를 포함한 에너지 보존 법칙이다.[6]

2 *열역학 과정 기체가 외부와 상호 작용을 하면서 한 상태에서 다른 상태로 바뀌는 과정
➡ 열역학 과정에서 열역학 제1법칙이 적용된다.

① **등적 과정(부피가 일정한 과정)**: 기체의 부피가 일정하게 유지되면서 기체의 압력과 온도가 변하는 과정[7] ➡ $\Delta V=0$이므로 기체가 외부에 한 일 $W=0$이다. 따라서 열역학 제1법칙에 의해 기체가 흡수한 열 Q는 내부 에너지 변화량 ΔU와 같다.

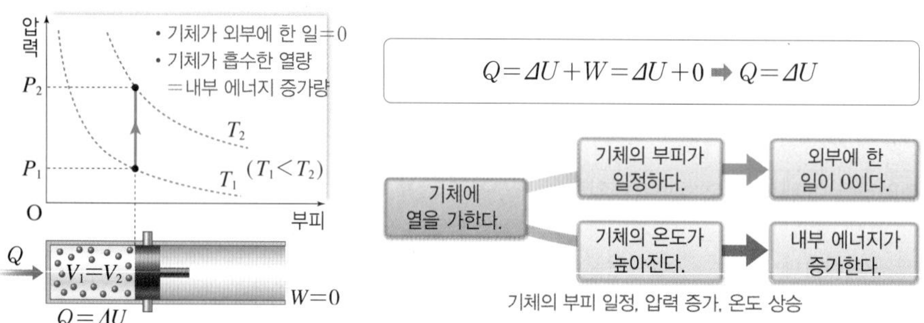

기체의 부피 일정, 압력 증가, 온도 상승

② **등압 과정(압력이 일정한 과정)**: 기체의 압력이 일정하게 유지되면서 기체의 부피와 온도가 변하는 과정[8] ➡ 압력이 일정하게 유지되면서 부피와 온도가 변하므로, 일과 내부 에너지의 변화가 생긴다. 따라서 열역학 제1법칙에 의해 기체가 흡수한 열 Q는 기체의 내부 에너지 증가량 ΔU와 기체가 외부에 한 일 W의 합과 같다.

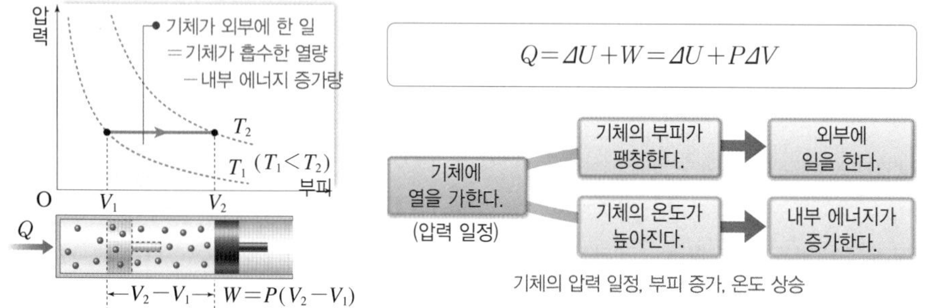

기체의 압력 일정, 부피 증가, 온도 상승

③ **등온 과정(온도가 일정한 과정)**: 기체의 온도가 일정하게 유지되면서 기체의 부피와 압력이 변하는 과정[9] ➡ 이상 기체의 내부 에너지는 절대 온도에 비례하므로 $\Delta T=0$인 등온 과정에서 내부 에너지 변화량 $\Delta U=0$이다. 따라서 열역학 제1법칙에 의해 기체가 흡수한 열 Q는 기체가 외부에 한 일 W와 같다.

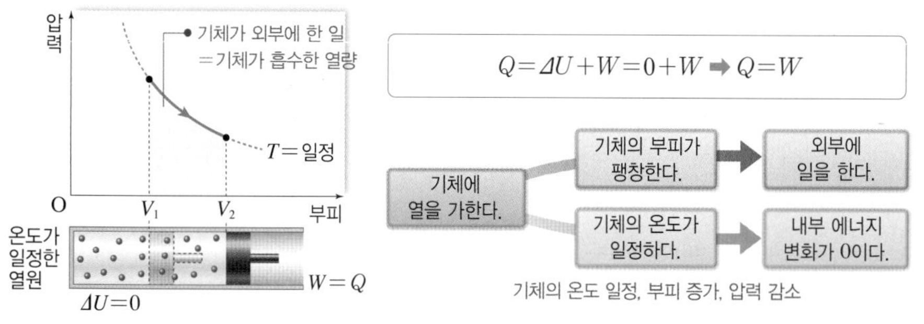

기체의 온도 일정, 부피 증가, 압력 감소

[6] **열역학 제1법칙의 적용**
기체뿐만 아니라 고체와 액체 등 외부와 에너지를 주고받는 모든 계에서 성립한다.

[7] **등적 과정의 예**
압력 밥솥은 밀폐되어 설정된 값까지 압력이 커져도 부피가 변하지 않는다. 따라서 받은 열이 모두 내부 에너지 증가에 사용되어 온도와 압력을 높인다. 압력이 높아지면 높은 온도에서 물이 끓기 때문에 밥이 빨리 익는다.

[8] **부피와 온도의 관계**
기체의 압력이 일정할 때 부피는 절대 온도에 비례한다. 이를 샤를 법칙이라고 한다.

$$V\propto T,\ \frac{V}{T}=\text{일정}$$

[9] **부피와 압력의 관계**
기체의 온도가 일정할 때 부피는 압력에 반비례한다. 이를 보일 법칙이라고 한다.

$$V\propto\frac{1}{P},\ PV=\text{일정}$$

용어 돋보기
*** 열역학(熱 열, 力 힘, 學 배우다)**_ 열과 일의 관계를 다루는 학문의 분야

④ 열의 출입이 없는 과정(*단열 과정): 외부와의 열의 출입이 없이 기체의 상태가 변하는 과정[10]

- 열의 출입이 없으므로 $Q=0$이다. 따라서 열역학 제1법칙에 의해 기체가 외부에 한 일 W는 내부 에너지 감소량 $-\Delta U$와 같다.

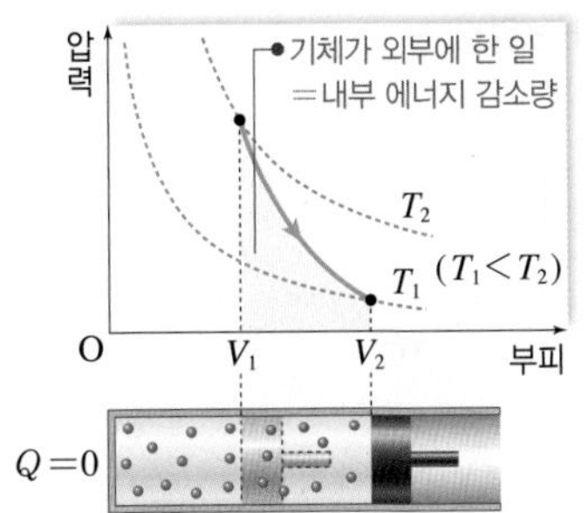

$$Q=0=\Delta U+W \Rightarrow W=-\Delta U$$

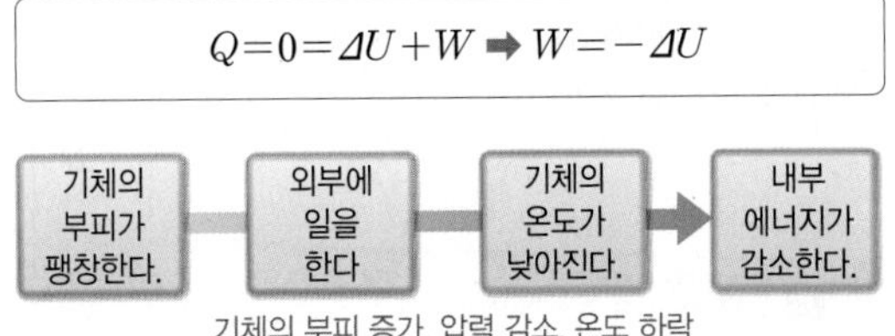

기체의 부피 증가, 압력 감소, 온도 하락

- 단열 과정의 예

구름의 생성	공기가 상승하면서 단열 팽창하여 공기의 온도가 급격히 낮아진다. 이때 수증기가 응결하여 구름이 생성된다.	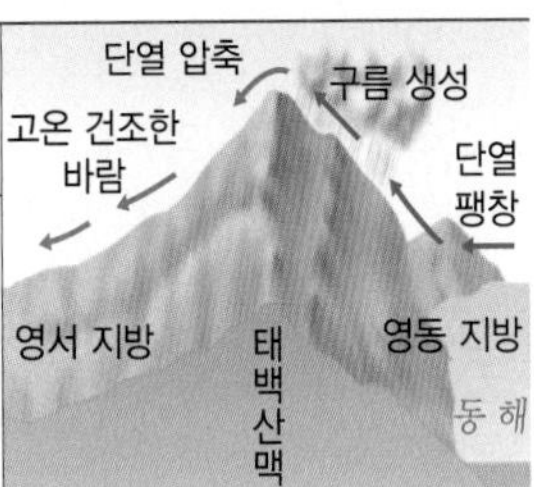
높새바람	동해에서 온 공기 덩어리가 태백산맥을 넘으면서 단열 팽창하여 구름이 되었다가 동쪽 사면에 비를 뿌린 후 서쪽 사면을 따라 내려온다. 이때 단열 압축에 의해 온도가 높아져 고온 건조한 높새바람이 분다.	

[스털링 엔진으로 본 열역학 과정]

스털링 엔진은 원통(실린더) 내부에 열을 가하면 기체가 압축과 팽창을 하면서 일을 하는 열기관이다.

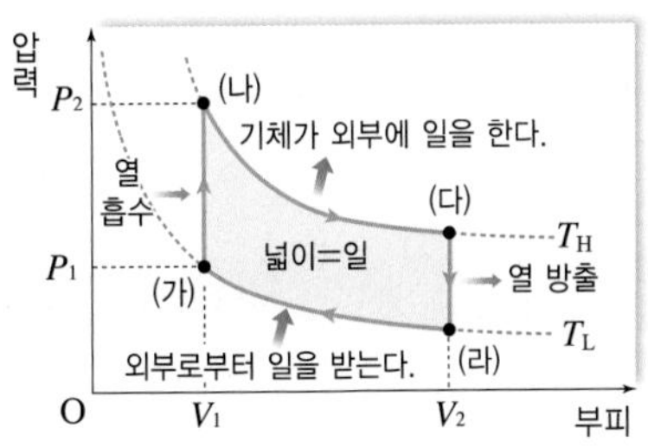

❶ (가) → (나): 기체가 열을 흡수하면 온도가 높아지면서 내부 에너지가 증가한다.

❷ (나) → (다): 온도가 일정한 상태에서 기체가 열을 흡수하면 기체의 부피가 팽창하여 외부에 일을 한다.

❸ (다) → (라): 기체가 일을 하고 남은 열을 방출하면서 온도가 낮아진다.

❹ (라) → (가): 온도가 일정한 상태에서 기체의 부피가 수축하여 외부로부터 일을 받고 열을 방출한다.

- 한 번의 순환 과정을 거친 후 엔진이 다시 처음 상태로 되돌아오므로 엔진의 내부 에너지 변화는 없다.
- 기체가 (나) → (다) 과정(등온 팽창)에서 일을 하고, (라) → (가) 과정(등온 압축)에서 일을 받아 결과적으로 그래프로 둘러싸인 부분의 넓이만큼의 일을 한다.

[10] **단열 과정의 예**

- 자전거의 튜브에 공기를 넣을 때 공기통의 기체가 단열 압축하여 온도가 높아지므로 공기통이 뜨거워지는 현상이 나타난다.
- 탄산 음료의 뚜껑을 처음 열 때 내부에 있던 높은 압력의 기체가 단열 팽창하여 온도가 급격히 낮아진다. 이때 수증기가 응결하여 김이 생긴다.

용어 돋보기

* **단열(斷 끊다, 熱 열)**_ 물체와 물체 사이에 열이 서로 통하지 않도록 막음

정답과 해설 27쪽

(11) 열역학 제1법칙에 따라 기체가 흡수하는 열은 기체의 (   ) 변화량과 기체가 외부에 한 (   )의 합과 같다.

(12) 다음 열역학 과정의 특징을 옳은 것끼리 연결하시오.

① 등적 과정 •　　　• ㉠ 기체가 받은 열은 내부 에너지 변화와 외부에 일을 하는 데 사용된다.

② 등압 과정 •　　　• ㉡ 기체가 받은 열은 내부 에너지 변화 없이 모두 외부에 일을 하는 데 사용된다.

③ 등온 과정 •　　　• ㉢ 기체가 받은 열은 모두 내부 에너지 변화에 사용된다.

(13) 단열 팽창 과정에서 기체가 외부에 한 일은 내부 에너지 (증가량, 감소량)과 같다.

(14) 단열 팽창 과정에서 기체의 내부 에너지는 (증가, 감소)한다.

정답과 해설 27쪽

2019 • 수능 17번

자료 ① 열평형 상태와 기체가 받은 일

그림 (가)와 같이 실린더 안의 동일한 이상 기체 A와 B가 열전달이 잘되는 고정된 금속판에 의해 분리되어 열평형 상태에 있다. A, B의 압력과 부피는 각각 P, V로 같다. 그림 (나)는 (가)에서 피스톤에 힘을 가하여 B의 부피가 감소한 상태로 A와 B가 열평형을 이룬 모습을 나타낸 것이다.

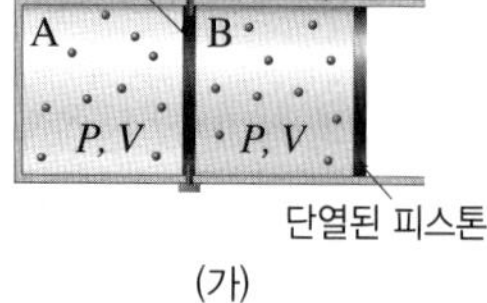

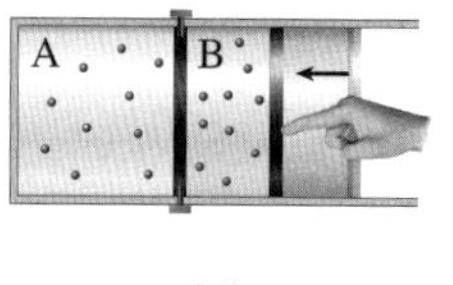

(가) (나)

1. (가)에서 A와 B의 온도는 같다. (○, ×)
2. (가)에서 피스톤에 힘을 가하여 B의 부피를 감소시키면 B는 외부에 일을 한다. (○, ×)
3. (나)에서 B의 온도는 (가)에서보다 높다. (○, ×)
4. (가) → (나) 과정에서 열은 B에서 A로 이동한다. (○, ×)
5. (나)에서 B의 부피는 A보다 작다. (○, ×)
6. (나)에서 A의 압력은 B의 압력보다 크다. (○, ×)

2018 • 수능 17번

자료 ② 등압 과정과 기체가 한 일

그림 (가)는 이상 기체 A가 들어 있는 실린더에서 피스톤이 정지해 있는 모습을, (나)는 (가)의 A에 열량 Q를 가하여 피스톤이 이동해 정지한 모습을 나타낸 것이다.

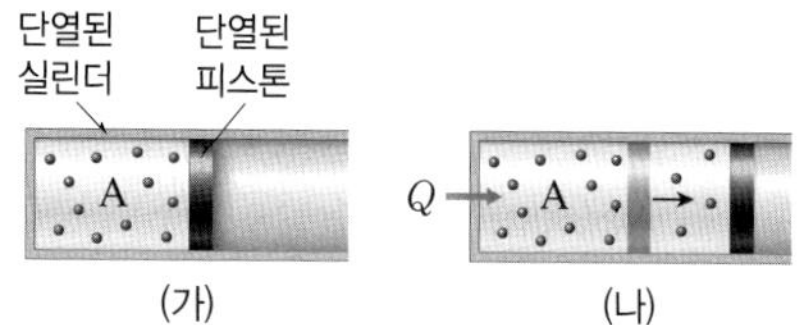

1. A의 압력을 P, 증가한 부피를 ΔV라고 하면 A가 한 일은 $P\Delta V$이다. (○, ×)
2. A의 온도는 높아진다. (○, ×)
3. A의 압력이 일정한 상태로 부피가 증가하였으므로 A의 내부 에너지 변화는 없다. (○, ×)
4. A 기체 분자의 평균 속력은 증가하였다. (○, ×)
5. A가 받은 열량 Q는 모두 일을 하는 데 사용되었다. (○, ×)

2020 • 수능 11번

자료 ③ 등적 과정과 등온 과정

그림은 일정한 양의 이상 기체의 상태가 A → B → C를 따라 변할 때, 압력과 부피를 나타낸 것이다. B → C 과정에서 이상 기체의 온도 변화는 없다.

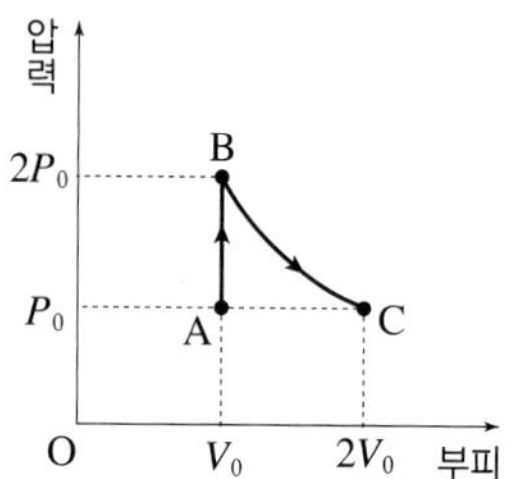

1. A → B 과정에서 이상 기체의 내부 에너지가 감소한다. (○, ×)
2. A → B 과정에서 이상 기체는 열을 흡수한다. (○, ×)
3. B → C 과정에서 이상 기체는 외부에 일을 한다. (○, ×)
4. B → C 과정에서 이상 기체의 내부 에너지는 감소한다. (○, ×)
5. B → C 과정에서 이상 기체가 흡수한 열은 모두 외부에 일을 하는 데 사용된다. (○, ×)

자료 ④ 등압 과정과 단열 과정

그림은 일정량의 이상 기체의 상태가 A → B → C로 변하는 열역학 과정을 나타낸 것이다. 점선은 온도가 각각 T_1, T_2, T_3인 등온 곡선이다. B → C 과정은 단열 과정이다.

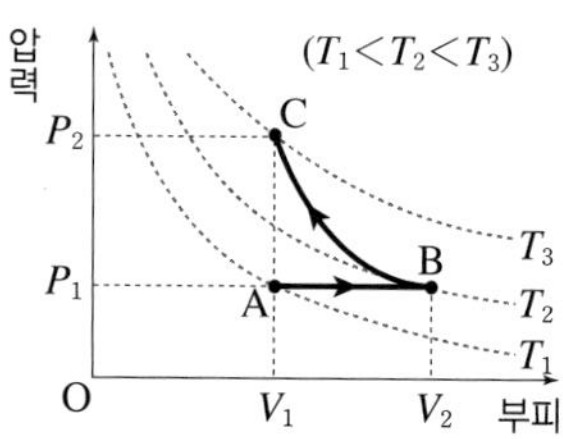

1. A → B 과정에서 기체가 외부에 한 일은 $P_1(V_2-V_1)$이다. (○, ×)
2. A → B 과정에서 기체의 온도는 낮아진다. (○, ×)
3. A → B 과정에서 기체가 받은 열은 $P_1(V_2-V_1)$이다. (○, ×)
4. B → C 과정에서 기체는 그래프 아랫부분의 넓이만큼 외부로부터 일을 받았다. (○, ×)
5. B → C 과정에서 기체의 내부 에너지 증가량은 외부로부터 받은 일의 양보다 크다. (○, ×)

Ⓐ 기체가 하는 일과 내부 에너지

1 그림은 기체 내부와 외부의 압력이 P로 일정하게 유지된 상태에서 실린더 안에 있던 기체의 부피가 ΔV만큼 증가한 모습을 나타낸 것이다.

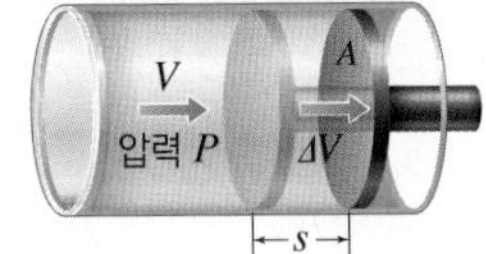

이에 대한 설명으로 알맞은 것을 고르시오.

(1) 기체가 피스톤을 미는 힘은 (PA, PV, $P\Delta V$)이다.
(2) 기체가 피스톤에 한 일은 (PA, PV, $P\Delta V$)이다.
(3) 기체의 온도는 (높아, 낮아)진다.
(4) 기체 분자의 평균 속력은 (증가, 감소)한다.

2 그림은 일정량의 이상 기체의 상태가 a에서 b로 변할 때 압력과 부피를 나타낸 것이다.

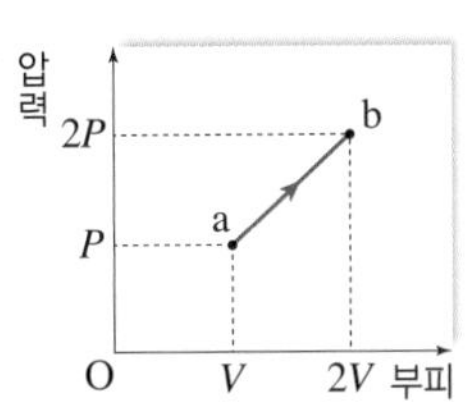

이에 대한 설명으로 옳지 <u>않은</u> 것은?

① 기체의 온도가 높아졌다.
② 기체가 외부에 한 일은 $2PV$이다.
③ 기체의 내부 에너지가 증가하였다.
④ 기체가 외부로부터 열을 흡수하였다.
⑤ 기체 분자의 평균 운동 에너지가 증가하였다.

3 그림과 같이 단열되지 않은 피스톤에 의해 두 부분으로 나누어진 단열된 실린더에 이상 기체 A, B가 들어 있다. 피스톤은 정지해 있고, A와 B는 열평형 상태이다.

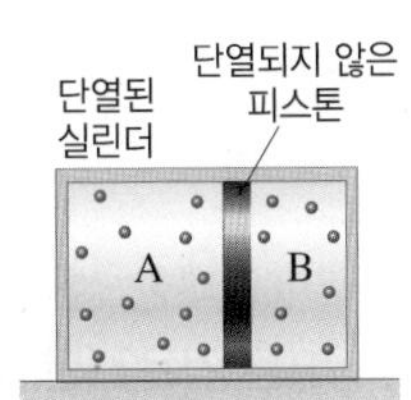

기체의 부피와 분자의 수는 A가 B보다 크다.
이상 기체 A와 B의 물리량을 등호 또는 부등호로 비교하시오. (단, 피스톤과 실린더 사이의 마찰은 무시한다.)

(1) 기체의 온도: A (   ) B
(2) 기체의 압력: A (   ) B
(3) 분자의 평균 운동 에너지: A (   ) B
(4) 기체의 내부 에너지 : A (   ) B

Ⓑ 열역학 제1법칙

4 그림은 일정량의 이상 기체가 A → B → C → D → A를 따라 변할 때 압력과 부피를 나타낸 것이다.

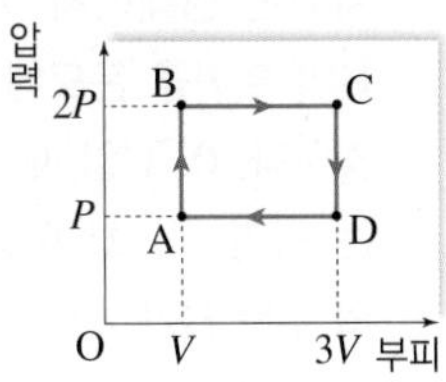

이에 대한 설명으로 옳지 <u>않은</u> 것은?

① A → B 과정에서 기체가 흡수한 열은 모두 기체의 내부 에너지 증가에 쓰인다.
② B → C 과정에서 기체의 내부 에너지는 증가한다.
③ C → D 과정에서 기체는 열을 방출한다.
④ D → A 과정에서 기체가 방출한 열은 외부로부터 받은 일과 같다.
⑤ 기체가 한 순환 과정 동안 외부에 한 일은 $2PV$이다.

5 그림과 같이 온도가 T_0인 일정량의 이상 기체가 등압 팽창하여 온도가 T_1이 되었고, 단열 팽창하여 온도가 T_2가 되었다.

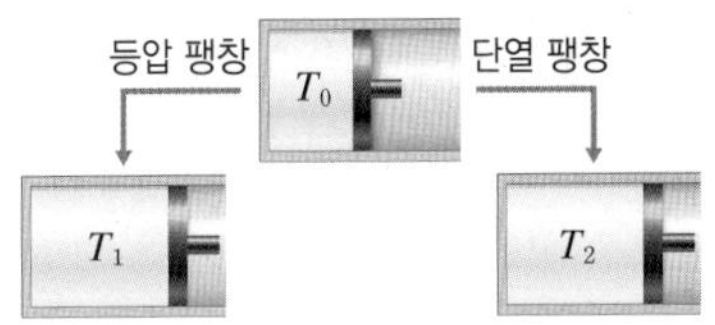

이에 대한 설명으로 옳은 것만을 [보기]에서 있는 대로 고르시오.

보기
ㄱ. 등압 팽창에서 기체는 열을 흡수한다.
ㄴ. 단열 팽창에서 기체는 외부에 일을 한다.
ㄷ. $T_1 < T_0 < T_2$이다.

6 그림은 실린더에 들어 있는 부피가 V, 압력이 P인 이상 기체를 온도가 일정하게 $\frac{1}{2}V$로 압축하는 과정을 나타낸 것이다.

이에 대한 설명으로 옳은 것만을 [보기]에서 있는 대로 고르시오.

보기
ㄱ. 압축 후 기체의 압력은 $2P$이다.
ㄴ. 기체 분자의 평균 운동 에너지가 증가한다.
ㄷ. 압축하는 과정에서 기체가 받은 일만큼 열을 방출한다.

1 그림은 압력이 P로 일정하게 유지되는 상태에서 이상 기체 A, B의 부피를 온도에 따라 나타낸 것이다. 0 ℃일 때 A, B의 부피는 각각 V, $2V$이고, 기체 분자의 수는 B가 A의 2배이다.

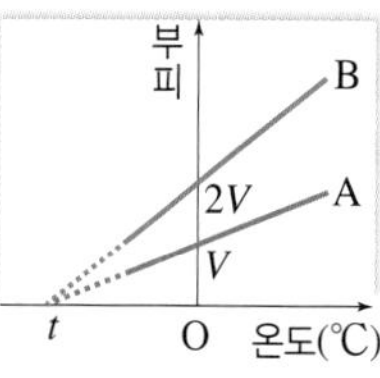

이에 대한 설명으로 옳은 것만을 [보기]에서 있는 대로 고른 것은?

보기
ㄱ. t ℃는 절대 온도로 0 K이다.
ㄴ. 0 ℃일 때, 기체 분자의 평균 운동 에너지는 B가 A보다 크다.
ㄷ. 0 ℃일 때, 기체의 내부 에너지는 A와 B가 같다.

① ㄱ ② ㄷ ③ ㄱ, ㄴ
④ ㄴ, ㄷ ⑤ ㄱ, ㄴ, ㄷ

2 그림은 공기가 들어 있는 찌그러진 플라스틱 병의 마개를 닫고 따뜻한 물이 담긴 수조에 넣었더니 플라스틱 병이 원래 모양으로 돌아오는 모습을 나타낸 것이다.

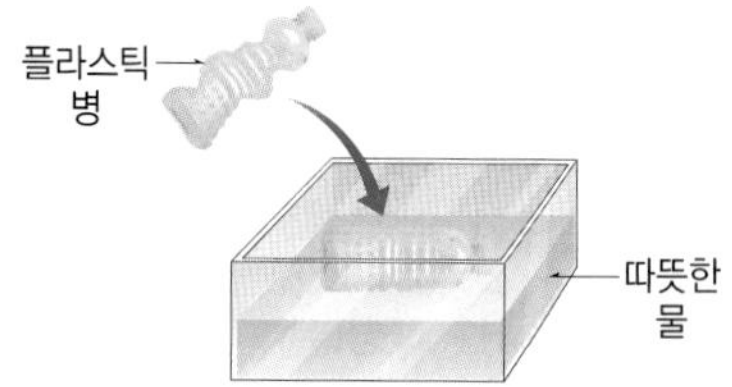

플라스틱 병 안의 공기의 상태 변화에 대한 설명으로 옳지 않은 것은? (단, 대기압은 일정하다.)

① 외부에 일을 하였다.
② 온도가 상승하였다.
③ 압력이 감소하였다.
④ 내부 에너지가 증가하였다.
⑤ 열을 흡수하였다.

자료❸ 2020 수능 11번

3 그림은 일정한 양의 이상 기체의 상태가 A → B → C를 따라 변할 때, 압력과 부피를 나타낸 것이다.

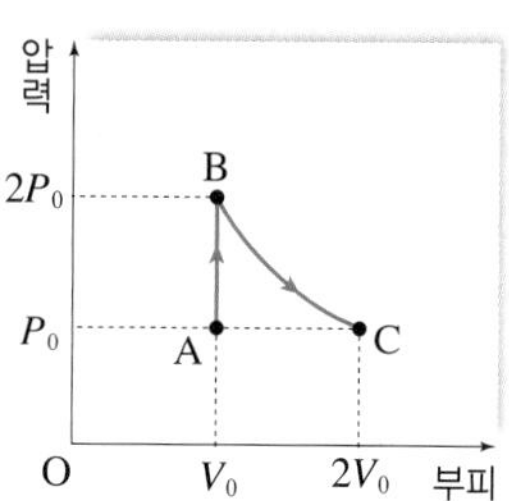

이에 대한 설명으로 옳은 것만을 [보기]에서 있는 대로 고른 것은?

보기
ㄱ. A → B 과정에서 기체는 열을 흡수한다.
ㄴ. B → C 과정에서 기체는 외부에 일을 한다.
ㄷ. 기체의 내부 에너지는 C에서가 A에서보다 크다.

① ㄱ ② ㄴ ③ ㄱ, ㄷ
④ ㄴ, ㄷ ⑤ ㄱ, ㄴ, ㄷ

4 그림은 단열된 실린더 안에 일정량의 이상 기체 A가 피스톤에 의해 외부와 분리되어 있는 모습을 나타낸 것이다. 물체 P를 열전달이 잘되는 고정된 금속판에 접촉시켰더니 피스톤이 왼쪽으로 서서히 이동하였다.

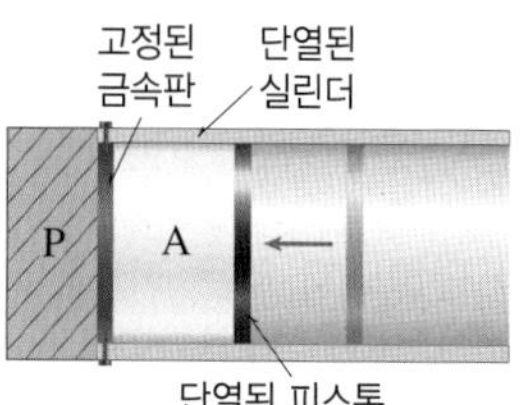

이에 대한 설명으로 옳은 것만을 [보기]에서 있는 대로 고른 것은? (단, 대기압은 일정하고, 피스톤과 실린더 사이의 마찰은 무시한다.)

보기
ㄱ. P에서 A로 열이 이동한다.
ㄴ. A는 외부로부터 일을 받는다.
ㄷ. A의 내부 에너지는 감소한다.

① ㄱ ② ㄷ ③ ㄱ, ㄴ
④ ㄱ, ㄷ ⑤ ㄴ, ㄷ

2019 6월 평가원 16번

5 그림은 일정량의 이상 기체의 상태가 A→B→C를 따라 변할 때 압력과 부피를 나타낸 것이다. A→B 과정에서 기체에 공급한 열량은 Q이다.

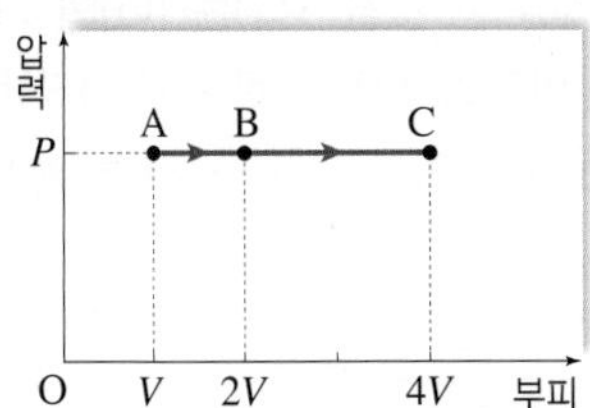

이에 대한 설명으로 옳은 것만을 [보기]에서 있는 대로 고른 것은?

보기

ㄱ. 기체가 한 일은 A→B 과정에서와 B→C 과정에서가 같다.
ㄴ. 기체의 온도는 C에서가 A에서보다 높다.
ㄷ. A→B 과정에서 기체의 내부 에너지 변화량은 Q와 같다.

① ㄱ ② ㄴ ③ ㄱ, ㄷ
④ ㄴ, ㄷ ⑤ ㄱ, ㄴ, ㄷ

6 그림은 실린더에 들어 있는 일정량의 이상 기체에 열 Q를 공급하였을 때 두 가지 모습을 나타낸 것이다. 실린더와 피스톤은 단열되어 있으며, 실린더 속의 기체는 (가) 과정에서는 부피가, (나) 과정에서는 압력이 일정하였다.

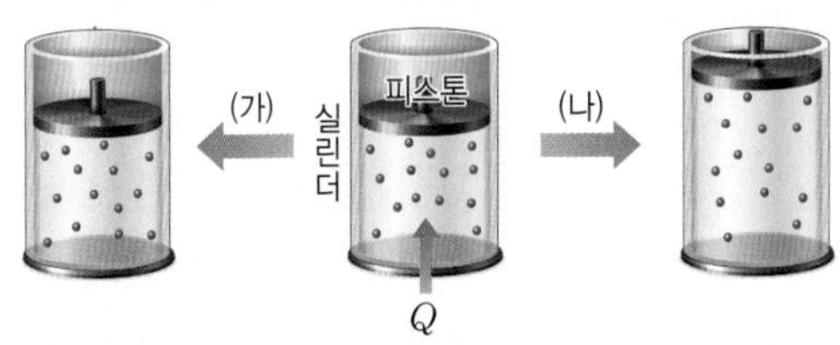

이에 대한 설명으로 옳은 것만을 [보기]에서 있는 대로 고른 것은? (단, 피스톤과 실린더 사이의 마찰은 무시한다.)

보기

ㄱ. (가)에서 기체의 내부 에너지 증가량은 Q이다.
ㄴ. (나)에서 기체는 외부에 일을 한다.
ㄷ. 기체의 온도는 (가)에서가 (나)에서보다 더 높다.

① ㄱ ② ㄷ ③ ㄱ, ㄴ
④ ㄴ, ㄷ ⑤ ㄱ, ㄴ, ㄷ

7 그림은 핀으로 고정된 칸막이에 의해 두 부분으로 나누어진 실린더에 일정량의 이상 기체 A, B가 각각 들어 있는 모습을 나타낸 것이다. 핀을 제거하였더니 칸막이는 A의 부피가 증가하는 방향으로 움직였다. 칸막이와 실린더를 통한 열과 기체의 이동은 없다.

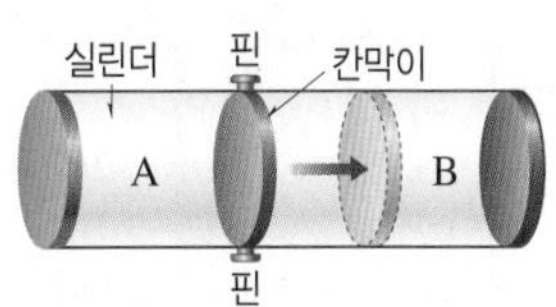

A, B의 상태 변화에 대한 설명으로 옳은 것만을 [보기]에서 있는 대로 고른 것은?

보기

ㄱ. A는 단열 팽창, B는 단열 압축한다.
ㄴ. A의 내부 에너지는 증가한다.
ㄷ. B의 내부 에너지 증가량은 A가 B에 한 일과 같다.

① ㄱ ② ㄴ ③ ㄱ, ㄷ
④ ㄴ, ㄷ ⑤ ㄱ, ㄴ, ㄷ

2017 6월 평가원 18번

8 그림 (가)는 단열된 실린더에 일정량의 이상 기체가 들어 있고, 모래가 올려진 단열된 피스톤이 정지해 있는 모습을 나타낸 것이다. 그림 (나)는 (가)에서 피스톤 위의 모래의 양을 조절하거나 기체에 열을 가하여 기체의 상태를 A→B→C를 따라 변화시킬 때, 압력과 부피를 나타낸 것이다. A→B는 단열 과정이고, B→C는 등압 과정이다.

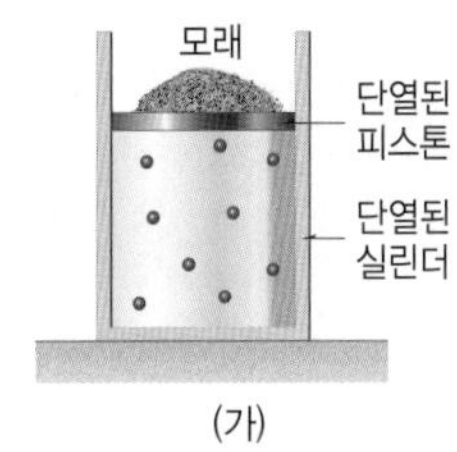

(가)

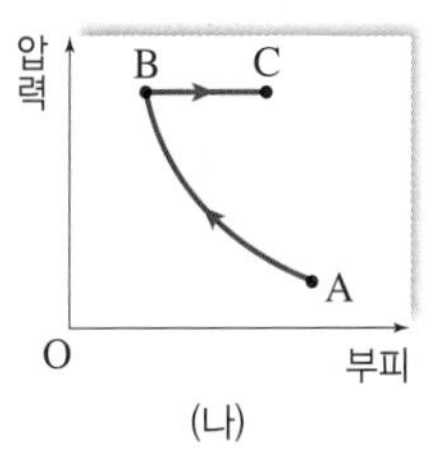

(나)

이에 대한 설명으로 옳은 것만을 [보기]에서 있는 대로 고른 것은? (단, 대기압은 일정하고, 피스톤과 실린더 사이의 마찰은 무시한다.)

보기

ㄱ. A→B 과정에서 기체의 온도는 변하지 않는다.
ㄴ. B→C 과정에서 모래의 양을 감소시킨다.
ㄷ. B→C 과정에서 기체는 열을 흡수한다.

① ㄱ ② ㄷ ③ ㄱ, ㄴ
④ ㄴ, ㄷ ⑤ ㄱ, ㄴ, ㄷ

2018 Ⅱ 9월 평가원 3번

1 그림 (가)와 같이 밀폐된 용기에 절대 온도 T_0, 압력 P_0, 부피 V_0인 이상 기체가 들어 있다. 그림 (나)는 (가)의 기체에 열을 가하여 기체의 압력이 $2P_0$이 된 것을 나타낸 것이다.

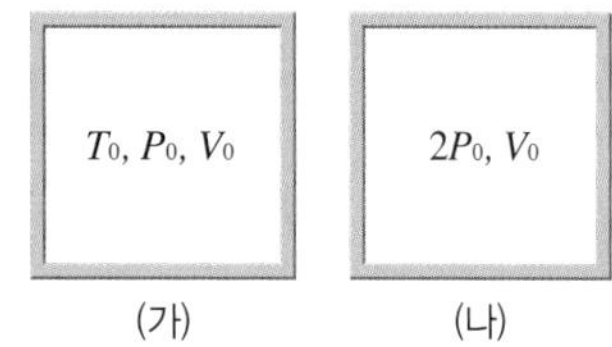

이에 대한 설명으로 옳은 것만을 [보기]에서 있는 대로 고른 것은?

보기

ㄱ. (나)에서 기체의 절대 온도는 T_0이다.
ㄴ. 기체 분자의 평균 운동 에너지는 (나)가 (가)의 2배이다.
ㄷ. 기체의 내부 에너지는 (나)가 (가)의 4배이다.

① ㄴ ② ㄷ ③ ㄱ, ㄴ
④ ㄱ, ㄷ ⑤ ㄴ, ㄷ

2018 6월 평가원 17번

2 그림 (가)와 (나)는 단열된 실린더에 들어 있는 온도가 T_1인 같은 양의 동일한 이상 기체에, (가)는 열량 Q_0을 공급한 것과 (나)는 일 W_0을 해 준 것을 나타낸 것이다. (가)의 기체는 압력을 일정하게 유지하며 부피가 증가하여 온도가 T_2가 되었고, (나)의 기체는 부피가 감소하여 온도가 T_2가 되었다.

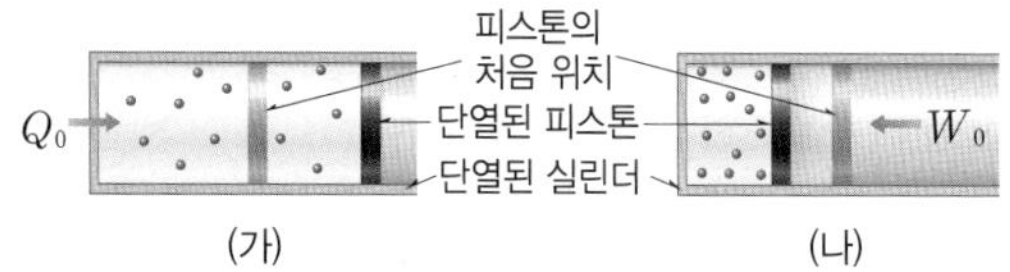

이에 대한 설명으로 옳은 것만을 [보기]에서 있는 대로 고른 것은? (단, 피스톤과 실린더 사이의 마찰은 무시한다.)

보기

ㄱ. $T_2>T_1$이다.
ㄴ. (나)의 기체가 받은 일 W_0은 모두 내부 에너지 변화에 사용되었다.
ㄷ. (가)의 기체가 Q_0을 흡수하는 동안 외부에 한 일은 Q_0-W_0이다.

① ㄱ ② ㄷ ③ ㄱ, ㄴ
④ ㄴ, ㄷ ⑤ ㄱ, ㄴ, ㄷ

3 그림 (가)는 실린더 속에 압력이 $2P_0$인 이상 기체가 들어 있는 것을, (나)는 (가)의 기체에 열을 가하여 기체의 압력이 P_0이 된 것을, (다)는 (나)의 기체에 열을 가하여 기체의 압력이 $4P_0$이 된 것을 나타낸 것이다. (가) → (나)는 등온 과정이고, (나) → (다)는 등적 과정이다.

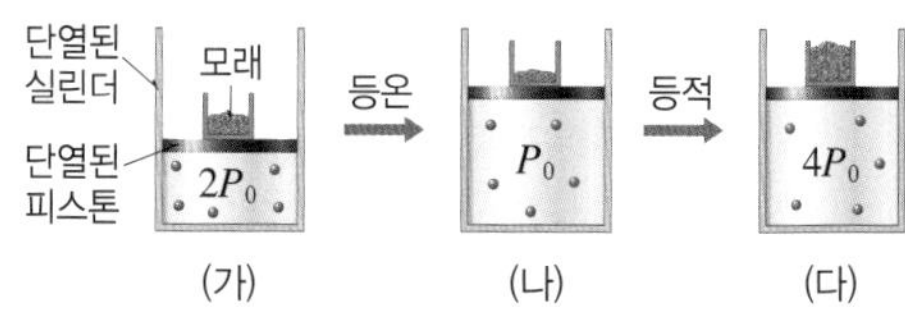

이에 대한 설명으로 옳은 것만을 [보기]에서 있는 대로 고른 것은?

보기

ㄱ. 기체의 부피는 (나)에서가 (가)에서의 2배이다.
ㄴ. 기체의 내부 에너지는 (다)에서가 (나)에서의 4배이다.
ㄷ. (나) → (다) 과정에서 기체가 흡수한 열은 모두 기체의 내부 에너지로 전환되었다.

① ㄱ ② ㄷ ③ ㄱ, ㄴ
④ ㄴ, ㄷ ⑤ ㄱ, ㄴ, ㄷ

자료❷

2018 수능 17번

4 그림 (가)는 이상 기체 A가 들어 있는 실린더에서 피스톤이 정지해 있는 모습을, (나)는 (가)의 A에 열량 Q를 가하여 피스톤이 이동해 정지한 모습을, (다)는 (나)의 A에 일 W를 하여 피스톤을 이동시킨 후 고정한 모습을 나타낸 것이다. A의 압력은 (가) → (나) 과정에서 일정하고, A의 부피는 (가)와 (다)에서 같다.

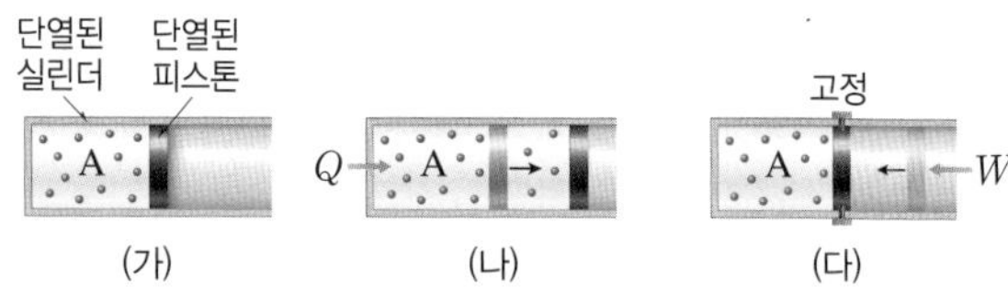

이에 대한 설명으로 옳은 것만을 [보기]에서 있는 대로 고른 것은? (단, 피스톤 사이의 마찰은 무시한다.)

보기

ㄱ. A의 온도는 (가)에서가 (다)에서보다 낮다.
ㄴ. (나) → (다) 과정에서 A의 압력은 일정하다.
ㄷ. (가) → (나) 과정에서 A가 한 일은 (나) → (다) 과정에서 A의 내부 에너지 변화량과 같다.

① ㄱ ② ㄴ ③ ㄱ, ㄷ
④ ㄴ, ㄷ ⑤ ㄱ, ㄴ, ㄷ

자료❶ 2019 수능 17번

5 그림 (가)와 같이 실린더 안의 동일한 이상 기체 A와 B가 열전달이 잘되는 고정된 금속판에 의해 분리되어 열평형 상태에 있다. A, B의 압력과 부피는 각각 P, V로 같다. 그림 (나)는 (가)에서 피스톤에 힘을 가하여 B의 부피가 감소한 상태로 A와 B가 열평형을 이룬 모습을 나타낸 것이다.

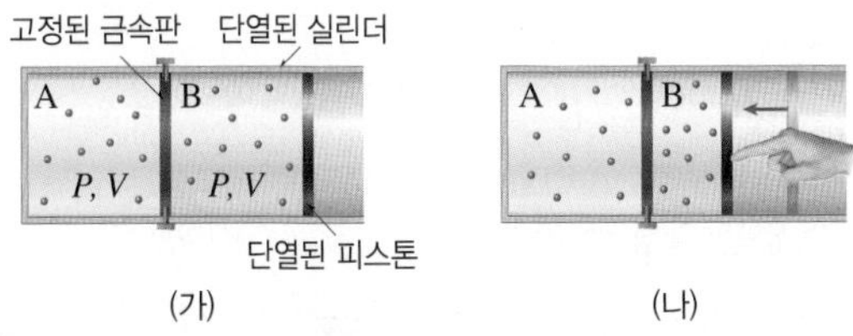

이에 대한 설명으로 옳은 것만을 [보기]에서 있는 대로 고른 것은? (단, 피스톤의 마찰, 금속판이 흡수한 열량은 무시한다.)

보기

ㄱ. A의 온도는 (가)에서가 (나)에서보다 높다.
ㄴ. (나)에서 기체의 압력은 A가 B보다 작다.
ㄷ. (가) → (나) 과정에서 B가 받은 일은 B의 내부 에너지 증가량과 같다.

① ㄱ ② ㄴ ③ ㄱ, ㄷ
④ ㄴ, ㄷ ⑤ ㄱ, ㄴ, ㄷ

2017 9월 평가원 13번

6 그림 (가)와 같이 열전달이 잘되는 고정된 금속판에 의해 분리된 실린더에 같은 양의 동일한 이상 기체 A와 B가 열평형 상태에 있다. A, B의 부피와 압력은 같다. 그림 (나)는 (가)에서 B에 열량 Q를 가했더니 A의 부피가 서서히 증가하여 피스톤이 정지한 모습을 나타낸 것이다.

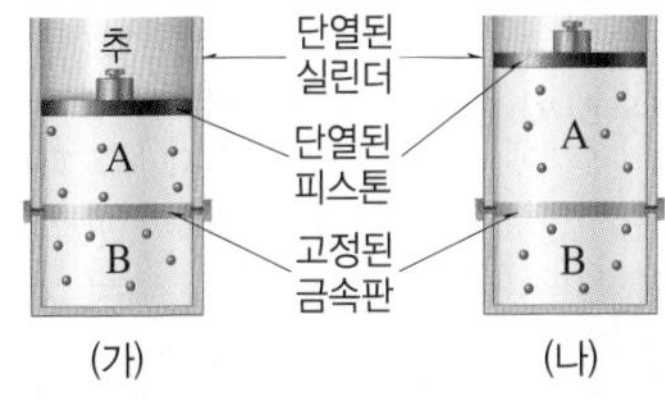

이에 대한 설명으로 옳은 것만을 [보기]에서 있는 대로 고른 것은? (단, 피스톤의 질량, 실린더와 피스톤 사이의 마찰, 금속판이 흡수한 열량은 무시한다.)

보기

ㄱ. (나)에서 기체의 압력은 A가 B보다 작다.
ㄴ. (나)에서 기체의 내부 에너지는 A가 B보다 크다.
ㄷ. (가)에서 (나)로 되는 과정에서 A가 흡수한 열량은 $\frac{1}{2}Q$보다 크다.

① ㄱ ② ㄷ ③ ㄱ, ㄴ
④ ㄱ, ㄷ ⑤ ㄴ, ㄷ

자료❹ 2020 9월 평가원 18번

7 그림 (가)의 Ⅰ은 이상 기체가 들어 있는 실린더에 피스톤이 정지해 있는 모습을, Ⅱ는 Ⅰ에서 기체에 열을 서서히 가했을 때 기체가 팽창하여 피스톤이 정지한 모습을, Ⅲ은 Ⅱ에서 피스톤에 모래를 서서히 올려 피스톤이 내려가 정지한 모습을 나타낸 것이다. Ⅰ과 Ⅲ에서 기체의 부피는 같다. 그림 (나)는 (가)의 기체 상태가 변화할 때 압력과 부피를 나타낸 것이다. A, B, C는 각각 Ⅰ, Ⅱ, Ⅲ에서의 기체의 상태 중 하나이다.

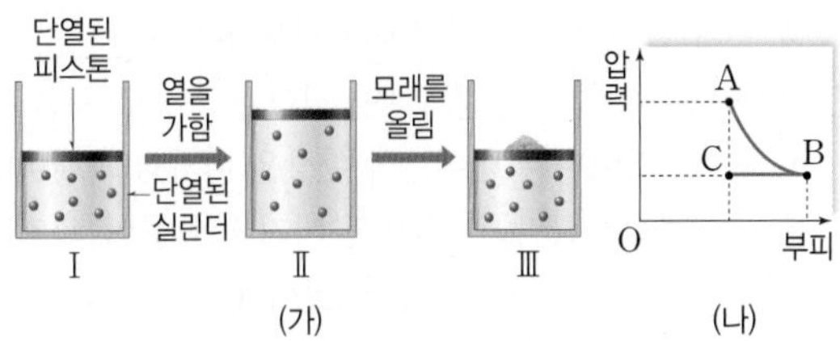

이에 대한 설명으로 옳은 것만을 [보기]에서 있는 대로 고른 것은? (단, 피스톤의 마찰은 무시한다.)

보기

ㄱ. Ⅰ → Ⅱ 과정에서 기체는 외부에 일을 한다.
ㄴ. 기체의 온도는 Ⅲ에서가 Ⅰ에서보다 높다.
ㄷ. Ⅱ → Ⅲ 과정은 B → C 과정에 해당한다.

① ㄱ ② ㄷ ③ ㄱ, ㄴ
④ ㄴ, ㄷ ⑤ ㄱ, ㄴ, ㄷ

2020 6월 평가원 16번

8 그림 (가)와 같이 단열된 실린더와 단열되지 않은 실린더에 각각 같은 양의 동일한 이상 기체 A, B가 들어 있고, 단면적이 같은 단열된 두 피스톤이 정지해 있다. B의 온도를 일정하게 유지하면서 A에 열을 공급하였더니 피스톤이 천천히 이동하여 정지하였다. 그림 (나)는 시간에 따른 A와 B의 온도를 나타낸 것이다.

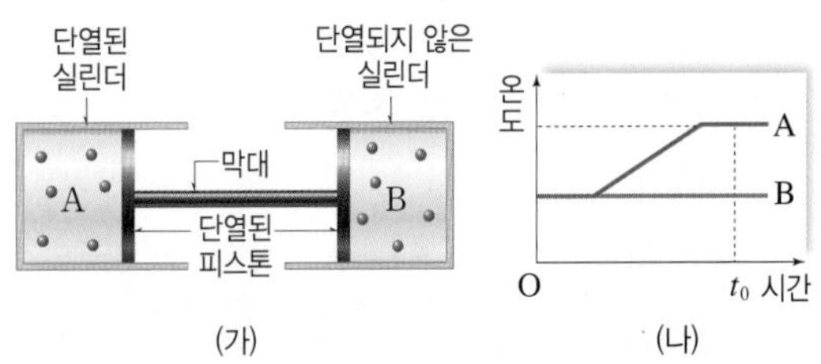

이에 대한 설명으로 옳은 것만을 [보기]에서 있는 대로 고른 것은? (단, 실린더는 고정되어 있고, 피스톤의 마찰은 무시한다.)

보기

ㄱ. t_0일 때, 내부 에너지는 A가 B보다 크다.
ㄴ. t_0일 때, 부피는 B가 A보다 크다.
ㄷ. A의 온도가 높아지는 동안 B는 열을 방출한다.

① ㄱ ② ㄴ ③ ㄱ, ㄷ
④ ㄴ, ㄷ ⑤ ㄱ, ㄴ, ㄷ

06 열역학 제2법칙

≫ 핵심 짚기
- 가역 과정과 비가역 과정
- 열기관의 열효율 계산
- 열역학 제2법칙의 여러 가지 표현
- 열효율과 열역학 제2법칙의 관계

A 열역학 제2법칙

1 *가역 과정과 비가역 과정

① 가역 과정: 처음의 상태로 완전히 되돌아갈 수 있는 과정[1]

예 공기 저항이 없는 상태에서 진동하는 진자

② 비가역 과정: 한쪽 방향으로만 일어나 스스로 처음 상태로 되돌아갈 수 없는 과정 ➡ 자연계에서 일어나는 대부분의 현상은 비가역 과정이다.

예 • 찬물과 더운물을 섞으면 미지근한 물이 되지만, 미지근한 물이 더운물과 찬물로 스스로 분리되는 현상은 일어나지 않는다.

• 공기 중에서 움직이던 진자가 공기 저항에 의해 멈추게 되지만, 시간이 흘러도 멈춘 진자가 스스로 다시 움직이는 현상은 일어나지 않는다.

[진자 운동의 에너지 변화(비가역 과정)]

그림은 외부와 단열되어 있는 밀폐된 상자 안의 진자를 진동시키는 경우를 나타낸 것이다. ─● 에너지와 입자를 교환하는 상호 작용을 하지 않는다.

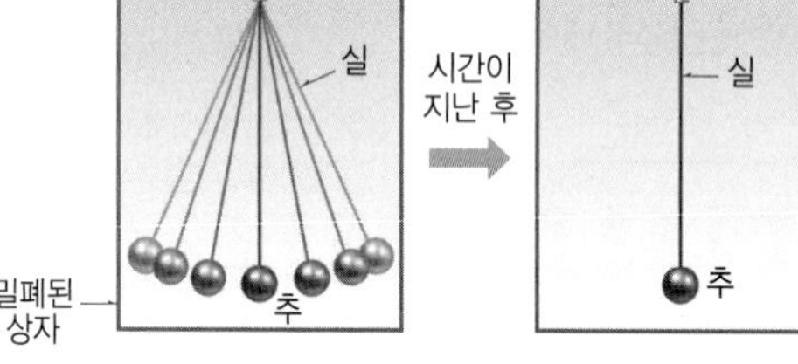

• 진자의 운동: 충분한 시간이 지난 후 진자가 정지한다.
• 진자의 역학적 에너지는 점점 감소하고, 진자와 충돌한 공기 분자의 평균 운동 에너지는 증가한다.
• 진자가 멈추면 진자가 처음에 가지고 있던 역학적 에너지는 모두 공기 분자의 열에너지로 전환되지만, 공기 분자의 열에너지가 다시 진자의 역학적 에너지로 전환되지는 않는다.

2 열역학 제2법칙

자연 현상에서 일어나는 변화의 비가역적인 방향성을 제시하는 법칙 ➡ 자연 현상에서 일어나는 변화가 처음의 상태로 되돌아가는 것은 열역학 제1법칙(에너지 보존 법칙)에 위배되지 않더라도, 결코 스스로 일어나지 않는다는 것을 의미한다.

① 열의 이동과 열역학 제2법칙: 열은 고온의 물체에서 저온의 물체로 이동하여 열평형 상태에 도달하며, 외부의 도움 없이 스스로 저온의 물체에서 고온의 물체로 이동하지 않는다. ─● 열이 이동한 후 처음 상태로 되돌아갈 수 없다.

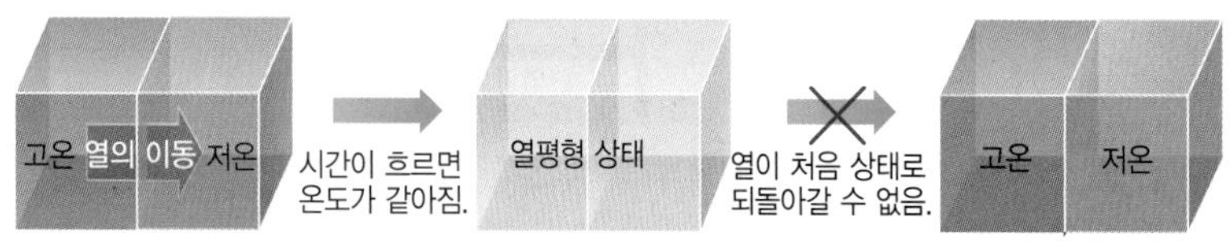

② *엔트로피와 열역학 제2법칙: 한 방향으로만 일어나는 변화는 분자들이 질서 있는 배열에서 점점 무질서한 배열을 이루는 방향으로 진행한다. ➡ 자연 현상은 엔트로피가 증가하는 방향으로 진행한다.[2] (엔트로피 ─● 분자 배열의 무질서도)

③ 열역학 제2법칙의 다양한 표현

• 자발적으로 일어나는 비가역 현상에는 방향성이 있다.
• 열은 항상 고온에서 저온으로 이동한다.
• *고립계에서 자발적으로 일어나는 자연 현상은 항상 확률이 높은 방향, 즉 엔트로피가 증가하는 방향으로 진행한다.
• 열효율이 100 %인 열기관은 만들 수 없다.

PLUS 강의

[1] 가역 과정의 예

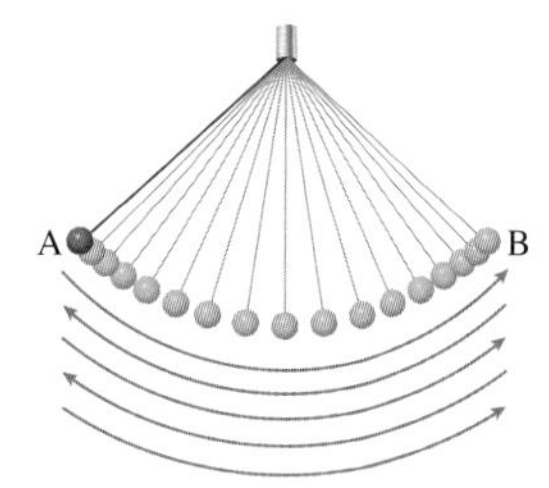

공기 저항이 없을 때, A점에서 놓은 진자는 B점까지 갔다가 다시 A점으로 되돌아온다. ─● 시간이 지나도 진자가 정지하지 않는다.

[2] 기체 분자의 퍼짐과 엔트로피 증가

칸막이에 의해 두 칸으로 구분된 진공 용기의 한 쪽에 기체를 넣고 칸막이에 작은 구멍을 뚫어 두면, 기체 분자는 저절로 퍼져 두 칸에 골고루 퍼지게 된다. 시간이 지난 후 퍼져 나간 기체 분자는 다시 처음의 상태로 돌아가지 않는다.

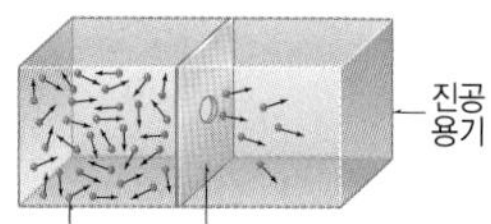

용어 돋보기

* 가역(可 옳다, 逆 거스르다)_물질의 상태가 바뀐 다음 다시 원래 상태로 돌아갈 수 있는 것
* 엔트로피(entropy)_열량과 온도에 관한 물질계의 상태를 나타내는 열역학적인 용어로, 무질서한 정도를 나타냄
* 고립계(孤 외롭다, 立 서다, 系 매다)_외부와 열적, 역학적 상호 작용을 하지 않는 입자들의 모임

Ⓑ 열기관과 열효율

1 열기관 열원으로부터 받은 열에너지를 유용한 일로 바꾸는 장치

① 구조: 높은 온도의 열원으로부터 Q_1의 열을 흡수하여 외부에 W의 일을 하고, 낮은 온도의 열원으로 Q_2의 열을 방출한다.

② 열기관과 열역학 제1법칙: 열기관이 흡수한 열 Q_1은 열기관이 한 일 W와 열기관이 방출한 열 Q_2의 합과 같다.

$$Q_1=W+Q_2,\ W=Q_1-Q_2$$

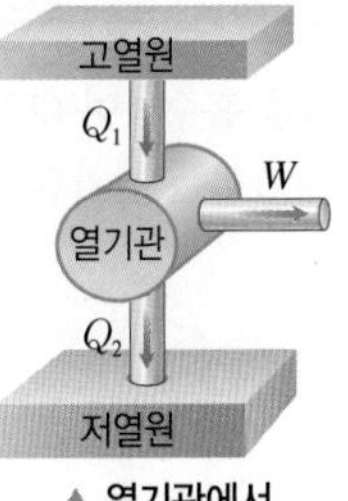

▲ 열기관에서 에너지의 흐름

③ 열기관의 열효율(e): 열기관에 공급된 열 Q_1 중 열기관이 한 일 W의 비율이다.[3]

$$e=\frac{W}{Q_1}=\frac{Q_1-Q_2}{Q_1}=1-\frac{Q_2}{Q_1}$$

2 열효율과 열역학 제2법칙 일은 모두 열로 바꿀 수 있으나, 열은 스스로 일을 할 수 없고 열을 모두 일로 바꿀 수도 없다. ➡ 열효율이 1(=100 %)인 열기관은 없다.

3 카르노 기관 열효율이 가장 높은 이상적인 열기관으로, 고열원의 절대 온도 T_1과 저열원의 절대 온도 T_2로 열효율 $e_{카}$를 구할 수 있다.

$$e_{카}=1-\frac{T_2}{T_1}$$ → T_2가 0이 될 수 없으므로 $e_{카}$도 1이 될 수 없다.

[카르노 기관의 순환 과정][4]

카르노 기관은 온도가 일정한 압축·팽창 과정(등온 과정)과 열의 출입이 없는 압축·팽창 과정(단열 과정)을 거친다.

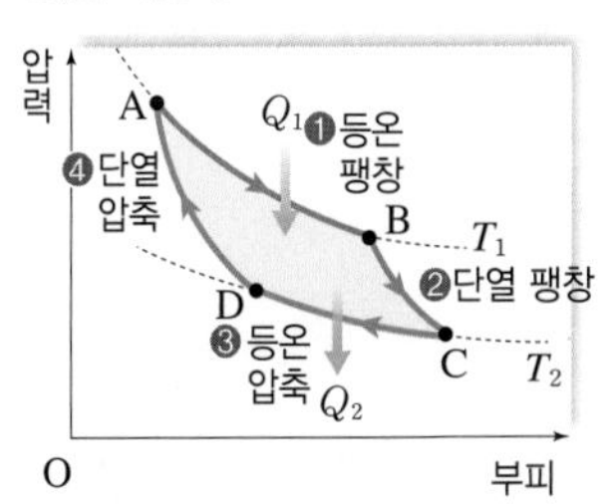

❶ A → B(등온 팽창) 과정: 고열원에서 받은 열 Q_1으로 외부에 일을 한다.

❷ B → C(단열 팽창) 과정: 열의 이동 없이 외부에 일을 하고, 내부 에너지가 감소한다.

❸ C → D(등온 압축) 과정: 저열원에 열 Q_2를 방출하며 외부로부터 일을 받는다.

❹ D → A(단열 압축) 과정: 열의 이동 없이 외부로부터 일을 받으며 내부 에너지가 증가한다.

4 영구 기관 영구히 일을 계속할 수 있는 이상적인 기관

① 제1종 영구 기관: 외부 에너지 공급 없이 작동하는 기관 ➡ 열역학 제1법칙에 위배되어 제작할 수 없다.

② 제2종 영구 기관: 열기관이 작동하며 방출한 낮은 온도의 열을 다시 높은 온도로 보내 사용할 수 있는 열효율이 100 %인 열기관 ➡ 열역학 제2법칙에 위배되어 제작할 수 없다.
(열효율이 100 %인 열기관 → 열을 모두 일로 전환할 수 있는 열기관)

[3] **일상생활에서 열효율의 표시**
일상생활에서는 열효율에 100을 곱하여 퍼센트(%)로 나타낸다.

$$e(\%)=\frac{W}{Q_1}\times 100$$

[4] **카르노 기관의 순환 과정과 내부 에너지**
열역학 과정을 거친 후 다시 처음 상태로 되돌아오는 과정을 순환 과정이라고 하며, 한 번의 순환 과정 동안 열기관의 내부 에너지 변화는 없다. ($\Delta U=0$)

정답과 해설 32쪽

개념 확인

(1) 공기 저항이 있는 상태에서 진동하는 진자의 운동은 (가역, 비가역) 과정이다.

(2) 자연 현상에서 일어나는 변화의 비가역적인 방향성을 제시하는 법칙은 (열역학 제1법칙, 열역학 제2법칙)이다.

(3) 열은 스스로 저온의 물체에서 고온의 물체로 이동할 수 (있다, 없다).

(4) (   )은 열원에서 받은 열을 유용한 일로 바꾸는 장치로, (   )이 1인 열기관은 만들 수 없다.

(5) (   ) 기관은 열효율이 가장 높은 이상적인 열기관이다.

(6) 제2종 영구 기관은 (열역학 제1법칙, 열역학 제2법칙)에 위배되기 때문에 제작할 수 없다.

수능 자료

정답과 해설 32쪽

2019 • 9월 평가원 3번

자료 ❶ 열효율과 열역학 제2법칙

그림은 온도가 T_1인 열원에서 $3Q$의 열을 흡수하여 Q의 일을 하고, 온도가 T_2인 열원으로 열을 방출하는 열기관을 나타낸 것이다.

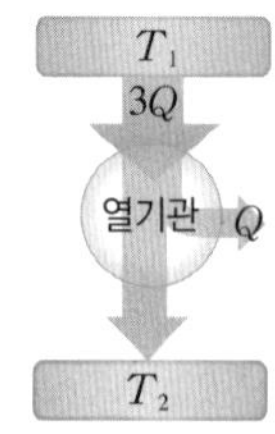

1. $T_1 < T_2$이다. (○, ×)
2. 이 열기관이 방출하는 열은 $2Q$이다. (○, ×)
3. 이 열기관의 열효율 $e = \frac{2}{3}$이다. (○, ×)
4. 이 열기관의 이상적인 최대 열효율은 $1 - \frac{T_2}{T_1}$이다. (○, ×)
5. 열효율이 1인 열기관은 만들 수 없다. (○, ×)

2021 • 수능 12번

자료 ❷ 열기관이 한 일과 열효율

그림은 열효율이 0.3인 열기관에서 일정량의 이상 기체가 상태 A → B → C → D → A를 따라 순환하는 동안 기체의 압력과 부피를, 표는 각 과정에서 기체가 흡수 또는 방출하는 열량을 나타낸 것이다.

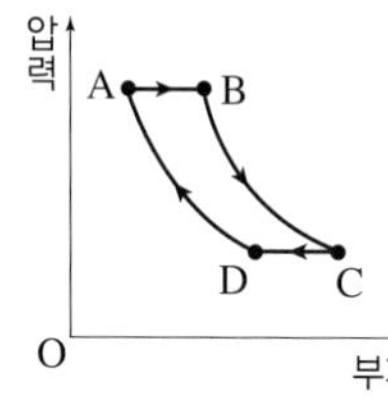

과정	흡수 또는 방출하는 열량(J)
A → B	㉠
B → C	0
C → D	140
D → A	0

1. A → B 과정에서 기체의 내부 에너지는 감소한다. (○, ×)
2. B → C 과정에서 기체는 외부에 일을 한다. (○, ×)
3. C → D 과정에서 기체는 외부로부터 열을 흡수한다. (○, ×)
4. ㉠은 200이다. (○, ×)
5. 한 번의 순환 과정에서 이 열기관이 한 일은 200 J이다. (○, ×)

정답과 해설 33쪽

A 열역학 제2법칙

1 그림은 빗면 위에 있던 물체가 미끄러져 내려와 수평면에서 정지한 모습을 나타낸 것이다.

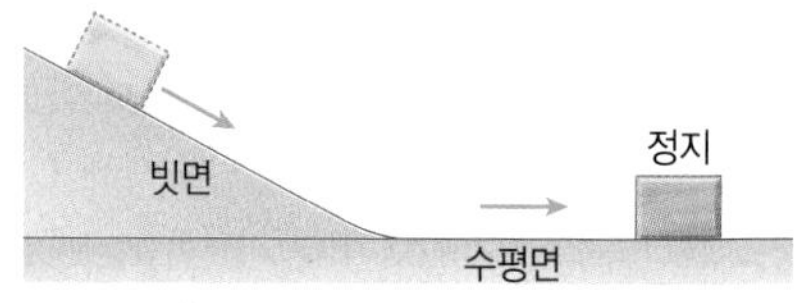

(1) 처음 물체의 역학적 에너지는 최종적으로 어떤 에너지로 전환되는지 쓰시오.

(2) 이 물체의 운동은 가역 과정인지, 비가역 과정인지 쓰시오.

2 열역학 제2법칙을 표현한 내용으로 옳지 않은 것은?

① 대부분의 자연 현상은 비가역 과정이다.
② 열효율이 100 %인 열기관은 존재할 수 없다.
③ 비가역 과정은 무질서한 정도가 증가하는 방향으로 진행한다.
④ 역학적 에너지는 모두 열에너지로 전환될 수 있으며, 그 반대 과정도 가능하다.
⑤ 온도가 다른 두 물체가 접촉되어 있을 때 열은 스스로 온도가 높은 물체에서 온도가 낮은 물체로 이동한다.

B 열기관과 열효율

3 그림은 고열원에서 Q의 열을 받아 외부에 일을 하고 저열원으로 $0.6Q$의 열을 방출하는 열기관을 모식적으로 나타낸 것이다.
이 열기관의 열효율을 구하시오.

4 그림은 열기관에서 일정량의 이상 기체의 상태가 A → B → C → D를 따라 변할 때 기체의 압력과 부피를 나타낸 것이다. A, C는 등온 과정, B, D는 단열 과정이다.

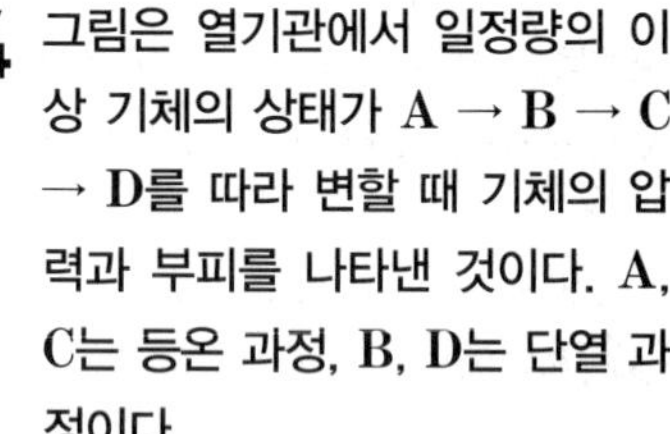

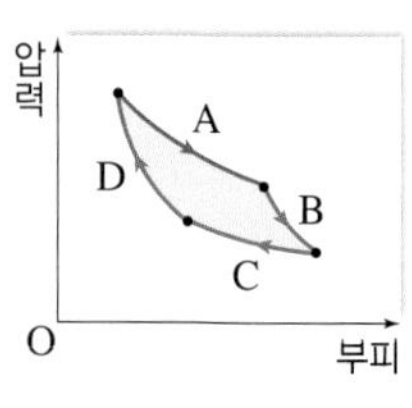

(1) 열을 흡수하는 과정은 (　　　)이다.
(2) 열을 방출하는 과정은 (　　　)이다.
(3) 외부에 일을 하는 과정은 (　　　)이다.
(4) 그래프로 둘러싸인 부분의 넓이가 의미하는 것은 한 순환 과정에서 열기관이 한 (　　　)이다.

정답과 해설 33쪽

1 그림은 기체의 양, 질량, 부피가 모두 같고 외부와 고립되어 있는 이상 기체 A와 이상 기체 B 사이에 일어나는 열 교환 과정을 나타낸 것이다.

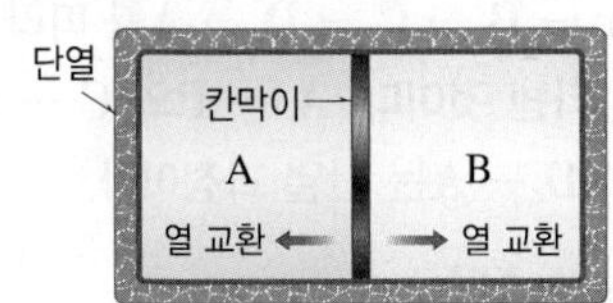

- 처음 상태: A의 온도가 B의 온도보다 높다.
- 교환 과정: A의 온도는 내려가고 B의 온도는 올라간다.
- 나중 상태: A의 온도와 B의 온도는 같아진다.

이 과정에 대한 설명으로 옳지 않은 것은? (단, A와 B의 분자는 교환되지 않는다.)

① 처음 상태에서 A 분자의 평균 운동 에너지는 B 분자의 평균 운동 에너지보다 크다.
② 처음 상태에서 A의 압력은 B의 압력보다 높다.
③ 열 교환 과정에서 A와 B의 전체 에너지는 보존되지 않는다.
④ A의 온도가 올라가고 B의 온도가 내려가는 일은 스스로 일어나지 않는다.
⑤ 이 과정은 비가역 과정이다.

2 다음은 어떤 현상을 설명한 것이다.

밀폐된 상자를 칸막이로 나눈 후 A에 기체를 채우고 칸막이에 구멍을 뚫으면, B 쪽으로 기체가 이동하여 A와 B의 압력이 같아진다. 시간이 지나도 B 쪽의 기체가 스스로 A 쪽으로 돌아가지 않는다.

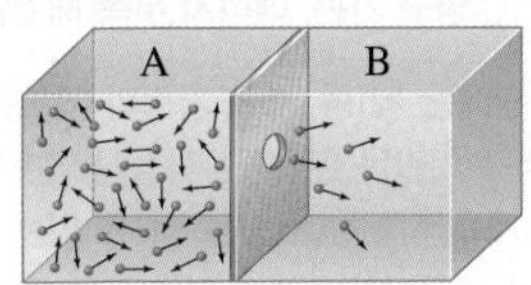

위 현상과 같은 물리 법칙으로 설명할 수 있는 것을 [보기]에서 있는 대로 고른 것은?

보기

ㄱ. 열효율이 100 %인 열기관은 만들 수 없다.
ㄴ. 찬물 속에 뜨거운 금속 덩어리를 넣으면 미지근한 물이 된다.
ㄷ. 물이 들어 있는 컵에 잉크를 떨어뜨리면 잉크 분자는 점점 주위로 확산되어 퍼져 나간다.

① ㄱ ② ㄴ ③ ㄱ, ㄷ
④ ㄴ, ㄷ ⑤ ㄱ, ㄴ, ㄷ

3 그림은 고열원에서 Q_1의 열을 흡수하여 W의 일을 하고 저열원으로 Q_2의 열을 방출하는 열기관을 모식적으로 나타낸 것이다.

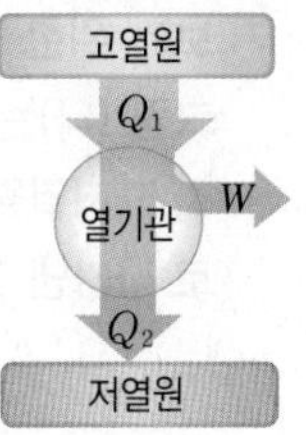

이에 대한 설명으로 옳은 것만을 [보기]에서 있는 대로 고른 것은?

보기

ㄱ. $\frac{Q_2}{Q_1}$가 작을수록 열효율은 높다.
ㄴ. $Q_2=W$이면 열효율은 50 %이다.
ㄷ. $Q_1=W$이면 열역학 제2법칙에 위배된다.

① ㄱ ② ㄷ ③ ㄱ, ㄴ
④ ㄴ, ㄷ ⑤ ㄱ, ㄴ, ㄷ

4 그림 (가)는 고열원으로부터 Q_1의 열을 흡수하여 $5W$의 일을 하고 저열원으로 Q_2의 열을 방출하는 열기관 A를, 그림 (나)는 Q_2의 열을 흡수하여 $3W$의 일을 하는 열기관 B를 모식적으로 나타낸 것이다.

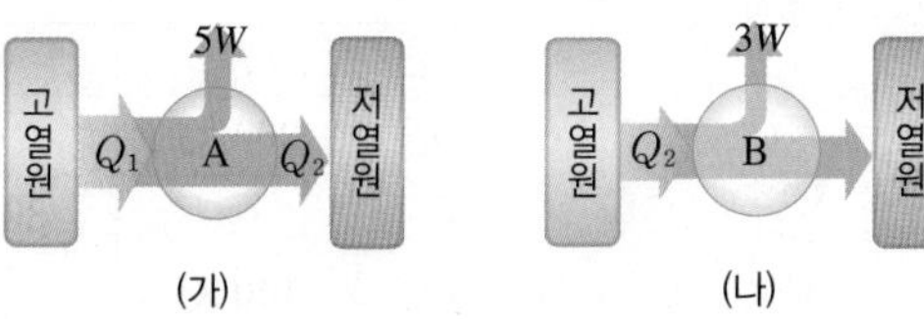

B의 열효율이 0.2일 때, A의 열효율은?

① $\frac{1}{8}$ ② $\frac{1}{5}$ ③ $\frac{1}{4}$
④ $\frac{1}{3}$ ⑤ $\frac{1}{2}$

5 그림 (가)는 중력이 추에 한 일과 열 사이의 관계를 알아 보기 위한 줄의 실험 장치를 모식적으로 나타낸 것이다. 그림 (나)는 고열원에서 Q_1의 열을 흡수하여 W의 일을 하고 저열원으로 Q_2의 열을 방출하는 열기관을 모식적으로 나타낸 것이다.

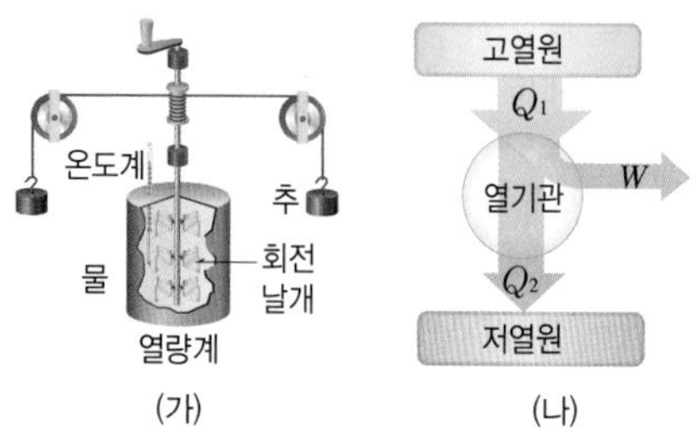

(가) (나)

이에 대한 설명으로 옳은 것만을 [보기]에서 있는 대로 고른 것은?

보기

ㄱ. (가)에서 열이 모두 일로 전환된다.

ㄴ. (나)에서 열기관의 열효율은 $\frac{W}{Q_1}$이다.

ㄷ. (나)에서 $Q_2=0$인 열기관을 만들 수 있다.

① ㄱ ② ㄴ ③ ㄱ, ㄴ
④ ㄱ, ㄷ ⑤ ㄴ, ㄷ

6 그림은 고열원에서 Q_1의 열을 흡수하여 W의 일을 하고 저열원으로 Q_2의 열을 방출하는 열기관을 모식적으로 나타낸 것이다. 표는 열기관 A, B의 Q_1, W, Q_2를 나타낸 것이다.

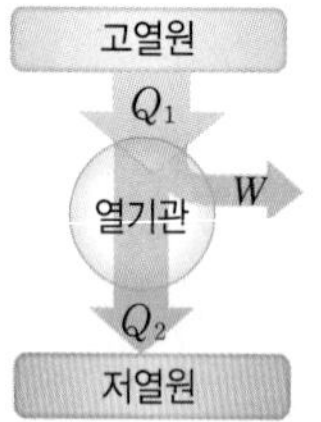

	A	B
Q_1	200 kJ	㉡
W	㉠	30 kJ
Q_2	140 kJ	

열기관의 열효율이 A가 B의 2배일 때, ㉠ : ㉡은?

① 1 : 1 ② 1 : 6 ③ 3 : 1
④ 3 : 10 ⑤ 10 : 3

7 그림 (가)는 1회의 순환 과정에서 고열원으로부터 $5Q$의 열을 흡수하여 외부에 W의 일을 하고 저열원으로 $3Q$의 열을 방출하는 열기관을 모식적으로 나타낸 것이다. 그림 (나)는 (가)의 열기관에 있는 일정량의 이상 기체의 상태가 A → B → C → D → A를 따라 변할 때 압력과 부피를 나타낸 것이다. A → B와 C → D는 등온 과정, B → C와 D → A는 단열 과정이다.

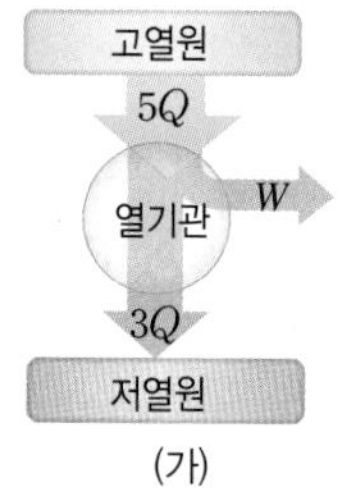

(가)

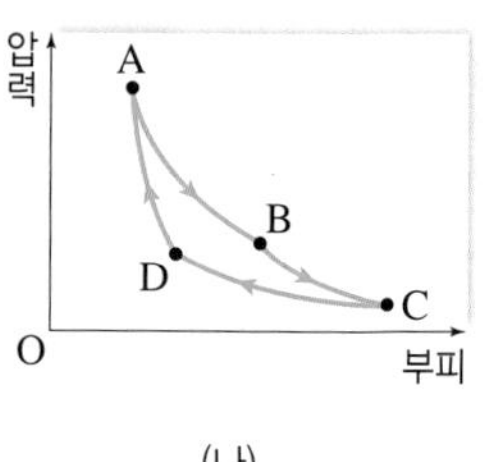

(나)

이에 대한 설명으로 옳은 것만을 [보기]에서 있는 대로 고른 것은?

보기

ㄱ. A → B → C 과정에서 기체가 외부에 한 일은 W이다.

ㄴ. C → D 과정에서 기체가 방출한 열량은 $3Q$이다.

ㄷ. 열기관의 열효율은 60 %이다.

① ㄱ ② ㄴ ③ ㄷ
④ ㄱ, ㄷ ⑤ ㄴ, ㄷ

8 다음은 영구 기관에 대한 기사의 일부이다.

> **영구 기관, 에너지 부족 해결할까?**
>
> 영구 기관에는 제1종 영구 기관과 제2종 영구 기관이 있다. ⓐ 제1종 영구 기관은 한 번만 작동시키면 외부에서 에너지 공급 없이도 계속 작동하여 일을 할 수 있는 장치이고, ⓑ 제2종 영구 기관은 공급받은 열에너지를 모두 일로 바꾸는 장치이다. … (중략) … 따라서 일상생활 속에서 에너지 사용량을 줄이려는 노력이 필요하다.

이에 대한 설명으로 옳은 것만을 [보기]에서 있는 대로 고른 것은?

보기

ㄱ. ⓐ는 에너지 보존 법칙에 위배된다.

ㄴ. ⓑ는 열효율이 100 %인 기관이다.

ㄷ. 영구 기관을 만드는 것은 불가능하다.

① ㄱ ② ㄴ ③ ㄱ, ㄷ
④ ㄴ, ㄷ ⑤ ㄱ, ㄴ, ㄷ

1 그림은 빗면에서 출발한 물체가 미끄러져 내려와 수평면에서 정지하는 모습을 나타낸 것이다.

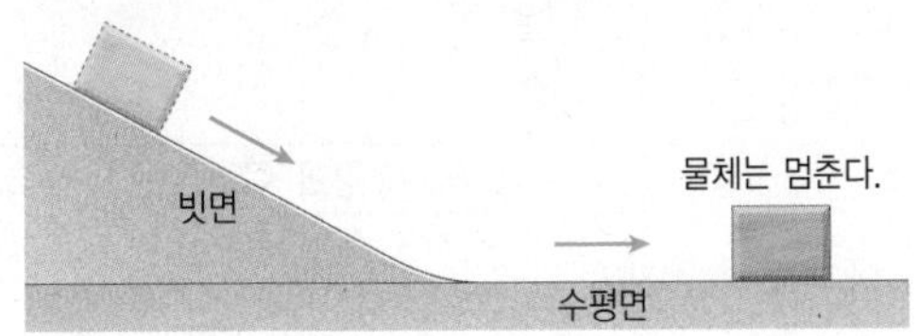

이에 대한 설명으로 옳은 것만을 [보기]에서 있는 대로 고른 것은?

보기
ㄱ. 역학적 에너지가 마찰에 의해 모두 열로 전환되어 사방으로 흩어진다.
ㄴ. 흩어졌던 열에너지가 다시 모여 역학적 에너지로 전환되는 일은 일어나지 않는다.
ㄷ. 흩어졌던 열에너지가 다시 모여 역학적 에너지로 전환되는 것은 열역학 제1법칙에 위배된다.

① ㄱ ② ㄷ ③ ㄱ, ㄴ ④ ㄴ, ㄷ ⑤ ㄱ, ㄴ, ㄷ

2 그림 (가)는 칸막이에 의해서 부피가 같은 A와 B 두 부분으로 나누어진 상자에 일정량의 이상 기체가 들어 있는 모습을 나타낸 것이다. A와 B에 들어 있는 기체의 온도는 모두 T_1이고, 압력은 각각 P_1, $0.5P_1$이다. 그림 (나)는 칸막이에 구멍을 내고 충분한 시간이 지난 후 기체의 모습을 나타낸 것이다. 이때 기체의 온도는 T_2, 압력은 P_2이다.

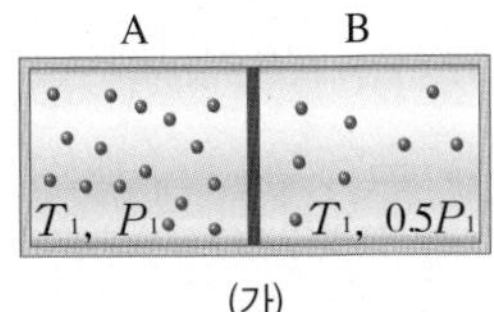

(가)

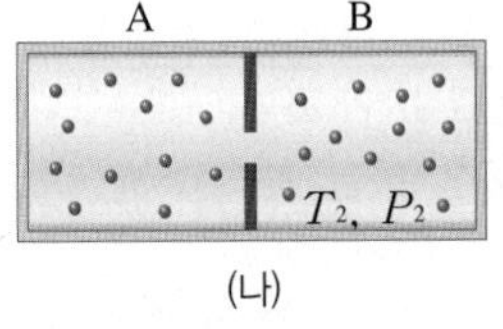

(나)

이에 대한 설명으로 옳은 것만을 [보기]에서 있는 대로 고른 것은? (단, 상자 벽을 통한 열 출입은 없고, 구멍을 내는 동안 기체에 해 준 일은 없다.)

보기
ㄱ. $T_1=T_2$이다.
ㄴ. $P_1=P_2$이다.
ㄷ. 칸막이에 구멍을 낸 후 기체가 섞이는 현상은 비가역 현상이다.

① ㄱ ② ㄴ ③ ㄱ, ㄷ ④ ㄴ, ㄷ ⑤ ㄱ, ㄴ, ㄷ

3 그림은 에너지를 흡수하여 일을 하고 에너지를 방출하는 열기관을 모식적으로 나타낸 것이다. 표는 열기관 A, B가 흡수한 에너지와 방출한 에너지를 나타낸 것이다. A, B가 한 일은 각각 W_A, W_B이고 A, B의 열효율은 각각 e_A, e_B이다.

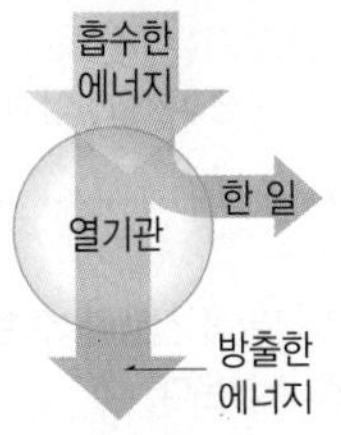

열기관	A	B
흡수한 에너지	$4E$	$3E$
방출한 에너지	$3E$	$2E$

W_A, W_B와 e_A, e_B를 옳게 비교한 것은?

① $W_A>W_B$, $e_A>e_B$
② $W_A>W_B$, $e_A<e_B$
③ $W_A=W_B$, $e_A>e_B$
④ $W_A=W_B$, $e_A<e_B$
⑤ $W_A<W_B$, $e_A<e_B$

2021 6월 평가원 14번

4 그림은 어떤 열기관에서 일정량의 이상 기체가 상태 A → B → C → D → A를 따라 순환하는 동안 기체의 압력과 부피를, 표는 각 과정에서 기체가 흡수 또는 방출하는 열량을 나타낸 것이다.

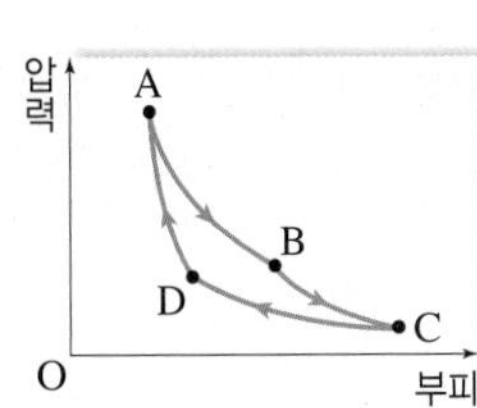

과정	흡수 또는 방출하는 열량(J)
A → B	150
B → C	0
C → D	120
D → A	0

이에 대한 설명으로 옳은 것만을 [보기]에서 있는 대로 고른 것은?

보기
ㄱ. B → C 과정에서 기체가 한 일은 0이다.
ㄴ. 기체가 한 번 순환하는 동안 한 일은 30 J이다.
ㄷ. 열기관의 열효율은 0.2이다.

① ㄱ ② ㄷ ③ ㄱ, ㄴ ④ ㄴ, ㄷ ⑤ ㄱ, ㄴ, ㄷ

특수 상대성 이론

핵심 짚기 › 상대성 원리 › 광속 불변 원리 › 동시성의 상대성 › 시간 지연 › 길이 수축 › 핵분열과 핵융합 반응

A 특수*상대성 이론의 배경

1 마이컬슨·몰리 실험 에테르를 통해 전달되는 빛의 속력의 차이로부터 에테르의 존재를 확인하기 위해 실행한 실험[1] (에테르: 빛을 전달한다고 생각한 가상의 매질)

[마이컬슨·몰리 실험 장치]
광원에서 나온 빛이 반거울을 통해 수직으로 나뉘어 진행한 후 반거울로부터 같은 거리에 있는 두 거울에 반사되어 다시 반거울을 통해 빛 검출기로 들어온다.

- **실험 결과:** $1 \to 2 \to 3$ 경로의 빛과 $1' \to 2' \to 3'$ 경로의 빛이 빛 검출기에 동시에 도달한다. ➡ 빛의 속력에 차이가 없어서 에테르의 존재를 확인할 수 없었다.
- **마이컬슨·몰리 실험에 대한 아인슈타인의 해석:** 에테르가 존재하지 않으므로 빛은 파동이지만 매질이 없이도 전달될 수 있다고 생각하였다.

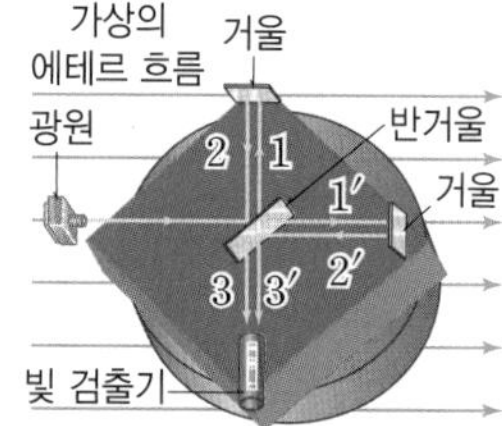

2 특수 상대성 이론의 두 가지 가설 상대성 원리, 광속 불변 원리

① 상대성 원리: 모든 관성 *좌표계에서 물리 법칙은 동일하게 성립한다.[2]

- 관성 좌표계(관성계): 정지 또는 등속도 운동을 하는 좌표계 (관성 좌표계에서는 관성 법칙이 성립한다.)
- 한 관성 좌표계에 대해 일정한 속도로 움직이는 좌표계는 다른 관성 좌표계이다.

지면에 있는 관찰자가 볼 때	트럭 위의 관찰자가 볼 때[3]
트럭 위의 사람(좌표계)이 v의 속도로 움직이는 것으로 보인다. ➡ 다른 관성 좌표계이다.	지면의 사람(좌표계)이 $-v$의 속도로 움직이는 것으로 보인다. ➡ 다른 관성 좌표계이다.

- 관성 좌표계에 따라 관찰되는 물리량은 다를 수 있지만 그 물리량들 사이의 관계식은 동일하게 성립한다.

	트럭 위의 관찰자가 볼 때	지면에 있는 관찰자가 볼 때
트럭 위에서 공을 던지는 경우	공이 똑바로 올라갔다 내려오는 것으로 보인다. ($F=ma$)	공이 포물선 운동을 하는 것으로 보인다. ($F=ma$)
	지면에 있는 관찰자가 볼 때	**트럭 위의 관찰자가 볼 때**
지면 위에서 공을 던지는 경우	공이 똑바로 올라갔다 내려오는 것으로 보인다. ($F=ma$)	공이 포물선 운동을 하는 것으로 보인다. ($F=ma$)

➡ 공의 속도는 다르게 측정되지만, 운동 법칙 $F=ma$는 똑같이 성립한다.

PLUS 강의

[1] **에테르 흐름과 빛의 속력**
19세기 과학자들은 파동이 매질을 통해 전달되므로 파동의 일종인 빛도 '에테르'라는 가상의 매질을 통해 전달될 것이라고 생각했다.

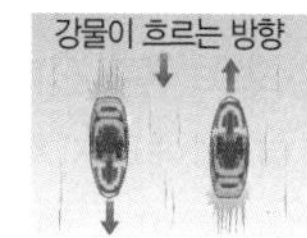

흐르는 강물을 따라 배가 내려가는 경우와 거슬러 올라가는 경우에 배의 속력이 달라지듯이 에테르가 존재한다면 지구와 태양이 움직이면서 에테르의 흐름에 따라 빛의 속력이 달라질 것이다.

[2] **가속 좌표계**
관성 좌표계가 아닌 좌표계로, 가속도 운동 하는 좌표계를 뜻한다. 가속 좌표계에서 일어나는 현상을 다루는 내용은 일반 상대성 이론이다.

[3] **상대 속도**
상대 속도는 관찰자가 측정한 물체의 속도이다.
예 A가 측정한 B의 상대 속도 = B의 속도 − A의 속도, $v_{AB}=v_B-v_A$

용어 돋보기

* 상대성(相 서로, 對 대답하다, 性 성질)_ 모든 사물이 각각 따로 떨어져 있는 것이 아니고, 부분과 전체 또는 부분과 부분이 서로 의존적인 관계를 가지고 있는 성질

* 좌표계(座 자리, 標 나타내다, 系 체계)_ 기준점(원점)을 정하고 방향과 거리를 설명하는 방법을 정해 둔 것. 어떤 점을 기준으로 대상의 상대적 위치를 명확하게 나타내기 위해 사용

② **광속 불변 원리:** 모든 관성 좌표계에서 보았을 때 진공 중에서 진행하는 빛의 속력은 관찰자나 광원의 속도에 관계없이 광속 c로 일정하다.

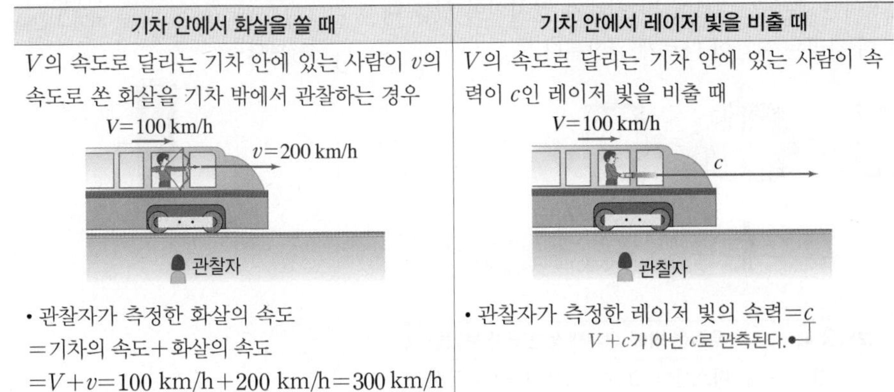

기차 안에서 화살을 쏠 때	기차 안에서 레이저 빛을 비출 때
V의 속도로 달리는 기차 안에 있는 사람이 v의 속도로 쏜 화살을 기차 밖에서 관찰하는 경우	V의 속도로 달리는 기차 안에 있는 사람이 속력이 c인 레이저 빛을 비출 때
$V=100$ km/h, $v=200$ km/h, 관찰자	$V=100$ km/h, c, 관찰자
• 관찰자가 측정한 화살의 속도 =기차의 속도+화살의 속도 $=V+v=100$ km/h$+200$ km/h$=300$ km/h	• 관찰자가 측정한 레이저 빛의 속력$=c$ $V+c$가 아닌 c로 관측된다.

3 특수 상대성 이론 상대성 원리와 광속 불변 원리를 바탕으로, 관성계에서 관찰자의 상대 속도에 따라 시간, 길이, 질량 등의 물리량이 어떻게 달라지는지를 설명하는 이론이다.

B 특수 상대성 이론에 의한 현상

1 동시성의 상대성 한 관성 좌표계에서 동시에 일어난 두 사건은 다른 관성 좌표계에서 볼 때 동시에 일어난 것이 아닐 수 있다.[4]

① 광속에 가깝게 날아가는 우주선의 가운데에 위치한 전구에서 빛이 깜빡여 빛이 전구로부터 같은 거리에 있는 두 검출기에 도달하는 두 사건 A, B가 발생할 때 관찰자 S, S′은 다음과 같이 관찰한다.(이때 빛의 속력은 일정하다.)

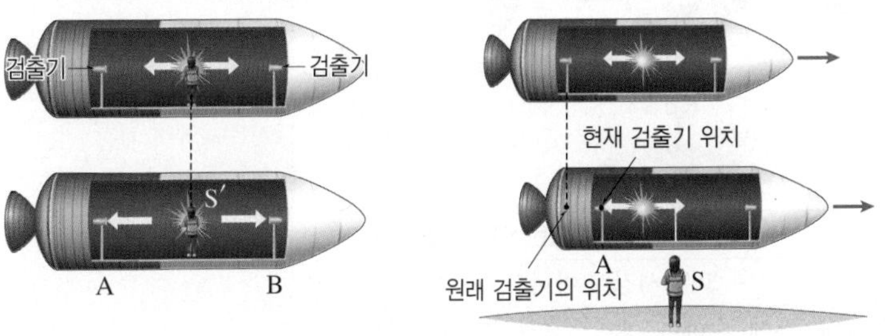

우주선 안에 있는 S′이 보았을 때	우주선 밖의 정지한 행성에 있는 S가 보았을 때
어느 방향으로나 빛의 속력이 같고, 전구에서 두 검출기까지의 거리가 같으므로 두 검출기에 빛이 동시에 도달한다. ➡ 두 사건 A, B는 동시에 일어난다.	우주선 밖의 S에게도 빛의 속력은 같은데, 빛이 이동하는 동안 우주선도 이동하므로 왼쪽 검출기에 빛이 먼저 도달한다. ➡ 사건 A가 먼저 일어난다.

빛이 검출기에 동시에 도달하지 않는다.

② **결론:** 우주선 안의 관찰자 S′에게 동시인 두 사건이 우주선 밖의 관찰자 S에게는 동시가 아니다. ➡ 관찰자, 즉 좌표계에 따라 두 사건이 발생한 시간은 다르게 측정된다.

[4] **사건**
특수 상대성 이론에서 사건이란 특정한 시각과 위치에서 일어나는 일, 물리적 상황을 말한다.
예 빛의 깜빡임, 충돌

정답과 해설 36쪽

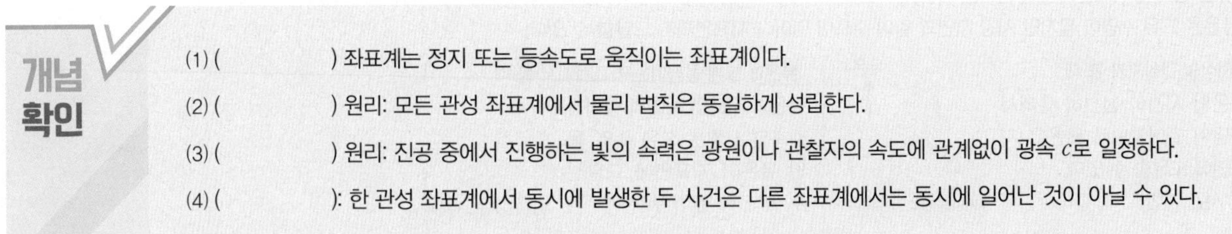

개념 확인

(1) (　　　　) 좌표계는 정지 또는 등속도로 움직이는 좌표계이다.
(2) (　　　　) 원리: 모든 관성 좌표계에서 물리 법칙은 동일하게 성립한다.
(3) (　　　　) 원리: 진공 중에서 진행하는 빛의 속력은 광원이나 관찰자의 속도에 관계없이 광속 c로 일정하다.
(4) (　　　　): 한 관성 좌표계에서 동시에 발생한 두 사건은 다른 좌표계에서는 동시에 일어난 것이 아닐 수 있다.

특수 상대성 이론

2 시간 지연(시간 팽창) 정지한 관찰자가 빠르게 운동하는 관찰자를 보면 상대편의 시간이 느리게 가는 것으로 관찰된다. ➡ 시간의 상대성

① 광속에 가까운 일정한 속도 v로 움직이는 우주선 내부에 빛 시계가 장치되어 있을 때 관찰자에 따라 빛이 한 번 왕복하는 데 걸리는 시간이 다르게 관찰된다.[5]

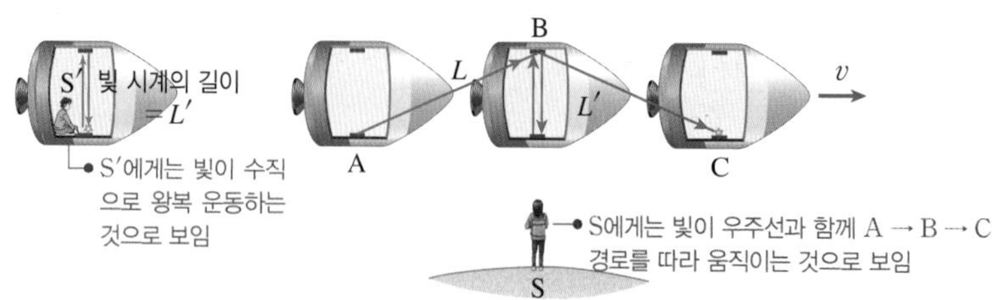

구분	우주선 안에 있는 S′이 보았을 때	우주선 밖에 정지해 있는 S가 보았을 때
빛의 이동 거리	수직으로 $2L'$만큼 이동한다.	비스듬한 방향으로 $2L$만큼 이동한다.
빛의 주기	빛이 두 거울 사이를 왕복하는 주기($T_{고유}$=고유 시간)는 $T_{고유}=\frac{2L'}{c}$이다.[6]	빛이 두 거울 사이를 왕복하는 주기(T)는 $T=\frac{2L}{c}$이다.

② 결론: 우주선 안에 있는 S′의 시간이 $T_{고유}$(고유 시간)만큼 흘렀을 때, 우주선 밖에 정지해 있는 S가 측정한 시간 T는 $T_{고유}$보다 길게 관찰된다. ➡ $T>T_{고유}$(시간 지연)[7]

3 길이 수축 한 관성 좌표계의 관찰자가 상대적으로 운동하는 물체를 보면 그 길이가 수축되는 것으로 관찰된다. ➡ 길이의 상대성

① S′이 광속에 가까운 속도 v로 움직이는 우주선을 타고 지구에서 목성까지 가는 것을 지구와 목성에 대하여 상대적으로 정지한 달에 있는 S가 관찰하고 있다.

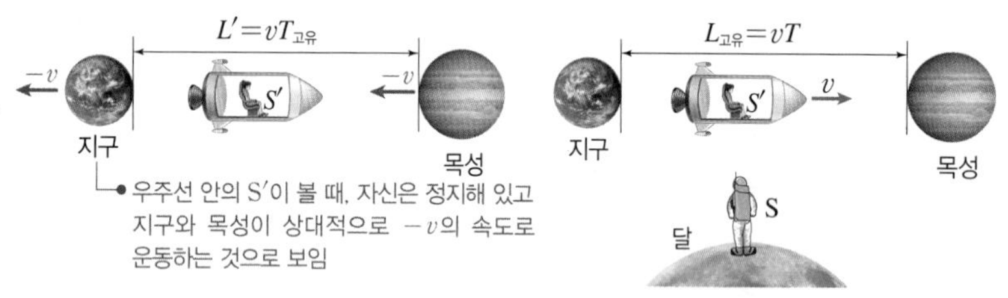

구분	우주선 안에 있는 S′이 보았을 때	우주선 밖에 정지해 있는 S가 보았을 때
시간	고유 시간이다. ➡ $T_{고유}$	고유 시간이 아니다. ➡ T
지구와 목성 사이의 거리	우주선은 지구와 목성에 대하여 상대적으로 움직이므로 고유 길이가 아니다. ➡ $L'=vT_{고유}$	S에 대하여 상대적으로 정지해 있는 지구와 목성 사이의 거리이므로 고유 길이이다. ➡ $L_{고유}=vT$[8]

② 결론: $T_{고유}<T$이므로, 지구와 목성에 대하여 상대적으로 운동하는 S′이 측정한 거리 L'은 지구와 목성에 대하여 상대적으로 정지해 있는 S가 측정한 거리 $L_{고유}$보다 작다. ➡ $L'<L_{고유}$(길이 수축)[9]

4 특수 상대성 이론의 증거 뮤온은 고유 수명이 짧아 지표면까지 도달할 수 없지만, 실제로 많은 뮤온이 지표면에서 관측된다.

[뮤온 입자가 지표면에서 발견되는 까닭]

뮤온은 고유 수명이 짧지만 시간 지연과 길이 수축이 일어나 지표면까지 도달할 수 있다.

지상의 관찰자가 볼 때

뮤온의 시간이 천천히 흘러서 수명이 길어지므로 뮤온은 지표면에 도달할 수 있다.
➡ 시간 지연

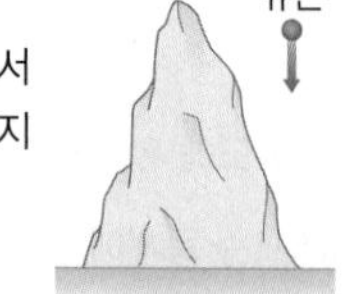

뮤온과 함께 움직이는 좌표계에서 볼 때

뮤온과 지표면 사이의 길이가 수축되어 짧은 고유 수명 동안 뮤온이 지표면에 도달할 수 있다. ➡ 길이 수축

뮤온

---

⑤ **빛 시계**
양쪽에 설치된 거울에 빛이 반사되어 왕복하게 만든 시계로, 빛이 한 번 왕복하는 데 걸린 시간을 단위로 하여 시간을 측정한다.

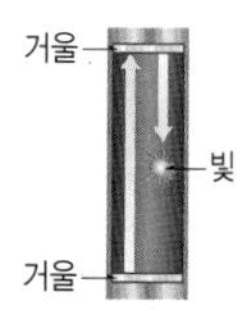

⑥ **고유 시간**
관찰자가 측정할 때 같은 위치에서 일어나는 두 사건 사이의 시간 간격이다.

⑦ **S′이 본 S의 시간**
S가 S′을 볼 때 v의 속도로 운동하듯이 S′이 S를 보면 상대적으로 $-v$의 속도로 운동하는 것으로 보인다. 따라서 S′이 S의 시간을 관찰해도 느리게 가는 것으로 관측된다.

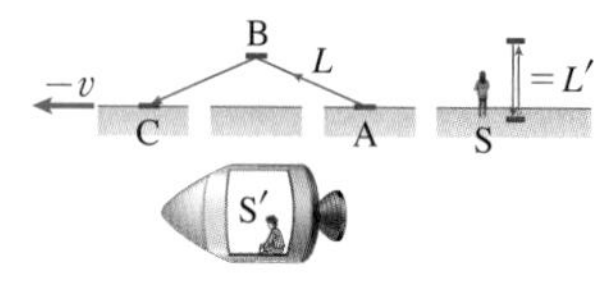

⑧ **고유 길이**
관찰자가 측정할 때 정지 상태에 있는 물체의 길이 또는 한 관성 좌표계에 대해 고정된 두 지점 사이의 길이이다.

⑨ **길이 수축**
길이 수축은 물체의 속력이 빠를수록 크게 일어난다. 길이 수축은 운동 방향으로만 일어나며, 운동 방향에 수직인 방향으로는 일어나지 않는다.

Ⓒ 질량과 에너지

1 질량의 에너지 변환

① **질량 증가**: 특수 상대성 이론에 따라 같은 물체라도 관찰자에 대해 정지해 있을 때와 운동하고 있을 때 질량이 다르게 측정된다. ➡ 운동하는 물체의 질량 m은 물체의 속도가 빠를수록 커진다.[10]

② **질량 에너지 동등성**: 질량과 에너지는 서로 전환될 수 있으며, 질량 m에 해당하는 에너지 E는 다음과 같다.[11]

$$E=mc^2 (c: \text{빛의 속력})$$

2 핵분열

하나의 원자핵이 2개 이상의 가벼운 원자핵으로 나누어지는 핵반응 ➡ 질량 결손에 의해 많은 양의 에너지가 방출된다.

① **우라늄의 핵분열**: 우라늄 235($^{235}_{92}U$)가 속도가 느린 중성자 1개를 흡수하면, 2개의 원자핵으로 분열하면서 질량 결손에 의해 많은 양의 에너지가 방출된다.[12]

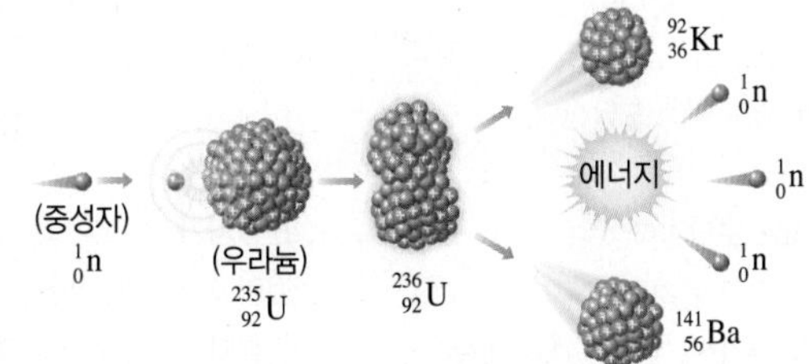

$$^{235}_{92}U+^{1}_{0}n \longrightarrow ^{141}_{56}Ba+^{92}_{36}Kr+3^{1}_{0}n+200\ MeV$$ [13]

② **연쇄 반응**: 우라늄 235가 핵분열할 때 방출되는 2개~3개의 중성자가 다른 우라늄 235에 계속 흡수되어 핵분열이 연쇄적으로 일어나는 반응

3 핵융합

초고온 상태에서 가벼운 원자핵들이 융합하여 무거운 원자핵이 되는 핵반응 ➡ 질량 결손에 의해 많은 양의 에너지가 방출된다.

[태양에서의 핵융합 반응]
태양 중심부에서 수소 원자핵과 수소 원자핵이 핵융합하여 중수소 원자핵이 되고, 중수소 원자핵과 중수소 원자핵이 핵융합하여 헬륨 원자핵이 된다.

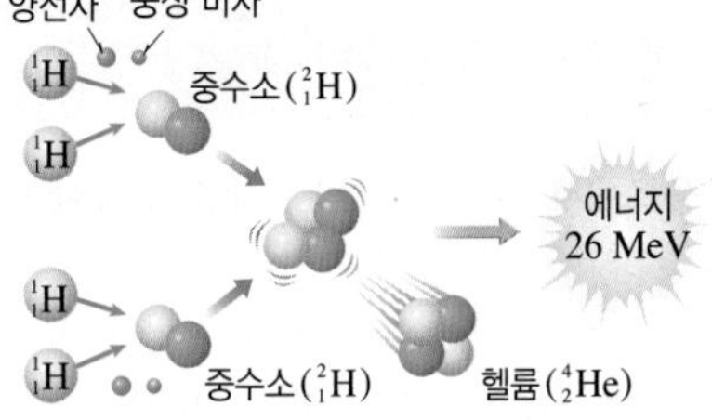

$$4^{1}_{1}H \longrightarrow ^{4}_{2}He+2e^{+}+26\ MeV$$

[핵융합로에서의 핵융합 반응]
핵융합로에서 중수소 원자핵과 삼중수소 원자핵이 핵융합하여 헬륨 원자핵이 된다.

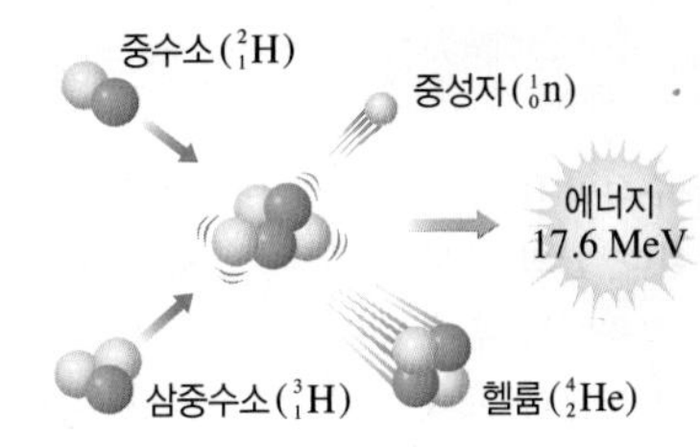

$$^{2}_{1}H+^{3}_{1}H \longrightarrow ^{4}_{2}He+^{1}_{0}n+17.6\ MeV$$ [14]

---

⑩ **상대론적 질량**
한 관성 좌표계에 대하여 v의 속도로 운동하고 있는 물체의 상대론적 질량 m은 다음과 같다.

$$m=\frac{m_0}{\sqrt{1-\frac{v^2}{c^2}}} \quad (m_0: \text{정지 질량})$$

└ $v=0$일 때 $m=m_0$

⑪ **질량 에너지 동등성의 예**
- 쌍생성 현상: 에너지가 큰 빛이 전자와 양전자를 생성한다.(에너지 → 질량)
- 핵반응: 핵분열 반응이나 핵융합 반응에서 질량 결손에 의해 감소한 질량이 열에너지로 방출된다.(질량 → 에너지)

⑫ **질량 결손**
핵반응 전보다 핵반응 후에 줄어든 질량의 합을 말하며, 핵반응 과정에서 에너지를 방출하기 때문에 질량 결손이 생긴다.

⑬ **원자핵의 표기법**
원자 번호(양성자수)가 Z이고, 질량수(양성자수+중성자수)가 A인 원자핵을 표시할 때는 다음과 같이 나타낸다.

$$^{A}_{Z}X \ (\text{X는 원소 기호})$$

⑭ **여러 가지 입자의 표기**

입자	표기
전자	$^{0}_{-1}e$
중성자	$^{1}_{0}n$
양성자	$^{1}_{1}p$ 또는 $^{1}_{1}H$
수소	$^{1}_{1}H$
중수소	$^{2}_{1}H$
삼중수소	$^{3}_{1}H$

└ 원자핵은 아니지만 원자핵의 표기를 따른다. (전자, 중성자, 양성자)

정답과 해설 36쪽

(5) (   ): 정지한 관찰자가 빠르게 운동하는 관찰자를 보면 상대편의 시간이 (느리게, 빠르게) 가는 것으로 관찰된다.

(6) 광속에 가까운 속도로 움직이는 우주선 안의 관측자가 측정한 우주선의 길이가 $L_{고유}$, 정지해 있는 행성의 관찰자가 측정한 우주선의 길이가 L이라고 하면 $L_{고유}$ (>, =, <) L이다.

(7) 핵반응 과정에서 발생한 질량 결손이 Δm일 때 방출되는 에너지 E=(   )이다.

(8) 하나의 원자핵이 2개 이상의 가벼운 원자핵으로 나누어지는 핵반응을 (   )이라고 한다.

(9) (   )은 초고온 상태에서 가벼운 원자핵이 융합하여 무거운 원자핵이 생성되는 반응이다.

정답과 해설 36쪽

2021 • 6월 평가원 17번

자료 ❶ 동시성의 상대성과 길이 수축

그림과 같이 관찰자 P에 대해 별 A, B가 같은 거리만큼 떨어져 정지해 있고, 관찰자 Q가 탄 우주선이 $0.9c$의 속력으로 A에서 B를 향해 등속도 운동 하고 있다. P의 관성계에서 Q가 P를 스쳐 지나는 순간 A, B가 동시에 빛을 내며 폭발한다.

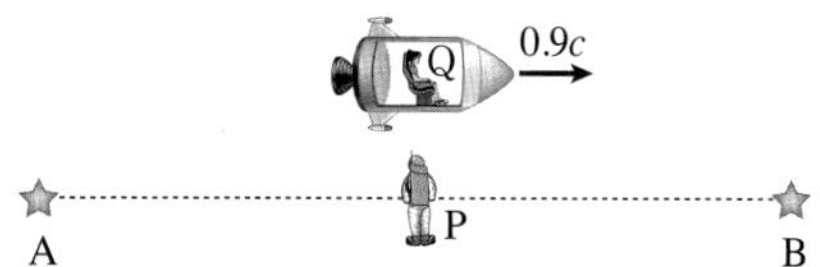

1. P의 관성계에서, A와 B에서 발생한 빛이 P에 동시에 도달한다. (○, ×)
2. A에서 발생한 빛이 P에게 도달할 때 Q에게도 도달한다. (○, ×)
3. Q의 관성계에서, A가 B보다 먼저 폭발한 것으로 관측한다. (○, ×)
4. Q의 관성계에서 측정한 A와 P 사이의 거리는 P의 관성계에서 측정한 A와 P 사이의 거리보다 크다. (○, ×)
5. Q의 관성계에서 측정한 A와 P 사이의 거리는 B와 P 사이의 거리와 같다. (○, ×)
6. 한 관성계에서 동시에 일어난 사건은 다른 관성계에서도 동시에 일어난 것으로 관측된다. (○, ×)

2021 • 9월 평가원 11번

자료 ❷ 시간 지연과 길이 수축

그림은 관찰자 A에 대해 관찰자 B가 탄 우주선이 $0.6c$의 속력으로 직선 운동 하는 모습을 나타낸 것이다. B의 관성계에서 광원과 거울 사이의 거리는 L이고, 광원에서 우주선의 운동 방향과 수직으로 발생시킨 빛은 거울에서 반사되어 되돌아온다. B의 관성계에서, 광원에서 발생한 빛의 속력은 c이다.

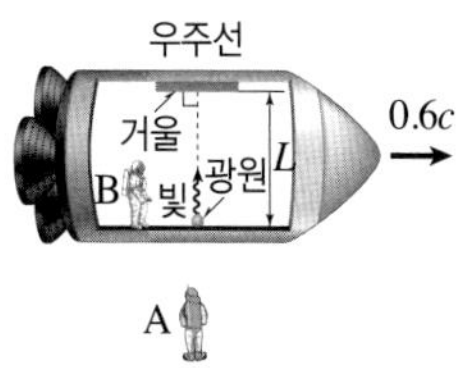

1. A의 관성계에서 측정한 광원에서 발생한 빛의 속력은 c보다 크다. (○, ×)
2. A의 관성계에서 측정한 우주선의 길이는 고유 길이보다 짧다. (○, ×)
3. A의 관성계에서 측정한 광원과 거울 사이의 거리는 L보다 짧다. (○, ×)
4. A의 관성계에서, B의 시간은 A의 시간보다 느리게 간다. (○, ×)
5. B의 관성계에서, A의 시간은 B의 시간보다 빠르게 간다. (○, ×)

2018 • 수능 7번

자료 ❸ 특수 상대성 이론의 증거

같은 높이 h에서 발생한 뮤온 A, B가 각각 $0.88c$, $0.99c$의 일정한 속도로 지표면을 향해 움직이다가 하나는 지표면에 도달하기 전에, 또 하나는 지표면에 도달하는 순간 붕괴한다. 정지 상태로 있는 뮤온의 고유 수명은 t_0이고, h는 관찰자가 측정한 고유 길이이다.

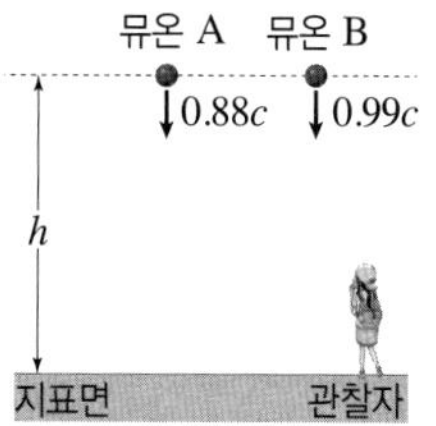

1. 관찰자가 측정할 때, 뮤온 A가 생성된 순간부터 붕괴하는 순간까지 걸린 시간은 t_0보다 길다. (○, ×)
2. 관찰자가 측정할 때, 뮤온이 생성된 순간부터 붕괴하는 순간까지 걸린 시간은 A의 시간이 B의 시간보다 길다. (○, ×)
3. 지표면에 도달하는 순간 붕괴하는 뮤온은 B이다. (○, ×)
4. 뮤온 B가 측정한 지표면까지의 거리는 $0.99ct_0$이다 (○, ×)
5. $0.99ct_0 < h$이다. (○, ×)

2021 • 9월 평가원 6번

자료 ❹ 핵반응과 질량 결손

다음은 핵융합 반응로에서 일어날 수 있는 수소 핵융합 반응식이다.

> (가) ${}^{2}_{1}\mathrm{H} + {}^{3}_{1}\mathrm{H} \longrightarrow {}^{4}_{2}\mathrm{He} + \boxed{㉠} + 17.6\ \mathrm{MeV}$
>
> (나) ${}^{2}_{1}\mathrm{H} + {}^{2}_{1}\mathrm{H} \longrightarrow \boxed{㉡} + \boxed{㉠} + 3.27\ \mathrm{MeV}$

1. 핵반응에서 반응 전과 반응 후의 질량수는 보존되지 않는다. (○, ×)
2. ㉠은 중성자이다. (○, ×)
3. ㉡은 ${}^{4}_{2}\mathrm{He}$이다. (○, ×)
4. (가)에서 발생한 에너지는 질량 결손에 의한 것이다. (○, ×)
5. (가)에서 ${}^{2}_{1}\mathrm{H}$와 ${}^{3}_{1}\mathrm{H}$의 질량의 합은 ${}^{4}_{2}\mathrm{He}$과 ㉠의 질량의 합보다 크다. (○, ×)

Ⓐ 특수 상대성 이론의 배경

1 아인슈타인이 특수 상대성 이론을 설명하기 위해 세운 두 가지 가설을 쓰시오.

2 그림은 등속 직선 운동 하고 있는 버스 안에서 철수가 공을 연직 위로 던지는 순간을 나타낸 것이다. 민수는 지면에 정지해 있다.
다음 현상을 관찰한 사람을 쓰시오.

(1) 공이 연직 위로 똑바로 올라갔다가 다시 처음 위치로 떨어진다.
(2) 공이 포물선 경로를 그리며 운동을 한다.
(3) 뉴턴 운동 제2법칙으로 가속도를 측정했더니 중력 가속도 g로 측정된다.

Ⓑ 특수 상대성 이론에 의한 현상

3 그림은 지구에 대하여 일정한 속도 v로 운동하고 있는 우주선의 앞과 뒤에 번개가 동시에 내리치는 것을 지구에 정지해 있는 철수가 관측하는 모습을 나타낸 것이다.
우주선의 중앙에 있는 영희는 우주선의 앞과 뒤 중 어느 쪽에 먼저 번개가 내리친 것으로 관측하는지 쓰시오.

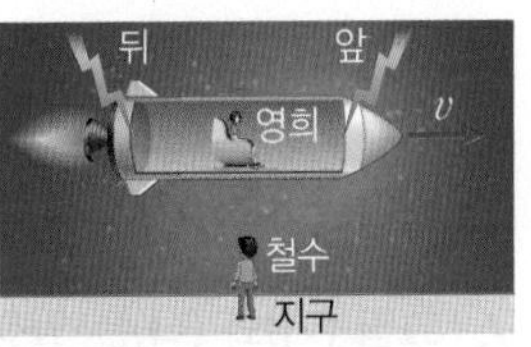

4 그림은 지구에 정지해 있는 철수에 대해 $0.8c$의 속력으로 움직이는 우주선 안에 민수가 타고 있는 모습을 나타낸 것이다. 민수가 측정한 우주선의 길이는 $L_{고유}$이고, P에서 방출된 빛이 Q에서 반사되어 다시 P에 도달하는 데 걸린 시간은 $T_{고유}$이다. 부등호를 이용하여 다음을 비교하시오.

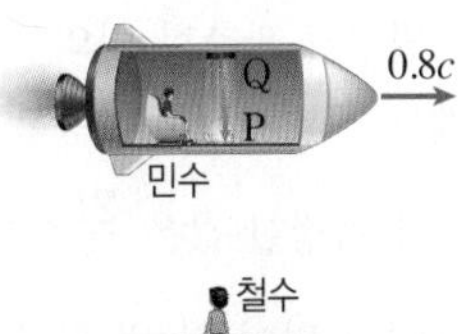

(1) 철수가 측정한 우주선의 길이를 L이라고 하면, $L_{고유}$ (　　　) L이다.
(2) 철수가 측정한 P에서 방출된 빛이 다시 P에 도달하는 데 걸린 시간을 T라고 하면, $T_{고유}$ (　　　) T이다.

5 그림은 정지해 있는 영희의 좌표계에 대해 우주선 A, B가 각각 $0.9c$, $0.4c$의 일정한 속도로 운동하는 모습을 나타낸 것이다. 우주선 A, B의 고유 길이는 L_0으로 같다.

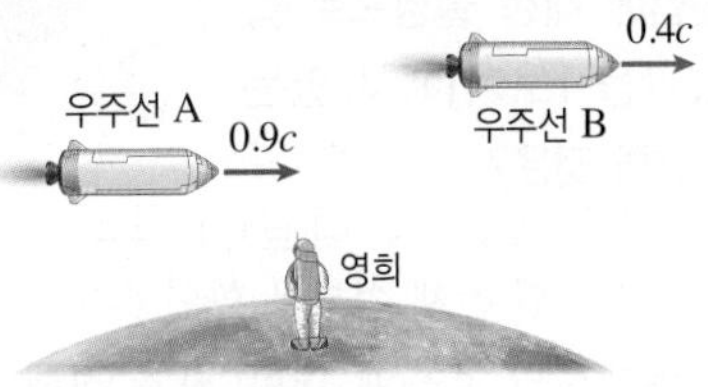

이에 대한 설명으로 옳은 것은? (단, 빛의 속력은 c이다.)

① 영희가 측정할 때, A의 길이는 L_0이다.
② 영희가 측정할 때, 우주선의 길이는 A가 B보다 길다.
③ B의 길이는 A가 측정할 때가 영희가 측정할 때보다 길다.
④ 영희가 측정할 때, A의 시간은 영희의 시간보다 빨리 간다.
⑤ B의 시간은 A가 측정할 때가 영희가 측정할 때보다 느리게 간다.

Ⓒ 질량과 에너지

6 핵반응에 대한 설명으로 옳은 것만을 [보기]에서 있는 대로 고르시오.

보기
ㄱ. 핵분열 반응과 핵융합 반응이 있다. ㄴ. 핵반응에서 질량과 에너지는 서로 전환될 수 없다. ㄷ. 핵반응에서 방출하는 에너지는 질량 결손에 의한 것이다. ㄹ. 태양 중심부에서는 수소 원자핵의 핵융합 반응이 일어난다.

7 다음은 중수소 원자핵 $^2_1\mathrm{H}$와 중수소 원자핵 $^2_1\mathrm{H}$가 핵융합 반응을 할 때 반응식을 나타낸 것이다.

$$^2_1\mathrm{H} + ^2_1\mathrm{H} \longrightarrow ^3_2\mathrm{He} + ^1_0\mathrm{n} + \text{에너지}$$

핵융합 반응 전보다 반응 후에 감소하는 것은?

① 질량수　② 전하량　③ 중성자수
④ 양성자수　⑤ 질량의 합

1 그림은 마이컬슨과 몰리의 실험 장치를 모식적으로 나타낸 것이다.

이 실험에 대한 설명으로 옳은 것만을 [보기]에서 있는 대로 고른 것은?

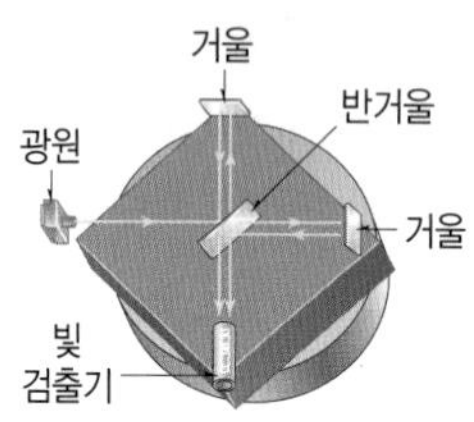

보기

ㄱ. 에테르의 존재 여부를 확인하기 위한 실험이다.
ㄴ. 에테르의 흐름에 대한 빛의 진행 방향에 따른 빛의 속도 차이를 관찰할 수 있었다.
ㄷ. 빛을 전달하는 매질을 확인할 수 없었다.

① ㄱ ② ㄷ ③ ㄱ, ㄴ
④ ㄱ, ㄷ ⑤ ㄴ, ㄷ

2 다음은 특수 상대성 이론의 두 가지 가설에 대한 설명이다.

> 아인슈타인은 모든 관성 좌표계에서 물리 법칙은 동일하게 성립하며, 진공 중에서 진행하는 빛의 속도는 관찰자나 광원의 속도에 관계없이 일정하다는 가설을 세웠다.

이 가설을 토대로 나타날 수 있는 현상에 대한 설명으로 옳은 것만을 [보기]에서 있는 대로 고른 것은?

보기

ㄱ. 정지한 사람이 볼 때 빠르게 움직이는 사람의 시간이 빠르게 간다.
ㄴ. 정지한 사람이 볼 때 빠르게 움직이는 물체의 길이가 운동 방향으로 짧아진다.
ㄷ. 질량은 에너지로 바뀔 수 있지만, 에너지는 질량으로 바뀔 수 없다.

① ㄱ ② ㄴ ③ ㄱ, ㄴ
④ ㄱ, ㄷ ⑤ ㄴ, ㄷ

3 그림과 같이 광속에 가까운 속도 V로 달리는 기차 안의 점 O에서 전구를 켰다. 점 A, B는 점 O로부터 같은 거리에 있다.

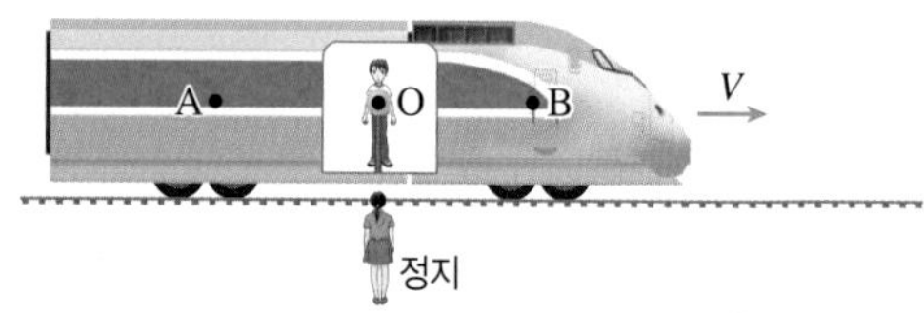

이에 대한 설명으로 옳은 것만을 [보기]에서 있는 대로 고른 것은?

보기

ㄱ. 기차 안의 관찰자는 A, B에 빛이 동시에 도달하는 것으로 관측한다.
ㄴ. 지면에 정지해 있는 관찰자는 A에 빛이 먼저 도달하는 것으로 관측한다.
ㄷ. 지면에 정지해 있는 관찰자는 A로 가는 빛이 B로 가는 빛보다 빠른 것으로 관측한다.

① ㄱ ② ㄷ ③ ㄱ, ㄴ
④ ㄴ, ㄷ ⑤ ㄱ, ㄴ, ㄷ

4 그림 (가)와 (나)는 일정한 속도 v로 움직이는 우주선 내부에 있는 빛 시계를 우주선 안의 철수와 정지해 있는 행성의 민수가 각각 관측하는 모습을 나타낸 것이다. v는 광속에 가까운 속도이고, 빛의 속력은 c이며, 빛 시계 위아래 사이의 거리는 l이다.

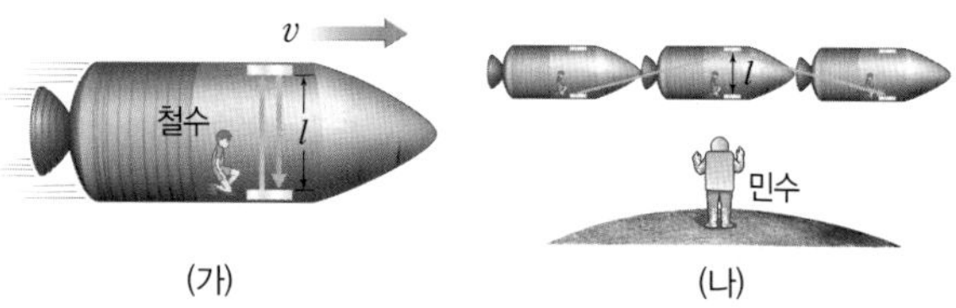

(가) (나)

이에 대한 설명으로 옳은 것만을 [보기]에서 있는 대로 고른 것은?

보기

ㄱ. 철수와 민수가 관측한 빛의 속력은 모두 c이다.
ㄴ. 빛 시계에서 빛이 한 번 왕복하는 데 걸린 시간을 철수가 측정한 값은 $\frac{2l}{c}$이다.
ㄷ. 빛 시계에서 빛이 한 번 왕복하는 데 걸린 시간을 민수가 측정한 값은 $\frac{2l}{c}$보다 크다.

① ㄱ ② ㄴ ③ ㄱ, ㄷ
④ ㄴ, ㄷ ⑤ ㄱ, ㄴ, ㄷ

자료❶ 2021 6월 평가원 17번

5 그림과 같이 관찰자 P에 대해 별 A, B가 같은 거리만큼 떨어져 정지해 있고, 관찰자 Q가 탄 우주선이 $0.9c$의 속력으로 A에서 B를 향해 등속도 운동 하고 있다. P의 관성계에서 Q가 P를 스쳐 지나는 순간 A, B가 동시에 빛을 내며 폭발한다.

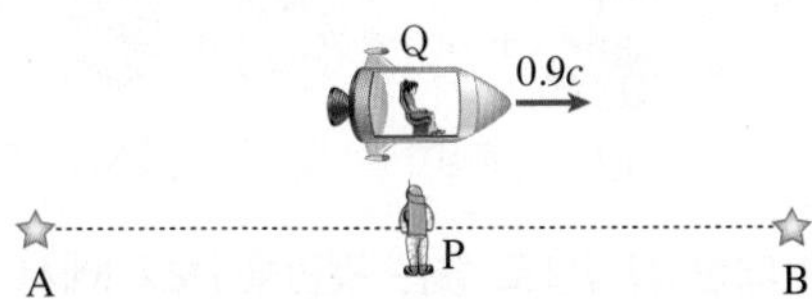

이에 대한 설명으로 옳은 것만을 [보기]에서 있는 대로 고른 것은? (단, c는 빛의 속력이다.)

보기

ㄱ. P의 관성계에서, A와 B가 폭발할 때 발생한 빛이 동시에 P에 도달한다.
ㄴ. Q의 관성계에서, B가 A보다 먼저 폭발한다.
ㄷ. Q의 관성계에서, A와 P 사이의 거리는 B와 P 사이의 거리보다 크다.

① ㄱ ② ㄷ ③ ㄱ, ㄴ
④ ㄴ, ㄷ ⑤ ㄱ, ㄴ, ㄷ

2020 9월 평가원 7번

6 그림과 같이 관찰자에 대해 우주선 A, B가 각각 일정한 속도 $0.7c$, $0.9c$로 운동한다. A, B에서는 각각 광원에서 방출된 빛이 검출기에 도달하고, 광원과 검출기 사이의 고유 길이는 같다. 광원과 검출기는 운동 방향과 나란한 직선상에 있다.

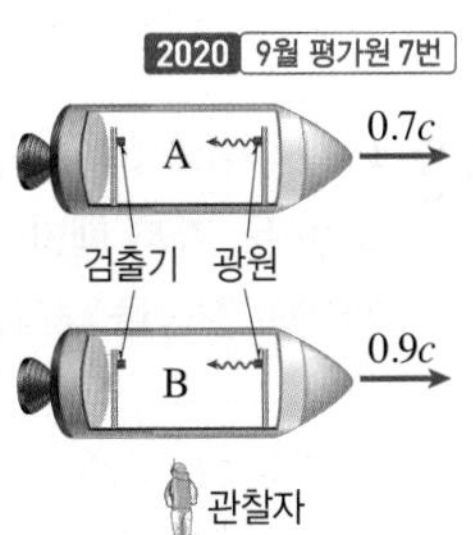

관찰자가 측정할 때, 이에 대한 설명으로 옳은 것만을 [보기]에서 있는 대로 고른 것은? (단, 빛의 속력은 c이다.)

보기

ㄱ. A에서 방출된 빛의 속력은 c보다 작다.
ㄴ. 광원과 검출기 사이의 거리는 A에서가 B에서보다 크다.
ㄷ. 광원에서 방출된 빛이 검출기에 도달하는 데 걸린 시간은 A에서가 B에서보다 크다.

① ㄱ ② ㄴ ③ ㄱ, ㄷ
④ ㄴ, ㄷ ⑤ ㄱ, ㄴ, ㄷ

7 그림은 영희가 관측했을 때 길이가 L인 정지해 있는 상자의 양쪽 면에 있는 광원 A와 B에서 나온 빛이 서로 반대 방향으로 진행하고, 철수는 오른쪽 방향으로 $0.6c$의 속도로 이동하는 모습을 나타낸 것이다. 철수가 측정했을 때 A, B에서 나온 빛이 각각 상자의 맞은쪽 면에 도달할 때까지 걸린 시간은 t_A, t_B이다.

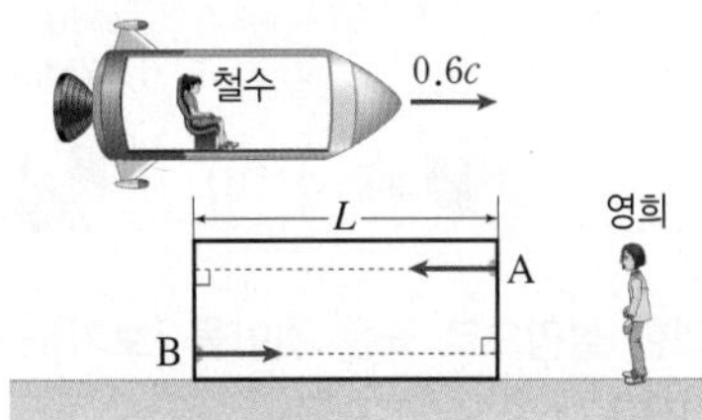

철수가 측정했을 때에 대한 설명으로 옳은 것만을 [보기]에서 있는 대로 고른 것은? (단, c는 빛의 속력이다.)

보기

ㄱ. $t_A > t_B$이다.
ㄴ. 상자의 길이는 L보다 크다.
ㄷ. A에서 나온 빛과 B에서 나온 빛의 속력은 같다.

① ㄱ ② ㄴ ③ ㄱ, ㄴ
④ ㄱ, ㄷ ⑤ ㄴ, ㄷ

8 그림은 관찰자 A에 대해 우주 정거장, 관찰자 B가 탄 우주선이 각각 일정한 속도 $0.3c$, $0.8c$로 운동하는 모습을 나타낸 것이다. A가 측정할 때, 우주선의 길이는 L이다. 우주 정거장의 광원에서 빛이 방출된다.

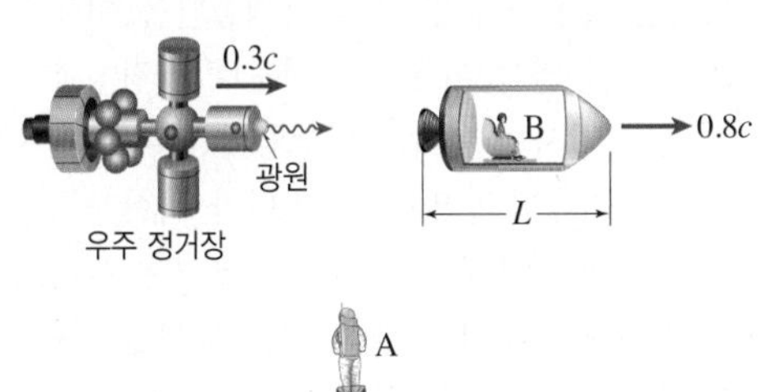

이에 대한 설명으로 옳은 것만을 [보기]에서 있는 대로 고른 것은? (단, c는 빛의 속력이다.)

보기

ㄱ. B가 측정한 우주선의 길이는 L보다 크다.
ㄴ. B가 측정할 때, A의 시간은 B의 시간보다 느리게 간다.
ㄷ. 광원에서 방출된 빛의 속력은 A가 측정할 때가 우주 정거장에서 측정할 때보다 빠르다.

① ㄱ ② ㄷ ③ ㄱ, ㄴ
④ ㄴ, ㄷ ⑤ ㄱ, ㄴ, ㄷ

9 그림은 중수소 원자핵($^{2}_{1}H$)과 삼중수소 원자핵($^{3}_{1}H$)이 충돌하여 입자 ㉠, 중성자($^{1}_{0}n$), 에너지가 생성되는 핵반응을 모식적으로 나타낸 것이다. $^{2}_{1}H$, $^{3}_{1}H$, ㉠의 질량은 각각 m_1, m_2, m_3이다.

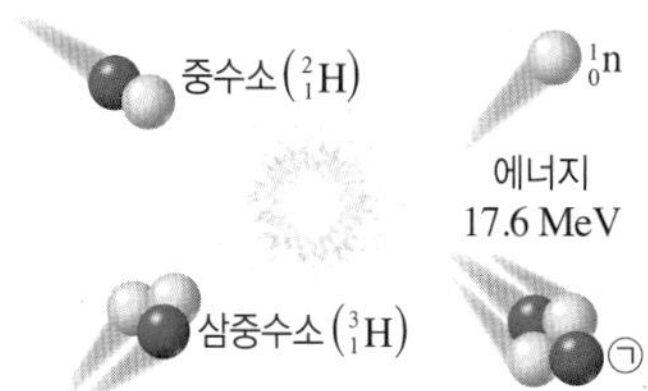

이에 대한 설명으로 옳은 것만을 [보기]에서 있는 대로 고른 것은?

보기
ㄱ. ㉠은 헬륨 원자핵($^{4}_{2}He$)이다.
ㄴ. 이 반응은 핵분열 반응이다.
ㄷ. $^{1}_{0}n$의 질량은 $m_1+m_2-m_3$보다 크다.

① ㄱ ② ㄴ ③ ㄷ
④ ㄱ, ㄷ ⑤ ㄴ, ㄷ

2021 6월 평가원 6번

10 다음은 핵융합 발전에 대한 내용이다.

태양에서 방출되는 에너지의 대부분은 [A] 원자핵들의 ㉠ 핵융합 반응으로 [B] 원자핵이 생성되는 과정에서 발생한다. 핵융합을 이용한 발전은 ㉡ 핵분열을 이용한 발전보다 안정성과 지속성이 높고 방사성 폐기물 발생량이 적어 미래 에너지 기술로 기대되고 있다. 우리나라 과학자들은 핵융합 발전의 상용화에 필수적인 초고온 플라즈마 발생 기술과 핵융합로 제작 기술을 활발하게 연구하고 있다.

이에 대한 설명으로 옳은 것만을 [보기]에서 있는 대로 고른 것은?

보기
ㄱ. 원자핵 1개의 질량은 A가 B보다 크다.
ㄴ. ㉠과정에서 질량 결손에 의해 에너지가 발생한다.
ㄷ. ㉡과정에서 질량수가 큰 원자핵이 반응하여 질량수가 작은 원자핵들이 생성된다.

① ㄱ ② ㄴ ③ ㄱ, ㄷ
④ ㄴ, ㄷ ⑤ ㄱ, ㄴ, ㄷ

2017 9월 평가원 16번

11 그림 (가)와 (나)는 핵융합 반응과 핵분열 반응의 예를 순서 없이 나타낸 것이다.

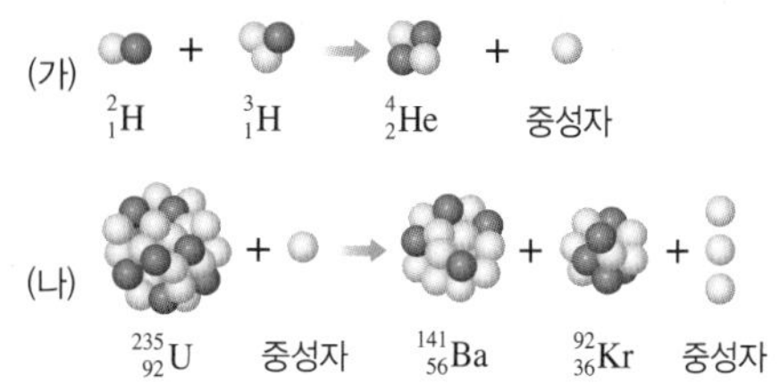

이에 대한 설명으로 옳은 것만을 [보기]에서 있는 대로 고른 것은?

보기
ㄱ. (가)는 핵융합 반응이다.
ㄴ. (가)에서 핵반응 전후 전하량의 합은 같다.
ㄷ. (나)에서 핵반응 전후 질량의 합은 같다.

① ㄱ ② ㄷ ③ ㄱ, ㄴ
④ ㄴ, ㄷ ⑤ ㄱ, ㄴ, ㄷ

2018 9월 평가원 9번

12 다음 (가)와 (나)는 원자핵 X를 생성하며 에너지를 방출하는 두 가지 핵반응식이다. 표는 (가), (나)와 관련된 원자핵의 질량을 나타낸 것이다.

(가) $^{2}_{1}H+^{2}_{1}H \longrightarrow$ [X] $+24$ MeV
(나) $^{226}_{88}Ra \longrightarrow ^{222}_{86}Rn+$ [X] $+5$ MeV

원자핵	$^{2}_{1}H$	$^{226}_{88}Ra$	$^{222}_{86}Rn$
질량	M_1	M_2	M_3

이에 대한 설명으로 옳은 것만을 [보기]에서 있는 대로 고른 것은?

보기
ㄱ. X의 중성자수는 2이다.
ㄴ. (나)에서 핵반응 전후 질량수의 합은 같다.
ㄷ. $2M_1>M_2-M_3$이다.

① ㄱ ② ㄷ ③ ㄱ, ㄴ
④ ㄴ, ㄷ ⑤ ㄱ, ㄴ, ㄷ

정답과 해설 40쪽

2019 6월 평가원 9번

1 그림은 우주선 A가 우주 정거장 P와 Q를 잇는 직선과 나란하게 등속도 운동 하는 모습을 나타낸 것이다. P에 대해 Q는 정지해 있고, P에서 관측한 A의 속력은 $0.6c$이다. P에서 관측할 때, P와 Q 사이의 거리는 6광년이다. A가 Q를 스쳐 지나는 순간, Q는 P를 향해 빛 신호를 보낸다.

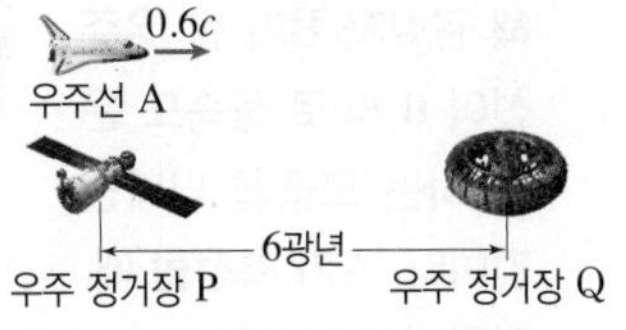

이에 대한 설명으로 옳은 것만을 [보기]에서 있는 대로 고른 것은? (단, c는 빛의 속력이고, 1광년은 빛이 1년 동안 진행하는 거리이다.)

보기
ㄱ. A에서 관측할 때, P와 Q 사이의 거리는 6광년보다 짧다.
ㄴ. A에서 관측할 때, P가 지나는 순간부터 Q가 지나는 순간까지 10년이 걸린다.
ㄷ. P에서 관측할 때, A가 P를 지나는 순간부터 Q의 빛 신호가 P에 도달하기까지 16년이 걸린다.

① ㄱ ② ㄴ ③ ㄱ, ㄷ ④ ㄴ, ㄷ ⑤ ㄱ, ㄴ, ㄷ

자료❸

2018 수능 7번

2 그림과 같이 지표면에 정지해 있는 관찰자가 측정할 때, 지표면으로부터 높이 h인 곳에서 뮤온 A, B가 생성되어 각각 연직 방향의 일정한 속도 $0.88c$, $0.99c$로 지표면을 향해 움직인다. A, B 중 하나는 지표면에 도달하는 순간 붕괴하고, 다른 하나는 지표면에 도달하기 전에 붕괴한다. 정지 상태의 뮤온이 생성된 순간부터 붕괴하는 순간까지 걸리는 시간은 t_0이다.

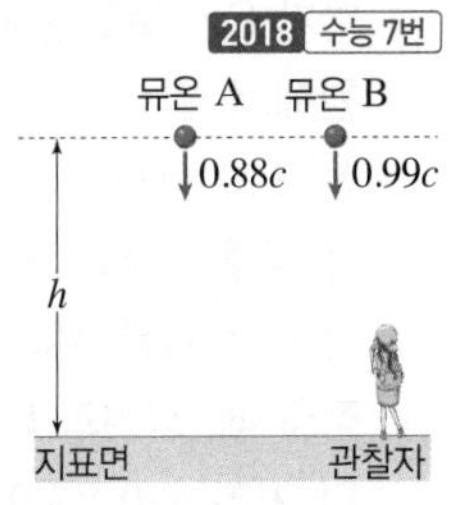

이에 대한 설명으로 옳은 것만을 [보기]에서 있는 대로 고른 것은? (단, c는 빛의 속력이다.)

보기
ㄱ. 관찰자가 측정할 때 A가 생성된 순간부터 붕괴하는 순간까지 걸리는 시간은 t_0이다.
ㄴ. 지표면에 도달하는 순간 붕괴하는 뮤온은 B이다.
ㄷ. 관찰자가 측정할 때 h는 $0.99ct_0$이다.

① ㄱ ② ㄴ ③ ㄱ, ㄷ ④ ㄴ, ㄷ ⑤ ㄱ, ㄴ, ㄷ

2021 수능 17번

3 그림과 같이 관찰자 P에 대해 관찰자 Q가 탄 우주선이 $0.5c$의 속력으로 직선 운동 하고 있다. P의 관성계에서, Q가 P를 스쳐 지나는 순간 Q로부터 같은 거리만큼 떨어져 있는 광원 A, B에서 빛이 동시에 발생한다.

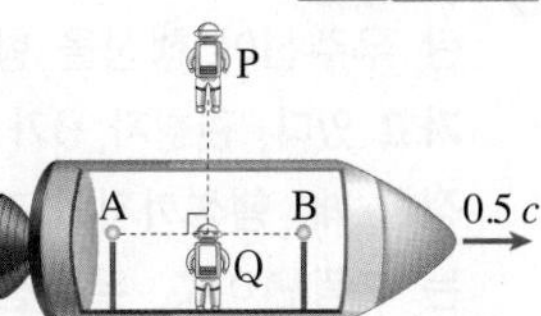

이에 대한 설명으로 옳은 것만을 [보기]에서 있는 대로 고른 것은? (단, c는 빛의 속력이다.)

보기
ㄱ. P의 관성계에서, A와 B에서 발생한 빛은 동시에 P에 도달한다.
ㄴ. P의 관성계에서, A와 B에서 발생한 빛은 동시에 Q에 도달한다.
ㄷ. B에서 발생한 빛이 Q에 도달할 때까지 걸리는 시간은 Q의 관성계에서가 P의 관성계에서보다 크다.

① ㄴ ② ㄷ ③ ㄱ, ㄴ ④ ㄱ, ㄷ ⑤ ㄱ, ㄴ, ㄷ

2017 수능 7번

4 그림과 같이 영희가 탄 우주선 B가 민수가 탄 우주선 A에 대해 일정한 속도 $0.5c$로 운동하고 있다. 민수와 영희가 각각 우주선 바닥에 있는 광원에서 동일한 높이의 거울을 향해 운동 방향과 수직으로 빛을 쏘았다. 민수가 측정할 때 A의 광원에서 빛을 쏘아 거울에 반사되어 되돌아오는 데 걸린 시간은 t_A이고, 영희가 측정할 때 B의 광원에서 빛을 쏘아 거울에 반사되어 되돌아오는 데 걸린 시간은 t_B이다. 확대한 그림은 각각의 우주선 안에서 볼 때의 빛의 진행 경로를 나타낸 것이다.

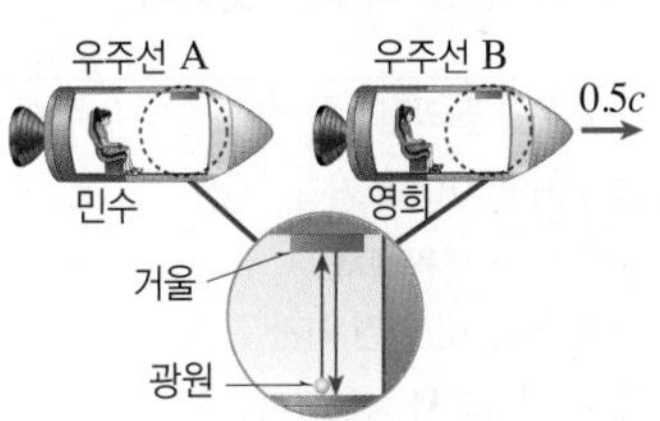

이에 대한 설명으로 옳은 것만을 [보기]에서 있는 대로 고른 것은? (단, c는 빛의 속력이다.)

보기
ㄱ. $t_A=t_B$이다.
ㄴ. 영희가 측정할 때, 민수의 시간은 영희의 시간보다 느리게 간다.
ㄷ. 민수가 측정할 때 t_A 동안 멀어진 A와 B 사이의 거리는 영희가 측정할 때 t_B 동안 멀어진 A와 B 사이의 거리보다 짧다.

① ㄱ ② ㄴ ③ ㄷ ④ ㄱ, ㄴ ⑤ ㄱ, ㄴ, ㄷ

2020 6월 평가원 12번

5 그림과 같이 관찰자 A가 탄 우주선이 행성을 향해 가고 있다. 관찰자 B가 측정할 때, 행성까지의 거리는 7광년이고 우주선은 $0.7c$의 속력으로 등속도 운동 한다. B는 멀어지고 있는 A를 향해 자신이 측정하는 시간을 기준으로 1년마다 빛 신호를 보낸다.

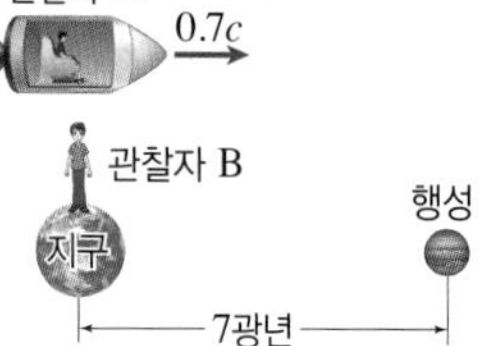

이에 대한 설명으로 옳은 것만을 [보기]에서 있는 대로 고른 것은? (단, c는 빛의 속력이다.)

보기

ㄱ. A가 B의 신호를 수신하는 시간 간격은 1년보다 짧다.

ㄴ. A가 측정할 때, 지구에서 행성까지의 거리는 7광년보다 작다.

ㄷ. B가 측정할 때, A의 시간은 B의 시간보다 느리게 간다.

① ㄱ ② ㄴ ③ ㄱ, ㄷ ④ ㄴ, ㄷ ⑤ ㄱ, ㄴ, ㄷ

2020 수능 9번

6 그림과 같이 우주선이 우주 정거장에 대해 $0.6c$의 속력으로 직선 운동 하고 있다. 광원에서 우주선의 운동 방향과 나란하게 발생시킨 빛 신호는 거울에 반사되어 광원으로 되돌아온다. 표는 우주선과 우주 정거장에서 각각 측정한 물리량을 나타낸 것이다.

측정한 물리량	우주선	우주 정거장
광원과 거울 사이의 거리	L_0	L_1
빛 신호가 광원에서 거울까지 가는 데 걸린 시간	t_0	t_1
빛 신호가 거울에서 광원까지 가는 데 걸린 시간	t_0	t_2

이에 대한 설명으로 옳은 것만을 [보기]에서 있는 대로 고른 것은? (단, c는 빛의 속력이다.)

보기

ㄱ. $L_0>L_1$이다.

ㄴ. $t_0=\frac{L_0}{c}$이다.

ㄷ. $t_1>t_2$이다.

① ㄱ ② ㄷ ③ ㄱ, ㄴ ④ ㄴ, ㄷ ⑤ ㄱ, ㄴ, ㄷ

2019 수능 12번

7 그림은 관찰자 A에 대해 관찰자 B가 탄 우주선이 $0.8c$로 등속도 운동 하는 모습을 나타낸 것이다. A가 측정할 때, 광원에서 발생한 빛이 검출기 P, Q, R에 동시에 도달한다. B가 측정할 때, P, Q, R는 광원으로부터 각각 거리 L_P, L_Q, L_R만큼 떨어져 있다. P, 광원, Q는 운동 방향과 나란한 동일 직선상에 있다.

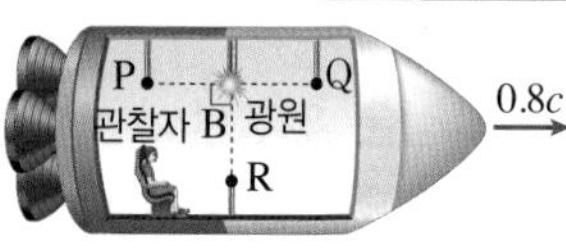

이에 대한 설명으로 옳은 것만을 [보기]에서 있는 대로 고른 것은? (단, c는 빛의 속력이다.)

보기

ㄱ. A가 측정할 때, P와 Q 사이의 거리는 L_P+L_Q보다 작다.

ㄴ. B가 측정할 때, L_P가 L_R보다 작다.

ㄷ. B가 측정할 때, A의 시간은 B의 시간보다 빠르게 간다.

① ㄱ ② ㄷ ③ ㄱ, ㄴ ④ ㄴ, ㄷ ⑤ ㄱ, ㄴ, ㄷ

2018 6월 평가원 7번

8 그림은 광원, 점 P, Q에 대해 정지해 있는 관측자 C가 보았을 때, 광원에서 멀어지는 우주선 Ⅰ과 광원을 향해 가는 우주선 Ⅱ가 서로 수직한 방향으로 각각 등속도 운동하며 P, Q를 지나고 있는 모습을 나타낸 것이다. C가 측정할 때, 광원과 P 사이의 거리는 L이고 광원과 Q 사이의 거리는 $0.8L$이다. Ⅰ, Ⅱ에는 각각 관측자 A, B가 타고 있다. A가 측정한 광원과 P 사이의 거리와 B가 측정한 광원과 Q 사이의 거리는 같다.

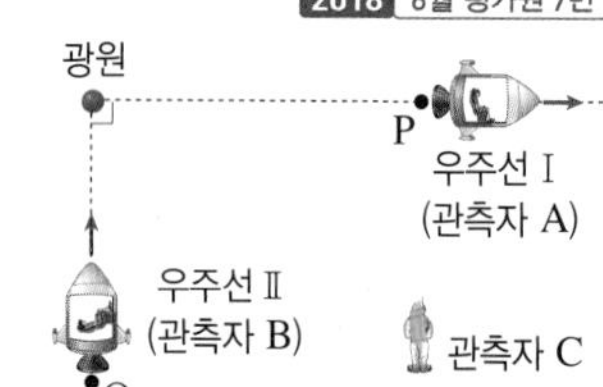

이에 대한 설명으로 옳은 것만을 [보기]에서 있는 대로 고른 것은?

보기

ㄱ. 광원에서 나온 빛의 속력은 A가 측정할 때와 B가 측정할 때가 같다.

ㄴ. A가 측정할 때, 광원과 P 사이의 거리는 L보다 짧다.

ㄷ. C가 측정할 때, A의 시간은 B의 시간보다 더 느리게 간다.

① ㄱ ② ㄷ ③ ㄱ, ㄴ ④ ㄴ, ㄷ ⑤ ㄱ, ㄴ, ㄷ

9 그림과 같이 우주선에 탄 B가 관찰했을 때, A는 일정한 속도 $0.5c$로 운동하고 있고 우주선 바닥에 있는 광원에서 나온 빛의 진행 방향은 A의 운동 방향과 수직이다. 광원과 천장 사이의 거리는 h이다.

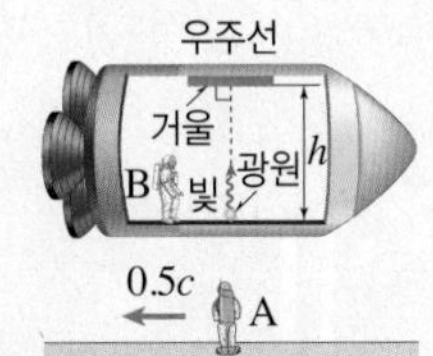

빛이 광원에서 나와 우주선 천장의 거울에 도달할 때까지 A가 측정한 물리량에 대한 설명으로 옳은 것만을 [보기]에서 있는 대로 고른 것은? (단, c는 빛의 속력이다.)

보기
ㄱ. 빛이 이동한 거리는 h보다 길다.
ㄴ. 광원과 거울 사이의 거리는 h보다 작다.
ㄷ. 우주선의 길이는 B가 측정한 길이보다 길다.

① ㄱ ② ㄴ ③ ㄱ, ㄷ
④ ㄴ, ㄷ ⑤ ㄱ, ㄴ, ㄷ

2019 9월 평가원 6번

10 그림과 같이 검출기에 대해 정지한 좌표계에서 관측할 때, 광자 A와 입자 B가 검출기로부터 4광년 떨어진 점 p를 동시에 지나 A는 속력 c로, B는 속력 v로 검출기를 향해 각각 등속도 운동 하며, A는 B보다 1년 먼저 검출기에 도달한다.

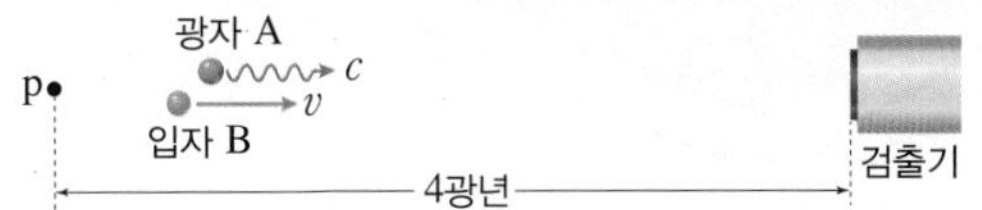

B와 같은 속도로 움직이는 좌표계에서 관측하는 물리량에 대한 설명으로 옳은 것만을 [보기]에서 있는 대로 고른 것은? (단, 1광년은 빛이 1년 동안 진행하는 거리이다.)

보기
ㄱ. p와 검출기 사이의 거리는 4광년이다.
ㄴ. p가 B를 지나는 순간부터 검출기가 B에 도달할 때까지 걸리는 시간은 5년이다.
ㄷ. 검출기의 속력은 $0.8c$이다.

① ㄱ ② ㄷ ③ ㄱ, ㄴ
④ ㄴ, ㄷ ⑤ ㄱ, ㄴ, ㄷ

11 그림 (가)는 원자로에서 일어나는 핵반응을 모식적으로 나타낸 것이다. 그림 (나)는 (가)의 우라늄(U), 바륨(Ba), 크립톤(Kr)의 양성자수, 질량수를 나타낸 것이다.

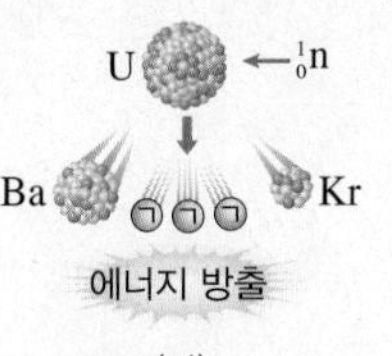

(가)

구분	양성자수	질량수
우라늄(U)	92	235
바륨(Ba)	56	141
크립톤(Kr)	36	92

(나)

이에 대한 설명으로 옳은 것만을 [보기]에서 있는 대로 고른 것은?

보기
ㄱ. ㉠에 해당하는 입자는 중성자이다.
ㄴ. 핵분열 전과 후 질량의 합은 일정하게 보존된다.
ㄷ. (가)의 핵반응에서 방출된 에너지는 질량 결손에 의한 것이다.

① ㄴ ② ㄷ ③ ㄱ, ㄴ
④ ㄱ, ㄷ ⑤ ㄴ, ㄷ

2021 수능 2번

12 다음은 두 가지 핵반응이다.

(가) $^{2}_{1}H + ^{3}_{1}H \longrightarrow ^{4}_{2}He + ^{1}_{0}n + 17.6\text{ MeV}$
(나) $^{15}_{7}N + ^{1}_{1}H \longrightarrow$ [㉠] $+ ^{4}_{2}He + 4.96\text{ MeV}$

이에 대한 설명으로 옳은 것만을 [보기]에서 있는 대로 고른 것은?

보기
ㄱ. (가)는 핵융합 반응이다.
ㄴ. 질량 결손은 (나)에서가 (가)에서보다 크다.
ㄷ. ㉠의 질량수는 10이다.

① ㄱ ② ㄷ ③ ㄱ, ㄴ
④ ㄴ, ㄷ ⑤ ㄱ, ㄴ, ㄷ

물질과 전자기장

학습 계획표

	학습 날짜	다시 확인할 개념 및 문제
08 원자와 전기력, 스펙트럼	/	
09 에너지띠와 반도체	/	
10 전류에 의한 자기장	/	
11 물질의 자성과 전자기 유도	/	

08 원자와 전기력, 스펙트럼

핵심 짚기
- 쿨롱 법칙으로 전기력 비교
- 보어의 원자 모형과 에너지 준위
- 원자 모형, 전자와 원자핵 사이의 전기력
- 수소 원자의 선 스펙트럼 계열

A 전기력과 쿨롱 법칙

1 전기력 전기를 띤 두 물체 사이에 작용하는 힘으로, 다른 종류의 전하 사이에는 서로 끌어당기는 전기력(인력)이 작용하고, 같은 종류의 전하 사이에는 서로 밀어내는 전기력(척력)이 작용한다.[1]

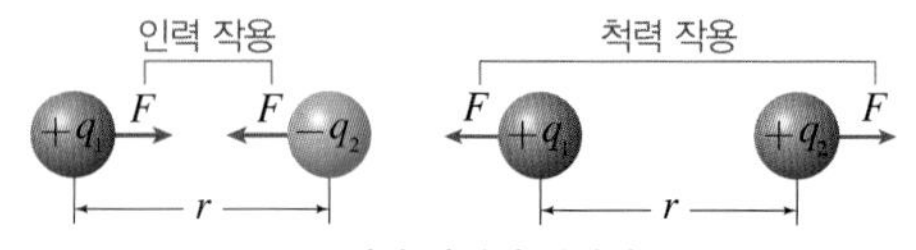

▲ 전하 사이의 전기력

2 쿨롱 법칙 두 전하 사이에 작용하는 전기력의 크기 F는 두 전하의 전하량 q_1, q_2의 곱에 비례하고, 두 전하 사이의 거리 r의 제곱에 반비례한다. [단위: N(뉴턴)][2]

$$F=k\frac{q_1q_2}{r^2}\ (k=9.0\times10^9\ \text{N}\cdot\text{m}^2/\text{C}^2\text{: 진공에서의 쿨롱 상수})$$

B 전자와 원자핵

1 원자 모형의 변천

톰슨의 원자 모형(1897년)	러더퍼드의 원자 모형(1911년)	보어의 원자 모형(1913년)
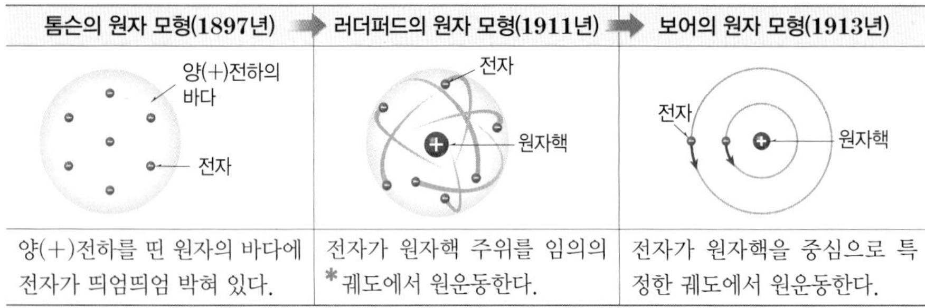		
양(+)전하를 띤 원자의 바다에 전자가 띄엄띄엄 박혀 있다.	전자가 원자핵 주위를 임의의 *궤도에서 원운동한다.	전자가 원자핵을 중심으로 특정한 궤도에서 원운동한다.

2 원자의 구성 입자 원자는 전자와 원자핵으로 이루어져 있다.[3]

① **전자**: 톰슨은 음극선이 음(−)전하를 띤 입자의 흐름이라는 것을 알아내고, 이 입자를 전자라고 하였다.

- 전자의 전하량: 음(−)전하를 띠며 전자 1개의 전하량의 크기는 $e=1.6\times10^{-19}$ C(쿨롬)이다. ➡ 이를 기본 전하량이라고 한다.
  - 기본 전하량: 모든 전하는 전자 전하량의 정수배로 존재하므로 전자의 전하량 크기를 기본 전하량이라고 한다.

탐구 자료 톰슨의 음극선 실험[4]

기체 *방전관에서 나오는 음극선이 전기력과 자기력에 의해 방향이 휘어지는 현상으로부터 음극선이 음(−)전하를 띤 입자임을 알아내었다.

전기장을 걸어 준 경우

전기력의 영향을 받아 음극선이 (+)극 쪽으로 휘어진다.

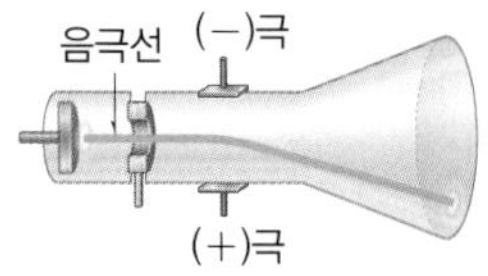

자기장을 걸어 준 경우

자기력의 영향을 받아 음극선이 위쪽으로 휘어진다.

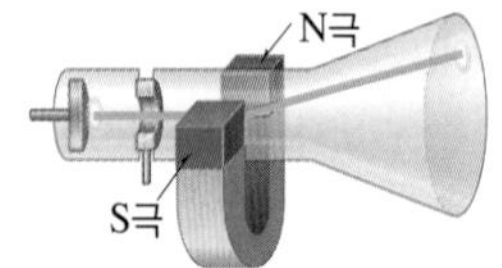

PLUS 강의

① **전하와 대전**
- 전하: 전기적인 현상을 일으키는 원인으로, 양(+)전하와 음(−)전하가 있다. 물체가 띠는 전하의 양을 전하량이라고 하며, 단위는 C(쿨롬)을 사용한다.
- 대전: 전자의 이동에 의해 물체가 전기를 띠는 현상으로, 대전된 물체를 대전체라고 한다.

② **쿨롱 실험**
쿨롱은 비틀림 저울에서 두 금속구 A, B 사이의 전기력에 의해 저울 축이 비틀린 각도를 측정하여 전기력의 크기를 측정하였다.

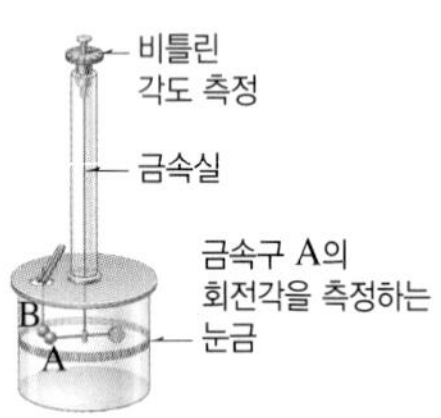

③ **원자핵의 구성 입자**
원자핵은 양(+)전하를 띠는 양성자와 전하를 띠지 않는 중성자로 구성되어 있다. 양성자 1개의 전하량은 전자 1개의 전하량과 같다.

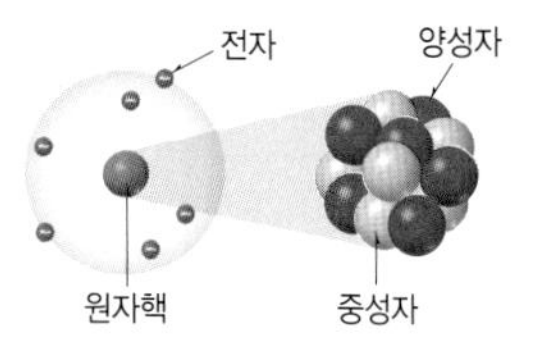

④ **음극선**
2개의 전극을 넣은 유리관을 거의 진공으로 만들고 두 전극 사이에 전압을 걸어 주면 유리관 속의 (−)극에서 (+)극 쪽으로 빛이 나오는데, 이를 음극선이라고 불렀다.

용어 돋보기

* **궤도(軌 바퀴 자국, 道 길)**_ 입자 또는 물체가 지나간 자국이 난 길
* **방전관 (放 놓다, 電 전기, 管 대롱)**_ 두 전극 사이에 낮은 기압의 기체를 주입하여 밀폐시킨 관

② **원자핵**: 러더퍼드는 알파(α) 입자 *산란 실험에서 원자의 중심에 원자 질량의 대부분을 차지하는 양(+)전하를 띤 물질인 원자핵이 존재한다는 것을 발견하였다.[5]
- 원자핵의 질량: 전자의 질량에 비해 매우 크므로 원자 질량의 대부분은 원자핵의 질량이다.
- 원자핵의 전하량: 양(+)전하를 띠며 기본 전하량의 정수배이다. ➡ 원자 번호가 Z일 때 Ze의 전하량을 띤다.

탐구 자료 러더퍼드의 알파(α) 입자 산란 실험

알파(α) 입자를 금박에 투과시키는 실험에서 대부분의 알파(α) 입자는 그대로 통과하였으나, 일부 알파(α) 입자가 큰 각도로 산란하는 현상으로부터 원자핵의 존재를 알게 되었다.

원자의 중심에 양(+)전하를 띠며 크기가 작고 원자 질량의 대부분을 차지하는 원자핵이 존재한다.

3 전자와 원자핵 사이의 전기력

원자는 전기적으로 중성이지만 음(−)전하를 띤 전자와 양(+)전하를 띤 원자핵 사이에 서로 끌어당기는 전기력, 즉 인력이 작용한다.

① **원자에 *속박된 전자**: 전자와 원자핵 사이에 작용하는 전기력은 전자를 원자 내의 일정한 범위 안에 묶어 두는 역할을 한다.
➡ 행성이 중력에 의해 태양계에 속박되어 안정된 궤도를 돌고 있는 것과 원리가 비슷하다.[6]

② 전자와 원자핵 사이에는 중력도 작용하지만, 중력은 전기력에 비해 매우 작아서 무시할 수 있다.[7]

③ **원자의 안정성**: 원자핵과 전자 사이에 인력이 작용함에도 불구하고 전자가 원자핵에 붙지 않고 원자가 안정적인 구조를 유지하는 것은 전기력에 의해 전자가 원자핵 주위를 빠르게 원운동하기 때문이다.

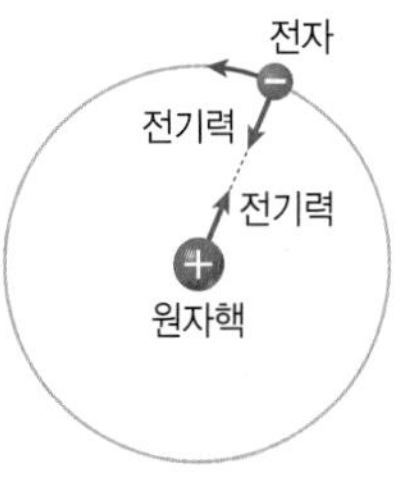

▲ 원자에 속박된 전자

[5] **알파(α) 입자**
헬륨 원자핵으로 양(+)전하를 띠고 있으며, 전자보다 약 7300배 무겁다. 따라서 전자와 충돌하더라도 진행 경로에 영향을 받지 않는다.

[6] **원자핵에 속박된 전자의 에너지**
원자핵으로부터 무한히 먼 곳에 정지해 있는 전자의 역학적 에너지를 0으로 하면, 원자에 속박되어 있는 전자의 에너지는 0보다 작다. 전자가 외부로부터 에너지를 받아 역학적 에너지가 0보다 커지면 전자는 원자핵의 속박으로부터 벗어나 자유롭게 된다.

[7] **전자와 원자핵 사이에 작용하는 중력의 크기**
전자와 원자핵 사이에는 전기력뿐만 아니라 중력도 작용한다. 전자와 원자핵 사이에 작용하는 중력의 크기는 전기력의 크기에 비해 $\frac{1}{10^{39}}$배 정도이다.

용어 돋보기
* **산란(散 흩어지다, 亂 어지럽다)**_빛, 소리와 같은 파동 또는 입자가 원자, 분자 등에 충돌하여 여러 방향으로 흩어지는 현상
* **속박(束 묶다, 縛 묶다)**_자유롭지 못하도록 얽어매거나 제한함

정답과 해설 43쪽

(1) 전하를 띤 물체 사이에 작용하는 힘을 (　　　　)이라고 한다.

(2) 같은 종류의 전하 사이에는 서로 (　　　　) 힘이 작용하고, 다른 종류의 전하 사이에는 서로 (　　　　) 힘이 작용한다.

(3) 두 전하 사이에 작용하는 전기력의 크기는 두 전하의 전하량의 곱에 (　　　　)하고, 두 전하 사이 거리의 제곱에 (　　　　)한다.

(4) 다음은 원자 모형의 변천 과정을 나타낸 것이다. (　　) 안에 알맞은 말을 쓰시오.

톰슨의 원자 모형 ➡ (　　　　)의 원자 모형 ➡ (　　　　)의 원자 모형

(5) 원자는 (양(+), 음(−))전하를 띠는 원자핵과 (양(+), 음(−))전하를 띠는 전자로 이루어져 있다.

(6) 원자핵의 존재는 (톰슨, 러더퍼드)에 의해 밝혀졌고, 전자는 (톰슨, 러더퍼드)에 의해 발견되었다.

(7) 원자핵과 전자는 (　　　　)력으로 결합되어 있다.

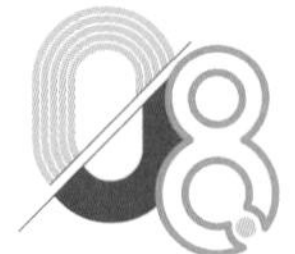

원자와 전기력, 스펙트럼

Ⓒ 선 스펙트럼과 에너지 준위

1 스펙트럼 빛이 파장(또는 진동수)에 따라 나뉘어져 나타나는 색의 띠로, 빛을 프리즘이나 *분광기에 통과시키면 관찰할 수 있다.[8]

구분	연속 스펙트럼	선(방출) 스펙트럼
특징	모든 파장의 빛의 색이 연속적으로 나타난다.	특정 파장의 빛이 밝은 선으로 띄엄띄엄 나타난다.
발생	백열등과 같이 고온의 고체나 액체에서 나오는 빛의 스펙트럼 스크린 / 백열등 / 슬릿 / 프리즘	방전관 속의 기체에 높은 전압을 걸 때 나오는 빛의 스펙트럼 스크린 / 고온의 기체 / 슬릿 / 프리즘

⑧ 흡수 스펙트럼
백색광을 저온의 기체에 통과시킬 때 나오는 빛의 스펙트럼이다. 흡수 스펙트럼의 검은 선은 그 원소의 방출 스펙트럼의 밝은 선과 같은 위치에 나타난다.

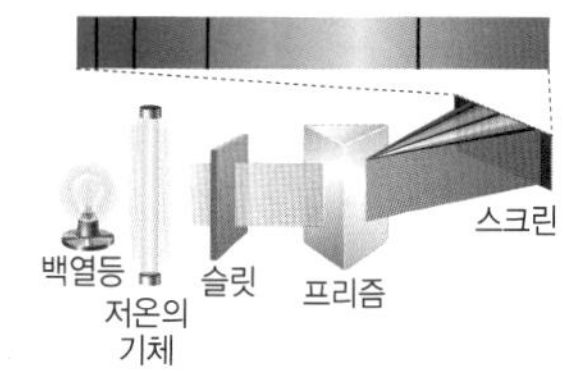

2 원자의 에너지 준위

① 러더퍼드 원자 모형의 문제점: 원자의 안정성과 기체의 선 스펙트럼을 설명할 수 없다.[9]

② 보어의 원자 모형에 의한 전자의 궤도와 에너지 준위

- 전자의 궤도: 전자가 원자핵 주위의 특정한 궤도에서 원운동하면 빛을 방출하지 않고 안정한 상태로 존재한다.
  ➡ 원자핵에 가까운 궤도부터 $n=1, 2, 3, \cdots$인 궤도라 하고, 정수 n을 양자수라고 한다.
- 에너지의 *양자화: 전자는 양자수 n에 따라 결정되는 불연속적인 값의 에너지를 갖는다.
- 에너지 준위: 원자 내 전자가 가지는 에너지를 낮은 에너지 상태에서부터 단계적으로 나열한 것으로, E_1, E_2, E_3, $\cdots$으로 나타내며 불연속적으로 분포한다.
  ➡ 바닥상태는 가장 작은 에너지를 갖는 가장 안정적인 상태로 전자가 $n=1$인 궤도에 있을 때이고, 들뜬상태는 바닥상태보다 큰 에너지를 갖는 상태로 전자가 $n\geq2$인 궤도에 있을 때이다.

⑨ 러더퍼드 원자 모형의 문제점

- 원운동(가속 운동)하는 전자는 빛을 방출하면서 에너지를 잃기 때문에 원자핵 쪽으로 끌리므로 원자가 안정성을 유지할 수 없다.
- 전자의 회전 반지름이 감소하면서 연속적인 파장의 빛을 방출하므로 연속 스펙트럼이 나타나야 한다.

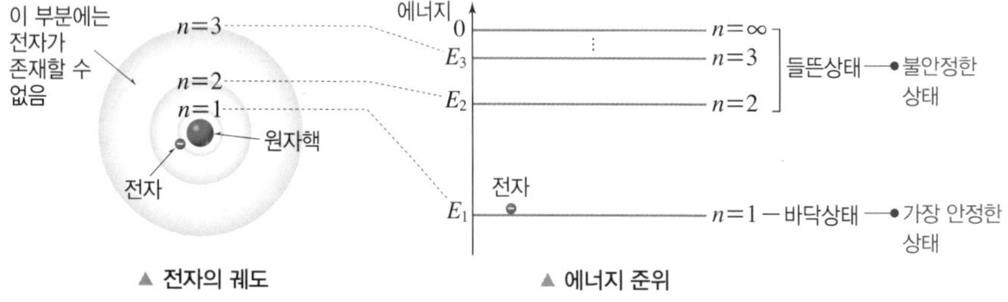

▲ 전자의 궤도 ▲ 에너지 준위

- 전자의 *전이: 전자가 한 에너지 준위에서 다른 에너지 준위로 전이할 때, 두 궤도의 에너지 차에 해당하는 에너지를 빛의 형태로 흡수하거나 방출한다.

에너지 흡수	에너지 방출
$E_{광자}$ 흡수 / 전자 / 안쪽 궤도 / 바깥쪽 궤도	방출 $E_{광자}$ / 전자
전자가 바깥쪽 궤도로 전이할 때 에너지 흡수	전자가 안쪽 궤도로 전이할 때 에너지 방출

- 전자가 전이할 때 광자의 에너지: 전자가 양자수 m인 궤도에서 n인 궤도로 전이할 때 흡수하거나 방출하는 광자(빛) 1개의 에너지는 진동수 f에 비례한다.[10]

$$E_{광자}=|E_m-E_n|=hf=\frac{hc}{\lambda}$$ ($h=6.63\times10^{-34}$ J·s: 플랑크 상수, c: 빛의 속력)

⑩ 광자의 에너지
플랑크와 아인슈타인의 이론에 따르면 빛은 입자의 성질을 갖는데, 빛 입자를 광자라고 한다. 진동수가 f인 광자 1개의 에너지 E는 다음과 같다.

$$E_{광자}=hf=\frac{hc}{\lambda}$$

즉, 진동수(f)가 클수록, 파장(λ)이 짧을수록 광자의 에너지가 크다.

용어 돋보기
* 분광기(分 나누다, 光 빛, 器 그릇)_ 빛을 파장에 따라 분리시키는 장치
* 양자화(Quantization)_ 물리량이 불연속적으로 존재하는 것
* 전이(轉 구르다, 移 옮기다)_ 전자가 궤도를 옮기는 것

[보어의 원자 모형에 의한 선 스펙트럼의 해석]

원자 내 전자가 불연속적인 에너지 준위에만 있으므로, 들뜬상태의 전자가 안정한 상태로 전이할 때에는 에너지 준위 차에 해당하는 특정 파장의 빛을 방출하여 선 스펙트럼이 나타난다.⑪

➡ 전자가 어떤 에너지라도 가질 수 있다면 기체에서 연속 스펙트럼이 나와야 한다. 따라서 선 스펙트럼은 전자가 가질 수 있는 에너지가 양자화되어 있다는 것을 의미한다.

⑪ **선 스펙트럼의 분석**
기체의 종류가 다르면 밝은 선의 위치가 다르므로, 선 스펙트럼을 분석하여 기체의 종류를 알 수 있다.

3 수소 원자의 에너지 준위와 선 스펙트럼

① 수소 원자의 에너지 준위: 수소 원자 내 전자의 에너지 준위는 불연속적이며 다음과 같다.

$$E_n = -\frac{13.6}{n^2}\text{ eV } (n=1,\ 2,\ 3\ \cdots)$$ ⑫

└● (−)값은 전자가 원자에 속박되어 있음을 의미한다.

⑫ **eV(전자볼트)**
원자 수준에서 주로 사용하는 에너지의 단위이다. 전하량이 1.6×10^{-19} C인 전자가 1 V의 전극 사이에서 가속될 때 전자가 얻는 운동 에너지가 1 eV이다.

$$1\text{ eV} = 1.6\times10^{-19}\text{ J}$$

② 수소의 선 스펙트럼 계열: 전자가 들뜬상태에서 보다 안정한 상태로 전이할 때 선 스펙트럼이 나타나며, 라이먼 계열, 발머 계열, 파셴 계열 등으로 구분한다.⑬

구분	방출되는 빛	전자의 전이
라이먼 계열	자외선 영역	$n=2,\ 3,\ \cdots$인 궤도에 있는 전자가 $n=1$인 궤도로 전이할 때 방출
발머 계열	가시광선 영역	$n=3,\ 4,\ \cdots$인 궤도에 있는 전자가 $n=2$인 궤도로 전이할 때 방출
파셴 계열	적외선 영역	$n=4,\ 5,\ \cdots$인 궤도에 있는 전자가 $n=3$인 궤도로 전이할 때 방출

⑬ **수소의 선 스펙트럼 계열의 물리량**
- 에너지, 진동수: 라이먼 > 발머 > 파셴
- 파장: 라이먼 < 발머 < 파셴

[수소 원자의 에너지 준위와 선 스펙트럼 계열]

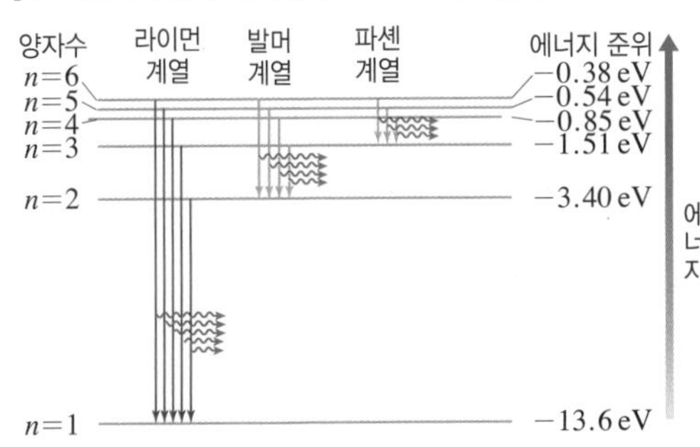

양자수 n이 커질수록 전자의 에너지는 커지며, 이웃한 에너지 준위의 차는 점점 작아진다. n이 매우 커지면 에너지는 거의 연속적으로 존재한다. 여기서 전자의 에너지는 원자에 속박되지 않는 자유 상태를 0으로 하여 나타낸 것이다.

정답과 해설 43쪽

(8) 다음은 여러 스펙트럼의 모습을 나타낸 것이다. (　　) 안에 스펙트럼의 이름을 쓰시오.

① (　　　　) 스펙트럼　② (　　　　) 스펙트럼　③ (　　　　) 스펙트럼

(9) 원자 모형의 특징과 원자 모형을 옳게 연결하시오.

① 원자의 안정성을 설명할 수 없다. •
② 전자가 특정한 궤도에서 원운동을 한다. •
③ 기체의 선 스펙트럼을 설명할 수 없다. •
④ 전자가 갖는 에너지는 불연속적이다. •
⑤ 전자가 전이할 때 두 궤도의 에너지 차에 해당하는 에너지를 빛의 형태로 방출하거나 흡수한다. •

• ㉠ 러더퍼드 원자 모형
• ㉡ 보어 원자 모형

(10) 전자가 에너지를 (흡수, 방출)하면 높은 에너지 준위로, 에너지를 (흡수, 방출)하면 낮은 에너지 준위로 이동한다.

(11) 원자 내 전자가 전이할 때 흡수하거나 방출하는 광자(빛) 1개의 에너지는 (　　　　)에 비례한다.

(12) 수소 원자 내 전자가 $n\geq2$에서 $n=1$로 전이할 때는 (　　　　)이 방출되고, $n\geq3$에서 $n=2$로 전이할 때는 (　　　　)이 방출되며, $n\geq4$에서 $n=3$으로 전이할 때는 (　　　　)이 방출된다.

정답과 해설 43쪽

2021 ● 6월 평가원 19번

자료❶ 전기력

그림과 같이 x축상에 점전하 A, B, C가 같은 거리만큼 떨어져 고정되어 있다. 양(+)전하 A에 작용하는 전기력은 0이고, B에 작용하는 전기력의 방향은 $-x$ 방향이다.

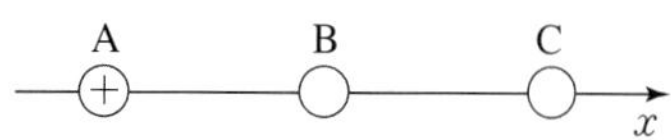

1. B와 C는 서로 같은 종류의 전하이다. (○, ×)
2. B는 음(−)전하이다. (○, ×)
3. 전하량의 크기는 C가 B보다 크다. (○, ×)
4. 전하량의 크기는 C가 A보다 크다. (○, ×)
5. C에 작용하는 전기력의 방향은 $-x$ 방향이다. (○, ×)

2019 ● 9월 평가원 11번

자료❷ 보어의 수소 원자 모형

그림은 보어의 수소 원자 모형에서 양자수 n에 따른 전자의 궤도와 전자의 전이 a, b, c를 나타낸 것이다. a, b, c에서 흡수하거나 방출하는 빛의 파장은 각각 λ_a, λ_b, λ_c이며, n에 따른 에너지 준위는 E_n이다.

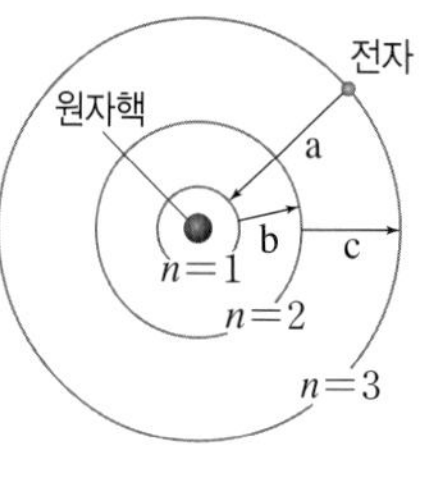

1. 전자가 갖는 에너지 준위는 불연속적이다. (○, ×)
2. a에서 빛을 흡수한다. (○, ×)
3. 흡수하거나 방출하는 광자 1개의 에너지는 a에서가 b에서보다 크다. (○, ×)
4. $\frac{1}{\lambda_a}=\frac{1}{\lambda_b}+\frac{1}{\lambda_c}$이다. (○, ×)
5. $\frac{\lambda_a}{\lambda_c}=\frac{E_3-E_1}{E_3-E_2}$이다. (○, ×)
6. $\lambda_a<\lambda_c$이다. (○, ×)

2021 ● 6월 평가원 11번

자료❸ 보어의 수소 원자 모형과 스펙트럼

그림 (가)는 보어의 수소 원자 모형에서 양자수 n에 따른 에너지 준위 일부와 전자의 전이 a, b, c, d를 나타낸 것이고, (나)는 (가)의 a, b, c에 의한 빛의 흡수 스펙트럼을 파장에 따라 나타낸 것이다.

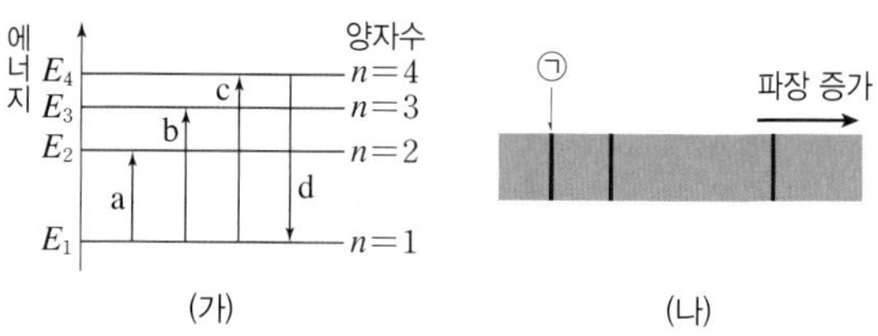

1. 흡수되는 빛의 진동수는 a에서가 b에서보다 작다. (○, ×)
2. b에서 흡수되는 빛의 진동수는 $\frac{E_3-E_2}{h}$이다. (○, ×)
3. 흡수되는 빛의 파장은 b에서가 c에서보다 길다. (○, ×)
4. ㉠은 c에 의해 나타난 스펙트럼선이다. (○, ×)
5. d에서 방출되는 광자 1개의 에너지는 $|E_2-E_1|$보다 작다. (○, ×)
6. d에서 방출되는 빛은 자외선이다. (○, ×)

2018 ● 수능 11번

자료❹ 보어의 수소 원자 모형과 에너지 준위

그림은 보어의 수소 원자 모형에서 양자수 n에 따른 에너지 준위의 일부와 전자의 전이 a, b, c를 나타낸 것이다. a, b에서 방출되는 빛의 파장은 각각 λ_a, λ_b이고, c에서 흡수되는 빛의 파장은 λ_c이다.

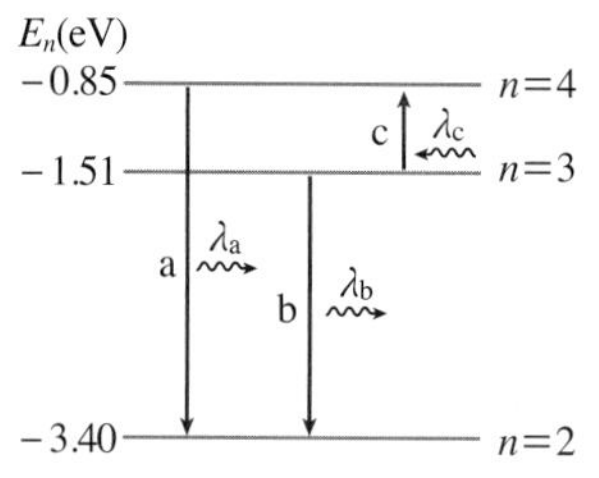

1. 방출되는 광자 1개의 에너지는 a에서가 b에서보다 크다. (○, ×)
2. c에서 흡수되는 광자 1개의 에너지는 0.85 eV이다. (○, ×)
3. a, b, c 중에서 흡수되거나 방출되는 빛의 진동수가 가장 큰 경우는 a이다. (○, ×)
4. 빛의 파장은 λ_b가 λ_c보다 짧다. (○, ×)
5. $\lambda_a=\lambda_b+\lambda_c$이다. (○, ×)
6. λ_b는 발머 계열이다. (○, ×)

정답과 해설 44쪽

Ⓐ 전기력과 쿨롱 법칙

1 그림 (가)의 두 도체 사이에 작용하는 전기력의 크기가 F일 때, (나)에서 두 도체 사이에 작용하는 전기력의 크기를 구하시오.

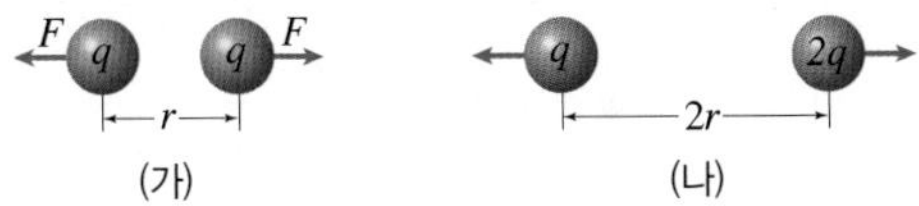

Ⓑ 전자와 원자핵

2 그림의 원자 모형을 원자 모형이 변화되어 온 순서대로 나열하시오.

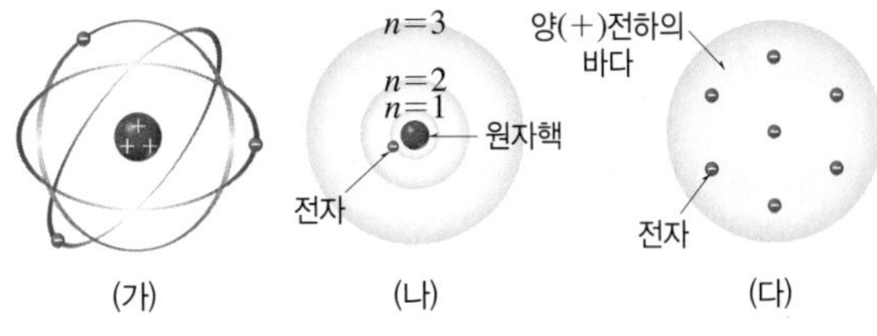

3 다음은 원자의 구성 입자를 밝혀낸 실험에 대한 설명이다. (　　) 안에 알맞은 입자의 이름을 쓰시오.

(1) 톰슨은 음극선 실험의 기체 방전관에서 나오는 음극선이 음(−)전하를 띤 입자의 흐름이라는 것을 알아내고, 이 입자를 (　　　　)라고 하였다.

(2) 러더퍼드는 알파(α) 입자 산란 실험에서 원자의 중심에 원자 질량의 대부분을 차지하는 양(+)전하를 띤 물질인 (　　　　)이 존재하는 것을 발견하였다.

4 그림과 같이 원자핵과 원자핵을 중심으로 원운동하는 전자에 대한 설명으로 옳은 것만을 [보기]에서 있는 대로 고르시오.

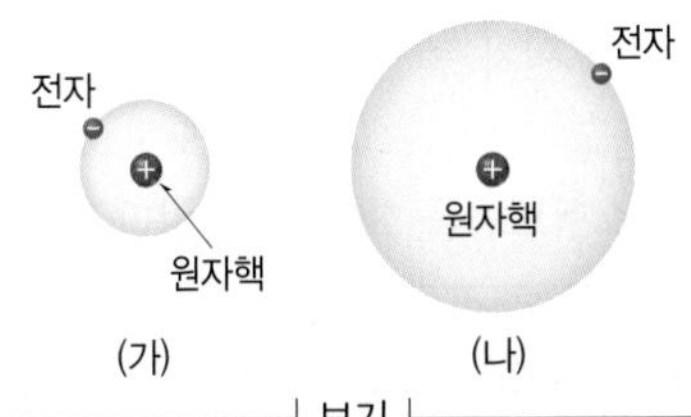

보기

ㄱ. 원자는 전기적으로 중성이다.

ㄴ. 전자는 전기력에 의해 원자에 속박되어 있다.

ㄷ. 원자핵과 전자 사이에 작용하는 힘은 (가)에서가 (나)에서보다 작다.

Ⓒ 선 스펙트럼과 에너지 준위

5 다음은 어떤 원자 모형의 문제점에 대한 설명이다. 이 원자 모형의 종류를 쓰시오.

- 원자핵 주위의 임의의 궤도에서 원운동하는 전자는 빛을 방출하면서 에너지를 잃기 때문에 원자가 안정성을 유지할 수 없다.
- 전자가 연속적인 파장의 빛을 방출하므로 선 스펙트럼을 설명할 수 없다.

6 그림과 같은 보어의 수소 원자 모형에 대한 설명으로 옳지 <u>않은</u> 것은?

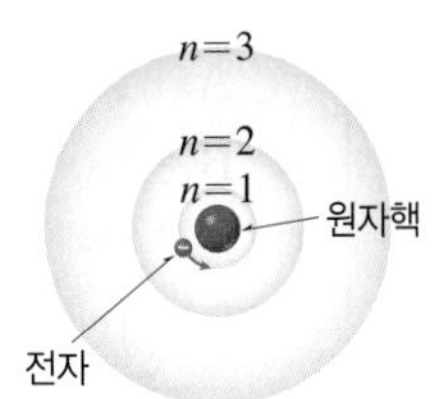

① 전자는 특정한 궤도에서만 원운동한다.
② 원자가 안정한 상태로 존재할 수 있다.
③ 전자는 양자수 n에 따라 결정되는 불연속적인 값의 에너지를 갖는다.
④ 전자가 $n=1$인 상태에 있을 때 가장 안정하다.
⑤ n이 커질수록 전자의 에너지는 작아진다.

7 그림과 같은 스펙트럼에 대한 설명으로 옳은 것만을 [보기]에서 있는 대로 고르시오.

보기

ㄱ. 흡수 스펙트럼이다.

ㄴ. 밝은 선은 들뜬상태의 전자가 안정한 상태로 전이할 때 방출하는 에너지 준위 차에 해당하는 빛이다.

ㄷ. 전자의 에너지 준위가 연속적임을 알 수 있다.

8 그림은 수소의 에너지 준위에서 전자의 전이를 나타낸 것이다.

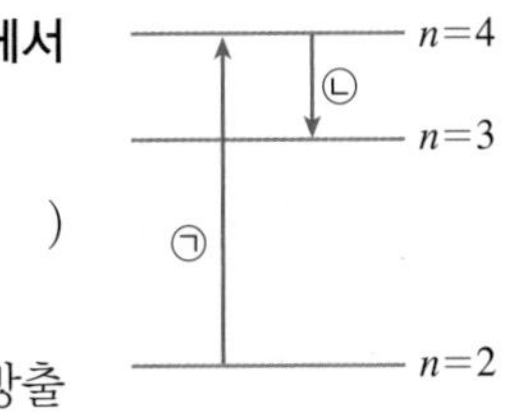

(1) ㉠은 에너지를 (　　　　) 하는 과정이다.

(2) ㉠과 ㉡에서 흡수 또는 방출하는 빛의 진동수는 ㉠이 ㉡보다 (　　　　)다.

(3) ㉡에서 방출하는 빛은 (　　　　) 영역이다.

1 그림 (가)는 절연 막대 위의 대전체 A와 실에 매달린 대전체 B가 정지해 있는 것을 나타낸 것이다. 그림 (나)와 같이 양(+)전하로 대전된 대전체 C를 B에 가까이 하였더니 B는 A 쪽으로 접근하여 정지하였다.

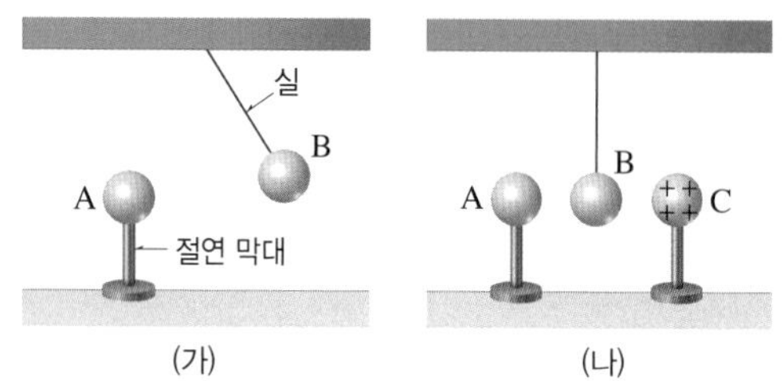

이에 대한 설명으로 옳은 것만을 [보기]에서 있는 대로 고른 것은?

보기
ㄱ. A와 B는 같은 종류의 전하로 대전되어 있다. ㄴ. B는 음(−)전하로 대전되어 있다. ㄷ. A가 B에 작용하는 전기력의 크기는 (가)에서가 (나)에서보다 크다.

① ㄱ ② ㄷ ③ ㄱ, ㄴ
④ ㄴ, ㄷ ⑤ ㄱ, ㄴ, ㄷ

2 그림은 점전하 A, B가 각각 $x=0$, $x=3d$에 고정되어 있는 것을 나타낸 것이다. 양(+)전하를 $x=2d$에 놓았을 때 A, B로부터 받는 전기력은 0이고, $x=4d$에 놓았을 때 A, B로부터 받는 전기력은 $+x$ 방향이다.

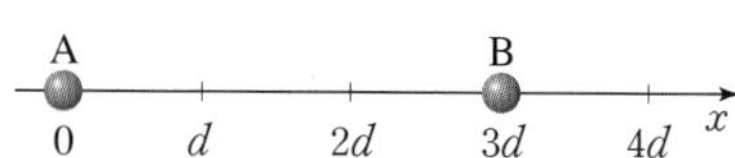

이에 대한 설명으로 옳은 것만을 [보기]에서 있는 대로 고른 것은?

보기
ㄱ. A와 B는 다른 종류의 전하이다. ㄴ. A는 음(−)전하이다. ㄷ. 전하량의 크기는 A가 B의 4배이다.

① ㄱ ② ㄷ ③ ㄱ, ㄴ
④ ㄴ, ㄷ ⑤ ㄱ, ㄴ, ㄷ

2021 9월 평가원 19번

3 그림 (가), (나), (다)는 점전하 A, B, C가 x축상에 고정되어 있는 세 가지 상황을 나타낸 것이다. (가)에서는 양(+)전하인 C에 $+x$ 방향으로 크기가 F인 전기력이, A에는 크기가 $2F$인 전기력이 작용한다. (나)에서는 C에 $+x$ 방향으로 크기가 $2F$인 전기력이 작용한다.

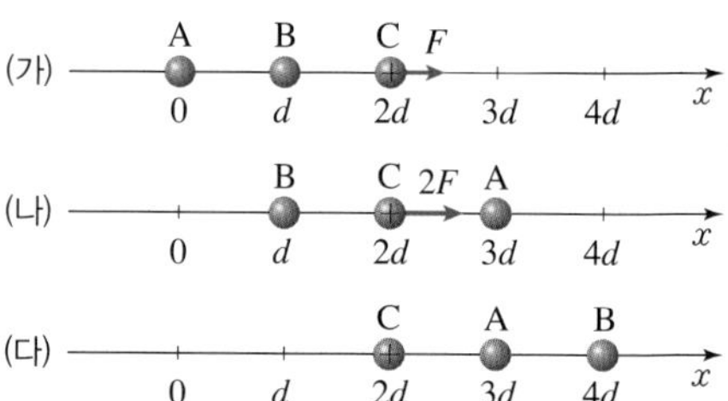

(다)에서 A에 작용하는 전기력의 크기와 방향으로 옳은 것은?

	크기	방향		크기	방향
①	$\frac{F}{2}$	$+x$	②	$\frac{F}{2}$	$-x$
③	F	$+x$	④	F	$-x$
⑤	$2F$	$+x$			

4 다음은 원자 모형에 대한 설명이다.

> • (가) 원자 모형은 음극선 실험을 통해 전자를 발견하였고, 양(+)전하 덩어리 속에 전자가 띄엄띄엄 박혀 있다.
> • (나) 원자 모형은 알파(α) 입자 산란 실험을 통해 제안되었고, 원자 질량의 대부분을 차지하는 원자핵이 원자 중앙에 존재하고 전자가 원자핵 주위를 돌고 있다. 그러나 이 모형으로는 수소 원자의 선 스펙트럼을 설명할 수 없다.

(가), (나)에 들어갈 원자 모형으로 가장 적절한 것은?

	(가)	(나)		(가)	(나)
①	보어	톰슨	②	보어	러더퍼드
③	톰슨	보어	④	톰슨	러더퍼드
⑤	러더퍼드	톰슨			

5 그림은 러더퍼드의 알파(α) 입자 산란 실험에서 대부분의 알파(α) 입자들은 진행 방향이 변하지 않고 그대로 얇은 금박을 통과했지만 일부는 큰 각도로 휘거나 얇은 금박에서 튕겨나오는 것을 나타낸 것이다.

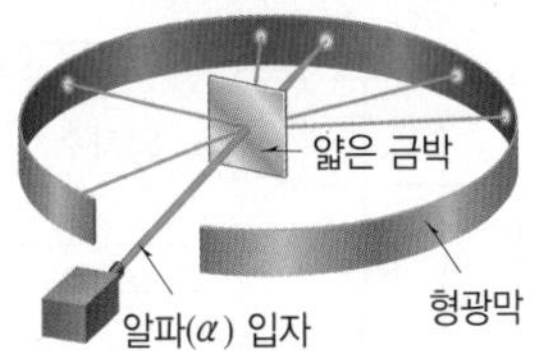

이에 대해 옳게 말한 사람만을 [보기]에서 있는 대로 고른 것은?

보기

영희: 알파(α) 입자의 산란은 원자의 중심에 양(+) 전하를 띠는 원자핵이 존재하기 때문이야.

민수: 대부분의 알파(α) 입자가 직진하는 것으로 보아 원자는 원자핵을 제외하고는 거의 비어 있다는 것을 알 수 있어.

철수: 이 실험 결과로부터 러더퍼드는 전자가 원자핵 주위의 특정한 원 궤도에서 원운동을 하는 원자 모형을 제안했어.

① 영희 ② 민수 ③ 철수
④ 영희, 민수 ⑤ 영희, 철수

6 그림은 원자 모형의 변천 과정을 나타낸 것이다. (가)와 (나)는 원자 모형의 변천과 관련된 현상이다.

이에 대한 설명으로 옳은 것만을 [보기]에서 있는 대로 고른 것은?

보기

ㄱ. A는 러더퍼드 원자 모형이다.

ㄴ. (가)는 알파(α) 입자 산란 실험에서 일부 입자가 큰 각도로 산란되는 현상이다.

ㄷ. (나)는 수소 원자에서 선 스펙트럼이 나타난 현상이다.

① ㄱ ② ㄴ ③ ㄱ, ㄷ
④ ㄴ, ㄷ ⑤ ㄱ, ㄴ, ㄷ

7 그림 (가)는 수소 기체 방전관에서 나오는 빛을 분광기로 관찰하는 것을 나타낸 것이고, (나)는 (가)에서 관찰한 가시광선 영역의 선 스펙트럼을 파장에 따라 나타낸 것이다. q는 가시광선 영역에서 파장이 가장 긴 스펙트럼선이다.

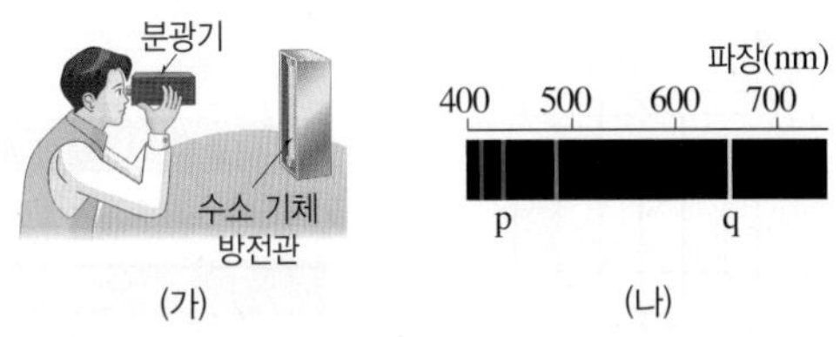

이에 대한 설명으로 옳은 것만을 [보기]에서 있는 대로 고른 것은?

보기

ㄱ. 수소 원자의 에너지 준위는 불연속적이다.

ㄴ. 방출되는 광자 1개의 에너지는 p에 해당하는 빛이 q에 해당하는 빛보다 크다.

ㄷ. p는 전자가 양자수 $n=5$에서 $n=2$로 전이할 때 나타난 스펙트럼선이다.

① ㄱ ② ㄷ ③ ㄱ, ㄴ
④ ㄴ, ㄷ ⑤ ㄱ, ㄴ, ㄷ

2020 6월 평가원 9번

8 그림 (가), (나)는 각각 보어의 수소 원자 모형에서 양자수 n에 따른 전자의 에너지 준위와 선 스펙트럼의 일부를 나타낸 것이다.

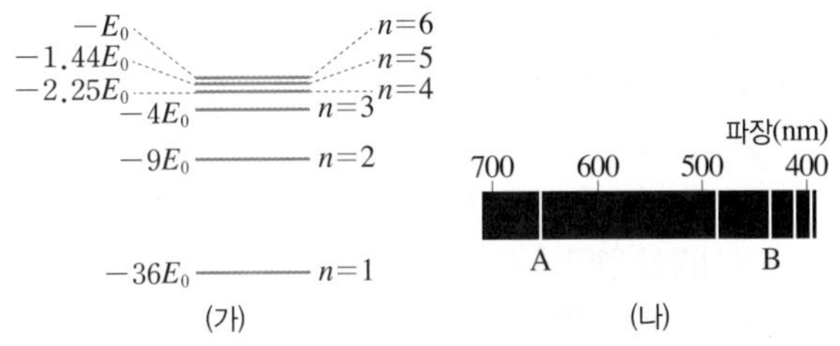

A에 해당하는 빛의 진동수가 $\frac{5E_0}{h}$일 때, B와 진동수가 같은 빛은? (단, h는 플랑크 상수이다.)

① $n=2$에서 $n=5$로 전이할 때 흡수하는 빛
② $n=3$에서 $n=4$로 전이할 때 흡수하는 빛
③ $n=4$에서 $n=2$로 전이할 때 방출하는 빛
④ $n=5$에서 $n=1$로 전이할 때 방출하는 빛
⑤ $n=6$에서 $n=3$으로 전이할 때 방출하는 빛

2017 수능 15번

9 그림 (가)는 보어의 수소 원자 모형에서 양자수 n에 따른 에너지 준위와 전자의 전이 과정의 일부를 나타낸 것이다. 그림 (나)는 (가)에서 나타나는 방출과 흡수 스펙트럼을 파장에 따라 나타낸 것이다. 스펙트럼선 b는 ㉠에 의해 나타난다.

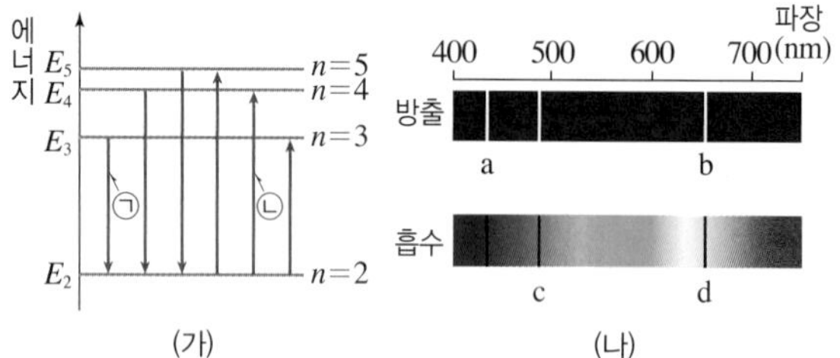

(가) (나)

이에 대한 설명으로 옳은 것만을 [보기]에서 있는 대로 고른 것은? (단, h는 플랑크 상수이다.)

보기

ㄱ. 광자 1개의 에너지는 a에서가 b에서보다 크다.

ㄴ. c는 ㉡에 의해 나타난 스펙트럼선이다.

ㄷ. d에서 광자의 진동수는 $\frac{E_5-E_2}{h}$이다.

① ㄱ ② ㄷ ③ ㄱ, ㄴ ④ ㄴ, ㄷ ⑤ ㄱ, ㄴ, ㄷ

2017 6월 평가원 10번

10 그림은 보어의 수소 원자 모형에서 에너지 준위 사이에서 일어나는 전자의 전이 A, B, C를 나타낸 것이다. A, B, C에서 방출되는 빛의 진동수는 각각 f_A, f_B, f_C이고, f_A는 가시광선 영역에 속하는 진동수이다.

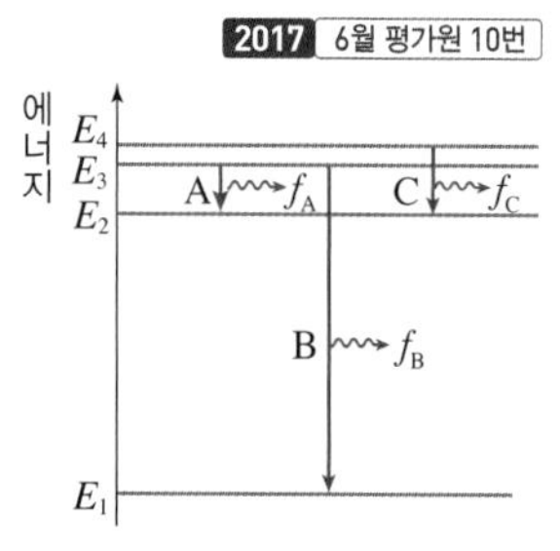

이에 대한 설명으로 옳은 것만을 [보기]에서 있는 대로 고른 것은? (단, h는 플랑크 상수이다.)

보기

ㄱ. $f_A=\frac{E_3-E_2}{h}$이다.

ㄴ. f_B는 적외선 영역에 속하는 진동수이다.

ㄷ. C에서 방출되는 광자 1개의 에너지는 hf_C이다.

① ㄱ ② ㄴ ③ ㄱ, ㄷ ④ ㄴ, ㄷ ⑤ ㄱ, ㄴ, ㄷ

11 그림은 보어의 수소 원자 모형에서 양자수 n에 따른 에너지 준위와 전자의 전이 P, Q, R를 나타낸 것이다. 표는 양자수 n에 따른 핵과 전자 사이의 거리, 핵과 전자 사이에 작용하는 전기력의 크기를 나타낸 것이다.

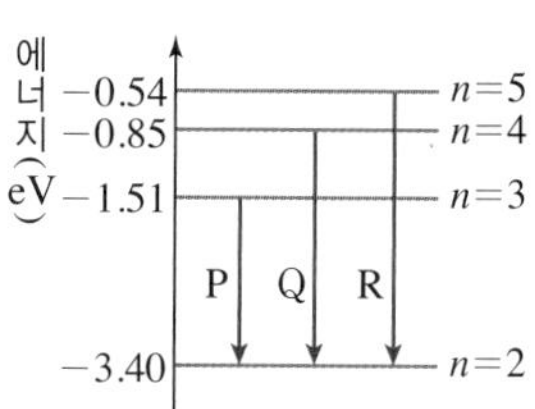

양자수	핵과 전자 사이의 거리	전기력의 크기
$n=2$	$4r$	F
$n=3$	$9r$	㉠

이에 대한 설명으로 옳은 것만을 [보기]에서 있는 대로 고른 것은?

보기

ㄱ. P에서 방출되는 광자 1개의 에너지는 1.89 eV이다.

ㄴ. 방출되는 빛의 파장은 Q에서가 R에서보다 짧다.

ㄷ. ㉠은 $\frac{9}{4}F$이다.

① ㄱ ② ㄴ ③ ㄷ ④ ㄱ, ㄴ ⑤ ㄴ, ㄷ

12 그림은 어떤 원자의 바닥상태($n=1$)에서 들뜬상태($n=5$)까지의 에너지 준위 E_1, E_2, E_3, E_4, E_5와 전자의 전이를 나타낸 것이다.

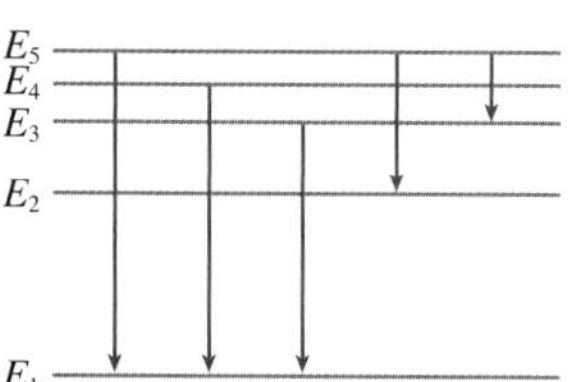

이때 관찰되는 선 스펙트럼의 모양을 가장 잘 나타낸 것은? (단, 선 스펙트럼의 오른쪽으로 갈수록 진동수가 크다.)

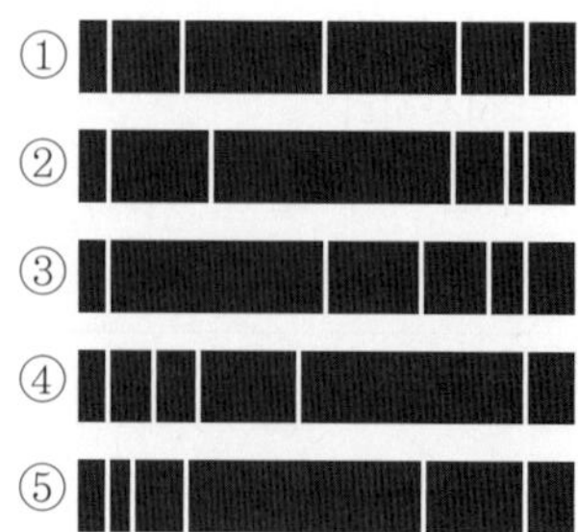

1 그림은 절연된 받침대 위에 놓인 대전된 도체구 A, B, C가 서로 같은 간격으로 떨어져 있는 모습을 나타낸 것이다. A는 음(−)전하로 대전되어 있으며, C에 작용하는 전기력의 합력은 0이다.

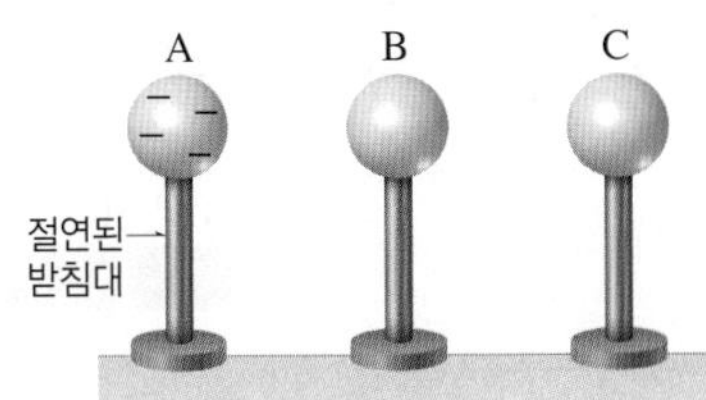

이에 대한 설명으로 옳은 것만을 [보기]에서 있는 대로 고른 것은?

보기
ㄱ. B는 음(−)전하로 대전되어 있다. ㄴ. 전하량의 크기는 A가 B의 2배이다. ㄷ. A가 받는 전기력의 합력의 크기는 B가 받는 전기력의 합력의 크기와 같다.

① ㄱ ② ㄷ ③ ㄱ, ㄴ
④ ㄴ, ㄷ ⑤ ㄱ, ㄴ, ㄷ

2 그림과 같이 점전하 A, B, C가 각각 $x=-d$, $x=0$, $x=2d$에 고정되어 있다. A와 C가 B에 작용하는 전기력은 0이고, B가 A에 작용하는 전기력의 크기는 C가 A에 작용하는 전기력의 크기보다 작다. B는 음(−)전하이고 C는 양(+)전하이다.

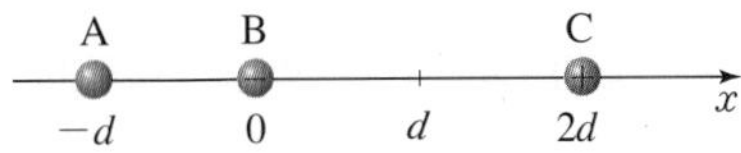

이에 대한 설명으로 옳은 것만을 [보기]에서 있는 대로 고른 것은?

보기
ㄱ. A는 양(+)전하이다. ㄴ. 전하량의 크기는 B가 A보다 크다. ㄷ. C가 받는 전기력의 방향은 $+x$ 방향이다.

① ㄱ ② ㄱ, ㄴ ③ ㄱ, ㄷ
④ ㄴ, ㄷ ⑤ ㄱ, ㄴ, ㄷ

3 그림 (가)는 분광기로 수소 기체 방전관에서 나오는 빛, 저온 기체관을 통과한 백열등 빛, 백열등에서 나오는 빛의 스펙트럼을 관찰하는 모습이고, (나)의 A, B, C는 (가)의 관찰 결과를 순서 없이 나타낸 것이다. 저온 기체관에는 한 종류의 기체만 들어 있고, 스펙트럼은 가시광선의 전체 영역을 나타낸 것이다.

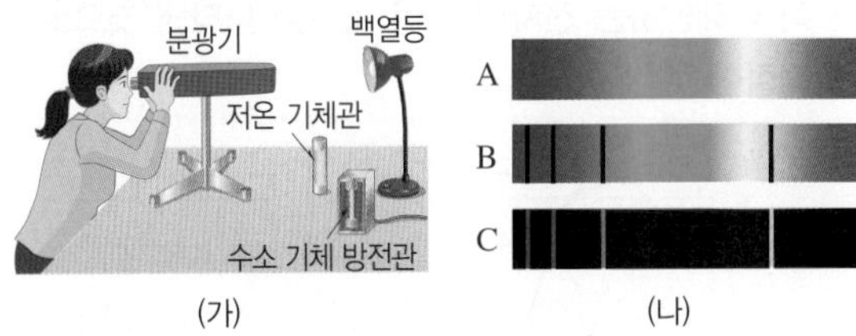

이에 대한 설명으로 가장 적절한 것은?

① B는 방출 스펙트럼이다.
② 수소 원자의 에너지 준위는 연속적이다.
③ 수소 기체 방전관에서 나오는 빛의 스펙트럼은 A이다.
④ 저온 기체관을 통과한 백열등 빛의 스펙트럼은 B이다.
⑤ 기체의 종류가 달라져도 C에 나타나는 선의 위치는 같다.

4 그림 (가)는 보어의 수소 원자 모형에서 양자수 n에 따른 에너지 준위의 일부와 전자의 전이 a, b를 나타낸 것이다. a, b에서 방출되는 빛의 파장은 각각 λ_a, λ_b이다. 그림 (나)는 수소 원자의 전자가 $n=2$인 상태로 전이할 때 방출되는 빛 중에서 파장이 긴 것부터 차례대로 4개를 나타낸 스펙트럼이다.

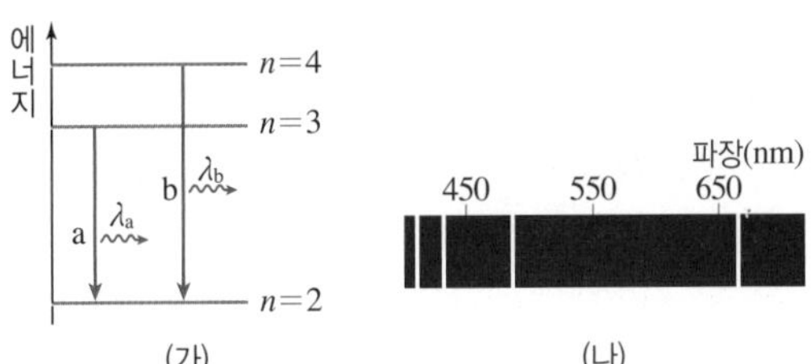

이에 대한 옳은 설명만을 [보기]에서 있는 대로 고른 것은? (단, h는 플랑크 상수이고, c는 빛의 속력이다.)

보기
ㄱ. 방출되는 광자 1개의 에너지는 a에서가 b에서보다 크다. ㄴ. λ_b는 450 nm보다 짧다. ㄷ. 전자가 $n=4$에서 $n=3$인 상태로 전이할 때 방출되는 광자 1개의 에너지는 $\frac{hc}{\lambda_b}-\frac{hc}{\lambda_a}$이다.

① ㄴ ② ㄷ ③ ㄱ, ㄴ ④ ㄱ, ㄷ ⑤ ㄴ, ㄷ

2019 6월 평가원 8번

5 그림은 보어의 수소 원자 모형에서 양자수 n에 따른 에너지 준위 E_n의 일부를 나타낸 것이다. $n=3$인 상태의 전자가 진동수 f_A인 빛을 흡수하여 전이한 후, 진동수 f_B인 빛과 f_C인 빛을 차례로 방출하며 전이한다. 진동수의 크기는 $f_B < f_A < f_C$이다.

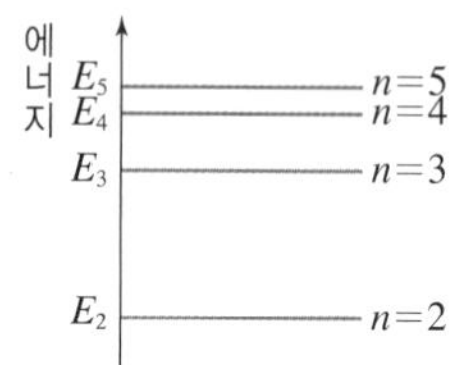

이에 해당하는 전자의 전이 과정을 나타낸 것으로 가장 적절한 것은?

①
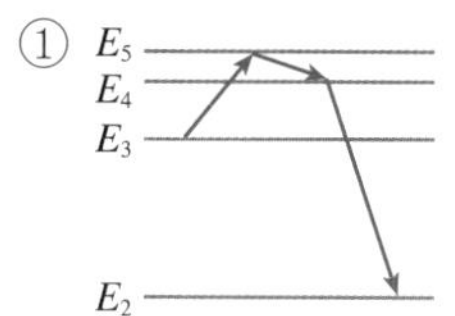

②
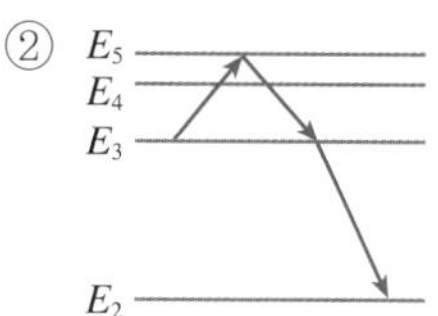

③
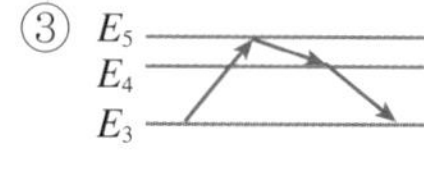

④
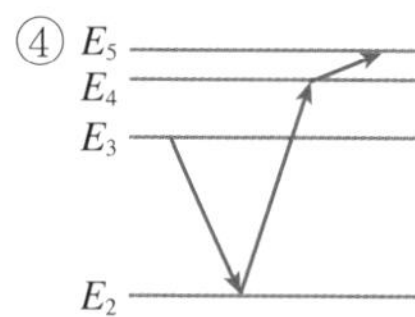

⑤
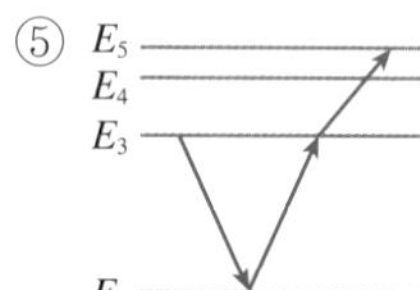

2019 수능 8번

7 그림 (가)는 보어의 수소 원자 모형에서 양자수 n에 따른 에너지 준위의 일부와 전자의 전이 a, b, c를 나타낸 것이다. a, b, c에서 방출되는 빛의 파장은 각각 λ_a, λ_b, λ_c이다. 그림 (나)는 (가)의 a, b, c에서 방출되는 빛의 선 스펙트럼을 파장에 따라 나타낸 것이다.

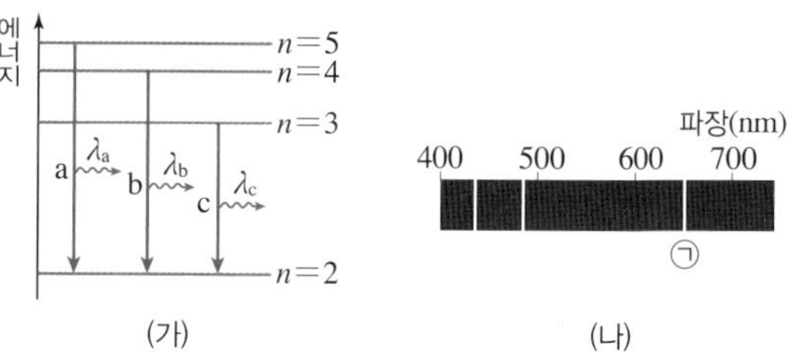

이에 대한 설명으로 옳은 것만을 [보기]에서 있는 대로 고른 것은?

보기

ㄱ. (나)의 ㉠은 a에 의해 나타난 스펙트럼선이다.
ㄴ. 방출되는 빛의 진동수는 a에서가 b에서보다 크다.
ㄷ. 전자가 $n=4$에서 $n=3$인 상태로 전이할 때 방출되는 빛의 파장은 $|\lambda_b - \lambda_c|$와 같다.

① ㄱ ② ㄴ ③ ㄱ, ㄷ
④ ㄴ, ㄷ ⑤ ㄱ, ㄴ, ㄷ

2021 9월 평가원 8번

6 그림은 보어의 수소 원자 모형에서 양자수 n에 따른 에너지 준위의 일부와 전자의 전이 a, b, c, d를 나타낸 것이다.

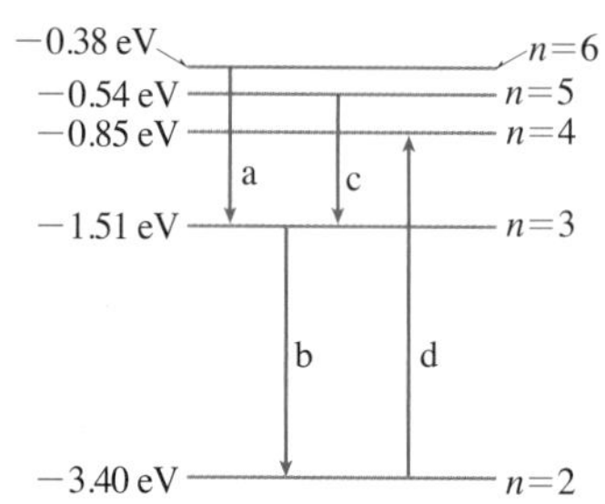

이에 대한 설명으로 옳은 것만을 [보기]에서 있는 대로 고른 것은?

보기

ㄱ. 방출되는 빛의 파장은 a에서가 b에서보다 길다.
ㄴ. 방출되는 빛의 진동수는 a에서가 c에서보다 크다.
ㄷ. d에서 흡수되는 광자 1개의 에너지는 2.55 eV이다.

① ㄱ ② ㄴ ③ ㄱ, ㄷ
④ ㄴ, ㄷ ⑤ ㄱ, ㄴ, ㄷ

2021 수능 8번

8 그림 (가)는 보어의 수소 원자 모형에서 양자수 n에 따른 에너지 준위의 일부와 전자의 전이 a~d를 나타낸 것이다. 그림 (나)는 (가)의 b, c, d에서 방출되는 빛의 스펙트럼을 파장에 따라 나타낸 것이고, ㉠은 c에 의해 나타난 스펙트럼선이다.

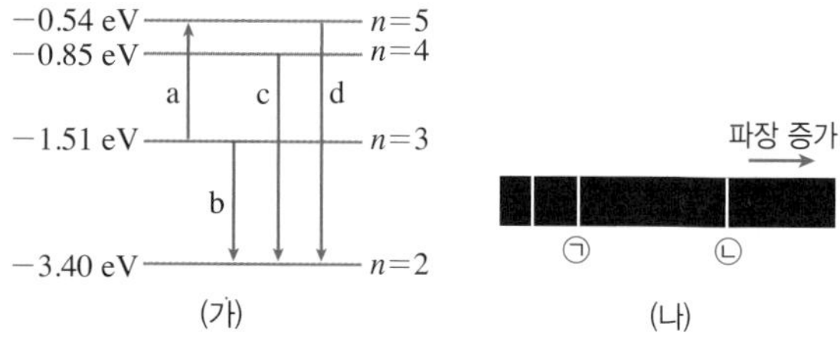

이에 대한 설명으로 옳은 것만을 [보기]에서 있는 대로 고른 것은?

보기

ㄱ. a에서 흡수되는 광자 1개의 에너지는 1.51 eV이다.
ㄴ. 방출되는 빛의 진동수는 c에서가 b에서보다 크다.
ㄷ. ㉡은 d에 의해 나타난 스펙트럼선이다.

① ㄱ ② ㄴ ③ ㄱ, ㄷ
④ ㄴ, ㄷ ⑤ ㄱ, ㄴ, ㄷ

9 그림 (가)는 양자수 n에 따른 수소 원자에 있는 전자의 에너지 E_n을 나타낸 것이다. 그림 (나)는 수소 원자에 있는 전자가 각각 $n=1$과 $n=2$인 상태로 전이될 때 방출하는 빛의 스펙트럼으로, 라이먼 계열과 발머 계열 스펙트럼을 나타낸 것이다. λ_A와 λ_B는 각각 라이먼 계열과 발머 계열 스펙트럼에서 두 번째로 긴 파장을 나타낸다.

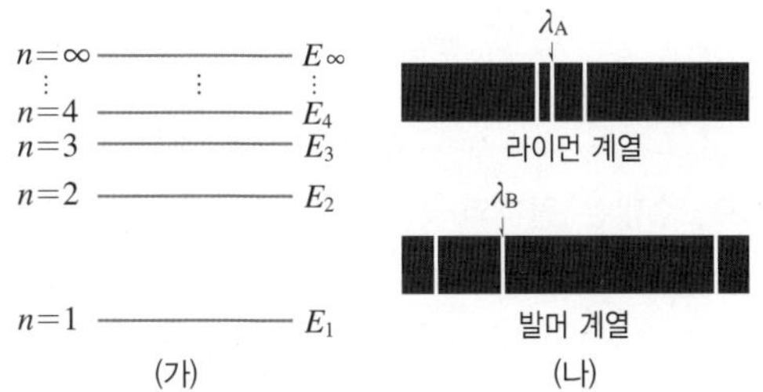

이에 대한 설명으로 옳은 것만을 [보기]에서 있는 대로 고른 것은?

보기

ㄱ. λ_A는 λ_B보다 작다.
ㄴ. 파장이 λ_B인 광자 1개의 에너지는 E_4-E_2이다.
ㄷ. 수소 원자에 있는 전자의 에너지 준위는 불연속적이다.

① ㄱ ② ㄴ ③ ㄷ
④ ㄴ, ㄷ ⑤ ㄱ, ㄴ, ㄷ

10 그림 (가)는 수소 원자의 선 스펙트럼의 일부를 파장에 따라 나타낸 것이다. 그림 (나)는 전자가 양자수 $n=2$에서 $n=1$인 궤도로 전이하는 과정 A와 $n=3$에서 $n=2$인 궤도로 전이하는 과정 B를 모식적으로 나타낸 것이다.

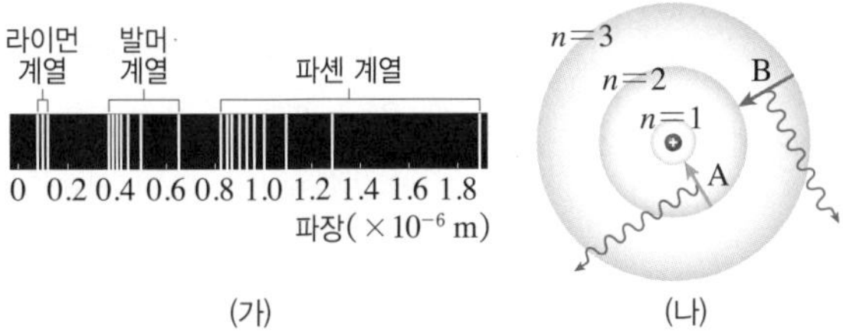

이에 대한 설명으로 옳은 것만을 [보기]에서 있는 대로 고른 것은?

보기

ㄱ. 전자의 에너지는 양자화되어 있다.
ㄴ. B에서 방출하는 전자기파는 라이먼 계열에 속한다.
ㄷ. 방출된 전자기파의 파장은 A에서가 B에서보다 길다.

① ㄱ ② ㄷ ③ ㄱ, ㄴ
④ ㄴ, ㄷ ⑤ ㄱ, ㄴ, ㄷ

11 그림 (가)는 수소 원자에서 나타난 선 스펙트럼의 일부분을 파장에 따라 나타낸 것이다. 그림 (나)는 보어의 수소 원자 모형에서 전자가 양자수 $n=3$인 상태에서 $n=2$인 상태로, $n=2$인 상태에서 $n=1$인 상태로, $n=3$인 상태에서 $n=1$인 상태로 전이하면서 파장이 각각 λ_1, λ_2, λ_3인 빛을 방출하는 것을 모식적으로 나타낸 것이다.

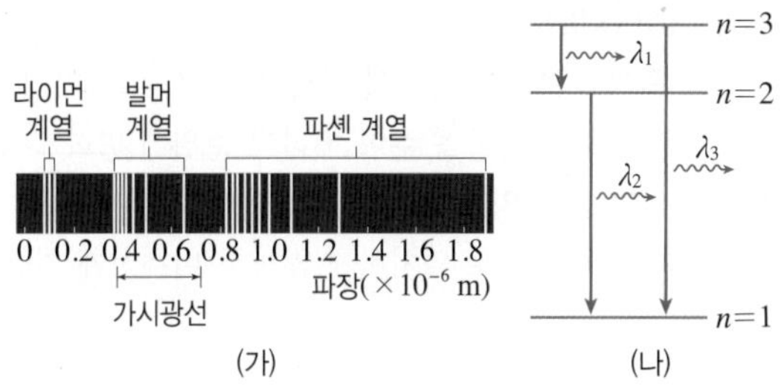

(나)에 대한 설명으로 옳은 것만을 [보기]에서 있는 대로 고른 것은?

보기

ㄱ. λ_1은 (가)에서 가시광선 영역에 있다.
ㄴ. λ_3은 (가)의 라이먼 계열에 속한다.
ㄷ. 파장이 λ_1인 광자 1개의 에너지는 파장이 λ_2인 광자 1개의 에너지보다 크다.

① ㄱ ② ㄷ ③ ㄱ, ㄴ
④ ㄱ, ㄷ ⑤ ㄴ, ㄷ

12 그림은 보어의 수소 원자 모형에서 전자가 전이할 때 파장이 λ_1~λ_6인 전자기파를 방출하는 것을 나타낸 것이다. 파장이 λ_6인 전자기파는 자외선 영역에 속한다.

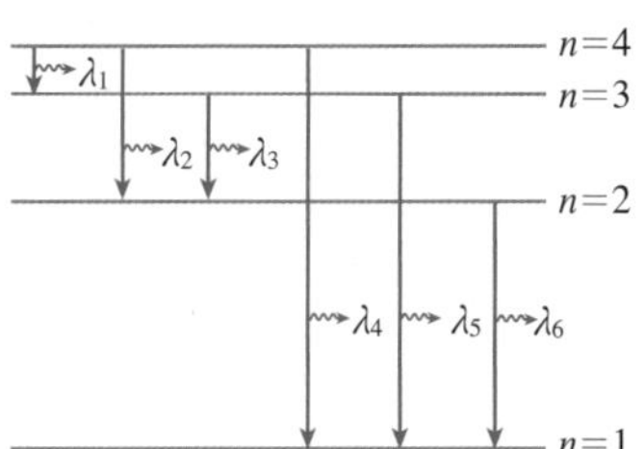

이에 대한 설명으로 옳은 것만을 [보기]에서 있는 대로 고른 것은?

보기

ㄱ. $\lambda_2<\lambda_1$이다.
ㄴ. 파장이 λ_1인 전자기파의 진동수는 파장이 λ_4인 전자기파의 진동수보다 작다.
ㄷ. $\frac{1}{\lambda_4}=\frac{1}{\lambda_1}+\frac{1}{\lambda_5}$이다.

① ㄱ ② ㄴ ③ ㄱ, ㄷ
④ ㄴ, ㄷ ⑤ ㄱ, ㄴ, ㄷ

에너지띠와 반도체

≫ 핵심 짚기
- 고체의 에너지띠, 원자가 띠와 전도띠
- 도체, 절연체, 반도체의 에너지띠
- p형 반도체와 n형 반도체
- 다이오드의 원리와 이용

A 에너지띠

1 고체의 에너지띠

① 고체 원자의 에너지 준위의 변화: 원자 사이의 거리가 매우 가까우므로 인접한 원자들이 전자의 궤도에 영향을 주어 에너지 준위에 변화가 생긴다.[1]

② 에너지띠: 같은 양자 상태에 2개 이상의 전자가 함께 있을 수 없으므로, 수많은 원자의 에너지 준위가 서로 일치하지 않도록 미세하게 차를 두고 나누어져 거의 연속적인 띠를 이룬다.[2]

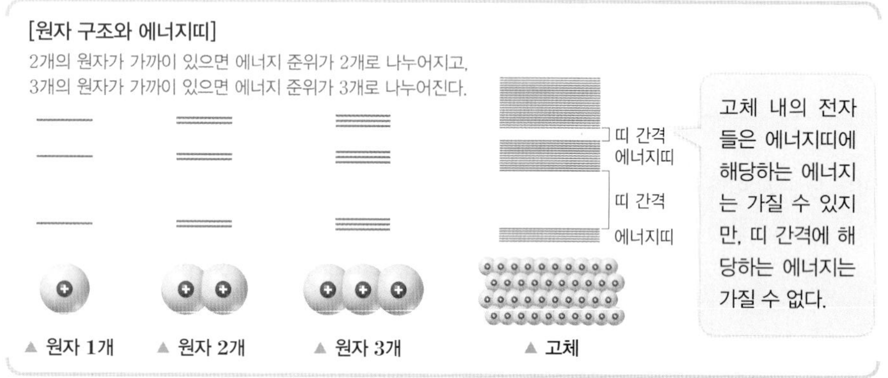

[원자 구조와 에너지띠]
2개의 원자가 가까이 있으면 에너지 준위가 2개로 나누어지고,
3개의 원자가 가까이 있으면 에너지 준위가 3개로 나누어진다.
띠 간격
에너지띠
띠 간격
에너지띠
고체 내의 전자들은 에너지띠에 해당하는 에너지는 가질 수 있지만, 띠 간격에 해당하는 에너지는 가질 수 없다.

▲ 원자 1개 ▲ 원자 2개 ▲ 원자 3개 ▲ 고체

2 고체의 에너지띠 구조

① 허용된 띠: 전자가 존재할 수 있는 에너지띠이다. 절대 온도 0 K일 때 고체의 전자들은 가장 낮은 에너지 상태에 있으므로 낮은 에너지 준위부터 전자들이 차례대로 채워진다.

- 원자가 띠: 전자가 채워진 에너지띠 중에서 에너지가 가장 큰 띠
- 전도띠: 원자가 띠 바로 위의 전자가 채워지지 않은 에너지띠

② 띠 간격: 전자가 모두 채워진 원자가 띠의 가장 높은 에너지 준위와 전도띠의 가장 낮은 에너지 준위의 에너지 차이이다. ➡ 전자는 이 영역의 에너지 준위를 가질 수 없다.

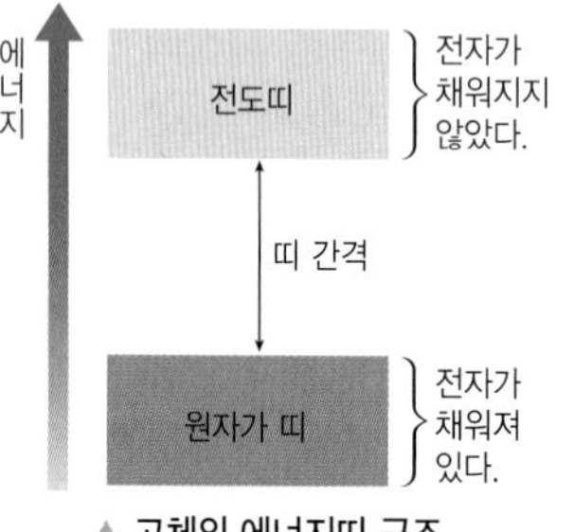

▲ 고체의 에너지띠 구조

B 고체의 전기 전도성

1 전기 전도성 물질 내에서 전류가 흐를 수 있는 정도를 전기*전도성이라고 하며, 이를 수치화 한 것이 전기 전도도이다.[3]

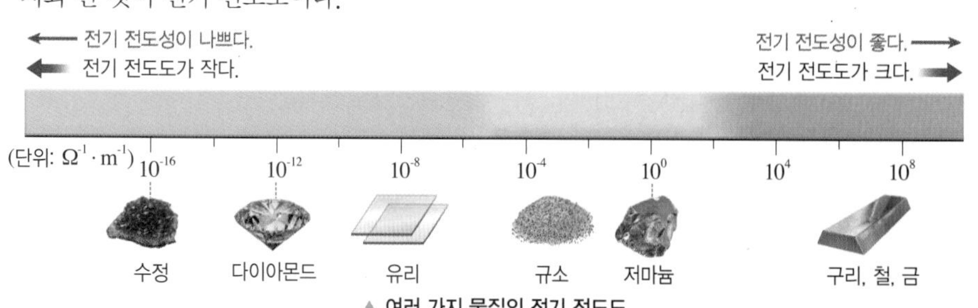

▲ 여러 가지 물질의 전기 전도도

PLUS 강의

[1] **기체 원자의 에너지 준위**
기체와 같이 멀리 떨어져 있는 원자들은 다른 원자의 에너지 준위에 영향을 주지 않으므로, 같은 종류의 기체 원자에서는 에너지 준위 분포가 같다.

[2] **파울리 배타 원리**
한 원자에서 같은 양자 상태에 2개 이상의 전자가 함께 있을 수 없다는 원리이다. 즉, 전자들은 각각 다른 양자수 조합을 가져야 한다.

[3] **전기 전도도(σ)**
물체의 저항 R는 물체의 길이 l에 비례하고, 물체의 단면적 S에 반비례한다. 이때 비례 상수를 비저항 ρ라고 한다. 즉, $R=\rho\frac{l}{S}$이다.
전기 전도도(σ)는 비저항(ρ)의 역수이므로 다음과 같은 관계가 있다.

$$\sigma=\frac{1}{\rho}=\frac{l}{RS}\ (\text{단위: }\Omega^{-1}\cdot\text{m}^{-1})$$

└ 전기 전도도가 클수록 전류가 잘 흐른다.

용어 돋보기
* 전도(傳 전하다, 導 이끌다)_ 물체의 한 부분에서 다른 부분으로 열이나 전기가 이동하는 현상

2 에너지띠의 구조와 고체의 전기 전도성 원자가 띠에 전자가 모두 채워져 있는 경우 전자는 자유롭게 움직이지 못하지만, 원자가 띠의 전자가 띠 간격 이상의 에너지를 흡수하여 전도띠로 옮겨가면 자유 전자가 되어 전류를 흐르게 할 수 있다. ➡ 에너지띠 구조의 차이에 따라 전기 전도성이 달라진다.

3 고체의 전기 전도성에 따른 분류

도체	금속과 같이 전기 전도성이 좋은 물질 ➡ 전류가 잘 흐른다.[4] 예 금, 은, 구리, 알루미늄, 철 등의 금속 물질
*절연체 (부도체)	전기 전도성이 매우 나쁜 물질 ➡ 전류가 잘 흐르지 않는다. 예 유리, 고무, 나무, 다이아몬드 등의 비금속 물질[5]
반도체	전기 전도성이 도체와 절연체의 중간 정도인 물질 예 저마늄(Ge), 규소(Si) • 반도체는 온도가 높을수록, 띠 간격이 작을수록 전기 전도성이 좋아진다. • 반도체에 약간의 불순물을 첨가하여 전기 전도성을 조절할 수 있다.

4 도체·절연체·반도체의 에너지띠

도체	절연체	반도체
비어 있는 에너지 준위 쉽게 이동 채워진 에너지 준위 원자가 띠	전도띠 띠 간격 이동 불가능 원자가 띠	전도띠 띠 간격 이동 가능 원자가 띠
• 원자가 띠의 일부분만 전자가 채워져 있거나 원자가 띠와 전도띠가 겹쳐 있고, 띠 간격이 없다. • 비어 있는 에너지 준위로 자유롭게 옮겨 다니는 자유 전자가 있다. • 전자가 약간의 에너지만 흡수해도 원자가 띠의 비어 있는 곳이나 겹쳐 있는 전도띠로 이동하여 전류가 흐른다. • 전기 전도성이 좋다.	• 원자가 띠가 전자로 모두 채워져 있으며, 띠 간격이 매우 크다. • 원자가 띠에 전자들이 꽉 차 있어 전자들이 자유롭게 이동할 수 없으므로 자유 전자가 없다. • 전자가 띠 간격보다 큰 에너지를 얻기 어렵기 때문에 전도띠로 이동하기 어려워 전류가 거의 흐르지 않는다. • 전기 전도성이 매우 나쁘다.	• 원자가 띠가 전자로 모두 채워져 있지만, 띠 간격이 절연체보다 훨씬 작다.[6] • 절대 온도 0 K에서는 자유 전자가 없지만, 상온에서는 적은 수의 자유 전자와 *양공이 있다.[7] • 전자가 띠 간격 이상의 에너지를 흡수하면 전도띠로 이동하여 약한 전류가 흐른다. • 전기 전도성은 절연체보다는 좋고 도체보다는 나쁘다.

④ **도체의 전기 전도성**
도체는 온도가 높을수록 원자의 운동이 활발해져 자유 전자의 운동이 방해를 많이 받게 되므로, 전류가 흐르기 어려워져 전기 전도성이 나빠진다.

⑤ **절연체의 이용**
도선은 전류가 잘 흐르는 금속으로 만들고, 도선을 감싸는 피복에는 절연체인 플라스틱이나 고무를 사용한다.

⑥ **반도체의 띠 간격**
절연체의 띠 간격은 보통 5 eV~8 eV 정도이지만, 반도체인 저마늄(Ge)의 띠 간격은 0.7 eV이고, 규소(Si)의 띠 간격은 1.1 eV 정도밖에 되지 않는다.

⑦ **양공**
반도체가 상온에서 원자가 띠의 전자가 전도띠로 전이하면 원자가 띠에는 전자의 빈 자리가 남는데, 이를 양공이라고 한다. 전압을 걸어 주면 원자가 띠의 전자가 양공을 차례대로 채우면서 움직이므로, 양공은 마치 양(+)전하를 띤 입자처럼 전자의 반대 방향으로 이동한다.

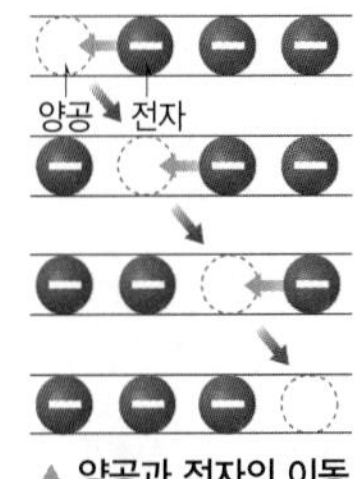

▲ 양공과 전자의 이동

용어 돋보기
* 절연체(絕 끊다, 緣 가장자리, 體 몸)_전기가 통하지 않는 물질
* 양공(hole, 陽 양(+), 孔 구멍)_양(+)전하를 띠는 구멍

정답과 해설 51쪽

(1) 고체를 이루는 수많은 원자들의 에너지 준위가 미세하게 나누어져서 거의 연속적으로 분포하는 영역을 (　　　　)라고 한다.

(2) 전자가 채워진 에너지띠 중 에너지가 가장 큰 띠를 (　　　　)라고 한다.

(3) 전자가 모두 채워진 원자가 띠 바로 위의 전자가 채워지지 않은 에너지띠를 (　　　　)라고 한다.

(4) 에너지띠의 특징과 고체를 옳게 연결하시오.
① 원자가 띠가 전자로 모두 채워져 있고 띠 간격이 매우 크다. • 　• ㉠ 도체
② 원자가 띠의 일부만 전자가 채워져 있거나 전도띠와 원자가 띠의 일부가 겹친다. • 　• ㉡ 반도체
③ 원자가 띠가 전자로 모두 채워져 있으나 띠 간격이 절연체보다 작다. • 　• ㉢ 절연체

(5) 반도체의 전기 전도도는 도체보다는 (크고, 작고), 절연체보다는 (크다, 작다).

(6) 반도체의 온도가 높아지면 전기 전도도가 (커진다, 작아진다).

에너지띠와 반도체

C 반도체

1 순수(고유) 반도체 불순물이 섞이지 않은 순수한 반도체로, 원자가 전자 4개를 가진 저마늄(Ge), 규소(Si)가 있으며, 인접한 원자들과 *공유 결합을 하여 안정된 구조를 이룬다.[8][9]

① 낮은 온도에서 순수 반도체에는 전하 나르개 역할을 하는 자유 전자나 양공의 수가 적다.[10]

② 순수 반도체에는 전도띠로 올라간 전자와 원자가 띠에 생긴 같은 개수의 양공이 반대 방향으로 이동하여 전류가 흐른다.

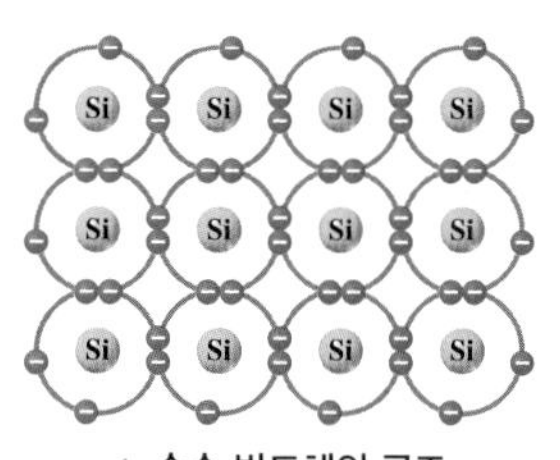

▲ 순수 반도체의 구조

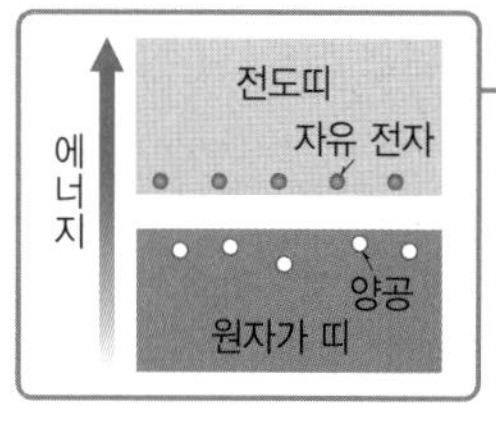

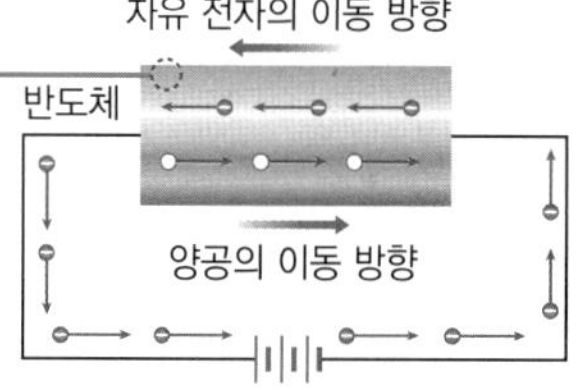

▲ 순수 반도체에서 전류가 흐르는 원리

2 불순물 반도체 순수 반도체에 특정한 불순물을 도핑한 반도체로, 불순물의 종류에 따라 p형 반도체와 n형 반도체로 나눈다.[11]

① 불순물 반도체에서는 자유 전자나 양공의 수가 크게 증가하여 전기 전도도가 커진다.

② 불순물의 농도를 조절하면 반도체의 전기 전도도를 자유롭게 조절할 수 있다.

종류	p형 반도체 (13족 원소)	n형 반도체 (15족 원소)
불순물	순수 반도체에 원자가 전자가 3개인 원소, 즉 붕소(B), 알루미늄(Al), 갈륨(Ga), 인듐(In) 등을 도핑한다.	순수 반도체에 원자가 전자가 5개인 원소, 즉 인(P), 비소(As), 안티모니(Sb) 등을 도핑한다.
주요 전하 나르개[12]	규소 원자, 붕소 원자, 양공 공유 결합할 전자가 부족하여 생긴 양공이 주로 전하를 운반한다.	규소 원자, 인 원자, 전자 원자가 전자 4쌍이 공유 결합하고 남은 전자들이 주로 전하를 운반한다.
에너지띠	전도띠, 원자가 띠, 양공으로 만들어진 에너지 준위 양공에 의해 원자가 띠 바로 위에 새로운 에너지 준위가 생긴다.	전도띠, 원자가 띠, 결합에 참여하지 않은 전자로 만들어진 에너지 준위 남은 전자에 의해 전도띠 바로 아래에 새로운 에너지 준위가 생긴다.
전기 전도성	원자가 띠의 전자가 작은 에너지로도 새로운 에너지 준위로 쉽게 올라가 전류가 흐를 수 있다.	새로운 에너지 준위의 전자가 작은 에너지로도 전도띠로 쉽게 올라가 전류가 흐를 수 있다.

D 다이오드

1 p−n 접합 다이오드 p형 반도체와 n형 반도체를 접합하여 만드는 *반도체 소자로, 전류를 한쪽 방향으로만 흐르게 하는 특성이 있다.

① 다이오드의 구조와 모습, 기호

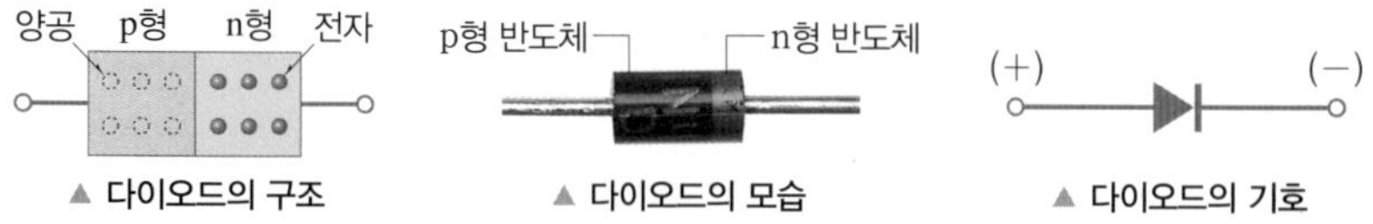

▲ 다이오드의 구조 ▲ 다이오드의 모습 ▲ 다이오드의 기호

---

[8] **원자가 전자**
원자의 전자 배치에서 가장 바깥쪽 전자 껍질에 배치되어 화학 결합에 관여하는 전자이다.

[9] **규소(Si) 원자의 전자 배치**
규소 원자는 14개의 전자가 가장 낮은 에너지 준위의 전자껍질부터 차례대로 채워지며, 원자가 전자는 4개이다.

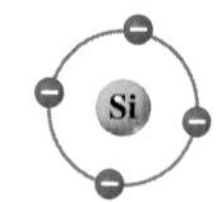

[10] **전하 나르개**
반도체에서는 전도띠의 전자와 원자가 띠의 양공 모두 전하를 운반한다.

[11] **도핑**
순수 반도체에 불순물 원소를 소량 첨가하는 것을 도핑이라고 한다.

[12] **주요 전하 나르개**
- p형 반도체: 자유 전자 수<양공 수이므로 주로 양공이 전류를 흐르게 한다.
- n형 반도체: 자유 전자 수>양공 수이므로 주로 전자가 전류를 흐르게 한다.

용어 돋보기

*** 공유 결합(共 함께, 有 가지다, 結 맺다, 合 합하다)**_비금속 원자끼리 결합하여 화합물을 만들 때 가장 안정한 상태가 되도록 원자들이 전자를 서로 공유하여 형성된 결합

*** 반도체 소자(半 반, 導 이끌다, 體 몸, 素 바탕, 子 장치)**_반도체를 소재로 하여 만든 회로 부품

② p−n 접합 다이오드의 전원 연결 방향[13]

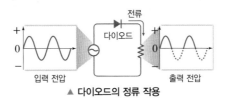

순방향 전압	역방향 전압
p형 반도체는 전원의 (+)극에 연결하고, n형 반도체는 전원의 (−)극에 연결한다.	p형 반도체는 전원의 (−)극에 연결하고, n형 반도체는 전원의 (+)극에 연결한다.
(+) (−) p형 반도체 n형 반도체 양공 전자	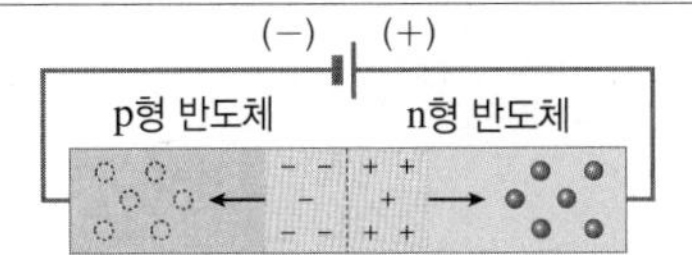
p−n 접합면을 통해 p형 반도체의 양공이 (−)극 쪽으로, n형 반도체의 전자가 (+)극 쪽으로 이동하므로 전류가 흐른다.	p형 반도체의 양공과 n형 반도체의 전자가 p−n 접합면으로부터 멀어지므로, 전류가 흐르지 않는다.

③ **다이오드의 *정류 작용**: 전류를 한쪽 방향으로만 흐르게 하는 회로를 정류 회로라고 하며, 교류를 직류로 바꾸어 주는 회로에 다이오드의 정류 작용이 이용된다.[14]

예 어댑터, 휴대용 전자기기의 충전기 등

▲ 다이오드의 정류 작용

2 다이오드의 이용

① **발광 다이오드(*LED)**: 전류가 흐를 때 빛을 방출하는 다이오드로, 전도띠에 있던 전자가 원자가 띠의 양공으로 전이하면서 띠 간격에 해당하는 만큼의 에너지를 빛으로 방출하며, 띠 간격에 따라 방출하는 빛의 색이 달라진다.[15]

이용 영상 표시 장치, 조명 장치, 신호등, 리모컨 등

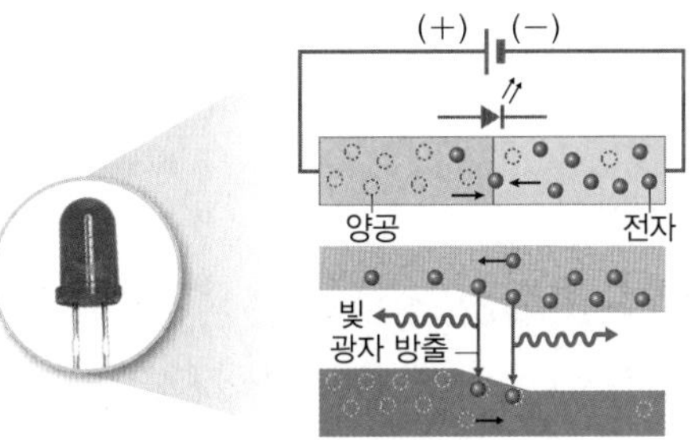

▲ 발광 다이오드의 원리

② **광 다이오드**: 빛을 비추면 전류가 흐르는 다이오드이다.

이용 자동문, 리모컨 수신부 등

⑬ **바이어스**
다이오드에 흐르는 전류를 조절하기 위해 전압의 방향과 크기를 바꾸는 것을 바이어스라고 한다.

⑭ **교류와 직류**
교류는 시간에 따라 전류의 세기와 방향이 주기적으로 변하는 전류이고, 직류는 한쪽 방향으로만 흐르는 전류이다.
전자 제품에는 전류의 세기와 방향이 변하지 않는 직류를 많이 사용한다. 따라서 전자 제품의 전원 연결부에 있는 어댑터(또는 직류 전원 장치)에 다이오드를 이용해 교류를 직류로 바꾸어 주는 정류 회로가 들어 있다.

⑮ **LED의 띠 간격과 빛의 파장**
LED의 재료로 어떤 화합물 반도체를 사용하는가에 따라 띠 간격이 달라진다. 띠 간격이 클수록 파장이 짧은 빛이 방출된다.

용어 돋보기
* **정류(整 가지런하다, 流 흐르다)**_ 한쪽 방향으로만 전류를 흐르게 함
* **LED(Light Emitting Diode)**_ 빛을 방출하는 다이오드

정답과 해설 51쪽

개념 확인

(7) 순수(고유) 반도체인 규소(Si)는 원자가 전자가 (　　　)개인 원자들이 공유 결합을 하여 안정된 구조를 이룬다.

(8) 순수(고유) 반도체에 불순물을 도핑하면 전기 전도도가 (커진다, 작아진다).

(9) 불순물 반도체 중에서 (　　　)형 반도체는 순수(고유) 반도체에 원자가 전자가 5개인 원소를 도핑하여 만든다.

(10) p형 반도체에서는 주로 (　　　)이 전하를 운반하고, n형 반도체에서는 주로 (　　　)가 전하를 운반한다.

(11) p형 반도체와 n형 반도체를 접합하여 만든 소자를 p−n 접합 (　　　)라고 한다.

(12) p−n 접합 다이오드에서 p형 반도체 쪽에 전원의 (−)극을 연결하고, n형 반도체 쪽에 (+)극을 연결하는 경우를 (순방향, 역방향) 전압 연결이라고 한다.

(13) p−n 접합 다이오드에 전류가 흐르게 하려면 p형 반도체는 전원의 ((+)극, (−)극)에 연결하고, n형 반도체를 전원의 ((+)극, (−)극)에 연결해야 한다.

(14) p−n 접합 다이오드는 전류를 한쪽 방향으로만 흐르게 하는 성질이 있으므로, 교류를 직류로 바꾸는 (　　　) 작용에 이용할 수 있다.

2021 ● 9월 평가원 5번

자료 ❶ 고체의 전기 전도성

물질 A, B, C는 각각 도체와 반도체 중 하나이고, 에너지띠의 색칠된 부분까지 전자가 채워져 있다.

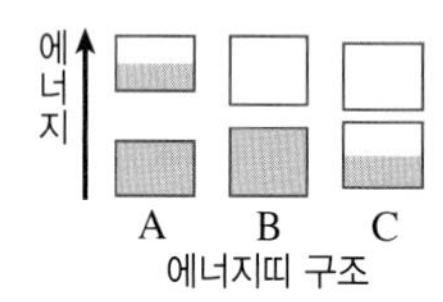

에너지띠 구조

그림 (가)와 같이 저항 측정기에 A, B, C를 연결하여 저항을 측정하고, 측정한 저항값을 이용하여 A, B, C의 전기 전도도를 구한다.

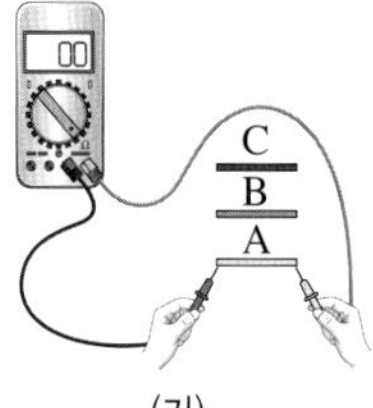

(가)

물질	A	B	C
전기 전도도(1/Ω·m)	6.0×10^{7}	2.2	㉠

1. A, C는 도체이다. (○, ×)
2. A에서는 주로 양공이 전류를 흐르게 한다. (○, ×)
3. B에서 전자가 원자가 띠에서 전도띠로 전이하면 원자가 띠에 양공이 생긴다. (○, ×)
4. B는 온도가 높을수록 전기 전도도가 작아진다. (○, ×)
5. B에 도핑을 하면 전기 전도도가 커진다. (○, ×)
6. C에는 상온에서 원자 사이를 자유롭게 이동할 수 있는 전자들이 많다. (○, ×)
7. ㉠에 해당하는 값은 2.2보다 작다. (○, ×)

2017 ● 수능 8번

자료 ❸ 다이오드

그림 (가)는 저마늄(Ge)에 비소(As)를 첨가한 반도체 A와 저마늄(Ge)에 인듐(In)을 첨가한 반도체 B를, (나)는 A와 B를 접합하여 만든 다이오드가 연결된 회로를 나타낸 것이다.

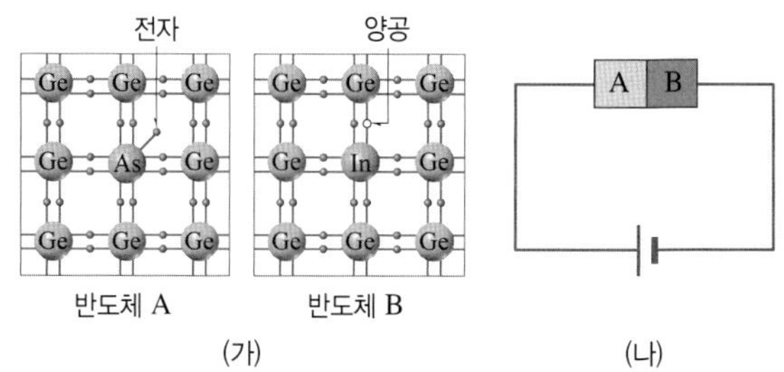

(가) (나)

1. A는 p형 반도체이다. (○, ×)
2. A에 첨가한 비소(As)의 원자가 전자는 5개이다. (○, ×)
3. A에서는 주로 전자가 전류를 흐르게 한다. (○, ×)
4. A의 전기 전도성은 순수(고유) 반도체보다 좋다. (○, ×)
5. B는 n형 반도체이다. (○, ×)
6. B에서 인듐(In)의 원자가 전자는 3개이다. (○, ×)
7. B에서 양공의 수가 자유 전자의 수보다 적다. (○, ×)
8. (나)의 다이오드에 순방향 전압이 걸린다. (○, ×)
9. (나)에서 p형 반도체에 있는 양공의 이동 방향은 p-n 접합면에서 멀어지는 방향이다. (○, ×)

2020 ● 9월 평가원 5번

자료 ❷ 반도체

그림 (가), (나)는 반도체의 원자가 띠와 전도띠 사이에서 전자가 전이하는 과정을 나타낸 것이다. (나)에서는 광자가 방출된다.

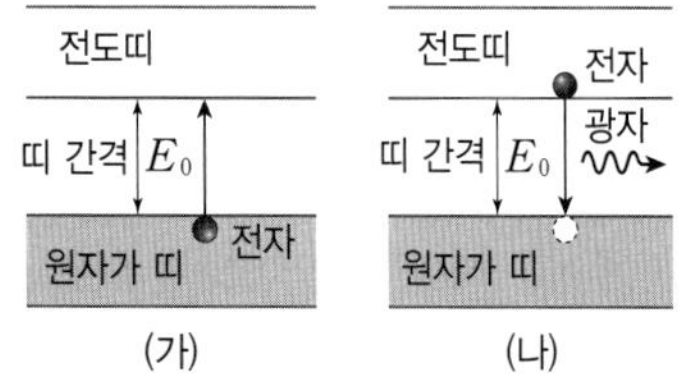

(가) (나)

1. (가)에서 전자는 에너지를 흡수한다. (○, ×)
2. (가)에서 전자가 흡수한 에너지는 E_0보다 작다. (○, ×)
3. (가)에서 원자가 띠에 양공이 생긴다. (○, ×)
4. (나)에서 방출되는 광자의 에너지는 E_0이다. (○, ×)
5. (나)에서 띠 간격이 작을수록 광자의 에너지는 커진다. (○, ×)
6. (나)에서 원자가 띠에 있는 전자의 에너지는 모두 같다. (○, ×)

2021 ● 6월 평가원 10번

자료 ❹ 다이오드

그림은 동일한 전지, 동일한 전구 P와 Q, 전기 소자 X와 Y를 이용하여 구성한 회로를 나타낸 것이고, 표는 스위치를 연결하는 위치에 따라 P, Q가 켜지는지를 나타낸 것이다. X, Y는 저항, 다이오드를 순서 없이 나타낸 것이다.

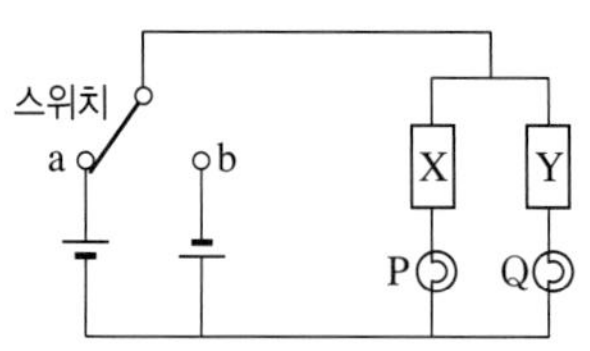

스위치 연결 위치	전구 P	전구 Q
a	○	○
b	○	×

(○: 켜짐, ×: 켜지지 않음)

1. X는 저항이다. (○, ×)
2. Y는 다이오드이다. (○, ×)
3. Y는 정류 작용을 하는 전기 소자이다. (○, ×)
4. 스위치를 a에 연결하면 다이오드에 역방향으로 전압이 걸린다. (○, ×)
5. 스위치를 b에 연결할 때 다이오드의 n형 반도체에 있는 전자와 p형 반도체에 있는 양공은 p-n 접합면 쪽으로 이동한다. (○, ×)

Ⓐ 에너지띠

1 에너지띠에 대한 설명으로 옳은 것만을 [보기]에서 있는 대로 고르시오.

보기
ㄱ. 고체에서 나타나는 에너지 준위이다.
ㄴ. 한 에너지띠에 속하는 전자는 모두 같은 에너지를 갖는다.
ㄷ. 전자는 띠 간격에 해당하는 에너지를 가질 수 있다.

2 그림은 고체의 에너지띠 구조를 나타낸 것이다. 색칠한 부분은 전자가 채워진 띠이다. (가)~(다)의 이름을 쓰시오.

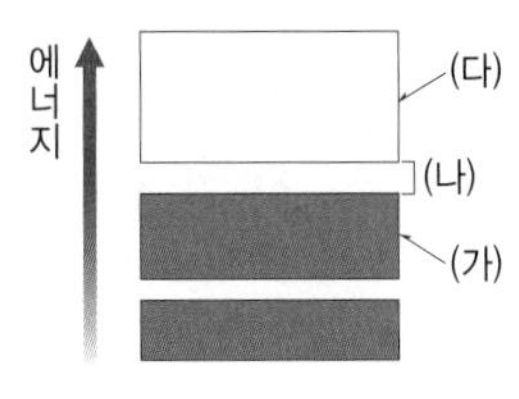

(가) (　　　　　)　(나) (　　　　　)
(다) (　　　　　)

Ⓑ 고체의 전기 전도성

3 전기 전도성에 대한 설명으로 옳은 것만을 [보기]에서 있는 대로 고르시오.

보기
ㄱ. 전기 전도성은 물질의 비저항이 클수록 나쁘다.
ㄴ. 고체의 전기 전도성은 도체>반도체>절연체 순이다.
ㄷ. 반도체의 띠 간격이 작을수록 전기 전도성이 나쁘다.

4 그림은 도체, 절연체, 반도체의 에너지띠 구조를 순서 없이 나타낸 것이다. (　　) 안에 해당하는 물질의 종류를 쓰시오.

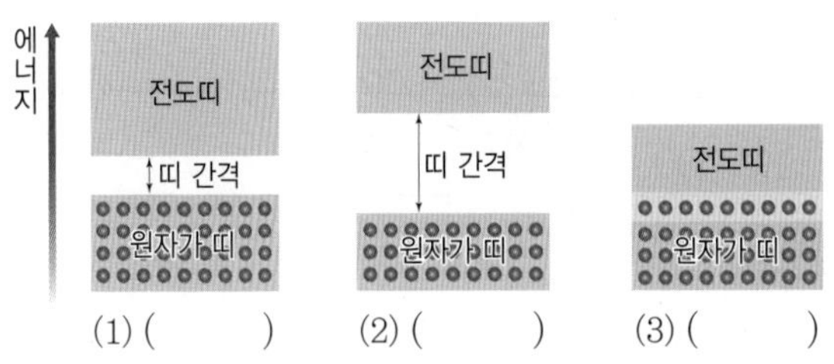

(1) (　　　)　(2) (　　　)　(3) (　　　)

Ⓒ 반도체

5 그림과 같이 규소(Si)에 인(P)을 섞어 만든 불순물 반도체에 대한 설명으로 옳지 않은 것은?

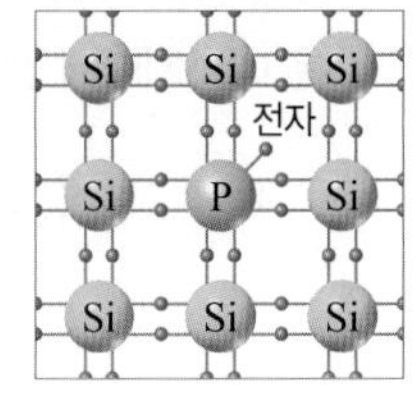

① 규소(Si) 원자는 이웃한 원자와 공유 결합을 한다.
② 인(P)의 원자가 전자는 5개이다.
③ n형 반도체이다.
④ 주요 전하 운반자는 전자이다.
⑤ 순수 반도체보다 전기 전도성이 나쁘다.

6 그림은 어떤 불순물 반도체의 에너지띠 구조를 나타낸 것이다.

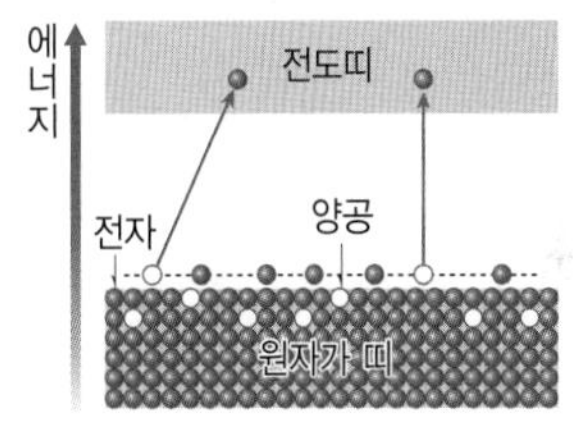

(1) (　　　)형 반도체이다.
(2) 양공의 수가 전자의 수보다 (많, 적)다.
(3) 원자가 전자가 (　　　)개인 원소로 도핑하여 만든다.
(4) 띠 간격은 도핑하기 전보다 (커, 작아)진다.

Ⓓ 다이오드

7 그림은 p-n 접합 다이오드, 건전지, 스위치, 전구를 이용하여 구성한 회로를 나타낸 것이다.
이에 대한 설명으로 옳은 것만을 [보기]에서 있는 대로 고른 것은?

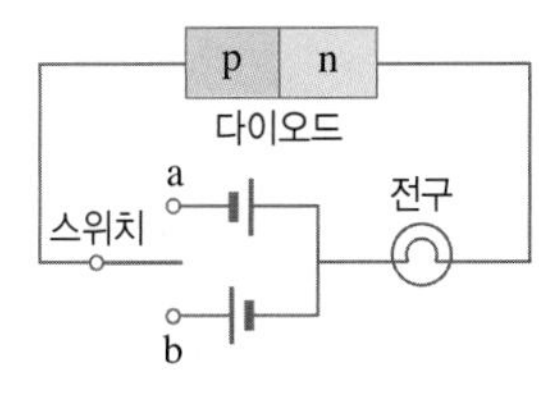

보기
ㄱ. 스위치를 a에 연결하면 전구에 불이 켜진다.
ㄴ. 스위치를 b에 연결하면 n형 반도체에서 전자는 p-n 접합면으로 이동한다.
ㄷ. 다이오드는 정류 작용을 한다.

8 다음과 같은 작용을 하는 다이오드의 종류를 쓰시오.

(1) 전류가 흐를 때 빛을 방출한다.
(2) 빛을 비추면 전류가 흐른다.

2018 9월 평가원 2번

1 그림은 고체 A와 B의 에너지띠 구조를 나타낸 것이다. A와 B는 각각 도체와 절연체 중 하나이고, 색칠한 부분은 에너지띠에 전자가 차 있는 것을 나타낸다.

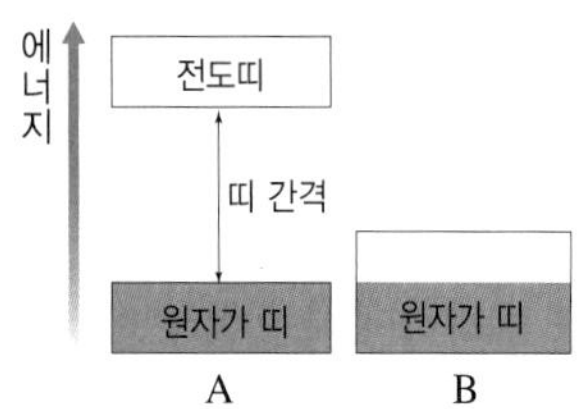

이에 대한 설명으로 옳은 것만을 [보기]에서 있는 대로 고른 것은?

보기

ㄱ. A는 절연체이다.
ㄴ. A에서 원자가 띠의 전자가 전도띠로 전이하려면 띠 간격 이상의 에너지를 얻어야 한다.
ㄷ. B에는 상온에서 원자 사이를 자유롭게 이동할 수 있는 전자들이 많다.

① ㄱ ② ㄷ ③ ㄱ, ㄴ
④ ㄴ, ㄷ ⑤ ㄱ, ㄴ, ㄷ

2 그림은 고체를 온도에 따른 비저항에 따라 세 유형 A, B, C로 나눈 것을 나타낸 것이다.

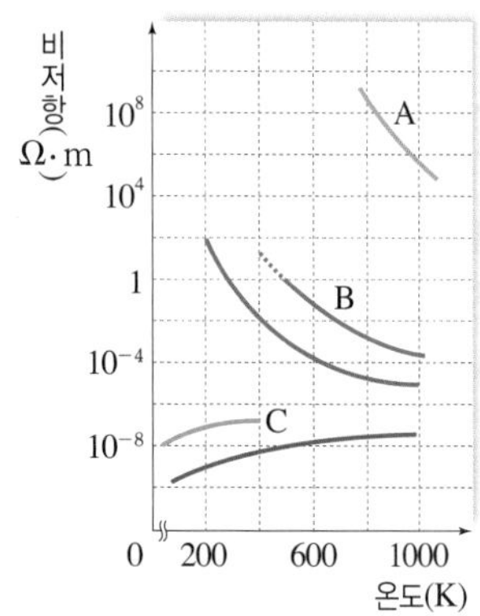

A, B, C에 대한 설명으로 옳은 것은?

① A는 도체이다.
② B는 온도가 높아질수록 전기 전도도가 커진다.
③ 에너지띠의 띠 간격은 A가 B보다 작다.
④ C는 자유 전자가 없다.
⑤ C는 도선의 피복으로 사용된다.

2017 9월 평가원 4번

3 그림은 고체 A, B, C의 에너지띠 구조를 나타낸 것이다. A, B, C는 도체, 반도체, 절연체를 순서 없이 나타낸 것이다. 색칠한 부분은 에너지띠에 전자가 차 있는 것을 나타낸다.

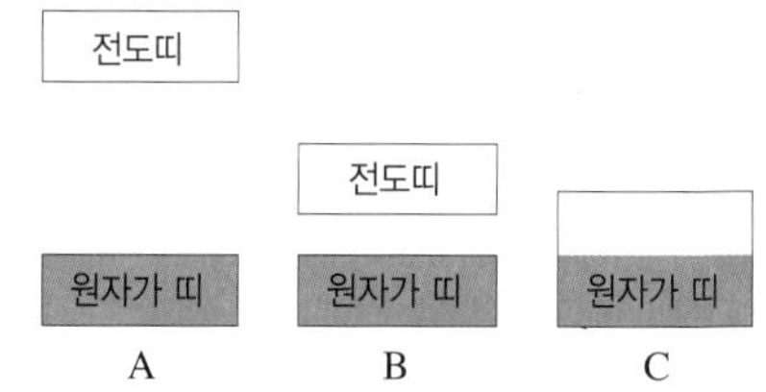

이에 대한 설명으로 옳은 것만을 [보기]에서 있는 대로 고른 것은?

보기

ㄱ. A는 절연체이다.
ㄴ. 실온에서 전기 전도성은 B가 C보다 좋다.
ㄷ. 온도가 높을수록 B에서 양공의 수는 줄어든다.

① ㄱ ② ㄴ ③ ㄷ
④ ㄱ, ㄴ ⑤ ㄱ, ㄷ

4 그림 (가)는 상온에서 순수 반도체의 에너지띠 구조를 나타낸 것이고, (나)는 순수 반도체를 도선으로 전원에 연결했을 때 전류가 흐르는 원리를 나타낸 것이다.

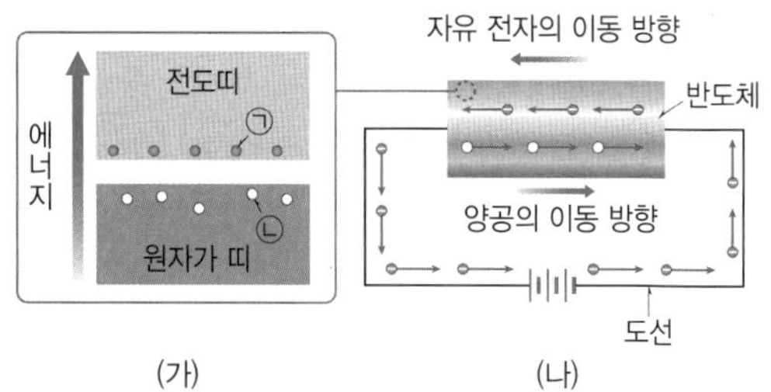

이에 대한 설명으로 옳은 것만을 [보기]에서 있는 대로 고른 것은?

보기

ㄱ. (가)에서 ㉠은 전자, ㉡은 양공을 나타낸다.
ㄴ. (나)의 도선에서 전자와 양공의 이동으로 전류가 흐른다.
ㄷ. (나)의 반도체에서 전자와 양공이 서로 반대 방향으로 이동한다.

① ㄱ ② ㄴ ③ ㄷ
④ ㄱ, ㄴ ⑤ ㄱ, ㄷ

5 그림은 순수 반도체와 불순물 반도체의 에너지띠 구조에 대해 학생 A, B, C가 대화하는 모습을 나타낸 것이다.

제시한 내용이 옳은 학생만을 있는 대로 고른 것은?

① A ② B ③ A, C
④ B, C ⑤ A, B, C

6 그림은 도체와 반도체의 에너지띠 구조를 나타낸 것이다.

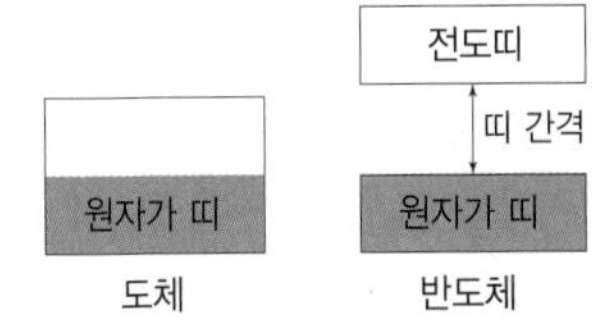

이에 대한 설명으로 옳은 것만을 [보기]에서 있는 대로 고른 것은?

보기
ㄱ. 원자가 띠에 있는 전자의 에너지 준위는 모두 같다.
ㄴ. 반도체에서 전자가 원자가 띠에서 전도띠로 전이하면 원자가 띠에 양공이 생긴다.
ㄷ. 전기 전도성은 반도체가 도체보다 좋다.

① ㄴ ② ㄷ ③ ㄱ, ㄴ
④ ㄱ, ㄷ ⑤ ㄱ, ㄴ, ㄷ

2019 9월 평가원 12번

7 그림은 동일한 p-n 접합 다이오드 2개, 동일한 저항 A, B, C와 전지를 이용하여 구성한 회로를 나타낸 것이다. X와 Y는 p형 반도체와 n형 반도체를 순서 없이 나타낸 것이다. A에는 화살표 방향으로 전류가 흐른다

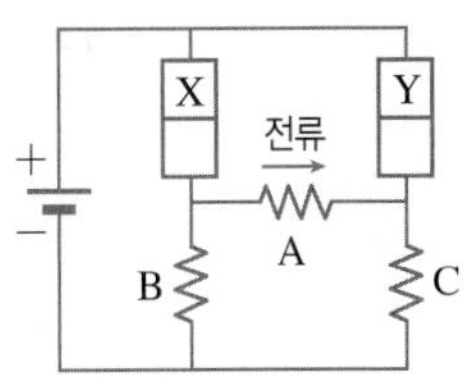

이에 대한 설명으로 옳은 것만을 [보기]에서 있는 대로 고른 것은?

보기
ㄱ. X에서는 주로 양공이 전류를 흐르게 한다.
ㄴ. Y는 p형 반도체이다.
ㄷ. 전류의 세기는 B에서가 C에서보다 크다.

① ㄱ ② ㄴ ③ ㄷ
④ ㄱ, ㄷ ⑤ ㄴ, ㄷ

8 그림은 발광 다이오드(LED)에서 빛이 방출되는 원리를 에너지띠 이론으로 나타낸 것이다.

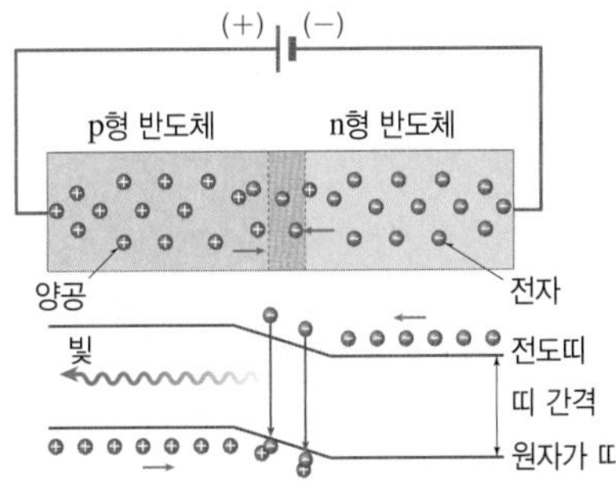

이에 대한 설명으로 옳은 것만을 [보기]에서 있는 대로 고른 것은?

보기
ㄱ. 발광 다이오드에서 방출되는 빛에너지는 반도체의 띠 간격과 같다.
ㄴ. 띠 간격에 따라 다른 색깔의 빛이 방출된다.
ㄷ. 빛이 방출될 때 원자가 띠의 전자가 전도띠로 전이한다.

① ㄱ ② ㄷ ③ ㄱ, ㄴ
④ ㄴ, ㄷ ⑤ ㄱ, ㄴ, ㄷ

정답과 해설 55쪽

2020 수능 3번

1 그림은 상온에서 고체 A와 B의 에너지띠 구조를 나타낸 것이다. A와 B는 반도체와 절연체를 순서 없이 나타낸 것이다.

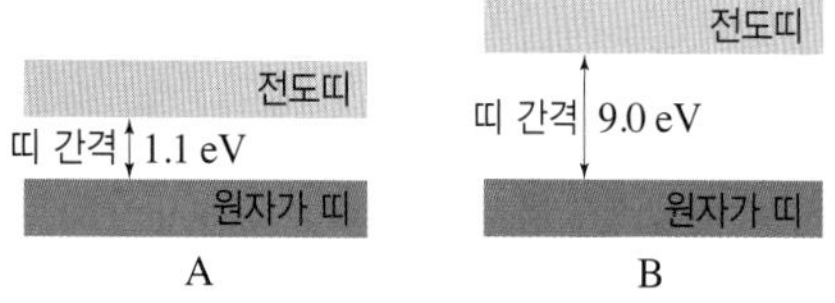

이에 대한 설명으로 옳은 것만을 [보기]에서 있는 대로 고른 것은?

보기
ㄱ. A는 반도체이다.
ㄴ. 전기 전도성은 A가 B보다 좋다.
ㄷ. 단위 부피당 전도띠에 있는 전자 수는 A가 B보다 많다.

① ㄱ ② ㄷ ③ ㄱ, ㄴ ④ ㄴ, ㄷ ⑤ ㄱ, ㄴ, ㄷ

2021 수능 4번

2 다음은 물질의 전기 전도도에 대한 실험이다.

[실험 과정]
(가) 물질 X로 이루어진 원기둥 모양의 막대 a, b, c를 준비한다.
(나) a, b, c의 ㉠ 과/와 길이를 측정한다.

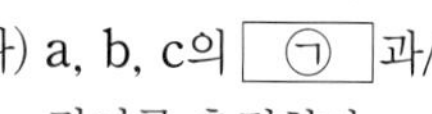

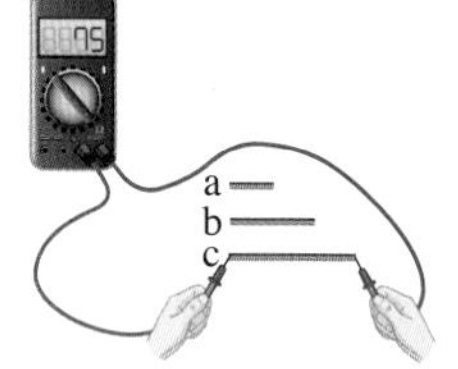

(다) 저항 측정기를 이용하여 a, b, c의 저항값을 측정한다.
(라) (나)와 (다)의 측정값을 이용하여 X의 전기 전도도를 구한다.

[실험 결과]

막대	㉠ (cm^2)	길이 (cm)	저항값 (kΩ)	전기 전도도 (1/Ω·m)
a	0.20	1.0	㉡	2.0×10^{-2}
b	0.20	2.0	50	2.0×10^{-2}
c	0.20	3.0	75	2.0×10^{-2}

이에 대한 설명으로 옳은 것만을 [보기]에서 있는 대로 고른 것은?

보기
ㄱ. 단면적은 ㉠에 해당한다.
ㄴ. ㉡은 50보다 크다.
ㄷ. X의 전기 전도도는 막대의 길이에 관계없이 일정하다.

① ㄱ ② ㄴ ③ ㄱ, ㄷ ④ ㄴ, ㄷ ⑤ ㄱ, ㄴ, ㄷ

2020 9월 평가원 10번

3 다음은 p-n 접합 다이오드의 특성을 알아보기 위한 실험이다.

[실험 과정]
(가) 그림과 같이 p-n 접합 다이오드 A와 B, 저항, 오실로스코프 Ⅰ과 Ⅱ, 스위치, 직류 전원, 교류 전원이 연결된 회로를 구성한다. X, Y는 각각 p형 반도체와 n형 반도체 중 하나이다.

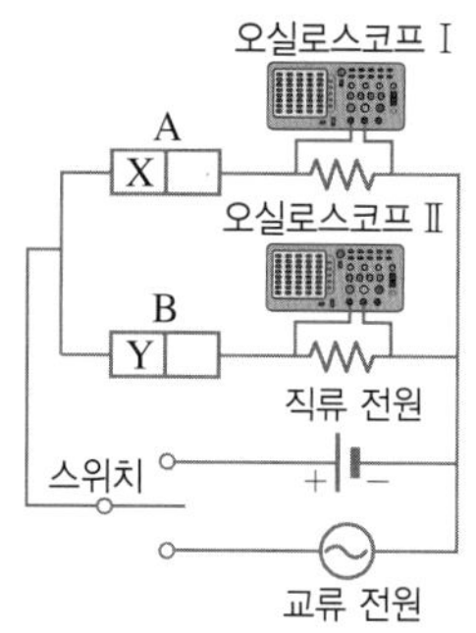

(나) 스위치를 직류 전원에 연결하여 Ⅰ, Ⅱ에 측정된 전압을 관찰한다.
(다) 스위치를 교류 전원에 연결하여 Ⅰ, Ⅱ에 측정된 전압을 관찰한다.

[실험 결과]

	오실로스코프 Ⅰ	오실로스코프 Ⅱ
(나)	전압 V_0, 0, $-V_0$, 시간	전압 V_0, 0, $-V_0$, 시간
(다)	전압 V_0, 0, $-V_0$, 시간	전압 V_0, 0, $-V_0$, 시간

이에 대한 설명으로 옳은 것만을 [보기]에서 있는 대로 고른 것은?

보기
ㄱ. X는 p형 반도체이다.
ㄴ. (나)의 A에는 순방향 전압이 걸려 있다.
ㄷ. (다)의 Ⅱ에서 전압이 $-V_0$일 때, B에서 Y의 전자는 p-n 접합면 쪽으로 이동한다.

① ㄱ ② ㄷ ③ ㄱ, ㄴ
④ ㄴ, ㄷ ⑤ ㄱ, ㄴ, ㄷ

2018 6월 평가원 15번

4 그림은 동일한 p−n 접합 발광 다이오드(LED) A, B, C, D에 전지 2개, 저항, 스위치를 연결한 회로를 나타낸 것이다. 스위치를 a에 연결했을 때 A와 D가 켜지고, 스위치를 b에 연결했을 때 B와 C가 켜진다. X와 Y는 각각 p형 반도체와 n형 반도체 중 하나이다.

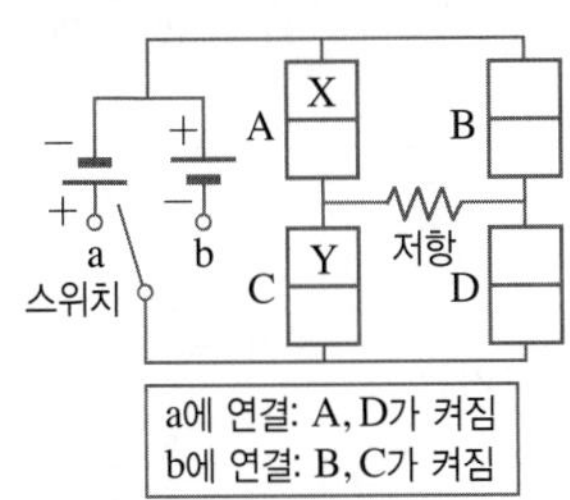

이에 대한 설명으로 옳은 것만을 [보기]에서 있는 대로 고른 것은?

보기

ㄱ. X는 n형 반도체이다.
ㄴ. 스위치를 b에 연결했을 때, Y에서는 주로 양공이 전류를 흐르게 한다.
ㄷ. 스위치를 a에 연결했을 때와 b에 연결했을 때에 저항에 흐르는 전류의 방향은 서로 반대이다.

① ㄱ ② ㄷ ③ ㄱ, ㄴ
④ ㄴ, ㄷ ⑤ ㄱ, ㄴ, ㄷ

5 그림은 p형 반도체와 n형 반도체를 접합하여 만든 발광 다이오드(LED)를 직류 전원 장치에 연결했을 때, LED에서 빨간색 빛이 방출되는 모습을 나타낸 것이다.

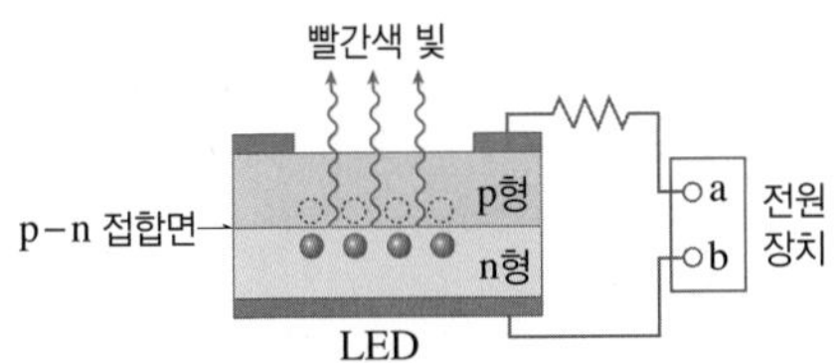

이에 대한 설명으로 옳은 것만을 [보기]에서 있는 대로 고른 것은?

보기

ㄱ. 전원 장치의 단자 a는 (+)극이다.
ㄴ. n형 반도체의 전도띠에 있는 전자가 p−n 접합면으로부터 멀어진다.
ㄷ. 띠 간격이 더 큰 발광 다이오드를 연결하면 파장이 더 긴 빛이 방출된다.

① ㄱ ② ㄷ ③ ㄱ, ㄴ
④ ㄱ, ㄷ ⑤ ㄴ, ㄷ

6 그림은 4개의 다이오드 D_1, D_2, D_3, D_4를 이용해 만든 정류 회로의 모식도이다.

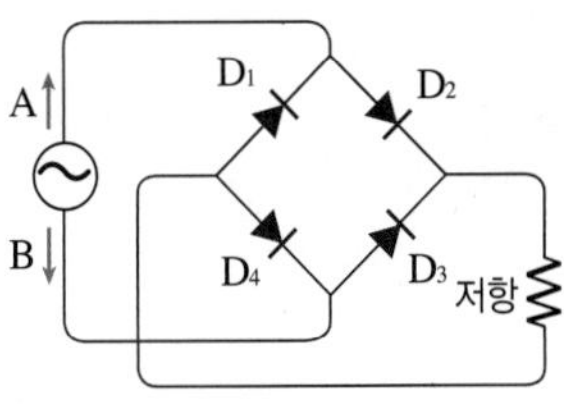

이에 대한 설명으로 옳은 것만을 [보기]에서 있는 대로 고른 것은?

보기

ㄱ. 교류 전류가 A 방향으로 흐를 때 D_2, D_4에 전류가 흐른다.
ㄴ. 저항에는 항상 같은 방향으로 전류가 흐른다.
ㄷ. 휴대폰 충전기에 사용된다.

① ㄱ ② ㄴ ③ ㄱ, ㄷ
④ ㄴ, ㄷ ⑤ ㄱ, ㄴ, ㄷ

2020 6월 평가원 10번

7 다음은 p−n 접합 발광 다이오드(LED)를 이용한 빛의 합성에 대한 탐구 활동이다.

[자료 조사 결과]

- LED는 띠 간격의 크기에 해당하는 빛을 방출한다.
- LED A, B, C는 각각 빛의 삼원색 중 한 종류의 빛만 낸다.
- 띠 간격의 크기는 A>B>C이다.

[실험 과정]

(가) 그림과 같이 A, B, C에서 나오는 빛이 합성되는 조명 장치를 구성한다.

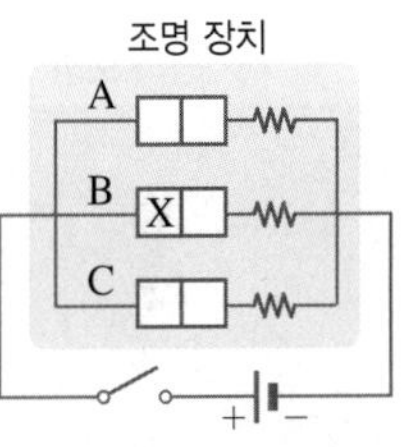

(나) 스위치를 닫고 조명 장치의 색을 관찰한다.
(다) 스위치를 열고 전지의 방향을 반대로 바꾼 후 (나)를 반복한다.
(라) (다)에서 스위치를 열고 B의 방향을 반대로 바꾼 후 (나)를 반복한다.

[실험 결과]

실험 과정	(나)	(다)	(라)
조명 장치의 색	㉠	자홍색	백색

이에 대한 설명으로 옳은 것만을 [보기]에서 있는 대로 고른 것은? (단, X는 p형 반도체와 n형 반도체 중 하나이다.)

보기

ㄱ. A는 파란색 빛을 내는 LED이다.
ㄴ. X는 n형 반도체이다.
ㄷ. ㉠은 초록색이다.

① ㄱ ② ㄴ ③ ㄱ, ㄷ
④ ㄴ, ㄷ ⑤ ㄱ, ㄴ, ㄷ

전류에 의한 자기장

≫ 핵심 짚기 › 전류에 의한 자기장의 방향과 세기 › 전자석의 원리 › 전류가 받는 자기력 › 전류에 의한 자기장의 이용

Ⓐ 전류에 의한 자기장

1 자기장과 자기력선

① 자기장: 자석이나 전류가 흐르는 도선 주위에 생기는 자기력이 작용하는 공간으로, 자기장의 방향은 나침반의 N극이 가리키는 방향으로 정한다.

② 자기력선: 자기장의 모양을 나타내는 선으로, 자기장 내에서 나침반의 N극이 가리키는 방향을 연속적으로 이은 선이다.[1]

2 직선 전류에 의한 자기장

자기장의 모양	자기장의 방향	자기장의 세기 B
	전류의 방향, 자기장의 방향, 전류의 방향, 자기장의 방향, N◆S	전류의 세기 I에 비례하고, 도선으로부터의 수직 거리 r에 반비례한다(앙페르 법칙). ➡ $B \propto \frac{I}{r}$
직선 도선을 중심으로 하는 동심원 모양	• 오른손 엄지손가락: 전류의 방향 • 네 손가락: 자기장의 방향	

3 원형 전류에 의한 자기장

자기장의 모양	자기장의 방향[2]	자기장의 세기 B
	전류의 방향, 자기장의 방향, N◆S	원형 도선 중심에서의 세기는 전류의 세기 I에 비례하고, 도선의 반지름 r에 반비례한다. ➡ $B_{중심} \propto \frac{I}{r}$
• 원형 도선을 중심으로 하는 원 모양 • 원의 중심에서는 직선 모양	• 오른손 엄지손가락: 전류의 방향 • 네 손가락: 원형 도선 내부에서의 자기장의 방향 (원형 도선이 만드는 평면에 수직)	

4 솔레노이드에 의한 자기장

자기장의 모양	자기장의 방향[3]	자기장의 세기 B
	자기장의 방향, 전류의 방향, N, S, 전류, 전류	솔레노이드 내부에서의 세기는 전류의 세기 I에 비례하고, 단위 길이당 코일의 감은 수 n에 비례한다. ➡ $B_{내부} \propto nI$ 코일의 총 감은 수(N)를 솔레노이드의 길이(l)로 나눈 것 → $n=\frac{N}{l}$
• 내부: *솔레노이드의 중심축에 나란하고 균일한 모양 • 외부: 막대자석이 만드는 자기장과 비슷한 모양	• 오른손 네 손가락: 전류의 방향 • 엄지손가락: 솔레노이드 내부에서 자기장의 방향	

PLUS 강의

[1] 자기력선의 특징

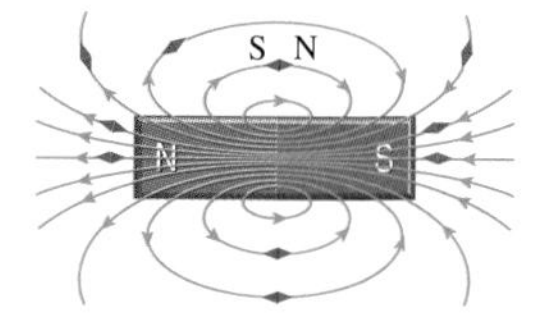

• 자석 내부를 지나 N극에서 나와 S극으로 들어가는 폐곡선을 이룬다.
• 도중에 갈라지거나 교차되거나 끊어지지 않는다.
• 자기력선의 한 점에서 그은 접선 방향이 그 점에서의 자기장 방향이다.
• 자기력선의 간격이 좁을수록 자기장의 세기가 세다.

[2] 원형 전류에 의한 자기장의 방향

원형 도선에 흐르는 전류에 의한 자기장의 방향은 그림과 같이 작은 직선 도선이 만드는 자기장의 합으로 생각할 수 있다.

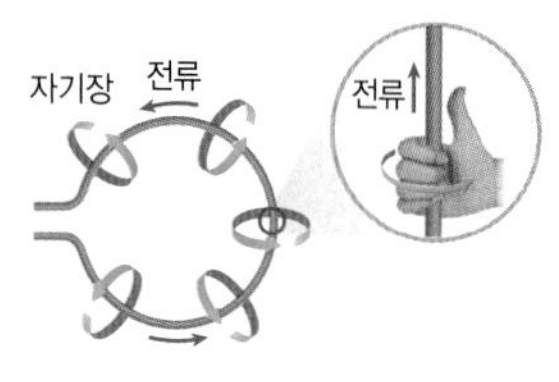

[3] 솔레노이드에 의한 자기장의 방향

코일이 감긴 방향에 따라 오른손 네 손가락을 전류가 흐르는 방향으로 감아쥐면 엄지손가락이 가리키는 방향이 솔레노이드 내부에서 자기장의 방향이다.

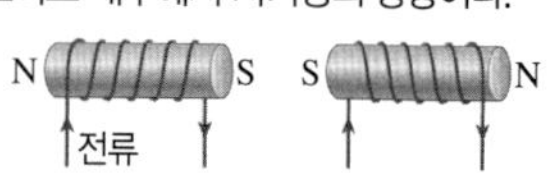

용어 돋보기

* **솔레노이드(solenoid)**_도선을 촘촘하고 균일하게 원통형으로 길게 감아 만든 것

Ⓑ 전류에 의한 자기장의 이용

1 전자석 솔레노이드 내부에 철심을 넣어 전류가 흐를 때 철심이 자기화되어 강한 자기장이 형성된 자석으로, 전류의 세기와 방향을 조절하여 자기장의 세기를 조절한다.

[이용] 전자석 기중기, 전자 밸브, 자기 부상 열차

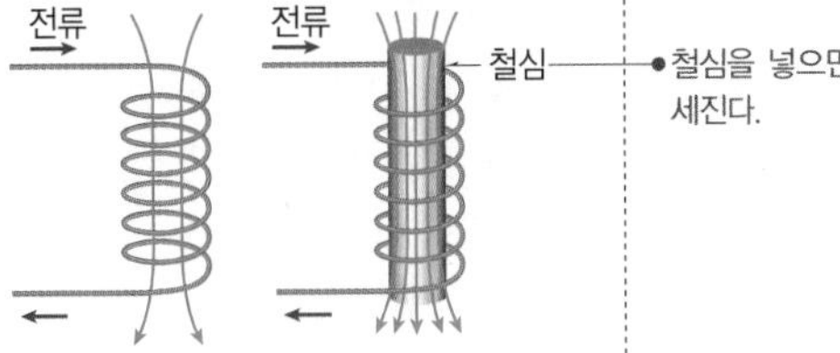

▲ 전자석의 철심

철심을 넣으면 자기장이 세진다.

2 토로이드 솔레노이드를 도넛 모양으로 감은 장치로, 토로이드의 솔레노이드에 센 전류가 흐르면 강한 자기장이 생긴다.

[이용] 강한 자기장을 이용해 핵융합 발전 장치인 토카막에서 핵연료를 가둔다.

3 자기력 자기장 속에 놓인 도선에 전류가 흐를 때 도선이 받는 힘이다.

[이용] 스피커, 전동기, 전류계, 자동차 연료 계기판

[전류가 받는 자기력]

- 자기력: 자석 사이에 있는 도선에 전류가 흐르면 도선은 자석의 자기장에 의해 자기력을 받는다.④
- 자기력의 방향: 오른손 네 손가락을 자기장의 방향, 엄지손가락을 전류의 방향으로 향하게 할 때 손바닥이 향하는 방향이다. 전류의 방향과 자기장의 방향에 각각 수직이다.
- 자기력의 크기: 자기장이 셀수록, 전류의 세기가 셀수록, 자기장 내에 놓인 도선이 길수록 크다.

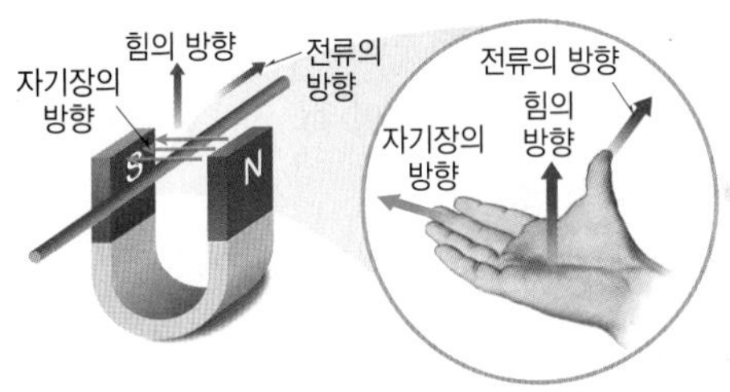

- 전류의 방향: 오른손 엄지손가락
- 자기장의 방향: 오른손 네 손가락
- 힘(자기력)의 방향: 오른손 손바닥 방향

④ **전류가 받는 자기력**
전류에 의한 자기장과 자석의 자기장의 상호 작용으로 발생한다.

⑤ **전동기**

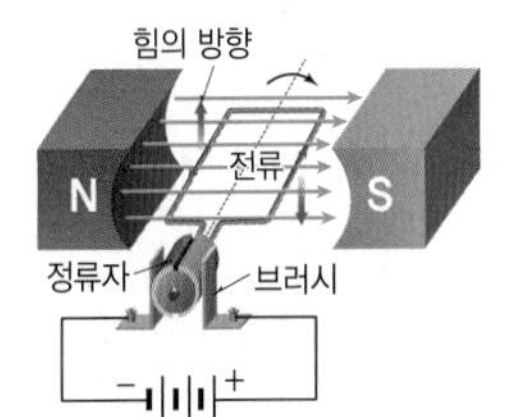

정류자는 코일이 반 바퀴 회전할 때마다 전류의 방향을 바꾸어 코일이 한쪽 방향으로 계속 회전하게 한다.

4 전류에 의한 자기장의 이용

① **자기 공명 영상(MRI) 장치**: 초전도체로 만든 솔레노이드의 강한 자기장을 이용해 인체 내부의 영상을 얻는 장치이다.

② **자기 부상 열차**: 레일에 설치된 영구 자석과 열차에 부착된 전자석 사이의 자기력에 의해 열차가 레일 위에 뜬 상태로 마찰 없이 매우 빠르게 달릴 수 있다.

③ **스피커**: 자석, 코일, 진동판으로 구성되어 있으며, 코일에 흐르는 전류가 변할 때 자석과 코일 사이에 자기력의 크기와 방향이 바뀌어 진동판이 진동하므로 소리가 발생한다.

④ ***전동기**: 자석 사이의 코일에 전류가 흐를 때 코일이 자기력을 받아 회전한다. 세탁기, 헤어드라이어, 진공 청소기, 전기 자동차 등에 이용된다.⑤
(전기 에너지 → 역학적 에너지)

용어 돋보기
* 전동기(電 번개, 動 움직이다, 機 기계)_ 전기 에너지를 운동 에너지로 변환시키는 장치

정답과 해설 57쪽

개념 확인

(1) 자기력이 작용하는 공간을 ( )이라고 하며, 이것의 방향은 나침반의 ( )극이 가리키는 방향이다.

(2) 전류가 흐르는 직선 도선에 의한 자기장의 방향은 오른손 엄지손가락이 ( )의 방향을 가리키도록 할 때 네 손가락을 감아쥐는 방향이다.

(3) 전류가 흐르는 직선 전류에 의한 자기장의 세기는 전류의 세기에 (비례, 반비례)하고, 도선으로부터의 수직 거리에 (비례, 반비례)한다.

(4) 전류가 흐르는 원형 도선의 중심에서 자기장의 세기는 ( )에 비례하고, 도선이 만드는 원의 ( )에 반비례한다.

(5) 전류가 흐르는 솔레노이드 내부에서 자기장의 방향은 오른손 네 손가락을 ( )의 방향으로 감아쥘 때 엄지손가락이 가리키는 방향이다.

(6) 전동기, 스피커는 자석과 코일 사이에 작용하는 ( )력을 이용한 장치이다.

정답과 해설 57쪽

2021 • 9월 평가원 18번

자료❶ 직선 전류에 의한 자기장

그림 (가)와 같이 무한히 긴 직선 도선 A, B, C가 같은 종이면에 있다. A, B, C에는 세기가 각각 $4I_0$, $2I_0$, $5I_0$인 전류가 일정하게 흐른다. A와 B는 고정되어 있고, A와 B에 흐르는 전류의 방향은 서로 반대이다. 그림 (나)는 C를 $x=-d$와 $x=d$ 사이의 위치에 놓을 때, C의 위치에 따른 점 p에서의 A, B, C에 흐르는 전류에 의한 자기장을 나타낸 것이다. 자기장의 방향은 종이면에서 수직으로 나오는 방향이 양(+)이다.

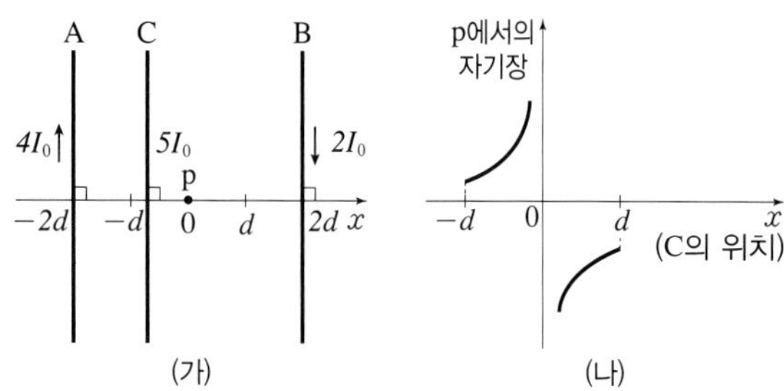

1. p에서 A, B에 흐르는 전류에 의한 자기장의 방향은 반대이다. (○, ×)
2. 전류의 방향은 B에서와 C에서가 서로 반대이다. (○, ×)
3. p에서의 자기장의 세기는 C의 위치가 $x=\frac{d}{5}$일 때가 $x=-\frac{d}{5}$일 때보다 크다. (○, ×)
4. p에서의 자기장이 0이 되는 C의 위치는 $x=-2d$와 $x=-d$ 사이에 있다. (○, ×)
5. C의 위치가 $x=-d$일 때, p에서 A와 C에 의한 자기장의 세기는 B에 의한 자기장의 세기의 2배이다. (○, ×)

2020 • 수능 13번

자료❷ 직선 전류에 의한 자기장

그림 (가)와 같이 전류가 흐르는 무한히 긴 직선 도선 A, B가 xy 평면의 $x=-d$, $x=0$에 각각 고정되어 있다. A에는 세기가 I_0인 전류가 $+y$ 방향으로 흐른다. 그림 (나)는 $x>0$ 영역에서 A, B에 흐르는 전류에 의한 자기장을 x에 따라 나타낸 것이다. 자기장의 방향은 xy 평면에서 수직으로 나오는 방향이 양(+)이다.

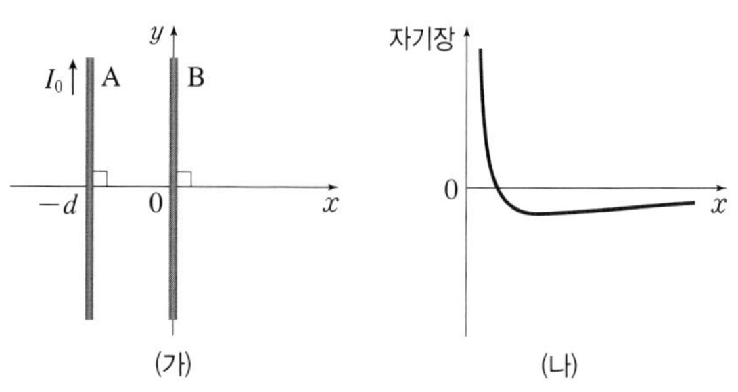

1. B에 흐르는 전류의 방향은 $-y$ 방향이다. (○, ×)
2. B에 흐르는 전류의 세기는 I_0보다 크다. (○, ×)
3. $x=-\frac{3}{2}d$에서 A, B에 흐르는 전류에 의한 자기장의 방향은 xy 평면에서 수직으로 나오는 방향이다. (○, ×)
4. A, B에 흐르는 전류에 의한 자기장의 방향은 $x=-\frac{1}{2}d$에서와 $x=-\frac{3}{2}d$에서가 같다. (○, ×)

2019 • 6월 평가원 14번

자료❸ 원형 전류에 의한 자기장

그림과 같이 중심이 점 O인 세 원형 도선 A, B, C가 종이면에 고정되어 있다. 표는 O에서 A, B, C의 전류에 의한 자기장의 세기와 방향을 나타낸 것이다. A에 흐르는 전류의 방향은 시계 반대 방향이다.

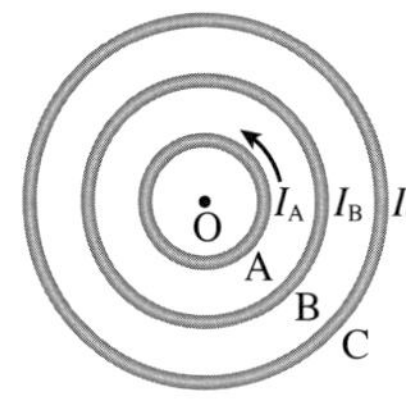

실험	전류의 세기			O에서의 자기장	
	A	B	C	세기	방향
Ⅰ	I_A	0	0	B_0	㉠
Ⅱ	I_A	I_B	0	$0.5B_0$	×
Ⅲ	I_A	I_B	I_C	B_0	⊙

×: 종이면에 수직으로 들어가는 방향
⊙: 종이면에서 수직으로 나오는 방향

1. ㉠은 '⊙'이다. (○, ×)
2. 실험 Ⅱ에서 B에 흐르는 전류의 방향은 시계 방향이다. (○, ×)
3. 실험 Ⅲ에서 C와 B에 흐르는 전류의 방향은 같다. (○, ×)
4. 실험 Ⅲ에서 $I_B<I_C$이다. (○, ×)
5. 실험 Ⅲ의 O에서 C에 흐르는 전류에 의한 자기장의 세기는 $0.5B_0$이다. (○, ×)

Ⓐ 전류에 의한 자기장

1 그림 (가)와 같이 전류 I가 흐르는 도선으로부터 거리가 $2r$인 a점의 자기장의 세기가 B일 때, (나)와 같이 전류 $2I$가 흐르는 도선으로부터 거리 r인 b점의 자기장의 세기는 얼마인지 쓰시오.

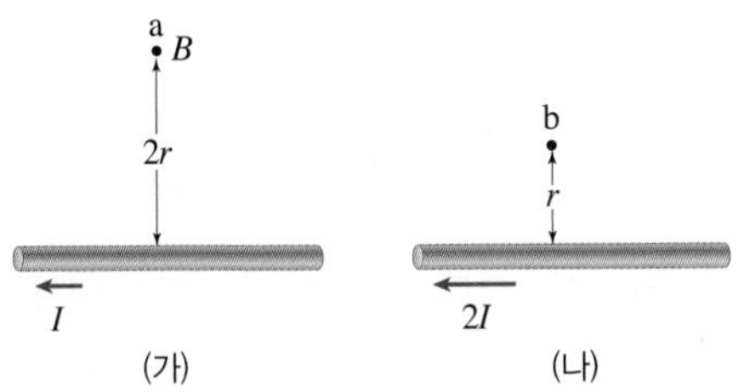

2 그림과 같이 $x=-L$과 $x=2L$에 고정된 두 직선 도선에 세기가 각각 I, $2I$인 두 전류가 서로 반대 방향으로 흐르고 있을 때, 두 직선 도선에 흐르는 전류에 의한 자기장의 세기가 0인 지점이 있는 곳은?

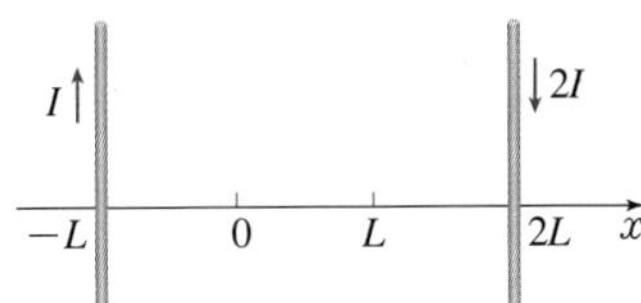

① $x<-L$ ② $-L<x<0$ ③ $0<x<L$
④ $L<x<2L$ ⑤ $x>2L$

3 그림과 같이 원형 도선 주위의 A, B, C 지점에 나침반이 놓여 있다. (단, 지구 자기장은 무시한다.)

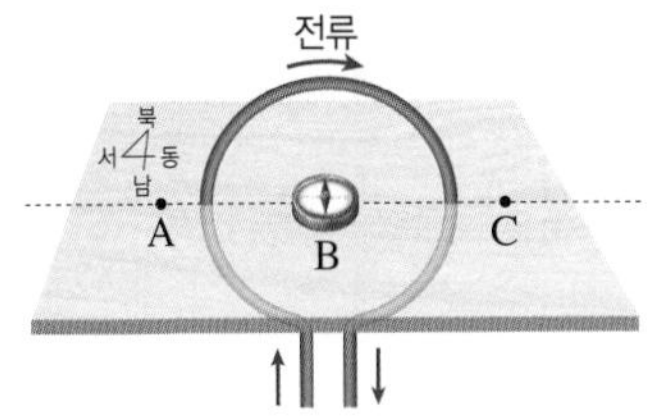

(1) A, B, C 지점의 나침반의 N극이 가리키는 방향을 각각 쓰시오.

(2) B 지점에서 전류에 의한 자기장의 세기가 증가하는 경우로 옳은 것만을 [보기]에서 있는 대로 고르시오.

보기
ㄱ. 원형 도선의 반지름을 증가시킨다. ㄴ. 전류의 세기를 증가시킨다. ㄷ. 전류의 방향을 반대로 한다.

4 그림 (가)는 반지름이 $2r$인 원형 도선 a에 세기가 I인 전류가 시계 반대 방향으로 흐르는 것을 나타낸 것이고, (나)는 중심이 같고 반지름이 r인 원형 도선 b를 a와 중심이 겹치도록 놓고 전류를 흘려주는 것을 나타낸 것이다. 점 P와 Q에서 전류에 의한 자기장의 세기는 B이다. (단, 모든 원형 도선은 종이면에 놓여 있다.)

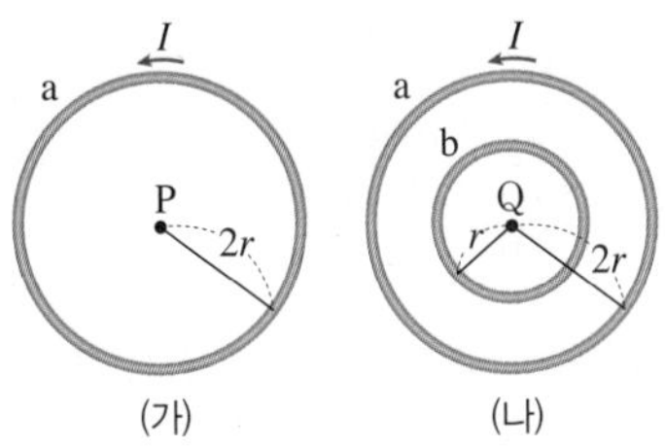

(1) b에 흐르는 전류의 방향: (　　　　　　　　)

(2) b에 흐르는 전류의 세기: (　　　　　　　　)

5 그림은 길이가 같고 감은 횟수가 각각 N, $2N$인 솔레노이드 A, B에 같은 방향으로 전류 I가 흐르는 것을 나타낸 것이다.

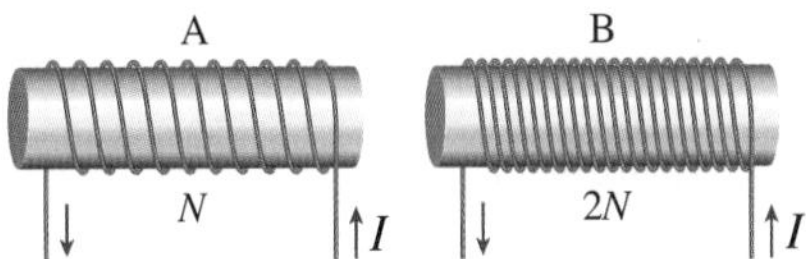

이에 대한 설명으로 옳은 것만을 [보기]에서 있는 대로 고르시오.

보기
ㄱ. A의 내부에서 자기장의 방향은 왼쪽이다. ㄴ. 내부에서 자기장의 세기는 A가 B보다 작다. ㄷ. A와 B 사이에는 척력이 작용한다.

Ⓑ 전류에 의한 자기장의 이용

6 그림과 같이 자석 사이에 있는 직선 도선에 $-z$ 방향으로 전류가 흐를 때 도선에 작용하는 자기력의 방향을 쓰시오.

7 전류에 의한 자기장을 이용한 장치를 [보기]에서 있는 대로 고르시오.

보기
ㄱ. 전동기　ㄴ. 스피커　ㄷ. 발전기　ㄹ. MRI

2019 수능 4번

1 다음은 직선 도선에 흐르는 전류에 의한 자기장에 대한 실험이다.

(가) 그림과 같이 직선 도선이 수평면에 놓인 나침반의 자침과 나란하도록 실험 장치를 구성한다.

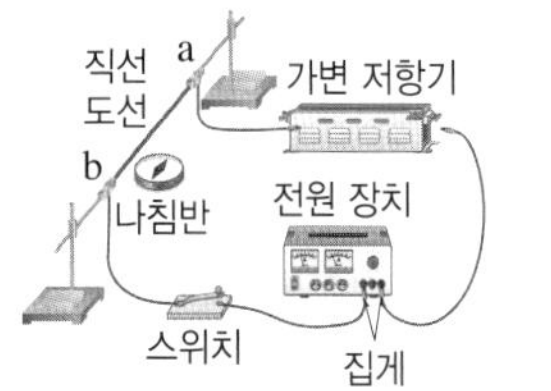

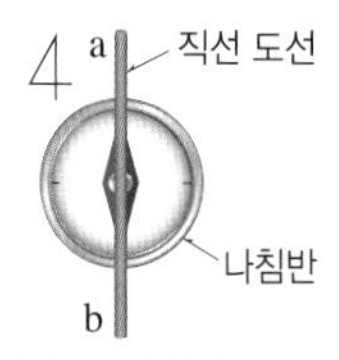

〈위에서 본 모습〉

(나) 스위치를 닫고, 나침반 자침의 방향을 관찰한다.

(다) (가)의 상태에서 가변 저항기의 저항값을 변화시킨 후, (나)를 반복한다.

(라) (가)의 상태에서 [㉠], (나)를 반복한다.

[결과] (나) (다) (라)

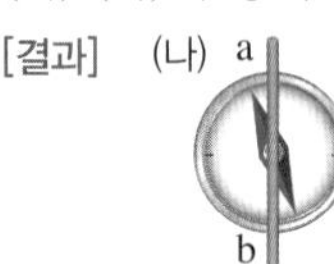

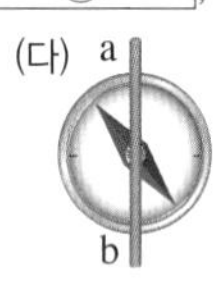

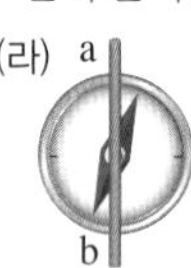

이에 대한 설명으로 옳은 것만을 [보기]에서 있는 대로 고른 것은?

보기

ㄱ. (나)에서 직선 도선에 흐르는 전류의 방향은 a → b 방향이다.

ㄴ. 직선 도선에 흐르는 전류의 세기는 (나)에서가 (다)에서보다 작다.

ㄷ. '전원 장치의 (+), (−)단자에 연결된 집게를 서로 바꿔 연결한 후'는 ㉠으로 적절하다.

① ㄱ ② ㄷ ③ ㄱ, ㄴ ④ ㄴ, ㄷ ⑤ ㄱ, ㄴ, ㄷ

2 그림과 같이 서로 평행하고 무한히 긴 직선 도선 P, Q, R가 xy 평면의 원점 O에서 d만큼 떨어져 수직으로 고정되어 있다. P, Q에 흐르는 전류의 세기는 각각 I, $2I$이다. O에서 세 도선에 의한 자기장의 세기는 B_0이며 방향은 $+y$ 방향이다.

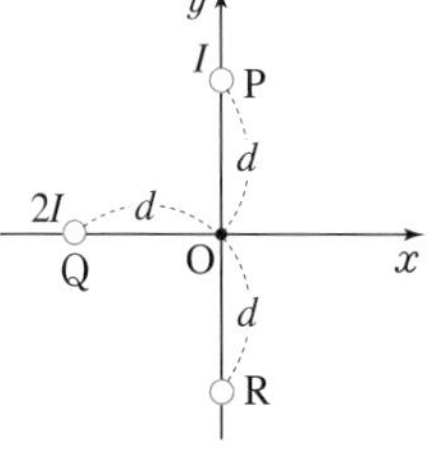

이에 대한 설명으로 옳은 것만을 [보기]에서 있는 대로 고른 것은?

보기

ㄱ. 도선에 흐르는 전류의 방향은 P와 R에서 같다.

ㄴ. R에 흐르는 전류의 세기는 I이다.

ㄷ. O에서 R에 의한 자기장의 세기는 B_0이다.

① ㄱ ② ㄴ ③ ㄷ ④ ㄱ, ㄴ ⑤ ㄴ, ㄷ

2017 수능 12번

3 그림과 같이 일정한 세기의 전류가 흐르고 있는 무한히 긴 두 직선 도선 A, B가 xy 평면상에 고정되어 있고, 점 P, Q, R는 x축상에 있다. 표는 P, Q에서 A, B에 흐르는 전류에 의한 자기장의 세기와 방향을 나타낸 것이다.

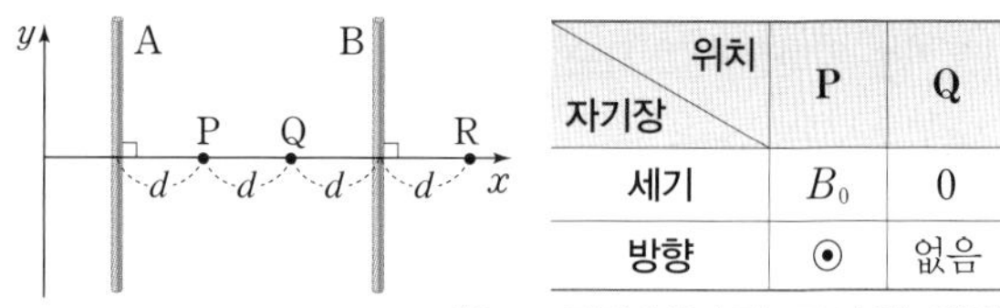

자기장 \ 위치	P	Q
세기	B_0	0
방향	⊙	없음

(⊙: xy 평면에서 수직으로 나오는 방향)

이에 대한 설명으로 옳은 것만을 [보기]에서 있는 대로 고른 것은?

보기

ㄱ. A에는 $-y$ 방향으로 전류가 흐른다.

ㄴ. 전류의 세기는 A에서가 B에서보다 크다.

ㄷ. R에서 자기장의 방향은 P에서와 같다.

① ㄱ ② ㄷ ③ ㄱ, ㄴ
④ ㄴ, ㄷ ⑤ ㄱ, ㄴ, ㄷ

4 그림 (가)와 같이 시계 반대 방향으로 일정한 전류가 흐르는 원형 도선과 무한히 긴 두 직선 도선 P, Q가 xy 평면에 고정되어 있다. 그림 (나)는 Q에 전류가 흐르지 않을 때, $+y$ 방향으로 흐르는 P의 전류의 세기 I_P에 따른 원형 도선의 중심에서 자기장의 세기 B를 나타낸 것이다. 원형 도선의 중심은 원점 O에 있다.

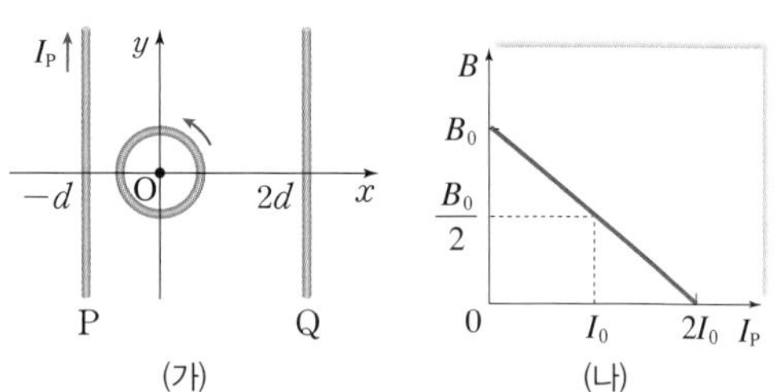

$I_P = I_0$일 때, 원형 도선의 중심에서 자기장의 세기가 0이 되기 위해 Q에 흘러야 할 전류의 세기와 방향은?

	세기	방향		세기	방향
①	$2I_0$	$+y$	②	$2I_0$	$-y$
③	I_0	$+y$	④	I_0	$-y$
⑤	$\frac{I_0}{2}$	$+y$			

2018 수능 5번

5 그림 (가)와 같이 무한히 긴 직선 도선 A, B가 xy 평면에 수직으로 고정되어 있다. 점 p, q, r는 x축상에 있다. B에 흐르는 전류의 방향은 xy 평면에 수직으로 들어가는 방향이다. p에서 전류에 의한 자기장의 방향은 $-y$ 방향이다. 그림 (나)는 A, B에 흐르는 전류의 세기를 시간에 따라 나타낸 것이다.

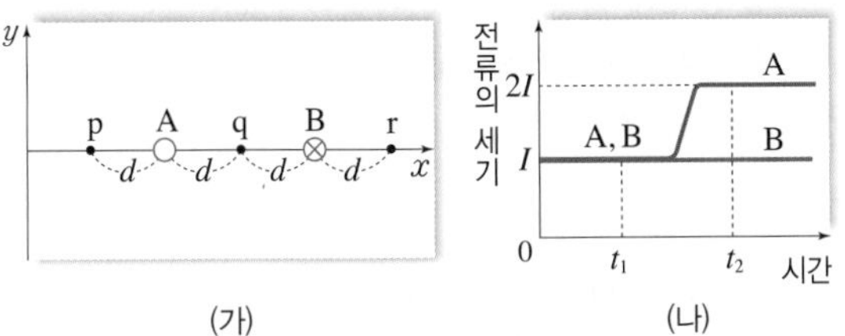

(가) (나)

이에 대한 설명으로 옳은 것만을 [보기]에서 있는 대로 고른 것은?

보기

ㄱ. A에 흐르는 전류의 방향은 xy 평면에서 수직으로 나오는 방향이다.
ㄴ. t_1일 때, 전류에 의한 자기장의 세기는 p에서가 q에서보다 작다.
ㄷ. r에서 전류에 의한 자기장의 방향은 t_1일 때와 t_2일 때가 같다.

① ㄱ ② ㄷ ③ ㄱ, ㄴ
④ ㄴ, ㄷ ⑤ ㄱ, ㄴ, ㄷ

2020 6월 평가원 11번

6 그림 (가)와 같이 무한히 긴 직선 도선 a, b, c가 xy 평면에 고정되어 있고, a, b에는 세기가 I_0으로 일정한 전류가 서로 반대 방향으로 흐르고 있다. 그림 (나)는 원점 O에서 a, b, c의 전류에 의한 자기장 B를 c에 흐르는 전류 I에 따라 나타낸 것이다.

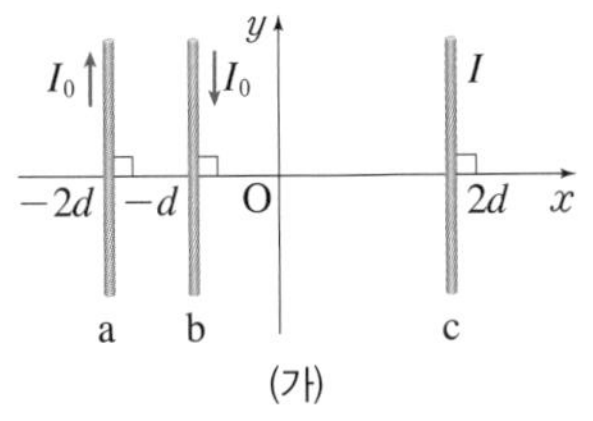

(가)

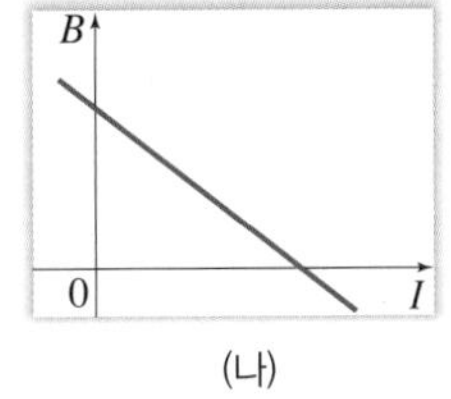

(나)

이에 대한 설명으로 옳은 것만을 [보기]에서 있는 대로 고른 것은?

보기

ㄱ. $I=0$일 때, B의 방향은 xy 평면에서 수직으로 나오는 방향이다.
ㄴ. $B=0$일 때, I의 방향은 $-y$ 방향이다.
ㄷ. $B=0$일 때, I의 세기는 I_0이다.

① ㄱ ② ㄷ ③ ㄱ, ㄴ
④ ㄴ, ㄷ ⑤ ㄱ, ㄴ, ㄷ

7 그림은 수평인 나무 막대 위에 구리 막대 2개와 말굽자석을 서로 나란하게 고정하고 그 사이에 알루미늄 막대를 가로질러 놓은 후, 스위치를 연결한 회로를 나타낸 것이다.

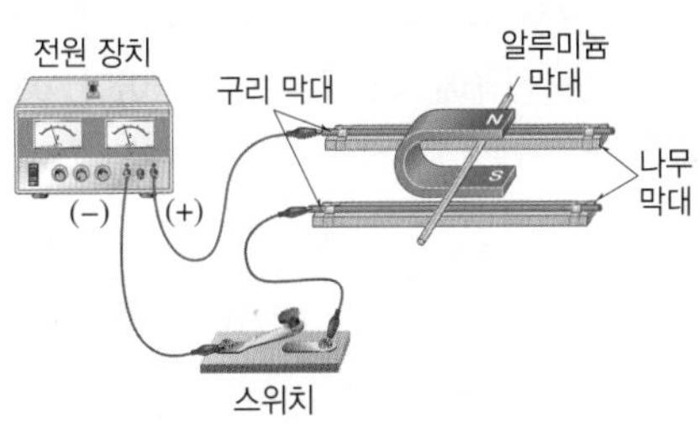

이에 대한 설명으로 옳은 것만을 [보기]에서 있는 대로 고른 것은?

보기

ㄱ. 이 상태에서 스위치를 닫으면 알루미늄 막대는 오른쪽으로 움직인다.
ㄴ. 이 상태에서 말굽자석의 S극이 위로 오도록 뒤집어 놓고 스위치를 닫으면 알루미늄 막대는 왼쪽으로 움직인다.
ㄷ. 이 상태에서 전원 장치의 (+), (−)단자를 반대로 연결하고 스위치를 닫으면 알루미늄 막대는 오른쪽으로 움직인다.

① ㄴ ② ㄷ ③ ㄱ, ㄴ
④ ㄱ, ㄷ ⑤ ㄱ, ㄴ, ㄷ

8 그림은 전동기의 구조를 나타낸 것이다.

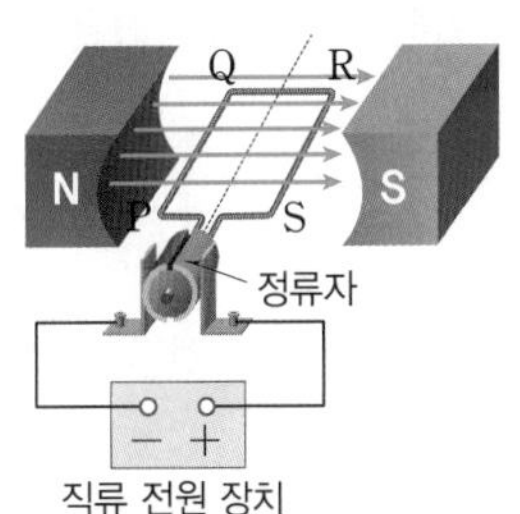

전동기의 구조와 원리에 대한 설명으로 옳지 <u>않은</u> 것은?

① 코일의 PQ 부분은 위쪽으로 힘을 받는다.
② 코일의 RS 부분은 아래쪽으로 힘을 받는다.
③ 코일 전체는 시계 방향으로 회전한다.
④ 정류자는 코일이 360° 회전할 때마다 코일에 흐르는 전류의 방향을 바꾼다.
⑤ 전기 에너지를 역학적인 일로 바꾸는 장치이다.

2017 9월 평가원 9번

1 그림과 같이 무한히 긴 직선 도선 A, B, C가 종이면에 수직으로 고정되어 있다. A에 흐르는 전류의 방향은 종이면에 수직으로 들어가는 방향이다. 점 p에서 A와 B에 흐르는 전류에 의한 자기장은 0이고, 점 q에서 A, B, C에 흐르는 전류에 의한 자기장은 0이다. p와 q는 x축 상에 있다.

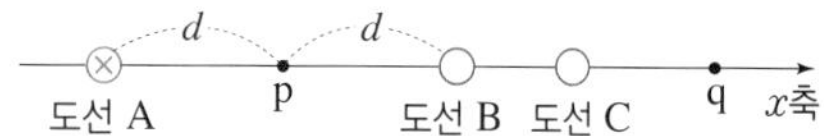

이에 대한 설명으로 옳은 것만을 [보기]에서 있는 대로 고른 것은?

보기

ㄱ. 전류의 세기는 A와 B가 같다.
ㄴ. 전류의 방향은 B와 C가 같다.
ㄷ. A와 C에 흐르는 전류에 의한 자기장의 방향은 p와 q에서 서로 같다.

① ㄱ ② ㄴ ③ ㄷ
④ ㄱ, ㄷ ⑤ ㄴ, ㄷ

2 그림과 같이 무한히 긴 직선 도선 A, B가 점 p, q, r와 같은 간격 d만큼 떨어져 종이면에 수직으로 고정되어 있다. A, B에 흐르는 전류의 세기는 I이고, A에 흐르는 전류의 방향은 종이면에 수직으로 들어가는 방향이다. q에서 전류에 의한 자기장의 방향은 화살표 방향이다.

이에 대한 설명으로 옳은 것만을 [보기]에서 있는 대로 고른 것은?

보기

ㄱ. B에 흐르는 전류의 방향은 종이면에서 수직으로 나오는 방향이다.
ㄴ. A와 B 사이에 자기장의 세기가 0인 지점이 있다.
ㄷ. p와 r에서 자기장의 방향은 같다.

① ㄱ ② ㄷ ③ ㄱ, ㄴ
④ ㄱ, ㄷ ⑤ ㄴ, ㄷ

2018 9월 평가원 8번

3 그림과 같이 무한히 긴 직선 도선 A, B가 xy 평면에 고정되어 있다. A, B에는 세기가 I인 전류가 화살표 방향으로 흐른다. 점 p, q, r, s는 xy 평면에 있다.

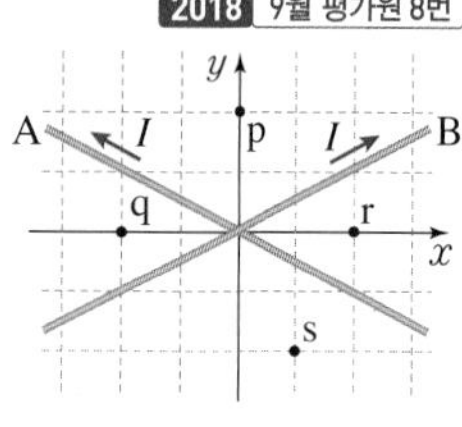

이에 대한 설명으로 옳은 것만을 [보기]에서 있는 대로 고른 것은?

보기

ㄱ. 전류에 의한 자기장의 세기는 p에서가 r에서보다 작다.
ㄴ. 전류에 의한 자기장의 방향은 q와 r에서 서로 반대이다.
ㄷ. s에서 전류에 의한 자기장의 방향은 xy 평면에 수직으로 들어가는 방향이다.

① ㄱ ② ㄷ ③ ㄱ, ㄴ
④ ㄴ, ㄷ ⑤ ㄱ, ㄴ, ㄷ

2020 9월 평가원 14번

4 그림과 같이 전류가 흐르는 무한히 긴 직선 도선 A, B, C가 xy 평면에 고정되어 있고, C에는 세기가 I인 전류가 $+x$ 방향으로 흐른다. 점 p, q, r는 xy 평면에 있고, p, q에서 A, B, C에 흐르는 전류에 의한 자기장은 0이다.

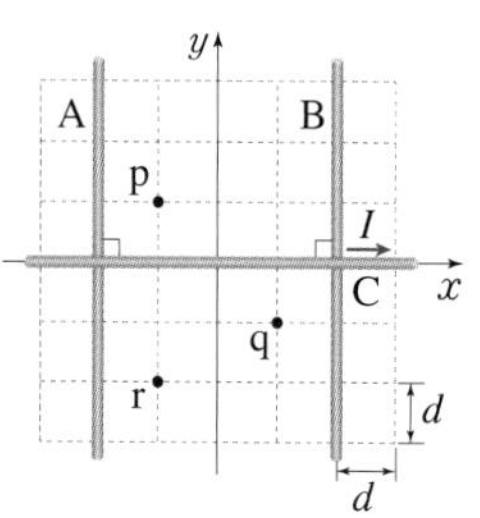

이에 대한 설명으로 옳은 것만을 [보기]에서 있는 대로 고른 것은?

보기

ㄱ. 전류의 방향은 A에서와 B에서가 같다.
ㄴ. A에 흐르는 전류의 세기는 I보다 작다.
ㄷ. r에서 A, B, C에 흐르는 전류에 의한 자기장의 방향은 xy 평면에서 수직으로 나오는 방향이다.

① ㄱ ② ㄴ ③ ㄱ, ㄷ
④ ㄴ, ㄷ ⑤ ㄱ, ㄴ, ㄷ

2017 6월 평가원 9번

5 그림과 같이 반지름 a인 원형 도선 A와 무한히 긴 직선 도선 B, C에 전류가 흐르고 있다. 종이면에 고정되어 있는 A, B, C에 흐르는 전류의 세기는 각각 I_0, I_0, I이고, A의 중심 P에서 자기장은 0이다.

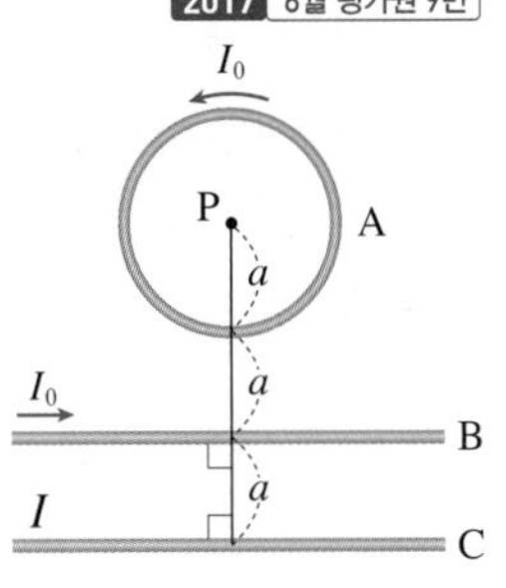

이에 대한 설명으로 옳은 것만을 [보기]에서 있는 대로 고른 것은?

보기
ㄱ. P에서 C에 흐르는 전류에 의한 자기장의 방향은 종이면에 수직으로 들어가는 방향이다.
ㄴ. C에 흐르는 전류의 방향은 B에 흐르는 전류의 방향과 반대이다.
ㄷ. $I < \frac{3}{2}I_0$이다.

① ㄱ ② ㄷ ③ ㄱ, ㄴ
④ ㄴ, ㄷ ⑤ ㄱ, ㄴ, ㄷ

6 그림 (가)는 $+y$ 방향으로 전류 I_1이 흐르는 무한히 긴 직선 도선 A를 나타낸 것이다. A로부터 거리 r인 지점에서 자기장의 세기는 B_0이다. 그림 (나)는 중심이 A로부터 거리 $2r$인 곳에 있고 반지름이 r인 원형 도선에 전류 I_2가 흐를 때 원형 도선의 중심에서 자기장의 세기가 0인 것을, (다)는 중심이 A로부터 거리 $3r$인 곳에 있고 반지름이 $2r$인 원형 도선에 전류 I_2가 시계 반대 방향으로 흐르는 것을 나타낸 것이다.

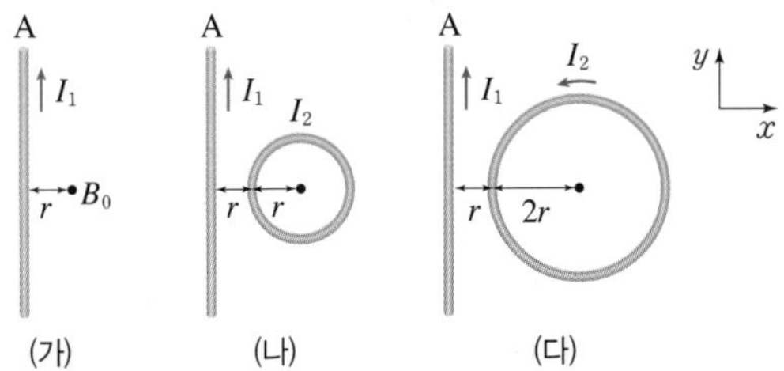

(다)의 원형 도선의 중심에서 자기장의 세기는? (단, 모든 도선은 xy 평면에 고정되어 있다.)

① $\frac{1}{24}B_0$ ② $\frac{1}{12}B_0$ ③ $\frac{1}{8}B_0$
④ $\frac{4}{3}B_0$ ⑤ $\frac{3}{2}B_0$

2018 6월 평가원 6번

7 그림은 무한히 긴 직선 도선 P가 y축에 고정되어 있고, 시계 방향으로 일정한 세기의 전류 I가 흐르는 원형 도선 Q가 xy 평면에 고정되어 있는 것을 나타낸 것이다. 점 A는 Q의 중심이다. 표는 P에 흐르는 전류에 따른 A에서의 P와 Q에 의한 자기장을 나타낸 것이다.

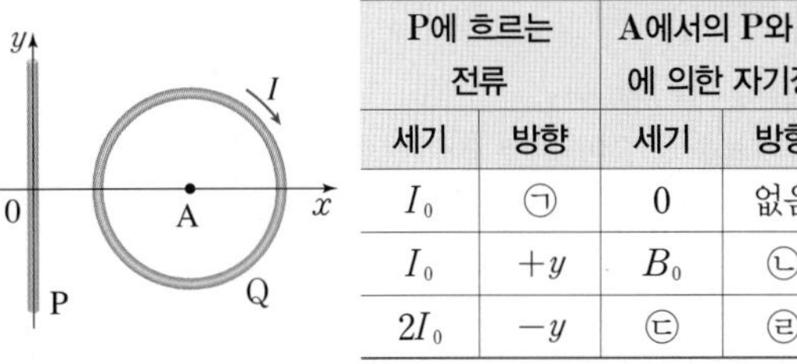

P에 흐르는 전류		A에서의 P와 Q에 의한 자기장	
세기	방향	세기	방향
I_0	㉠	0	없음
I_0	$+y$	B_0	㉡
$2I_0$	$-y$	㉢	㉣

이에 대한 설명으로 옳은 것만을 [보기]에서 있는 대로 고른 것은?

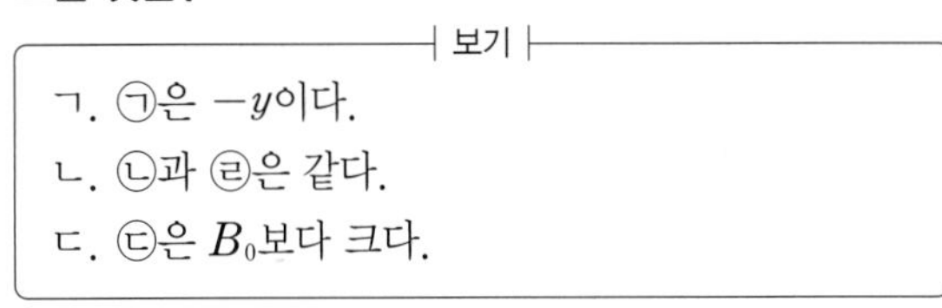

보기
ㄱ. ㉠은 $-y$이다.
ㄴ. ㉡과 ㉣은 같다.
ㄷ. ㉢은 B_0보다 크다.

① ㄱ ② ㄴ ③ ㄱ, ㄷ
④ ㄴ, ㄷ ⑤ ㄱ, ㄴ, ㄷ

2021 6월 평가원 2번

8 도선에 흐르는 전류에 의한 자기장을 활용하는 것만을 [보기]에서 있는 대로 고른 것은?

보기
ㄱ. 전자석 기중기 ㄴ. 발광 다이오드(LED)
ㄷ. 자기 공명 영상 장치(MRI)

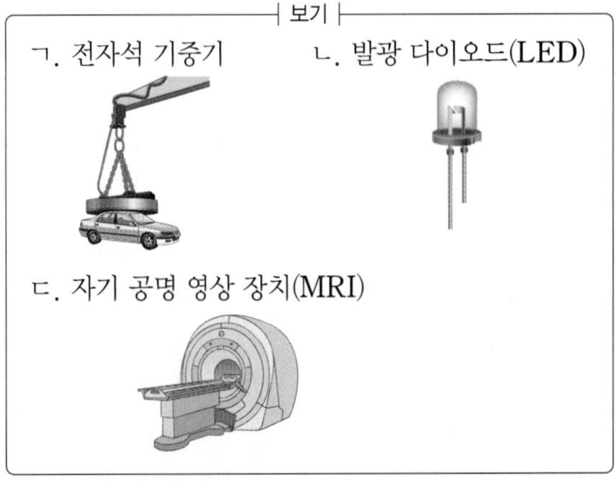

① ㄱ ② ㄴ ③ ㄱ, ㄷ
④ ㄴ, ㄷ ⑤ ㄱ, ㄴ, ㄷ

물질의 자성과 전자기 유도

핵심 짚기
- 자성, 자기화
- 자성체의 이용
- 전자기 유도
- 전자기 유도의 이용

A 물질의 자성

1 자성과 자기화

① *자성: 물질이 외부 자기장에 반응하는 성질로, 원자 내 전자의 운동(궤도 운동, 스핀)으로 전류가 흐르는 것과 같은 효과가 생김으로써 자기장이 형성되어 만들어진다.[1][2]

- 전자가 원자핵 주위를 궤도 운동하므로 전류가 흐르는 것과 같은 효과로 자기장이 발생한다.
- 자기장의 방향: 아랫방향

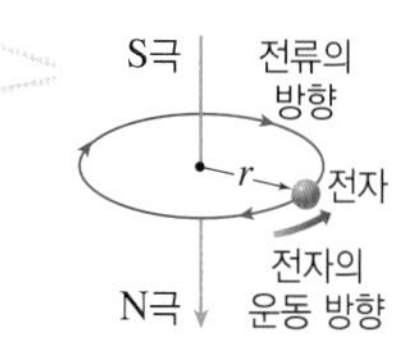

▲ 궤도 운동에 의한 자기장

▲ 스핀에 의한 자기장

- 전자의 회전 운동으로 인해 전류가 흐르는 것과 같은 효과로 자기장이 발생한다.
- 자기장의 방향: 아랫방향

대부분의 물질은 전자의 궤도 운동과 전자의 스핀에 의한 자기장의 합이 0이거나 매우 작다.

② *자기화(자화): 외부 자기장의 영향으로 원자 자석들이 일정한 방향으로 정렬되는 현상이다.[3]

2 자성체의 종류[4]

① 강자성체: 강자성을 띠는 물질 예 철, 니켈, 코발트 등

외부 자기장을 가하기 전	외부 자기장을 가할 때	외부 자기장을 제거할 때
	외부 자기장 방향	
원자 자석들이 자기 구역을 이루며, 자기 구역이 무질서하게 배열되어 자기장이 상쇄된다.[5]	자기 구역이 넓어지면서 외부 자기장의 방향으로 정렬되어 강하게 자기화된다.	자기화된 상태가 오랫동안 유지된다.

② 상자성체: 상자성을 띠는 물질 예 종이, 알루미늄, 마그네슘, 텅스텐, 산소, 아연 등

외부 자기장을 가하기 전	외부 자기장을 가할 때	외부 자기장을 제거할 때
	외부 자기장 방향	
원자 자석들이 무질서하게 배열되어 서로의 자기장이 상쇄된다.	원자 자석들의 자기장이 외부 자기장의 방향으로 약간 정렬되어 약하게 자기화된다.	자기화된 상태가 사라지며, 원자 자석의 정렬이 다시 흐트러진다.

③ 반자성체: 반자성을 띠는 물질 예 구리, 유리, 플라스틱, 금, 수소, 물 등[6]

외부 자기장을 가하기 전	외부 자기장을 가할 때	외부 자기장을 제거할 때
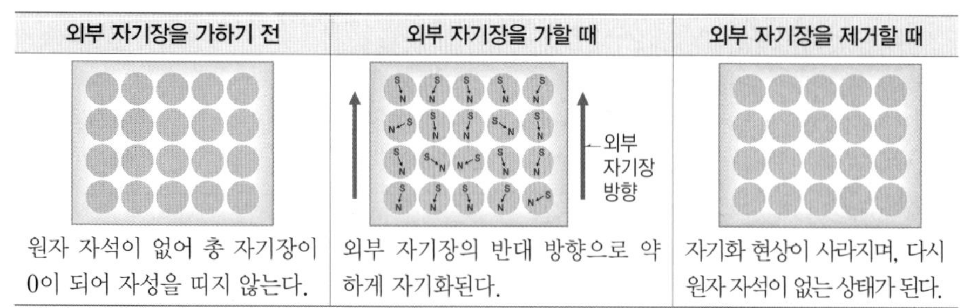		
원자 자석이 없어 총 자기장이 0이 되어 자성을 띠지 않는다.	외부 자기장의 반대 방향으로 약하게 자기화된다.	자기화 현상이 사라지며, 다시 원자 자석이 없는 상태가 된다.

PLUS 강의

[1] 전류에 의한 자기장

[2] 궤도(obital) 운동과 스핀(spin)
전자의 궤도 운동은 지구가 태양 주위를 공전하는 것에, 스핀은 지구 스스로 자전하는 것에 각각 비유할 수 있다.

[3] 원자 자석
원자 내 전자들의 운동에 의해 형성되는 자기장이 상쇄되지 않는 원자는 마치 작은 자석과 같은 자기장을 형성하며, 이러한 원자 규모의 자석을 원자 자석이라고 한다.

[4] 자성의 종류
- 강자성: 자석에 강하게 끌리는 성질
- 상자성: 자석에 약하게 끌리는 성질
- 반자성: 자석에 의해 약하게 밀리는 성질

[5] 자기 구역
강자성체 내부에서 같은 방향의 자기장을 갖는 수백만 개의 원자 자석들이 모여 있는 구역이다.

[6] 물의 반자성과 개구리의 공중 부양
개구리가 강한 자기장에 의해 공중에 떠 있을 수 있는 것은 개구리를 구성하는 물이 반자성체로 강한 외부 자기장에 의해 척력을 받기 때문이다.

용어 돋보기

* 자성(磁 자석, 性 성질)_ 자기를 띤 물체가 나타내는 성질

* 자기화(磁 자석, 氣 기운, 化 되다)_ 물체가 자성을 띠는 현상

탐구 자료 여러 가지 물체의 자성 관찰

그림과 같이 스탠드에 실을 묶고 클립을 매달아 움직이지 않도록 한 후 네오디뮴 자석을 가까이 하여 클립의 움직임을 관찰한다. 그런 다음 클립 대신 종이, 알루미늄 막대, 구리 막대, 유리 막대 등을 각각 매달아 네오디뮴 자석을 가까이 하면서 움직임을 관찰한다.[7]

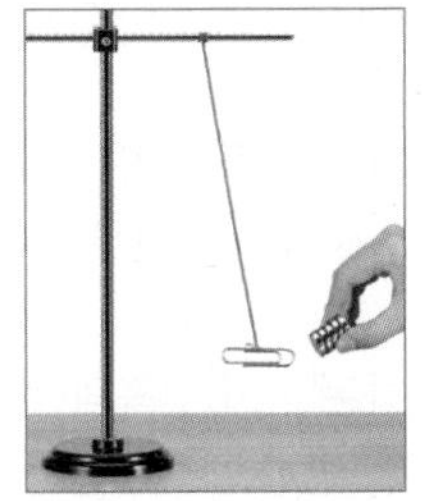

1. 자석에 강하게 끌려오는 물체: 클립 ➡ 강자성체
2. 자석에 약하게 끌려오는 물체: 종이, 알루미늄 막대 ➡ 상자성체
3. 자석에 밀려나는 물체: 구리 막대, 유리 막대 ➡ 반자성체

B 자성체의 이용

1 강자성체의 이용

① **영구 자석:** 강자성체가 자기화된 상태를 오래 유지하는 성질을 이용해 영구 자석을 만들며, 고무 자석(냉장고 자석), 위조 지폐 방지 자석 잉크, 스피커와 전동기의 부품 등에 쓰인다.[8][9]

② **전자석:** 강자성체가 자기장의 세기를 크게 할 수 있는 성질을 이용해 솔레노이드 내부에 강자성체를 넣어 전자석을 만든다.[10]

③ **정보 저장 매체:** 자기화된 상태를 오래 유지하는 강자성체를 컴퓨터의 하드디스크, 마그네틱 카드 등의 표면에 입혀 정보를 기록하고 저장한다.

▲ 전자석

▲ 하드디스크의 정보 저장
└● 하드디스크에 기록된 정보를 읽을 때에는 전자기 유도를 이용한다.

2 반자성체의 이용

① **초전도체의 마이스너 효과:** 임계 온도 이하에서 자석 위에 올려놓은 초전도체는 반자성이 강하게 나타나므로 자석을 밀어내어 공중에 뜬다.[11]

② **자기 부상 열차:** 초전도체의 마이스너 효과를 자기 부상 열차에 적용하려는 연구가 지속적으로 진행되고 있다.

⑦ **네오디뮴 자석**
가장 널리 사용되는 희토류 자석 중 하나로 강한 자기력을 나타낸다. 네오디뮴 자석은 네오디뮴, 철, 붕소를 2 : 14 : 1의 비율로 합금하여 만든 가장 강한 자석이며, 녹이 잘 슬어 표면을 니켈로 도금하여 사용한다.

⑧ **고무 자석(냉장고 자석)**
강자성체 분말을 고무에 섞어 만든다.

⑨ **위조 지폐 방지 자석 잉크**
지폐의 숫자 부분에 자석 잉크가 사용되어 네오디뮴 자석을 가까이 하면 지폐가 자석에 끌린다.

⑩ **전자석**
솔레노이드에 흐르는 전류에 의한 자기장에 의해 철심으로 넣은 강자성체가 자기화되며, 코일에 의한 자기장과 강자성체에 의한 자기장이 합해져서 매우 강한 자석이 된다.

⑪ **초전도체의 마이스너 효과**
초전도체가 자석 위에 뜨는 것은 초전도체가 내부의 자기장이 완전히 0이 되도록 외부 자기장과 반대 방향으로 자기화되는 반자성을 갖기 때문이다.

정답과 해설 64쪽

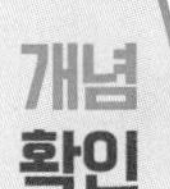

(1) 자성은 원자 내 (   )의 운동으로 만들어진다.

(2) 외부 자기장의 영향으로 원자 자석들이 자성을 띠는 현상을 (   )라고 한다.

(3) 다음 설명에 해당하는 자성체를 옳게 연결하시오.
① 외부 자기장을 제거해도 자기화된 상태가 오래 유지된다. • • ㉠ 상자성체
② 외부 자기장의 방향과 같은 방향으로 약하게 자기화된다. • • ㉡ 반자성체
③ 외부 자기장의 방향과 반대 방향으로 자기화된다. • • ㉢ 강자성체

(4) 철, 니켈, 코발트는 (강자성, 상자성, 반자성)체이고, 물, 유리, 구리는 (강자성, 상자성, 반자성)체이다.

(5) 컴퓨터 하드디스크에 (강자성, 상자성, 반자성)체를 사용하여 정보를 기록하고 저장한다.

(6) 초전도체는 임계 온도 이하에서 (강자성, 상자성, 반자성)을 나타내고, 자석 위에 뜨는 현상을 (   ) 효과라고 한다.

물질의 자성과 전자기 유도

Ⓒ 전자기 유도

1 전자기 유도 코일과 자석 사이의 상대적인 운동으로 코일을 통과하는 자기 선속의 변화가 생길 때 전류가 유도되는 현상이다.[12]

① 유도 *기전력: 전자기 유도에 의해 코일 양단에 발생하는 전압(단위: V)

② 유도 전류: 전자기 유도에 의해 코일에 흐르는 전류 코일을 통과하는 자기 선속이 변할 때만 발생한다.

2 렌츠 법칙 유도 전류는 코일을 통과하는 자기 선속의 변화를 방해하는 방향으로 흐른다.
➡ 유도 전류는 자석의 운동을 방해하는 방향으로 흐른다.[13][14]

구분	N극을 가까이 할 때	S극을 가까이 할 때
코일을 통과하는 자기 선속의 변화	아랫방향의 자기 선속 증가 (N, 가까이 한다., N, S, A, G, I, B)	윗방향의 자기 선속 증가 (S, 가까이 한다., S, N, A, G, I, B)
코일에 유도되는 자기장과 자기력	윗방향의 자기 선속이 만들어지기 위해 위쪽에 N극 유도 ➡ 자석에 척력 작용	아랫방향의 자기 선속이 만들어지기 위해 위쪽에 S극 유도 ➡ 자석에 척력 작용
유도 전류의 방향	B → Ⓖ → A	A → Ⓖ → B
구분	N극을 멀리 할 때	S극을 멀리 할 때
코일을 통과하는 자기 선속의 변화	아랫방향의 자기 선속 감소 (N, 멀리 한다., S, N, A, G, I, B)	윗방향의 자기 선속 감소 (S, 멀리 한다., N, S, A, G, I, B)
코일에 유도되는 자기장과 자기력	아랫방향의 자기 선속이 만들어지기 위해 위쪽에 S극 유도 ➡ 자석에 인력 작용	윗방향의 자기 선속이 만들어지기 위해 위쪽에 N극 유도 ➡ 자석에 인력 작용
유도 전류의 방향	A → Ⓖ → B	B → Ⓖ → A

(⟶: 자석에 의한 자기장, ⟶: 유도 전류에 의한 자기장)

3 패러데이 법칙 (전자기 유도 법칙)

① 유도 기전력의 크기: 유도 기전력의 크기(V)는 솔레노이드를 통과하는 자기 선속의 시간적 변화율$\left(\frac{\Delta\Phi}{\Delta t}\right)$에 비례하고, 도선의 감은 수($N$)에 비례한다. ➡ $V = -N\frac{\Delta\Phi}{\Delta t}$ (렌츠 법칙을 의미: $-$)

② 유도 전류의 세기: 유도 기전력의 크기에 비례하므로, 자석이 빠르게 운동할수록, 자석의 세기가 셀수록, 코일의 감은 수가 많을수록 유도 전류가 세다.

탐구 자료 전자기 유도

1. 솔레노이드의 양 끝 단자에 발광 다이오드(LED) 2개를 극성이 반대가 되도록 각각 연결한다.
2. 네오디뮴 자석 2~3개를 붙여 솔레노이드의 중심축에서 위아래로 움직이며 발광 다이오드를 관찰한다.
   ➡ 자석이 아래로 움직일 때와 위로 움직일 때 유도 전류의 방향이 반대가 되므로 서로 다른 발광 다이오드가 켜진다.

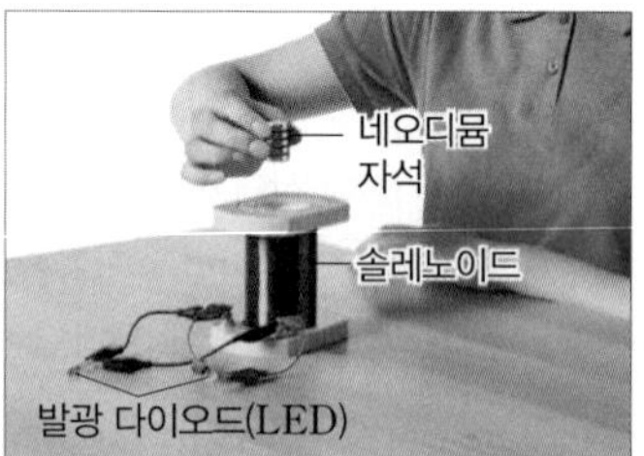

3. 발광 다이오드를 더 밝게 할 수 있는 방법을 알아본다.
   ➡ 자석의 속력이 빠를수록, 자석의 수가 많을수록(자석의 세기가 셀수록), 코일의 감은 수가 많을수록 유도 전류가 세게 흐르므로 발광 다이오드가 더 밝아진다.

---

[12] **자기 선속(Φ)의 변화**
자기 선속은 어떤 단면을 수직으로 지나가는 자기력선의 총 개수에 해당하는 양으로, 단면을 지나는 자기장의 세기(B)에 단면적(S)을 곱한 것과 같다. 즉, $\Phi = BS$[단위: Wb(웨버)]이다. 따라서 자기 선속이 변할 때에는 코일을 통과하는 자기장의 세기가 변하거나 코일의 단면적이 변할 때이다.

[13] **렌츠 법칙**
유도 전류의 방향을 나타내는 법칙을 렌츠 법칙이라고 한다. 코일 근처에서 자석을 움직여 코일에 유도 전류가 흐를 때 자석은 운동 방향의 반대 방향으로 힘을 받는다. 이때 자석을 계속 움직이기 위해서는 자석에 힘을 주어 일을 해야 하는데, 이 일이 코일에서 전기 에너지로 전환되는 것이다. 따라서 렌츠 법칙은 에너지 보존을 표현한 것과 같다.

[14] **자석의 운동과 유도 전류의 방향**
- 자석의 N극이 코일에 가까워질 때: 척력이 작용하도록 코일 왼쪽에 N극이 형성되게 유도 전류가 흐른다.

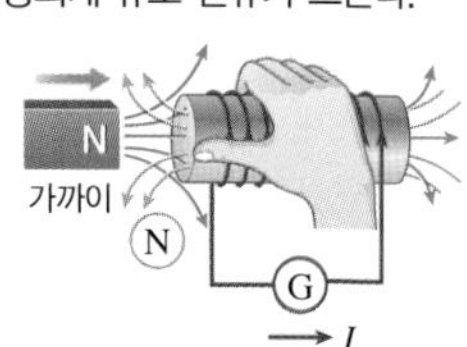

- 자석의 N극이 코일에서 멀어질 때: 인력이 작용하도록 코일 왼쪽에 S극이 형성되게 유도 전류가 흐른다.

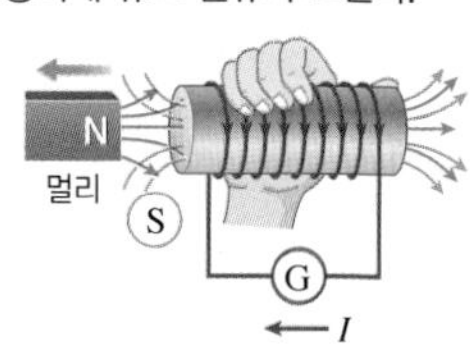

용어 돋보기
* **기전력(起 일어나다, 電 전기, 力 힘)**_ 회로에 전기를 흐르게 하는 능력(전압)

D 전자기 유도의 이용

1 발전기 역학적 에너지를 전기 에너지로 전환하는 장치로, 자석 사이에 있는 코일이 회전하면 코일을 통과하는 자기 선속에 변화가 생겨 코일에 유도 전류가 흐른다.[15]

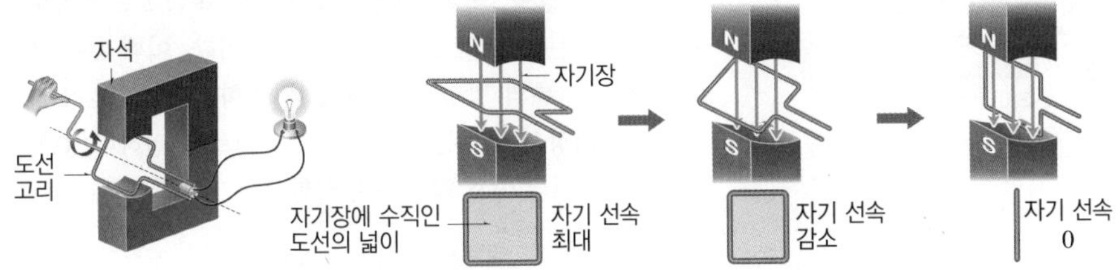

15 발전기의 유도 전류
자석을 코일에 가까이 할 때와 멀리 할 때 유도 전류의 방향이 바뀌는 것처럼, 발전기 내부에서 코일이 회전할 때 전류의 방향이 바뀌는 교류가 발생한다.

2 전자기 유도 이용의 다양한 예 → 전자기 유도는 공항 검색대, 하이패스, 도난 방지 장치 등에도 이용된다.

① 자석과 코일의 상대적 운동을 이용

마이크	킥보드의 발광 바퀴	놀이 기구의 브레이크[16]	전자 기타
진동판 코일 자석	발광 다이오드 코일 감은 철심 영구 자석 바퀴 축 투명한 바퀴(플라스틱)	금속판 자석	기타줄 코일 자석
소리에 의해 진동판이 진동하면 진동판에 부착된 코일에 유도 전류가 흐르고 증폭기에 의해 큰 소리가 난다.	코일이 바퀴축에 고정된 자석 주위를 회전할 때, 코일에 유도 전류가 흘러 발광 다이오드에 불이 켜진다.	탑승 의자가 낙하할 때 의자에 붙어 있는 자석에 의해 금속판에 유도 전류가 발생하여 의자를 멈추게 한다.	자석 위에서 자석에 의해 자기화된 금속 기타줄이 진동하면 코일에 유도 전류가 발생하여 소리가 난다.

16 자이로드롭의 자석 브레이크 원리

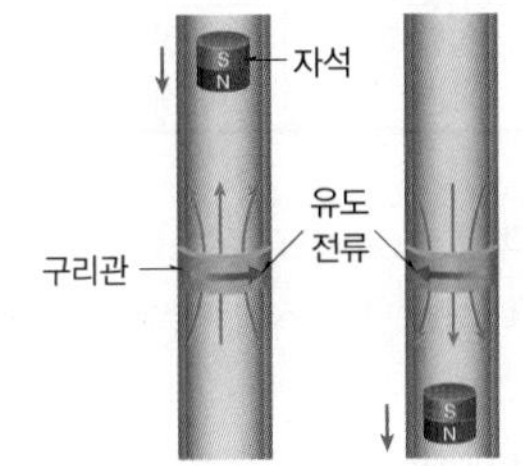

구리관 속으로 자석을 떨어뜨릴 때, 구리관에 자석의 운동을 방해하는 방향으로 유도 전류가 흐른다. 따라서 자석이 통과하기 전에는 자석에 척력이 작용하는 방향으로 유도 전류가 흐르고, 자석이 통과한 후에는 자석에 인력이 작용하는 방향으로 유도 전류가 흐르므로 자석이 천천히 떨어지게 된다.

② 교류가 흐르는 코일을 이용[17]

금속 탐지기	무선 충전기	교통 카드 판독기	*인덕션 레인지
자기장 코일 금속	전력 수신기 (2차 코일) 충전 패드 (1차 코일)	자기장 전류 카드 정보 송신 코일 리더기	판에서 유도 전류 발생 교류가 흐르는 코일 진동하는 자기장
코일에 교류가 흐를 때 발생하는 자기장의 변화에 의해 금속에 유도 전류가 흘러 자기장이 발생하는 것을 감지한다.	충전 패드 내부 코일에 교류가 흐를 때 발생하는 자기장의 변화에 의해 휴대 전화 코일에 유도 전류가 흘러 충전된다.	리더기에서 방출하는 전자기파의 자기장의 변화에 의해 카드 내부의 코일에 유도 전류가 흘러 단말기와의 통신이 이루어진다.	인덕션 레인지 내부 코일에 교류가 흐를 때 발생하는 자기장의 변화에 의해 조리기구에 유도 전류가 흘러 열이 발생한다.

17 교류가 만드는 자기장
교류는 전류의 세기와 방향이 바뀌는 전류이므로, 교류에 의해 발생하는 자기장은 세기와 방향이 계속 바뀐다.

용어 돋보기
* **인덕션(induction)**_유도 또는 전자기 유도라는 의미이다.

정답과 해설 64쪽

(7) 코일을 통과하는 자기 선속이 시간에 따라 변할 때 전류가 흐르는 현상을 (　　　　　)라고 한다.

(8) 전자기 유도에 의해 코일 양단에 발생하는 전압을 (　　　　　)이라고 한다.

(9) 유도 기전력의 크기는 코일을 통과하는 자기 선속의 시간적 변화율에 (비례, 반비례)하고, 코일의 감은 수에 (비례, 반비례)한다.

(10) 유도 전류의 세기는 자석의 속력이 (빠를, 느릴)수록, 자석의 세기가 (셀, 약할)수록, 코일의 감은 수가 (많을, 적을)수록 세다.

(11) 유도 전류는 코일을 통과하는 자기 선속의 변화를 (　　　　　)하는 방향으로 흐른다.

정답과 해설 64쪽

2020 ● 수능 5번

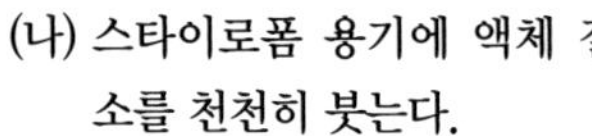

자료❶ 물질의 자성

(가) A를 스타이로폼 용기에 넣고 건전지와 전구에 연결한다.
(나) 스타이로폼 용기에 액체 질소를 천천히 붓는다.
(다) 액체 질소에 잠겨 있는 A를 꺼내어 자석 위에 가만히 놓는다.

실험 과정 (나)의 결과	액체 질소를 붓기 전: 전구에 불이 켜지지 않았다. 액체 질소를 부은 후: 전구에 불이 켜졌다.
실험 과정 (다)의 결과	A가 공중에 정지 상태로 얼마 동안 떠 있다가 천천히 자석 위에 내려앉았다.

1. 액체 질소는 A의 온도를 낮춘다. (○, ×)
2. (나)에서 A의 전기 저항은 액체 질소를 부은 후가 붓기 전보다 크다. (○, ×)
3. (다)에서 A가 떠 있는 동안 A는 강자성을 띤다. (○, ×)
4. A는 초전도체이다. (○, ×)
5. (다)에서 A가 공중에 정지 상태로 떠 있는 동안 A는 외부 자기장과 같은 방향으로 자기화된다. (○, ×)
6. (다)에서 A가 자석 위에 뜨는 현상은 마이스너 효과와 관련이 있다. (○, ×)

2019 ● 6월 평가원 12번

자료❸ 자기장의 변화에 따른 유도 전류

그림은 xy 평면에서 동일한 정사각형 금속 고리 P, Q, R가 각각 $-y$ 방향, $+x$ 방향, $+x$ 방향의 속력 v로 등속도 운동하고 있는 순간의 모습을 나타낸 것이다. 이때 Q에 흐르는 유도 전류의 방향은 시계 반대 방향이다. 영역 Ⅰ과 Ⅱ에서 자기장의 세기는 각각 B_0, $2B_0$으로 균일하다. (단, P, Q, R 사이의 상호 작용은 무시한다.)

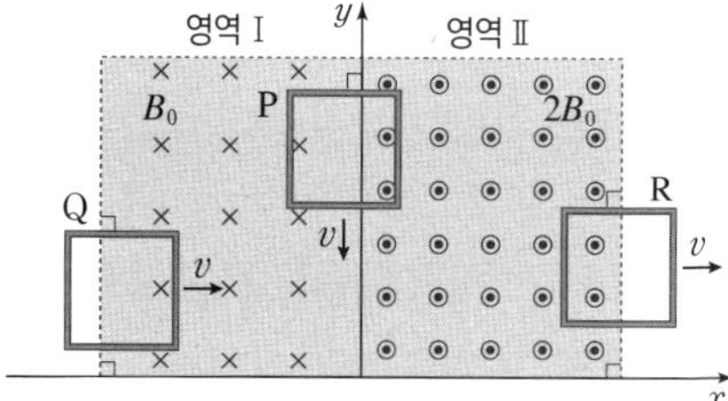

×: xy 평면에 수직으로 들어가는 방향
⊙: xy 평면에서 수직으로 나오는 방향

1. P에는 유도 전류가 흐르지 않는다. (○, ×)
2. P에는 유도 기전력이 발생한다. (○, ×)
3. R에 흐르는 유도 전류의 방향은 시계 방향이다. (○, ×)
4. 유도 전류의 세기는 Q에서가 R에서보다 작다. (○, ×)
5. 유도 기전력의 크기는 R에서가 Q에서의 2배이다. (○, ×)

2018 ● 수능 10번

자료❷ 코일과 전자기 유도

그림은 빗면을 따라 내려온 자석이 솔레노이드의 중심축에 놓인 마찰이 없는 수평 레일을 따라 운동하는 모습을 나타낸 것이다. 점 p, q는 레일 위에 있다.

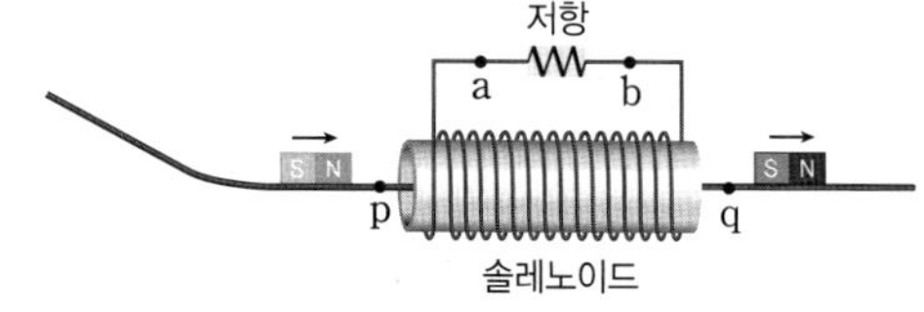

1. 자석이 p를 지날 때, 유도 전류는 a → 저항 → b 방향으로 흐른다. (○, ×)
2. 저항에 흐르는 유도 전류의 방향은 자석이 p를 지날 때와 q를 지날 때가 서로 같다. (○, ×)
3. 저항에 흐르는 유도 전류의 세기는 자석이 p를 지날 때가 q를 지날 때보다 크다. (○, ×)
4. 자석의 속력은 p에서가 q에서보다 작다. (○, ×)
5. 자석이 q를 지날 때, 솔레노이드 내부에서 유도 전류에 의한 자기장의 방향은 q → p 방향이다. (○, ×)
6. 솔레노이드에 의해 자석이 받는 자기력의 방향은 자석이 p를 지날 때와 q를 지날 때가 같다. (○, ×)

2020 ● 수능 4번

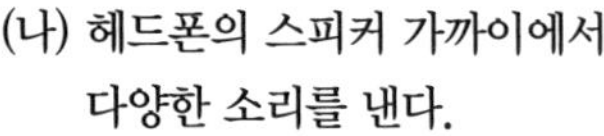

자료❹ 전자기 유도의 이용

헤드폰의 스피커는 진동판, 코일, 자석 등으로 구성되어 있다.

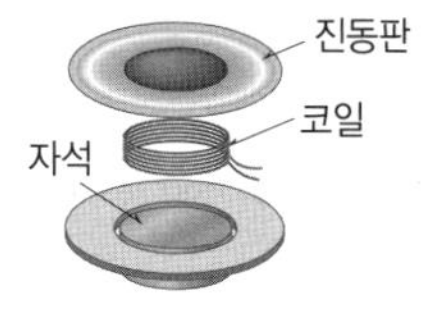

(가) 컴퓨터의 마이크 입력 단자에 헤드폰을 연결하고, 녹음 프로그램을 실행시킨다.
(나) 헤드폰의 스피커 가까이에서 다양한 소리를 낸다.
(다) 녹음 프로그램을 종료하고 저장된 파일을 재생시킨다.
(라) 헤드폰의 스피커 가까이에서 냈던 다양한 소리가 재생되었다.

1. 진동판은 공기의 진동에 의해 진동한다. (○, ×)
2. 코일에서는 전자기 유도가 일어난다. (○, ×)
3. 코일이 자석에 붙은 상태로 자석과 함께 운동한다. (○, ×)
4. 헤드폰의 스피커 가까이에서 큰 소리를 내면 코일에 흐르는 유도 전류의 세기가 작아진다. (○, ×)
5. 헤드폰의 스피커의 구조는 마이크의 구조와 같다. (○, ×)

A 물질의 자성

1 물질의 자성에 대한 설명으로 옳은 것만을 [보기]에서 있는 대로 고르시오.

보기

ㄱ. 자성은 원자 내 전자의 궤도 운동이나 스핀 때문에 자기장이 형성되어 만들어진다.
ㄴ. 모든 물질의 원자는 전자의 운동 때문에 자성을 띤다.
ㄷ. 자석은 강자성체만 끌어당긴다.

2 그림은 균일한 자기장이 형성된 영역에 반자성체를 넣었을 때, 반자성체 내부의 원자 자석 배열을 모식적으로 나타낸 것이다.

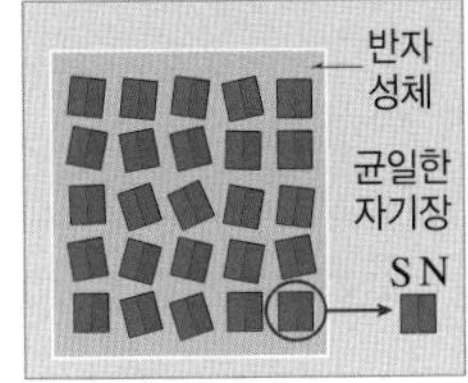

(1) 균일한 자기장의 방향은 (　　　)쪽이다.
(2) 균일한 자기장을 제거하면 반자성체 내부 자기장이 (　　　).

B 자성체의 이용

3 그림은 임계 온도 이하로 냉각된 초전도체 위에 자석이 떠 있는 모습을 나타낸 것이다. 이에 대한 설명으로 옳은 것을 모두 고르면?(2개)

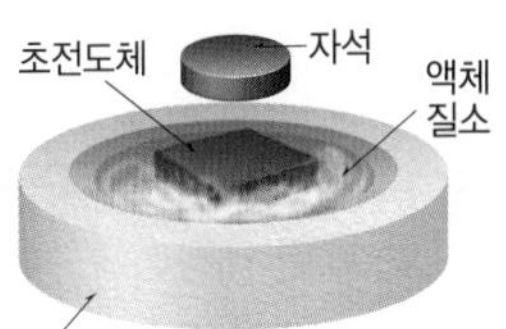

① 액체 질소의 끓는점은 초전도체의 임계 온도보다 높다.
② 자석이 떠 있는 동안 초전도체는 상자성을 나타낸다.
③ 자석이 떠 있는 동안 초전도체의 전기 저항은 0이다.
④ 초전도체는 자기 부상 열차에 이용된다.
⑤ 초전도체가 자석 위에 뜨는 현상은 임계 온도 이상의 온도에서도 일어난다.

C 전자기 유도

4 전자기 유도가 일어나는 경우로 옳은 것만을 [보기]에서 있는 대로 고르시오.

보기

ㄱ. 코일 주위에서 자석을 움직일 때
ㄴ. 자석 주위에서 코일을 회전시킬 때
ㄷ. 코일 주위의 도선에 흐르는 전류의 세기가 변할 때

5 그림과 같이 검류계를 연결한 솔레노이드에 자석의 S극을 가까이 가져갈 때 나타나는 현상에 대한 설명으로 옳지 <u>않은</u> 것은?

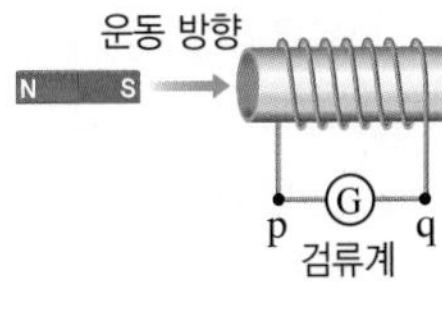

① 검류계에 흐르는 전류의 방향은 q → Ⓖ → p이다.
② 코일의 감은 수를 증가시키면 검류계에 흐르는 전류의 세기가 커진다.
③ 막대자석과 솔레노이드 사이에는 인력이 작용한다.
④ 막대자석의 세기가 셀수록 검류계에 흐르는 전류의 세기가 커진다.
⑤ 막대자석을 빨리 움직일수록 검류계에 흐르는 전류의 세기가 커진다.

6 그림은 구리관 속으로 자석이 낙하하는 것을 나타낸 것이다.

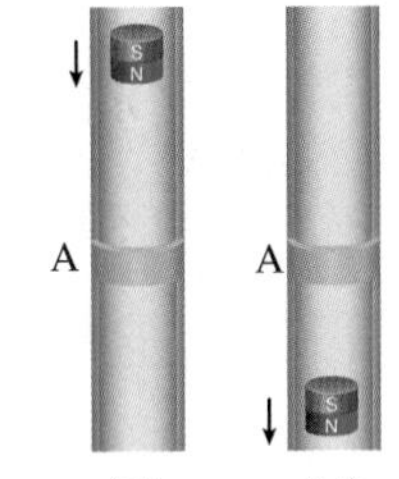

(1) (가)와 (나)의 A 부분에 흐르는 유도 전류의 방향을 화살표로 표시하시오.
(2) (가)와 (나)에서 자석이 받는 힘의 방향을 화살표로 표시하시오.
(3) 구리관에 흐르는 유도 전류는 어떤 에너지가 전환된 것인지 쓰시오.

7 그림과 같이 정사각형 도선이 일정한 속력으로 균일한 자기장 영역에 들어가는 순간, 도선에 흐르는 전류의 방향을 쓰시오.

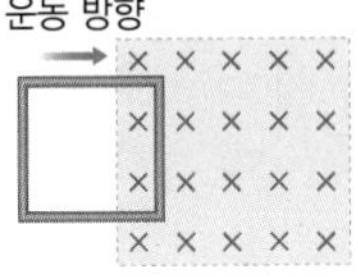

D 전자기 유도의 이용

8 전자기 유도를 이용한 예를 [보기]에서 있는 대로 고르시오.

보기

ㄱ. 교통카드	ㄴ. 발전기	ㄷ. 전동기
ㄹ. 금속 탐지기	ㅁ. 하드디스크	ㅂ. 마이크

2016 수능 14번

1 다음은 실온에서 물체의 자성을 알아보기 위한 실험이다.

[실험 과정]

(가) 물체 A, B, C를 차례로 연직 방향의 강한 외부 자기장이 있는 영역에 넣어 자기화시킨다. A, B, C는 각각 강자성체, 상자성체, 반자성체 중 하나이다.

(나) 과정 (가)를 거친 A, B, C를 차례로 원형 도선에 통과시켜 전류의 발생 유무를 관찰한다.

(다) 과정 (가)를 거친 A와 B, B와 C, A와 C를 가까이 하여 물체 사이에 작용하는 자기력을 측정한다.

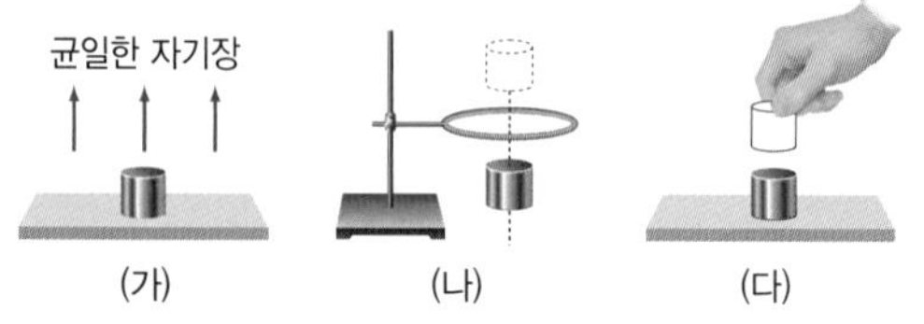

※ 과정 (나), (다)는 외부 자기장이 없는 곳에서 수행한다.

[실험 결과]

(나)의 결과

	전류의 발생 유무
A	㉠
B	○
C	×

(○: 흐름, ×: 흐르지 않음)

(다)의 결과

	작용하는 자기력
A, B	㉡
B, C	척력
A, C	없음

이에 대한 설명으로 옳은 것만을 [보기]에서 있는 대로 고른 것은? (단, 지구 자기장의 효과는 무시한다.)

보기

ㄱ. ㉠은 ×이다.

ㄴ. ㉡은 인력이다.

ㄷ. (가)에서 C는 외부 자기장의 반대 방향으로 자기화된다.

① ㄱ ② ㄴ ③ ㄱ, ㄷ
④ ㄴ, ㄷ ⑤ ㄱ, ㄴ, ㄷ

2021 수능 3번

2 그림 (가)는 전류가 흐르는 전자석에 철못이 달라붙어 있는 모습을, (나)는 (가)의 철못에 클립이 달라붙은 모습을 나타낸 것이다.

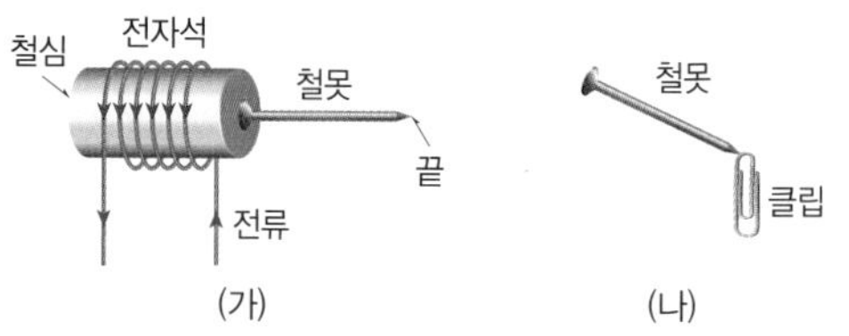

이에 대한 설명으로 옳은 것만을 [보기]에서 있는 대로 고른 것은?

보기

ㄱ. 철못은 강자성체이다.

ㄴ. (가)에서 철못의 끝은 S극을 띤다.

ㄷ. (나)에서 클립은 자기화되어 있다.

① ㄱ ② ㄴ ③ ㄱ, ㄷ
④ ㄴ, ㄷ ⑤ ㄱ, ㄴ, ㄷ

2019 6월 평가원 10번

3 다음은 한 종류의 순수한 금속으로 이루어진 초전도체 A에 대한 내용이다.

(가) 그림과 같이 A의 저항값은 온도가 낮아짐에 따라 감소하다가 온도 T_0에서 갑자기 0이 된다.

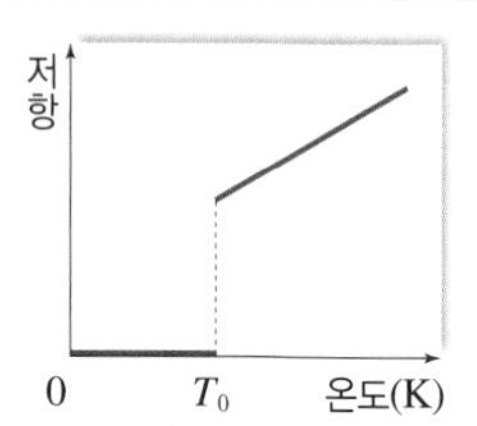

(나) 온도 T인 A를 자석 위의 공중에 가만히 놓으면, A는 그대로 공중에 뜬 상태를 유지한다.

이에 대한 설명으로 옳은 것만을 [보기]에서 있는 대로 고른 것은?

보기

ㄱ. $T > T_0$이다.

ㄴ. (나)는 마이스너 효과에 의해 나타나는 현상이다.

ㄷ. (나)에서 A의 내부에는 외부 자기장과 같은 방향의 자기장이 형성된다.

① ㄱ ② ㄴ ③ ㄱ, ㄷ
④ ㄴ, ㄷ ⑤ ㄱ, ㄴ, ㄷ

2021 9월 평가원 1번

4 그림은 물질의 자성에 대해 학생 A, B, C가 발표하는 모습을 나타낸 것이다.

발표한 내용이 옳은 학생만을 있는 대로 고른 것은?

① A ② B ③ A, C
④ B, C ⑤ A, B, C

2021 6월 평가원 5번

5 다음은 전자기 유도에 대한 실험이다.

[실험 과정]

(가) 그림과 같이 코일에 검류계를 연결한다.

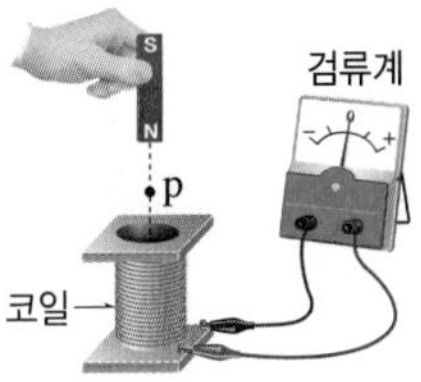

(나) 자석의 N극을 아래로 하고, 코일의 중심축을 따라 자석을 일정한 속력으로 코일에 가까이 가져간다.

(다) 자석이 p점을 지나는 순간 검류계의 눈금을 관찰한다.

(라) 자석의 S극을 아래로 하고, 코일의 중심축을 따라 자석을 (나)에서보다 빠른 속력으로 코일에 가까이 가져가면서 (다)를 반복한다.

[실험 결과]

(다)의 결과	(라)의 결과
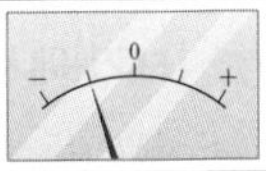	㉠

㉠으로 가장 적절한 것은?

①  ②  ③ 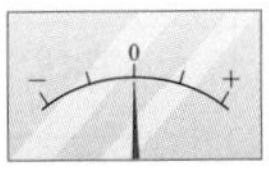
④ 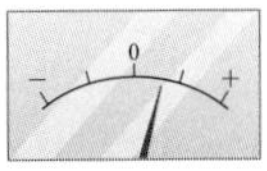 ⑤ 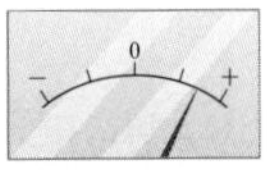

6 그림 (가)와 같이 자기화되어 있지 않은 철(Fe)로 된 막대를 솔레노이드에 넣고 전류를 흘려 주었다. 그림 (나)는 (가)에서 막대를 꺼내 P가 위쪽으로 가도록 하여 원형 도선을 향해 접근시켰더니 도선에 시계 반대 방향으로 유도 전류가 흐르는 것을 나타낸 것이다.

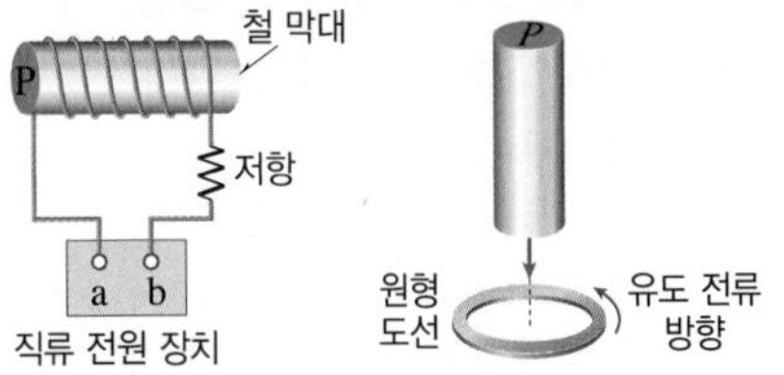

(가) (나)

이에 대한 설명으로 옳은 것만을 [보기]에서 있는 대로 고른 것은?

보기
ㄱ. 막대는 강자성체이다.
ㄴ. (나)에서 막대의 P 쪽은 S극이다.
ㄷ. (가)에서 전원 장치의 단자 a는 (+)극이다.

① ㄱ ② ㄷ ③ ㄱ, ㄴ
④ ㄴ, ㄷ ⑤ ㄱ, ㄴ, ㄷ

2020 수능 14번

7 그림은 마찰이 없는 빗면에서 자석이 솔레노이드의 중심축을 따라 운동하는 모습을 나타낸 것이다. 점 p, q는 솔레노이드의 중심축상에 있고, 전구의 밝기는 자석이 p를 지날 때가 q를 지날 때보다 밝다.

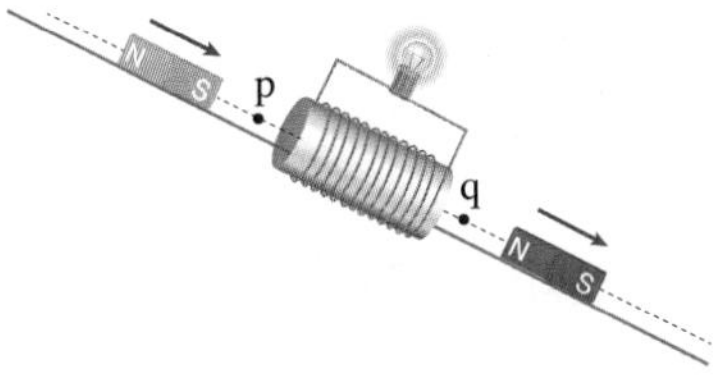

이에 대한 설명으로 옳은 것만을 [보기]에서 있는 대로 고른 것은? (단, 자석의 크기는 무시한다.)

보기
ㄱ. 솔레노이드에 유도되는 기전력의 크기는 자석이 p를 지날 때가 q를 지날 때보다 크다.
ㄴ. 전구에 흐르는 전류의 방향은 자석이 p를 지날 때와 q를 지날 때가 서로 반대이다.
ㄷ. 자석의 역학적 에너지는 p에서가 q에서보다 작다.

① ㄱ ② ㄷ ③ ㄱ, ㄴ
④ ㄴ, ㄷ ⑤ ㄱ, ㄴ, ㄷ

2016 6월 평가원 13번

8 그림과 같이 막대자석이 금속 고리의 중심축을 따라 고리를 통과하여 낙하한다. 점 p, q는 중심축상의 지점이다. 막대자석이 q를 지나는 순간 고리에 유도되는 전류의 방향은 ⓐ이다.

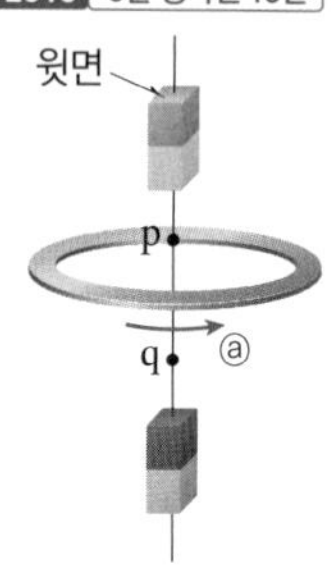

이에 대한 설명으로 옳은 것만을 [보기]에서 있는 대로 고른 것은? (단, 막대자석의 크기는 무시한다.)

보기

ㄱ. 막대자석의 윗면은 S극이다.
ㄴ. 막대자석이 p를 지나는 순간, 고리에 유도되는 전류의 방향은 ⓐ와 반대이다.
ㄷ. 막대자석이 q를 지나는 순간, 막대자석과 고리 사이에는 서로 당기는 힘이 작용한다.

① ㄱ ② ㄷ ③ ㄱ, ㄴ
④ ㄴ, ㄷ ⑤ ㄱ, ㄴ, ㄷ

2018 6월 평가원 9번

9 그림 (가)와 같이 고정된 원형 자석 위에서 자석의 중심축을 따라 원형 도선을 운동시켰다. 그림 (나)는 원형 도선 중심의 위치를 시간에 따라 나타낸 것이다.

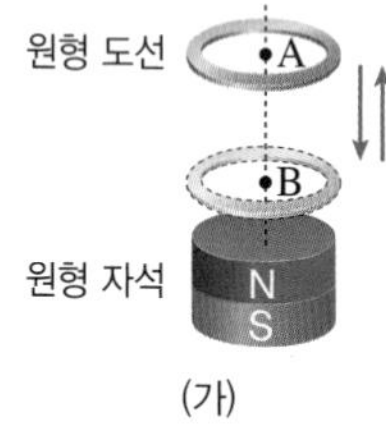

(가)

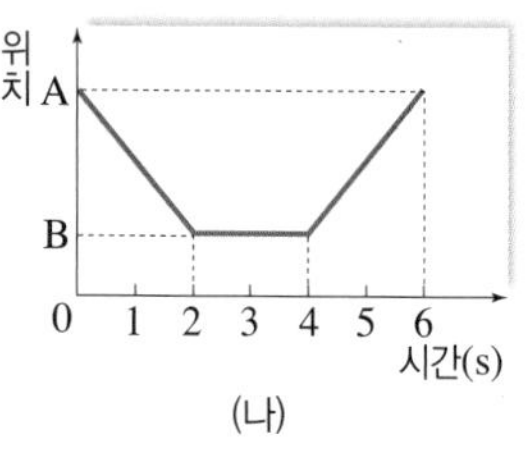

(나)

이에 대한 설명으로 옳은 것만을 [보기]에서 있는 대로 고른 것은? (단, 원형 도선이 이루는 면과 원형 자석의 윗면은 평행하다.)

보기

ㄱ. 원형 도선에 흐르는 유도 전류의 방향은 1초일 때와 5초일 때가 서로 같다.
ㄴ. 원형 도선에 흐르는 유도 전류의 세기는 3초일 때가 5초일 때보다 크다.
ㄷ. 5초일 때 원형 도선과 자석 사이에 서로 당기는 방향의 자기력이 작용한다.

① ㄱ ② ㄷ ③ ㄱ, ㄴ
④ ㄴ, ㄷ ⑤ ㄱ, ㄴ, ㄷ

10 그림은 자전거의 전조등에 사용되는 소형 발전기의 구조를 나타낸 것이다. 자전거가 움직일 때 바퀴의 타이어에 밀착된 발전기 바퀴가 회전하면 발전기 내부의 영구 자석이 코일 사이에서 회전하면서 전조등이 켜진다.

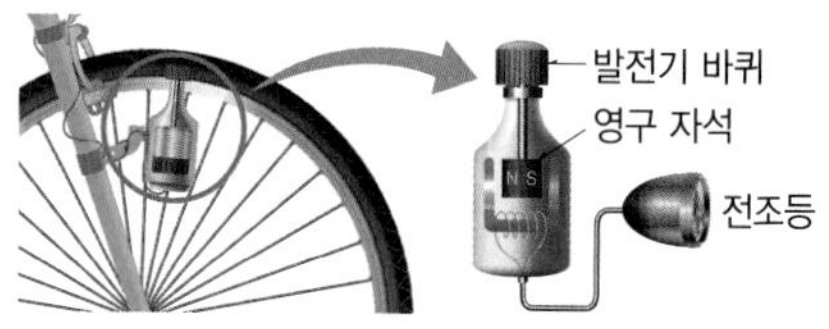

이에 대한 설명으로 옳은 것만을 [보기]에서 있는 대로 고른 것은?

보기

ㄱ. 전조등에 흐르는 전류의 방향은 일정하다.
ㄴ. 역학적 에너지가 전기 에너지로 전환된다.
ㄷ. 자전거의 바퀴가 빠르게 회전할수록 전조등은 더 밝아진다.

① ㄱ ② ㄷ ③ ㄱ, ㄴ
④ ㄴ, ㄷ ⑤ ㄱ, ㄴ, ㄷ

2017 9월 평가원 14번

11 다음은 휴대 전화를 무선 충전하는 원리에 대한 설명이다.

• 무선 충전기에서 시간에 따라 크기와 방향이 변하는 자기장이 발생하면, ㉠휴대 전화 내부 코일에 유도 전류가 흘러 휴대 전화가 충전된다.
• 그림과 같이 어느 순간 무선 충전기에서 발생한 자기장이 윗방향이고 자기 선속이 증가하고 있으면,

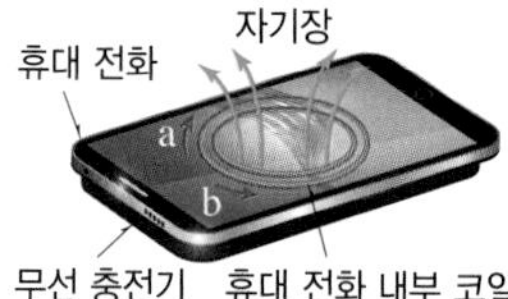

휴대 전화 내부 코일에 흐르는 유도 전류의 방향은 (가) 이다.

이에 대한 설명으로 옳은 것만을 [보기]에서 있는 대로 고른 것은?

보기

ㄱ. ㉠에는 유도 기전력이 발생한다.
ㄴ. (가)는 b 방향이다.
ㄷ. 휴대 전화 무선 충전은 전자기 유도를 이용한다.

① ㄱ ② ㄴ ③ ㄷ
④ ㄱ, ㄷ ⑤ ㄴ, ㄷ

1 그림 (가)와 같이 자기화되어 있지 않은 자성체 A와 B를 각각 막대자석에 가까이 하였더니, A와 자석 사이에는 서로 미는 자기력이 작용하였고 B와 자석 사이에는 서로 당기는 자기력이 작용하였다. 그림 (나)와 같이 (가)에서 막대자석을 치운 후 A와 B를 가까이 하였더니, A와 B 사이에는 자기력이 작용하였다. 그림 (다)는 실에 매달린 막대자석 연직 아래의 수평한 지면 위에 A를 놓은 것을 나타낸 것이다.

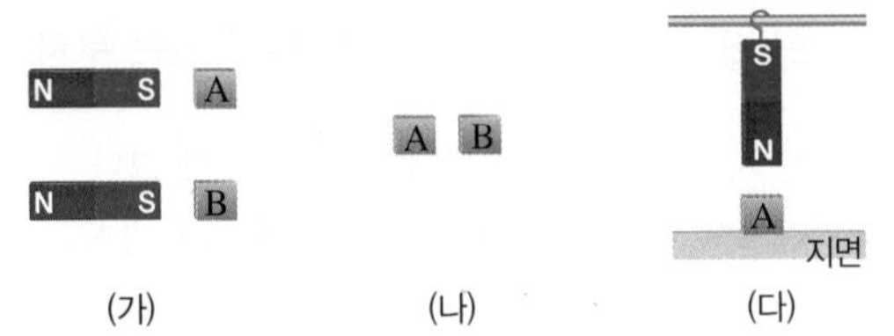

이에 대한 설명으로 옳은 것만을 [보기]에서 있는 대로 고른 것은?

보기

ㄱ. A는 외부 자기장과 같은 방향으로 자기화된다.
ㄴ. (나)에서 A와 B 사이에는 서로 미는 자기력이 작용한다.
ㄷ. (다)에서 지면이 A를 떠받치는 힘의 크기는 A의 무게보다 크다.

① ㄴ ② ㄷ ③ ㄱ, ㄴ ④ ㄱ, ㄷ ⑤ ㄴ, ㄷ

2 그림은 연직으로 세워진 플라스틱 관에 동일한 원형 고리 도선 A, B를 고정하고 관의 입구에 자석을 가만히 놓았을 때, 자석이 관을 통과하여 낙하하는 모습을 나타낸 것이다. 점 P, Q, R는 중심축상의 지점이다.

이에 대한 설명으로 옳은 것만을 [보기]에서 있는 대로 고른 것은? (단, A, B 사이의 상호 작용은 무시한다.)

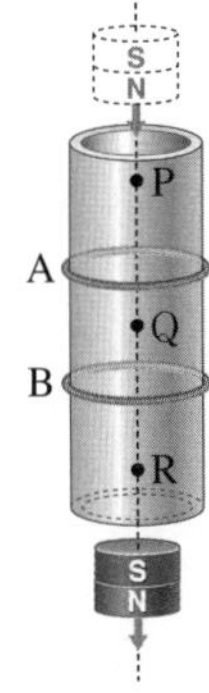

보기

ㄱ. 자석의 중심이 P를 지나는 순간, 유도 전류의 세기는 A가 B보다 작다.
ㄴ. 자석의 중심이 Q를 지나는 순간, 유도 전류의 방향은 A와 B가 반대이다.
ㄷ. 자석의 중심이 R를 지나는 순간, 자석의 가속도의 크기는 중력 가속도의 크기보다 크다.

① ㄴ ② ㄷ ③ ㄱ, ㄴ ④ ㄱ, ㄷ ⑤ ㄱ, ㄴ, ㄷ

2020 9월 평가원 13번

3 그림 (가)와 같이 한 변의 길이가 d인 정사각형 금속 고리가 평면에서 $+x$ 방향으로 자기장 영역 Ⅰ, Ⅱ, Ⅲ을 통과한다. Ⅰ, Ⅱ, Ⅲ에서 자기장의 세기는 각각 B, $2B$, B로 균일하고, 방향은 모두 xy 평면에 수직으로 들어가는 방향이다. P는 금속 고리의 한 점이다. 그림 (나)는 P의 속력을 위치에 따라 나타낸 것이다.

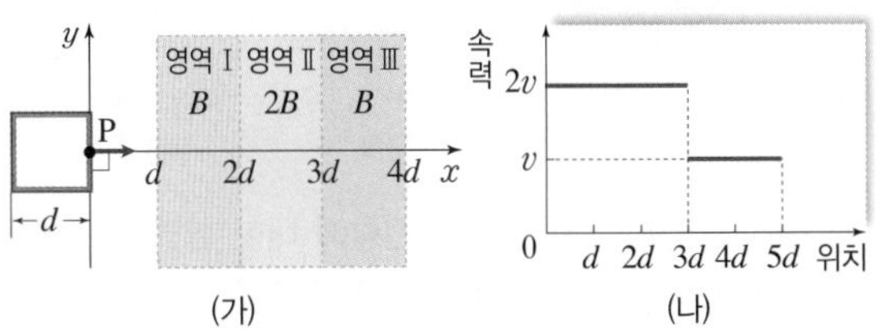

이에 대한 설명으로 옳은 것만을 [보기]에서 있는 대로 고른 것은?

보기

ㄱ. P가 $x=1.5d$를 지날 때, P에서의 유도 전류의 방향은 $-y$ 방향이다.
ㄴ. 유도 전류의 세기는 P가 $x=1.5d$를 지날 때가 $x=4.5d$를 지날 때보다 크다.
ㄷ. 유도 전류의 방향은 P가 $x=2.5d$를 지날 때와 $x=3.5d$를 지날 때가 서로 반대 방향이다.

① ㄱ ② ㄷ ③ ㄱ, ㄴ ④ ㄴ, ㄷ ⑤ ㄱ, ㄴ, ㄷ

4 그림은 자기장 영역 Ⅰ, Ⅱ가 있는 xy 평면에서 동일한 정사각형 금속 고리 P, Q, R가 $+x$ 방향으로 같은 속력으로 운동하고 있는 어느 순간의 모습을 나타낸 것이다. 이 순간 Q의 중심은 원점에 있다. 영역 Ⅰ, Ⅱ에서 자기장은 세기가 각각 B, $2B$로 균일하며, xy 평면에 수직으로 들어가는 방향이다.

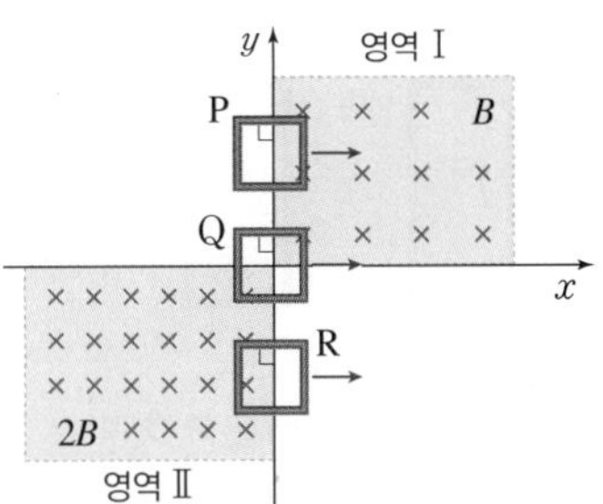

이 순간에 대한 설명으로 옳은 것만을 [보기]에서 있는 대로 고른 것은?

보기

ㄱ. P와 R에 흐르는 유도 전류의 방향은 서로 반대이다.
ㄴ. Q에는 시계 반대 방향으로 유도 전류가 흐른다.
ㄷ. 유도 전류의 세기가 가장 작은 것은 Q이다.

① ㄱ ② ㄴ ③ ㄱ, ㄷ ④ ㄴ, ㄷ ⑤ ㄱ, ㄴ, ㄷ

2021 9월 평가원 16번

5 그림 (가)는 무선 충전기에서 스마트폰의 원형 도선에 전류가 유도되어 스마트폰이 충전되는 모습을, (나)는 원형 도선을 통과하는 자기 선속 Φ를 시간 t에 따라 나타낸 것이다.

(가)

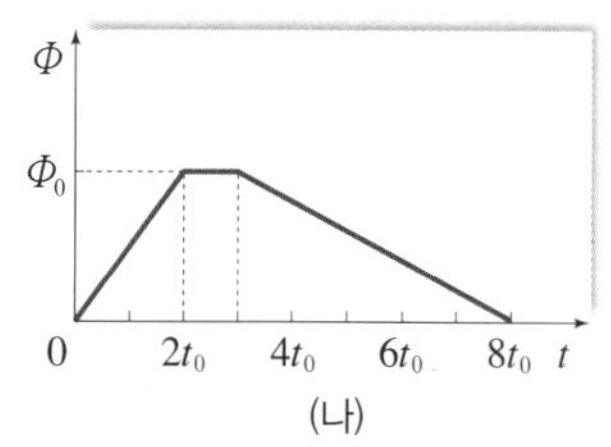

(나)

원형 도선에 흐르는 유도 전류에 대한 설명으로 옳은 것만을 [보기]에서 있는 대로 고른 것은?

보기

ㄱ. 유도 전류의 세기는 $0<t<2t_0$에서 증가한다.
ㄴ. 유도 전류의 세기는 t_0일 때가 $5t_0$일 때보다 크다.
ㄷ. 유도 전류의 방향은 t_0일 때와 $6t_0$일 때가 서로 같다.

① ㄱ ② ㄴ ③ ㄱ, ㄷ
④ ㄴ, ㄷ ⑤ ㄱ, ㄴ, ㄷ

6 그림은 xy 평면에 놓인 동일한 두 직사각형 금속 고리 P, Q가 균일한 자기장 영역 Ⅰ, Ⅱ에서 $+x$ 방향으로 일정한 속력 v로 운동하는 어느 순간의 모습을 나타낸 것이다. Ⅰ, Ⅱ에서 자기장은 세기가 같고, xy 평면에 수직으로 들어가는 방향이다.

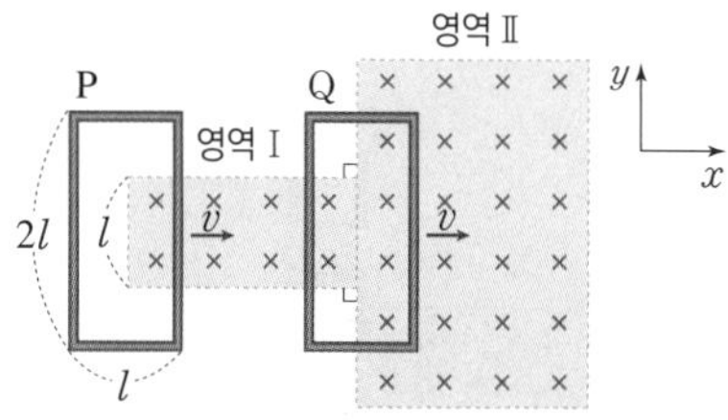

이 순간에 대한 설명으로 옳은 것만을 [보기]에서 있는 대로 고른 것은? (단, P와 Q 사이의 상호 작용은 무시한다.)

보기

ㄱ. Q에 흐르는 유도 전류의 방향은 시계 반대 방향이다.
ㄴ. 유도 전류의 세기는 P와 Q가 같다.
ㄷ. Q에 작용하는 자기력의 합력은 0이다.

① ㄱ ② ㄴ ③ ㄷ
④ ㄱ, ㄴ ⑤ ㄴ, ㄷ

2020 6월 평가원 8번

7 그림과 같이 고정되어 있는 동일한 솔레노이드 A, B의 중심축에 마찰이 없는 레일이 있고, A, B에는 동일한 저항 P, Q가 각각 연결되어 있다. 빗면을 내려온 자석이 수평인 레일 위의 점 a, b, c를 지난다.

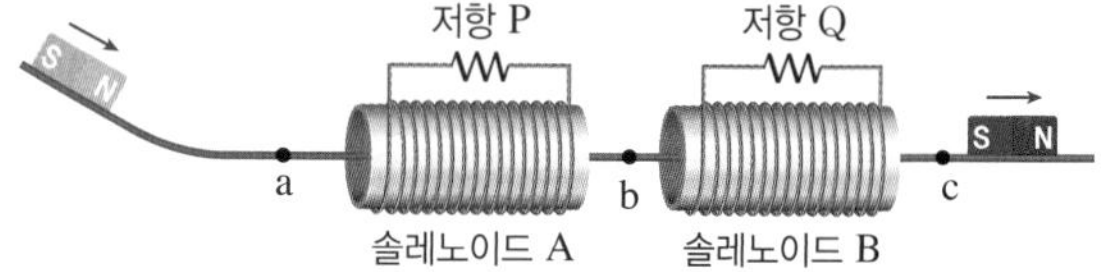

이에 대한 설명으로 옳은 것만을 [보기]에서 있는 대로 고른 것은? (단, A와 B 사이의 상호 작용은 무시한다.)

보기

ㄱ. 자석의 속력은 c에서가 a에서보다 크다.
ㄴ. b에서 자석에 작용하는 자기력의 방향은 자석의 운동 방향과 같다.
ㄷ. P에 흐르는 전류의 최댓값은 Q에 흐르는 전류의 최댓값보다 크다.

① ㄱ ② ㄷ ③ ㄱ, ㄴ
④ ㄴ, ㄷ ⑤ ㄱ, ㄴ, ㄷ

2017 6월 평가원 17번

8 그림과 같이 정사각형 금속 고리 P가 1 cm/s의 속력으로 x축에 나란하게 등속도 운동하여 자기장 영역 Ⅰ, Ⅱ, Ⅲ을 통과한다. $t=0$일 때, P의 중심의 위치는 $x=0$이다. Ⅰ, Ⅱ, Ⅲ에서 자기장의 세기는 각각 B_0, $2B_0$, B_0으로 균일하다.

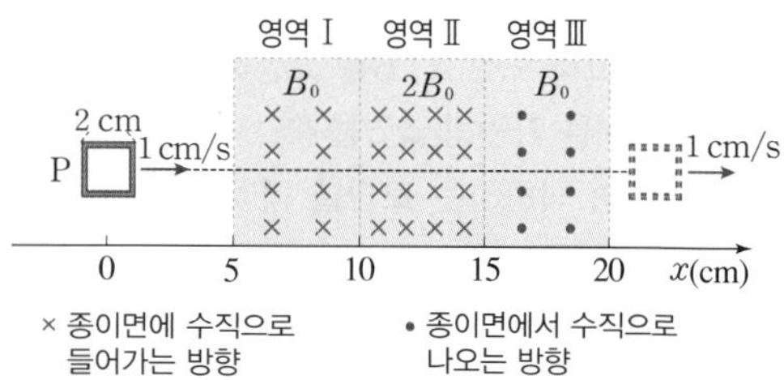

이에 대한 설명으로 옳은 것만을 [보기]에서 있는 대로 고른 것은?

보기

ㄱ. $t=5$초일 때, P에 흐르는 유도 전류의 방향은 시계 방향이다.
ㄴ. $t=13$초일 때, P에 흐르는 유도 전류는 0이다.
ㄷ. P에 흐르는 유도 전류의 세기는 $t=10$초일 때가 $t=15$초일 때보다 작다.

① ㄱ ② ㄴ ③ ㄱ, ㄷ
④ ㄴ, ㄷ ⑤ ㄱ, ㄴ, ㄷ

2017 수능 11번

9 그림 (가)는 사각형 금속 고리가 균일한 자기장 영역 Ⅰ, Ⅱ, Ⅲ을 향해 $+x$ 방향으로 운동하는 것을 나타낸 것이고, (나)는 고리가 등속도로 Ⅰ, Ⅱ, Ⅲ을 완전히 통과할 때까지 고리에 유도되는 전류를 고리의 위치에 따라 나타낸 것이다. Ⅰ에서 자기장의 세기는 B이고, 고리에 시계 방향으로 흐르는 유도 전류를 양(+)으로 표시한다.

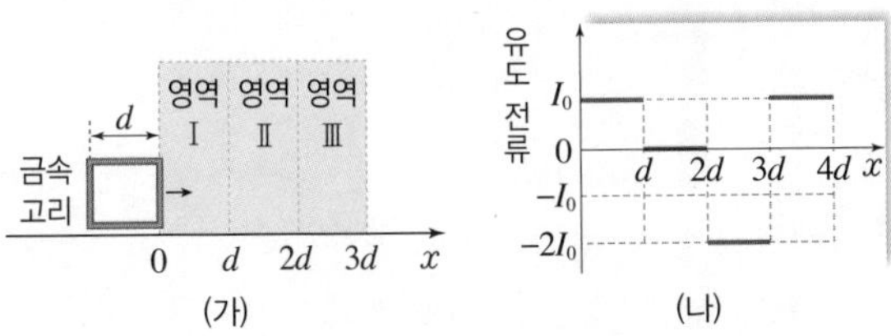

(가) (나)

영역 Ⅰ, Ⅱ, Ⅲ의 자기장으로 가장 적절한 것은? (단, ⊙는 종이면에서 수직으로 나오는 방향을, ×는 종이면에 수직으로 들어가는 방향을 의미한다.)

① B ⊙, B ⊙, $2B$ × (0, d, $2d$, $3d$, x)
② B ⊙, B ⊙, B × (0, d, $2d$, $3d$, x)
③ B ⊙, B ×, $2B$ × (0, d, $2d$, $3d$, x)
④ B ×, B ×, B ⊙ (0, d, $2d$, $3d$, x)
⑤ B ×, B ×, $2B$ ⊙ (0, d, $2d$, $3d$, x)

2018 9월 평가원 11번

10 그림 (가)는 고정된 도선의 일부가 균일한 자기장 영역 Ⅰ, Ⅱ에 놓여 있는 모습을 나타낸 것이다. 자기장의 방향은 도선이 이루는 면에 수직으로 들어가는 방향이고, 도선이 Ⅰ, Ⅱ에 걸친 면적은 각각 S, $2S$이다. 그림 (나)는 Ⅰ, Ⅱ에서의 자기장 세기를 시간에 따라 나타낸 것이다.

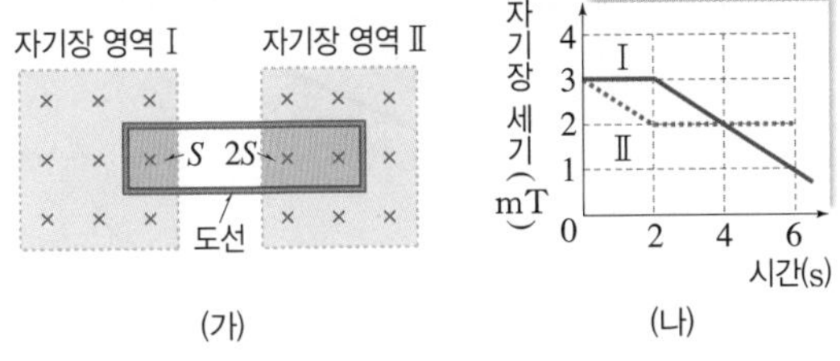

(가) (나)

도선에 흐르는 유도 전류에 대한 설명으로 옳은 것만을 [보기]에서 있는 대로 고른 것은?

보기
ㄱ. 1초일 때 전류는 시계 방향으로 흐른다. ㄴ. 전류의 방향은 3초일 때와 5초일 때가 서로 반대이다. ㄷ. 전류의 세기는 1초일 때가 5초일 때보다 작다.

① ㄱ　② ㄴ　③ ㄱ, ㄷ　④ ㄴ, ㄷ　⑤ ㄱ, ㄴ, ㄷ

2021 수능 11번

11 그림 (가)는 자기장 B가 균일한 영역에 금속 고리가 고정되어 있는 것을 나타낸 것이고, (나)는 B의 세기를 시간에 따라 나타낸 것이다. B의 방향은 종이면에 수직으로 들어가는 방향이다.

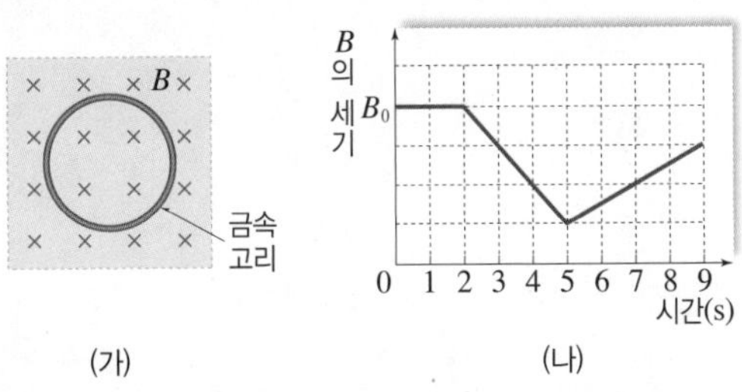

(가) (나)

이에 대한 설명으로 옳은 것만을 [보기]에서 있는 대로 고른 것은?

보기
ㄱ. 1초일 때 유도 전류는 흐르지 않는다. ㄴ. 유도 전류의 방향은 3초일 때와 6초일 때가 서로 반대이다. ㄷ. 유도 전류의 세기는 7초일 때가 4초일 때보다 크다.

① ㄱ　② ㄷ　③ ㄱ, ㄴ　④ ㄴ, ㄷ　⑤ ㄱ, ㄴ, ㄷ

12 그림은 코일이 자석 사이에서 회전할 때 전기 에너지가 생산되는 발전기의 구조를 나타낸 것이다. a, b는 코일에 고정된 점이다.

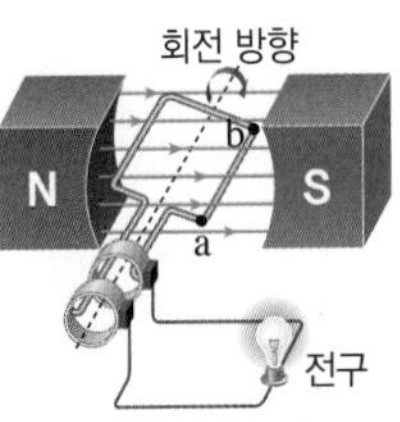

이에 대한 설명으로 옳은 것만을 [보기]에서 있는 대로 고른 것은?

보기
ㄱ. 코일이 회전할 때 코일에 직류가 흐른다. ㄴ. 코일이 회전할 때 코일을 통과하는 자기 선속이 변한다. ㄷ. 그림과 같은 순간에 코일에 b → a 방향으로 전류가 흐른다.

① ㄱ　② ㄴ　③ ㄷ　④ ㄱ, ㄷ　⑤ ㄴ, ㄷ

파동과 정보 통신

학습 계획표

	학습 날짜	다시 확인할 개념 및 문제
12 파동의 진행과 굴절	/	
13 전반사와 전자기파	/	
14 파동의 간섭	/	
15 빛과 물질의 이중성	/	

12. 파동의 진행과 굴절

≫핵심 짚기 > 파동의 발생과 전파 개념 이해 > 굴절률과 스넬 법칙 적용 > 생활 속의 굴절 현상

Ⓐ 파동의 발생과 전파

1 파동 한 곳에서 생긴 진동이 물질이나 공간을 따라 퍼져 나가며 에너지를 전달하는 현상

① **파원:** 파동이 처음 발생한 곳

② ***매질:** 파동을 전달시켜 주는 물질

③ **파동 에너지:** 파동이 전파될 때 매질은 제자리에서 진동만 하고 이동하지는 않지만 에너지는 전달된다.

2 파동의 종류 파동의 진행 방향과 매질의 진동 방향의 관계에 따라 횡파와 종파로 구분한다. ❶❷

횡파	종파
파동의 진행 방향과 매질의 진동 방향이 서로 수직인 파동 (골, 마루, 진행 방향, 진동 방향, 파장)	파동의 진행 방향과 매질의 진동 방향이 서로 나란한 파동 (밀, 소, 진행 방향, 진동 방향, 파장)
예 물결파, 전자기파, 지진파의 S파	예 소리(음파), 지진파의 P파

3 파동의 표현

① 파동의 요소

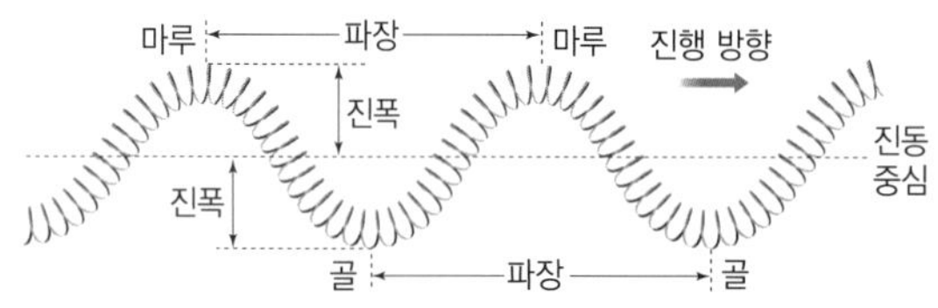

▲ 오른쪽으로 진행하는 횡파의 어느 순간의 모습

- 마루와 골: 파동의 가장 높은 곳을 마루, 가장 낮은 곳을 골이라고 한다.
- 진폭(A): 매질의 각 부분들이 진동 중심에서 최대로 이동한 거리이다.
- 파장(λ): 마루에서 이웃한 마루, 또는 골에서 이웃한 골까지의 거리로 파동이 한 주기 동안 이동한 거리이다.❸
- 주기(T): 매질의 한 점이 한 번 진동하는 데 걸린 시간이다.
- 진동수(f): 매질의 한 점이 1초 동안 진동하는 횟수이며, 단위는 Hz(헤르츠)를 쓴다.
- 주기와 진동수의 관계: 주기와 진동수는 역수 관계이다. ➡ 진동수(Hz)$=\dfrac{1}{\text{주기(s)}}$

② 파동 그래프

변위-위치 그래프	변위-시간 그래프
어느 순간 파동의 모습을 위치에 따라 나타낸 그래프이다. ➡ 진폭과 파장을 알 수 있다. (변위, 마루, 파장, 마루, 진폭, O, P, 위치, 진폭, 골)	매질의 어느 한 점(P)이 진동하는 것을 시간에 따라 나타낸 그래프이다.➡ 진폭, 주기, 진동수를 알 수 있다. (변위, 주기, 진폭, O, 시간)

PLUS 강의

❶ **매질의 유무에 따른 구분**
매질의 유무에 따라 탄성파와 전자기파로 구분한다.
- 탄성파: 매질을 통하여 전파되는 파동 예 물결파, 음파, 지진파 등
- 전자기파: 매질이 없어도 전파되는 파동 예 적외선, 가시광선, 자외선, 전파, X선 등

❷ **파동의 모양에 따른 구분**
- 평면파: *파면이 직선이거나 평면인 파동
- 구면파: 파면이 원이거나 구면인 파동

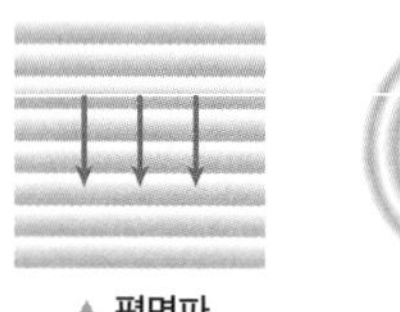

▲ 평면파 ▲ 구면파

❸ **종파의 파장**

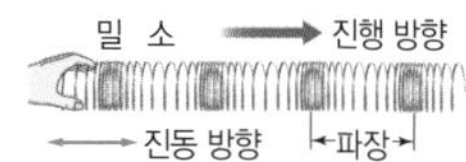

종파에서는 이웃한 밀한 지점 사이의 거리, 또는 이웃한 소한 지점 사이의 거리가 파장이다.

용어 돋보기

* **매질(媒 중매하다, 質 바탕)**_ 파동을 전달하는 물질이다. 전자기파는 파동이지만 매질이 없어도 전파된다.

* **파면(wave front, 波 물결, 面 얼굴)**_ 파동에서 위상이 같은 점을 이은 곳으로, 보통 마루나 골을 이은 선을 파면이라고 하며, 파면과 파동의 진행 방향은 수직하다.

4 파동의 속력

파동이 한 주기 동안 한 파장만큼 진행하므로 파동의 속력은 다음과 같다.

$$\text{파동의 속력}=\frac{\text{파장}}{\text{주기}}=\text{진동수}\times\text{파장},\ v=\frac{\lambda}{T}=f\lambda$$

① 파동은 진행 과정에서 진동수가 변하지 않으므로 진동수가 일정할 때 속력이 빠를수록 파장이 길다.

② 매질에 따른 파동의 속력

- 줄에서의 속력: 줄이 가늘수록, 팽팽할수록 속력이 빠르다.

줄의 재질과 굵기가 같을 때	줄의 재질은 같고 굵기가 다를 때[4]
줄을 천천히 흔들 때보다 빨리 흔들 때 파장이 짧다. ➡ 매질(줄)이 같으므로 파동의 속력이 같다. ➡ 파동의 속력이 일정할 때 진동수가 클수록 파장이 짧다.	같은 재질의 줄일 때에는 굵은 줄보다 가는 줄에서 파장이 더 길다. ➡ 굵은 줄에서 가는 줄로 진행할 때 파동의 진동수는 변하지 않는다. ➡ 진동수가 일정할 때 파동의 속력이 빠를수록 파장이 길다.

- 물결파의 속력: 수심이 깊을수록 빠르다. 예 해저 지진으로 발생한 지진 해일이 육지 쪽으로 진행하면 수심이 얕아지므로 속력은 느려지고, 파장은 짧아진다.
- 소리의 속력: 소리의 속력은 고체>액체>기체 순으로 빠르고, 공기의 온도가 높을수록 빠르다.[5]

탐구 자료 파동의 진행과 전파 속력

그림은 줄을 위아래로 흔들어 발생시킨 파동이 진행하는 모습을 일정한 시간 간격으로 나타낸 것이다.

1. 줄을 한 번 흔드는 시간 동안 마루는 진행 방향으로 한 파장의 거리를 이동한다.
2. 파동은 한 주기 동안 한 파장만큼의 거리를 이동하므로, 파장을 λ, 주기를 T, 진동수를 f라고 하면 파동의 속력 v는 다음과 같다.

$$v=\frac{\lambda}{T}=f\lambda$$

➡ 파동의 속력이 일정할 때 파장은 진동수에 반비례한다.

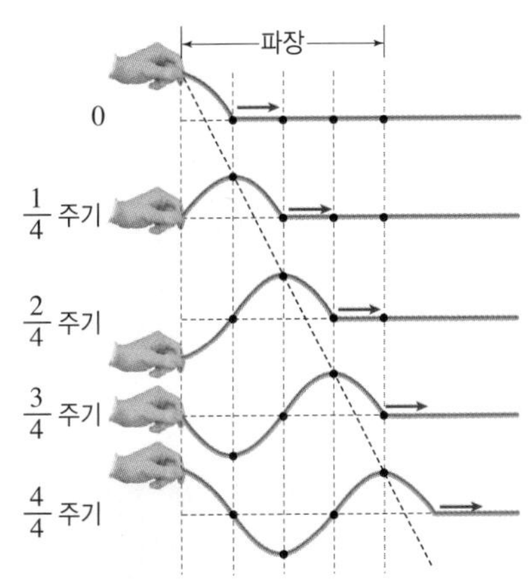

④ 줄의 굵기와 파동의 속력의 관계

- 선밀도(μ): 줄의 단위 길이당 질량으로, 가는 줄은 굵은 줄보다 선밀도가 작다.
- 파동의 속도를 v, 줄의 선밀도를 μ라고 할 때 두 물리량은 다음의 관계가 성립한다.

$$v\propto\frac{1}{\sqrt{\mu}}$$

다른 조건이 같을 때 가는 줄이 굵은 줄보다 선밀도(μ)가 작으므로 파동의 속력(v)은 크다.

⑤ 물질에 따른 소리의 속력

물질		속력(m/s)
기체	공기(0 °C)	331
	공기(20 °C)	343
액체	물(25 °C)	1493
고체	구리	5010
	알루미늄	6420

정답과 해설 73쪽

개념 확인

(1) 파동을 전달시켜 주는 물질을 (   )이라고 한다.

(2) 파동의 진행 방향과 매질의 진동 방향이 서로 수직인 파동을 (   )라고 하며, 파동의 진행 방향과 매질의 진동 방향이 서로 나란한 파동을 (   )라고 한다.

(3) 파동의 가장 높은 곳은 (   ), 가장 낮은 곳은 (   )이다.

(4) 매질의 각 부분들이 진동 중심에서 최대로 이동한 거리를 (   )이라고 한다.

(5) 매질의 한 점이 한 번 진동하는 데 걸린 시간은 (   )이고 단위는 (   )를 쓴다.

(6) 매질의 한 점이 (   ) 동안 진동하는 횟수를 진동수라고 하며 단위는 (   )이다.

(7) 파동의 진동수가 일정할 때 속력이 빠를수록 파장이 (   )다.

(8) 물결파의 속력은 수심이 (   )수록 빠르고, 공기 중에서 소리의 속력은 공기의 온도가 (   )수록 빠르다.

12 파동의 진행과 굴절

B 파동의 굴절

1 파동의 굴절 파동이 한 매질에서 다른 매질로 진행할 때 전파 속력이 달라져서 진행 방향이 꺾이는 현상

① 파동이 굴절할 때 입사각과 굴절각의 관계

[파동이 속력이 빠른 매질에서 느린 매질로 진행할 때]

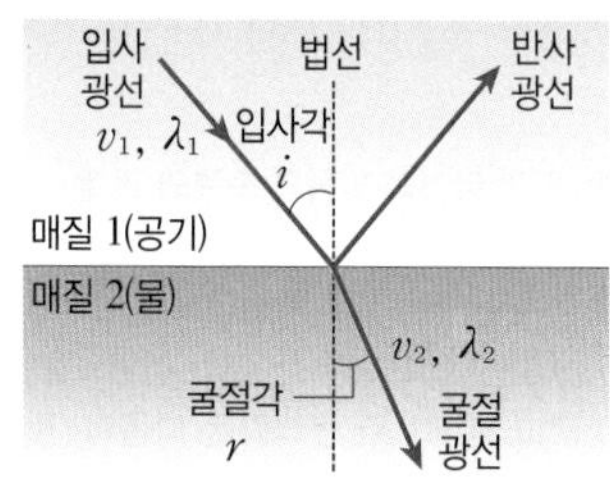

파동이 속력이 빠른 매질 1에서 느린 매질 2로 진행할 때 입사각이 굴절각보다 크다.

1. 파동이 굴절하는 까닭: 매질의 종류와 상태에 따라 파동의 진행 속력이 변하기 때문에 굴절이 나타난다.[6]

- 법선: 두 매질의 경계면에 수직인 직선
- 입사각(i): 입사한 파동과 법선이 이루는 각
- 굴절각(r): 굴절한 파동과 법선이 이루는 각

2. 파동의 매질 1에서의 속력과 파장을 v_1, λ_1, 매질 2에서의 속력과 파장을 v_2, λ_2라고 하면 입사각과 굴절각 사이에 다음 식이 성립한다.

$$\frac{\sin i}{\sin r}=\frac{v_1}{v_2}=\frac{\lambda_1}{\lambda_2}$$

② 물결파의 진행과 굴절

구분	속력이 빠른 매질에서 느린 매질로 진행할 때(깊은 물 → 얕은 물)	속력이 느린 매질에서 빠른 매질로 진행할 때(얕은 물 → 깊은 물)
파동의 진행 모습	입사파, 법선, v_1, λ_1, 매질 1, i, 매질 2, r, λ_2, v_2, 굴절파	입사파, 법선, v_1, λ_1, 매질 1, i, 매질 2, r, λ_2, v_2, 굴절파
파동의 속력	매질 1 > 매질 2 ➡ $v_1>v_2$	매질 1 < 매질 2 ➡ $v_1<v_2$
입사각과 굴절각	입사각 > 굴절각 ➡ $i>r$	입사각 < 굴절각 ➡ $i<r$
파장	매질 1 > 매질 2 ➡ $\lambda_1>\lambda_2$	매질 1 < 매질 2 ➡ $\lambda_1<\lambda_2$

[파동의 굴절 식의 유도]

1. 파면 AB가 A′B′으로 이동하는 시간을 t라고 할 때, 굴절 과정에서 파동의 진동수는 변하지 않으므로 다음과 같이 나타낼 수 있다.

$$\overline{BB'}=v_1t,\ v_1=f\lambda_1,\ \overline{AA'}=v_2t,\ v_2=f\lambda_2$$

2. $\overline{BB'}=\overline{AB'}\sin i$이고, $\overline{AA'}=\overline{AB'}\sin r$이므로 다음 관계가 성립한다.

$$\frac{\overline{BB'}}{\overline{AA'}}=\frac{v_1t}{v_2t}=\frac{v_1}{v_2}=\frac{f\lambda_1}{f\lambda_2}=\frac{\lambda_1}{\lambda_2}=\frac{\sin i}{\sin r}$$

$$\Rightarrow \frac{\sin i}{\sin r}=\frac{v_1}{v_2}=\frac{\lambda_1}{\lambda_2}$$

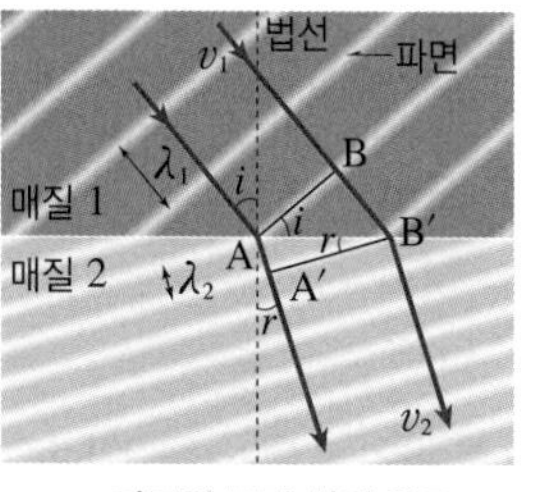

▲ 파동의 굴절 식의 유도

2 스넬 법칙

① **굴절률:** 매질에서 빛의 속력 v에 대한 진공에서 빛의 속력 c의 비를 그 매질의 굴절률이라고 한다.

$$n=\frac{c}{v}$$

- 매질에서 빛의 속력은 진공에서 빛의 속력보다 작으므로 굴절률은 항상 1보다 크다.
- 굴절률은 매질의 종류에 따라 다르며 매질에서 빛의 속력이 느릴수록 크다.

6 파동이 굴절하는 까닭

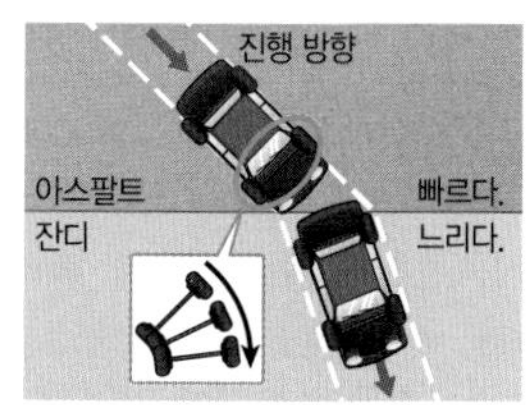

장난감 자동차가 아스팔트에서 잔디로 비스듬히 진행할 때 오른쪽 바퀴가 잔디에 먼저 들어가 속력이 느려지므로 자동차의 진행 경로가 오른쪽으로 꺾이게 된다. 마찬가지로 파동도 성질이 다른 매질로 진행할 때 속력이 달라져 진행 방향이 꺾인다.

② **스넬 법칙**: 굴절률이 n_1인 매질 1에서 굴절률이 n_2인 매질 2로 빛이 진행할 때 다음 관계가 성립한다.

$$\frac{\sin i}{\sin r}=\frac{v_1}{v_2}=\frac{\frac{c}{n_1}}{\frac{c}{n_2}}=\frac{n_2}{n_1}^{⑦} \Rightarrow n_1\sin i=n_2\sin r$$

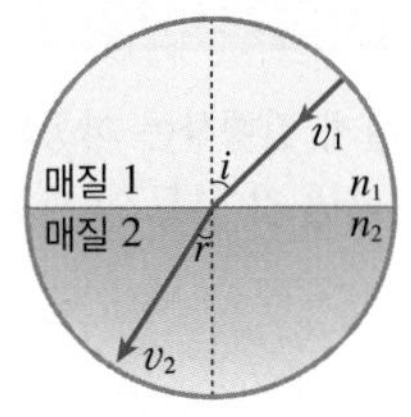

▲ 빛의 굴절

③ **여러 매질에서의 빛의 굴절**: 매질에서 빛의 속력 변화가 클수록 빛이 굴절하는 정도가 크다.

탐구 자료 여러 매질에서의 빛의 굴절 비교

그림은 빛이 공기에서 각각 물, 유리, 다이아몬드에 동일한 입사각으로 입사한 모습이다.

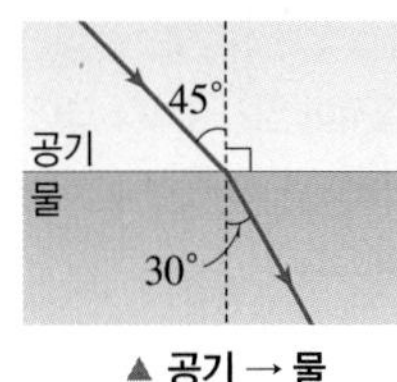

▲ 공기 → 물

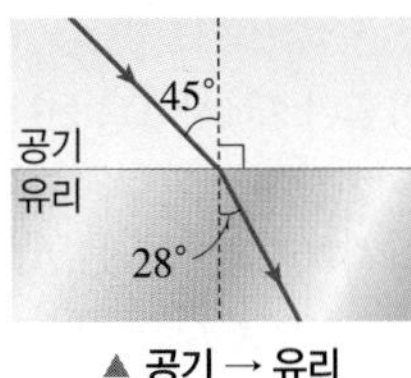

▲ 공기 → 유리

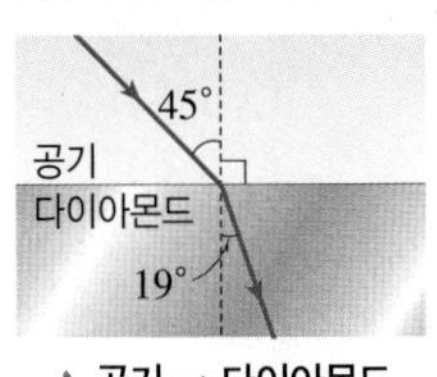

▲ 공기 → 다이아몬드

1. 세 경우 모두 속력이 빠른 매질에서 느린 매질로 빛이 진행한다. → 입사각이 굴절각보다 크다.
2. 법선과 이루는 각이 클수록 빛의 진행 속력이 빠르다. → 빛의 속력: 공기 > 물 > 유리 > 다이아몬드

3 생활 속의 굴절 현상

물체가 떠 보이는 현상⑧	신기루
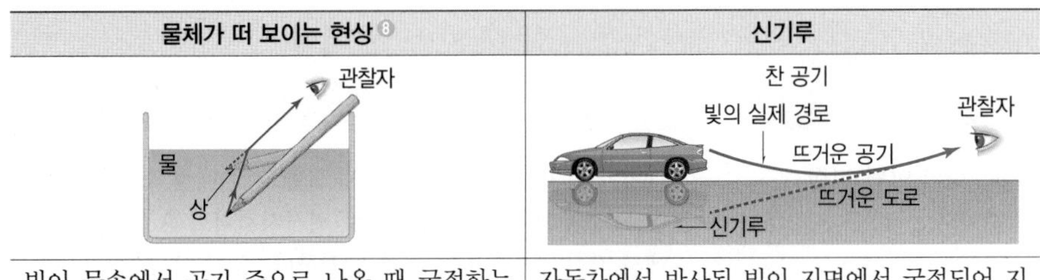	
빛이 물속에서 공기 중으로 나올 때 굴절하는데, 우리 눈에는 빛이 직진하는 것처럼 보인다.	자동차에서 반사된 빛이 지면에서 굴절되어 지면 아래에 있는 것처럼 보인다.
소리의 굴절⑨	**렌즈의 굴절⑩**
	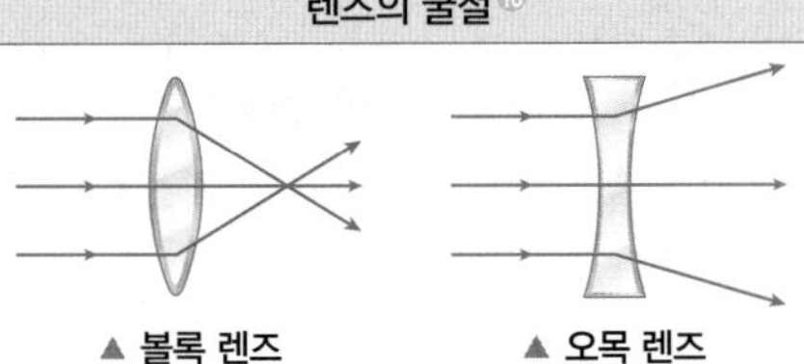 ▲ 볼록 렌즈 ▲ 오목 렌즈
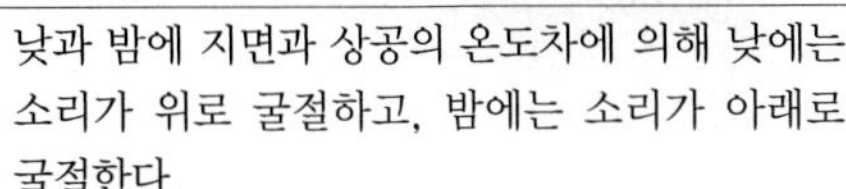 낮과 밤에 지면과 상공의 온도차에 의해 낮에는 소리가 위로 굴절하고, 밤에는 소리가 아래로 굴절한다.	두께가 다른 렌즈에서 빛이 굴절되어 볼록 렌즈에서는 빛이 모이고, 오목 렌즈에서는 빛이 퍼지게 된다.

⑦ **상대 굴절률**
매질 1에서의 파동의 속력 v_1을 매질 2에서의 파동의 속력 v_2로 나눈 값을 매질 1에 대한 매질 2의 상대 굴절률이라고 하고, $n_{12}=\frac{n_2}{n_1}=\frac{v_1}{v_2}$로 정의한다.

⑧ **물속에서 물체가 떠 보이는 현상**
목욕탕에서 물속의 손이 원래 높이보다 떠 보이는 것이나, 깨끗한 개울의 바닥이 원래 깊이보다 얕아 보이는 것도 굴절에 의해 물체가 떠 보이기 때문이다.

⑨ **소리의 굴절**
낮에는 땅의 온도가 높고, 위로 갈수록 온도가 낮아져 소리가 위로 진행하고, 밤에는 땅의 온도가 낮고, 위로 갈수록 온도가 높아져 소리가 아래로 진행한다. '낮말은 새가 듣고 밤말은 쥐가 듣는다'라는 속담과 관련이 있다.

⑩ **굴절 현상의 이용**
- 오목 렌즈는 근시안을 교정하는 안경에, 볼록 렌즈는 원시안을 교정하는 안경에 사용한다.
- 다양한 종류의 렌즈를 카메라, 망원경, 현미경 등의 용도에 맞게 활용한다.
- 지진파의 굴절 정도를 이용하여 지구 내부 구조를 분석한다.

정답과 해설 73쪽

개념 확인

(9) 파동이 한 매질에서 다른 매질로 진행할 때 (　　　　　)이 달라져 진행 방향이 꺾이는 것을 굴절이라고 한다.

(10) 굴절률은 매질의 종류에 따라 다르며 매질에서 빛의 속력이 느릴수록 (크다, 작다).

(11) 낮에는 지면의 온도가 높아 소리가 위로 (　　　　　)하여 높은 곳일수록 소리가 잘 전달된다.

(12) 굴절률이 큰 매질에서 파동의 파장이 (길다, 짧다).

정답과 해설 73쪽

2020 • Ⅱ 9월 평가원 2번

자료❶ 파동의 발생과 전파

그림은 일정한 속력 v로 x축과 나란하게 진행하는 파동의 어느 순간의 변위를 위치 x에 따라 나타낸 것이다. 이 파동의 주기는 T이다.

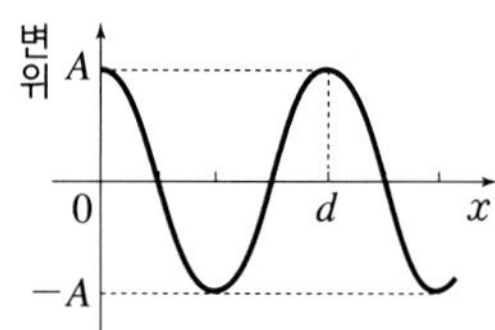

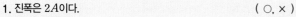

1. 진폭은 $2A$이다. (○, ×)
2. 파장은 d이다. (○, ×)
3. 진동수는 $\sqrt{T}$이다. (○, ×)
4. 파동의 속력 v는 $\dfrac{d}{T}$이다. (○, ×)

2017 • Ⅱ 수능 11번

자료❸ 파동의 굴절

그림과 같이 파장이 λ인 두 빛이 간격 d_1로 공기 중에서 프리즘 A에 입사각 θ_1로 입사하여 프리즘 B에서 공기 중으로 굴절각 θ_2로 진행한다. $d_1 < d_2$이고, 빛은 A와 B의 경계면에서 수직으로 입사한다.

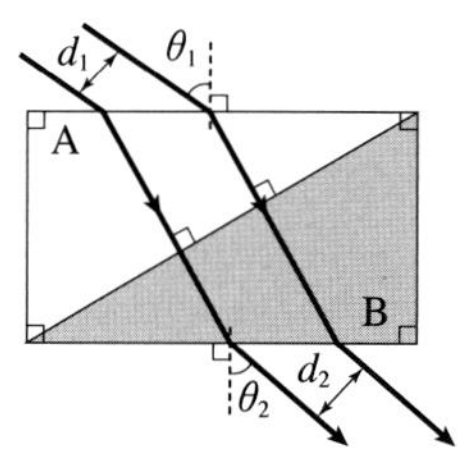

1. 빛이 공기 중에서 A로 진행할 때 굴절각이 입사각보다 크다. (○, ×)
2. 빛의 속력은 공기에서가 A에서보다 빠르다. (○, ×)
3. $d_1 < d_2$이므로 $\theta_1 < \theta_2$이다. (○, ×)
4. A의 굴절률을 n_A, B의 굴절률을 n_B라고 하면 $n_A > n_B$이다. (○, ×)

2020 • Ⅱ 6월 평가원 2번

자료❷ 두 파동의 물리량 자료 해석

그림은 같은 속력으로 진행하는 두 파동 P, Q의 어떤 지점에서의 변위를 시간에 따라 각각 나타낸 것이다.

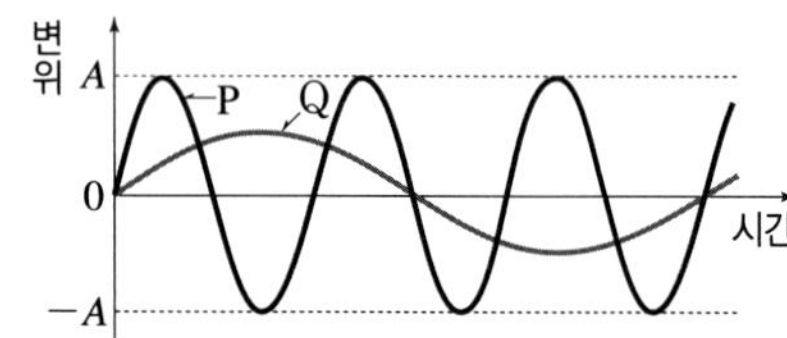

1. 진폭은 P가 Q보다 크다. (○, ×)
2. 주기는 P가 Q의 3배이다. (○, ×)
3. 진동수는 P가 Q의 3배이다. (○, ×)
4. 파장은 Q가 P의 3배이다. (○, ×)

2020 • Ⅱ 수능 8번

자료❹ 굴절과 스넬 법칙

그림과 같이 동일한 단색광 A, B를 각각 매질 Ⅰ에서 부채꼴 모양의 매질 Ⅱ에 수직으로 입사시켰더니 A, B가 점 P에서 각각 굴절각 θ_A, θ_B로 굴절한다. A, B가 Ⅱ로 입사되는 지점과 점 O까지의 거리는 각각 $3d$, $2d$이다.

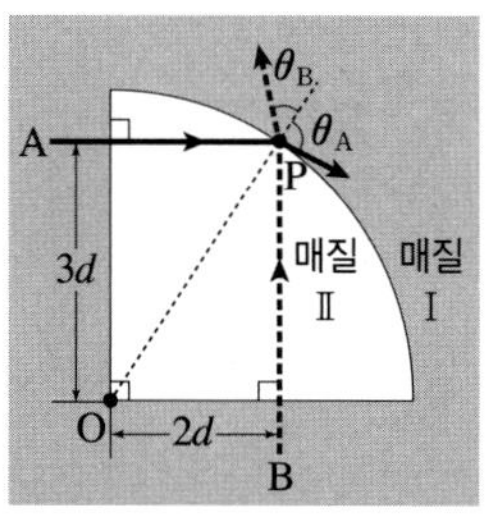

1. A가 매질 Ⅱ에서 매질 Ⅰ로 진행할 때 굴절각이 입사각보다 크다. (○, ×)
2. B가 매질 Ⅱ에서 매질 Ⅰ로 진행하면서 굴절한다. (○, ×)
3. B가 매질 Ⅱ에서 매질 Ⅰ로 진행할 때 입사각이 굴절각보다 크다. (○, ×)
4. A의 파장은 Ⅰ에서가 Ⅱ에서보다 짧다. (○, ×)
5. B의 진동수는 Ⅰ에서와 Ⅱ에서가 같다. (○, ×)
6. $\dfrac{\sin\theta_A}{\sin\theta_B} = \dfrac{3}{2}$이다. (○, ×)

정답과 해설 73쪽

Ⓐ 파동의 발생과 전파

1 다음은 파동의 종류에 대한 설명이다. 횡파에 해당하면 '횡', 종파에 해당하면 '종'이라고 쓰시오.

(1) 파동의 진행 방향과 매질의 진동 방향이 서로 수직인 파동 ( )

(2) 소리 ( )

(3) 전자기파 ( )

(4) 지진파의 S파 ( )

2 그림은 진행하는 파동의 어느 순간의 변위를 위치 x에 따라 나타낸 것이다.

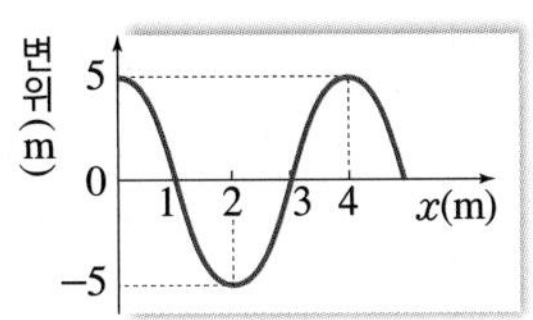

(1) 진폭은 몇 m인지 구하시오.

(2) 파장은 몇 m인지 구하시오.

3 주기가 2초인 파동의 진동수는 몇 Hz인지 구하시오.

4 그림은 같은 속력으로 진행하는 두 파동 A와 B의 어느 순간의 변위를 위치에 따라 나타낸 것이다.

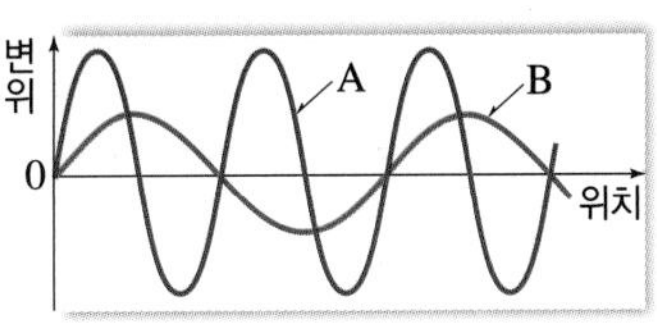

두 파동의 진폭과 주기를 등호 또는 부등호로 비교하시오.

• 진폭 : A ( ) B • 주기 : A ( ) B

5 길이의 단위(예: m(미터))를 사용하는 물리량만을 [보기]에서 있는 대로 고르시오.

보기

ㄱ. 진폭 ㄴ. 파장 ㄷ. 진동수

6 속력이 340 m/s인 소리가 진행할 때 소리의 파장이 0.5 m였다면 공기 분자의 진동수는 몇 Hz인지 구하시오.

Ⓑ 파동의 굴절

7 그림은 빛이 공기에서 액체로 진행하는 경로를 나타낸 것이다. ( ) 안에 알맞은 말을 쓰시오.

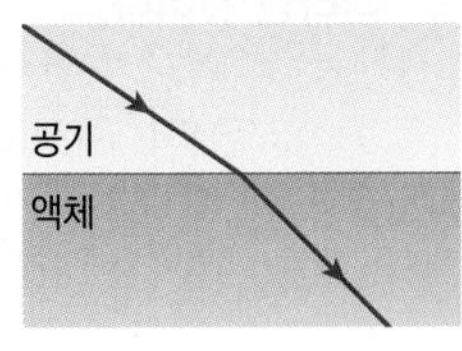

(1) 파동의 속력이 느린 매질은 ( )이다.

(2) 파장이 큰 곳은 ( )이다.

8 깊은 물에서 얕은 물로 진행하는 물결파가 있다. 깊은 물에서의 물리량이 얕은 물에서의 물리량보다 큰 것만을 [보기]에서 있는 대로 고르시오.

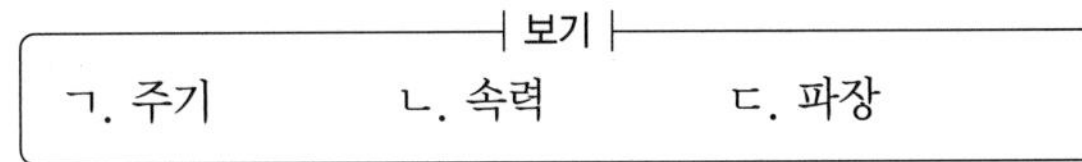

보기

ㄱ. 주기 ㄴ. 속력 ㄷ. 파장

9 그림은 파동이 서로 다른 매질 A에서 B로 진행하는 모습을 파면으로 나타낸 것이다.
A와 B에서의 물리량을 등호 또는 부등호로 비교하시오.

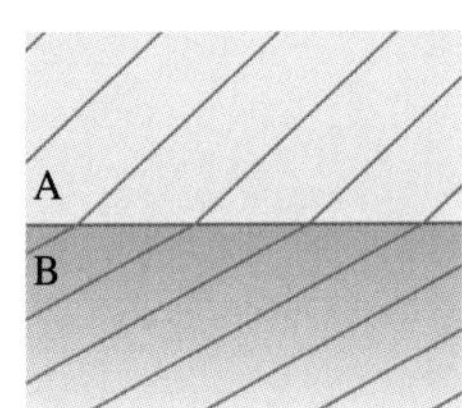

(1) 속력 : A ( ) B

(2) 굴절률 : A ( ) B

(3) 진동수 : A ( ) B

10 그림과 같이 매질 1에서 파장이 λ인 단색광을 30°의 입사각으로 매질 2로 입사시켰더니 두 매질의 경계면에서 45°의 굴절각으로 굴절하였다. 매질 2에서 단색광의 파장은 몇 λ인지 구하시오.

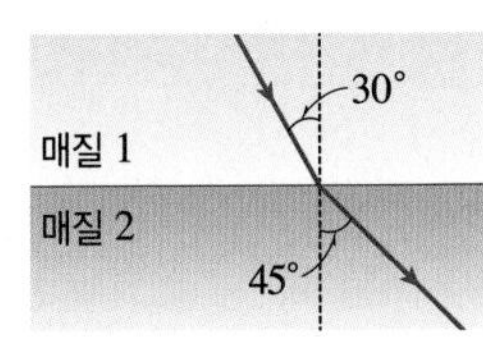

11 굴절 현상에 해당하는 것만을 [보기]에서 있는 대로 고르시오.

보기

ㄱ. 산에서 들리는 메아리
ㄴ. 물속의 물체가 떠 보임
ㄷ. 비눗방울의 무지개 색

1 그림은 오른쪽으로 진행하는 파동의 어느 순간의 모습을 나타낸 것이다.

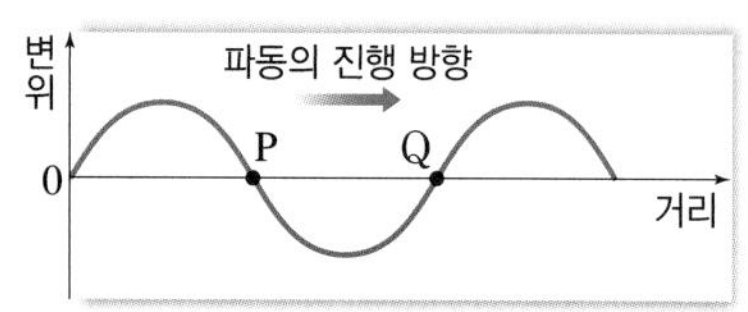

P, Q점에서 매질의 운동 방향을 옳게 짝 지은 것은?

	P점	Q점		P점	Q점
①	↑	↑	②	↑	↓
③	↓	↓	④	→	→
⑤	←	←			

자료❶ 2020 Ⅱ 9월 평가원 2번

2 그림은 일정한 속력 v로 x축과 나란하게 진행하는 파동의 어느 순간의 변위를 위치 x에 따라 나타낸 것이다.

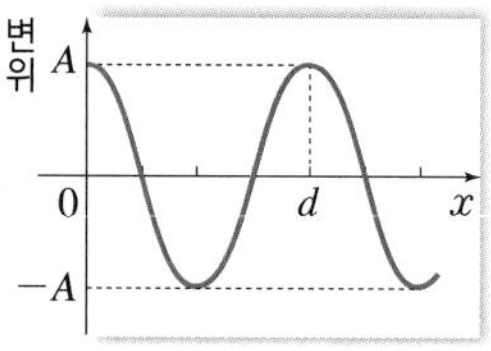

이 파동의 주기가 T일 때, v는?

① $\frac{d}{2T}$ ② $\frac{d}{T}$ ③ $\frac{2d}{T}$ ④ $\frac{3d}{T}$ ⑤ $\frac{4d}{T}$

3 그림 (가)는 일정한 속력으로 진행하는 횡파의 어느 순간 모습이고, 점 P와 Q는 매질 위의 한 점이다. 그림 (나)는 점 P의 변위를 시간에 따라 나타낸 것이다.

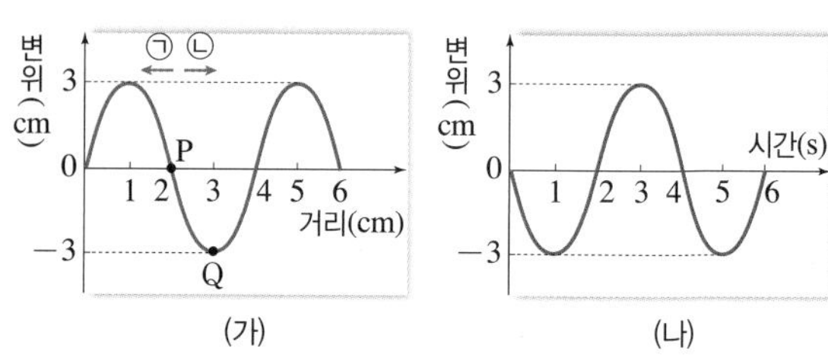

이에 대한 설명으로 옳은 것만을 [보기]에서 있는 대로 고른 것은?

보기

ㄱ. 파동의 진행 방향은 ㉡이다.
ㄴ. 파동의 진행 속력은 1 cm/s이다.
ㄷ. (가)의 순간으로부터 3초 후 Q의 변위는 3 cm이다.

① ㄱ ② ㄴ ③ ㄱ, ㄷ ④ ㄴ, ㄷ ⑤ ㄱ, ㄴ, ㄷ

4 그림은 물결파가 매질 Ⅰ, Ⅱ의 경계면에서 굴절하면서 진행하는 것을 모식적으로 나타낸 것이다. Ⅰ, Ⅱ에서 물결파의 파장은 각각 λ_1, λ_2이다.

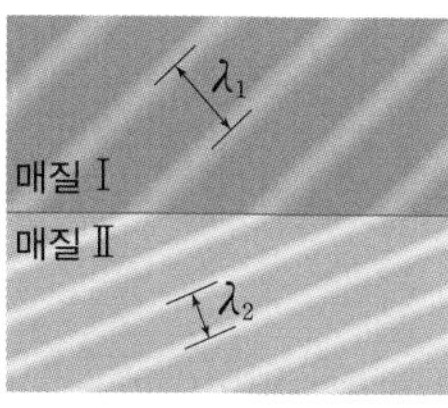

이 물결파에 대한 설명으로 옳은 것만을 [보기]에서 있는 대로 고른 것은?

보기

ㄱ. 물의 깊이는 Ⅰ에서가 Ⅱ에서보다 깊다.
ㄴ. 진동수는 Ⅰ에서가 Ⅱ에서보다 크다.
ㄷ. Ⅰ에 대한 Ⅱ의 굴절률은 $\frac{\lambda_1}{\lambda_2}$이다.

① ㄱ ② ㄷ ③ ㄱ, ㄴ ④ ㄱ, ㄷ ⑤ ㄴ, ㄷ

5 그림 (가)는 플라스틱 반원통을 이용하여 물의 굴절률을 측정하는 장치이고, 핀 1이 중심선 및 핀 2와 일직선상으로 겹쳐 보이도록 하여 (나)와 같은 결과를 얻었다.

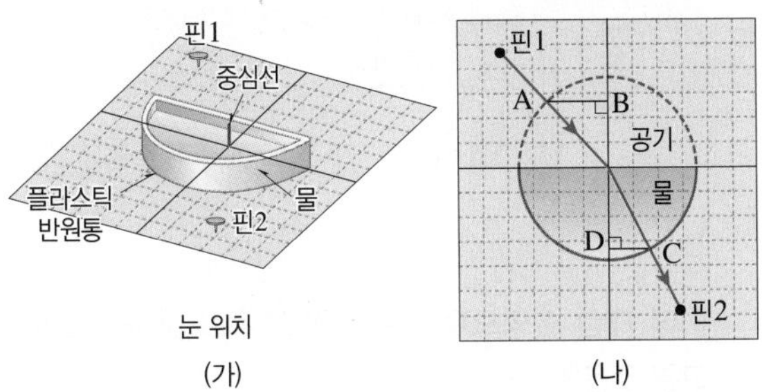

(가) (나)

이에 대한 설명으로 옳은 것만을 [보기]에서 있는 대로 고른 것은?

보기

ㄱ. 빛의 속력은 공기에서가 물에서보다 크다.

ㄴ. 공기에 대한 물의 굴절률은 $\frac{\overline{AB}}{\overline{CD}}$이다.

ㄷ. 반원통을 사용한 까닭은 점 C에서 빛이 물에서 공기로 나올 때 빛의 진행 방향이 꺾이는 것을 막기 위해서이다.

① ㄱ ② ㄷ ③ ㄱ, ㄴ
④ ㄴ, ㄷ ⑤ ㄱ, ㄴ, ㄷ

2020 Ⅱ 6월 평가원 11번

6 그림과 같이 단색광이 공기 중에서 매질 Ⅰ에 입사각 60°로 입사하여 매질 Ⅱ에서 공기 중으로 굴절각 θ로 진행한다. 공기에 대한 Ⅱ의 굴절률은 $\sqrt{2}$이다.

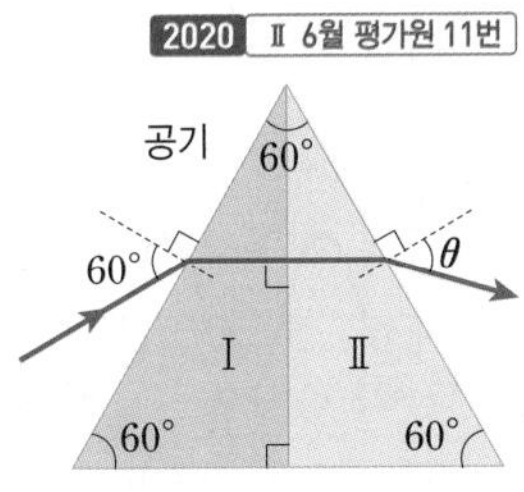

이에 대한 설명으로 옳은 것만을 [보기]에서 있는 대로 고른 것은?

보기

ㄱ. 공기에 대한 Ⅰ의 굴절률은 $\sqrt{3}$이다.

ㄴ. $\theta=45°$이다.

ㄷ. 단색광의 속력은 Ⅰ에서가 Ⅱ에서보다 크다.

① ㄱ ② ㄷ ③ ㄱ, ㄴ
④ ㄴ, ㄷ ⑤ ㄱ, ㄴ, ㄷ

7 그림은 두 단색광 A, B가 매질 1과 매질 2를 거쳐 매질 3으로 진행하는 모습을 나타낸 것이다. 매질 3에서 두 빛은 동일한 경로로 진행한다.

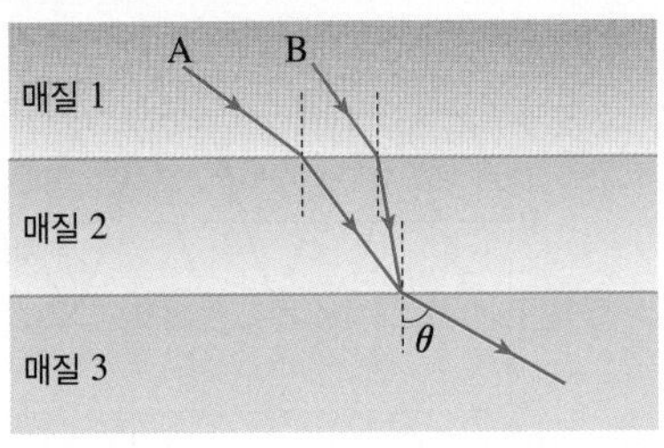

이에 대한 설명으로 옳은 것만을 [보기]에서 있는 대로 고른 것은?

보기

ㄱ. 진동수는 A가 B보다 크다.

ㄴ. 굴절률은 매질 1이 매질 2보다 작다.

ㄷ. 매질 2에서의 속력은 A가 B보다 크다.

① ㄱ ② ㄴ ③ ㄱ, ㄷ
④ ㄴ, ㄷ ⑤ ㄱ, ㄴ, ㄷ

8 그림 (가), (나)는 낮과 밤에 소리가 굴절하는 경로를 순서 없이 나타낸 것이다.

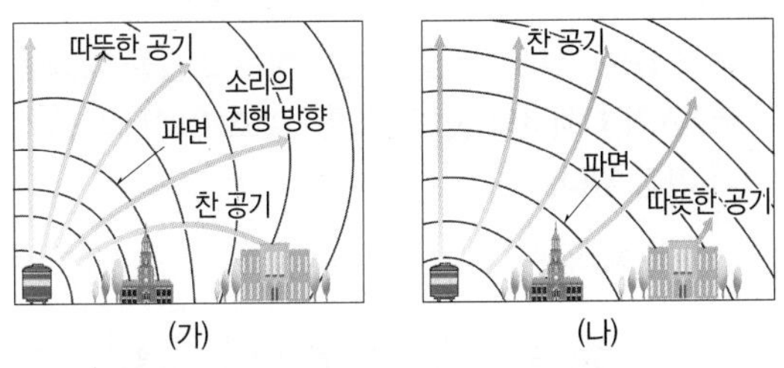

(가) (나)

이에 대한 설명으로 옳은 것만을 [보기]에서 있는 대로 고른 것은?

보기

ㄱ. (가)는 낮에, (나)는 밤에 소리가 굴절하는 모습이다.

ㄴ. (가)에서 소리의 속력은 지면에 가까울수록 빠르다.

ㄷ. 같은 매질에서도 매질의 특성이 달라져서 생기는 현상이다.

① ㄱ ② ㄷ ③ ㄱ, ㄴ
④ ㄴ, ㄷ ⑤ ㄱ, ㄴ, ㄷ

정답과 해설 75쪽

1 그림은 오른쪽으로 진행하는 파동을 나타낸 것이다. 실선의 파동이 1초 후 점선 모양으로 처음 관측되었다.

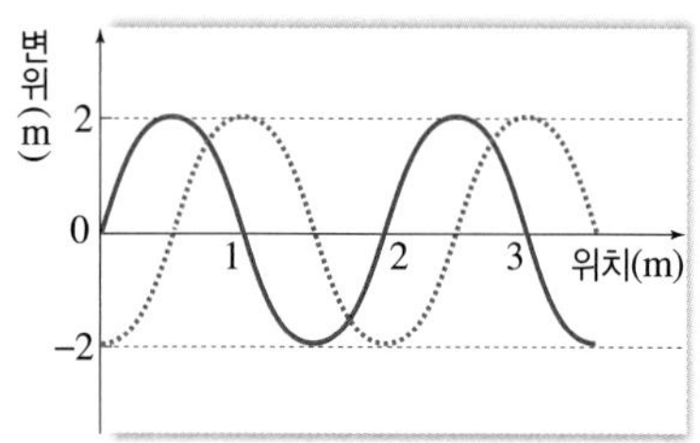

이 파동에 대한 설명으로 옳은 것만을 [보기]에서 있는 대로 고른 것은?

보기

ㄱ. 주기는 2초이다.
ㄴ. 파장은 2 m이다.
ㄷ. 파동의 진행 속력은 0.5 m/s이다.

① ㄱ ② ㄷ ③ ㄱ, ㄴ
④ ㄴ, ㄷ ⑤ ㄱ, ㄴ, ㄷ

2 그림은 물결파 발생 장치에서 만들어진 파동이 구간 A에서 B를 거쳐 C를 향해 진행하는 모습을 나타낸 것으로, A와 C에서의 물의 깊이는 같고 B에서의 물의 깊이가 가장 깊다.

물결파 →
얕은 물 | 깊은 물 | 얕은 물
구간 A | 구간 B | 구간 C

이에 대한 설명으로 옳은 것만을 [보기]에서 있는 대로 고른 것은?

보기

ㄱ. 물결파의 파장은 A에서보다 B에서 길다.
ㄴ. 물결파의 주기는 B에서보다 A에서 길다.
ㄷ. 물결파의 속력은 B에서보다 C에서 크다.

① ㄱ ② ㄴ ③ ㄷ
④ ㄱ, ㄷ ⑤ ㄴ, ㄷ

3 그림은 줄을 따라 $+x$ 방향으로 0.5 m/s의 속력으로 진행하는 파동의 어느 순간의 모습을 나타낸 것이다.

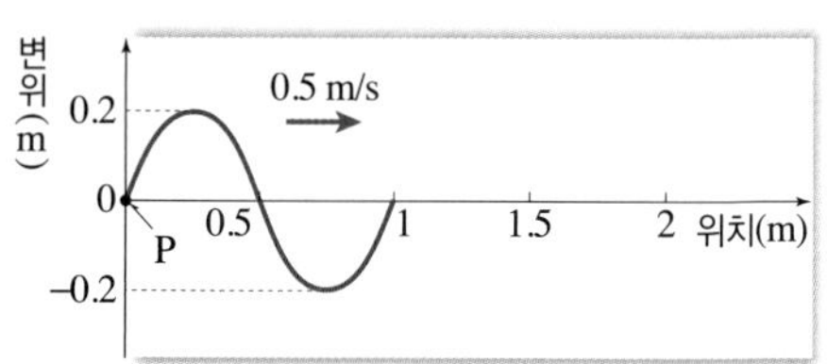

이에 대한 설명으로 옳은 것만을 [보기]에서 있는 대로 고른 것은?

보기

ㄱ. 진동수는 0.5 Hz이다.
ㄴ. 1.5초 후 P점의 변위는 0이다.
ㄷ. 2.3초 후 P점의 운동 방향은 아래 방향이다.

① ㄱ ② ㄴ ③ ㄱ, ㄷ
④ ㄴ, ㄷ ⑤ ㄱ, ㄴ, ㄷ

2021 9월 평가원 4번

4 그림 (가)는 $t=0$일 때, 일정한 속력으로 x축과 나란하게 진행하는 파동의 변위 y를 위치 x에 따라 나타낸 것이다. 그림 (나)는 $x=2$ cm에서 y를 시간 t에 따라 나타낸 것이다.

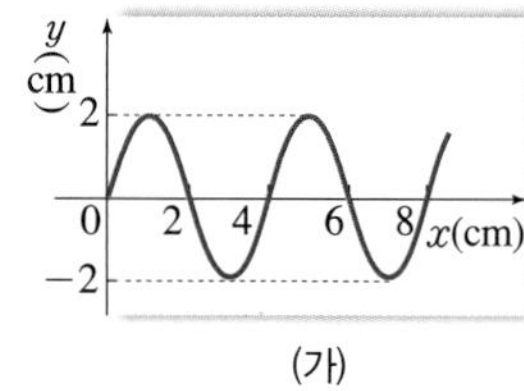

(가)

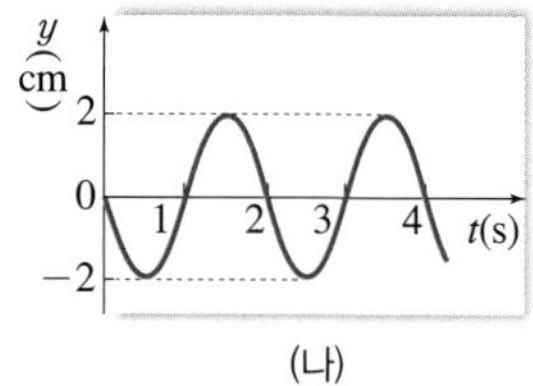

(나)

이에 대한 설명으로 옳은 것만을 [보기]에서 있는 대로 고른 것은?

보기

ㄱ. 파동의 진행 방향은 $-x$ 방향이다.
ㄴ. 파동의 진행 속력은 8 cm/s이다.
ㄷ. 2초일 때, $x=4$ cm에서 y는 2 cm이다.

① ㄱ ② ㄴ ③ ㄱ, ㄷ
④ ㄴ, ㄷ ⑤ ㄱ, ㄴ, ㄷ

5 그림과 같이 두께가 일정한 판을 물속에 잠기게 하여 물의 깊이를 다르게 한 다음, 직선파 발생 장치로 만든 파동이 $+x$ 방향으로 진행하게 하였다. 이때 깊은 곳의 파면과 PQ가 이루는 각도는 $45°$, 얕은 곳의 파면과 PQ가 이루는 각도는 $30°$이다.

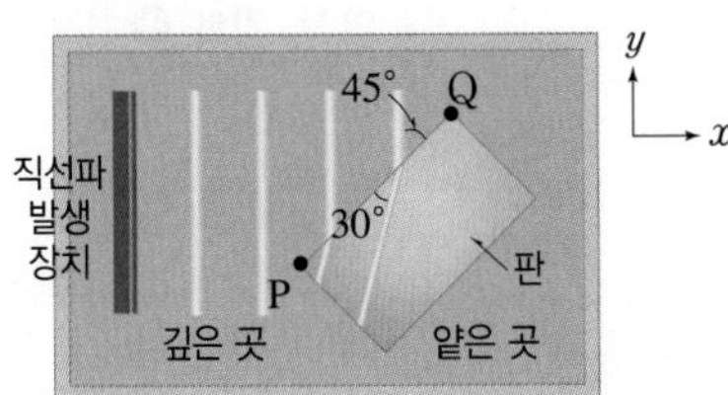

깊은 곳에서 파동의 속력을 v_1, 얕은 곳에서 파동의 속력을 v_2라고 할 때, $\frac{v_1}{v_2}$은?

① $\frac{1}{\sqrt{2}}$ ② $\sqrt{\frac{2}{3}}$ ③ 1
④ $\sqrt{\frac{3}{2}}$ ⑤ $\sqrt{2}$

7 그림은 서로 다른 물질을 통과하는 빛의 진행 경로를 나타낸 것이다.

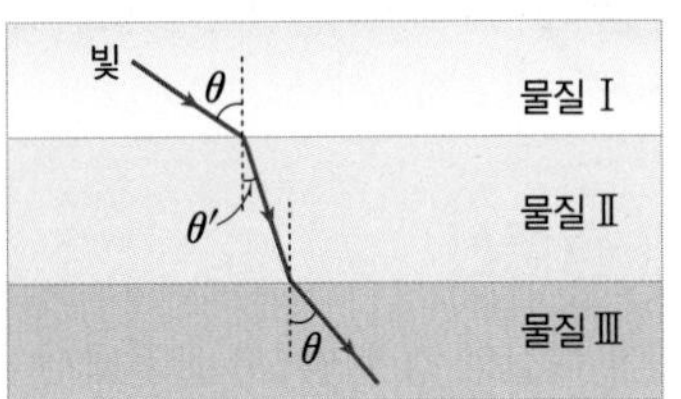

이에 대한 설명으로 옳은 것만을 [보기]에서 있는 대로 고른 것은? (단, $\theta > \theta'$이다.)

보기

ㄱ. Ⅰ과 Ⅲ은 같은 물질이다.
ㄴ. θ가 2배가 되면 θ'도 2배가 된다.
ㄷ. 빛이 Ⅰ에서 Ⅱ로 진행할 때 속력은 감소한다.

① ㄱ ② ㄴ ③ ㄱ, ㄴ
④ ㄱ, ㄷ ⑤ ㄴ, ㄷ

자료❹ 2020 Ⅱ수능 8번

6 그림과 같이 동일한 단색광 A, B를 각각 매질 Ⅰ에서 부채꼴 모양의 매질 Ⅱ에 수직으로 입사시켰더니 A, B가 점 P에서 각각 굴절각 θ_A, θ_B로 굴절한다. A, B가 Ⅱ로 입사되는 지점과 점 O까지의 거리는 각각 $3d$, $2d$이다.

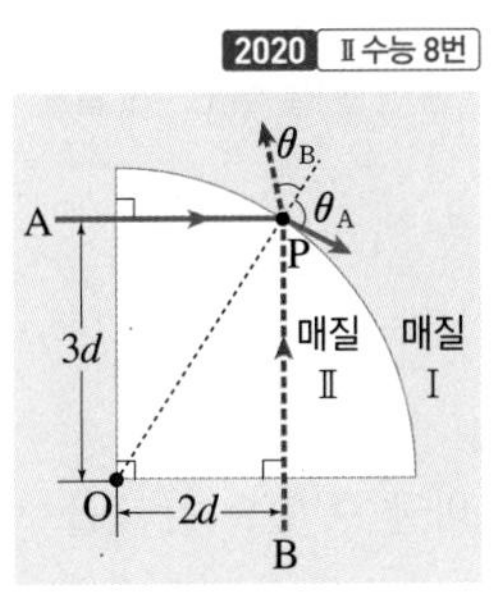

이에 대한 설명으로 옳은 것만을 [보기]에서 있는 대로 고른 것은?

보기

ㄱ. A의 파장은 Ⅰ에서가 Ⅱ에서보다 짧다.
ㄴ. B의 진동수는 Ⅰ에서와 Ⅱ에서가 같다.
ㄷ. $\frac{\sin\theta_A}{\sin\theta_B} = \frac{3}{2}$이다.

① ㄱ ② ㄴ ③ ㄱ, ㄷ
④ ㄴ, ㄷ ⑤ ㄱ, ㄴ, ㄷ

2021 수능 7번

8 그림 (가)는 공기에서 유리로 진행하는 빛의 진행 방향을, (나)는 낮에 발생한 소리의 진행 방향을, (다)는 신기루가 보일 때 빛의 진행 방향을 나타낸 것이다.

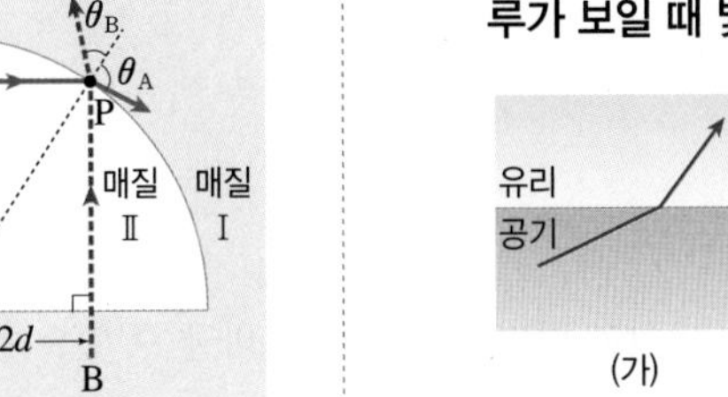

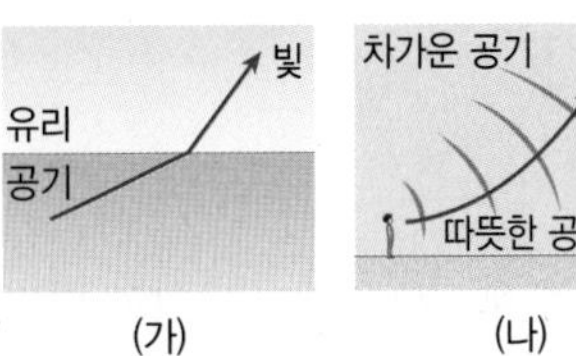

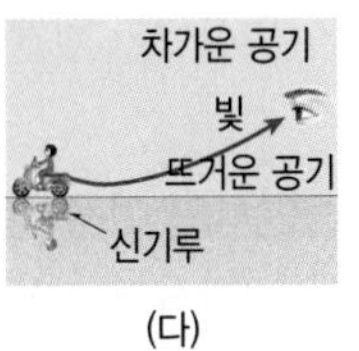

이에 대한 설명으로 옳은 것만을 [보기]에서 있는 대로 고른 것은?

보기

ㄱ. (가)에서 굴절률은 유리가 공기보다 크다.
ㄴ. (나)에서 소리의 속력은 차가운 공기에서가 따뜻한 공기에서보다 크다.
ㄷ. (다)에서 빛의 속력은 뜨거운 공기에서가 차가운 공기에서보다 크다.

① ㄴ ② ㄷ ③ ㄱ, ㄴ
④ ㄱ, ㄷ ⑤ ㄱ, ㄴ, ㄷ

전반사와 전자기파

≫ 핵심 짚기 › 전반사가 일어날 조건 › 광섬유와 전반사의 이용 › 전자기파의 종류와 활용

A 전반사와 광통신

1 전반사 빛이 매질의 경계면에서 굴절해서 나아가지 않고 전부 반사되는 현상

[빛의 전반사]

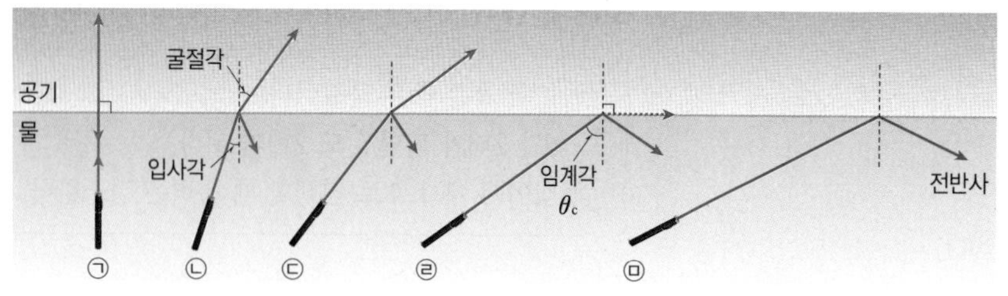

㉠ → ㉡ → ㉢ 입사각< 임계각: 입사각이 점점 커지면 반사각도 커지고, 굴절각도 커진다.
㉣ 입사각=임계각: 입사각을 점점 크게 하여 굴절각이 90°가 되면 빛이 공기 중으로 진행하지 못한다. 이때의 입사각을 임계각(θ_c)이라고 한다.
㉤ 입사각> 임계각: 더 이상 굴절되는 빛은 없고, 모두 반사만 일어난다. ➡ 전반사

① *임계각(θ_c): 굴절각이 90°일 때의 입사각을 임계각이라고 한다.

② 굴절률과 임계각의 관계: 굴절률이 n인 물질에서 굴절률이 1인 공기로 빛이 진행할 때 임계각을 θ_c라고 하면 스넬 법칙에 의해 다음과 같다.[1][2]

$$\frac{\sin 90^\circ}{\sin\theta_c}=\frac{n_{물질}}{n_{공기}} \Rightarrow \sin\theta_c=\frac{1}{n}$$

일반적으로 굴절률이 n_1인 매질에서 n_2인 매질로 빛이 진행할 때 임계각 θ_c는 다음 관계를 만족한다.

$$\sin\theta_c=\frac{n_2}{n_1}\ (n_1>n_2)$$ → 굴절률 차이가 클수록 임계각이 작다.

③ 전반사가 일어날 조건
- 빛이 속력이 느린 매질(굴절률이 큰 매질)에서 속력이 빠른 매질(굴절률이 작은 매질)로 진행해야 한다.
- 입사각이 임계각보다 커야 한다.

2 전반사의 이용

① 전반사를 이용하면 빛의 세기가 약해지지 않고 빛의 진행 경로를 바꿀 수 있으며, 빛을 멀리까지 보낼 수 있다.

② 생활 속 전반사의 이용: 내시경, 쌍안경, 광섬유를 이용한 장식품 등에 이용한다.

내시경	쌍안경	광섬유
가는 광섬유 다발을 연결한 소형 카메라를 이용해서 인체 내부 장기의 모습을 관찰할 수 있다.	직각 프리즘의 전반사를 이용해서 빛의 진행 방향을 바꾸고, 렌즈를 이용해서 먼 곳의 물체를 확대하여 볼 수 있다.	빛이 광섬유 내부에서 전반사하여 휘어지는 것을 이용하여 예술품이나 장식품을 만들 수 있다.

PLUS 강의

1) 굴절률(절대 굴절률)
진공과 비교한 굴절률로, 밀한 매질일수록 굴절률이 크다.

물질	굴절률
진공	1
공기	1.0003
얼음	1.31
물	1.33
유리	1.5 내외
다이아몬드	2.42

2) 굴절률과 임계각
굴절률이 큰 물질일수록 임계각이 작다. 빛이 유리에서 공기로, 물에서 공기로 각각 입사하는 경우 임계각은 굴절률이 물보다 큰 유리에서가 더 작다.

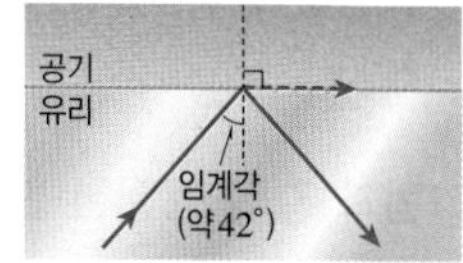

▲ 유리 → 공기

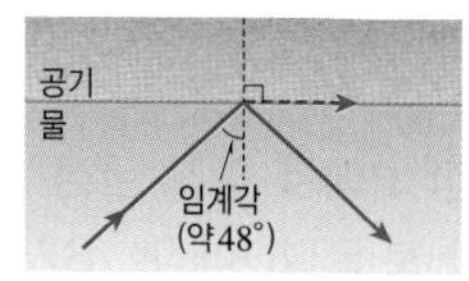

▲ 물 → 공기

- 굴절률: 유리>물
- 임계각: 유리<물

용어 돋보기
* 임계각(臨 임하다, 界 한계, 角 각도)
_굴절각이 90°가 되어 전반사가 일어날 때의 입사각

3 광섬유와 광통신

① **광섬유**: 빛을 전송시킬 수 있는 섬유 모양의 관[3]

[광섬유의 구조]

- 굴절률이 큰 중앙의 *코어 부분을 굴절률이 작은 *클래딩이 감싸고 있는 구조
- 광섬유 내부의 코어로 입사한 빛은 클래딩으로 빠져나오지 못하고 전반사된다.

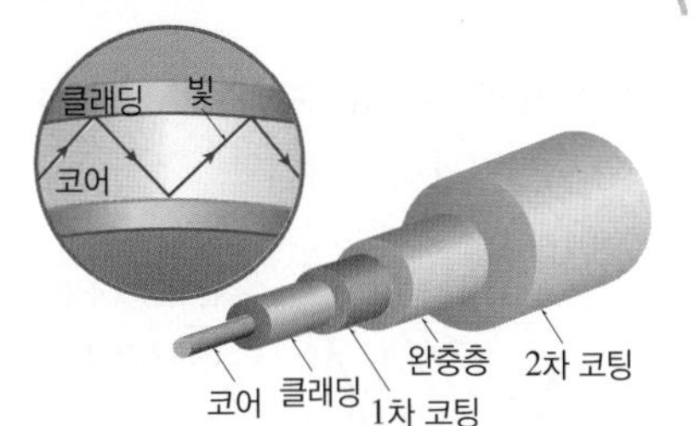

③ **광케이블**
광통신에는 광섬유를 여러 가닥으로 묶은 광케이블을 이용한다.

▲ 광케이블

② **광통신**: 정보가 담긴 빛 신호를 광섬유 내부에서 전반사시켜 정보를 주고받는 통신 방식

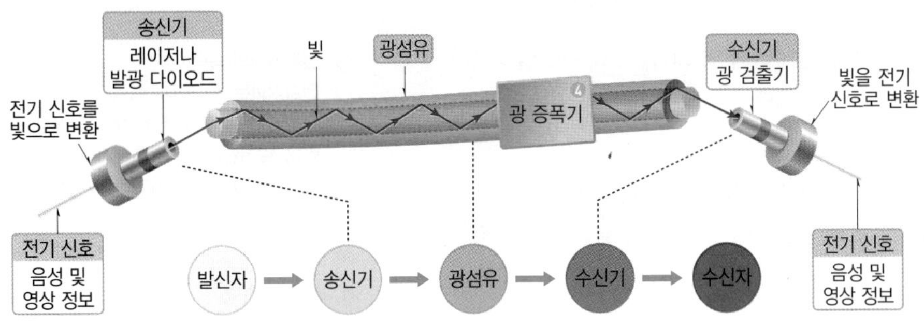

④ **광 증폭기**
광통신에서 빛 신호를 멀리 보낼 때에는 중간에 광 증폭기를 사용하여 빛 신호를 다시 강하게 해 준다.

- 송신기: 전송하고자 하는 정보를 담은 디지털 전기 신호를 빛 신호로 변환한다.
- 광섬유: 빛 신호를 전송한다.
- 수신기: 빛 신호를 다시 전기 신호로 변환하는 과정을 거쳐 원래의 음성 및 영상 정보를 분리해 낸다.

③ **광통신의 장점과 단점**

장점	• 전기, 전파에 의한 통신에 비해 도청이 어려워 통신의 비밀이 보장된다. • 기상 및 전파 교란의 영향을 받지 않아 안전하게 정보를 보낼 수 있고, 잡음이 없다. • 대용량의 정보를 보낼 수 있다. • 먼 거리를 보내더라도 전류에 비해 세기가 크게 약해지지 않는다.
단점	• 광섬유가 끊어졌을 때 연결하기가 어렵다. • 광섬유 연결 부위에 작은 먼지가 끼거나 틈이 생기면 통신이 불가능해진다. • 전기 도선을 사용한 통신 방법에 비해 설치하고 관리하는 비용이 많이 든다.

④ **광통신의 발달**

- 광섬유의 투명도와 증폭기의 기술 개발로 현재 초고속 정보 통신망뿐만 아니라 각 국가와 대륙을 연결하는 해저 광케이블로 장거리 광통신이 가능하게 되었다.
- 최근에 짓는 아파트와 같은 건물은 각 세대마다 광섬유가 연결되도록 하고 있다.

용어 돋보기

* **코어(core, 핵심)**_광섬유의 중심에 있는 원통 모양의 투명한 유리이며, 굴절률이 클래딩보다 크다.

* **클래딩(cladding, 외장재)**_코어를 감싸고 있는 원통 모양의 투명한 유리

정답과 해설 77쪽

(1) 빛이 매질의 경계면에서 전부 반사되는 현상을 (　　　　)라고 한다.

(2) 빛의 굴절각이 (　　　　)가 될 때의 입사각을 임계각이라고 한다.

(3) 전반사는 빛이 굴절률이 (큰, 작은) 매질에서 굴절률이 (큰, 작은) 매질로 진행하면서 입사각이 (　　　　)보다 클 때 일어난다.

(4) (　　　　)은 광섬유를 이용한 통신 방식으로 광섬유 내부에서 빛은 전반사하면서 진행한다.

(5) 광섬유의 코어의 굴절률은 클래딩의 굴절률보다 (크다, 작다).

전반사와 전자기파

B 전자기파의 종류 및 활용

1 전자기파 전기장과 자기장이 각각 시간에 따라 세기가 변하면서 공간으로 퍼져 나가는 파동[5]

① **전자기파의 진행:** 전기장과 자기장의 진동 방향에 각각 수직으로 진행하며, 매질이 없는 진공에서도 공간을 통해 전달된다. ➡ 전자기파는 횡파이다.

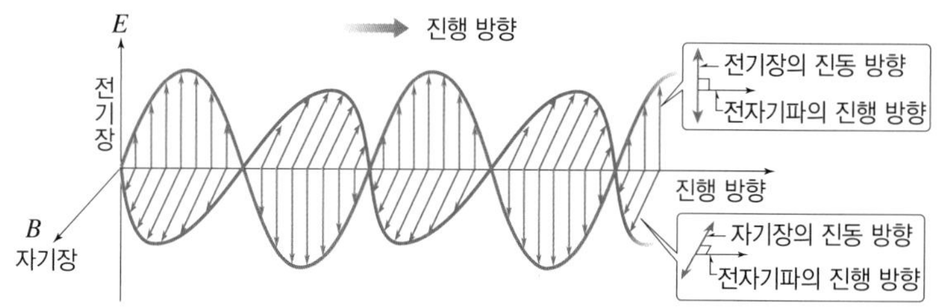

② **전자기파의 속력:** 진공에서의 속력은 파장에 관계없이 약 30만 km/s로 일정하다.[6] (빛의 속력=광속)

③ **전자기파의 에너지:** 진동수가 클수록 에너지가 크다.

2 전자기파의 종류

① 전자기파는 진공에서의 파장 또는 진동수에 따라 성질이 다르다.

② 비슷한 성질을 가진 전자기파를 파장별로 구간을 나누어 파장이 짧은 영역부터 감마(γ)선, X선, 자외선, *가시광선, 적외선, 마이크로파, 라디오파로 구분할 수 있다.

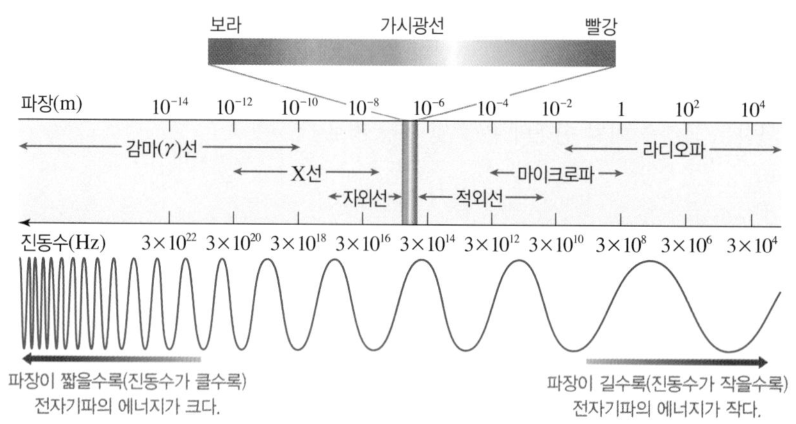

3 전자기파의 활용[7]

종류	성질 및 이용
감마(γ)선	• 전자기파 중 에너지가 가장 크다. • 주로 핵반응 과정에서 방출되며 투과력이 매우 강하므로 감마(γ)선으로 암세포를 파괴하여 암을 치료할 수 있다. • 이용 암 치료, 우주를 관측하는 감마(γ)선 망원경 등 방사선 치료
X선	• 투과력이 강해 뼈의 모습을 볼 수 있다. • 투과력이 강하므로 X선에 많이 노출되면 생체 조직을 파괴하거나 손상을 줄 수도 있다. • 이용 의료 진단, 공항의 수하물 검색, 구조물의 내부 검사 등 X선 사진
자외선	• 살균 기능이 있다. • 높은 에너지를 가지고 있어 강한 화학 작용을 한다. • 형광 작용을 하므로 형광등, 위조지폐 감별 등에 이용된다.[8] • 가시광선의 보라색 빛보다 파장이 짧은 영역의 전자기파이다. • 햇빛에 포함된 자외선은 피부를 그을리게 하기도 하며 인체 내부에서 비타민 D를 합성하기도 한다. • 이용 식기 및 의료 기구 소독, 위조지폐 감별, 비타민 D 합성 등 자외선 소독기 자외선 차단제

5 전자기파 이론의 확립
영국의 과학자 맥스웰(Maxwell, J. C. ; 1831~1879)이 1864년 전자기파에 대한 방정식을 제시하였고, 독일의 과학자 헤르츠(Hertz, H. R. ; 1857~1894)가 1888년 실험을 통해 전자기파의 존재를 확인하였다.

6 전자기파의 속력
전자기파는 진공에서 속력이 가장 빠르고, 진공이 아닌 매질을 통과할 때는 속력이 느려진다. 이때 진동수는 변하지 않고 파장이 속력에 비례하여 변한다.

$$c=f\lambda$$

c: 빛의 속력
f: 전자기파의 진동수
λ: 전자기파의 파장

7 전자기파의 방출 원리
- 감마(γ)선: 핵반응에 의해 원자핵 내부에서 발생한다.
- X선: 고속의 전자가 금속과 충돌할 때 발생한다.
- 자외선, 가시광선, 적외선: 들뜬상태에 있던 전자가 낮은 궤도로 이동하면서 발생한다.
- 마이크로파: 전기 기구에서 전자의 진동으로 발생한다.
- 라디오파: 도선 속에서 가속되는 전하에 의해 발생한다.

8 형광 작용
어떤 물질이 자외선 등의 전자기파를 흡수한 후 물질 고유의 빛을 방출하는 현상이다.

용어 돋보기
*** 가시광선(可 옳다, 視 보다, 光 빛, 線 선)**_사람의 눈으로 볼 수 있는 빛

종류	성질 및 이용	
가시광선	• 파장이 380 nm~750 nm 사이인 전자기파로, 사람의 눈으로 관찰할 수 있는 영역대의 빛이다. • 햇빛을 프리즘에 통과시키면 빨간색에서 보라색까지 연속 스펙트럼을 얻을 수 있다. • 이용 광학 기구, 가시광선 레이저 등	스펙트럼
적외선	• 물체에 흡수되어 온도를 높이는 열작용을 하므로 열선이라고도 한다. • 물체에서 방출되는 적외선을 감지하여 온도를 측정하거나 야간에 사진 촬영을 할 수 있다. • 이용 적외선 열화상 카메라, 적외선 온도계, 텔레비전 리모컨, 적외선 물리 치료기 등	적외선 열화상 카메라
마이크로파⑨	• 파장이 1 mm~1 m 정도까지의 전자기파이다. • 통신이 가능한 전자기파 중 진동수가 커서 많은 양의 정보를 보낼 수 있다. • 이용 전자레인지, 휴대 전화, 무선 랜, 레이더, 속도 측정기 등	전자레인지
라디오파⑨	• 마이크로파보다 긴 영역대의 파장을 가진 전자기파이다. • 라디오의 AM파는 파장이 길어 회절이 잘 되므로 장애물 뒤에까지 잘 전달된다.⑩ • 이용 라디오나 텔레비전 방송 등	라디오

⑨ **전파**
마이크로파와 라디오파를 합해서 전파라고 한다.

⑩ **파장과 회절의 관계**
파장이 긴 파동은 회절이 잘 일어나며 건물이나 산너머까지 파동이 잘 전달된다.

탐구 자료 자외선과 적외선

[자외선 관찰하기]

1. 주위를 어둡게 한 뒤 자외선등을 켜고 지폐, 형광펜으로 그린 그림, 형광 물질이 들어 있는 광물 등을 비추어 본다.

2. 결과: 자외선등을 켜면 지폐의 형광 물질을 확인할 수 있다.

[적외선 관찰하기]

1. 리모컨의 버튼을 누르면서 휴대 전화의 카메라에 비추고, 휴대 전화의 화면을 통해 리모컨 앞부분의 램프를 관찰한다.

2. 결과: 휴대 전화의 화면에서 리모컨의 적외선을 관찰할 수 있다.

정답과 해설 77쪽

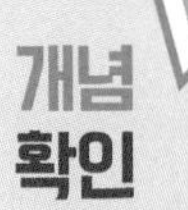

(6) 전기장과 자기장이 진동하면서 공간을 퍼져 나가는 것을 (　　　　)라고 한다.

(7) 전자기파의 진행 방향은 전기장 방향과 (나란, 수직)하고, 자기장 방향과 (나란, 수직)하다.

(8) 감마(γ)선, X선, 자외선 중 파장이 가장 긴 것은 (　　　　)이다.

(9) 열작용을 하므로 열화상 카메라에 이용되는 전자기파는 (　　　　)이다.

(10) 우주선 사이의 통신이나 항공관제 등에 사용하는 레이더에 이용되며, 음식물을 데우기 위한 전자레인지에 이용되는 전자기파는 (　　　　)이다.

(11) 전자기파 중에서 투과력이 강해 의료 진단, CT 촬영 등에 이용되는 전자기파는 (　　　　)이다.

(12) 전자기파 중에서 에너지가 가장 크고 암 치료 등에 이용되는 전자기파는 (　　　　)이다.

정답과 해설 77쪽

2021 ● 6월 평가원 16번

자료❶ 전반사

그림은 단색광 P를 매질 A와 B의 경계면에 입사각 θ로 입사시켰을 때 P의 일부는 굴절하고, 일부는 반사한 후 매질 A와 C의 경계면에서 전반사하는 모습을 나타낸 것이다.

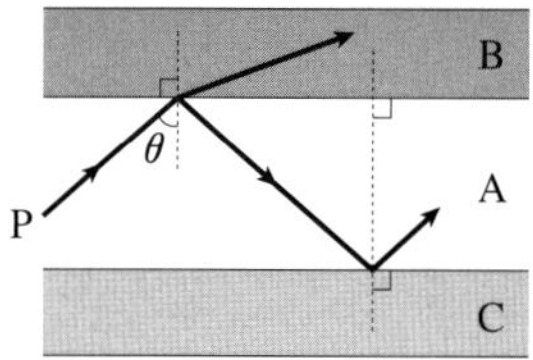

1. A의 굴절률은 B의 굴절률보다 크다. (○, ×)
2. A의 굴절률은 C의 굴절률보다 크다. (○, ×)
3. P의 속력은 A에서가 B에서보다 작다. (○, ×)
4. C를 코어로 사용한 광섬유에 B를 클래딩으로 사용할 수 있다. (○, ×)

2021 ● 9월 평가원 14번

자료❷ 전반사와 광통신의 원리

그림과 같이 단색광 P가 공기로부터 매질 A에 θ_i로 입사하고 A와 매질 C의 경계면에서 전반사하여 진행한 뒤, 매질 B로 입사한다. 굴절률은 A가 B보다 작다. P가 A에서 B로 진행할 때 굴절각은 θ_B이다.

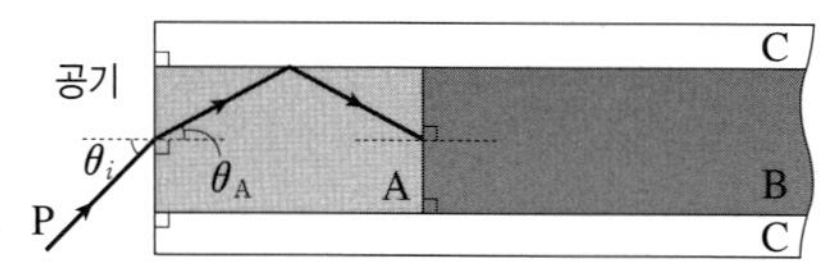

1. θ_i는 θ_A보다 크다. (○, ×)
2. 공기보다 A의 굴절률이 크다. (○, ×)
3. A의 굴절률은 C의 굴절률보다 작다. (○, ×)
4. P가 A에서 B로 진행할 때 입사각은 θ_i이다. (○, ×)
5. P가 A에서 B로 진행할 때 굴절각 θ_B는 θ_A보다 작다. (○, ×)
6. A와 B로 광섬유를 만든다면 클래딩에는 A를, 코어에는 B를 사용하면 된다. (○, ×)

2021 ● 6월 평가원 4번

자료❸ 전자기파의 분류

그림 (가)는 파장에 따른 전자기파의 분류를 나타낸 것이고, (나)는 (가)의 전자기파 A, B, C를 이용한 예를 순서 없이 나타낸 것이다.

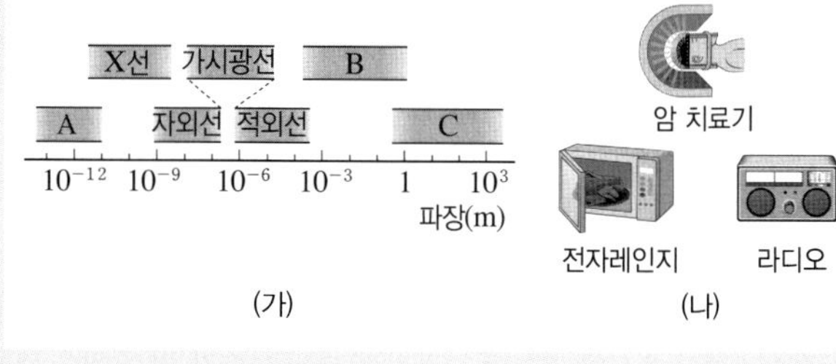

(가) (나)

1. 파장이 가장 짧은 것은 A이다. (○, ×)
2. A는 감마(γ)선이다. (○, ×)
3. B는 라디오파이다. (○, ×)
4. C는 마이크로파이다. (○, ×)
5. 암 치료기에 이용되는 전자기파는 A이다. (○, ×)
6. 진공 중에서 가장 빠른 전자기파는 C이다. (○, ×)

2021 ● 9월 평가원 3번

자료❹ 전자기파의 이용

그림은 스마트폰에서 쓰이는 파동 A, B, C를 나타낸 것이다.

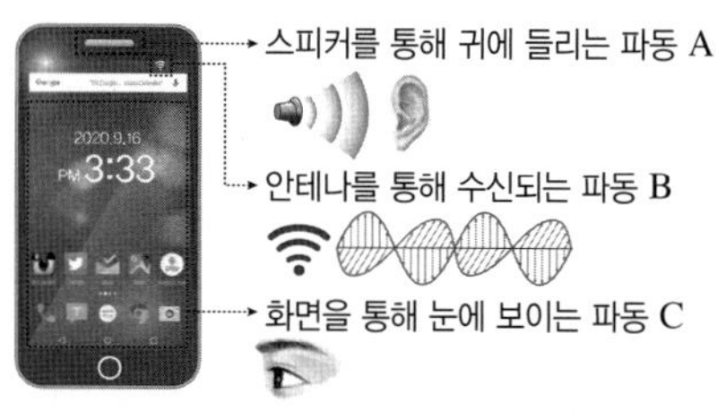

1. A는 음파이다. (○, ×)
2. A는 전자기파에 속한다. (○, ×)
3. 진동수는 B가 C보다 작다. (○, ×)
4. C는 가시광선이다. (○, ×)
5. C는 매질에 관계없이 속력이 일정하다. (○, ×)

정답과 해설 78쪽

Ⓐ 전반사와 광통신

1 그림은 레이저 빛이 매질 A에서 매질 B로 굴절하는 모습을 나타낸 것이다. (　　) 안에 알맞은 말을 쓰시오.

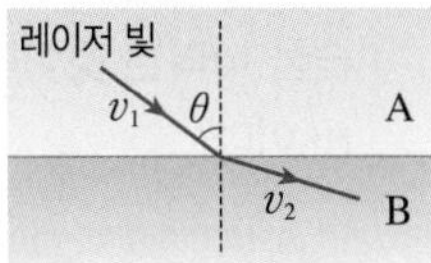

(1) 레이저 빛의 속력은 v_1이 v_2보다 (　　　).
(2) 굴절률이 큰 매질은 (　　　)이다.
(3) θ는 임계각보다 (　　　).

2 그림과 같이 빛이 매질 A, B의 경계면에 입사각 i로 입사하여 전반사하였다. 매질 A와 B에서의 굴절률을 등호 또는 부등호로 비교하시오.

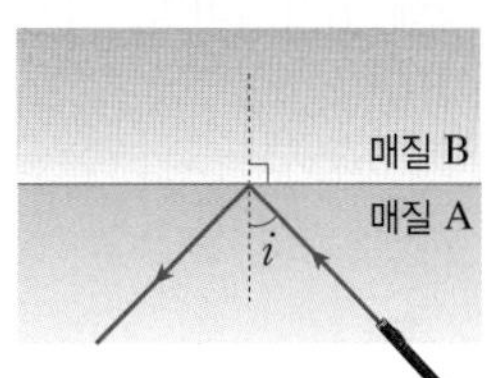

굴절률 : A (　　　) B

3 그림은 광섬유에서 코어를 따라 빛 신호가 진행하는 모습을 나타낸 것이다. (　　) 안에 알맞은 말을 쓰시오.

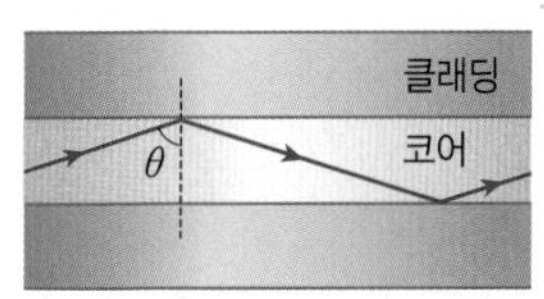

(1) 코어와 클래딩의 경계면에서 (　　　)가 일어난다.
(2) 굴절률이 큰 매질은 (　　　)이다.
(3) θ는 임계각보다 (　　　).

4 그림은 빛이 임계각 30°인 매질 A에서 공기 중으로 진행하는 모습을 나타낸 것이다. 매질 A의 굴절률은 얼마인지 구하시오.

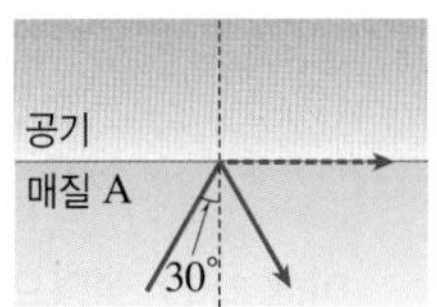

5 다음은 우리 생활에서 사용하는 어떤 소재에 대한 설명이다. 이 소재는 무엇인지 쓰시오.

- 굴절률이 큰 코어가 내부에, 굴절률이 작은 클래딩이 외부에 있는 이중 구조로 되어 있다.
- 코어에 입사한 빛이 코어와 클래딩의 경계면에서 전부 반사하므로 전기 통신에 비해 에너지 손실이 거의 없이 정보를 멀리까지 보낼 수 있다.

Ⓑ 전자기파의 종류 및 활용

6 다음은 전자기파에 대한 설명이다. (　　) 안에 알맞은 말을 쓰거나 고르시오.

전자기파는 전기장과 ㉠(　　　)이 시간에 따라 세기가 변하면서 공간으로 퍼져 나가는 파동이다. 전자기파는 진행 방향이 전기장과 ㉠(　　　)의 진동 방향에 각각 ㉡(수직, 수평)이므로 ㉢(종파, 횡파)이다.

7 다음은 전자기파를 파장 순으로 나열한 것이다. (　　) 안에 알맞은 말을 쓰시오.

라디오파 – ㉠(　　　) – 적외선 – 가시광선 – ㉡(　　　) – X선 – ㉢(　　　)

8 다음은 전자기파 A의 쓰임새와 특징에 대한 설명이다.

▲ 열화상 카메라

- 열화상 카메라는 몸의 온도에 따라 다르게 방출되는 A의 양을 측정하여 체온을 나타낸다.
- A의 파장은 가시광선보다 길고, 마이크로파보다 짧다.

A는 무엇인지 쓰시오.

9 그림은 진공 중에서 전기장과 자기장이 진동하며 $+z$ 방향으로 진행하는 전자기파를 나타낸 것이다. (　　) 안에 알맞은 말을 쓰시오.

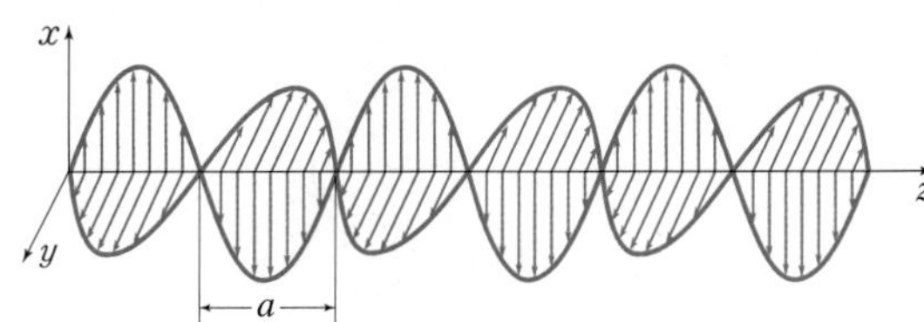

(1) 전자기파의 파장은 (　　　)이다.
(2) 한 지점에서 전기장의 세기가 최대일 때 자기장의 세기가 (　　　)이다.

10 그림은 식기 살균기이다. 식기를 소독하는 데 사용되는 전자기파는 무엇인지 쓰시오.

1 그림은 매질 1에서 매질 2로 입사한 빛이 매질 3과의 경계면에서 전반사하는 것을 나타낸 것이다.

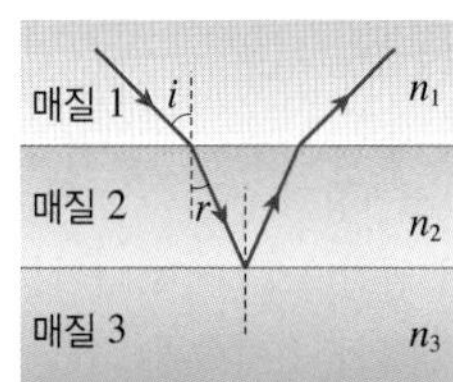

매질 1과 매질 2에서의 빛의 속력을 각각 v_1, v_2라고 할 때 v_1과 v_2의 관계와 각 매질의 굴절률 n_1, n_2, n_3의 관계를 옳게 비교한 것은? (단, $i > r$이다.)

① $v_1 > v_2$, $n_1 > n_2$
② $v_1 > v_2$, $n_2 > n_3$
③ $v_2 > v_1$, $n_1 > n_2$
④ $v_2 > v_1$, $n_2 > n_3$
⑤ $v_1 = v_2$, $n_2 > n_1$

2020 6월 평가원 13번

2 그림 (가)는 단색광 X가 광섬유에 사용되는 물질 A, B, C를 지나는 모습을 나타낸 것이다. 그림 (나)는 A, B, C를 이용하여 만든 광섬유에 X가 각각 입사각 i_1, i_2로 입사하여 진행하는 모습을 나타낸 것이다. θ_1, θ_2는 코어와 클래딩 사이의 임계각이다.

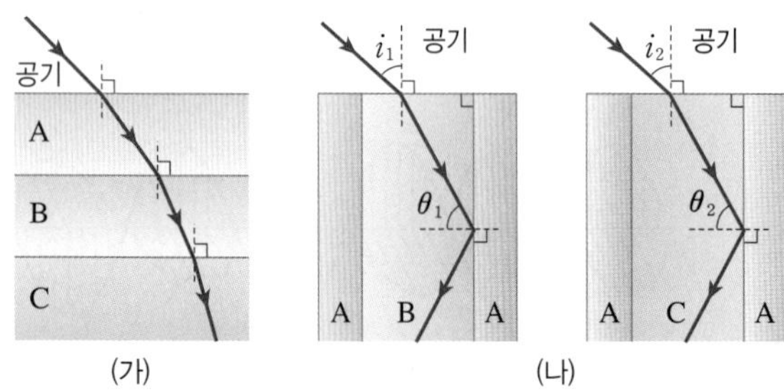

(가) (나)

이에 대한 설명으로 옳은 것만을 [보기]에서 있는 대로 고른 것은?

보기
ㄱ. 굴절률은 C가 A보다 크다.
ㄴ. $\theta_1 < \theta_2$이다.
ㄷ. $i_1 > i_2$이다.

① ㄱ ② ㄴ ③ ㄱ, ㄷ
④ ㄴ, ㄷ ⑤ ㄱ, ㄴ, ㄷ

3 그림은 광섬유 내부에서 레이저 빛이 코어와 클래딩의 경계면에 θ의 각도로 입사한 후 전반사하며 진행하는 모습을 나타낸 것이다. 코어와 클래딩의 굴절률은 각각 n_A, n_B이다.

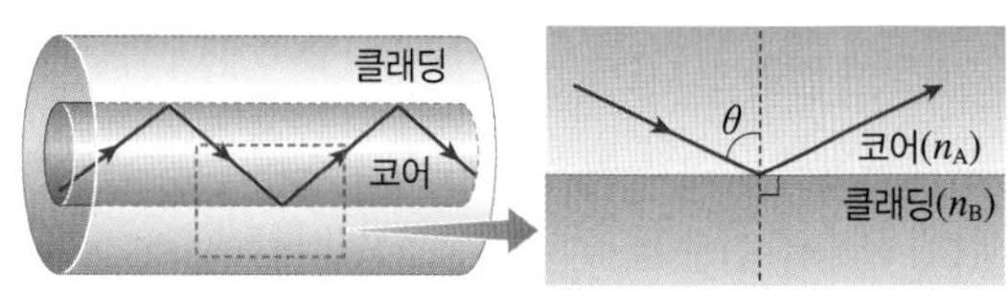

이에 대한 설명으로 옳은 것만을 [보기]에서 있는 대로 고른 것은?

보기
ㄱ. $n_A > n_B$이다.
ㄴ. $\sin\theta > \frac{n_B}{n_A}$이다.
ㄷ. 이 레이저 빛을 클래딩에 입사시키면, 파장은 코어에서 진행할 때와 같다.

① ㄱ ② ㄷ ③ ㄱ, ㄴ
④ ㄴ, ㄷ ⑤ ㄱ, ㄴ, ㄷ

2021 수능 15번

4 그림 (가), (나)는 각각 물질 X, Y, Z 중 두 물질을 이용하여 만든 광섬유의 코어에 단색광 A를 입사각 θ_0으로 입사시킨 모습을 나타낸 것이다. θ_1은 X와 Y 사이의 임계각이고, 굴절률은 Z가 X보다 크다.

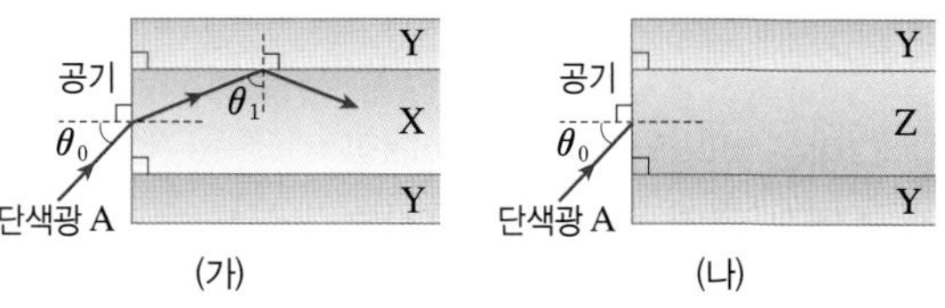

(가) (나)

이에 대한 설명으로 옳은 것만을 [보기]에서 있는 대로 고른 것은?

보기
ㄱ. (가)에서 A를 θ_0보다 큰 입사각으로 X에 입사시키면 A는 X와 Y의 경계면에서 전반사하지 않는다.
ㄴ. (나)에서 Z와 Y 사이의 임계각은 θ_1보다 크다.
ㄷ. (나)에서 A는 Z와 Y의 경계면에서 전반사한다.

① ㄱ ② ㄴ ③ ㄱ, ㄷ
④ ㄴ, ㄷ ⑤ ㄱ, ㄴ, ㄷ

자료❸ 2021 6월 평가원 4번

5 그림 (가)는 파장에 따른 전자기파의 분류를 나타낸 것이고, (나)는 (가)의 전자기파 A, B, C를 이용한 예를 순서 없이 나타낸 것이다.

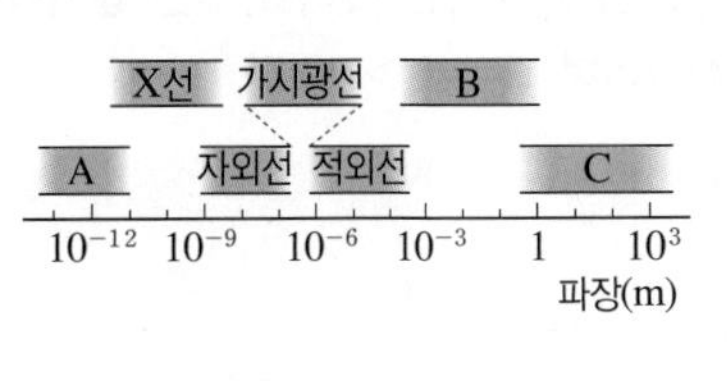

(가)

암 치료기

전자레인지

라디오

(나)

A, B, C를 이용한 예로 옳은 것은?

	A	B	C
①	라디오	암 치료기	전자레인지
②	라디오	전자레인지	암 치료기
③	암 치료기	라디오	전자레인지
④	암 치료기	전자레인지	라디오
⑤	전자레인지	암 치료기	라디오

6 그림은 전자기파를 진동수에 따라 분류한 것이다.

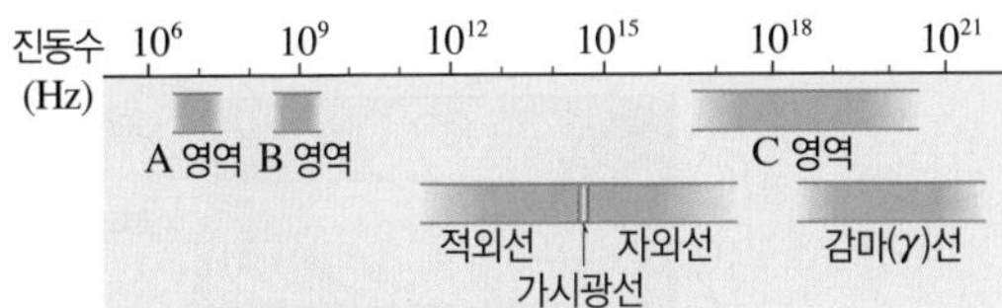

이에 대한 설명으로 옳은 것만을 [보기]에서 있는 대로 고른 것은?

보기
ㄱ. 진공에서의 속력은 A보다 B가 크다.
ㄴ. C는 의료 장비나 공항 검색대에서 이용된다.
ㄷ. 전자기파는 전기장과 자기장의 진동으로 전파된다.

① ㄱ ② ㄷ ③ ㄱ, ㄴ
④ ㄴ, ㄷ ⑤ ㄱ, ㄴ, ㄷ

자료❹ 2021 9월 평가원 3번

7 그림은 스마트폰에서 쓰이는 파동 A, B, C를 나타낸 것이다.

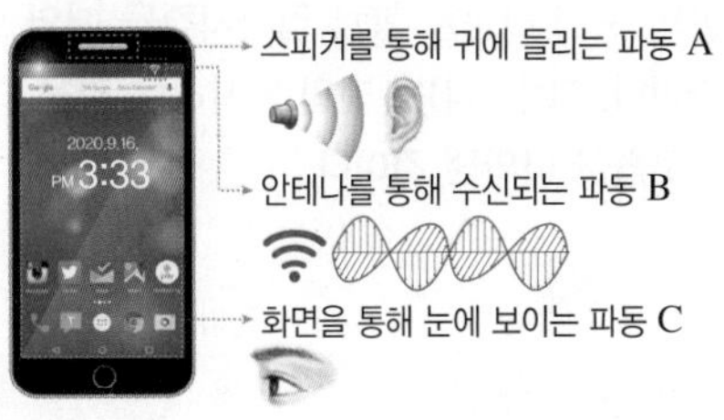

이에 대한 설명으로 옳은 것만을 [보기]에서 있는 대로 고른 것은?

보기
ㄱ. A는 전자기파에 속한다.
ㄴ. 진동수는 B가 C보다 작다.
ㄷ. C는 매질에 관계없이 속력이 일정하다.

① ㄱ ② ㄴ ③ ㄱ, ㄷ
④ ㄴ, ㄷ ⑤ ㄱ, ㄴ, ㄷ

2019 수능 2번

8 그림 (가)는 병원에서 전자기파 A를 사용하여 의료 진단용 사진을 찍는 모습을, (나)는 (가)에서 찍은 사진을 나타낸 것이다.

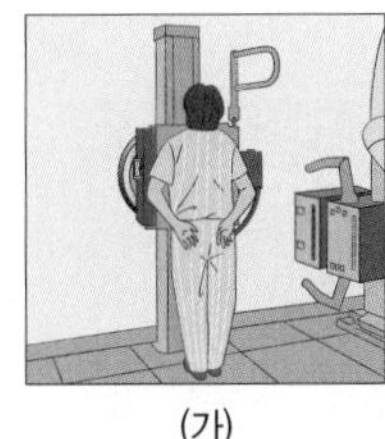
(가)

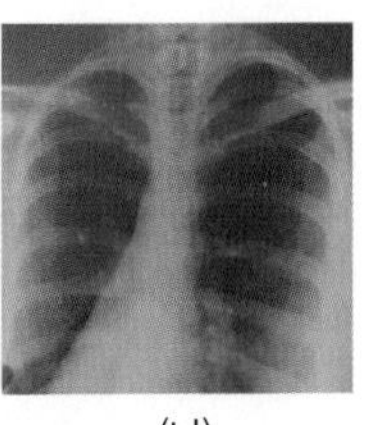
(나)

이에 대한 설명으로 옳은 것만을 [보기]에서 있는 대로 고른 것은?

보기
ㄱ. A는 X선이다.
ㄴ. A의 진동수는 마이크로파의 진동수보다 작다.
ㄷ. A는 공항에서 가방 속 물품을 검색하는 데 사용된다.

① ㄱ ② ㄴ ③ ㄱ, ㄷ
④ ㄴ, ㄷ ⑤ ㄱ, ㄴ, ㄷ

1 그림 (가)는 반원형 통에 물을 채운 후 레이저 빛을 반원형 통의 중심 O점을 향해 입사시켰을 때의 모습을 나타낸 것이다. 그림 (나)는 빛의 입사하는 각을 더 크게 했을 때의 모습을 나타낸 것이다.

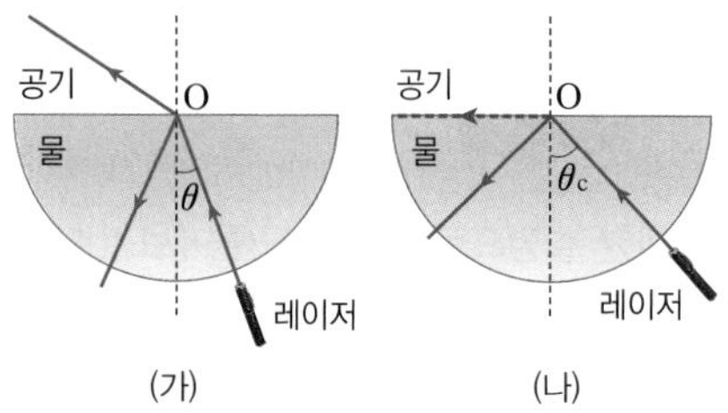

이에 대한 설명으로 옳은 것만을 [보기]에서 있는 대로 고른 것은?

보기
ㄱ. (가)에서 반사각은 굴절각과 같다.
ㄴ. (나)에서 입사각을 θ_c보다 크게 하면 굴절각도 커진다.
ㄷ. 물의 굴절률은 $\frac{1}{\sin\theta_c}$이다.

① ㄱ ② ㄷ ③ ㄱ, ㄴ
④ ㄴ, ㄷ ⑤ ㄱ, ㄴ, ㄷ

자료❶ 2021 6월 평가원 16번

2 그림은 단색광 P를 매질 A와 B의 경계면에 입사각 θ로 입사시켰을 때 P의 일부는 굴절하고, 일부는 반사한 후 매질 A와 C의 경계면에서 전반사하는 모습을 나타낸 것이다.

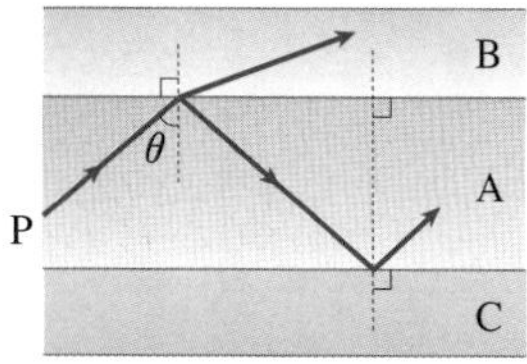

이에 대한 설명으로 옳은 것만을 [보기]에서 있는 대로 고른 것은?

보기
ㄱ. P의 속력은 A에서가 B에서보다 작다.
ㄴ. θ는 A와 C 사이의 임계각보다 크다.
ㄷ. C를 코어로 사용한 광섬유에 B를 클래딩으로 사용할 수 있다.

① ㄱ ② ㄷ ③ ㄱ, ㄴ
④ ㄴ, ㄷ ⑤ ㄱ, ㄴ, ㄷ

2020 수능 10번

3 그림은 광섬유에 사용되는 물질 A, B, C 중 A와 C의 경계면과 B와 C의 경계면에 각각 입사시킨 동일한 단색광 X가 굴절하는 모습을 나타낸 것이다. θ는 입사각이고, θ_1과 θ_2는 굴절각이며, $\theta_2>\theta_1>\theta$이다.

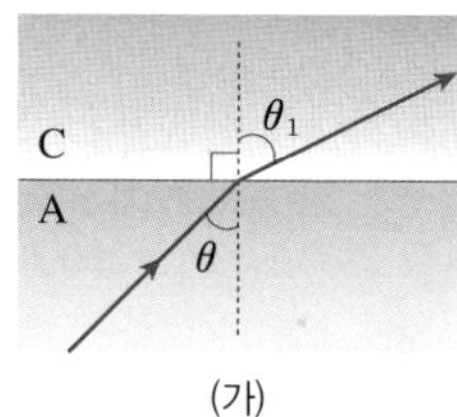

(가)

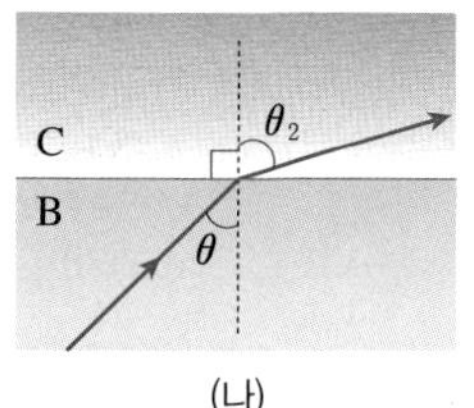

(나)

이에 대한 설명으로 옳은 것만을 [보기]에서 있는 대로 고른 것은?

보기
ㄱ. X의 속력은 B에서가 A에서보다 크다.
ㄴ. X가 A에서 C로 입사할 때, 전반사가 일어나는 입사각은 θ보다 크다.
ㄷ. 클래딩에 A를 사용한 광섬유의 코어로 C를 사용할 수 있다.

① ㄱ ② ㄴ ③ ㄱ, ㄷ
④ ㄴ, ㄷ ⑤ ㄱ, ㄴ, ㄷ

4 그림은 광섬유에서 단색광이 공기와 코어의 경계면에서 각 i로 입사하여 코어 내에서 전반사하며 진행하는 것을 나타낸 것이다. 코어와 클래딩의 굴절률은 각각 n_1, n_2이며, 코어와 클래딩 사이에서 전반사가 일어나는 i의 최댓값은 i_m이다.

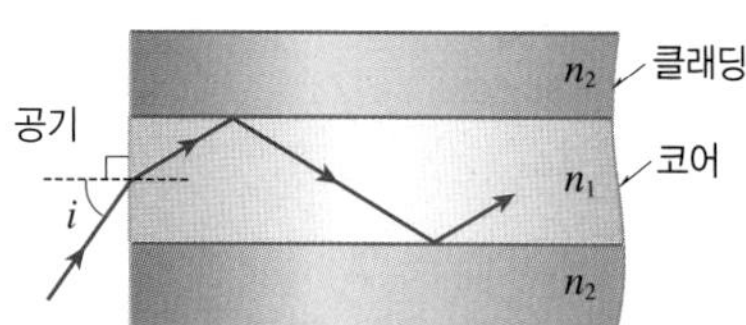

이에 대한 설명으로 옳은 것만을 [보기]에서 있는 대로 고른 것은?

보기
ㄱ. $n_1>n_2$이다.
ㄴ. 단색광의 속력은 공기에서가 코어에서보다 크다.
ㄷ. n_2를 작게 하면 i_m은 작아진다.

① ㄱ ② ㄷ ③ ㄱ, ㄴ
④ ㄴ, ㄷ ⑤ ㄱ, ㄴ, ㄷ

자료❷ 2021 9월 평가원 14번

5 그림과 같이 단색광 P가 공기로부터 매질 A에 θ_i로 입사하고 A와 매질 C의 경계면에서 전반사하여 진행한 뒤, 매질 B로 입사한다. 굴절률은 A가 B보다 작다. P가 A에서 B로 진행할 때 굴절각은 θ_B이다.

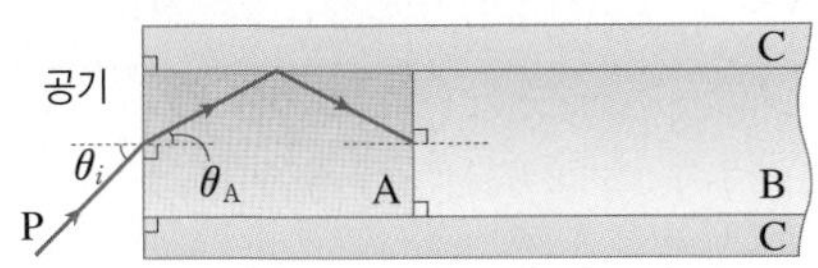

이에 대한 설명으로 옳은 것만을 [보기]에서 있는 대로 고른 것은?

보기
ㄱ. 굴절률은 A가 C보다 크다.
ㄴ. $\theta_A < \theta_B$이다.
ㄷ. B와 C의 경계면에서 P는 전반사한다.

① ㄱ ② ㄴ ③ ㄱ, ㄷ
④ ㄴ, ㄷ ⑤ ㄱ, ㄴ, ㄷ

6 그림은 진공에서 전기장과 자기장이 진동하며 $+z$ 방향으로 진행하는 전자기파를 모식적으로 나타낸 것이다.

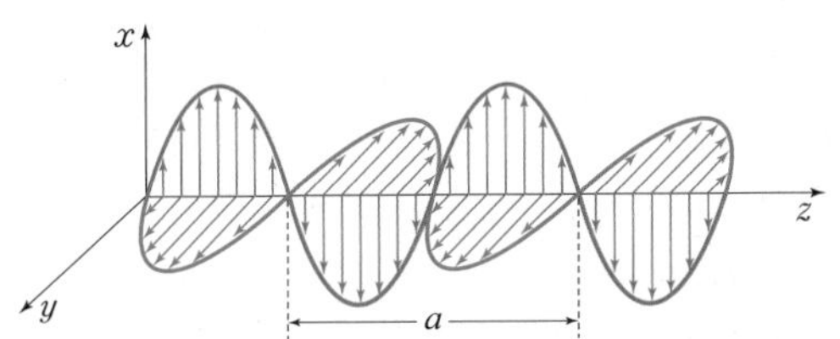

이에 대한 설명으로 옳은 것만을 [보기]에서 있는 대로 고른 것은?

보기
ㄱ. 전자기파의 파장은 a이다.
ㄴ. 전기장과 자기장의 진동 방향은 같다.
ㄷ. 한 지점에서 전기장의 세기가 0일 때 자기장의 세기가 최대이다.

① ㄱ ② ㄷ ③ ㄱ, ㄴ
④ ㄴ, ㄷ ⑤ ㄱ, ㄴ, ㄷ

2020 수능 1번

7 그림 (가)는 전자기파를 파장에 따라 분류한 것을, (나)는 (가)의 C 영역에 속하는 전자기파를 송수신하는 장치를 나타낸 것이다.

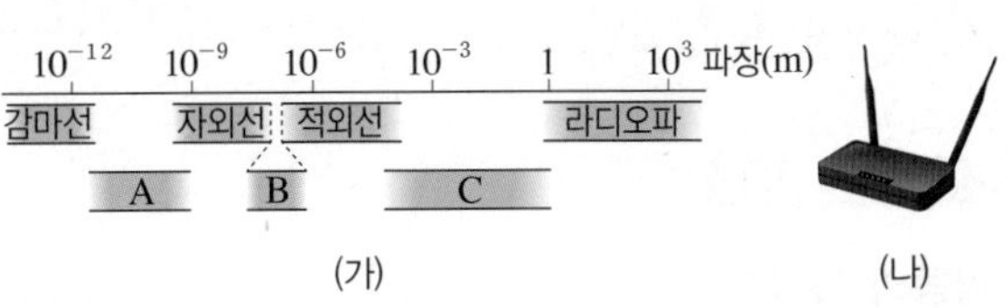

(가) (나)

이에 대한 설명으로 옳은 것만을 [보기]에서 있는 대로 고른 것은?

보기
ㄱ. 진동수는 A가 C보다 크다.
ㄴ. B는 가시광선이다.
ㄷ. (나)의 장치에서 송수신하는 전자기파는 X선이다.

① ㄱ ② ㄷ ③ ㄱ, ㄴ
④ ㄴ, ㄷ ⑤ ㄱ, ㄴ, ㄷ

8 그림 (가)는 파장에 따라 전자기파를 분류한 것이다. 그림 (나)는 A 영역의 파동을 이용하여 고온의 환자를 촬영하는 장면을 나타낸 것이다.

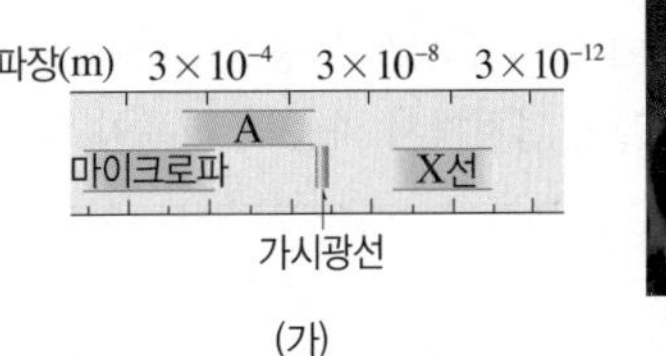

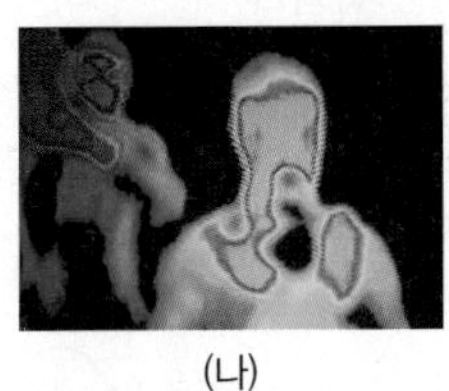

(가) (나)

A 영역의 파동에 대한 설명으로 옳은 것만을 [보기]에서 있는 대로 고른 것은?

보기
ㄱ. 감마(γ)선보다 파장이 짧다.
ㄴ. 진공에서의 속력은 마이크로파보다 크다.
ㄷ. 야간 투시경이나 TV 리모컨에 이용된다.

① ㄱ ② ㄷ ③ ㄱ, ㄴ
④ ㄴ, ㄷ ⑤ ㄱ, ㄴ, ㄷ

파동의 간섭

핵심 짚기
- 보강 간섭과 상쇄 간섭의 특징
- 물결파의 간섭무늬 분석
- 소리의 간섭
- 간섭을 활용하는 예

Ⓐ 파동의 간섭

1 파동의 *중첩

① **파동의 중첩:** 두 개의 파동이 만나서 파동의 모양이 변하는 현상을 파동의 중첩이라고 하고, 두 파동이 합쳐진 파동을 합성파라고 한다. 실제 파동이 중첩되면 합성파를 보게 된다.[1]

② **중첩 원리:** 두 파동이 서로 중첩될 때, 합쳐진 파동의 변위는 두 파동의 변위의 합과 같다.

③ **파동의 독립성:** 파동이 중첩되었다가 분리되면 중첩되기 전의 모양을 그대로 유지한 채 전파된다.

[파동의 중첩]

❶ 오른쪽으로 진행하는 파동의 변위는 y_1, 왼쪽으로 진행하는 파동의 변위는 y_2이다.

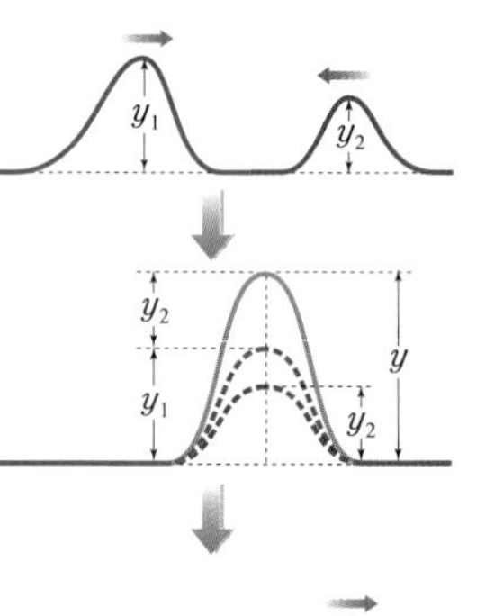

❷ 두 파동이 겹쳤을 때 합성파의 변위 y는 $y=y_1+y_2$가 된다. 일반적으로 두 파동이 만나는 동안에도 매 순간의 파동의 변위는 두 파동의 변위의 합과 같다. ➡ 중첩 원리

❸ 두 파동이 겹치는 과정에서 변위는 변하지만 서로 분리되면 중첩되기 전의 모양을 그대로 유지한 채 진행하던 방향으로 계속 진행한다. ➡ 파동의 독립성

2 파동의 *간섭 두 파동이 중첩되어 진폭이 변하는 현상

① **보강 간섭:** 두 파동이 같은 위상으로 중첩되어 합성파의 진폭이 커지는 간섭이다.[2]
➡ 파동의 마루와 마루 또는 골과 골이 겹쳐져서 중첩되기 전의 각각 파동의 진폭보다 커진다.

② **상쇄 간섭:** 두 파동이 반대 위상으로 중첩되어 합성파의 진폭이 작아지는 간섭이다.
➡ 파동의 마루와 골이 겹쳐져서 파동의 진폭이 상쇄되거나 작아진다.

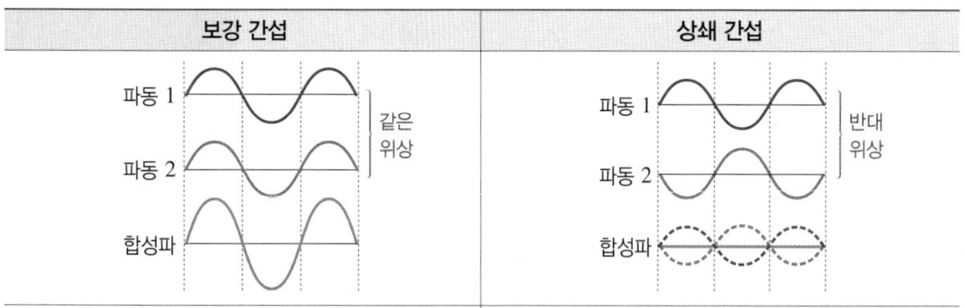

보강 간섭	상쇄 간섭
파동 1과 파동 2가 같은 위상으로 중첩될 때 파동 1의 마루가 파동 2의 마루와 만나고, 파동 1의 골이 파동 2의 골과 만난다. ➡ 합성파의 진폭은 원래의 파동 1과 2의 진폭보다 크다.	파동 1과 파동 2가 반대 위상으로 중첩될 때 파동 1의 마루와 파동 2의 골이 만나고, 파동 1의 골이 파동 2의 마루와 만난다. ➡ 두 파동의 진폭이 같을 때 합성파의 진폭이 0이 되어 원래의 파동 1과 2의 진폭보다 작다.

PLUS 강의

① **합성파**
비오는 날 호수에서 볼 수 있는 파동은 빗방울이 떨어져 만든 파동이 중첩된 합성파이다.

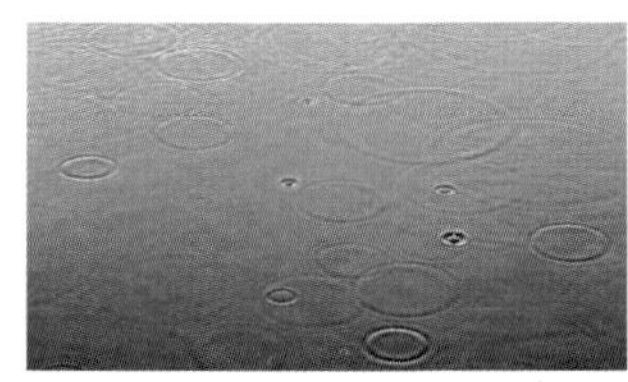

② **위상**
파동이 퍼져 나갈 때 진동하는 각 지점의 변위와 진동 상태를 말한다. 한 파동에 있는 마루와 마루는 위상이 같고, 마루와 골은 위상이 반대이다.

용어 돋보기
* **중첩(重 거듭하다, 疊 겹쳐지다)**_거듭 겹치거나 포개어짐
* **간섭(干 막다, 涉 겪다)**_두 개 이상의 파동이 한 점에서 만나 겹쳐질 때 파동의 진폭이 변하는 현상

3 소리의 간섭
간섭 현상은 파동의 특성이므로 소리에서도 간섭 현상이 나타난다.

탐구 자료) 두 개의 스피커를 이용한 소리의 간섭 실험

(가) 중앙 지점으로부터 거리가 같은 두 스피커에서 세기와 진동수가 일정한 소리를 발생시킨다.

(나) 스피커 배열 방향과 나란한 방향으로 조금씩 걸어가면서 소리를 들어 본다.

(다) 진동수를 2배, 4배로 변화시키며 (나)를 반복한다.

1. 결과

① (나)의 결과: 소리가 크게 들리는 곳과 작게 들리는 곳이 있다.

- 소리가 크게 들리는 곳: 두 스피커로부터의 거리 차가 반파장의 짝수 배이다. ($0, \lambda, 2\lambda, 3\lambda \cdots$)
- 소리가 작게 들리는 곳: 두 스피커로부터의 거리 차가 반파장의 홀수 배이다. ($\frac{1}{2}\lambda, \frac{3}{2}\lambda, \frac{5}{2}\lambda, \cdots$)

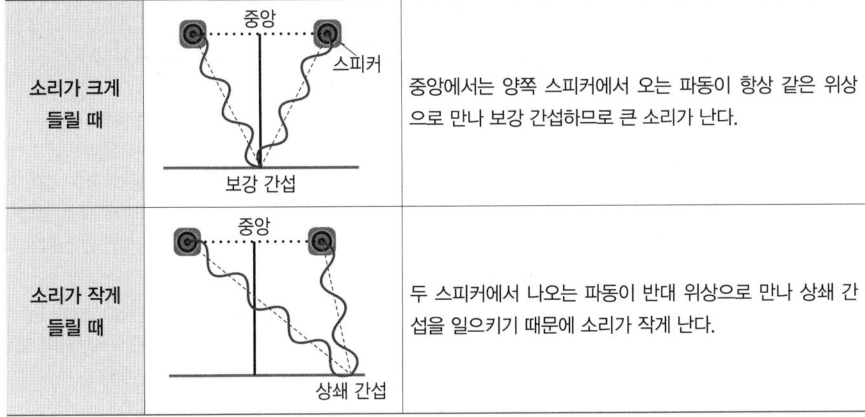

소리가 크게 들릴 때	중앙 / 스피커 / 보강 간섭	중앙에서는 양쪽 스피커에서 오는 파동이 항상 같은 위상으로 만나 보강 간섭하므로 큰 소리가 난다.
소리가 작게 들릴 때	중앙 / 상쇄 간섭	두 스피커에서 나오는 파동이 반대 위상으로 만나 상쇄 간섭을 일으키기 때문에 소리가 작게 난다.

② (다)의 결과: 진동수가 클수록 소리의 크기가 변하는 간격이 짧아진다.

2. 상쇄 간섭이 일어나는 곳과 파장의 관계: 파장이 짧을수록 마루와 마루 사이의 거리가 좁아지므로 중앙에 가까운 지점에서 첫 번째 상쇄 간섭이 일어난다. 즉, 진동수가 클수록 중앙에 가까운 지점에서 첫 번째 상쇄 간섭이 일어난다.[3]

[3] **진동수와 파장의 관계**
소리의 전파 속력을 v, 진동수를 f, 파장을 λ라고 하면, 소리의 전파 속력은 $v=f\lambda$이다. 소리의 전파 속력이 일정하면 진동수와 파장은 반비례하므로 진동수가 큰 소리는 파장이 짧은 소리이다.

정답과 해설 81쪽

(1) 두 파동이 진행하다가 (　　　　　)될 때, 합성파의 변위는 두 파동의 변위의 합과 같다.

(2) 두 개의 파동이 겹쳐서 새로운 파동을 만들 때 나타나는 파동을 (　　　　　)라고 한다.

(3) 두 파동이 만나 중첩하는 경우 서로 겹칠 때만 파형이 변하고 서로 지나치고 나면 중첩되기 전의 모양과 속도를 그대로 유지한 채 서로 독립적으로 진행하게 되는데, 이를 파동의 (　　　　　)이라고 한다.

(4) 두 파동이 같은 위상으로 중첩되어 합성파의 진폭이 커지는 것을 (보강 간섭, 상쇄 간섭)이라고 한다.

(5) 두 스피커로부터 같은 거리만큼 떨어진 곳에서는 (보강 간섭, 상쇄 간섭)이 일어나며 (큰, 작은) 소리가 들린다.

(6) 두 스피커에서 나오는 소리의 파장을 λ라고 할 때, 두 스피커로부터의 거리 차가 $\frac{3\lambda}{2}$인 곳에서는 (보강 간섭, 상쇄 간섭)이 일어나며 (큰, 작은) 소리가 들린다.

4 ***물결파의 간섭무늬** 두 점파원에 의해 동시에 발생한 두 개의 동일한 파동이 간섭을 일으킬 때, 두 파원으로부터의 위치에 따라 보강 간섭이나 상쇄 간섭이 일어나게 된다.

① ***경로차(Δ)**: 두 파원으로부터의 거리의 차를 경로차라고 한다.

② **보강 간섭**: 두 파동이 보강 간섭하면 진폭이 2배가 된다.

③ **상쇄 간섭**: 두 파동이 상쇄 간섭하면 진폭이 0이 된다.

탐구 자료 물결파의 간섭

물결파 투영 장치의 두 파원에서 파장과 진폭이 같은 물결파를 같은 위상으로 발생시키면 스크린에 물결파의 간섭무늬가 나타난다.④⑤

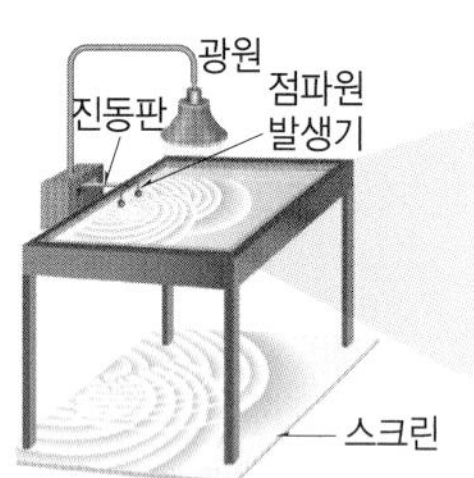

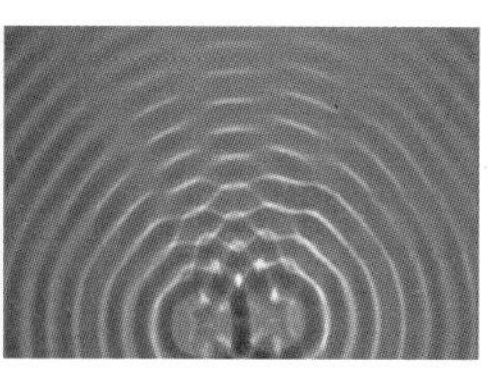

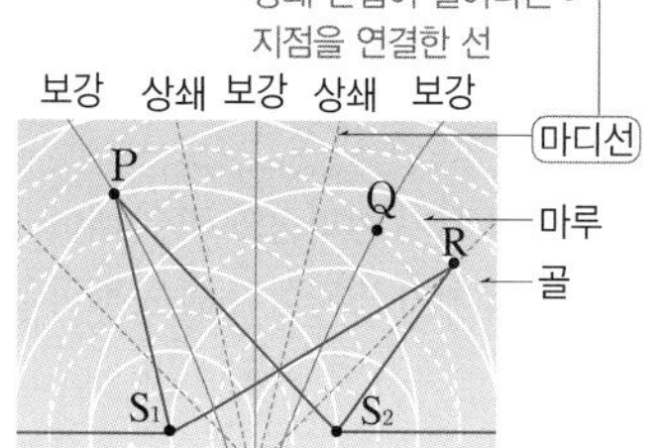

구분	P점, Q점	R점
수면의 진동과 밝기	수면의 높이가 계속 변하므로 무늬의 밝기가 변한다.	수면이 거의 진동하지 않으므로 밝기가 변하지 않는다.
간섭의 종류	마루와 마루(P점) 또는 골과 골(Q점)이 만나 진폭이 커진다. → 보강 간섭	마루와 골이 만나 진폭이 작아진다. → 상쇄 간섭 — 마디선이 나타난다.
간섭 조건⑥	경로차가 반파장의 짝수 배	경로차가 반파장의 홀수 배

④ **스크린에 무늬가 나타나는 까닭**

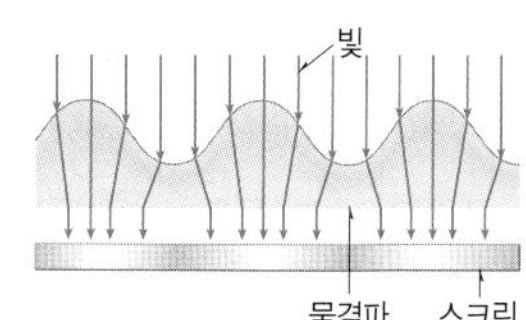

파동의 마루는 볼록 렌즈 역할을 해서 빛을 모아 밝은 무늬를 스크린에 나타내고, 골은 오목 렌즈 역할을 해서 빛을 퍼뜨려 어두운 무늬가 나타난다.

⑤ **어두운 무늬의 간섭 종류**

물결파 간섭에서 어두운 무늬는 각 점파원에서 발생한 파동의 골과 골이 만나 생긴 무늬이다. 따라서 보강 간섭이며 상쇄 간섭으로 착각하면 안 된다.

⑥ **보강 간섭과 상쇄 간섭이 일어나는 지점**

- 보강 간섭: 두 파원으로부터의 경로차가 반파장의 짝수 배이다.
  $\Delta=0, \lambda, 2\lambda, 3\lambda, \cdots$
- 상쇄 간섭: 두 파원으로부터의 경로차가 반파장의 홀수 배이다.
  $\Delta=\frac{1}{2}\lambda, \frac{3}{2}\lambda, \frac{5}{2}\lambda, \cdots$

B 간섭의 활용

1 간섭에 의한 현상

비눗방울	기름 막	새의 깃털	모르포 나비
비누 막과 같이 얇은 막의 위쪽과 아래쪽에서 반사하는 두 빛이 만드는 간섭 현상에 의해 무지갯빛이 나타난다.	기름띠와 같은 얇은 막의 위쪽과 아래쪽에서 반사하는 두 빛이 만드는 간섭 현상에 의해 알록달록한 색이 나타난다.	공작새의 깃털은 여러 층의 다른 물질로 이루어졌기 때문에 간섭 현상이 일어나 아름다운 무늬가 나타난다.	모르포 나비는 날개 표면의 얇은 층에서 파란색 빛이 서로 보강 간섭을 하여 파란색으로 보인다.

[얇은 막에 의한 간섭]

얇은 막(비누 막이나 기름 막)의 윗면에서 반사한 빛과 아랫면에서 반사한 빛이 간섭을 일으킬 때, 얇은 막의 두께와 보는 각도에 따라 경로차가 달라지므로 보강 간섭하는 빛의 색깔도 달라진다.

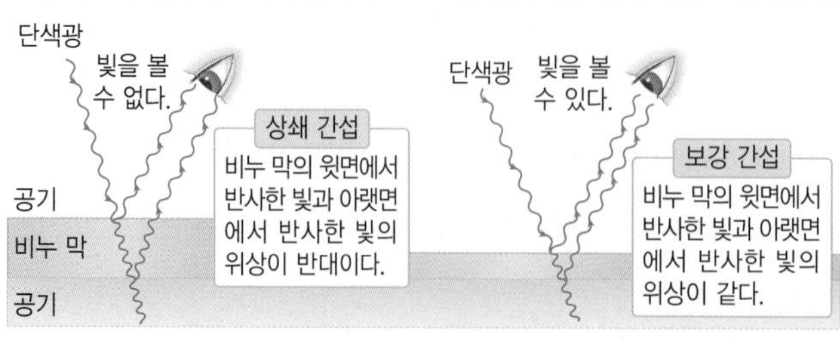

용어 돋보기

* **물결파(water wave)**_물의 수면이 진동하는 형태로 퍼져 나가는 파동이며, 수면파라고도 한다.

* **경로차(經 지나다, 路 길, 差 다르다)**_두 파원으로부터 한 점까지의 거리 차

2 간섭을 활용한 장치의 원리

소음 제거 장치	소음이 상쇄 간섭하도록 소리를 발생시켜 소음을 없애거나 줄이는 장치 예 소음 제거 헤드폰, 조종사용 헤드셋, 자동차의 소음기, 휴대 전화, 비행기  소음의 파형 + 위상이 반대인 소리 → 소음이 제거됨 소음의 파형과 위상이 반대인 소리를 발생시키면 상쇄 간섭에 의해 소음을 줄일 수 있다.
무반사 코팅	얇은 막을 코팅하면 반사되는 빛들이 상쇄 간섭을 하여, 반사하는 빛의 세기를 감소시키고 투과하는 빛의 세기를 증가시킨다. 예 안경의 반사 방지막 코팅, 태양 전지의 반사 방지막 코팅  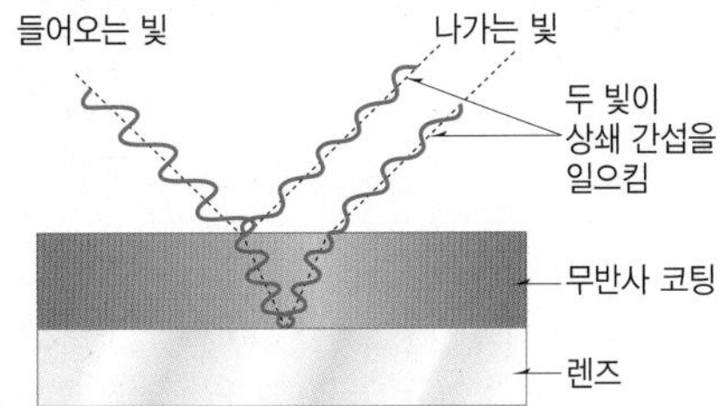
홀로그램	바라보는 각도에 따라 보강 간섭이 일어나는 빛의 파장을 변하게 하여 다른 색깔이나 다른 문양이 나타나게 한다. 예 지폐, 신용카드, 인증서[7]  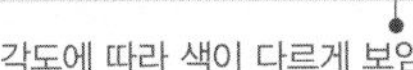 각도에 따라 색이 다르게 보임 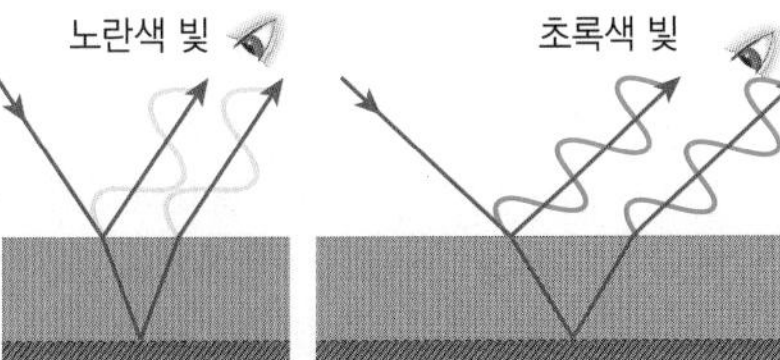

[7] **지폐의 색 변환 잉크**
지폐에 사용하는 잉크 안에 굴절률이 약간 다른 화학 물질을 넣어 잉크의 바깥쪽과 안쪽에서 반사하는 빛이 간섭하여 보는 각도에 따라 다양한 색이 나타난다.

3 간섭을 활용하는 예

여러 가지 악기	공연장 설계	DVD의 정보 재생
악기에서 파동의 간섭 현상으로 소리가 발생하며, 이 소리가 울림통에서 보강 간섭을 하면 더 큰 소리가 난다.	벽, 천장에서 반사되는 소리가 상쇄 간섭이 일어나지 않고, 고르게 퍼져 나가도록 각도를 조절한다.	CD나 DVD에 빛을 비출 때, 요철 구조의 가장자리에서 반사된 두 빛의 상쇄 간섭을 광센서로 감지한다.

정답과 해설 81쪽

(7) 물결파 투영 장치의 두 점파원에서 동시에 발생한 두 파동이 (   )을 일으켜 밝고 어두운 무늬를 만든다.

(8) 물결파의 간섭에서 보강 간섭은 마루와 (   ), 골과 (   )이 만나 진폭이 커진다.

(9) 물결파의 간섭에서 상쇄 간섭은 수면이 거의 진동하지 않으므로 밝기가 변하지 않으며 (   )이 나타난다.

(10) 비누 막이나 기름 막과 같이 얇은 막에서는 윗면에서 반사한 빛과 아랫면에서 반사한 빛이 (   )을 일으킬 때, 바라보는 각도에 따라 경로차가 달라져 알록달록한 무늬가 나타난다.

(11) 소음 제거 헤드폰은 소음이 (보강 간섭, 상쇄 간섭)하도록 하여 소음을 줄이는 장치이다.

정답과 해설 81쪽

2019 ● Ⅱ 6월 평가원 5번

자료❶ 파동의 간섭

그림 (가)는 파장, 진폭, 진동수가 각각 같은 두 파동이 서로 반대 방향으로 x축을 따라 진행하다가 $t=0$인 순간에 원점에서 만나는 모습을 나타낸 것이고, (나)는 $x=0$의 위치에서 파동의 변위 y를 시간 t에 따라 나타낸 것이다.

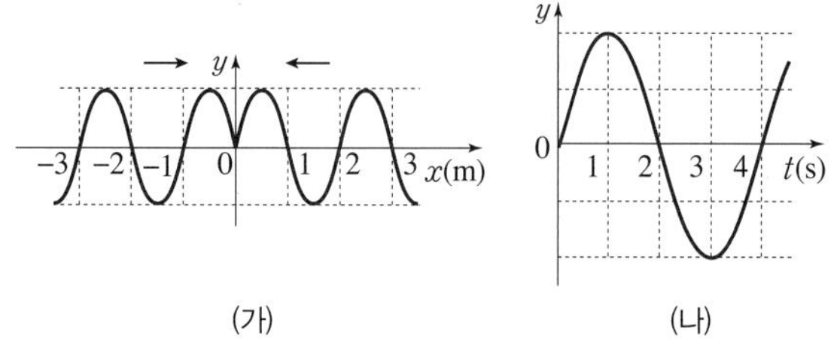

1. 파동의 파장은 2 m이다. (○, ×)
2. 파동의 주기는 4초이다. (○, ×)
3. 파동의 진동수는 4 Hz이다. (○, ×)
4. $x=0.5$ m인 곳은 최대 변위가 만들어지는 곳이다. (○, ×)
5. $x=-1$ m인 곳은 최대 변위가 만들어지는 곳이다. (○, ×)
6. $x=0$인 곳은 상쇄 간섭이 일어나는 곳이다. (○, ×)
7. $x=-0.5$ m인 곳은 보강 간섭이 일어나는 곳이다. (○, ×)

자료❷ 소리의 간섭

그림은 동일한 스피커 A, B로부터 파장이 10 m이면서 세기와 진동수, 위상이 같은 소리가 발생하는 것을 나타낸 것이다. O에서 이동할 때 처음으로 소리가 가장 작게 들리는 곳은 P이고, 다시 가장 크게 들리는 곳은 Q이다.

1. O에서는 보강 간섭이 일어난다. (○, ×)
2. P에서는 상쇄 간섭이 일어난다. (○, ×)
3. Q에서 두 스피커에서 발생한 소리는 반대 위상으로 중첩된다. (○, ×)
4. P에서 두 스피커 A와 B의 경로차는 10 m이다. (○, ×)

2020 ● Ⅱ 수능 12번

자료❸ 물결파의 간섭

그림 (가)는 두 점 S_1, S_2에서 같은 진폭과 파장으로 발생시킨 두 수면파의 시간 $t=0$일 때의 모습을 평면상에 나타낸 것이다. 점 P, Q는 평면상의 고정된 지점이고, S_1, S_2 사이의 거리는 0.2 m이다. 그림 (나)는 P에서 중첩된 수면파의 변위를 t에 따라 나타낸 것이다.

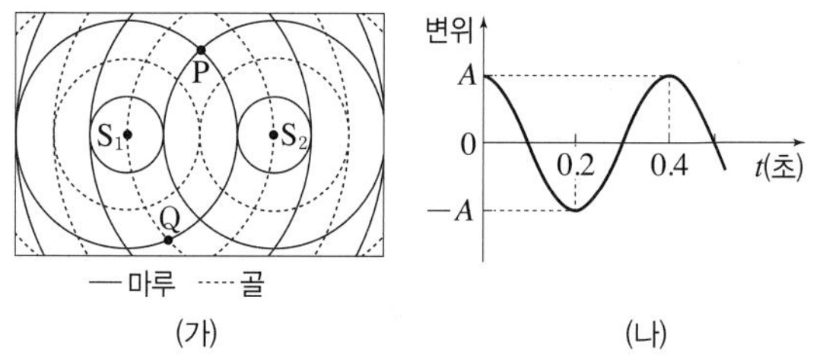

1. P는 보강 간섭하는 곳이다. (○, ×)
2. P는 두 점 S_1, S_2로부터 경로차가 λ인 곳이다. (○, ×)
3. Q는 상쇄 간섭하는 곳이다. (○, ×)
4. Q는 두 점 S_1, S_2로부터 경로차가 $\frac{\lambda}{2}$인 곳이다. (○, ×)
5. 수면파의 파장은 0.4 m이다. (○, ×)
6. 수면파의 주기는 0.4초이다. (○, ×)
7. P의 변위는 변하지 않는다. (○, ×)
8. Q의 변위는 변하지 않는다. (○, ×)

2021 ● 6월 평가원 3번

자료❹ 간섭의 활용

그림 A, B, C는 파동의 성질을 활용한 예를 나타낸 것이다.

A. 소음 제거 이어폰　B. 돋보기　C. 악기의 울림통

1. 소음 제거 이어폰은 간섭을 이용한다. (○, ×)
2. 소음 제거 이어폰은 소음을 줄이기 위해 보강 간섭을 이용한다. (○, ×)
3. 돋보기는 볼록 렌즈의 굴절을 이용한다. (○, ×)
4. 악기의 울림통은 소리의 공명 현상으로 보강 간섭을 이용한 것이다. (○, ×)

정답과 해설 82쪽

Ⓐ 파동의 간섭

1 다음은 파동의 간섭에 대한 설명이다. 보강 간섭에 해당하면 '보', 상쇄 간섭에 해당하면 '상'이라고 쓰시오.

(1) 마루와 마루가 만나는 간섭 (　　　　)
(2) 골과 골이 만나는 간섭 (　　　　)
(3) 골과 마루가 만나는 간섭 (　　　　)

2 그림은 펄스 A와 펄스 B가 서로 반대 방향으로 진행하고 있는 모습이다.

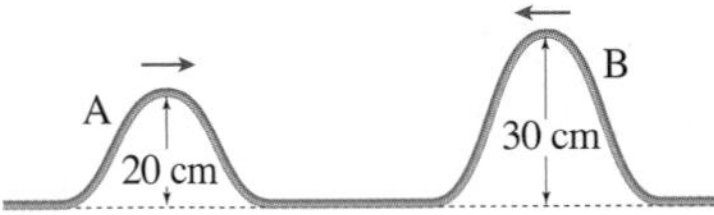

두 펄스가 중첩되었을 때 합성파의 최대 변위를 쓰시오.

3 그림 (가), (나)와 같이 두 파동 1, 2가 중첩될 때 생기는 합성파를 나타낸 것으로 옳은 것을 [보기]에서 각각 고르시오.

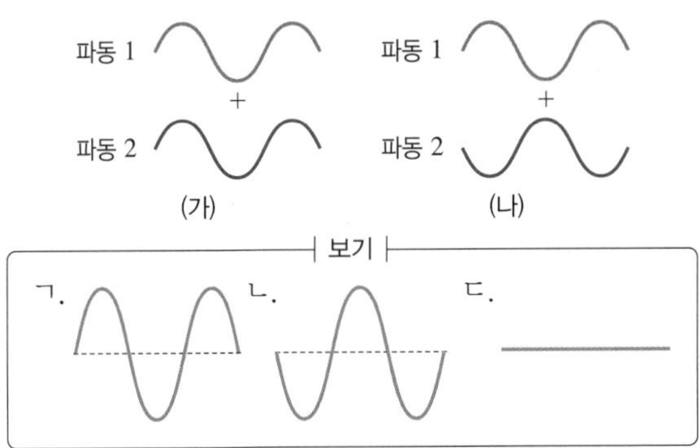

4 그림과 같이 정사각형의 두 꼭짓점에 둔 스피커에서 같은 세기와 진동수의 소리가 같은 위상으로 발생한다. 점 O는 P, Q를 잇는 선분의 중앙이다. 두 스피커에서 나온 소리는 P에서는 상쇄 간섭을 하고 O에서는 보강 간섭을 한다. Q에서의 간섭 종류는 무엇인지 쓰시오.

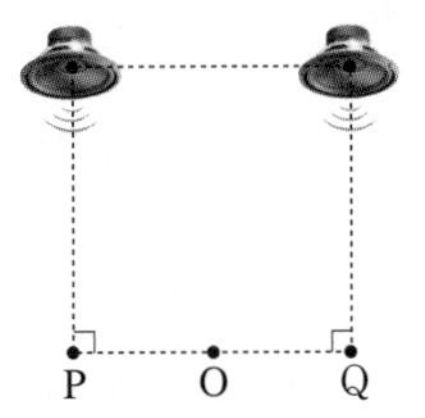

5 보강 간섭을 일으키는 경로차만을 [보기]에서 있는 대로 고르시오.

보기			
ㄱ. 0	ㄴ. $\frac{\lambda}{2}$	ㄷ. λ	ㄹ. $\frac{3\lambda}{2}$

6 그림은 점파원 S_1, S_2에서 같은 위상으로 진폭과 진동수가 같은 물결파를 발생시킨 모습을 나타낸 것이다. 보강 간섭이 일어나는 곳은 '보강', 상쇄 간섭이 일어나는 곳은 '상쇄'라고 쓰시오.

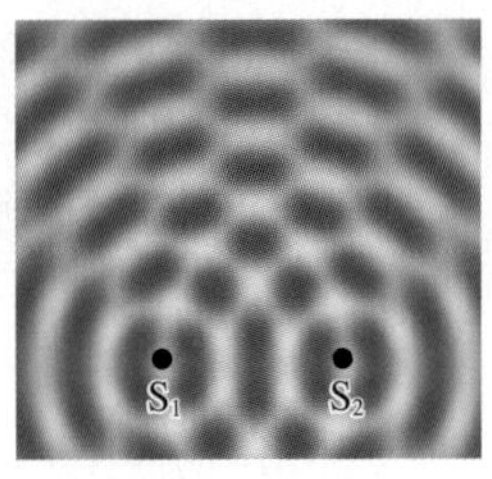

(1) 가장 밝은 부분 (　　　　)
(2) 가장 어두운 부분 (　　　　)
(3) 밝기 변화가 없는 부분 (　　　　)

7 그림은 점파원 S_1, S_2에서 같은 위상으로 진폭과 진동수가 같은 물결파를 발생시킨 모습을 모식적으로 나타낸 것이다. 실선과 점선은 각각 물결파의 마루와 골이다.

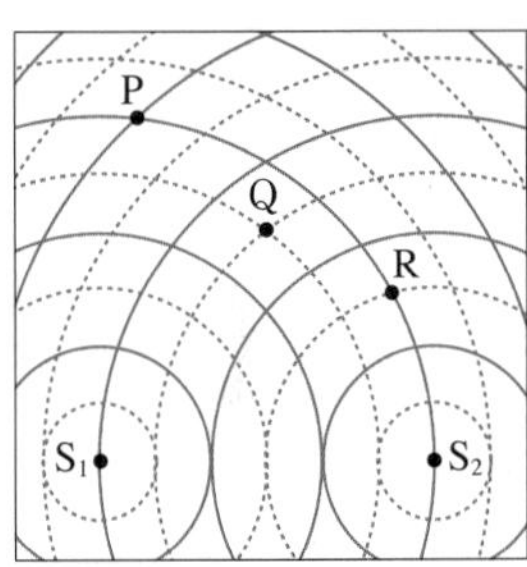

(1) P, Q, R 중 두 물결파의 경로차가 반파장의 홀수 배인 곳을 모두 쓰시오.
(2) P, Q, R 중 보강 간섭하는 곳을 모두 쓰시오.

Ⓑ 간섭의 활용

8 그림과 같이 비눗방울의 얇은 막 위쪽과 아래쪽에서 반사하는 두 빛이 만나 알록달록한 색깔의 무늬를 만든다. 이것은 파동의 어떤 현상과 관계가 있는지 [보기]에서 고르시오.

보기			
ㄱ. 굴절	ㄴ. 회절	ㄷ. 간섭	ㄹ. 산란

9 다음은 무반사 코팅 렌즈의 원리를 나타낸 것이다. (　　) 안에 알맞은 말을 쓰시오.

> 얇은 막을 코팅하면 반사되는 빛들이 (　　　) 간섭을 하여, 코팅하지 않은 렌즈에 비해 반사하는 빛의 세기를 감소시키고 투과하는 빛의 세기를 증가시킨다.

정답과 해설 82쪽

1 그림은 진폭과 파장이 같은 두 파동이 0.1 m/s의 속력으로 서로 반대 방향으로 진행하고 있을 때 어느 순간 두 파동의 위치를 나타낸 것이다.

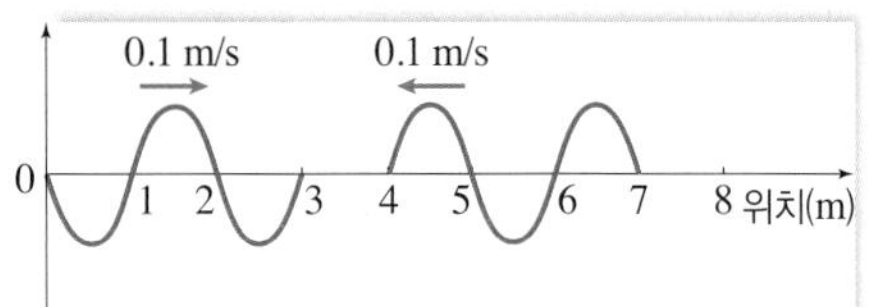

이에 대한 설명으로 옳은 것만을 [보기]에서 있는 대로 고른 것은?

보기
ㄱ. 두 파동의 진동수는 0.25 Hz이다.
ㄴ. 3 m 지점에서는 보강 간섭이 일어난다.
ㄷ. 4 m 지점에서는 상쇄 간섭이 일어난다.

① ㄱ ② ㄴ ③ ㄱ, ㄴ
④ ㄱ, ㄷ ⑤ ㄴ, ㄷ

자료❶ 2019 Ⅱ 6월 평가원 5번

2 그림 (가)는 파장, 진폭, 진동수가 각각 같은 두 파동이 서로 반대 방향으로 x축을 따라 진행하다가 $t=0$인 순간에 원점에서 만나는 모습을 나타낸 것이고, (나)는 $x=0$의 위치에서 파동의 변위 y를 시간 t에 따라 나타낸 것이다.

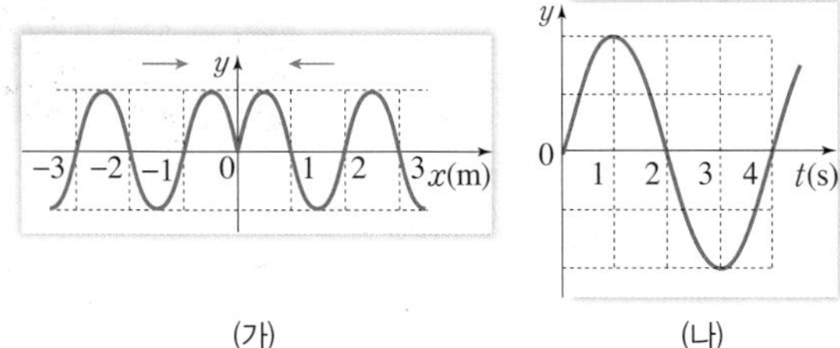

(가) (나)

중첩된 파동에 대한 설명으로 옳은 것만을 [보기]에서 있는 대로 고른 것은?

보기
ㄱ. $x=0$인 곳은 상쇄 간섭한다.
ㄴ. 파장은 2 m이다.
ㄷ. 진동수는 4 Hz이다.

① ㄱ ② ㄴ ③ ㄱ, ㄷ
④ ㄴ, ㄷ ⑤ ㄱ, ㄴ, ㄷ

3 그림과 같이 한 변의 길이가 L인 정삼각형의 두 꼭짓점에 놓인 스피커 A, B에서 파장이 10 m이면서 세기와 진동수, 위상이 같은 소리가 발생한다. 점 P, Q는 삼각형의 꼭짓점 C에서 떨어진 거리가 같은 점이고 선분 $\overline{PQ}$와 두 스피커 A와 B를 잇는 선분 $\overline{AB}$는 평행하다.

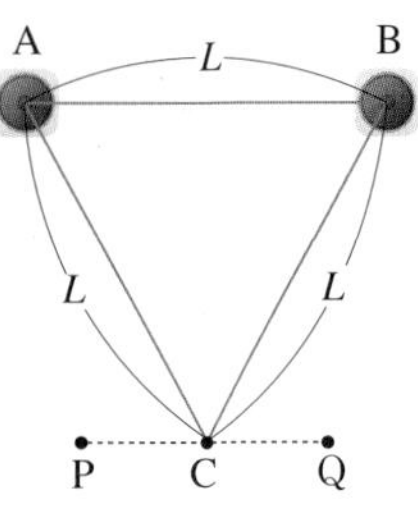

이에 대한 설명으로 옳은 것만을 [보기]에서 있는 대로 고른 것은?

보기
ㄱ. C에서는 보강 간섭한다.
ㄴ. P에서 소리가 작게 들렸다면 Q에서는 큰 소리가 들린다.
ㄷ. C에서 P쪽으로 이동하면서 소리를 들었을 때 P에서 처음으로 소리가 작게 들렸다면 P에서 두 스피커 사이의 경로차는 5 m이다.

① ㄱ ② ㄴ ③ ㄱ, ㄷ
④ ㄴ, ㄷ ⑤ ㄱ, ㄴ, ㄷ

4 그림은 반사면을 향해 입사하는 직선 모양의 물결파가 반사면에서 반사되어 나가면서 서로 간섭이 일어나는 것을 모식적으로 나타낸 것이다. 실선과 점선은 각각 물결파의 마루와 골을 나타내며, 물결파의 파장은 λ이다.

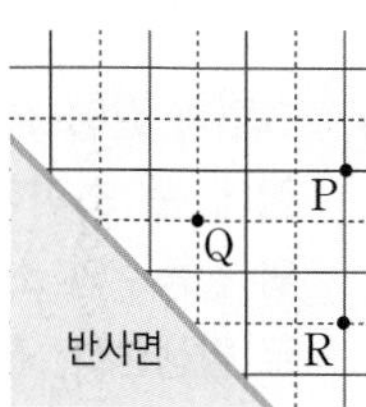

이에 대한 설명으로 옳은 것만을 [보기]에서 있는 대로 고른 것은?

보기
ㄱ. P에서 보강 간섭이 일어난다.
ㄴ. Q에서 상쇄 간섭이 일어난다.
ㄷ. P와 R 사이의 거리는 1.5λ이다.

① ㄱ ② ㄴ ③ ㄱ, ㄴ
④ ㄱ, ㄷ ⑤ ㄴ, ㄷ

5 그림과 같이 두 점파원 S_1, S_2에서 같은 위상으로 물결파를 발생시켰다. A점은 밝은 무늬, B점은 어두운 무늬, C점은 A와 B의 중간 밝기이다.

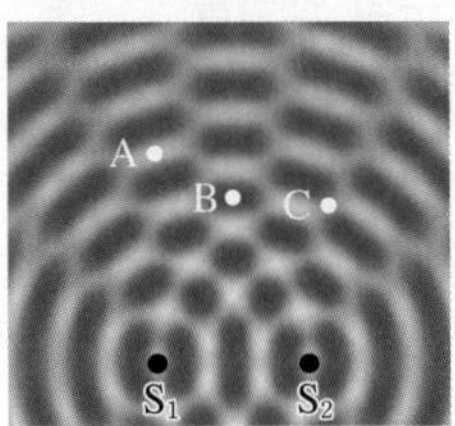

이에 대한 설명으로 옳은 것만을 [보기]에서 있는 대로 고른 것은?

보기
ㄱ. A점은 항상 밝은 무늬를 만든다.
ㄴ. B점은 상쇄 간섭을 일으키는 곳이다.
ㄷ. C점에서는 수면이 거의 진동하지 않는다.

① ㄱ ② ㄷ ③ ㄱ, ㄴ
④ ㄴ, ㄷ ⑤ ㄱ, ㄴ, ㄷ

자료❸ 2020 Ⅱ수능 12번

6 그림 (가)는 두 점 S_1, S_2에서 같은 진폭과 파장으로 발생시킨 두 수면파의 시간 $t=0$일 때의 모습을 평면상에 나타낸 것이다. 점 P, Q는 평면상의 고정된 지점이고, S_1과 S_2 사이의 거리는 0.2 m이다. 그림 (나)는 P에서 중첩된 수면파의 변위를 t에 따라 나타낸 것이다.

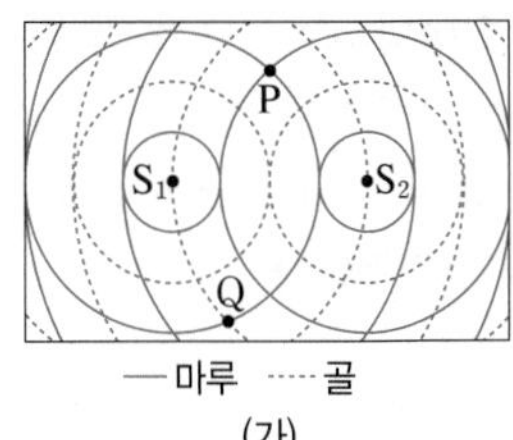

(가)

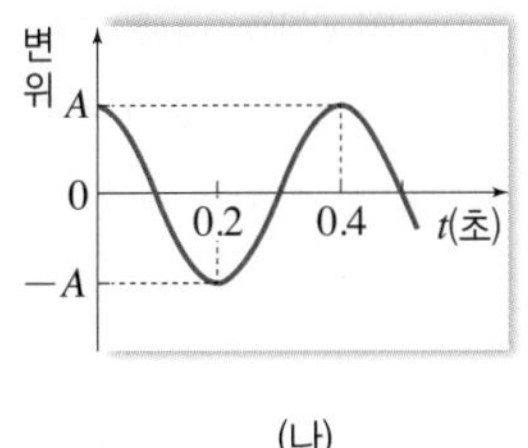

(나)

이에 대한 설명으로 옳은 것만을 [보기]에서 있는 대로 고른 것은? (단, 물의 깊이는 일정하다.)

보기
ㄱ. 선분 $\overline{S_1S_2}$에서 상쇄 간섭이 일어나는 지점의 개수는 4개이다.
ㄴ. $t=0.2$초일 때 Q에서 중첩된 수면파의 변위는 A이다.
ㄷ. S_1에서 발생시킨 수면파의 속력은 0.2 m/s이다.

① ㄱ ② ㄴ ③ ㄱ, ㄷ
④ ㄴ, ㄷ ⑤ ㄱ, ㄴ, ㄷ

7 기름 막 표면에는 알록달록한 무늬가 보인다. 이와 같은 원리로 설명할 수 있는 현상은?

①
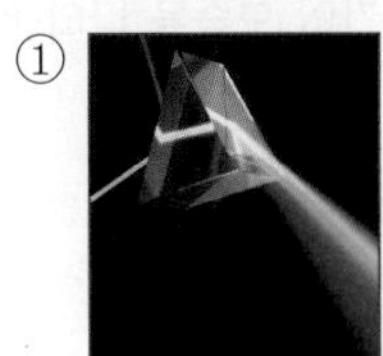

②
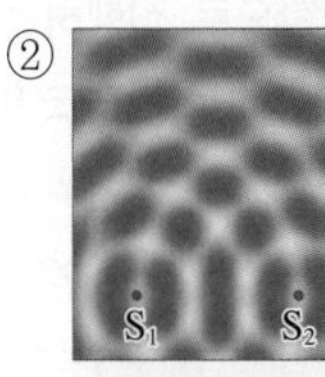

③

④
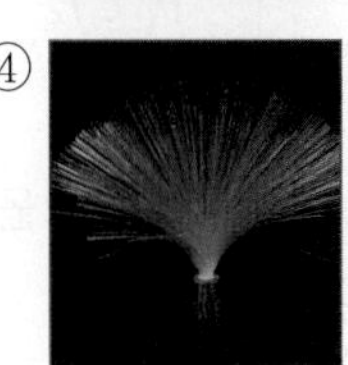

⑤

자료❹ 2021 6월 평가원 3번

8 그림 A, B, C는 파동의 성질을 활용한 예를 나타낸 것이다.

A. 소음 제거 이어폰

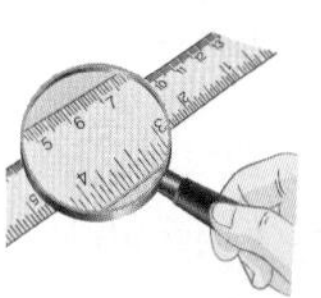
B. 돋보기

C. 악기의 울림통

A, B, C 중 파동이 간섭하여 파동의 세기가 감소하는 현상을 활용한 예만을 있는 대로 고른 것은?

① A ② C ③ A, B
④ B, C ⑤ A, B, C

정답과 해설 84쪽

1 그림은 $t=0$인 순간 파장과 진폭이 같은 두 파동이 서로 반대 방향으로 진행하는 어느 순간의 모습을 나타낸 것이다. 파동의 진동수는 0.5 Hz이다.

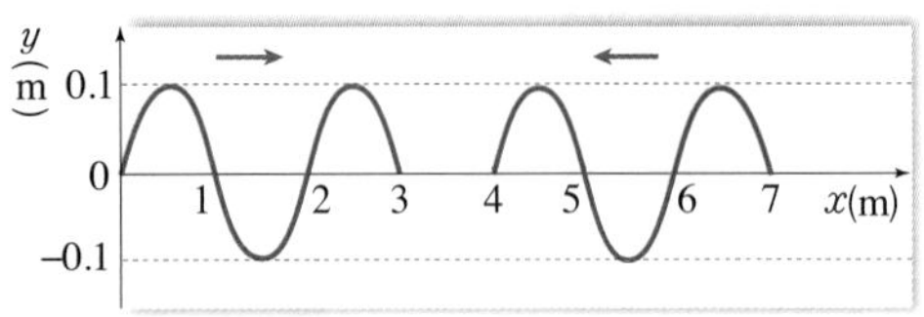

이에 대한 설명으로 옳은 것만을 [보기]에서 있는 대로 고른 것은?

보기

ㄱ. 파동의 속력은 1 m/s이다.
ㄴ. 1.5초일 때, 3 m 지점에서 진폭은 0이다.
ㄷ. 3.5 m 지점에서는 항상 보강 간섭이 일어난다.

① ㄱ ② ㄷ ③ ㄱ, ㄴ ④ ㄴ, ㄷ ⑤ ㄱ, ㄴ, ㄷ

2 그림 (가)는 $t=0$인 순간 서로 반대 방향으로 진행하는 파동 A, B의 모습을 나타낸 것이다. (나)는 $t=1$초일 때 A, B의 일부분이 중첩된 모습이다.

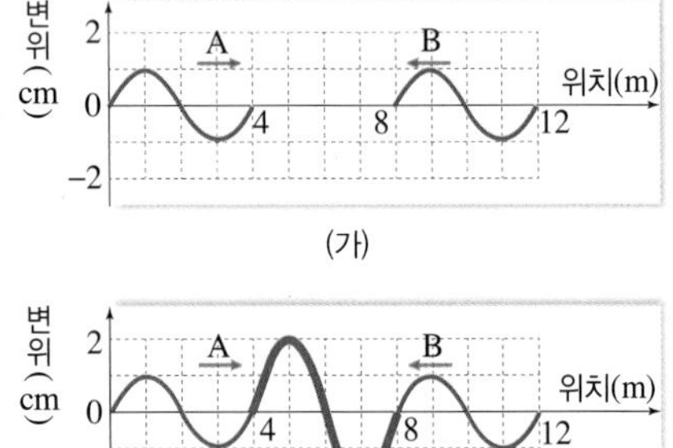

(가)

(나)

이에 대한 설명으로 옳은 것만을 [보기]에서 있는 대로 고른 것은?

보기

ㄱ. A의 속력은 4 m/s이다.
ㄴ. A의 주기는 2초이다.
ㄷ. $t=2$초일 때, 위치가 8 m인 지점에서 중첩된 파동의 변위는 2 cm이다.

① ㄱ ② ㄷ ③ ㄱ, ㄴ ④ ㄴ, ㄷ ⑤ ㄱ, ㄴ, ㄷ

3 그림과 같이 두 스피커 A와 B를 설치하고 일정한 세기와 진동수의 소리를 계속 발생시켰다. 두 스피커와 나란한 선을 따라 이동하면서 소리를 들었더니 소리의 크기가 계속 변하였다. 이때 a, c, e에서 소리가 크게 들렸고 b, d에서는 소리가 작게 들렸다.

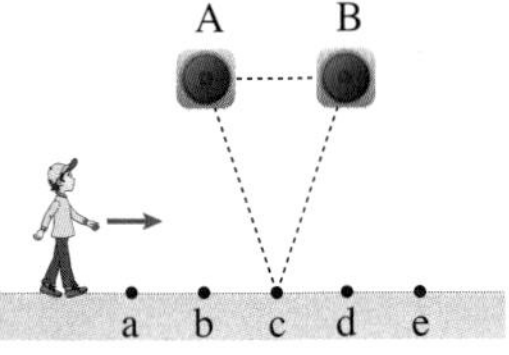

이에 대한 설명으로 옳은 것만을 [보기]에서 있는 대로 고른 것은?

보기

ㄱ. b에서 두 스피커에서 발생한 소리는 상쇄 간섭을 한다.
ㄴ. c에서 두 스피커에서 발생한 소리는 보강 간섭을 한다.
ㄷ. e에서 두 스피커에서 발생한 소리는 같은 위상으로 중첩된다.

① ㄱ ② ㄷ ③ ㄱ, ㄴ ④ ㄴ, ㄷ ⑤ ㄱ, ㄴ, ㄷ

4 그림 (가)는 x축 위의 $x=1$ m와 $x=-1$ m의 위치에서 진동수가 f인 소리를 내는 스피커로 소리를 발생시켰을 때, y값이 일정한 직선상에서 소리가 크게 들리는 지점과 작게 들리는 지점을 나타낸 것이다.

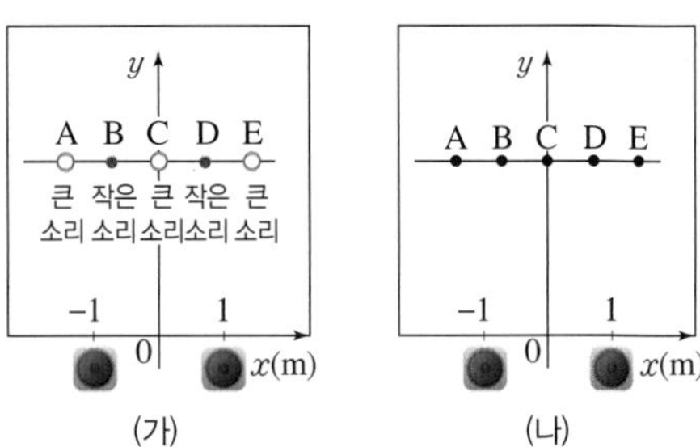

그림 (나)에서 다른 조건은 그대로 둔 채 양쪽 스피커에서 발생하는 소리의 진동수만 $0.5f$가 되게 하였을 때 소리가 작게 들리는 지점만을 있는 대로 고른 것은?

① A, E ② B, D ③ A, C, E ④ A, B, D, E ⑤ A, B, C, D, E

5 그림과 같이 동일한 두 스피커에서 동일한 소리가 나오도록 한 후 점선을 따라 이동하였더니, P에서는 소리가 가장 크게, Q에서는 소리가 가장 작게 들렸다. L_1, L_2는 각 스피커로부터 Q가 떨어진 거리이다.

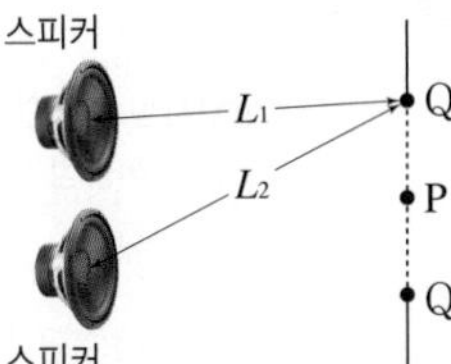

이에 대한 설명으로 옳은 것만을 [보기]에서 있는 대로 고른 것은? (단, 두 스피커에 나오는 소리의 진동수는 일정하다.)

보기

ㄱ. P에서는 소리의 보강 간섭이 일어난다.
ㄴ. Q에서 L_1과 L_2의 차이는 반파장의 홀수 배이다.
ㄷ. Q에서 소리의 진폭은 스피커 하나에서 발생한 소리의 진폭과 같다.

① ㄱ ② ㄴ ③ ㄱ, ㄴ
④ ㄴ, ㄷ ⑤ ㄱ, ㄴ, ㄷ

2018 Ⅱ 6월 평가원 15번

6 그림 (가)는 두 점 S_1, S_2에서 같은 진폭과 위상으로 발생시킨 두 수면파의 어느 순간의 모습이고, (나)는 (가)의 모습을 평면상에 모식적으로 나타낸 것이다. 두 수면파의 파장은 λ로 같고 속력은 일정하다. 실선과 점선은 각각 수면파의 마루와 골의 위치를, 점 p, q, r는 평면상에 고정된 지점을 나타낸 것이다.

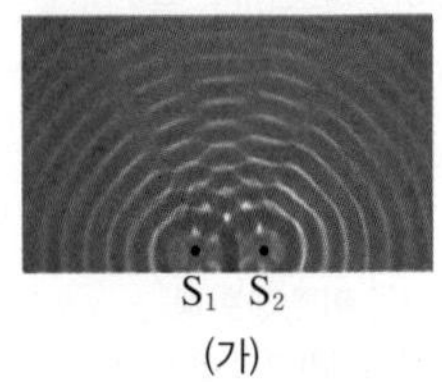

(가)

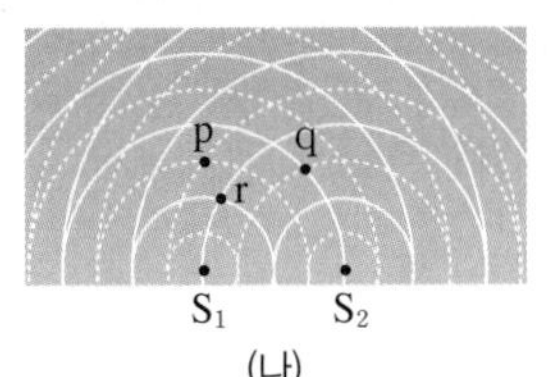

(나)

이에 대한 설명으로 옳은 것만을 [보기]에서 있는 대로 고른 것은?

보기

ㄱ. p에서 보강 간섭이 일어난다.
ㄴ. p, q, r 중 수면의 높이가 가장 낮은 곳은 q이다.
ㄷ. S_1, S_2에서 r까지의 경로차는 λ이다.

① ㄱ ② ㄴ ③ ㄱ, ㄴ
④ ㄱ, ㄷ ⑤ ㄴ, ㄷ

2021 수능 13번

7 그림 (가)는 진폭이 1 cm, 속력이 5 cm/s로 같은 두 물결파를 나타낸 것이다. 실선과 점선은 각각 물결파의 마루와 골이고, 점 P, Q, R는 평면상의 고정된 지점이다. 그림 (나)는 R에서 중첩된 물결파의 변위를 시간에 따라 나타낸 것이다.

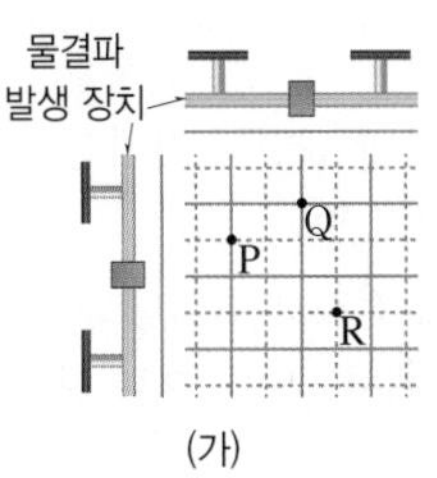

(가)

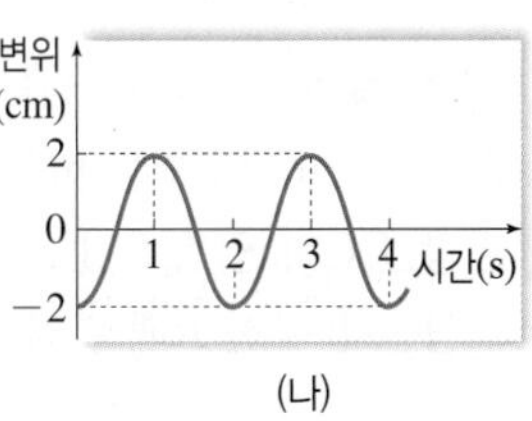

(나)

이에 대한 설명으로 옳은 것만을 [보기]에서 있는 대로 고른 것은?

보기

ㄱ. 두 물결파의 파장은 10 cm로 같다.
ㄴ. 1초일 때, P에서 중첩된 물결파의 변위는 2 cm이다.
ㄷ. 2초일 때, Q에서 중첩된 물결파의 변위는 0이다.

① ㄱ ② ㄷ ③ ㄱ, ㄴ
④ ㄴ, ㄷ ⑤ ㄱ, ㄴ, ㄷ

8 그림 (가)는 비눗방울의 표면에 여러 색의 무늬가 나타난 것이고, (나)는 비눗방울의 얇은 막에서 빛이 진행하는 경로를 나타낸 것이다. 빛은 비눗방울의 막에서 반사와 굴절을 한 후 A, B로 나누어진다.

(가)

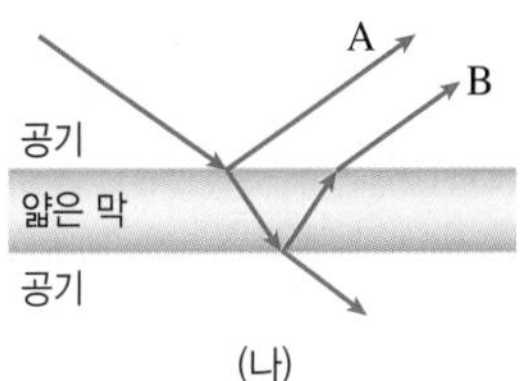

(나)

이에 대한 설명으로 옳은 것만을 [보기]에서 있는 대로 고른 것은?

보기

ㄱ. 두 빛 A, B는 공기 중에서 나란하다.
ㄴ. 비누 막의 두께에 관계없이 A, B는 상쇄 간섭한다.
ㄷ. 빛 B의 속력은 비눗방울 속에서가 공기에서보다 크다.

① ㄱ ② ㄷ ③ ㄱ, ㄴ
④ ㄱ, ㄷ ⑤ ㄴ, ㄷ

빛과 물질의 이중성

≫ 핵심 짚기
› 광전 효과의 개념과 조건 이해
› 광양자설로 광전 효과 해석
› 영상 정보를 기록하는 CCD의 원리
› 물질의 이중성

A 빛의 이중성

1 *광전 효과 1887년 헤르츠는 아연 표면에 자외선을 비출 때 전자들이 방출되는 현상을 발견하였다.

① **광전 효과:** 금속에 빛을 비출 때 전자가 튀어나오는 현상

② **광전자:** 광전 효과로 금속 표면에서 튀어나오는 전자

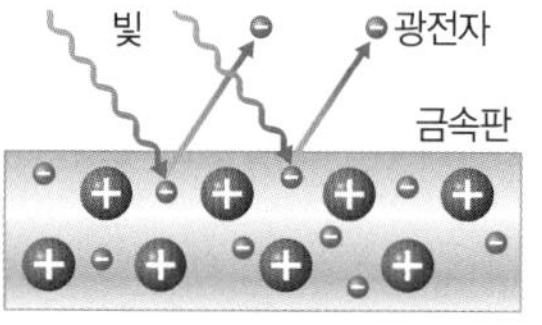

▲ 광전 효과

탐구 자료 광전 효과 실험 장치[1] —• 광전자가 방출되어 양극에 모이므로 광전류가 흐르게 된다.

(가) 그림과 같이 광전 효과 실험 장치를 구성하고 광전관의 금속판에 빛을 비춘다.

(나) 빛의 진동수와 세기를 조절하면서 회로에 흐르는 전류의 세기를 측정한다.

• 광전 효과에 의해 광전자가 튀어나오면 회로에 전류가 흐른다.
• 전류의 세기로 광전관에서 방출되는 광전자의 수가 많고 적음을 알 수 있다.

1. 일정한 진동수 미만의 빛을 비추면 빛의 세기와 관계없이 광전자가 튀어나오지 않고, 일정한 진동수 이상의 빛을 비추면 빛의 세기가 약해도 광전자가 즉시 튀어나온다. ➡ 빛의 진동수가 한계 진동수(문턱 진동수)보다 작으면 광전자가 방출되지 않는다.[2]
2. 일정한 진동수 이상의 빛을 비출 때, 빛의 세기가 셀수록 더 많은 광전자가 방출된다. ➡ 단위 시간당 튀어나오는 광전자의 수는 빛의 세기에 비례한다.

2 광전 효과의 실험적 사실

① 광전 효과가 일어나려면 금속에 비추는 빛의 진동수가 한계 진동수보다 커야 한다.

② 방출된 광전자의 최대 운동 에너지는 빛의 세기와 관계없이 빛의 진동수에만 관계된다.[3]

③ 일정한 진동수 이상의 빛을 비출 때 금속판에서 방출되는 광전자의 수는 빛의 세기에 비례한다.

3 광양자설 1905년 아인슈타인은 '빛은 진동수에 비례하는 에너지를 갖는 광자(광양자)라고 하는 입자들의 흐름이다.'라는 광양자설로 광전 효과를 설명하였다.

① **광자의 에너지:** 광자의 에너지 E와 진동수 f 사이에는 다음 식이 성립한다.

$$E=hf \ (h\text{는 플랑크 상수, } h=6.6\times10^{-34}\ \mathrm{J\cdot s})$$

② **빛의 세기:** 금속에 비춰 준 빛의 세기를 크게 할수록 튀어나오는 광전자의 개수가 증가한다.

4 광양자설에 의한 광전 효과의 해석

① **한계 진동수(f_0):** 금속 표면에 빛을 비출 때 전자가 튀어나올 수 있는 최소 진동수

② **금속의 일함수(W):** 전자를 떼어 내는 데 필요한 최소한의 에너지 —• 금속의 종류마다 다르다.

③ **최대 운동 에너지(E_k)**[4]**:** 광자가 금속 내의 한 개의 전자와 충돌하여 전자에 에너지를 준다. 이 에너지가 W보다 크면 즉시 광전자가 방출된다. 한계 진동수 f_0인 빛을 비추면 $E_k=0$이 된다.
└• $0=hf_0-W \Rightarrow f_0=\frac{W}{h}$

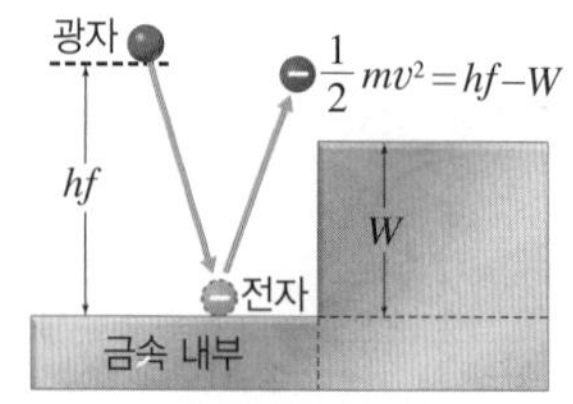

▲ 광전 효과의 해석

PLUS 강의

[1] **검전기를 이용한 광전 효과 실험**
잘 닦은 아연판을 검전기의 금속판 위에 올리고 검전기를 음(−)전하로 대전시킨다. 검전기 위의 아연판에 각각 자외선등과 네온등을 비추고 금속박의 변화를 관찰한다.

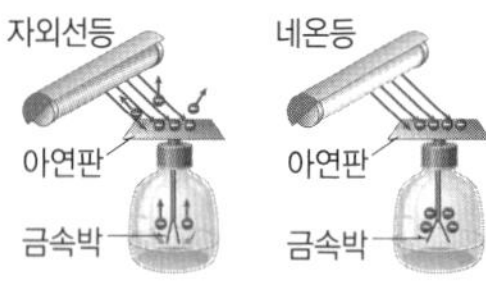

• 금속판으로부터 자외선등의 거리가 가까울수록 금속박이 빨리 오므라든다. ➡ 빛의 세기가 강할수록 튀어나오는 광전자의 수가 많아진다는 것을 의미한다.
• 네온등을 금속판에 가까이 비추어도 금속박이 오므라들지 않는다. ➡ 빛의 진동수가 어느 특정한 값보다 작을 때에는 아무리 강한 빛을 비추어도 광전자는 튀어나오지 않는다는 것을 의미한다.

[2] **한계 진동수(문턱 진동수)**
금속에서 전자를 떼어 내기 위한 최소한의 빛의 진동수이다. 금속의 종류에 따라 다르다.

[3] **빛의 파동 이론의 한계**
빛이 파동이라면 진동수가 아무리 작아도 빛의 세기를 증가시키거나 오래 비추면 금속 내의 전자는 충분한 에너지를 얻기 때문에 금속 표면으로부터 튀어나와야 한다. 하지만 한계 진동수보다 작은 진동수의 빛을 아무리 세게, 오래 비추어도 광전자는 튀어나오지 않는다.

용어 돋보기
* **광전 효과(光 빛, 電 전기, 效 나타나다, 果 결과)**_금속에 빛을 쪼일 때 광전자를 방출하는 현상

$$E_k = \frac{1}{2}mv^2 = hf - W$$

5 빛의 이중성 현대에는 빛이 입자성과 파동성을 모두 가지고 있는 것으로 이해하고 있으며, 이를 빛의 이중성이라고 한다. 하지만 빛의 입자성과 파동성은 동시에 나타나지 않으므로 어떤 특정한 순간에 입자적 성질과 파동적 성질 중 하나만 측정할 수 있다.

① **빛의 파동성의 증거:** 간섭과 회절은 파동에서만 일어날 수 있는 특성으로, 파장이 긴 빛일수록 잘 나타난다.

② **빛의 입자성의 증거:** 광전 효과는 빛을 운동량을 갖는 입자(광양자)로 가정해야 설명할 수 있으며, 이 효과는 파장이 짧은 빛일수록 잘 나타난다.

Ⓑ 영상 정보의 기록

1 광 다이오드[5] 광전 효과를 이용해서 빛에너지를 전기 에너지로 바꾼다.

2 전하 결합 소자(CCD, Charge Coupled Device) 수백만 개의 *화소가 규칙적으로 배열된 반도체 소자로, 화소는 일종의 광 다이오드이다.

① **영상 기록 원리:** 렌즈를 통해 들어온 빛이 CCD의 화소에 닿으면 광전 효과 때문에 전자가 발생하며, 각 화소에서 발생하는 전하의 양을 전기 신호로 변환시켜 각 위치에 비춰진 빛의 세기에 대한 영상 정보를 기록한다.

[CCD의 구조와 영상 저장 과정]

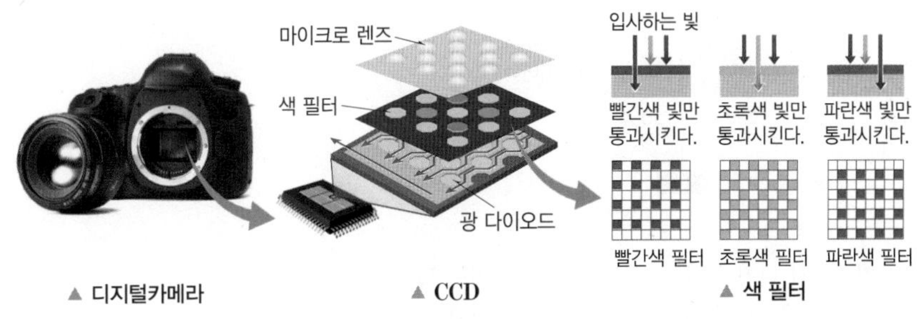

▲ 디지털카메라 ▲ CCD ▲ 색 필터

- 색 필터: CCD는 빛의 세기만을 기록할 수 있기 때문에 색을 구분하기 위해 색 필터를 CCD 위에 배열한다.
- 영상 정보의 저장: 빛 신호가 변환된 전기 신호는 디지털 신호로 변환된 후, CPU의 영상 처리 프로그램에서 처리되어 메모리카드에 저장된다.
- 디지털카메라가 사진을 저장하는 과정: 빛 → 렌즈 → CCD → 전기 신호 → 메모리카드

② **이용:** 디지털카메라, 우주 천체 망원경(허블 우주 망원경, 케플러 우주 망원경), CCTV, 차량용 후방 카메라, 블랙박스, 내시경 카메라, 스캐너 등

④ 진동수와 최대 운동 에너지
빛의 진동수와 방출되는 광전자의 최대 운동 에너지 사이의 관계는 그래프와 같이 나타낼 수 있다. 즉, 금속에 따라 일함수가 다르므로 한계 진동수도 다르지만 금속의 종류에 관계없이 그래프의 기울기는 일정한 값 h가 된다.

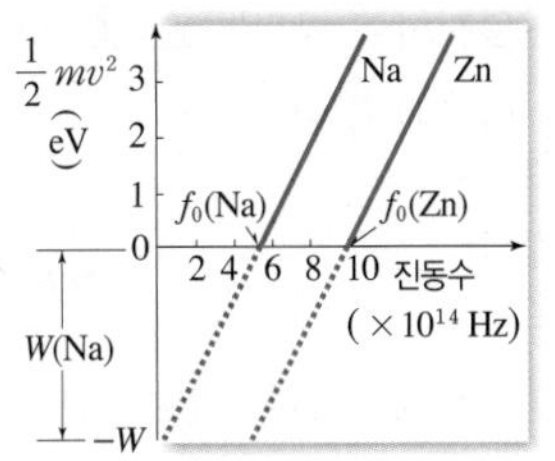

⑤ 광 다이오드
빛 신호를 전기 신호로 전환시키는 광전 소자의 한 종류로, p형 반도체와 n형 반도체를 접합시켜 만든다. 광 다이오드에 빛을 비추면 광전 효과에 의해 빛에너지가 전기 에너지로 전환된다.

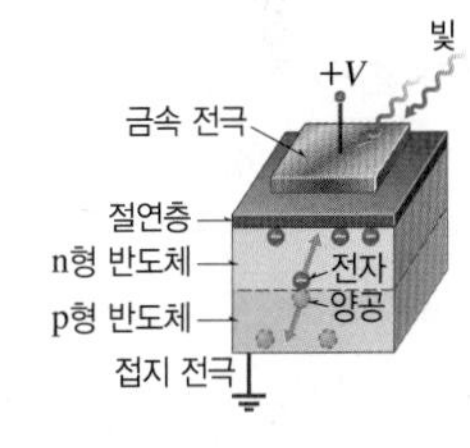

용어 돋보기
* **화소(畵 그림, 素 본디)**_ 영상을 표현하는 최소 단위로 픽셀이라고도 한다.

정답과 해설 86쪽

(1) 금속에 빛을 비출 때 전자가 튀어나오는 현상을 (　　　　)라고 한다.

(2) 광전 효과가 일어나려면 금속에 비추는 빛의 진동수가 (　　　　) 진동수보다 커야 한다.

(3) 방출된 광전자의 최대 운동 에너지는 빛의 세기에는 관계없이 빛의 (　　　　)에만 관계된다.

(4) 빛의 진동수가 같으면 금속판에서 방출되는 광전자의 수는 빛의 (　　　　)에 비례한다.

(5) 디지털카메라에서 영상 정보를 기록하는 방법은 렌즈를 통해 들어온 빛이 (　　　　)의 화소에 닿으면 광전 효과 때문에 전자가 발생하며, 이때 전자의 양을 전기 신호로 변환하여 영상 정보를 기록하는 것이다.

빛과 물질의 이중성

C 물질의 이중성

1 물질파(드브로이파) 1924년 드브로이는 파동이라고 생각했던 빛이 입자성을 나타낸다면, 반대로 전자와 같은 입자도 파동의 성질을 나타낼 수 있을 것이라는 가설을 제안하였다.

① **물질파:** 물질 입자가 파동성을 나타낼 때 이 파동을 물질파 또는 드브로이파라고 한다.

② **물질파의 파장(드브로이 파장):** 질량이 m인 입자가 속력 v로 운동할 때 입자의 파장 λ는 다음과 같다.

$$\lambda=\frac{h}{mv}=\frac{h}{p} \quad (h\text{는 플랑크 상수, } h=6.6\times10^{-34}\ \mathrm{J\cdot s})$$

③ **전자의 물질파 파장:** 질량이 m, 전하량이 e인 전자를 전위차 V로 가속시켰을 때 전자가 얻는 에너지가 모두 운동 에너지로 전환된다면 $eV=\frac{1}{2}mv^2$이므로 $mv=\sqrt{2meV}$가 되어 전자가 갖는 물질파 파장은 $\lambda=\frac{h}{\sqrt{2meV}}$가 된다.

$$\lambda=\frac{h}{mv}=\frac{h}{p}=\frac{h}{\sqrt{2meV}}$$

2 물질파 확인 실험 몇 가지 실험 결과로부터 물질도 빛과 마찬가지로 입자성과 파동성을 모두 가진다는 것을 알 수 있었다.

데이비슨·거머 실험	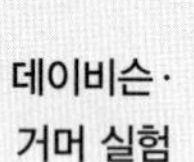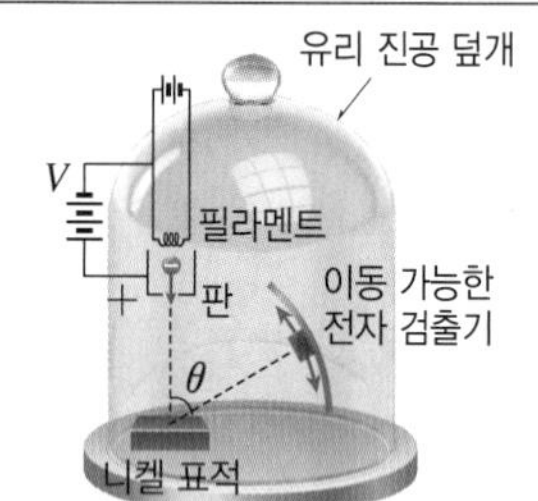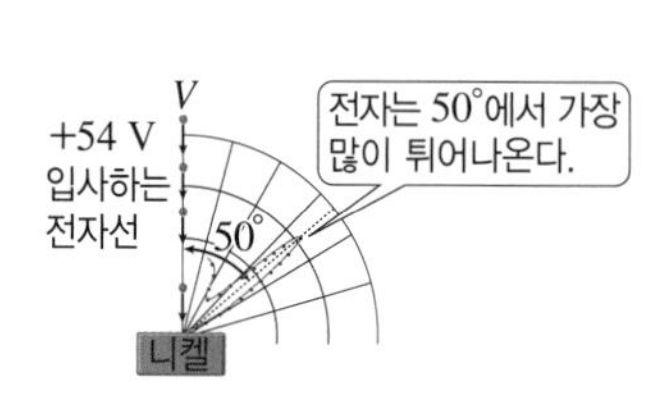 데이비슨과 거머는 그림과 같은 장치에서 니켈 표면에 전자선을 입사시키면 특정한 각도로 튀어나오는 전자의 수가 많음을 발견하였다. ➡ 전자가 파동처럼 회절하여 특정 각도에서 보강 간섭을 일으킨다.
톰슨의 전자선 회절 실험	 ▲ X선 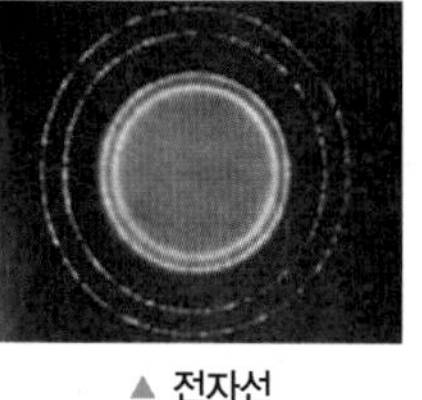 ▲ 전자선 전자선을 금속박에 입사시켜 X선의 회절과 닮은 전자의 회절 무늬를 얻었다.[6] ➡ 전자가 파동의 성질을 가짐을 확인하였다. 실험에서 사용한 X선의 파장과 드브로이의 식으로 계산한 전자의 물질파 파장은 같았다.

⑥ 회절 무늬
파장이 길수록, 슬릿의 폭이 좁을수록 회절 정도가 크다. 또한 단일 슬릿과 스크린 사이의 거리가 멀수록 회절 무늬의 간격은 넓어진다.

탐구 자료 전자의 파동성 관찰

전자선을 이중 슬릿에 통과시켰을 때 스크린에 도달하는 전자의 양을 나타낸 것이다.

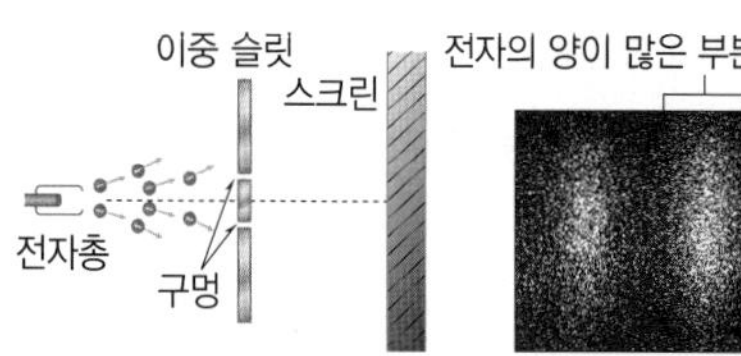

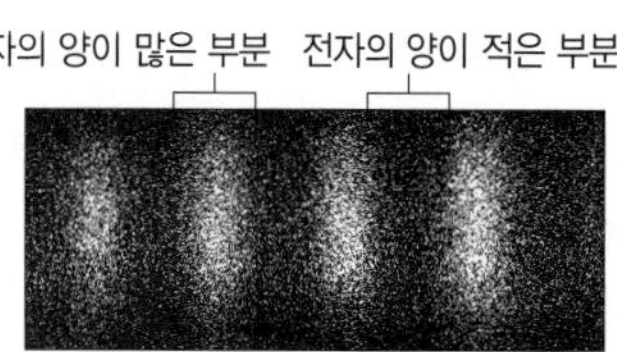

- 스크린에 도달하는 전자의 양이 많은 부분과 적은 부분이 나타나는 까닭: 전자가 파동처럼 스크린에 보강 간섭 또는 상쇄 간섭을 일으킨 결과이다. ➡ 빛이나 소리의 간섭무늬와 같은 모습으로, 전자가 파동성을 가진다는 것을 알 수 있다.[7]

⑦ 전자가 파동성을 가지지 않을 경우
전자가 입자의 성질만 가지고 있다면 스크린에 간섭무늬가 나타나지 않고 슬릿의 개수와 같은 밝은 무늬가 나타나야 한다.

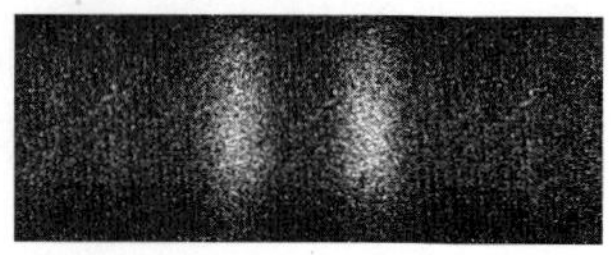

3 물질의 이중성 물질도 빛과 마찬가지로 입자성과 파동성을 모두 가지는 것을 물질의 이중성이라고 한다.[8]

① 빛의 경우와 마찬가지로 물질 입자에서도 한 가지 현상에서 입자성과 파동성이 동시에 관측되지는 않는다.

② **일상생활에서 물질파를 관측할 수 없는 까닭:** 드브로이 파장 식에서 플랑크 상수 h의 값이 매우 작고, 질량이 크기 때문에 파장이 매우 짧아 파동성을 관찰하기 어렵다.[9]

D 전자 현미경

1 분해능 광학 기기에서 가까이 있는 두 점을 구분하여 볼 수 있는 능력으로, 렌즈의 크기가 같을 때 사용하는 빛의 파장이 짧을수록 분해능이 우수하다.

2 전자 현미경 빛 대신 전자의 물질파를 이용하는 현미경이다.

① **분해능과 배율:** 전자의 물질파 파장이 가시광선보다 짧아 분해능이 우수하고, 배율은 광학 현미경의 최대 배율보다 크다.

② **전자 현미경의 활용:** 빛으로 볼 수 없는 바이러스 병원체나 물질 속의 원자 배치 상태를 알아낼 수 있다.

⑧ 물질의 입자성과 파동성
물질 입자의 에너지가 클수록 입자성이 강하게 나타난다. 물질파의 파장이 길수록 파동성이 강하게 나타난다.

⑨ 일상생활에서의 물질파
야구공의 운동에서는 물질파의 파장이 매우 짧아 파동성을 관찰하기 어렵고, 원자나 전자는 물질파의 파장이 커서 파동성을 관찰할 수 있다.

⑩ 자기렌즈
코일로 만든 원통형의 전자석으로, 전자가 자기장에 의해 진행 경로가 휘어지는 성질을 이용하여 전자선을 굴절시킨다.

구분	전자 현미경		광학 현미경
	주사 전자 현미경(SEM)	투과 전자 현미경(TEM)	
원리	전자총, 전자선, 자기렌즈, 주사용 코일, 대물 렌즈, 시료, 화면, 증폭기, 전자 검출기, 2차 전자 가속된 전자선을 시료 표면에 쪼일 때, 튀어나온 전자를 검출하여 시료의 입체상을 관찰한다.	전자총, 자기렌즈, 시료, 대물렌즈, 전자선, 투사렌즈, 형광 스크린 전자선을 얇은 시료에 투과시킨 후, 형광 스크린에 형성된 시료의 2차원적 단면 구조의 상을 관찰한다.	눈, 접안 렌즈, 대물렌즈, 시료, 집광렌즈, 가시광선, 광원 유리 렌즈로 빛을 굴절시켜 상을 맺게 하여 관찰한다.
광원	전자선		빛
렌즈 형태	자기렌즈[10]		유리(광학) 렌즈
현미경 내부	진공		공기
배율	100000배 이상		약 1000배~1500배
특징	• 분해능이 투과 전자 현미경보다는 다소 떨어지지만 입체 영상을 볼 수 있다. • 시료의 표면에 전자를 쪼이므로 표면을 금속으로 얇게 코팅한다.	• 세포의 내부 구조를 관찰하는 데 주로 사용된다. • 전자가 시료를 투과하는 동안 속력이 느려져서 드브로이 파장이 커지면 분해능이 떨어지므로 시료를 얇게 만든다.	• 물체의 크기가 빛의 파장보다 작으면 빛의 회절 현상 때문에 상이 흐려진다. • 크기가 작은 바이러스나 미토콘드리아와 같은 물체는 광학 현미경으로 관찰할 수 없다.

정답과 해설 86쪽

(6) 1924년 (   )는 파동이라고 생각했던 빛이 입자성을 나타낸다면, 반대로 전자와 같은 입자도 (   )의 성질을 나타낼 수 있다고 제안하였다.

(7) 물질 입자가 파동성을 나타낼 때 이 파동을 (   )라고 하고, 그 파장은 (   )이다.

(8) 전자 현미경은 광학 현미경과 달리 빛 대신 전자의 (   )를 이용하는 현미경이다.

(9) 전자 현미경은 전자의 물질파 파장이 가시광선보다 (길어, 짧아) 현미경의 분해능이 우수하다.

(10) 전자 현미경은 시료를 전자가 투과해 시료 내부 구조를 관찰하는 데 이용되는 (투과 전자 현미경(TEM), 주사 전자 현미경(SEM))과 시료의 표면을 관찰하는 데 이용되는 (투과 전자 현미경(TEM), 주사 전자 현미경(SEM))이 있다.

정답과 해설 86쪽

2020 • 수능 6번

자료❶ 빛의 이중성

표는 서로 다른 금속판 A, B에 진동수가 각각 f_X, f_Y인 단색광 X, Y 중 하나를 비추었을 때 방출되는 광전자의 최대 운동 에너지를 나타낸 것이다.

금속판	광전자의 최대 운동 에너지	
	X를 비춘 경우	Y를 비춘 경우
A	E_0	광전자가 방출되지 않음
B	$3E_0$	E_0

1. A에 단색광 X를 비추었을 때 광전자가 방출되었다. (○, ×)
2. X는 A의 일함수보다 에너지가 크다. (○, ×)
3. Y는 A의 일함수보다 에너지가 작다. (○, ×)
4. X의 진동수는 A의 한계 진동수보다 작다. (○, ×)
5. 일함수는 A가 B보다 크다. (○, ×)
6. Y는 B의 일함수보다 에너지가 크다. (○, ×)
7. Y의 진동수는 B의 한계 진동수보다 작다. (○, ×)

자료❸ 물질의 이중성

그림 (가)는 레이저 빛을, (나)는 전자총에서 발사된 전자를 각각 이중 슬릿에 통과시킬 때 스크린에 생기는 무늬를 나타낸 것이다.

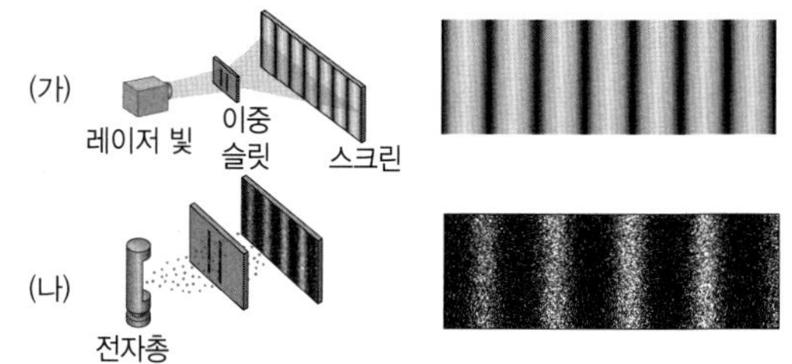

1. (가)에서 스크린에 생기는 간섭무늬는 빛의 입자성에 의해 나타난 것이다. (○, ×)
2. (나)에서 나타난 무늬는 전자가 파동처럼 간섭을 일으키기 때문이다. (○, ×)
3. (나)의 스크린에 도달한 전자가 어느 쪽 슬릿을 통과했는지 알 수 있다. (○, ×)
4. (나)에서 전자의 속력이 달라지면 전자 분포의 간격이 달라진다. (○, ×)
5. (나)의 결과로부터 물질의 이중성을 알 수 있다. (○, ×)

2021 • 6월 평가원 15번

자료❷ 물질파

그림은 입자 A, B, C의 물질파 파장을 속력에 따라 나타낸 것이다.

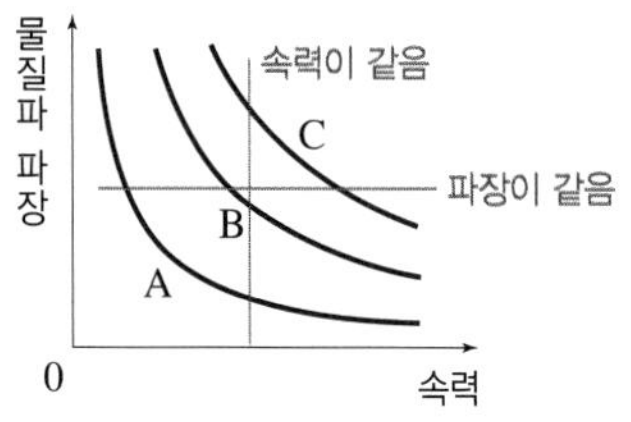

1. 물질파 공식은 $\lambda=\frac{h}{mv}$이다. (○, ×)
2. 파장이 같으면 속력과 질량은 비례한다. (○, ×)
3. 속력이 같으면 파장과 질량은 반비례한다. (○, ×)
4. 파장이 같을 때 속력은 $\mathrm{A}<\mathrm{B}<\mathrm{C}$이다. (○, ×)
5. 파장이 같을 때 질량은 $\mathrm{A}<\mathrm{B}<\mathrm{C}$이다. (○, ×)
6. 속력이 같을 때 파장은 $\mathrm{A}<\mathrm{B}<\mathrm{C}$이다. (○, ×)
7. 속력이 같을 때 질량은 $\mathrm{A}<\mathrm{B}<\mathrm{C}$이다. (○, ×)

2021 • 9월 평가원 12번

자료❹ 전자 현미경

그림은 주사 전자 현미경의 구조를 나타낸 것이다.

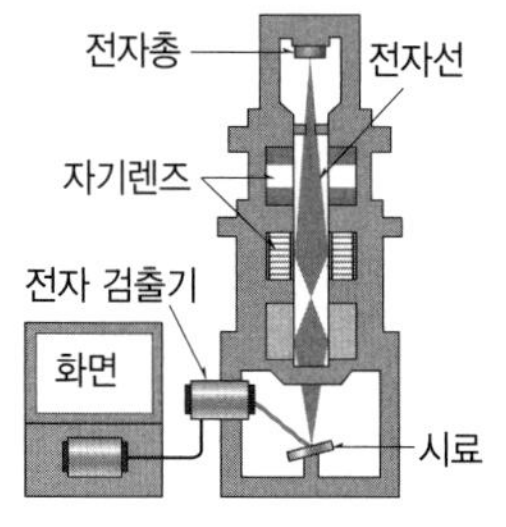

1. 전자 현미경에는 주사 전자 현미경과 투과 전자 현미경이 있다. (○, ×)
2. 주사 전자 현미경은 SEM이라고 한다. (○, ×)
3. 투과 전자 현미경은 TEM이라고 한다. (○, ×)
4. 광학 현미경은 빛이 있을 때만 보인다. (○, ×)
5. 전자 현미경도 빛이 있을 때만 보인다. (○, ×)
6. 전자의 속력이 클수록 전자의 물질파 파장은 짧아진다. (○, ×)
7. 전자의 속력이 느릴수록 더 작은 구조를 구분하여 관찰할 수 있다. (○, ×)

정답과 해설 86쪽

Ⓐ 빛의 이중성

1 다음 설명에 해당하는 용어를 [보기]에서 고르시오.

보기

ㄱ. 광전자　　ㄴ. 광양자설
ㄷ. 광전 효과　　ㄹ. 한계 진동수

(1) 금속에 빛을 비추면 표면에서 전자가 튀어나오는 현상 (　　　)
(2) 금속에 특정 진동수 이상의 빛을 비추었을 때, 금속으로부터 튀어나오는 전자 (　　　)
(3) 금속에 비추었을 때 전자를 방출시킬 수 있는 빛의 최소 진동수 (　　　)
(4) 빛은 진동수에 비례하는 에너지를 갖는 입자들의 흐름이라고 생각하는 가설 (　　　)

2 광양자설에 의하면 진동수가 f인 광자 한 개의 에너지는 얼마인지 쓰시오. (단, 플랑크 상수는 h이다.)

3 광전 효과 실험에서 어떤 금속에 빛을 쪼여 주었으나 금속에서 광전자가 방출되지 않았다. 광전자가 방출되도록 하는 방법으로 옳은 것만을 [보기]에서 있는 대로 고르시오.

보기

ㄱ. 빛의 세기를 증가시킨다.
ㄴ. 빛의 진동수를 증가시킨다.
ㄷ. 일함수가 더 작은 금속을 사용한다.

4 그림 (가)와 같이 광전관의 금속판에 빛을 비추면서 금속판으로부터 방출되는 전자의 최대 운동 에너지를 측정하였다. 그림 (나)는 금속판으로부터 방출되는 전자의 최대 운동 에너지를 빛의 진동수에 따라 나타낸 것이다.

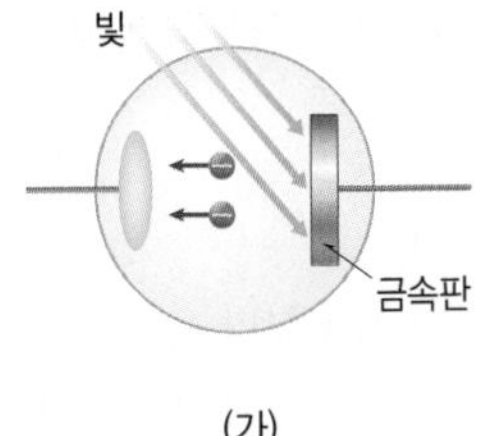

(가)

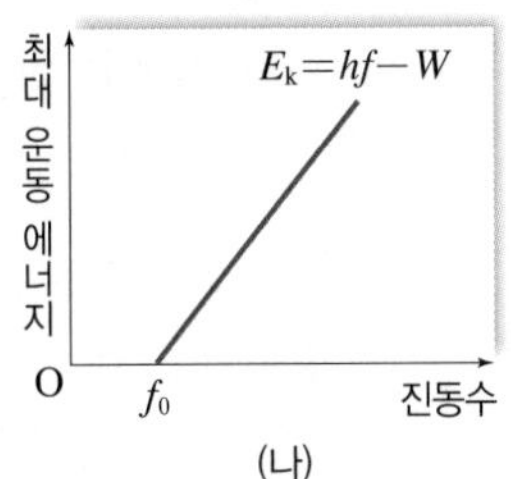

(나)

(　　) 안에 알맞은 말을 쓰시오.

(1) 진동수가 (　　　)보다 큰 빛을 비추어야 금속판으로부터 전자가 방출된다.
(2) 금속판의 일함수 W는 (　　　)이다.

Ⓑ 영상 정보의 기록

5 CCD에 대한 설명으로 옳은 것만을 [보기]에서 있는 대로 고르시오.

보기

ㄱ. 광전 효과를 이용하여 영상을 기록한다.
ㄴ. 빛에너지를 전기 에너지로 전환한다.
ㄷ. 빛의 파동성을 이용한다.

Ⓒ 물질의 이중성 / Ⓓ 전자 현미경

6 표는 두 입자 A, B의 질량과 속력을 나타낸 것이다.

입자	질량	속력
A	$2m$	v
B	m	$3v$

A, B의 드브로이 파장의 비 $\lambda_A : \lambda_B$를 구하시오.

7 그림은 전자선과 X선의 회절 실험의 결과이다.

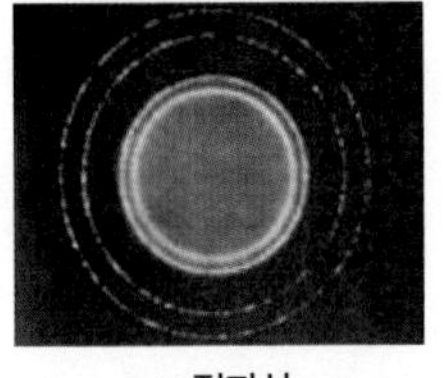
▲ 전자선

▲ X선

(　　) 안에 알맞은 말을 쓰시오.

X선의 회절 무늬는 X선이 파동이기 때문에 나타나는 현상이며, 전자선에서도 X선과 같은 무늬가 나타나는 것은 전자가 (　　　)을 띠고 회절하기 때문이다.

8 그림은 전자총에서 튀어나온 전자가 이중 슬릿을 지난 후 스크린에 도달하여 간섭무늬를 형성하는 것을 나타낸 것이다. (　　) 안에 알맞은 말을 쓰시오.

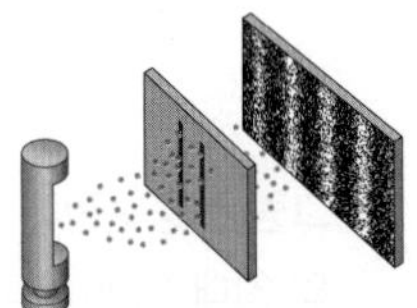

(1) 전자가 (　　　)의 성질을 가진다는 것을 알 수 있다.
(2) 전자의 물질파 파장은 전자의 운동량과 (　　　) 관계이다.

9 투과 전자 현미경에 해당하는 것은 '투과'라고 쓰고, 주사 전자 현미경에 해당하는 것은 '주사'라고 쓰시오.

(1) 시료 표면을 스캔한다. (　　　)
(2) 내부 구조를 관찰하는 것이 가능하다. (　　　)
(3) 시료를 매우 얇게 만들어야 관찰이 가능하다. (　　　)

정답과 해설 87쪽

1 그림과 같이 단색광을 금속판의 표면에 비췄더니 금속판에서 광전자가 튀어나왔다.

다른 조건은 그대로 하고, 단위 시간당 비춰 주는 광자의 수만 2배로 할 때 나타나는 현상으로 옳은 것만을 [보기]에서 있는 대로 고른 것은?

보기

ㄱ. 금속판의 일함수가 2배가 된다.
ㄴ. 방출되는 광전자의 개수가 2배가 된다.
ㄷ. 방출되는 광전자의 최대 운동 에너지가 2배가 된다.

① ㄱ ② ㄴ ③ ㄷ
④ ㄱ, ㄴ ⑤ ㄱ, ㄷ

2 그림은 금속판에 빛을 입사시켰을 때 튀어나오는 광전자의 최대 운동 에너지와 진동수의 관계를 나타낸 것이다.

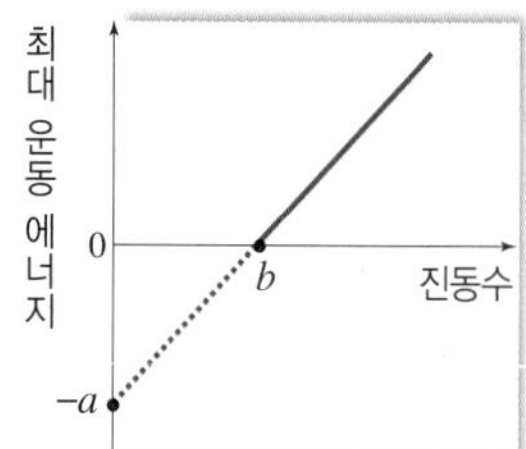

그래프 위의 두 점 a, b의 관계를 옳게 나타낸 것은? (단, h는 플랑크 상수이다.)

① $\frac{a}{b}=h$ ② $\frac{a}{b}=\frac{1}{h}$ ③ $b=af$
④ $b=\frac{1}{a}f$ ⑤ $a=\frac{1}{b}$

자료❶ 2020 수능 6번

3 표는 서로 다른 금속판 A, B에 진동수가 각각 f_X, f_Y인 단색광 X, Y 중 하나를 비추었을 때 방출되는 광전자의 최대 운동 에너지를 나타낸 것이다.

금속판	광전자의 최대 운동 에너지	
	X를 비춘 경우	Y를 비춘 경우
A	E_0	광전자가 방출되지 않음
B	$3E_0$	E_0

이에 대한 설명으로 옳은 것만을 [보기]에서 있는 대로 고른 것은? (단, h는 플랑크 상수이다.)

보기

ㄱ. $f_X>f_Y$이다.
ㄴ. $E_0=hf_X$이다.
ㄷ. Y의 세기를 증가시켜 A에 비추면 광전자가 방출된다.

① ㄱ ② ㄴ ③ ㄱ, ㄷ
④ ㄴ, ㄷ ⑤ ㄱ, ㄴ, ㄷ

4 다음은 광전 효과에 대한 설명이다.

그림과 같이 단색광 A를 금속판 P에 비추었더니, P에서 광전자가 방출되었다.

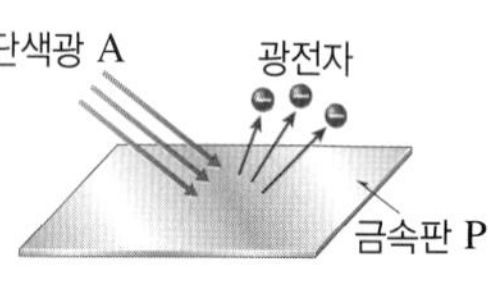

- A의 세기를 감소시켜 P에 비추면, P에서 (가)
- 파장이 A보다 짧고, 세기가 A와 같은 단색광 B를 P에 비추면, P에서 (나)

(가), (나)에 알맞은 말을 [보기]에서 골라 옳게 짝 지은 것은?

보기

ㄱ. 광전자가 방출되지 않는다.
ㄴ. 방출되는 광전자의 개수가 감소한다.
ㄷ. 방출되는 광전자의 최대 운동 에너지가 더 커진다.

	(가)	(나)		(가)	(나)
①	ㄱ	ㄴ	②	ㄱ	ㄷ
③	ㄴ	ㄱ	④	ㄴ	ㄷ
⑤	ㄷ	ㄴ			

2021 9월 평가원 13번

5 그림은 빛의 간섭 현상을 알아보기 위한 실험을 나타낸 것이다. 스크린상의 점 O는 밝은 무늬의 중심이고, 점 P는 어두운 무늬의 중심이다.

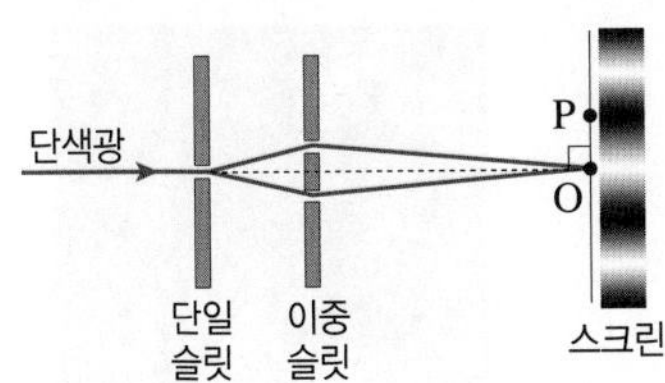

이에 대한 설명으로 옳은 것만을 [보기]에서 있는 대로 고른 것은?

보기

ㄱ. O에서는 보강 간섭이 일어난다.
ㄴ. 이중 슬릿을 통과하여 P에서 간섭한 빛의 위상은 서로 같다.
ㄷ. 간섭은 빛의 입자성을 보여 주는 현상이다.

① ㄱ ② ㄴ ③ ㄷ
④ ㄱ, ㄴ ⑤ ㄴ, ㄷ

6 예전에는 사진을 촬영할 때 필름 카메라를 사용했지만 최근에는 그림과 같은 디지털카메라를 사용한다.

이에 대한 설명으로 옳은 것만을 [보기]에서 있는 대로 고른 것은?

보기

ㄱ. 디지털카메라에 있는 CCD가 필름 카메라의 필름 역할을 한다.
ㄴ. 디지털카메라에 있는 CCD에 저장되는 전자의 수는 화소에 도달하는 빛의 세기에 비례한다.
ㄷ. 디지털카메라에서는 렌즈가 필요 없다.

① ㄱ ② ㄷ ③ ㄱ, ㄴ
④ ㄴ, ㄷ ⑤ ㄱ, ㄴ, ㄷ

2021 수능 5번

7 다음은 빛의 이중성에 대한 내용이다.

오랫동안 과학자들 사이에 빛이 파동인지 입자인지에 관한 논쟁이 있어 왔다. 19세기에 빛의 간섭 실험과 매질 내에서 빛의 속력 측정 실험 등으로 빛의 파동성이 인정받게 되었다. 그러나 빛의 파동성으로 설명할 수 없는 [㉠]을/를 아인슈타인이 광자(광양자)의 개념을 도입하여 설명한 이후, 여러 과학자들의 연구를 통해 빛의 입자성도 인정받게 되었다.

이에 대한 설명으로 옳은 것만을 [보기]에서 있는 대로 고른 것은?

보기

ㄱ. 광전 효과는 ㉠에 해당된다.
ㄴ. 전하 결합 소자(CCD)는 빛의 입자성을 이용한다.
ㄷ. 비눗방울에서 다양한 색의 무늬가 보이는 현상은 빛의 파동성으로 설명할 수 있다.

① ㄱ ② ㄷ ③ ㄱ, ㄴ
④ ㄴ, ㄷ ⑤ ㄱ, ㄴ, ㄷ

8 그림은 전자와 야구공이 같은 속력으로 운동하는 것을 나타낸 것이다.

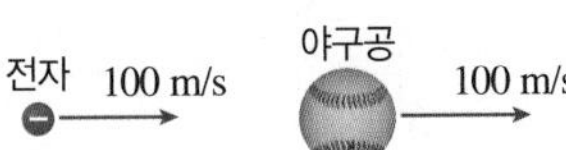

두 물체의 운동과 물질파 파장에 대한 설명으로 옳은 것만을 [보기]에서 있는 대로 고른 것은?

보기

ㄱ. 운동량의 크기는 야구공이 전자보다 크다.
ㄴ. 야구공의 물질파 파장은 전자의 물질파 파장보다 길다.
ㄷ. 야구공의 물질파 파장은 너무 길어서 측정하기 어렵다.

① ㄱ ② ㄷ ③ ㄱ, ㄴ
④ ㄴ, ㄷ ⑤ ㄱ, ㄴ, ㄷ

9 그림은 니켈 결정에 각각 X선과 전자선을 비춘 후 그 뒤에 사진 건판을 놓았을 때 사진 건판이 감광된 모습을 나타낸 것이다.

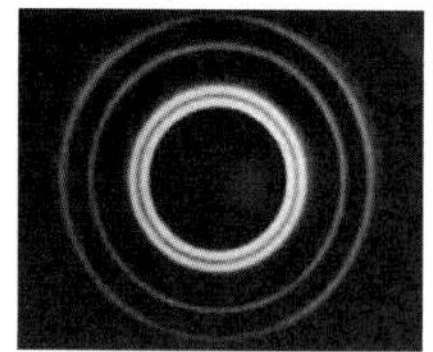
X선을 비출 때

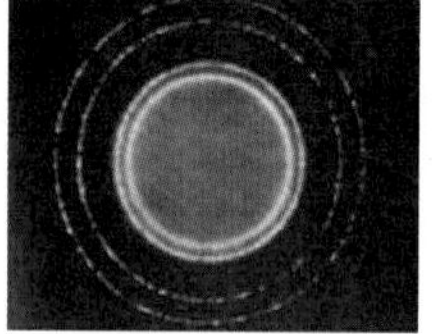
전자선을 비출 때

이 결과에 대한 설명으로 옳은 것만을 [보기]에서 있는 대로 고른 것은?

보기
ㄱ. X선은 전자들로 이루어져 있다.
ㄴ. 전자선과 X선의 속력은 서로 같다.
ㄷ. 전자선은 X선과 마찬가지로 파동성을 가지고 있다.

① ㄱ ② ㄷ ③ ㄱ, ㄴ
④ ㄴ, ㄷ ⑤ ㄱ, ㄴ, ㄷ

자료❷ 2021 6월 평가원 15번

10 그림은 입자 A, B, C의 물질파 파장을 속력에 따라 나타낸 것이다.

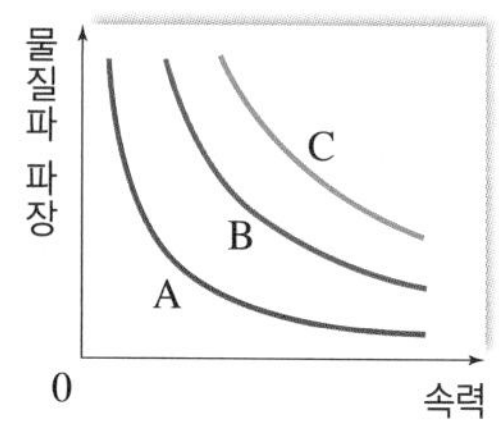

이에 대한 설명으로 옳은 것만을 [보기]에서 있는 대로 고른 것은?

보기
ㄱ. A, B의 운동량 크기가 같을 때, 물질파 파장은 A가 B보다 짧다.
ㄴ. A, C의 물질파 파장이 같을 때, 속력은 A가 C보다 작다.
ㄷ. 질량은 B가 C보다 작다.

① ㄱ ② ㄴ ③ ㄱ, ㄷ
④ ㄴ, ㄷ ⑤ ㄱ, ㄴ, ㄷ

11 그림과 같은 대장균은 크기가 매우 작아 일반 광학 현미경으로는 관측이 어렵지만 전자 현미경으로는 잘 볼 수 있다.

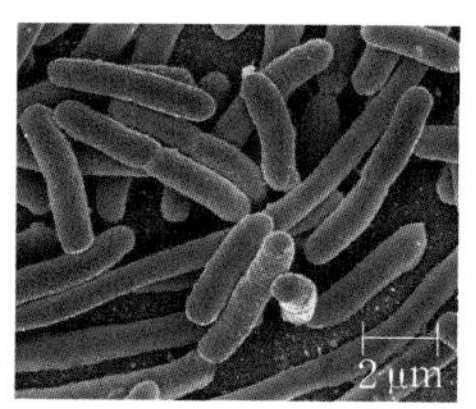

이러한 전자 현미경의 사진은 다음 중 어떤 원리를 이용하여 찍은 것인가?

① 빛의 이중성
② 빛의 입자성
③ 빛의 파동성
④ 전자의 입자성
⑤ 전자의 파동성

자료❹ 2021 9월 평가원 12번

12 그림은 주사 전자 현미경의 구조를 나타낸 것이다.
이에 대한 설명으로 옳은 것만을 [보기]에서 있는 대로 고른 것은?

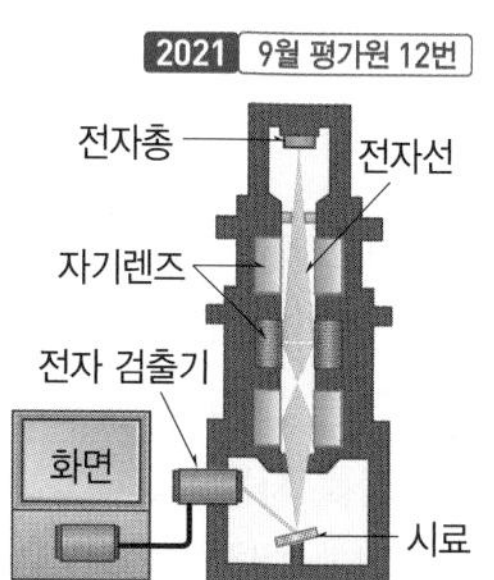

보기
ㄱ. 자기장을 이용하여 전자선을 제어하고 초점을 맞춘다.
ㄴ. 전자의 속력이 클수록 전자의 물질파 파장은 짧아진다.
ㄷ. 전자의 속력이 클수록 더 작은 구조를 구분하여 관찰할 수 있다.

① ㄱ ② ㄴ ③ ㄱ, ㄷ
④ ㄴ, ㄷ ⑤ ㄱ, ㄴ, ㄷ

정답과 해설 89쪽

2019 수능 9번

1 그림 (가)는 단색광 A, B를 광전관의 금속판에 비추는 모습을 나타낸 것이고, (나)는 A, B의 세기를 시간에 따라 나타낸 것이다. t_1일 때 광전자가 방출되지 않고, t_2일 때 광전자가 방출된다.

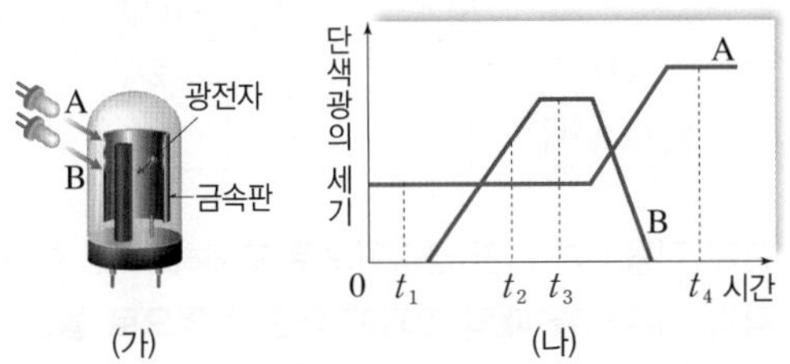

이에 대한 설명으로 옳은 것만을 [보기]에서 있는 대로 고른 것은?

보기

ㄱ. 진동수는 A가 B보다 작다.
ㄴ. 방출되는 광전자의 최대 운동 에너지는 t_2일 때가 t_3일 때보다 작다.
ㄷ. t_4일 때 광전자가 방출된다.

① ㄱ ② ㄷ ③ ㄱ, ㄴ ④ ㄴ, ㄷ ⑤ ㄱ, ㄴ, ㄷ

2 그림은 광전 효과 실험 장치의 금속판 A, B에 단색광을 비추었을 때 튀어나오는 광전자의 최대 운동 에너지 E_k를 단색광의 진동수 f에 따라 나타낸 것이다.

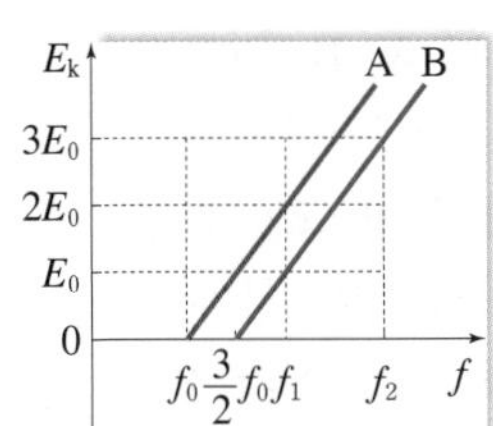

이에 대한 설명으로 옳은 것만을 [보기]에서 있는 대로 고른 것은?

보기

ㄱ. $f_1=2f_0$이다.
ㄴ. B의 일함수는 $2E_0$이다.
ㄷ. A에 진동수가 f_2인 빛을 비추었을 때 방출되는 전자의 최대 운동 에너지는 $5E_0$이다.

① ㄱ ② ㄴ ③ ㄱ, ㄷ ④ ㄴ, ㄷ ⑤ ㄱ, ㄴ, ㄷ

2018 수능 9번

3 그림 (가)는 금속판 P에 빛을 비추었을 때 광전자가 방출되는 모습을 나타낸 것이고, (나)는 (가)에서 방출되는 광전자의 최대 운동 에너지를 빛의 진동수에 따라 나타낸 것이다. 진동수가 f이고 세기가 I인 빛을 비추었을 때, 방출되는 광전자의 최대 운동 에너지는 E이다.

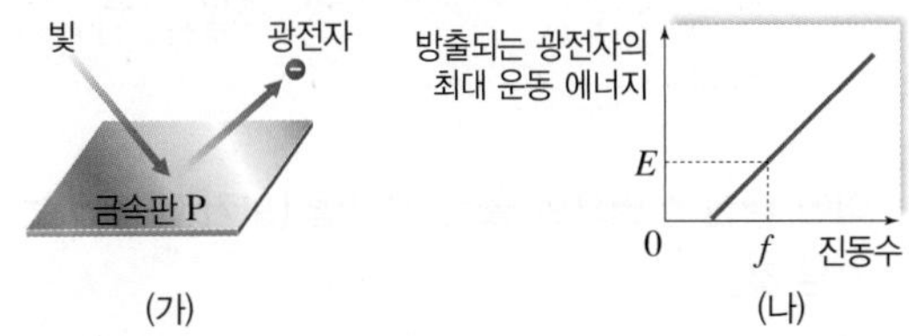

이에 대한 설명으로 옳은 것만을 [보기]에서 있는 대로 고른 것은?

보기

ㄱ. 진동수가 f이고 세기가 $2I$인 빛을 P에 비추면, 방출되는 광전자의 최대 운동 에너지는 E이다.
ㄴ. 진동수가 $2f$이고 세기가 I인 빛을 P에 비추면, 방출되는 광전자의 최대 운동 에너지는 E보다 크다.
ㄷ. 빛의 입자성을 보여 주는 현상이다.

① ㄱ ② ㄴ ③ ㄱ, ㄷ ④ ㄴ, ㄷ ⑤ ㄱ, ㄴ, ㄷ

4 그림은 광자 1개의 에너지가 2 eV인 빛을 금속 표면에 비출 때 전자가 방출되는 현상을 나타낸 것이다.

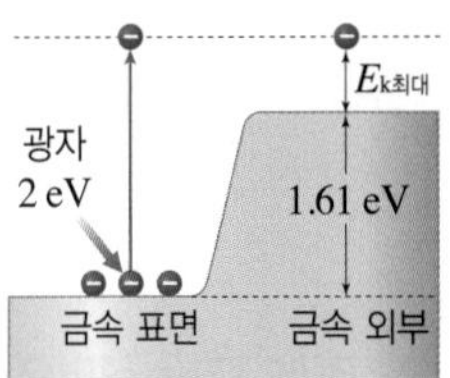

이 자료에 대한 해석으로 옳은 것만을 [보기]에서 있는 대로 고른 것은?

보기

ㄱ. 금속의 일함수는 1.61 eV이다.
ㄴ. 방출된 광전자의 최대 운동 에너지는 0.39 eV이다.
ㄷ. 이 빛을 일함수가 3.21 eV인 금속에 비추면 전자가 방출된다.

① ㄱ ② ㄷ ③ ㄱ, ㄴ ④ ㄴ, ㄷ ⑤ ㄱ, ㄴ, ㄷ

5 그림은 두 금속 A, B의 광전 효과 실험 결과를 광전자의 최대 운동 에너지와 진동수의 관계로 나타낸 것이다.

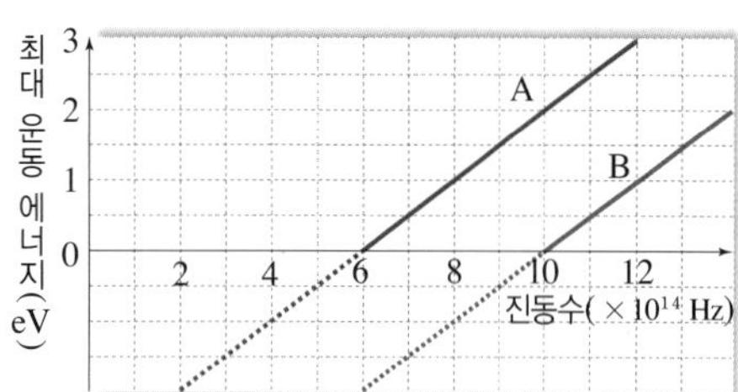

이에 대한 설명으로 옳은 것만을 [보기]에서 있는 대로 고른 것은?

보기

ㄱ. 금속 A에서 광전자를 방출시키는 데 필요한 빛의 최소 진동수는 6×10^{14} Hz이다.
ㄴ. 빛의 진동수가 같으면 금속 A와 B에서 방출되는 광전자의 최대 운동 에너지는 같다.
ㄷ. 금속 B에서 나오는 광전자의 최대 운동 에너지가 1.5 eV가 되도록 하려면 진동수 1.3×10^{15} Hz인 빛을 쪼여 주어야 한다.

① ㄱ ② ㄷ ③ ㄱ, ㄴ
④ ㄱ, ㄷ ⑤ ㄴ, ㄷ

6 그림은 금속 내부에 있는 전자가 광자와 충돌하여 금속 외부로 튀어나오는 것을 나타낸 것이다.

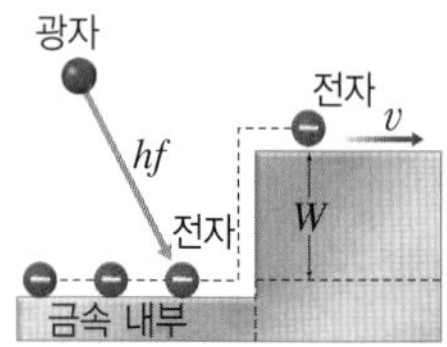

W에 대한 설명으로 옳은 것만을 [보기]에서 있는 대로 고른 것은?

보기

ㄱ. 금속의 종류에 따라 다르다.
ㄴ. 방출되는 광전자의 최대 운동 에너지는 W에 비례한다.
ㄷ. 금속 내 원자의 바닥상태에 있는 전자를 금속 외부로 방출하는 데 필요한 최소 에너지이다.

① ㄱ ② ㄷ ③ ㄱ, ㄴ
④ ㄴ, ㄷ ⑤ ㄱ, ㄴ, ㄷ

7 그림은 광전관의 금속판에 빛을 비추며 광전류를 측정하는 것을 나타낸 것이고, 표는 비춘 빛의 진동수와 세기를 나타낸 것이다.

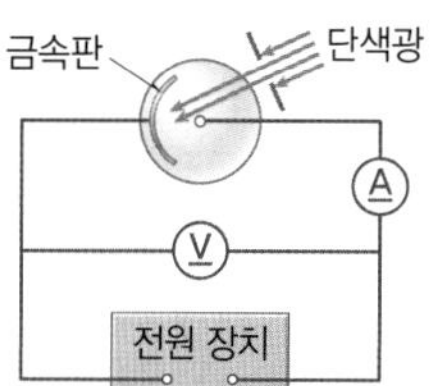

빛	진동수	세기
A	$0.5f_0$	$2I_0$
B	$2f_0$	I_0
C	$2f_0$	$0.5I_0$

한계 진동수가 f_0인 금속판으로 교체하고 빛 A, B, C를 각각 비추었을 때의 결과에 대한 설명으로 옳은 것만을 [보기]에서 있는 대로 고른 것은?

보기

ㄱ. 광전류는 A, B, C에서 모두 흐른다.
ㄴ. 광전류의 세기는 B에서가 C에서보다 작다.
ㄷ. 광전자의 최대 운동 에너지는 B와 C가 같다.

① ㄱ ② ㄷ ③ ㄱ, ㄴ
④ ㄴ, ㄷ ⑤ ㄱ, ㄴ, ㄷ

8 그림은 금속판 A, B, C에 진동수가 f 또는 $2f$인 단색광을 비추었을 때 튀어나오는 광전자의 최대 운동 에너지를 나타낸 것이다. 일함수는 B가 A의 2배이다.

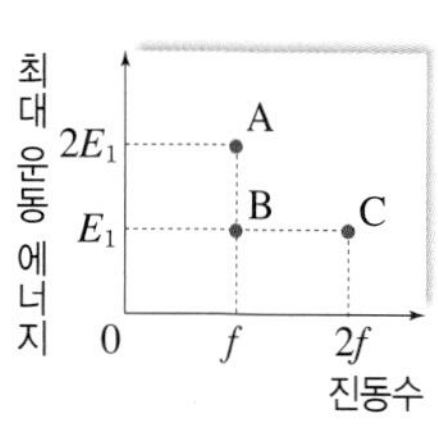

이에 대한 설명으로 옳은 것만을 [보기]에서 있는 대로 고른 것은? (단, h는 플랑크 상수이다.)

보기

ㄱ. C의 일함수가 가장 크다.
ㄴ. $hf=3E_1$이다.
ㄷ. C에 진동수가 f인 빛을 비추면 광전자가 튀어나오지 않는다.

① ㄱ ② ㄷ ③ ㄱ, ㄴ
④ ㄴ, ㄷ ⑤ ㄱ, ㄴ, ㄷ

9 그림은 전자선을 v의 속력으로 이중 슬릿에 입사시켰을 때 스크린에 일정한 시간 동안 충돌하는 전자의 수를 개략적으로 나타낸 것이다.

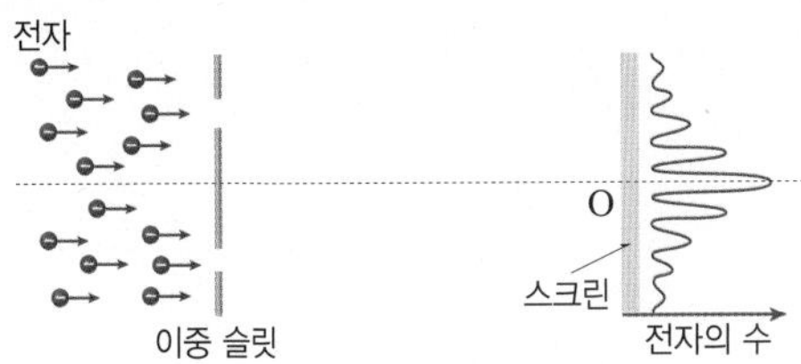

이 실험으로 알 수 있는 것으로 옳은 것만을 [보기]에서 있는 대로 고른 것은?

보기

ㄱ. 전자들은 서로 간섭을 한다.
ㄴ. 전자선의 파동성을 나타내고 있다.
ㄷ. 전자선의 속력은 빛의 속력과 같다.

① ㄱ ② ㄷ ③ ㄱ, ㄴ
④ ㄴ, ㄷ ⑤ ㄱ, ㄴ, ㄷ

10 그림은 얇은 금속박에 전자를 쪼일 때 형광판에 생기는 무늬를 나타낸 것이다.

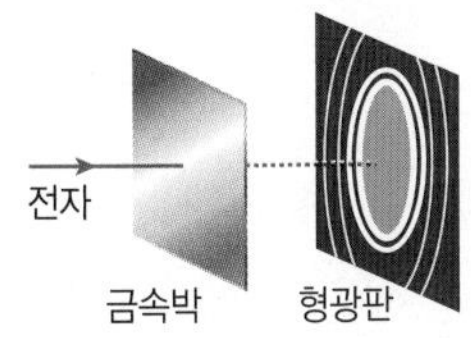

이에 대한 설명으로 옳은 것만을 [보기]에서 있는 대로 고른 것은?

보기

ㄱ. 전자가 파동의 성질을 갖는다는 것을 알 수 있다.
ㄴ. 전자의 속력을 증가시키면 무늬의 간격이 커진다.
ㄷ. 무늬가 생긴 까닭을 광전 효과의 원리로 설명할 수 있다.

① ㄱ ② ㄷ ③ ㄱ, ㄴ
④ ㄴ, ㄷ ⑤ ㄱ, ㄴ, ㄷ

11 다음은 전자의 파동성을 이용하여 미세 물체를 관찰하는 전자 현미경에 관한 설명이다.

- 수십 킬로 볼트의 전압으로 가속된 전자를 이용하는 전자 현미경은 광학 현미경보다 높은 분해능의 상을 얻는다.
- 서로 가까이 붙어 있는 두 점을 구분해 낼 수 있는 능력을 나타내는 분해능은 현미경에서 사용하는 빛이나 물질파의 파장이 짧을수록 증가한다.
- 전압 V로 가속된 전자의 운동 에너지는 eV이다.

전자 현미경에 대한 설명으로 옳은 것만을 [보기]에서 있는 대로 고른 것은? (단, e는 기본 전하량, m은 전자의 질량, h는 플랑크 상수이다.)

보기

ㄱ. 전자의 물질파 파장은 가시광선의 파장보다 짧다.
ㄴ. 분해능을 증가시키기 위해서는 전자의 속력을 감소시켜야 한다.
ㄷ. 전압 V로 가속된 전자의 드브로이 파장은 $\frac{h}{\sqrt{2meV}}$이다.

① ㄴ ② ㄷ ③ ㄱ, ㄴ
④ ㄱ, ㄷ ⑤ ㄴ, ㄷ

12 그림은 투과 전자 현미경 A의 구조를 나타낸 것이다. 표는 A에서 시료를 관찰할 때 사용하는 전자의 드브로이 파장과 운동 에너지를 나타낸 것이다.

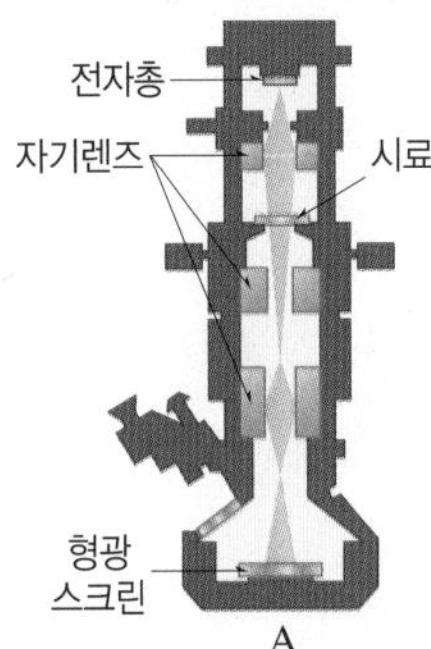

실험	드브로이 파장	운동 에너지
Ⅰ	λ_0	E_0
Ⅱ	$\frac{\lambda_0}{2}$	㉠

이에 대한 설명으로 옳은 것만을 [보기]에서 있는 대로 고른 것은?

보기

ㄱ. 전자는 물체를 통과하면서 회절한다.
ㄴ. 전자의 파동성을 이용하여 시료를 관찰한다.
ㄷ. ㉠은 $2E_0$이다.

① ㄱ ② ㄴ ③ ㄱ, ㄴ
④ ㄴ, ㄷ ⑤ ㄱ, ㄴ, ㄷ

오늘도 고마워.

투덜거리긴 했지만, 잘 해결할 수 있게 해줘서 고마워.

과정은 어려웠지만, 잘 이겨낼 수 있게 해줘서 고마워.

학구열을 치솟게 해줘서 고마워.

탐구 영역에서의 진짜를 만나게 해줘서 고마워.

구체적으로 말해서, 오투 너와 함께 할 수 있어서 고마워!!!

Thank you

생 생 한 과 학 의 즐 거 움 ! 과 학 은 역 시 !

오투

대수능 대비 특별자료
+ 정답과 해설

ABOVE IMAGINATION

우리는 남다른 상상과 혁신으로
교육 문화의 새로운 전형을 만들어
모든 이의 행복한 경험과 성장에 기여한다

과학탐구

물리학 I

대수능 대비 특별자료

최근 ❹개년

수능 출제 경향

수능을 효과적으로 대비하는 방법은 과거의 수능 문제를 분석하여 유형에 익숙해지는 것입니다. 오투 과학탐구에서는 최근 4개년 간 평가원 모의고사와 수능에 출제된 문제들을 정리하여 수능 문제의 유형과 개념에 대한 빈출 정도를 파악할 수 있도록 하였습니다.

역학과 에너지

단원	유형	출제
01 | 물체의 운동	평균 속력과 평균 속도 (물Ⅰ+물Ⅱ에서 이동)	21 평가원
	등가속도 운동	21 수능 | 22 평가원 | 22 수능 | 23 평가원 | 23 수능 | 24 평가원 | 24 수능
	여러 가지 물체의 운동	21 평가원 | 21 수능 | 22 평가원
02 | 뉴턴 운동 법칙	물체의 운동 방정식	22 평가원 | 23 평가원 | 23 수능 | 24 평가원 | 24 수능
	작용 반작용 법칙	21 평가원 | 21 수능 | 22 평가원 | 22 수능 | 23 평가원 | 23 수능 | 24 평가원 | 24 수능
03 | 운동량과 충격량	운동량 보존	21 평가원 | 21 수능 | 22 평가원 | 22 수능 | 23 평가원 | 23 수능 | 24 평가원 | 24 수능
	운동량과 충격량의 관계	21 평가원 | 22 평가원 | 22 수능 | 23 평가원 | 23 수능 | 24 평가원 | 24 수능
	충격력과 충돌 시간의 관계	21 평가원 | 21 수능 | 22 평가원
04 | 역학적 에너지 보존	용수철이 있는 상황에서 물체의 역학적 에너지 보존	21 평가원 | 21 수능 | 22 평가원 | 22 수능 | 23 평가원 | 23 수능
	실로 연결된 물체의 역학적 에너지 보존	22 수능
	빗면에서 운동하는 물체의 에너지 전환	22 평가원 | 23 평가원 | 23 수능 | 24 평가원 | 24 수능
05 | 열역학 제1법칙 (물Ⅰ+물Ⅱ에서 이동)	압력 – 부피 그래프	
	기체의 내부 에너지	22 평가원
06 | 열역학 제2법칙	열기관의 순환 과정과 열효율	21 평가원 | 21 수능 | 22 평가원 | 22 수능 | 23 평가원 | 23 수능 | 24 평가원 | 24 수능
07 | 특수 상대성 이론	특수 상대성 이론에 의한 현상	21 평가원 | 21 수능 | 22 평가원 | 22 수능 | 24 평가원 | 24 수능
	핵반응과 질량 결손	21 평가원 | 21 수능 | 22 평가원 | 22 수능 | 23 평가원 | 23 수능 | 24 평가원 | 24 수능

물질과 전자기장

단원	주제	출제
08 | 원자와 전기력, 스펙트럼	점전하와 전기력	21 평가원 | 21 수능 | 22 평가원 | 22 수능 | 23 평가원 | 23 수능 | 24 평가원 | 24 수능
	보어 수소 원자 모형	22 평가원 | 22 수능 | 23 평가원 | 23 수능
	수소의 선 스펙트럼	21 평가원 | 21 수능 | 23 평가원 | 24 평가원 | 24 수능
09 | 에너지띠와 반도체	고체의 에너지띠	22 평가원 | 23 평가원
	고체의 전기 전도도	21 평가원 | 21 수능 | 22 평가원
	다이오드	21 평가원 | 22 수능 | 23 평가원 | 23 수능 | 24 평가원 | 24 수능
10 | 전류에 의한 자기장	전류에 의한 자기장	21 평가원 | 21 수능 | 22 평가원 | 22 수능 | 23 평가원 | 23 수능 | 24 평가원 | 24 수능
	전류의 자기 작용의 이용	21 평가원
11 | 물질의 자성과 전자기 유도	물질의 자성	21 평가원 | 21 수능 | 22 평가원 | 22 수능 | 23 평가원 | 23 수능 | 24 평가원 | 24 수능
	자성체의 이용	21 평가원
	전자기 유도	21 평가원 | 21 수능 | 22 평가원 | 22 수능 | 23 평가원 | 23 수능 | 24 평가원 | 24 수능
	전자기 유도의 이용	21 평가원 | 22 평가원 | 23 평가원

파동과 정보 통신

단원	주제	출제
12 | 파동의 진행과 굴절 (물Ⅱ에서 이동)	파동의 발생과 전파	21 평가원 | 22 평가원 | 22 수능 | 23 평가원 | 23 수능 | 24 평가원 | 24 수능
	파동의 굴절	21 평가원 | 21 수능 | 22 평가원 | 23 평가원
13 | 전반사와 전자기파	전반사와 광통신	21 평가원 | 21 수능 | 22 평가원 | 22 수능 | 23 평가원 | 23 수능 | 24 평가원 | 24 수능
	전자기파의 종류 및 활용	21 평가원 | 21 수능 | 22 평가원 | 22 수능 | 23 평가원 | 23 수능 | 24 평가원 | 24 수능
14 | 파동의 간섭 (물Ⅱ에서 이동)	파동의 간섭	21 평가원 | 22 평가원 | 23 수능 | 24 수능
	물결파의 간섭	24 평가원
	간섭의 활용	21 평가원 | 22 수능 | 23 평가원
15 | 빛과 물질의 이중성	광전 효과	21 수능 | 22 수능 | 23 평가원 | 24 평가원
	전자 현미경	21 평가원 | 22 평가원 | 23 평가원 | 24 평가원
	물질의 이중성 (물Ⅱ에서 이동)	21 평가원 | 22 평가원 | 23 수능 | 24 수능

2024 대학수학능력시험 완벽 분석

2024 수능 과학탐구 영역 물리학Ⅰ은 6월, 9월 모의평가와 유사한 유형의 문항들로 많이 출제되었고, 물리학Ⅰ의 기본적인 개념을 확인하거나 주어진 자료를 분석하는 문항들 위주로 출제되었다. 복합적인 요소를 고려해야 하는 고난도 문항이 출제되어 자료 해석 능력과 문제 해결 능력이 요구되었다.

오투 연계 수능 문항 예시

2024 대학수학능력시험 [4번]

4. 그림 (가)는 보어의 수소 원자 모형에서 양자수 n에 따른 에너지 준위와 전자의 전이에 따른 스펙트럼 계열 중 라이먼 계열, 발머 계열을 나타낸 것이다. 그림 (나)는 (가)에서 방출되는 빛의 스펙트럼 계열을 파장에 따라 나타낸 것으로 X, Y는 라이먼 계열, 발머 계열 중 하나이고, ㉠과 ㉡은 각 계열에서 파장이 가장 긴 빛의 스펙트럼선이다.

$n=\infty$ 0, $n=5$, $n=4$, $n=3$ −1.51eV, $n=2$ −3.40eV, $n=1$ −13.6eV, 원자핵, 발머 계열, 라이먼 계열 (가)

X ㉠ Y ㉡, 0.2 0.4 0.6 파장($\times 10^{-6}$m) (나)

이에 대한 설명으로 옳은 것만을 <보기>에서 있는 대로 고른 것은?

<보 기>

ㄱ. X는 라이먼 계열이다.
ㄴ. 광자 1개의 에너지는 ㉠에서가 ㉡에서보다 작다.
ㄷ. ㉡은 전자가 $n=\infty$에서 $n=2$로 전이할 때 방출되는 빛의 스펙트럼선이다.

① ㄱ ② ㄴ ③ ㄱ, ㄷ ④ ㄴ, ㄷ ⑤ ㄱ, ㄴ, ㄷ

2024 대학수학능력시험 [6번]

6. 그림은 줄에서 연속적으로 발생하는 두 파동 P, Q가 서로 반대 방향으로 x축과 나란하게 진행할 때, 두 파동이 만나기 전 시간 $t=0$인 순간의 줄의 모습을 나타낸 것이다. P와 Q의 진동수는 0.25Hz로 같다.

변위, 2A, A, 0, −A, −2A, 진행 방향, 진행 방향, P, Q, 1 2 3 4 5 6 7 8 9 10 x(m)

$t=2$초부터 $t=6$초까지, $x=5$m에서 중첩된 파동의 변위의 최댓값은?

① 0 ② A ③ $\frac{3}{2}A$ ④ $2A$ ⑤ $3A$

오투 [93쪽 11번]

11 그림 (가)는 수소 원자에서 나타난 선 스펙트럼의 일부분을 파장에 따라 나타낸 것이다. 그림 (나)는 보어의 수소 원자 모형에서 전자가 양자수 $n=3$인 상태에서 $n=2$인 상태로, $n=2$인 상태에서 $n=1$인 상태로, $n=3$인 상태에서 $n=1$인 상태로 전이하면서 파장이 각각 λ_1, λ_2, λ_3인 빛을 방출하는 것을 모식적으로 나타낸 것이다.

라이먼 계열, 발머 계열, 파셴 계열, 0 0.2 0.4 0.6 0.8 1.0 1.2 1.4 1.6 1.8 파장($\times 10^{-6}$ m), 가시광선 (가)

$n=3$, $n=2$, $n=1$, λ_1, λ_2, λ_3 (나)

(나)에 대한 설명으로 옳은 것만을 [보기]에서 있는 대로 고른 것은?

보기

ㄱ. λ_1은 (가)에서 가시광선 영역에 있다.
ㄴ. λ_3은 (가)의 라이먼 계열에 속한다.
ㄷ. 파장이 λ_1인 광자 1개의 에너지는 파장이 λ_2인 광자 1개의 에너지보다 크다.

① ㄱ ② ㄷ ③ ㄱ, ㄴ
④ ㄱ, ㄷ ⑤ ㄴ, ㄷ

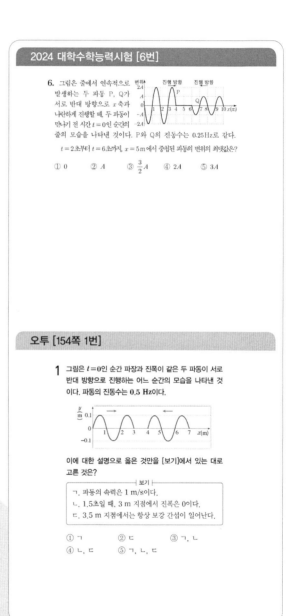

오투 [154쪽 1번]

1 그림은 $t=0$인 순간 파장과 진폭이 같은 두 파동이 서로 반대 방향으로 진행하는 어느 순간의 모습을 나타낸 것이다. 파동의 진동수는 0.5 Hz이다.

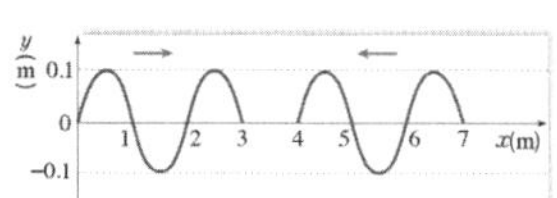

이에 대한 설명으로 옳은 것만을 [보기]에서 있는 대로 고른 것은?

보기

ㄱ. 파동의 속력은 1 m/s이다.
ㄴ. 1.5초일 때, 3 m 지점에서 진폭은 0이다.
ㄷ. 3.5 m 지점에서는 항상 보강 간섭이 일어난다.

① ㄱ ② ㄷ ③ ㄱ, ㄴ
④ ㄴ, ㄷ ⑤ ㄱ, ㄴ, ㄷ

자료와 개념이 유사해요

대수능 4번은 에너지 준위와 전자의 전이에 따른 스펙트럼 계열을 파장에 따라 나타낸 것을 보고 광자의 에너지나 어떤 계열인지 알아내는 문제이다.
오투에서는 계열별로 파장에 따라 나타낸 스펙트럼과 전자의 전이를 보고 광자의 에너지나 어떤 계열에 속하는지 알아내는 것이 유사하다.

자료와 개념이 유사해요

대수능 6번은 서로 반대 방향으로 진행하는 두 파동의 변위-위치 그래프를 분석하여 중첩된 파동의 변위를 구하는 문제이다. 오투에서는 서로 반대 방향으로 진행하는 두 파동의 변위-위치 그래프를 분석하여 중첩된 파동의 진폭을 구한다는 것이 유사하다.

2024 대학수학능력시험 [15번]

15. 그림과 같이 x축상에 점전하 A, B, C를 고정하고, 양(+)전하인 점전하 P를 옮기며 고정한다. P가 $x=2d$에 있을 때, P에 작용하는 전기력의 방향은 $+x$방향이다. B, C는 각각 양(+)전하, 음(−)전하이고, A, B, C의 전하량의 크기는 같다.

이에 대한 설명으로 옳은 것만을 <보기>에서 있는 대로 고른 것은? [3점]

<보 기>

ㄱ. A는 양(+)전하이다.
ㄴ. P가 $x=6d$에 있을 때, P에 작용하는 전기력의 방향은 $+x$방향이다.
ㄷ. P에 작용하는 전기력의 크기는 P가 $x=d$에 있을 때가 $x=5d$에 있을 때보다 작다.

① ㄱ ② ㄷ ③ ㄱ, ㄴ ④ ㄴ, ㄷ ⑤ ㄱ, ㄴ, ㄷ

2024 대학수학능력시험 [19번]

19. 그림과 같이 직선 도로에서 서로 다른 가속도로 등가속도 운동을 하는 자동차 A, B가 각각 속력 v_A, v_B로 기준선 P, Q를 동시에 지난 후 기준선 S에 동시에 도달한다. 가속도의 방향은 A와 B가 같고, 가속도의 크기는 A가 B의 $\frac{2}{3}$배이다. B가 Q에서 기준선 R까지 운동하는 데 걸린 시간은 R에서 S까지 운동하는 데 걸린 시간의 $\frac{1}{2}$배이다. P와 Q 사이, Q와 R 사이, R와 S 사이에서 자동차의 이동 거리는 모두 L로 같다.

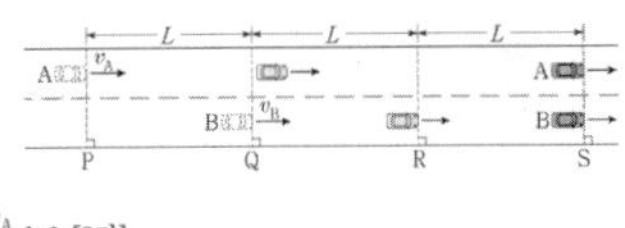

$\frac{v_A}{v_B}$는? [3점]

① $\frac{9}{4}$ ② $\frac{3}{2}$ ③ $\frac{7}{6}$ ④ $\frac{8}{7}$ ⑤ $\frac{8}{9}$

오투 [91쪽 2번]

2 그림과 같이 점전하 A, B, C가 각각 $x=-d$, $x=0$, $x=2d$에 고정되어 있다. A와 C가 B에 작용하는 전기력은 0이고, B가 A에 작용하는 전기력의 크기는 C가 A에 작용하는 전기력의 크기보다 작다. B는 음(−)전하이고 C는 양(+)전하이다.

이에 대한 설명으로 옳은 것만을 [보기]에서 있는 대로 고른 것은?

보기

ㄱ. A는 양(+)전하이다.
ㄴ. 전하량의 크기는 B가 A보다 크다.
ㄷ. C가 받는 전기력의 방향은 $+x$ 방향이다.

① ㄱ ② ㄱ, ㄴ ③ ㄱ, ㄷ ④ ㄴ, ㄷ ⑤ ㄱ, ㄴ, ㄷ

오투 [17쪽 6번]

6 그림은 직선 도로에서 기준선 P를 각각 속력 v_0, $2v_0$으로 동시에 통과한 자동차 A, B가 각각 등가속도 직선 운동 하여 A가 기준선 Q를 통과하는 순간 B가 기준선 R를 통과하는 모습을 나타낸 것이다. A, B의 가속도는 크기가 a로 같고 방향이 반대이며, A, B의 속력은 각각 Q, R를 통과하는 순간 같다. P와 Q 사이, Q와 R 사이의 거리는 각각 $5L$, x이다.

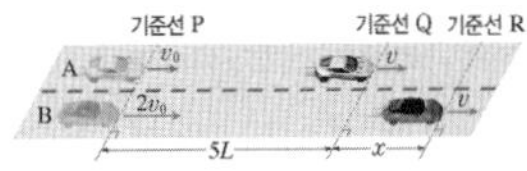

이에 대한 설명으로 옳은 것만을 [보기]에서 있는 대로 고른 것은? (단, A, B는 도로와 나란하게 운동하며, A, B의 크기는 무시한다.)

보기

ㄱ. A가 Q를 통과하는 순간의 속력은 $\frac{3}{2}v_0$이다.
ㄴ. $a=\frac{v_0^2}{8L}$이다.
ㄷ. $x=2L$이다.

① ㄱ ② ㄴ ③ ㄱ, ㄷ ④ ㄴ, ㄷ ⑤ ㄱ, ㄴ, ㄷ

자료와 개념이 유사해요

대수능 15번은 고정된 세 점전하들 사이에서 점전하 P를 옮기며 고정할 때 전기력을 분석하는 문제이다.
오투에서는 고정된 세 점전하가 받는 전기력을 분석한다는 것이 유사하다.

자료와 개념이 유사해요

대수능 19번은 직선 도로에서 달리는 두 자동차의 운동을 분석하여 두 자동차의 속력을 비교하는 문제이다.
오투에서는 직선 도로에서 달리는 두 자동차의 운동을 분석하여 자동차의 속력을 구하는 것이 유사하다.

2025 수능 대비 전략

개념을 정확하게 이해한다.
과학탐구 영역은 개념을 확실하게 이해하고 있다면, 다양한 개념이 적용된 문제가 출제되어도 해결할 수 있다.

핵심 자료를 꼼꼼히 분석한다.
자료가 동일하더라도 물어보는 방향과 방식은 다를 수 있으므로, 풀이법을 단순히 암기하기보다는 핵심을 이해하고 자신만의 풀이법으로 문제에 적용하는 방법을 익혀야 한다.

2024 수능 1번

1. 그림은 버스에서 이용하는 전자기파를 나타낸 것이다.

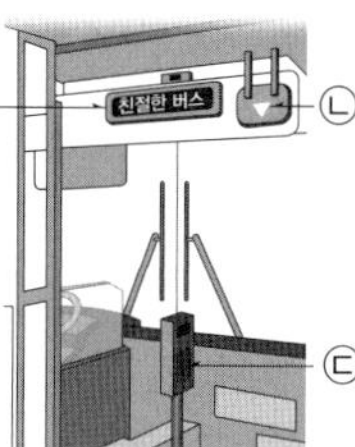

이에 대한 설명으로 옳은 것만을 〈보기〉에서 있는 대로 고른 것은?

〈 보기 〉
ㄱ. ㉠은 가시광선 영역에 해당한다.
ㄴ. 진공에서 속력은 ㉠이 ㉡보다 크다.
ㄷ. 진공에서 파장은 ㉡이 ㉢보다 짧다.

① ㄱ ② ㄴ ③ ㄱ, ㄴ
④ ㄱ, ㄷ ⑤ ㄴ, ㄷ

2023.9 평가원 16번

2. 그림은 빗면을 따라 운동하는 물체 A가 점 q를 지나는 순간 점 p에 물체 B를 가만히 놓았더니, A와 B가 등가속도 운동하여 점 r에서 만나는 것을 나타낸 것이다. p와 r 사이의 거리는 d이고, r에서의 속력은 B가 A의 $\frac{4}{3}$배이다. p, q, r는 동일 직선상에 있다.

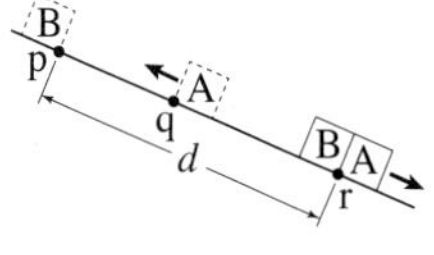

A가 최고점에 도달한 순간, A와 B 사이의 거리는? (단, 물체의 크기와 모든 마찰은 무시한다.) [3점]

① $\frac{3}{16}d$ ② $\frac{1}{4}d$ ③ $\frac{5}{16}d$
④ $\frac{3}{8}d$ ⑤ $\frac{7}{16}d$

2024 수능 9번

3. 그림 (가)는 질량이 5 kg인 판, 질량이 10 kg인 추, 실 p, q가 연결되어 정지한 모습을, (나)는 (가)에서 질량이 1 kg으로 같은 물체 A, B를 동시에 판에 가만히 올려놓았을 때 정지한 모습을 나타낸 것이다.

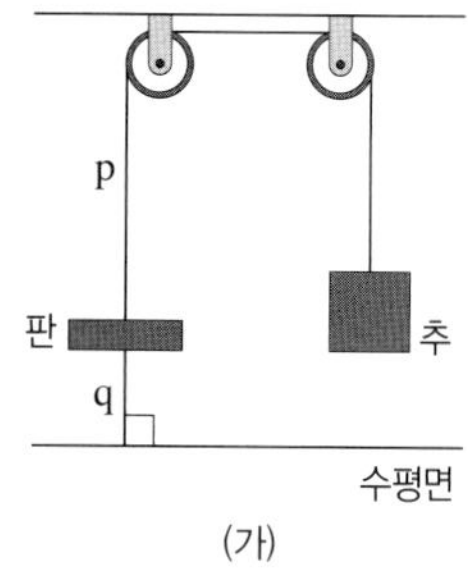

(가)

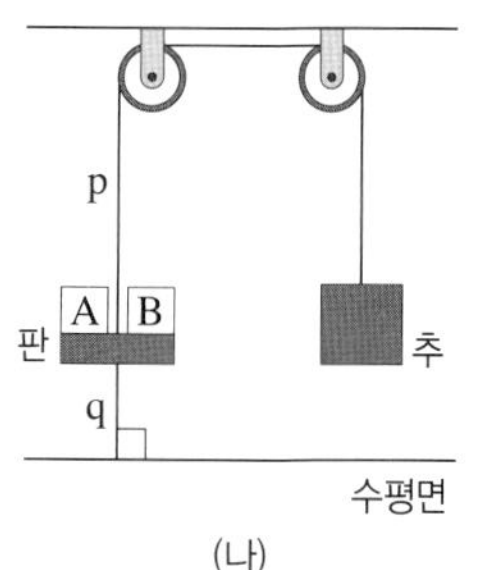

(나)

이에 대한 설명으로 옳은 것만을 〈보기〉에서 있는 대로 고른 것은? (단, 중력 가속도는 10 m/s^{2}이고, 판은 수평면과 나란하며, 실의 질량과 모든 마찰은 무시한다.) [3점]

〈 보기 〉
ㄱ. (가)에서 q가 판을 당기는 힘의 크기는 50 N이다.
ㄴ. p가 판을 당기는 힘의 크기는 (가)에서와 (나)에서가 같다.
ㄷ. 판이 q를 당기는 힘의 크기는 (가)에서가 (나)에서보다 크다.

① ㄱ ② ㄷ ③ ㄱ, ㄴ
④ ㄴ, ㄷ ⑤ ㄱ, ㄴ, ㄷ

2022 수능 13번

4. 그림 (가)는 마찰이 없는 수평면에서 물체 A, B가 등속도 운동하는 모습을, (나)는 A와 B 사이의 거리를 시간에 따라 나타낸 것이다. A의 속력은 충돌 전이 2 m/s이고, 충돌 후가 1 m/s이다. A와 B는 질량이 각각 m_A, m_B이고 동일 직선상에서 운동한다. 충돌 후 운동량의 크기는 B가 A보다 크다.

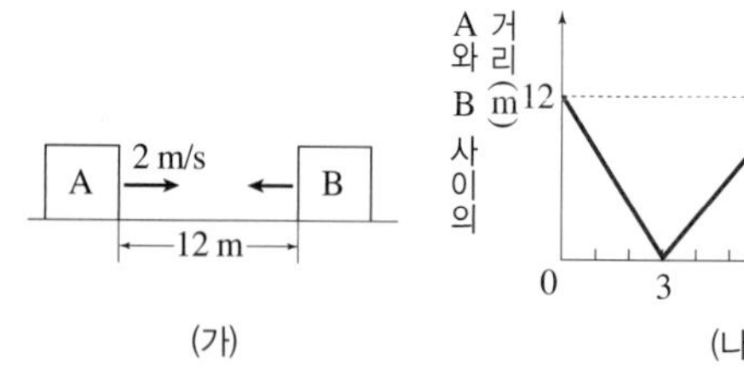

$m_A : m_B$는? [3점]

① 1 : 1 ② 4 : 3 ③ 5 : 3
④ 2 : 1 ⑤ 5 : 2

2023 수능 9번

5. 그림 (가)는 $+x$ 방향으로 속력 v로 등속도 운동하던 물체 A가 구간 P를 지난 후 속력 $2v$로 등속도 운동하는 것을, (나)는 $+x$ 방향으로 속력 $3v$로 등속도 운동하던 물체 B가 P를 지난 후 속력 v_B로 등속도 운동하는 것을 나타낸 것이다. A, B는 질량이 같고, P에서 같은 크기의 일정한 힘을 $+x$ 방향으로 받는다.

(가) (나)

이에 대한 설명으로 옳은 것만을 〈보기〉에서 있는 대로 고른 것은? (단, 물체의 크기는 무시한다.)

〈 보기 〉
ㄱ. P를 지나는 데 걸리는 시간은 A가 B보다 크다.
ㄴ. 물체가 받은 충격량의 크기는 (가)에서가 (나)에서보다 크다.
ㄷ. $v_B=4v$이다.

① ㄱ ② ㄷ ③ ㄱ, ㄴ
④ ㄴ, ㄷ ⑤ ㄱ, ㄴ, ㄷ

2022.6 평가원 20번

6. 그림과 같이 수평 구간 Ⅰ에서 물체 A, B를 용수철의 양 끝에 접촉하여 용수철을 원래 길이에서 d만큼 압축시킨 후 동시에 가만히 놓으면, A는 높이 h에서 속력이 0이고, B는 높이가 $3h$인 마찰이 있는 수평 구간 Ⅱ에서 정지한다. A, B의 질량은 각각 $2m$, m이고, 용수철 상수는 k이다.

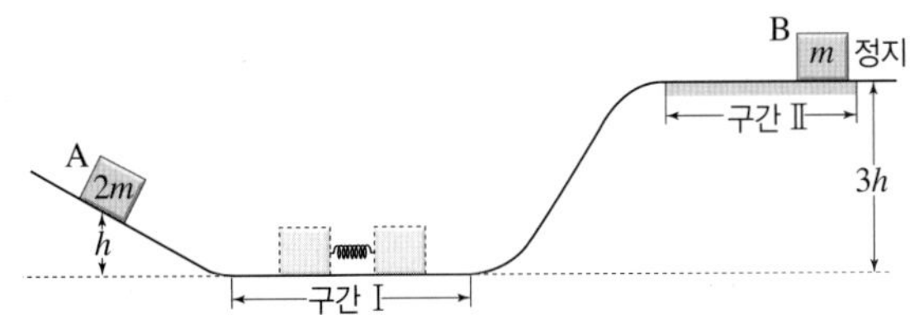

이에 대한 설명으로 옳은 것만을 〈보기〉에서 있는 대로 고른 것은? (단, 중력 가속도는 g이고, 물체의 크기, 용수철의 질량, 구간 Ⅱ의 마찰을 제외한 모든 마찰 및 공기 저항은 무시한다.) [3점]

〈 보기 〉
ㄱ. $k=\dfrac{12mgh}{d^2}$이다.
ㄴ. A, B가 각각 높이 $\dfrac{h}{2}$를 지날 때의 속력은 B가 A의 $\sqrt{6}$배이다.
ㄷ. 마찰에 의한 B의 역학적 에너지 감소량은 $\dfrac{3}{2}mgh$이다.

① ㄱ ② ㄴ ③ ㄷ
④ ㄱ, ㄴ ⑤ ㄴ, ㄷ

2022 수능 15번

7. 그림은 물체 A, B, C를 실 p, q로 연결하여 C를 손으로 잡아 정지시킨 모습을 나타낸 것이다. C를 가만히 놓으면 B는 가속도의 크기 a로 등가속도 운동한다. 이후 p를 끊으면 B는 가속도의 크기 a로 등가속도 운동한다. A, B, C의 질량은 각각 $3m$, m, $2m$이다.

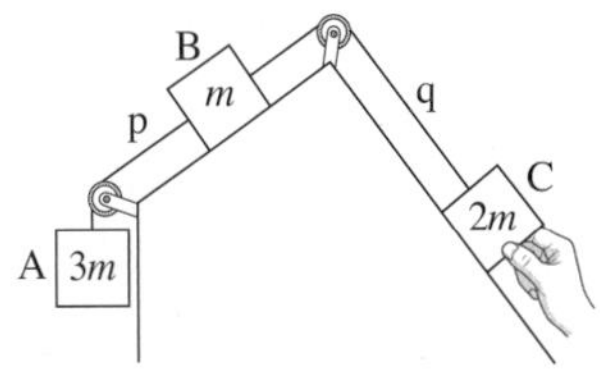

이에 대한 설명으로 옳은 것만을 〈보기〉에서 있는 대로 고른 것은? (단, 중력 가속도는 g이고, 실의 질량 및 모든 마찰과 공기 저항은 무시한다.)

〈 보기 〉
ㄱ. q가 B를 당기는 힘의 크기는 p를 끊기 전이 p를 끊은 후보다 크다.
ㄴ. $a=\dfrac{1}{3}g$이다.
ㄷ. p를 끊기 전까지, A의 중력 퍼텐셜 에너지 감소량은 B와 C의 운동 에너지 증가량의 합보다 크다.

① ㄱ ② ㄷ ③ ㄱ, ㄴ
④ ㄴ, ㄷ ⑤ ㄱ, ㄴ, ㄷ

2022.6 평가원 11번

8. 다음은 열의 이동에 따른 기체의 부피 변화를 알아보기 위한 실험이다.

| 실험 과정 |
(가) 20 mL의 기체가 들어있는 유리 주사기의 끝을 고무마개로 막는다.
(나) (가)의 주사기를 뜨거운 물이 든 비커에 담그고, 피스톤이 멈추면 눈금을 읽는다.
(다) (나)의 주사기를 얼음물이 든 비커에 담그고, 피스톤이 멈추면 눈금을 읽는다.

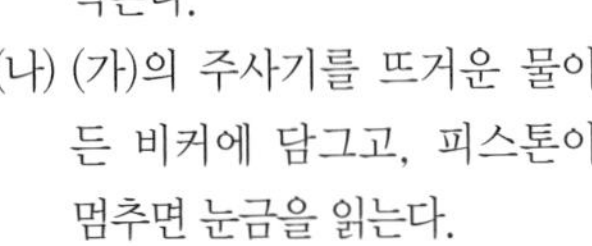
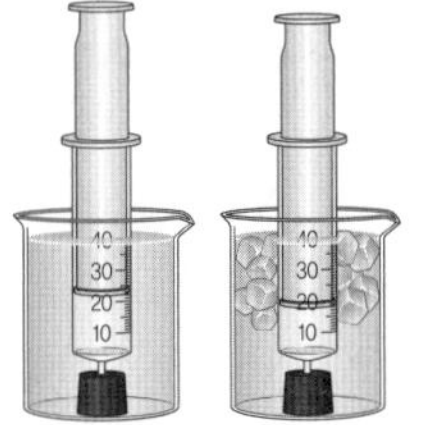
(나) 과정 (다) 과정

| 실험 결과 |

과정	(가)	(나)	(다)
기체의 부피(mL)	20	23	18

주사기 속 기체에 대한 설명으로 옳은 것만을 〈보기〉에서 있는 대로 고른 것은? [3점]

〈 보기 〉
ㄱ. 기체의 내부 에너지는 (가)에서가 (나)에서보다 작다.
ㄴ. (나)에서 기체가 흡수한 열은 기체가 한 일과 같다.
ㄷ. (다)에서 기체가 방출한 열은 기체의 내부 에너지 변화량과 같다.

① ㄱ ② ㄴ ③ ㄱ, ㄷ
④ ㄴ, ㄷ ⑤ ㄱ, ㄴ, ㄷ

2023.9 평가원 15번

9. 그림은 열기관에서 일정량의 이상 기체가 상태 A → B → C → D → A를 따라 순환하는 동안 기체의 압력과 부피를, 표는 각 과정에서 기체가 흡수 또는 방출하는 열량과 기체의 내부 에너지 증가량 또는 감소량을 나타낸 것이다.

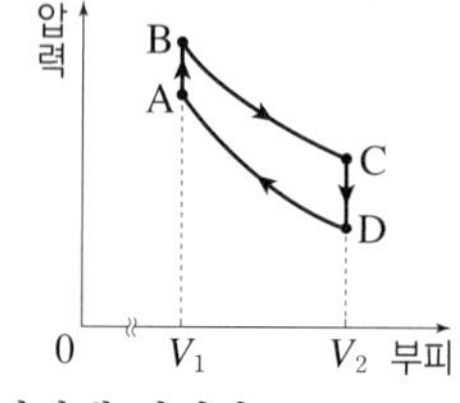

과정	흡수 또는 방출하는 열량(J)	내부 에너지 증가량 또는 감소량(J)
A → B	50	㉡
B → C	100	0
C → D	㉠	120
D → A	0	㉢

이에 대한 설명으로 옳은 것만을 〈보기〉에서 있는 대로 고른 것은?

〈 보기 〉
ㄱ. ㉠은 120이다.
ㄴ. ㉢－㉡＝20이다.
ㄷ. 열기관의 열효율은 0.2이다.

① ㄱ ② ㄷ ③ ㄱ, ㄴ
④ ㄴ, ㄷ ⑤ ㄱ, ㄴ, ㄷ

2023.6 평가원 17번

10. 그림과 같이 관찰자 A의 관성계에서 광원 X, Y와 검출기 P, Q가 점 O로부터 각각 같은 거리 L만큼 떨어져 정지해 있고 X, Y로부터 각각 P, Q를 향해 방출된 빛은 O를 동시에 지난다. 관찰자 B가 탄 우주선은 A에 대해 광속에 가까운 속력 v로 X와 P를 잇는 직선과 나란하게 운동한다.

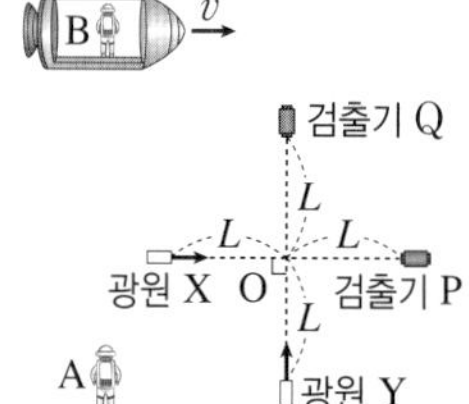

이에 대한 설명으로 옳은 것만을 〈보기〉에서 있는 대로 고른 것은? [3점]

〈 보기 〉
ㄱ. B의 관성계에서, 빛은 Y에서가 X에서보다 먼저 방출된다.
ㄴ. B의 관성계에서, 빛은 P와 Q에 동시에 도달한다.
ㄷ. Y에서 방출된 빛이 Q에 도달하는 데 걸리는 시간은 B의 관성계에서가 A의 관성계에서보다 크다.

① ㄱ ② ㄴ ③ ㄱ, ㄷ
④ ㄴ, ㄷ ⑤ ㄱ, ㄴ, ㄷ

2024.6 평가원 2번

11. 다음은 우리나라의 핵융합 연구 장치에 대한 설명이다.

'한국의 인공 태양'이라 불리는 KSTAR는 바닷물에 풍부한 중수소(^2_1H)와 리튬에서 얻은 삼중수소(^3_1H)를 고온에서 충돌시켜 다음과 같이 핵융합 에너지를 얻기 위한 연구 장치이다.

$$^2_1H + ^3_1H \longrightarrow ^4_2He + \boxed{㉠} + ㉡에너지$$

이에 대한 설명으로 옳은 것만을 〈보기〉에서 있는 대로 고른 것은?

〈 보기 〉
ㄱ. ^2_1H와 ^3_1H는 질량수가 같다.
ㄴ. ㉠은 중성자이다.
ㄷ. ㉡은 질량 결손에 의해 발생한다.

① ㄱ ② ㄴ ③ ㄷ
④ ㄱ, ㄴ ⑤ ㄴ, ㄷ

2024.9 평가원 11번

12. 다음은 p－n 접합 다이오드의 특성을 알아보는 실험이다.

| 실험 과정 |
(가) 그림과 같이 직류 전원, 동일한 p－n 접합 다이오드 A, B, p－n 접합 발광 다이오드(LED), 스위치 S_1, S_2를 이용하여 회로를 구성한다. X는 p형 반도체와 n형 반도체 중 하나이다.

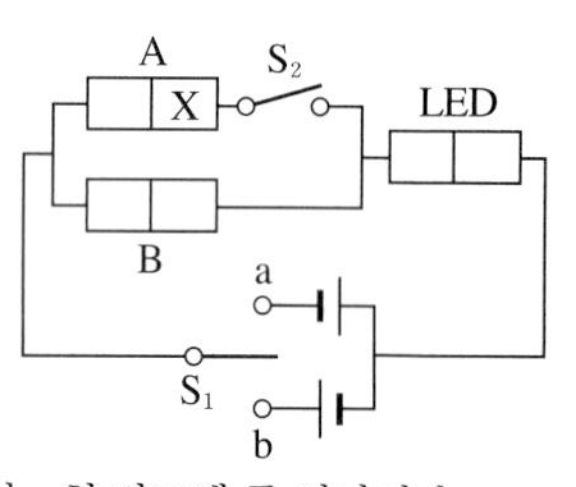

(나) S_1을 a 또는 b에 연결하고, S_2를 열고 닫으며 LED에서 빛의 방출 여부를 관찰한다.

| 실험 결과 |

S_1	S_2	LED에서 빛의 방출 여부
a에 연결	열림	방출되지 않음
	닫힘	방출됨
b에 연결	열림	방출되지 않음
	닫힘	㉠

이에 대한 설명으로 옳은 것만을 〈보기〉에서 있는 대로 고른 것은? [3점]

〈 보기 〉
ㄱ. A의 X는 주로 양공이 전류를 흐르게 하는 반도체이다.
ㄴ. S_1을 a에 연결하고 S_2를 열었을 때, B에는 순방향 전압이 걸린다.
ㄷ. ㉠은 '방출됨'이다.

① ㄱ ② ㄴ ③ ㄷ ④ ㄱ, ㄴ ⑤ ㄱ, ㄷ

2023 수능 5번

13. 그림은 보어의 수소 원자 모형에서 양자수 n에 따른 에너지 준위의 일부와 전자의 전이 a~d를, 표는 a~d에서 흡수 또는 방출되는 광자 1개의 에너지를 나타낸 것이다.

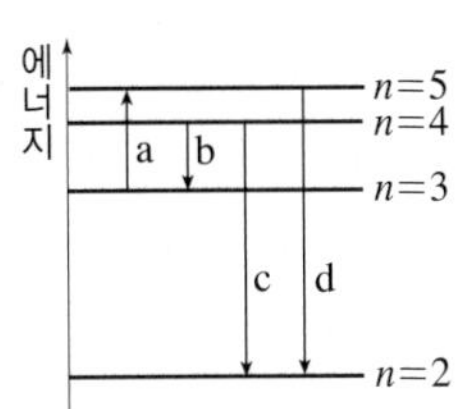

전이	흡수 또는 방출되는 광자 1개의 에너지(eV)
a	0.97
b	0.66
c	㉠
d	2.86

이에 대한 설명으로 옳은 것만을 〈보기〉에서 있는 대로 고른 것은?

〈보기〉
ㄱ. a에서는 빛이 방출된다.
ㄴ. 빛의 파장은 b에서가 d에서보다 길다.
ㄷ. ㉠은 2.55이다.

① ㄱ ② ㄴ ③ ㄱ, ㄷ
④ ㄴ, ㄷ ⑤ ㄱ, ㄴ, ㄷ

2024.6 평가원 12번

14. 그림과 같이 가늘고 무한히 긴 직선 도선 P, Q가 일정한 각을 이루고 xy 평면에 고정되어 있다. P에는 세기가 I_0인 전류가 화살표 방향으로 흐른다. 점 a에서 P에 흐르는 전류에 의한 자기장의 세기는 B_0이고, P와 Q에 흐르는 전류에 의한 자기장의 세기는 0이다.

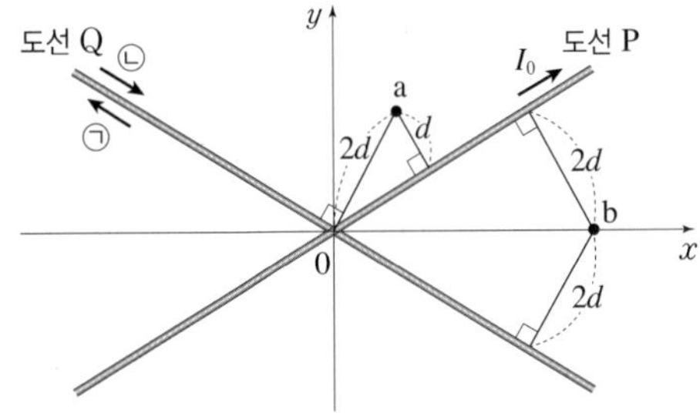

이에 대한 설명으로 옳은 것만을 〈보기〉에서 있는 대로 고른 것은? (단, 점 a, b는 xy 평면상의 점이다.) [3점]

〈보기〉
ㄱ. Q에 흐르는 전류의 방향은 ㉠이다.
ㄴ. Q에 흐르는 전류의 세기는 $2I_0$이다.
ㄷ. b에서 P와 Q에 흐르는 전류에 의한 자기장의 세기는 $\frac{3}{2}B_0$이다.

① ㄱ ② ㄷ ③ ㄱ, ㄴ
④ ㄴ, ㄷ ⑤ ㄱ, ㄴ, ㄷ

2022.9 평가원 4번

15. 다음은 일상생활에서 소리의 간섭 현상을 이용한 예이다.

○ 자동차 배기 장치에는 소리의 [㉠] 간섭 현상을 이용한 구조가 있어서 소음이 줄어든다.
○ 소음 제거 헤드폰은 헤드폰의 마이크에 ㉡ 외부 소음이 입력되면 [㉠] 간섭을 일으킬 수 있는 ㉢ 소리를 헤드폰에서 발생시켜서 소음을 줄여준다.

이에 대한 설명으로 옳은 것만을 〈보기〉에서 있는 대로 고른 것은?

〈보기〉
ㄱ. '보강'은 ㉠에 해당한다.
ㄴ. ㉡과 ㉢은 위상이 반대이다.
ㄷ. 소리의 간섭 현상은 파동적 성질 때문에 나타난다.

① ㄱ ② ㄴ ③ ㄱ, ㄷ
④ ㄴ, ㄷ ⑤ ㄱ, ㄴ, ㄷ

2024.6 평가원 13번

16. 그림 (가)는 균일한 자기장 영역 Ⅰ, Ⅱ가 있는 xy 평면에 한 변의 길이가 $2d$인 정사각형 금속 고리가 고정되어 있는 것을 나타낸 것이다. Ⅰ의 자기장의 세기는 B_0으로 일정하고, Ⅱ의 자기장의 세기 B는 그림 (나)와 같이 시간에 따라 변한다.

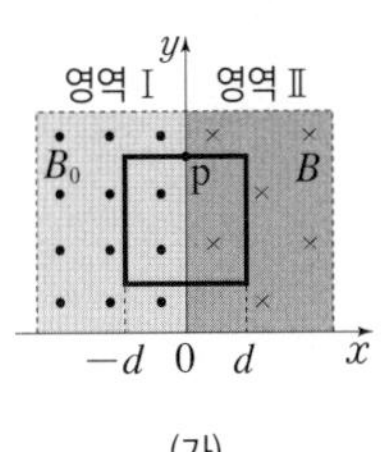

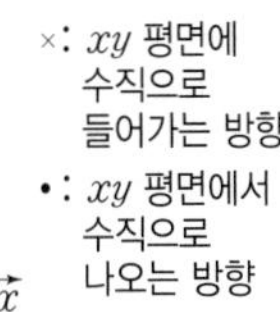

(가)

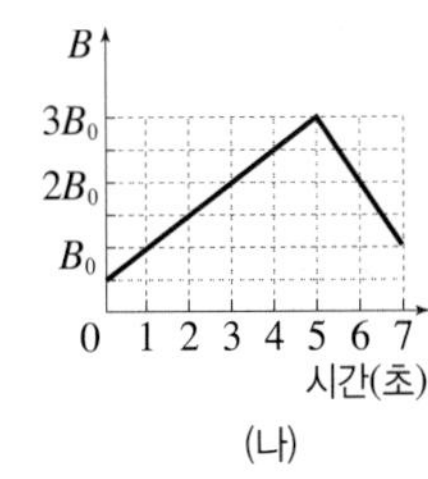

(나)

이에 대한 설명으로 옳은 것만을 〈보기〉에서 있는 대로 고른 것은? [3점]

〈보기〉
ㄱ. 1초일 때, 고리에 유도 전류가 흐르지 않는다.
ㄴ. 2초일 때, 고리의 점 p에서 유도 전류의 방향은 $-x$ 방향이다.
ㄷ. 고리에 흐르는 유도 전류의 세기는 3초일 때와 6초일 때가 같다.

① ㄱ ② ㄴ ③ ㄱ, ㄷ
④ ㄴ, ㄷ ⑤ ㄱ, ㄴ, ㄷ

2024.6 평가원 14번

17. 그림은 10 m/s의 속력으로 x축과 나란하게 진행하는 파동의 변위를 위치 x에 따라 나타낸 것으로, 어떤 순간에는 파동의 모양이 P와 같고, 다른 어떤 순간에는 파동의 모양이 Q와 같다. 표는 파동의 모양이 P에서 Q로, Q에서 P로 바뀌는 데 걸리는 최소 시간을 나타낸 것이다.

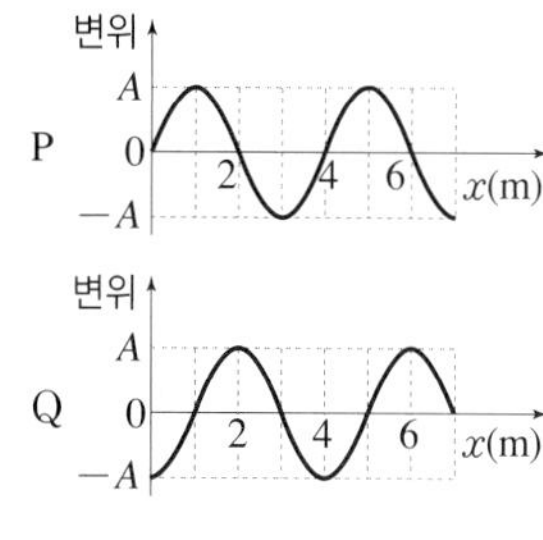

구분	최소 시간(s)
P에서 Q	0.3
Q에서 P	0.1

이에 대한 설명으로 옳은 것만을 〈보기〉에서 있는 대로 고른 것은?

〈 보기 〉

ㄱ. 파장은 4 m이다.
ㄴ. 주기는 0.4 s이다.
ㄷ. 파동은 $+x$ 방향으로 진행한다.

① ㄱ ② ㄷ ③ ㄱ, ㄴ ④ ㄴ, ㄷ ⑤ ㄱ, ㄴ, ㄷ

2024 수능 14번

18. 다음은 빛의 성질을 알아보는 실험이다.

| 실험 과정 및 결과 |

(가) 반원형 매질 A, B, C를 준비한다.
(나) 그림과 같이 반원형 매질을 서로 붙여 놓고, 단색광 P의 입사각(i)을 변화시키면서 굴절각(r)을 측정하여 sin$r$ 값을 sin$i$ 값에 따라 나타낸다.

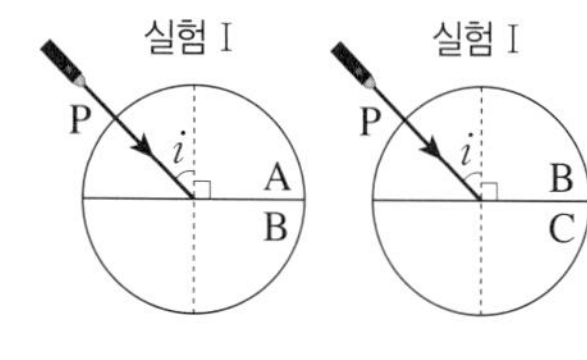

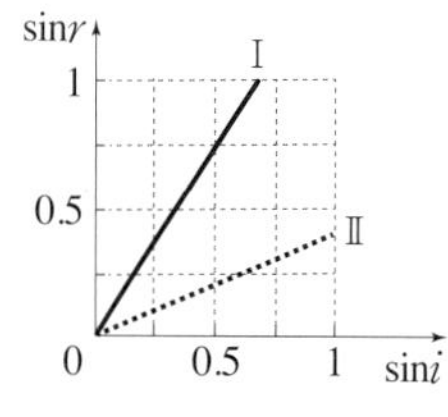

이에 대한 설명으로 옳은 것만을 〈보기〉에서 있는 대로 고른 것은?

〈 보기 〉

ㄱ. 굴절률은 A가 B보다 크다.
ㄴ. P의 속력은 B에서가 C에서보다 작다.
ㄷ. I에서 sini_0=0.75인 입사각 i_0으로 P를 입사시키면 전반사가 일어난다.

① ㄱ ② ㄴ ③ ㄱ, ㄷ ④ ㄴ, ㄷ ⑤ ㄱ, ㄴ, ㄷ

2024.9 평가원 5번

19. 다음은 물체 A, B, C의 자성을 알아보기 위한 실험이다. A, B, C는 강자성체, 상자성체, 반자성체를 순서 없이 나타낸 것이다.

| 실험 과정 |

(가) 자기화되어 있지 않은 A, B, C를 자기장에 놓아 자기화시킨다.
(나) 그림 I과 같이 자기장에서 A를 꺼내 용수철저울에 매단 후, 정지된 상태에서 용수철저울의 측정값을 읽는다.
(다) 그림 II와 같이 자기장에서 꺼낸 B를 A의 연직 아래에 놓은 후, 정지된 상태에서 용수철저울의 측정값을 읽는다.
(라) 그림 III과 같이 자기장에서 꺼낸 C를 A의 연직 아래에 놓은 후, 정지된 상태에서 용수철저울의 측정값을 읽는다.

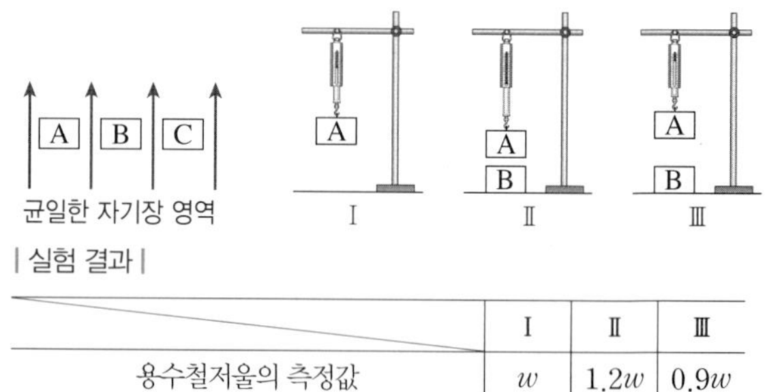

| 실험 결과 |

	I	II	III
용수철저울의 측정값	w	1.2w	0.9w

A, B, C로 옳은 것은?

	A	B	C
①	강자성체	상자성체	반자성체
②	강자성체	반자성체	상자성체
③	반자성체	강자성체	상자성체
④	상자성체	강자성체	반자성체
⑤	상자성체	반자성체	강자성체

2024.9 평가원 16번

20. 그림 (가)는 주사 전자 현미경(SEM)의 구조를 나타낸 것이고, 그림 (나)는 (가)의 전자총에서 방출되는 전자 P, Q의 물질파 파장 λ와 운동 에너지 E_K를 나타낸 것이다.

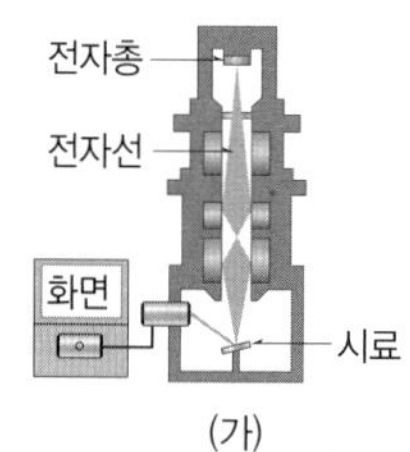

(가)

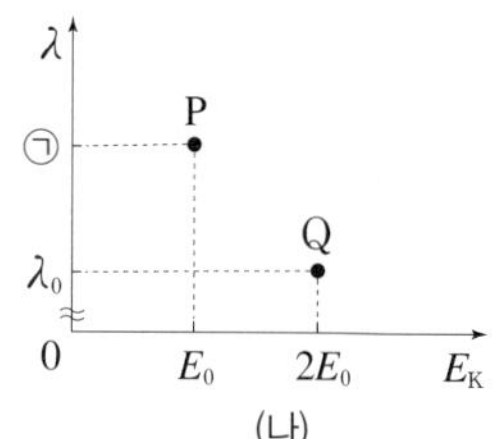

(나)

이에 대한 설명으로 옳은 것만을 〈보기〉에서 있는 대로 고른 것은?

〈 보기 〉

ㄱ. 전자의 운동량의 크기는 Q가 P의 $2\sqrt{2}$배이다.
ㄴ. ㉠은 $2\lambda_0$이다.
ㄷ. 분해능은 Q를 이용할 때가 P를 이용할 때보다 좋다.

① ㄱ ② ㄷ ③ ㄱ, ㄴ ④ ㄴ, ㄷ ⑤ ㄱ, ㄴ, ㄷ

실전 기출 모의고사 2회

2024.9 평가원 1번

1. 다음은 전자기파 A와 B를 사용하는 예에 대한 설명이다.

> 전자레인지에 사용되는 A는 음식물 속의 물 분자를 운동시키고, 물 분자가 주위의 분자와 충돌하면서 음식물을 데운다. A보다 파장이 짧은 B는 전자레인지가 작동하는 동안 내부를 비춰 작동 여부를 눈으로 확인할 수 있게 한다.
>
> 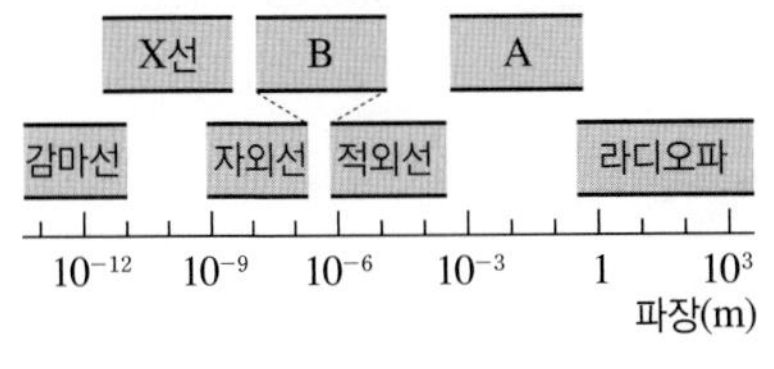
>

이에 대한 설명으로 옳은 것만을 <보기>에서 있는 대로 고른 것은?

<보기>

ㄱ. A는 가시광선이다.
ㄴ. 진공에서 속력은 A와 B가 같다.
ㄷ. 진동수는 A가 B보다 크다.

① ㄱ ② ㄴ ③ ㄱ, ㄷ
④ ㄴ, ㄷ ⑤ ㄱ, ㄴ, ㄷ

2022.6 평가원 12번

2. 그림과 같이 등가속도 직선 운동을 하는 자동차 A, B가 기준선 P, R를 각각 v, $2v$의 속력으로 동시에 지난 후, 기준선 Q를 동시에 지난다. P에서 Q까지 A의 이동 거리는 L이고, R에서 Q까지 B의 이동 거리는 $3L$이다. A, B의 가속도의 크기와 방향은 서로 같다.

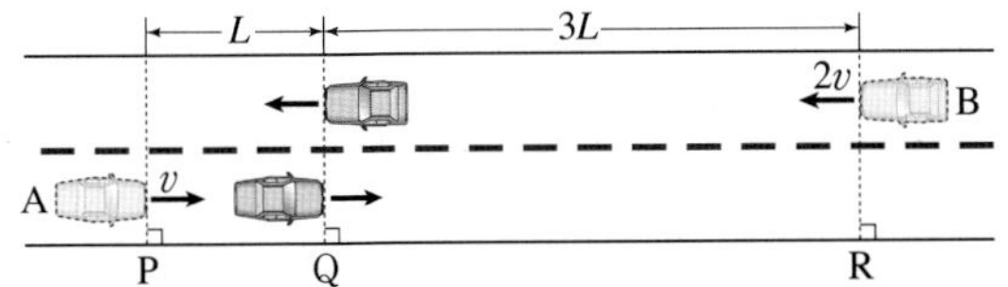

A의 가속도의 크기는? [3점]

① $\frac{3v^2}{16L}$ ② $\frac{3v^2}{8L}$ ③ $\frac{3v^2}{4L}$
④ $\frac{9v^2}{8L}$ ⑤ $\frac{4v^2}{3L}$

2024.9 평가원 9번

3. 그림 (가), (나)는 직육면체 모양의 물체 A, B가 수평면에 놓여 있는 상태에서 A에 각각 크기가 F, $2F$인 힘이 연직 방향으로 작용할 때, A, B가 정지해 있는 모습을 나타낸 것이다. A, B의 질량은 각각 m, $3m$이고, B가 A를 떠받치는 힘의 크기는 (가)에서가 (나)에서의 2배이다.

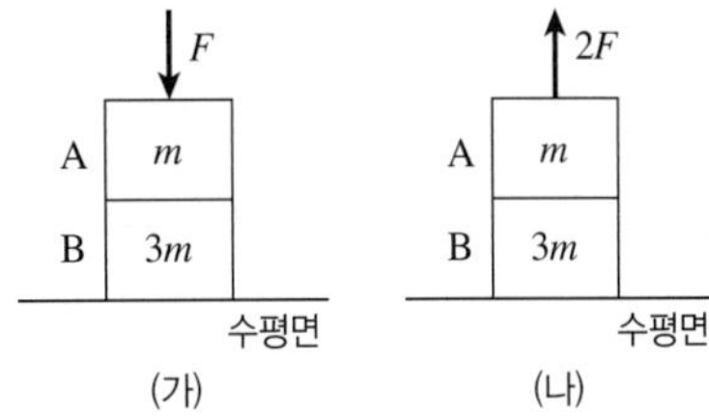

이에 대한 설명으로 옳은 것만을 <보기>에서 있는 대로 고른 것은? (단, 중력 가속도는 g이다.)

<보기>

ㄱ. A에 작용하는 중력과 B가 A를 떠받치는 힘은 작용 반작용 관계이다.
ㄴ. $F=\frac{1}{5}mg$이다.
ㄷ. 수평면이 B를 떠받치는 힘의 크기는 (가)에서가 (나)에서의 $\frac{7}{6}$배이다.

① ㄱ ② ㄴ ③ ㄷ
④ ㄴ, ㄷ ⑤ ㄱ, ㄴ, ㄷ

2024 수능 2번

4. 다음은 두 가지 핵반응을, 표는 (가)와 관련된 원자핵과 중성자($^1_0$n)의 질량을 나타낸 것이다.

> (가) ㉠+㉠ ⟶ $^3_2$He+$^1_0$n+3.27 MeV
> (나) $^3_1$H+㉠ ⟶ $^4_2$He+㉡+17.6 MeV

입자	질량
㉠	M_1
$^3_2$He	M_2
중성자($^1_0$n)	M_3

이에 대한 설명으로 옳은 것만을 <보기>에서 있는 대로 고른 것은?

<보기>

ㄱ. ㉠은 $^1_1$H이다.
ㄴ. ㉡은 중성자($^1_0$n)이다.
ㄷ. $2M_1=M_2+M_3$이다.

① ㄱ ② ㄴ ③ ㄱ, ㄷ
④ ㄴ, ㄷ ⑤ ㄱ, ㄴ, ㄷ

2023.9 평가원 8번

5. 그림 (가)와 같이 마찰이 없는 수평면에 물체 A~D가 정지해 있고, B와 C는 압축된 용수철에 접촉되어 있다. 그림 (나)는 (가)에서 B, C를 동시에 가만히 놓았더니 A와 B, C와 D가 각각 한 덩어리로 등속도 운동하는 모습을 나타낸 것이다. A, B, C, D의 질량은 각각 m, $2m$, $3m$, m이다.

(가) (나)

충돌하는 동안 A, D가 각각 B, C에 작용하는 충격량의 크기를 I_1, I_2라 할 때, $\frac{I_1}{I_2}$은? (단, 용수철의 질량은 무시한다.)

① 1 ② $\frac{4}{3}$ ③ $\frac{3}{2}$ ④ 2 ⑤ $\frac{9}{4}$

2024.6 평가원 19번

6. 그림 (가)와 같이 마찰이 없는 수평면에서 물체 A, B, C가 등속도 운동을 한다. A, B, C의 운동량의 크기는 각각 $4p$, $4p$, p이다. 그림 (나)는 A와 B 사이의 거리(S_{AB}), B와 C 사이의 거리(S_{BC})를 시간 t에 따라 나타낸 것이다.

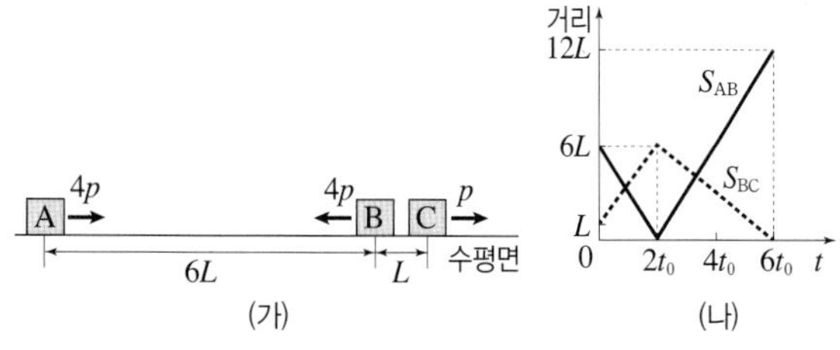

이에 대한 설명으로 옳은 것만을 〈보기〉에서 있는 대로 고른 것은? (단, A, B, C는 동일 직선상에서 운동하고, 물체의 크기는 무시한다.) [3점]

〈 보기 〉

ㄱ. $t=t_0$일 때, 속력은 A와 B가 같다.
ㄴ. B와 C의 질량은 같다.
ㄷ. $t=4t_0$일 때, B의 운동량의 크기는 $4p$이다.

① ㄱ ② ㄷ ③ ㄱ, ㄴ ④ ㄴ, ㄷ ⑤ ㄱ, ㄴ, ㄷ

2022.9 평가원 20번

7. 그림과 같이 물체 A, B를 각각 서로 다른 빗면의 높이 h_A, h_B인 지점에 가만히 놓았다. A가 내려가는 빗면의 일부에는 높이차가 $\frac{3}{4}h$인 마찰 구간이 있으며, A는 마찰 구간에서 등속도 운동 하였다. A와 B는 수평면에서 충돌하였고, 충돌 전의 운동 방향과 반대로 운동하여 각각 높이 $\frac{h}{4}$와 $4h$인 지점에서 속력이 0이 되었다. 수평면에서 B의 속력은 충돌 후가 충돌 전의 2배이다. A, B의 질량은 각각 $3m$, $2m$이다.

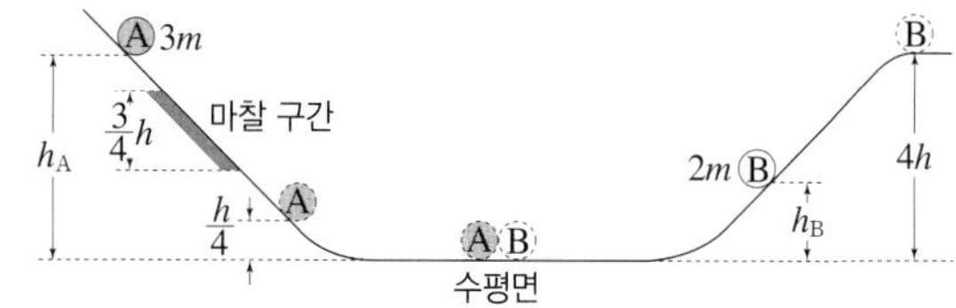

$\frac{h_B}{h_A}$는? (단, 물체의 크기, 공기 저항, 마찰 구간 외의 모든 마찰은 무시한다.) [3점]

① $\frac{1}{4}$ ② $\frac{1}{3}$ ③ $\frac{4}{9}$ ④ $\frac{1}{2}$ ⑤ $\frac{2}{3}$

2024.6 평가원 8번

8. 그림은 열기관에서 일정량의 이상 기체가 과정 Ⅰ~Ⅳ를 따라 순환하는 동안 기체의 압력과 부피를 나타낸 것이다. 표는 각 과정에서 기체가 외부에 한 일 또는 외부로부터 받은 일을 나타낸 것이다. Ⅰ, Ⅲ은 등온 과정이고, Ⅳ에서 기체가 흡수한 열량은 $2E_0$이다.

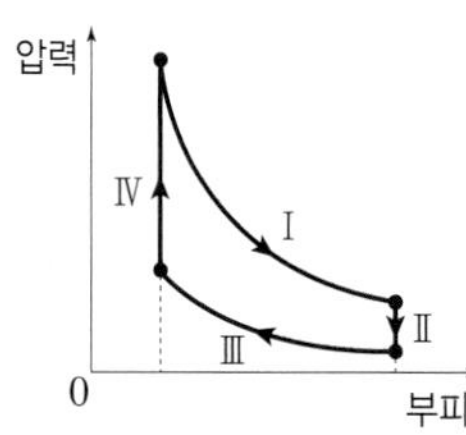

과정	Ⅰ	Ⅱ	Ⅲ	Ⅳ
외부에 한 일 또는 외부로부터 받은 일	$3E_0$	0	E_0	0

이에 대한 설명으로 옳은 것만을 〈보기〉에서 있는 대로 고른 것은? [3점]

〈 보기 〉

ㄱ. Ⅰ에서 기체가 흡수하는 열량은 0이다.
ㄴ. Ⅱ에서 기체의 내부 에너지 감소량은 Ⅳ에서 기체의 내부 에너지 증가량보다 작다.
ㄷ. 열기관의 열효율은 0.4이다.

① ㄱ ② ㄷ ③ ㄱ, ㄴ ④ ㄴ, ㄷ ⑤ ㄱ, ㄴ, ㄷ

2024 수능 12번

9. 그림과 같이 관찰자 A에 대해 광원 P, 검출기, 광원 Q가 정지해 있고 관찰자 B, C가 탄 우주선이 각각 광속에 가까운 속력으로 P, 검출기, Q를 잇는 직선과 나란하게 서로 반대 방향으로 등속도 운동을 한다. A의 관성계에서, P, Q에서 검출기를 향해 동시에 방출된 빛은 검출기에 동시에 도달한다. P와 Q 사이의 거리는 B의 관성계에서가 C의 관성계에서보다 크다.

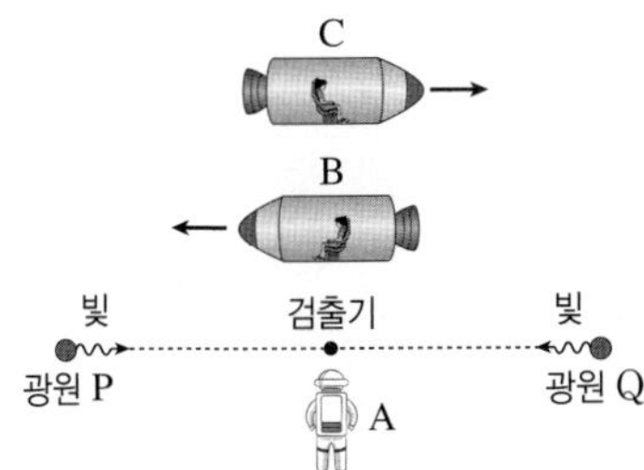

이에 대한 설명으로 옳은 것만을 〈보기〉에서 있는 대로 고른 것은?

〈 보기 〉

ㄱ. A의 관성계에서, B의 시간은 C의 시간보다 느리게 간다.
ㄴ. B의 관성계에서, 빛은 P에서가 Q에서보다 먼저 방출된다.
ㄷ. C의 관성계에서, 검출기에서 P까지의 거리는 검출기에서 Q 까지의 거리보다 크다.

① ㄱ ② ㄴ ③ ㄱ, ㄷ
④ ㄴ, ㄷ ⑤ ㄱ, ㄴ, ㄷ

2024.9 평가원 18번

10. 그림 (가)는 점전하 A, B, C를 x축상에 고정시킨 것을, (나)는 (가)에서 B의 위치만 $x=3d$로 옮겨 고정시킨 것을 나타낸 것이다. (가)와 (나)에서 양(+)전하인 A에 작용하는 전기력의 방향은 $+x$ 방향으로 같고, C에 작용하는 전기력의 크기는 (가)에서가 (나)에서보다 크다.

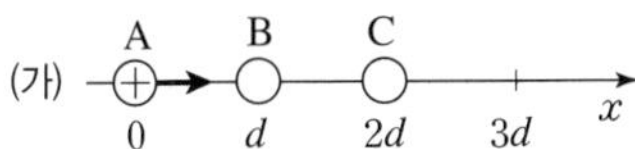

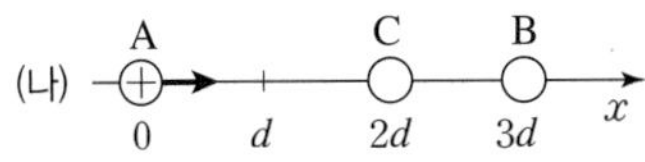

이에 대한 설명으로 옳은 것만을 〈보기〉에서 있는 대로 고른 것은? [3점]

〈 보기 〉

ㄱ. (가)에서 B에 작용하는 전기력의 방향은 $-x$ 방향이다.
ㄴ. 전하량의 크기는 C가 B보다 크다.
ㄷ. A에 작용하는 전기력의 크기는 (나)에서가 (가)에서보다 크다.

① ㄱ ② ㄴ ③ ㄷ
④ ㄱ, ㄷ ⑤ ㄴ, ㄷ

2023.6 평가원 7번

11. 그림 (가)는 보어의 수소 원자 모형에서 양자수 n에 따른 에너지 준위 일부와 전자의 전이 a~d를 나타낸 것이다. 그림 (나)는 a~d에서 방출과 흡수되는 빛의 스펙트럼을 파장에 따라 나타낸 것이다.

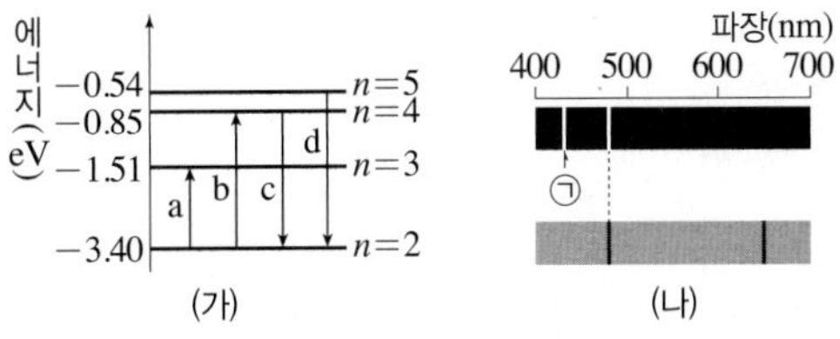

이에 대한 설명으로 옳은 것만을 〈보기〉에서 있는 대로 고른 것은?

〈 보기 〉

ㄱ. ㉠은 a에 의해 나타난 스펙트럼선이다.
ㄴ. b에서 흡수되는 광자 1개의 에너지는 2.55 eV이다.
ㄷ. 방출되는 빛의 진동수는 c에서가 d에서보다 크다.

① ㄱ ② ㄴ ③ ㄱ, ㄷ
④ ㄴ, ㄷ ⑤ ㄱ, ㄴ, ㄷ

2023.6 평가원 5번

12. 그림은 고체 A, B의 에너지띠 구조를 나타낸 것이다. A, B에서 전도띠의 전자가 원자가 띠로 전이하며 빛이 방출된다.

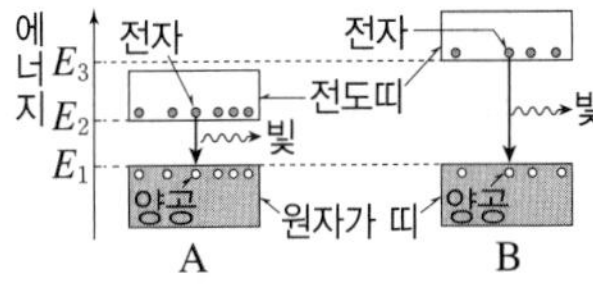

이에 대한 설명으로 옳은 것만을 〈보기〉에서 있는 대로 고른 것은? [3점]

〈 보기 〉

ㄱ. A에서 방출된 광자 1개의 에너지는 E_2-E_1보다 작다.
ㄴ. 띠 간격은 A가 B보다 작다.
ㄷ. 방출된 빛의 파장은 A에서가 B에서보다 짧다.

① ㄱ ② ㄴ ③ ㄱ, ㄷ
④ ㄴ, ㄷ ⑤ ㄱ, ㄴ, ㄷ

2023.9 평가원 18번

13. 그림과 같이 세기와 방향이 일정한 전류가 흐르는 무한히 긴 직선 도선 A~D가 xy 평면에 수직으로 고정되어 있다. D에는 xy 평면에 수직으로 들어가는 방향으로 전류가 흐른다. 원점 O에서 B, D의 전류에 의한 자기장은 0이다. 표는 xy 평면의 점 p, q, r에서 두 도선의 전류에 의한 자기장의 방향을 나타낸 것이다.

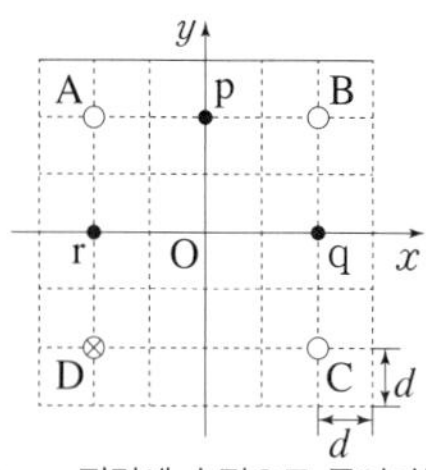

도선	위치	두 도선의 전류에 의한 자기장 방향
A, B	p	$+y$
B, C	q	$+x$
A, D	r	㉠

×: xy 평면에 수직으로 들어가는 방향

이에 대한 설명으로 옳은 것만을 〈보기〉에서 있는 대로 고른 것은?

〈 보기 〉

ㄱ. ㉠은 '$+x$'이다.
ㄴ. 전류의 세기는 B에서가 C에서보다 크다.
ㄷ. 전류의 방향이 A, C에서가 서로 같으면, 전류의 세기는 A~D 중 C에서가 가장 크다.

① ㄱ ② ㄴ ③ ㄱ, ㄷ
④ ㄴ, ㄷ ⑤ ㄱ, ㄴ, ㄷ

2022.6 평가원 9번

14. 그림 (가)는 강자성체 X가 솔레노이드에 의해 자기화된 모습을, (나)는 (가)의 X를 자기화되어 있지 않은 강자성체 Y에 가져간 모습을 나타낸 것이다.

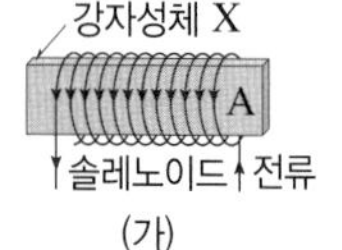

(가)

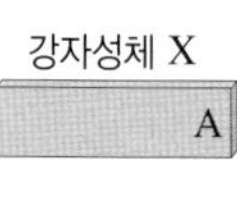

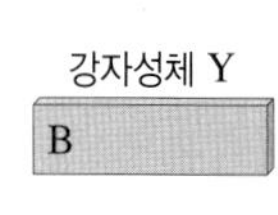

(나)

(나)에서 자기장의 모습을 나타낸 것으로 가장 적절한 것은? [3점]

①
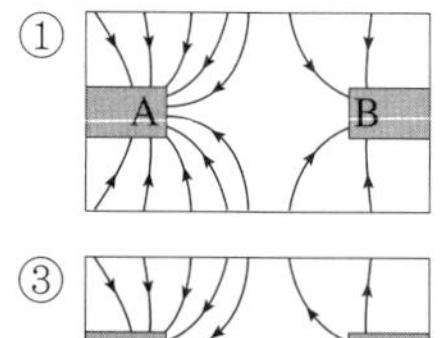

②
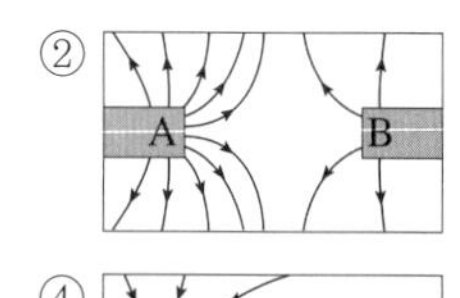

③
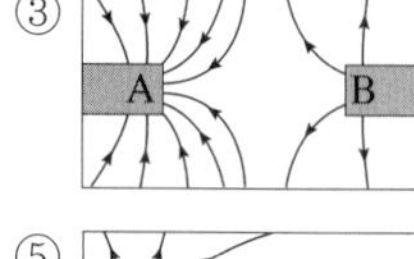

④
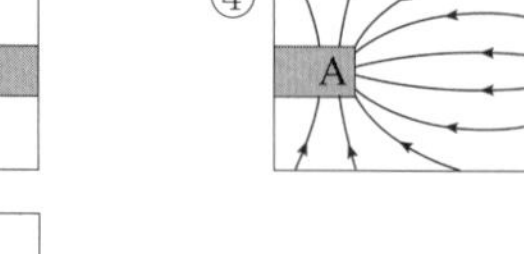

⑤

2022 수능 12번

15. 그림과 같이 p-n 접합 발광 다이오드(LED)가 연결된 솔레노이드의 중심축에 마찰이 없는 레일이 있다. a, b, c, d는 레일 위의 지점이다. a에 가만히 놓은 자석은 솔레노이드를 통과하여 d에서 운동 방향이 바뀌고, 자석이 d로부터 내려와 c를 지날 때 LED에서 빛이 방출된다. X는 N극과 S극 중 하나이다.

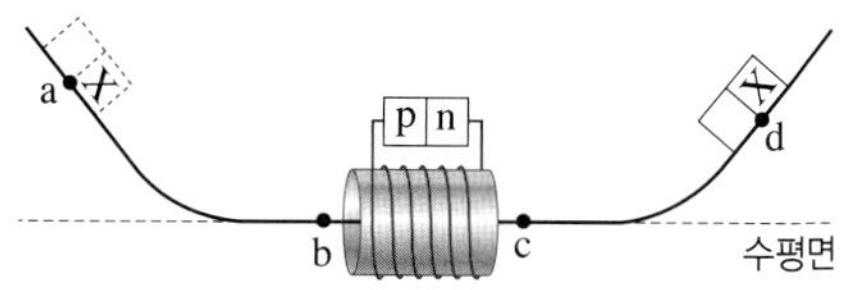

이에 대한 설명으로 옳은 것만을 〈보기〉에서 있는 대로 고른 것은? [3점]

〈 보기 〉

ㄱ. X는 N극이다.
ㄴ. a로부터 내려온 자석이 b를 지날 때 LED에서 빛이 방출된다.
ㄷ. 자석의 역학적 에너지는 a에서와 d에서가 같다.

① ㄱ ② ㄷ ③ ㄱ, ㄴ
④ ㄴ, ㄷ ⑤ ㄱ, ㄴ, ㄷ

2024.9 평가원 14번

16. 그림은 동일한 단색광 A, B를 각각 매질 Ⅰ, Ⅱ에서 중심이 O인 원형 모양의 매질 Ⅲ으로 동일한 입사각 θ로 입사시켰더니, A와 B가 굴절하여 점 p에 입사하는 모습을 나타낸 것이다.

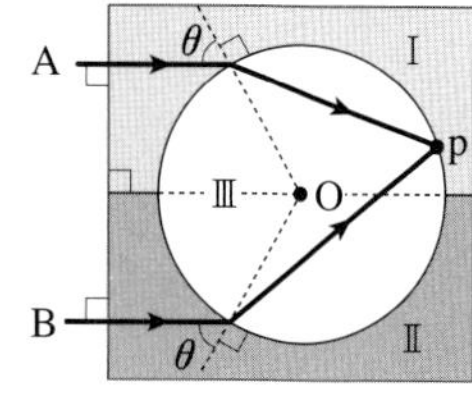

이에 대한 설명으로 옳은 것만을 〈보기〉에서 있는 대로 고른 것은? [3점]

〈 보기 〉

ㄱ. A의 파장은 Ⅰ에서가 Ⅲ에서보다 길다.
ㄴ. 굴절률은 Ⅰ이 Ⅱ보다 크다.
ㄷ. p에서 B는 전반사한다.

① ㄱ ② ㄷ ③ ㄱ, ㄴ
④ ㄴ, ㄷ ⑤ ㄱ, ㄴ, ㄷ

2022.6 평가원 15번

17. 그림과 같이 두 개의 스피커에서 진폭과 진동수가 동일한 소리를 발생시키면 $x=0$에서 보강 간섭이 일어난다. 소리의 진동수가 f_1, f_2일 때 x축 상에서 $x=0$으로부터 첫 번째 보강 간섭이 일어난 지점까지의 거리는 각각 $2d$, $3d$이다.

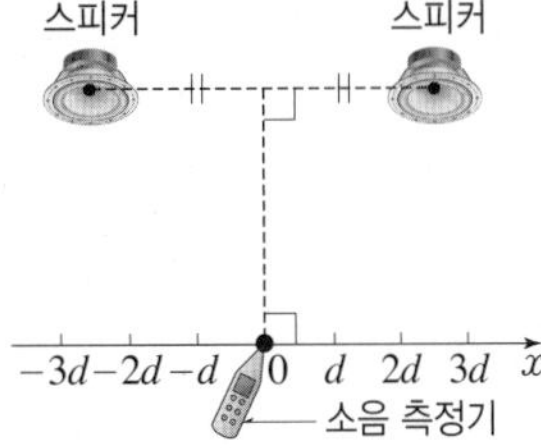

이에 대한 설명으로 옳은 것만을 〈보기〉에서 있는 대로 고른 것은?

〈 보기 〉

ㄱ. $f_1 < f_2$이다.

ㄴ. f_1일 때 $x=0$과 $x=2d$ 사이에 상쇄 간섭이 일어나는 지점이 있다.

ㄷ. 보강 간섭된 소리의 진동수는 스피커에서 발생한 소리의 진동수보다 크다.

① ㄱ ② ㄴ ③ ㄱ, ㄷ ④ ㄴ, ㄷ ⑤ ㄱ, ㄴ, ㄷ

2024 수능 7번

18. 그림 (가)와 같이 마찰이 없는 수평면에서 등속도 운동을 하던 수레가 벽과 충돌한 후, 충돌 전과 반대 방향으로 등속도 운동을 한다. 그림 (나)는 수레의 속도와 수레가 벽으로부터 받은 힘의 크기를 시간 t에 따라 나타낸 것이다. 수레와 벽이 충돌하는 0.4초 동안 힘의 크기를 나타낸 곡선과 시간 축이 만드는 면적은 10 N·s이다.

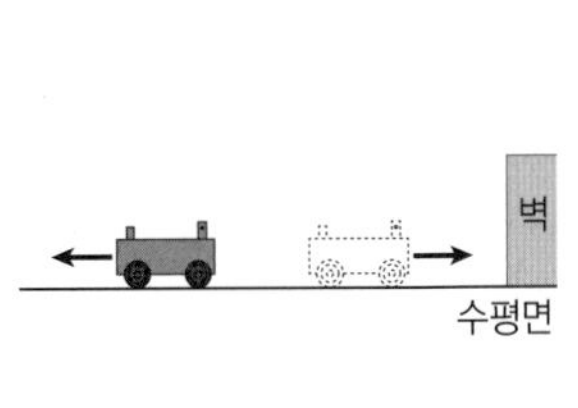

(가)

속도 (m/s) 3, 0, −2, 0.3, 0.7, t(s)

힘의 크기 (N), 10 N·s, 0, 0.3, 0.7, t(s)

(나)

이에 대한 설명으로 옳은 것만을 〈보기〉에서 있는 대로 고른 것은?

〈 보기 〉

ㄱ. 충돌 전후 수레의 운동량 변화량의 크기는 10 kg·m/s이다.

ㄴ. 수레의 질량은 2 kg이다.

ㄷ. 충돌하는 동안 벽이 수레에 작용한 평균 힘의 크기는 40 N이다.

① ㄱ ② ㄷ ③ ㄱ, ㄴ ④ ㄴ, ㄷ ⑤ ㄱ, ㄴ, ㄷ

2022 수능 7번

19. 그림 (가)는 단색광이 이중 슬릿을 지나 금속판에 도달하여 광전자를 방출시키는 실험을, (나)는 (가)의 금속판에서의 위치에 따라 방출된 광전자의 개수를 나타낸 것이다. 점 O, P는 금속판 위의 지점이다.

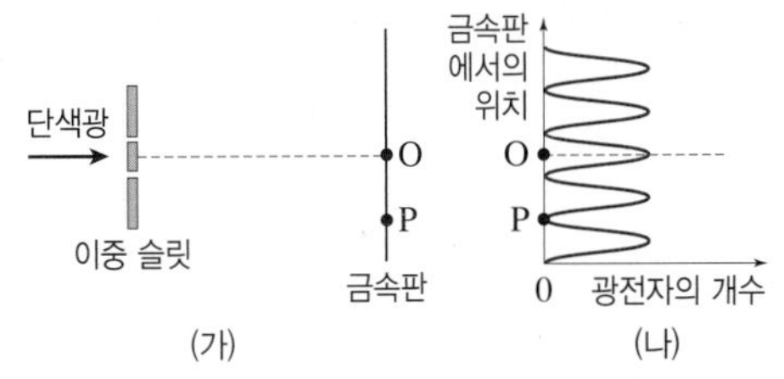

(가) (나)

이에 대한 설명으로 옳은 것만을 〈보기〉에서 있는 대로 고른 것은?

〈 보기 〉

ㄱ. 단색광의 세기를 증가시키면 O에서 방출되는 광전자의 개수가 증가한다.

ㄴ. 금속판의 문턱 진동수는 단색광의 진동수보다 작다.

ㄷ. P에서 단색광의 상쇄 간섭이 일어난다.

① ㄱ ② ㄴ ③ ㄱ, ㄷ ④ ㄴ, ㄷ ⑤ ㄱ, ㄴ, ㄷ

2024 수능 16번

20. 그림은 입자 P, Q의 물질파 파장의 역수를 입자의 속력에 따라 나타낸 것이다. P, Q는 각각 중성자와 헬륨 원자를 순서 없이 나타낸 것이다.

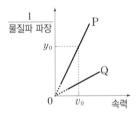

$\frac{1}{\text{물질파 파장}}$, y_0, P, Q, 0, v_0, 속력

이에 대한 설명으로 옳은 것만을 〈보기〉에서 있는 대로 고른 것은? (단, h는 플랑크 상수이다.)

〈 보기 〉

ㄱ. P의 질량은 $h\frac{y_0}{v_0}$이다.

ㄴ. Q는 중성자이다.

ㄷ. P와 Q의 물질파 파장이 같을 때, 운동 에너지는 P가 Q보다 작다.

① ㄱ ② ㄷ ③ ㄱ, ㄴ ④ ㄴ, ㄷ ⑤ ㄱ, ㄴ, ㄷ

1. 그림 (가)는 지면에서 던져진 물체 A가 포물선 운동하는 모습을, 그림 (나)는 마찰이 없는 수평면에서 실에 연결된 물체 B가 등속 원운동하는 모습을, 그림 (다)는 실에 매달린 물체 C가 왕복 운동하는 모습을 나타낸 것이다.

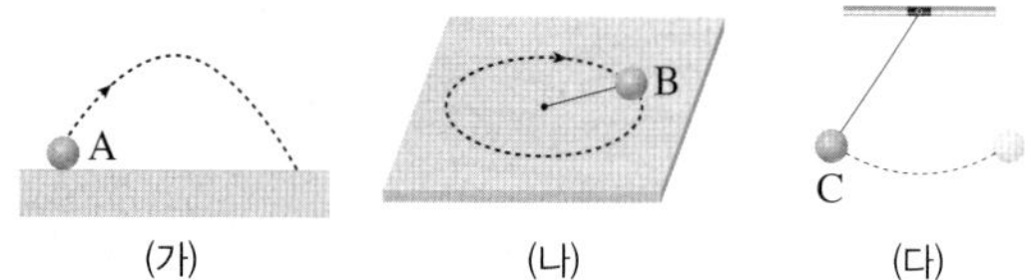

(가) (나) (다)

이에 대한 설명으로 옳은 것만을 〈보기〉에서 있는 대로 고른 것은? (단, 공기 저항은 무시한다.)

〈 보기 〉
ㄱ. A는 속력이 일정하고 운동 방향이 변하는 운동을 한다.
ㄴ. B는 속도가 일정한 운동을 한다.
ㄷ. C는 속력과 운동 방향이 변하는 운동을 한다.

① ㄱ ② ㄴ ③ ㄷ
④ ㄱ, ㄴ ⑤ ㄴ, ㄷ

2. 그림은 마찰이 없는 직선상에 정지해 있는 물체에 수평 방향으로 작용하는 힘을 시간에 따라 나타낸 것이다.

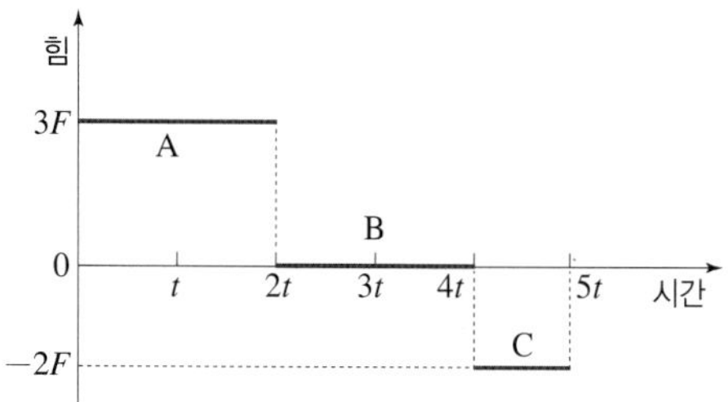

이에 대한 설명으로 옳은 것만을 〈보기〉에서 있는 대로 고른 것은?

〈 보기 〉
ㄱ. A 구간에서 물체는 등가속도 직선 운동을 한다.
ㄴ. B 구간에서 물체는 정지 상태이다.
ㄷ. 물체의 운동 방향은 A 구간과 C 구간이 반대이다.

① ㄱ ② ㄴ ③ ㄷ
④ ㄱ, ㄴ ⑤ ㄴ, ㄷ

3. 그림 (가)는 마찰이 없는 수평면에서 질량이 각각 1 kg인 수레와 추를 실로 연결한 후, 수레를 잡고 있는 모습을 나타낸 것이다. 수레를 가만히 놓은 후, 수레의 속도를 시간에 따라 나타내었더니 그림 (나)의 A와 같았다.

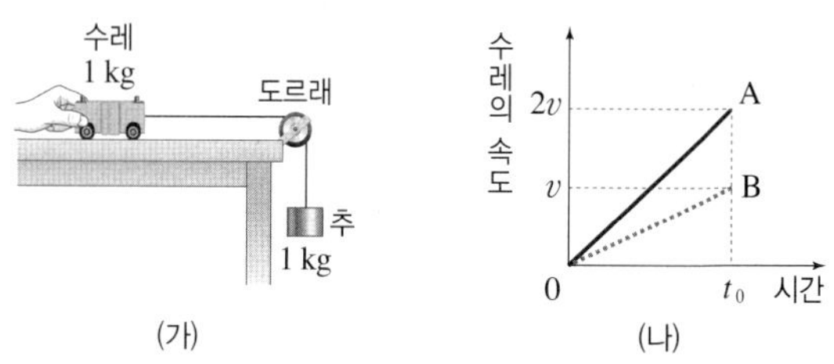

(가) (나)

다음은 (나)의 B와 같은 결과를 얻을 수 있는 방법에 대해 세 사람이 나눈 대화이다.

철수: (가)에서 추만 0.5 kg인 것으로 바꾸면 돼.
영희: (가)에서 수레 위에 2 kg의 물체만 올려놓으면 돼.
민수: (가)에서 수레 위에 1 kg의 물체를 올려놓고 추를 2 kg인 것으로 바꾸면 돼.

옳게 말한 사람만을 있는 대로 고른 것은? (단, 실의 질량, 도르래의 마찰, 공기 저항은 무시한다.)

① 철수 ② 영희 ③ 민수
④ 철수, 민수 ⑤ 영희, 민수

4. 질량이 같은 두 달걀을 같은 높이에서 떨어뜨렸더니 그림 (가)와 같이 딱딱한 마루에 떨어진 달걀은 깨졌으나 그림 (나)와 같이 푹신한 방석에 떨어진 달걀은 깨지지 않았다.

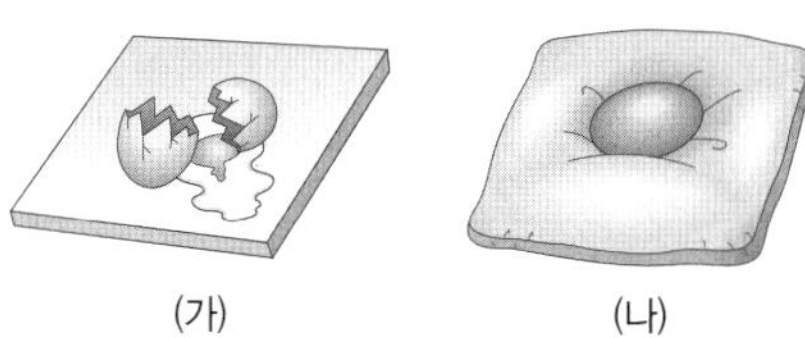
(가) (나)

이에 대한 설명으로 옳은 것만을 〈보기〉에서 있는 대로 고른 것은?

〈 보기 〉
ㄱ. 달걀이 바닥으로부터 받은 충격량은 (가)에서가 (나)에서보다 크다.
ㄴ. 달걀이 바닥으로부터 받은 평균 힘의 크기는 (가)와 (나)에서 같다.
ㄷ. 달걀이 정지할 때까지 운동량의 변화량은 (가)와 (나)에서 같다.

① ㄱ ② ㄴ ③ ㄷ
④ ㄱ, ㄴ ⑤ ㄴ, ㄷ

5. 그림 (가)와 같이 수평면에 정지해 있던 질량 2 kg인 물체에 수평 방향으로 힘 F를 작용하여 직선 운동을 시켰을 때, F의 크기와 이동 거리 사이의 관계가 그림 (나)와 같았다.

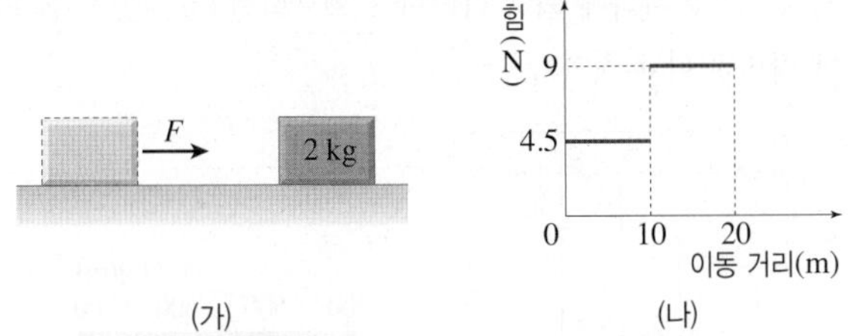

이에 대한 설명으로 옳은 것만을 〈보기〉에서 있는 대로 고른 것은?

〈 보기 〉

ㄱ. 힘이 물체를 20 m 이동시키는 데 한 일은 135 J이다.
ㄴ. 20 m인 지점에서 물체의 운동 에너지는 135 J이다.
ㄷ. 10 m인 지점에서 물체의 속력은 5 m/s이다.

① ㄱ ② ㄷ ③ ㄱ, ㄴ
④ ㄴ, ㄷ ⑤ ㄱ, ㄴ, ㄷ

6. 그림은 질량 5 kg인 물체가 경사면을 따라 4 m/s의 일정한 속력으로 내려오는 모습을 나타낸 것이다.

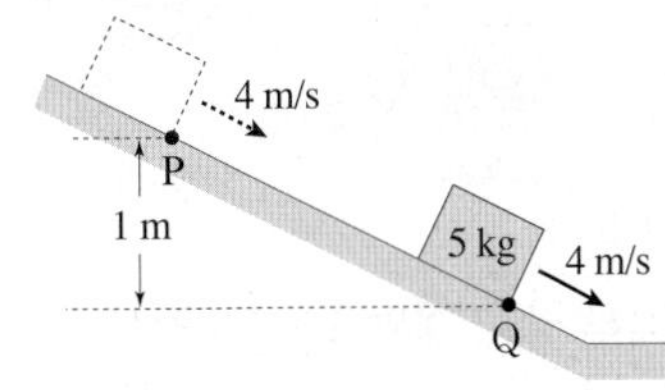

P점에서 Q점까지 내려오는 동안, 일과 에너지에 대한 설명으로 옳은 것만을 〈보기〉에서 있는 대로 고른 것은? (단, 중력 가속도는 10 m/s^{2}이고, P와 Q의 높이 차는 1 m이다.)

〈 보기 〉

ㄱ. 마찰로 인해 발생한 열은 40 J이다.
ㄴ. 역학적 에너지가 40 J로 일정하게 보존된다.
ㄷ. 물체의 중력 퍼텐셜 에너지 감소량은 50 J이다.

① ㄱ ② ㄴ ③ ㄷ
④ ㄱ, ㄷ ⑤ ㄴ, ㄷ

7. 그림은 일정량의 이상 기체의 상태가 A → B → C를 따라 변할 때 압력과 부피의 관계를 나타낸 것이다. B → C 과정은 단열 과정이다.

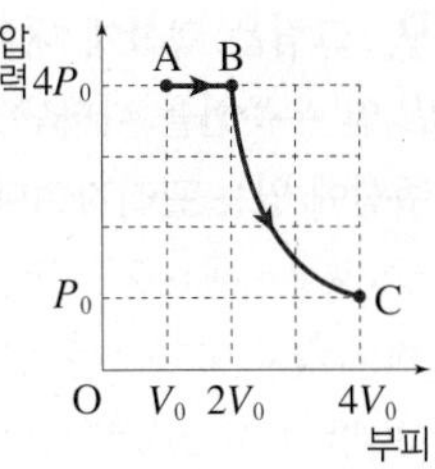

이에 대한 설명으로 옳은 것만을 〈보기〉에서 있는 대로 고른 것은?

〈 보기 〉

ㄱ. 기체의 절대 온도는 B가 A의 2배이다.
ㄴ. A → B 과정에서 기체가 외부에 한 일은 $4P_0V_0$이다.
ㄷ. 기체 분자의 평균 운동 에너지는 C에서가 B에서보다 크다.

① ㄱ ② ㄷ ③ ㄱ, ㄴ
④ ㄴ, ㄷ ⑤ ㄱ, ㄴ, ㄷ

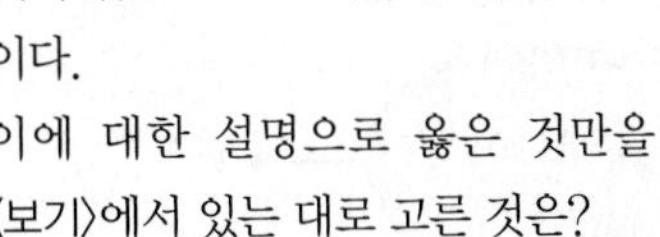

8. 그림 (가)는 단열된 실린더가 단열되지 않은 피스톤에 의해 나누어진 모습을 나타낸 것이다. 두 부분의 부피는 같고, 같은 양의 이상 기체 A, B가 들어 있으며 A, B의 온도는 같다. 그림 (나)는 (가)의 실린더를 천천히 연직으로 세웠을 때 피스톤의 무게에 의해 새로운 평형 상태에 도달한 모습을 나타낸 것이다.

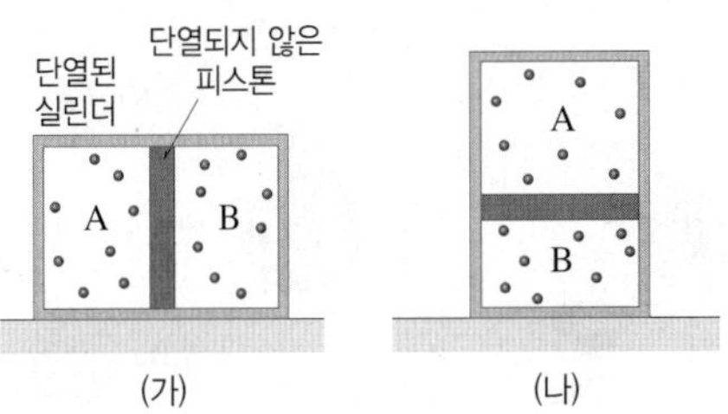

이에 대한 설명으로 옳은 것만을 〈보기〉에서 있는 대로 고른 것은? (단, 실린더와 피스톤 사이의 마찰은 무시한다.)

〈 보기 〉

ㄱ. (나)에서 압력은 B가 A보다 크다.
ㄴ. A의 내부 에너지는 (가)에서가 (나)에서보다 크다.
ㄷ. (가)에서 (나)로 변하는 과정에서 B에서 A로 열이 이동하였다.

① ㄱ ② ㄴ ③ ㄱ, ㄷ
④ ㄴ, ㄷ ⑤ ㄱ, ㄴ, ㄷ

9. 그림은 행성에 대해 일정한 속력 v로 운동하는 고유 길이 L_0인 우주선을 나타낸 것이다. 철수와 민수는 각각 행성과 우주선에 있는 관찰자이다.

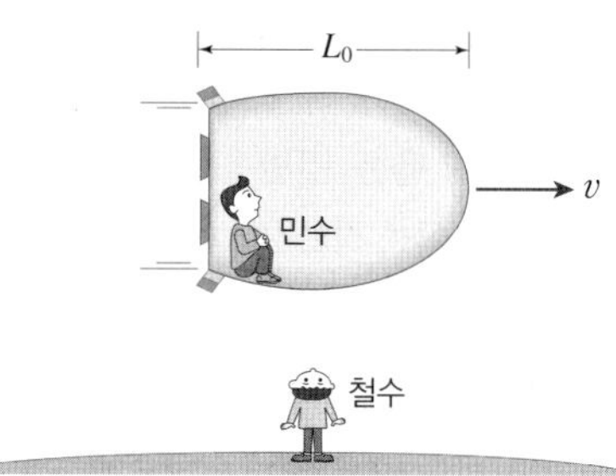

이에 대한 설명으로 옳은 것만을 〈보기〉에서 있는 대로 고른 것은?

〈 보기 〉
ㄱ. 철수가 측정하는 우주선의 길이는 L_0이다.
ㄴ. v가 클수록 철수가 측정하는 민수의 시간이 더 느리게 간다.
ㄷ. v가 클수록 철수가 측정하는 우주선 안에서의 빛의 속력은 빨라진다.

① ㄱ ② ㄴ ③ ㄱ, ㄷ
④ ㄴ, ㄷ ⑤ ㄱ, ㄴ, ㄷ

10. 그림은 핵융합 반응과 핵분열 반응을 모식적으로 나타낸 것이다.

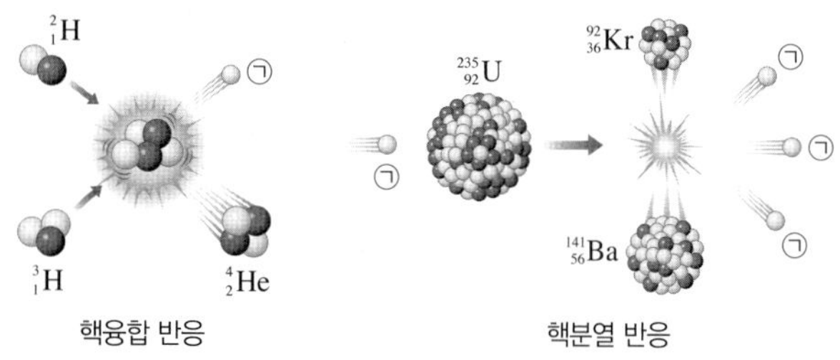

이에 대한 설명으로 옳은 것만을 〈보기〉에서 있는 대로 고른 것은?

〈 보기 〉
ㄱ. ㉠은 중성자이다.
ㄴ. 두 핵반응에서 방출된 에너지는 질량 결손에 의한 것이다.
ㄷ. 핵융합 반응은 실온에서 일어난다.

① ㄱ ② ㄷ ③ ㄱ, ㄴ
④ ㄴ, ㄷ ⑤ ㄱ, ㄴ, ㄷ

11. 그림 (가)는 보어의 수소 원자 모형에서 양자수 n에 따른 전자의 궤도와 전자의 전이 과정 a, b, c를 나타낸 것이다. a~c에서 방출되는 빛의 파장은 각각 λ_a, λ_b, λ_c이다. 그림 (나)는 각각 a~c 중 하나에 의해 나타난 스펙트럼선 ㉠, ㉡, ㉢을 파장에 따라 나타낸 것이다.

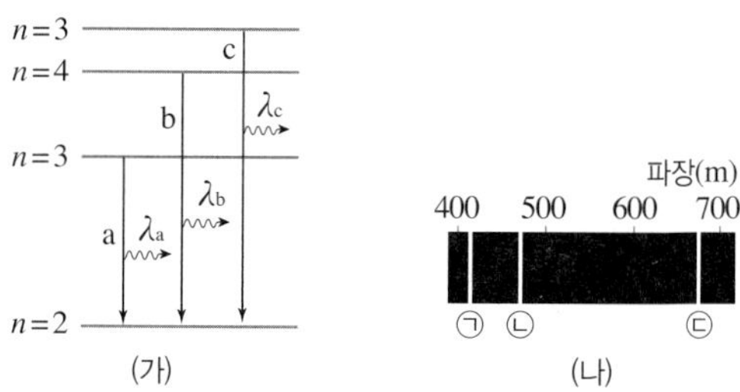

이에 대한 설명으로 옳은 것만을 〈보기〉에서 있는 대로 고른 것은?

〈 보기 〉
ㄱ. $\lambda_a < \lambda_b$이다.
ㄴ. ㉡은 b에 의해 나타난 스펙트럼선이다.
ㄷ. ㉢을 나타내는 광자 1개의 에너지는 $\frac{hc}{\lambda_c}$와 같다.

① ㄱ ② ㄴ ③ ㄱ, ㄷ
④ ㄴ, ㄷ ⑤ ㄱ, ㄴ, ㄷ

12. 그림 (가)는 서로 다른 종류의 불순물 반도체 X와 반도체 Y의 에너지띠 구조를 나타낸 것이다. 그림 (나)는 X, Y를 접합하여 만든 p-n 접합 다이오드를 이용하여 구성한 회로를 나타낸 것이다.

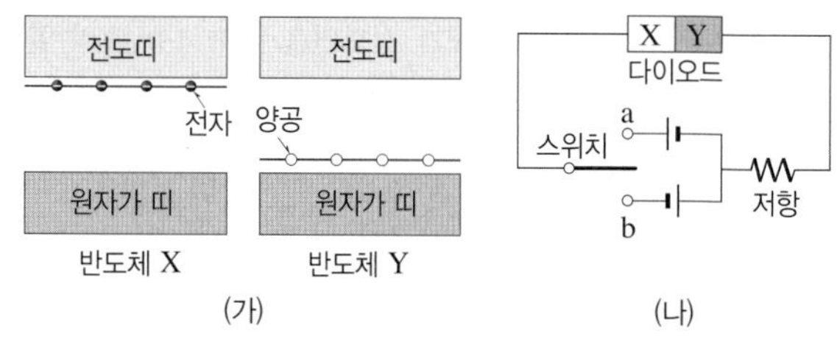

이에 대한 설명으로 옳은 것만을 〈보기〉에서 있는 대로 고른 것은?

〈 보기 〉
ㄱ. X는 n형 반도체이다.
ㄴ. (나)에서 스위치를 a에 연결할 때, 다이오드에는 역방향 전압이 걸린다.
ㄷ. (나)에서 스위치를 b에 연결할 때, 다이오드의 n형 반도체에 있는 전자는 p-n 접합면에서 멀어지는 방향으로 이동한다.

① ㄱ ② ㄷ ③ ㄱ, ㄴ
④ ㄴ, ㄷ ⑤ ㄱ, ㄴ, ㄷ

13. 그림 (가)와 같이 전원 장치, 저항, p−n 접합 발광 다이오드(LED)를 연결했더니 LED에서 빛이 방출되었다. X, Y는 각각 p형 반도체, n형 반도체 중 하나이다. 그림 (나)는 불순물 a로 도핑한 X를 구성하는 원소와 원자가 전자의 배열을 나타낸 것이다.

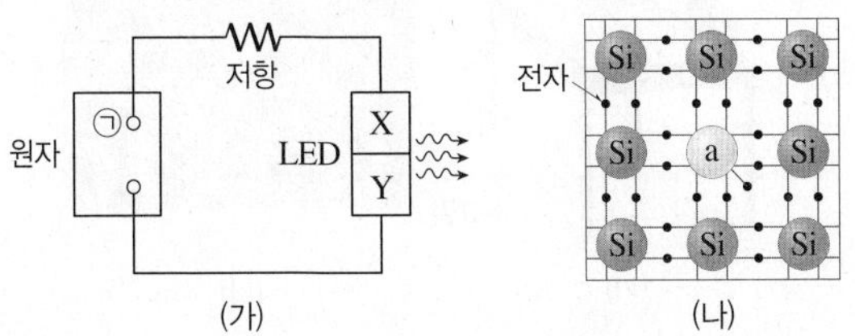

(가) (나)

이에 대한 설명으로 옳은 것만을 〈보기〉에서 있는 대로 고른 것은?

〈 보기 〉

ㄱ. X는 n형 반도체이다.
ㄴ. LED의 전자와 양공은 p−n접합면에서 서로 멀어진다.
ㄷ. 전원 장치의 단자 ㉠은 (+)극이다.

① ㄱ ② ㄴ ③ ㄱ, ㄷ
④ ㄴ, ㄷ ⑤ ㄱ, ㄴ, ㄷ

14. 그림과 같이 자기화되지 않은 물체 A, B, C를 강한 균일한 자기장으로 자기화시킨 후, 자기장을 제거한 상태에서 세 물체 사이에 작용하는 자기력을 조사하여 표에 나타내었다. A, B, C는 각각 강자성체, 상자성체, 반자성체 중 하나이다.

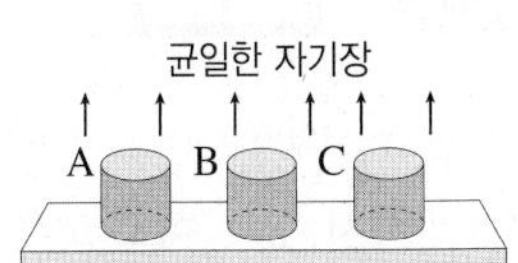

물체	힘
A와 B	힘이 작용하지 않음
A와 C	인력
B와 C	㉠

이에 대한 설명으로 옳은 것만을 〈보기〉에서 있는 대로 고른 것은?

〈 보기 〉

ㄱ. A는 상자성체이다.
ㄴ. B는 외부 자기장의 방향과 같은 방향으로 자기화된다.
ㄷ. ㉠은 척력이다.

① ㄱ ② ㄴ ③ ㄱ, ㄷ
④ ㄴ, ㄷ ⑤ ㄱ, ㄴ, ㄷ

15. 그림과 같이 원형 도선과 무한히 긴 직선 도선 X, Y가 종이면에 고정되어 있다. X, Y에 흐르는 전류의 세기는 각각 I_0, $2I_0$이고, 원형 도선에 흐르는 전류의 세기는 I_0이다. 원형 도선의 중심 P에서 원형 도선에 흐르는 전류에 의한 자기장의 세기는 B_0이다.

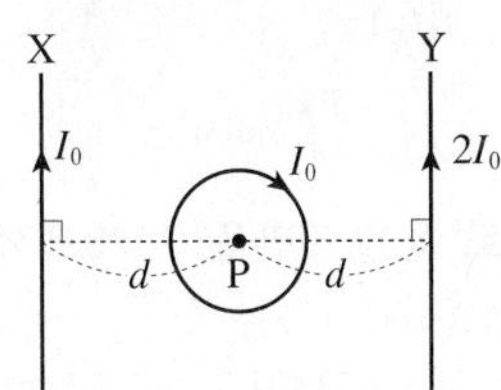

P에서 전류에 의한 자기장에 대한 설명으로 옳은 것만을 〈보기〉에서 있는 대로 고른 것은?

〈 보기 〉

ㄱ. X와 Y에 흐르는 전류에 의한 자기장의 방향은 종이면에서 나오는 방향이다.
ㄴ. 원형 도선에 흐르는 전류에 의한 자기장의 방향은 종이면에 수직으로 들어가는 방향이다.
ㄷ. 세 도선에 흐르는 전류에 의한 자기장의 세기는 B_0보다 크다.

① ㄱ ② ㄴ ③ ㄱ, ㄴ
④ ㄱ, ㄷ ⑤ ㄴ, ㄷ

16. 어느 순간에 그림 (가)와 같은 파동이 그림 (나)와 같은 파동으로 처음 변하는데 0.2초가 걸렸다. 그 동안 위상 P는 0.5 m 떨어진 P′까지 이동하였다.

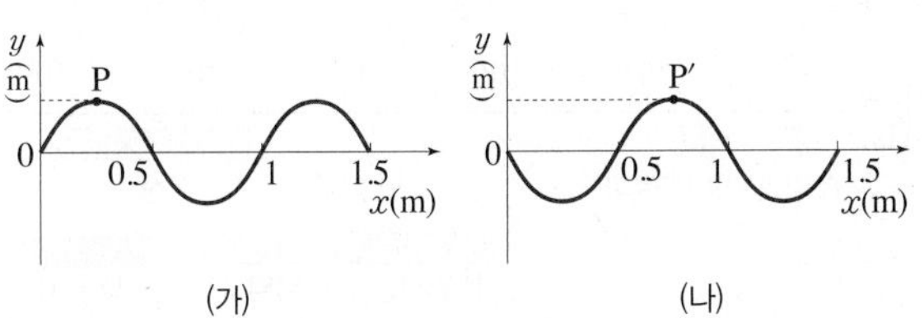

(가) (나)

이 파동에 대한 설명으로 옳은 것만을 〈보기〉에서 있는 대로 고른 것은?

〈 보기 〉

ㄱ. 파장은 0.5 m이다.
ㄴ. 주기는 0.4초이다.
ㄷ. 파동의 속력은 2.5 m/s이다.

① ㄱ ② ㄷ ③ ㄱ, ㄴ
④ ㄴ, ㄷ ⑤ ㄱ, ㄴ, ㄷ

17. 그림과 같이 매질 1과 매질 2에서 파란색 레이저 빛을 점 P에서 점 O를 향해 입사시켜 점 Q에 도달하게 하였다.

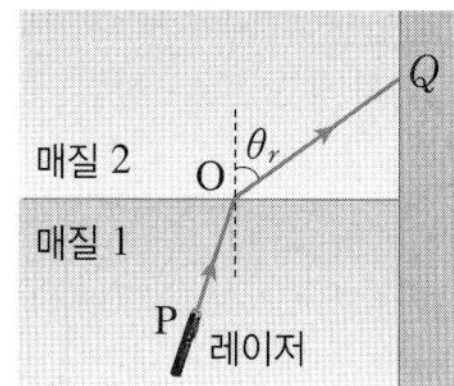

이에 대한 설명으로 옳은 것만을 〈보기〉에서 있는 대로 고른 것은?

〈 보기 〉
ㄱ. 빛의 진동수는 매질 1에서보다 매질 2에서 크다.
ㄴ. 레이저 빛의 입사각을 크게 하면 전반사가 일어날 수 있다.
ㄷ. 매질 2만 굴절률이 더 작은 물질로 바꾸어 실험을 하면 θ_r가 커진다.

① ㄱ ② ㄷ ③ ㄱ, ㄴ
④ ㄴ, ㄷ ⑤ ㄱ, ㄴ, ㄷ

18. 그림은 진동수에 따라 전자기파를 분류한 것을 나타낸 것이다.

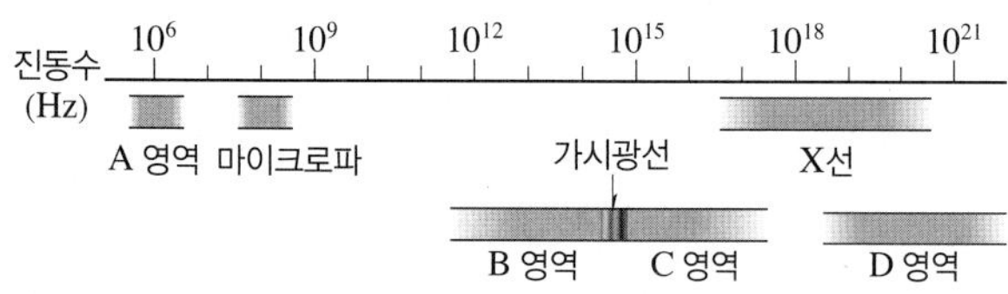

이에 대한 설명으로 옳은 것만을 〈보기〉에서 있는 대로 고른 것은?

〈 보기 〉
ㄱ. A 영역의 전자기파는 암 치료에 이용된다.
ㄴ. 파장은 B 영역의 전자기파가 C 영역의 전자기파보다 길다.
ㄷ. D 영역의 전자기파는 라디오 방송 통신에 이용된다.

① ㄱ ② ㄴ ③ ㄱ, ㄷ
④ ㄴ, ㄷ ⑤ ㄱ, ㄴ, ㄷ

19. 그림 (가)와 같이 물결파 투영 장치의 두 점파원 S_1, S_2에서 진동수가 동일한 물결파를 같은 위상으로 발생시켰을 때 스크린에 나타난 간섭무늬를 찍은 사진이 (나)와 같았다.

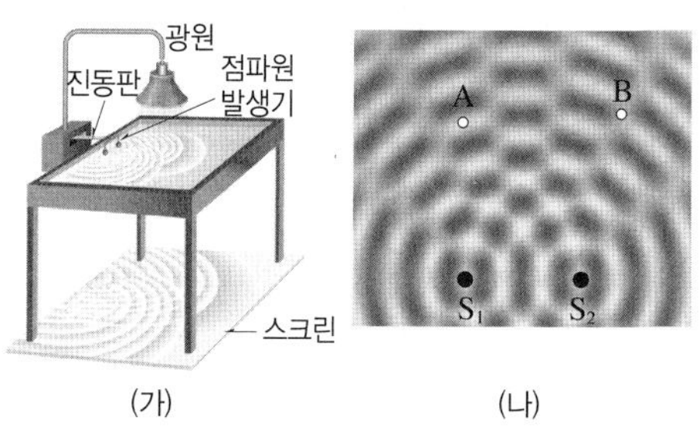

(가) (나)

이에 대한 설명으로 옳은 것만을 〈보기〉에서 있는 대로 고른 것은?

〈 보기 〉
ㄱ. A점에서는 보강 간섭이 일어난다.
ㄴ. B점에서는 상쇄 간섭이 일어난다.
ㄷ. A점에서는 수면의 높이가 일정하게 유지된다.

① ㄱ ② ㄴ ③ ㄷ
④ ㄱ, ㄴ ⑤ ㄱ, ㄷ

20. 그림은 투과 전자 현미경과 주사 전자 현미경을 순서 없이 나타낸 것이다.

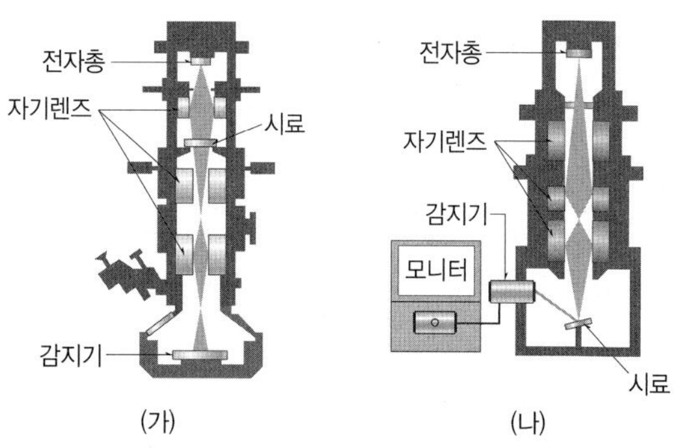

(가) (나)

이에 대한 설명으로 옳은 것만을 〈보기〉에서 있는 대로 고른 것은?

〈 보기 〉
ㄱ. (가)는 주사 전자 현미경이다.
ㄴ. (나)는 시료 표면의 3차원적인 구조를 볼 수 있다는 장점이 있다.
ㄷ. 전자 현미경은 시료를 진공 속에 넣어야 하기 때문에 살아 있는 생명체를 관찰하는 것은 어렵다.

① ㄱ ② ㄴ ③ ㄱ, ㄷ
④ ㄴ, ㄷ ⑤ ㄱ, ㄴ, ㄷ

실전 예상 모의고사 2회

과학탐구 영역 [물리학 I]

⏱ 제한 시간 30분

1. 그림은 빗면에 정지해 있던 물체가 미끄러져 내려오는 운동을 할 때 물체의 위치를 일정한 시간 간격으로 나타낸 것이다.

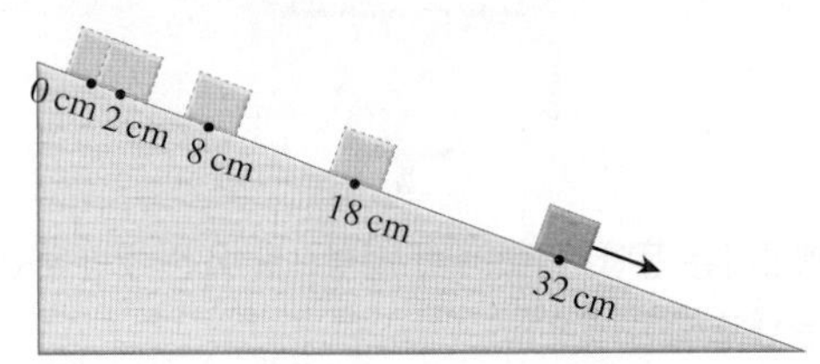

이에 대한 설명으로 옳은 것만을 〈보기〉에서 있는 대로 고른 것은?

〈 보기 〉

ㄱ. 물체의 가속도는 일정하다.

ㄴ. 물체의 속도는 시간에 비례하여 증가한다.

ㄷ. 물체의 이동 거리는 시간의 제곱에 비례하여 증가한다.

① ㄱ ② ㄴ ③ ㄱ, ㄷ
④ ㄴ, ㄷ ⑤ ㄱ, ㄴ, ㄷ

2. 그림 (가)는 빗면 위의 어떤 물체가 정지 상태에서 출발하여 미끄러진 후 수평면 위를 운동하다가 정지한 것을 나타낸 것이다. 그림 (나)는 이 물체의 시간에 따른 속력을 나타낸 것이다.

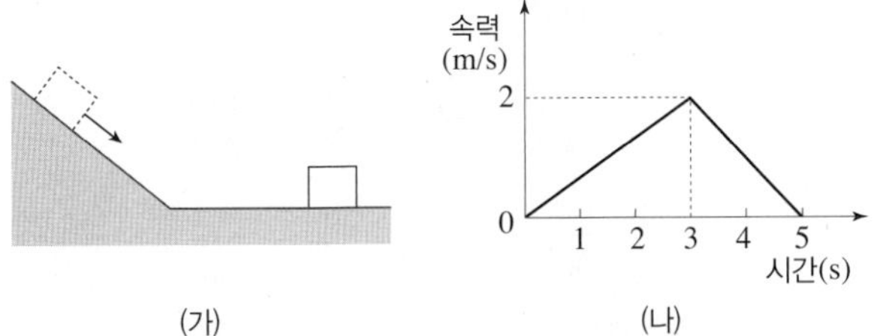

(가) (나)

이 물체의 운동에 대한 설명으로 옳은 것만을 〈보기〉에서 있는 대로 고른 것은?

〈 보기 〉

ㄱ. 2초일 때 가속도의 크기는 4초일 때 가속도의 크기와 같다.

ㄴ. 수평면에서 이동한 거리는 2 m이다.

ㄷ. 운동하는 동안 물체에 작용하는 알짜힘의 방향이 한 번 바뀌었다.

① ㄱ ② ㄴ ③ ㄷ
④ ㄱ, ㄴ ⑤ ㄴ, ㄷ

3. 그림과 같이 물체 A, B, C가 도르래를 통해 실 p, q로 연결되어 각각 등가속도 운동하고 있다. A, B, C의 질량은 각각 2 kg, 1 kg, 1 kg이다.

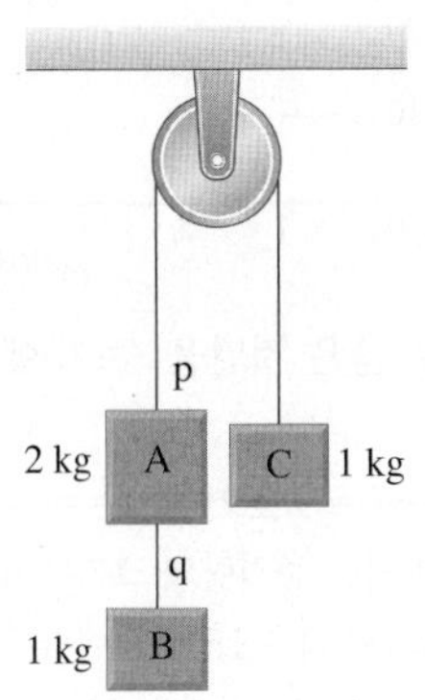

이에 대한 설명으로 옳은 것만을 〈보기〉에서 있는 대로 고른 것은? (단, 중력 가속도는 10 m/s^2이고, 실의 질량, 모든 마찰과 공기 저항은 무시한다.)

〈 보기 〉

ㄱ. C의 가속도는 5 m/s^2이다.

ㄴ. q가 B를 당기는 힘은 5 N이다.

ㄷ. p가 A를 당기는 힘은 10 N이다.

① ㄱ ② ㄴ ③ ㄱ, ㄴ
④ ㄱ, ㄷ ⑤ ㄴ, ㄷ

4. 그림은 수평면에서 3 m/s의 속력으로 운동하는 질량이 4 kg인 장난감 자동차 A와 1 m/s의 속력으로 운동하는 질량이 2 kg인 장난감 자동차 B가 충돌한 후, A의 속력이 2 m/s이고 B의 속력이 v인 것을 나타낸 것이다. 충돌 전과 후, 두 장난감 자동차는 같은 일직선상에서 운동한다.

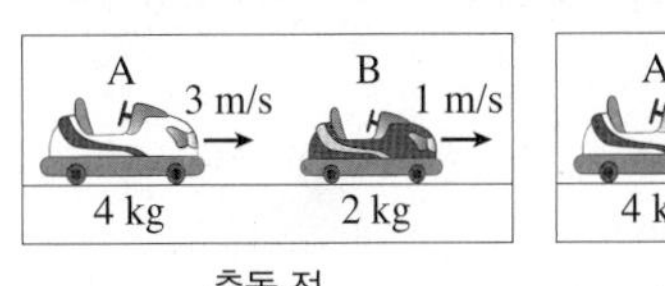

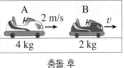

충돌 전 충돌 후

이에 대한 설명으로 옳은 것만을 〈보기〉에서 있는 대로 고른 것은? (단, 장난감 자동차의 크기, 모든 마찰과 공기 저항은 무시한다.)

〈 보기 〉

ㄱ. A의 운동량 변화량의 크기는 4 kg·m/s이다.

ㄴ. B가 받은 충격량의 크기는 6 N·s이다.

ㄷ. v는 3 m/s이다.

① ㄱ ② ㄴ ③ ㄱ, ㄷ
④ ㄴ, ㄷ ⑤ ㄱ, ㄴ, ㄷ

5. 그림은 마찰이 없는 수평면 위에서 2 m/s로 운동하고 있는 질량 2 kg의 물체에 운동 방향으로 작용한 힘의 크기를 시간에 따라 나타낸 것이다.

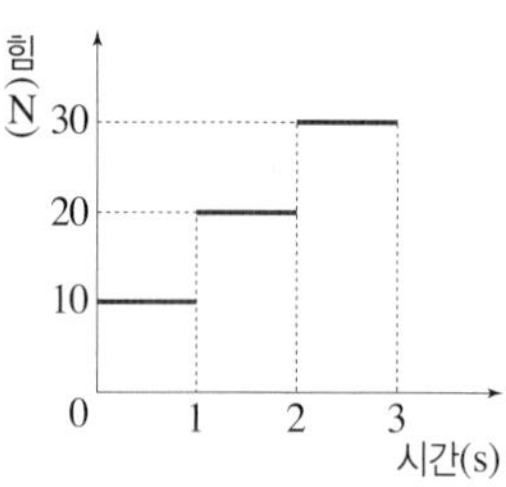

이에 대한 설명으로 옳은 것만을 〈보기〉에서 있는 대로 고른 것은?

〈 보기 〉

ㄱ. 3초까지 물체가 받은 충격량의 크기는 60 N·s이다.
ㄴ. 2초일 때, 물체의 속력은 15 m/s이다.
ㄷ. 2초에서 3초까지 속력 변화량은 15 m/s이다.

① ㄱ ② ㄴ ③ ㄱ, ㄷ
④ ㄴ, ㄷ ⑤ ㄱ, ㄴ, ㄷ

6. 그림 (가)와 같이 질량이 각각 $2m$, m인 물체 A, B를 줄로 연결한 후, B를 지면에 닿도록 눌렀더니 A가 지면으로부터 높이 h인 곳에 정지해 있었다. 그림 (나)는 B를 가만히 놓은 후 A가 지면에 닿는 순간, A와 B가 v의 속력으로 운동하고 있는 모습을 나타낸 것이다.

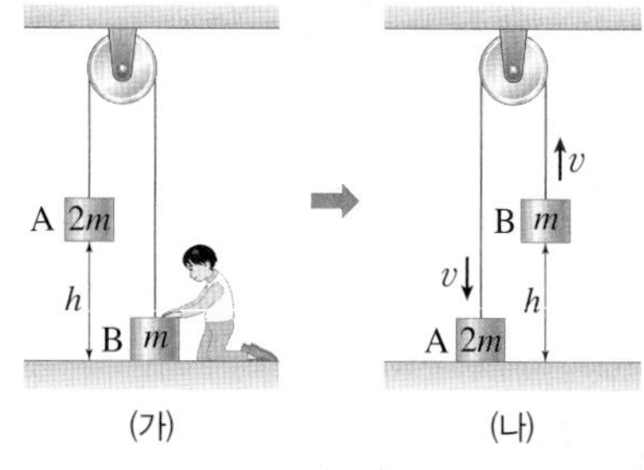

(가) (나)

v는? (단, 중력 가속도는 g이고, 물체의 크기, 줄의 질량, 도르래의 마찰, 공기 저항은 무시한다.)

① $\sqrt{\frac{gh}{3}}$ ② $\sqrt{\frac{gh}{2}}$ ③ $\sqrt{\frac{2gh}{3}}$
④ $\sqrt{gh}$ ⑤ $\sqrt{2gh}$

7. 그림은 공기가 들어 있는 상자 내부에 수증기를 넣고 수증기가 응결되지 않은 상태로 단열 팽창시킨 모습을 나타낸 것이다.

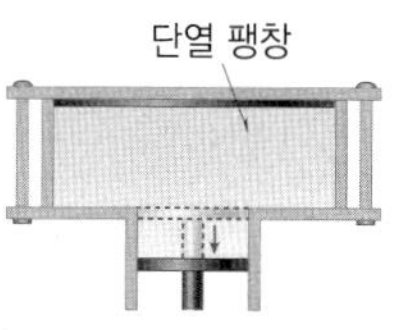

단열 팽창하는 동안, 이에 대한 설명으로 옳은 것만을 〈보기〉에서 있는 대로 고른 것은?

〈 보기 〉

ㄱ. 상자 내부의 온도는 낮아진다.
ㄴ. 상자 내부의 압력은 감소한다.
ㄷ. 기체의 내부 에너지는 감소한다.

① ㄱ ② ㄷ ③ ㄱ, ㄴ
④ ㄴ, ㄷ ⑤ ㄱ, ㄴ, ㄷ

8. 그림은 고열원에서 Q_1의 열에너지를 흡수하여 외부에 W의 일을 한 후 저열원으로 Q_2의 열에너지를 방출하는 열기관을 모식적으로 나타낸 것이다. 고열원의 온도는 T_1, 저열원의 온도는 T_2이다.

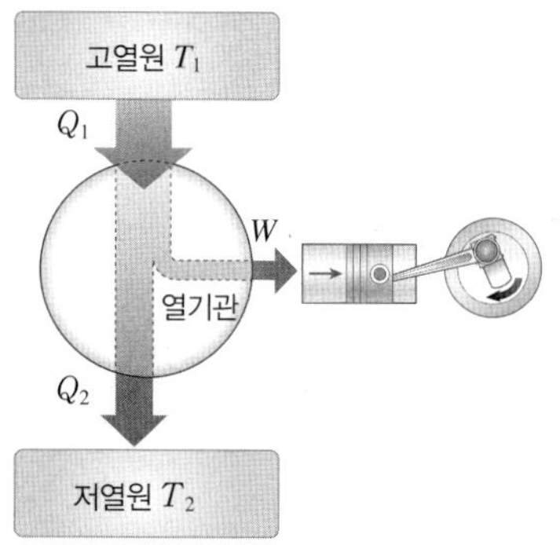

이에 대한 설명으로 옳은 것만을 〈보기〉에서 있는 대로 고른 것은?

〈 보기 〉

ㄱ. $W = Q_2 - Q_1$이다.
ㄴ. Q_2가 클수록 열효율이 작다.
ㄷ. $\frac{T_2}{T_1}$가 작을수록 이상적인 최대 열효율이 크다.

① ㄱ ② ㄷ ③ ㄱ, ㄴ
④ ㄴ, ㄷ ⑤ ㄱ, ㄴ, ㄷ

9. 그림과 같이 철수가 탄 우주선이 정지한 영희에 대해 일정한 속도 $0.9c$로 행성 A에서 행성 B를 향해 운동하고 있다. 영희가 측정한 A와 B 사이의 거리는 L이고, 철수가 A에서 B까지 이동하는 데 걸린 시간을 영희가 측정하였을 때 T이다. A와 B는 영희에 대해 정지해 있다.

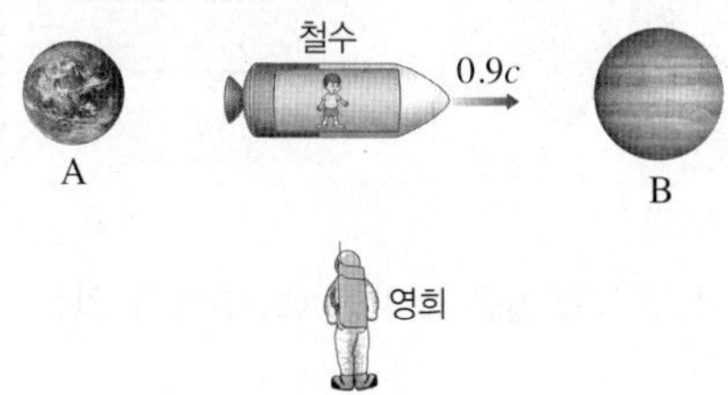

이에 대한 설명으로 옳은 것만을 〈보기〉에서 있는 대로 고른 것은? (단, c는 빛의 속력이다.)

〈보기〉
ㄱ. 철수가 측정한 A와 B 사이의 거리는 L보다 작다.
ㄴ. 철수가 관측할 때 A는 $0.9c$의 속력으로 멀어진다.
ㄷ. 철수가 측정한 A에서 B까지 이동하는 데 걸린 시간은 T보다 크다.

① ㄱ ② ㄷ ③ ㄱ, ㄴ ④ ㄴ, ㄷ ⑤ ㄱ, ㄴ, ㄷ

10. 그림은 우라늄 235의 핵분열 과정을 모식적으로 나타낸 것이다.

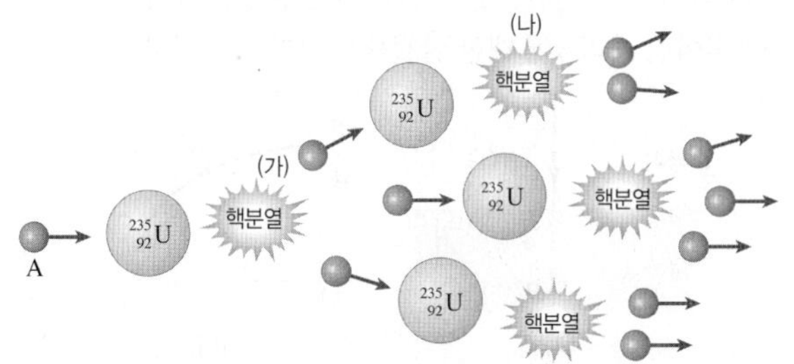

이에 대한 설명으로 옳은 것만을 〈보기〉에서 있는 대로 고른 것은?

〈보기〉
ㄱ. A는 중성자이다.
ㄴ. (가)와 (나)의 과정에서 전체 질량은 감소한다.
ㄷ. 핵분열 반응 전후 질량수의 합은 감소한다.

① ㄱ ② ㄷ ③ ㄱ, ㄴ ④ ㄴ, ㄷ ⑤ ㄱ, ㄴ, ㄷ

11. 그림은 보어의 수소 원자 모형에서 양자수 n에 따른 에너지 준위의 일부와 전자의 전이 a, b, c, d를 나타낸 것이다. a, b에서 흡수되는 빛의 진동수는 f_a, f_b이고, c, d에서 방출되는 빛의 진동수는 f_c, f_d이다.

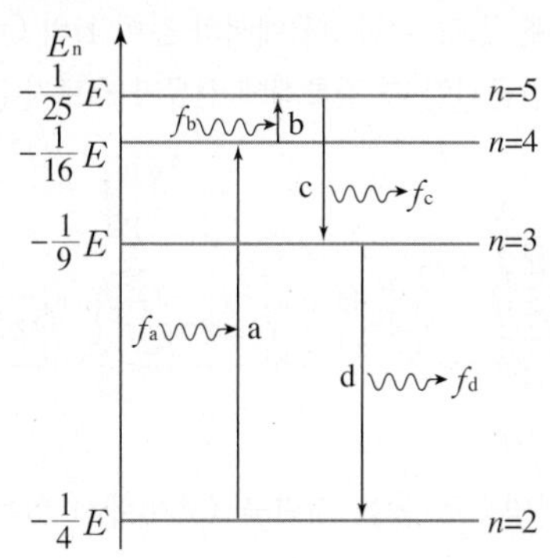

이에 대한 설명으로 옳은 것만을 〈보기〉에서 있는 대로 고른 것은?

〈보기〉
ㄱ. a에서 흡수되는 광자 1개의 에너지는 $\frac{1}{4}E$이다.
ㄴ. $f_a+f_b=f_c+f_d$이다.
ㄷ. 진동수 f_c인 빛의 파장은 진동수 f_d인 빛보다 길다.

① ㄱ ② ㄷ ③ ㄱ, ㄴ ④ ㄴ, ㄷ ⑤ ㄱ, ㄴ, ㄷ

12. 그림과 같이 무한히 긴 직선 도선 A, B가 점 p, q, r와 같은 간격 d만큼 떨어져 종이면에 수직으로 고정되어 있다. A에 흐르는 전류 I_0의 세기와 방향은 일정하다. 표는 B에 흐르는 전류가 각각 I_1, I_2일 때 p, q, r 중에서 A와 B에 흐르는 전류에 의한 자기장이 0이 되는 지점을 나타낸 것이다.

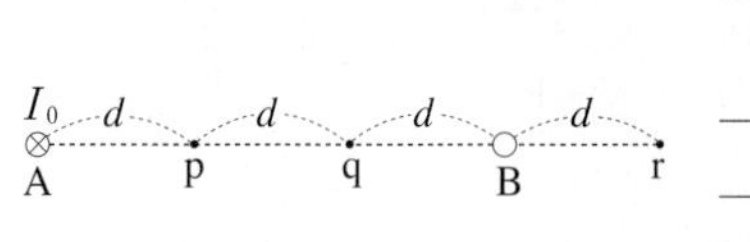

B에 흐르는 전류	자기장이 0이 되는 지점
I_1	p
I_2	r

이에 대한 설명으로 옳은 것만을 〈보기〉에서 있는 대로 고른 것은?

〈보기〉
ㄱ. 전류의 방향은 I_1과 I_2가 서로 반대이다.
ㄴ. 전류의 세기는 I_0이 I_2의 2배이다.
ㄷ. q에서 자기장의 방향은 I_1일 때와 I_2일 때가 같다.

① ㄱ ② ㄷ ③ ㄱ, ㄴ ④ ㄴ, ㄷ ⑤ ㄱ, ㄴ, ㄷ

13. 그림 (가)와 같이 자기화되어 있지 않은 물체 A와 B의 P, Q쪽을 각각 아래로 향하게 솔레노이드에 넣어 전류를 흘려주었다. A, B는 각각 강자성체, 상자성체 중 하나이다. 그림 (나)에서와 같이 A의 P쪽을 솔레노이드를 향해 접근시킬 때 검류계에 전류가 흘렀고, 그림 (다)에서와 같이 B의 Q쪽을 솔레노이드를 향해 접근시킬 때 검류계에 전류가 흐르지 않았다.

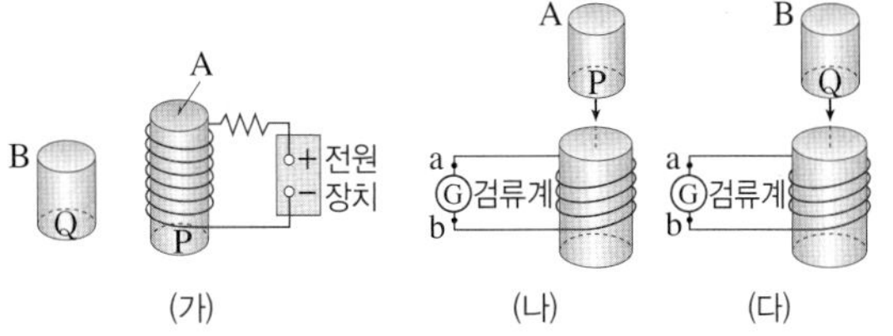

이에 대한 설명으로 옳은 것만을 〈보기〉에서 있는 대로 고른 것은?

〈 보기 〉

ㄱ. B는 강자성체이다.
ㄴ. (가)에서 솔레노이드 안에 넣은 B의 Q쪽은 N극으로 자기화된다.
ㄷ. (나)에서 전류의 방향은 b → Ⓖ → a 방향이다.

① ㄴ ② ㄷ ③ ㄱ, ㄴ
④ ㄱ, ㄷ ⑤ ㄴ, ㄷ

14. 그림은 자기장 영역 I, II가 있는 xy 평면에서 동일한 정사각형 금속 고리 P, Q, R가 $+x$ 방향의 같은 속력으로 운동하고 있는 어느 순간의 모습을 나타낸 것이다. 이 순간 Q의 중심은 원점에 있다. 영역 I에서 자기장의 세기는 B로 균일하며 xy 평면에 수직으로 나오는 방향이고, 영역 II에서 자기장은 세기가 $2B$로 균일하며 xy 평면에서 수직으로 들어가는 방향이다.

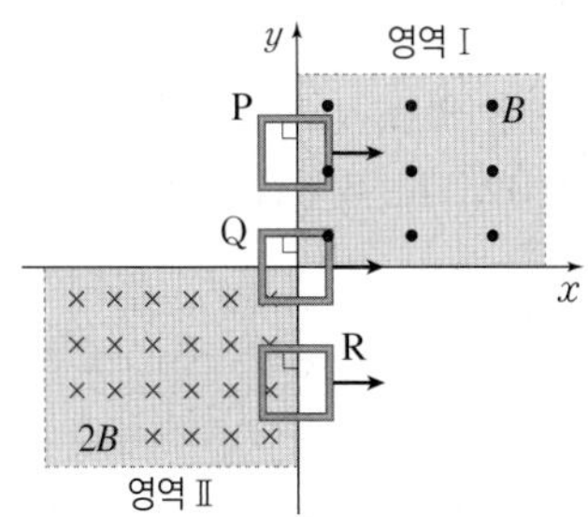

이 순간에 대한 설명으로 옳은 것만을 〈보기〉에서 있는 대로 고른 것은?

〈 보기 〉

ㄱ. 유도 전류의 방향은 P에서와 R에서가 같다.
ㄴ. Q에는 시계 방향으로 유도 전류가 흐른다.
ㄷ. 유도 전류의 세기가 P에서가 Q에서보다 작다.

① ㄱ ② ㄷ ③ ㄱ, ㄴ
④ ㄴ, ㄷ ⑤ ㄱ, ㄴ, ㄷ

15. 그림 (가)는 영구 자석, 코일이 감겨 있는 진동판이 들어 있는 스피커의 내부 구조를 나타낸 것이고, 그림 (나)는 그림 (가)의 영구 자석과 코일의 단면을 도식적으로 나타낸 것이다.

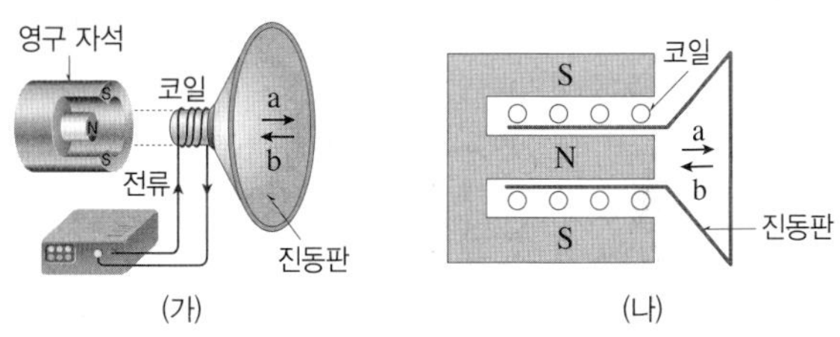

이에 대한 설명으로 옳은 것만을 〈보기〉에서 있는 대로 고른 것은?

〈 보기 〉

ㄱ. 코일에 직류 전류가 흐를 때 진동판이 진동한다.
ㄴ. 코일에 흐르는 전류의 방향이 화살표 방향일 때 진동판에 작용하는 힘의 방향은 a이다.
ㄷ. 코일에 흐르는 전류의 세기가 세면 진동판에 작용하는 힘은 작아진다.

① ㄱ ② ㄴ ③ ㄱ, ㄷ
④ ㄴ, ㄷ ⑤ ㄱ, ㄴ, ㄷ

16. 그림 (가)는 단색광이 물체에 수직으로 입사하여 물체 속을 진행하는 것을 나타낸 것이다. 그림 (나)는 물체의 표면으로부터 떨어진 거리 y에 대한 굴절률을 나타낸 것이다.

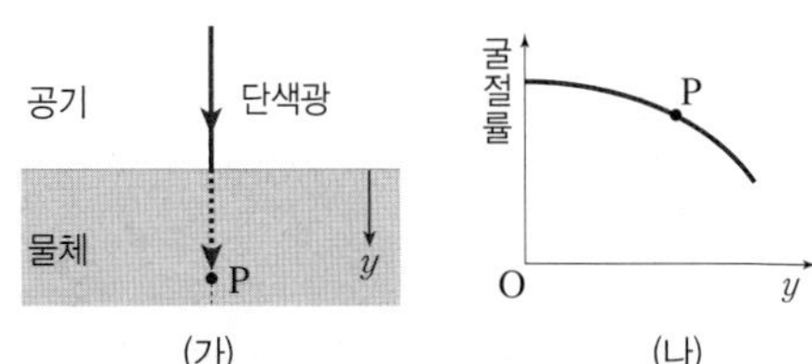

단색광이 물체 표면으로부터 점 P까지 진행하는 동안, 이에 대한 설명으로 옳은 것만을 〈보기〉에서 있는 대로 고른 것은?

〈 보기 〉

ㄱ. 진동수는 일정하다.
ㄴ. 속력은 점점 증가한다.
ㄷ. 파장은 점점 감소한다.

① ㄱ ② ㄴ ③ ㄱ, ㄴ
④ ㄴ, ㄷ ⑤ ㄱ, ㄴ, ㄷ

17. 그림 (가)는 프리즘으로 입사한 백색광이 파장에 따라 굴절하는 모습을 나타낸 것이고, 그림 (나)는 프리즘을 통과한 단색광 A를 매질 1과 매질 2로 만들어진 투명한 물질에 입사시켰을 때 빛의 진행 경로를 나타낸 것이다.

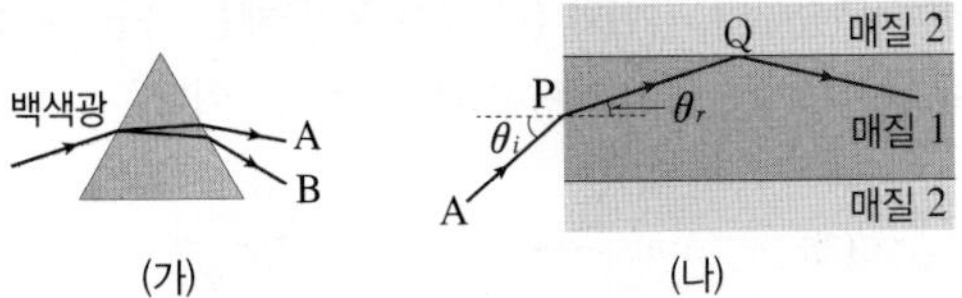

(가) (나)

A를 매질 1의 P점에 입사시켰더니 Q점에서 전반사하였다고 할 때, 이에 대한 설명으로 옳은 것만을 〈보기〉에서 있는 대로 고른 것은? (단, $\theta_i > \theta_r$이다.)

〈 보기 〉
ㄱ. θ_i를 증가시키면 θ_r도 증가한다.
ㄴ. 단색광 B로 바꾸어 P점에 입사각 θ_i로 입사시키면 굴절각 θ_r은 증가한다.
ㄷ. 단색광 B로 바꾸어 P점에 입사각 θ_i로 입사시키면 매질 1과 매질 2의 경계면에서 전반사한다.

① ㄱ ② ㄴ ③ ㄱ, ㄷ
④ ㄴ, ㄷ ⑤ ㄱ, ㄴ, ㄷ

18. 그림과 같이 스피커 S_1, S_2에서 진동수가 각각 1000 Hz의 소리가 발생하고 있다. O점은 두 스피커에서 같은 거리에 있는 지점이며, 두 스피커를 연결한 직선과 나란한 선분 PQ 위의 B는 큰 소리가 들리는 지점이고, A와 C는 작은 소리가 들리는 지점이다.

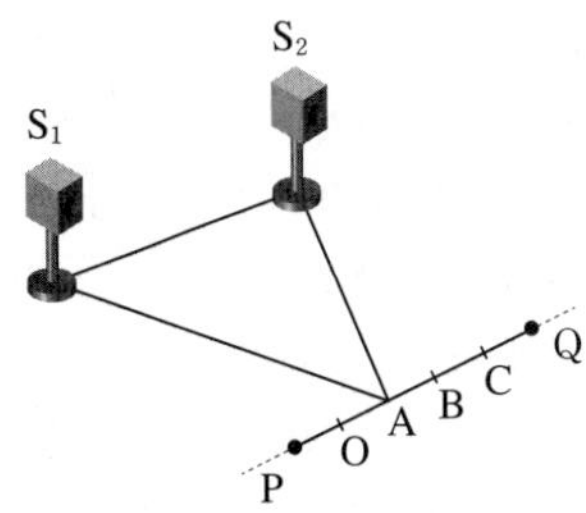

이에 대한 설명으로 옳은 것만을 〈보기〉에서 있는 대로 고른 것은? (단, 소리의 속력은 340 m/s이다.)

〈 보기 〉
ㄱ. 스피커에서 나오는 소리의 파장은 0.34 m이다.
ㄴ. O와 A 사이의 거리는 B와 C 사이의 거리와 같다.
ㄷ. S_1에서 A까지의 거리는 S_2에서 A까지의 거리보다 0.17 m 만큼 크다.

① ㄱ ② ㄴ ③ ㄱ, ㄷ
④ ㄴ, ㄷ ⑤ ㄱ, ㄴ, ㄷ

19. 다음은 광전 효과에 대한 실험 과정과 결과를 나타낸 것이다.

| 실험 과정 |

(가) 그림과 같이 세기가 일정한 단색광 A, B를 각각 금속판에 비추고 전류계에 흐르는 전류의 세기를 측정한다.

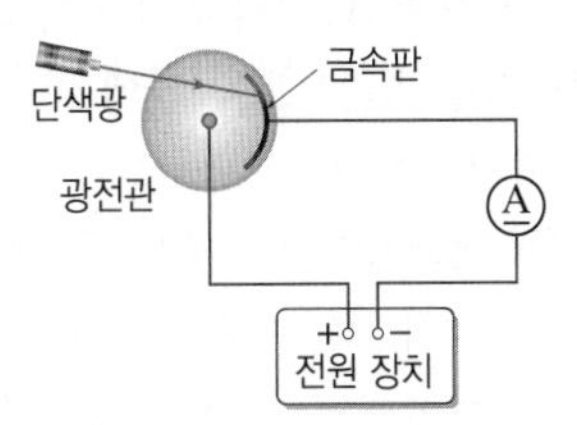

(나) (가)에서 B의 세기만을 다르게 하여 금속판에 비추고 전류계에 흐르는 전류의 세기를 측정한다.

| 실험 결과 |

과정	단색광	전류의 세기
(가)	A	0
	B	I_0
(나)	B	$2I_0$

이에 대한 설명으로 옳은 것만을 〈보기〉에서 있는 대로 고른 것은?

〈 보기 〉
ㄱ. 진동수는 B가 A보다 크다.
ㄴ. B의 세기는 (나)에서가 (가)에서보다 세다.
ㄷ. (가)에서 A의 세기를 계속 증가시키다 보면 전류계에 전류가 흐를 때가 있다.

① ㄱ ② ㄷ ③ ㄱ, ㄴ
④ ㄴ, ㄷ ⑤ ㄱ, ㄴ, ㄷ

20. 그림 (가)는 전자선을 금속박에 입사시켰을 때 얻은 무늬를, (나)는 X선을 같은 금속박에 입사시켰을 때 얻은 회절 무늬를 나타낸 것이다.

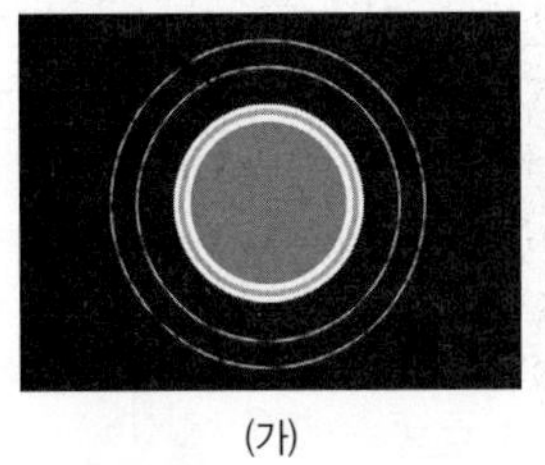
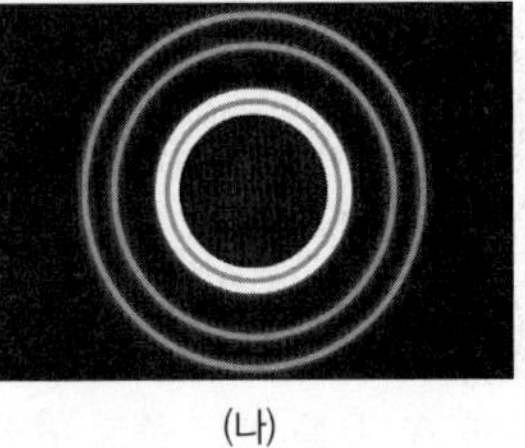

(가) (나)

이에 대한 설명으로 옳은 것만을 〈보기〉에서 있는 대로 고른 것은?

〈 보기 〉
ㄱ. (가)에서 전자가 파동성을 가진다는 것을 알 수 있다.
ㄴ. (가)에서 전자선의 속력이 빠를수록 밝은 무늬 사이의 간격이 넓어진다.
ㄷ. (가)도 회절하여 생긴 무늬이다.

① ㄱ ② ㄴ ③ ㄱ, ㄷ
④ ㄴ, ㄷ ⑤ ㄱ, ㄴ, ㄷ

1. 그림은 직선상에서 운동하는 두 물체 A, B의 위치를 어느 한 점을 기준으로 시간에 따라 나타낸 것이다.

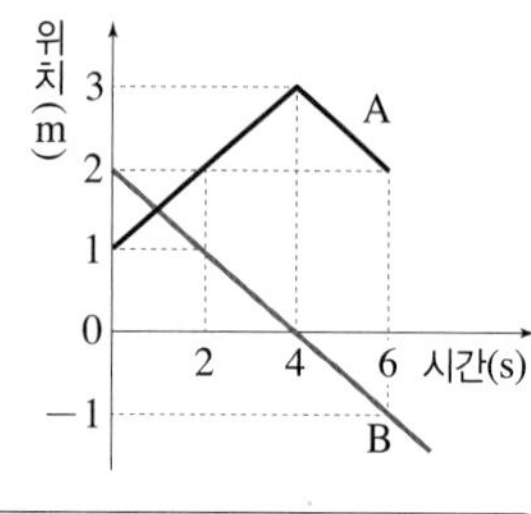

이에 대한 설명으로 옳은 것만을 ⟨보기⟩에서 있는 대로 고른 것은?

⟨보기⟩
ㄱ. 0초에서 4초까지 A의 속도는 0.5 m/s이다.
ㄴ. A는 4초 때 운동 방향이 바뀌었다.
ㄷ. 0초에서 4초까지 A와 B의 속력은 같다.

① ㄱ ② ㄷ ③ ㄱ, ㄴ ④ ㄴ, ㄷ ⑤ ㄱ, ㄴ, ㄷ

2. 그림 (가)는 마찰이 없는 수평면에서 질량 4 kg의 물체에 방향이 서로 반대인 F와 20 N의 두 힘이 작용하고 있는 모습을, (나)는 물체의 속력을 시간에 따라 나타낸 것이다.

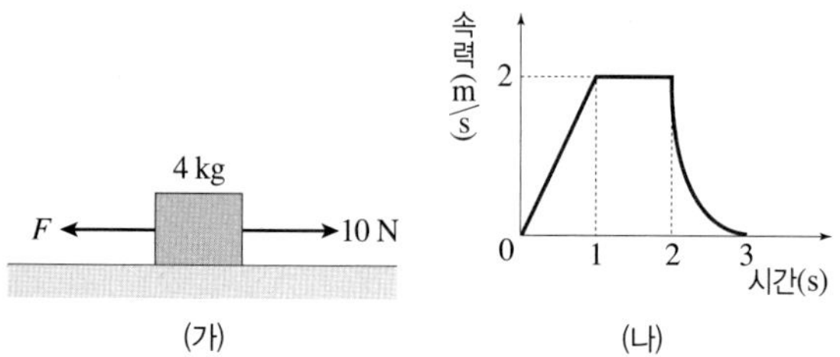

오른쪽 방향을 (+)로 할 때, 이에 대한 설명으로 옳은 것만을 ⟨보기⟩에서 있는 대로 고른 것은?

⟨보기⟩
ㄱ. 0초에서 1초 사이에 F의 크기는 2 N이다.
ㄴ. 1초에서 2초 사이에 물체에 작용한 알짜힘은 0이다.
ㄷ. 2초에서 3초 사이에 F의 크기는 점점 증가한다.

① ㄱ ② ㄷ ③ ㄱ, ㄴ ④ ㄴ, ㄷ ⑤ ㄱ, ㄴ, ㄷ

3. 그림은 질량이 각각 2 kg, 1 kg인 물체 A, B를 가는 줄로 연결하여 도르래에 매단 것을 나타낸 것이다.

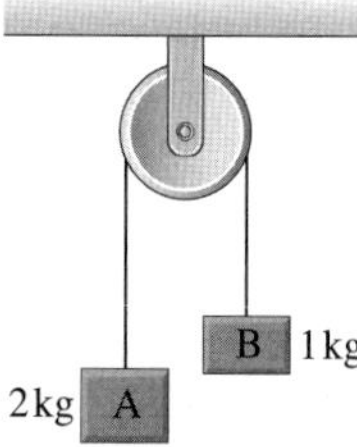

이에 대한 설명으로 옳은 것만을 ⟨보기⟩에서 있는 대로 고른 것은? (단, 줄의 무게 및 모든 마찰은 무시한다.)

⟨보기⟩
ㄱ. A와 B의 가속도의 크기는 같다.
ㄴ. A와 B에 작용하는 알짜힘의 비 A : B=2 : 1이다.
ㄷ. A에 작용하는 알짜힘의 크기는 A의 무게와 같다.

① ㄱ ② ㄷ ③ ㄱ, ㄴ ④ ㄴ, ㄷ ⑤ ㄱ, ㄴ, ㄷ

4. 그림 (가)는 속력 v로 운동하던 A가 정지해 있는 B에 충돌하는 모습을, (나)는 속력 v로 운동하던 B가 정지해 있는 A와 충돌하는 모습이다. (가)와 (나)에서 두 물체는 충돌 후 붙어서 함께 운동한다. A, B의 질량은 각각 m, $2m$이다.

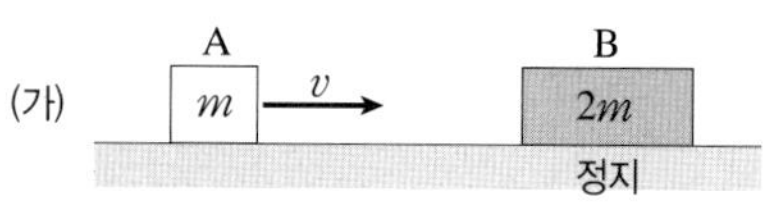

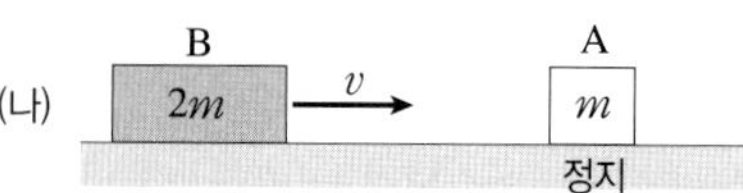

이에 대한 설명으로 옳은 것만을 ⟨보기⟩에서 있는 대로 고른 것은? (단, 두 충돌은 모두 직선상에서 일어나며, 모든 마찰은 무시한다.)

⟨보기⟩
ㄱ. 충돌 후 A의 운동량은 (나)에서가 (가)에서의 2배이다.
ㄴ. (가)와 (나)에서 A가 받은 충격량의 크기는 같다.
ㄷ. (나)에서 A가 얻은 운동 에너지는 $\frac{1}{9}mv^2$이다.

① ㄱ ② ㄷ ③ ㄱ, ㄴ ④ ㄱ, ㄷ ⑤ ㄴ, ㄷ

5. 그림은 $x=0$에서 정지해 있던 물체 A, B가 x 축과 나란한 직선 경로를 따라 운동하는 모습을, 표는 구간에 따라 A, B에 작용하는 힘의 크기와 방향을 나타낸 것이다. A, B의 질량은 같고, A, B가 $x=0$에서 $x=4L$까지 운동하는 데 걸린 시간은 같다. F_A와 F_B의 크기는 각각 일정하고, 방향은 x축과 나란한 방향이다.

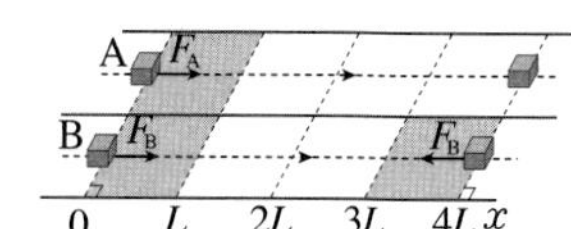

물체 \ 구간	$0 \leq x \leq L$	$L < x < 3L$	$3L \leq x \leq 4L$
A	F_A, 오른쪽	0	0
B	F_B, 오른쪽	0	F_B, 왼쪽

$0 \leq x \leq L$에서 A, B가 받은 일을 각각 W_A, W_B라고 할 때, $\frac{W_A}{W_B}$는? (단, 물체의 크기, 마찰, 공기 저항은 무시한다.)

① $\frac{16}{25}$ ② $\frac{25}{36}$ ③ $\frac{36}{49}$ ④ $\frac{49}{64}$ ⑤ $\frac{64}{81}$

6. 그림은 지면으로부터 5 m 높이인 A점을 지나 10 m 높이인 B점에 도착한 롤러코스터의 모습을 나타낸 것이다.

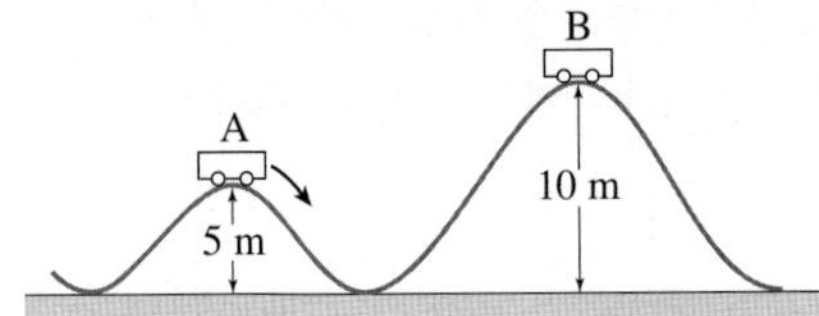

수레가 A점에서 가져야 할 최소한의 속력은? (단, 중력 가속도는 10 m/s²이고, 모든 마찰 및 공기 저항은 무시한다.)

① 1 m/s ② 2 m/s ③ 4 m/s ④ 5 m/s ⑤ 10 m/s

7. 그림은 같은 양의 이상 기체 A, B를 분리하는 칸막이가 A에 열이 가해지는 동안 이동하는 것을 나타낸 것이다.

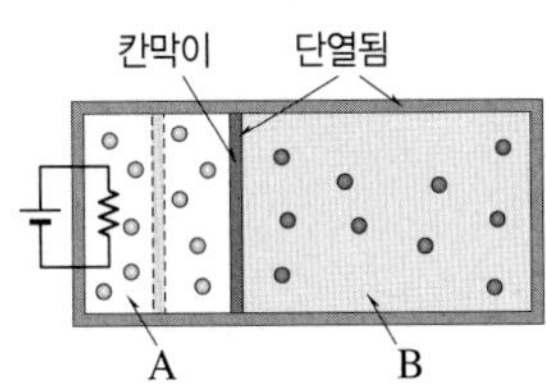

이에 대한 설명으로 옳은 것만을 〈보기〉에서 있는 대로 고른 것은? (단, 칸막이에 의한 마찰은 무시한다.)

〈보기〉
ㄱ. A의 내부 에너지 변화량은 A가 받은 열량과 같다.
ㄴ. 온도는 매 순간 A와 B가 서로 같다.
ㄷ. B가 받은 일은 B의 내부 에너지 변화량과 같다.

① ㄴ ② ㄷ ③ ㄱ, ㄴ ④ ㄱ, ㄷ ⑤ ㄱ, ㄴ, ㄷ

8. 그림은 일정량의 이상 기체의 상태가 A→B→C→D→A로 변할 때 압력과 부피의 관계를 나타낸 것이다. C→D 과정은 등온 과정이다.

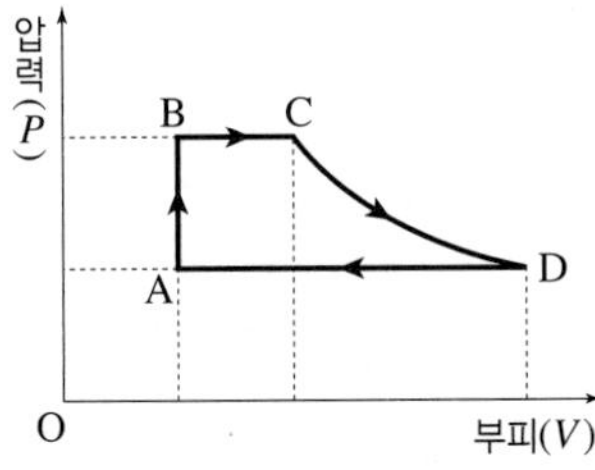

이에 대한 설명으로 옳은 것만을 〈보기〉에서 있는 대로 고른 것은?

〈보기〉
ㄱ. A→B 과정에서 기체는 일을 하지 않는다.
ㄴ. C→D 과정에서 기체가 흡수한 열은 기체가 한 일과 같다.
ㄷ. A→B→C→D→A 과정에서 기체는 외부로부터 열을 흡수한다.

① ㄱ ② ㄷ ③ ㄱ, ㄴ ④ ㄴ, ㄷ ⑤ ㄱ, ㄴ, ㄷ

9. 그림 (가)는 공급된 에너지로 일을 하고, 남은 에너지를 방출하는 열기관을 모식적으로 나타낸 것이고, 그림 (나)는 열기관 A, B에 공급된 에너지와 열기관이 방출한 에너지를 나타낸 것이다.

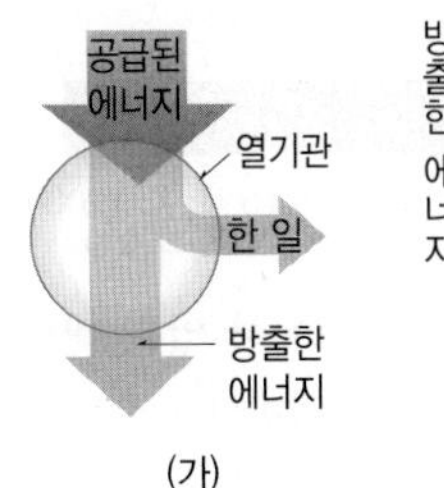

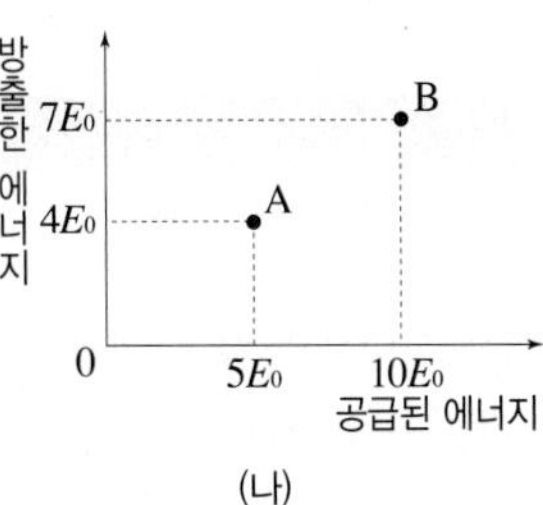

이에 대한 설명으로 옳은 것만을 〈보기〉에서 있는 대로 고른 것은?

〈보기〉
ㄱ. A가 한 일은 E_0이다.
ㄴ. 열효율은 A가 B보다 크다.
ㄷ. 방출한 에너지가 0인 열기관은 만들 수 없다.

① ㄱ ② ㄷ ③ ㄱ, ㄴ ④ ㄱ, ㄷ ⑤ ㄴ, ㄷ

10. 그림은 등속도 운동하는 우주선과 우주 정거장을 나타낸 것이다. 우주선과 우주 정거장에는 똑같은 빛 시계가 실려 있다. 우주 정거장에서 측정한 우주선의 속력은 $0.6c$이다.

이에 대한 설명으로 옳은 것만을 〈보기〉에서 있는 대로 고른 것은? (단, c는 빛의 속력이다.)

〈보기〉
ㄱ. 우주선과 우주 정거장에서 각각 측정한 고유 시간은 같다.
ㄴ. 우주 정거장에서 관측하면 우주선의 시간은 고유 시간보다 느리게 간다.
ㄷ. 우주선에서 관측하면 우주 정거장의 시간은 고유 시간보다 빠르게 간다.

① ㄱ ② ㄷ ③ ㄱ, ㄴ ④ ㄴ, ㄷ ⑤ ㄱ, ㄴ, ㄷ

11. 그림은 양자화된 에너지 $E_n(n=1, 2, 3, \cdots)$을 갖는 보어의 수소 원자 모형에서 서로 다른 에너지 준위 사이 전자의 전이 a, b, c 를 나타낸 것이다.

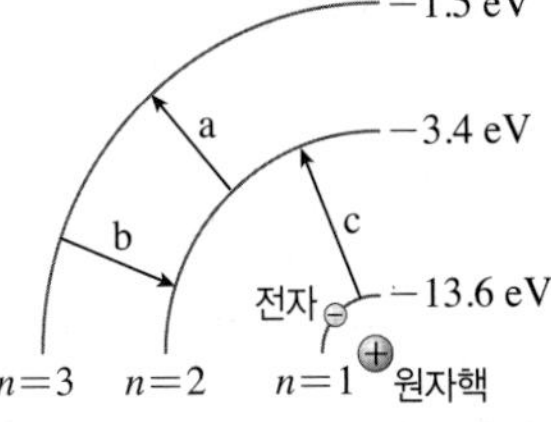

이에 대한 설명으로 옳은 것만을 〈보기〉에서 있는 대로 고른 것은?

〈보기〉
ㄱ. 방출되는 빛의 파장은 a일 때가 c일 때보다 크다.
ㄴ. b에서 원자핵과 전자 사이에 작용하는 전기력의 크기는 작아진다.
ㄷ. c에서 흡수되는 광자 1개의 에너지는 10.2 eV이다.

① ㄱ ② ㄴ ③ ㄱ, ㄷ ④ ㄴ, ㄷ ⑤ ㄱ, ㄴ, ㄷ

12. 그림은 보어의 수소 원자 모형에서 바닥상태($n=1$)에 있던 전자가 파장이 λ_0인 빛을 흡수하여 $n=4$로 전이한 이후에, 방출할 수 있는 모든 빛의 선 스펙트럼을 파장에 따라 나타낸 것이다. λ_1, λ_2는 전자의 전이 과정에서 방출한 빛의 파장이다.

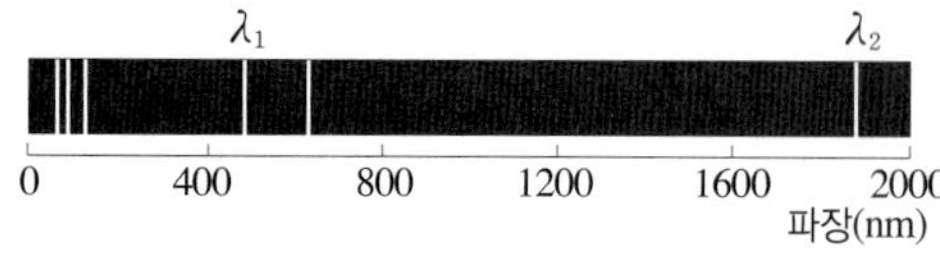

이에 대한 설명으로 옳은 것만을 〈보기〉에서 있는 대로 고른 것은? (단, h는 플랑크 상수, c는 빛의 속력이다.)

〈보기〉

ㄱ. 바닥상태에 있는 전자는 에너지가 $\frac{hc}{\lambda_0}-\frac{hc}{\lambda_1}$인 광자를 흡수할 수 없다.
ㄴ. λ_1은 자외선 계열이다.
ㄷ. λ_2는 전자가 $n=3$으로 전이할 때 방출한 빛의 파장이다.

① ㄴ ② ㄷ ③ ㄱ, ㄴ ④ ㄱ, ㄷ ⑤ ㄴ, ㄷ

13. 그림 (가)는 규소(Si)에 비소(As)를 첨가한 반도체 X와 규소(Si)에 붕소(B)를 첨가한 반도체 Y의 원자가 전자 배열을 나타낸 것이다. 그림 (나)는 (가)의 X, Y를 이용하여 만든 다이오드에 전압이 같은 두 전원장치와 저항값이 같은 저항 R_1, R_2를 연결하여 구성한 회로를 나타낸 것이다.

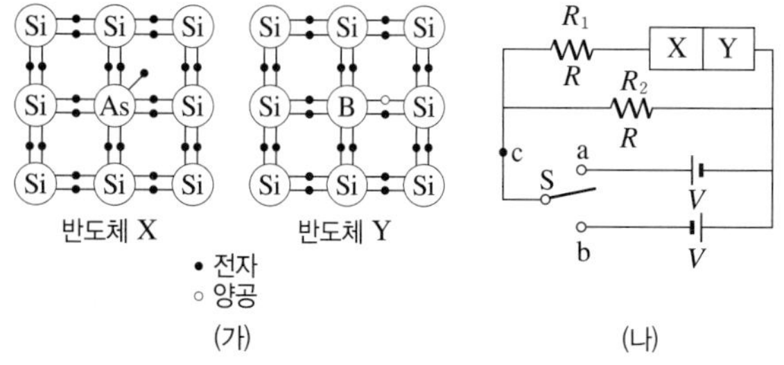

이에 대한 설명으로 옳은 것만을 〈보기〉에서 있는 대로 고른 것은?

〈보기〉

ㄱ. X는 p형 반도체이다.
ㄴ. 점 c에 흐르는 전류의 세기는 S를 a에 연결했을 때가 b에 연결했을 때보다 크다.
ㄷ. S를 a에 연결했을 때, R_1에 흐르는 전류의 세기는 R_2에 흐르는 전류의 세기보다 작다.

① ㄴ ② ㄷ ③ ㄱ, ㄴ ④ ㄱ, ㄷ ⑤ ㄱ, ㄴ, ㄷ

14. 그림과 같이 무한히 긴 평행한 도선 P, Q와 점 a, b, c는 같은 간격 d만큼 떨어져 종이면에 고정되어 있다. Q에 흐르는 전류 I의 세기와 방향은 일정하다. 시간 t_1, t_2, t_3일 때, 점 a, b, c에서 P와 Q에 의한 자기장의 세기가 각각 0이다.

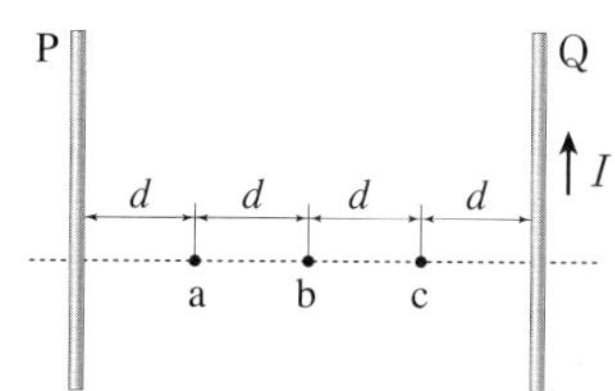

이에 대한 설명으로 옳은 것만을 〈보기〉에서 있는 대로 고른 것은?

〈보기〉

ㄱ. t_1일 때, P에 흐르는 전류의 세기는 I보다 작다.
ㄴ. t_2일 때, a에서의 자기장의 방향은 종이면에 수직으로 들어가는 방향이다.
ㄷ. t_3일 때, P와 Q에 흐르는 전류의 방향은 서로 반대이다.

① ㄱ ② ㄷ ③ ㄱ, ㄴ ④ ㄴ, ㄷ ⑤ ㄱ, ㄴ, ㄷ

15. 그림 (가)와 같이 자기화되어 있지 않은 물체를 자석의 윗면에 올려놓았다. 그림 (나)와 같이 (가)의 물체를 P가 금속 고리 쪽으로 향하도록 하여 금속 고리에 접근시키는 동안 화살표 방향으로 유도 전류가 흐른다. 자석의 윗면은 N극과 S극 중 하나이다.

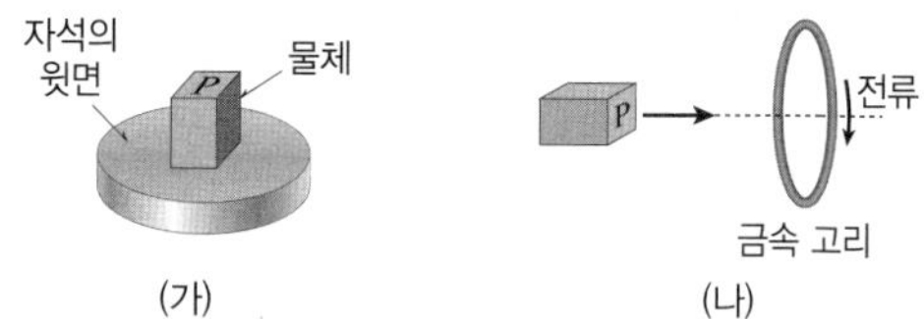

이에 대한 설명으로 옳은 것만을 〈보기〉에서 있는 대로 고른 것은?

〈보기〉

ㄱ. 물체는 강자성체이다.
ㄴ. 자석의 윗면은 N극이다.
ㄷ. (나)에서 물체와 고리 사이에는 서로 당기는 방향으로 자기력이 작용한다.

① ㄱ ② ㄷ ③ ㄱ, ㄴ ④ ㄴ, ㄷ ⑤ ㄱ, ㄴ, ㄷ

16. 그림 (가)는 빛의 파장에 따른 물의 굴절률을 나타낸 것이고, (나)는 파장이 다른 두 빛이 섞인 상태로 물방울에 입사된 후 빠져 나오는 모습을 나타낸 것이다.

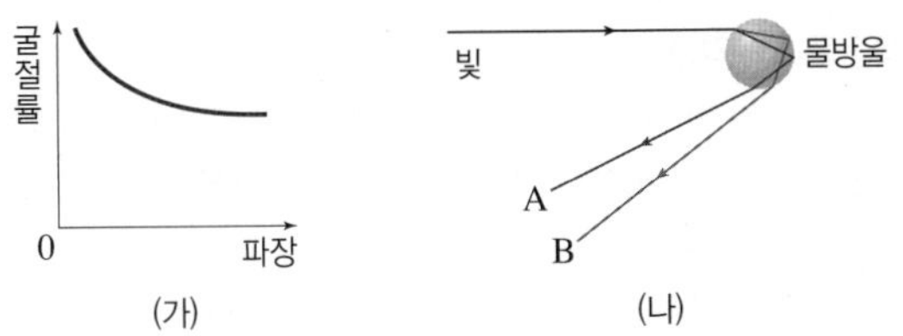

이에 대한 설명으로 옳은 것만을 〈보기〉에서 있는 대로 고른 것은?

〈보기〉

ㄱ. 파장은 A가 B보다 더 길다.
ㄴ. 두 빛은 물방울 속으로 들어갈 때 속력이 느려진다.
ㄷ. 물방울 안에서 두 빛의 속력은 A가 B보다 더 빠르다.

① ㄱ ② ㄴ ③ ㄱ, ㄴ ④ ㄴ, ㄷ ⑤ ㄱ, ㄴ, ㄷ

17. 그림과 같이 유리로 만든 프리즘 AC면에 수직하게 단색광을 입사시켰더니 프리즘 내부에서 반사되어 공기 중으로 다시 나왔다.

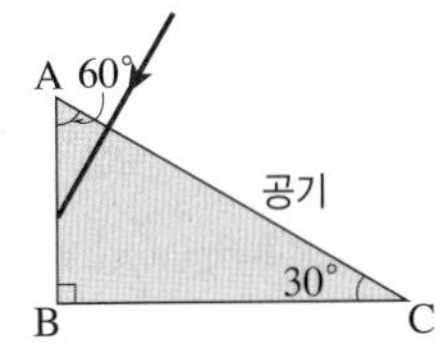

이에 대한 설명으로 옳은 것만을 〈보기〉에서 있는 대로 고른 것은?

〈보기〉

ㄱ. 단색광이 AB면에 반사될 때 반사각은 60°이다.
ㄴ. 단색광이 BC면에서 반사될 때 반사각은 30°이다.
ㄷ. AB면에 입사한 단색광과 BC면에서 반사된 단색광은 서로 나란하다.

① ㄱ ② ㄷ ③ ㄱ, ㄴ ④ ㄴ, ㄷ ⑤ ㄱ, ㄴ, ㄷ

18. 그림은 스마트폰의 블루투스 기능을 표시하는 기호를 나타낸 것이다. 스마트폰은 블루투스 기능을 이용하여 다른 전자 기기와 전자기파 A를 이용하여 정보를 주고 받는다.

전자기파 A에 대한 설명으로 옳은 것만을 〈보기〉에서 있는 대로 고른 것은

〈보기〉

ㄱ. 진공 중에서 전자기파 중 속력이 가장 작다.
ㄴ. 공기 중에서 진행 속력은 A가 TV소리보다 크다.
ㄷ. A의 파장은 TV화면으로 보이는 전자기파의 파장보다 크다.

① ㄱ ② ㄴ ③ ㄱ, ㄷ ④ ㄴ, ㄷ ⑤ ㄱ, ㄴ, ㄷ

19. 그림 (가)는 두 단색광 A와 B가 공기에서 물로 진행하는 경로를 나타낸 것이다. 그림 (나)는 단색광 A와 B를 각각 광전관에 비춰 광전 효과 실험을 하는 것을 나타낸 것이다. 단색광의 진동수는 A가 B보다 크다.

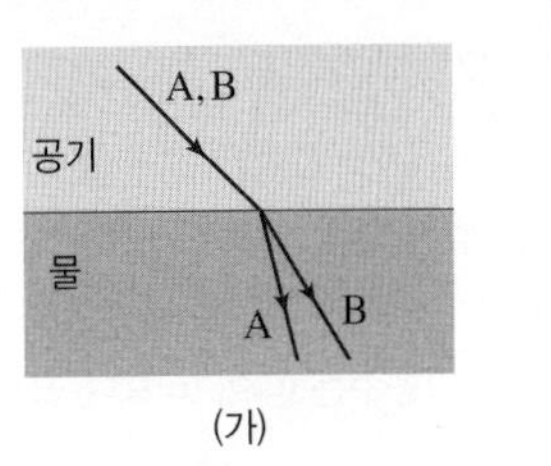

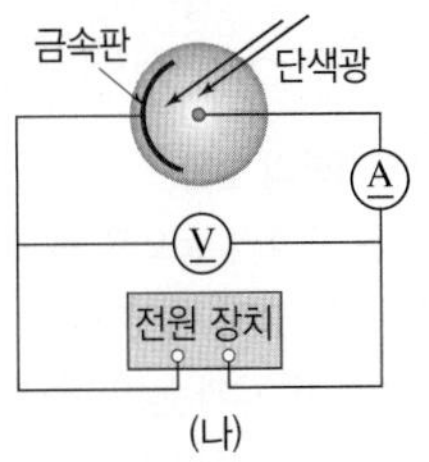

이에 대한 설명으로 옳은 것만을 〈보기〉에서 있는 대로 고른 것은?

〈보기〉

ㄱ. 물에서 속력 변화는 A가 B보다 작다.
ㄴ. B를 비췄을 때, 광전자가 방출되면 A를 비췄을 때도 광전자가 방출된다.
ㄷ. 광전자가 방출될 때, 광전자의 최대 운동 에너지는 A를 비췄을 때가 B를 비췄을 때보다 작다.

① ㄱ ② ㄴ ③ ㄱ, ㄴ ④ ㄱ, ㄷ ⑤ ㄴ, ㄷ

20. 그림 (가)와 (나)는 두 종류의 전자 현미경의 구조를 나타낸 것이다.

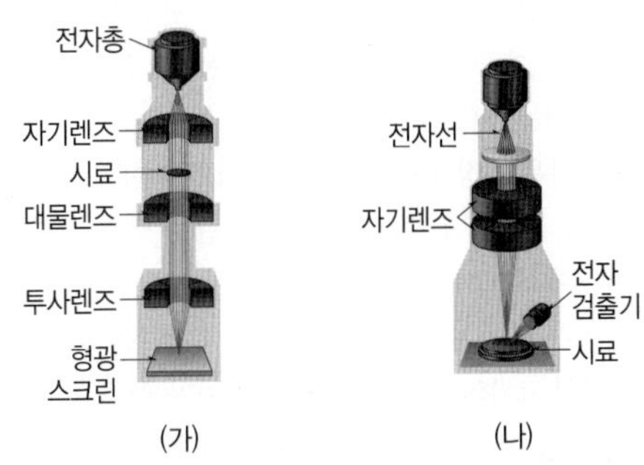

이에 대한 설명으로 옳은 것만을 〈보기〉에서 있는 대로 고른 것은?

〈보기〉

ㄱ. (가)는 투과 전자 현미경, (나)는 주사 전자 현미경이다.
ㄴ. (가)는 시료가 얇을수록 뚜렷한 상을 관찰할 수 있다.
ㄷ. 분해능은 (가)가 (나)보다 우수하다.

① ㄱ ② ㄴ ③ ㄱ, ㄷ ④ ㄴ, ㄷ ⑤ ㄱ, ㄴ, ㄷ

실전 (기출) 모의고사 1회

6쪽~10쪽

1. ④	2. ④	3. ⑤	4. ②	5. ③
6. ①	7. ⑤	8. ①	9. ⑤	10. ③
11. ⑤	12. ①	13. ④	14. ⑤	15. ④
16. ②	17. ③	18. ③	19. ①	20. ②

1. 전자기파의 활용

ㄱ. ㉠은 사람의 눈으로 볼 수 있는 빨간색 빛이므로 가시광선 영역에 해당하는 전자기파이다.

ㄷ. 진공에서 ㉡과 ㉢의 속력은 같고 진동수는 ㉡이 ㉢보다 크므로, 파장은 ㉡이 ㉢보다 짧다.

바로알기 ㄴ. 진공에서 전자기파의 속력은 진동수에 관계없이 모두 같다. 즉, ㉠과 ㉡의 속력은 같다.

2. 등가속도 직선 운동

r에서 A의 속력을 $3v$라고 하면 B의 속력은 $4v$이다. A와 B의 가속도가 같으므로, 같은 시간 동안 속도 변화량은 같다. A가 q를 지나는 순간부터 A와 B가 r에서 만날 때까지 걸린 시간을 t, q에서 A의 속력을 v_A라고 하면, $3v-(-v_A)=4v-0$에서 $v_A=v$이다. A가 최고점에 도달할 때까지 걸린 시간을 t_0이라고 하면, t_0 동안 A의 속도 변화량이 $0-(-v)=v$이므로 B의 속도 변화량도 v이어야 한다. B의 속도는 p에서 0이므로 t_0일 때 B의 속도는 v가 된다. 이때 $t=4t_0$이고, d는 B가 t 동안 이동한 거리와 같으므로 $d=\left(\frac{0+4v}{2}\right)\times t=2v\times 4t_0=8vt_0$이다. 따라서 B가 p에서 t_0 동안 이동한 거리$=\left(\frac{0+v}{2}\right)\times t_0=\frac{1}{16}d$, A가 최고점에서 r까지 $t_0\sim t$ 동안 이동한 거리$=\left(\frac{0+3v}{2}\right)\times(t-t_0)=\frac{9}{16}d$이므로 A가 최고점에 도달한 순간, A와 B 사이의 거리는 $d-\frac{1}{16}d-\frac{9}{16}d=\frac{3}{8}d$이다.

3. 뉴턴 운동 법칙

ㄱ. (가)에서 판과 추에 작용하는 알짜힘은 각각 0이다. 추에 작용하는 중력의 크기가 100 N이므로 p가 추를 당기는 힘의 크기는 100 N이다. 한 줄의 장력은 일정하므로 p가 판을 당기는 힘의 크기는 100 N이고, 판에 작용하는 중력의 크기는 50 N이므로 q가 판을 당기는 힘의 크기는 50 N이다.

ㄴ. 한 줄의 장력은 일정하므로 p가 판을 당기는 힘의 크기는 p가 추를 당기는 힘의 크기와 같다. 따라서 p가 판을 당기는 힘의 크기는 (가)에서와 (나)에서가 100 N으로 같다.

ㄷ. (나)에서 p가 판을 당기는 힘의 크기는 100 N이고 판, A, B에 작용하는 중력의 크기의 합이 70 N이므로, q가 판을 당기는 힘의 크기(=판이 q를 당기는 힘의 크기)는 30 N이다. 따라서 판이 q를 당기는 힘의 크기는 (가)에서가 (나)에서보다 크다.

4. 운동량 보존

오른쪽을 (+) 방향이라고 하면 충돌 전 A와 B는 1초에 4 m씩 가까워지고, A의 속도는 2 m/s이므로 B의 속도는 −2 m/s이다. 충돌 후 A의 속도를 1 m/s라고 가정하면, 충돌 후 A와 B는 1초에 3 m씩 멀어지므로 충돌 후 B의 속도는 4 m/s이다. 운동량 보존 법칙에 따라 $2m_A-2m_B=m_A+4m_B$이므로 $m_A=6m_B$이다. 이때 충돌 후 운동량의 크기는 A가 B보다 크므로 충돌 후 A의 속도는 1 m/s가 아니다. 충돌 후 A의 속도를 −1 m/s라고 가정하면, 충돌 후 B의 속도는 2 m/s이다. 운동량 보존 법칙에 따라 $2m_A-2m_B=-m_A+2m_B$이므로 $3m_A=4m_B$이다. 이때 충돌 후 운동량의 크기는 B가 A보다 크므로 $m_A : m_B=4 : 3$이다.

5. 운동량과 충격량

ㄱ. P를 지나기 전 속력이 A가 B보다 작으므로 구간 P를 지나는 동안 평균 속력은 A가 B보다 작다. 따라서 P를 지나는 데 걸리는 시간은 A가 B보다 크다.

ㄴ. P에서 받은 힘의 크기는 A와 B가 같고 힘을 받는 시간은 A가 B보다 크므로, 물체가 받은 충격량의 크기는 (가)에서가 (나)에서보다 크다.

바로알기 ㄷ. 물체가 받은 충격량의 크기가 (가)에서가 (나)에서보다 크므로, $m(2v)-mv=mv>mv_B-m(3v)$에서 $v_B<4v$이다.

6. 역학적 에너지 보존

ㄱ. 용수철에서 분리된 직후, A의 속력을 v라고 하면 운동량 보존 법칙에 따라 B의 속력은 $2v$이다. A가 높이 h에서 정지했을 때 역학적 에너지 보존 법칙에 따라 $\frac{1}{2}(2m)v^2=2mgh$이므로 $v=\sqrt{2gh}$이다. A와 B의 운동 에너지는 용수철의 탄성 퍼텐셜 에너지가 전환된 것이므로 $\frac{1}{2}kd^2=\frac{1}{2}(2m)2gh+\frac{1}{2}(m)8gh$에서 $k=\frac{12mgh}{d^2}$이다.

바로알기 ㄴ. 높이 $\frac{h}{2}$에서 A, B의 속력을 v_A, v_B라고 하면 A의 경우 $2mgh=2mg\left(\frac{h}{2}\right)+\frac{1}{2}(2m){v_A}^2$에서 $v_A=\sqrt{gh}$이고, B의 경우 $4mgh=mg\left(\frac{h}{2}\right)+\frac{1}{2}(2m){v_B}^2$에서 $v_B=\sqrt{7gh}$이다. 따라서 높이 $\frac{h}{2}$를 지날 때의 속력은 B가 A의 $\sqrt{7}$배이다.

ㄷ. B의 역학적 에너지는 $4mgh$이고, 높이 $3h$에서 중력 퍼텐셜 에너지는 $3mgh$이므로 구간 Ⅱ에서 마찰에 의해 감소한 B의 역학적 에너지는 mgh이다.

7. 운동 법칙과 역학적 에너지

ㄱ. C에 빗면 아래 방향으로 작용하는 힘을 F_C, p를 끊기 전, 후에 q가 C를 잡아당기는 힘을 각각 T_1, T_2라고 하면, p를 끊기 전 C의 운동 방정식은 $T_1-F_C=2ma$이고, p를 끊은 후는 $F_C-T_2=2ma$이다. $T_1=F_C+2ma$이고, $T_2=F_C-2ma$이므로 $T_1>T_2$에서 q가 B를 당기는 힘과 크기는 p를 끊기 전이 p를 끊은 후보다 크다.

ㄴ. B에 빗면 아래 방향으로 작용하는 힘을 F_B라고 하면 p를 끊기 전과 후의 운동 방정식은 $3mg+F_B-F_C=6ma$이고, $F_C-F_B=3ma$이다. 두 식을 더하면 $3mg=9ma$이므로 $a=\frac{1}{3}g$이다.

ㄷ. p를 끊기 전 'A B의 중력 퍼텐셜 에너지 감소량'은 'A, B, C의 운동 에너지 증가량+C의 중력 퍼텐셜 에너지 증가량'과 같다. 따라서 'A의 중력 퍼텐셜 에너지 감소량=C의 중력 퍼텐셜 에너지 증가량−B의 중력 퍼텐셜 에너지 감소량+A, B, C의 운동 에너지 증가량'이다. 실을 끊은 후 B의 가속도 방향이 바뀌었으므로 F_C가 F_B보다 크고, C의 중력 퍼텐셜 에너지 증가량은 B의 중력 퍼텐셜 에너지 감소량보다 크다. 따라서 'C의 중력 퍼텐셜 에너지 증가량−B의 중력 퍼텐셜 에너지 감소량'은 양(+)의 값이므로 A의 중력 퍼텐셜 에너지 감소량은 B와 C의 운동 에너지 증가량의 합보다 크다.

8. 열역학 제1법칙

ㄱ.기체의 압력이 일정할 때 부피는 절대 온도에 비례하므로 기체의 절대 온도는 (나)에서가 (가)에서보다 크다. 따라서 기체의 내부 에너지는 (가)에서가 (나)에서보다 작다.

바로알기 ㄴ. (나)에서 기체가 흡수한 열은 기체의 내부 에너지 증가량과 기체가 외부에 한 일의 합과 같다.

ㄷ. (다)에서 기체가 방출한 열은 기체의 내부 에너지 감소량과 기체가 외부로부터 받은 일의 합과 같다.

9. 열역학 과정과 열기관

ㄱ. C → D 과정에서 내부 에너지 감소량이 120 J이므로 기체가 방출한 열량(㉠)은 120 J이다.

ㄴ. A → B 과정에서 기체가 흡수한 열량은 내부 에너지 증가량과 같다. 기체가 흡수한 열량이 50 J이므로 내부 에너지 증가량(㉡)은 50 J이다. 한 번의 순환 과정에서 내부 에너지 변화량은 0이므로, ㉡(50)+0−120+㉢=0에서 ㉢=70이고, ㉢−㉡=20이다.

ㄷ. 한 번의 순환 과정 중, A → B → C 과정에서 흡수한 열량은 50+100=150(J)이고 C → D 과정에서 방출한 열량(㉠)은 120 J이므로, 기체가 한 일은 30 J이다. 따라서 열기관의 열효율은 $\frac{30}{150}$=0.2이다.

10. 특수 상대성 이론

ㄱ. A의 관성계에서 X, Y에서 방출된 빛이 O를 동시에 지난다면, B의 관성계에서도 X, Y에서 방출 된 빛이 O를 동시에 지난다. B의 관성계에서 X에서 발생한 빛이 점 O를 향해 가는 동안 점 O는 빛이 발생한 지점에 가까워지는 방향(←)으로 이동하므로, X에서 발생한 빛이 O까지 이동한 거리는 L보다 작다. 또 Y에서 발생한 빛이 점 O를 향해 가는 동안 점 O는 빛이 발생한 지점에서 대각선으로 멀어지는 방향(↘)으로 이동하므로, Y에서 발생한 빛이 점 O까지 이동한 거리는 L보다 크다. 따라서 빛은 Y에서가 X에서보다 먼저 방출된다.

ㄷ. A의 관성계에서 Y에서 방출된 빛이 Q에 도달할 때까지 이동한 거리는 $2L$이다. B의 관성계에서는 Y에서 방출된 빛이 검출기 Q로 가는 동안 Q가 우주선의 운동 방향과 반대 방향으로 운동하므로, Y에서 방출된 빛이 대각선 방향(↘)으로 이동한 거리는 $2L$보다 크다. 빛의 속력은 일정하므로, Y에서 방출된 빛이 Q에 도달하는 데 걸리는 시간은 B의 관성계에서가 A의 관성계에서보다 크다.

바로알기 ㄴ. B의 관성계에서, X, Y로부터 방출된 빛은 O를 동시에 지난 후 각각 P, Q를 향해 진행하는 동안, 검출기 P는 빛이 O를 지난 지점에 가까워지는 방향(←)으로 이동하고 검출기 Q는 빛이 O를 지난 지점으로부터 대각선으로 멀어지는 방향(↘)으로 이동하므로, 빛은 P에 먼저 도달한다.

11. 핵반응식

ㄴ. 핵반응 과정에서 질량수와 전하량은 각각 보존된다. 따라서 ㉠은 중성자($^1_0$n)이다.

ㄷ. 핵반응 과정에서 발생하는 에너지는 질량 결손에 의한 것이다.

바로알기 ㄱ. $^2_1$H의 질량수는 2이고, $^3_1$H의 질량수는 3이다.

12. 다이오드

ㄱ. S_1을 a에 연결하고 S_2를 닫았을 때, A와 LED에는 모두 순방향 전압이 걸린다. 따라서 X는 p형 반도체로, 주로 양공이 전류를 흐르게 한다.

바로알기 ㄴ. S_1을 a에 연결하고 S_2를 열었을 때 LED에는 순방향 전압이 걸리지만 빛이 방출되지 않았다. 이는 B에는 역방향 전압이 걸렸기 때문이다.

ㄷ. S_1을 b에 연결하면 LED에는 역방향 전압이 걸리므로 LED에서 빛이 방출되지 않는다. 따라서 ㉠은 '방출되지 않음'이다.

13. 수소 원자의 에너지 준위

ㄴ. 에너지 준위 차는 b에서가 d에서보다 작으므로, 방출되는 빛의 파장은 b에서가 d에서보다 길다.

ㄷ. c에서 방출되는 광자 1개의 에너지 ㉠=2.86−(0.97−0.66)=2.55(eV)이다.

바로알기 ㄱ. a는 전자가 높은 에너지 준위로 전이하는 과정이므로, a에서는 빛이 흡수된다.

14. 직선 전류에 의한 자기장

ㄱ. a에서 P와 Q에 흐르는 전류에 의한 자기장의 세기가 0이므로 a에서 Q에 흐르는 전류에 의한 자기장의 방향은 xy 평면에 수직으로 들어가는 방향이다. 따라서 Q에 흐르는 전류의 방향은 ㉠이다.

ㄴ. a에서 P와 Q에 흐르는 전류에 의한 자기장의 세기가 0이므로 P와 Q에 흐르는 전류에 의한 자기장의 세기가 같다. 따라서 Q에 흐르는 전류의 세기는 P에 흐르는 전류의 세기의 2배인 $2I_0$이다.

ㄷ. b에서 P와 Q에 흐르는 전류에 의한 자기장은 xy 평면에 수직으로 들어가는 방향으로 세기가 $\frac{1}{2}B_0+B_0=\frac{3}{2}B_0$이다.

15. 소리의 간섭

ㄴ. 소음 제거 헤드폰은 마이크의 외부 소음과 헤드폰에서 발생시킨 소리의 상쇄 간섭으로 소음을 줄여주는 헤드폰이다. 따라서 ㉡과 ㉢의 위상은 반대이다.

ㄷ. 소리의 간섭은 소리의 파동적 성질 때문에 나타난다.

바로알기 ㄱ. 소음을 줄이려면 상쇄 간섭이 일어나야 하므로 ㉠에 해당하는 것은 '상쇄'이다.

16. 자기장의 변화에 의한 전자기 유도

ㄴ. 2초일 때 Ⅱ에서 xy 평면에 수직으로 들어가는 방향의 자기장의 세기가 증가하므로, 고리에는 시계 반대 방향으로 유도 전류가 흐른다. 따라서 p에서 유도 전류의 방향은 $-x$ 방향이다.

바로알기 ㄱ. 1초일 때, Ⅱ에서 자기장의 세기가 변하므로 고리에는 유도 전류가 흐른다.

ㄷ. Ⅱ에서 단위 시간당 자기 선속의 변화량은 6초일 때가 3초일 때보다 크므로, 고리에 흐르는 유도 전류의 세기는 6초일 때가 3초일 때보다 크다.

17. 파동의 변위−위치 그래프 해석

ㄱ. 인접한 마루와 마루 사이의 거리가 파장이므로 파동의 파장은 4 m이다.

ㄴ. $T=\frac{\lambda}{v}=\frac{4\text{ m}}{10\text{ m/s}}=0.4$ s이다.

바로알기 ㄷ. 파동의 모양이 P에서 Q로 바뀌는 데 걸리는 최소 시간이 0.3초이므로, 이 동안 파동이 진행한 거리는 3 m이다.

i) 파동이 $+x$ 방향으로 진행한다면 P의 $x=1$ m에서 변위가 A이므로 Q의 $x=4$ m에서 변위가 A이어야 한다. 그러나 Q의 $x=4$ m에서 변위가 $-A$이므로, 이는 문제의 조건을 만족하지 않는다.

ii) 파동이 $-x$ 방향으로 진행한다면 P의 $x=5$ m에서 변위가 A이므로 Q의 $x=2$ m에서 변위가 A이어야 한다. Q의 $x=2$ m에서 변위가 A이므로, 이는 문제의 조건을 만족한다.

18. 전반사

ㄱ. Ⅰ에서 $\sin i < \sin r$이므로 P가 A에서 B로 진행할 때 굴절각이 입사각보다 크다. 따라서 굴절률은 A가 B보다 크다.

ㄷ. 임계각은 굴절각이 90°, 즉 $\sin r=1$일 때의 입사각이므로 Ⅰ에서 임계각은 $\sin i=0.75$일 때보다 작다. 따라서 입사각 i_0으로 P를 입사시키면 전반사가 일어난다.

바로알기 ㄴ. Ⅱ에서 $\sin i > \sin r$이므로 P가 B에서 C로 진행할 때 입사각이 굴절각보다 크다. 따라서 P의 속력은 B에서가 C에서보다 크다.

19. 자성의 종류와 성질

Ⅱ에서의 측정값이 Ⅰ에서보다 크므로 A와 B 사이에는 서로 당기는 자기력이 작용하고, Ⅲ에서의 측정값이 Ⅰ에서보다 작으므로 A와 C 사이에는 서로 미는 자기력이 작용한다. 따라서 A는 강자성체, B는 상자성체, C는 반자성체이다.

20. 전자 현미경

ㄷ. 물질파 파장은 Q가 P보다 짧으므로 분해능은 Q를 이용할 때가 P를 이용할 때보다 좋다.

바로알기 ㄱ. 전자의 질량을 m이라고 하면, P의 운동량의 크기는 $\sqrt{2mE_0}$이고, Q의 운동량의 크기는 $\sqrt{2m(2E_0)}$이다. 따라서 전자의 운동량의 크기는 Q가 P의 $\sqrt{2}$배이다.

ㄴ. 물질파 파장은 운동량의 크기에 반비례한다. 전자의 운동량의 크기는 Q가 P의 $\sqrt{2}$배이므로 전자의 물질파 파장은 P가 Q의 $\sqrt{2}$배이다. 즉, ㉠은 $\sqrt{2}\lambda_0$이다.

실전(기출)모의고사 2회

11쪽~15쪽

1. ②	2. ②	3. ④	4. ②	5. ②
6. ④	7. ②	8. ②	9. ②	10. ⑤
11. ②	12. ②	13. ③	14. ⑤	15. ③
16. ③	17. ②	18. ③	19. ⑤	20. ⑤

1. 전자기파의 활용

ㄴ. 진공에서 전자기파의 속력은 전자기파의 종류에 관계없이 모두 같다. 따라서 진공에서 속력은 A와 B가 같다.

바로알기 ㄱ. A는 마이크로파, B는 가시광선이다.

ㄷ. 파장은 A가 B보다 길므로 진동수는 A가 B보다 작다.

2. 등가속도 직선 운동

A, B가 Q를 지나는 순간의 속력을 각각 v_A, v_B라고 하고 처음 위치에서 Q까지 이동하는 데 걸린 시간을 t라고 하면 등가속도 직선 운동에서 이동 거리=평균 속력×걸린 시간이다. 따라서 P에서 Q까지 A의 이동 거리 $L=\frac{v+v_A}{2}\times t$ …①이고, R에서 Q까지 B의 이동 거리 $3L=\frac{2v+v_B}{2}\times t$ …②이다. ①을 ②에 대입하면, $3\times\frac{v+v_A}{2}\times t=\frac{2v+v_B}{2}\times t$이므로 $3v_A-v_B=-v$ …③이다. A와 B의 가속도의 크기가 같으므로 $\frac{v-v_A}{t}=\frac{v_B-2v}{t}$에서 $v_A+v_B=3v$ …④이다. ③과 ④를 연립하면 $v_A=\frac{1}{2}v$가 된다.

등가속도 직선 운동에 관한 식 $v^2-v_0^2=2as$에서 $a=\frac{v^2-v_0^2}{2s}$이므로 A의 가속도 $a=\frac{(\frac{1}{2}v)^2-v^2}{2L}=-\frac{3v^2}{8L}$이다. 따라서 A의 가속도의 크기는 $\frac{3v^2}{8L}$이다.

3. 뉴턴 운동 법칙

ㄴ. (나)에서 B가 A를 떠받치는 힘의 크기를 f라고 하면, (가)에서 B가 A를 떠받치는 힘의 크기는 $2f$이다. (가)의 A에서 $F+mg=2f$ … ①이고, (나)의 A에서 $mg=2F+f$ … ②이다.

①, ②를 정리하면 $F=\frac{1}{5}mg$이다.

ㄷ. 수평면이 B를 떠받치는 힘의 크기는 (가)에서는 $4mg+\frac{1}{5}mg=\frac{21}{5}mg$이고, (나)에서는 $4mg-2\times\frac{1}{5}mg=\frac{18}{5}mg$이다. 따라서 수평면이 B를 떠받치는 힘의 크기는 (가)에서가 (나)에서의 $\frac{7}{6}$배이다.

바로알기 ㄱ. A에 작용하는 중력과 반작용 관계인 힘은 A가 지구를 당기는 힘이다.

4. 핵반응식

ㄴ. (가)에서 ㉠은 ${}^2_1$H이므로 (나)에서 ㉡은 중성자(${}^1_0$n)이다.

바로알기 ㄱ. 핵반응 과정에서 질량수와 전하량은 각각 보존된다. 따라서 ㉠은 ${}^2_1$H이다.

ㄷ. 핵반응 과정에서 발생하는 에너지는 질량 결손에 의한 것이므로 반응 전 질량의 총합이 반응 후 질량의 총합보다 크다. 따라서 (가)에서 $2M_1>M_2+M_3$이다.

5. 운동량과 충격량

용수철에서 분리된 후 B와 C의 속력을 각각 v_B, v_C라고 하면, $0+0=2m(-v_B)+3mv_C$에서 $v_B : v_C=3 : 2$이므로, $v_B=3v$라고 하면 $v_C=2v$이다. B가 A에 충돌하여 한 덩어리로 운동할 때의 속력을 v_{AB}라고 하면 $2m(-3v)=-(m+2m)v_{AB}$에서 $v_{AB}=2v$이다. 또 C가 D에 충돌하여 한 덩어리로 운동할 때의 속력을 v_{CD}라고 하면 $3m(2v)=(3m+m)v_{CD}$에서 $v_{CD}=1.5v$이다. 충격량은 운동량 변화량과 같으므로 B, C에 작용하는 충격량의 크기는 $I_1=|-2mv-0|=2mv$, $I_2=1.5mv-0=1.5mv$이다. 따라서 $\frac{I_1}{I_2}=\frac{2mv}{1.5mv}=\frac{4}{3}$이다.

6. 운동량 보존

(가)에서 충돌 전 A와 B의 운동량의 합이 0이므로 충돌 후 A와 B의 운동량의 방향은 반대이고, 운동량의 크기는 p_0으로 같다고 할 수 있다. (나)에서 그래프의 기울기는 상대 속도를 나타낸다.

A, B, C의 질량을 각각 m_A, m_B, m_C라고 하면, A와 B가 충돌하기

전 A와 B의 상대 속도의 크기는 $\frac{4p}{m_A}+\frac{4p}{m_B}=\frac{3L}{t_0}$ … ①이고, B와 C의 상대 속도의 크기는 $\frac{4p}{m_B}+\frac{p}{m_C}=\frac{5L}{2t_0}$ … ②이다. A와 B가 충돌한 이후 B와 C가 충돌하기 전까지 A와 B의 상대 속도의 크기는 $\frac{p_0}{m_A}+\frac{p_0}{m_B}=\frac{3L}{t_0}$ … ③이고, B의 속력이 C의 속력보다 크므로(∵ B와 C가 충돌하기 때문에) B와 C의 상대 속도의 크기는 $\frac{p_0}{m_B}-\frac{p}{m_C}=\frac{3L}{2t_0}$ … ④이다.

ㄴ. ⑤를 정리하면 $m_B=\frac{p}{2v}$이고, 이를 ②에 대입하면 $m_C=\frac{p}{2v}$이므로 B와 C의 질량은 같다.

ㄷ. $t=4t_0$일 때, B와 C는 충돌하지 않으므로 B의 운동량의 크기는 A와 충돌한 후의 운동량의 크기와 같다. 따라서 B의 운동량의 크기는 $p_0=4p$이다.

바로알기 ㄱ. $\frac{L}{4t_0}=v$라고 하자. ①, ③을 연립하면 $p_0=4p$이므로, 이를 ④에 대입하고 ②, ④를 연립하여 정리하면 $4p=m_B(8v)$ … ⑤이다. ⑤를 ①에 대입하여 정리하면 $4p=m_A(4v)$이다. 따라서 $t=t_0$일 때, 속력은 B가 A의 2배이다.

7. 역학적 에너지 보존

A와 B가 충돌 후 A와 B의 운동 에너지는 각각 최고점에서 중력 퍼텐셜 에너지로 전환되어 정지하므로 충돌 직후 A의 속력은 $\sqrt{\frac{gh}{2}}$이고 B의 속력은 $2\sqrt{2gh}$이다. B의 속력은 충돌 직후가 충돌 직전의 2배이므로 충돌 직전 B의 속력은 $\sqrt{2gh}$이다. 높이 h_B에서 B의 중력 퍼텐셜 에너지가 충돌 직전 B의 운동 에너지로 전환되었으므로 $2mgh_B=\frac{1}{2}(2m)(\sqrt{2gh})^2$에서 $h_B=h$이다.

충돌 직전 A의 속력을 v_A라 하면 A와 B가 충돌할 때 운동량 보존 법칙에 따라 $3mv_A-(2m)2\sqrt{2gh}=-3m\sqrt{\frac{gh}{2}}+(2m)2\sqrt{2gh}$에서 $v_A=\frac{3\sqrt{2gh}}{2}$이다.

A가 마찰 구간을 지나는 동안 감소한 역학적 에너지는 $3mg(\frac{3}{4}h)$이므로 $3mg(h_A-\frac{3}{4}h)=\frac{1}{2}(3m)\left(\frac{3\sqrt{2gh}}{2}\right)^2$에서 $h_A=3h$이다. 따라서 $\frac{h_B}{h_A}=\frac{h}{3h}=\frac{1}{3}$이다.

8. 열역학 과정과 열기관

ㄷ. 열기관의 열효율은 $\frac{2E_0}{5E_0}=0.4$이다.

바로알기 ㄱ. Ⅰ은 등온 과정이므로 기체가 흡수하는 열량은 외부에 한 일과 같은 $3E_0$이다.

ㄴ. 각 과정을 정리하면 다음과 같다.

과정	Ⅰ	Ⅱ	Ⅲ	Ⅳ
외부에 한 일 또는 외부로부터 받은 일	$3E_0$	0	$-E_0$	0
내부 에너지 증가량 또는 감소량	0	$-2E_0$	0	$2E_0$
흡수 또는 방출한 열량	$3E_0$	$-2E_0$	$-E_0$	$2E_0$

Ⅳ는 부피가 일정한 과정이므로 기체의 내부 에너지 증가량은 $2E_0$이다. Ⅰ~Ⅳ를 따라 순환하는 동안 기체의 내부 에너지 변화량은 0이므로 Ⅱ에서 기체의 내부 에너지 감소량은 $2E_0$이다.

9. 특수 상대성 이론

ㄴ. B의 관성계에서 검출기는 Q와 가까워지는 방향으로 이동하므로 검출기에 P와 Q에서 방출된 빛이 동시에 도달하려면 빛은 P에서가 Q에서보다 먼저 방출되어야 한다.

바로알기 ㄱ. 우주선의 속력이 클수록 길이 수축 효과가 크게 나타난다. 따라서 우주선의 속력은 C가 B보다 크므로, A의 관성계에서 C의 시간이 B의 시간보다 느리게 간다.

ㄷ. A의 관성계에서, P와 Q에서 동시에 방출된 빛이 검출기에 동시에 도달하므로 검출기에서 P까지의 거리는 검출기에서 Q까지의 거리와 같다. C의 관성계에서 P와 Q 사이의 거리는 동일한 비율로 수축되므로 검출기에서 P까지의 거리는 검출기에서 Q까지의 거리와 같다.

10. 전기력

ㄴ. (가)에서 A에 작용하는 전기력의 방향은 $+x$ 방향이므로, C가 A에 작용하는 전기력의 크기는 B가 A에 작용하는 전기력의 크기보다 크다. A로부터의 거리는 C가 B보다 크므로 전하량의 크기는 C가 B보다 크다.

ㄷ. C가 A에 작용하는 전기력의 크기는 (가)에서와 (나)에서가 같고, B가 A에 작용하는 전기력의 크기는 (가)에서가 (나)에서보다 크다. (가)와 (나)에서 C가 A에 작용하는 전기력과 B가 A에 작용하는 전기력의 방향은 서로 반대이다. 따라서 A에 작용하는 전기력의 크기는 (나)에서가 (가)에서보다 크다.

바로알기 ㄱ. C에 작용하는 전기력의 크기는 (가)에서가 (나)에서보다 크므로 A와 B는 같은 종류의 전하이다. 따라서 B는 양(+)전하이다. (가)에서 B가 A에 작용하는 전기력의 방향은 $-x$ 방향이고, B, C가 A에 작용하는 전기력의 방향은 $+x$ 방향이므로 C는 음(−)전하이다. 따라서 (가)에서 B에 작용하는 전기력의 방향은 $+x$ 방향이다.

11. 에너지 준위와 선 스펙트럼

ㄴ. b에서 흡수되는 광자 1개의 에너지는 $-0.85\ \text{eV}-(-3.40\ \text{eV})=2.55\ \text{eV}$이다.

바로알기 ㄱ. 에너지 준위 차가 큰 d에서 방출되는 빛의 파장이 에너지 준위 차가 작은 c에서 방출되는 빛의 파장보다 짧다. 따라서 ㉠은 d에 의해 나타난 스펙트럼선이다.

ㄷ. 에너지 준위 차는 c에서가 d에서보다 작으므로, 방출되는 빛의 진동수는 c에서가 d에서보다 작다.

12. 고체의 에너지띠

ㄴ. A의 띠 간격은 E_2-E_1이고 B의 띠 간격은 E_3-E_1이므로, 띠 간격은 A가 B보다 작다.

바로알기 ㄱ. A의 띠 간격은 E_2-E_1이므로, A에서 방출된 광자 1개의 에너지는 E_2-E_1 이상이다.

ㄷ. 띠 간격은 A가 B보다 작으므로, 방출된 빛의 파장은 A에서가 B에서보다 길다.

13. 직선 전류에 의한 자기장

ㄱ. D, B에 의한 O에서 자기장이 0이므로 D, B에 흐르는 전류의 세기와 자기장의 방향은 같다. 이때 A, B에 의한 p에서 자기장의 방향

이 $+y$ 방향이므로 A의 전류의 방향이 B와 같을 때, B의 전류의 세기보다 작아야하고, A의 전류의 방향이 B와 반대일 때는 p에서 자기장의 방향은 항상 $+y$ 방향이다. 따라서 ㉠은 '$+x$'이다.

ㄷ. C에 xy 평면에 수직으로 들어가는 방향으로 전류가 흐르므로 A에 xy 평면에 수직으로 들어가는 방향으로 전류가 흐른다면, 전류의 세기는 A<B이다. 또 전류의 세기는 B=D이고 B<C이므로, 전류의 세기는 A~D 중 C에서가 가장 크다.

바로알기 ㄴ. B에 의한 q에서 자기장의 방향은 $-x$ 방향이므로 C에 의한 q에서 자기장의 방향은 $+x$ 방향이다. 이때 C는 B에 의한 자기장의 세기보다 커야 하므로 전류의 세기는 C에서가 B에서보다 크다.

14. 물질의 자성

(가)에서 전류가 화살표 방향으로 흐를 때 솔레노이드 내부에 형성된 자기장의 방향은 오른쪽이므로 (나)에서 강자성체 X의 A쪽이 N극이고 자기장의 방향은 A에서 바깥으로 향하는 방향이다. Y를 자기화된 X에 가까이 가져가면, 강자성체 Y는 X의 자기장 방향으로 자기화 되므로 Y의 B쪽은 S극이 되고 자기장의 방향은 바깥에서 B쪽으로 향하는 방향이다. 따라서 (나)에서 자기장의 모습을 나타낸 것으로 가장 적절한 것은 ⑤이다.

15. 전자기 유도

ㄱ. 자석이 d로부터 내려와 c를 지날 때 LED에 오른쪽 방향으로 유도 전류가 흐르므로 X는 N극이다.

ㄴ. 자석이 a로부터 내려와 b를 지날 때 솔레노이드의 왼쪽에는 N극이 형성되도록 유도 전류가 흐르므로 LED에는 순방향으로 유도 전류가 흐른다. 따라서 LED에서 빛이 방출된다.

바로알기 ㄷ. 자석이 a에서 d로 운동하는 동안 솔레노이드에는 유도 전류가 흐르므로 자석의 역학적 에너지의 일부가 전기 에너지로 전환된다. 따라서 자석의 역학적 에너지는 a에서가 d에서보다 크다.

16. 전반사와 굴절률

ㄱ. A가 Ⅰ에서 Ⅲ으로 진행할 때 입사각이 굴절각보다 크므로, A의 파장은 Ⅰ에서가 Ⅲ에서보다 길다.

ㄴ. 굴절률은 Ⅰ이 Ⅲ보다 작고, Ⅱ가 Ⅲ보다 작다. A가 Ⅰ에서 Ⅲ으로 진행할 때 입사각과 B가 Ⅱ에서 Ⅲ으로 진행할 때 입사각은 θ로 같다. A가 Ⅰ에서 Ⅲ으로 진행할 때 굴절각을 θ_A, B가 Ⅱ에서 Ⅲ으로 진행할 때 굴절각을 θ_B라고 하면 $\theta_A>\theta_B$이다. 따라서 굴절률은 Ⅰ이 Ⅱ보다 크다.

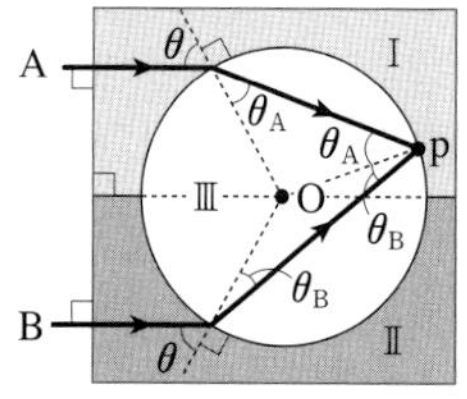

바로알기 ㄷ. Ⅰ, Ⅱ, Ⅲ의 굴절률을 각각 $n_Ⅰ$, $n_Ⅱ$, $n_Ⅲ$이라고 하면 $n_Ⅲ>n_Ⅰ>n_Ⅱ$이다. B가 Ⅲ에서 Ⅰ로 진행할 때 임계각을 θ_{B1}이라 하고 B가 Ⅲ에서 Ⅱ로 진행할 때 임계각을 θ_{B2}라고 하면, $\sin\theta_{B1}=\frac{n_Ⅰ}{n_Ⅲ}$이고, $\sin\theta_{B2}=\frac{n_Ⅱ}{n_Ⅲ}$이다. $n_Ⅰ>n_Ⅱ$이므로 $\theta_{B1}>\theta_{B2}$이다. 만약 B가 Ⅲ에서 Ⅱ로 입사각 θ_B로 입사할 때 굴절각은 θ이므로 B는 전반사하지 않는다. $\theta_{B1}>\theta_{B2}$이므로 B는 p에서 전반사하지 않는다.

17. 소리의 간섭

ㄴ. 소리의 진동수가 f_1일 때 $x=0$과 $x=2d$에서 보강 간섭이 일어난다. 보강 간섭이 일어나는 두 지점 사이에는 상쇄 간섭이 일어나는 곳이 반드시 있으므로 f_1일 때 $x=0$과 $x=2d$ 사이에 상쇄 간섭이 일어나는 지점이 있다.

바로알기 ㄱ. $x=0$으로부터 첫 번째 보강 간섭하는 곳까지의 거리가 작을수록 소리의 파장이 작다. 소리의 파장은 진동수에 반비례하므로 $f_1>f_2$이다.

ㄷ. 진동수가 같은 두 파동이 중첩하게 되더라도 진동수는 변하지 않는다. 따라서 보강 간섭한 소리의 진동수는 스피커에서 발생한 소리의 진동수와 같다.

18. 운동량과 충격량

ㄱ. 힘−시간 그래프에서 곡선과 시간 축이 만드는 면적은 충격량(=운동량의 변화량)을 의미하므로 수레의 운동량 변화량의 크기는 $10\ \mathrm{N\cdot s}=10\ \mathrm{kg\cdot m/s}$이다.

ㄴ. 수레의 질량을 m이라고 하면 $|-2m-3m|=10\ \mathrm{kg\cdot m/s}$이므로 $m=2\ \mathrm{kg}$이다.

바로알기 ㄷ. 벽이 수레에 작용한 평균 힘의 크기는 $\frac{10\ \mathrm{N\cdot s}}{0.4\ \mathrm{s}}=25\ \mathrm{N}$이다.

19. 광전 효과

ㄱ. 광전 효과가 일어날 때 단색광의 세기를 증가시키면 금속판에서 방출되는 광전자의 개수가 증가한다.

ㄴ. 광전 효과가 일어나려면 단색광의 진동수가 금속판의 문턱 진동수보다 커야 한다. 금속판에서 광전자가 발생하였으므로 금속판의 문턱 진동수는 단색광의 진동수보다 작다.

ㄷ. P에 도달하는 단색광은 상쇄 간섭이 일어나므로 P에서 방출되는 광전자의 개수가 0이다.

20. 물질파

ㄱ. $\lambda=\frac{h}{mv}$이므로 $m=\frac{h}{\lambda v}$이다. 그래프에 제시된 P의 $\frac{y축값}{x축값}=\frac{\frac{1}{\lambda}}{v}=\frac{1}{\lambda v}=\frac{y_0}{v_0}$이므로 P의 질량은 $h\frac{y_0}{v_0}$이다.

ㄴ. $m=\frac{h}{\lambda v}$에서 입자의 속력이 일정할 때 입자의 질량이 클수록 $\frac{1}{물질파\ 파장}$은 크다. 질량은 헬륨 원자가 중성자보다 크므로 P는 헬륨 원자, Q는 중성자이다.

ㄷ. 입자의 물질파 파장이 같을 때 입자의 질량과 운동 에너지는 반비례한다. P와 Q의 물질파 파장이 같을 때 질량은 P가 Q보다 크므로, 운동 에너지는 P가 Q보다 작다.

실전 예상 모의고사 1회

16쪽~20쪽

1. ③	2. ①	3. ②	4. ③	5. ③
6. ③	7. ③	8. ③	9. ②	10. ③
11. ②	12. ③	13. ①	14. ③	15. ③
16. ④	17. ④	18. ②	19. ④	20. ④

1. 여러 가지 운동

ㄷ. 실에 매달린 물체가 왕복 운동하는 진자 운동은 물체의 속력과 운동 방향이 모두 변하는 운동이다.

바로알기 ㄱ. 포물선 운동은 속력과 운동 방향이 모두 변하는 운동이다.
ㄴ. 속도는 속력과 운동 방향을 모두 포함하는 물리량이다. 등속 원운동은 속력이 일정하고 운동 방향이 변하는 운동이므로, 운동 방향이 변하기 때문에 B는 속도가 일정한 운동이 아니다.

2. 힘-시간 그래프

ㄱ. A 구간에서 정지해 있는 물체에 일정한 크기의 힘이 작용하므로, 물체는 힘의 방향으로 등가속도 직선 운동을 한다.

바로알기 ㄴ. B 구간에서 운동하는 물체에 작용하는 힘이 0이므로, 물체는 등속 직선 운동을 한다.
ㄷ. C 구간에서 운동하는 물체에 작용하는 힘의 부호가 (−)이므로, 힘이 운동 방향과 반대 방향으로 작용한다. 따라서 물체의 가속도의 방향은 운동 방향과 반대 방향으로 속력이 느려지는 운동을 한다. 즉 물체의 운동 방향은 A 구간과 C 구간에서 같다.

3. 뉴턴 운동 법칙

영희: (가)에서 수레 위에 2 kg인 물체를 올려두면 알짜힘은 그대로이고, 전체 질량은 2배가 되어 가속도가 $\frac{1}{2}$배가 된다. 따라서 수레 위에 2 kg의 물체만 올려두면 B와 같은 결과를 얻을 수 있다.

바로알기 철수: (가)에서 추만 0.5 kg인 것으로 바꾸면 알짜힘은 $\frac{1}{2}$배가되고, 전체 질량은 $\frac{3}{4}$배가 되므로 가속도는 $\frac{2}{3}$배가 된다.
민수: (가)에서 수레 위에 1 kg의 물체를 올려놓고 추를 2 kg으로 바꾸면 알짜힘과 전체 질량 모두 2배가 되므로 가속도는 A와 같다.

4. 운동량과 충격량

ㄷ. (가)와 (나)의 경우 달걀을 같은 높이에서 떨어뜨렸으므로 바닥에 충돌하기 직전의 운동량이 같고, 충돌 후의 운동량은 0으로 같으므로 운동량의 변화량이 같다.

바로알기 ㄱ. 충격량은 운동량의 변화량과 같으므로, 달걀이 바닥으로부터 받은 충격량은 (가)와 (나)에서 같다.
ㄴ. 충격량은 힘과 시간의 곱이므로 충격량이 같을 때 힘은 충돌 시간에 반비례한다. 바닥으로부터 힘을 받는 시간은 (가)가 (나)보다 짧으므로 달걀이 바닥으로부터 받은 평균 힘의 크기는 (가)가 (나)보다 크다.

5. 힘-이동 거리 그래프

ㄱ. 힘이 물체를 20 m 이동시키는 데 한 일은 그래프 아랫부분의 넓이이므로 $4.5\,N\times10\,m+9\,N\times10\,m=45\,J+90\,J=135\,J$이다.
ㄴ. 20 m인 지점에서 물체의 운동 에너지는 힘이 한 일과 같으므로 힘이 한 일$=4.5\,N\times10\,m+9\,N\times10\,m=135\,J$이다.

바로알기 ㄷ. 힘이 한 일만큼 물체의 운동 에너지가 증가한다. 물체를 10 m인 지점까지 이동시키는 데 힘이 한 일은 $4.5\,N\times10\,m=45\,J$이므로, 10 m인 지점에서 물체의 운동 에너지는 45 J이다. 따라서 $\frac{1}{2}\times2\,kg\times v^2=45\,J$에서 물체의 속력 $v=3\sqrt{5}\,m/s$이다.

6. 역학적 에너지 보존

ㄷ. P점에서 Q점까지 물체의 중력 퍼텐셜 에너지 감소량은 $mgh=5\,kg\times10\,m/s^2\times1\,m=50\,J$이다.

바로알기 ㄱ. P점에서 Q점까지 내려오는 동안, 중력 퍼텐셜 에너지는 감소하는데 운동 에너지가 일정하다. 이것은 감소한 중력 퍼텐셜 에너지만큼 마찰로 인해 열이 발생하기 때문이다. 따라서 마찰로 인해 발생한 열은 50 J이다.
ㄴ. 중력 퍼텐셜 에너지는 감소하는데 운동 에너지가 변하지 않으므로 역학적 에너지는 점점 감소한다.

7. 열역학 과정

ㄱ. 압력이 일정할 때, 기체의 부피는 절대 온도에 비례한다. 기체의 부피는 B가 A의 2배이므로 절대 온도도 B가 A의 2배이다.
ㄴ. A → B 과정에서 기체가 외부에 한 일은 그래프 아랫부분의 넓이이므로 $4P_0\times(2V_0-V_0)=4P_0V_0$이다.

바로알기 ㄷ. B → C 과정은 단열 과정이므로 $Q=0$이고, 기체의 부피가 팽창하였으므로 기체는 외부에 일을 하였다.($W>0$) 따라서 $\Delta U=-W$에 따라 기체의 내부 에너지가 감소하였으므로 기체 분자의 평균 운동 에너지가 감소하였다.

8. 이상 기체의 내부 에너지

ㄱ. (나)에서 B의 압력은 A의 압력보다 피스톤의 무게만큼 크다.
ㄷ. (가)에서 (나)로 변하는 과정에서 A는 팽창하고 B는 수축한다. A는 외부에 일을 한만큼 내부 에너지가 감소하여 온도가 내려가고, B는 외부에서 받은 일만큼 내부 에너지가 증가하여 온도가 올라간다. 따라서 온도가 높은 B에서 온도가 낮은 A로 열이 이동하여 A와 B의 온도가 같아진다.

바로알기 ㄴ. A와 B를 전체로 보면 (가)에서 (나)로 변하는 과정에서 외부에서 받은 열이 없다. 따라서 A와 B의 내부 에너지의 합은 (가)와 (나)에서 같다. (나)에서 두 기체의 온도가 같아져 내부 에너지가 같으므로 A의 내부 에너지는 (가)에서와 (나)에서가 같다.

9. 특수 상대성 이론

ㄴ. 정지한 관찰자가 운동하는 관찰자를 보면 상대편의 시간이 느리게 가는 것으로 관찰되므로 철수가 측정하는 민수의 시간이 느리게 간다. 이때 v가 클수록 시간이 느려지는 정도가 더 커진다.

바로알기 ㄱ. 정지한 관찰자가 빠르게 움직이는 물체를 관찰할 때 그 길이가 수축되어 보이므로, 철수가 측정하는 우주선의 길이는 L_0보다 작다.
ㄷ. 모든 관성 좌표계에서 보았을 때, 빛의 속력은 관찰자나 광원의 속도에 관계없이 일정하다.

10. 핵융합 반응과 핵분열 반응

ㄱ. 핵융합 반응에서는 중수소 원자핵과 삼중수소 원자핵이 융합하여 헬륨 원자핵과 중성자가 되고, 핵분열 반응에서는 우라늄이 2개의 원자핵으로 분열하면서 고속 중성자를 방출한다.
ㄴ. 핵반응 시 방출되는 에너지는 질량 결손에 의한 것이다.

바로알기 ㄷ. 핵융합 반응은 초고온 상태에서 일어난다.

11. 전자의 전이와 선 스펙트럼

ㄴ. (가)에서 양자수가 클수록 이웃한 준위의 에너지 차이는 감소한다. 따라서 양자수가 큰 궤도의 전자가 양자수가 2인 궤도로 전이할 때, 양자수가 클수록 방출하는 빛의 진동수가 커지는 정도는 점점 감소한다. 따라서 (나)에서 왼쪽으로 갈수록 진동수가 큰 빛이며, ㉡은 b에 의해 나타난 스펙트럼선이다.

바로알기 ㄱ. 전자가 방출한 빛에너지는 두 궤도에서의 에너지 차이이므로 방출하는 빛의 에너지는 a<b<c이다. 에너지가 큰 빛일수록 빛의 파장은 작다. 따라서 $\lambda_a > \lambda_b$이다.
ㄷ. ⓒ은 진동수가 가장 작은 빛이므로 a에 의해서 방출되는 빛이다. 따라서 ⓒ을 나타내는 광자 1개의 에너지는 $\frac{hc}{\lambda_a}$와 같다.

12. 다이오드

ㄱ. X는 반도체의 전도띠 아래에 도핑으로 생긴 전자의 새로운 준위가 생겼으므로 n형 반도체이다.
ㄴ. (나)에서 스위치를 a에 연결할 때, n형 반도체인 X가 전원의 (+)극에 연결되므로, 다이오드에는 역방향 전압이 걸린다.
바로알기 ㄷ. (나)에서 스위치를 b에 연결할 때, n형 반도체인 X가 전원의 (−)극에 연결되어 순방향 전압이 걸린다. 따라서 다이오드의 n형 반도체에 있는 전자는 p-n 접합면에 가까워지는 방향으로 이동한다.

13. p−n 접합 발광 다이오드

ㄱ. X는 원자가 전자가 5개인 a를 첨가함으로써 공유 결합에 참여하지 못한 전자 1개가 남았으므로 n형 반도체이다.
바로알기 ㄴ. 빛이 방출되는 LED에 순방향 전압이 걸려 있으므로, LED의 전자와 양공은 p−n접합면 쪽으로 이동한다.
ㄷ. X는 n형 반도체이므로, LED에 순방향 전압이 걸릴 때 n형 반도체 쪽에 연결된 전원 장치의 단자 ㉠은 (−)극이다.

14. 물질의 자성

ㄱ. 외부 자기장을 제거한 상태에서 A와 B사이에 자기력이 작용하지 않으므로, A와 B는 각각 상자성체와 반자성체 중 하나이고 C는 강자성체이다. A와 C사이에 서로 당기는 자기력이 작용하므로, A는 C의 자기장의 방향대로 약하게 자기화되는 상자성체이다.
ㄷ. B는 반자성체이므로 C와 서로 미는 자기력이 작용한다. 따라서 ㉠은 척력이다.
바로알기 ㄴ. B는 반자성체이므로 외부 자기장의 방향과 반대 방향으로 자기화된다.

15. 전류에 의한 자기장

ㄱ. P에서 X에 의한 자기장의 방향은 종이면에 수직으로 들어가는 방향이고 Y에 의한 자기장의 방향은 종이면에서 수직으로 나오는 방향으로 서로 반대 방향이다. 전류의 세기가 X에서보다 Y에서 더 크므로, P에서 X와 Y에 흐르는 전류에 의한 자기장의 방향은 종이면에서 나오는 방향이다.
ㄴ. 원형도선에 흐르는 전류의 방향이 시계방향이므로, P에서 원형도선에 의한 자기장의 방향은 종이면에 수직으로 들어가는 방향이다.
바로알기 ㄷ. 원형 도선의 반지름을 r이라고 할 때 P에서 세 도선에 의한 자기장은 $k\frac{I_0}{d}(\otimes)+k\frac{2I_0}{d}(\odot)+k'\frac{I_0}{r}(\otimes)=k\frac{I_0}{d}(\odot)+B_0(\otimes)$이다. $k<k'$이고, $d>r$이므로, 세 도선에 흐르는 전류에 의한 자기장의 세기는 B_0보다 작다.

16. 파동의 진행

ㄴ. 반 파장 진행하는 데 걸린 시간이 0.2초이므로 한 파장을 이동하는데 걸린 시간인 파동의 주기는 0.4초이다.
ㄷ. 이 파동의 속력 $v=\frac{\lambda}{T}=\frac{1\text{ m}}{0.4\text{ s}}=2.5\text{ m/s}$이다.
바로알기 ㄱ. 반 파장이 0.5 m이므로 이 파동의 파장은 1 m이다.

17. 빛의 굴절

ㄴ. 입사각보다 굴절각 θ_r이 더 크므로 매질 1에서의 속력이 매질 2에서보다 작다. 따라서 매질 1이 굴절률이 큰 매질, 매질 2가 굴절률이 작은 매질이므로 매질 1에서 매질 2로 진행할 때 입사각을 임계각보다 크게 하면 전반사가 일어날 수 있다.
ㄷ. 매질 2만 굴절률이 더 작은 물질로 바꾸면 매질 1에서의 입사각을 θ_i라고 할 때 $\frac{n_1}{n_2}=\frac{\sin\theta_r}{\sin\theta_i}$에 의해 굴절각 θ_r가 더 커진다.
바로알기 ㄱ. 진동수는 파원과 관계가 있으므로 빛의 진동수는 매질에 관계없이 일정하다.

18. 진동수에 따른 전자기파의 분류와 이용

A 영역은 전파, B 영역은 적외선, C 영역은 자외선, D 영역은 감마(γ)선이다.
ㄴ. 파동의 속력 $v=f\lambda$에서 속력이 빛의 속력으로 일정할 때 파장과 진동수는 반비례하므로, 파장은 B 영역의 전자기파가 C 영역의 전자기파보다 길다.
바로알기 ㄱ. A 영역은 진동수가 가장 작아 파장이 가장 긴 전파로, 주로 통신용으로 이용된다.
ㄷ. D 영역은 진동수가 가장 커서 파장이 가장 짧은 감마선으로, 암 치료에 이용된다.

19. 파동의 간섭

ㄱ. A는 밝은 무늬가 나타나는 곳으로, 마루와 마루가 만나 보강 간섭을 일으키는 곳이다.
ㄴ. B점은 밝기가 변하지 않는 마디선 위에 있다. 따라서 B점에서는 상쇄 간섭이 일어난다.
바로알기 ㄷ. A점은 밝고, 어두운 무늬가 나타나는 위치에 있으므로 보강 간섭이 일어나는 곳이다. 따라서 수면의 높이가 계속 변한다.

20. 전자 현미경

ㄴ. (나)는 주사 전자 현미경으로 전자선을 시료의 전체 표면에 차례대로 쪼일 때 시료에서 튀어나오는 전자를 측정한다. 따라서 시료 표면의 3차원적인 구조를 볼 수 있다.
ㄷ. 전자 현미경은 시료를 진공 속에 넣어야 하기 때문에 살아 있는 생명체를 관찰하는 것은 어렵고 얇은 시료를 만들거나 시료를 코팅해야 하는 준비 작업이 필요하다.
바로알기 ㄱ. (가)는 전자총에서 나온 전자가 시료를 투과하고 있다. 따라서 투과 전자 현미경이다.

실전 예상 모의고사 2회

21쪽~25쪽

1. ⑤	2. ⑤	3. ③	4. ③	5. ③
6. ③	7. ⑤	8. ④	9. ③	10. ③
11. ④	12. ①	13. ②	14. ⑤	15. ②
16. ③	17. ③	18. ⑤	19. ③	20. ③

1. 빗면에서 물체의 운동

ㄱ. 일정한 시간 간격마다 변위가 2 cm(=2−0), 6 cm(=8−2), 10 cm(=18−8), 14 cm(=32−18)로 증가하였다. 일정한 시간 간격을 t라고 하면 구간 평균 속도가 증가하였고, 구간 평균 속도의 변화율이 $\frac{4\text{ cm}}{t}$로 일정하다. 따라서 물체의 가속도는 일정하다.

ㄴ. 물체의 가속도가 일정하므로 정지 상태에서 출발한 물체의 속도 $v=at$로, 시간에 비례하여 증가한다.

ㄷ. 정지 상태에서 등가속도 직선 운동하는 물체의 이동거리는 $s=\frac{1}{2}at^2$으로, 시간의 제곱에 비례하여 증가한다. 실제로 $2\text{ cm}=\frac{1}{2}at^2$일 때, $\frac{1}{2}a(2t)^2=8\text{ cm}$, $\frac{1}{2}a(3t)^2=18\text{ cm}$, $\frac{1}{2}a(4t)^2=32\text{ cm}$이므로 물체의 이동 거리는 시간의 제곱에 비례하여 증가한다.

2. 속력-시간 그래프

ㄴ. 속력-시간 그래프 아랫부분의 넓이는 이동 거리이다. 따라서 3초에서 5초까지 수평면에서 이동한 거리는 2 m이다.

ㄷ. 3초까지 속력이 증가하는 동안 알짜힘의 방향은 운동 방향과 같고, 3초에서 5초까지 속력이 감소하는 동안 알짜힘의 방향은 운동 방향과 반대이다. 따라서 알짜힘의 방향은 3초일 때 한 번 바뀌었다.

바로알기 ㄱ. 속력-시간 그래프의 기울기는 가속도를 나타낸다. 2초일 때 기울기의 크기가 4초일 때 기울기의 크기보다 작으므로, 가속도의 크기는 2초일 때가 4초일 때보다 작다.

3. 실로 연결된 물체의 운동

ㄱ. A, B, C 질량의 합은 4 kg이다. 이때 C는 A, B와 함께 운동하므로 C의 가속도는 $a=\frac{20\text{ N}+10\text{ N}-10\text{ N}}{4\text{ kg}}=5\text{ m/s}^2$이다.

ㄴ. B에 작용하는 힘은 q가 위로 당기는 힘(T)과 B에 작용하는 중력(10 N)이다. B는 가속도가 아래로 5 m/s²인 운동을 하므로, $10\text{ N}-T=1\text{ kg}\times5\text{ m/s}^2$에서 q가 B를 당기는 힘 $T=5\text{ N}$이다.

바로알기 ㄷ. A에 작용하는 힘은 p가 위로 당기는 힘(T')과 아래로 작용하는 중력(20 N), 그리고 q가 아래로 당기는 힘(T'')이다. q가 A를 아래로 당기는 힘의 크기는 q가 B를 위로 당기는 힘과 같은 5 N이다. A가 이 세 힘을 받으며 가속도가 아래로 5 m/s²인 운동을 하므로, $20\text{ N}+5\text{ N}-T'=2\text{ kg}\times5\text{ m/s}$에서 p가 A를 당기는 힘 $T'=15\text{ N}$이다.

4. 운동량 보존 법칙

ㄱ. 운동량 변화량은 나중 운동량−처음 운동량이므로 A의 운동량 변화량의 크기는 −(8 kg·m/s−12 kg·m/s)=4 kg·m/s이다.

ㄷ. 운동량 보존 법칙에 따라 처음 운동량의 합=나중 운동량의 합이므로 $4\text{ kg}\times3\text{ m/s}+2\text{ kg}\times1\text{ m/s}=4\text{ kg}\times2\text{ m/s}+2\text{ kg}\times v$이다. 따라서 $v=3\text{ m/s}$이다.

바로알기 ㄴ. B가 받은 충격량의 크기는 A가 받은 충격량의 크기와 같고, A가 받은 충격량의 크기는 A의 운동량 변화량의 크기와 같다. 따라서 B가 받은 충격량의 크기는 4 N·s이다.

5. 힘-시간 그래프

ㄱ. 힘-시간 그래프 아랫부분의 넓이는 물체가 받은 충격량이다. 따라서 3초까지 물체가 받은 충격량은 60 N·s이다.

ㄷ. 물체가 받은 충격량만큼 운동량이 변한다. 2초에서 3초까지 물체가 받은 충격량은 30 N·s이므로 운동량의 변화량은 30 kg·m/s이다. 물체의 질량이 2 kg이므로 속력 변화량은 15 m/s이다.

바로알기 ㄴ. 0초에서 2초까지 물체가 받은 충격량은 30 N·s이다. 나중 운동량=처음 운동량+물체가 받은 충격량이므로 2초일 때 물체의 운동량=2 kg×2 m/s+30 kg·m/s=34 kg·m/s이다. 따라서 2초일 때 물체의 속력은 17 m/s이다.

6. 역학적 에너지 보존

(가)에서 지면을 기준으로 A와 B의 역학적 에너지는 A의 중력 퍼텐셜 에너지 $2mgh$이고, (나)에서 A와 B의 역학적 에너지는 A의 운동 에너지+B의 운동 에너지+B의 중력 퍼텐셜 에너지이다. 역학적 에너지 보존 법칙에 따라 $2mgh=\frac{1}{2}\times2m\times v^2+\frac{1}{2}mv^2+mgh$이므로 $v=\sqrt{\frac{2gh}{3}}$이다.

7. 열역학 제1법칙

ㄱ, ㄷ. 기체가 단열 팽창하므로 $Q=0$이고, $W>0$이다. $\varDelta U=-W$에 따라 기체의 내부 에너지가 감소하고 온도도 낮아진다.

ㄴ. 양이 일정한 기체의 $\frac{PV}{T}$ 값은 일정하므로 기체의 온도(T)가 낮아지고 부피(V)가 증가하면 기체의 압력(P)은 감소한다.

8. 열기관의 열효율

ㄴ. 열기관의 열효율$=1-\frac{Q_2}{Q_1}$에서 Q_2가 클수록 열효율이 작다.

ㄷ. 카르노 기관의 열효율 $e_{카}=1-\frac{T_2}{T_1}$이므로 $\frac{T_2}{T_1}$이 작을수록 이상적인 최대 열효율이 크다.

바로알기 ㄱ. 열기관이 흡수한 열량 Q_1의 일부가 외부에 한 일 W로 전환되고, 나머지 열량 Q_2가 방출되므로 $W=Q_1-Q_2$이다.

9. 특수 상대성 이론

ㄱ. 영희가 측정한 A와 B 사이의 거리 L은 고유 길이이다. 다른 좌표계의 철수가 측정한 A와 B 사이의 거리는 고유 길이 L보다 작다.

ㄴ. 운동은 상대적이므로 철수가 관측할 때 A는 $0.9c$의 속력으로 멀어지고, B는 $0.9c$의 속력으로 가까워진다.

바로알기 ㄷ. 철수가 측정한 A에서 B까지 이동하는 데 걸린 시간은 고유 시간이다. 따라서 다른 좌표계의 영희가 측정한 시간 T보다 작다.

10. 우라늄의 연쇄 반응

ㄱ. 핵분열 시 우라늄에 충돌하는 것은 중성자이다.

ㄴ. 핵분열 시 방출되는 에너지는 질량 결손에 의한 것이다. 따라서 (가)와 (나)의 과정에서 전체 질량은 감소한다.

바로알기 ㄷ. 핵분열 반응 전후 질량수의 합은 보존된다.

11. 전자의 전이

ㄴ. $\frac{E_4-E_2}{h}+\frac{E_5-E_4}{h}=\frac{E_5-E_3}{h}+\frac{E_3-E_2}{h}$이므로, $f_a+f_b=f_c+f_d$이다.

ㄷ. 파동의 속력이 일정할 때 파장은 진동수에 반비례한다. 따라서 $f_c<f_d$이므로 $\lambda_c>\lambda_d$이다.

바로알기 ㄱ. a에서 흡수되는 광자 1개의 에너지는 $-\frac{1}{16}E-\left(-\frac{1}{4}E\right)=\frac{3}{16}E$이다.

12. 전류에 의한 자기장

ㄱ. B에 흐르는 전류가 I_1일 때 자기장이 0이 되는 지점은 A와 B의 사이에 있으므로, I_1의 방향은 종이면에 수직으로 들어가는 방향이다. 한편 B에 흐르는 전류가 I_2일 때 자기장이 0이 되는 지점은 B의 오른쪽에 있으므로 전류의 방향은 종이면에서 수직으로 나오는 방향이다. 따라서 전류의 방향은 I_1과 I_2가 서로 반대이다.

바로알기 ㄴ. B에 I_2의 전류가 종이면에서 수직으로 나오는 방향으로 흐를 때 r에서 자기장의 세기가 0이 된다. 자기장의 세기는 거리에 반비례하므로 전류의 세기는 I_0이 I_2의 4배이다.

ㄷ. q에서 A와 B에 흐르는 전류에 의한 자기장의 방향은 I_1일 때 위 방향이고, I_2일 때 아래 방향이다.

13. 물질의 자성과 전자기 유도

ㄷ. (나)에서 A의 P쪽이 S극으로 자기화되어 있으며, A의 P쪽을 솔레노이드를 향해 접근시킬 때 흐르는 전류의 방향은 렌츠의 법칙에 의해 b → Ⓖ → a 방향이다.

바로알기 ㄱ. (다)에서는 검류계에 전류가 흐르지 않으므로 B는 상자성체이다.

ㄴ. (가)에서 솔레노이드 내부에 위쪽 방향의 자기장이 형성되므로, B의 Q쪽은 S극으로 자기화된다.

14. 자기장 영역에서의 전자기 유도

ㄱ. P는 종이면에서 수직으로 나오는 자기 선속이 증가하므로 이를 방해하기 위해 수직으로 들어가는 방향의 자기 선속이 생기도록 시계 방향으로 유도 전류가 흐른다. R는 종이면에 수직으로 들어가는 방향의 자기 선속이 감소하므로 이를 방해하기 위해 수직으로 들어가는 방향의 자기 선속이 생기도록 시계 방향으로 유도 전류가 흐른다. 따라서 P와 R에 흐르는 유도 전류의 방향은 같다.

ㄴ. Q에는 종이면에 수직으로 들어가는 자기 선속이 감소하고 종이면에서 수직으로 나오는 자기 선속이 증가하므로, 이를 방해하기 위하여 종이면에 수직으로 들어가는 방향의 자기선속이 생기도록 시계 방향으로 유도 전류가 흐른다.

ㄷ. 유도 전류의 세기는 유도 기전력의 크기에 비례하고 유도 기전력은 금속 고리를 통과하는 자기 선속의 시간적 변화율에 비례한다. Q의 경우 시간에 따른 자기 선속의 증가량과 감소량에 의한 유도 전류의 방향이 같으므로, 자기 선속의 시간적 변화율은 P에서가 Q에서보다 작다. 따라서 유도 전류의 세기는 P에서가 Q에서보다 작다.

15. 자기력의 활용

ㄴ. 코일의 위쪽에서 전류는 종이면에 수직으로 들어가는 방향이고 자석의 자기장은 위쪽 방향이다. 따라서 오른손의 엄지를 전류의 방향을 향하게 하고 오른손의 네 손가락을 자기장의 방향을 향하게 하면 손바닥이 가리키는 자기력의 방향은 a이다.

바로알기 ㄱ. 코일에 소리 정보에 의한 교류 전류가 흐르면 코일에 의한 자기장이 주기적으로 바뀌어 자석과 코일 사이에 작용하는 자기력의 방향과 세기가 바뀌게 되므로, 코일이 진동하게 된다.

ㄷ. 코일에 흐르는 전류의 세기가 세면 코일과 자석 사이에 작용하는 자기력이 커진다.

16. 굴절률

ㄱ. 진동수는 파원에 의해 결정된다. 매질의 굴절률이 달라져도 진동수는 변하지 않는다.

ㄴ. 굴절률은 $n=\frac{c}{v}$에서 점 P까지 진행하는 동안 굴절률(n)이 점점 작아지므로 파동의 속력(v)은 빨라진다.

바로알기 ㄷ. 진동수는 일정하고, 속력이 빨라지므로 $v=f\lambda$에서 파장은 점점 증가한다.

17. 빛의 굴절과 전반사

ㄱ. 공기에 대한 매질 1의 상대 굴절률이 항상 일정하므로 스넬의 법칙에 따라 $\frac{\sin\theta_i}{\sin\theta_r}=\frac{n_{매질}}{n_{공기}}$이다. 따라서 입사각 θ_i를 증가시키면 굴절각 θ_r도 증가한다.

ㄷ. 단색광 B는 단색광 A보다 파장이 짧고 굴절률이 큰 빛이므로, 매질이 같을 때 임계각은 더 작다. 따라서 단색광 B로 바꾸어 P지점에 입사각 θ_i로 입사시키면 매질 1과 매질 2의 경계면에서 전반사한다.

바로알기 ㄴ. 단색광 B는 단색광 A보다 파장이 짧고 진동수가 크며 굴절률이 큰 빛이다. 그러므로 단색광 B로 바꾸어 P지점에 입사각 θ_i로 입사시키면 굴절각 θ_r은 감소한다.

18. 파동의 간섭

ㄱ. 소리의 속력을 v, 진동수와 파장을 각각 f, λ라고 하면 $v=f\lambda$이다. 따라서 340 m/s=1000 Hz×λ이므로 $\lambda=0.34$ m 이다.

ㄴ. 두 파동의 인접한 보강 간섭 지점과 상쇄 간섭 지점 사이의 간격은 일정하다. 따라서 O와 A 사이의 거리는 B와 C 사이의 거리와 같다.

ㄷ. A는 첫 번째 상쇄 간섭 지점이므로 두 스피커로부터의 경로차는 $\frac{\lambda}{2}$이다. $\frac{\lambda}{2}=\frac{0.34\text{ m}}{2}=0.17$ m이므로 S_1에서 A까지의 거리는 S_2에서 A까지의 거리보다 0.17 m 만큼 크다.

19. 광전 효과 실험

ㄱ. (가)에서 A를 비추었을 때는 전류가 흐르지 않고, B를 비추었을 때 전류가 흘렀다는 것은 진동수가 B가 A보다 크다는 것을 의미한다.

ㄴ. (나)에서 B를 비추었을 때 전류의 세기는 (가)에서 B를 비추었을 때 전류의 세기의 2배이므로 빛의 세기는 (나)에서가 더 세다.

바로알기 ㄷ. (가)에서는 A에 의해 광전 효과가 일어나지 않고 있으므로 빛의 진동수가 금속의 일함수보다 작은 경우이다. 이때는 아무리 빛의 세기를 세게 해도 광전자가 방출되지 않아 전류가 흐르지 않는다.

20. 물질의 이중성

ㄱ, ㄷ. X선은 전자기파로 파동이기 때문에 회절 무늬가 나타난다. 전자선이 X선과 같은 회절 무늬를 만드는 것으로 보아 전자는 파동성을 가진다는 것을 알 수 있다.

바로알기 ㄴ. 전자선의 속력이 빠를수록 물질파의 파장이 짧아지므로 밝은 무늬 사이의 간격이 좁아진다.

실전 예상 모의고사 3회

26쪽~29쪽

1. ⑤	2. ③	3. ③	4. ③	5. ②
6. ⑤	7. ②	8. ⑤	9. ④	10. ③
11. ③	12. ②	13. ②	14. ③	15. ①
16. ②	17. ⑤	18. ④	19. ②	20. ⑤

1. 위치-시간 그래프 해석

ㄱ. 속도는 위치-시간 그래프의 기울기와 같으므로 0초에서 4초까지 A의 속도는 $\frac{3\text{ m}-1\text{ m}}{4\text{ s}}=0.5\text{ m/s}$이다.

ㄴ. A는 4초를 기준으로 위치가 증가하다가 감소하였으므로 4초 때 운동 방향이 바뀌었다.

ㄷ. 0초에서 4초까지 A와 B의 기울기의 크기가 같으므로 속력은 같다.

2. 속도-시간 그래프

ㄱ. 속도-시간 그래프의 기울기는 가속도이므로 0초에서 1초 사이에 가속도는 2 m/s^2이고, 물체에 작용하는 알짜힘은 $4\text{ kg}\times2\text{ m/s}^2=8\text{ N}$이다. 따라서 0초에서 1초 사이에 F의 크기는 2 N이다.

ㄴ. 1초에서 2초 사이에 기울기가 0이므로 가속도가 0이다. 따라서 물체에 작용한 알짜힘은 0이다.

바로알기 ㄷ. 2초에서 3초 사이에 속도-시간 그래프의 기울기의 부호가 (−)이므로 F의 크기가 10 N보다 크다. 이때 기울기의 크기가 점점 감소하므로 2초에서 3초 사이에 F의 크기는 점점 감소한다.

3. 뉴턴 운동 제2법칙

ㄱ. A와 B가 줄로 연결되어 함께 운동하므로, A와 B의 가속도의 크기는 같다.

ㄴ. $F=ma$에서 가속도가 같을 때, 알짜힘은 질량에 비례한다. A와 B의 질량의 비 A : B=2 : 1이므로 알짜힘의 비 A : B=2 : 1이다.

바로알기 ㄷ. A에는 아래 방향으로 물체의 무게인 중력이 작용하고 위 방향으로는 줄이 A를 위로 당기는 힘이 작용한다. 따라서 A에 작용하는 알짜힘=중력−줄이 당기는 힘이다.

4. 운동량과 충격량

ㄱ. (가)에서 운동량 보존 법칙에 따라 $mv=3mv_{(가)}$이므로 충돌 후 두 물체의 속력 $v_{(가)}=\frac{1}{3}v$이다. (나)에서 운동량 보존 법칙에 따라 $2mv=3mv_{(나)}$이므로 충돌 후 두 물체의 속력 $v_{(나)}=\frac{2}{3}v$이다. 따라서 충돌 후 A의 운동량은 (나)에서가 (가)에서의 2배이다.

ㄴ. (가)에서 A의 운동량 변화량의 크기는 $\frac{2}{3}mv$이고, (나)에서 A의 운동량 변화량의 크기도 $\frac{2}{3}mv$로 (가)와 (나)에서 A의 운동량 변화량의 크기가 같다. 물체가 받은 충격량은 운동량 변화량과 같으므로 (가)와 (나)에서 A가 받은 충격량의 크기는 같다.

바로알기 ㄷ. (나)에서 A가 얻은 운동 에너지는 $\frac{1}{2}m\left(\frac{2}{3}v\right)^2=\frac{2}{9}mv^2$이다.

5. 힘과 힘이 한 일

A와 B가 모두 $x=0$에서 정지해 있다가 $x=4L$까지 이동하는 데 걸린 시간이 같으므로 이 시간을 T라고 할 때 A는 정지 상태에서 $x=L$까지 등가속도 직선 운동을 하고, $x=L$에서 v_A의 속도로 나머지 $3L$ 거리를 등속 직선 운동 한다.

B는 정지 상태에서 $x=L$까지 등가속도 직선 운동을 하고, $x=L$에서 v_B의 속도로 $x=3L$까지 등속 직선 운동을 한 후 $x=3L$에서 $x=4L$까지 맨 처음 구간과 같은 크기의 가속도로 등가속도 직선 운동을 하고 멈춘다. 따라서 A가 등속 직선 운동을 하는 동안 이동한 거리 $3L=v_A\times\frac{3}{5}T$ …①이고, B가 등속 직선 운동 하는 동안 이동한 거리 $2L=v_B\times\frac{1}{3}T$ …②이다. 식 ①, ②를 연립하면 $v_B=\frac{6}{5}v_A$이다.

$0\leq x\leq L$에서 두 물체의 질량과 이동 거리가 같으므로 $\frac{W_A}{W_B}=\frac{F_A}{F_B}=\frac{a_A}{a_B}$이다. $a_A=\frac{v_A}{\frac{2}{5}T}=\frac{5v_A}{2T}$이고, $a_B=\frac{v_B}{\frac{1}{3}T}=\frac{3v_B}{T}=\frac{3}{T}\times\frac{6}{5}v_A=\frac{18v_A}{5T}$이므로 $\frac{W_A}{W_B}=\frac{a_A}{a_B}=\frac{\frac{5v_A}{2T}}{\frac{18v_A}{5T}}=\frac{25}{36}$이다.

6. 역학적 에너지 보존 법칙

$\frac{1}{2}mv_A^2+mgh_A=\frac{1}{2}mv_B^2+mgh_B$에서 수레가 B점에 도착하기 위해 A점에서 속력이 최소인 경우는 $v_B=0$일 때이다. 따라서 $\frac{1}{2}mv_A^2+m\times10\text{ m/s}^2\times5\text{ m}=m\times10\text{ m/s}^2\times10\text{ m}$에서 A점에서 최소 속력 $v_A=10\text{ m/s}$이다.

7. 이상 기체의 내부 에너지

ㄷ. B는 단열 압축하였으므로 내부 에너지의 변화량은 B가 받은 일(=A가 한 일)과 같다.

바로알기 ㄱ. A는 외부에서 열을 받았고, 부피가 증가하였으므로 A가 외부에 일을 하였다. 따라서 내부 에너지의 변화량 $\Delta U=Q-W$에서 받은 열량 Q보다 작다.

ㄴ. A와 B의 압력이 같을 때, 온도는 부피에 비례한다. 따라서 온도는 B가 A보다 높다.

8. 압력-부피 그래프

ㄱ. A → B 과정에서 기체의 부피가 변하지 않으므로 기체가 한 일은 0이다.

ㄴ. C → D 과정에서 온도가 일정하므로 기체의 내부 에너지는 변하지 않는다. 따라서 $\Delta U=Q-W$에서 $Q=W>0$이다. 즉, 기체가 흡수한 열은 기체가 한 일과 같다.

ㄷ. A → B → C → D → A 과정에서 처음 상태와 나중 상태는 A로 같으므로 내부 에너지 변화량은 0이다. 또 기체가 한 일은 그래프로 둘러싸인 부분의 넓이이므로 0보다 크다. $Q=W>0$이므로 기체는 외부로부터 열을 흡수한다.

9. 열기관과 열효율

ㄱ. A가 한 일은 공급된 에너지에서 방출한 에너지를 뺀 값이므로 $5E_0-4E_0=E_0$이다.

ㄷ. 방출한 에너지가 0인 열기관은 열효율이 1(100 %)인 열기관으로, 열역학 제2법칙에 위배되어 만들 수 없다.

바로알기 ㄴ. A의 열효율$=\frac{E_0}{5E_0}=0.2$이고, B의 열효율$=\frac{3E_0}{10E_0}=0.3$이다. 따라서 열효율은 A가 B보다 작다.

10. 특수 상대성 이론

ㄱ. 같은 빛 시계로 우주선과 우주 정거장에서 각각 고유 시간을 측정하므로 각각 측정한 고유 시간은 같다.

ㄴ. 다른 관성 좌표계에서 관측한 시간은 고유 시간보다 느리게 간다. 따라서 우주 정거장에서 관측한 우주선의 시간은 고유 시간보다 느리게 간다.

바로알기 ㄷ. 우주선과 우주 정거장은 다른 관성 좌표계이므로 우주선에서 관측한 우주 정거장의 시간도 고유시간보다 느리게 간다.

11. 에너지 준위와 전자의 전이

ㄱ. 방출되는 빛의 파장은 전이하는 두 에너지 준위의 차가 클수록 작으므로, a일 때가 c일 때보다 크다.

ㄷ. $n=1$인 궤도와 $n=2$인 궤도 사이의 에너지 차이는 $-3.4\text{ eV}-(-13.6\text{ eV})=10.2\text{ eV}$이므로, c에서 흡수되는 광자 1개의 에너지는 10.2 eV이다.

바로알기 ㄴ. 쿨롱 법칙에 따르면 전기력의 크기는 거리의 제곱에 반비례한다. b에서 원자핵과 전자 사이의 거리가 작아지므로, 원자핵과 전자 사이에 작용하는 전기력의 크기는 커진다.

12. 전자의 전이와 스펙트럼

ㄷ. λ_2는 적외선으로, 전자가 $n=3$인 상태로 전이할 때 방출한 빛의 파장이다.

바로알기 ㄱ. λ_0는 전자가 $n=1$에서 $n=4$로 전이할 때 흡수되는 빛이므로 두 준위의 에너지 차는 $E_4-E_1=\frac{hc}{\lambda_0}$이며, λ_1는 전자가 $n=2$에서 $n=4$로 전이할 때 흡수되는 빛이므로 두 준위의 에너지 차는 $E_4-E_2=\frac{hc}{\lambda_1}$이다. 따라서 $\frac{hc}{\lambda_0}-\frac{hc}{\lambda_1}=E_4-E_1-(E_4-E_2)=E_2-E_1$로 $n=1$과 $n=2$의 에너지 준위 차이이므로 바닥상태, 즉 $n=1$에 있는 전자는 에너지가 $\frac{hc}{\lambda_0}-\frac{hc}{\lambda_1}$인 광자를 흡수하여 $n=2$인 궤도로 전이할 수 있다.

ㄴ. 양자수 $n=4$인 궤도의 전자가 빛을 방출할 수 있는 총 6개의 전이 과정 중에서 $n=1$인 궤도로 전이하여 자외선을 방출하는 전이 과정이 3개, $n=2$인 궤도로 전이하여 가시광선을 방출하는 전이 과정이 2개, $n=3$인 궤도로 전이하여 적외선을 방출하는 전이 과정이 1개이다. 따라서 선 스펙트럼에서 진동수가 가장 큰 왼쪽의 3개의 선이 자외선, 가운데 2개의 선이 가시광선, 오른쪽 1개의 선이 적외선이다.

13. p−n 접합 다이오드

ㄷ. S를 a에 연결하면 다이오드에 역방향 전압이 걸리므로 R_1에 전류가 흐르지 않고 R_2에만 전류가 흐른다. 따라서 S를 a에 연결했을 때, R_1에 흐르는 전류의 세기는 R_2에 흐르는 전류의 세기보다 작다.

바로알기 ㄱ. X는 원자가 전자가 5개인 비소(As)를 첨가함으로써 공유 결합에 참여하지 못한 전자 1개가 남았으므로 n형 반도체이다.

ㄴ. X가 n형 반도체, Y가 p형 반도체이므로 S를 a에 연결하였을 때 역방향 연결이고 S를 b에 연결했을 때는 순방향 연결이다. 따라서 S를 a에 연결했을 때 R_2에만 전류가 흐르고 S를 b에 연결했을 때는 R_1, R_2에 모두 전류가 흐르므로, 점 c에 흐르는 전류의 세기는 S를 a에 연결했을 때가 b에 연결했을 때보다 작다.

14. 전류에 의한 자기장

ㄱ. 직선 도선에 의한 자기장의 세기는 도선으로부터의 거리에 반비례하므로 시간 t_1일 때 점 a에서 자기장의 세기가 0이라면 P에 흐르는 전류의 세기는 I보다 작다.

ㄴ. t_2일 때, 점 b에서 자기장의 세기가 0이므로 도선 P에 흐르는 전류의 방향은 I와 같고 도선 P에 더 가까운 a에서의 자기장의 방향은 종이면에 수직으로 들어가는 방향이다.

바로알기 ㄷ. t_3일 때, 점 c에서 자기장의 세기가 0이므로 P와 Q에 흐르는 전류의 방향은 서로 같다.

15. 물질의 자성

ㄱ. 외부 자기장을 제거해도 물체는 자기화된 상태가 유지되므로 강자성체이다.

바로알기 ㄴ. 금속 고리에 흐르는 유도 전류의 방향으로 보아 물체의 P는 S극이다. 따라서 자석의 윗면은 S극이다.

ㄷ. (나)에서 물체를 고리에 가까이 할 때 물체와 고리 사이에는 서로 밀어내는 방향으로 자기력이 작용한다.

16. 빛의 파장에 따른 굴절률

ㄴ. 빛이 물방울 속으로 들어갈 때 입사각이 굴절각보다 크므로 빛은 물방울 속으로 들어갈 때 속력이 느려진다.

바로알기 ㄱ. (나)에서 빛이 물방울로 입사할 때 A가 B보다 법선에 가깝게 꺾였으므로 A의 굴절률이 B보다 크다. (가)에서 굴절률과 파장은 반비례하므로, 파장은 A가 B보다 더 짧다.

ㄷ. 빛이 공기에서 물방울로 입사할 때 굴절각은 A<B이므로 물방울에서의 속력은 A<B이다.

17. 프리즘에서 빛의 굴절

ㄱ, ㄴ. AB면에 수직인 법선을 그려 작도하면 단색광이 AB면에 입사되는 입사각은 60°이고, 반사 법칙에 의해 반사각도 60°이다. 빛이 BC면에 입사될 때 입사되는 빛과 BC면이 이루는 각이 60°이므로 입사각은 30°이다. 따라서 BC면에서 반사되는 빛의 반사각은 30°이다.

ㄷ. BC면에서 반사되는 빛의 반사각이 30°이므로 AB면에 입사한 단색광과 BC면에서 반사된 단색광은 서로 나란하다.

18. 전자기파의 활용

ㄴ. 전파는 전자기파이므로 소리보다 훨씬 빠르다.

ㄷ. 전파의 파장은 가시광선 파장보다 크다.

바로알기 ㄱ. 블루투스 기능을 사용하는 전자기파 A는 전파이다. 진공 중에서 전자기파의 속력은 모두 같다.

19. 광전 효과

ㄴ. A의 진동수가 B보다 크므로 B를 비췄을 때 광전자가 방출되면 A를 비췄을 때도 광전자가 방출된다.

바로알기 ㄱ. 빛이 공기에서 물로 진행할 때 A가 B보다 더 많이 굴절하므로 A의 속력이 B보다 작다. 즉, A의 속력 변화가 B보다 크다.

ㄷ. 광전자가 방출될 때 광전자의 최대 운동 에너지는 진동수가 큰 A를 비췄을 때가 B를 비췄을 때보다 크다.

20. 전자 현미경

ㄱ. (가)는 시료를 투과한 전자가 형광 물질이 발라진 스크린에 부딪혀 빛을 내는 것을 관찰하는 투과 전자 현미경, (나)는 가속된 전자가 시료의 표면에 부딪힐 때 시료로부터 방출되는 2차 전자를 검출기로 검출하여 얻는 신호를 컴퓨터로 보내 영상을 관찰하는 주사 전자 현미경이다.

ㄴ. (가)의 투과 전자 현미경에서 전자가 시료를 통과하는 동안 속력이 느려져 전자의 드브로이 파장이 커지면 분해능이 떨어지기 때문에 시료를 얇게 만들어야 한다.

ㄷ. (가)의 투과 전자 현미경의 분해능은 (나)의 주사 전자 현미경의 분해능보다 우수하다.

생 생 한 과 학 의 즐 거 움 ! 과 학 은 역 시 !

15개정 교육과정

오투

물리학 I

정답과 해설

책 속의 가접 별책 (특허 제 0557442호)
'정답과 해설'은 본책에서 쉽게 분리할 수 있도록 제작되었으므로
유통 과정에서 분리될 수 있으나 파본이 아닌 정상제품입니다.

visang

우리는 남다른 상상과 혁신으로
교육 문화의 새로운 전형을 만들어
모든 이의 행복한 경험과 성장에 기여한다

과학탐구

물리학Ⅰ

정답과 해설

역학과 에너지

01. 물체의 운동

개념 확인

본책 9쪽, 11쪽

(1) 같다 (2) 방향 (3) 이동 거리 (4) 순간 속도 (5) 평균 가속도 (6) 감소 (7) 속력 (8) 이동 거리 (9) ① v_0, at ② v_0t, $\frac{1}{2}at^2$ ③ $2as$ (10) ①-㉡-ⓓ, ②-㉣-ⓐ, ③-㉠-ⓑ, ④-㉢-ⓒ

수능 자료

본책 12쪽

자료❶ 1 ○ 2 × 3 × 4 ○ 5 × 6 ○

자료❷ 1 ○ 2 × 3 ○ 4 ○ 5 ○ 6 × 7 ○ 8 ○

자료❸ 1 × 2 ○ 3 ○ 4 × 5 ○ 6 ○ 7 ○ 8 ○

자료❹ 1 ○ 2 × 3 ○ 4 ○ 5 ○ 6 × 7 ○

자료❶ 이동 거리와 변위

1 선수가 P에서 Q까지 운동하는 경로는 곡선 경로이므로 선수의 이동 거리는 변위의 크기보다 크다.

2 선수의 운동은 속력과 운동 방향이 변하는 운동이므로 등속 직선 운동이 아니다.

3 선수가 운동하는 동안 이동 거리는 변위의 크기보다 크므로 평균 속력은 평균 속도의 크기보다 크다.

4 장대높이뛰기 선수의 운동은 지표면에서 비스듬히 위로 던져진 물체의 운동과 같으므로 운동하는 경로는 포물선 경로이다.

5 선수가 위로 올라가는 동안 속력은 감소한다.

6 선수의 운동 방향은 포물선 경로의 접선 방향이므로 매 순간 운동 방향이 변한다. 운동 방향이 변하지 않으면 직선 운동을 한다.

자료❷ 가속도-시간 그래프 해석

1 0초부터 6초까지 속도 변화량=6 m/s−4 m/s=2 m/s이다.

2 가속도-시간 그래프에서 그래프 아랫부분의 넓이는 속도 변화량이다. 0초부터 2초까지 가속도가 $(-a)$로 일정하므로 속도 변화량은 $-a$ m/s^2×2 s=$-2a$ m/s이다.

3 (나)에서 2초부터 4초까지 가속도가 0이므로 자동차는 등속 직선 운동을 한다.

4 (나)에서 4초부터 6초까지 가속도가 $2a$로 일정하므로 속도 변화량은 $2a$ m/s^2×2 s=$4a$ m/s이다.

5 (가)에서 0초부터 6초까지 속도 변화량은 2 m/s이고, (나)에서 0초부터 6초까지 속도 변화량은 $(-2a+4a)$m/s=$2a$ m/s이므로 a=1이다. 따라서 1초일 때 가속도의 크기는 1 m/s^{2}이다.

6 2초부터 4초까지 등속 직선 운동을 하므로 3초일 때 속력은 2초일 때 속력과 같다. 2초일 때 속력은 4 m/s−(1 m/s^2×2 s)=2 m/s이다.

7 4초일 때 속력은 2 m/s이고, 6초일 때 속력은 6 m/s이다. 등가속도 직선 운동을 하므로 4초부터 6초까지 평균 속력은 $\frac{2\text{ m/s}+6\text{ m/s}}{2}$=4 m/s이다. 따라서 4초부터 6초까지 이동 거리는 4 m/s×2 s=8 m이다.

8 0초부터 2초까지 이동 거리는 $\frac{4\text{ m/s}+2\text{ m/s}}{2}\times 2\text{ s}=6\text{ m}$이고, 2초부터 4초까지 이동 거리는 2 m/s×2 s=4 m, 4초부터 6초까지 이동 거리는 8 m이므로 전체 이동 거리는 18 m이다. 따라서 0초부터 6초까지 평균 속력은 $\frac{18\text{ m}}{6\text{ s}}$=3 m/s이다.

자료❸ 등가속도 직선 운동

1 A, B가 같은 빗면에서 운동하므로 가속도가 같다.

2 A와 B는 가속도가 같으므로 같은 시간 동안 속도 변화량도 같다. 따라서 B가 최고점에 도달하여 정지한 순간 B의 속력이 2 m/s 감소하므로, A의 속력도 2 m/s 감소한 8 m/s이다.

4 B가 다시 q에 도달했을 때 속도는 처음 속도와 크기가 같고 방향이 반대이므로 B의 속도 변화량의 크기는 4 m/s이다. 따라서 A가 q에 도달했을 때 속력은 4 m/s 감소한 6 m/s이다.

5 A의 속력은 p에서 10 m/s이고, q에서 6 m/s이므로 평균 속력은 $\frac{10\text{ m/s}+6\text{ m/s}}{2}$=8 m/s이다.

6 A가 p에서 q까지 도달하는 데 걸린 시간은 $\frac{16\text{ m}}{8\text{ m/s}}$=2 s이다.

7 2초 동안 A의 속도 변화량의 크기가 4 m/s이므로 A의 가속도의 크기는 2 m/s^{2}이다.

8 A와 B의 가속도의 크기가 2 m/s^{2}이므로 B가 최고점에 도달하여 정지한 순간까지 걸린 시간은 $\frac{2\text{ m/s}}{2\text{ m/s}^2}$=1초이다. 1초 동안 A가 이동한 거리 $s=v_0t+\frac{1}{2}at^2=10\text{ m/s}\times 1\text{ s}+\frac{1}{2}\times(-2\text{ m/s}^2)\times(1\text{ s})^2=9\text{ m}$이다.

자료❹ 물체의 운동 분석

2 등가속도 직선 운동을 하므로 구간 거리가 일정하게 증가해야 한다. 따라서 0.3초부터 0.4초까지 구간 거리가 12 cm 증가하므로 ㉠은 24+12=36이다.

6 구간별 시간 간격이 0.1초이므로 속도 변화량도 0.1초 간격의 속도 차이이다.

7 0.1초마다 속도 변화량이 20 cm/s이므로 가속도의 크기는 $\frac{20\text{ cm/s}}{0.1\text{ s}}=200\text{ cm/s}^2=2\text{ m/s}^2$이다.

수능 1점

본책 13쪽

1 (1) 150 m (2) 동쪽, 50 m **2** > **3** (1) 20 m (2) B (3) B (4) A=B **4** 50 m **5** 0.4 m/s^2 **6** (1) 10 m (2) 정지 (3) 2.5 m/s **7** (1) 20 m/s^2 (2) 90 m (3) 30 m/s **8** (1) 15 m (2) 25 m (3) 5 m/s **9** (1) 감소하다 증가한다 (2) 계속 변한다 (3) 크다

1 (1) 영희의 이동 거리는 영희가 이동한 경로의 전체 거리이므로 100 m+50 m=150 m이다.
(2) 변위는 출발점에서 도착점까지 직선 거리의 방향과 크기이므로 동쪽으로 100 m−50 m=50 m이다.

2 곡선 경로를 운동할 때는 이동 거리가 변위의 크기보다 크다. 따라서 평균 속력$\left(\frac{\text{이동 거리}}{\text{걸린 시간}}\right)$이 평균 속도의 크기$\left(\frac{\text{변위의 크기}}{\text{걸린 시간}}\right)$보다 크다.

3 (1) 처음 위치는 0이고 직선 경로를 따라 운동하여 2초 후 위치는 20 m이므로 0초부터 2초까지 A의 이동 거리는 20 m이다.
(2) 위치-시간 그래프에서 기울기는 속도이고, 속도의 크기는 속력이다. B의 기울기가 일정하므로 B의 속력이 일정하다.
(3) 0초일 때 위치는 A와 B가 같다. 1초일 때 B의 위치는 10 m이고, A의 위치는 10 m보다 작으므로 0초부터 1초까지 B의 변위가 더 크다. 따라서 평균 속도의 크기가 더 큰 물체는 B이다.
(4) 0초일 때와 2초일 때 A와 B의 위치가 같으므로 변위가 같다. 따라서 0초부터 2초까지 A와 B의 평균 속도의 크기가 같다.

4 등속 직선 운동 하는 물체의 이동 거리는 속력×시간이므로 5 m/s×10 s=50 m이다.

5 물체의 가속도는 $\frac{\text{속도 변화량}}{\text{걸린 시간}}=\frac{\text{나중 속도}-\text{처음 속도}}{\text{걸린 시간}}$이므로 $\frac{2\text{ m/s}-0}{5\text{ s}}=0.4\text{ m/s}^2$

6 (1) 0초일 때 물체의 위치는 0이고, 2초일 때 위치는 10 m이므로 0초부터 2초까지 변위의 크기는 10 m이다.
(2) 2초부터 4초까지 물체의 위치가 변하지 않으므로 물체는 정지해 있다.
(3) 4초부터 8초까지 속도$=\frac{\text{변위}}{\text{걸린 시간}}=\frac{-10\text{ m}}{4\text{ s}}=-2.5\text{ m/s}$이다. 따라서 속도의 크기는 2.5 m/s이다.

7 (1) 물체의 가속도의 크기 $a=\frac{\Delta v}{\Delta t}=\frac{60\text{ m/s}}{3\text{ s}}=20\text{ m/s}^2$이다.
(2) 속도-시간 그래프에서 그래프 아랫부분의 넓이는 변위이다. 직선 운동에서 한쪽 방향으로만 운동한 경우 변위의 크기는 이동 거리와 같으므로 이동 거리는 $\frac{1}{2}\times 60\text{ m/s}\times 3\text{ s}=90\text{ m}$이다.
(3) 등가속도 직선 운동에서 평균 속도는 처음 속도와 나중 속도의 중간값이므로 $\frac{0+60\text{ m/s}}{2}=30\text{ m/s}$이다.

8 (1) 속도-시간 그래프에서 그래프 아랫부분의 넓이는 변위이다. 0초부터 2초까지 변위는 $\frac{1}{2}\times 20\text{ m/s}\times 2\text{ s}=20\text{ m}$이고, 2초부터 3초까지 변위는 $\frac{1}{2}\times(-10\text{ m/s})\times 1\text{ s}=-5\text{ m}$이므로 0초부터 3초까지 변위의 크기는 20 m−5 m=15 m이다.
(2) 0초부터 2초까지 변위는 20 m이고, 2초부터 3초까지 변위는 반대 방향으로 5 m이다. 이동 거리는 이동한 전체 경로의 길이이므로 0초부터 3초까지 이동 거리는 20 m+5 m=25 m이다.
(3) 0초부터 3초까지 평균 속도$=\frac{\text{변위}}{\text{걸린 시간}}=\frac{15\text{ m}}{3\text{ s}}=5\text{ m/s}$이다. 또는 등가속도 직선 운동의 평균 속도는 $\frac{\text{처음 속도}+\text{나중 속도}}{2}$이므로 $\frac{20\text{ m/s}-10\text{ m/s}}{2}=5\text{ m/s}$이다.

9 (1) 지표면에서 비스듬히 위로 던진 물체는 포물선 운동을 한다. 포물선 운동은 위로 올라가는 동안 속력이 감소하고, 최고점에 도달한 후 아래로 내려오면서 속력이 증가한다.
(2) 물체가 곡선 경로를 따라 운동할 때 운동 방향은 각 위치에서 접선 방향이다. 따라서 운동 방향은 계속 변한다.
(3) 곡선 경로를 따라 운동할 경우 이동 거리는 변위의 크기보다 크다.

수능 2점
본책 14쪽~15쪽
1 ① 2 ④ 3 ③ 4 ③ 5 ⑤ 6 ④
7 ① 8 ①

1 평균 속력과 평균 속도

선택지 분석
ㄱ. 이동 거리는 변위의 크기보다 크다. (○)
ㄴ. 운동 방향은 일정하다. (×) 계속 변한다.
ㄷ. 평균 속력은 평균 속도의 크기와 같다. (×) 보다 크다.

ㄱ. 선수가 곡선 경로를 따라 운동하므로 이동 거리는 변위의 크기보다 크다.
바로알기 ㄴ. 선수가 곡선 경로를 따라 운동하므로 운동 방향은 곡선 경로의 접선 방향이다. 따라서 운동 방향은 계속 변한다.
ㄷ. 곡선 경로로 운동하는 경우 이동 거리가 변위의 크기보다 크므로 평균 속력도 평균 속도의 크기보다 크다.

2 등속 직선 운동

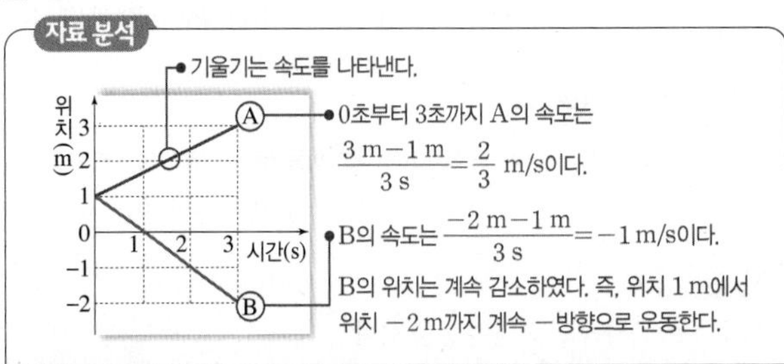

선택지 분석
ㄱ. 1초일 때, B의 운동 방향이 바뀐다. (×) 바뀌지 않는다.
ㄴ. 2초일 때, 속도의 크기는 A가 B보다 작다. (○)
ㄷ. 0초부터 3초까지 이동한 거리는 A가 B보다 작다. (○)

ㄴ. 위치-시간 그래프의 기울기는 속도이다. A와 B는 기울기가 일정하므로 각각 등속 직선 운동을 하고 A의 속도는 $\frac{2}{3}$ m/s, B의 속도는 −1 m/s이다. 따라서 2초일 때, 속도의 크기는 A가 B보다 작다.

ㄷ. 0초부터 3초까지 A가 이동한 거리는 2 m이고, B가 이동한 거리는 3 m이므로 이동 거리는 A가 B보다 작다.

바로알기 ㄱ. 물체의 운동 방향은 속도의 방향과 같으므로 속도의 방향이 바뀌면 운동 방향이 바뀐다. 0초부터 3초까지 B의 속도는 변하지 않고 일정하므로 1초일 때 B의 운동 방향은 바뀌지 않는다.

3 등가속도 직선 운동

자료 분석

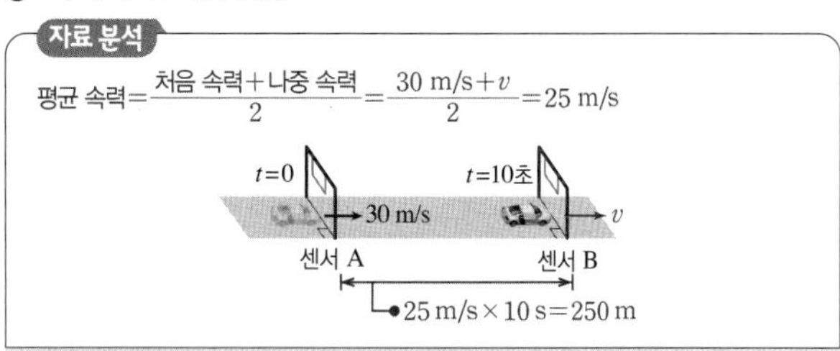

선택지 분석

ㄱ 이동 거리는 250 m이다.
ㄴ B를 통과할 때 속력은 20 m/s이다.
ㄷ ✕ 가속도의 방향은 운동 방향과 같다. **반대이다.**

ㄱ. 이동 거리는 평균 속력×시간이므로 25 m/s×10 s=250 m이다.

ㄴ. 평균 속력$=\frac{\text{처음 속력}+\text{나중 속력}}{2}$이므로 B를 통과할 때 속력을 v라 하면, $\frac{30\text{ m/s}+v}{2}=25\text{ m/s}$에서 $v=20\text{ m/s}$이다.

바로알기 ㄷ. 가속도의 방향이 운동 방향과 같으면 자동차의 속력은 증가한다. 자동차의 속력이 감소하였으므로 가속도의 방향은 자동차의 운동 방향과 반대이다.

4 속력-시간 그래프

자료 분석

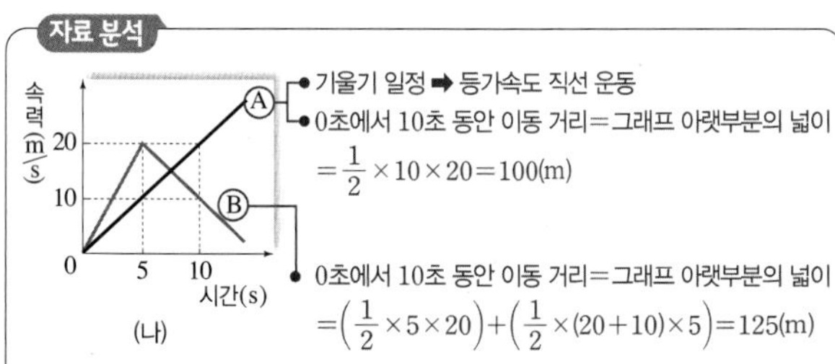

선택지 분석

ㄱ A는 등가속도 직선 운동을 한다.
ㄴ 0초부터 5초까지 B의 가속도의 크기는 4 m/s²이다.
ㄷ ✕ 두 기준선 사이의 거리 L은 200 m이다. **225 m**

ㄱ. A의 기울기가 일정하므로 A는 등가속도 직선 운동을 한다.

ㄴ. 0초부터 5초까지 B의 가속도의 크기는 $\frac{20\text{ m/s}}{5\text{ s}}=4\text{ m/s}^2$이다.

바로알기 ㄷ. A와 B가 서로 반대 방향으로 운동하므로 두 자동차가 스치는 순간까지 두 자동차가 각각 움직인 거리의 합이 두 기준선 사이의 거리 L이다. 두 자동차는 10초일 때 스쳐 지나가므로 두 자동차가 이동한 거리 $L=100\text{ m}+125\text{ m}=225\text{ m}$이다.

5 가속도-시간 그래프

자료 분석

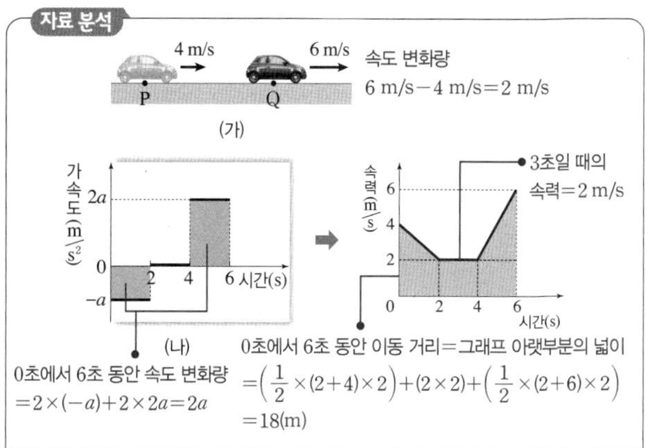

선택지 분석

ㄱ 1초일 때 가속도의 크기는 1 m/s²이다.
ㄴ 3초일 때 속력은 2 m/s이다.
ㄷ 0초부터 6초까지 평균 속력은 3 m/s이다.

ㄱ. (가)에서 6초 동안 속도 변화량=6 m/s−4 m/s=2 m/s이고, (나)에서 6초 동안 속도 변화량은 그래프 아랫부분의 넓이이므로 $-2a+4a=2a$(m/s)이다. 따라서 $2a=2$에서 1초일 때 가속도의 크기는 1 m/s²이다.

ㄴ. 2초부터 4초까지 가속도가 0이므로 자동차는 등속 직선 운동을 한다. 따라서 3초일 때의 속력은 2초일 때의 속력과 같은 $4\text{ m/s}-1\text{ m/s}^2\times2\text{ s}=2\text{ m/s}$이다.

ㄷ. 0초부터 6초까지 이동 거리는 속력-시간 그래프 아랫부분의 넓이이므로 18 m이다. 따라서 평균 속력은 $\frac{18\text{ m}}{6\text{ s}}=3\text{ m/s}$이다.

6 빗면에서 등가속도 직선 운동

자료 분석

• B가 최고점에 올라갔다가 다시 q에 도달했을 때 A도 q에 도달한다.
• 같은 빗면에서 운동하므로 A와 B의 가속도는 같다.
➡ 같은 시간 동안 속도 변화량이 같다.

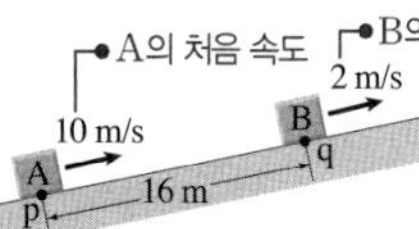

• B가 다시 q에 도달할 때 속도=−2 m/s
• B의 속도 변화량=−2 m/s−2 m/s=−4 m/s
• A의 속도 변화량=B의 속도 변화량=−4 m/s

선택지 분석

ㄱ ✕ q에서 만나는 순간, 속력은 A가 B의 4배이다. **3배**
ㄴ A가 p를 지나는 순간부터 2초 후 B와 만난다.
ㄷ B가 최고점에 도달했을 때, A와 B 사이의 거리는 8 m이다.

B의 처음 속도는 2 m/s이고, B가 최고점에서 다시 q에 도달했을 때 속도는 −2 m/s이므로 속도 변화량은 −4 m/s이다. A와 B가 같은 빗면에서 운동하므로 가속도가 같고, 같은 시간 동안 속도 변화량이 같다. 따라서 A의 속도 변화량도 −4 m/s이다.

ㄴ. A가 q에서 B와 만나는 순간의 속도=처음 속도+속도 변화량=10 m/s−4 m/s=6 m/s이므로 A가 p에서 q까지 운동하는 동안 평균 속도는 $\frac{10\text{ m/s}+6\text{ m/s}}{2}=8\text{ m/s}$이다. 따라서 A가 p에서 q까지 16 m를 이동하는 데 걸린 시간은 $\frac{16\text{ m}}{8\text{ m/s}}=2\text{ s}$이고, 이때 B와 만난다.

ㄷ. B가 최고점에 도달할 때까지 평균 속도는 $\frac{2\text{ m/s}+0}{2}=1\text{ m/s}$이므로 최고점까지 올라간 거리$=1\text{ m/s}\times1\text{ s}=1\text{ m}$이다. 이때 A의 평균 속도는 $\frac{10\text{ m/s}+8\text{ m/s}}{2}=9\text{ m/s}$이므로 A가 올라간 거리는 $9\text{ m/s}\times1\text{ s}=9\text{ m}$이다. 따라서 B가 최고점에 도달했을 때 A와 B 사이의 거리는 $16\text{ m}+1\text{ m}-9\text{ m}=8\text{ m}$이다.

바로알기 ㄱ. q에서 만나는 순간, A의 속력은 6 m/s이고, B의 속력은 2 m/s이므로 속력은 A가 B의 3배이다.

7 등속 직선 운동과 등가속도 직선 운동

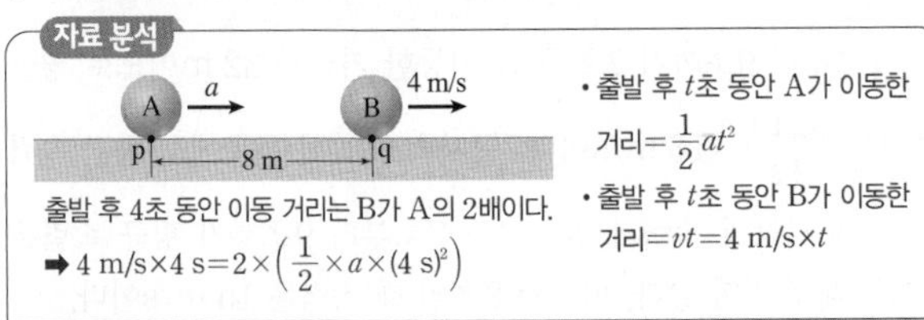

선택지 분석

ㄱ. $a=1\text{ m/s}^2$이다.

✕ ㄴ. A가 p에서 q까지 운동한 시간은 3초이다. **4초**

✕ ㄷ. A가 출발한 순간부터 B와 만날 때까지 걸리는 시간은 9초이다. **9초와 10초 사이이다.**

ㄱ. 출발 후 4초 동안 B가 이동한 거리는 $4\text{ m/s}\times4\text{ s}=16\text{ m}$이고, A가 이동한 거리는 $\frac{1}{2}at^2=\frac{1}{2}\times a\times(4\text{ s})^2$이다. B가 이동한 거리가 A가 이동한 거리의 2배이므로 $16\text{ m}=2\times\left(\frac{1}{2}\times a\times(4\text{ s})^2\right)$에서 $a=1\text{ m/s}^2$이다.

바로알기 ㄴ. $a=1\text{ m/s}^2$이고, p에서 q까지 A가 이동한 거리는 8 m이므로 $s=\frac{1}{2}at^2$에서 $t=\sqrt{\frac{2s}{a}}=\sqrt{\frac{2\times8\text{ m}}{1\text{ m/s}^2}}=4\text{ s}$이다. 따라서 A가 p에서 q까지 운동한 시간은 4초이다.

ㄷ. p를 기준으로 9초 후 A의 위치는 $\frac{1}{2}\times1\text{ m/s}^2\times(9\text{ s})^2=40.5\text{ m}$이고, B의 위치는 $8\text{ m}+4\text{ m/s}\times9\text{ s}=44\text{ m}$이다. 따라서 9초일 때까지 A와 B는 만나지 않는다. 10초 후 A의 위치는 $\frac{1}{2}\times1\text{ m/s}^2\times(10\text{ s})^2=50\text{ m}$이고, B의 위치는 $8\text{ m}+4\text{ m/s}\times10\text{ s}=48\text{ m}$이므로 A와 B는 9초와 10초 사이에 만난다.

A와 B가 만날 때까지 걸린 시간은 $\frac{1}{2}\times1\text{ m/s}^2\times t^2=8\text{ m}+4\text{ m/s}\times t$로 구할 수 있다.

8 여러 가지 물체의 운동

선택지 분석

ㄱ. (가)에서 구슬의 속력은 변한다.

✕ ㄴ. (나)에서 농구공의 속력은 변하지 않고, 운동 방향만 변한다. **속력과 운동 방향이 모두 변한다.**

✕ ㄷ. (다)에서 사람의 운동 방향은 변하지 않는다. **변한다.**

ㄱ. (가)에서 연직 위로 던진 구슬은 등가속도 직선 운동을 하며 속력이 점점 느려진다.

바로알기 ㄴ. 지표면에서 비스듬히 위로 던진 물체는 운동 방향과 속력이 모두 변하는 운동을 한다.

ㄷ. 원운동하는 물체의 운동 방향은 원 궤도의 각 위치에서 접선 방향이므로, 물체의 운동 방향이 매 순간 변한다. 따라서 (다)에서 사람의 운동 방향은 계속 변한다.

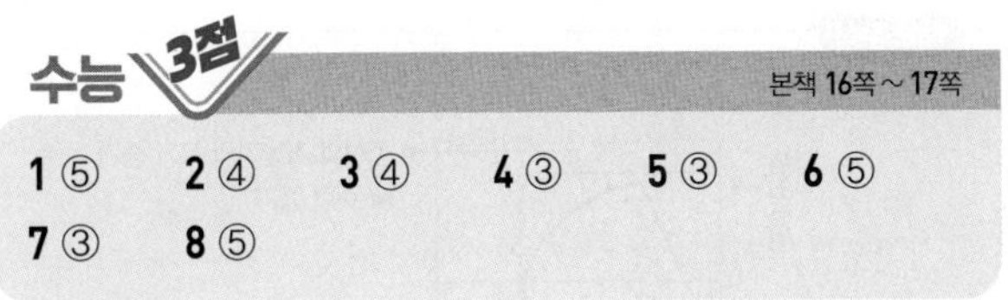

수능 3점
본책 16쪽~17쪽
1 ⑤ 2 ④ 3 ④ 4 ③ 5 ③ 6 ⑤
7 ③ 8 ⑤

1 이동 거리와 변위

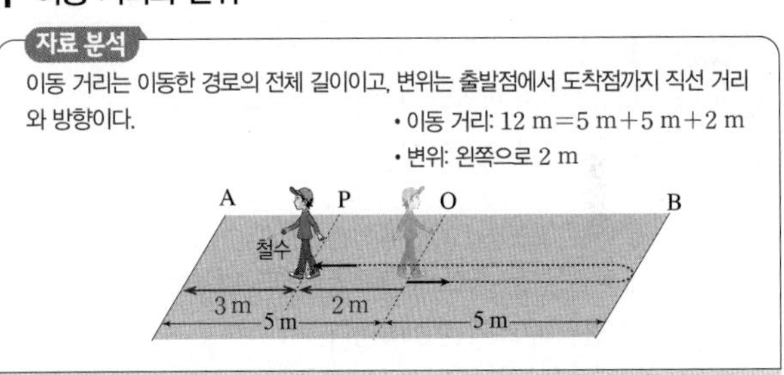

자료 분석
이동 거리는 이동한 경로의 전체 길이이고, 변위는 출발점에서 도착점까지 직선 거리와 방향이다.
• 이동 거리: 12 m=5 m+5 m+2 m
• 변위: 왼쪽으로 2 m
A
P
O
B
철수
3 m
2 m
5 m
5 m

선택지 분석

ㄱ. 이동 거리는 12 m이다.

ㄴ. A에서 P까지 거리는 3 m이다.

ㄷ. 철수의 평균 속도의 크기는 0.5 m/s이다.

ㄱ. 철수의 평균 속력이 3 m/s이므로 4초 동안 이동한 거리는 $3\text{ m/s}\times4\text{ s}=12\text{ m}$이다.

ㄴ. 철수가 이동한 거리가 12 m이므로 O에서 P까지 거리는 $12\text{ m}-10\text{ m}=2\text{ m}$이다. 따라서 A에서 P까지 거리는 3 m이다.

ㄷ. 4초 동안 철수의 변위는 왼쪽으로 2 m이므로 평균 속도의 크기는 $\frac{2\text{ m}}{4\text{ s}}=0.5\text{ m/s}$이다.

2 이동 거리와 속력

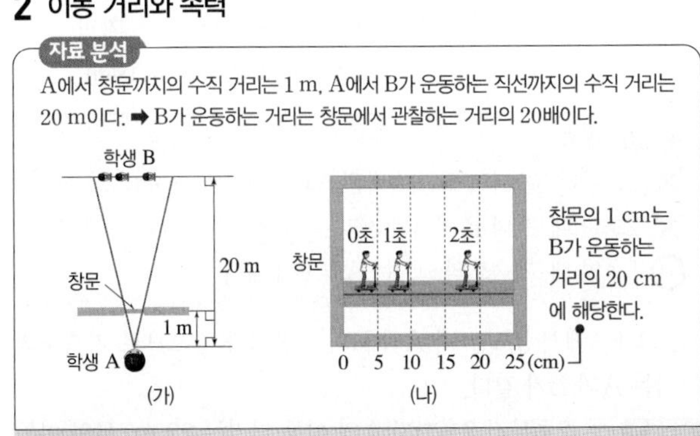

자료 분석
A에서 창문까지의 수직 거리는 1 m, A에서 B가 운동하는 직선까지의 수직 거리는 20 m이다. ➡ B가 운동하는 거리는 창문에서 관찰하는 거리의 20배이다.
학생 B
20 m
창문
1 m
학생 A
(가)
창문
0초
1초
2초
0 5 10 15 20 25(cm)
(나)
창문의 1 cm는 B가 운동하는 거리의 20 cm에 해당한다.

선택지 분석

ㄱ. 0초부터 1초까지 이동한 거리는 1 m이다.

ㄴ. 1초부터 2초까지 평균 속력은 2 m/s이다.

✕ ㄷ. 0초부터 2초까지 일정한 속력으로 운동하였다. **속력이 변하였다.**

ㄱ. B가 운동하는 거리는 창문에서 관찰하는 거리의 20배이다. 0초부터 1초까지 창문에서 5 cm 이동하였으므로 B가 이동한 거리는 5 cm의 20배인 100 cm, 즉 1 m이다.
ㄴ. 1초부터 2초까지 창문에서 10 cm 이동하였으므로 B의 이동 거리는 10 cm의 20배인 200 cm=2 m이다. 따라서 1초부터 2초까지 1초 동안 B의 평균 속력은 2 m/s이다.
바로알기 ㄷ. 0초부터 1초까지 이동한 거리와 1초부터 2초까지 이동한 거리가 다르므로 B는 속력이 변하는 운동을 하였다.

3 위치-시간 그래프

자료 분석

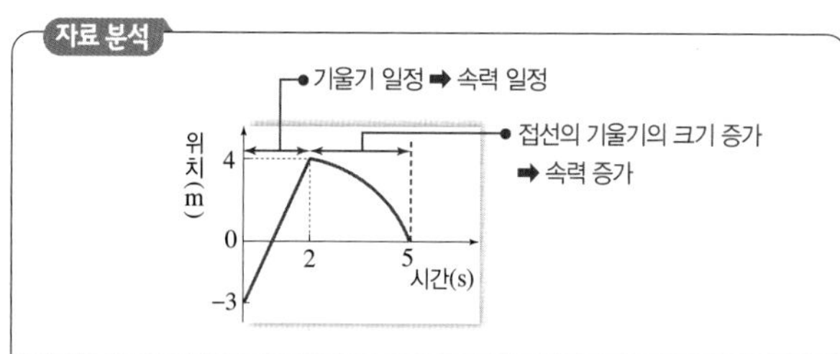

선택지 분석

ㄱ 0초부터 5초까지 변위의 크기는 3 m이다.
✕ ㄴ 2초부터 5초까지 속력이 감소하였다. 증가하였다.
ㄷ 0초부터 2초까지 평균 속력과 평균 속도의 크기는 같다.

ㄱ. 0초일 때의 위치는 −3 m, 5초일 때의 위치는 0이므로 0초부터 5초까지 변위의 크기는 3 m이다.
ㄷ. 0초부터 2초까지 직선상에서 한쪽 방향으로만 운동하였으므로 변위의 크기와 이동 거리가 같다. 따라서 평균 속력과 평균 속도의 크기도 같다.
바로알기 ㄴ. 위치-시간 그래프의 기울기는 속도이다. 2초부터 5초까지 기울기의 크기가 증가하므로 속도의 크기가 증가하였다. 따라서 속력도 증가하였다.

4 속력-시간 그래프

자료 분석

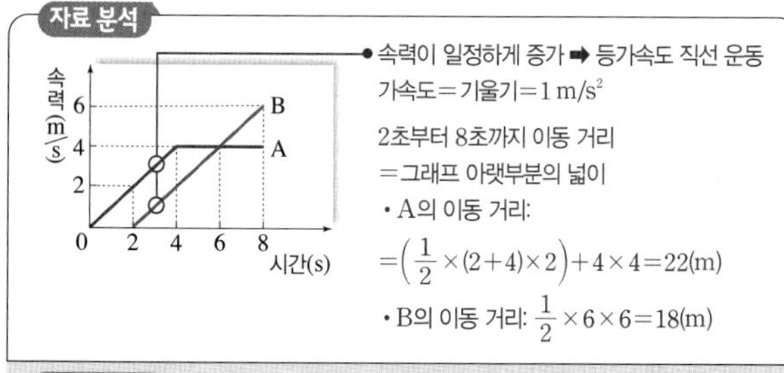

선택지 분석

✕ ㄱ 2초부터 8초까지 평균 속력은 A와 B가 같다. A가 B보다 크다.
✕ ㄴ 2초일 때, A와 B 사이의 거리는 24 m이다. 40 m
ㄷ 3초일 때, 가속도의 크기는 A와 B가 같다.

ㄷ. 그래프에서 3초일 때 A와 B의 기울기가 같으므로 가속도의 크기는 A와 B가 같다.
바로알기 ㄱ. 2초부터 8초까지 A의 이동 거리는 22 m, B의 이동 거리는 18 m이다. 따라서 평균 속력은 A가 B보다 크다.
ㄴ. 2초부터 8초까지 A와 B가 서로 반대 방향으로 이동하여 충돌하였으므로 2초일 때 A와 B 사이의 거리는 A의 이동 거리 22 m에 B의 이동 거리 18 m를 더한 40 m이다.

5 등가속도 직선 운동

자료 분석

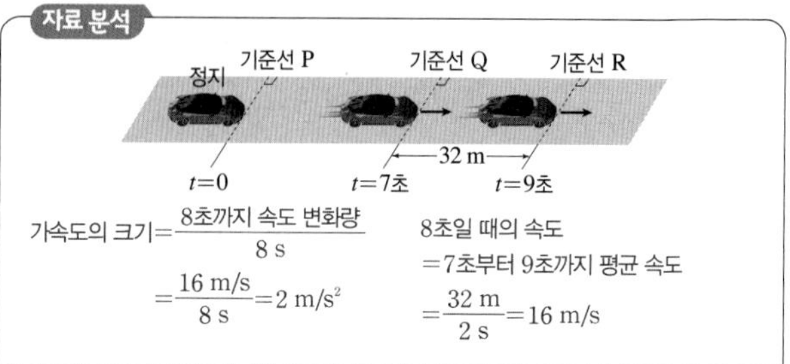

선택지 분석

ㄱ t=8초일 때 속력은 16 m/s이다.
ㄴ 가속도의 크기는 2 m/s²이다.
✕ ㄷ t=2초부터 t=7초까지 이동 거리는 35 m이다. 45 m

ㄱ. 7초부터 9초까지 2초 동안 이동한 거리가 32 m이므로 평균 속력은 $\frac{32 m}{2 s}$=16 m/s이다. 등가속도 직선 운동에서 평균 속력은 중간 시각의 속력과 같으므로 7초부터 9초까지 평균 속력은 8초일 때 속력과 같다. 따라서 8초일 때 속력은 16 m/s이다.
ㄴ. 자동차가 정지 상태에서 등가속도 직선 운동을 하여 8초일 때 속력이 16 m/s가 되었으므로 가속도의 크기는 $\frac{v}{t}=\frac{16 m/s}{8 s}=$ 2 m/s²이다.
바로알기 ㄷ. 가속도가 2 m/s²이므로 2초일 때 속력은 4 m/s이고, 7초일 때 속력은 14 m/s이다. 등가속도 직선 운동의 식 $2as=v^2-v_0^2$에서 $s=\frac{(14 m/s)^2-(4 m/s)^2}{2\times2 m/s^2}$=45 m이다.

6 등가속도 직선 운동

자료 분석

A, B의 가속도는 방향이 반대이고, 크기가 a로 같으므로 A는 속력이 빨라지는 운동을 하고, B는 속력이 느려지는 운동을 한다.

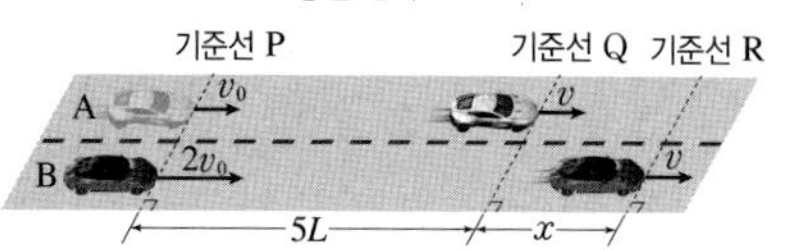

선택지 분석

ㄱ A가 Q를 통과하는 순간의 속력은 $\frac{3}{2}v_0$이다.
ㄴ $a=\frac{v_0^2}{8L}$이다.
ㄷ $x=2L$이다.

ㄱ. A, B가 각각 기준선 Q, R를 통과할 때의 속력을 v라고 하면, A, B의 가속도는 크기가 같고 방향이 반대이므로 $v-v_0=-(v-2v_0)$이다. 따라서 속력 $v=\frac{3}{2}v_0$이다.
ㄴ. 등가속도 직선 운동의 식 $2as=v^2-v_0^2$에서 $v=\frac{3}{2}v_0$이므로 $2a\times5L=\left(\frac{3}{2}v_0\right)^2-v_0^2$이다. 따라서 $a=\frac{v_0^2}{8L}$이다.
ㄷ. 등가속도 직선 운동의 식 $2as=v^2-v_0^2$에서 B의 가속도 $-a=-\frac{v_0^2}{8L}$이므로 $2\times\left(-\frac{v_0^2}{8L}\right)\times(5L+x)=\left(\frac{3}{2}v_0\right)^2-(2v_0)^2$이다. 따라서 $x=2L$이다.

7 빗면을 내려오는 물체의 운동 분석

자료 분석

시간(초)	0	0.1	0.2	0.3	0.4	0.5
위치(cm)	0	6	14	24	㉠	50
구간 거리(cm)	6	8	10	12	14	
평균 속력(cm/s)	60	80	100	120	140	
속도 변화량(cm/s)		20	20	20	20	
가속도(m/s^2)		2	2	2	2	

선택지 분석

ㄱ. ㉠은 36이다.
ㄴ. ㉡은 $2\,m/s^2$이다.
ㄷ. P가 기준선을 통과하는 순간의 속력은 0.4 m/s이다. 0.5 m/s

ㄱ. 수레가 등가속도 직선 운동을 하므로 구간 거리는 일정하게 증가한다. 구간 거리가 6 cm, 8 cm, 10 cm로 2 cm씩 증가하므로 네 번째 구간 거리는 12 cm가 증가하여 ㉠은 36 cm이다.
ㄴ. 0.1초마다 평균 속력이 20 cm/s씩 증가한다. 따라서 가속도의 크기(㉡)는 $\dfrac{20\,cm/s}{0.1\,s}=200\,cm/s^2=2\,m/s^2$이다.

바로알기 ㄷ. P가 기준선을 통과하는 순간의 속력을 v_0이라고 할 때, 6 cm 이동하는 데 걸린 시간은 0.1초이고, 가속도의 크기는 $2\,m/s^2$이다. 따라서 등가속도 직선 운동의 식 $s=v_0t+\dfrac{1}{2}at^2$에서 $0.06\,m=v_0\times0.1\,s+\dfrac{1}{2}\times2\,m/s^2\times(0.1\,s)^2$이므로 정리하면 $v_0=0.5\,m/s$이다.

8 등속 직선 운동과 등가속도 직선 운동

자료 분석

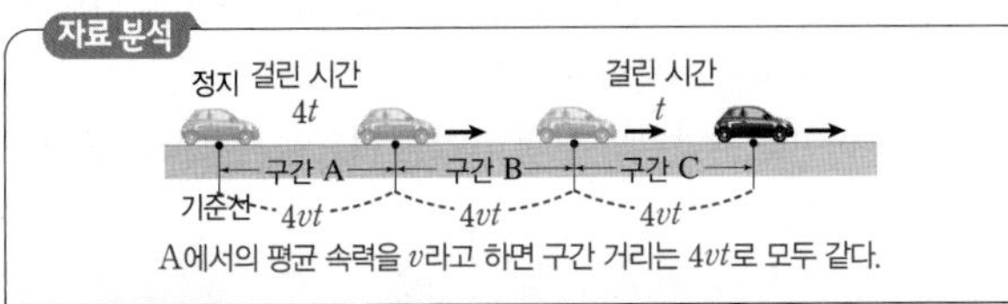

선택지 분석

ㄱ. 평균 속력은 B에서가 A에서의 2배이다.
ㄴ. 구간을 지나는 데 걸린 시간은 B에서가 C에서의 2배이다.
ㄷ. 가속도의 크기는 C에서가 A에서의 8배이다.

ㄱ. A에서의 평균 속력을 v라고 하면 C에서의 평균 속력은 $4v$이므로 속력-시간 그래프는 다음과 같다. 평균 속력은 A에서 v, B에서 $2v$이므로 B에서가 A에서의 2배이다.

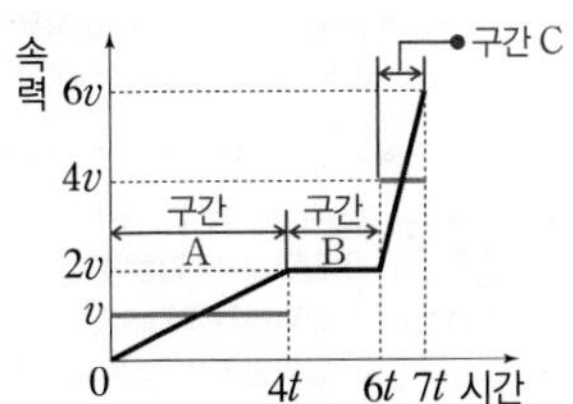

ㄴ. B를 지나는 시간은 $2t$, C를 지나는 시간은 t이므로 구간을 지나는 데 걸린 시간은 B에서가 C에서보다 2배이다.
ㄷ. A에서 가속도의 크기는 $\dfrac{2v}{4t}$이고, C에서 가속도의 크기는 $\dfrac{4v}{t}$이므로 가속도의 크기는 C에서가 A에서의 8배이다.

02 뉴턴 운동 법칙

개념 확인 본책 19쪽, 21쪽

(1) 운동 상태 (2) 알짜힘 (3) 평형 (4) 속력, 운동 방향 (5) 관성 (6) 0 (7) 알짜힘, 알짜힘 (8) 반비례 (9) 상호 작용 (10) 크기, 방향 (11) ①-㉢, ②-㉠, ③-㉡

수능 자료 본책 22쪽

자료❶ 1 ○ 2 × 3 ○ 4 × 5 × 6 ○
자료❷ 1 × 2 ○ 3 ○ 4 ○ 5 × 6 × 7 ○
자료❸ 1 × 2 ○ 3 ○ 4 ○ 5 ×
자료❹ 1 ○ 2 × 3 ○ 4 ○ 5 ×

자료❶ 가속도 법칙 실험

2 실험 A에서 운동하는 물체 전체의 질량은 수레의 질량+실에 매달린 추의 질량이므로 $2m+m=3m$이다.

3 실험 A에서 알짜힘은 mg이므로 $mg=3ma$에서 수레의 가속도의 크기는 $\dfrac{1}{3}g$이다.

4 실험 C에서 알짜힘은 실에 매달린 추의 무게인 $2mg$이다.

5 실험 C에서 운동하는 물체 전체의 질량은 $5m$이므로 $2mg=5ma$에서 수레의 가속도의 크기는 $\dfrac{2}{5}g$이다.

6 실험 B에서 알짜힘은 $2mg$이다. 실험 B의 운동 방정식은 $2mg=4ma$이므로 실험 B의 가속도가 $\dfrac{1}{2}g$로 가장 크다. 따라서 실험 B의 결과는 그래프의 기울기가 가장 큰 ㉠이다.

자료❷ 운동 법칙과 속력-시간 그래프 해석

1 속력-시간 그래프에서 2초일 때 기울기가 달라졌으므로 2초일 때 가속도가 변했다. 따라서 실은 2초에 끊어졌다.

2 실이 끊어지기 전 A, B에 작용하는 알짜힘은 $4F-F=3F$이다.

3 0초부터 2초까지 A, B의 가속도는 $0.5\,m/s^2$이므로 운동 방정식은 $3F=(1\,kg+m)\times0.5\,m/s^2$이다.

4 2초 이후 B의 알짜힘은 $4F$이고, 가속도는 $1\,m/s^2$이므로 B의 운동 방정식은 $4F=m\times1\,m/s^2$이다.

5 실이 끊어지기 전과 후의 두 운동 방정식 $3F=(1\,kg+m)\times0.5\,m/s^2$과 $4F=m\times1\,m/s^2$을 연립하면 $m=2\,kg$이다.

6 $m=2\,kg$일 때 $4F=2\,kg\times1\,m/s^2$에서 $F=0.5\,N$이므로 2초 이후 질량이 1 kg인 A의 가속도는 운동 방향과 반대 방향으로 $0.5\,m/s^2$이다. 따라서 3초일 때 A의 속력$=2\,m/s-(0.5\,m/s^2\times1\,s)=1.5\,m/s$이다.

7 2초 이후 A의 속력은 오른쪽 그래프의 아래쪽 색선에 해당한다. 3초일 때와 4초일 때의 거리 차는 3초에서 4초까지 두 그래프 사이의 넓이이고, 그 값은 2.25 m이다.

자료❸ 실로 연결된 물체의 운동

1 (가)에서 A, B, C가 정지해 있으므로 알짜힘은 0이다.

2 p가 끊어지기 전 알짜힘이 0이었으므로 p가 끊어진 후 B, C의 알짜힘의 크기는 A의 무게인 $3mg$와 같다.

3 (나)에서 B, C에 작용하는 알짜힘은 $3mg$이고 B, C의 전체 질량은 $6m$이므로 B, C의 가속도의 크기는 $\frac{3mg}{6m}=\frac{1}{2}g$이다.

4 (나)에서 B에 작용하는 알짜힘의 크기는 $2m\times\frac{1}{2}g=mg$이다.

5 (나)에서 C에 작용하는 알짜힘의 크기는 $4m\times\frac{1}{2}g=2mg$이다.

자료❹ 작용 반작용 법칙

1 B가 정지해 있으므로 B에 작용하는 알짜힘은 0이다.

2 B에 크기가 F인 힘을 작용해도 B에 작용하는 알짜힘이 0이므로 A가 B를 미는 힘의 크기도 F이다.

4 A가 정지해 있으므로 A에 작용하는 알짜힘이 0이다. 따라서 벽이 A를 미는 힘과 B가 A를 미는 힘의 크기는 같다.

5 A가 벽을 미는 힘과 벽이 A를 미는 힘은 작용점이 각각 벽과 A로 상대방 물체에 있으므로 작용 반작용 관계이다.

본책 23쪽

1 ㄱ **2** ㄴ, ㄷ **3** 20 N **4** (1) 5 m/s^2 (2) 25 N (3) 0 **5** 20 m/s **6** (1) $3mg$ (2) $\frac{1}{2}g$ (3) $\frac{3}{2}mg$ **7** ④ **8** (1) ㄴ (2) ㄱ (3) ㄹ

1 ㄱ. 물체가 운동 방향으로 알짜힘을 받으면 속력이 증가하고, 운동 방향과 반대 방향으로 알짜힘을 받으면 속력이 감소한다.
바로알기 ㄴ. 물체가 운동 방향과 수직인 방향으로 알짜힘을 받으면 속력은 변하지 않고 운동 방향만 변한다.
ㄷ. 물체가 운동 방향과 비스듬한 방향으로 알짜힘을 받으면 속력과 운동 방향이 모두 변한다.

2 ㄴ. 달리던 버스가 갑자기 정지하면 사람은 계속 운동하려는 관성 때문에 앞으로 쏠려 넘어진다.
ㄷ. 마찰이 없는 수평면에서 힘을 받지 않는 물체는 운동 상태를 유지하려는 관성 때문에 계속 등속 직선 운동을 한다.
바로알기 ㄱ. 사람이 벽을 밀면 작용 반작용 법칙에 따라 벽도 사람을 밀기 때문에 사람이 뒤로 밀린다.
ㄹ. 지구와 달 사이에 서로 잡아당기는 힘은 작용 반작용 법칙과 관련이 있다.

3 $F=ma$이므로 10 kg×2 m/s^2=20 N이다.

4 (1) 속도-시간 그래프의 기울기는 가속도이므로 0초부터 2초까지 가속도의 크기 $a=\frac{10\ \text{m/s}}{2\ \text{s}}=5\ \text{m/s}^2$이다.
(2) 물체에 작용한 알짜힘 $F=ma=5\ \text{kg}\times5\ \text{m/s}^2=25\ \text{N}$이다.
(3) 2초부터 4초까지 물체의 가속도가 0이므로 알짜힘도 0이다.

5 $a=\frac{F}{m}$이므로 $a=\frac{8\ \text{N}}{2\ \text{kg}}=4\ \text{m/s}^2$이다. 따라서 5초일 때 물체의 속력 $v=at=4\ \text{m/s}^2\times5\ \text{s}=20\ \text{m/s}$이다.

6 (1) B가 정지해 있으므로 줄이 B를 당기는 힘과 B의 무게가 평형을 이루고 있다. 따라서 줄이 B를 당기는 힘의 크기는 B의 무게와 같은 $3mg$이고, 줄이 양쪽의 물체를 당기는 힘은 같으므로 줄이 A를 당기는 힘의 크기도 $3mg$이다.
(2) 손을 놓으면 두 물체에 작용하는 힘은 A의 무게와 B의 무게이므로 알짜힘은 B가 내려오는 방향으로 $3mg-mg=2mg$이다. 따라서 질량이 $4m$인 두 물체의 가속도의 크기 $a=\frac{2mg}{4m}=\frac{1}{2}g$이다.
(3) 줄의 장력을 T라고 하면 B에 대한 운동 방정식은 $3mg-T=3m\times\frac{1}{2}g$이므로 $T=\frac{3}{2}mg$이다.

7 ① 두 물체의 가속도의 크기 $a=\frac{\text{알짜힘}}{\text{두 물체의 질량 합}}=\frac{10\ \text{N}}{5\ \text{kg}}=2\ \text{m/s}^2$이다.
② A에 작용하는 알짜힘의 크기는 A의 질량×가속도=3 kg×2 m/s^2=6 N이다.
③ 실이 A를 당기는 힘이 A에 작용하는 알짜힘이므로 알짜힘의 크기도 6 N이다.
⑤ 하나의 실에 연결되어 있으므로 실이 A를 당기는 힘의 크기는 실이 B를 당기는 힘의 크기와 같다.
바로알기 ④ B에 작용하는 알짜힘의 크기는 B의 질량×가속도=2 kg×2 m/s^2=4 N이다.

8 (1) 바위에 작용하는 중력의 반작용은 바위가 지구를 당기는 힘이다.
(2) 바위에 작용하는 두 힘은 중력과 지면이 바위를 떠받치는 힘으로 두 힘은 평형을 이룬다.
(3) 지면이 바위를 떠받치는 힘의 크기는 바위에 작용하는 중력의 크기 mg와 같다.

수능 2점

본책 24쪽~26쪽

1 ④ **2** ④ **3** ④ **4** ② **5** ① **6** ② **7** ④ **8** ① **9** ⑤ **10** ② **11** ① **12** ③

1 알짜힘과 운동 법칙

자료 분석

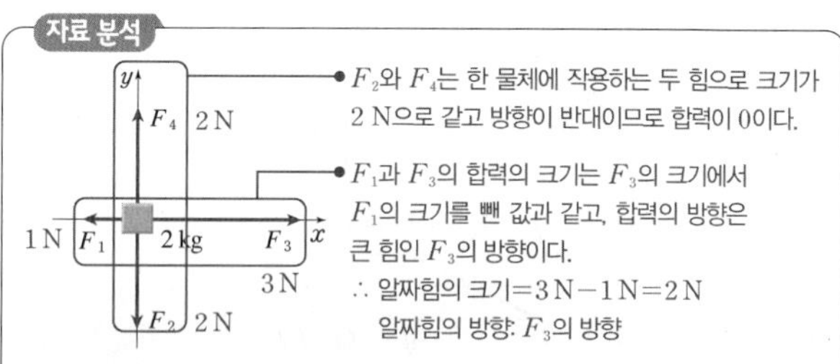

F_2와 F_4는 한 물체에 작용하는 두 힘으로 크기가 2 N으로 같고 방향이 반대이므로 합력이 0이다.

F_1과 F_3의 합력의 크기는 F_3의 크기에서 F_1의 크기를 뺀 값과 같고, 합력의 방향은 큰 힘인 F_3의 방향이다.
∴ 알짜힘의 크기=3 N-1 N=2 N
알짜힘의 방향: F_3의 방향

선택지 분석

ㄱ 물체의 가속도 방향은 $+x$ 방향이다.
~~ㄴ~~ 물체의 가속도 크기는 2 m/s^{2}이다. 1 m/s^2
ㄷ F_2와 F_4는 힘의 평형 관계이다.

ㄱ. 물체에 작용하는 알짜힘은 $+x$ 방향으로 $3\ \mathrm{N}-1\ \mathrm{N}=2\ \mathrm{N}$이다. 뉴턴 운동 제2법칙 $F=ma$에 따라 가속도 a의 방향은 알짜힘 F의 방향(F_3의 방향)과 같다.

ㄷ. F_2와 F_4는 한 물체에 작용하는 두 힘이다. 두 힘의 크기가 같고 방향이 반대이므로 합력은 0이다. 따라서 두 힘은 힘의 평형 관계이다.

바로알기 ㄴ. 물체에 작용하는 알짜힘이 $3\ \mathrm{N}-1\ \mathrm{N}=2\ \mathrm{N}$이므로 가속도 $a=\dfrac{F}{m}=\dfrac{2\ \mathrm{N}}{2\ \mathrm{kg}}=1\ \mathrm{m/s^2}$이다.

2 뉴턴 운동 제1법칙

자료 분석

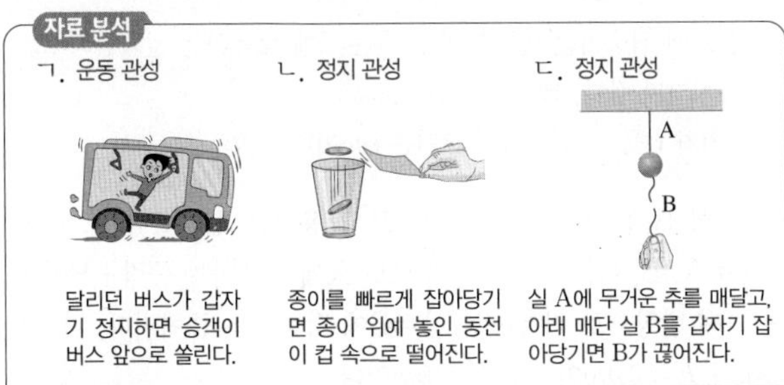

선택지 분석

✗ 달리던 버스가 갑자기 정지하면 승객이 버스 앞으로 쏠린다. 운동하던 승객은 계속 운동하려고 한다.

ⓛ 종이를 빠르게 잡아당기면 종이 위에 놓인 동전이 컵 속으로 떨어진다. 동전은 정지 상태에서 계속 정지해 있으려고 한다.

ⓒ 실 A에 무거운 추를 매달고, 아래 매단 실 B를 갑자기 잡아당기면 B가 끊어진다. 추는 정지 상태에서 계속 정지해 있으려고 한다.

ㄴ. 종이를 빠르게 잡아당기면 정지해 있던 동전이 정지 상태를 유지하려는 관성 때문에 종이와 함께 이동하지 않고 아래로 떨어진다.

ㄷ. 실 B를 빠르게 잡아당기면 정지해 있던 추가 정지 상태를 유지하려는 관성 때문에 제자리에 있고 실 B만 당기는 힘을 받아 B가 끊어진다.

바로알기 ㄱ. 버스와 함께 운동하던 승객은 버스가 정지하면 운동 상태를 계속 유지하려는 관성 때문에 계속 나아가던 방향으로 운동하려고 하므로 승객이 앞으로 쏠린다.

3 뉴턴 운동 제2법칙

자료 분석

실에 매달린 추의 무게=알짜힘

실험	수레 위의 추의 수	실에 매달린 추의 수(무게)	가속도의 크기 ($a=\frac{F}{m}$)
A	0	1 (mg)	$\frac{mg}{3m}=\frac{1}{3}g$
B	0	2 ($2mg$)	$\frac{2mg}{4m}=\frac{1}{2}g$
C	1	2 ($2mg$)	$\frac{2mg}{5m}=\frac{2}{5}g$

선택지 분석

	A	B	C		A	B	C
✗①	㉠	㉡	㉢	✗②	㉠	㉢	㉡
✗③	㉡	㉠	㉢	④	㉢	㉠	㉡
✗⑤	㉢	㉡	㉠				

실험 결과 그래프에서 기울기는 가속도의 크기이다. 따라서 가속도의 크기가 가장 큰 ㉠은 B이고, 가속도의 크기가 두 번째인 ㉡은 C이고, 가속도의 크기가 가장 작은 ㉢은 A이다.

4 실에 연결된 물체의 운동

자료 분석

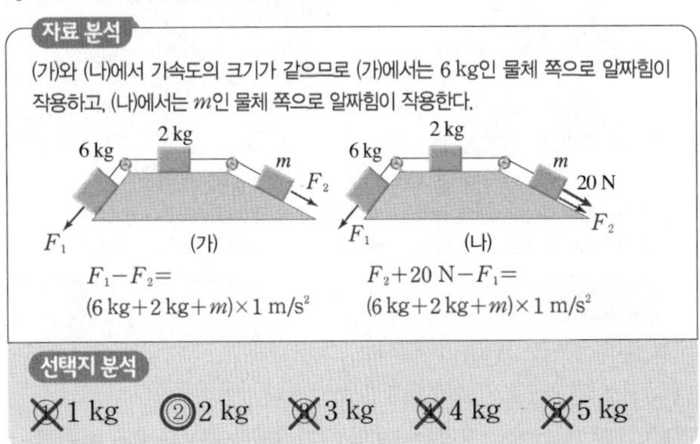

(가)와 (나)에서 가속도의 크기가 같으므로 (가)에서는 6 kg인 물체 쪽으로 알짜힘이 작용하고, (나)에서는 m인 물체 쪽으로 알짜힘이 작용한다.
6 kg
2 kg
m
F₁
F₂
20 N
(가)
(나)
F₁−F₂=(6 kg+2 kg+m)×1 m/s²
F₂+20 N−F₁=(6 kg+2 kg+m)×1 m/s²

선택지 분석

✗① 1 kg　② 2 kg　✗③ 3 kg　✗④ 4 kg　✗⑤ 5 kg

(가)에서는 F_1-F_2가 알짜힘이 되어 세 물체가 $1\ \mathrm{m/s^2}$의 가속도로 왼쪽으로 운동하므로 $F_1-F_2=(6\ \mathrm{kg}+2\ \mathrm{kg}+m)\times1\ \mathrm{m/s^2}$ …①이 된다. (나)에서는 $20\ \mathrm{N}+F_2-F_1$이 알짜힘이 되어 세 물체가 $1\ \mathrm{m/s^2}$의 가속도로 오른쪽으로 운동하므로 $20\ \mathrm{N}+F_2-F_1=(6\ \mathrm{kg}+2\ \mathrm{kg}+m)\times1\ \mathrm{m/s^2}$ …②가 된다. 식 ①과 ②를 연립하여 풀면 $m=2\ \mathrm{kg}$이 된다.

5 실에 연결된 물체의 운동

자료 분석

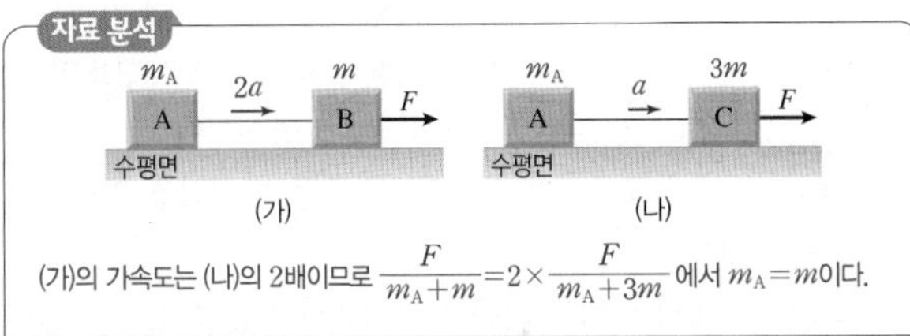

(가)의 가속도는 (나)의 2배이므로 $\dfrac{F}{m_A+m}=2\times\dfrac{F}{m_A+3m}$에서 $m_A=m$이다.

선택지 분석

㉠ A의 질량은 B의 질량과 같다.

✗ C에 작용하는 알짜힘의 크기는 B에 작용하는 알짜힘의 크기의 3배이다. $\frac{3}{2}$배

✗ (가)에서 실이 A를 당기는 힘의 크기는 (나)에서 실이 C를 당기는 힘의 크기와 같다. 의 2배이다.

ㄱ. A의 질량을 m_A, B의 질량을 m이라고 할 때, 가속도의 크기는 (가)에서가 (나)에서의 2배이므로 $\dfrac{F}{m_A+m}=2\times\dfrac{F}{m_A+3m}$에서 $m_A=m$이다. 따라서 A의 질량은 B의 질량과 같다.

바로알기 ㄴ. 두 물체가 함께 운동하면 가속도가 같으므로 각 물체에 작용하는 알짜힘의 비는 질량의 비와 같다. 따라서 C에 작용하는 알짜힘은 $\dfrac{3}{4}F$이고, B에 작용하는 알짜힘은 $\dfrac{1}{2}F$이다. 따라서 C에 작용하는 알짜힘의 크기는 B에 작용하는 알짜힘의 크기의 $\dfrac{3}{2}$배이다.

ㄷ. (가)에서 실이 A를 당기는 힘의 크기는 A에 작용하는 알짜힘의 크기와 같으므로 $m\times\dfrac{F}{2m}=\dfrac{1}{2}F$이다. (나)에서 실이 C를 당기는 힘의 크기는 실이 A를 당기는 힘의 크기와 같으므로 $m\times\dfrac{F}{4m}=\dfrac{1}{4}F$이다. 따라서 (가)에서 실이 A를 당기는 힘의 크기는 (나)에서 실이 C를 당기는 힘의 크기의 2배이다.

6 실에 연결된 물체의 운동

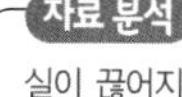

실이 끊어지기 전 두 물체의 알짜힘은 $4F-F=3F$로, 같은 가속도로 운동한다.

실이 끊어지기 전 0초에서 2초 동안 두 물체의 가속도는 0.5 m/s^{2}이다.
➡ $3F=(1\text{ kg}+m)\times0.5\text{ m/s}^2$

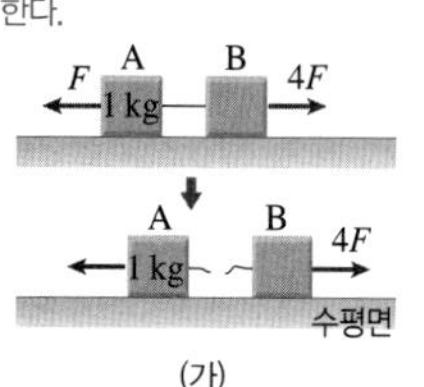

(가)

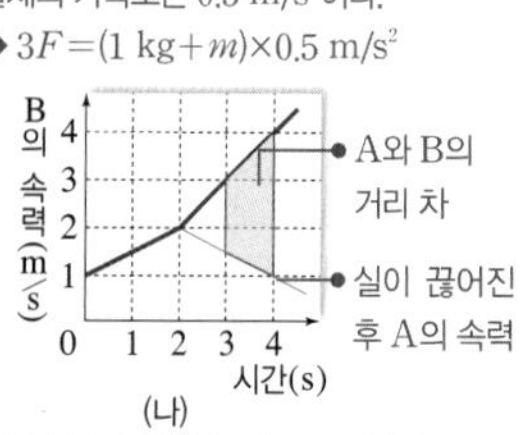

(나)

실이 끊어진 후 A는 운동 방향과 반대 방향으로 알짜힘을 받는다.

실이 끊어진 후, B의 가속도는 1 m/s^{2}이다.
➡ $4F=m\times1\text{ m/s}^2$

선택지 분석

~~ㄱ~~. B의 질량은 3 kg이다. 2 kg
ⓛ 3초 일 때, A의 속력은 1.5 m/s이다.
~~ㄷ~~. A와 B 사이의 거리는 4초일 때가 3초일 때보다 2.5 m만큼 크다. 2.25 m

실이 끊어지기 전 A, B의 가속도가 0.5 m/s^{2}이고, 실이 끊어진 후 B의 가속도가 1 m/s^{2}이므로 B의 질량을 m이라고 하면, 실이 끊어지기 전 A, B의 운동 방정식은 $3F=(1\text{ kg}+m)\times0.5\text{ m/s}^2$이고, 실이 끊어진 후 B의 운동 방정식은 $4F=m\times1\text{ m/s}^2$이다.

ㄴ. 실이 끊어진 후 A는 운동 방향과 반대 방향인 왼쪽으로 힘 F를 받는다. 실이 끊어지기 전과 후의 두 운동 방정식을 연립하면 $F=0.5$ N이므로, 실이 끊어진 후 질량이 1 kg인 A의 가속도는 -0.5 m/s^{2}이다. 2초일 때 A의 속력은 2 m/s이므로, 3초일 때의 속력은 $2\text{ m/s}-(0.5\text{ m/s}^2\times1\text{ s})=1.5\text{ m/s}$이다.

바로알기 ㄱ. 실이 끊어지기 전과 후 두 운동 방정식을 연립하면 $m=2$ kg이다.

ㄷ. 2초 이후 A의 속력은 오른쪽 그래프의 아래쪽 색선에 해당한다. 3초일 때와 4초일 때 A와 B의 거리 차이는 3초에서 4초까지 두 그래프 사이의 넓이와 같다. 따라서 거리 차이는 $0.5\text{ m}+1\text{ m}+0.75\text{ m}=2.25\text{ m}$이다.

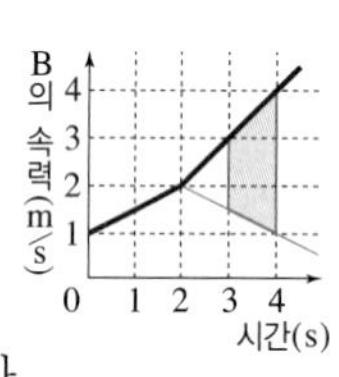

7 도르래에 연결된 물체의 운동

자료 분석

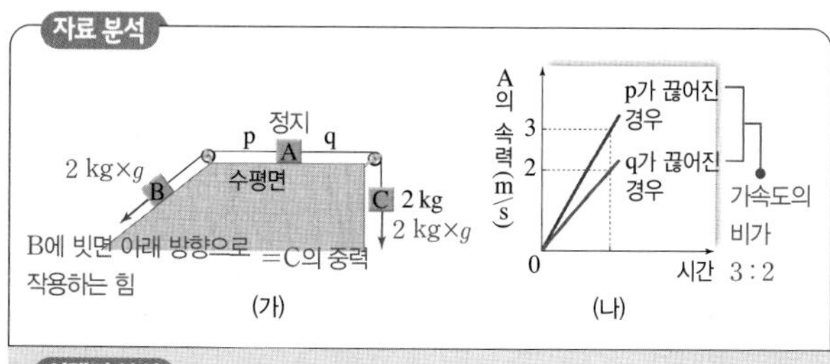

(가) (나)

선택지 분석

~~①~~ 3 kg ~~②~~ 4 kg ~~③~~ 5 kg ④ 6 kg ~~⑤~~ 7 kg

A와 B의 질량을 m이라고 하고, p가 끊어진 경우와 q가 끊어진 경우의 가속도의 비가 3 : 2이므로 p가 끊어진 경우의 가속도를 $3a$, q가 끊어진 경우의 가속도를 $2a$라고 하면 다음 운동 방정식을 만족한다. p가 끊어진 경우는 C에 작용하는 중력인 $2\text{ kg}\times g$가 알짜힘이므로 $2\text{ kg}\times g=(m+2\text{ kg})\times3a$이고, q가 끊어진 경우 B에 빗면 아래 방향으로 작용하는 힘 $2\text{ kg}\times g$가 알짜힘이므로 $2\text{ kg}\times g=2m\times2a$이다. 두 식을 연립하면 $m=6$ kg이다.

8 도르래에 연결된 물체의 운동

자료 분석

B에 빗면 아래 방향으로 작용하는 힘을 F라고 하면, $3mg+F=4mg$이므로 $F=mg$이다.

B와 C에 작용하는 알짜힘 $=4mg-F=4mg-mg=3mg$

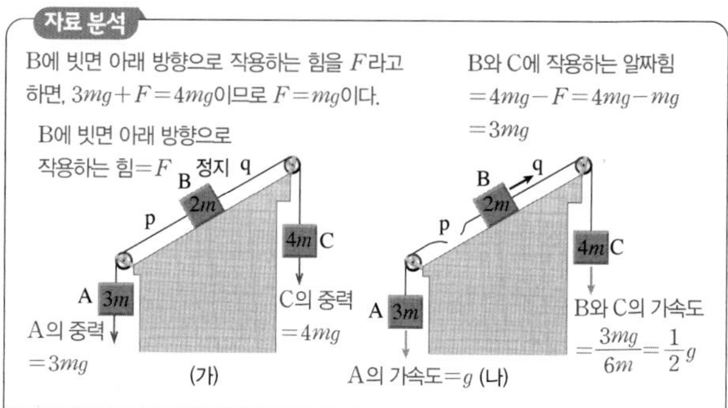

(가) (나)

선택지 분석

ⓖ 가속도의 크기는 A가 B의 2배이다.
~~ㄴ~~. A에 작용하는 알짜힘의 크기는 C에 작용하는 알짜힘의 크기보다 작다. 크다.
~~ㄷ~~. q가 B를 당기는 힘의 크기는 mg이다. $2mg$

(가)에서 B에 빗면 아래 방향으로 작용하는 힘을 F라고 하면, (가)의 A, B, C는 정지해 있으므로 A에 작용하는 중력+B에 빗면 아래 방향으로 작용하는 힘=C에 작용하는 중력이다. 따라서 $3mg+F=4mg$이므로 $F=mg$이다.

ㄱ. A는 자유 낙하 운동을 하므로 가속도의 크기가 g이다. B와 C에 작용하는 알짜힘은 $4mg-F=4mg-mg=3mg$이므로 B와 C의 가속도의 크기는 $\frac{3mg}{6m}=\frac{1}{2}g$이다.

바로알기 ㄴ. A에 작용하는 알짜힘의 크기는 $3mg$이고, C에 작용하는 알짜힘의 크기는 $4m\times\frac{1}{2}g=2mg$이다. 따라서 A에 작용하는 알짜힘의 크기는 C에 작용하는 알짜힘의 크기보다 크다.

ㄷ. q가 B를 당기는 힘을 T라고 하면 B의 운동 방정식은 $T-F=2m\times a$이므로 $T-mg=2m\times\frac{1}{2}g$에서 $T=2mg$이다.

9 작용 반작용

자료 분석

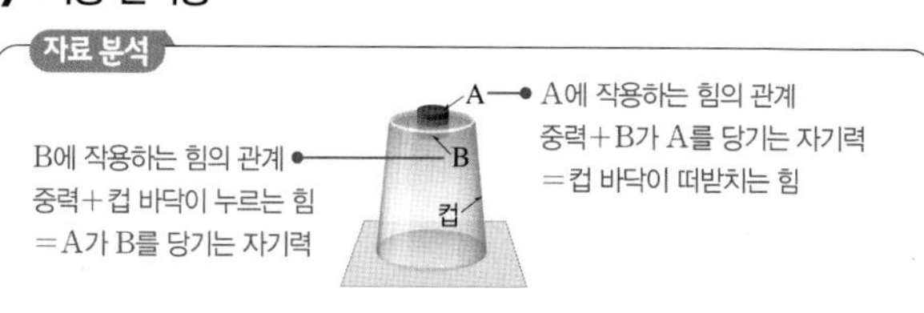

선택지 분석

ⓖ A가 B에 작용하는 자기력과 B가 A에 작용하는 자기력은 작용과 반작용의 관계이다.
ⓛ A가 컵을 누르는 힘의 크기는 B에 작용하는 중력의 크기보다 크다.
ⓒ B를 제거하면 A가 컵을 누르는 힘의 크기는 감소한다.

ㄱ. A가 B에 작용하는 자기력과 B가 A에 작용하는 자기력은 힘의 크기가 같고 반대 방향이며 서로 상대방 물체에 작용하므로 작용과 반작용의 관계이다.

ㄴ. A가 컵을 누르는 힘의 크기는 A에 작용하는 중력과 B가 A를 당기는 자기력을 합한 힘의 크기와 같다. B가 A를 당기는 자기력은 A가 B를 당기는 자기력과 크기가 같으므로 B에 작용하는

중력보다 크기가 크거나 같다. 따라서 A가 컵을 누르는 힘의 크기는 B에 작용하는 중력의 크기보다 크다.

ㄷ. B를 제거하면 A가 컵을 누르는 힘의 크기는 A에 작용하는 중력의 크기와 같아지므로 힘의 크기가 감소한다.

10 작용 반작용과 힘의 평형

자료 분석

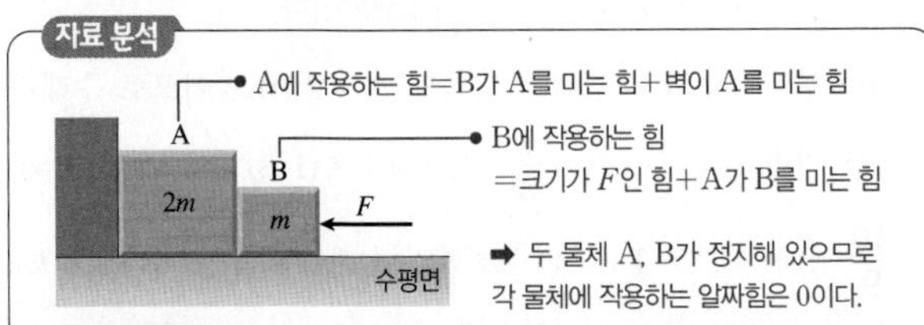

A에 작용하는 힘=B가 A를 미는 힘+벽이 A를 미는 힘
B에 작용하는 힘
=크기가 F인 힘+A가 B를 미는 힘
➡ 두 물체 A, B가 정지해 있으므로 각 물체에 작용하는 알짜힘은 0이다.
A
B
2m
m
F
수평면

선택지 분석

✕ 벽이 A를 미는 힘의 반작용은 A가 B를 미는 힘이다. (A가 벽을 미는 힘)

ⓛ 벽이 A를 미는 힘의 크기와 B가 A를 미는 힘의 크기는 같다.

✕ A가 B를 미는 힘의 크기는 $\frac{2}{3}F$이다. F

ㄴ. 물체 A, B가 정지해 있으므로 각 물체에 작용하는 알짜힘은 0이다. 따라서 벽이 A를 미는 힘과 B가 A를 미는 힘은 크기가 같고 방향이 반대이다. 두 힘은 힘의 평형 관계이다.

바로알기 ㄱ. 벽이 A를 미는 힘의 반작용은 A가 벽을 미는 힘이다.

ㄷ. B에 작용하는 알짜힘이 0이므로 크기가 F인 힘과 A가 B를 미는 힘은 크기가 같고 방향이 반대이다. 따라서 A가 B를 미는 힘의 크기도 F이다.

11 작용 반작용과 힘의 평형

자료 분석

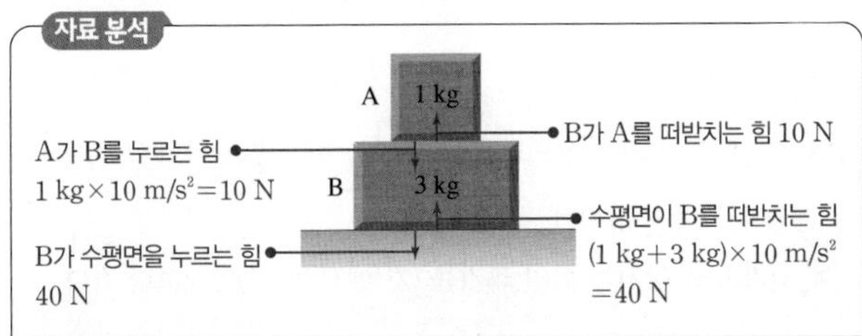

선택지 분석

ⓖ A가 B를 누르는 힘의 크기는 10 N이다.

✕ B가 수평면으로부터 받는 힘의 크기는 30 N이다. 40 N

✕ A가 B를 누르는 힘과 B가 A를 떠받치는 힘은 평형 관계이다. (작용 반작용의 관계)

ㄱ. A가 B를 누르는 힘의 크기는 A에 작용하는 중력의 크기와 같은 10 N이다.

바로알기 ㄴ. B가 수평면을 누르는 힘의 크기는 A가 B를 누르는 힘 10 N과 B에 작용하는 중력 30 N을 더한 값과 같다. 즉, B가 수평면을 40 N의 힘으로 누르고, 이에 대한 반작용으로 수평면은 B를 40 N의 힘으로 떠받친다.

ㄷ. A가 B를 누르는 힘은 B에 작용하고, B가 A를 떠받치는 힘은 A에 작용한다. 따라서 A가 B를 누르는 힘과 B가 A를 떠받치는 힘은 작용 반작용의 관계이다.

12 물체의 운동과 작용 반작용

선택지 분석

ⓖ (가)에서 상자가 드론에 작용하는 힘의 크기는 mg이다.

ⓛ 상자에 작용하는 알짜힘의 크기는 (가)와 (나)에서 모두 0이다.

✕ 상자에 작용하는 중력과 드론이 상자에 작용하는 힘은 작용 반작용 관계이다. 힘의 평형 관계

ㄱ. 질량이 m인 물체에 작용하는 중력의 크기는 mg이다. (가)에서 상자는 정지 상태로 알짜힘이 0이므로, 드론이 상자에 중력과 반대 방향으로 mg의 힘을 작용한다. 따라서 드론이 상자에게 작용하는 힘의 반작용인 상자가 드론에 작용하는 힘의 크기도 mg이다.

ㄴ. 정지 상태에 있는 물체와 등속 직선 운동 하는 물체의 가속도는 똑같이 0이다. 따라서 상자에 작용하는 알짜힘의 크기도 (가)와 (나)에서 모두 0이다.

바로알기 ㄷ. 상자에 작용하는 중력과 드론이 상자에 작용하는 힘은 크기가 같고, 방향이 반대이며, 작용점이 모두 상자에 있으므로 힘의 평형 관계이다.

수능 3점

본책 27쪽~29쪽

1 ⑤	2 ⑤	3 ③	4 ④	5 ②	6 ④
7 ③	8 ②	9 ①	10 ⑤	11 ①	

1 도르래에 연결된 물체의 운동

자료 분석

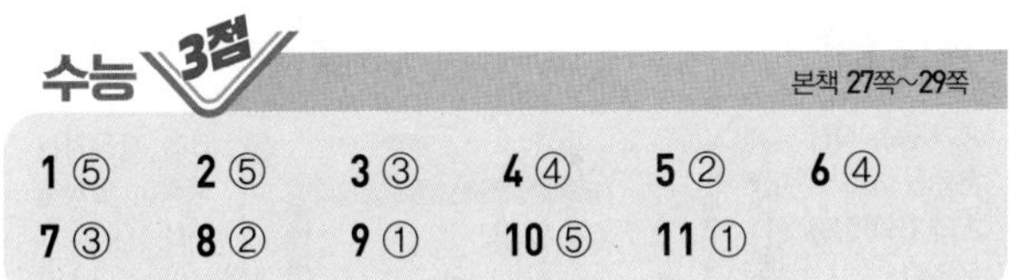

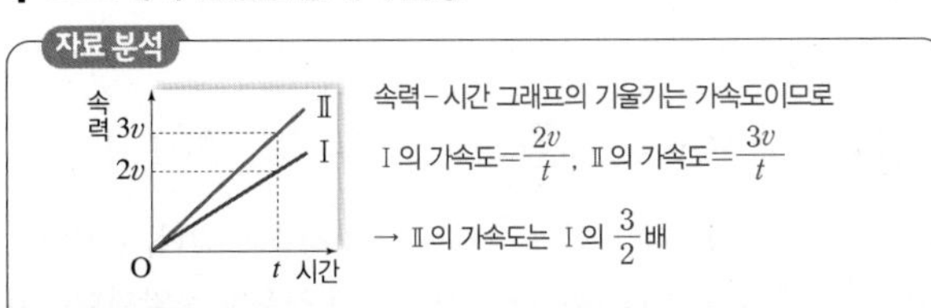

선택지 분석

ⓖ Ⅰ에서 추의 가속도의 크기는 $\frac{1}{2}g$이다.

ⓛ ㉠은 $3m$이다.

ⓒ Ⅱ에서 실이 추를 당기는 힘의 크기는 $\frac{3}{4}mg$이다.

ㄱ. 실험 Ⅰ에서 추의 무게 mg를 알짜힘으로 수레와 추가 함께 운동하므로 $mg=(m+m)a_{Ⅰ}$에서 추의 가속도 $a_{Ⅰ}=\frac{1}{2}g$이다.

ㄴ. Ⅱ의 가속도 $a_{Ⅱ}$는 $a_{Ⅰ}$의 $\frac{3}{2}$배이므로 ㉠$\times g=(m+$㉠$)\times a_{Ⅱ}=(m+$㉠$)\times\frac{3}{2}\times\frac{1}{2}g$에서 ㉠$=3m$이다.

ㄷ. Ⅱ에서 실이 추를 당기는 힘을 T라고 할 때 추의 운동 방정식은 $3mg-T=3m\times\frac{3}{2}\times\frac{1}{2}g$이므로 $T=\frac{3}{4}mg$이다.

2 도르래에 연결된 물체의 운동

자료 분석

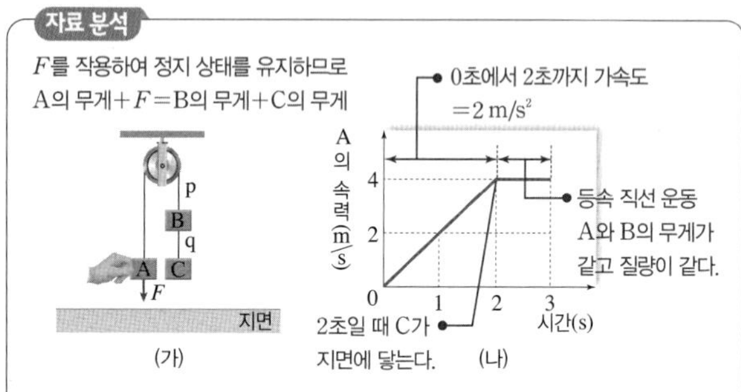

선택지 분석

㉠ F의 크기는 C에 작용하는 중력의 크기와 같다.

㉡ 질량은 A가 C의 2배이다.

㉢ 1초일 때, p가 B를 당기는 힘의 크기는 q가 B를 당기는 힘의 크기보다 크다.

ㄱ. C가 지면에 닿은 후 A는 등속 직선 운동을 하므로 A와 B의 질량은 같다. 따라서 F는 C에 작용하는 중력과 크기가 같다.

ㄴ. A와 B의 질량을 m, C의 질량을 m_C라고 하면, 0초부터 2초 동안 전체 운동 방정식은 $m_C \times 10\ m/s^2 = (2m+m_C) \times 2\ m/s^2$이므로 $m=2m_C$가 된다. 따라서 질량은 A가 C의 2배이다.

ㄷ. 0초부터 2초 동안 p가 B를 당기는 힘의 크기를 T_p, q가 B를 당기는 힘의 크기를 T_q라고 하면 B의 운동 방정식은 $m \times 10\ m/s^2 + T_q - T_p = m \times 2\ m/s^2$이므로 $T_p = T_q + m \times 8\ m/s^2$이다. 따라서 1초일 때 $T_p > T_q$이다.

3 도르래에 연결된 물체의 운동

자료 분석

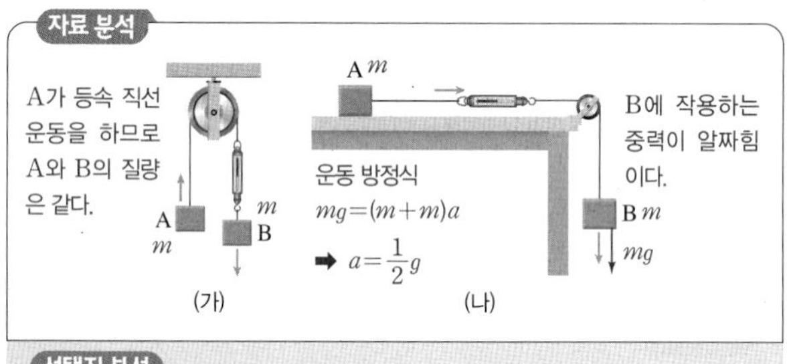

A가 등속 직선 운동을 하므로 A와 B의 질량은 같다.
B에 작용하는 중력이 알짜힘이다.
운동 방정식
mg=(m+m)a
➡ a=1/2 g
(가)
(나)

선택지 분석

✕ ① 1 : 1　✕ ② 1 : 2　③ 2 : 1　✕ ④ 2 : 3　✕ ⑤ 3 : 1

용수철저울에 나타나는 힘의 크기는 줄의 장력과 같다. (가)에서 A와 B의 질량을 각각 m이라고 하면 B에 작용하는 알짜힘이 0이므로 용수철저울에 나타나는 힘의 크기는 B의 무게와 같은 mg이다. (나)에서 A와 B의 가속도 $a=\frac{mg}{2m}=\frac{1}{2}g$일 때, 용수철저울에 나타나는 힘의 크기는 A에 작용하는 알짜힘과 같으므로 $\frac{1}{2}mg$이다. 따라서 $F_{(가)} : F_{(나)} = mg : \frac{1}{2}mg = 2 : 1$이다.

4 도르래에 연결된 물체의 운동

자료 분석

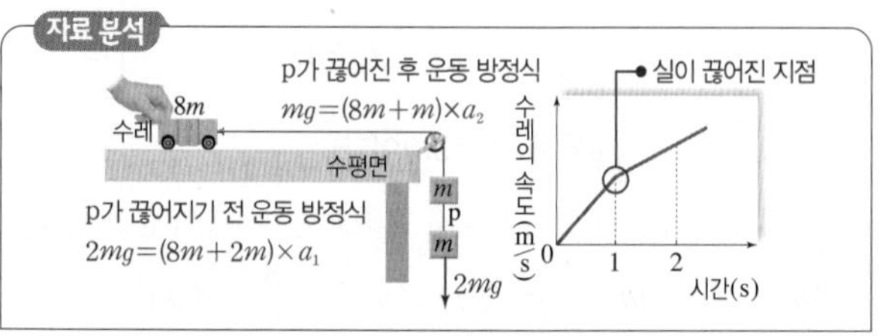

선택지 분석

✕ 1초일 때, 수레의 속도의 크기는 1 m/s이다. **2 m/s**

㉡ 2초일 때, 수레의 가속도의 크기는 $\frac{10}{9}$ m/s²이다.

㉢ 0초부터 2초까지 수레가 이동한 거리는 $\frac{32}{9}$ m이다.

ㄴ. p가 끊어진 후 가속도의 크기를 a_2라고 하면 운동 방정식은 $mg=9ma_2$이므로 $a_2=\frac{1}{9}g=\frac{10}{9}\ m/s^2$이다.

ㄷ. 0초부터 1초까지 수레의 가속도 $a_1=2\ m/s^2$이므로 수레가 이동한 거리 $s_1=\frac{1}{2}a_1t^2=\frac{1}{2}\times 2\ m/s^2 \times (1\ s)^2 = 1\ m$이다. $a_2=\frac{10}{9}\ m/s^2$이므로 1초부터 2초까지 수레가 이동한 거리 $s_2=v_0t+\frac{1}{2}a_2t^2=2\ m/s \times 1\ s + \frac{1}{2}\times\frac{10}{9}\ m/s^2 \times (1\ s)^2 = \frac{23}{9}\ m$이다. 따라서 0초부터 2초까지 수레가 이동한 거리 $s=s_1+s_2=1\ m+\frac{23}{9}\ m=\frac{32}{9}\ m$이다.

바로알기 ㄱ. p가 끊어지기 전 가속도의 크기를 a_1이라고 하면 운동 방정식은 $2mg=10ma_1$이므로 $a_1=\frac{2m}{10m}g=2\ m/s^2$이다. 따라서 1초일 때 수레의 속도 $v=a_1t=2\ m/s^2 \times 1\ s = 2\ m/s$이다.

5 도르래에 연결된 물체의 운동

자료 분석

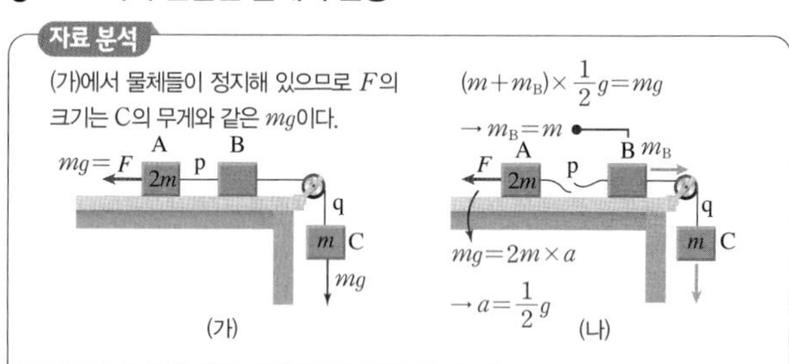

(가)에서 물체들이 정지해 있으므로 F의 크기는 C의 무게와 같은 mg이다.
(m+m_B)×1/2 g=mg
→ m_B=m
mg=F
mg=2m×a
→ a=1/2 g
(가)
(나)

선택지 분석

✕ (나)에서 A의 가속도의 크기는 $\frac{1}{3}g$이다. $\frac{1}{2}g$

㉡ B의 질량은 m이다.

✕ q가 C를 당기는 힘의 크기는 (가)에서가 (나)에서보다 작다. **크다.**

ㄴ. (가)에서 F의 크기가 mg이므로 (나)에서 A의 가속도의 크기는 $a=\frac{mg}{2m}=\frac{1}{2}g$이다. 따라서 B와 C의 가속도의 크기도 $\frac{1}{2}g$이고, B의 질량을 m_B라고 하면 (나)에서 B와 C의 운동 방정식은 $mg=(m_B+m)\times\frac{1}{2}g$이므로 $m_B=m$이다.

바로알기 ㄱ. (가)에서 물체가 정지해 있으므로 F의 크기는 C의 무게와 같은 mg이고, (나)에서 A의 가속도의 크기는 $\frac{mg}{2m}=\frac{1}{2}g$이다.

ㄷ. (가)에서 C가 정지해 있으므로 q가 C를 당기는 힘의 크기는 C의 무게와 같은 mg이다. (나)에서 q가 C를 당기는 힘은 q가 B를 당기는 힘과 같고, q가 B를 당기는 힘은 B에 작용하는 알짜힘이므로 $m_B \times a = m \times \frac{1}{2}g = \frac{1}{2}mg$이다. 따라서 q가 C를 당기는 힘의 크기는 (가)에서가 (나)에서보다 크다.

6 빗면에 연결된 물체의 운동

자료 분석

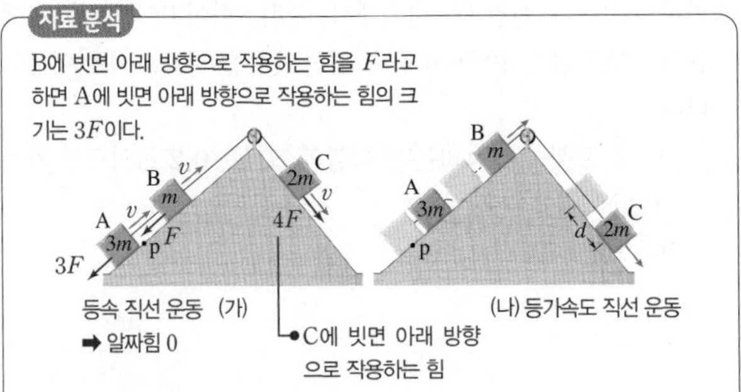

선택지 분석

✕ (가)에서 실이 A를 당기는 힘의 크기는 실이 C를 당기는 힘보다 크다. **작다.**

ㄴ (나)에서 B의 가속도는 $\frac{1}{8}g$이다.

ㄷ d는 $\frac{12v^2}{g}$이다.

실이 끊어지기 전 A, B, C가 각각 일정한 속력으로 운동하므로 A, B, C에 작용하는 알짜힘은 0이다. 따라서 (가)에서 B에 빗면 아래 방향으로 작용하는 힘의 크기를 F라고 하면 A에 빗면 아래 방향으로 작용하는 힘의 크기는 $3F$이고, C에 빗면 아래 방향으로 작용하는 힘의 크기는 $3F+F=4F$이다.

ㄴ. (나)에서 B와 C의 가속도를 a라고 하면, B의 운동 방정식은 $\frac{1}{4}mg-F=ma$ …①이고, C의 운동 방정식은 $4F-\frac{1}{4}mg=2ma$ …②이다. 식 ①과 ②를 연립하면 $F=ma$이고, $a=\frac{1}{8}g$이다.

ㄷ. (나)에서 A의 가속도를 a'이라고 하면 A의 운동 방정식은 $3F=\frac{3}{8}mg=3ma'$이므로 $a'=\frac{1}{8}g$이다. A와 C의 가속도의 크기가 같으므로 A의 속도가 v에서 0이 되는 동안 C의 속도는 v에서 $2v$가 된다. 이를 등가속도 직선 운동의 식 $v^2-v_0^2=2as$에 대입하면 $(2v)^2-v^2=2\times\frac{1}{8}g\times d$이므로 $d=\frac{12v^2}{g}$이다.

바로알기 ㄱ. (가)에서 실이 A를 당기는 힘의 크기는 $3F$이고 실이 C를 당기는 힘의 크기는 $4F$이다. 따라서 실이 A를 당기는 힘의 크기는 실이 C를 당기는 힘의 크기보다 작다.

7 작용 반작용

자료 분석

선택지 분석

✕ 어른이 어린이를 당기는 힘의 크기는 어린이가 어른을 당기는 힘의 크기보다 크다. **크기와 같다.**

✕ 어린이에게 왼쪽으로 알짜힘이 작용한다. **작용하는 알짜힘은 0이다.**

ㄷ 어른에게 작용하는 마찰력의 크기는 어린이에게 작용하는 마찰력의 크기와 같다.

ㄷ. 정지해 있는 어른과 일정한 속력으로 운동하는 어린이에게 작용하는 알짜힘은 각각 0이다. 즉, 어른에게 작용하는 마찰력의 크기는 어린이가 어른을 당기는 힘의 크기와 같고, 어린이에게 작용하는 마찰력은 어른이 어린이를 당기는 힘의 크기와 같다. 따라서 어른에게 작용하는 마찰력의 크기는 어린이에게 작용하는 마찰력의 크기와 같다.

바로알기 ㄱ. 어른이 어린이를 당기는 힘과 어린이가 어른을 당기는 힘은 작용 반작용 관계이므로 크기가 같다.

ㄴ. 일정한 속력으로 운동하는 어린이에게 작용하는 알짜힘은 0이다.

8 작용 반작용과 힘의 평형

자료 분석

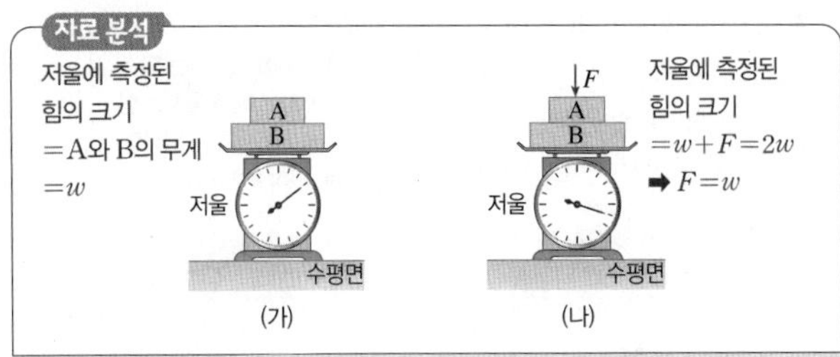

선택지 분석

✕ (가)에서 A에 작용하는 중력과 B가 A에 작용하는 힘은 작용 반작용 관계이다. **힘의 평형**

ㄴ (나)에서 B가 A에 작용하는 힘의 크기는 F보다 크다.

✕ (나)의 저울에 측정된 힘의 크기는 $3F$이다. $\mathbf{2F}$

ㄴ. (나)에서 B가 A에 작용하는 힘의 크기는 A의 무게와 F를 더한 값과 같다. 따라서 B가 A에 작용하는 힘의 크기는 F보다 크다.

바로알기 ㄱ. A에 작용하는 중력과 작용 반작용 관계인 힘은 A가 지구를 당기는 힘이다. (가)에서 A에 작용하는 중력과 B가 A에 작용하는 힘은 모두 A에 작용하는 힘이고, A에 작용하는 알짜힘이 0이므로 두 힘은 힘의 평형 관계이다.

ㄷ. 저울에 측정된 힘의 크기는 (나)에서가 (가)에서의 2배이므로 (가)에서 저울에 측정된 A와 B의 무게를 w라고 하면, (나)에서 저울에 측정된 힘의 크기는 $w+F=2w$이다. 따라서 $F=w$이고, (나)에서 저울에 측정된 힘의 크기는 $2F$이다.

9 작용 반작용과 힘의 평형

자료 분석

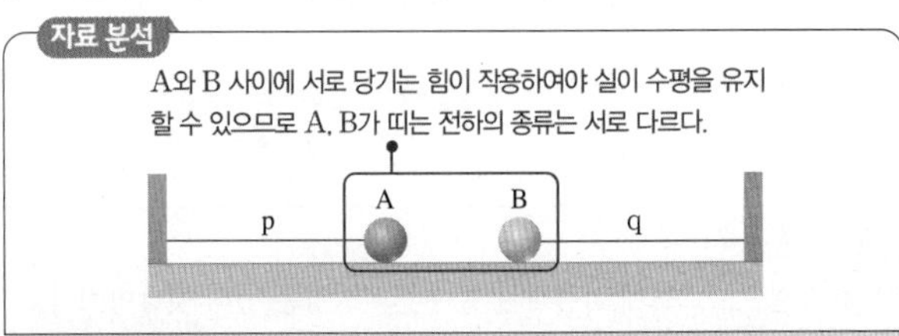

A와 B 사이에 서로 당기는 힘이 작용하여야 실이 수평을 유지할 수 있으므로 A, B가 띠는 전하의 종류는 서로 다르다.
p
A
B
q

선택지 분석

ㄱ A가 B를 당기는 힘과 B가 A를 당기는 힘은 작용과 반작용의 관계이다.

✕ A, B가 띠는 전하의 종류는 같다. **다르다.**

✕ p가 A를 당기는 힘과 q가 B를 당기는 힘은 힘의 평형 관계이다. **B가 A를 당기는 힘**

ㄱ. A가 B를 당기는 힘과 B가 A를 당기는 힘은 크기가 같고 방향이 반대인 두 힘으로, 작용과 반작용 관계이다.

바로알기 ㄴ. A, B 사이에 끌어당기는 힘이 작용하고 있으므로 A, B는 서로 다른 종류의 전하를 띠고 있다.

ㄷ. 힘의 평형 관계인 두 힘은 크기가 같고 방향이 반대이며 한 물체에 작용한다. p가 A를 당기는 힘과 q가 B를 당기는 힘은 작용점이 서로 다른 물체에 있는 별개의 힘이므로 힘의 평형 관계가 아니다. p가 A를 당기는 힘과 B가 A를 당기는 힘이 힘의 평형 관계이다.

10 뉴턴 운동 제2법칙과 제3법칙

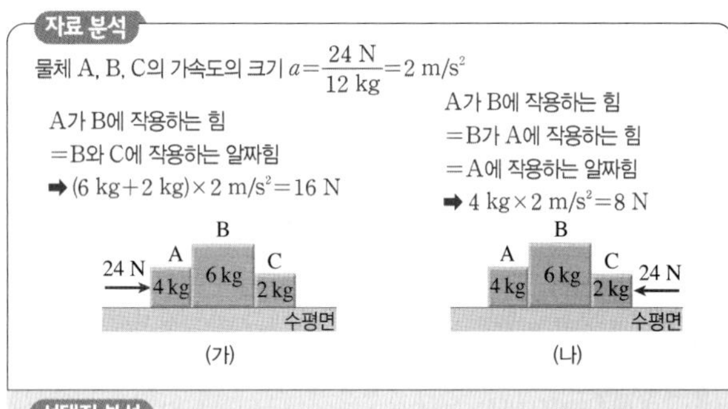

자료 분석
물체 A, B, C의 가속도의 크기 $a=\frac{24\text{ N}}{12\text{ kg}}=2\text{ m/s}^2$
A가 B에 작용하는 힘
=B와 C에 작용하는 알짜힘
➡ (6 kg+2 kg)×2 m/s²=16 N
A가 B에 작용하는 힘
=B가 A에 작용하는 힘
=A에 작용하는 알짜힘
➡ 4 kg×2 m/s²=8 N
24 N
A
4 kg
B
6 kg
C
2 kg
수평면
(가)
A
4 kg
B
6 kg
C
2 kg
24 N
수평면
(나)

선택지 분석

~~① 1 : 2~~ ~~② 2 : 3~~ ~~③ 1 : 1~~ ~~④ 3 : 2~~ ⑤ 2 : 1

(가)와 (나)에서 힘의 방향은 반대이지만 힘의 크기와 전체 질량이 같으므로 가속도의 크기 $a=\frac{24\text{ N}}{12\text{ kg}}=2\text{ m/s}^2$으로 같다.

(가)에서 A가 B에 작용하는 힘은 B와 C에 작용하는 알짜힘과 같으므로 $F_1=(6\text{ kg}+2\text{ kg})\times 2\text{ m/s}^2=16\text{ N}$이다.

(나)에서 A가 B에 작용하는 힘은 작용 반작용 관계인 B가 A에 작용하는 힘과 크기가 같다. B가 A에 작용하는 힘은 A에 작용하는 알짜힘과 같으므로 $F_2=4\text{ kg}\times 2\text{ m/s}^2=8\text{ N}$이다.

따라서 $F_1 : F_2=16\text{ N} : 8\text{ N}=2 : 1$이다.

11 뉴턴 운동 제2법칙과 제3법칙

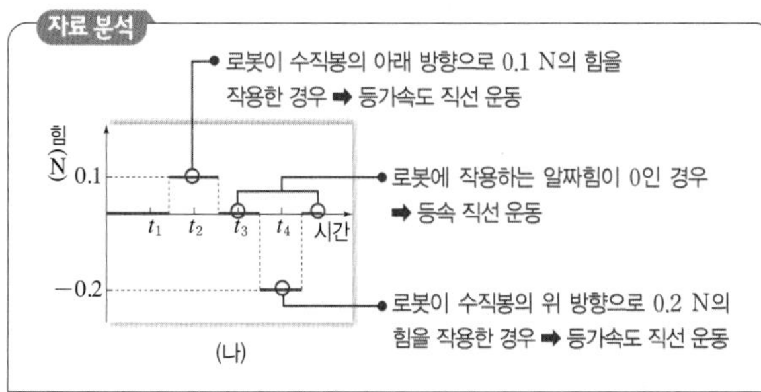

선택지 분석

ㄱ. t_2일 때, 로봇에 작용하는 알짜힘의 방향은 연직 윗방향이다.

~~ㄴ.~~ t_3일 때, 속력은 0이다. 등속 직선 운동을 한다.

~~ㄷ.~~ t_4일 때, 가속도의 크기는 1 m/s²이다. 2 m/s²

ㄱ. t_2일 때, 저울의 눈금이 +0.1 N인 것은 로봇이 수직 봉에 연직 아래 방향으로 0.1 N의 힘을 작용하기 때문이다. 이때 로봇에 작용하는 알짜힘은 로봇이 수직 봉에 작용하는 힘의 반작용이므로 연직 윗방향으로 작용한다.

바로알기 ㄴ. t_2가 포함된 구간에서 로봇은 일정한 알짜힘을 받아 속력이 증가한다. t_3일 때, 저울에서 측정한 힘이 0이므로 로봇에 작용하는 알짜힘이 0이어서 등속 직선 운동을 하므로 속력이 0이 아니다.

ㄷ. t_4일 때, 로봇에 작용하는 알짜힘의 크기는 0.2 N이므로 가속도$=\frac{0.2\text{ N}}{0.1\text{ kg}}=2\text{ m/s}^2$이다.

03 운동량과 충격량

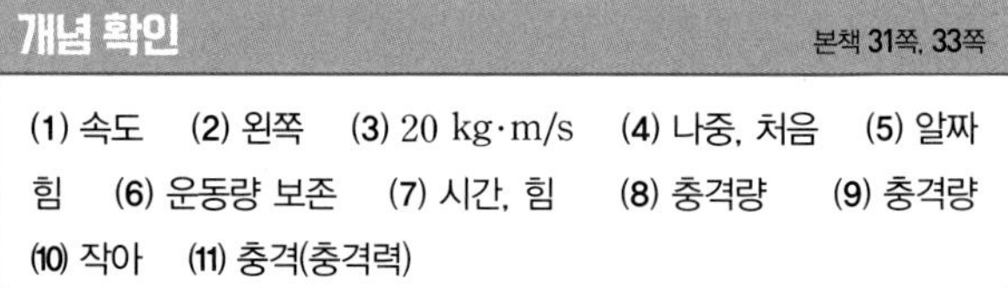
개념 확인 본책 31쪽, 33쪽

(1) 속도 (2) 왼쪽 (3) 20 kg·m/s (4) 나중, 처음 (5) 알짜힘 (6) 운동량 보존 (7) 시간, 힘 (8) 충격량 (9) 충격량 (10) 작아 (11) 충격(충격력)

수능 자료 본책 34쪽

자료❶	1 ○	2 ○	3 ×	4 ○	5 ×	6 ○
자료❷	1 ○	2 ×	3 ○	4 ×		
자료❸	1 ○	2 ×	3 ×	4 ○	5 ○	6 ×
자료❹	1 ×	2 ○	3 ○	4 ×	5 ×	6 ○

자료❶ 운동량 보존 실험

1 (가)에서 두 수레는 정지해 있으므로 두 수레의 운동량의 합은 0이다.

2 이동 거리−시간 그래프에서 기울기는 속력을 나타낸다. A의 속력은 $\frac{0.4\text{ m}}{4\text{ s}}=0.1\text{ m/s}$이고, B의 속력은 $\frac{0.2\text{ m}}{4\text{ s}}=0.05\text{ m/s}$이므로 A의 속력은 B의 2배이다.

3 2초일 때, B의 속력은 0.05 m/s이고 B의 질량은 2 kg이므로 B의 운동량의 크기는 2 kg×0.05 m/s=0.1 kg·m/s이다.

4 4초일 때, B의 운동량의 크기는 0.1 kg·m/s이고, A의 운동량의 크기는 1 kg×0.1 m/s=0.1 kg×m/s이다. 따라서 4초일 때, A와 B의 운동량의 크기는 같다.

5 4초일 때, A와 B의 운동량의 크기가 같고 방향이 반대이므로 운동량의 합은 0이다.

자료❷ 충격량과 운동량의 관계

2 0.1초부터 0.3초까지 수레의 속력 변화량이 2 m/s이고, 질량이 2 kg이므로 운동량 변화량의 크기는 4 kg·m/s이다.

3 '충격량=운동량 변화량'이므로 0.1초부터 0.3초까지 수레가 받은 충격량은 4 kg·m/s=4 N·s이다.

4 0.1초부터 0.3초까지 수레가 받은 평균 힘$=\frac{\text{충격량}}{\text{시간}}=\frac{4\text{ N·s}}{0.2\text{ s}}=20\text{ N}$이다.

자료❸ 물체의 충돌에서 운동량과 충격량

1 충돌 전 두 물체의 운동량의 합은 2 kg×7 m/s+3 kg×2 m/s=20 kg·m/s이다.

2 운동량 보존 법칙에 따라 충돌 후 운동량의 합은 충돌 전 운동량의 합과 같은 20 kg·m/s이다.

3 충돌 후 운동량의 합=20 kg·m/s=충돌 후 A의 운동량+3 kg×6 m/s이므로 충돌 후 A의 운동량의 크기는 2 kg·m/s이다.

4 충돌 후 A의 운동량의 크기=2 kg·m/s이므로 2 kg·m/s=2 kg×v에서 v=1 m/s이다.

5 충돌 과정에서 A가 받은 충격량은 A의 운동량 변화량과 같다. 2 kg·m/s−14 kg·m/s=−12 kg·m/s=−12 N·s이다.

6 B가 받은 충격량은 12 N·s이고, 평균 힘=$\frac{\text{충격량}}{\text{시간}}$이므로 충돌 시간이 0.5초라면 B가 받은 평균 힘은 $\frac{12\ \text{N·s}}{0.5\ \text{s}}$=24 N이다.

자료❹ 충격력과 충돌 시간의 관계

1 A의 운동량의 크기는 $3mv$이고, B의 운동량의 크기는 mv이므로 발로 차기 전 두 공의 운동량의 크기는 다르다.

2 힘−시간 그래프 아랫부분의 넓이는 충격량을 나타낸다. A, B의 그래프 아랫부분의 넓이가 같으므로 공이 받은 충격량은 같다.

4 A와 B가 받은 충격량은 처음 운동 방향과 반대 방향으로 $5mv$이다. 공이 발을 떠나는 순간, A의 운동량은 $3mv-5mv=-2mv$이고, B의 운동량은 $mv-5mv=-4mv$이므로 같지 않다.

5 공의 질량이 m으로 같으므로 공이 발을 떠나는 순간 공의 속력은 B에서가 $4v$, A에서가 $2v$로 B에서가 A에서의 2배이다.

6 충격량이 같고, 힘을 받은 시간은 B가 A의 2배이므로 공이 받은 평균 힘의 크기는 A에서가 B에서의 2배이다.

수능 1점 본책 35쪽

1 (1) 10 m/s (2) 12 kg·m/s (3) 4 N **2** 4 m/s **3** ㄱ, ㄴ **4** 24 kg·m/s **5** 300 N **6** (1) = (2) = (3) < (4) > **7** ② **8** ①

1 (1) 물체의 질량은 2 kg이고, 3초일 때 운동량은 20 kg·m/s이므로 물체의 속력=$\frac{\text{운동량}}{\text{질량}}=\frac{20\ \text{kg·m/s}}{2\ \text{kg}}$=10 m/s이다.
(2) 0초부터 3초까지 물체의 운동량 변화량의 크기는 20 kg·m/s−8 kg·m/s=12 kg·m/s이다.
(3) 운동량−시간 그래프의 기울기는 물체가 받은 알짜힘을 나타내므로 0초부터 3초까지 물체가 받은 알짜힘의 크기는 $\frac{20\ \text{kg·m/s}-8\ \text{kg·m/s}}{3\ \text{s}}$=4 N이다.

2 충돌 전 두 물체의 운동량의 합은 충돌 후 한 덩어리가 된 물체의 운동량과 같으므로 (2 kg×7 m/s)+(3 kg×2 m/s)=5 kg×v에서 v=4 m/s이다.

3 ㄱ. 운동량은 질량에 속도를 곱한 물리량이다.
ㄴ. '충격량=힘×시간'이고, 힘은 크기와 방향이 있으므로 충격량도 크기와 방향이 있다.
바로알기 ㄷ. 물체가 받은 충격량은 물체의 운동량의 변화량과 같다.

4 힘−시간 그래프에서 그래프 아랫부분의 넓이는 물체가 받은 충격량이고, 물체가 받은 충격량은 물체의 운동량의 변화량과 같다. 따라서 물체의 운동량의 변화량은 6 N×4 s=24 N·s=24 kg·m/s이다.

5 공이 받은 충격량=공의 운동량의 변화량=1 kg×30 m/s=30 kg·m/s이고, 공에 작용한 평균 힘=$\frac{\text{충격량}}{\text{시간}}=\frac{30\ \text{N·s}}{0.1\ \text{s}}$=300 N이다.

6 (1) A, B가 바닥에 닿기 직전 운동량이 같고, 충돌하여 정지한 후 운동량도 똑같이 0이 되었으므로 운동량의 변화량이 같다.
(2) 운동량의 변화량이 같으므로 충격량도 같다.
(3) 그래프에서 충돌 시간은 B가 A의 2배이다.
(4) 충격량이 같을 때 충돌 시간이 짧을수록 평균 힘(충격력)은 크다. 따라서 평균 힘(충격력)은 A가 B보다 크다.

7 똑같은 달걀이 같은 높이에서 떨어졌으므로 운동량의 변화량과 충격량이 같고 충돌 시간이 긴 달걀 B에 작용한 평균 힘의 크기가 작으므로 B는 깨지지 않았다.
바로알기 ② 두 달걀의 운동량의 변화량이 같으므로 충격량의 크기도 같다. 따라서 달걀이 받은 충격량의 크기는 A와 B가 같다.

8 ② 자동차의 에어백과 범퍼는 힘을 받는 시간을 길게 하여 탑승자가 받는 충격력을 줄여 준다.
③, ④ 농구공을 받을 때나 야구공을 받을 때 손을 뒤로 빼면서 받으면 힘을 받는 시간이 길어져 충격력이 작아진다.
⑤ 번지 점프를 할 때 줄이 잘 늘어나면 힘을 받는 시간이 길어져 충격력이 작아지기 때문에 더 안전하다.
바로알기 ① 대포의 포신을 길게 만들면 힘이 작용하는 시간이 길어져서 충격량이 커진다.

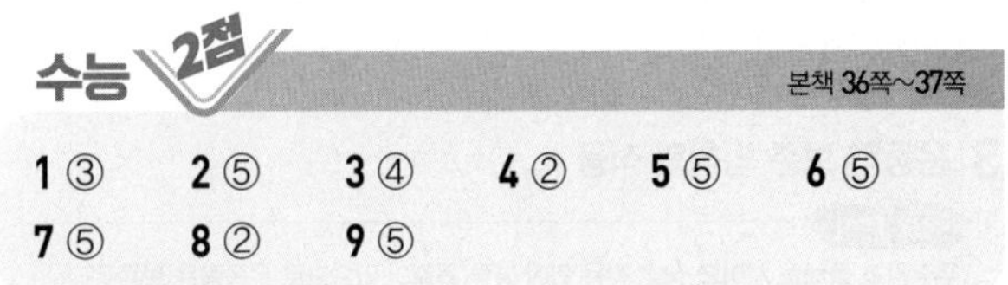

수능 2점 본책 36쪽~37쪽

1 ③ **2** ⑤ **3** ④ **4** ② **5** ⑤ **6** ⑤
7 ⑤ **8** ② **9** ⑤

1 운동량 보존 법칙

자료 분석

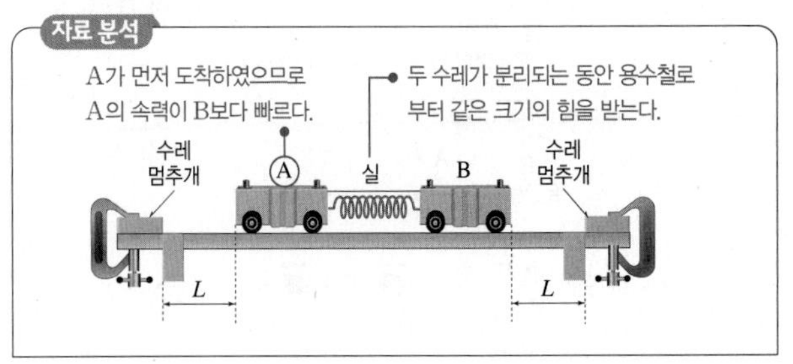
A가 먼저 도착하였으므로
A의 속력이 B보다 빠르다.
두 수레가 분리되는 동안 용수철로
부터 같은 크기의 힘을 받는다.
수레
멈추개
A
실
B
수레
멈추개
L
L

선택지 분석

㉠ A의 질량이 B보다 작다.
㉡ A의 속력이 B보다 크다.
✕ 운동량의 크기는 A가 B보다 크다. A와 B가 같다.

ㄱ. A, B 모두 정지 상태에서 같은 시간 동안 힘을 받았으므로 속력이 빠른 A의 가속도가 B보다 크다. 힘의 크기가 같을 때, 가속도는 질량에 반비례하므로 A의 질량이 B보다 작다.
ㄴ. A가 먼저 도착하였으므로 A의 속력이 B보다 크다.
바로알기 ㄷ. A, B가 정지 상태에서 용수철로부터 같은 크기의 힘을 같은 시간 동안 받았으므로 충격량의 크기가 같다. 즉, 운동량 변화량의 크기가 같으므로 A, B의 운동량의 크기는 같다.

2 가속도 법칙과 운동량

자료 분석

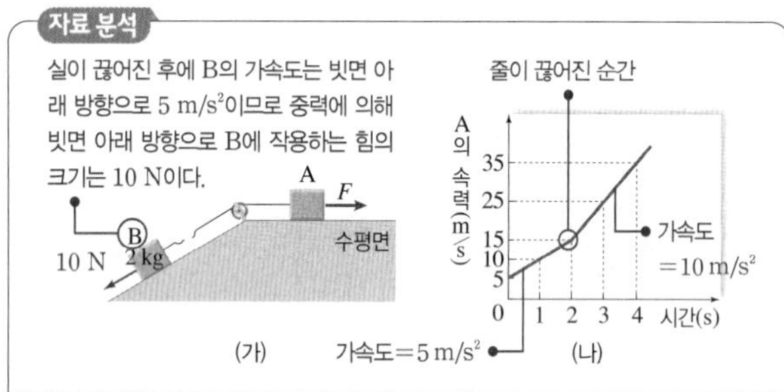

선택지 분석

㉠ A의 질량은 4 kg이다.
㉡ 1초일 때, B에 작용하는 알짜힘의 크기는 10 N이다.
㉢ 3초일 때, B의 운동량의 크기는 20 kg·m/s이다.

ㄱ. A의 질량을 m이라고 할 때, 2초 이후 가속도가 10 m/s²이므로 F의 크기는 $m\times10$ m/s²이다. 따라서 0초에서 2초까지 운동 방정식은 $m\times10\ \text{m/s}^2-10\ \text{N}=(2\ \text{kg}+m)\times5\ \text{m/s}^2$이므로 $m=4$ kg이다.
ㄴ. 1초일 때 가속도의 크기가 5 m/s²이므로 B에 작용하는 알짜힘의 크기는 $2\ \text{kg}\times5\ \text{m/s}^2=10$ N이다.
ㄷ. 줄이 끊어지기 전까지 A와 B가 같이 운동하므로 줄이 끊어지는 순간, 즉 2초일 때 B의 속력은 빗면 위쪽으로 15 m/s이다. 이후 B의 가속도는 빗면 아래 방향으로 5 m/s²이므로 3초일 때 B의 속력은 10 m/s이다. 따라서 3초일 때 B의 운동량은 $2\ \text{kg}\times10\ \text{m/s}=20\ \text{kg·m/s}$이다.

3 운동량 보존 법칙의 적용

자료 분석

우주인과 물체들 사이의 상호 작용 외에 다른 외력이 없으므로 운동량은 보존된다.

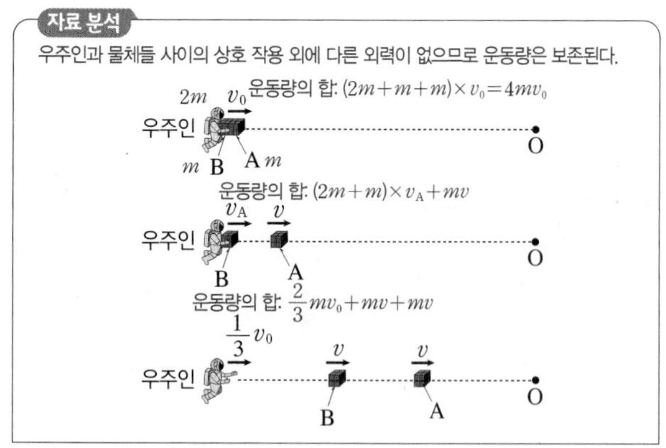

선택지 분석

✕ $\frac{1}{3}v_0$ ✕ $\frac{4}{9}v_0$ ✕ $\frac{2}{3}v_0$ ④ $\frac{7}{9}v_0$ ✕ $\frac{8}{9}v_0$

우주인이 A를 민 직후의 속도를 v_A, A와 B를 모두 민 후에 두 물체의 속도를 v라고 하면 A를 민 직후 우주인과 B, A의 운동량의 합은 운동량 보존 법칙에 따라 $4mv_0=3mv_A+mv$ …①이다. B를 민 직후의 우주인, A, B의 운동량의 합은 $4mv_0=\frac{2}{3}mv_0+2mv$ …②이다. 식 ②에서 $v=\frac{5}{3}v_0$이고, ①에 대입하면 $4mv_0=3mv_A+\frac{5}{3}mv_0$이므로 $v_A=\frac{7}{9}v_0$이다.

4 운동량-시간 그래프와 충격량

자료 분석

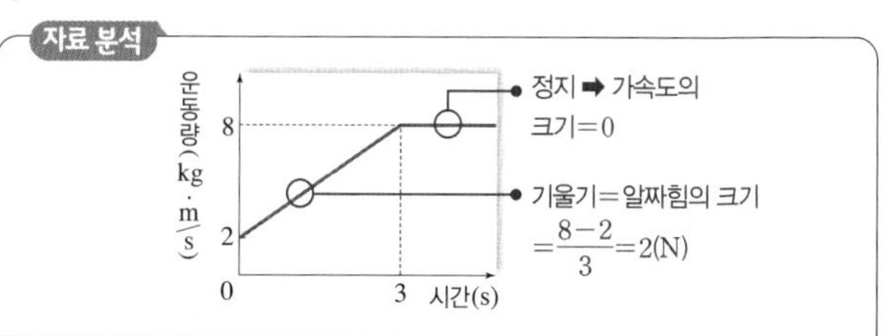

선택지 분석

✕ 0초부터 3초까지 물체가 받은 충격량의 크기는 15 N·s이다. 6 N·s
㉡ 0초부터 3초까지 물체에 작용한 알짜힘의 크기는 2 N이다.
✕ 3초 이후 물체의 가속도의 크기는 2 m/s²이다. 0

ㄴ. 운동량-시간 그래프의 기울기는 물체에 작용한 알짜힘과 같으므로 0초부터 3초까지 알짜힘의 크기는 $\frac{8-2}{3}=2$(N)이다.
바로알기 ㄱ. 0초부터 3초까지 물체가 받은 충격량의 크기는 운동량 변화량의 크기와 같다. 따라서 $8\ \text{kg·m/s}-2\ \text{kg·m/s}=6\ \text{kg·m/s}=6\ \text{N·s}$이다.
ㄷ. 3초 이후 그래프의 기울기가 0이므로 알짜힘이 0이다. 따라서 물체의 가속도의 크기는 0이다.

5 운동 법칙과 충격량

자료 분석

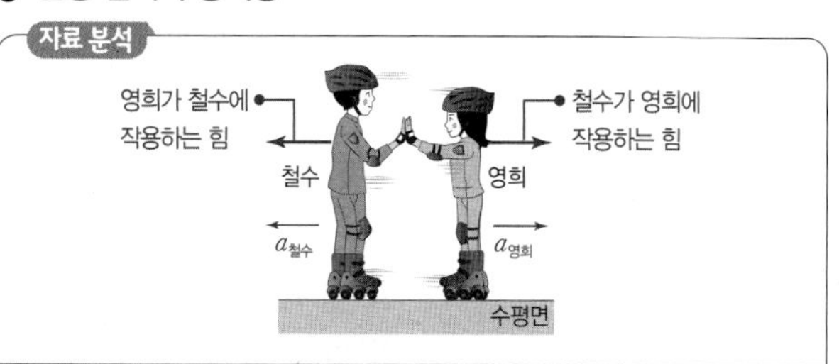

선택지 분석

㉠ 철수가 영희에 작용하는 힘과 영희가 철수에 작용하는 힘은 작용과 반작용의 관계이다.
㉡ 가속도의 방향은 철수와 영희가 서로 반대이다.
㉢ 철수가 영희로부터 받은 충격량의 크기는 영희가 철수로부터 받은 충격량의 크기와 같다.

ㄱ. 철수가 영희에 작용하는 힘과 영희가 철수에 작용하는 힘은 철수와 영희 사이의 상호 작용이므로 작용과 반작용 관계이다.
ㄴ. 가속도의 방향은 힘의 방향과 같다. 철수와 영희가 받는 힘의 방향이 반대이므로 철수와 영희의 가속도의 방향도 서로 반대이다.

ㄷ. '충격량=힘×시간'에서 철수와 영희가 받은 힘은 작용과 반작용 관계로 크기가 같고, 힘을 받은 시간도 같다. 따라서 철수와 영희가 받은 충격량의 크기는 같다.

6 충격량의 크기

자료 분석

• 충격량은 물체가 받는 힘의 크기와 힘이 작용한 시간에 비례한다.

선택지 분석

㉠ 빨대의 길이가 같을 때, 부는 힘의 크기가 클수록 구슬이 받은 충격량이 크다.
㉡ 부는 힘의 크기가 같을 때, 빨대의 길이가 길수록 더 멀리 날아간다.
㉢ 구슬이 받은 충격량의 크기와 구슬의 운동량 변화량의 크기는 같다.

ㄱ. '충격량=힘×시간'이므로 힘의 크기가 클수록 충격량이 크다.
ㄴ. 빨대의 길이가 길수록 힘을 받은 시간이 길어지므로 구슬이 받은 충격량이 크다. 충격량이 클수록 운동량의 변화량이 크므로 빨대를 떠날 때 구슬의 속력이 빨라져 더 멀리 날아간다.
ㄷ. 물체가 받은 충격량은 물체의 운동량 변화량과 같으므로 구슬이 받은 충격량의 크기와 구슬의 운동량 변화량의 크기가 같다.

7 속도-시간 그래프와 평균 힘(충격량)

자료 분석

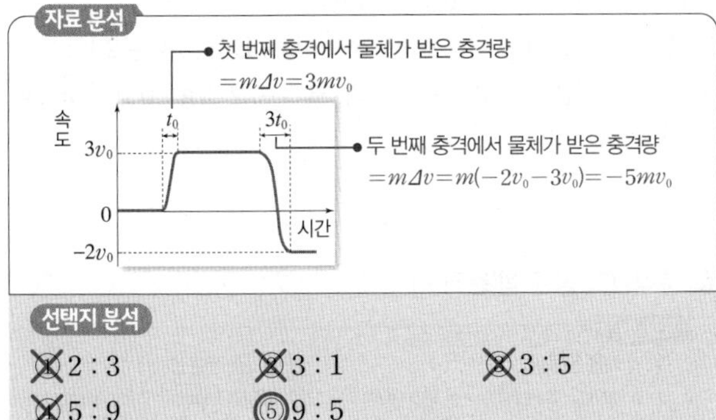

선택지 분석

~~① 2 : 3~~ ~~② 3 : 1~~ ~~③ 3 : 5~~
~~④ 5 : 9~~ ⑤ 9 : 5

'충격량=평균 힘×시간'이므로 평균 힘$=\dfrac{\text{충격량}}{\text{시간}}$이다. 물체의 질량을 m이라고 하면 $F_1 : F_2=\dfrac{3mv_0}{t_0} : \dfrac{5mv_0}{3t_0}=9 : 5$이다.

8 힘-시간 그래프와 평균 힘(충격량)

자료 분석

B의 운동량의 변화량$=mv-0=S$
➡ 나중 속력 $v=\dfrac{S}{m}$

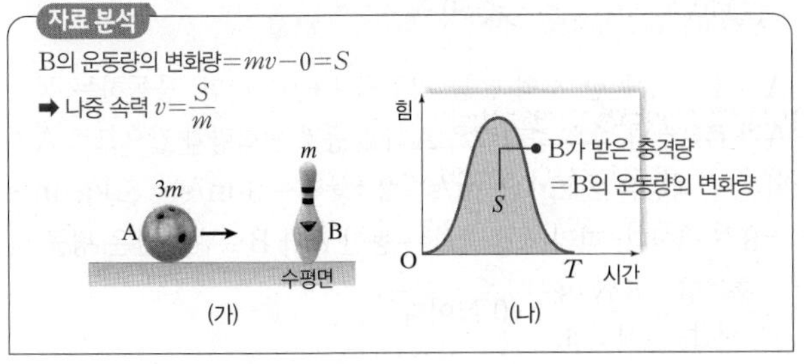

선택지 분석

~~㉠ 충돌하는 동안 A가 B로부터 받은 충격량의 크기는 B가 A로부터 받은 충격량의 크기보다 크다.~~ 크기와 같다.
㉡ 충돌 직후 B의 속력은 $\dfrac{S}{m}$이다.
~~㉢ 충돌하는 동안 A가 B에 작용한 평균 힘은 $\dfrac{S}{2T}$이다.~~ $\dfrac{S}{T}$

ㄴ. 힘-시간 그래프 아랫부분의 넓이는 충격량을 나타내므로 B가 받은 충격량의 크기는 S이다. B가 처음에 정지 상태에 있었으므로 충돌 직후 B의 운동량의 크기는 B가 받은 충격량의 크기 S와 같다. 따라서 충돌 직후 B의 속력$=\dfrac{\text{B가 받은 충격량}}{\text{B의 질량}}=\dfrac{S}{m}$이다.

바로알기 ㄱ. 두 물체가 충돌하는 동안 서로에게 가하는 힘은 작용 반작용 관계이므로 크기가 같고 방향이 반대이다. 따라서 A와 B가 받은 충격량의 크기는 같다.
ㄷ. 평균 힘$=\dfrac{\text{충격량}}{\text{시간}}$이다. 따라서 충돌하는 동안 A가 B에 작용한 평균 힘은 $\dfrac{S}{T}$이다.

9 충격량과 안전장치

자료 분석

A. 골프채를 휘두르는 속도를 더 크게 하여 공을 친다. B. 글러브를 뒤로 빼면서 공을 받는다. C. 사람을 안전하게 구조하기 위해 낙하 지점에 에어 매트를 설치한다.

골프채의 속도가 빠를수록 골프공이 받는 힘이 커진다.
글러브를 뒤로 빼면서 공을 받거나 낙하 지점에 에어 매트를 놓으면 충돌 시간이 길어진다.

선택지 분석

㉠ A에서는 공이 받는 충격량이 커진다.
㉡ B에서는 충돌 시간이 늘어나 글러브가 받는 평균 힘이 작아진다.
㉢ C에서는 사람의 운동량의 변화량과 사람이 받는 충격량이 같다.

ㄱ. 골프채의 속도를 크게 하면 골프공이 받는 힘이 커지므로 골프공이 받는 충격량도 커진다.
ㄴ. 충격량이 일정할 때 평균 힘 $F=\dfrac{I}{\Delta t}$이므로 충돌 시간이 길수록 평균 힘(충격력)이 작아진다.
ㄷ. 운동량의 변화량은 충격량과 같다. 따라서 C에서 사람이 에어 매트에 낙하할 때 사람의 운동량의 변화량과 사람이 받는 충격량은 같다.

수능 3점 본책 38쪽~39쪽

1 ③ 2 ① 3 ② 4 ④ 5 ③ 6 ⑤
7 ④ 8 ⑤

1 운동량 보존 법칙의 적용

자료 분석

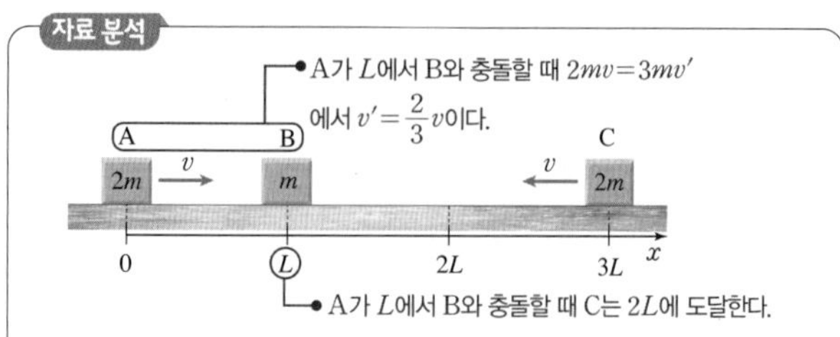

선택지 분석

ㄱ 위치 $1.4L$에서 두 번째 충돌이 일어난다.
ㄴ 두 번째 충돌 후 세 물체는 모두 정지한다.
✕ 두 번째 충돌에서 운동량의 변화량은 C가 B의 2배이다. **3배**

ㄱ. 첫 번째 충돌이 $x=L$에서 일어난 후 한 덩어리가 된 A와 B의 속력 v'은 $\frac{2}{3}v$이다. 이 순간 C는 $x=2L$에 와 있고 속력은 v이다. 속력의 비가 $\frac{2}{3}v : v=2 : 3$이므로 두 번째 충돌은 L과 $2L$ 사이를 $2 : 3$으로 나눈 지점인 $1.4L$에서 일어난다.

ㄴ. 처음 A와 C의 운동량은 크기가 같고 방향이 반대이므로 운동량의 합이 0이다. 따라서 세 물체가 충돌한 후 운동량의 합도 0이 되어야 하므로 두 번째 충돌 후 세 물체는 모두 정지한다.

바로알기 ㄷ. 두 번째 충돌 전 B의 운동량은 $\frac{2}{3}mv$이고, C의 운동량은 $2mv$이다. 두 번째 충돌 후 모두 정지하므로, 두 번째 충돌에서 B의 운동량의 변화량은 $\frac{2}{3}mv$이고, C의 운동량의 변화량은 $2mv$이다. 따라서 두 번째 충돌에서 운동량의 변화량은 C가 B의 3배이다.

2 운동량과 충격량의 관계

자료 분석

A, B의 높이가 같으므로 충돌 전 속력은 v로 같다.

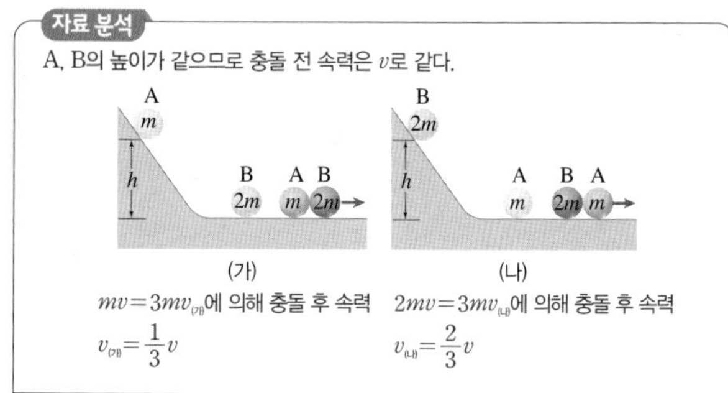

$mv=3mv_{(가)}$에 의해 충돌 후 속력 $v_{(가)}=\frac{1}{3}v$

$2mv=3mv_{(나)}$에 의해 충돌 후 속력 $v_{(나)}=\frac{2}{3}v$

선택지 분석

ㄱ 충돌 후 한 덩어리가 된 물체의 속력
✕ 충돌하는 동안 B가 받은 충격량의 크기 (가)=(나)
✕ 충돌하는 동안 A의 운동량의 변화량의 크기 (가)=(나)

충돌 전 A, B의 속력이 같으므로 v라고 하면 충돌 후 물체의 속력은 (가)에서 $mv=3mv_{(가)}$이므로 $v_{(가)}=\frac{1}{3}v$이고, (나)에서 $2mv=3mv_{(나)}$이므로 $v_{(나)}=\frac{2}{3}v$이다.

ㄱ. 충돌 후 한 덩어리가 된 물체의 속력은 (나)에서가 (가)에서의 2배이다.

바로알기 ㄴ. 충돌하는 동안 B가 받은 충격량의 크기는 B의 운동량 변화량의 크기와 같다. (가)에서 B의 운동량 변화량의 크기는 $\frac{2}{3}mv-0=\frac{2}{3}mv$이고, (나)에서 B의 운동량 변화량의 크기는 $2mv-\frac{4}{3}mv=\frac{2}{3}mv$이다. 따라서 B가 받은 충격량의 크기는 (가)와 (나)에서 같다.

ㄷ. 충돌하는 동안 A의 운동량 변화량의 크기는 (가)에서 $mv-\frac{1}{3}mv=\frac{2}{3}mv$이고, (나)에서 $\frac{2}{3}mv$이다. 따라서 충돌하는 동안 A의 운동량 변화량의 크기는 (가)와 (나)에서 같다.

3 운동량 보존

자료 분석

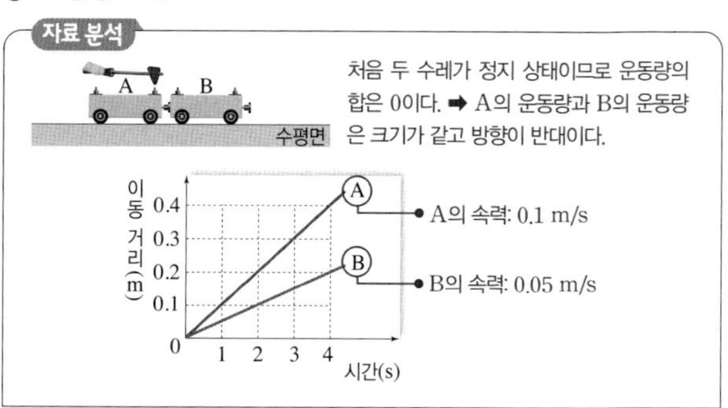

선택지 분석

✕ 2초일 때, A의 속력은 0.2 m/s이다. **0.1 m/s**
✕ 3초일 때, B의 운동량의 크기는 0.4 kg·m/s이다. **0.1 kg·m/s**
ㄷ 4초일 때, 운동량의 크기는 A와 B가 같다.

ㄷ. 분리 전 정지 상태인 두 수레는 운동량의 합이 0이므로, 운동량 보존 법칙에 따라 4초일 때도 운동량의 합은 0이다. 따라서 4초일 때 A의 운동량과 B의 운동량의 크기는 같고 방향은 반대이다.

바로알기 ㄱ. 2초일 때, A의 이동 거리-시간 그래프의 기울기는 0.1이므로 A의 속력은 0.1 m/s이다.

ㄴ. 3초일 때 B의 속력은 0.05 m/s이고, B의 질량은 2 kg이다. 따라서 3초일 때, B의 운동량의 크기는 2 kg×0.05 m/s=0.1 kg·m/s이다.

4 충격량과 평균 힘(충격력)

자료 분석

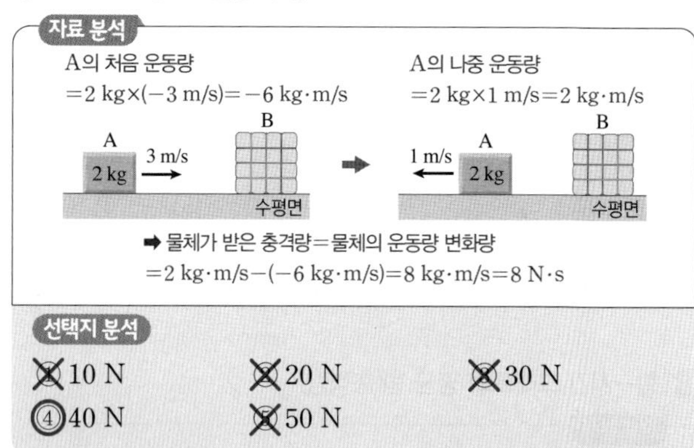

A의 처음 운동량
=2 kg×(−3 m/s)=−6 kg·m/s
A의 나중 운동량
=2 kg×1 m/s=2 kg·m/s
A
2 kg
3 m/s
B
수평면
1 m/s
A
2 kg
B
수평면
➡ 물체가 받은 충격량=물체의 운동량 변화량
=2 kg·m/s−(−6 kg·m/s)=8 kg·m/s=8 N·s

선택지 분석

✕ 10 N
✕ 20 N
✕ 30 N
④ 40 N
✕ 50 N

A가 B와 충돌한 후의 운동 방향을 (+)로 하면, 충돌하는 동안 A가 B로부터 받은 충격량은 A의 운동량 변화량과 같으므로 A가 받은 충격량은 2 kg×1 m/s−2 kg×(−3 m/s)=8 kg·m/s=8 N·s이다. 따라서 충돌하는 동안 A가 B로부터 받은 평균 힘 $=\frac{충격량}{시간}=\frac{8\ N\cdot s}{0.2\ s}=40$ N이다.

5 위치-시간 그래프와 운동량 보존

자료 분석

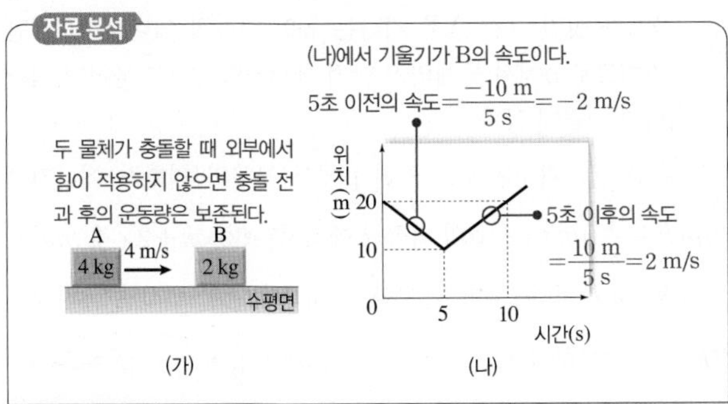

선택지 분석

ㄱ B가 A로부터 받은 충격량은 8 N·s이다.

✕ 충돌 후 A의 속력은 1 m/s이다. **2 m/s**

ㄷ 충돌 후 두 물체는 한 덩어리가 되어 운동한다.

ㄱ. (나)에서 B의 충돌 전 속도는 −2 m/s이고, 충돌 후 속도는 2 m/s이므로 B가 받은 충격량의 크기=B의 운동량 변화량의 크기=2 kg×2 m/s−2 kg×(−2 m/s)=8 N·s이다.

ㄷ. 충돌 후 두 물체의 속도가 2 m/s로 같으므로 충돌 후 두 물체는 한 덩어리가 되어 운동한다.

바로알기 ㄴ. 충돌 전과 후의 운동량은 보존되므로 충돌 후 A의 속력을 v라고 하면, 4 kg×4 m/s+2 kg×(−2 m/s)=4 kg×v+2 kg×2 m/s에서 v=2 m/s이다.

6 위치-시간 그래프와 충격량

자료 분석

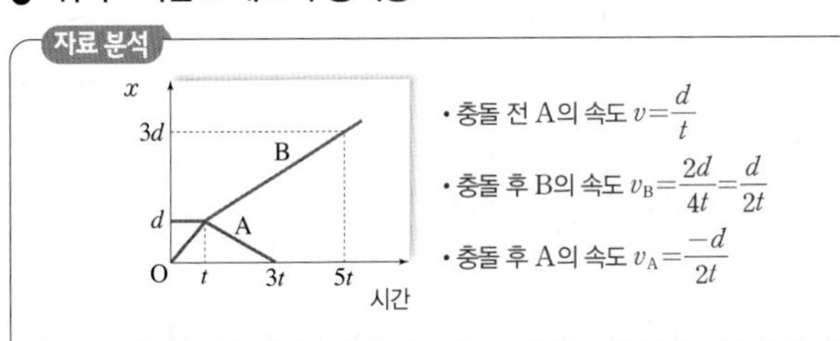

B
A
시간
• 충돌 전 A의 속도 $v=\frac{d}{t}$
• 충돌 후 B의 속도 $v_B=\frac{2d}{4t}=\frac{d}{2t}$
• 충돌 후 A의 속도 $v_A=\frac{-d}{2t}$

선택지 분석

ㄱ A는 B와 충돌 후 충돌 전과 반대 방향으로 움직인다.

ㄴ B의 질량은 $3m$이다.

ㄷ B가 A로부터 받은 충격량의 크기는 $\frac{3}{2}mv$이다.

ㄱ. 충돌 전 A의 속도는 $\frac{d}{t}$이고, 충돌 후 A의 속도는 $-\frac{d}{2t}$이다. 속도의 부호가 (+)에서 (−)가 되었으므로 속도의 방향이 반대이다. 따라서 운동 방향도 반대이다.

ㄴ. A의 질량을 m, B의 질량을 m_B라고 하면 충돌 전 A의 운동량은 $m\frac{d}{t}$이고, 충돌 후 A의 운동량은 $-\frac{md}{2t}$, 충돌 후 B의 운동량은 $\frac{m_Bd}{2t}$이다. 운동량 보존 법칙에 따라 $m\frac{d}{t}=-\frac{md}{2t}+\frac{m_Bd}{2t}$이므로 $m_B=3m$이다.

ㄷ. B가 A로부터 받은 충격량은 B의 운동량의 변화량과 같다. B의 운동량의 변화량은$=3m\frac{d}{2t}-0=3m\frac{d}{2t}$이고, $v=\frac{d}{t}$이므로 B가 A로부터 받은 충격량의 크기는 $\frac{3}{2}mv$이다.

7 속력-시간 그래프와 평균 힘(충격력)

자료 분석

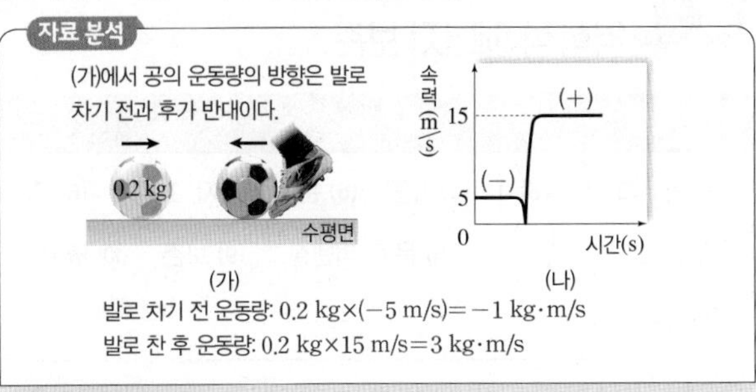

(가)에서 공의 운동량의 방향은 발로 차기 전과 후가 반대이다.
0.2 kg
수평면
속력(m/s)
시간(s)
(+)
(−)
(가)
(나)
발로 차기 전 운동량: 0.2 kg×(−5 m/s)=−1 kg·m/s
발로 찬 후 운동량: 0.2 kg×15 m/s=3 kg·m/s

선택지 분석

✕ 공이 받은 충격량의 크기는 2 N·s이다. **4 N·s**

ㄴ 공이 받은 평균 힘의 크기는 40 N이다.

ㄷ 발이 공에 작용하는 힘의 크기는 공이 발에 작용하는 힘의 크기와 같다.

ㄴ. 공이 받은 충격량의 크기는 3 kg·m/s−(−1 kg·m/s)=4 N·s이다. 평균 힘은 충격량을 충돌 시간으로 나눈 값이다. 공이 발에 접촉한 시간이 0.1초이므로 평균 힘$=\frac{\text{충격량}}{\text{시간}}=\frac{4\text{ N·s}}{0.1\text{ s}}=$40 N이다.

ㄷ. 발이 공에 작용하는 힘과 공이 발에 작용하는 힘은 작용 반작용 관계이므로 두 힘의 크기는 같다.

바로알기 ㄱ. 충격량의 크기는 운동량 변화량의 크기와 같다. 공을 발로 찬 후 운동 방향을 (+)라고 하면, 공을 발로 차기 전 운동 방향은 (−)이므로 공의 운동량 변화량의 크기는 3 kg·m/s−(−1 kg·m/s)=4 kg·m/s이다. 따라서 공이 받은 충격량의 크기는 4 N·s이다.

8 힘-시간 그래프와 평균 힘(충격력)

자료 분석

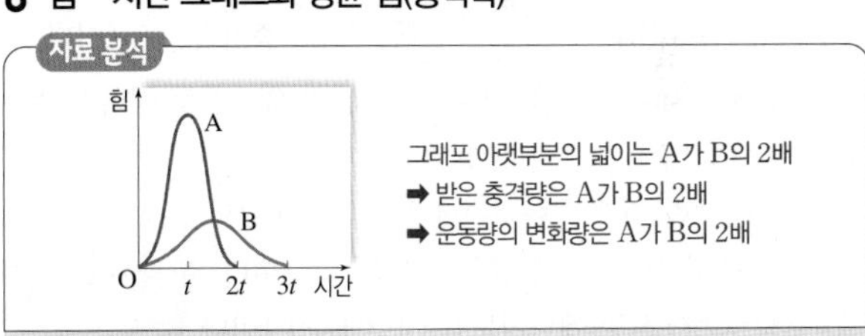

힘
A
B
시간
그래프 아랫부분의 넓이는 A가 B의 2배
➡ 받은 충격량은 A가 B의 2배
➡ 운동량의 변화량은 A가 B의 2배

선택지 분석

✕ A, B가 등속 직선 운동 하는 동안 운동량의 크기는 A가 B의 4배이다. **2배**

ㄴ 질량은 A가 B의 2배이다.

ㄷ 스틱으로 치는 동안 스틱으로부터 받은 평균 힘의 크기는 A가 B의 3배이다.

ㄴ. A의 운동량이 B의 2배이고, 충돌 후 속력이 같으므로 A의 질량이 B의 2배이다.

ㄷ. 평균 힘$=\frac{\text{충격량}}{\text{시간}}$이므로 A, B가 받은 충격량을 각각 $2p$, p라고 하면 A가 받은 평균 힘$=\frac{2p}{2t}$이고, B가 받은 평균 힘$=\frac{p}{3t}$이다. 따라서 평균 힘의 크기는 A가 B의 3배이다.

바로알기 ㄱ. 힘-시간 그래프 아랫부분의 넓이는 충격량을 나타낸다. A, B가 처음에 정지 상태에 있었으므로 운동량의 크기는 물체가 받은 충격량의 크기와 같다. 따라서 등속 직선 운동 하는 동안 운동량의 크기는 A가 B의 2배이다.

04 역학적 에너지 보존

개념 확인
본책 41쪽, 43쪽

(1) 힘 (2) 일 (3) 0 (4) J(줄) (5) 운동 에너지, 100 J (6) 증가, 감소 (7) $\frac{1}{2}kx^2$ (8) 운동, 퍼텐셜 (9) 보존 (10) mgH (11) 역학적

수능 자료
본책 45쪽

자료❶ 1 × 2 ○ 3 × 4 ○ 5 × 6 ○
자료❷ 1 ○ 2 × 3 ○ 4 ○ 5 ×
자료❸ 1 × 2 ○ 3 × 4 ○
자료❹ 1 ○ 2 × 3 ○ 4 ○

자료❶ 일·운동 에너지 정리

1 A에 수평 방향으로 10 N의 힘을 작용하였을 때 A, B가 정지해 있었으므로 B에 작용하는 중력은 10 N이다.

2 p부터 q까지 알짜힘 20 N이 작용하여 0.4 m 이동하였으므로 A와 B의 운동 에너지 합은 20 N×0.4 m=8 J이다.

3 크기가 30 N인 힘 F가 작용하여 0.4 m 이동하였으므로 힘 F가 한 일은 30 N×0.4 m=12 J이다.

4 B에 작용하는 중력은 10 N이고, 높이가 0.4 m 증가하였으므로 중력 퍼텐셜 에너지는 10 N×0.4 m=4 J 증가하였다.

5 B의 중력 퍼텐셜 에너지 증가량은 B의 운동 에너지 증가량의 2배이므로 B의 운동 에너지 증가량은 2 J이다. A와 B의 운동 에너지 합은 8 J이므로 A의 운동 에너지 증가량은 6 J이다.

6 A가 p에서 q까지 운동하는 동안 A와 B의 운동 에너지 증가 비율은 6 J : 2 J=3 : 1이다. A가 q에서 p까지 운동하는 동안 B의 감소한 중력 퍼텐셜 에너지 4 J만큼 A와 B의 운동 에너지가 증가하므로 A의 운동 에너지 증가량은 3 J이다. 따라서 A가 p를 지나는 순간 운동 에너지는 6 J+3 J=9 J이다.

자료❷ 줄로 연결된 물체의 역학적 에너지 보존

1 실이 끊어진 2초 이후 B와 C의 가속도는 -5 m/s²이다. C의 질량을 m_C라고 하면 운동 방정식 $m_C\times(-10\ \text{m/s}^2)=(m+m_C)\times(-5\ \text{m/s}^2)$에 따라 $m_C=m$이다.

2 실이 끊어지기 전 A, B, C의 가속도는 5 m/s²이다. A의 질량을 m_A라고 하면 운동 방정식 $m_A\times10\ \text{m/s}^2-m\times10\ \text{m/s}^2=(m_A+2m)\times5\ \text{m/s}^2$에 따라 $m_A=4m$이다.

3 B의 중력 퍼텐셜 에너지는 일정하고, 3초일 때 B의 속력이 2초일 때 속력보다 작으므로 B의 역학적 에너지는 3초일 때가 2초일 때보다 작다.

4 2초 이후 B와 C의 역학적 에너지 합은 보존된다. B의 역학적 에너지는 3초일 때가 2초일 때보다 작으므로 C의 역학적 에너지는 3초일 때가 2초일 때보다 크다.

5 2초부터 3초까지, C의 퍼텐셜 에너지 증가량은 B와 C의 운동 에너지 감소량을 합한 값과 같다.

자료❸ 궤도에서 역학적 에너지 보존

1 물체가 빗면 구간 A를 지나는 동안 역학적 에너지가 $2E$만큼 증가하므로 p에서 물체의 역학적 에너지와 q에서 물체의 역학적 에너지는 같지 않다.

2 수평면을 기준면으로 하면 p에서 물체의 역학적 에너지는 $2mgh+\frac{1}{2}mv^2$이고, q의 역학적 에너지는 $5mgh+2\times\frac{1}{2}mv^2=5mgh+mv^2$이다. 빗면 구간 A를 지나는 동안 역학적 에너지가 $2E$만큼 증가하였으므로 관계식 $2mgh+\frac{1}{2}mv^2+2E=5mgh+mv^2$을 만족한다.

3 r에서 높이가 h이므로 q에서 물체의 역학적 에너지는 r에서 운동 에너지 $\frac{1}{2}mV^2$과 중력 퍼텐셜 에너지 mgh의 합과 같다.

4 수평 구간 B에서 역학적 에너지가 $3E$만큼 감소하고 물체가 정지하여 운동 에너지가 0이 되었으므로 r에서 물체의 운동 에너지 $\frac{1}{2}mV^2=3E$이다. q에서 r까지 역학적 에너지는 보존되어 $5mgh+mv^2=mgh+\frac{1}{2}mV^2$이므로 $4mgh+mv^2=\frac{1}{2}mV^2$이다. 따라서 관계식 $4mgh+mv^2=3E$를 만족한다.

자료❹ 중력과 탄성력에 의한 역학적 에너지 보존 법칙

1 (가)에서 (나)까지 A가 낙하한 높이는 $L-L_0$이므로 A의 중력 퍼텐셜 에너지 감소량은 $mg(L-L_0)$이다.

2 (가)의 순간과 (나)의 순간 A의 속력이 0이므로 운동 에너지는 0이다. 따라서 (가)에서 (나)까지 A의 감소한 중력 퍼텐셜 에너지가 (나)에서 탄성 퍼텐셜 에너지로 전환되었으므로 A의 중력 퍼텐셜 감소량과 탄성 퍼텐셜 에너지 증가량은 같다.

3 (가)에서 (나)가 되는 동안 A의 중력과 용수철의 탄성력이 같을 때까지는 중력이 커서 A의 속력이 빨라지고, 그 이후에는 탄성력이 중력보다 커서 A의 속력이 느려진다. 따라서 A의 속력은 증가하다 감소한다.

4 $mg(L-L_0)=\frac{1}{2}k(L-L_0)^2$이므로 $mg=\frac{1}{2}k(L-L_0)$이다. 중력과 탄성력이 같을 때 B의 속력이 최대이므로 $mg=kx$에서 $x=\frac{mg}{k}=\frac{1}{k}\times\frac{1}{2}k(L-L_0)=\frac{1}{2}(L-L_0)$이다.

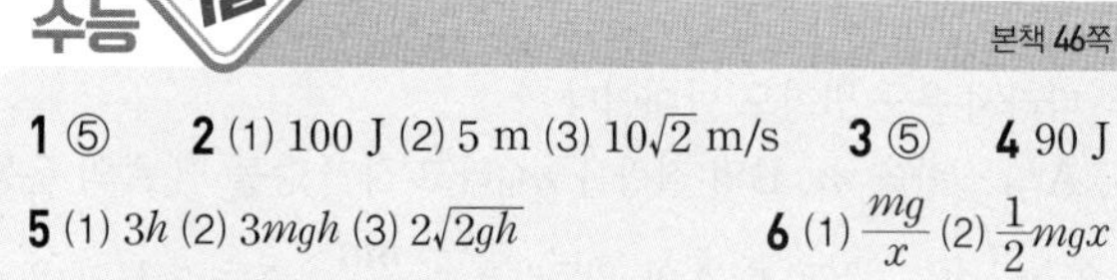

수능 1점
본책 46쪽

1 ⑤ **2** (1) 100 J (2) 5 m (3) $10\sqrt{2}$ m/s **3** ⑤ **4** 90 J
5 (1) $3h$ (2) $3mgh$ (3) $2\sqrt{2gh}$ **6** (1) $\frac{mg}{x}$ (2) $\frac{1}{2}mgx$
7 (1) $\frac{1}{2}kA^2$ (2) 보존되지 않는다 (3) $\frac{3}{2}kA^2$

1 수레의 운동 에너지 증가량은 수레에 작용하는 알짜힘이 한 일의 양과 같다. 따라서 수레의 운동 에너지는 '처음 운동 에너지+수레가 받은 일'이다. 처음 운동 에너지는 $\frac{1}{2}\times1\ \text{kg}\times(2\ \text{m/s})^2=2$ J이고, 수레가 받은 일은 3 N×1 m=3 J이므로 1 m 이동했을 때 수레의 운동 에너지는 2 J+3 J=5 J이다.

2 (1) 1 kg의 물체가 자유 낙하 하기 전 10 m의 높이에 있었으므로 중력 퍼텐셜 에너지는 $1\ kg \times 10\ m/s^2 \times 10\ m = 100\ J$이다.
(2) 중력 퍼텐셜 에너지가 감소한 만큼 운동 에너지가 증가하므로 중력 퍼텐셜 에너지와 운동 에너지가 같은 높이는 중력 퍼텐셜 에너지가 처음의 절반이 되는 5 m이다.
(3) 처음 높이에서 중력 퍼텐셜 에너지는 지면에서 운동 에너지로 전환되므로 $100\ J = \frac{1}{2} \times 1\ kg \times v^2$에서 $v = 10\sqrt{2}\ m/s$이다.

3 ②, ③ 처음 운동 에너지가 최고점에서 모두 중력 퍼텐셜 에너지로 전환된다. 따라서 최고점에서 역학적 에너지는 $\frac{1}{2}mv^2 = mgh$이고, 최고점의 높이 $h = \frac{v^2}{2g}$이다.
④ 최고점에 도달한 후 아래쪽으로 중력을 받아 낙하하므로 속력이 점점 증가한다.
바로알기 ⑤ 등가속도 직선 운동을 하므로 $h = \frac{v^2}{2g} = \frac{1}{2}gt^2$에 따라 $t = \frac{v}{g}$이다.

4 탄성 퍼텐셜 에너지는 $\frac{1}{2}kx^2$이다. 용수철이 10 cm 늘어 났을 때 탄성 퍼텐셜 에너지가 10 J이었으므로 $10\ J = \frac{1}{2} \times k \times (0.1\ m)^2$에서 $k = 2000\ N/m$이다. 따라서 용수철이 30 cm 늘어났을 때 탄성 퍼텐셜 에너지는 $\frac{1}{2} \times 2000\ N/m \times (0.3\ m)^2 = 90\ J$이다.

5 (1) 물체가 낙하할 때 중력 퍼텐셜 에너지가 감소한 만큼 운동 에너지가 증가한다. 따라서 중력 퍼텐셜 에너지가 운동 에너지의 3배가 되는 위치는 지면으로부터 높이가 낙하한 거리의 3배가 되는 위치이므로 $3h$이다.
(2) 물체가 높이 $4h$에서 h까지 낙하할 때 증가한 운동 에너지는 감소한 퍼텐셜 에너지와 같으므로 $3mgh$이다.
(3) 처음 높이의 중력 퍼텐셜 에너지가 지면에서 모두 운동 에너지로 전환되므로 $4mgh = \frac{1}{2}mv^2$에서 $v = \sqrt{8gh} = 2\sqrt{2gh}$이다.

6 (1) 물체의 중력과 용수철의 탄성력이 힘의 평형을 이루고 있으므로 $kx = mg$에서 $k = \frac{mg}{x}$이다.
(2) $E_p = \frac{1}{2}kx^2 = \frac{1}{2}\frac{mg}{x}x^2 = \frac{1}{2}mgx$이다.

7 (1) (나)에서 용수철이 늘어난 길이가 A인 상태이므로 탄성 퍼텐셜 에너지는 $\frac{1}{2}kA^2$이다.
(2) (가)에서보다 (나)에서 탄성 퍼텐셜 에너지가 감소하였으므로 역학적 에너지는 보존되지 않는다.
(3) 감소한 탄성 퍼텐셜 에너지만큼 열에너지가 발생한다. 따라서 발생한 열에너지는 $\frac{1}{2}k(2A)^2 - \frac{1}{2}kA^2 = \frac{3}{2}kA^2$이다.

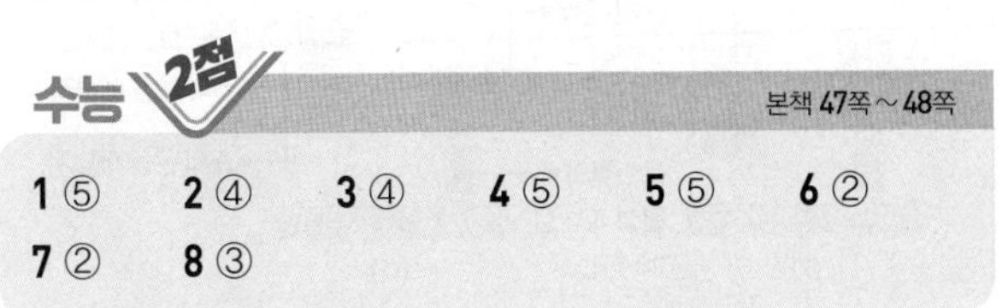

수능 2점
본책 47쪽~48쪽
1 ⑤ 2 ④ 3 ④ 4 ⑤ 5 ⑤ 6 ②
7 ② 8 ③

1 일

자료 분석

물체에 작용하는 알짜힘의 크기는 100 N−20 N=80 N이다.

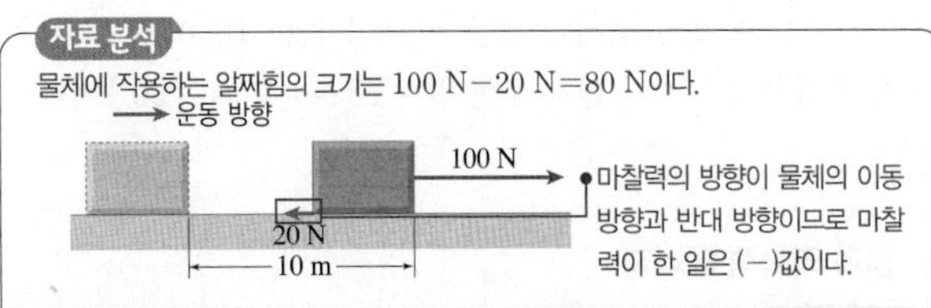

선택지 분석

ㄱ 물체에 작용하는 알짜힘의 크기는 80 N이다.
ㄴ 100 N이 한 일의 양은 1000 J이다.
ㄷ 마찰력이 한 일은 −200 J이다.

ㄱ. 물체에는 오른쪽으로 100 N, 왼쪽으로 20 N의 힘이 작용하므로 알짜힘의 크기는 $100\ N - 20\ N = 80\ N$이다.
ㄴ. 100 N이 한 일의 양$= 100\ N \times 10\ m = 1000\ J$이다.
ㄷ. 마찰력의 방향과 물체의 운동 방향이 반대이므로 마찰력이 한 일의 양은 $-20\ N \times 10\ m = -200\ J$이다.

2 일·운동 에너지 정리

자료 분석

힘 F가 알짜힘이므로 일·운동 에너지 정리에 의해 알짜힘이 한 일만큼 운동 에너지가 증가한다. → $F\Delta x = \Delta E_k$

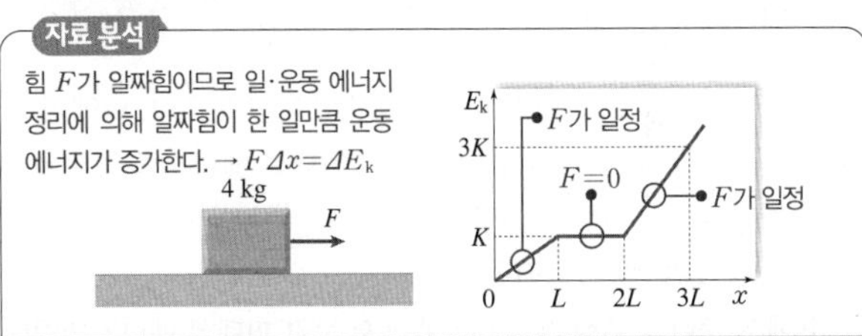

선택지 분석

ㄱ 0에서 L까지 F의 크기는 $\frac{K}{L}$로 일정하다.
ㄴ (×) F가 물체에 한 일은 $2L$에서 $3L$까지가 0에서 L까지의 3배(→2배)이다.
ㄷ L에서 $2L$까지 F가 물체에 한 일은 0이다.

ㄱ. $F\Delta x = \Delta E_k$이므로 $F = \frac{\Delta E_k}{\Delta x}$이다. 즉, 운동 에너지-이동 거리 그래프의 기울기 $\frac{K}{L}$는 알짜힘을 나타낸다.
ㄷ. L에서 $2L$까지 운동 에너지의 변화가 없으므로 F가 물체에 한 일은 0이다.
바로알기 ㄴ. $2L$에서 $3L$까지 운동 에너지 변화량($2K$)이 0에서 L까지 운동 에너지 변화량(K)의 2배이므로 F가 물체에 한 일은 $2L$에서 $3L$까지가 0에서 L까지의 2배이다.

3 일과 중력에 의한 퍼텐셜 에너지

자료 분석

- 물체가 일정한 속력으로 올라갔으므로 물체의 가속도는 0이고, 물체에 작용한 알짜힘은 0이다.
- 전동기가 줄을 통해 물체에 작용하는 힘의 크기는 물체의 무게와 같은 10 N이다.
- 전동기가 물체에 한 일만큼 중력 퍼텐셜 에너지가 증가 한다.

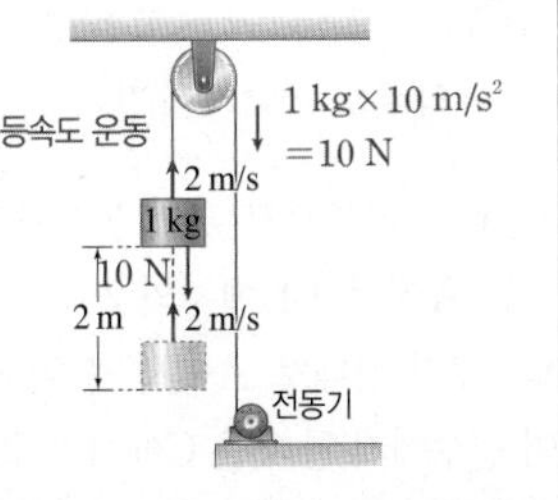

선택지 분석

① (×) 2 J ② (×) 4 J ③ (×) 8 J ④ 20 J ⑤ (×) 22 J

물체가 일정한 속력으로 운동하므로 전동기가 물체를 끌어올리는 힘의 크기는 물체의 무게와 같은 $mg=1\ \mathrm{kg}\times10\ \mathrm{m/s^2}=10\ \mathrm{N}$이다. 따라서 전동기가 물체에 한 일$=10\ \mathrm{N}\times2\ \mathrm{m}=20\ \mathrm{J}$이다.

4 일과 역학적 에너지

자료 분석

점 O를 기준으로 점 A에서 물체의 운동 에너지와 중력 퍼텐셜 에너지는 같다.

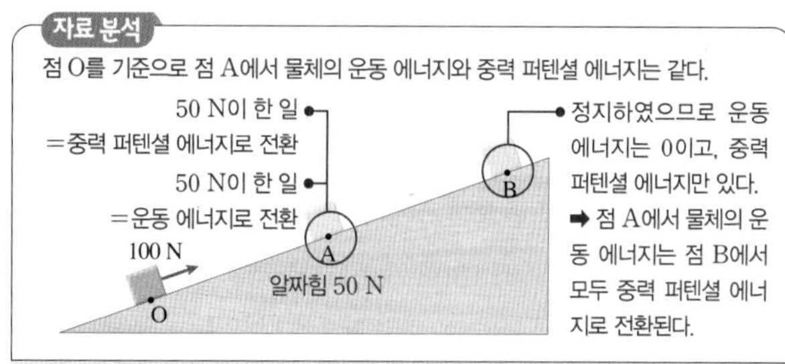

선택지 분석

ㄱ O와 A 사이에서 물체에 작용하는 알짜힘의 크기는 50 N이다.

ㄴ A에서 B까지의 거리는 O에서 A까지의 거리와 같다.

ㄷ A에서 물체의 운동 에너지는 B로 이동하면서 중력 퍼텐셜 에너지로 전환된다.

ㄱ. 물체의 운동 에너지의 변화량은 알짜힘이 한 일이다. O에서 A까지 힘 100 N이 한 일의 절반은 중력 퍼텐셜 에너지로 전환되었고, 절반은 운동 에너지로 전환되었으므로 물체에 작용한 알짜힘은 힘 100 N의 절반인 50 N이다.

ㄴ. B에서 중력 퍼텐셜 에너지는 A에서 중력 퍼텐셜 에너지의 2배이다. 따라서 O에서 B까지 높이는 O에서 A까지 높이의 2배이므로 A에서 B까지 거리와 O에서 A까지 거리는 같다.

ㄷ. B에서 물체는 중력 퍼텐셜 에너지만 가지므로 A에서 물체의 운동 에너지는 B로 이동하면서 중력 퍼텐셜 에너지로 전환된다.

5 역학적 에너지 보존

자료 분석

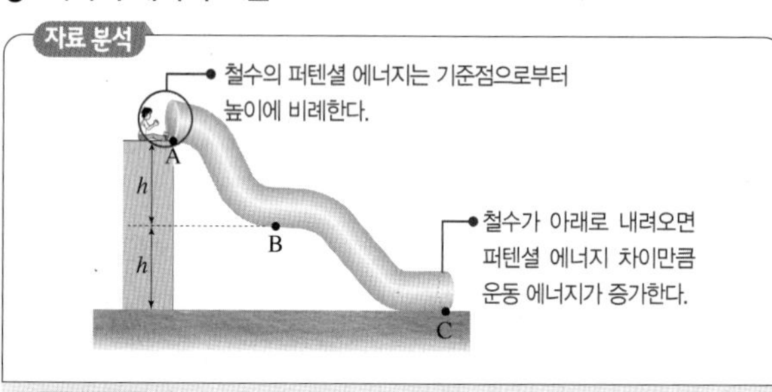

철수의 퍼텐셜 에너지는 기준점으로부터 높이에 비례한다.
A
h
h
B
C
철수가 아래로 내려오면 퍼텐셜 에너지 차이만큼 운동 에너지가 증가한다.

선택지 분석

✕ 철수의 속력은 C에서가 B에서의 2배이다. $\sqrt{2}$배

ㄴ 철수의 중력 퍼텐셜 에너지는 A에서가 B에서의 2배이다.

ㄷ C까지 내려오는 동안 중력이 철수에게 한 일은 C에서 철수의 운동 에너지와 같다.

ㄴ. C를 기준으로 A의 높이가 B의 2배이므로 중력 퍼텐셜 에너지는 A에서가 B에서의 2배이다.

ㄷ. 정지 상태로 A에서 출발하였으므로 C까지 내려오면서 중력이 철수에게 한 일은 C에서 철수의 운동 에너지와 같다.

바로알기 ㄱ. A에서 C까지 중력이 철수에게 한 일이 A에서 B까지 한 일의 2배이므로 C에서 철수의 운동 에너지가 B에서의 2배이다. 따라서 C에서 철수의 속력은 B에서의 $\sqrt{2}$배이다.

6 궤도에서 역학적 에너지 보존

자료 분석

h_0인 지점에서 B의 운동 에너지는 중력 퍼텐셜 에너지의 4배이다.

➡ B의 질량을 m_B라고 하면, $\frac{1}{2}m_\mathrm{B}(2v_0)^2=4m_\mathrm{B}gh_0$이므로 $v_0{}^2=2gh_0$

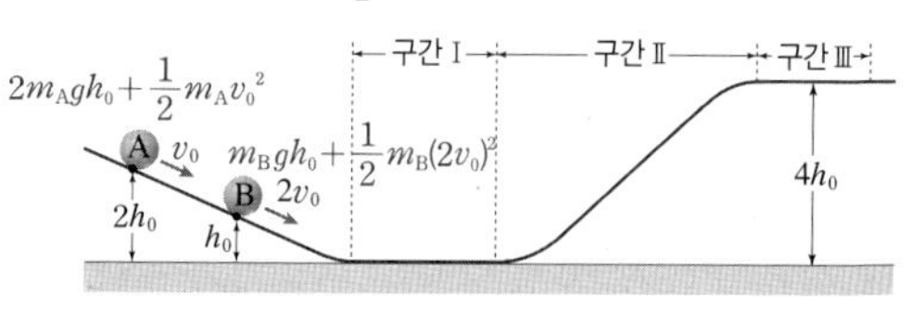

구간 I을 통과하는 데 걸리는 시간은 I에서 두 물체의 속력에 반비례한다.

선택지 분석

✕ I을 통과하는 데 걸리는 시간은 A가 B의 $\frac{5}{3}$배이다. $\sqrt{\frac{5}{3}}$배

✕ II에서 A의 운동 에너지와 중력 퍼텐셜 에너지가 같은 지점의 높이는 h_0이다. $\frac{3}{2}h_0$

ㄷ III에서 B의 속력은 v_0이다.

ㄷ. h_0인 지점에서 B의 운동 에너지는 중력 퍼텐셜 에너지의 4배이므로 B의 질량을 m_B라고 하면 $\frac{1}{2}m_\mathrm{B}(2v_0)^2=4\times m_\mathrm{B}gh_0$에서 $v_0{}^2=2gh_0$이다. 구간 III에서 B의 속력을 v라 하면 역학적 에너지는 보존되므로 $\frac{1}{2}m_\mathrm{B}(2v_0)^2+m_\mathrm{B}gh_0=\frac{1}{2}m_\mathrm{B}v^2+4m_\mathrm{B}gh_0$이다. $v_0{}^2=2gh_0$이므로 $\frac{1}{2}m_\mathrm{B}(2v_0)^2+\frac{1}{2}m_\mathrm{B}v_0{}^2=\frac{1}{2}m_\mathrm{B}v^2+2m_\mathrm{B}v_0{}^2$에서 $v=v_0$이다.

바로알기 ㄱ. $2gh_0=v_0{}^2$일 때, A의 질량을 m_A라고 하면 I에서 A의 운동 에너지는 $\frac{1}{2}m_\mathrm{A}v_0{}^2+2m_\mathrm{A}gh_0=\frac{1}{2}m_\mathrm{A}v_0{}^2+m_\mathrm{A}v_0{}^2=\frac{3}{2}m_\mathrm{A}v_0{}^2=\frac{1}{2}m_\mathrm{A}(\sqrt{3}v_0)^2$이고, B의 운동 에너지는 $\frac{1}{2}m_\mathrm{B}(2v_0)^2+m_\mathrm{B}gh_0=\frac{4}{2}m_\mathrm{B}v_0{}^2+\frac{1}{2}m_\mathrm{B}v_0{}^2=\frac{5}{2}m_\mathrm{B}v_0{}^2=\frac{1}{2}m_\mathrm{B}(\sqrt{5}v_0)^2$이다. 따라서 I을 통과하는 동안 A의 속력은 $\sqrt{3}v_0$이고, B의 속력은 $\sqrt{5}v_0$이므로 걸린 시간은 A가 B의 $\sqrt{\frac{5}{3}}$배이다.

ㄴ. A의 역학적 에너지는 $\frac{3}{2}m_\mathrm{A}v_0{}^2$이므로 A의 운동 에너지와 중력 퍼텐셜 에너지가 같은 지점의 중력 퍼텐셜 에너지는 $\frac{3}{4}m_\mathrm{A}v_0{}^2$이다. $v_0{}^2=2gh_0$일 때 $\frac{3}{4}m_\mathrm{A}v_0{}^2=\frac{3}{4}m_\mathrm{A}2gh_0=m_\mathrm{A}g\frac{3}{2}h_0$이므로 이 지점의 높이는 $\frac{3}{2}h_0$이다.

7 탄성력에 의한 역학적 에너지 보존

자료 분석

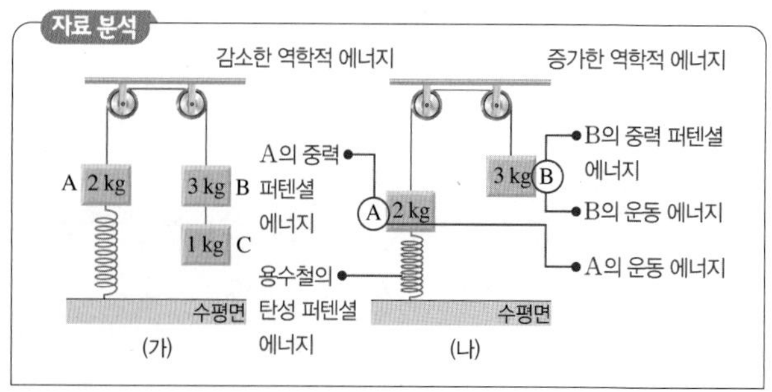

선택지 분석

~~$\frac{1}{5}$~~ ② $\frac{2}{5}$ ~~$\frac{3}{5}$~~ ~~$\frac{4}{5}$~~ ~~1~~

(가)에서 (나)가 되는 과정에서 용수철의 탄성 퍼텐셜 에너지와 A의 중력 퍼텐셜 에너지는 감소하고, A와 B의 운동 에너지와 B의 중력 퍼텐셜 에너지는 증가한다.

(가)에서 용수철에 저장된 탄성 퍼텐셜 에너지는 $\frac{1}{2}\times200\ \mathrm{N/m}\times(0.1\ \mathrm{m})^2=1\ \mathrm{J}$이고, (나)에서는 $\frac{1}{2}\times200\ \mathrm{N/m}\times(0.05\ \mathrm{m})^2=0.25\ \mathrm{J}$이므로 용수철의 탄성 퍼텐셜 에너지 감소량은 $1\ \mathrm{J}-0.25\ \mathrm{J}=0.75\ \mathrm{J}$이다. A의 중력 퍼텐셜 에너지 감소량은 $2\ \mathrm{kg}\times10\ \mathrm{m/s^2}\times0.05\ \mathrm{m}=1\ \mathrm{J}$이고, B의 중력 퍼텐셜 에너지 증가량은 $3\ \mathrm{kg}\times10\ \mathrm{m/s^2}\times0.05\ \mathrm{m}=1.5\ \mathrm{J}$이다.

역학적 에너지 보존 법칙에 따라 감소한 역학적 에너지의 합은 증가한 역학적 에너지의 합과 같다. 따라서 A와 B의 운동 에너지 증가량을 E_k라고 하면 $0.75\ \mathrm{J}+1\ \mathrm{J}=1.5\ \mathrm{J}+E_k$에서 $E_k=0.25\ \mathrm{J}$이다.

A와 B의 속력이 같을 때, A와 B의 운동 에너지는 질량에 비례하므로 (나)의 순간 A의 운동 에너지는 $\frac{2}{5}\times0.25\ \mathrm{J}=0.1\ \mathrm{J}$이다. 따라서 A의 운동 에너지는 용수철에 저장된 탄성 퍼텐셜 에너지(0.25 J)의 $\frac{2}{5}$배이다.

8 힘이 작용할 때 역학적 에너지

자료 분석

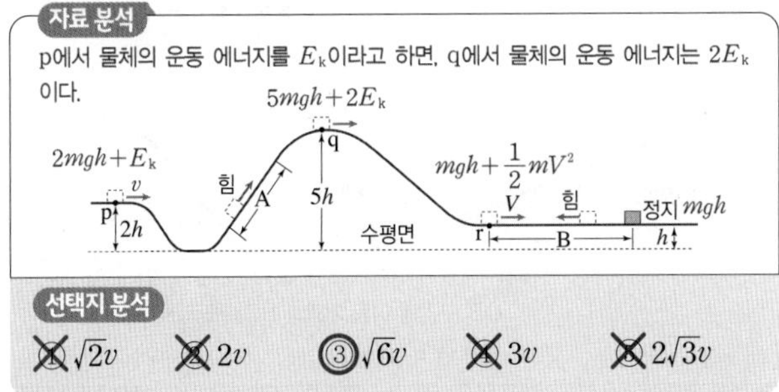

선택지 분석

~~$\sqrt{2}v$~~ ~~$2v$~~ ③ $\sqrt{6}v$ ~~$3v$~~ ~~$2\sqrt{3}v$~~

수평면을 기준면으로 할 때, 물체의 질량을 m이라고 하고 p에서 운동 에너지 $\frac{1}{2}mv^2$을 E_k라고 하면 p에서 물체의 역학적 에너지는 $2mgh+E_k$이다.

물체가 구간 A를 지나는 동안 역학적 에너지가 $2E$만큼 증가하므로 q에서 물체의 역학적 에너지는 $2mgh+E_k+2E=5mgh+2E_k$ …①이다.

q에서 r까지는 역학적 에너지가 보존되므로 $5mgh+2E_k=mgh+\frac{1}{2}mV^2$ …②이고,

구간 B를 지나 역학적 에너지가 $3E$만큼 감소하여 물체가 정지하므로 $\frac{1}{2}mV^2=3E$ …③이다.

식 ②에 ③을 대입하면 $mgh=\frac{3}{4}E-\frac{1}{2}E_k$ …④이고,

식 ①에 ④를 대입하면 $E=2E_k$이다.

따라서 $\frac{1}{2}mV^2=3E=3\times2E_k=6\cdot\frac{1}{2}mv^2$이므로 $V=\sqrt{6}v$가 된다.

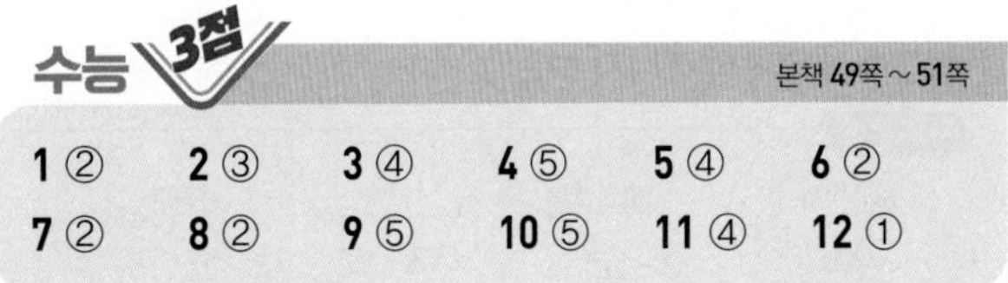

수능 3점

본책 49쪽~51쪽

1 ②	2 ③	3 ④	4 ⑤	5 ④	6 ②
7 ②	8 ②	9 ⑤	10 ⑤	11 ④	12 ①

1 일·운동 에너지 정리

자료 분석

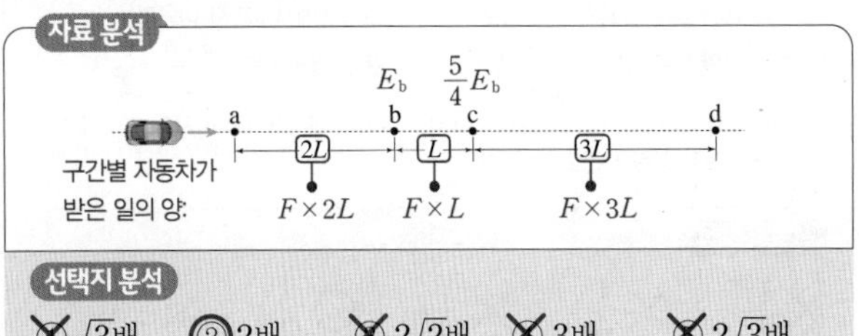

선택지 분석

~~$\sqrt{3}$배~~ ② 2배 ~~$2\sqrt{2}$배~~ ~~3배~~ ~~$2\sqrt{3}$배~~

자동차가 등가속도 직선 운동을 하므로 일정한 크기의 알짜힘을 받고, 알짜힘이 한 일은 자동차의 운동 에너지로 전환된다. 자동차가 받은 알짜힘의 크기를 F라고 하고, b에서 자동차의 운동 에너지를 E_b라고 하면 $F\times L=\frac{5}{4}E_b-E_b=\frac{1}{4}E_b$이다. 따라서 a에서 운동 에너지 $E_a=E_b-F\times2L=E_b-\frac{1}{2}E_b=\frac{1}{2}E_b$이고, d에서 운동 에너지 $E_d=\frac{5}{4}E_b+F\times3L=\frac{5}{4}E_b+\frac{3}{4}E_b=2E_b$이므로 $4E_a=E_d$이다. 운동 에너지는 $\frac{1}{2}mv^2$으로 속력의 제곱에 비례하므로 자동차의 속력은 d에서가 a에서의 2배이다.

2 일과 중력에 의한 퍼텐셜 에너지

자료 분석

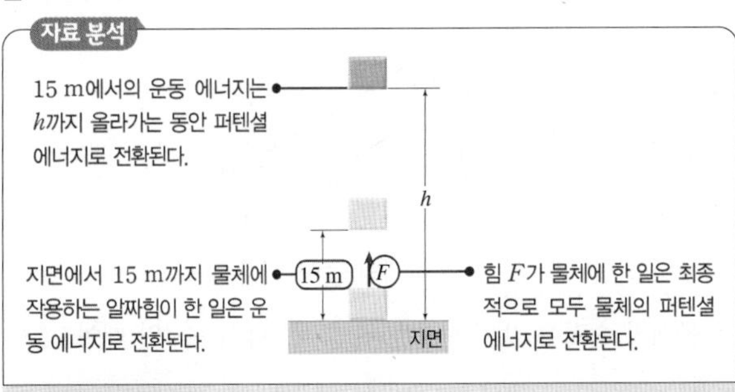

15 m에서의 운동 에너지는 h까지 올라가는 동안 퍼텐셜 에너지로 전환된다.
h
지면에서 15 m까지 물체에 작용하는 알짜힘이 한 일은 운동 에너지로 전환된다.
15 m
F
힘 F가 물체에 한 일은 최종적으로 모두 물체의 퍼텐셜 에너지로 전환된다.
지면

선택지 분석

ㄱ F의 크기는 물체에 작용하는 중력의 4배이다.

~~ㄴ~~ $h=$45 m이다. **60 m**

ㄷ F가 한 일은 높이 h에서 물체의 중력 퍼텐셜 에너지와 같다.

ㄱ. 물체의 질량을 m이라고 하면 물체에 작용하는 알짜힘은 $F-(m\times10\ \mathrm{m/s^2})$이다. 물체는 높이 15 m까지 1초에 올라가는 등가속도 직선 운동을 하였으므로 $s=\frac{1}{2}at^2$에서 가속도 $a=\frac{2s}{t^2}=\frac{2\times15\ \mathrm{m}}{(1\ \mathrm{s})^2}=30\ \mathrm{m/s^2}$이다. 물체의 운동 방정식에 대입하면 $F-m\times10\ \mathrm{m/s^2}=m\times30\ \mathrm{m/s^2}$이므로 $F=m\times40\ \mathrm{m/s^2}$으로 중력의 4배이다.

ㄷ. 중력의 반대 방향으로 F가 한 일은 최고점인 높이 h에서 모두 중력 퍼텐셜 에너지로 전환된다.

바로알기 ㄴ. F가 물체에 한 일이 모두 중력 퍼텐셜 에너지로 전환되므로 $m\times40\ \mathrm{m/s^2}\times15\ \mathrm{m}=m\times10\ \mathrm{m/s^2}\times h$에 의해 $h=60\ \mathrm{m}$이다.

3 빗면에서 역학적 에너지 보존

자료 분석

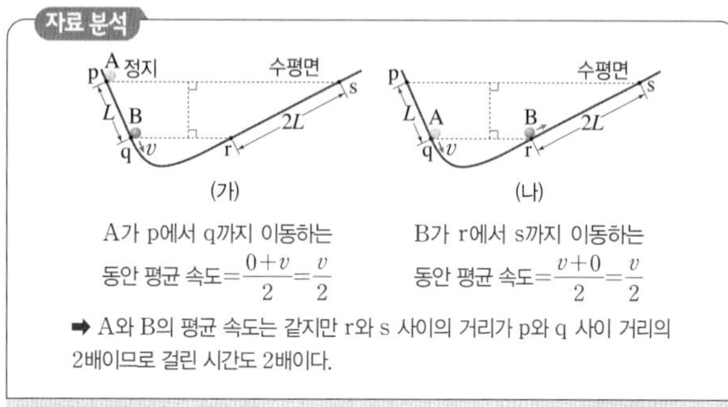

p A 정지
수평면
L B
2L
q v
r
s
(가)
p
수평면
L A
B
2L
q v
r
s
(나)
A가 p에서 q까지 이동하는 동안 평균 속도$=\frac{0+v}{2}=\frac{v}{2}$
B가 r에서 s까지 이동하는 동안 평균 속도$=\frac{v+0}{2}=\frac{v}{2}$
➡ A와 B의 평균 속도는 같지만 r와 s 사이의 거리가 p와 q 사이 거리의 2배이므로 걸린 시간도 2배이다.

선택지 분석

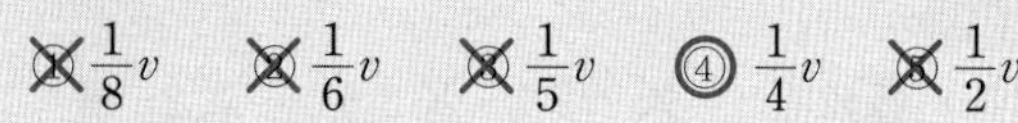

A와 B가 q를 지나는 순간의 속력이 v로 같으므로 역학적 에너지 보존 법칙에 따라 같은 높이에서 A와 B의 속력은 같다. 따라서 A가 p에서 q까지 이동하는 동안 평균 속력은 $\frac{0+v}{2}=\frac{v}{2}$이고, B가 r에서 s까지 이동하는 동안 평균 속력도 $\frac{v+0}{2}=\frac{v}{2}$이다. r와 s 사이의 거리가 p와 q 사이 거리의 2배이므로 A가 p에서 q까지 이동하는 데 걸린 시간을 t라고 하면 B가 r에서 s까지 이동하는 데 걸린 시간은 $2t$이다. (나)에서 시간 t가 경과한 후, A는 r에서 v의 속력으로 s를 향하여 운동하고 있고, B는 r와 s 사이에서 $\frac{1}{2}v$의 속력으로 s를 향하여 운동하고 있다.

이 순간부터 A와 B의 속도를 시간에 따라 나타내면 다음 그림과 같다.

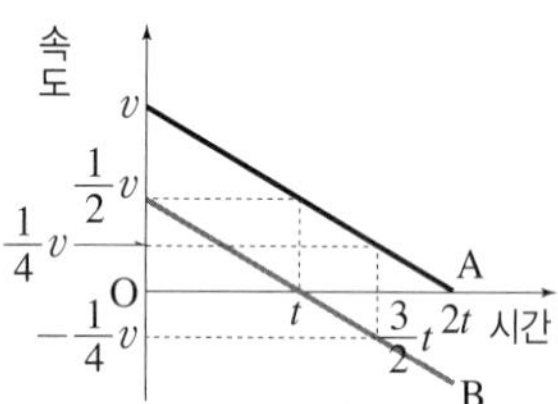

두 물체가 만나는 순간 두 물체의 높이가 같으므로 속력도 같다. 두 물체의 속력이 같은 순간은 위 그래프에서 $\frac{3}{2}t$일 때이고, 이 때 두 물체의 속력은 $\frac{1}{4}v$이다.

4 탄성력에 의한 역학적 에너지 보존

자료 분석

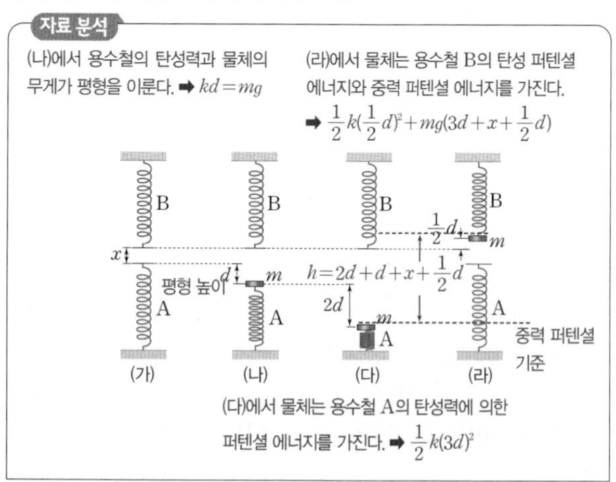

(나)에서 용수철의 탄성력과 물체의 무게가 평형을 이룬다. ➡ $kd=mg$
(라)에서 물체는 용수철 B의 탄성 퍼텐셜 에너지와 중력 퍼텐셜 에너지를 가진다.
➡ $\frac{1}{2}k(\frac{1}{2}d)^2+mg(3d+x+\frac{1}{2}d)$
B
x
평형 높이
d
m
A
$h=2d+d+x+\frac{1}{2}d$
$\frac{1}{2}d$
m
$2d$
중력 퍼텐셜 기준
(가)
(나)
(다)
(라)
(다)에서 물체는 용수철 A의 탄성력에 의한 퍼텐셜 에너지를 가진다. ➡ $\frac{1}{2}k(3d)^2$

선택지 분석

ㄱ 용수철 상수는 $\frac{mg}{d}$이다.

ㄴ $x=\frac{7}{8}d$이다.

ㄷ 물체가 운동하는 동안 물체의 운동 에너지의 최댓값은 $2mgd$이다.

ㄱ. 용수철 상수를 k라고 하면, (나)에서 물체의 중력과 용수철의 탄성력이 평형을 이루므로 $kd=mg$이다. 따라서 $k=\frac{mg}{d}$이다.

ㄴ. (다)에서 A의 탄성 퍼텐셜 에너지가 (라)에서 물체의 중력 퍼텐셜 에너지와 B의 탄성 퍼텐셜 에너지로 전환되므로 $k=\frac{mg}{d}$일 때 $\frac{1}{2}\left(\frac{mg}{d}\right)(3d)^2=\frac{1}{2}\left(\frac{mg}{d}\right)(\frac{1}{2}d)^2+mg(3d+x+\frac{1}{2}d)$이다. 이를 정리하면 $x=\frac{7}{8}d$이다.

ㄷ. 운동 에너지가 최댓값이 되는 순간은 물체가 평형 높이를 지나는 순간이다. 이때 운동 에너지를 E_k라고 하면, (다)에서 평형 높이까지 탄성 퍼텐셜 에너지가 감소한 만큼 중력 퍼텐셜 에너지와 운동 에너지가 증가하므로 $\frac{1}{2}\left(\frac{mg}{d}\right)(3d)^2-\frac{1}{2}\left(\frac{mg}{d}\right)d^2=mg2d+E_k$이다. 따라서 물체의 운동 에너지의 최댓값 $E_k=2mgd$이다.

5 힘이 작용할 때 역학적 에너지

자료 분석

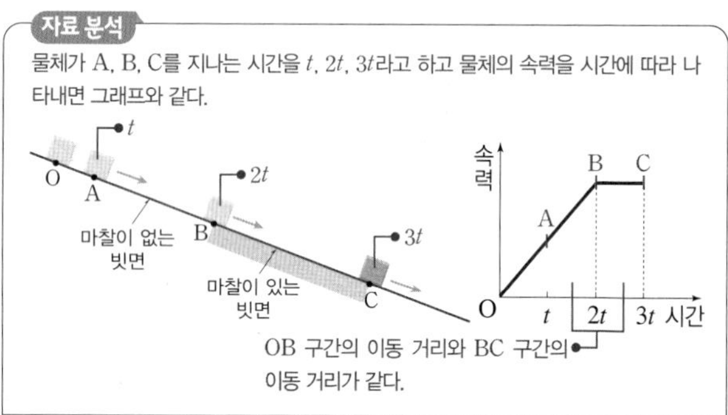

선택지 분석

✕ B에서 물체의 속력은 A에서의 4배이다. 2배

ㄴ C에서 물체의 운동 에너지는 32 J이다.

ㄷ BC 구간에서 물체는 역학적 에너지가 32 J만큼 감소한다.

ㄴ. O에서 B까지 물체의 역학적 에너지가 보존되므로 중력 퍼텐셜 에너지가 감소한 만큼 운동 에너지가 증가한다. 따라서 B에서 운동 에너지는 32 J이고, B에서 C까지 물체가 등속 직선 운동을 하므로 C에서 물체의 운동 에너지도 32 J이다.

ㄷ. OB 구간의 이동 거리와 BC 구간의 이동 거리가 같으므로 OB 구간에서 감소한 높이와 BC 구간에서 감소한 높이가 같다. 따라서 BC 구간에서 중력 퍼텐셜 에너지 감소량은 OB 구간과 같은 32 J이다. BC 구간에서 운동 에너지는 일정하고, 중력 퍼텐셜 에너지는 32 J 감소하므로 BC 구간에서 물체는 역학적 에너지가 32 J만큼 감소한다.

바로알기 ㄱ. O에서 B까지 등가속도 직선 운동을 하고, O에서 B까지 걸린 시간이 O에서 A까지의 2배일 때, $v=at$이므로 B에서 물체의 속력은 A에서의 2배이다.

6 힘이 작용할 때 역학적 에너지

자료 분석

중력 퍼텐셜 에너지 감소량만큼 운동 에너지가 증가한다.

구간 A와 구간 B의 거리 비가 1 : 2이고, 걸린 시간의 비도 1 : 2이다.
➡ 평균 속력이 같다.

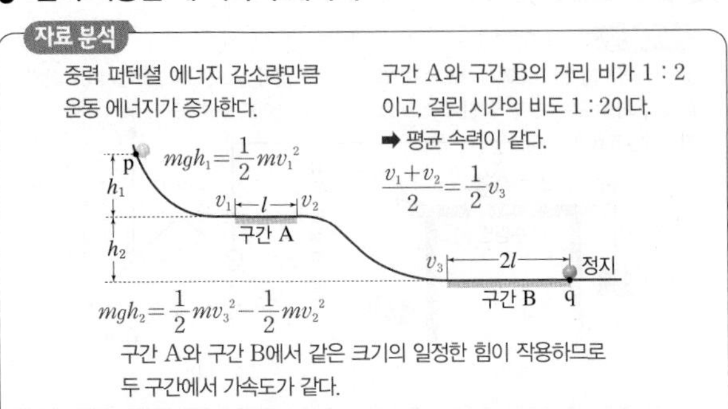

구간 A와 구간 B에서 같은 크기의 일정한 힘이 작용하므로 두 구간에서 가속도가 같다.

선택지 분석

~~①~~ $\frac{1}{2}$ ② $\frac{3}{5}$ ~~③~~ $\frac{3}{4}$ ~~④~~ $\frac{4}{5}$ ~~⑤~~ $\frac{5}{6}$

물체의 질량을 m이라고 하고 구간 A의 시작점에서 속력을 v_1, 끝점에서의 속력을 v_2, 구간 B의 시작점에서의 속력을 v_3라고 하면, 역학적 에너지 보존 법칙에 따라 다음 관계식을 만족한다.

$mgh_1=\frac{1}{2}mv_1^2$ …①

$mgh_2=\frac{1}{2}mv_3^2-\frac{1}{2}mv_2^2$ …②

구간 A를 지나는 데 걸린 시간을 t라고 하면 구간 B를 지나는 데 걸린 시간은 $2t$이고, 두 구간에서 가속도가 같으므로

$\frac{v_2-v_1}{t}=\frac{0-v_3}{2t}$에서 $v_3=2(v_1-v_2)$ …③이다.

또한 두 구간에서 물체는 등가속도 직선 운동을 하고, 평균 속력이 같으므로 $\frac{v_1+v_2}{2}=\frac{1}{2}v_3$에서 $v_3=v_1+v_2$ …④이다.

식 ③, ④를 연립하면 $v_1=3v_2$, $v_3=4v_2$가 되고,

이를 식 ①, ②에 대입하면, $mgh_1=\frac{1}{2}m(3v_2)^2=\frac{9}{2}mv_2^2$,

$mgh_2=\frac{1}{2}m(v_3^2-v_2^2)=\frac{1}{2}m(16v_2^2-v_2^2)=\frac{15}{2}mv_2^2$이다.

따라서 $\frac{h_1}{h_2}=\frac{9}{15}=\frac{3}{5}$이 된다.

7 일과 역학적 에너지

자료 분석

B와 C의 무게에서 A의 무게를 뺀 힘이 알짜힘이 되어 세 물체가 등가속도 직선 운동을 한다.

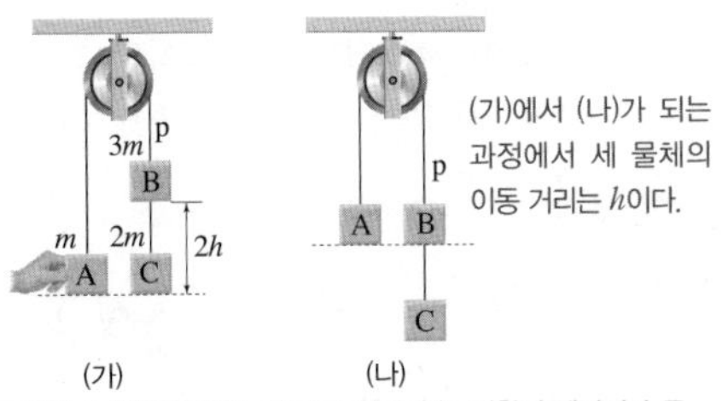

(가)에서 (나)가 되는 과정에서 세 물체의 이동 거리는 h이다.

p가 A를 당기는 힘과 p가 B를 당기는 힘으로 인해 A는 역학적 에너지가 증가하고, B와 C는 역학적 에너지가 감소한다.

선택지 분석

✗ (나)에서 A의 속력은 $\sqrt{\frac{3}{2}gh}$이다. $\sqrt{\frac{4}{3}gh}$

ⓛ (나)에서 p가 B를 당기는 힘의 크기는 $\frac{5}{3}mg$이다.

✗ (가)에서 (나)가 되는 과정에서 역학적 에너지 변화량의 크기는 B가 A보다 크다. **A가 B보다 크다.**

ㄴ. (나)에서 p의 양쪽에 A와 B가 연결되어 있으므로 p가 B를 당기는 힘의 크기는 p가 A를 당기는 힘의 크기와 같다. (나)에서 A의 속력이 $\sqrt{\frac{4}{3}gh}$일 때, p가 A를 당기는 힘을 T라 하면 T가 한 일은 $T\times h=\frac{1}{2}m\left(\sqrt{\frac{4}{3}gh}\right)^2+mgh$이다. 따라서 $T=\frac{5}{3}mg$이다.

바로알기 ㄱ. (나)에서 A는 중력 퍼텐셜 에너지가 mgh만큼 증가하였고, B는 $3mgh$, C는 $2mgh$만큼 중력 퍼텐셜 에너지가 감소하였다. A, B, C의 전체 중력 퍼텐셜 에너지가 감소한 만큼 운동 에너지가 증가하였으므로 $3mgh+2mgh-mgh=\frac{1}{2}6mv^2$에서 $v=\sqrt{\frac{4}{3}gh}$이다.

ㄷ. (가)에서 (나)가 되는 과정에서 A의 역학적 에너지 변화량은 $mgh+\frac{1}{2}mv^2=mgh+\frac{1}{2}m\left(\frac{4}{3}gh\right)=\frac{5}{3}mgh$이고, B의 역학적 에너지 변화량은 $-3mgh+\frac{3}{2}mv^2=-3mgh+\frac{3}{2}m\left(\frac{4}{3}gh\right)=-mgh$이다. 따라서 역학적 에너지 변화량의 크기는 A가 B보다 크다.

다른 해설 ㄱ. (나)에서 세 물체 A, B, C의 가속도를 a라고 하면 세 물체의 운동 방정식은 $4mg=6ma$이므로 $a=\frac{2}{3}g$이다. (가)에서 (나)가 되는 과정에서 등가속도 직선 운동을 하였고 이동 거리가 h이므로 $2as=v^2-v_0^2$에서 $2ah=2\times\frac{2}{3}g\times h=v^2$이다. 따라서 $v=\sqrt{\frac{4}{3}gh}$이다.

ㄴ. (나)에서 p의 양쪽에 A와 B가 연결되어 있으므로 p가 B를 당기는 힘의 크기는 p가 A를 당기는 힘의 크기와 같다. p가 A를 당기는 힘을 T라고 하면 A의 운동 방정식은 $T-mg=ma=m\times\frac{2}{3}g$이므로 $T=\frac{5}{3}mg$이다.

8 줄로 연결된 두 물체의 역학적 에너지 보존

자료 분석

• A가 P에서 Q까지 운동하는 동안 A의 운동 에너지 증가량은 B의 중력 퍼텐셜 에너지 증가량의 $\frac{4}{5}$배이다.

• Q에서 A의 운동 에너지를 $4E_0$이라고 하면 B의 중력 퍼텐셜 에너지는 $5E_0$이다.

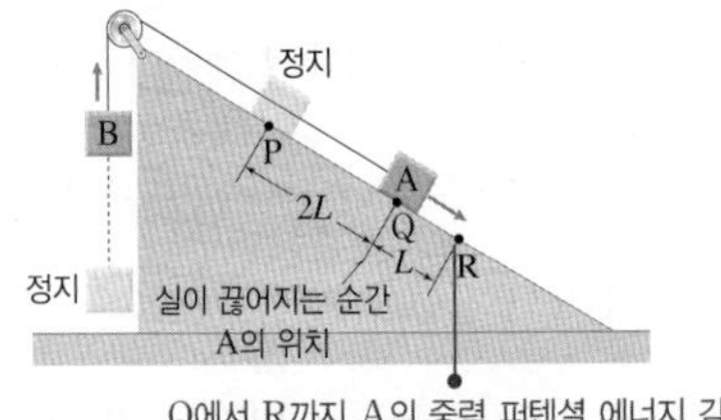

Q에서 R까지 A의 중력 퍼텐셜 에너지 감소량은 A의 운동 에너지 증가량과 같다.

선택지 분석

~~①~~ 3 ② 4 ~~③~~ 5 ~~④~~ 6 ~~⑤~~ 7

A가 P에서 Q까지 운동하는 동안 A와 B가 줄로 연결되어 속력이 같으므로 운동 에너지는 질량에 비례한다. 따라서 Q에서 'A의 운동 에너지$=\frac{m_A}{m_B}\times$B의 운동 에너지'이다.

A가 P에서 Q까지 운동하는 동안 A의 운동 에너지 증가량이 B의 중력 퍼텐셜 에너지 증가량의 $\frac{4}{5}$배이므로 Q에서 A의 운동에너지 증가량을 $4E_0$이라고 하면 B의 중력 퍼텐셜 에너지 증가량은 $5E_0$이다. R에서 A의 운동에너지는 Q에서의 $\frac{9}{4}$배이므로 R에서 A의 운동 에너지는 $9E_0$이다.

역학적 에너지 보존 법칙에 따라 A가 Q에서 R까지 운동하는 동안 운동 에너지가 증가한 만큼 중력 퍼텐셜 에너지가 감소하므로 Q에서 R까지 중력 퍼텐셜 에너지 감소량은 $9E_0-4E_0=5E_0$이고, P에서 Q까지 거리가 Q에서 R까지 거리의 2배이므로 P에서 Q까지 중력 퍼텐셜 에너지 감소량은 $10E_0$이다.

A가 P에서 Q까지 운동하는 동안 A의 중력 퍼텐셜 에너지 감소량($10E_0$)은 A의 운동 에너지 증가량($4E_0$)과 B의 운동 에너지 증가량(E_k)과 B의 중력 퍼텐셜 에너지 증가량($5E_0$)의 합과 같으므로 $10E_0=4E_0+E_k+5E_0$에서 $E_k=E_0$이다.

따라서 Q에서 A의 운동 에너지$=4E_0=\frac{m_A}{m_B}E_k=\frac{m_A}{m_B}E_0$이므로 $\frac{m_A}{m_B}=4$이다.

9 줄로 연결된 물체의 역학적 에너지 보존

자료 분석

q가 B를 당기는 힘의 크기는 p가 A를 당기는 힘의 크기의 3배이므로 A의 질량을 m이라고 하면 B의 질량은 $2m$이다.

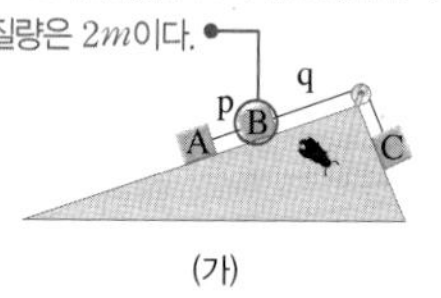

(가)

A와 B가 정지 상태에서 출발하여 같은 시간 동안 이동한 거리는 A가 B의 3배이므로 가속도의 크기는 A가 B의 3배이다.

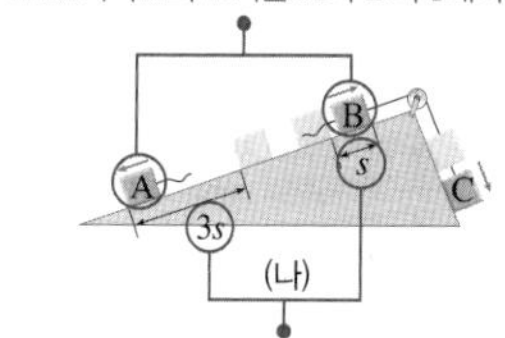

(나)

B와 C가 s만큼 이동한 순간의 속력을 v라고 하면, A가 $3s$만큼 이동한 순간의 속력은 $3v$이다.

선택지 분석

~~① $\frac{2}{9}$~~ ~~② $\frac{1}{3}$~~  ~~③ $\frac{2}{3}$~~ 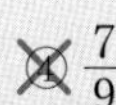 ~~④ $\frac{7}{9}$~~ ⓢ ⑤ $\frac{8}{9}$

(나)에서 같은 경사면에서 같은 시간 동안 이동한 거리는 A가 B의 3배이므로 높이의 변화도 A가 B의 3배이다. $E_p=mgh$에서 B의 질량이 A의 2배이고, 높이 변화는 A가 B의 3배이므로 B의 중력 퍼텐셜 에너지 증가량(E_{pB})은 A의 중력 퍼텐셜 에너지 감소량의 $\frac{2}{3}$배이다. A의 중력 퍼텐셜 에너지 감소량은 A의 운동 에너지 증가량(E_A)과 같으므로 $E_{pB}=\frac{2}{3}E_A$이다.

$E_k=\frac{1}{2}mv^2$에서 B의 질량이 A의 2배이고, B의 속력이 A의 $\frac{1}{3}$배이므로 B의 운동 에너지 증가량(E_{kB})은 A의 운동 에너지 증가량(E_A)의 $\frac{2}{9}$배이다. 따라서 $E_{kB}=\frac{2}{9}E_A$이다.

(나)에서 B와 C의 역학적 에너지의 합이 보존되므로 C의 역학적 에너지 감소량(E_C)은 B의 역학적 에너지 증가량(E_B)과 같다. 따라서 $E_B=E_{pB}+E_{kB}=\frac{2}{3}E_A+\frac{2}{9}E_A=\frac{8}{9}E_A=E_C$이므로 $\frac{E_C}{E_A}=\frac{8}{9}$이다.

10 줄로 연결된 물체의 역학적 에너지 보존

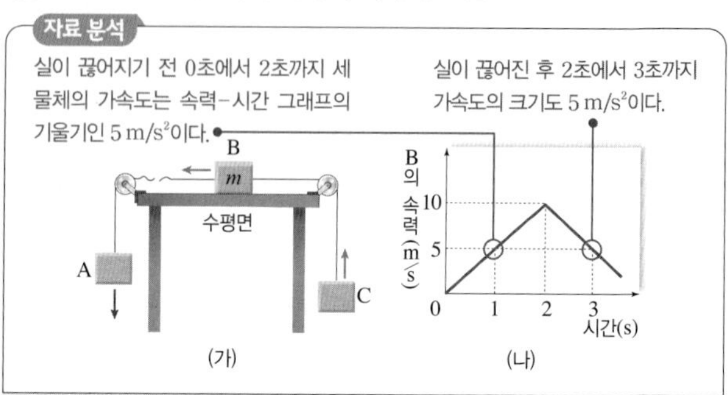

자료 분석
실이 끊어지기 전 0초에서 2초까지 세 물체의 가속도는 속력-시간 그래프의 기울기인 5 m/s²이다.
실이 끊어진 후 2초에서 3초까지 가속도의 크기도 5 m/s²이다.
B
m
수평면
A
C
B의 속력(m/s)
10
5
0
1
2
3
시간(s)
(가)
(나)

선택지 분석

~~ㄱ. C의 운동 방향은 1초일 때와 3초일 때가 서로 반대이다.~~ 같다.

ⓛ ㄴ. 질량은 A가 C의 4배이다.

ⓒ ㄷ. C의 역학적 에너지는 3초일 때가 2초일 때보다 크다.

ㄴ. A의 질량을 m_A, C의 질량을 m_C라고 하고 실이 끊어지기 전 세 물체의 운동 방정식을 세워 보면 다음과 같다.

$m_A\times10\ m/s^2-m_C\times10\ m/s^2=(m_A+m+m_C)\times5\ m/s^2$ ⋯ ①

실이 끊어진 후 B, C의 운동 방정식을 세워 보면 다음과 같다.

$m_C\times10\ m/s^2=(m+m_C)\times5\ m/s^2$ ⋯ ②

식 ①, ②를 연립하면 $m_A=4m$, $m_C=m$이다.

ㄷ. 줄이 끊어진 후 B와 C의 역학적 에너지 합은 보존된다. B의 역학적 에너지가 2초에서 3초까지 감소하므로 C의 역학적 에너지는 증가한다. 따라서 C의 역학적 에너지는 3초일 때가 2초일 때보다 크다.

바로알기 ㄱ. B와 C는 실로 연결되어 같은 속력으로 운동한다. 1초일 때 B는 왼쪽으로 운동하고, 3초일 때도 왼쪽으로 운동한다. 따라서 C의 운동 방향도 1초일 때와 3초일 때가 같다.

11 줄로 연결된 두 물체의 역학적 에너지 보존

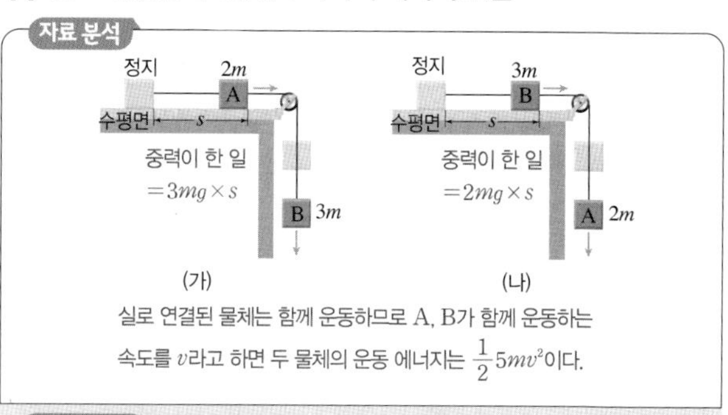

선택지 분석

~~① $\sqrt{2}$~~ ~~② $\sqrt{3}$~~ ~~③ $\sqrt{\frac{2}{3}}$~~ ⓞ ④ $\sqrt{\frac{3}{2}}$ ~~⑤ 2~~

(가)에서 A, B가 s만큼 이동한 순간의 속도를 v_1이라고 하면, (가)에서 중력이 한 일은 일·운동 에너지 정리에 따라 $3mgs=\frac{1}{2}5mv_1^2$이므로 $v_1=\sqrt{\frac{6}{5}gs}$이다. (가)에서와 같이 (나)에서 A, B가 s만큼 이동한 순간 속도를 v_2라고 하면 (나)에서 중력이 한 일은 $2mgs=\frac{1}{2}5mv_2^2$이므로 $v_2=\sqrt{\frac{4}{5}gs}$이다. (가)와 (나)에서 A, B는 각각 정지 상태에서 등가속도 직선 운동을 하므로 '평균 속도$=\frac{1}{2}\times$나중 속도'이고, 이때 걸린 시간$=\frac{\text{이동 거리}}{\text{평균 속도}}$이므로

$t_1=\frac{2s}{v_1}$, $t_2=\frac{2s}{v_2}$이다. 따라서 $\frac{t_2}{t_1}=\frac{v_1}{v_2}=\frac{\sqrt{\frac{6}{5}gs}}{\sqrt{\frac{4}{5}gs}}=\sqrt{\frac{3}{2}}$이다.

다른 해설 (가)에서 두 물체의 가속도를 a_1이라고 하면, B의 무게가 알짜힘이 되어 두 물체가 운동하므로 운동 방정식 $3mg=5ma_1$에서 $a_1=\frac{3}{5}g$이다. (나)에서 두 물체의 가속도를 a_2라고 하면, A의 무게가 알짜힘이 되어 두 물체가 운동하므로 운동 방정식 $2mg=5ma_2$에서 $a_2=\frac{2}{5}g$이다. 정지 상태에서 가속도 a로 t초 동안 운동할 때 등가속도 직선 운동의 식 $s=\frac{1}{2}at^2$에 따라

$t=\sqrt{\frac{2s}{a}}$이므로 $\frac{t_2}{t_1}=\frac{\sqrt{\frac{2s}{a_2}}}{\sqrt{\frac{2s}{a_1}}}=\sqrt{\frac{a_1}{a_2}}=\sqrt{\frac{3}{2}}$이다.

12 중력과 탄성력에 의한 역학적 에너지 보존

자료 분석

(가)에서 (나)의 상태로 되었을 때 A의 중력 퍼텐셜 에너지 감소량은 모두 용수철의 탄성 퍼텐셜 에너지로 전환된다.

➡ $mg(L-L_0)=\frac{1}{2}k(L-L_0)^2$에서 $L-L_0=\frac{2mg}{k}$

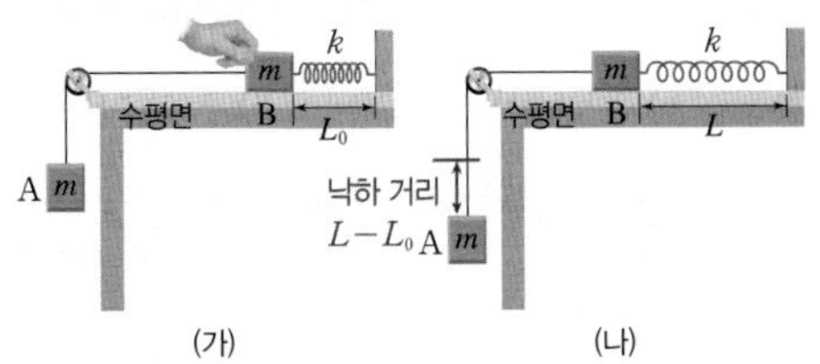

(가)에서 손을 놓은 후 중력과 탄성력이 같아지기 전까지는 속력이 빨라지고, 그 이후에는 탄성력이 더 커서 두 물체의 속력이 느려져 (나)의 상태가 된다.

선택지 분석

㉠ $L-L_0=\frac{2mg}{k}$이다.

✕ 용수철의 길이가 L일 때, A에 작용하는 알짜힘은 0이다. mg

✕ B의 최대 속력은 $\sqrt{\frac{m}{k}}g$이다. $\sqrt{\frac{m}{2k}}g$

ㄱ. (나)에서 A의 속력이 0이므로 운동 에너지도 0이다. 따라서 (가)에서 (나)까지 운동하는 동안 A의 중력 퍼텐셜 에너지 감소량은 모두 용수철의 탄성 퍼텐셜 에너지로 전환된다. $mg(L-L_0)=\frac{1}{2}k(L-L_0)^2$이므로 $L-L_0=\frac{2mg}{k}$이다.

바로알기 ㄴ. 용수철의 길이가 L일 때, 용수철의 탄성력의 크기는 $k(L-L_0)=2mg$이고, A의 중력의 크기는 mg이다. 이때 A와 B의 질량이 같으므로 A에 작용하는 알짜힘의 크기는 $\frac{1}{2}\{k(L-L_0)-mg\}=\frac{2mg-mg}{2}=\frac{1}{2}mg$이다.

ㄷ. (가)에서 운동을 시작하여 중력과 탄성력이 같아지는 순간까지는 B의 속력이 빨라지고, 이후 (나)의 순간까지는 B의 속력이 느려진다. 따라서 B의 속력이 가장 빠른 순간은 중력과 탄성력이 같은 순간이다. 용수철의 늘어난 길이를 x라고 하면 $mg=kx$에서 $x=\frac{mg}{k}$이다. A의 중력 퍼텐셜 에너지 감소량은 두 물체의 운동 에너지와 탄성 퍼텐셜 에너지의 증가량과 같으므로 $mgx=\frac{1}{2}2mv^2+\frac{1}{2}kx^2$이고, $x=\frac{mg}{k}$를 대입하면 $v=\sqrt{\frac{m}{2k}}g$가 된다.

05 열역학 제1법칙

개념 확인 본책 53쪽, 55쪽

(1) 절대 온도 (2) 비례 (3) 열 (4) 내려, 올라 (5) 열평형 (6) $P\Delta V$ (7) 일 (8) 일 (9) 운동, 절대 온도 (10) 반비례 (11) 내부 에너지, 일 (12) ①-㉢, ②-㉠, ③-㉡ (13) 감소량 (14) 감소

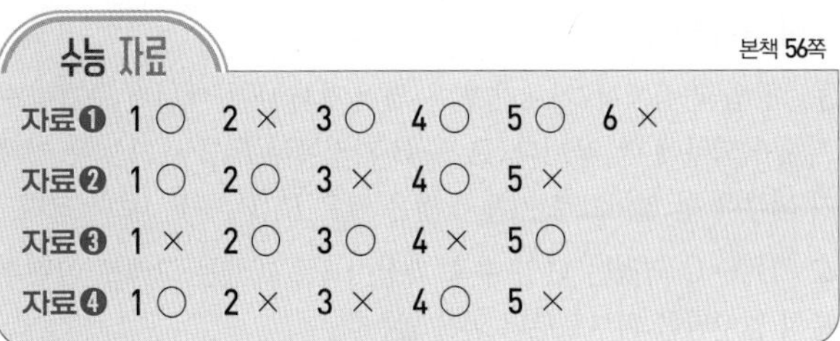

수능 자료 본책 56쪽

자료❶	1 ○	2 ×	3 ○	4 ○	5 ○	6 ×
자료❷	1 ○	2 ○	3 ×	4 ○	5 ×	
자료❸	1 ×	2 ○	3 ○	4 ×	5 ○	
자료❹	1 ○	2 ×	3 ×	4 ○	5 ×	

자료❶ 열평형 상태와 기체가 받은 일

1 (가)에서 A와 B는 열평형 상태에 있으므로 온도가 같다.

2 B는 힘을 받아서 부피가 감소하므로 B는 외부로부터 일을 받는다.

3 (나)에서 B는 외부로부터 일을 받아 내부 에너지가 증가하였으므로 (나)에서 B의 온도는 (가)에서보다 높다.

4 (가)에서 B의 내부 에너지가 증가하여 온도가 높아지면, 열은 온도가 높은 B에서 온도가 낮은 A로 이동한다.

6 온도가 같을 때 이상 기체의 압력은 부피에 반비례한다. (나)에서 A와 B는 열평형을 이루어 온도가 같으므로, 기체의 부피가 큰 A의 압력이 부피가 작은 B의 압력보다 작다.

자료❷ 등압 과정과 기체가 한 일

1 A의 압력이 P로 일정할 때 부피가 ΔV만큼 증가했다면 A가 한 일은 $P\Delta V$이다.

3 이상 기체의 내부 에너지는 온도에 비례한다. A의 온도가 높아졌으므로 내부 에너지도 증가한다.

4 이상 기체의 내부 에너지는 기체 분자의 운동 에너지의 총합이다. 따라서 내부 에너지가 증가하면 기체 분자의 평균 속력도 증가한다.

5 A가 받은 열량 Q는 내부 에너지 증가와 외부에 일을 하는 데 사용되었다.

자료❸ 등적 과정과 등온 과정

1 일정한 양의 이상 기체의 부피가 일정할 때 온도는 압력에 비례한다. A → B 과정에서 이상 기체의 부피가 일정한 상태로 압력이 2배가 되었으므로 이상 기체의 온도는 2배로 높아지고, 내부 에너지도 2배로 증가한다.

2 A → B 과정에서 이상 기체의 부피가 일정하여 외부로부터 받은 일이 0이므로 이상 기체는 내부 에너지 증가량만큼 열을 흡수한다.

3 B → C 과정에서 이상 기체의 부피가 팽창하였으므로 이상 기체는 외부에 일을 한다.

4 B → C 과정에서 이상 기체의 온도가 일정하므로 이상 기체의 내부 에너지는 일정하다.

5 B → C 과정에서 이상 기체의 내부 에너지가 일정하므로 이상 기체가 흡수한 열은 모두 외부에 일을 하는 데 사용된다.

자료❹ 등압 과정과 단열 과정

1 A → B 과정은 등압 과정이므로 기체가 외부에 한 일은 압력에 부피 변화를 곱한 $P_1(V_2-V_1)$이다.

2 기체의 압력이 일정할 때 온도는 부피에 비례한다. A → B 과정에서 압력은 P_1으로 일정하므로 기체의 온도는 부피에 비례하여 높아진다.

3 등압 과정에서 '기체가 받은 열=기체 내부 에너지 증가량+기체가 외부에 한 일'이다. A → B 과정에서 $P_1(V_2-V_1)$는 기체가 외부에 한 일이므로 기체가 받은 열은 $P_1(V_2-V_1)$보다 크다.

4 B → C 과정은 단열 수축 과정이므로 기체는 그래프 아랫부분의 넓이만큼 외부로부터 일을 받는다.

5 단열 수축 과정은 외부와 열의 출입 없이 외부로부터 받은 일만큼 내부 에너지가 증가한다. 따라서 B → C 과정에서 기체의 내부 에너지 증가량은 외부로부터 받은 일의 양과 같다.

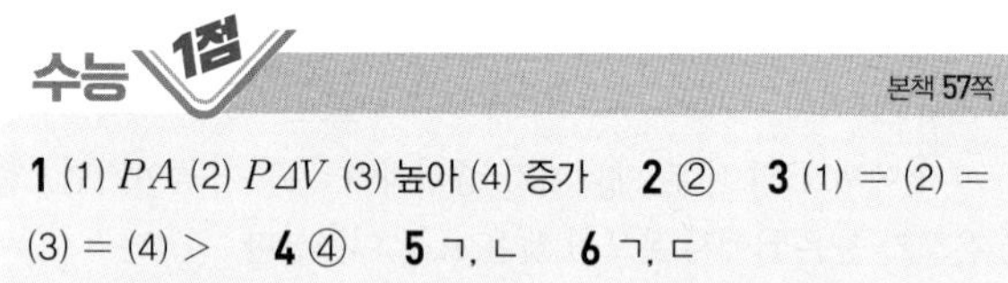
수능 1점 본책 57쪽

1 (1) PA (2) $P\Delta V$ (3) 높아 (4) 증가 2 ② 3 (1) = (2) = (3) = (4) > 4 ④ 5 ㄱ, ㄴ 6 ㄱ, ㄷ

1 (1) 기체가 피스톤을 미는 힘은 '압력×단면적'이므로 PA이다.
(2) 기체가 피스톤에 한 일 $W=Fs=PAs=P\Delta V$이다.
(3) 기체의 압력이 일정할 때 온도는 부피에 비례한다. 압력 P가 일정한 상태로 부피가 팽창하였으므로 기체의 온도는 높아진다.
(4) 기체의 온도가 높아졌으므로 기체의 내부 에너지는 증가한다. 기체의 내부 에너지는 기체 분자의 운동 에너지의 총합이므로 기체 분자의 평균 속력도 증가한다.

2 ①, ③ 기체의 압력과 부피가 모두 증가하였으므로 온도가 높아지고, 내부 에너지가 증가하였다.
④ 기체의 부피가 팽창하였으므로 외부에 일을 하였고, 기체의 온도가 높아져 내부 에너지도 증가하였다. 따라서 기체는 외부에 한 일과 기체의 내부 에너지 증가량의 합만큼 외부로부터 열을 흡수하였다.
⑤ 온도가 높을수록 분자의 평균 운동 에너지도 커진다.
바로알기 ② 압력-부피 그래프 아랫부분의 넓이는 기체가 외부에 한 일이다. 따라서 기체가 한 일은 $1.5PV$이다.

3 (1) A와 B는 열평형 상태이므로 온도가 같다.
(2) 피스톤이 정지해 있으므로 A와 B가 피스톤에 가하는 힘의 크기가 같다. 따라서 A와 B의 압력도 같다.
(3) 이상 기체의 온도가 같으면 분자의 평균 운동 에너지도 같다.
(4) 기체의 내부 에너지는 온도와 분자의 수에 비례한다. 기체의 온도가 같으므로 분자의 수가 큰 A의 내부 에너지가 B보다 크다.

4 ① A→B 과정은 등적 과정이므로 기체가 흡수한 열은 모두 기체의 내부 에너지 증가에 쓰인다.
② B→C 과정은 등압 과정으로 기체가 외부에 일을 하고, 기체의 내부 에너지도 증가한다.
③ C→D 과정은 등적 과정이지만 A→B 과정과 반대로 기체의 내부 에너지가 감소하고 기체가 외부로 열을 방출한다.
⑤ 기체가 한 순환 과정 동안 외부에 한 일은 사각형의 넓이 $2PV$이다.
바로알기 ④ D→A 과정에서 기체가 방출한 열은 외부로부터 받은 일과 기체의 내부 에너지 감소량의 합과 같다.

5 ㄱ. 기체가 등압 팽창하면 기체는 외부에 일을 하고, 기체의 내부 에너지도 증가한다. 따라서 기체는 내부 에너지 증가량과 외부에 한 일의 합만큼 열을 흡수한다.
ㄴ. $W=P\Delta V$일 때, 기체가 팽창하면 $\Delta V>0$이므로 $W>0$이다. 따라서 단열 팽창에서 기체는 외부에 일을 한다.
바로알기 ㄷ. 기체가 등압 팽창 할 때 온도는 높아지므로 $T_1>T_0$이고, 단열 팽창 할 때 온도는 낮아지므로 $T_0>T_2$이다. 따라서 $T_1>T_0>T_2$이다.

6 ㄱ. 기체의 온도가 일정할 때 압력은 부피에 반비례한다. 따라서 압축 후 기체의 부피가 $\frac{1}{2}V$이면 압력은 $2P$이다.
ㄷ. 기체를 압축하는 과정은 등온 과정으로 기체의 내부 에너지 변화량이 0이다. 따라서 $Q=W$에 따라 기체가 받은 일만큼 열을 방출한다.
바로알기 ㄴ. 기체 분자의 평균 운동 에너지는 기체의 절대 온도에 비례한다. 기체를 압축하는 과정에서 온도 변화가 없으므로 기체 분자의 평균 운동 에너지도 변화가 없다.

수능 2점 본책 58쪽~59쪽

1 ① 2 ③ 3 ⑤ 4 ⑤ 5 ② 6 ⑤ 7 ③ 8 ②

1 기체의 내부 에너지

자료 분석

이상 기체는 분자의 크기를 무시할 수 있으므로 절대 온도 0 K에서 부피가 0이다.

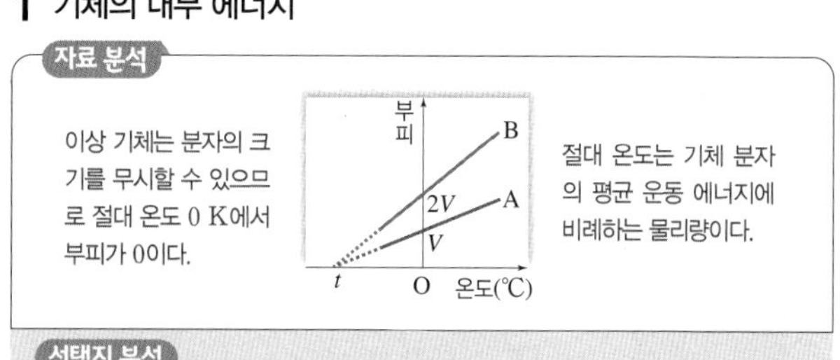

절대 온도는 기체 분자의 평균 운동 에너지에 비례하는 물리량이다.

선택지 분석

ㄱ t ℃는 절대 온도로 0 K이다.
✕ 0 ℃일 때, 기체 분자의 평균 운동 에너지는 B가 A보다 크다. → B와 A가 같다.
✕ 0 ℃일 때, 기체의 내부 에너지는 A와 B가 같다. → B가 A의 2배이다.

ㄱ. 이상 기체는 분자의 크기를 무시할 수 있으므로 절대 온도 0 K에서 부피가 0이 된다. 따라서 A, B의 부피가 0이 되는 t ℃는 절대 온도로 0 K이다.

바로알기 ㄴ. 기체 분자의 평균 운동 에너지는 절대 온도에 비례하므로 온도가 같으면 기체 분자의 평균 운동 에너지는 같다. 따라서 0 ℃일 때, 기체 분자의 평균 운동 에너지는 B와 A가 같다.
ㄷ. 이상 기체의 내부 에너지는 기체 분자의 수와 절대 온도에 비례한다. B는 A보다 기체 분자의 수가 2배이고, 절대 온도가 같으므로 기체의 내부 에너지는 2배이다.

2 열역학 제1법칙

자료 분석

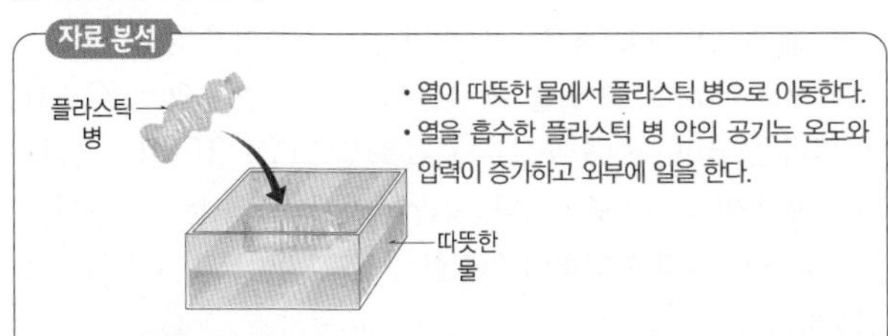

플라스틱 병
따뜻한 물
• 열이 따뜻한 물에서 플라스틱 병으로 이동한다.
• 열을 흡수한 플라스틱 병 안의 공기는 온도와 압력이 증가하고 외부에 일을 한다.

선택지 분석

① 외부에 일을 하였다.
② 온도가 상승하였다.
~~③~~ 압력이 감소하였다. 같거나 증가하였다.
④ 내부 에너지가 증가하였다.
⑤ 열을 흡수하였다.

① 찌그러진 플라스틱 병을 원래 모양으로 돌아가게 하면서 플라스틱 병 안의 공기가 팽창하였으므로, 플라스틱 병 안의 공기는 외부에 일을 하였다.
② 플라스틱 병 안 공기의 압력은 대기압보다 높거나 최소한 대기압과 같은 압력을 유지하면서 팽창한다. 일정량의 공기의 압력이 일정한 상태로 부피가 팽창하는 경우는 공기의 온도가 상승한 경우이다.
④ 공기의 온도가 상승하였으므로 내부 에너지가 증가하였다.
⑤ 플라스틱 병 안 공기는 따뜻한 물로부터 열을 흡수하였다.
바로알기 ③ 따뜻한 물로부터 열을 흡수한 플라스틱 병 안 공기는 분자 운동이 활발해져 압력이 증가하고 외부에 일을 한다. 대기압과 평형을 유지하면서 팽창한다고 하더라도 압력이 감소한 것은 아니다.

3 열역학 과정

자료 분석

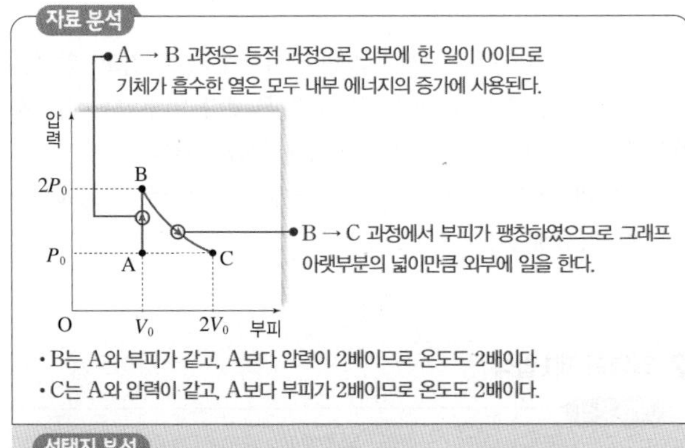

A → B 과정은 등적 과정으로 외부에 한 일이 0이므로 기체가 흡수한 열은 모두 내부 에너지의 증가에 사용된다.
압력
$2P_0$
P_0
B
A
C
O
V_0
$2V_0$
부피
B → C 과정에서 부피가 팽창하였으므로 그래프 아랫부분의 넓이만큼 외부에 일을 한다.
• B는 A와 부피가 같고, A보다 압력이 2배이므로 온도도 2배이다.
• C는 A와 압력이 같고, A보다 부피가 2배이므로 온도도 2배이다.

선택지 분석

ㄱ A → B 과정에서 기체는 열을 흡수한다.
ㄴ B → C 과정에서 기체는 외부에 일을 한다.
ㄷ 기체의 내부 에너지는 C에서가 A에서보다 크다.

ㄱ. A → B 과정에서 기체의 부피가 일정하고 압력이 증가하여 기체의 온도가 높아지므로 기체는 열을 흡수한다.
ㄴ. B → C 과정에서 기체의 부피가 팽창하였으므로 기체는 그래프 아랫부분의 넓이만큼 외부에 일을 한다.
ㄷ. C에서 기체의 압력은 A에서와 같고, 부피는 A에서보다 2배이므로 온도는 C에서가 A에서보다 높다. 기체의 내부 에너지는 절대 온도에 비례하므로 기체의 내부 에너지도 C에서가 A에서보다 크다.

4 등압 과정

자료 분석

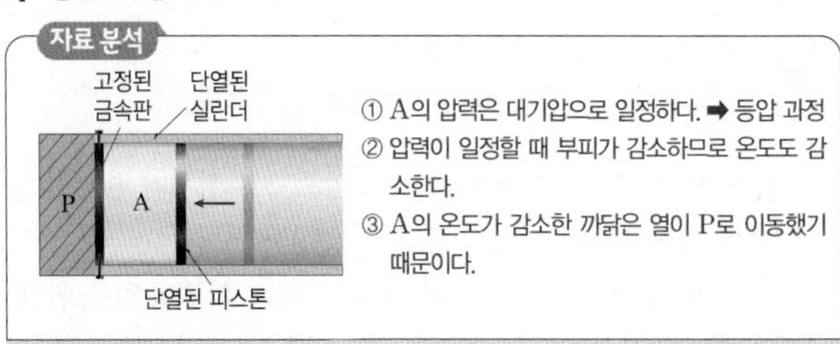

고정된 금속판
단열된 실린더
P
A
단열된 피스톤
① A의 압력은 대기압으로 일정하다. ➡ 등압 과정
② 압력이 일정할 때 부피가 감소하므로 온도도 감소한다.
③ A의 온도가 감소한 까닭은 열이 P로 이동했기 때문이다.

선택지 분석

~~ㄱ~~ P에서 A로 열이 이동한다. A에서 P로
ㄴ A는 외부로부터 일을 받는다.
ㄷ A의 내부 에너지는 감소한다.

ㄴ. A의 부피가 감소하였으므로 A는 외부로부터 일을 받는다.
ㄷ. 압력이 일정한 상태에서 A의 부피가 감소하였으므로 A의 온도는 낮아진다. 따라서 A의 내부 에너지는 감소한다.
바로알기 ㄱ. A가 외부로부터 일을 받지만 A에서 P로 열이 이동하기 때문에 A의 내부 에너지가 감소한다. 이때 P로 이동한 열은 A의 내부 에너지 감소량과 A가 외부로부터 받은 일의 합과 같다.

5 등압 과정과 열역학 제1법칙

자료 분석

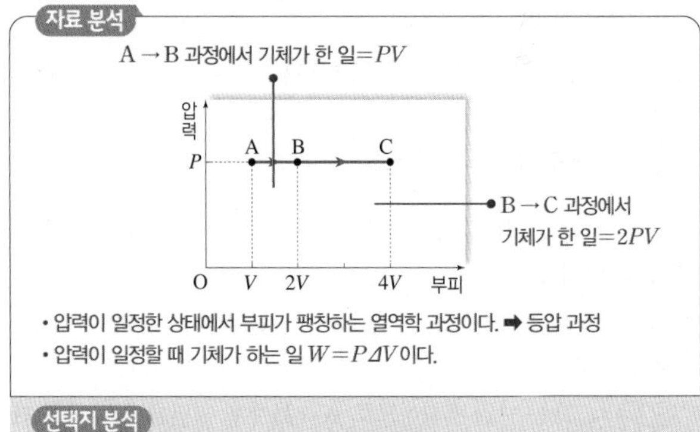

선택지 분석

~~ㄱ~~ 기체가 한 일은 A → B 과정에서와 B → C 과정에서가 같다. (가 / 보다 작다.)
ㄴ 기체의 온도는 C에서가 A에서보다 높다.
~~ㄷ~~ A → B 과정에서 기체의 내부 에너지 변화량은 Q와 같다. $Q-PV$

ㄴ. 압력이 일정할 때, 이상 기체의 온도는 부피에 비례한다. 따라서 기체의 온도는 C에서가 A에서보다 높다.
바로알기 ㄱ. 기체가 한 일은 압력-부피 그래프 아랫부분의 넓이와 같다. A→B 과정에서 그래프 아랫부분의 넓이가 B→C 과정에서보다 작으므로 기체가 한 일도 작다.
ㄷ. A → B 과정에서 기체가 흡수한 열량 Q는 내부 에너지 변화량과 외부에 한 일의 양을 더한 값이다. 따라서 기체의 내부 에너지 변화량은 Q에서 기체가 한 일을 뺀 값이다.

6 등적 과정과 등압 과정

자료 분석

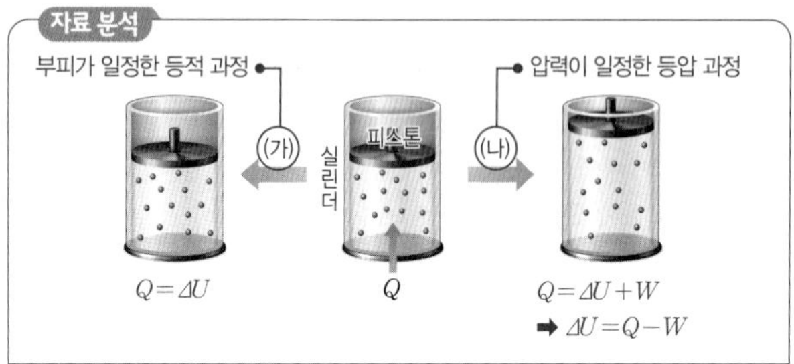

선택지 분석

ㄱ (가)에서 기체의 내부 에너지 증가량은 Q이다.
ㄴ (나)에서 기체는 외부에 일을 한다.
ㄷ 기체의 온도는 (가)에서가 (나)에서보다 더 높다.

ㄱ. (가)에서 기체가 외부에 일을 하지 않으므로 기체가 흡수한 열 Q는 모두 기체의 내부 에너지 증가에 쓰인다.
ㄴ. (나)에서 기체의 부피가 팽창하므로 기체는 외부에 일을 한다.
ㄷ. (가)에서는 기체가 흡수한 열 Q가 모두 기체의 내부 에너지 증가에 쓰이지만 (나)에서는 흡수한 열 Q 중에서 일부는 기체가 외부에 일을 하는 데 사용되고 나머지가 기체의 내부 에너지 증가에 사용된다. 따라서 기체의 내부 에너지는 (가)에서가 (나)에서보다 크게 증가하므로 온도도 (가)에서가 (나)에서보다 더 높다.

7 단열 과정

자료 분석

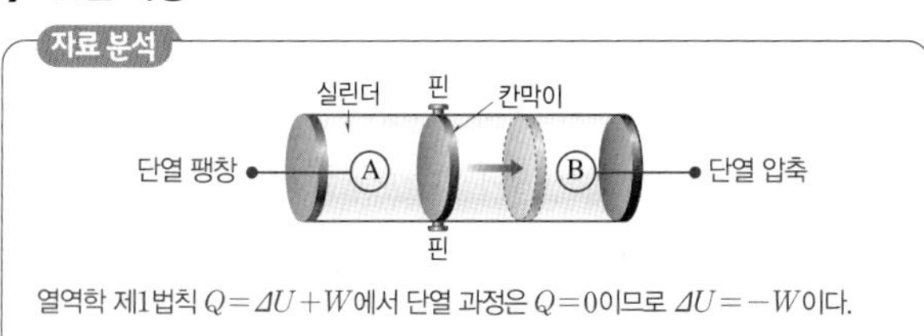

열역학 제1법칙 $Q=\Delta U+W$에서 단열 과정은 $Q=0$이므로 $\Delta U=-W$이다.

선택지 분석

ㄱ A는 단열 팽창, B는 단열 압축한다.
ㄴ ✕ A의 내부 에너지는 증가한다. 감소한다.
ㄷ B의 내부 에너지 증가량은 A가 B에 한 일과 같다.

ㄱ. 칸막이와 실린더를 통한 열의 이동이 없으므로 A는 단열 팽창, B는 단열 압축한다.
ㄷ. B는 단열 압축하므로 A가 B에 한 일만큼 B의 내부 에너지가 증가한다.

바로알기 ㄴ. A는 단열 팽창하므로 A가 B에 한 일만큼 A의 내부 에너지는 감소한다.

8 열역학 과정

자료 분석

피스톤과 모래의 무게에 의한 압력+대기압과 실린더 내부 이상 기체의 압력이 평형을 이루는 상태에서 피스톤이 멈추어 있다.

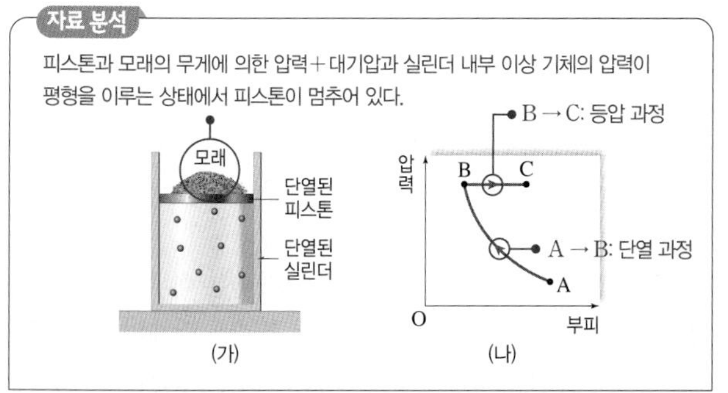

선택지 분석

ㄱ ✕ A→B 과정에서 기체의 온도는 변하지 않는다. 높아진다.
ㄴ ✕ B→C 과정에서 모래의 양을 감소시킨다. 은 일정하다.
ㄷ B→C 과정에서 기체는 열을 흡수한다.

ㄷ. B→C 과정은 압력이 일정하고 부피가 팽창하는 등압 팽창 과정이다. 등압 팽창 과정에서 기체는 외부에 일을 하고, 내부 에너지도 증가한다. 따라서 기체는 외부에 한 일과 내부 에너지 증가량의 합만큼 열을 흡수한다.

바로알기 ㄱ. A→B 과정은 단열 과정이고, 부피가 감소하였으므로 기체는 외부로부터 일을 받는다. 열역학 제1법칙 $Q=\Delta U+W$에 따라 $Q=0$이고, 외부로부터 일을 받으므로 ($W<0$) 기체의 내부 에너지(ΔU)는 증가한다. 따라서 기체의 온도는 높아진다.
ㄴ. B→C 과정은 압력이 일정한 등압 과정이므로 모래의 양은 일정하다.

수능 3점

본책 60쪽~61쪽

1 ①　2 ⑤　3 ⑤　4 ①　5 ②　6 ④　7 ③　8 ③

1 기체의 내부 에너지

자료 분석

선택지 분석

ㄱ ✕ (나)에서 기체의 절대 온도는 T_0이다. $2T_0$
ㄴ 기체 분자의 평균 운동 에너지는 (나)가 (가)의 2배이다.
ㄷ ✕ 기체의 내부 에너지는 (나)가 (가)의 4배이다. 2배

ㄴ. 기체 분자의 평균 운동 에너지는 절대 온도에 비례한다. 기체의 절대 온도는 (나)가 (가)의 2배이므로 기체 분자의 평균 운동 에너지도 (나)가 (가)의 2배이다.

바로알기 ㄱ. (가)와 (나)에서 기체의 부피가 V_0으로 같고, 압력은 (나)에서가 $2P_0$으로 (가)에서의 압력 P_0보다 2배이다. 따라서 (나)에서 기체의 온도는 (가)에서의 2배인 $2T_0$이다.
ㄷ. 기체의 내부 에너지는 절대 온도에 비례하므로, (나)에서가 (가)에서의 2배이다.

2 열역학 제1법칙

자료 분석

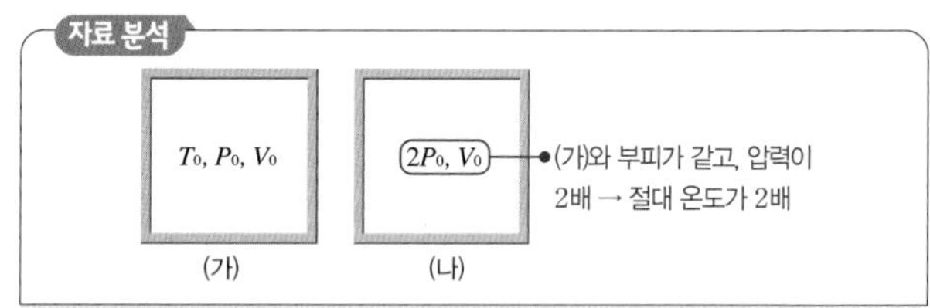
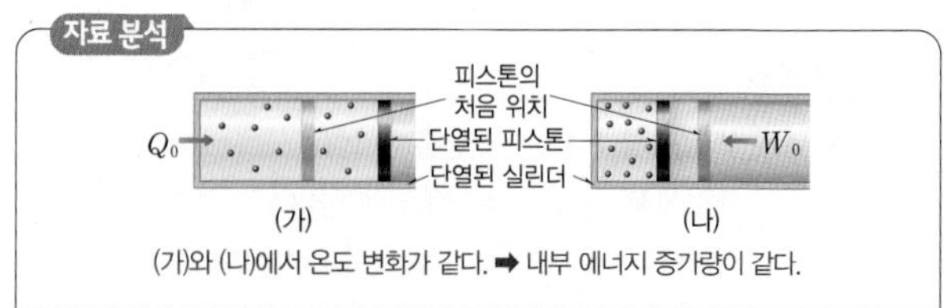

(가)와 (나)에서 온도 변화가 같다. ➡ 내부 에너지 증가량이 같다.

선택지 분석

ㄱ $T_2 > T_1$이다.

ㄴ (나)의 기체가 받은 W_0은 모두 내부 에너지 변화에 사용되었다.

ㄷ (가)의 기체가 Q_0을 흡수하는 동안 외부에 한 일은 $Q_0 - W_0$이다.

ㄱ. (가)에서 기체는 열량 Q_0을 받아 압력을 일정하게 유지하며 부피가 증가하므로 온도도 높아진다. 따라서 $T_2 > T_1$이다.

ㄴ. (나)에서 기체는 단열 압축이 일어나므로 기체가 받은 일 W_0은 모두 내부 에너지 증가에 사용되었다.

ㄷ. (가)와 (나)에서 기체의 처음 온도와 나중 온도가 같으므로 내부 에너지 변화량이 같다. (나)에서 기체의 내부 에너지 증가량이 W_0이므로 (가)에서 기체의 내부 에너지 증가량도 W_0이다. (가)의 기체가 Q_0을 흡수하는 동안 외부에 한 일은 공급받은 열 Q_0에서 내부 에너지 증가량을 뺀 값이므로 (가)에서 기체가 외부에 한 일 $W = Q - \varDelta U = Q_0 - W_0$이다.

3 등온 과정과 등적 과정

자료 분석

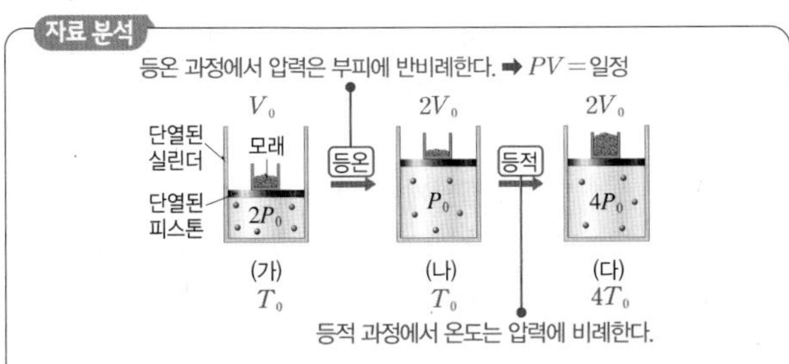

선택지 분석

ㄱ 기체의 부피는 (나)에서가 (가)에서의 2배이다.

ㄴ 기체의 내부 에너지는 (다)에서가 (나)에서의 4배이다.

ㄷ (나) → (다) 과정에서 기체가 흡수한 열은 모두 기체의 내부 에너지로 전환되었다.

ㄱ. (가)→(나) 과정은 온도가 일정한 등온 과정이므로 기체의 부피는 압력에 반비례한다. (나)의 압력이 (가)의 $\frac{1}{2}$배이므로 기체의 부피는 (나)에서가 (가)에서의 2배이다.

ㄴ. (나)→(다) 과정은 부피가 일정한 등적 과정이므로 기체의 절대 온도는 압력에 비례하고, 이상 기체의 내부 에너지는 절대 온도에 비례한다. 따라서 기체의 압력이 (다)에서가 (나)에서의 4배이면 기체의 내부 에너지도 (다)에서가 (나)에서의 4배이다.

ㄷ. (나) → (다) 과정에서 기체의 부피가 일정하므로 기체가 외부에 일을 하지 않는다($W=0$). 따라서 열역학 제1법칙에 따라 기체가 흡수한 열(Q)은 모두 기체의 내부 에너지($\varDelta U$)로 전환되었다.

4 등압 과정과 단열 과정

자료 분석

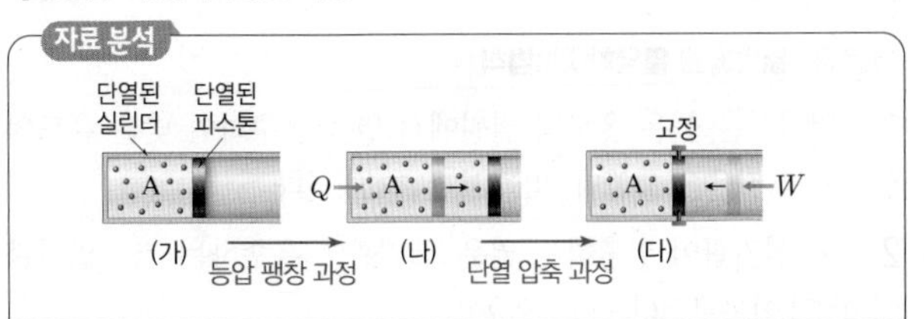

선택지 분석

ㄱ A의 온도는 (가)에서가 (다)에서보다 낮다.

✕ (나) → (다) 과정에서 A의 압력은 일정하다. 증가한다.

✕ (가) → (나) 과정에서 A가 한 일은 (나) → (다) 과정에서 A의 내부 에너지 변화량과 같다. 보다 작다.

ㄱ. A는 (가)→(나) 과정에서 열량 Q를 받아 등압 팽창하면서 외부에 일을 하고, 내부 에너지가 증가하여 온도가 높아진다. (나)→(다) 과정에서 A는 단열 압축되어 내부 에너지가 증가하므로 온도가 더 높아진다. 따라서 A의 온도는 (다)에서 가장 높다.

바로알기 ㄴ. (나)→(다) 과정은 단열 압축 과정이므로 A의 부피는 감소하고 압력은 증가한다.

ㄷ. 기체가 (가)→(나)→(다) 과정을 따라 변할 때 A의 압력과 부피를 나타내면 다음과 같다.

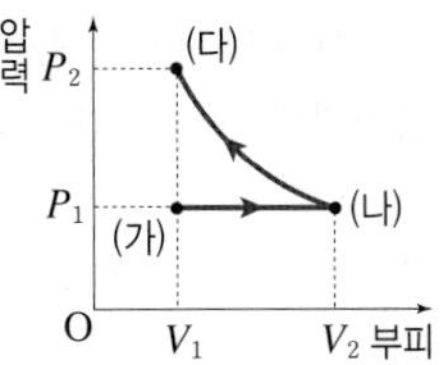

(가) → (나) 과정에서 A가 한 일은 $P_1(V_2 - V_1)$이다. (나) → (다) 과정에서 A의 내부 에너지 변화량은 A가 받은 일과 같으므로 (나) → (다) 과정 그래프 아랫부분의 넓이와 같고, $P_1(V_2 - V_1)$보다 크다. 따라서 (가) → (나) 과정에서 A가 한 일은 (나) → (다) 과정에서 A의 내부 에너지 변화량보다 작다.

5 열역학 제1법칙

자료 분석

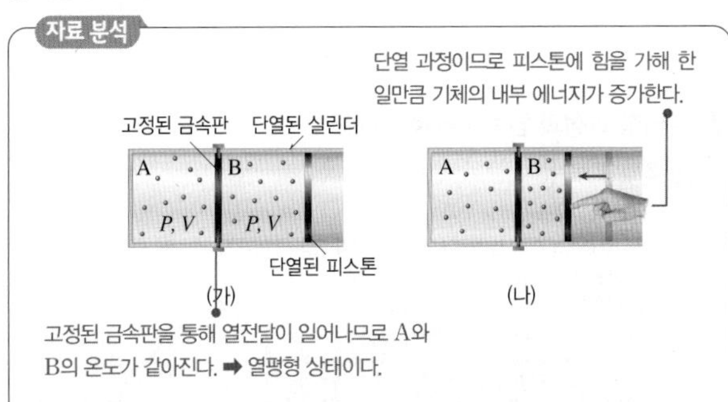

단열 과정이므로 피스톤에 힘을 가해 한 일만큼 기체의 내부 에너지가 증가한다.
고정된 금속판
단열된 실린더
A
B
P, V
P, V
단열된 피스톤
(가)
(나)
고정된 금속판을 통해 열전달이 일어나므로 A와 B의 온도가 같아진다. ➡ 열평형 상태이다.

선택지 분석

✕ A의 온도는 (가)에서가 (나)에서보다 높다. 낮다.

ㄴ (나)에서 기체의 압력은 A가 B보다 작다.

✕ (가) → (나) 과정에서 B가 받은 일은 B의 내부 에너지 증가량과 같다. A의 내부 에너지 증가량+B의 내부 에너지 증가량

ㄴ. (나)에서 A와 B는 열평형 상태이므로 온도가 같다. 기체의 온도가 일정할 때, 압력은 부피에 반비례한다. 기체의 부피는 A가 B보다 크므로 압력은 A가 B보다 작다.

바로알기 ㄱ. (나)에서 B는 단열 압축이 일어나므로 열역학 제1법칙 $Q = \varDelta U + W$에서 $Q=0$이고, B의 부피가 감소하므로($W<0$) 내부 에너지는 증가한다. 따라서 B의 온도는 높아진다. A와 B를 막고 있는 금속판은 열을 전달하므로 A의 온도도 (가)에서가 (나)에서보다 낮다.

ㄷ. (가) → (나) 과정에서 B가 외부로부터 일을 받아 A와 B의 온도가 높아졌다. 따라서 B가 받은 일은 A의 내부 에너지 증가량과 B의 내부 에너지 증가량의 합과 같다.

6 열역학 과정과 열역학 제1법칙

자료 분석

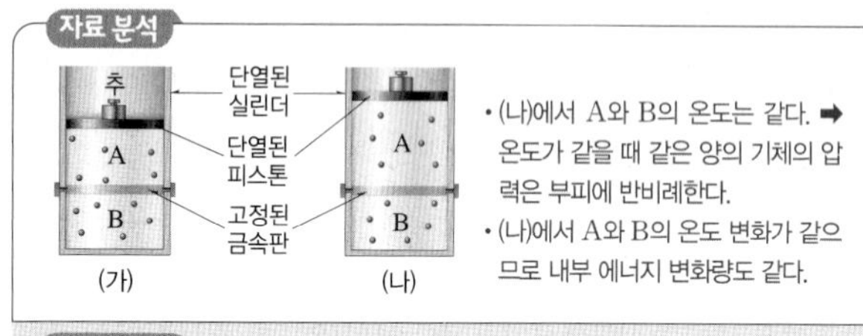

추
A
B
단열된 실린더
단열된 피스톤
고정된 금속판
(가)
(나)
• (나)에서 A와 B의 온도는 같다. ➡ 온도가 같을 때 같은 양의 기체의 압력은 부피에 반비례한다.
• (나)에서 A와 B의 온도 변화가 같으므로 내부 에너지 변화량도 같다.

선택지 분석

㉠ (나)에서 기체의 압력은 A가 B보다 작다.

✕ (나)에서 기체의 내부 에너지는 A가 B보다 크다. A와 B가 같다.

㉢ (가)에서 (나)로 되는 과정에서 A가 흡수한 열량은 $\frac{1}{2}Q$ 보다 크다.

ㄱ. A의 압력은 대기압과 추에 의한 압력과 평형을 이루므로 (가)와 (나)에서 같다. (나)에서 B의 온도는 높아졌으나 부피의 변화가 없으므로 압력이 증가한다. 따라서 (나)에서 기체의 압력은 A가 B보다 작다.

ㄷ. (가)에서 (나)로 되는 과정에서 A와 B의 온도 변화가 같으므로 내부 에너지 변화량($\varDelta U$)이 같고, A는 부피가 팽창하면서 외부에 일(W)을 한다. (가)에서 (나)로 되는 과정에서 B에 가해진 열량 $Q=2\varDelta U+W$이고, A가 흡수한 열량 $Q_A=\varDelta U+W$이므로 $\frac{1}{2}Q=\varDelta U+\frac{1}{2}W$보다 크다.

바로알기 ㄴ. (나)에서 A와 B의 온도가 같고, 같은 양의 기체이기 때문에 내부 에너지도 같다.

7 열역학 과정과 압력 - 부피 그래프

자료 분석

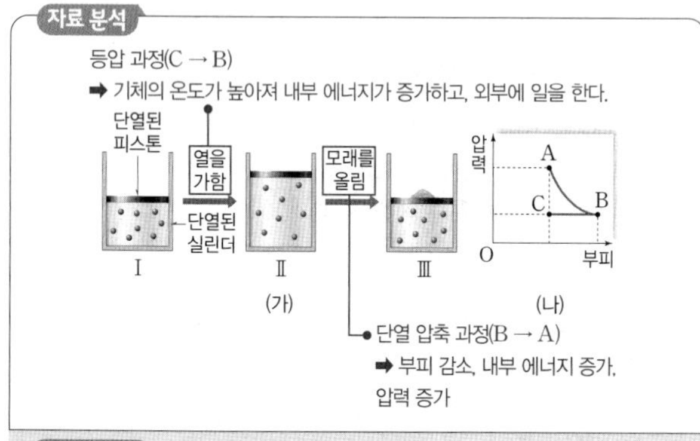

선택지 분석

㉠ Ⅰ → Ⅱ 과정에서 기체는 외부에 일을 한다.

㉡ 기체의 온도는 Ⅲ에서가 Ⅰ에서보다 높다.

✕ Ⅱ → Ⅲ 과정은 B → C 과정에 해당한다. B → A

ㄱ. Ⅰ → Ⅱ 과정에서 기체의 부피가 팽창하므로 기체는 외부에 일을 한다.

ㄴ. Ⅰ과 Ⅲ에서 기체의 부피는 같고, Ⅱ→Ⅲ 과정에서 단열 압축하여 기체의 압력은 Ⅲ에서가 Ⅰ에서보다 크다. 따라서 기체의 온도는 Ⅲ에서가 Ⅰ에서보다 높다.

바로알기 ㄷ. Ⅱ → Ⅲ 과정은 단열된 실린더에서 기체의 압력이 증가하고 부피가 감소하므로 단열 압축 과정이다. 따라서 B → A 과정에 해당한다.

8 열역학 과정과 온도 - 시간 그래프

자료 분석

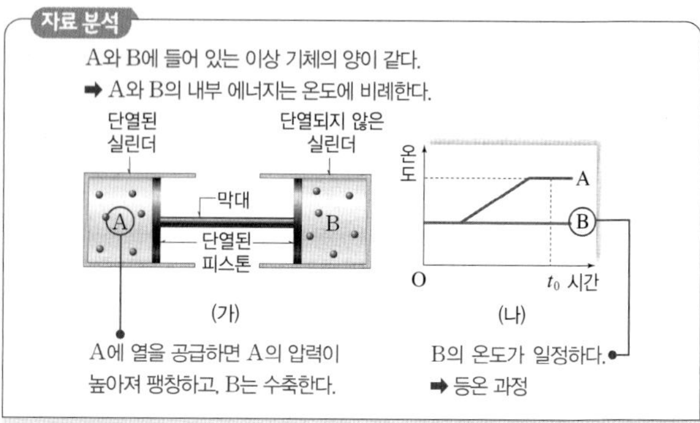

선택지 분석

㉠ t_0일 때, 내부 에너지는 A가 B보다 크다.

✕ t_0일 때, 부피는 B가 A보다 크다. A가 B보다

㉢ A의 온도가 높아지는 동안 B는 열을 방출한다.

ㄱ. A와 B의 양이 같기 때문에 이상 기체의 내부 에너지는 절대 온도에 비례한다. t_0일 때, A의 온도가 B보다 높으므로 내부 에너지는 A가 B보다 크다.

ㄷ. A의 온도가 높아지면서 A는 팽창하고 B는 수축하므로 A가 B에게 일을 한다. B의 온도는 일정하게 유지되므로 B의 내부 에너지 변화량은 0이다. 따라서 B는 받은 일만큼 외부로 열을 방출한다.

바로알기 ㄴ. A가 열을 공급받기 전 A와 B의 온도, 압력, 기체의 양이 같으므로 부피가 같다. A가 열을 공급받기 시작하여 t_0일 때까지 A는 팽창하고 B는 수축하므로 부피는 A가 B보다 크다.

06 열역학 제2법칙

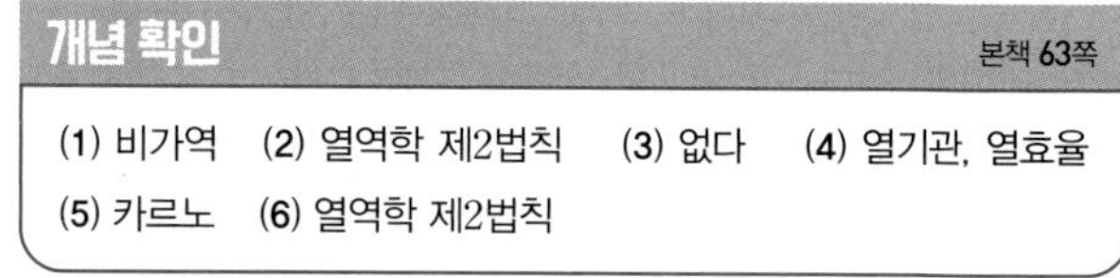

개념 확인 본책 63쪽

(1) 비가역 (2) 열역학 제2법칙 (3) 없다 (4) 열기관, 열효율
(5) 카르노 (6) 열역학 제2법칙

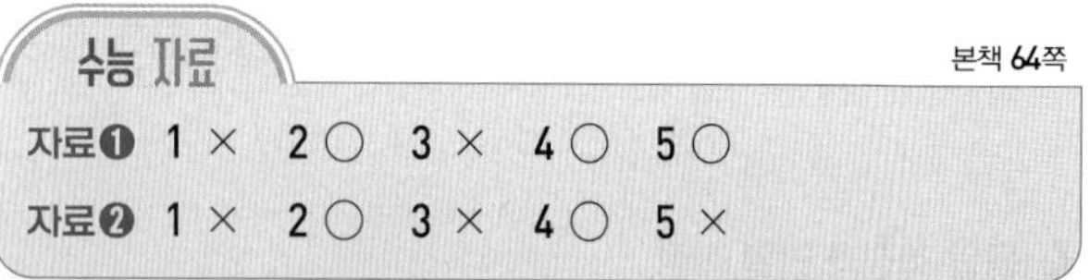

수능 자료 본책 64쪽

자료❶ 1 × 2 ○ 3 × 4 ○ 5 ○
자료❷ 1 × 2 ○ 3 × 4 ○ 5 ×

자료❶ 열효율과 열역학 제2법칙

1 열기관은 높은 온도의 열원에서 열을 흡수하여 낮은 온도의 열원으로 열을 방출한다. 따라서 $T_1>T_2$이다.

2 이 열기관이 방출하는 열은 '열기관이 흡수하는 열 − 열기관이 한 일'이므로 $3Q-Q=2Q$이다.

3 열기관의 열효율은 $\frac{\text{열기관이 한 일}}{\text{열기관이 흡수한 열}}$이므로, 이 열기관의 열효율 $e=\frac{Q}{3Q}=\frac{1}{3}$이다.

4 열효율이 가장 높은 이상적인 열기관은 카르노 기관이다. 카르노 기관의 열효율은 $1-\frac{T_2}{T_1}$이므로 이 열기관의 이상적인 최대 열효율은 $1-\frac{T_2}{T_1}$이다.

5 열역학 제2법칙에 따라 일은 모두 열에너지로 전환될 수 있지만, 열에너지는 모두 일로 전환될 수 없다. 따라서 열효율이 1인 열기관은 만들 수 없다.

자료❷ 열기관이 한 일과 열효율

1 A → B 과정은 등압 팽창 과정으로 기체는 외부로부터 열을 흡수하여 외부에 일을 하고, 기체의 내부 에너지도 증가한다.

2 B → C 과정에서 기체의 부피가 팽창하므로 기체는 외부에 일을 한다. 이때, 열의 출입이 없으므로 기체는 단열 팽창하여 기체의 내부 에너지가 감소한 만큼 외부에 일을 한다.

3 C → D 과정은 등압 수축 과정으로 등압 팽창 과정과는 반대로 기체가 외부로부터 받은 일과 내부 에너지 감소량만큼의 열을 외부로 방출한다.

4 이 열기관은 A → B 과정에서 ㉠ J의 열량(Q_1)을 흡수하고, C → D 과정에서 140 J의 열량(Q_2)을 방출한다. $e=1-\frac{Q_2}{Q_1}$이므로 $1-\frac{140\text{ J}}{㉠\text{ J}}=0.3$에서 ㉠은 200이다.

5 이 열기관이 흡수한 열량은 200 J이고, 방출한 열량은 140 J이므로 열기관이 한 일 $W=Q_1-Q_2$에서 200 J−140 J=60 J이다.

본책 64쪽

1 (1) 열에너지 (2) 비가역 과정 **2** ④ **3** 0.4 **4** (1) A (2) C (3) A, B (4) 일

1 (1) 빗면 위에 있던 물체의 중력 퍼텐셜 에너지는 빗면을 미끄러져 내려오며 운동 에너지로 전환되고, 물체가 운동하는 동안 마찰 때문에 운동 에너지가 열에너지로 전환되어 정지한다.
(2) 수평면에 정지해 있던 물체가 다시 스스로 빗면 위로 올라갈 수 없으므로 이 물체의 운동은 비가역 과정이다.

2 ①, ③ 대부분의 자연 현상은 비가역 과정이고, 비가역 과정은 무질서한 정도가 증가하는 방향으로 진행한다.
② 역학적 에너지는 모두 열에너지로 전환될 수 있지만 열에너지는 모두 역학적 에너지로 전환될 수 없다. 따라서 열효율이 100 %인 열기관은 만들 수 없다.
⑤ 온도가 다른 두 물체가 접촉되어 있을 때 열은 스스로 고온에서 저온으로 이동하여 두 물체의 온도가 같아지는 열평형 상태가 된다.

바로알기 ④ 열은 외부의 도움 없이 스스로 저온의 물체에서 고온의 물체로 이동할 수 없기 때문에 열에너지가 모두 역학적 에너지로 전환되는 것은 불가능하다.

3 $\text{열효율}=\frac{\text{흡수한 열}-\text{방출한 열}}{\text{흡수한 열}}=\frac{Q-0.6Q}{Q}=\frac{0.4Q}{Q}=0.4$

4 (1) A는 등온 팽창 과정이므로 기체의 내부 에너지는 변하지 않고 기체가 외부에 일을 한다. 따라서 기체가 외부에 한 일만큼 열을 흡수한다. 단열 과정은 열을 흡수하거나 방출하지 않는다.
(2) C는 등온 수축 과정이므로 기체가 외부로부터 받은 일만큼 열을 방출한다.
(3) 기체가 외부에 일을 하는 과정은 기체의 부피가 팽창하는 과정이므로 A, B이다. B는 단열 팽창 과정으로 열의 이동이 없으므로 내부 에너지가 감소하며 외부에 일을 한다.
(4) 열기관의 순환 과정에서 그래프로 둘러싸인 부분의 넓이는 외부에 한 일에서 외부로부터 받은 일을 뺀 값이므로 한 순환 과정에서 열기관이 한 일에 해당한다.

본책 65쪽~66쪽

1 ③ **2** ⑤ **3** ⑤ **4** ③ **5** ② **6** ④ **7** ② **8** ⑤

1 비가역 과정

자료 분석

처음 상태에서 A의 온도가 B의 온도보다 높다.
➡ A 분자의 평균 운동 에너지가 B보다 크고, 압력도 크다.

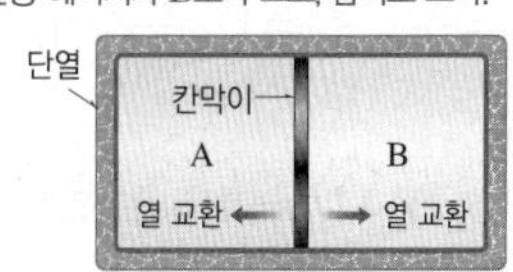

선택지 분석

① 처음 상태에서 A 분자의 평균 운동 에너지는 B 분자의 평균 운동 에너지보다 크다.
② 처음 상태에서 A의 압력은 B의 압력보다 높다.
~~③~~ 열 교환 과정에서 A와 B의 전체 에너지는 보존되지 않는다. (보존된다.)
④ A의 온도가 올라가고 B의 온도가 내려가는 일은 스스로 일어나지 않는다.
⑤ 이 과정은 비가역 과정이다.

① 분자의 평균 운동 에너지는 절대 온도에 비례하므로 처음 상태에서 A 분자의 평균 운동 에너지는 B 분자보다 크다.
② 기체의 양과 부피가 같으므로 압력은 온도에 비례한다. 따라서 처음 상태에서 온도가 높은 A의 압력이 B의 압력보다 높다.
④, ⑤ 열은 스스로 온도가 높은 곳에서 낮은 곳으로 이동하고 그 반대 방향으로는 스스로 이동하지 않는다. 따라서 A의 온도가 올라가고 B의 온도가 내려가는 현상은 스스로 일어날 수 없다. 이러한 과정을 비가역 과정이라고 한다.

바로알기 ③ A와 B가 외부와 고립되어 있으므로 열역학 제1법칙에 따라 A와 B 전체의 에너지는 항상 보존된다.

2 열역학 제2법칙

자료 분석

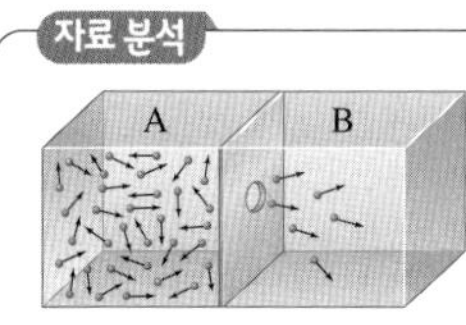

A에서 B로 기체가 확산된 후 B에 있던 기체가 모두 A로 몰려들어 처음 상태로 되돌아가는 일은 일어나지 않는다.
→ 자연 현상의 비가역성을 설명하는 열역학 제2법칙과 관련된 현상이다.

선택지 분석

㉠ 열효율이 100 %인 열기관은 만들 수 없다.
㉡ 찬물 속에 뜨거운 금속 덩어리를 넣으면 미지근한 물이 된다.
㉢ 물이 들어 있는 컵에 잉크를 떨어뜨리면 잉크 분자는 점점 주위로 확산되어 퍼져 나간다.

ㄱ. 열은 스스로 고온에서 저온으로 이동하기 때문에 일을 하는 과정에서 열이 주변의 낮은 온도로 이동하는 것을 막을 수 없다. 따라서 공급받은 열을 100 % 일을 하는 데 사용하는 열기관은 만들 수 없다.
ㄴ. 찬물 속에 뜨거운 금속 덩어리를 넣으면 미지근한 물이 되지만 스스로 처음 상태로 되돌아가는 일은 일어나지 않는다.
ㄷ. 확산된 잉크 분자가 다시 처음 상태로 뭉치는 일은 스스로 일어나지 않는다.

3 열기관과 열효율

선택지 분석

㉠ $\frac{Q_2}{Q_1}$가 작을수록 열효율은 높다.
㉡ $Q_2=W$이면 열효율은 50 %이다.
㉢ $Q_1=W$이면 열역학 제2법칙에 위배된다.

ㄱ. 열효율 $e=\frac{W}{Q_1}=\frac{Q_1-Q_2}{Q_1}=1-\frac{Q_2}{Q_1}$이다. 따라서 $\frac{Q_2}{Q_1}$가 작을수록 열효율이 높다.
ㄴ. $Q_2=W$이면 $Q_1=W+Q_2=2W$이므로 열효율은 50 %이다.
ㄷ. $Q_1=W$이면 $Q_2=0$이 되어 저열원으로 방출한 열이 없게 된다. 따라서 열은 고열원에서 저열원으로 스스로 이동한다는 열역학 제2법칙에 위배된다.

4 열기관의 열효율

자료 분석

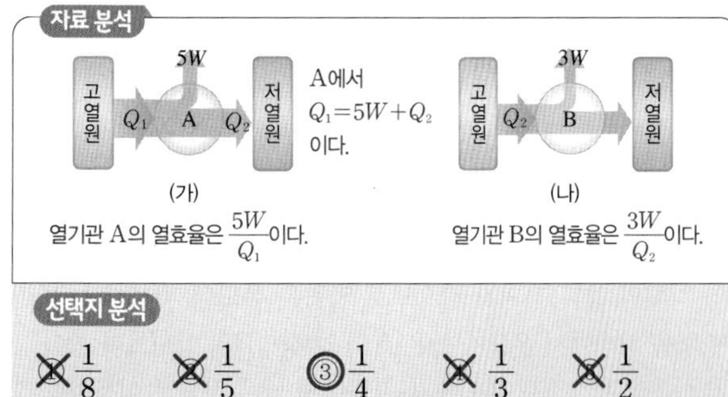

선택지 분석

✕ $\frac{1}{8}$ ✕ $\frac{1}{5}$ ③ $\frac{1}{4}$ ✕ $\frac{1}{3}$ ✕ $\frac{1}{2}$

열기관 B의 열효율$=\frac{3W}{Q_2}=0.2$이므로 $Q_2=15W$이고, 열기관 A에서 $Q_1=5W+Q_2$이므로 $Q_1=5W+15W=20W$이다. 따라서 열기관 A의 열효율$=\frac{5W}{Q_1}=\frac{5W}{20W}=\frac{1}{4}$이다.

5 열기관과 열효율

자료 분석

(가)는 추가 낙하하면서 회전 날개를 돌려 물과의 마찰에 의해 열이 발생하므로 일과 열의 관계를 알아보는 장치이다.

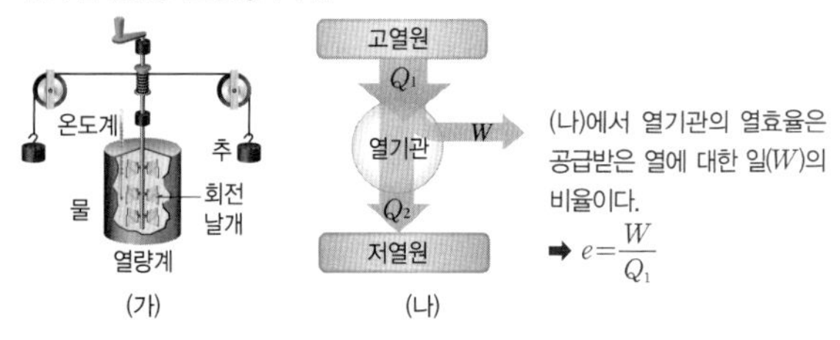

선택지 분석

✕ (가)에서 열이 모두 일로 전환된다. (열 → 일, 일 → 열)
㉡ (나)에서 열기관의 열효율은 $\frac{W}{Q_1}$이다.
✕ (나)에서 $Q_2=0$인 열기관을 만들 수 있다. 없다.

ㄴ. 열효율은 공급받은 열에 대한 일의 비율이므로 $\frac{W}{Q_1}$이다.

바로알기 ㄱ. (가)는 일이 열로 전환되는 장치이다. 일은 모두 열로 전환될 수 있지만, 열은 모두 일로 전환되지 않는다.
ㄷ. (나)에서 $Q_2=0$인 열기관은 열효율이 100 %인 제2종 영구 기관이므로 열역학 제2법칙에 위배되어 만들 수 없다.

6 열기관과 열효율

자료 분석

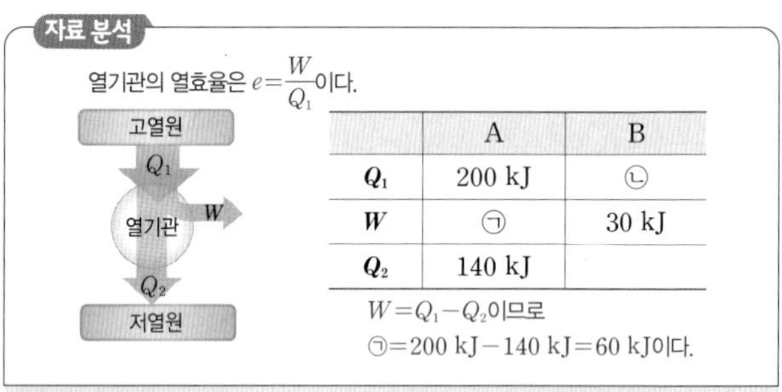

	A	B
Q_1	200 kJ	㉡
W	㉠	30 kJ
Q_2	140 kJ	

$W=Q_1-Q_2$이므로 ㉠$=200$ kJ-140 kJ$=60$ kJ이다.

선택지 분석

✕ 1 : 1 ✕ 1 : 6 ✕ 3 : 1 ④ 3 : 10 ✕ 10 : 3

$W=Q_1-Q_2$이므로 ㉠은 200 kJ－140 kJ＝60 kJ이다. 열효율이 e일 때 $Q_1=\frac{W}{e}$이고, 열기관의 열효율은 A가 B의 2배이므로 B의 Q_1인 ㉡은 A의 Q_1과 같은 200 kJ이다. 따라서 ㉠ : ㉡ ＝60 kJ : 200 kJ＝3 : 10이다.

7 카르노 기관의 순환 과정

자료 분석

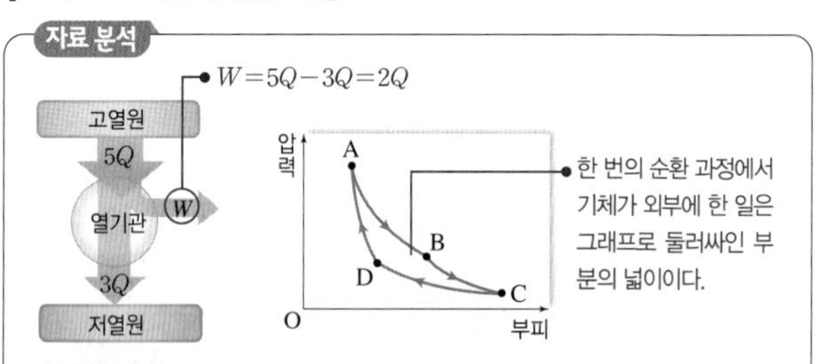

선택지 분석

✕ A → B → C 과정에서 기체가 외부에 한 일은 W이다. 보다 크다.
㉡ C → D 과정에서 기체가 방출한 열량은 $3Q$이다.
✕ 열기관의 열효율은 60 %이다. 40 %

ㄴ. A→B 과정은 등온 과정이므로 기체가 $5Q$의 열을 흡수하여 내부 에너지의 변화 없이 외부에 일을 하고, C→D 과정도 역시 내부 에너지의 변화 없이 $3Q$의 열을 방출한다. B→C 과정과 D→A 과정은 단열 과정이므로 열의 출입이 없다.

바로알기 ㄱ. 열기관이 한 일 W는 한 번의 순환 과정에서 기체가 외부에 한 일에서 외부로부터 받은 일을 뺀 값이므로 그래프로 둘러싸인 부분의 넓이이다. 따라서 A→B→C 과정에서 기체가 외부에 한 일은 W보다 크다.

ㄷ. 열기관의 열효율$=\dfrac{5Q-3Q}{5Q}\times 100=40\ \%$이다.

8 영구 기관과 열역학 법칙

선택지 분석

㉠ ⓐ는 에너지 보존 법칙에 위배된다.
㉡ ⓑ는 열효율이 100 %인 기관이다.
㉢ 영구 기관을 만드는 것은 불가능하다.

ㄱ. 일을 하기 위해서는 에너지가 필요하다. 에너지 공급 없이 계속 일을 하는 제1종 영구 기관은 에너지 보존 법칙에 위배되므로 제작할 수 없다.

ㄴ. 제2종 영구 기관은 공급받은 에너지를 모두 일로 바꾸는 열효율이 100 %인 열기관이다.

ㄷ. 에너지 공급 없이 일을 하거나 공급받은 열을 모두 일로 전환하는 영구 기관은 열역학 법칙에 위배되므로 제작이 불가능하다.

본책 67쪽

1 ③　2 ③　3 ④　4 ④

1 비가역 과정에서 열역학 법칙

자료 분석

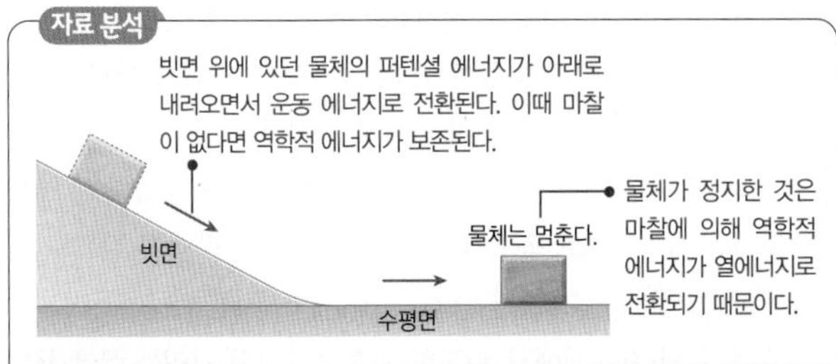

빗면 위에 있던 물체의 퍼텐셜 에너지가 아래로 내려오면서 운동 에너지로 전환된다. 이때 마찰이 없다면 역학적 에너지가 보존된다.
빗면
수평면
물체는 멈춘다.
물체가 정지한 것은 마찰에 의해 역학적 에너지가 열에너지로 전환되기 때문이다.

선택지 분석

㉠ 역학적 에너지가 마찰에 의해 모두 열로 전환되어 사방으로 흩어진다.
㉡ 흩어졌던 열에너지가 다시 모여 역학적 에너지로 전환되는 일은 일어나지 않는다.
✕ 흩어졌던 열에너지가 다시 모여 역학적 에너지로 전환되는 것은 열역학 제1법칙에 위배된다. 열역학 제2법칙

ㄱ. 마찰에 의해 역학적 에너지가 열로 전환되고 열은 사방으로 흩어진다.

ㄴ. 열역학 제2법칙에 따라 흩어졌던 열에너지가 스스로 다시 모여 역학적 에너지로 전환되는 일은 일어나지 않는다.

바로알기 ㄷ. 흩어졌던 열에너지가 다시 모여 역학적 에너지로 전환되는 것은 에너지 보존 법칙인 열역학 제1법칙에 위배되지 않는다. 하지만 자연 현상의 비가역성을 설명하는 열역학 제2법칙에 위배된다.

2 열역학 제2법칙

자료 분석

(가)에서 A와 B의 온도가 같으므로 기체 분자의 평균 운동 에너지가 같다. B의 압력이 작은 것은 기체 분자 수가 적기 때문이다.

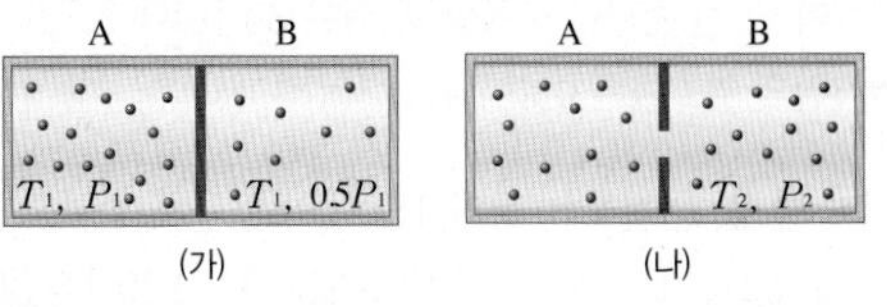

선택지 분석

㉠ $T_1=T_2$이다.
✕ $P_1=P_2$이다. $P_1>P_2$
㉢ 칸막이에 구멍을 낸 후 기체가 섞이는 현상은 비가역 현상이다.

ㄱ. (가)에서 양쪽의 온도가 같았으므로 기체 분자의 평균 운동 에너지가 같다. (나)에서 A와 B에 있던 분자가 골고루 확산되는 과정에서 외부에 한 일도 없고 열의 출입도 없으므로 (가)와 (나)에서 기체의 온도는 같다.

ㄷ. 칸막이에 구멍을 내어 기체가 섞인 후에 기체가 다시 처음 상태로 되돌아가지 않으므로 비가역 현상이다.

바로알기 ㄴ. (가)에서 기체 분자 수는 B보다 A에 많았다가 (나)에서 양쪽에 같은 수의 기체가 존재하게 된다. 따라서 섞인 후의 압력 P_2는 P_1보다 작고 $0.5P_1$보다 크다.

3 열기관과 열효율

자료 분석

열기관 A는 $4E$의 열을 흡수하여 E의 일을 하고, 열기관 B는 $3E$의 열을 흡수하여 E의 일을 한다.

열기관	A	B
흡수한 에너지	$4E$	$3E$
방출한 에너지	$3E$	$2E$
열기관이 한 일	$4E-3E=E$	$3E-2E=E$
열효율$=\dfrac{\text{열기관이 한 일}}{\text{흡수한 에너지}}$	$e_A=\dfrac{E}{4E}=\dfrac{1}{4}$	$e_B=\dfrac{E}{3E}=\dfrac{1}{3}$

선택지 분석

✕ $W_A>W_B$, $e_A>e_B$
✕ $W_A>W_B$, $e_A<e_B$
✕ $W_A=W_B$, $e_A>e_B$
④ $W_A=W_B$, $e_A<e_B$
✕ $W_A<W_B$, $e_A<e_B$

$W_A=4E-3E=E$이고, $W_B=3E-2E=E$이므로 $W_A=W_B$이다.

$e_A=\dfrac{E}{4E}=\dfrac{1}{4}$이고, $e_B=\dfrac{E}{3E}=\dfrac{1}{3}$이므로 $e_A<e_B$이다.

4 열기관의 순환 과정과 열효율

자료 분석

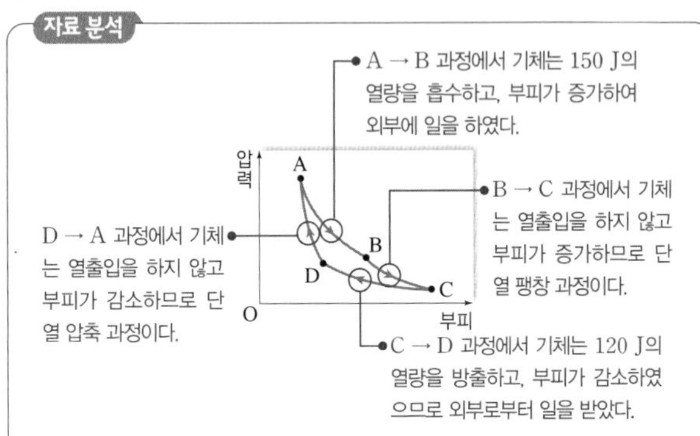

A → B 과정에서 기체는 150 J의 열량을 흡수하고, 부피가 증가하여 외부에 일을 하였다.
압력
A
B → C 과정에서 기체는 열출입을 하지 않고 부피가 증가하므로 단열 팽창 과정이다.
D → A 과정에서 기체는 열출입을 하지 않고 부피가 감소하므로 단열 압축 과정이다.
B
D
C
O
부피
C → D 과정에서 기체는 120 J의 열량을 방출하고, 부피가 감소하였으므로 외부로부터 일을 받았다.

선택지 분석

~~ㄱ~~ B → C 과정에서 기체가 한 일은 0이다. 0이 아니다.

ㄴ 기체가 한 번 순환하는 동안 한 일은 30 J이다.

ㄷ 열기관의 열효율은 0.2이다.

ㄴ. 기체가 한 번 순환하는 동안 150 J의 열을 흡수하고 120 J의 열을 방출하였으므로 기체가 한 일은 150 J−120 J=30 J이다.

ㄷ. 열기관의 열효율 $e=\frac{W}{Q_1}=\frac{30\text{ J}}{150\text{ J}}=0.2$이다.

바로알기 ㄱ. B → C 과정에서 기체의 부피가 증가하였으므로 기체는 외부에 일을 하였다.

07 특수 상대성 이론

개념 확인

본책 69쪽, 71쪽

(1) 관성 (2) 상대성 (3) 광속 불변 (4) 동시성의 상대성 (5) 시간 지연, 느리게 (6) $>$ (7) Δmc^2 (8) 핵분열 (9) 핵융합

수능 자료

본책 72쪽

	1	2	3	4	5	6
자료❶	○	×	×	×	○	×
자료❷	×	○	×	○	×	
자료❸	○	×	○	○	○	
자료❹	×	○	×	○	○	

자료❶ 동시성의 상대성과 길이 수축

1 P에 대해 별 A, B가 같은 거리만큼 떨어져 있으므로 A와 B에서 발생한 빛이 P에 동시에 도달한다.

2 A에서 발생한 빛이 P와 Q로 이동하는 동안 Q가 B 쪽으로 이동하므로 빛이 P에게 도달할 때 Q에게는 도달하지 못한다.

3 Q의 관성계에서는 A와 B에서 발생한 빛이 Q로 오는 동안 Q는 B 쪽으로 접근하므로 B에서 발생한 빛이 Q에 먼저 도달한다. 따라서 Q의 관성계에서, B가 A보다 먼저 폭발한 것으로 관측한다.

4 A와 B가 P에 대해 정지해 있으므로 P의 관성계에서 측정한 길이가 고유 길이이다. 다른 관성계에서 측정한 길이는 고유 길이보다 작으므로 Q의 관성계에서 측정한 A와 P 사이의 거리는 P의 관성계에서 측정한 A와 P 사이의 거리보다 작다.

5 A와 P 사이 고유 길이와 P와 B 사이 고유 길이는 같고 Q의 관성계에서 측정할 때 길이 수축은 똑같은 비율로 일어난다. 따라서 Q의 관성계에서 측정한 A와 P 사이의 거리는 B와 P 사이의 거리와 같다.

6 P에게 동시에 일어난 사건이 Q에게 다르게 관측되는 것처럼 한 관성계에서 동시에 일어난 사건이 다른 관성계에서는 동시에 일어나지 않은 것으로 관측될 수 있다.

자료❷ 시간 지연과 길이 수축

1 광속 불변 원리에 따라 빛의 속력은 관찰자나 광원의 속도에 관계없이 어느 관성계에서 관측하더라도 c로 일정하다.

2 우주선과 같이 운동하고 있는 B의 관성계에서 측정한 우주선의 길이가 고유 길이이다. A의 관성계에서 측정한 우주선의 길이는 고유 길이에서 길이 수축이 일어나므로 고유 길이보다 짧다.

3 길이 수축은 운동 방향으로만 일어나므로 운동 방향에 수직인 광원과 거울 사이의 거리는 길이 수축이 일어나지 않는다. 따라서 A의 관성계에서 측정한 광원과 거울 사이의 거리는 L로 같다.

4 A의 관성계에서 본 B의 관성계는 빠르게 운동하고 있으므로 시간 지연이 일어난다. 따라서 A의 관성계에서, B의 시간은 A의 시간보다 느리게 간다.

5 B의 관성계에서 보면 A의 관성계도 우주선의 운동 방향과 반대 방향으로 빠르게 운동하고 있다. 따라서 B의 관성계에서, A의 시간은 시간 지연이 일어나므로 B의 시간보다 느리게 간다.

자료❸ 특수 상대성 이론의 증거

1 관찰자가 측정할 때, 뮤온 A의 시간은 시간 지연이 일어나 느리게 간다. 따라서 관찰자가 측정한 뮤온 A가 생성된 순간부터 붕괴하는 순간까지 걸린 시간은 t_0보다 길다.

2 관찰자가 측정할 때, 뮤온 B의 속도가 뮤온 A의 속도보다 크므로 뮤온 B의 시간이 뮤온 A의 시간보다 느리게 간다. 따라서 뮤온 B의 시간이 뮤온 A의 시간보다 길다.

3 상대적으로 속도가 느린 뮤온 A는 지표면에 도달하기 전에 붕괴하고, 상대적으로 속도가 빠른 B는 A보다 수명이 길므로 지표면에 도달하는 순간 붕괴한다.

4 뮤온 B의 좌표계에서 측정한 지표면까지의 거리는 뮤온 B의 속도×뮤온 B의 고유 수명$=0.99ct_0$이다.

5 $0.99ct_0$은 뮤온 B의 좌표계에서 측정하여 길이 수축이 일어난 길이이다. 이 값은 고유 길이보다 짧기 때문에 $0.99ct_0<h$이다.

자료❹ 핵반응과 질량 결손

1 핵반응에서 반응 전과 반응 후의 질량은 보존되지 않지만, 질량수(=양성자수+중성자수)는 보존된다.

2 핵반응에서 반응 전후에 전하량과 질량수는 보존된다. 따라서 ㉠은 전하량이 0이고 질량수가 1이므로 중성자($^1_0$n)이다.

3 ㉡은 전하량이 2이고, 질량수가 3이므로 $^3_2$He이다.

5 질량 결손으로 인한 에너지가 발생하였으므로 반응 후 질량의 합이 반응 전 질량의 합보다 작다.

7 ⑤ 핵융합 반응에서 감소한 질량만큼 에너지를 방출한다. 따라서 반응 전 질량의 합보다 반응 후 질량의 합이 작다.

바로알기 ①, ②, ③, ④ 핵반응에서 질량수, 전하량, 중성자수, 양성자수는 모두 보존된다.

본책 73쪽

1 상대성 원리, 광속 불변 원리 **2** (1) 철수 (2) 민수 (3) 철수, 민수 **3** 앞 **4** (1) > (2) < **5** ⑤ **6** ㄱ, ㄷ, ㄹ **7** ⑤

2 (1) 공이 연직 위로 똑바로 올라갔다가 다시 처음 위치로 떨어진 것으로 관측한 사람은 공과 같은 관성 좌표계에 있는 철수이다.
(2) 공이 포물선 경로를 그리며 운동을 하는 것으로 관측한 사람은 공과 다른 관성 좌표계에 있는 민수이다.
(3) 상대성 원리에 따라 모든 관성 좌표계에서 물리 법칙은 동일하게 성립한다. 따라서 철수나 민수에게 공의 가속도는 똑같이 g로 측정된다.

3 우주선의 앞과 뒤에 내리친 번개의 빛이 우주선의 중앙에 있는 영희에게 가는 동안 우주선은 앞으로 이동하기 때문에 우주선의 앞에 내리친 번개의 빛이 영희에게 먼저 도달한다. 따라서 영희는 우주선의 앞 쪽에 번개가 먼저 내리친 것으로 관측한다.

4 (1) 정지해 있는 철수가 운동하고 있는 민수의 우주선을 보면 그 길이가 수축되는 것으로 관찰한다. 따라서 $L_{고유}>L$이다.
(2) 정지해 있는 철수가 운동하고 있는 민수를 보면 시간이 느리게 가는 것으로 관찰한다. 따라서 $T_{고유}<T$이다.

5 ⑤ A에 대한 B의 상대 속도는 $0.5c$이고, 영희에 대한 B의 상대 속도는 $0.4c$이다. 상대적으로 속력이 빠를수록 시간이 느리게 가므로 B의 시간은 A가 측정할 때가 영희가 측정할 때보다 느리게 간다.

바로알기 ① 영희가 측정할 때 우주선 A는 운동하고 있으므로 영희가 측정한 A의 길이는 고유 길이 L_0보다 짧다.
② 상대 속도가 클수록 길이 수축이 크게 일어난다. 따라서 영희가 측정할 때 속도가 큰 A의 길이가 B의 길이보다 짧다.
③ 상대적으로 속력이 빠를수록 길이 수축이 크게 일어나므로 B의 길이는 A가 측정할 때가 영희가 측정할 때보다 짧다.
④ 영희가 측정할 때 A는 시간 지연이 일어나므로 영희가 측정한 A의 시간은 영희의 시간보다 느리게 간다.

6 ㄱ. 핵분열 반응은 하나의 원자핵이 2개 이상의 가벼운 원자핵으로 나누어지는 것이고, 핵융합 반응은 초고온 상태에서 가벼운 원자핵들이 핵융합하여 무거운 원자핵이 되는 것이다.
ㄷ. 핵반응에서 질량 결손으로 감소한 질량만큼 에너지를 방출한다.
ㄹ. 태양의 중심부에서는 중수소 원자핵이 핵융합하여 헬륨 원자핵이 생성되는 핵융합 반응이 일어난다.

바로알기 ㄴ. 질량 에너지 동등성에 따라 질량과 에너지는 서로 전환될 수 있다.

수능 2점

본책 74쪽~76쪽

1 ④	**2** ②	**3** ③	**4** ⑤	**5** ③	**6** ④
7 ④	**8** ③	**9** ①	**10** ④	**11** ③	**12** ⑤

1 마이컬슨·몰리 실험

자료 분석

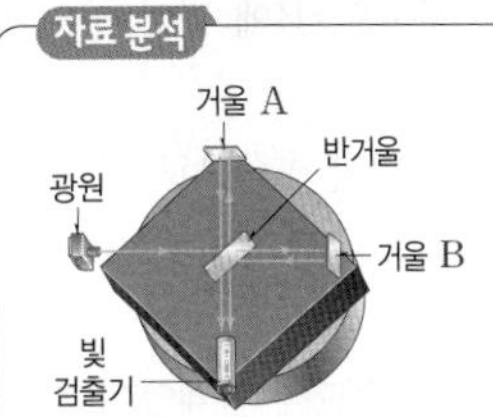

에테르의 흐름이 있다면, 다음 두 경우에 빛의 속도 차이가 있을 것으로 예상하였다.
① 광원 → 반거울 → 거울 A → 검출기
② 광원 → 반거울 → 거울 B → 검출기
➡ 실험 결과 빛의 속도 차이를 관찰할 수 없었다.

선택지 분석

㉠ 에테르의 존재 여부를 확인하기 위한 실험이다.
✕ 에테르의 흐름에 대한 빛의 진행 방향에 따른 빛의 속도 차이를 관찰할 수 있었다. 없었다.
㉢ 빛을 전달하는 매질을 확인할 수 없었다.

ㄱ. 마이컬슨·몰리 실험은 빛을 전달하는 매질이라고 여겼던 에테르의 존재를 확인하기 위한 실험이다.
ㄷ. 실험을 통해 에테르의 흐름에 따른 빛의 속도 차이를 확인할 수 없었다. 따라서 에테르의 존재를 확인할 수 없었다.

바로알기 ㄴ. 일정한 방향의 에테르의 흐름이 있다고 가정했을 때, 빛의 진행 방향이 달라도 속도의 차이를 관찰할 수는 없었다.

2 특수 상대성 이론의 가설

선택지 분석

✕ 정지한 사람이 볼 때 빠르게 움직이는 사람의 시간이 빠르게 느리게 간다.
㉡ 정지한 사람이 볼 때 빠르게 움직이는 물체의 길이가 운동 방향으로 짧아진다.
✕ 질량은 에너지로 바뀔 수 있지만, 있고 에너지는 질량으로 바뀔 수 없다. 있다.

ㄴ. 정지한 사람이 볼 때 빠르게 움직이는 물체의 길이는 운동 방향으로 짧아진다.

바로알기 ㄱ. 정지한 사람이 볼 때 빠르게 움직이는 사람의 시간이 느리게 가는 것으로 관측된다.
ㄷ. 질량 에너지 동등성($E=mc^2$)에 따라 질량이 에너지로, 에너지가 질량으로 전환될 수 있다.

3 동시성의 상대성

자료 분석

기차 안의 관찰자는 양쪽으로 진행하는 빛의 속력이 같고, 점 A, B가 O에서 같은 거리에 있는 것으로 관측한다.

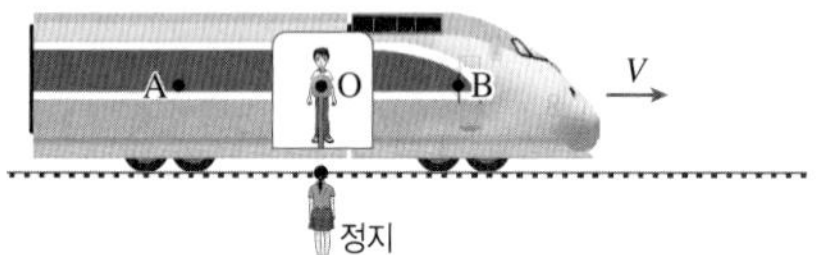

정지해 있는 관찰자는 O에서 출발한 빛이 양쪽으로 같은 속력으로 진행하고, 그 사이에 A, B가 오른쪽으로 진행하는 것으로 관측한다.

선택지 분석

ㄱ 기차 안의 관찰자는 A, B에 빛이 동시에 도달하는 것으로 관측한다.

ㄴ 지면에 정지해 있는 관찰자는 A에 빛이 먼저 도달하는 것으로 관측한다.

✕ 지면에 정지해 있는 관찰자는 A로 가는 빛이 B로 가는 빛보다 빠른 것으로 관측한다. **A로 가는 빛과 B로 가는 빛의 속력이 같은**

ㄱ. 기차 안의 관찰자는 같은 거리에 있는 A, B에 빛이 동시에 도달하는 것을 관측한다.

ㄴ. 정지해 있는 관찰자는 O에서 출발한 빛이 양쪽으로 같은 속력으로 진행하는 동안 A, B가 오른쪽으로 이동하기 때문에 A에 빛이 먼저 도달하는 것으로 관측한다.

바로알기 ㄷ. 빛의 속력은 관찰자나 광원의 속도에 관계없이 일정하게 관측된다.

4 시간 지연

자료 분석

철수는 빛이 두 거울 사이를 수직으로 진행하는 것으로 관찰한다.

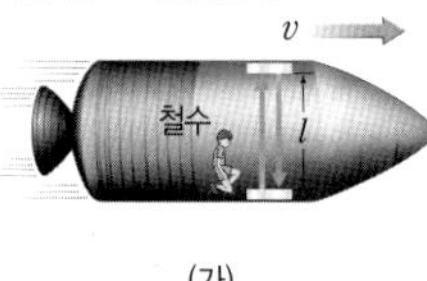

(가)

우주선 밖에 있는 민수는 빛이 비스듬한 사선으로 진행하는 것으로 관찰한다.

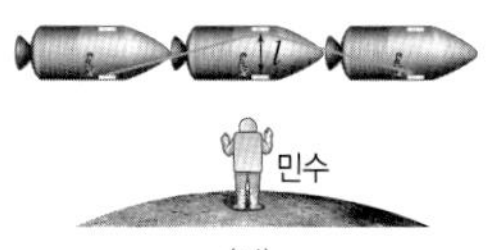

(나)

선택지 분석

ㄱ 철수와 민수가 관측한 빛의 속력은 모두 c이다.

ㄴ 빛 시계에서 빛이 한 번 왕복하는 데 걸린 시간을 철수가 측정한 값은 $\frac{2l}{c}$이다.

ㄷ 빛 시계에서 빛이 한 번 왕복하는 데 걸린 시간을 민수가 측정한 값은 $\frac{2l}{c}$보다 크다.

ㄱ. 광속 불변 원리에 따라 철수와 민수가 관측할 때 빛의 속력은 모두 c이다.

ㄴ. 철수가 우주선 안에서 측정할 때, 빛 시계에서 빛이 한 번 왕복 하는 거리가 $2l$이므로 빛이 한 번 왕복하는 데 걸린 시간은 $\frac{2l}{c}$이다.

ㄷ. 민수가 우주선 밖에서 측정할 때, 빛이 한 번 왕복하는 거리는 $2l$보다 길므로 빛이 한 번 왕복하는 데 걸린 시간은 $\frac{2l}{c}$보다 크다.

5 동시성의 상대성과 길이 수축

자료 분석

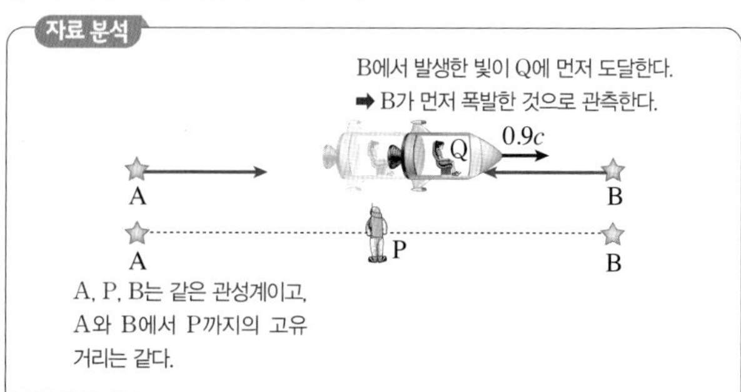

선택지 분석

ㄱ P의 관성계에서, A와 B가 폭발할 때 발생한 빛이 동시에 P에 도달한다.

ㄴ Q의 관성계에서, B가 A보다 먼저 폭발한다.

✕ Q의 관성계에서, A와 P 사이의 거리는 B와 P 사이의 거리보다 크다. **와 같다.**

ㄱ. P와 A, B는 같은 관성계이고, A와 B에서 P까지의 거리가 같으므로 A와 B가 동시에 폭발하면 폭발할 때 발생한 빛은 동시에 P에 도달한다.

ㄴ. 빛의 속력은 어느 관성계에서 측정하여도 c로 일정하다. P의 관성계에서 동시에 폭발한 빛이 Q를 향해 이동하는 동안 Q는 A에서 멀어지고, B와 가까워지므로 B에서 폭발한 빛이 Q에 먼저 도달한다. 따라서 Q의 관성계에서는 B가 A보다 먼저 폭발한 것으로 관측한다.

바로알기 ㄷ. A와 P 사이의 고유 길이와 B와 P 사이의 고유 길이는 같고, Q의 관성계에서 측정할 때 길이 수축은 똑같은 비율로 일어난다. 따라서 Q의 관성계에서, A와 P 사이의 거리는 B와 P 사이의 거리와 같다.

6 상대 속도가 다를 때 길이 수축

자료 분석

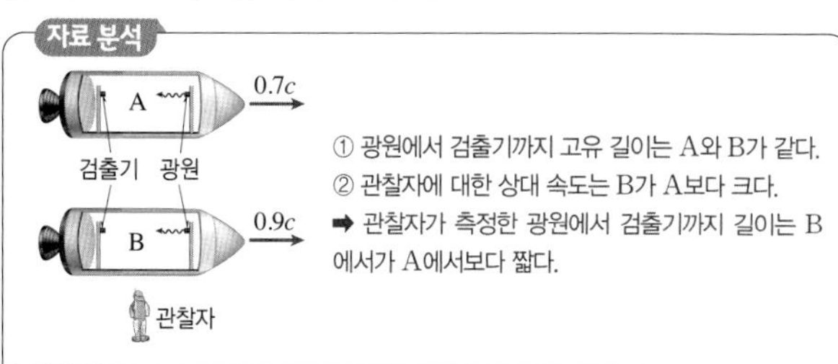

A
0.7c
검출기
광원
B
0.9c
관찰자
① 광원에서 검출기까지 고유 길이는 A와 B가 같다.
② 관찰자에 대한 상대 속도는 B가 A보다 크다.
➡ 관찰자가 측정한 광원에서 검출기까지 길이는 B에서가 A에서보다 짧다.

선택지 분석

✕ A에서 방출된 빛의 속력은 c보다 작다. **c와 같다.**

ㄴ 광원과 검출기 사이의 거리는 A에서가 B에서보다 크다.

ㄷ 광원에서 방출된 빛이 검출기에 도달하는 데 걸린 시간은 A에서가 B에서보다 크다.

ㄴ. 속력이 빠를수록 길이 수축이 크게 일어나므로 관찰자에 대해 상대 속도가 큰 B에서의 길이가 A에서의 길이보다 짧다. 따라서 광원과 검출기 사이의 거리는 A에서가 B에서 보다 크다.

ㄷ. 관찰자가 측정할 때 빛의 속력은 일정하므로 광원에서 방출된 빛이 검출기에 도달하는 데 걸린 시간은 광원과 검출기 사이의 거리가 큰 A에서가 B에서보다 크다.

바로알기 ㄱ. 빛의 속력은 관찰자나 광원의 속도에 관계없이 항상 c이다.

7 특수 상대성 이론

자료 분석

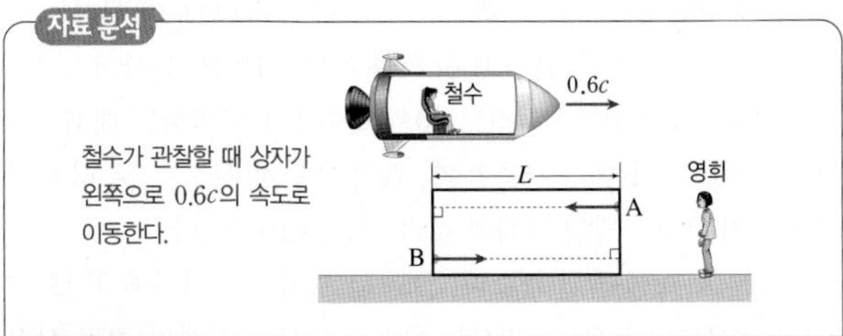

선택지 분석

㉠ $t_A > t_B$이다.

✕ 상자의 길이는 L보다 크다. 작다.

㉢ A에서 나온 빛과 B에서 나온 빛의 속력은 같다.

ㄱ. 철수가 관찰할 때 A에서 나온 빛은 멀어지는 면에 도달하고, B에서 나온 빛은 가까워지는 면에 도달하므로 $t_A > t_B$이다.

ㄷ. 빛의 속력은 관찰자나 광원의 속도에 관계없이 c이다.

바로알기 ㄴ. 철수가 측정했을 때 상자는 길이 방향으로 움직이므로 상자의 길이가 고유 길이인 L보다 작다.

8 특수 상대성 이론

자료 분석

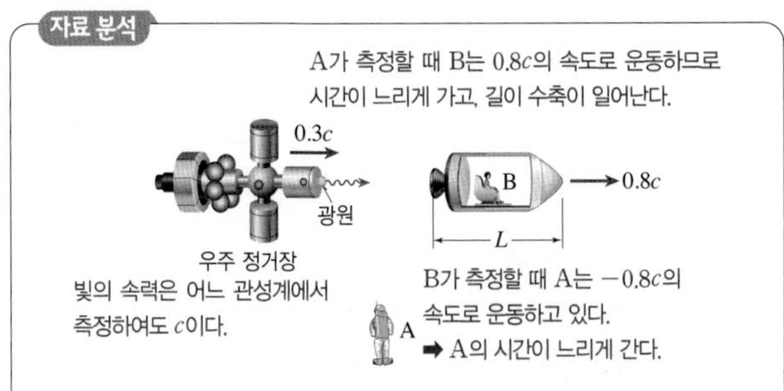

A가 측정할 때 B는 0.8c의 속도로 운동하므로 시간이 느리게 가고, 길이 수축이 일어난다.
0.3c
광원
B
0.8c
L
우주 정거장
빛의 속력은 어느 관성계에서 측정하여도 c이다.
B가 측정할 때 A는 −0.8c의 속도로 운동하고 있다.
➡ A의 시간이 느리게 간다.
A

선택지 분석

㉠ B가 측정한 우주선의 길이는 L보다 크다.

㉡ B가 측정할 때, A의 시간은 B의 시간보다 느리게 간다.

✕ 광원에서 방출된 빛의 속력은 A가 측정할 때가 우주 정거장에서 측정할 때보다 빠르다. 때와 같다.

ㄱ. B가 측정한 우주선의 길이는 고유 길이이므로 A가 측정하여 길이 수축이 일어난 길이 L보다 크다.

ㄴ. B가 측정할 때, A는 B에 대해 $-0.8c$의 속도로 운동하고 있으므로 A의 시간은 B의 시간보다 느리게 간다.

바로알기 ㄷ. 빛의 속력은 관찰자, 광원의 운동에 관계없이 어느 관성계에서 측정하여도 c로 일정하다.

9 핵융합 반응

자료 분석

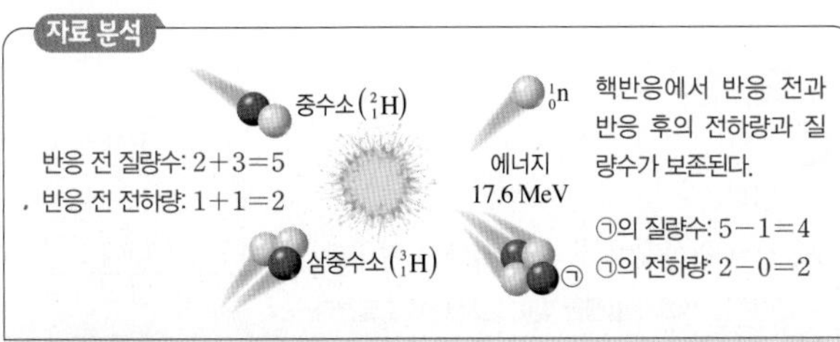

선택지 분석

㉠ ㉠은 헬륨 원자핵($^4_2$He)이다.

✕ 이 반응은 핵분열 반응이다. 핵융합

✕ $^1_0$n의 질량은 $m_1+m_2-m_3$보다 크다. 작다.

ㄱ. 반응 전 전하량의 총합이 2이므로 ㉠의 전하량은 2이다. 또한 반응 전 질량수의 총합이 5이고 반응 후 중성자의 질량수가 1이므로 ㉠의 질량수는 4이다. 따라서 ㉠은 $^4_2$He이다.

바로알기 ㄴ. 원자 번호가 1인 수소 원자핵들이 핵융합하여 원자 번호가 2인 헬륨 원자핵이 되는 반응이므로 핵융합 반응이다.

ㄷ. 핵반응 과정에서 발생한 에너지($E=\Delta mc^2$)만큼 반응 전 질량의 합보다 반응 후 질량의 합이 줄어든다. 따라서 $m_1+m_2 > m_3+{}^1_0$n이므로 $^1_0$n의 질량은 $m_1+m_2-m_3$보다 작다.

10 핵융합 발전

선택지 분석

✕ 원자핵 1개의 질량은 A가 B보다 크다. 작다.

㉡ ㉠ 과정에서 질량 결손에 의해 에너지가 발생한다.

㉢ ㉡ 과정에서 질량수가 큰 원자핵이 반응하여 질량수가 작은 원자핵들이 생성된다.

ㄴ. 핵융합 반응에서 반응 후 질량의 합이 반응 전 질량의 합보다 줄어든다. 이를 질량 결손이라 하며, 질량 결손이 Δm일 때 $E=\Delta mc^2$만큼의 에너지가 발생한다.

ㄷ. 핵분열 반응은 질량수가 큰 원자핵이 분열하여 질량수가 작은 원자핵들이 생성되는 핵반응이다. 핵분열 반응은 핵융합 반응과 같이 반응 후 질량의 합이 반응 전 질량의 합보다 줄어드는 질량 결손이 발생한다.

바로알기 ㄱ. A는 수소이고, B는 헬륨이다. 반응 전후 질량의 합이 아닌, 원자핵 1개의 질량은 헬륨인 B가 수소인 A보다 크다.

11 핵융합 반응과 핵분열 반응

자료 분석

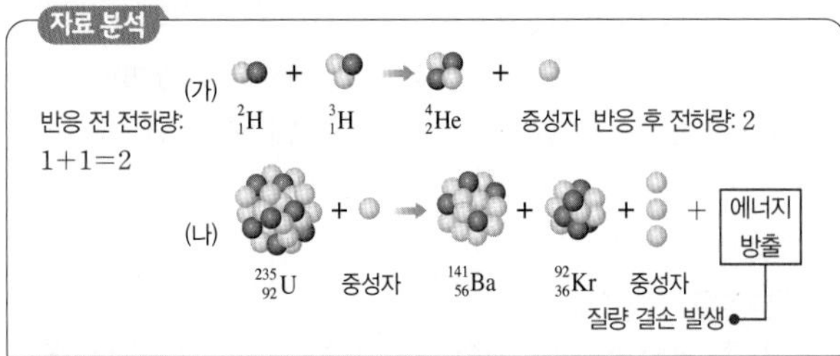

선택지 분석

㉠ (가)는 핵융합 반응이다.

㉡ (가)에서 핵반응 전후 전하량의 합은 같다.

✕ (나)에서 핵반응 전후 질량의 합은 같다. 다르다.

ㄱ. (가)는 2개의 가벼운 원자핵이 1개의 무거운 원자핵으로 합쳐지므로 핵융합 반응이고, (나)는 무거운 원자핵이 2개의 가벼운 원자핵으로 분리되므로 핵분열 반응이다.

ㄴ. 핵반응 과정에서 전하량은 보존되므로 (가)에서 핵반응 전후 전하량의 합은 같다.

바로알기 ㄷ. 핵반응 과정에서 질량 결손에 의해 에너지가 방출되므로 핵반응 후 질량의 합이 감소한다. 따라서 (나)에서 핵반응 전후 질량의 합은 다르다.

12 질량 에너지 동등성과 핵반응

자료 분석

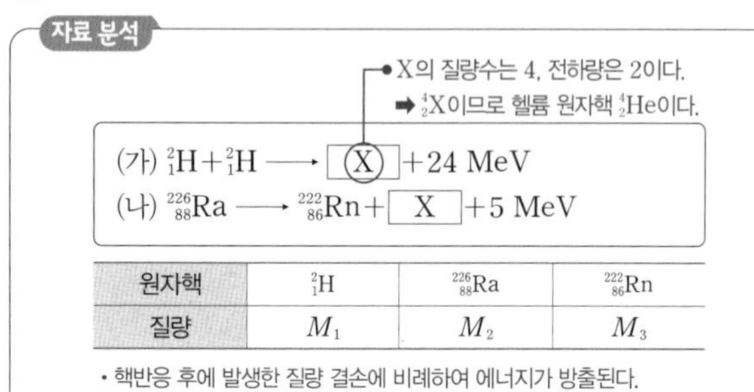

원자핵	$^2_1$H	$^{226}_{88}$Ra	$^{222}_{86}$Rn
질량	M_1	M_2	M_3

• 핵반응 후에 발생한 질량 결손에 비례하여 에너지가 방출된다.
• 핵반응 전후 질량수의 합과 전하량의 합이 보존된다.

선택지 분석

ㄱ X의 중성자수는 2이다.
ㄴ (나)에서 핵반응 전후 질량수의 합은 같다.
ㄷ $2M_1 > M_2 - M_3$이다.

ㄱ. (가)에서 핵반응 전 질량수의 합이 2+2=4이고, 전하량의 합이 1+1=2이므로 X는 질량수가 4이고 전하량이 2인 헬륨 원자핵 $^4_2$He이다. $^4_2$He은 양성자 2개, 중성자 2개로 이루어져 있다.

ㄴ. 핵반응 전후 질량수의 합은 보존된다.

ㄷ. X의 질량을 M이라고 하면, (가)에서 질량 결손은 $2M_1 - M$이고, (나)에서 질량 결손은 $M_2 - M_3 - M$이다. 질량 결손에 의한 에너지가 (가)에서 24 MeV이고, (나)에서 5 MeV이므로 $2M_1 - M > M_2 - M_3 - M$이다. 따라서 $2M_1 > M_2 - M_3$이다.

수능 3점

본책 77쪽~79쪽

1 ③	2 ②	3 ④	4 ④	5 ④	6 ⑤
7 ①	8 ⑤	9 ①	10 ②	11 ④	12 ①

1 길이 수축

자료 분석

A에서 관측할 때, P와 Q 사이의 거리는 6광년보다 짧다. 따라서 P가 지나는 순간부터 Q가 지나는 순간까지 10년$\left(\frac{6\text{광년}}{0.6c}\right)$보다 짧게 걸린다.

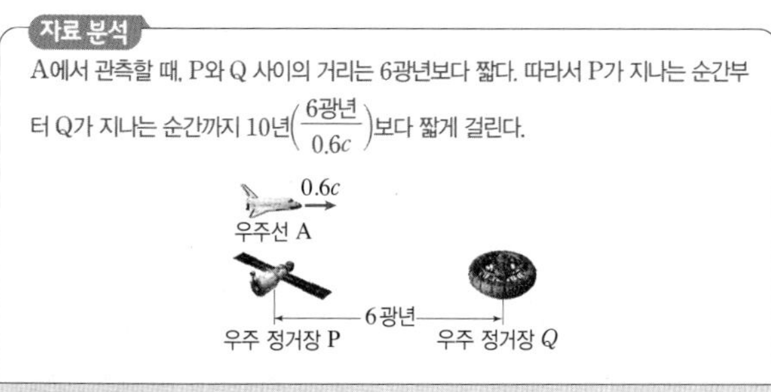

선택지 분석

ㄱ A에서 관측할 때, P와 Q 사이의 거리는 6광년보다 짧다.
✕ A에서 관측할 때, P가 지나는 순간부터 Q가 지나는 순간까지 10년이 걸린다. **보다 짧게 걸린다.**
ㄷ P에서 관측할 때, A가 P를 지나는 순간부터 Q의 빛 신호가 P에 도달하기까지 16년이 걸린다.

ㄱ. A에서 관측할 때, P와 Q는 빠르게 움직여서 길이 수축이 일어나므로 P와 Q 사이의 거리는 고유 길이인 6광년보다 짧다.

ㄷ. P에서 관측할 때, A가 $0.6c$의 속력으로 P에서 Q까지 6광년을 이동하므로 10년이 걸리고, Q의 빛이 P에 도달하는 데 6년이 걸린다. 따라서 P에서 관측할 때, A가 P를 지나는 순간부터 Q의 빛 신호가 P에 도달할 때까지 걸린 시간은 16년이다.

바로알기 ㄴ. A에서 관측할 때, P와 Q 사이의 거리가 6광년보다 짧으므로 P가 지나는 순간부터 Q가 지나는 순간까지 걸린 시간은 10년보다 짧게 걸린다.

2 특수 상대성 이론의 증거

자료 분석

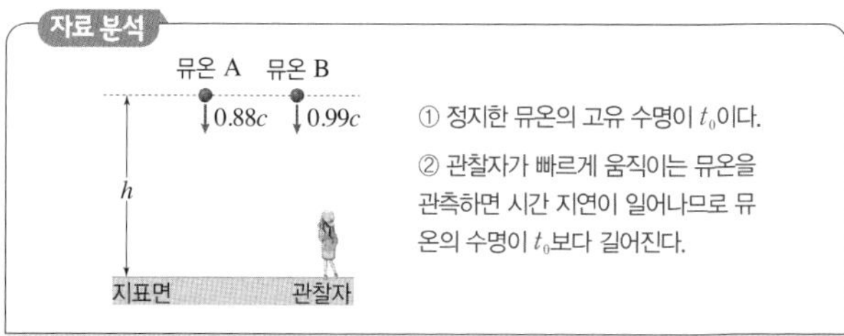

① 정지한 뮤온의 고유 수명이 t_0이다.
② 관찰자가 빠르게 움직이는 뮤온을 관측하면 시간 지연이 일어나므로 뮤온의 수명이 t_0보다 길어진다.

선택지 분석

✕ 관찰자가 측정할 때 A가 생성된 순간부터 붕괴하는 순간까지 걸리는 시간은 t_0이다. **보다 길다.**
ㄴ 지표면에 도달하는 순간 붕괴하는 뮤온은 B이다.
✕ 관찰자가 측정할 때 h는 $0.99ct_0$이다. **보다 길다.**

ㄴ. 관찰자가 관측할 때, 속력이 상대적으로 빠른 B의 시간이 A보다 느리게 가기 때문에 B가 지표면에 도달하는 순간 붕괴하고 A는 지표면에 도달하기 전에 붕괴한다.

바로알기 ㄱ. 관찰자가 측정할 때 A가 생성된 순간부터 붕괴하는 순간까지 걸리는 시간은 시간 지연이 일어나 고유 시간인 t_0보다 길다.

ㄷ. $0.99ct_0$은 $0.99c$로 움직이는 뮤온 B의 좌표계에서 측정한 높이이다. 이 높이는 고유 길이인 h보다 짧다.

3 동시성의 상대성과 길이 수축

자료 분석

Q가 P를 스쳐 지나는 순간, Q에서 같은 거리에 있는 A, B는 P에서도 같은 거리에 있다.

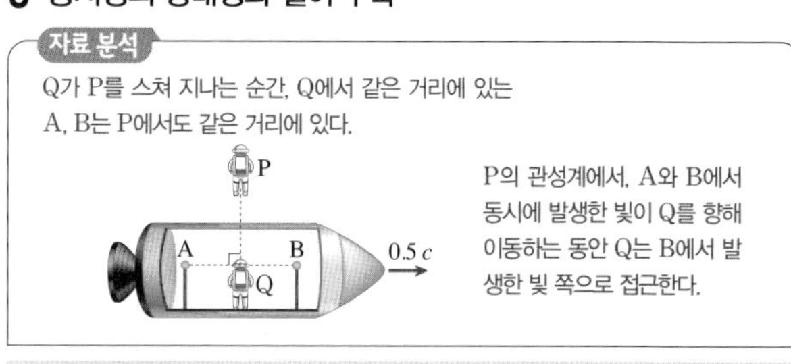

P의 관성계에서, A와 B에서 동시에 발생한 빛이 Q를 향해 이동하는 동안 Q는 B에서 발생한 빛 쪽으로 접근한다.

선택지 분석

ㄱ P의 관성계에서, A와 B에서 발생한 빛은 동시에 P에 도달한다.
✕ P의 관성계에서, A와 B에서 발생한 빛은 동시에 Q에 도달한다. **B에서 발생한 빛이 먼저 Q에 도달한다.**
ㄷ B에서 발생한 빛이 Q에 도달할 때까지 걸리는 시간은 Q의 관성계에서가 P의 관성계에서보다 크다.

ㄱ. P의 관성계에서, A와 B에서 동시에 발생한 빛은 속력이 c로 같으므로 같은 거리에 있는 P에 동시에 도달한다.

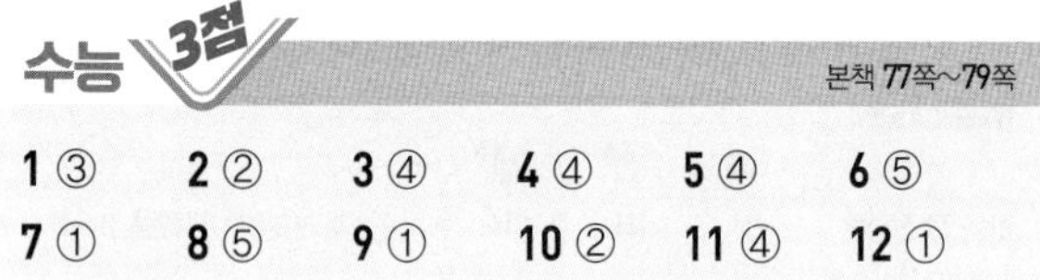

ㄷ. B에서 Q까지의 거리는 Q의 관성계에서 측정한 거리가 고유 길이이므로 P의 관성계에서 측정한 거리보다 크다. 따라서 빛이 도달할 때까지 걸리는 시간도 Q의 관성계에서가 더 크다.

바로알기 ㄴ. P의 관성계에서 관측할 때, A와 B에서 발생한 빛이 Q로 이동하는 동안 Q는 A에서 발생한 빛에서 멀어지고, B에서 발생한 빛으로 접근한다. 따라서 B에서 발생한 빛이 A에서 발생한 빛보다 먼저 Q에 도달한다.

4 시간 지연과 길이 수축

자료 분석

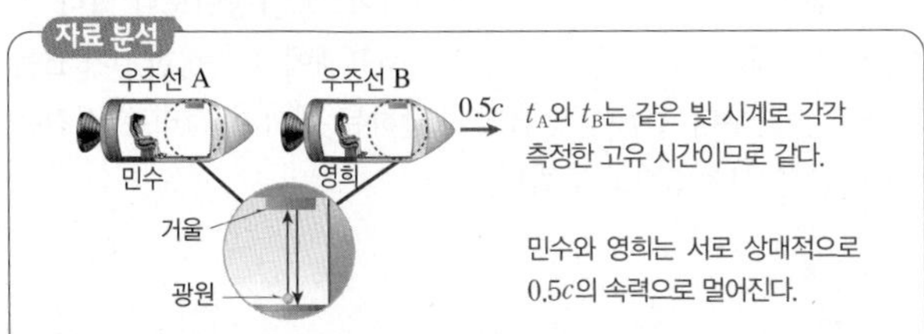

t_A와 t_B는 같은 빛 시계로 각각 측정한 고유 시간이므로 같다.

민수와 영희는 서로 상대적으로 0.5c의 속력으로 멀어진다.

선택지 분석

ㄱ $t_A=t_B$이다.

ㄴ 영희가 측정할 때, 민수의 시간은 영희의 시간보다 느리게 간다.

~~ㄷ~~ 민수가 측정할 때 t_A 동안 멀어진 A와 B 사이의 거리는 영희가 측정할 때 t_B 동안 멀어진 A와 B 사이의 거리보다 ~~짧다.~~ 와 같다.

ㄱ. t_A와 t_B는 각자의 빛 시계로 측정한 고유 시간이므로 같다.

ㄴ. 영희와 민수는 서로 상대적으로 움직이므로 민수가 측정할 때 영희의 시간은 민수의 시간보다 느리게 가고, 영희가 측정할 때 민수의 시간은 영희의 시간보다 느리게 간다.

바로알기 ㄷ. 민수가 측정할 때 B의 속력과 영희가 측정할 때 A의 속력은 같다. 같은 시간 동안 같은 속력으로 이동한 거리를 측정한 것이므로 영희가 측정한 값과 민수가 측정한 값은 같다.

5 시간 지연과 길이 수축

자료 분석

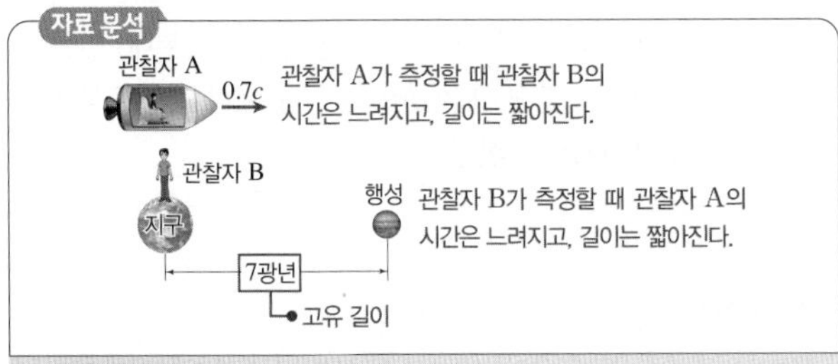

선택지 분석

~~ㄱ~~ A가 B의 신호를 수신하는 시간 간격은 1년보다 ~~짧다.~~ 길다.

ㄴ A가 측정할 때, 지구에서 행성까지의 거리는 7광년보다 작다.

ㄷ B가 측정할 때, A의 시간은 B의 시간보다 느리게 간다.

ㄴ. B가 측정한 지구에서 행성까지의 거리 7광년은 고유 길이이다. 이를 다른 관성 좌표계인 A가 측정할 때, 길이 수축이 일어나므로 지구에서 행성까지의 거리는 7광년보다 작다.

ㄷ. B가 측정할 때, A는 빠르게 운동하고 있으므로 A의 시간은 B의 시간보다 느리게 간다.

바로알기 ㄱ. A가 측정할 때, B의 시간은 느리게 간다. 따라서 A가 빛 신호를 수신하는 시간 간격은 1년보다 길다.

6 특수 상대성 이론의 적용

자료 분석

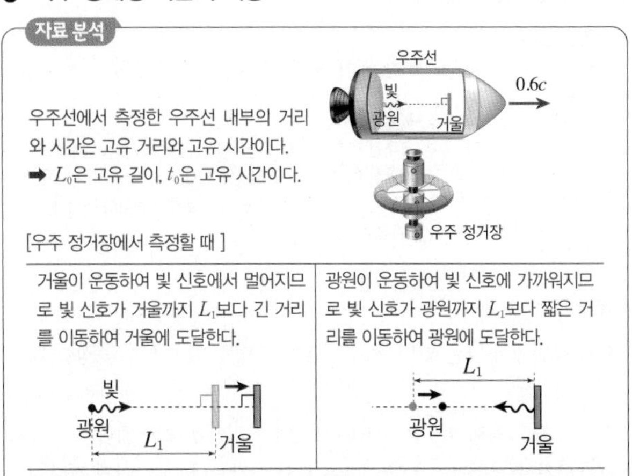

우주선
빛
광원
거울
0.6c
우주선에서 측정한 우주선 내부의 거리와 시간은 고유 거리와 고유 시간이다.
➡ L₀은 고유 길이, t₀은 고유 시간이다.
우주 정거장
[우주 정거장에서 측정할 때]
거울이 운동하여 빛 신호에서 멀어지므로 빛 신호가 거울까지 L₁보다 긴 거리를 이동하여 거울에 도달한다.
광원이 운동하여 빛 신호에 가까워지므로 빛 신호가 광원까지 L₁보다 짧은 거리를 이동하여 광원에 도달한다.
빛
광원
L₁
거울
L₁
광원
거울

선택지 분석

ㄱ $L_0>L_1$이다.

ㄴ $t_0=\frac{L_0}{c}$이다.

ㄷ $t_1>t_2$이다.

ㄱ. L_0은 고유 길이이고, L_1은 수축된 길이이므로 $L_0>L_1$이다.

ㄴ. t_0은 우주선에서 빛이 거리 L_0만큼 진행하는 데 걸린 시간이므로 $t_0=\frac{L_0}{c}$이다.

ㄷ. 빛 신호가 광원에서 방출되어 거울로 이동하는 동안 거울이 운동하여 빛 신호에서 멀어지므로 빛 신호가 거울까지 L_1보다 긴 거리를 이동한다. 따라서 $t_1>\frac{L_1}{c}$이다. 빛 신호가 거울에서 반사되어 광원으로 이동하는 동안은 광원이 운동하여 빛 신호에 가까워지므로 빛 신호가 광원까지 L_1보다 짧은 거리를 이동한다. 따라서 $t_2<\frac{L_1}{c}$이다. $t_2<\frac{L_1}{c}<t_1$이므로 $t_1>t_2$이다.

7 특수 상대성 이론의 적용

자료 분석

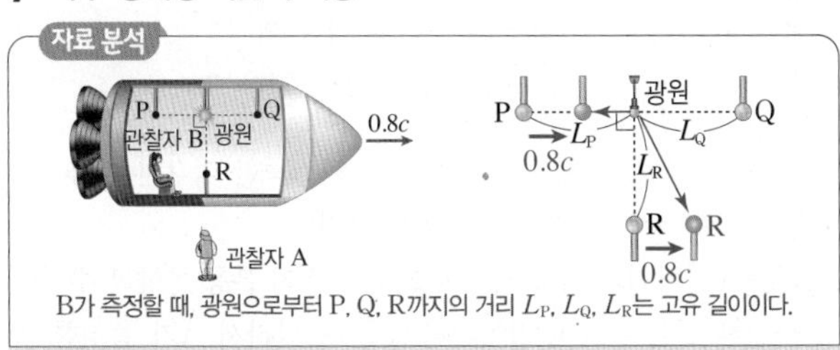

B가 측정할 때, 광원으로부터 P, Q, R까지의 거리 L_P, L_Q, L_R는 고유 길이이다.

선택지 분석

ㄱ A가 측정할 때, P와 Q 사이의 거리는 L_P+L_Q보다 작다.

~~ㄴ~~ B가 측정할 때, L_P가 L_R보다 ~~작다.~~ 크다.

~~ㄷ~~ B가 측정할 때, A의 시간은 B의 시간보다 ~~빠르게~~ 간다. 느리게

ㄱ. A가 측정할 때, P와 Q 사이에 길이 수축이 일어나므로 P와 Q 사이의 거리는 B가 측정한 고유 길이인 L_P+L_Q보다 작다.

바로알기 ㄴ. A가 측정할 때, 광원에서 발생한 빛이 P로 이동하는 동안 P는 빛으로 접근하고, 광원에서 발생한 빛이 R로 이동하는 동안 R는 빛에서 멀어진다. 이때 광원에서 발생한 빛이 P와 R에 동시에 도달하므로 L_P가 L_R보다 크다.

ㄷ. B가 측정할 때, A는 $-0.8c$의 상대 속도로 운동하고 있으므로 A의 시간이 B의 시간보다 느리게 간다.

8 특수 상대성 이론의 적용

자료 분석

광원과 P 사이의 고유 길이는 L, 광원과 Q 사이의 고유 길이는 $0.8L$이다.

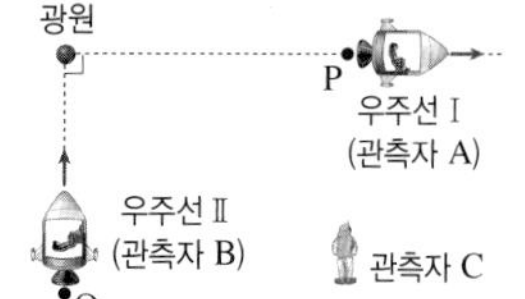

A가 관측한 광원과 P 사이의 거리와 B가 관측한 광원과 Q 사이의 거리가 같으므로 A의 속력이 B보다 빠르다.

선택지 분석

㉠ 광원에서 나온 빛의 속력은 A가 측정할 때와 B가 측정할 때가 같다.
㉡ A가 측정할 때, 광원과 P 사이의 거리는 L보다 짧다.
㉢ C가 측정할 때, A의 시간은 B의 시간보다 더 느리게 간다.

ㄱ. 광속 불변 원리에 따라 빛의 속력은 A가 측정할 때와 B가 측정할 때가 같다.
ㄴ. A가 측정할 때, 광원과 P가 빠르게 움직이므로 광원과 P 사이의 거리는 길이 수축이 일어나 고유 길이인 L보다 짧다.
ㄷ. C가 측정할 때, A의 속력이 B보다 빠르므로 A의 시간이 B의 시간보다 느리게 간다.

9 특수 상대성 이론의 적용

자료 분석

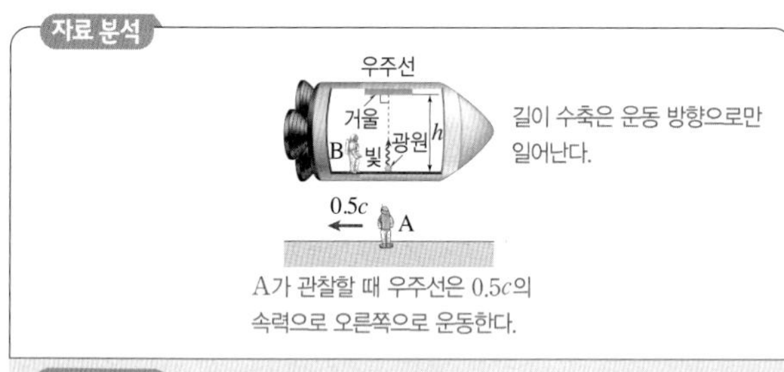

A가 관찰할 때 우주선은 $0.5c$의 속력으로 오른쪽으로 운동한다.

선택지 분석

㉠ 빛이 이동한 거리는 h보다 길다.
✗ 광원과 거울 사이의 거리는 h보다 작다. 와 같다.
✗ 우주선의 길이는 B가 측정한 길이보다 길다. 짧다.

ㄱ. A가 측정할 때 빛은 오른쪽 위로 비스듬한 대각선 방향으로 이동하므로 빛이 이동한 거리는 h보다 길다.
바로알기 ㄴ. 광원과 거울 사이의 거리는 A의 운동 방향과 수직이기 때문에 길이 수축이 일어나지 않는다. 따라서 A가 측정한 광원과 거울 사이의 거리는 고유 길이인 h와 같다.
ㄷ. B가 측정한 우주선의 길이는 고유 길이이다. 따라서 A가 측정한 우주선의 길이는 B가 측정한 고유 길이보다 짧다.

10 특수 상대성 이론의 적용

자료 분석

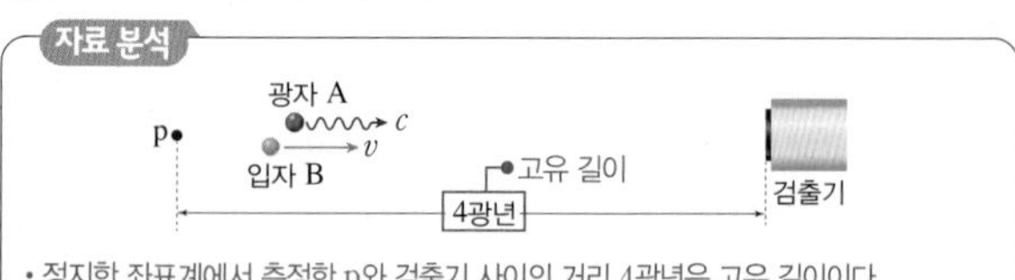

• 정지한 좌표계에서 측정한 p와 검출기 사이의 거리 4광년은 고유 길이이다.
• A, B가 p에서 검출기에 도달하는 데 걸린 시간 4년, 5년은 늘어난 시간이다.

선택지 분석

✗ p와 검출기 사이의 거리는 4광년이다. 보다 짧다.
✗ p가 B를 지나는 순간부터 검출기가 B에 도달할 때까지 걸리는 시간은 5년이다. 보다 짧다.
㉢ 검출기의 속력은 $0.8c$이다.

ㄷ. 정지한 관성 좌표계에서 측정한 p와 검출기 사이의 거리 4광년은 $4c=5v$이므로 $v=0.8c$이다.
바로알기 ㄱ. B와 같은 속도로 움직이는 관성 좌표계에서 측정한 p와 검출기 사이의 거리는 짧아진 거리이므로 4광년보다 짧다.
ㄴ. B와 같은 속도로 움직이는 관성 좌표계에서 측정한 p가 B를 지나는 순간부터 검출기가 B에 도달하는 데까지 걸리는 시간은 고유 시간이므로 5년보다 짧다.

11 원자로에서 일어나는 핵반응

자료 분석

원자로에서 $^{235}_{92}$U에 저속의 중성자($^1_0$n)가 충돌하여 분열한 후 질량수가 작은 원자핵과 2개~3개의 중성자를 방출하는 반응이 일어난다. ➡ 핵분열 반응

	양성자수	질량수
우라늄(U)	92	235
바륨(Ba)	56	141
크립톤(Kr)	36	92

선택지 분석

㉠ ㉠에 해당하는 입자는 중성자이다.
✗ 핵분열 전과 후 질량의 합은 일정하게 보존된다. 보존되지 않는다.
㉢ (가)의 핵반응에서 방출된 에너지는 질량 결손에 의한 것이다.

ㄱ. 핵반응 전과 후에 전하량의 합과 질량수의 합은 일정하게 보존되므로 3개의 ㉠은 전하량이 0이고, 질량수가 3이다. 따라서 ㉠은 전하량이 0이고, 질량수가 1인 중성자($^1_0$n)이다.
ㄷ. 핵분열 반응에서 방출되는 에너지는 질량 결손에 의한 것이다.
바로알기 ㄴ. 핵반응에서 질량수는 보존되지만 질량은 보존되지 않는다. 핵반응 전보다 핵반응 후 질량의 합이 감소하는데, 이를 질량 결손이라고 한다. 질량 결손(Δm)은 질량 에너지 동등성 $E=\Delta mc^2$에 따라 에너지로 전환된다.

12 핵반응

선택지 분석

㉠ (가)는 핵융합 반응이다.
✗ 질량 결손은 (나)에서가 (가)에서보다 크다. 작다.
✗ ㉠의 질량수는 10이다. 12

ㄱ. (가)는 질량수가 작은 원자핵들이 질량수가 큰 원자핵으로 합쳐지는 핵반응으로 핵융합 반응이다.
바로알기 ㄴ. 질량 결손이 Δm일 때 발생하는 에너지 $E=\Delta mc^2$이므로 핵반응에서 발생하는 에너지는 질량 결손에 비례한다. (가)에서 발생한 에너지는 17.6 MeV이고, (나)에서 발생한 에너지는 4.96 MeV이므로 질량 결손은 (나)에서가 (가)에서보다 작다.
ㄷ. 핵반응 전과 후에 질량수의 합은 일정하게 보존되므로 ㉠의 질량수는 $15+1-4=12$이다. ㉠은 $^{12}_6$C이다.

물질과 전자기장

08 원자와 전기력, 스펙트럼

개념 확인 본책 83쪽, 85쪽

(1) 전기력 (2) 밀어내는, 끌어당기는 (3) 비례, 반비례 (4) 러더퍼드, 보어 (5) 양(+), 음(−) (6) 러더퍼드, 톰슨 (7) 전기 (8) ① 연속, ② 흡수, ③ 선(방출) (9) ① - ㉠, ② - ㉡, ③ - ㉠, ④ - ㉡, ⑤ - ㉡ (10) 흡수, 방출 (11) 진동수 (12) 자외선, 가시광선, 적외선

수능 자료 본책 86쪽

	1	2	3	4	5	6
자료❶	×	○	○	×	×	
자료❷	○	×	○	○	×	○
자료❸	○	×	○	○	×	○
자료❹	○	×	○	○	×	○

자료❶ 전기력

1 A에 작용하는 전기력은 0이므로, B와 C 중 하나는 A와 인력이 작용하고, 다른 하나는 A와 척력이 작용한다. 따라서 B와 C는 서로 다른 종류의 전하이다.

2 B가 양(+)전하, C가 음(−)전하이면, A와 B 사이에는 서로 밀어내는 전기력이 작용하고, B와 C 사이에는 서로 당기는 전기력이 작용하므로 B는 A와 C로부터 $+x$ 방향의 전기력을 받게 된다. 그러나 문제에서 B에 작용하는 전기력의 방향은 $-x$ 방향이라고 하였으므로, B가 음(−)전하, C가 양(+)전하이다. 이때 A와 B 사이에는 서로 당기는 전기력이 작용하고, B와 C 사이에도 서로 당기는 전기력이 작용하는데, A와 B 사이에 작용하는 당기는 전기력이 더 크면 B가 받는 전기력이 $-x$ 방향이 될 수 있다. 따라서 B는 음(−)전하이다.

3 A가 B와 C로부터 받는 전기력의 크기는 0이므로 A가 B로부터 받는 전기력은 A가 C로부터 받는 전기력과 크기가 같고 방향이 반대이다. 두 전하 사이에 작용하는 전기력의 크기는 두 전하의 전하량의 곱에 비례하고 거리의 제곱에 반비례하므로, A로부터 멀리 있는 전하일수록 전하량이 크다. 따라서 전하량의 크기는 C가 B보다 크다.

4 B에 작용하는 전기력의 방향이 $-x$ 방향이므로, A와 B 사이에 서로 당기는 전기력이 B와 C 사이에 서로 당기는 전기력보다 크다. 따라서 전하량의 크기는 A가 C보다 크다.

5 A와 B 사이에 작용하는 전기력의 크기를 F_{AB}, A와 C 사이에 작용하는 전기력의 크기를 F_{AC}, B와 C 사이에 작용하는 전기력의 크기를 F_{BC}라고 할 때, $F_{AB}=F_{AC}$이고 $F_{AB}>F_{BC}$이므로 $F_{AC}>F_{BC}$이다. 즉, A와 C 사이에 작용하는 전기력이 B와 C 사이에 작용하는 전기력보다 크다. A와 C는 모두 양(+)전하이므로 C에 작용하는 전기력의 방향은 $+x$ 방향이다.

자료❷ 보어의 수소 원자 모형

1 전자는 원자핵 주위의 특정한 에너지값을 갖는 궤도에서만 돌고 있으므로, 전자가 갖는 에너지 준위는 불연속적이다.

2 a에서 전자는 높은 에너지 준위에서 낮은 에너지 준위로 전이하므로 빛을 방출한다.

3 전자가 전이할 때 흡수하거나 방출하는 광자 1개의 에너지는 두 에너지 준위 차에 해당하는 에너지이므로, 광자 1개의 에너지는 에너지 준위 차가 큰 a에서가 b에서보다 크다.

4 전자가 전이할 때 흡수하거나 방출하는 광자 1개의 에너지는 $E=hf=\frac{hc}{\lambda}$이므로, a, b, c에서 흡수하거나 방출하는 에너지는 각각 $\frac{hc}{\lambda_a}$, $\frac{hc}{\lambda_b}$, $\frac{hc}{\lambda_c}$이다. $\frac{hc}{\lambda_a}=\frac{hc}{\lambda_b}+\frac{hc}{\lambda_c}$가 성립하므로 $\frac{1}{\lambda_a}=\frac{1}{\lambda_b}+\frac{1}{\lambda_c}$이다.

5 전자가 전이할 때 흡수하거나 방출하는 광자 1개의 에너지는 $E=|E_m-E_n|=hf=\frac{hc}{\lambda}$로 두 에너지 준위 차와 같으며 빛의 파장 λ에 반비례한다. λ_a와 λ_c는 각각 a와 c에서 흡수하거나 방출하는 빛의 파장이므로, $E_3-E_1=\frac{hc}{\lambda_a}$와 $E_3-E_2=\frac{hc}{\lambda_c}$가 각각 성립한다. 따라서 $\frac{\lambda_a}{\lambda_c}=\frac{E_3-E_2}{E_3-E_1}$이다.

6 a에서 방출하는 광자의 에너지가 c에서 흡수하는 광자의 에너지보다 크다. 광자의 에너지가 클수록 파장이 짧으므로 $\lambda_a<\lambda_c$이다.

자료❸ 보어의 수소 원자 모형과 스펙트럼

1 전자가 전이할 때 흡수되는 광자(빛) 1개의 에너지는 $E=|E_m-E_n|=hf$로 진동수 f에 비례하므로, 에너지 준위 차가 클수록 진동수가 큰 빛이 흡수된다. 에너지 준위 차는 a에서가 b에서보다 작으므로, 흡수되는 빛의 진동수는 a에서가 b에서보다 작다.

2 전자가 한 에너지 준위(n)에서 다른 에너지 준위(m)로 전이할 때, 흡수되거나 방출되는 광자(빛) 1개의 에너지는 $E=|E_m-E_n|=hf$이다. 따라서 b에서 흡수되는 빛의 진동수는 $f=\frac{E_3-E_1}{h}$이다.

3 전자가 전이할 때 흡수되는 광자(빛) 1개의 에너지는 $E=|E_m-E_n|=hf=\frac{hc}{\lambda}$로 파장 λ에 반비례하므로, 에너지 준위 차가 작을수록 파장이 긴 빛이 흡수된다. 에너지 준위 차는 b에서가 c에서보다 작으므로, 흡수되는 빛의 파장은 b에서가 c에서보다 길다.

4 광자(빛) 1개의 에너지는 $E=hf=\frac{hc}{\lambda}$로 진동수에 비례하고 파장에 반비례한다. ㉠은 파장이 가장 짧은 스펙트럼선이므로 흡수되는 빛에너지의 진동수가 가장 크다. 에너지 준위 차가 클수록 진동수가 큰 빛을 흡수하므로 ㉠은 c에 의해 나타난 스펙트럼선이다.

5 전자가 전이할 때 흡수되거나 방출되는 광자(빛) 1개의 에너지는 두 에너지 준위 차와 같다. d에서 방출되는 광자 1개의 에너지는 $|E_4-E_1|$이므로 $|E_2-E_1|$보다 크다.

6 전자가 양자수 $n=2, 3, 4, \cdots$인 궤도에서 $n=1$인 궤도로 전이할 때 방출하는 빛은 자외선 영역이므로, d에서 방출되는 빛은 자외선이다.

자료❹ 보어의 수소 원자 모형과 에너지 준위

1 전자가 전이할 때 방출되거나 흡수되는 광자 1개의 에너지는 두 에너지 준위 차에 해당하므로, 방출되는 광자 1개의 에너지는 에너지 준위 차가 큰 a에서가 b에서보다 크다.

2 전자가 전이할 때 흡수되는 광자(빛) 1개의 에너지는 두 에너지 준위 차와 같다. 따라서 c에서 흡수되는 빛에너지는 $E=-0.85\ \text{eV}-(-1.51\ \text{eV})=0.66\ \text{eV}$이다.

3 전자가 전이할 때 흡수되거나 방출되는 광자(빛) 1개의 에너지는 $E=|E_m-E_n|=hf$로 진동수 f에 비례한다. 에너지 준위 차는 a에서가 가장 크므로, 빛의 진동수가 가장 큰 경우는 a이다.

4 전자가 전이할 때 방출되는 광자(빛) 1개의 에너지는 $E=|E_m-E_n|=hf=\frac{hc}{\lambda}$로 파장 λ에 반비례하므로, 에너지 준위 차가 클수록 파장이 짧은 빛이 방출된다. 에너지 준위 차는 b에서가 c에서보다 크므로, 빛의 파장은 λ_b가 λ_c보다 짧다.

5 전자가 전이할 때 방출되는 광자(빛) 1개의 에너지는 $E=|E_m-E_n|=hf=\frac{hc}{\lambda}$이다. 에너지 준위 차의 관계는 $(E_4-E_2)=(E_3-E_2)+(E_4-E_3)$이므로 $\frac{hc}{\lambda_a}=\frac{hc}{\lambda_b}+\frac{hc}{\lambda_c}$이다. 따라서 $\frac{1}{\lambda_a}=\frac{1}{\lambda_b}+\frac{1}{\lambda_c}$이다.

6 전자가 양자수 $n=3, 4, 5, \cdots$인 궤도에서 $n=2$인 궤도로 전이할 때 방출하는 빛은 가시광선 영역(발머 계열)이므로, b에서 방출되는 빛은 발머 계열이다.

본책 87쪽

1 $\frac{F}{2}$ **2** (다) → (가) → (나) **3** (1) 전자 (2) 원자핵 **4** ㄱ, ㄴ **5** 러더퍼드의 원자 모형 **6** ⑤ **7** ㄴ **8** (1) 흡수 (2) 크 (3) 적외선

1 전하량이 q로 같은 두 전하가 거리 r만큼 떨어져 있을 때 작용하는 전기력의 크기가 $F=k\frac{q\cdot q}{r^2}=k\frac{q^2}{r^2}$이므로, 전하량이 q, $2q$인 두 전하가 거리 $2r$만큼 떨어져 있을 때 작용하는 전기력의 크기는 $k\frac{q\cdot 2q}{(2r)^2}=k\frac{2q^2}{4r^2}=\frac{F}{2}$이다.

2 1897년에 톰슨은 양(+)전하를 띤 물질로 채워진 원자 속에 전자가 띄엄띄엄 박혀 있는 원자 모형 (다)를 제안하였고, 1911년에 러더퍼드는 양(+)전하를 띤 원자핵 주위를 음(−)전하를 띤 전자가 임의의 궤도에서 원운동하는 모형 (가)를 제안하였으며, 1913년에 보어는 전자가 원자핵을 중심으로 특정한 궤도에서 원운동하는 모형 (나)를 제안하였다.

3 (1) 톰슨은 기체 방전관에서 나오는 음극선이 전기력과 자기력에 의해 방향이 휘어지는 현상으로부터 음극선이 음(−)전하를 띠는 입자임을 알아내고, 이 입자를 전자라고 하였다.
(2) 러더퍼드는 알파(α) 입자를 금박에 투과시키는 실험에서 대부분의 알파(α) 입자는 그대로 통과하였으나 일부 알파(α) 입자가 큰 각도로 산란되는 현상으로부터 원자 중심에 원자 질량의 대부분을 차지하는 양(+)전하를 띠는 물질인 원자핵이 존재하는 것을 발견하였다.

4 ㄱ. 원자핵이 띠는 양(+)전하량과 전자가 띠는 음(−)전하량이 같으므로, 원자는 전기적으로 중성이다.
ㄴ. 원자핵과 전자 사이에 작용하는 전기력은 전자를 원자 내의 일정한 범위 안에 묶어 두는 역할을 하므로, 전자는 전기력에 의해 원자에 속박되어 있다.
바로알기 ㄷ. 쿨롱 법칙에 따라 전기력의 크기는 두 전하 사이의 거리의 제곱에 반비례하므로, 원자핵과 전자 사이에 작용하는 힘(전기력)은 원자핵과 전자 사이의 거리가 작은 (가)에서가 (나)에서보다 크다.

5 전자가 원자핵 주위의 임의의 궤도에서 원운동하는 모형은 러더퍼드가 제안하였으며, 이 원자 모형에서 원운동하는 전자는 빛을 방출하면서 에너지를 잃기 때문에 원자핵 쪽으로 끌리므로 원자가 안정성을 유지할 수 없다. 또, 전자의 회전 반지름이 감소하면서 연속적인 파장의 빛을 방출하여 연속 스펙트럼이 나타나므로 수소의 선 스펙트럼을 설명할 수 없다.

6 ① 보어는 전자 궤도의 반지름이 특정한 값만 가질 수 있다고 제안하였다.
② 보어는 전자가 원자핵 주위의 특정한 궤도에서 원운동할 때 빛을 방출하지 않고 안정한 상태로 존재할 수 있다고 하였다.
③ 전자의 궤도는 양자수 n으로 나타내는 특정한 값만 가지므로, 전자는 양자수 n에 따라 결정되는 불연속적인 값의 에너지를 갖는다.
④ 전자는 $n=1$인 바닥상태에 있을 때 가장 안정하다.
바로알기 ⑤ 수소 원자 내 전자의 에너지 준위는 $E_n=-\frac{13.6}{n^2}\ \text{eV}$이므로 n이 커질수록 전자의 에너지는 커진다.

7 ㄴ. 밝은 선은 들뜬상태의 전자가 안정한 상태로 전이할 때 에너지 준위 차에 해당하는 특정한 파장의 빛을 방출하기 때문에 나타나며, 이는 전자가 불연속적인 에너지 준위에 있음을 의미한다.
바로알기 ㄱ. 밝은 선이 띄엄띄엄 나타나는 스펙트럼은 선(방출) 스펙트럼이다.
ㄷ. 선 스펙트럼은 전자의 에너지 준위가 불연속적임을 의미한다.

8 (1) ㉠은 양자수가 작은 궤도에서 큰 궤도로 전이하는 과정이므로 전자가 에너지를 흡수하는 과정이다.
(2) 전자가 전이할 때 흡수하거나 방출하는 광자(빛) 1개의 에너지는 진동수 f에 비례하므로, 에너지 준위 차가 큰 ㉠에서 흡수하는 빛의 진동수는 ㉡에서 방출하는 빛의 진동수보다 크다.
(3) 전자가 양자수 $n=4, 5, 6, \cdots$인 궤도에서 $n=3$인 궤도로 전이할 때 방출하는 빛은 적외선 영역이다.

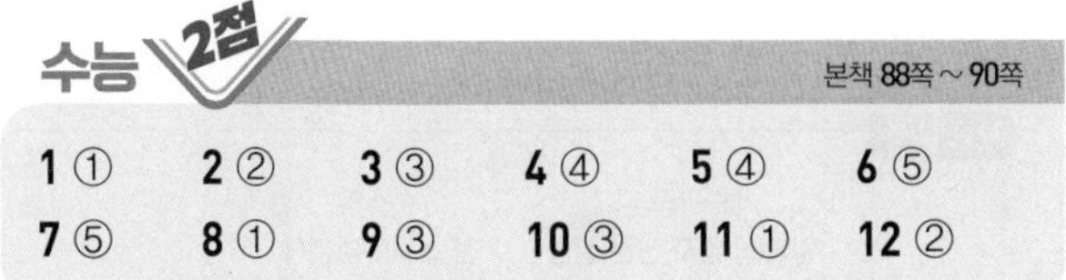

1 ①	2 ②	3 ③	4 ④	5 ④	6 ⑤
7 ⑤	8 ①	9 ③	10 ③	11 ①	12 ②

1 전하 사이에 작용하는 전기력

자료 분석

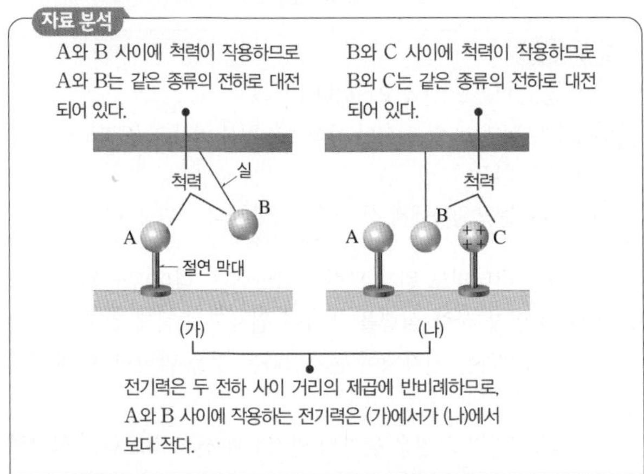

선택지 분석

㉠ A와 B는 같은 종류의 전하로 대전되어 있다.

✗ B는 음(−)전하로 대전되어 있다. **양(+)전하**

✗ A가 B에 작용하는 전기력의 크기는 (가)에서가 (나)에서보다 크다. **작다.**

ㄱ. A와 B 사이에 척력이 작용하므로, A와 B는 서로 같은 종류의 전하로 대전되어 있다.

바로알기 ㄴ. (나)에서 B는 힘의 평형 상태에 있으므로 B와 C 사이에는 척력이 작용한다. 따라서 B는 C와 같이 양(+)전하로 대전되어 있다.

ㄷ. A와 B 사이의 거리는 (가)에서가 (나)에서보다 크다. 따라서 A가 B에 작용하는 전기력의 크기는 (가)에서가 (나)에서보다 작다.

2 전하 사이에 작용하는 전기력

자료 분석

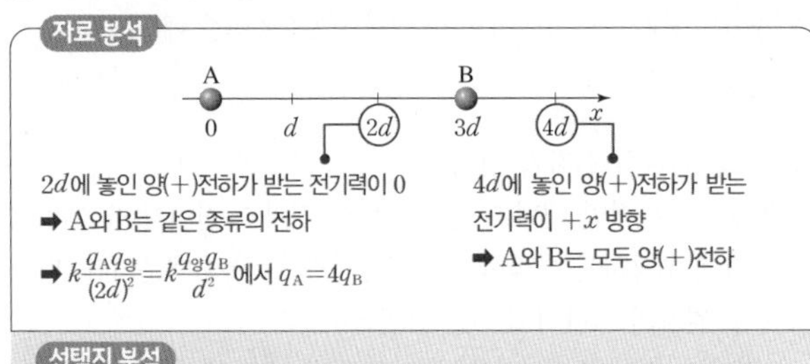

A
B
0
d
2d
3d
4d
x
2d에 놓인 양(+)전하가 받는 전기력이 0
➡ A와 B는 같은 종류의 전하
➡ $k\frac{q_A q_양}{(2d)^2}=k\frac{q_양 q_B}{d^2}$에서 $q_A=4q_B$
4d에 놓인 양(+)전하가 받는 전기력이 +x 방향
➡ A와 B는 모두 양(+)전하

선택지 분석

✗ A와 B는 다른 종류의 전하이다. **같은**

✗ A는 음(−)전하이다. **양(+)전하**

㉢ 전하량의 크기는 A가 B의 4배이다.

ㄷ. $x=2d$인 곳에서 양(+)전하가 받는 전기력의 합력이 0이므로, 양(+)전하가 A로부터 받는 전기력과 양(+)전하가 B로부터 받는 전기력의 크기가 같다. 이를 식으로 나타내면 $k\frac{q_A q_양}{(2d)^2}=k\frac{q_양 q_B}{d^2}$에서 $q_A=4q_B$이므로, 전하량의 크기는 A가 B의 4배이다.

바로알기 ㄱ. $x=2d$인 곳에서 양(+)전하가 받는 전기력의 합력이 0이므로, 양(+)전하가 A로부터 받는 전기력과 양(+)전하가 B로부터 받는 전기력의 크기는 같고 방향은 반대이다. 따라서 양(+)전하가 A와 B로부터 모두 인력을 받는 경우이거나, 또는 모두 척력을 받는 경우 중에 하나로 생각할 수 있다. 따라서 A와 B는 같은 종류의 전하이다.

ㄴ. A와 B가 같은 종류의 전하일 때 $x=4d$인 곳에서 양(+)전하가 받는 전기력의 방향이 $+x$ 방향이므로, 양(+)전하는 A와 B로부터 모두 척력을 받는 것을 알 수 있다. 따라서 A와 B는 모두 양(+)전하이다.

3 전하 사이에 작용하는 전기력

자료 분석

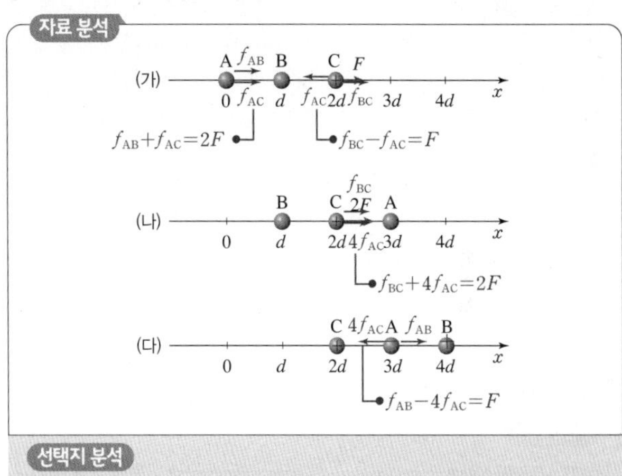

선택지 분석

	크기	방향		크기	방향
✗①	$\frac{F}{2}$	$+x$	✗④	$\frac{F}{2}$	$-x$
③	F	$+x$	✗⑤	F	$-x$
✗②	$2F$	$+x$			

③ (나)에서와 같이 A를 C의 오른쪽으로 옮겼을 때 C에 $+x$ 방향으로 작용하는 전기력의 크기가 F에서 $2F$로 증가하는 것으로 보아, A와 C 사이에는 인력이 작용하고 A와 C는 다른 종류의 전하라는 것을 알 수 있으므로 A는 음(−)전하이다. (가)에서 A가 음(−)전하, B가 음(−)전하라고 가정하면, C에 $-x$ 방향으로 전기력이 작용해야 하므로 이 경우는 성립하지 않는다. 따라서 A는 음(−)전하, B는 양(+)전하이다.

(가)에서 A와 B 사이의 전기력의 크기를 f_{AB}, A와 C 사이의 전기력의 크기를 f_{AC}라 하고 오른쪽 방향을 (+)로 하면, A에 작용하는 전기력은 $f_{AB}+f_{AC}=2F$ ⋯ ①이다.

(가)에서 A와 C 사이에 작용하는 전기력의 크기는 f_{AC}, B와 C 사이의 전기력의 크기를 f_{BC}라고 하면 C에 작용하는 전기력은 $f_{BC}-f_{AC}=F$ ⋯ ②이다.

(나)에서 B와 C 사이에 작용하는 전기력의 크기는 f_{BC}이고, A와 C 사이에 작용하는 전기력의 크기는 $4f_{AC}$이므로(거리가 $\frac{1}{2}$배로 감소하였으므로), C에 작용하는 전기력은 $f_{BC}+4f_{AC}=2F$ ⋯ ③이다. 따라서 식 ①, ②, ③을 연립하면 $f_{AB}=\frac{9}{5}F$, $f_{AC}=\frac{1}{5}F$이다.

(다)에서 A와 C 사이에 작용하는 전기력의 크기는 $4f_{AC}$이고,

A와 B 사이에 작용하는 전기력의 크기는 f_{AB}이므로 A에 작용하는 전기력의 크기는 $f_{AB}-4f_{AC}=\frac{9}{5}F-4\left(\frac{1}{5}F\right)=F$이고, 방향은 $+x$ 방향이다.

4 원자 모형

자료 분석

- 톰슨 원자 모형은 음극선 실험을 통해 전자를 발견하였고, 양(+)전하 덩어리 속에 전자가 띄엄띄엄 박혀 있다. → 전자 발견
- 러더퍼드 원자 모형은 알파(α) 입자 산란 실험을 통해 제안되었고, 원자 질량의 대부분을 차지하는 원자핵이 원자 중앙에 존재하고 전자가 원자핵 주위를 돌고 있다. 그러나 이 모형으로는 수소 원자의 선 스펙트럼을 설명할 수 없다. → 원자핵 발견

선택지 분석

	(가)	(나)
~~①~~	보어	톰슨
~~②~~	톰슨	보어
~~③~~	러더퍼드	톰슨
~~④~~→④	보어	러더퍼드
④	톰슨	러더퍼드

④ 음극선 실험을 통해 전자를 발견한 과학자는 톰슨이고, 알파(α) 입자 산란 실험을 통해 원자핵의 존재를 밝혀낸 과학자는 러더퍼드이다.

5 알파(α) 입자 산란 실험

자료 분석

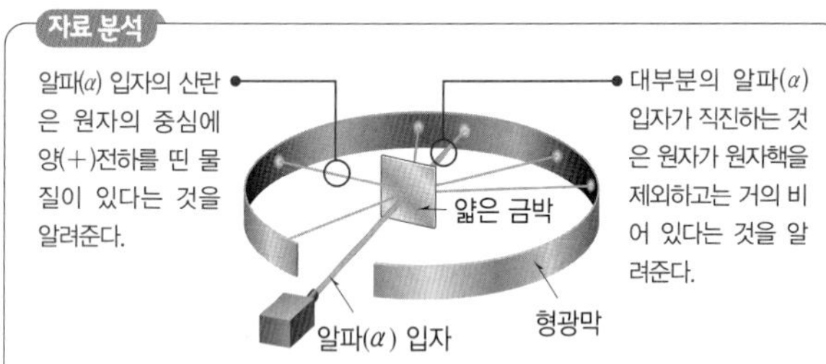

알파(α) 입자의 산란은 원자의 중심에 양(+)전하를 띤 물질이 있다는 것을 알려준다.
대부분의 알파(α) 입자가 직진하는 것은 원자가 원자핵을 제외하고는 거의 비어 있다는 것을 알려준다.
얇은 금박
알파(α) 입자
형광막

선택지 분석

⊙영희: 알파(α) 입자의 산란은 원자의 중심에 양(+)전하를 띠는 원자핵이 존재하기 때문이야.

⊙민수: 대부분의 알파(α) 입자가 직진하는 것으로 보아 원자는 원자핵을 제외하고는 거의 비어 있다는 것을 알 수 있어.

~~철수~~: 이 실험 결과로부터 러더퍼드는 전자가 원자핵 주위의 특정한 원 궤도에서 원운동을 하는 원자 모형을 제안했어. (특정한 → 임의의)

• 영희: 양(+)전하를 띠는 알파(α) 입자의 산란은 전기적인 척력 때문에 일어나므로, 원자의 중심에 양(+)전하를 띤 원자핵이 존재한다는 것을 알 수 있다.

• 민수: 알파(α) 입자를 금박에 투과시키는 실험에서 대부분의 알파(α) 입자가 직진하고 일부 알파(α) 입자들이 얇은 금박에서 튕겨나오는 현상으로부터 원자 가운데의 좁은 공간에 원자핵이 있으며, 원자핵의 지름이 원자 지름에 비해 매우 작아 원자핵을 제외하고는 거의 비어 있다는 것을 알 수 있다.

바로알기 • 철수: 러더퍼드는 양(+)전하를 띤 원자핵 주위를 음(−)전하를 띤 전자가 임의의 궤도에서 원운동하는 모형을 제안하였다. 전자가 원자핵 주위의 특정한 원 궤도에서 원운동하는 원자 모형을 제안한 과학자는 보어이다.

6 원자 모형의 변천 과정과 스펙트럼

자료 분석

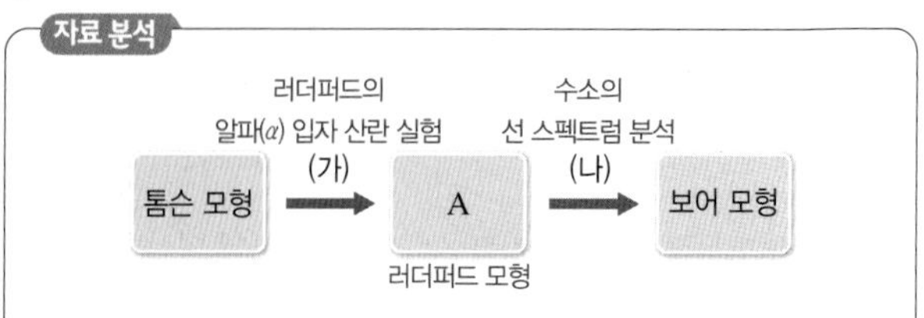

선택지 분석

㉠ A는 러더퍼드 원자 모형이다.

㉡ (가)는 알파(α) 입자 산란 실험에서 일부 입자가 큰 각도로 산란되는 현상이다.

㉢ (나)는 수소 원자에서 선 스펙트럼이 나타난 현상이다.

ㄱ, ㄴ. A는 러더퍼드 원자 모형을 나타낸다. 러더퍼드 원자 모형은 알파(α) 입자 산란 실험을 통하여 원자의 중심에 원자 질량의 대부분을 차지하는 원자핵이 존재한다는 것을 밝혀낸 후 제시되었다.

ㄷ. 러더퍼드 원자 모형은 원자의 안정성과 선 스펙트럼을 설명하지 못하였다. 이것을 해결하기 위해 보어는 새로운 원자 모형을 제시하였다.

7 수소 원자 스펙트럼의 분석

자료 분석

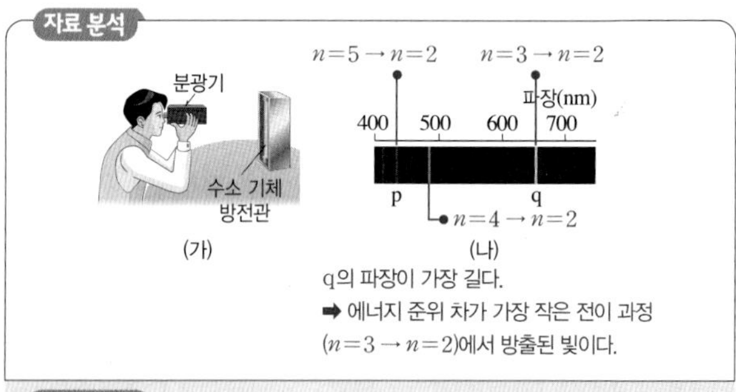

선택지 분석

㉠ 수소 원자의 에너지 준위는 불연속적이다.

㉡ 방출되는 광자 1개의 에너지는 p에 해당하는 빛이 q에 해당하는 빛보다 크다.

㉢ p는 전자가 양자수 $n=5$에서 $n=2$로 전이할 때 나타난 스펙트럼선이다.

ㄱ. 수소 원자의 전자가 전이할 때 선 스펙트럼이 나타나는 것은 전자가 불연속적인 에너지 준위에 있어 전자가 전이할 때 에너지 준위 차에 해당하는 특정한 파장의 빛을 방출하기 때문이다. 따라서 수소 원자의 에너지 준위는 불연속적이다.

ㄴ. 전자가 전이할 때 방출되는 광자(빛) 1개의 에너지는 $E=|E_m-E_n|=hf=\frac{hc}{\lambda}$로 파장 λ에 반비례하므로, 광자의 에너지가 클수록 파장이 짧은 빛이 방출된다. 따라서 광자 1개의 에너지는 파장이 짧은 p에 해당하는 빛이 파장이 긴 q에 해당하는 빛보다 크다.

ㄷ. 수소 원자의 전자가 양자수 $n=3, 4, 5\cdots$인 궤도에서 $n=2$인 궤도로 전이할 때 가시광선 영역의 스펙트럼이 나타난다. 가시광선 영역에서 파장이 가장 긴 q는 $n=3$인 상태에서 $n=2$인 상태로 전이할 때 나타나며, 파장이 세 번째로 긴 p는 전자가 $n=5$인 상태에서 $n=2$인 상태로 전이할 때 나타난다.

8 에너지 준위와 선 스펙트럼

자료 분석

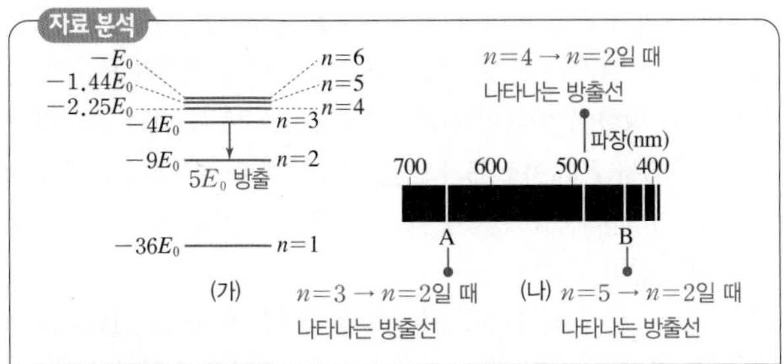

선택지 분석

① $n=2$에서 $n=5$로 전이할 때 흡수하는 빛

~~② $n=3$에서 $n=4$로 전이할 때 흡수하는 빛~~

~~③ $n=4$에서 $n=2$로 전이할 때 방출하는 빛~~

~~④ $n=5$에서 $n=1$로 전이할 때 방출하는 빛~~

~~⑤ $n=6$에서 $n=3$으로 전이할 때 방출하는 빛~~

① (나)의 A에 해당하는 빛의 진동수가 $f_A=\dfrac{|E_m-E_n|}{h}=\dfrac{-4E_0-(-9E_0)}{h}=\dfrac{5E_0}{h}$이므로, A는 전자가 $n=3$인 상태에서 $n=2$인 상태로 전이할 때 방출하는 빛에 의한 스펙트럼선이다. 전자가 들뜬상태에서 $n=2$인 상태로 전이할 때 방출하는 빛은 가시광선(발머 계열)이므로, (나)에서 A는 가시광선 영역(발머 계열) 중에서 파장이 가장 긴 빛에 해당한다. B는 가시광선 영역(발머 계열) 중에서 파장이 세 번째로 긴 빛이므로, 전자가 $n=5$인 상태에서 $n=2$인 상태로 전이할 때 방출하는 빛에 의한 스펙트럼선이다. 또, 전자가 $n=2$에서 $n=5$로 전이할 때 흡수하는 빛에도 해당한다.

9 전자의 전이와 선 스펙트럼

자료 분석

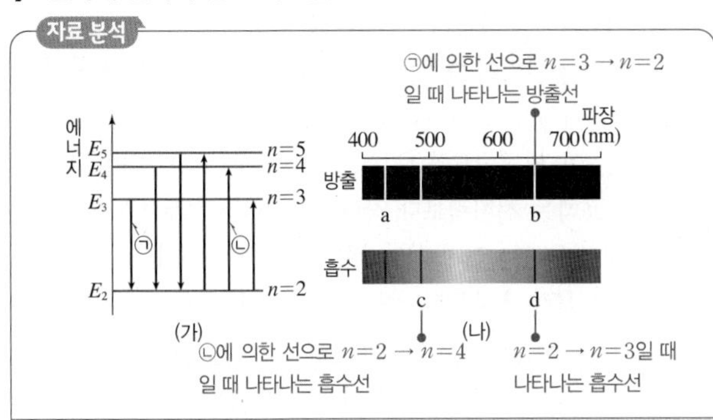

선택지 분석

㉠ 광자 1개의 에너지는 a에서가 b에서보다 크다.

㉡ c는 ㉡에 의해 나타난 스펙트럼선이다.

~~㉢ d에서 광자의 진동수는 $\dfrac{E_5-E_2}{h}$이다.~~ $\dfrac{E_3-E_2}{h}$

ㄱ. 광자 1개의 에너지는 $E=hf=\dfrac{hc}{\lambda}$이므로, 진동수에 비례하고 파장에 반비례한다. 따라서 광자 1개의 에너지는 파장이 짧은 a에서가 파장이 긴 b에서보다 크다.

ㄴ. 수소에서 나타나는 방출 스펙트럼에서 밝은 선의 파장은 흡수 스펙트럼에서 검은 선의 파장과 일치하므로, b가 나타날 때 방출하는 에너지와 d가 나타날 때 흡수하는 에너지는 같다. b가 ㉠에 의해 나타나므로, d는 $n=2$에서 $n=3$으로 전이할 때 나타나는 흡수선이다. c는 d 다음으로 파장이 긴 빛의 스펙트럼선이므로 c는 $n=2$에서 $n=4$로 전이하는 ㉡에 의해 나타난 스펙트럼선이다.

바로알기 ㄷ. b에서 방출하는 광자의 진동수는 d에서 흡수하는 광자의 진동수와 같다. b가 ㉠에 의해 나타나므로, d는 $n=2$에서 $n=3$으로 전이할 때 나타나는 흡수선이다. 따라서 d에서 광자의 진동수는 $E_3-E_2=hf$에서 $f=\dfrac{E_3-E_2}{h}$이다.

10 보어의 수소 원자 모형에서 전자의 전이

자료 분석

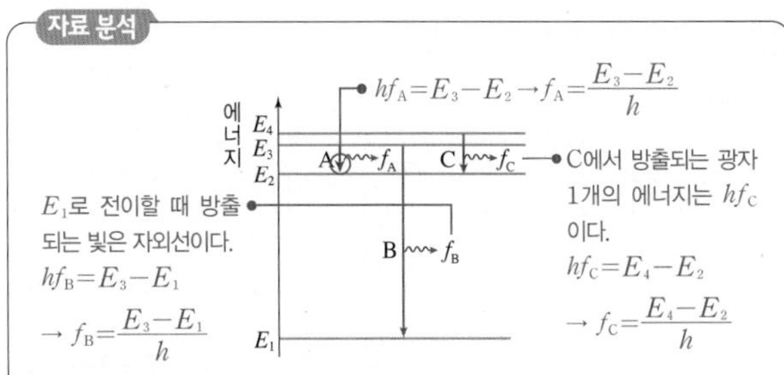

선택지 분석

㉠ $f_A=\dfrac{E_3-E_2}{h}$이다.

~~㉡ f_B는 적외선 영역에 속하는 진동수이다.~~ 자외선

㉢ C에서 방출되는 광자 1개의 에너지는 hf_C이다.

ㄱ. 전자가 E_3에서 E_2인 에너지 준위로 전이할 때 방출하는 광자의 에너지는 $hf_A=E_3-E_2$이므로 $f_A=\dfrac{E_3-E_2}{h}$이다.

ㄷ. C에서 방출되는 광자 1개의 에너지는 진동수 f_C에 비례하므로 hf_C이다.

바로알기 ㄴ. A에서 방출되는 f_A가 가시광선 영역에 속하는 진동수이므로, B에서 방출되는 빛의 진동수 f_B는 자외선 영역이다. E_1로 전이할 때 방출되는 빛의 진동수는 자외선 영역(라이먼 계열)에 속한다.

11 전자의 전이와 핵과 전자 사이에 작용하는 전기력

자료 분석

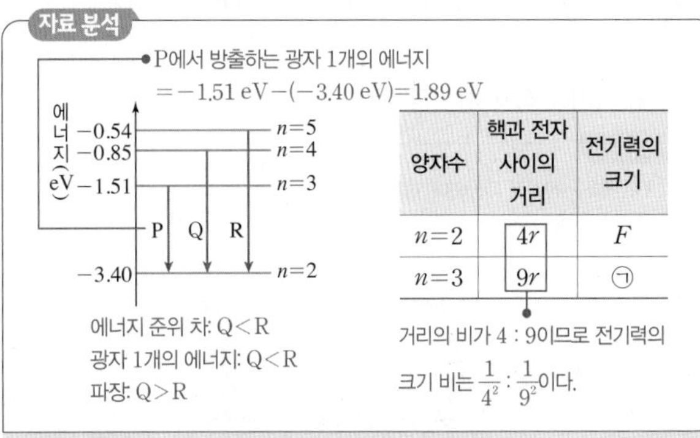

양자수	핵과 전자 사이의 거리	전기력의 크기
$n=2$	$4r$	F
$n=3$	$9r$	㉠

선택지 분석

㉠ P에서 방출되는 광자 1개의 에너지는 1.89 eV이다.

~~㉡ 방출되는 빛의 파장은 Q에서가 R에서보다 짧다.~~ 길다.

~~㉢ ㉠은 $\dfrac{9}{4}F$이다.~~ $\dfrac{16}{81}F$

ㄱ. 전자가 전이할 때 방출되는 광자 1개의 에너지는 두 에너지 준위 차와 같으므로, P에서 방출되는 광자 1개의 에너지는 $-1.51\ \text{eV}-(-3.40\ \text{eV})=1.89\ \text{eV}$이다.

바로알기 ㄴ. 전자가 전이할 때 방출되는 광자(빛) 1개의 에너지는 $E=|E_m-E_n|=hf=\frac{hc}{\lambda}$로 파장 λ에 반비례한다. 에너지 준위 차는 Q에서가 R에서보다 작으므로, 방출되는 빛의 파장은 Q에서가 R에서보다 길다.

ㄷ. 전기력의 크기는 두 전하 사이의 거리의 제곱에 반비례한다. 따라서 핵과 전자 사이의 거리가 $4r$, $9r$일 때 전기력의 크기 비는 $\frac{1}{16}:\frac{1}{81}=81:16$이므로 ㉠은 $\frac{16}{81}F$이다.

12 에너지 준위와 선 스펙트럼

자료 분석

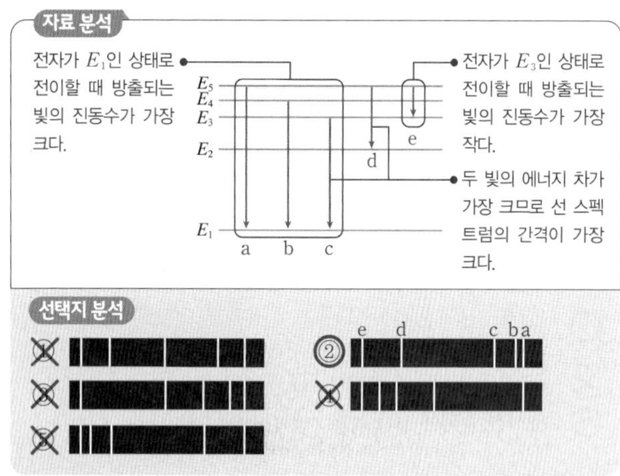

선택지 분석

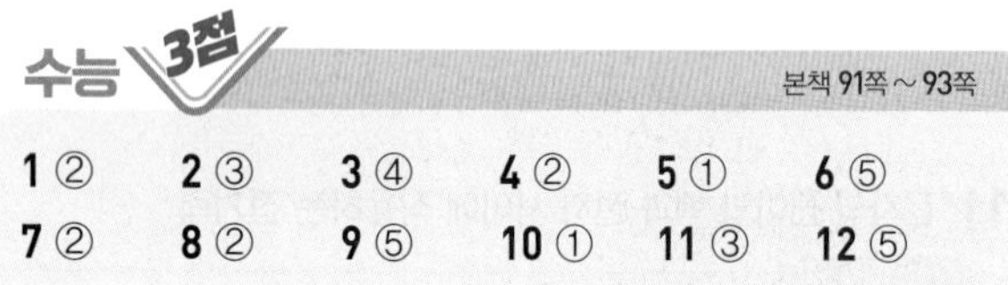

② 에너지 준위 차가 클수록 진동수가 큰 빛이 방출되므로, 전자가 E_1인 상태로 전이할 때 방출되는 빛의 진동수가 가장 크고 E_3인 상태로 전이할 때 방출되는 빛의 진동수가 가장 작다. 따라서 관찰되는 선 스펙트럼의 모양은 ②와 같다.

수능 3점

본책 91쪽 ~ 93쪽

1 ②	2 ③	3 ④	4 ②	5 ①	6 ⑤
7 ②	8 ②	9 ⑤	10 ①	11 ③	12 ⑤

1 전하 사이에 작용하는 전기력

자료 분석

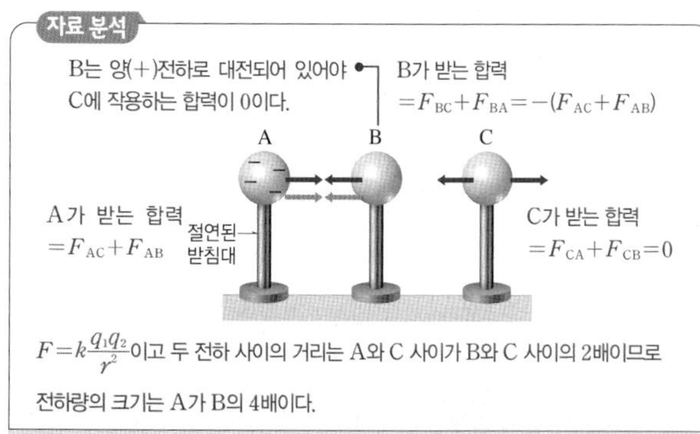

B는 양(+)전하로 대전되어 있어야 C에 작용하는 합력이 0이다.
B가 받는 합력 $=F_{BC}+F_{BA}=-(F_{AC}+F_{AB})$
A
B
C
A가 받는 합력 $=F_{AC}+F_{AB}$
절연된 받침대
C가 받는 합력 $=F_{CA}+F_{CB}=0$
$F=k\frac{q_1q_2}{r^2}$이고 두 전하 사이의 거리는 A와 C 사이가 B와 C 사이의 2배이므로 전하량의 크기는 A가 B의 4배이다.

선택지 분석

✕ B는 음(−)전하로 대전되어 있다. 양(+)전하

✕ 전하량의 크기는 A가 B의 2배이다. 4배

㉢ A가 받는 전기력의 합력의 크기는 B가 받는 전기력의 합력의 크기와 같다.

ㄷ. C가 A로부터 받는 전기력 F_{CA}는 C가 B로부터 받는 전기력 F_{CB}와 크기가 같고 방향이 반대이다($F_{CA}=-F_{CB}$). 또, A가 B로부터 받는 전기력 F_{AB}는 B가 A로부터 받는 전기력 F_{BA}와 크기가 같고 방향이 반대이다($F_{AB}=-F_{BA}$). A가 받는 전기력의 합력은 $F_{AC}+F_{AB}$이고 B가 받는 전기력의 합력은 $F_{BC}+F_{BA}=-F_{CB}-F_{AB}=-F_{AC}-F_{AB}=-(F_{AC}+F_{AB})$이므로, 그 크기가 서로 같다.

바로알기 ㄱ. C에 작용하는 전기력의 합력은 0이므로, B는 A와 다른 종류의 전하이다. 따라서 B는 양(+)전하로 대전되어 있다.

ㄴ. 전기력의 크기는 $F=k\frac{q_1q_2}{r^2}$이다. C에 작용하는 전기력의 합력이 0일 때, 두 전하 사이의 거리는 A와 C 사이가 B와 C 사이의 2배이므로 전하량의 크기는 A가 B의 4배이다.

2 전하 사이에 작용하는 전기력

자료 분석

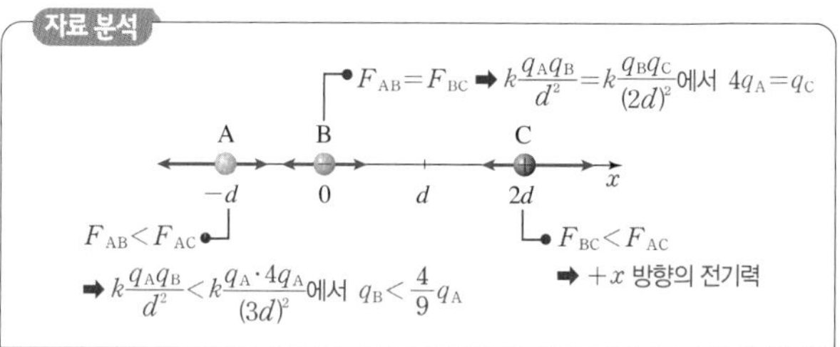

선택지 분석

㉠ A는 양(+)전하이다.

✕ 전하량의 크기는 B가 A보다 크다. 작다.

㉢ C가 받는 전기력의 방향은 $+x$ 방향이다.

ㄱ. A와 C가 B에 작용하는 전기력이 0일 때, B와 C 사이에 서로 당기는 전기력이 작용하므로 A와 B 사이에도 서로 당기는 전기력이 작용한다. 따라서 A는 양(+)전하이다.

ㄷ. A와 B 사이에 작용하는 전기력의 크기를 F_{AB}, A와 C 사이에 작용하는 전기력의 크기를 F_{AC}, B와 C 사이에 작용하는 전기력의 크기를 F_{BC}라고 할 때, $F_{AB}=F_{BC}$이고 $F_{AB}<F_{AC}$이므로 $F_{BC}<F_{AC}$이다. 즉, B와 C 사이에 작용하는 전기력이 A와 C 사이에 작용하는 전기력보다 작다. A와 C는 모두 양(+)전하이므로, C에 작용하는 전기력의 방향은 $+x$ 방향이다.

바로알기 ㄴ. B가 A로부터 받는 전기력과 B가 C로부터 받는 전기력의 크기가 같으므로 $k\frac{q_Aq_B}{d^2}=k\frac{q_Bq_C}{(2d)^2}$에서 $4q_A=q_C$이다. 또, B가 A에 작용하는 전기력의 크기는 C가 A에 작용하는 전기력의 크기보다 작으므로, $k\frac{q_Aq_B}{d^2}<k\frac{q_A\cdot 4q_A}{(3d)^2}$에서 $q_B<\frac{4}{9}q_A$이다. 따라서 전하량의 크기는 B가 A보다 작다.

3 스펙트럼 분석

자료 분석

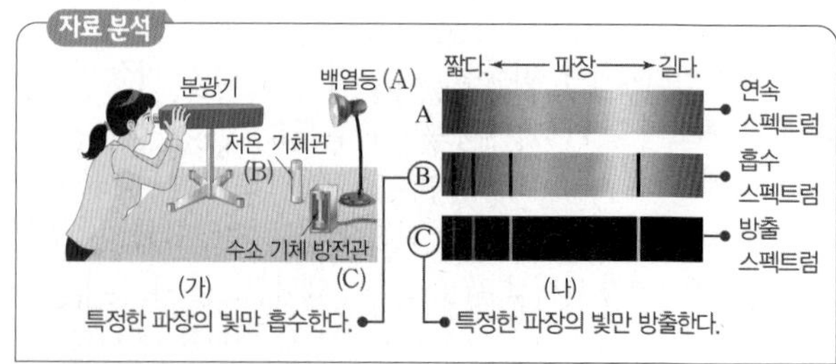

선택지 분석

~~①~~ B는 방출 스펙트럼이다. 흡수
~~②~~ 수소 원자의 에너지 준위는 연속적이다. 불연속적
~~③~~ 수소 기체 방전관에서 나오는 빛의 스펙트럼은 A이다. C
④ 저온 기체관을 통과한 백열등 빛의 스펙트럼은 B이다.
~~⑤~~ 기체의 종류가 달라져도 C에 나타나는 선의 위치는 같다. 다르다.

④ 저온 기체관을 통과한 백열등 빛의 스펙트럼은 특정한 파장의 빛만 흡수된 흡수 스펙트럼이므로 B이다.

바로알기 ① B는 특정한 파장의 빛만 흡수되어 검은 선으로 나타나므로 흡수 스펙트럼이다.
② 수소 기체 스펙트럼은 선 스펙트럼이므로, 수소 원자의 에너지 준위는 불연속적이다.
③ 수소 기체 방전관에서 나오는 빛의 스펙트럼은 방출 스펙트럼이므로 C이다.
⑤ 방출 스펙트럼에서 선의 위치는 기체에 따라 고유하게 정해져 있다. 따라서 기체의 종류가 달라지면 스펙트럼에 나타나는 선의 위치가 달라진다.

4 전자의 전이와 선 스펙트럼

자료 분석

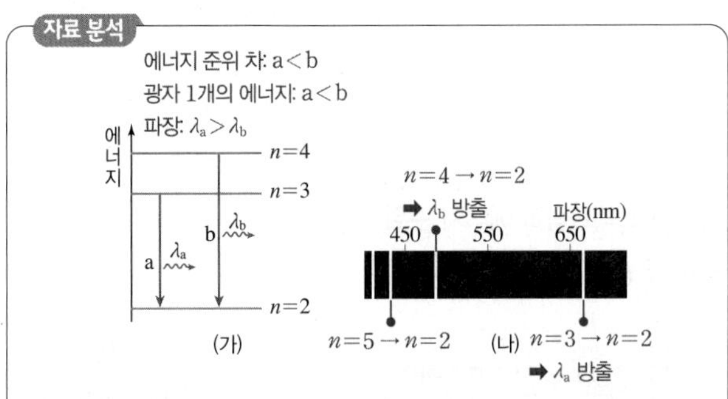

선택지 분석

~~ㄱ~~ 방출되는 광자 1개의 에너지는 a에서가 b에서보다 크다. 작다.
~~ㄴ~~ λ_b는 450 nm보다 짧다. 길다.
ㄷ 전자가 $n=4$에서 $n=3$인 상태로 전이할 때 방출되는 광자 1개의 에너지는 $\frac{hc}{\lambda_b}-\frac{hc}{\lambda_a}$이다.

ㄷ. 전자가 전이할 때 방출되는 광자(빛) 1개의 에너지는 $E=|E_m-E_n|=hf=\frac{hc}{\lambda}$이다. 전자가 $n=4$에서 $n=3$인 상태로 전이할 때 방출되는 광자 1개의 에너지는 b에서 방출되는 에너지 $\frac{hc}{\lambda_b}$와 a에서 방출되는 에너지 $\frac{hc}{\lambda_a}$의 차와 같으므로 $\frac{hc}{\lambda_b}-\frac{hc}{\lambda_a}$이다.

바로알기 ㄱ. 전자가 전이할 때 에너지 준위 차가 클수록 흡수되거나 방출되는 광자(빛) 1개의 에너지는 크다. 에너지 준위 차는 a의 경우가 b의 경우보다 작으므로, 방출되는 광자 1개의 에너지는 a에서가 b에서보다 작다.
ㄴ. 전자가 전이할 때 방출되는 광자(빛) 1개의 에너지는 파장에 반비례하므로, 에너지 준위 차가 작을수록 파장이 긴 빛이 방출된다. 따라서 에너지 준위 차가 가장 작은 a에서 방출되는 빛의 파장 λ_a가 가장 길고, b에서 방출되는 빛의 파장 λ_b는 두 번째로 길다. 따라서 λ_b는 450 nm보다 길다.

5 전자의 전이 과정

선택지 분석

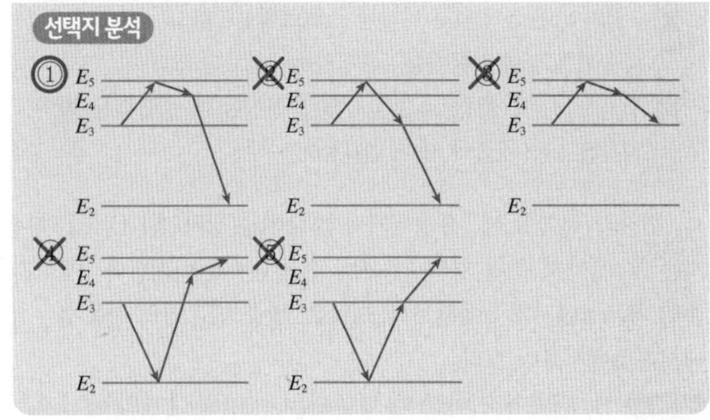

① $n=3$인 상태의 전자가 f_A인 빛을 흡수하여 전이하였으므로 전자는 높은 에너지 준위로 전이하였고, f_B와 f_C인 빛을 차례로 방출하며 전이하였으므로 전자는 차례로 낮은 에너지 준위로 전이한다. 진동수의 크기가 $f_B<f_A<f_C$이므로 ①번이 가장 적절하다.

6 에너지 준위와 전자의 전이

자료 분석

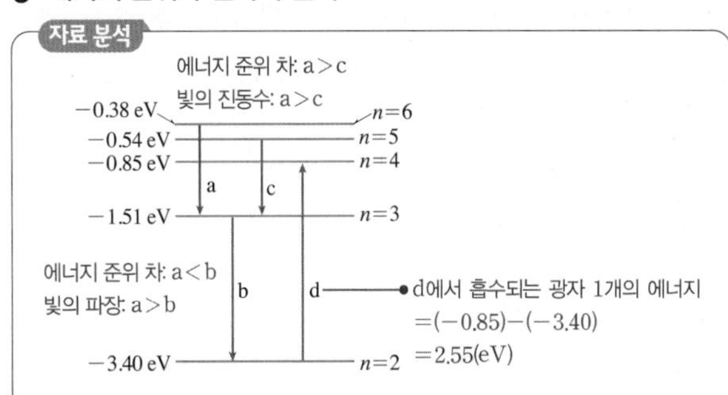

선택지 분석

ㄱ 방출되는 빛의 파장은 a에서가 b에서보다 길다.
ㄴ 방출되는 빛의 진동수는 a에서가 c에서보다 크다.
ㄷ d에서 흡수되는 광자 1개의 에너지는 2.55 eV이다.

ㄱ. 전자가 한 에너지 준위에서 다른 에너지 준위로 전이할 때 흡수되거나 방출되는 광자 1개의 에너지는 두 에너지 준위 차와 같으며, 진동수 f에 비례하고 파장 λ에 반비례한다. 두 에너지 준위 차는 a에서가 b에서보다 작으므로 방출되는 빛의 파장은 a에서가 b에서보다 길다.
ㄴ. 전자가 전이할 때 방출되는 빛의 진동수는 두 에너지 준위 차에 비례하므로, 방출되는 빛의 진동수는 에너지 준위 차가 큰 a에서가 에너지 준위 차가 작은 c에서보다 크다.
ㄷ. 전자가 전이할 때 흡수되거나 방출되는 광자 1개의 에너지는 두 에너지 준위 차와 같으므로, d에서 흡수되는 광자 1개의 에너지는 $(-0.85)-(-3.40)=2.55$(eV)이다.

7 전자의 전이와 선 스펙트럼

자료 분석

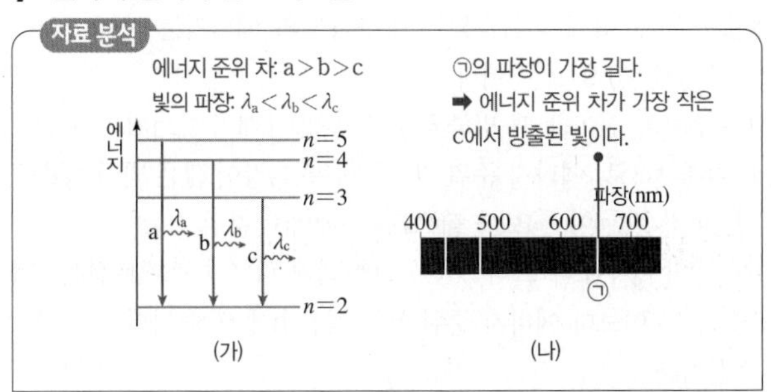

선택지 분석

✕ (나)의 ㉠은 a에 의해 나타난 스펙트럼선이다. **c**

㉡ 방출되는 빛의 진동수는 a에서가 b에서보다 크다.

✕ 전자가 $n=4$에서 $n=3$인 상태로 전이할 때 방출되는 빛의 파장은 $|\lambda_b-\lambda_c|$와 같다. **같지 않다.**

ㄴ. 전자가 전이할 때, 흡수되거나 방출되는 광자(빛) 1개의 에너지는 두 에너지 준위 차와 같으며, 진동수 f에 비례한다. 에너지 준위 차는 a에서가 b에서보다 크므로, 방출되는 빛의 진동수는 a에서가 b에서보다 크다.

바로알기 ㄱ. 전자가 전이할 때 방출되는 광자(빛) 1개의 에너지는 $E=|E_m-E_n|=hf=\frac{hc}{\lambda}$로 파장 λ에 반비례하므로, 에너지 준위 차가 작을수록 파장이 긴 빛이 방출된다. (나)의 ㉠은 파장이 가장 긴 선이므로, 에너지 준위 차가 가장 작은 전이 과정인 c에 의해 나타난 스펙트럼선이다.

ㄷ. 전자가 $n=4$에서 $n=3$인 상태로 전이할 때 방출되는 빛에너지는 b와 c에서 방출되는 빛에너지 차와 같으므로, $n=4$에서 $n=3$인 상태로 전이할 때 방출되는 빛의 파장을 λ라고 할 때 $\frac{hc}{\lambda}=\frac{hc}{\lambda_b}-\frac{hc}{\lambda_c}$가 성립한다. 따라서 $\frac{1}{\lambda}=\frac{1}{\lambda_b}-\frac{1}{\lambda_c}$이므로 $\lambda\neq|\lambda_b-\lambda_c|$이다.

8 에너지 준위와 선 스펙트럼

자료 분석

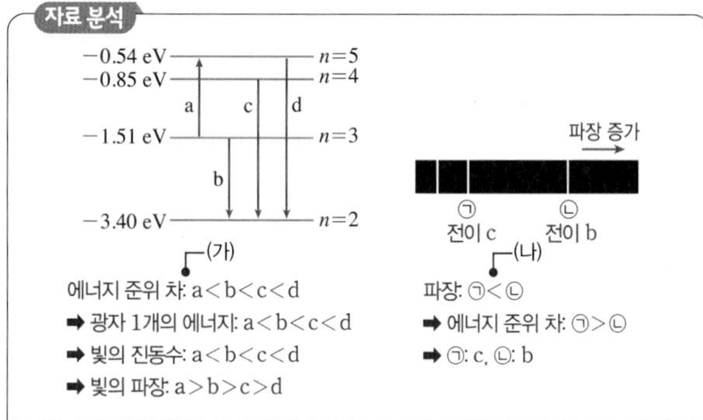

선택지 분석

✕ a에서 흡수되는 광자 1개의 에너지는 1.51 eV이다. **0.97 eV**

㉡ 방출되는 빛의 진동수는 c에서가 b에서보다 크다.

✕ ㉡은 d에 의해 나타난 스펙트럼선이다. **b**

ㄴ. 전자가 전이할 때 방출되는 빛의 진동수는 두 에너지 준위 차에 비례한다. 에너지 준위 차는 c에서가 b에서보다 크므로, 방출되는 빛의 진동수도 c에서가 b에서보다 크다.

바로알기 ㄱ. a에서 흡수되는 광자 1개의 에너지는 $(-0.54)-(-1.51)=0.97(\text{eV})$이다.

ㄷ. 전자가 전이할 때 방출되는 광자(빛) 1개의 에너지는 파장에 반비례하므로, 에너지 준위 차가 클수록 파장이 짧은 빛이 방출된다. 파장은 ㉠이 ㉡보다 짧으므로, 에너지 준위 차는 ㉠의 경우가 ㉡의 경우보다 크다. ㉠이 c에 의해 나타난 스펙트럼선이라면, ㉡은 이보다 에너지 준위 차가 작은 b에 의해 나타난 스펙트럼선이다.

9 수소 원자에 있는 전자의 에너지 준위

자료 분석

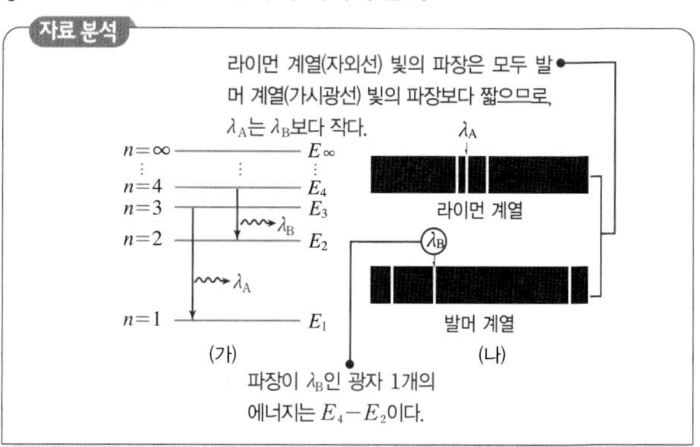

선택지 분석

㉠ λ_A는 λ_B보다 작다.

㉡ 파장이 λ_B인 광자 1개의 에너지는 E_4-E_2이다.

㉢ 수소 원자에 있는 전자의 에너지 준위는 불연속적이다.

ㄱ. 라이먼 계열(자외선) 스펙트럼에 해당하는 빛의 파장은 발머 계열(가시광선) 스펙트럼에 해당하는 빛의 파장보다 짧으므로, λ_A는 λ_B보다 작다.

ㄴ. 발머 계열에서 두 번째로 파장이 긴 빛의 파장 λ_B는 $n=4$에서 $n=2$로 전이하면서 방출하는 빛의 파장에 해당하므로 파장이 λ_B인 광자 1개의 에너지는 E_4-E_2이다.

ㄷ. (가)에서 전자의 에너지 준위가 띄엄띄엄 있으므로 수소 원자에 있는 전자의 에너지 준위는 불연속적이다.

10 선 스펙트럼과 에너지 준위

자료 분석

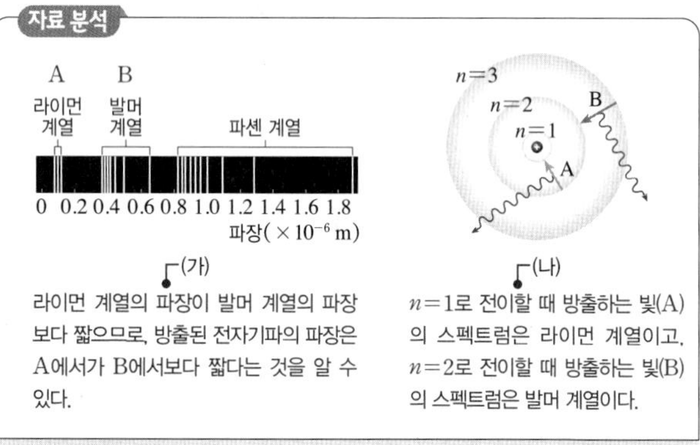

A
B
라이먼 계열
발머 계열
파셴 계열
0 0.2 0.4 0.6 0.8 1.0 1.2 1.4 1.6 1.8
파장(×10⁻⁶ m)
(가)
라이먼 계열의 파장이 발머 계열의 파장보다 짧으므로, 방출된 전자기파의 파장은 A에서가 B에서보다 짧다는 것을 알 수 있다.
n=3
n=2
n=1
B
A
(나)
n=1로 전이할 때 방출하는 빛(A)의 스펙트럼은 라이먼 계열이고, n=2로 전이할 때 방출하는 빛(B)의 스펙트럼은 발머 계열이다.

선택지 분석

㉠ 전자의 에너지는 양자화되어 있다.

✕ B에서 방출하는 전자기파는 라이먼 계열에 속한다. **발머**

✕ 방출된 전자기파의 파장은 A에서가 B에서보다 길다. **짧다.**

ㄱ. 수소 원자의 스펙트럼이 선 스펙트럼인 것은 전자의 에너지 준위가 불연속적이기 때문이다. 따라서 전자의 에너지는 양자화되어 있다.

바로알기 ㄴ. 발머 계열은 $n=2$인 궤도로 전이하면서 방출하는 스펙트럼이다. 따라서 B에서 방출하는 전자기파는 발머 계열에 속한다.

ㄷ. A는 라이먼 계열(자외선)이고 B는 발머 계열(가시광선)이다. (가)에서 라이먼 계열의 파장이 발머 계열의 파장보다 짧으므로, 방출된 전자기파의 파장은 A에서가 B에서보다 짧다는 것을 알 수 있다.

11 수소 원자의 선 스펙트럼 계열과 에너지 준위

자료 분석

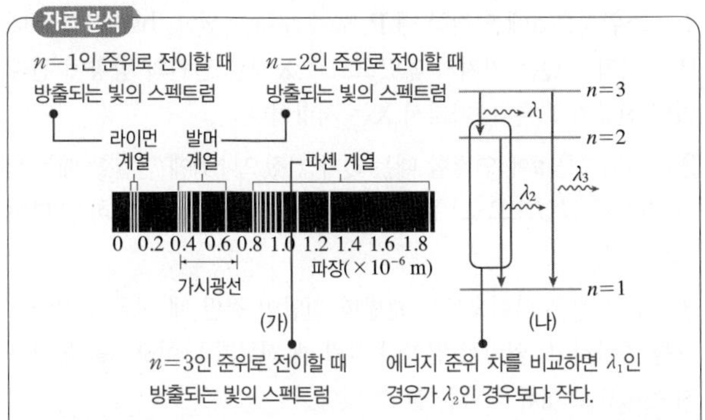

선택지 분석

㉠ λ_1은 (가)에서 가시광선 영역에 있다.

㉡ λ_3은 (가)의 라이먼 계열에 속한다.

✕ 파장이 λ_1인 광자 1개의 에너지는 파장이 λ_2인 광자 1개의 에너지보다 크다. 작다.

ㄱ. (나)의 λ_1은 $n=3$인 상태에서 $n=2$인 상태로 전이할 때 방출되는 빛의 파장으로, (가)에서 발머 계열에 속하는 가시광선 영역에 있다.

ㄴ. (나)의 λ_3은 $n=3$인 상태에서 $n=1$인 상태로 전이할 때 방출되는 빛의 파장으로, (가)에서 에너지가 가장 커서 파장이 가장 짧은 라이먼 계열에 속한다.

바로알기 ㄷ. (나)에서 에너지 준위 사이의 에너지 차가 클수록 파장이 짧은 광자가 방출되므로, 파장이 λ_1인 광자 1개의 에너지는 파장이 λ_2인 광자 1개의 에너지보다 작다.

12 보어의 수소 원자 모형에서 전자의 전이

자료 분석

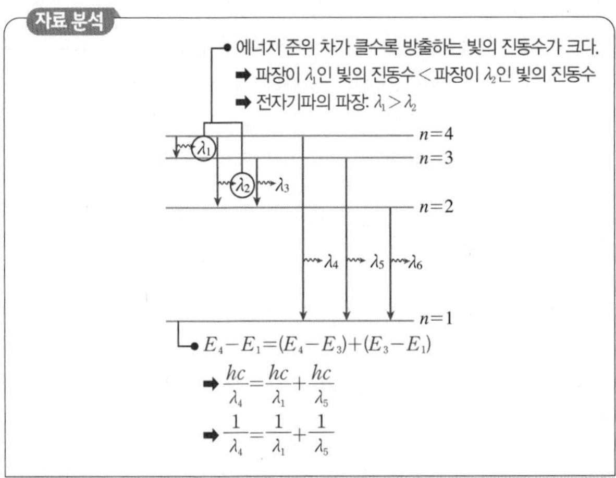

선택지 분석

㉠ $\lambda_2<\lambda_1$이다.

㉡ 파장이 λ_1인 전자기파의 진동수는 파장이 λ_4인 전자기파의 진동수보다 작다.

㉢ $\frac{1}{\lambda_4}=\frac{1}{\lambda_1}+\frac{1}{\lambda_5}$이다.

ㄱ. 에너지 준위 차가 클수록 방출하는 빛의 진동수가 크고, 진동수가 클수록 파장이 짧은 전자기파를 방출하므로 $\lambda_2<\lambda_1$이다.

ㄴ. 전자가 전이할 때 두 에너지 준위 차에 해당하는 에너지를 갖는 전자기파를 방출하므로, 에너지 준위 사이의 에너지 차가 클수록 진동수가 큰 전자기파를 방출한다. 따라서 파장이 λ_1인 전자기파의 진동수는 파장이 λ_4인 전자기파의 진동수보다 작다.

ㄷ. $E_4-E_1=\frac{hc}{\lambda_4}$, $E_4-E_3=\frac{hc}{\lambda_1}$, $E_3-E_1=\frac{hc}{\lambda_5}$이므로, $E_4-E_1=(E_4-E_3)+(E_3-E_1)$에서 $\frac{hc}{\lambda_4}=\frac{hc}{\lambda_1}+\frac{hc}{\lambda_5}$이다. 따라서 $\frac{1}{\lambda_4}=\frac{1}{\lambda_1}+\frac{1}{\lambda_5}$이 성립한다.

09 에너지띠와 반도체

개념 확인

본책 95쪽, 97쪽

(1) 에너지띠 (2) 원자가 띠 (3) 전도띠 (4) ①-㉢, ②-㉠, ③-㉡ (5) 작고, 크다 (6) 커진다 (7) 4 (8) 커진다 (9) n (10) 양공, 전자 (11) 다이오드 (12) 역방향 (13) (+)극, (−)극 (14) 정류

수능 자료

본책 98쪽

자료❶ 1 ○ 2 × 3 ○ 4 × 5 ○ 6 ○ 7 ×

자료❷ 1 ○ 2 × 3 ○ 4 ○ 5 × 6 ×

자료❸ 1 × 2 ○ 3 ○ 4 ○ 5 × 6 ○ 7 × 8 × 9 ○

자료❹ 1 ○ 2 ○ 3 ○ 4 × 5 ×

자료❶ 고체의 전기 전도성

1 A와 C는 일부만 채워진 원자가 띠가 있으므로 도체이다.

2 도체는 전자의 이동에 의해서 전류가 흐르고, 반도체는 전자와 양공의 이동에 의해서 전류가 흐른다. A는 도체이므로 주로 전자가 전류를 흐르게 한다.

3 반도체인 B에서 원자가 띠의 전자가 에너지를 얻어 전도띠로 전이하면 원자가 띠에는 전자가 빈 자리인 양공이 생긴다.

4 반도체인 B는 온도가 높을수록 원자가 띠에서 에너지를 얻어 전도띠로 전이되는 전자의 수가 증가하므로 전자와 양공의 수가 늘어난다. 따라서 B는 온도가 높을수록 전기 전도도가 커진다.

5 B는 반도체이므로 도핑을 하면 전기 전도도가 커진다.

6 C는 원자가 띠의 일부분만 전자가 채워져 있는 도체이다. 도체는 상온에서 전자들이 원자가 띠의 빈 에너지 준위로 자유롭게 옮겨 다닐 수 있으므로, 원자 사이를 이동할 수 있는 자유 전자들이 많다.

7 전기 전도도는 전기가 잘 통하는 물질일수록 크다. C는 도체로 반도체인 B보다 전기 전도도가 크므로, ㉠에 해당하는 값은 2.2보다 크다.

자료❷ 반도체

1 원자가 띠의 에너지 준위가 전도띠의 에너지 준위보다 낮으므로, (가)에서 전자가 원자가 띠에서 전도띠로 전이할 때는 에너지를 흡수한다.

2 원자가 띠에 있는 전자가 전도띠로 전이하기 위해서는 띠 간격 이상의 에너지를 흡수해야 하므로, (가)에서 전자가 흡수한 에너지는 E_0 이상이다.

3 (가)에서 원자가 띠의 전자가 에너지를 얻어 전도띠로 전이하면 원자가 띠에는 전자가 빈 자리인 양공이 생긴다.

4 전자가 전도띠에서 원자가 띠로 전이할 때 띠 간격에 해당하는 에너지를 갖는 광자가 방출되므로, (나)에서 방출되는 광자의 에너지는 E_0이다.

5 전자가 전도띠에서 원자가 띠로 전이할 때 띠 간격에 해당하는 에너지를 갖는 광자가 방출되므로, (나)에서 띠 간격이 작을수록 광자의 에너지는 작아진다.

6 같은 양자 상태에 2개 이상의 전자가 있을 수 없다는 파울리의 배타 원리에 의해 고체를 구성하는 원자의 에너지 준위는 영향을 주는 원자의 수만큼 미세하게 변한다. 따라서 고체의 에너지띠는 많은 수의 에너지 준위가 미세한 차를 두고 거의 연속적으로 분포되어 있으므로, (나)에서 원자가 띠에 있는 전자의 에너지는 모두 다르다.

자료❸ 다이오드

1 A는 저마늄(Ge)에 원자가 전자가 5개인 비소(As)를 첨가함으로써 공유 결합에 참여하지 못한 전자 1개가 남았으므로 n형 반도체이다.

2 A에서 원자가 전자 4쌍이 공유 결합할 때 전자 1개가 남았으므로 비소(As)의 원자가 전자는 5개이다.

3 A는 n형 반도체로, 공유 결합하고 남은 전자가 주로 전하를 운반하여 전류가 흐르게 한다.

4 불순물 반도체에서는 도핑으로 인해 자유 전자나 양공의 수가 크게 증가하므로 전기 전도성이 좋아진다. 따라서 A의 전기 전도성은 순수(고유) 반도체보다 좋다.

5 B는 저마늄(Ge)에 원자가 전자가 3개인 인듐(In)을 도핑함으로써 공유 결합할 전자 1개가 부족하여 양공이 생겼으므로 p형 반도체이다.

6 B에서 원자가 전자 4쌍이 공유 결합할 때 전자 1개가 부족하여 양공이 생겼으므로 인듐(In)의 원자가 전자는 3개이다.

7 상온의 순수 반도체에서는 원자가 띠의 전자가 전도띠로 이동하므로 원자가 띠에 양공이, 전도띠에 자유 전자가 생긴다. 따라서 순수 반도체에서는 양공의 수와 자유 전자의 수가 같다. 그러나 B와 같은 불순물 반도체에서는 인듐(In)을 첨가함으로써 양공이 더 생겼으므로 양공의 수가 자유 전자의 수보다 많다.

8 (나)에서 n형 반도체인 A를 (+)전극에 연결하고 p형 반도체인 B를 (−)전극에 연결하였으므로 다이오드에 역방향 전압이 걸린다.

9 (나)에서 역방향 전압이 걸린 다이오드에서는 p형 반도체의 양공과 n형 반도체의 전자가 p−n 접합면에서 멀어지는 방향으로 이동한다.

자료❹ 다이오드

1 스위치를 a에 연결할 때 P, Q가 모두 켜졌고, b에 연결할 때 P는 켜지고 Q는 켜지지 않았으므로 X에는 전원의 방향에 관계없이 전류가 흐른다. 따라서 X는 저항이다.

2 스위치를 a에 연결할 때는 Q가 켜졌으나 b에 연결할 때는 Q가 켜지지 않았으므로, Y는 한 방향의 전류만 흐르게 하는 다이오드이다.

3 Y와 같은 다이오드는 순방향 전압이 걸릴 때 전류가 다이오드를 통과하고, 역방향 전압이 걸릴 때 전류가 다이오드를 통과하지 못하므로 정류 작용을 할 수 있다.

4 스위치를 a에 연결할 때 P, Q가 모두 켜졌으므로 전류가 다이오드를 통과하였다. 따라서 스위치를 a에 연결하면 다이오드에 순방향 전압이 걸린다.

5 스위치를 b에 연결할 때 Q는 켜지지 않았으므로 다이오드에 역방향 전압이 걸린다. 역방향 전압이 걸리면 다이오드의 n형 반도체에 있는 전자와 p형 반도체에 있는 양공은 p−n 접합면에서 멀어지는 방향으로 이동한다.

본책 99쪽

1 ㄱ 2 (가) 원자가 띠 (나) 띠 간격 (다) 전도띠 3 ㄱ, ㄴ 4 (1) 반도체 (2) 절연체 (3) 도체 5 ⑤ 6 (1) p (2) 많 (3) 3 (4) 작아 7 ㄴ, ㄷ 8 (1) 발광 다이오드(LED) (2) 광 다이오드

1 ㄱ. 에너지띠는 고체에서 나타난다.
바로알기 ㄴ. 한 에너지띠는 수많은 에너지 준위가 서로 일치하지 않도록 미세하게 차를 두고 나누어져 거의 연속적인 띠를 이룬 것이므로, 한 에너지띠에 속하는 전자의 에너지는 모두 같지 않다.
ㄷ. 고체 내의 전자들은 에너지띠에 해당하는 에너지는 가질 수 있지만, 띠 간격에 해당하는 에너지는 가질 수 없다.

2 (가) 전자가 채워진 에너지띠 중에서 에너지가 가장 큰 띠로 원자가 띠이다.
(나) 원자가 띠의 가장 높은 에너지 준위와 전도띠의 가장 낮은 에너지 준위의 에너지 차로 띠 간격이다.
(다) 전자가 모두 채워진 원자가 띠 바로 위의 전자가 채워지지 않은 띠로 전도띠이다.

3 ㄱ. 전기 전도도는 비저항과 역수의 관계이므로, 전기 전도성은 물질의 비저항이 클수록 나쁘다.
ㄴ. 물체 내에서 전류가 흐를 수 있는 정도를 전기 전도성이라고 하며, 고체의 전기 전도성은 도체>반도체>절연체 순이다.
바로알기 ㄷ. 반도체의 띠 간격이 작을수록 전자가 적은 에너지를 흡수해도 원자가 띠에서 전도띠로 쉽게 이동하여 전류가 잘 흐를 수 있으므로 전기 전도성이 좋다.

4 (1) 띠 간격이 절연체보다 작은 것은 반도체이다.
(2) 띠 간격이 매우 큰 것은 절연체(부도체)이다.
(3) 원자가 띠와 전도띠가 겹쳐진 것은 도체이다.

5 ① 규소(Si) 원자의 원자가 전자 4개는 이웃한 원자와 공유 결합을 하여 안정한 구조를 이룬다.
② 인(P)으로 도핑하여 원자가 전자 4쌍이 공유 결합하고 전자 1개가 남았으므로, 인(P)의 원자가 전자는 5개이다.
③ 불순물을 도핑하면 공유 결합을 이루면서 전자가 남는 것은 n형 반도체이다.
④ n형 반도체에서는 전자가 주로 전하를 운반한다.
바로알기 ⑤ 불순물 반도체는 순수 반도체보다 전기 전도성이 좋다.

6 (1) 원자가 띠에 전자가 전도띠로 전이하면서 생긴 양공 외에 도핑으로 인해 생긴 양공이 있으므로 p형 반도체이다.
(2) 원자가 띠에는 전자가 전도띠로 전이하면서 생긴 양공 외에 도핑으로 인해 생긴 양공이 있고, 전도띠에는 전이한 전자만 있으므로 양공의 수가 전자의 수보다 많다.
(3) 도핑으로 인해 공유 결합을 할 전자가 부족하여 전자의 빈 자리인 양공이 생기는 경우는 원자가 전자가 3개인 물질로 도핑하는 경우이다.
(4) 원자가 띠 위에 불순물에 의한 새로운 에너지 준위가 생겼으므로, 띠 간격은 도핑하기 전보다 작아진다.

7 ㄴ. 스위치를 b에 연결하면 p형 반도체는 전원의 (+)극에, n형 반도체는 전원의 (−)극에 연결되어 순방향 전압이 걸리므로, n형 반도체의 전자와 p형 반도체는 양공은 p−n 접합면으로 이동하여 전류가 흐른다.
ㄷ. 다이오드는 전류를 한쪽 방향으로만 흐르게 하는 정류 작용을 하므로, 교류를 직류로 바꾸어 주는 정류 회로에 이용한다.
바로알기 ㄱ. 스위치를 a에 연결하면 p형 반도체는 전원의 (−)극에, n형 반도체는 전원의 (+)극에 연결되므로 역방향 전압이 걸려 전류가 흐르지 않는다. 따라서 전구에 불이 켜지지 않는다.

8 (1) 전류가 흐를 때 빛을 방출하는 다이오드는 발광 다이오드(LED)이다. 전도띠에 있던 전자가 원자가 띠의 양공으로 전이하면서 띠 간격에 해당하는 에너지를 빛으로 방출한다.
(2) 빛을 비추면 전류가 흐르는 다이오드는 광 다이오드이다.

수능 2점
본책 100쪽 ~ 101쪽
1 ⑤ 2 ② 3 ① 4 ⑤ 5 ② 6 ①
7 ④ 8 ③

1 고체의 에너지띠 구조

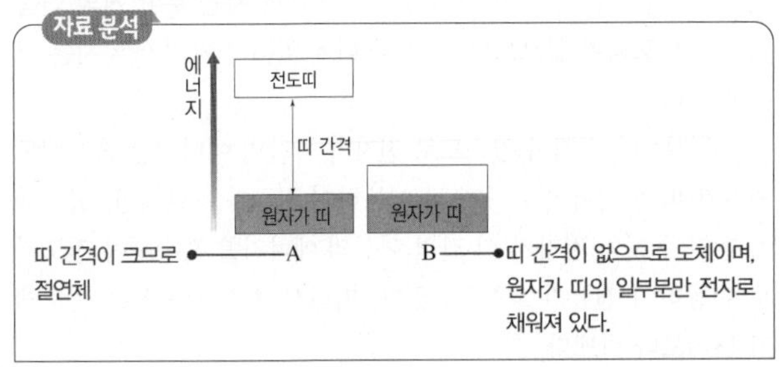

선택지 분석
㉠ A는 절연체이다.
㉡ A에서 원자가 띠의 전자가 전도띠로 전이하려면 띠 간격 이상의 에너지를 얻어야 한다.
㉢ B에는 상온에서 원자 사이를 자유롭게 이동할 수 있는 전자들이 많다.

ㄱ. A와 B는 각각 도체와 절연체 중 하나이므로, 띠 간격이 큰 A는 절연체이다.
ㄴ. 원자가 띠의 에너지보다 전도띠의 에너지가 더 크므로, 원자가 띠의 전자가 전도띠로 전이하려면 원자가 띠의 가장 높은 에너지 준위와 전도띠의 가장 낮은 에너지 준위의 에너지 차에 해당하는 띠 간격 이상의 에너지를 얻어야 한다.
ㄷ. B는 도체로 원자가 띠의 일부분만 전자가 채워져 있다. 따라서 상온에서 전자들이 원자가 띠의 빈 에너지 준위로 자유롭게 옮겨 다닐 수 있으므로, 원자 사이를 이동할 수 있는 자유 전자들이 많다.

2 고체의 전기 전도성

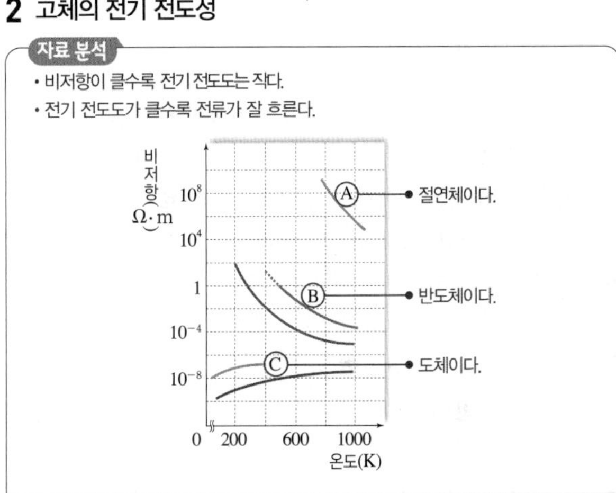

선택지 분석
~~①~~ A는 도체이다. 절연체
② B는 온도가 높아질수록 전기 전도도가 커진다.
~~③~~ 에너지띠의 띠 간격은 A가 B보다 작다. 크다.
~~④~~ C는 자유 전자가 없다. 있다.
~~⑤~~ C는 도선의 피복으로 사용된다. 도선으로

물질의 저항은 물체의 길이에 비례하고, 단면적에 반비례한다. 이때 비례 상수를 비저항이라고 한다. 전기 전도도는 물질에 전류가 흐르는 정도를 나타내는 양으로, 비저항의 역수와 같다. 즉, 전기 전도도는 비저항에 반비례한다.
② B는 반도체이며, 온도가 높아질수록 비저항이 감소하므로 전기 전도도가 커진다.
바로알기 ① A는 비저항이 가장 커서 전기 전도도가 작은 절연체이다.
③ 고체의 에너지띠에서 띠 간격은 절연체인 A가 반도체인 B보다 크다.
④ C는 도체이며, 원자가 띠의 일부분만 전자가 채워져 있거나 원자가 띠와 전도띠가 겹쳐 있기 때문에 빈 에너지 준위로 자유롭게 옮겨 다니는 자유 전자가 있다.

⑤ C는 도체이므로 전류가 흐르는 도선으로 사용된다. 도선의 피복으로 사용되는 것은 비저항이 커서 전기 전도도가 작은 절연체인 A이다.

3 고체의 에너지띠 구조

자료 분석

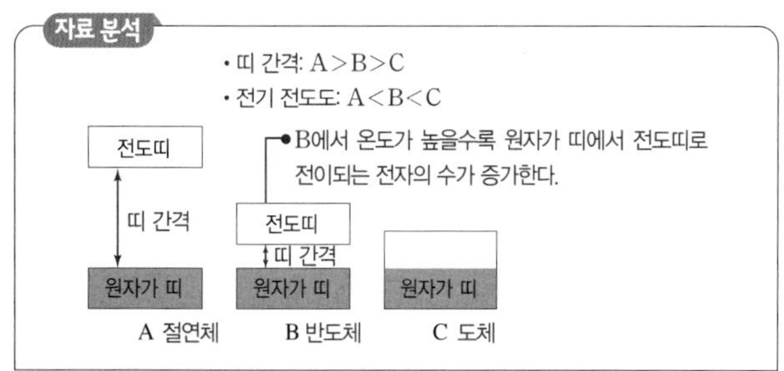

선택지 분석

ㄱ A는 절연체이다.
✕ 실온에서 전기 전도성은 B가 C보다 좋다. **나쁘다.**
✕ 온도가 높을수록 B에서 양공의 수는 줄어든다. **늘어난다.**

ㄱ. A는 원자가 띠와 전도띠 사이의 띠 간격이 가장 크므로 절연체이다.

바로알기 ㄴ. B는 반도체로, 원자가 띠의 전자가 띠 간격 이상의 에너지를 흡수하면 전도띠로 이동하여 전류가 흐를 수 있다. C는 도체로, 띠 간격이 없으므로 전자가 약간의 에너지만 흡수해도 원자가 띠의 비어 있는 곳으로 이동하여 전류가 흐른다. 따라서 실온에서 전기 전도성은 C가 B보다 좋다.

ㄷ. B에서 온도가 높을수록 에너지를 얻어 원자가 띠에서 전도띠로 전이되는 전자의 수가 증가하므로 원자가 띠에 있는 양공의 수는 늘어난다.

4 순수 반도체의 에너지띠 구조

자료 분석

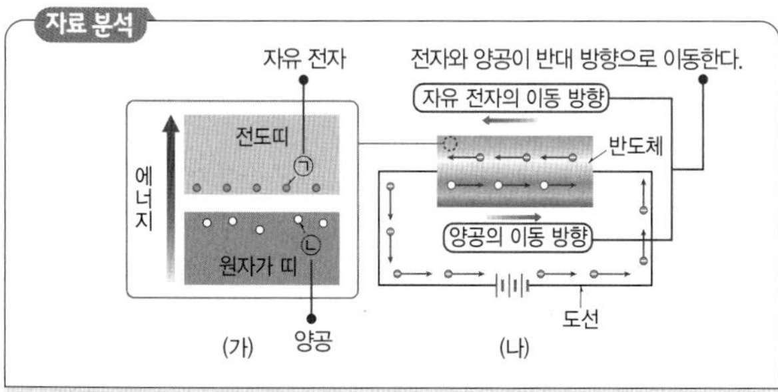

선택지 분석

ㄱ (가)에서 ㉠은 전자, ㉡는 양공을 나타낸다.
✕ (나)의 도선에서 전자와 양공의 이동으로 전류가 흐른다. **전자의**
ㄷ (나)의 반도체에서 전자와 양공이 서로 반대 방향으로 이동한다.

ㄱ. 원자가 띠에서 전도띠로 전이한 ㉠은 전자, 원자가 띠에 전자가 빠져나가 생긴 ㉡은 양공이다.

ㄷ. 반도체에서 전류가 흐를 때 음(−)전하를 띤 전자와 양(+)전하를 띤 양공이 서로 반대 방향으로 이동한다.

바로알기 ㄴ. 도선에서는 자유 전자의 이동으로 전류가 흐른다.

5 순수 반도체와 불순물 반도체의 에너지띠 구조

자료 분석

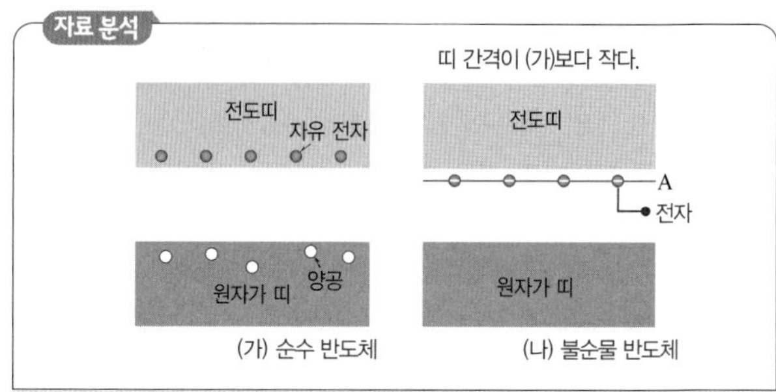

선택지 분석

✕ (나)는 p형 반도체의 에너지띠 구조야. **n형**
ⓑ 띠 간격은 (나)가 (가)보다 작아.
✕ (나)에서 A는 양공에 의한 에너지 준위를 나타낸 거야. **전자**

• B: (가)는 순수 반도체이고, (나)는 불순물 반도체이다. 순수 반도체의 전기 전도성보다 불순물 반도체의 전기 전도성이 더 좋으므로, 띠 간격은 (나)가 (가)보다 작다.

바로알기 • A: (나)에서 전도띠 아래 생긴 새로운 에너지 준위는 도핑에 의해 생긴 전자에 의한 것이므로, (나)는 원자가 전자가 5개인 불순물로 도핑한 n형 반도체이다.

• C: (나)의 불순물 반도체에서 전도띠 아래 생긴 새로운 에너지 준위인 A는 전자에 의한 에너지 준위를 나타낸 것이다.

6 도체와 반도체

자료 분석

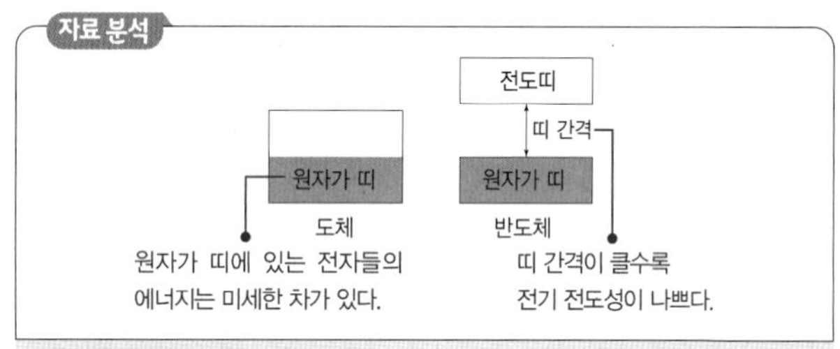

선택지 분석

✕ 원자가 띠에 있는 전자의 에너지 준위는 모두 같다. **다르다.**
ㄴ 반도체에서 전자가 원자가 띠에서 전도띠로 전이하면 원자가 띠에 양공이 생긴다.
✕ 전기 전도성은 반도체가 도체보다 좋다. **나쁘다.**

ㄴ. 반도체에서 원자가 띠의 전자가 띠 간격 이상의 에너지를 흡수하여 전도띠로 전이하면 원자가 띠에는 전자가 빈 자리인 양공이 생긴다.

바로알기 ㄱ. 같은 양자 상태에 2개 이상의 전자가 있을 수 없다는 파울리의 배타 원리에 의해 고체를 구성하는 원자의 에너지 준위는 영향을 주는 원자의 수만큼 미세하게 변한다. 따라서 고체의 에너지띠는 많은 수의 에너지 준위가 미세한 차를 두고 거의 연속적으로 분포되어 있으므로, 원자가 띠에 있는 전자의 에너지는 모두 다르다.

ㄷ. 도체는 띠 간격이 없으므로 전자가 약간의 에너지만 흡수해도 원자가 띠의 비어 있는 곳으로 이동하여 전류가 흐르지만, 반도체는 원자가 띠의 전자가 띠 간격 이상의 에너지를 흡수해야 전도띠로 이동하여 전류가 흐를 수 있다. 따라서 전기 전도성은 반도체가 도체보다 나쁘다.

7 p−n 접합 다이오드 회로 분석

자료 분석

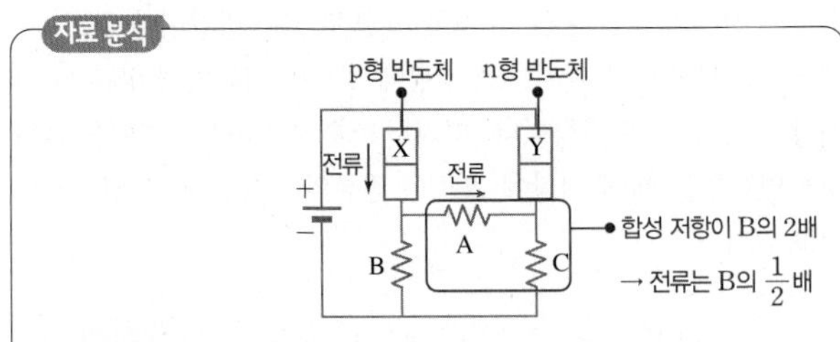

선택지 분석

㉠ X에서는 주로 양공이 전류를 흐르게 한다.
✕ Y는 p형 반도체이다. n형
㉢ 전류의 세기는 B에서가 C에서보다 크다.

ㄱ. A에 전류가 화살표 방향으로 흐르므로, X가 표시된 다이오드에도 전류가 흐르며 순방향 전압이 걸린 것을 알 수 있다. 따라서 전원 장치의 (+)극에 연결된 X는 p형 반도체로 주로 양공이 전류를 흐르게 한다.

ㄷ. A와 C는 직렬 연결되어 있고, (A, C)와 B는 병렬 연결되어 있다. 병렬 연결된 저항에 걸린 전압은 같고, 전압이 같을 때 전류는 저항에 반비례한다. A와 C의 저항의 합은 B의 저항의 2배이므로, A와 C에 흐르는 전류의 세기는 B에 흐르는 전류의 세기의 $\frac{1}{2}$배이다. 따라서 전류의 세기는 B에서가 C에서보다 크다.

바로알기 ㄴ. 순방향 전압이 걸린 왼쪽 다이오드의 X가 p형 반도체이므로, 역방향 전압이 걸린 오른쪽 다이오드의 Y는 n형 반도체이다.

8 발광 다이오드(LED)에서 빛이 방출되는 원리

자료 분석

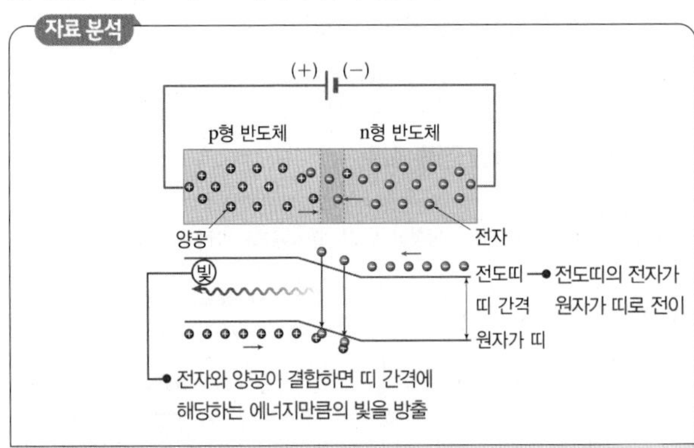

선택지 분석

㉠ 발광 다이오드에서 방출되는 빛에너지는 반도체의 띠 간격과 같다.
㉡ 띠 간격에 따라 다른 색깔의 빛이 방출된다.
✕ 빛이 방출될 때 원자가 띠의 전자가 전도띠로 전이한다. (원자가 띠 → 전도띠, 전도띠 → 원자가 띠)

ㄱ. 전도띠에 있던 전자가 원자가 띠의 양공으로 전이하면서 띠 간격에 해당하는 만큼의 에너지를 빛으로 방출하므로, 발광 다이오드에서 방출되는 빛에너지는 반도체의 띠 간격과 같다.

ㄴ. 띠 간격에 따라 파장이 다른 빛이 방출되므로 다른 색깔의 빛이 방출된다.

바로알기 ㄷ. 빛이 방출될 때 전도띠의 전자가 원자가 띠로 전이하여 양공과 결합한다.

수능 3점 본책 102쪽~103쪽

1 ⑤ 2 ③ 3 ⑤ 4 ③ 5 ① 6 ⑤
7 ③

1 반도체와 절연체

자료 분석

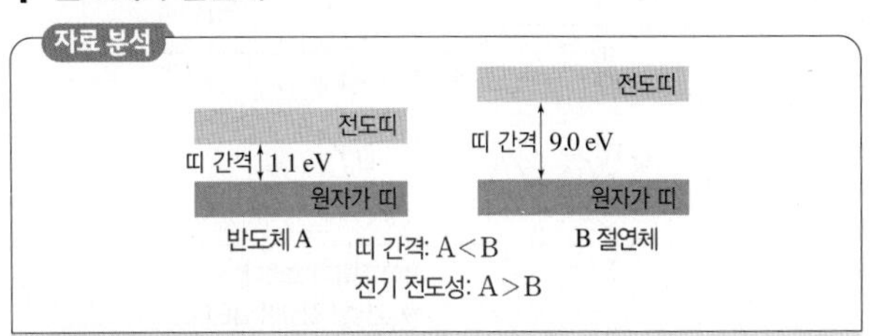

선택지 분석

㉠ A는 반도체이다.
㉡ 전기 전도성은 A가 B보다 좋다.
㉢ 단위 부피당 전도띠에 있는 전자 수는 A가 B보다 많다.

ㄱ. 띠 간격은 반도체가 절연체보다 작으므로, 띠 간격이 작은 A가 반도체이다.

ㄴ. 띠 간격이 작을수록 원자가 띠의 전자가 전도띠로 쉽게 이동하여 전류가 흐르므로 전기 전도성이 좋다. 따라서 전기 전도성은 띠 간격이 작은 A가 띠 간격이 큰 B보다 좋다.

ㄷ. 띠 간격이 작을수록 원자가 띠의 전자가 전도띠로 쉽게 이동할 수 있으므로 단위 부피당 전도띠에 있는 전자 수가 많다. 따라서 단위 부피당 전도띠에 있는 전자 수는 띠 간격이 작은 A가 띠 간격이 큰 B보다 많다.

2 고체의 전기 전도도

자료 분석

㉠=단면적　　㉡=25 ➡ ㉡<50

막대	㉠ (cm²)	길이 (cm)	저항값 (kΩ)	전기 전도도 (1/Ω·m)
a	0.20	1.0	㉡	2.0×10^{-2}
b	0.20	2.0	50	2.0×10^{-2}
c	0.20	3.0	75	2.0×10^{-2}

저항값: 길이에 비례한다.　전기 전도도: 길이에 관계 없이 일정하다.

선택지 분석

㉠ 단면적은 ㉠에 해당한다.
✕ ㉡은 50보다 크다. 작다.
㉢ X의 전기 전도도는 막대의 길이에 관계없이 일정하다.

ㄱ. 원기둥 모양 막대의 저항값은 같은 물질로 이루어졌더라도 막대의 길이와 단면적에 따라 달라지므로, 저항값을 측정하는 실험을 할 때 막대의 길이와 단면적을 측정해야 한다. 따라서 단면적은 ㉠에 해당한다.

ㄷ. 실험 결과로부터 a, b, c의 길이에 관계없이 a, b, c의 전기 전도도가 일정한 것을 알 수 있다. 즉, X의 전기 전도도는 막대의 길이에 관계없이 일정하다.

바로알기 ㄴ. a와 b는 단면적이 같지만 길이는 b가 a의 2배이다. 단면적이 같을 때 저항값은 막대의 길이에 비례하므로 a의 저항값 ㉡은 b의 저항값 50보다 작다.

3 p-n 접합 다이오드 회로 분석

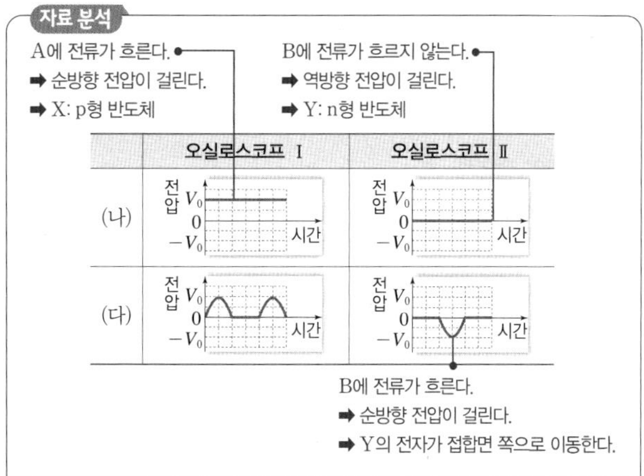

자료 분석
A에 전류가 흐른다.
➡ 순방향 전압이 걸린다.
➡ X: p형 반도체
B에 전류가 흐르지 않는다.
➡ 역방향 전압이 걸린다.
➡ Y: n형 반도체
오실로스코프 Ⅰ
오실로스코프 Ⅱ
(나)
(다)
전압
V_0
0
$-V_0$
시간
B에 전류가 흐른다.
➡ 순방향 전압이 걸린다.
➡ Y의 전자가 접합면 쪽으로 이동한다.

선택지 분석

ㄱ X는 p형 반도체이다.

ㄴ (나)의 A에는 순방향 전압이 걸려 있다.

ㄷ (다)의 Ⅱ에서 전압이 $-V_0$일 때, B에서 Y의 전자는 p-n 접합면 쪽으로 이동한다.

ㄱ. (나)에서 스위치를 직류 전원에 연결할 때 Ⅰ에만 전압이 측정되므로 A에만 전류가 흐른다. 이때 직류 전원의 (+)극 쪽에 연결된 A의 X는 p형 반도체이다. 한편 B의 Y는 n형 반도체이다.
ㄴ. (나)에서 스위치를 직류 전원에 연결하였을 때 A에 전류가 흐르므로 순방향 전압이 걸려 있다.
ㄷ. (다)에서 스위치를 교류 전원에 연결하면 Ⅱ에서 전압이 $-V_0$으로 측정될 때 B에 전류가 흐른다. 이때 B에는 순방향 전압이 걸린 것이므로 n형 반도체인 Y의 전자는 p-n 접합면 쪽으로 이동한다.

4 p-n 접합 다이오드 회로 분석

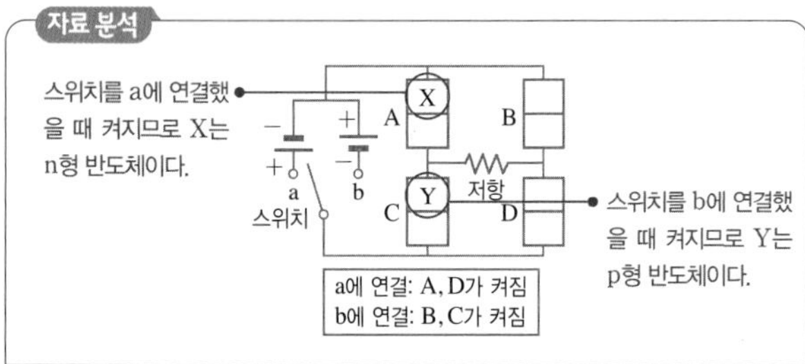

선택지 분석

ㄱ X는 n형 반도체이다.

ㄴ 스위치를 b에 연결했을 때, Y에서는 주로 양공이 전류를 흐르게 한다.

~~ㄷ~~ 스위치를 a에 연결했을 때와 b에 연결했을 때에 저항에 흐르는 전류의 방향은 서로 반대이다. **같다.**

ㄱ. 스위치를 a에 연결했을 때 A가 켜졌으므로 A에 순방향 전압이 걸린 것이다. 따라서 전원 장치의 (−)극에 연결된 X는 n형 반도체이다.
ㄴ. 스위치를 b에 연결했을 때 C가 켜졌으므로 C에 순방향 전압이 걸린 것이다. 따라서 전원 장치의 (+)극 쪽으로 연결된 Y는 p형 반도체이며, p형 반도체인 Y에서는 주로 양공이 전류를 흐르게 한다.

바로알기 ㄷ. 스위치를 a에 연결하면 A와 D가 켜지므로 저항에 흐르는 전류의 방향은 D → 저항 → A로 왼쪽 방향이다. 또, b에 연결하면 B와 C가 켜지므로 저항에 흐르는 전류의 방향은 B → 저항 → C로 왼쪽 방향이다. 따라서 스위치를 a에 연결했을 때와 b에 연결했을 때에 저항에 흐르는 전류의 방향은 왼쪽 방향으로 서로 같다.

5 발광 다이오드(LED)의 원리

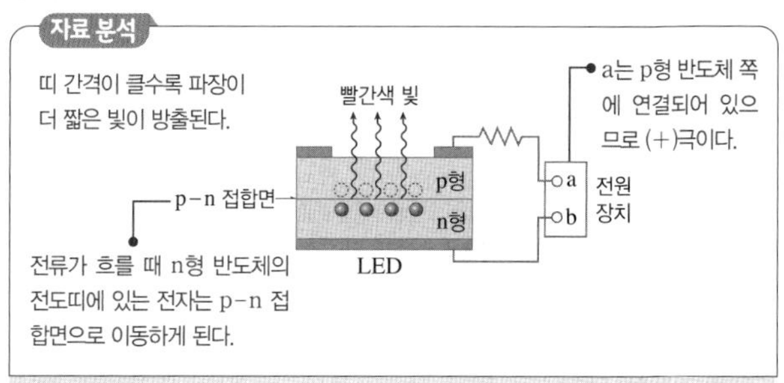

자료 분석
띠 간격이 클수록 파장이 더 짧은 빛이 방출된다.
빨간색 빛
a는 p형 반도체 쪽에 연결되어 있으므로 (+)극이다.
p-n 접합면
p형
n형
a
b
전원 장치
LED
전류가 흐를 때 n형 반도체의 전도띠에 있는 전자는 p-n 접합면으로 이동하게 된다.

선택지 분석

ㄱ 전원 장치의 단자 a는 (+)극이다.

~~ㄴ~~ n형 반도체의 전도띠에 있는 전자가 p-n 접합면으로부터 멀어진다. **접합면으로 이동한다.**

~~ㄷ~~ 띠 간격이 더 큰 발광 다이오드를 연결하면 파장이 더 긴 빛이 방출된다. **짧은**

ㄱ. 빛이 나오는 발광 다이오드(LED)에 순방향 전압이 걸려 있으므로, p형 반도체에 연결된 전원 장치의 단자 a는 (+)극이다.

바로알기 ㄴ. 다이오드에 순방향 전압이 걸려 전류가 흐를 때 n형 반도체의 전도띠에 있는 전자는 p-n 접합면으로 이동하게 된다.
ㄷ. 띠 간격이 클수록 전이하는 전자의 에너지 준위 차가 크므로 파장이 더 짧은 빛이 방출된다.

6 다이오드를 이용한 정류 회로

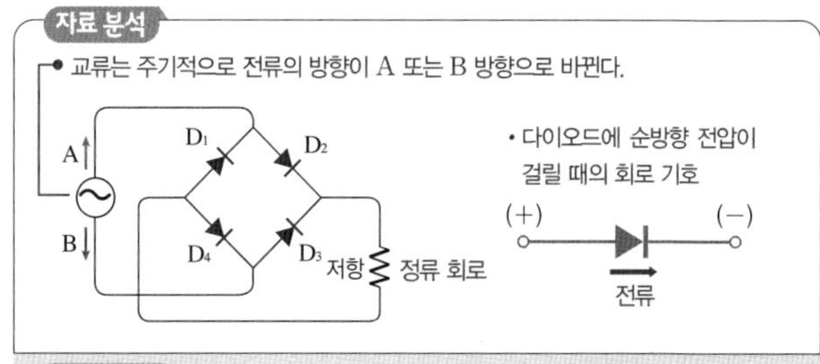

선택지 분석

ㄱ 교류 전류가 A 방향으로 흐를 때 D_2, D_4에 전류가 흐른다.

ㄴ 저항에는 항상 같은 방향으로 전류가 흐른다.

ㄷ 휴대폰 충전기에 사용된다.

ㄱ. 교류 전류가 A 방향으로 흐를 때 그림과 같이 D_2, D_4에 전류가 흐른다.

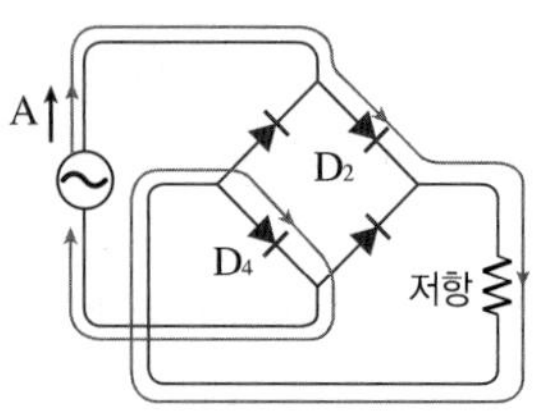

ㄴ. 교류 전류가 B 방향으로 흐를 때 그림과 같이 저항에 흐르는 전류의 방향은 교류 전류가 A 방향으로 흐를 때와 같이 아래쪽이다. 따라서 저항에는 항상 같은 방향으로 전류가 흐른다.

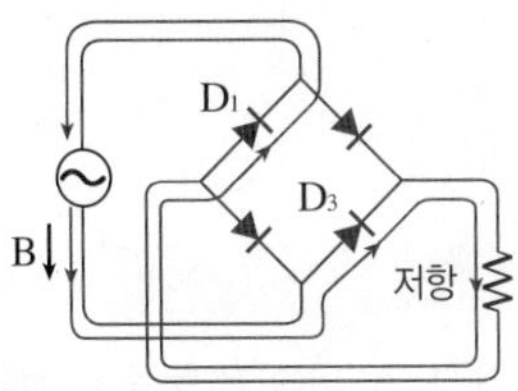

ㄷ. 정류 회로는 교류를 직류로 바꾸는 정류 작용을 하므로, 직류를 사용하는 휴대폰 충전기에 사용된다.

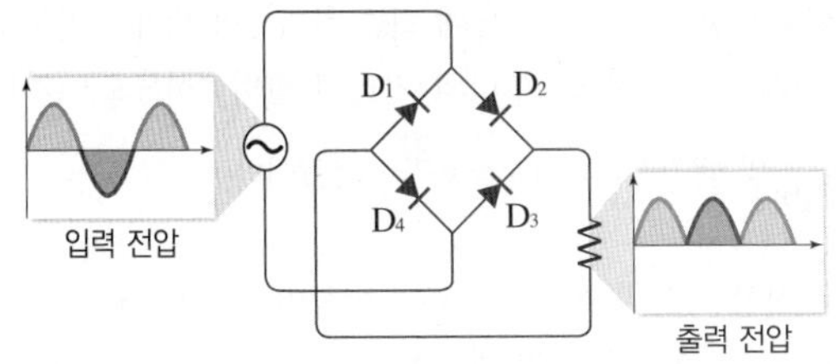

7 발광 다이오드를 이용한 빛의 합성

자료 분석

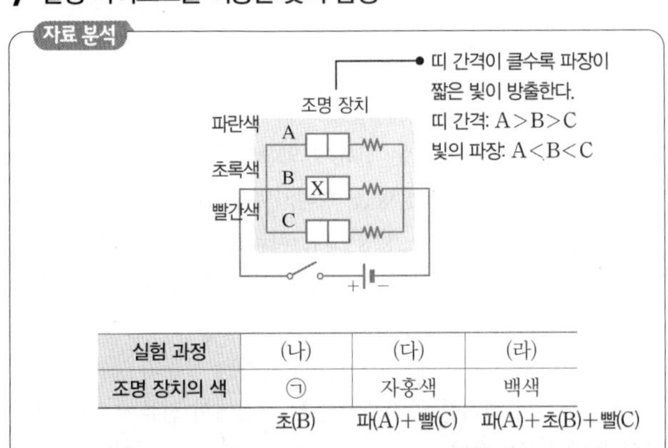

실험 과정	(나)	(다)	(라)
조명 장치의 색	㉠	자홍색	백색
	초(B)	파(A)+빨(C)	파(A)+초(B)+빨(C)

선택지 분석

ⓞ ㉠ A는 파란색 빛을 내는 LED이다.

✗ ㄴ X는 n형 반도체이다. **p형**

ⓞ ㄷ ㉠은 초록색이다.

띠 간격이 클수록 파장이 짧은 빛이 방출되므로 A는 파란색 빛, B는 초록색 빛, C는 빨간색 빛을 내는 LED이다.

ㄱ. 발광 다이오드에 전류가 흐를 때, 접합면에서 전도띠에 있던 전자가 원자가 띠의 양공으로 전이하면서 띠 간격에 해당하는 만큼의 에너지를 빛으로 방출한다. 이때 원자가 띠와 전도띠 사이의 띠 간격이 클수록 에너지가 큰 빛이 방출된다. 광자 1개의 에너지가 큰 빛일수록 파장이 짧으므로, 띠 간격이 가장 큰 LED인 A가 파장이 가장 짧은 파란색 빛을 내는 LED이다.

ㄷ. (다)에서 B만 켜지지 않았으므로, (다)와 전지의 방향이 반대인 (나)에서는 B만 켜져 빛이 방출된 것이다. 따라서 ㉠은 초록색이다.

바로알기 ㄴ. (다)에서 전지의 방향을 반대로 바꾸고 실험한 결과에서 나타난 자홍색은 파란색 빛을 내는 A와 빨간색 빛을 내는 C가 켜진 결과이며, 초록색 빛을 내는 B는 켜지지 않았다. 따라서 B에 역방향 전압이 걸린 것이며, 전원의 (−)극에 연결된 X는 p형 반도체이다.

10 전류에 의한 자기장

개념 확인 본책 105쪽

(1) 자기장, N (2) 전류 (3) 비례, 반비례 (4) 전류의 세기, 반지름 (5) 전류 (6) 자기

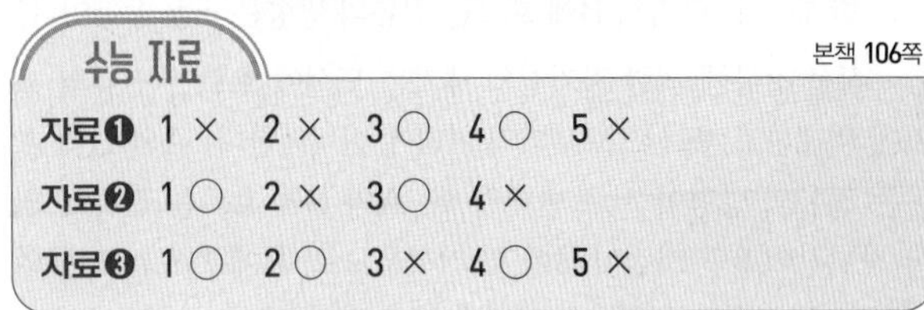
수능 자료 본책 106쪽

자료❶ 1 × 2 × 3 ○ 4 ○ 5 ×

자료❷ 1 ○ 2 × 3 ○ 4 ×

자료❸ 1 ○ 2 ○ 3 × 4 ○ 5 ×

자료❶ 직선 전류에 의한 자기장

1 오른손 엄지손가락이 전류의 방향을 가리키도록 했을 때 나머지 네 손가락을 감아쥐는 방향이 자기장의 방향이므로, p에서 A, B에 흐르는 전류에 의한 자기장의 방향은 종이면에 수직으로 들어가는 방향으로 같다.

2 p에서 A와 B에 흐르는 전류에 의한 자기장의 방향은 모두 종이면에 수직으로 들어가는 방향이므로 음(−)이지만, C의 위치 x가 $-d<x<0$일 때 p에서 A, B, C에 흐르는 전류에 의한 자기장의 방향이 양(+)이다. 따라서 C의 위치 x가 $-d<x<0$일 때 p에서 C에 흐르는 전류에 의한 자기장의 방향은 종이면에서 수직으로 나오는 방향이므로, C에 흐르는 전류의 방향은 아래 방향이다. 즉, 전류의 방향은 B에서와 C에서가 서로 같다.

3 전류의 방향이 B에서와 C에서가 같으므로 C의 위치가 $x=\frac{d}{5}$일 때 p에서 A, B, C에 흐르는 전류에 의한 자기장의 방향은 모두 종이면에 수직으로 들어가는 방향이다. 그러나 C의 위치가 $x=-\frac{d}{5}$일 때는 p에서 A, B에 흐르는 전류에 의한 자기장의 방향은 종이면에 수직으로 들어가는 방향이지만, C에 흐르는 전류에 의한 자기장의 방향은 종이면에서 수직으로 나오는 방향이다. 따라서 p에서 자기장의 세기는 C의 위치가 $x=\frac{d}{5}$일 때가 $x=-\frac{d}{5}$일 때보다 크다.

4 전류에 의한 자기장의 세기는 도선으로부터의 거리에 반비례하고, 전류의 세기에 비례한다. p에서 자기장이 0이 되려면 A, B에 흐르는 전류에 의한 자기장의 방향이 종이면에 수직으로 들어가는 방향이므로, C에 흐르는 전류에 의한 자기장의 방향은 종이면에서 수직으로 나오는 방향이어야 한다. 즉, p에서 자기장이 0이 되는 C의 위치는 $x<0$인 곳에 있다. p에서 A, B, C에 흐르는 전류에 의한 자기장이 0이 되는 식 $-k\frac{4I_0}{2d}-k\frac{2I_0}{2d}+k\frac{5I_0}{(-x)}=0$에서 $x=-\frac{5}{3}d$이다. 따라서 p에서의 자기장이 0이 되는 C의 위치는 $x=-2d$와 $x=-d$ 사이에 있다.

5 C가 $x=-d$에 있을 때 p에서 A와 C에 흐르는 전류에 의한 자기장은 $-k\frac{4I_0}{2d}+k\frac{5I_0}{d}=k\frac{3I_0}{d}$이고, B에 흐르는 전류에 의한 자기장은 $-k\frac{2I_0}{2d}=-k\frac{I_0}{d}$이다. 따라서 C가 $x=-d$에 있을 때

p에서 A와 C에 흐르는 전류에 의한 자기장의 세기는 B에 흐르는 전류에 의한 자기장의 세기의 3배이다.

자료❷ 직선 전류에 의한 자기장

1 A와 B에 흐르는 전류에 의한 자기장이 0인 지점이 두 도선의 바깥쪽, 즉 B의 오른쪽에 있으므로 A와 B에 흐르는 전류의 방향은 반대이다. 따라서 B에 흐르는 전류의 방향은 $-y$ 방향이다.

2 직선 전류에 의한 자기장의 세기는 도선에 흐르는 전류의 세기에 비례하고, 도선으로부터의 거리에 반비례한다. A와 B에 흐르는 전류의 방향이 서로 반대일 때, A와 B에 흐르는 전류에 의한 자기장이 0인 지점이 B에 더 가까우므로, B에 흐르는 전류의 세기는 A에 흐르는 전류의 세기 I_0보다 작다.

3 $x=-\frac{3}{2}d$는 A에 더 가깝고, A에 흐르는 전류의 세기가 B에 흐르는 전류의 세기보다 크다. 따라서 $x=-\frac{3}{2}d$에서 A, B에 흐르는 전류에 의한 자기장의 방향은 A에 의한 자기장의 방향과 같은 xy 평면에서 수직으로 나오는 방향이다.

4 $x=-\frac{1}{2}d$에서 A와 B에 흐르는 전류에 의한 자기장의 방향은 모두 xy 평면에 수직으로 들어가는 방향이다. 따라서 A, B에 흐르는 전류에 의한 자기장의 방향은 $x=-\frac{1}{2}d$에서와 $x=-\frac{3}{2}d$에서가 서로 반대이다.

자료❸ 원형 전류에 의한 자기장

1 실험 Ⅰ에서 A에만 전류가 흐르므로, O에서의 자기장은 A에 흐르는 전류에 의한 자기장이다. 오른손 엄지손가락이 A에 흐르는 전류의 방향을 가리키도록 했을 때, 나머지 네 손가락을 감아쥐는 방향인 자기장의 방향이 종이면에서 수직으로 나오는 방향이므로, ㉠은 '⊙'이다.

2 실험 Ⅰ에서 O에서의 A에 흐르는 전류에 의한 자기장의 방향이 종이면에서 수직으로 나오는 방향(⊙)이므로, 실험 Ⅱ에서와 같이 O에서 A와 B에 흐르는 전류에 의한 자기장의 방향이 종이면에 수직으로 들어가는 방향(⊗)이 되려면, B에 흐르는 전류의 방향은 A에 흐르는 전류의 방향과 반대이어야 한다. 따라서 B에 흐르는 전류의 방향은 시계 방향이다.

3 실험 Ⅰ과 실험 Ⅲ에서 O에서의 자기장 세기가 B_0으로 같은 것으로 보아, 실험 Ⅲ의 O에서 B와 C에 흐르는 전류에 의한 자기장의 세기는 같고 방향은 반대이다. 따라서 C에 흐르는 전류의 방향은 B에 흐르는 전류의 방향과 반대이다.

4 원형 도선 중심에서 자기장의 세기는 전류의 세기에 비례하고, 원의 반지름에 반비례한다. 실험 Ⅲ의 O에서 B와 C에 흐르는 전류에 의한 자기장의 세기는 같고 방향은 반대일 때, 반지름이 큰 C에 흐르는 전류의 세기가 반지름이 작은 B에 흐르는 전류의 세기보다 크다. 즉, $I_B<I_C$이다.

5 실험 Ⅰ의 O에서 A에 흐르는 전류에 의한 자기장이 B_0(⊙)일 때, 실험 Ⅱ의 O에서 A와 B에 흐르는 전류에 의한 합성 자기장이 $0.5B_0$(⊗)이려면 B에 흐르는 전류에 의한 자기장은 $1.5B_0$(⊗)이어야 한다. 실험 Ⅲ의 O에서 B와 C에 흐르는 전류에 의한 자기장의 세기는 같고 방향은 반대이므로, C에 흐르는 전류에 의한 자기장은 $1.5B_0$(⊙)이다. 따라서 실험 Ⅲ의 O에서 C에 흐르는 전류에 의한 자기장의 세기는 $1.5B_0$이다.

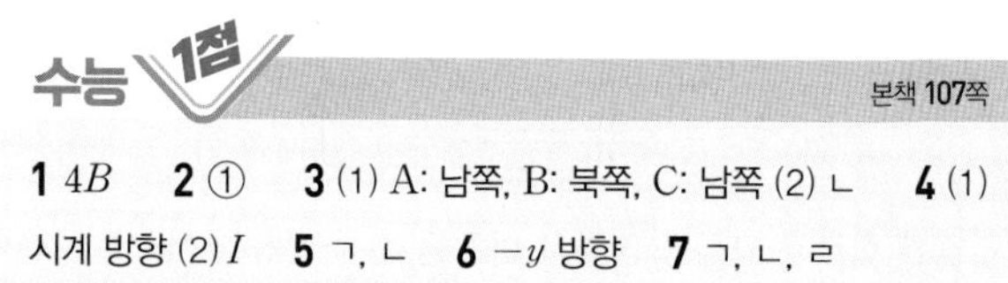

1 $4B$ **2** ① **3** (1) A: 남쪽, B: 북쪽, C: 남쪽 (2) ㄴ **4** (1) 시계 방향 (2) I **5** ㄱ, ㄴ **6** $-y$ 방향 **7** ㄱ, ㄴ, ㄹ

1 직선 도선에 흐르는 전류에 의한 자기장의 세기는 전류의 세기에 비례하고 도선으로부터의 거리에 반비례하므로, (가)에서 $B=k\frac{I}{2r}$일 때 (나)에서 $B_b=k\frac{2I}{r}=4B$이다.

2 두 직선 도선에 흐르는 전류의 방향이 반대일 때 두 도선 바깥쪽에서 자기장의 방향이 반대이므로, 합성 자기장의 세기가 0인 지점이 두 도선 바깥쪽에 존재한다. 직선 도선에 흐르는 전류에 의한 자기장의 세기는 전류의 세기에 비례하고 도선으로부터의 거리에 반비례하므로, 전류가 더 세게 흐르는 도선으로부터 먼 곳에서 자기장의 세기가 0이 된다. 따라서 $x<-L$인 영역에서 자기장의 세기가 0인 지점이 존재한다.

3 (1) 원형 도선에 흐르는 전류에 의한 자기장의 방향은 오른손 엄지손가락으로 전류의 방향을 가리키며 도선을 감아쥘 때 나머지 네 손가락이 가리키는 방향이다. 따라서 원의 중심 B에서 자기장의 방향은 뒤쪽인 북쪽이며, 원의 바깥쪽 A, C에서 자기장의 방향은 앞쪽인 남쪽이다.

(2) ㄴ. 원형 도선 중심에서 자기장의 세기는 전류의 세기에 비례하므로, 전류의 세기를 증가시키면 B 지점에서 전류에 의한 자기장의 세기가 증가한다.

바로알기 ㄱ. 원형 도선 중심에서 자기장의 세기는 원의 반지름에 반비례하므로, 원의 반지름을 증가시키면 B 지점에서 전류에 의한 자기장의 세기가 감소한다.

ㄷ. 원형 도선 내부에서 자기장의 방향은 전류의 방향에 따라 달라지므로, 전류의 방향을 반대로 하면 B 지점에서 자기장의 방향만 반대로 바뀔 뿐 자기장의 세기는 변하지 않는다.

4 (1) 원형 도선 내부에서 자기장의 방향은 오른손 엄지손가락이 전류의 방향을 가리키도록 했을 때 나머지 네 손가락을 감아쥐는 방향이다. (가)에서 a의 중심 P에서 자기장의 방향이 종이면에서 수직으로 나오는 방향이고 자기장의 세기가 B일 때, (나)의 Q에서 a, b에 의한 합성 자기장의 세기가 B이려면 b에 의한 자기장의 방향은 종이면에 수직으로 들어가는 방향이고 자기장의 세기는 $2B$가 되어야 한다. 따라서 b에 흐르는 전류의 방향은 시계 방향이다.

(2) 원형 도선에 의한 자기장의 세기는 전류의 세기에 비례하고 원의 반지름에 반비례한다. a에 의한 자기장의 세기가 $B=k'\frac{I}{2r}$일 때, b에 의한 자기장의 세기가 $2B$가 되려면 $2B=k'\frac{I_b}{r}$에서 b에 흐르는 전류의 세기는 $I_b=I$이다.

5 ㄱ. 오른손 네 손가락으로 코일에 흐르는 전류의 방향으로 감아쥘 때 엄지손가락이 가리키는 방향이 솔레노이드 내부에서의 자기장의 방향이므로, A의 내부에서 자기장의 방향은 왼쪽이다.
ㄴ. 솔레노이드에서 자기장의 세기는 단위 길이당 감은 수에 비례하므로, 내부에서 자기장의 세기는 A가 B보다 작다.
바로알기 ㄷ. A의 오른쪽은 S극, B의 왼쪽은 N극이 되는 자기장이 형성되므로 A와 B 사이에는 인력이 작용한다.

6 자기장 속에서 전류가 받는 자기력의 방향은 오른손 네 손가락을 자기장의 방향, 엄지손가락을 전류의 방향으로 향하게 할 때 손바닥이 향하는 방향이므로 $-y$ 방향이다.

7 ㄱ. 전동기는 자석 사이의 코일에 전류가 흐를 때 코일이 자기력을 받아 회전하는 장치이다.
ㄴ. 스피커는 코일에 흐르는 전류가 변할 때 자석과 코일 사이에 작용하는 자기력의 크기와 방향이 바뀌면서 진동판이 진동하므로 소리가 발생하는 장치이다.
ㄹ. MRI는 초전도체로 만든 솔레노이드의 강한 자기장을 이용해 인체 내부의 영상을 얻는다.
바로알기 ㄷ. 발전기는 전자기 유도를 이용한 장치이다.

수능 2점
본책 108쪽~109쪽

1 ④	2 ④	3 ⑤	4 ②	5 ⑤	6 ⑤
7 ③	8 ④				

1 전류에 의한 자기장 실험

자료 분석

북쪽을 향하는 지구 자기장은 세기가 같지만 전류에 의한 자기장의 세기와 방향이 다음과 같으므로 나침반의 자침이 회전한 방향과 각도가 다른 것이다.

[결과]

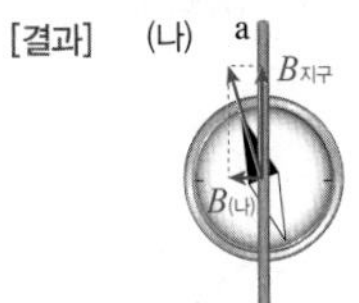

(나)
a
$B_{지구}$
$B_{(나)}$
b

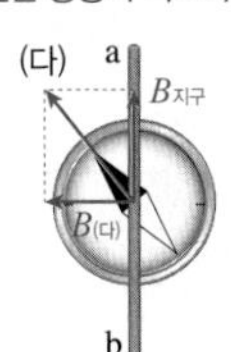

(다)
a
$B_{지구}$
$B_{(다)}$
b

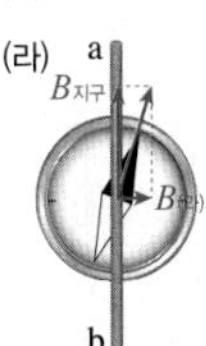

(라)
a
$B_{지구}$
$B_{(라)}$
b

선택지 분석

✕ (나)에서 직선 도선에 흐르는 전류의 방향은 a → b 방향이다. (b → a 방향)
ⓛ 직선 도선에 흐르는 전류의 세기는 (나)에서가 (다)에서보다 작다.
ⓒ '전원 장치의 (+), (−)단자에 연결된 집게를 서로 바꿔 연결한 후'는 ㉠으로 적절하다.

ㄴ. (나)에서 나침반의 자침이 돌아간 각도가 (다)에서 나침반의 자침이 돌아간 각도보다 작다는 것은 전류에 의한 자기장의 세기가 작기 때문이다. 따라서 직선 도선에 흐르는 전류의 세기는 (나)에서가 (다)에서보다 작다.
ㄷ. (라)에서 나침반의 자침이 회전한 방향이 (나)와 (다)의 경우와 반대 방향이라는 것은 도선에 흐르는 전류의 방향이 반대인 것을 의미한다. 따라서 (라)는 전원 장치의 (+), (−)단자에 연결된 집게를 서로 바꿔 연결하여 실험한 경우이다.

바로알기 ㄱ. (나)에서 나침반의 자침이 서쪽으로 회전했으므로 북쪽을 향하는 지구 자기장과 서쪽을 향하는 전류에 의한 자기장이 합성되었다는 것을 의미한다. 따라서 직선 도선에 흐르는 전류의 방향은 b → a 방향이다.

2 직선 전류에 의한 자기장

자료 분석

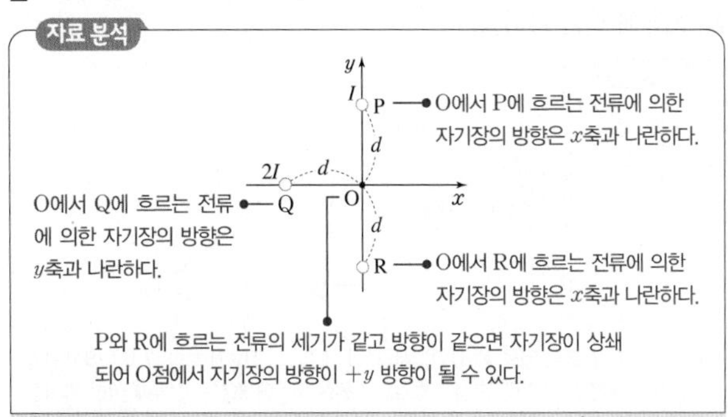

y
I
P
O에서 P에 흐르는 전류에 의한 자기장의 방향은 x축과 나란하다.
d
2I
d
O
x
O에서 Q에 흐르는 전류에 의한 자기장의 방향은 y축과 나란하다.
Q
d
R
O에서 R에 흐르는 전류에 의한 자기장의 방향은 x축과 나란하다.
P와 R에 흐르는 전류의 세기가 같고 방향이 같으면 자기장이 상쇄되어 O점에서 자기장의 방향이 +y 방향이 될 수 있다.

선택지 분석

ⓖ 도선에 흐르는 전류의 방향은 P와 R에서 같다.
ⓛ R에 흐르는 전류의 세기는 I이다.
✕ O에서 R에 의한 자기장의 세기는 B_0이다. $\frac{B_0}{2}$

ㄱ, ㄴ. O에서 P, Q, R에 흐르는 전류에 의한 합성 자기장의 방향이 $+y$ 방향이기 위해서는 P와 R가 O에 만드는 자기장의 세기는 같고 방향이 반대가 되어 두 자기장이 상쇄되어야 한다. 따라서 P와 R에 흐르는 전류의 방향은 같고 세기도 같으므로 R에 흐르는 전류의 세기는 I이다.
바로알기 ㄷ. O에서 합성 자기장의 세기 B_0은 Q에 흐르는 전류에 의한 자기장의 세기이다. O로부터 R나 Q까지의 거리는 같지만 전류의 세기는 R에서가 Q에서의 $\frac{1}{2}$배이므로, O에서 R에 흐르는 전류에 의한 자기장의 세기는 $\frac{B_0}{2}$이다.

3 두 직선 도선에 흐르는 전류에 의한 자기장

자료 분석

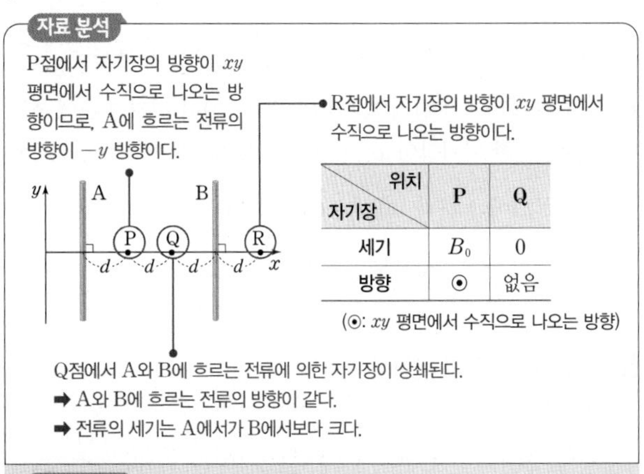

P점에서 자기장의 방향이 xy 평면에서 수직으로 나오는 방향이므로, A에 흐르는 전류의 방향이 −y 방향이다.
R점에서 자기장의 방향이 xy 평면에서 수직으로 나오는 방향이다.
y
A
B
P
Q
R
d
d
d
d
x
Q점에서 A와 B에 흐르는 전류에 의한 자기장이 상쇄된다.
➡ A와 B에 흐르는 전류의 방향이 같다.
➡ 전류의 세기는 A에서가 B에서보다 크다.

자기장 \ 위치	P	Q
세기	B_0	0
방향	⊙	없음

(⊙: xy 평면에서 수직으로 나오는 방향)

선택지 분석

ⓖ A에는 $-y$ 방향으로 전류가 흐른다.
ⓛ 전류의 세기는 A에서가 B에서보다 크다.
ⓒ R에서 자기장의 방향은 P에서와 같다.

ㄱ. A와 B 사이에 있는 Q에서 합성 자기장의 세기가 0이고 A에 가까운 P에서 합성 자기장의 방향이 xy 평면에서 수직으로 나오는 방향(⊙)이므로, A에 흐르는 전류의 방향은 $-y$ 방향이다.

ㄴ. A와 B 사이에 합성 자기장의 세기가 0인 Q가 B에 가까이 있으므로, 전류의 세기는 A에서가 B에서보다 크다.
ㄷ. A와 B에 모두 $-y$ 방향의 전류가 흐르므로 R에서 A와 B에 의한 합성 자기장의 방향이 xy 평면에서 수직으로 나오는 방향(⊙)이다. 따라서 R에서 자기장의 방향은 P에서와 같다.

4 전류에 의한 자기장

자료 분석

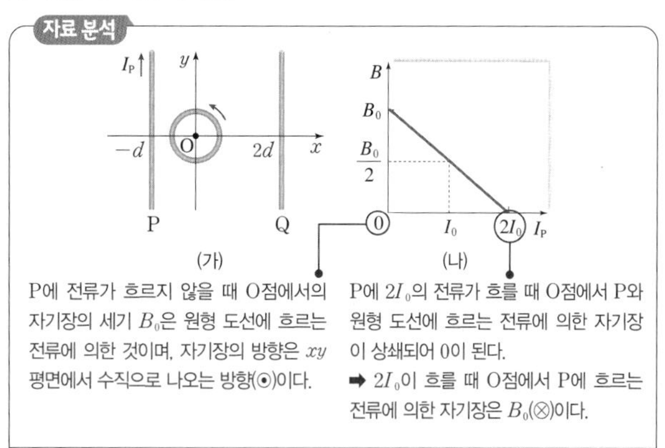

I_P
y
$-d$
O
$2d$
x
P
Q
B
B_0
$\frac{B_0}{2}$
0
I_0
$2I_0$
I_P
(가)
(나)
P에 전류가 흐르지 않을 때 O점에서의 자기장의 세기 B_0은 원형 도선에 흐르는 전류에 의한 것이며, 자기장의 방향은 xy 평면에서 수직으로 나오는 방향(⊙)이다.
P에 $2I_0$의 전류가 흐를 때 O점에서 P와 원형 도선에 흐르는 전류에 의한 자기장이 상쇄되어 0이 된다.
➡ $2I_0$이 흐를 때 O점에서 P에 흐르는 전류에 의한 자기장은 B_0(⊗)이다.

선택지 분석

	세기	방향		세기	방향
~~①~~	$2I_0$	$+y$	②	$2I_0$	$-y$
~~③~~	I_0	$+y$	~~④~~	I_0	$-y$
~~⑤~~	$\frac{I_0}{2}$	$+y$			

② $I_P=0$일 때 O에서 원형 도선에 흐르는 전류에 의한 자기장은 xy 평면에서 수직으로 나오는 방향으로 B_0(⊙)이다.
$I_P=2I_0$일 때 O에서 원형 도선과 P에 흐르는 전류에 의한 자기장의 세기가 0이므로, P에 흐르는 전류에 의한 자기장은 xy 평면에 수직으로 들어가는 방향으로 B_0(⊗)이다.
$I_P=I_0$일 때 O에서 P에 흐르는 전류에 의한 자기장은 xy 평면에 수직으로 들어가는 방향으로 $\frac{B_0}{2}$(⊗)이고, 원형 도선에 흐르는 전류에 의한 자기장은 xy 평면에서 수직으로 나오는 방향으로 B_0(⊙)이므로, O에서 합성 자기장은 $\frac{B_0}{2}$(⊗)$+B_0$(⊙)$=\frac{B_0}{2}$(⊙)이다. 따라서 O에서 합성 자기장의 세기가 0이 되려면 Q에 흐르는 전류에 의한 자기장이 xy 평면에 수직으로 들어가는 방향으로 $\frac{B_0}{2}$(⊗)이 되어야 한다. 따라서 Q는 O로부터 거리가 2배이므로 $2I_0$인 전류가 $-y$ 방향으로 흘러야 한다.

5 직선 전류에 의한 자기장

자료 분석

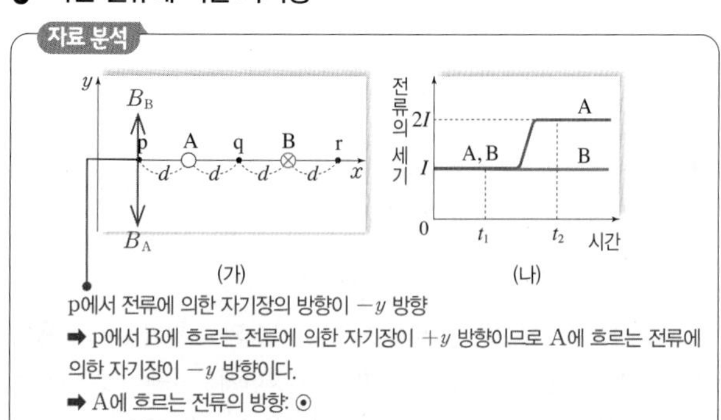

선택지 분석

ㄱ A에 흐르는 전류의 방향은 xy 평면에서 수직으로 나오는 방향이다.
ㄴ t_1일 때, 전류에 의한 자기장의 세기는 p에서가 q에서보다 작다.
ㄷ r에서 전류에 의한 자기장의 방향은 t_1일 때와 t_2일 때가 같다.

ㄱ. p에서 A와 B에 흐르는 전류에 의한 합성 자기장의 방향이 $-y$ 방향일 때, B에 흐르는 전류에 의한 자기장의 방향이 $+y$ 방향이므로 A에 흐르는 전류에 의한 자기장의 방향은 $-y$ 방향이어야 한다. 따라서 A에 흐르는 전류의 방향은 xy 평면에서 수직으로 나오는 방향(⊙)이다.
ㄴ. 자기장의 방향이 $+y$ 방향일 때를 (+)로 하면, t_1일 때 p점에서 합성 자기장은 $B_p=-k\frac{I}{d}+k\frac{I}{3d}=-k\frac{2I}{3d}$이고, q점에서 합성 자기장은 $B_q=k\frac{I}{d}+k\frac{I}{d}=k\frac{2I}{d}$이다. 따라서 합성 자기장의 세기는 p에서가 q에서보다 작다.
ㄷ. r에서 A와 B에 흐르는 전류에 의한 자기장의 방향은 반대이다. t_1일 때 r에서 A와 B에 흐르는 전류에 의한 자기장의 세기를 비교하면 $\left|k\frac{I}{3d}\right|<\left|-k\frac{I}{d}\right|$로 B에 흐르는 전류에 의한 자기장이 더 세므로 $-y$ 방향이다. t_2일 때도 $\left|k\frac{2I}{3d}\right|<\left|-k\frac{I}{d}\right|$로 여전히 B에 흐르는 전류에 의한 자기장이 더 세므로 $-y$ 방향이다. 따라서 r에서 전류에 의한 자기장의 방향은 t_1일 때와 t_2일 때가 같다.

6 세 직선 도선에 흐르는 전류에 의한 자기장

자료 분석

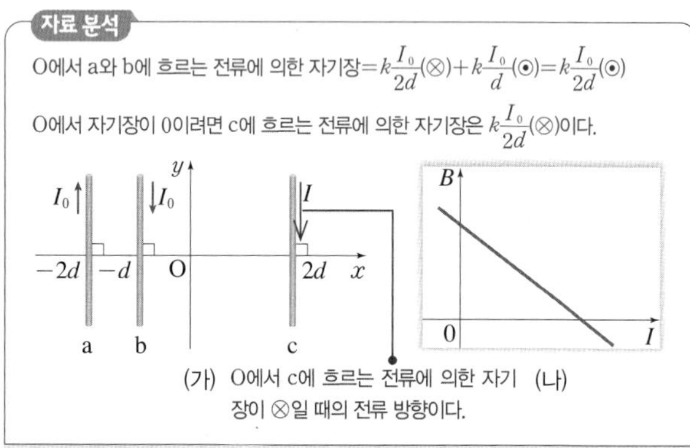

선택지 분석

ㄱ $I=0$일 때, B의 방향은 xy 평면에서 수직으로 나오는 방향이다.
ㄴ $B=0$일 때, I의 방향은 $-y$ 방향이다.
ㄷ $B=0$일 때, I의 세기는 I_0이다.

ㄱ. O에서 a에 흐르는 전류에 의한 자기장은 $k\frac{I_0}{2d}$으로 xy 평면에 수직으로 들어가는 방향(⊗)이고, b에 흐르는 전류에 의한 자기장은 $k\frac{I_0}{d}$으로 xy 평면에서 수직으로 나오는 방향(⊙)이다. 따라서 $I=0$일 때 O에서 자기장은 $k\frac{I_0}{2d}$(⊗)$+k\frac{I_0}{d}$(⊙)$=k\frac{I_0}{2d}$(⊙)이므로, B의 방향은 xy 평면에서 수직으로 나오는 방향이다.

ㄴ. O에서 a, b에 흐르는 전류에 의한 자기장의 방향이 xy 평면에서 수직으로 나오는 방향이므로, O에서 a, b, c에 흐르는 전류에 의한 자기장 $B=0$이려면 c에 흐르는 전류 I에 의한 자기장의 방향은 xy 평면에 수직으로 들어가는 방향이어야 한다. 따라서 c에 흐르는 전류 I의 방향은 $-y$ 방향이다.

ㄷ. O에서 a, b에 흐르는 전류에 의한 자기장이 $k\frac{I_0}{2d}(\otimes)+k\frac{I_0}{d}(\odot)$ $=k\frac{I_0}{2d}(\odot)$이므로, O에서 a, b, c에 흐르는 전류에 의한 자기장 $B=0$이려면 c에 흐르는 전류 I에 의한 자기장은 $k\frac{I_0}{2d}(\otimes)$이 되어야 한다. 즉, O에서 c에 흐르는 전류에 의한 자기장이 $k\frac{I}{2d}$ $=k\frac{I_0}{2d}$이므로 $I=I_0$이다.

7 자기력의 활용

자료 분석

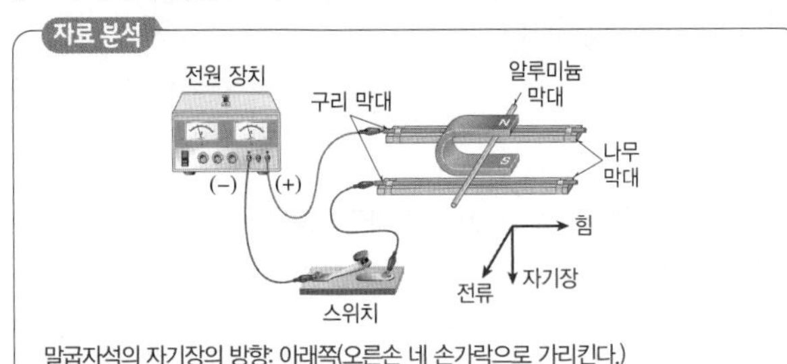

말굽자석의 자기장의 방향: 아래쪽(오른손 네 손가락으로 가리킨다.)
전류의 방향: 앞쪽(오른손 엄지손가락으로 가리킨다.)
➡ 자기력의 방향: 오른쪽(오른손 손바닥이 향하는 방향)

선택지 분석

ⓖ 이 상태에서 스위치를 닫으면 알루미늄 막대는 오른쪽으로 움직인다.
ⓛ 이 상태에서 말굽자석의 S극이 위로 오도록 뒤집어 놓고 스위치를 닫으면 알루미늄 막대는 왼쪽으로 움직인다.
✕ 이 상태에서 전원 장치의 (+), (−)단자를 반대로 연결하고 스위치를 닫으면 알루미늄 막대는 오른쪽으로 움직인다. **왼쪽**

ㄱ. 오른손 네 손가락을 자기장의 방향, 엄지손가락을 전류의 방향으로 향하게 할 때 손바닥이 향하는 방향이 자기력의 방향이므로, 알루미늄 막대는 오른쪽으로 힘을 받아 움직인다.

ㄴ. 말굽자석의 S극이 위로 오도록 하고 스위치를 닫으면, 자기력의 방향이 반대가 되어 알루미늄 막대가 왼쪽으로 힘을 받아 움직인다.

바로알기 ㄷ. 전원 장치의 (+), (−)단자를 반대로 연결하고 스위치를 닫으면, 자기력의 방향이 반대가 되어 알루미늄 막대가 왼쪽으로 힘을 받아 움직인다.

8 전동기의 구조와 원리

자료 분석

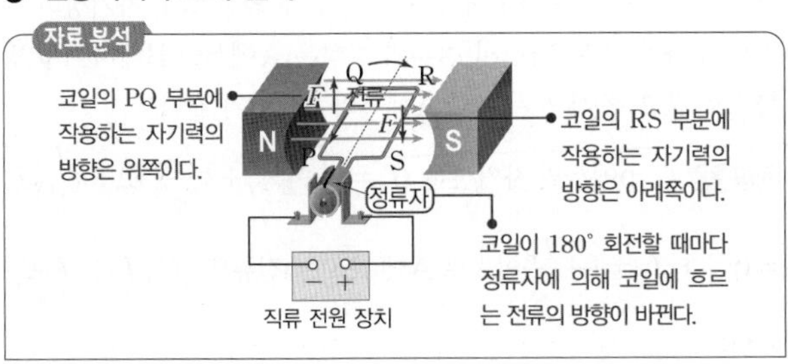

선택지 분석

① 코일의 PQ 부분은 위쪽으로 힘을 받는다.
② 코일의 RS 부분은 아래쪽으로 힘을 받는다.
③ 코일 전체는 시계 방향으로 회전한다.
✕ 정류자는 코일이 360° 회전할 때마다 코일에 흐르는 전류의 방향을 바꾼다. **180°**
⑤ 전기 에너지를 역학적인 일로 바꾸는 장치이다.

①, ②, ③ 오른손 네 손가락을 자기장의 방향으로, 엄지손가락을 전류의 방향으로 향하게 할 때 손바닥이 향하는 방향이 자기력의 방향이다. 따라서 코일의 PQ 부분은 위쪽으로, 코일의 RS 부분은 아래쪽으로 힘을 받아 코일은 시계 방향으로 회전한다.

⑤ 전동기는 자기장 속에서 전류가 받는 힘을 이용하여 전기 에너지를 역학적인 일로 바꾸는 장치이다.

바로알기 ④ 정류자는 코일이 180° 회전할 때마다 코일에 흐르는 전류의 방향을 바꾸어 자석 사이에 있는 코일을 계속 한 방향으로 회전할 수 있게 한다.

수능 3점

본책 110쪽~111쪽

1 ① **2** ④ **3** ③ **4** ① **5** ③ **6** ②
7 ① **8** ③

1 직선 전류에 의한 자기장

자료 분석

p에서 자기장이 0이면, A와 B에 흐르는 전류의 방향과 세기가 같다.

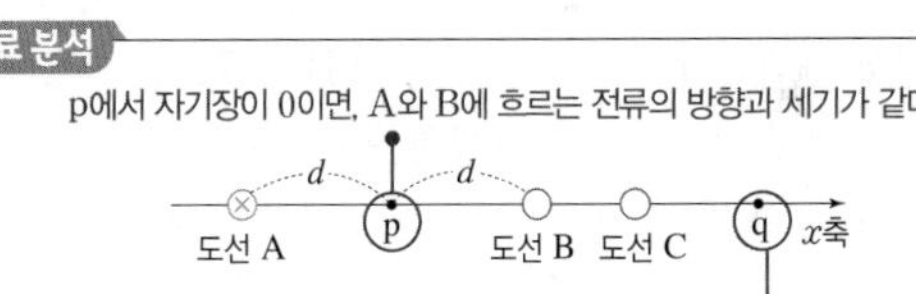
q에서 A와 B에 흐르는 전류에 의한 합성 자기장의 방향은 $-y$ 방향이므로, q에서 A, B, C에 흐르는 전류에 의한 자기장의 세기가 0이 되려면 C에 흐르는 전류에 의한 자기장의 방향은 $+y$ 방향이어야 한다.
➡ C에 흐르는 전류의 방향은 종이면에서 수직으로 나오는 방향(⊙)이다.

선택지 분석

ⓖ 전류의 세기는 A와 B가 같다.
✕ 전류의 방향은 B와 C가 같다. **반대이다.**
✕ A와 C에 흐르는 전류에 의한 자기장의 방향은 p와 q에서 서로 같다. **반대이다.**

ㄱ. p에서 A와 B에 흐르는 전류에 의한 합성 자기장의 세기가 0일 때, p에서 A에 흐르는 전류에 의한 자기장의 방향이 $-y$ 방향이므로 B에 흐르는 전류에 의한 자기장의 방향은 $+y$ 방향이어야 한다. 따라서 B에 흐르는 전류의 방향은 종이면에 수직으로 들어가는 방향(⊗)으로 A와 같으며, 전류의 세기도 A와 같다.

바로알기 ㄴ. A와 B에 흐르는 전류의 방향이 모두 종이면에 수직으로 들어가는 방향(⊗)이므로, q에서 A, B에 흐르는 전류에 의한 합성 자기장의 방향은 $-y$ 방향이다. q에서 A, B, C에 흐르는 전류에 의한 자기장의 세기가 0이 되기 위해서 C에 흐르는 전류에 의한 자기장의 방향은 $+y$ 방향이어야 한다. 따라서 C에 흐르는 전류의 방향은 종이면에서 수직으로 나오는 방향(⊙)으로 B와 반대 방향이다.

ㄷ. p에서 A와 C에 흐르는 전류에 의한 합성 자기장의 방향은 $-y$ 방향이다. q에서 A, B, C에 흐르는 전류에 의한 합성 자기장의 세기가 0일 때, A, B 각각에 흐르는 전류에 의한 자기장의 방향은 $-y$ 방향이고 C에 흐르는 전류에 의한 자기장의 방향은 $+y$ 방향이다. 즉, q에서 A에 흐르는 전류에 의한 자기장의 세기보다 C에 흐르는 전류에 의한 자기장의 세기가 더 세므로, q에서 A와 C에 흐르는 전류에 의한 합성 자기장의 방향은 $+y$ 방향이다. 따라서 p와 q에서 A와 C에 흐르는 전류에 의한 합성 자기장의 방향은 서로 반대 방향이다.

2 두 직선 도선에 흐르는 전류에 의한 자기장

자료 분석

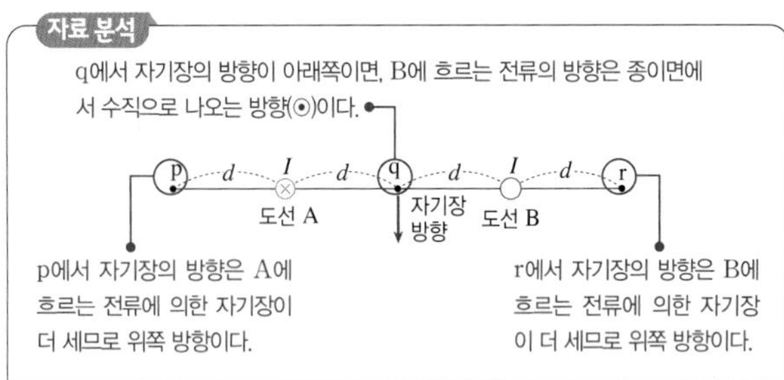

선택지 분석

ㄱ B에 흐르는 전류의 방향은 종이면에서 수직으로 나오는 방향이다.

~~ㄴ~~ A와 B 사이에 자기장의 세기가 0인 지점이 있다. 없다.

ㄷ p와 r에서 자기장의 방향은 같다.

ㄱ. 전류의 세기가 같은 A와 B의 중간 지점인 q에서 합성 자기장의 방향이 아래쪽이므로 B에 흐르는 전류에 의한 자기장의 방향도 q에서 아래쪽이어야 한다. 따라서 B에 흐르는 전류의 방향은 종이면에서 수직으로 나오는 방향(⊙)이 된다.

ㄷ. p는 B보다 A에 더 가깝기 때문에 p에서 합성 자기장의 방향은 A에 흐르는 전류에 의한 자기장의 방향이 되므로 위쪽이 된다. r는 A보다 B에 더 가깝기 때문에 r에서 합성 자기장의 방향은 B에 흐르는 전류에 의한 자기장의 방향이 되므로 위쪽이 된다. 따라서 p와 r에서 합성 자기장의 방향은 모두 위쪽으로 같다.

바로알기 ㄴ. A와 B 사이에서 A에 흐르는 전류에 의한 자기장의 방향이 아래쪽으로 B에 흐르는 전류에 의한 자기장의 방향과 항상 같으므로 합성 자기장의 세기가 0이 되는 지점이 없다.

3 교차하는 두 직선 도선에 흐르는 전류에 의한 자기장

자료 분석

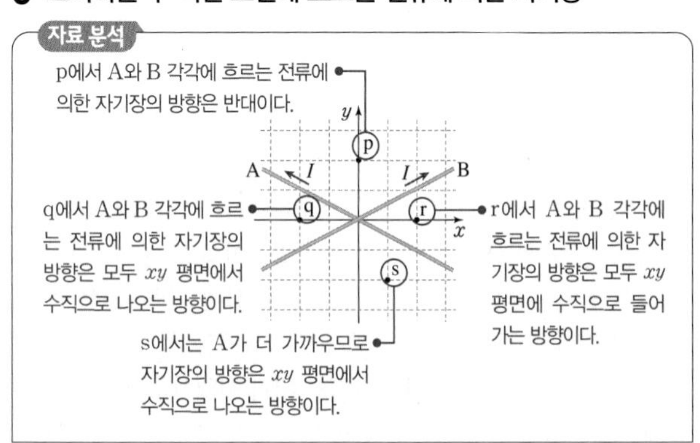

선택지 분석

ㄱ 전류에 의한 자기장의 세기는 p에서가 r에서보다 작다.

ㄴ 전류에 의한 자기장의 방향은 q와 r에서 서로 반대이다.

~~ㄷ~~ s에서 전류에 의한 자기장의 방향은 xy 평면에 수직으로 들어가는 방향이다. 나오는

ㄱ. p에서 A와 B에 흐르는 전류에 의한 자기장은 서로 반대 방향이고, r에서 A와 B에 흐르는 전류에 의한 자기장은 서로 같은 방향이다. 따라서 두 전류에 의한 합성 자기장의 세기는 p에서가 r에서보다 작다.

ㄴ. 두 전류에 의한 자기장의 방향은 q에서는 xy 평면에서 수직으로 나오는 방향(⊙)이고, r에서는 xy 평면에 수직으로 들어가는 방향(⊗)으로 서로 반대이다.

바로알기 ㄷ. s에서 A와 B에 흐르는 전류에 의한 자기장은 서로 반대 방향이며 s는 B보다 A에서 더 가까우므로 s에서의 합성 자기장의 방향은 A에 흐르는 전류에 의한 자기장의 방향과 같다. 따라서 s에서 전류에 의한 자기장의 방향은 xy 평면에서 수직으로 나오는 방향(⊙)이다.

4 세 직선 도선에 흐르는 전류에 의한 자기장

자료 분석

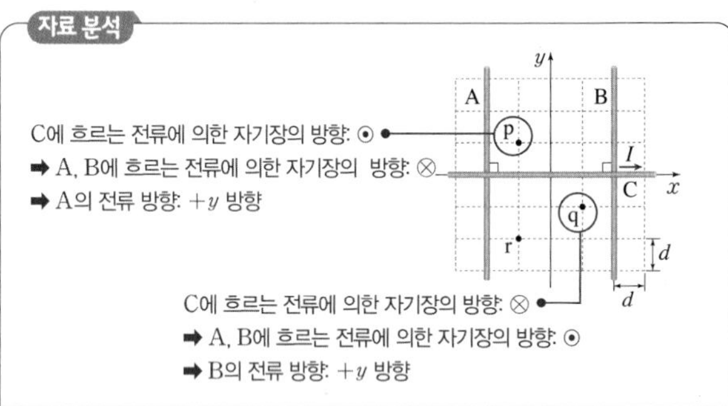

선택지 분석

ㄱ. 전류의 방향은 A에서와 B에서가 같다.

~~ㄴ~~. A에 흐르는 전류의 세기는 I보다 작다. 크다.

~~ㄷ~~. r에서 A, B, C에 흐르는 전류에 의한 자기장의 방향은 xy 평면에서 수직으로 나오는 방향이다. 들어가는

ㄱ. p에서 자기장이 0이려면 C에 흐르는 전류에 의한 자기장의 방향이 xy 평면에서 수직으로 나오는 방향(⊙)이므로, A와 B에 흐르는 전류에 의한 합성 자기장의 방향은 xy 평면에 수직으로 들어가는 방향(⊗)이 되어야 한다. 또, q에서 자기장이 0이려면 C에 흐르는 전류에 의한 자기장의 방향이 xy 평면에 수직으로 들어가는 방향(⊗)이므로, A와 B에 흐르는 전류에 의한 합성 자기장의 방향은 평면에서 수직으로 나오는 방향(⊙)이 되어야 한다. 이때 p와 q에서 C에 흐르는 전류에 의한 자기장의 세기는 같으므로, p와 q에서 A와 B에 흐르는 전류에 의한 합성 자기장의 세기도 같아야 한다. 따라서 전류의 방향은 A에서와 B에서 $+y$ 방향으로 같고, 전류의 세기도 A에서와 B에서가 같다.

바로알기 ㄴ. p에서의 자기장은 $B_{\rm p}=k\frac{I_{\rm A}}{d}(\otimes)+k\frac{I_{\rm B}}{3d}(\odot)+k\frac{I}{d}(\odot)$ $=0$이다. $I_{\rm A}=I+\frac{I_{\rm B}}{3}$이므로 A에 흐르는 전류의 세기 $I_{\rm A}$는 I보다 크다.

ㄷ. r에서의 자기장은 $B_r = k\frac{I_A}{d}(\otimes) + k\frac{I_B}{3d}(\odot) + k\frac{I}{2d}(\otimes)$이다. A와 B에 흐르는 전류의 세기가 같으므로($I_A = I_B$) $B_r = k\frac{2I_A}{3d}(\otimes) + k\frac{I}{2d}(\odot)$이다. 따라서 r에서 자기장의 방향은 xy 평면에 수직으로 들어가는 방향이다.

5 직선 전류와 원형 전류에 의한 자기장

자료 분석

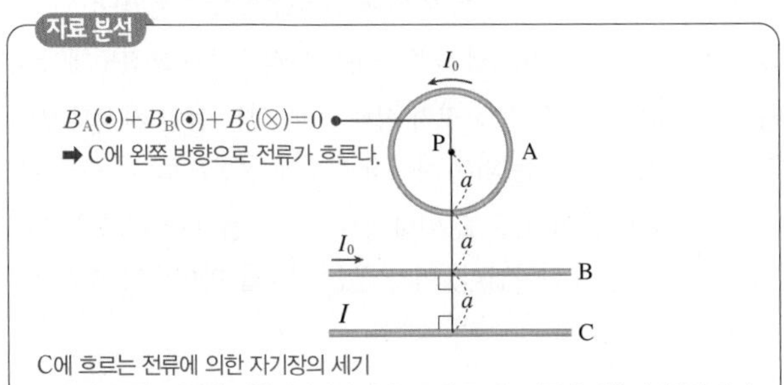

C에 흐르는 전류에 의한 자기장의 세기
=A에 흐르는 전류에 의한 자기장의 세기+B에 흐르는 전류에 의한 자기장의 세기

선택지 분석

㉠ P에서 C에 흐르는 전류에 의한 자기장의 방향은 종이면에 수직으로 들어가는 방향이다.

㉡ C에 흐르는 전류의 방향은 B에 흐르는 전류의 방향과 반대이다.

✗ $I < \frac{3}{2}I_0$이다. $I > \frac{3}{2}I_0$

ㄱ. P에서 A에 흐르는 전류와 B에 흐르는 전류에 의한 자기장의 방향이 모두 종이면에서 수직으로 나오는 방향이므로, P에서 자기장이 0이 되려면 C에 흐르는 전류에 의한 자기장의 방향은 종이면에 수직으로 들어가는 방향이어야 한다.

ㄴ. P에서 C에 흐르는 전류에 의한 자기장의 방향이 종이면에 수직으로 들어가는 방향이면, C에 흐르는 전류의 방향은 왼쪽 방향이므로 B에 흐르는 전류의 방향과 반대 방향이다.

바로알기 ㄷ. 만약 A가 없다고 가정하면, P에서 C에 흐르는 전류에 의한 자기장의 세기는 B에 흐르는 전류에 의한 자기장의 세기와 같으므로 $k\frac{I}{3a} = k\frac{I_0}{2a}$에서 $I = \frac{3}{2}I_0$이 된다. 그러나 P에서 C에 흐르는 전류에 의한 자기장의 세기는 A에 흐르는 전류에 의한 자기장의 세기와 B에 흐르는 전류에 의한 자기장의 세기의 합과 같으므로 $I > \frac{3}{2}I_0$이다.

6 전류에 의한 자기장

자료 분석

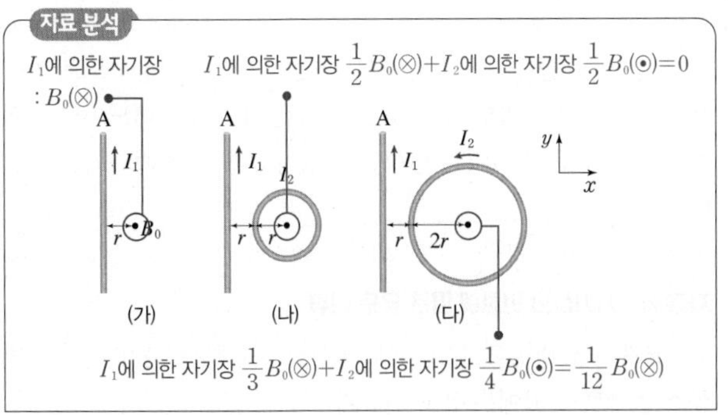

선택지 분석

✗ $\frac{1}{24}B_0$ ② $\frac{1}{12}B_0$ ✗ $\frac{1}{8}B_0$ ✗ $\frac{4}{3}B_0$ ✗ $\frac{3}{2}B_0$

② (가)에서 거리 r인 지점에서 I_1에 의한 자기장의 세기는 $B_0(\otimes)$으로 종이면에 수직으로 들어가는 방향이다. (나)에서 I_1에 의한 자기장의 세기는 $\frac{1}{2}B_0(\otimes)$으로 종이면에 수직으로 들어가는 방향이다. 이때 원형 도선의 중심에서 자기장의 세기가 0이 되려면 원형 도선에 의한 자기장의 세기는 $\frac{1}{2}B_0(\odot)$으로 종이면에서 수직으로 나오는 방향이어야 한다. (다)에서 I_1에 의한 자기장의 세기는 $\frac{1}{3}B_0(\otimes)$이고, 원형 도선에 의한 자기장의 세기는 $\frac{1}{4}B_0(\odot)$으로 종이면에서 수직으로 나오는 방향이다. 따라서 $\frac{1}{3}B_0(\otimes) + \frac{1}{4}B_0(\odot) = \frac{1}{12}B_0(\otimes)$이다.

7 직선 전류와 원형 전류에 의한 자기장

자료 분석

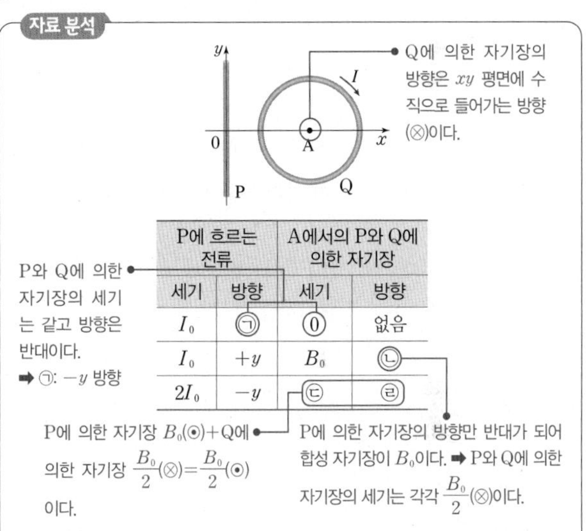

Q에 의한 자기장의 방향은 xy 평면에 수직으로 들어가는 방향(⊗)이다.
y
I
0
A
x
P
Q
P와 Q에 의한 자기장의 세기는 같고 방향은 반대이다.
➡ ㉠: $-y$ 방향
P에 흐르는 전류 | A에서의 P와 Q에 의한 자기장
세기 | 방향 | 세기 | 방향
I_0 | ㉠ | 0 | 없음
I_0 | $+y$ | B_0 | ㉡
$2I_0$ | $-y$ | ㉢ | ㉣
P에 의한 자기장 $B_0(\odot)$+Q에 의한 자기장 $\frac{B_0}{2}(\otimes)=\frac{B_0}{2}(\odot)$이다.
P에 의한 자기장의 방향만 반대가 되어 합성 자기장이 B_0이다. ➡ P와 Q에 의한 자기장의 세기는 각각 $\frac{B_0}{2}(\otimes)$이다.

선택지 분석

㉠ ㉠은 $-y$이다.

✗ ㉡과 ㉣은 같다. 반대이다.

✗ ㉢은 B_0보다 크다. 작다.

ㄱ. P에 흐르는 전류의 세기가 I_0일 때, A에서의 P와 Q에 흐르는 전류에 의한 합성 자기장의 세기가 0이므로 P에 흐르는 전류에 의한 자기장의 방향은 Q에 흐르는 전류에 의한 자기장의 방향과 반대이고 세기는 같다. 따라서 P에 흐르는 전류의 방향 ㉠은 $-y$이다.

바로알기 ㄴ, ㄷ. P에 전류 I_0이 $+y$ 방향으로 흐를 때, A에서 P와 Q에 흐르는 전류에 의한 합성 자기장의 방향 ㉡은 xy 평면에 수직으로 들어가는 방향(⊗)이며, 세기가 B_0이므로 P와 Q에 흐르는 전류에 의한 자기장의 세기는 각각 $\frac{B_0}{2}(\otimes)$이다. P에 전류 $2I_0$이 $-y$ 방향으로 흐를 때, A에서 P에 흐르는 전류에 의한 자기장은 xy 평면에서 수직으로 나오는 방향으로 세기는 $B_0(\odot)$이며, Q에 흐르는 전류에 의한 자기장은 xy 평면에 수직으로 들어가는 방향으로 $\frac{B_0}{2}$(⊗)이므로, 합성 자기장의 세기 ㉢은 B_0(⊙)$+\frac{B_0}{2}$(⊗) $=\frac{B_0}{2}$(⊙)이다. 따라서 방향 ㉣은 xy 평면에서 수직으로 나오는 방향(⊙)이다.

8 전류에 의한 자기장의 이용

자료 분석

ㄱ. 전자석 기중기 ㄴ. 발광 다이오드(LED) ㄷ. 자기 공명 영상 장치(MRI)

전류에 의한 자기장을 이용 / 전기 에너지 → 빛에너지 / 초전도체로 만든 솔레노이드의 강한 자기장을 이용

선택지 분석

㉠ 전자석 기중기
✕ 발광 다이오드(LED)
㉢ 자기 공명 영상 장치(MRI)

ㄱ. 전자석 기중기는 전류에 의한 자기장을 이용하여 무거운 물체를 들어 올리거나 옮기는 장치이다.
ㄷ. 자기 공명 영상 장치(MRI)는 초전도체로 만든 솔레노이드에 전류가 흐를 때 발생하는 강한 자기장을 이용하여 영상을 얻는 장치이다.

바로알기 ㄴ. 발광 다이오드(LED)는 반도체 소자를 이용하여 전기 에너지를 빛에너지로 변환시키는 장치이다.

11. 물질의 자성과 전자기 유도

개념 확인

본책 113쪽, 115쪽

(1) 전자 (2) 자기화(자화) (3) ①-㉢, ②-㉠ ③-㉡ (4) 강자성, 반자성 (5) 강자성 (6) 반자성, 마이스너 (7) 전자기 유도 (8) 유도 기전력 (9) 비례, 비례 (10) 빠를, 셀, 많을 (11) 방해

수능 자료

본책 116쪽

자료❶ 1 ○ 2 × 3 × 4 ○ 5 × 6 ○
자료❷ 1 ○ 2 × 3 ○ 4 × 5 × 6 ○
자료❸ 1 ○ 2 × 3 × 4 ○ 5 ○
자료❹ 1 ○ 2 ○ 3 × 4 × 5 ○

자료❶ 물질의 자성

1 A에 액체 질소를 부은 후 A가 초전도체가 되었으므로, 액체 질소는 A의 온도를 임계 온도 이하로 낮춘다.

2 A에 액체 질소를 붓기 전에는 전구에 불이 켜지지 않았으므로 A의 저항이 매우 크고, A에 액체 질소를 부은 후 전구에 불이 켜졌으므로 A의 저항이 작아진 것을 알 수 있다. 따라서 A의 전기 저항은 액체 질소를 부은 후가 붓기 전보다 작다.

3 (다)에서 A가 공중에 정지 상태로 떠 있는 동안 자석과 반발력이 작용하므로, A는 자석에 의해 밀리는 반자성을 띤다.

4 A는 임계 온도 이하에서 반자성을 나타내므로 초전도체이다.

5 (다)에서 A가 공중에 정지 상태로 떠 있는 동안 자석과 반발력이 작용하므로, A는 외부 자기장의 반대 방향으로 자기화된다.

6 초전도체는 임계 온도 이하에서 반자성을 나타내므로 자석 위에 뜨는 현상이 나타난다. 이와 같은 현상을 마이스너 효과라고 한다.

자료❷ 코일과 전자기 유도

1 자석이 p를 지날 때 솔레노이드는 유도 전류가 자석의 운동을 방해하는 방향으로 흐르므로, 자석에 척력이 작용하는 방향으로 흐른다. 따라서 솔레노이드의 p 쪽에 유도 전류에 의한 자기장의 N극이 생기도록 유도 전류가 a → 저항 → b 방향으로 흐른다.

2 자석이 q를 지날 때는 자석이 코일로부터 멀어지므로 솔레노이드에 흐르는 유도 전류의 방향은 자석에 인력이 작용하는 방향이다. 따라서 솔레노이드의 q 쪽에 유도 전류에 의한 자기장의 N극이 생기도록 유도 전류가 b → 저항 → a 방향으로 흐른다. 즉, 저항에 흐르는 유도 전류의 방향은 자석이 p를 지날 때와 q를 지날 때가 서로 반대이다.

3 솔레노이드를 통과하면서 자석의 운동 에너지의 일부가 전기 에너지로 전환되므로 자석의 속력이 느려진다. 따라서 자석의 속력은 p를 지날 때가 q를 지날 때보다 크다. 자석이 움직이는 속력이 빠를수록 유도 전류의 세기가 세므로, 저항에 흐르는 유도 전류의 세기는 자석이 p를 지날 때가 q를 지날 때보다 크다.

4 자석이 p에서 q로 이동하는 동안 자석의 역학적 에너지의 일부가 전기 에너지로 전환되므로 자석의 속력이 느려진다. 따라서 자석의 속력은 p에서가 q에서보다 크다.

5 자석이 q를 지날 때, 유도 전류가 솔레노이드의 q 쪽이 N극이 되는 방향으로 흘러 자석에 인력이 작용한다. 솔레노이드의 q 쪽이 N극이 될 때 솔레노이드 내부에서 유도 전류에 의한 자기장의 방향은 오른쪽이므로 p → q 방향이다.

6 자석이 p를 지날 때는 솔레노이드와 자석 사이에 척력이 작용하므로 자석에 작용하는 자기력의 방향이 왼쪽이고, 자석이 q를 지날 때는 솔레노이드와 자석 사이에 인력이 작용하므로 자석에 작용하는 자기력의 방향이 왼쪽이다. 따라서 솔레노이드에 의해 자석이 받는 자기력의 방향은 자석이 p를 지날 때와 q를 지날 때가 같다.

자료❸ 자기장의 변화에 따른 유도 전류

1 P가 $-y$ 방향으로 운동할 때 P를 통과하는 자기 선속의 변화가 없으므로, P에는 유도 전류가 흐르지 않는다.

2 P가 $-y$ 방향으로 운동할 때 P를 통과하는 자기 선속의 변화가 없으므로, P에는 유도 기전력이 생기지 않는다.

3 R가 운동할 때 내부를 지나는 xy 평면에서 수직으로 나오는 방향의 자기 선속이 감소한다. 따라서 감소를 방해하기 위해 같은 방향, 즉 xy 평면에서 수직으로 나오는 방향의 자기 선속이 생기도록 유도 전류가 시계 반대 방향으로 흐른다.

4 유도 전류의 세기는 유도 기전력의 크기에 비례하고, 유도 기전력은 금속 고리를 통과하는 자기 선속의 시간적 변화율에 비례한다. Q와 R의 속력이 같지만 자기 선속의 변화량이 Q에서가 R에서보다 작으므로 자기 선속의 시간적 변화율은 Q에서가 R에서보다 작다. 따라서 유도 전류의 세기는 Q에서가 R에서보다 작다.

5 유도 기전력의 크기는 코일을 통과하는 자기 선속의 시간적 변화율$\left(\frac{\Delta\Phi}{\Delta t}\right)$에 비례한다. 자기 선속 Φ은 어떤 단면을 수직으로 통과하는 자기장의 세기와 면적의 곱($\Phi=BA$)이므로, Q에 생기는 유도 기전력의 크기는 $\frac{\Delta(B_0A)}{\Delta t}$이고 R에 생기는 유도 기전력의 크기는 $\frac{\Delta(2B_0A)}{\Delta t}$이다. 따라서 유도 기전력의 크기는 R에서가 Q에서의 2배이다.

자료❹ 전자기 유도의 이용

1 헤드폰의 스피커 가까이에서 발생한 소리가 녹음되므로 헤드폰 스피커의 진동판은 공기의 진동에 의해 진동한다.

2 진동판이 진동하면서 코일과 자석 사이의 상대적인 운동이 일어나므로 코일에서는 전자기 유도가 일어난다.

3 코일과 자석의 상대적 운동으로 코일에 전자기 유도가 일어나므로, 코일이 자석에 붙어서 함께 움직이면 코일에 전자기 유도가 일어나지 않는다. 따라서 코일과 자석은 붙은 상태로 함께 움직이지 않는다.

4 큰 소리를 내면 진동판이 크게 진동하므로 코일에 발생하는 유도 기전력의 크기가 커진다. 따라서 코일에 흐르는 유도 전류의 세기가 커진다.

5 헤드폰을 컴퓨터 마이크 입력 단자에 연결하면 소리가 녹음되므로, 헤드폰의 스피커 구조는 마이크의 구조와 같은 것을 알 수 있다.

본책 117쪽

1 ㄱ **2** (1) 왼 (2) 사라진다 **3** ③, ④ **4** ㄱ, ㄴ, ㄷ **5** ③ **6** (1) (가) ↻ (나) ↺ (2) (가) ↑ (나) ↑ (3) 자석의 역학적 에너지 **7** 시계 반대 방향 **8** ㄱ, ㄴ, ㄹ, ㅁ, ㅂ

1 ㄱ. 자성은 원자 내 전자의 운동으로 전류가 흐르는 것과 같은 효과가 생김으로써 자기장이 형성되어 만들어진다.

바로알기 ㄴ. 전자의 궤도 운동이 서로 반대이거나 스핀이 서로 반대인 전자가 짝을 이루고 있는 원자의 경우에는 자기장이 상쇄되어 자성을 띠지 않는다.

ㄷ. 상자성체는 외부 자기장의 방향으로 약하게 자기화되므로, 상자성체는 자석에 약하게 끌린다. 따라서 자석은 상자성체도 끌어당긴다.

2 (1) 반자성체는 외부 자기장의 방향과 반대 방향으로 약하게 자기화된다. 반자성체가 자기화된 방향이 오른쪽이므로(자석의 자기장의 방향은 N극에서 나오는 방향이다.), 균일한 외부 자기장의 방향은 왼쪽이다.

(2) 반자성체는 외부 자기장을 제거하면 자기화된 상태가 사라진다.

3 ③ 초전도체는 특정한 온도(임계 온도) 이하에서 전기 저항이 0이 된다.

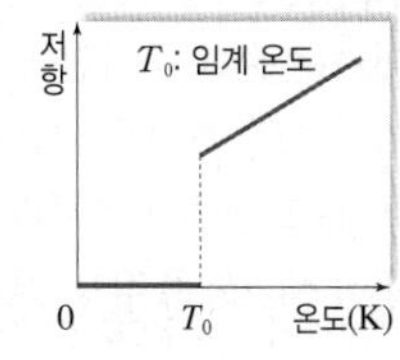

④ 초전도체가 임계 온도 이하에서 전기 저항이 0인 특성을 이용하여 강력한 전자석을 만들어 자기 부상 열차에 이용할 수 있다.

바로알기 ① 액체 질소는 초전도체의 온도를 임계 온도 이하로 낮추는 냉각제로 쓰이므로, 액체 질소의 끓는점은 초전도체의 임계 온도보다 낮다.

② 초전도체는 임계 온도 이하에서 외부 자기장의 반대 방향으로 자기화되므로, 자석과 서로 밀어내는 힘이 작용하는 반자성을 나타낸다.

⑤ 초전도체의 온도를 임계 온도 이하로 낮출 때 자석 위에 뜨는 마이스너 효과가 일어난다. 따라서 임계 온도 이상의 온도에서는 마이스너 효과가 일어나지 않는다.

4 ㄱ, ㄴ, ㄷ. 코일 주위에서 자석을 움직일 때, 자석 주위에서 코일을 회전시킬 때, 코일 주위의 도선에 흐르는 전류의 세기가 변할 때 모두 코일을 통과하는 자기 선속의 변화가 생기므로 유도 전류가 흐르는 전자기 유도가 일어난다.

5 ① 유도 전류는 코일을 통과하는 자기 선속의 변화를 방해하는 방향(자석의 운동을 방해하는 방향)으로 흐르므로, 코일의 왼쪽에 S극의 자기장이 형성되는 방향으로 전류가 흐른다. 따라서 검류계에 흐르는 전류의 방향은 q → Ⓖ → p이다.

② 코일의 감은 수를 증가시키면 유도 기전력이 커지므로, 검류계에 흐르는 전류의 세기가 커진다.

④ 막대자석의 세기가 셀수록 유도 기전력이 커지므로, 검류계에 흐르는 전류의 세기가 커진다.

⑤ 막대자석을 빨리 움직일수록 유도 기전력이 커지므로, 검류계에 흐르는 전류의 세기가 커진다.

바로알기 ③ 유도 전류는 코일을 통과하는 자기 선속의 변화를 방해하는 방향(자석의 운동을 방해하는 방향)으로 흐르므로, 코일의 왼쪽에 S극의 자기장이 형성되는 방향으로 전류가 흐른다. 따라서 막대자석과 솔레노이드 사이에는 척력이 작용한다.

6 (1) (가)에서 유도 전류는 자석의 운동을 방해하는 방향으로 흐르므로, A 부분의 위쪽에 N극의 자기장이 형성되는 방향으로(척력이 작용하는 방향으로) 유도 전류가 흐른다. 따라서 위에서 보았을 때 A 부분에 시계 반대 방향으로 유도 전류가 흐른다. (나)에

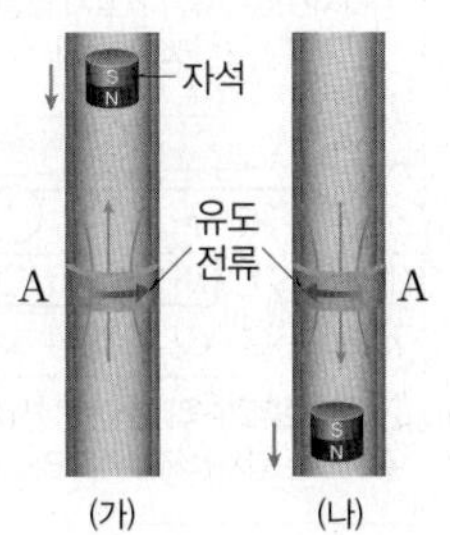

서는 A 부분의 아래쪽에 N극의 자기장이 형성되는 방향(인력이 작용하는 방향)으로 유도 전류가 흐른다. 따라서 위에서 보았을 때 A 부분에 시계 방향으로 유도 전류가 흐른다.

(2) (가)에서 자석에 척력이 작용하는 방향으로 유도 전류가 흐르므로 자석은 위쪽으로 힘을 받는다. (나)에서 자석에 인력이 작용하는 방향으로 유도 전류가 흐르므로 자석은 위쪽으로 힘을 받는다.

(3) 전자기 유도에 의해 자석의 역학적 에너지의 일부가 전기 에너지로 전환된다.

7 정사각형 도선이 일정한 속력으로 균일한 자기장 영역에 들어가는 순간 종이면에 수직으로 들어가는 방향의 자기 선속이 증가하므로, 증가를 방해하기 위해 반대 방향의 자기 선속이 생기도록 유도 전류가 흐른다. 즉, 종이면에서 수직으로 나오는 자기 선속이 생기도록 유도 전류가 시계 반대 방향으로 흐른다.

8 ㄱ. 교통카드: 리더기에 흐르는 교류에 의해 방출하는 전자기파의 변하는 자기장에 의해 카드 내부의 코일에 유도 전류가 흘러 단말기와의 통신이 이루어진다.

ㄴ. 발전기: 자석 사이에 있는 코일을 회전시킬 때 코일을 통과하는 자기 선속에 변화가 생겨 코일에 유도 전류가 흐른다.

ㄹ. 금속 탐지기: 코일에 교류가 흐를 때 발생하는 변하는 자기장에 의해 금속에 유도 전류가 흐르는 것을 감지한다.

ㅁ. 하드디스크: 정보를 기록한 하드디스크 표면의 강자성 물질이 헤드 아래를 통과할 때 헤드에 유도 전류가 흐른다.

ㅂ. 마이크: 진동판이 자석 주위에서 진동할 때 진동판에 부착된 코일에 유도 전류가 흐른다.

바로알기 ㄷ. 전동기: 전류가 흐르는 코일이 자석으로부터 자기력을 받아 회전하는 장치이다.

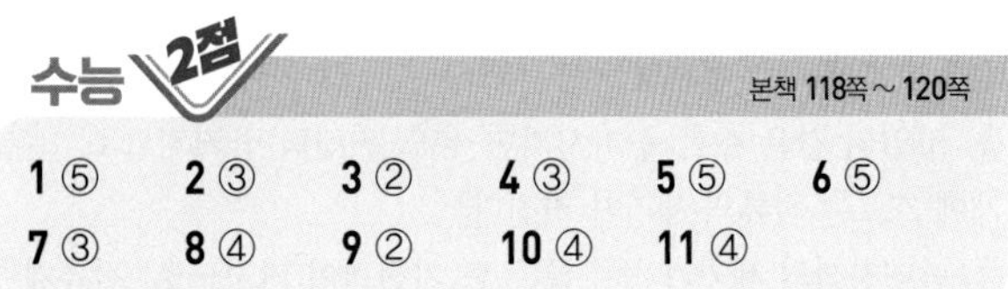

수능 2점
본책 118쪽~120쪽
1 ⑤ 2 ③ 3 ② 4 ③ 5 ⑤ 6 ⑤
7 ③ 8 ④ 9 ② 10 ④ 11 ④

1 물질의 자성

자료 분석

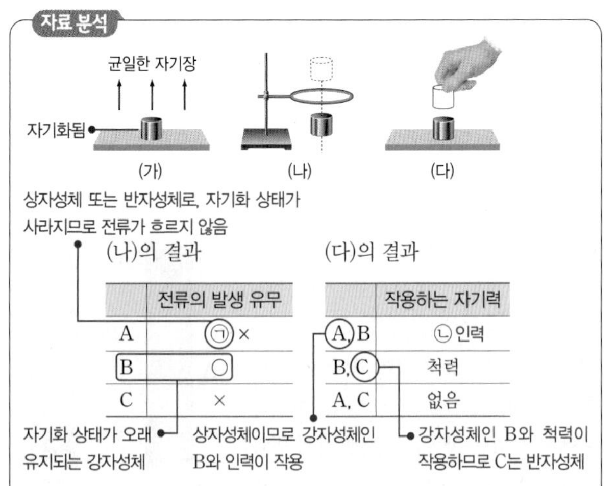

선택지 분석

㉠ ㉠은 ×이다.
㉡ ㉡은 인력이다.
㉢ (가)에서 C는 외부 자기장의 반대 방향으로 자기화된다.

ㄱ. 유도 전류가 흐르는 B는 강자성체이다. A와 C는 각각 상자성체와 반자성체 중의 하나이므로 둘다 원형 도선에 유도 전류가 발생하지 않는다. 따라서 ㉠은 ×이다.

ㄴ. 강자성체인 B와 척력이 작용하는 C가 반자성체이므로, A는 상자성체이다. 상자성체인 A와 강자성체인 B를 가까이 하면, A는 B에 의한 자기장의 방향으로 자기화되어 A와 B 사이에는 인력이 작용한다. 따라서 ㉡은 인력이다.

ㄷ. C는 반자성체로 외부 자기장의 반대 방향으로 자기화된다.

2 자성의 종류와 성질

자료 분석

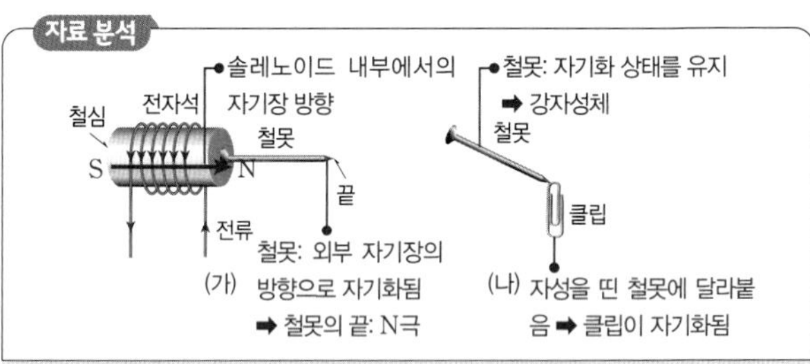

선택지 분석

㉠ 철못은 강자성체이다.
✕ (가)에서 철못의 끝은 S극을 띤다. N극
㉢ (나)에서 클립은 자기화되어 있다.

ㄱ. (가)에서 전자석의 자기장에 의해 자기화된 철못에 (나)와 같이 클립이 달라붙는 것은 외부 자기장을 제거해도 철못이 자기화된 상태를 유지하기 때문이다. 외부 자기장을 제거했을 때 자기화된 상태를 유지하는 물질은 강자성체이므로 철못은 강자성체이다.

ㄷ. (나)에서 클립이 철못에 달라붙는 것은 클립이 철못의 자기장에 의해 자기화되어 있기 때문이다.

바로알기 ㄴ. (가)의 솔레노이드 내부에서 자기장의 방향은 오른쪽이므로 철못의 끝은 N극을 띤다.

3 초전도체

자료 분석

(가) 그림과 같이 A의 저항값은 온도가 낮아짐에 따라 감소하다가 온도 T_0에서 갑자기 0이 된다.

(나) 온도 T(임계 온도 이하의 온도)인 A를 자석 위의 공중에 가만히 놓으면, A는 그대로 공중에 뜬 상태를 유지한다. 마이스너 효과

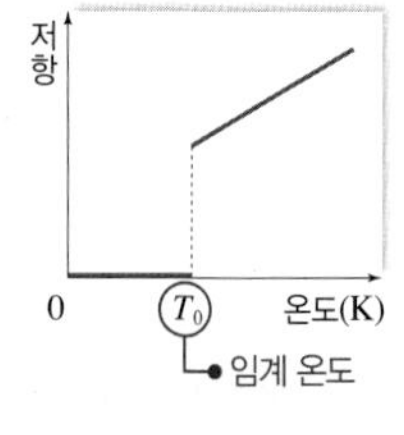

선택지 분석

✕ $T>T_0$이다. $T<T_0$
㉡ (나)는 마이스너 효과에 의해 나타나는 현상이다.
✕ (나)에서 A의 내부에는 외부 자기장과 같은(반대) 방향의 자기장이 형성된다.

ㄴ. (나)와 같이 임계 온도보다 낮은 온도의 초전도체가 자석 위에 뜨는 현상을 마이스너 효과라고 한다.

바로알기 ㄱ. T에서 초전도체가 자석 위에 뜬 상태를 유지하므로 T는 초전도체의 임계 온도 T_0보다 낮다. 따라서 $T<T_0$이다.

ㄷ. (나)에서 마이스너 효과에 의한 현상을 보일 때 초전도체는 완전 반자성의 성질을 나타내므로, A의 내부에는 외부 자기장과 반대 방향의 자기장이 형성된다.

4 자성체의 특징과 이용

자료 분석

선택지 분석

Ⓐ 강자성체는 하드디스크에 이용돼요.

~~B~~ 상자성체는 외부 자기장을 제거해도 자기화된 상태를 유지해요. **외부 자기장을 제거하면 자기화된 상태가 사라진다.**

Ⓒ 반자성체는 외부 자기장과 반대 방향으로 자기화돼요.

• A: 강자성체는 외부 자기장의 방향으로 강하게 자기화되어 외부 자기장이 제거되어도 자기화된 상태를 오래 유지하므로 정보를 저장하는 데 이용할 수 있다. 컴퓨터의 하드디스크, 마그네틱 카드 등의 표면에 강자성체를 입혀 정보를 기록하고 저장한다.

• C: 반자성체는 외부 자기장의 방향과 반대 방향으로 약하게 자기화되는 성질을 가지고 있는 물질이다.

바로알기 • B: 상자성체는 외부 자기장의 방향으로 강자성체보다 약하게 자기화되며, 외부 자기장을 제거하면 자성이 사라지는 성질을 가진 물질이다.

5 전자기 유도 실험

자료 분석

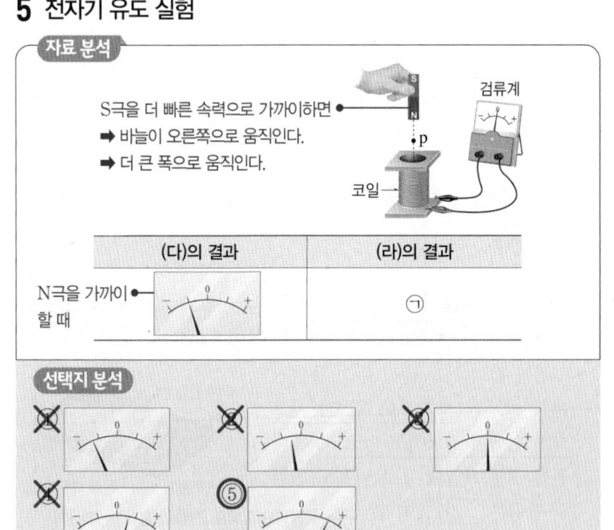

⑤ 자석의 N극과 S극을 각각 코일에 가까이 가져갈 때 코일에 흐르는 유도 전류의 방향은 서로 반대 방향이다. 자석의 N극을 아래로 하여 코일에 가까이 가져갈 때 검류계의 바늘이 왼쪽으로 움직였으므로, 자석의 S극을 아래로 하여 코일에 가까이 가져갈 때 검류계의 바늘은 오른쪽으로 움직인다. 또, 검류계에 흐르는 유도 전류의 세기는 코일을 지나는 자기 선속의 시간적 변화율에 비례하므로, 자석의 속력이 클수록 검류계에 흐르는 유도 전류의 세기는 커져 검류계 바늘이 움직이는 폭이 커진다. 따라서 (라)의 결과 ㉠은 검류계의 바늘이 오른쪽으로 움직이며 움직이는 폭이 (다)의 결과보다 큰 ⑤번과 같다.

6 자성체와 전자기 유도

자료 분석

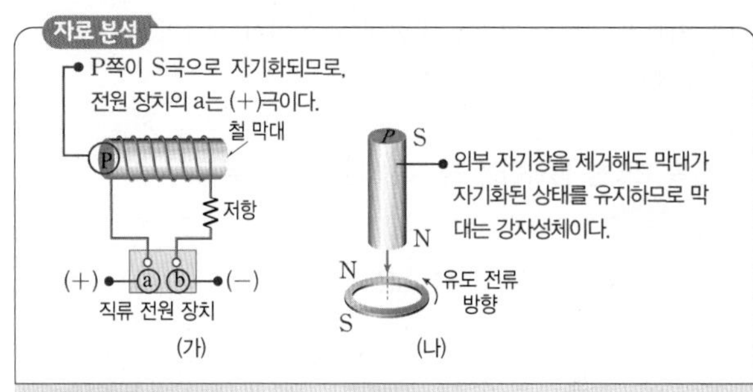

선택지 분석

㉠ 막대는 강자성체이다.

㉡ (나)에서 막대의 P 쪽이 S극이다.

㉢ (가)에서 전원 장치의 단자 a는 (+)극이다.

ㄱ. 막대가 (가)에서 솔레노이드에 흐르는 전류에 의한 자기장에 의해 자기화된 상태를 (나)에서 유지하여 원형 도선에 유도 전류가 흘렀으므로, 막대는 강자성체이다.

ㄴ. (나)에서 도선에 시계 반대 방향으로 유도 전류가 흘러 원형 도선의 위쪽은 N극, 아래쪽은 S극이 되므로 원형 도선으로 접근하고 있는 막대 쪽은 N극이다. 따라서 막대의 P 쪽은 S극이다.

ㄷ. (가)에서 막대의 P 쪽이 S극으로 자기화되기 위해서 솔레노이드에는 a → 저항 → b 방향으로 전류가 흘러야 하므로 전원 장치의 단자 a는 (+)극이다.

7 코일과 전자기 유도

자료 분석

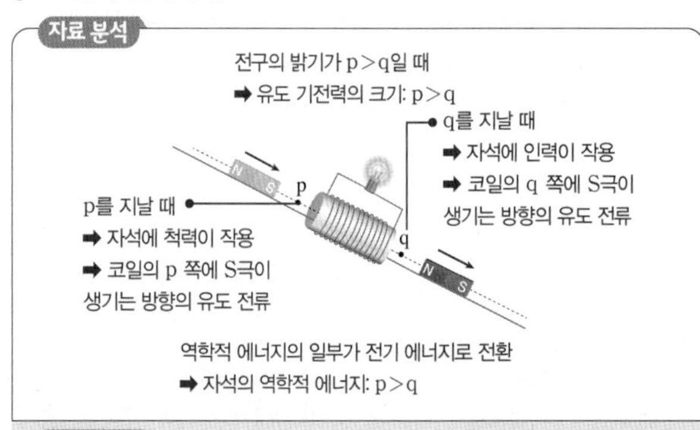

전구의 밝기가 p>q일 때
➡ 유도 기전력의 크기: p>q
q를 지날 때
➡ 자석에 인력이 작용
➡ 코일의 q 쪽에 S극이 생기는 방향의 유도 전류
p를 지날 때
➡ 자석에 척력이 작용
➡ 코일의 p 쪽에 S극이 생기는 방향의 유도 전류
N
S
p
q
역학적 에너지의 일부가 전기 에너지로 전환
➡ 자석의 역학적 에너지: p>q

선택지 분석

㉠ 솔레노이드에 유도되는 기전력의 크기는 자석이 p를 지날 때가 q를 지날 때보다 크다.

㉡ 전구에 흐르는 전류의 방향은 자석이 p를 지날 때와 q를 지날 때가 서로 반대이다.

✕ 자석의 역학적 에너지는 p에서가 q에서보다 작다. **크다.**

ㄱ. 솔레노이드에 유도되는 기전력의 크기가 클수록 전구의 밝기가 밝다. 전구의 밝기가 자석이 p를 지날 때가 q를 지날 때보다 밝으므로, 솔레노이드에 유도되는 기전력의 크기는 자석이 p를 지날 때가 q를 지날 때보다 크다.
ㄴ. 솔레노이드에 흐르는 전류의 방향은 코일을 지나는 자기 선속의 변화를 방해하려는 방향으로 흐른다. 자석이 p를 지날 때는 자석이 코일에 가까워지므로 척력이 작용하도록 솔레노이드의 p 쪽이 S극이 되도록 유도 전류가 흐른다. 또, 자석이 q를 지날 때는 자석이 코일로부터 멀어지므로 인력이 작용하도록 솔레노이드의 q 쪽이 S극이 되도록 유도 전류가 흐른다. 따라서 자석이 p를 지날 때와 q를 지날 때 전구에 흐르는 유도 전류의 방향은 반대이다.
바로알기 ㄷ. 자석이 p에서 q로 이동하는 동안 자석의 역학적 에너지의 일부가 전기 에너지로 전환된다. 따라서 자석의 역학적 에너지는 p에서가 q에서보다 크다.

8 금속 고리를 통과하는 자석에 의한 전자기 유도

자료 분석

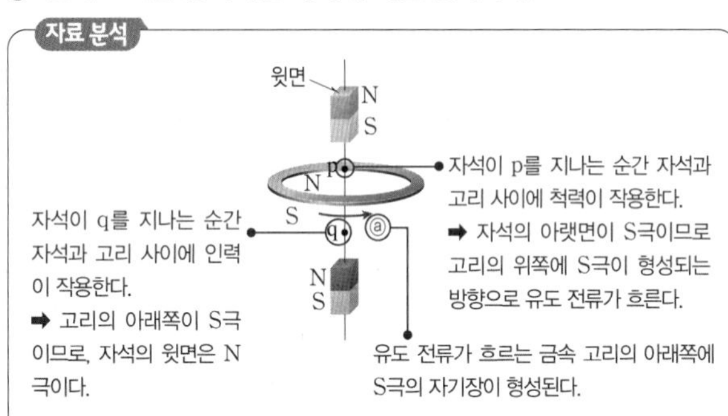

윗면
N
S
p
N
S
q
ⓐ
N
S
자석이 p를 지나는 순간 자석과 고리 사이에 척력이 작용한다.
➡ 자석의 아랫면이 S극이므로 고리의 위쪽에 S극이 형성되는 방향으로 유도 전류가 흐른다.
자석이 q를 지나는 순간 자석과 고리 사이에 인력이 작용한다.
➡ 고리의 아래쪽이 S극이므로, 자석의 윗면은 N극이다.
유도 전류가 흐르는 금속 고리의 아래쪽에 S극의 자기장이 형성된다.

선택지 분석
- ✕ 막대자석의 윗면은 S극이다. N극
- ㉡ 막대자석이 p를 지나는 순간, 고리에 유도되는 전류의 방향은 ⓐ와 반대이다.
- ㉢ 막대자석이 q를 지나는 순간, 막대자석과 고리 사이에는 서로 당기는 힘이 작용한다.

ㄴ. 막대자석의 아랫면이 S극이므로 p를 지나는 순간 고리의 위쪽이 S극이 되며, 이때 유도되는 전류의 방향은 ⓐ와 반대이다.
ㄷ. 막대자석이 q를 지날 때 고리로부터 멀어지므로 렌츠 법칙에 의해 고리와 자석 사이에 인력이 작용한다.
바로알기 ㄱ. 막대자석이 q를 지나는 순간 고리에 유도되는 전류의 방향이 ⓐ라고 하면 고리의 아래쪽이 S극이다. 따라서 고리로부터 멀어져 가는 막대자석의 윗면은 N극이다.

9 전자기 유도

자료 분석

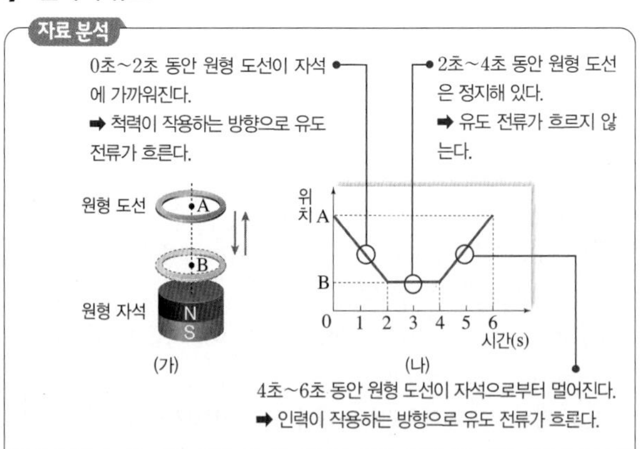

0초~2초 동안 원형 도선이 자석에 가까워진다.
➡ 척력이 작용하는 방향으로 유도 전류가 흐른다.
2초~4초 동안 원형 도선은 정지해 있다.
➡ 유도 전류가 흐르지 않는다.
원형 도선
A
B
원형 자석
N
S
(가)
위치
A
B
0 1 2 3 4 5 6
시간(s)
(나)
4초~6초 동안 원형 도선이 자석으로부터 멀어진다.
➡ 인력이 작용하는 방향으로 유도 전류가 흐른다.

선택지 분석
- ✕ 원형 도선에 흐르는 유도 전류의 방향은 1초일 때와 5초일 때가 서로 같다. 반대이다.
- ✕ 원형 도선에 흐르는 유도 전류의 세기는 3초일 때가 5초일 때보다 크다. 작다.
- ㉢ 5초일 때 원형 도선과 자석 사이에 서로 당기는 방향의 자기력이 작용한다.

ㄷ. 5초일 때 원형 도선이 자석으로부터 멀어지므로 렌츠 법칙에 의해 원형 도선이 멀어지는 것을 방해하려는 방향으로 유도 전류가 흐른다. 이때 도선과 자석 사이에 서로 당기는 방향으로 자기력이 작용한다.
바로알기 ㄱ. 1초일 때에는 원형 도선이 자석에 가까워지고 5초일 때에는 원형 도선이 자석으로부터 멀어지므로, 유도 전류의 방향은 1초일 때와 5초일 때가 서로 반대이다.
ㄴ. 3초일 때에는 원형 도선이 B의 위치에 정지해 있어 원형 도선 내부를 지나는 자기 선속의 변화량은 0이므로 유도 전류가 흐르지 않는다. 따라서 원형 도선에 흐르는 유도 전류의 세기는 5초일 때가 3초일 때보다 크다.

10 발전기의 원리

자료 분석

자석이 회전할 때 코일에 흐르는 전류는 교류이다.
발전기 바퀴
영구 자석
전조등
자석이 빨리 회전할수록 코일을 통과하는 자기 선속의 시간적 변화율이 커진다.
➡ 유도 전류가 더 세게 흐른다.

선택지 분석
- ✕ 전조등에 흐르는 전류의 방향은 일정하다. 계속 변한다.
- ㉡ 역학적 에너지가 전기 에너지로 전환된다.
- ㉢ 자전거의 바퀴가 빠르게 회전할수록 전조등은 더 밝아진다.

ㄴ. 자전거 소형 발전기에서 바퀴의 운동 에너지가 전기 에너지로 전환된다.
ㄷ. 자전거의 바퀴가 빠르게 회전할수록 유도 전류의 세기는 커지므로 전조등은 더 밝아진다.
바로알기 ㄱ. 영구 자석이 회전할 때 코일에 흐르는 유도 전류는 방향이 계속 바뀌는 교류이므로, 전조등에 흐르는 전류의 방향은 일정하지 않고 계속 변한다.

11 휴대 전화의 충전 원리

자료 분석

- 무선 충전기에서 시간에 따라 크기와 방향이 변하는 자기장이 발생하면, ㉠휴대 전화 내부 코일에 유도 전류가 흘러 휴대 전화가 충전된다. (→ 전자기 유도에 의해 유도 기전력이 발생한다.)
- 그림과 같이 어느 순간 무선 충전기에서 발생한 자기장이 윗방향이고 자기 선속이 증가하고 있으면, 휴대 전화 내부 코일에 흐르는 유도 전류의 방향은 (가) 이다. (→ a 방향으로 유도 전류가 흘러 아랫방향의 자기장을 만든다.)

선택지 분석

ㄱ ㉠에는 유도 기전력이 발생한다. (○)

ㄴ (가)는 b 방향이다. (×) **a 방향**

ㄷ 휴대 전화 무선 충전은 전자기 유도를 이용한다. (○)

ㄱ, ㄷ. 무선 충전기에서 시간에 따라 크기와 방향이 변하는 자기장이 발생하면 휴대 전화 내부 코일(㉠)의 내부를 지나는 자기 선속이 변하면서 전자기 유도에 의해 코일에 유도 기전력이 발생하고, 유도 전류가 흐르면서 휴대 전화가 충전된다.

바로알기 ㄴ. 휴대 전화 내부 코일의 내부를 지나는 자기 선속이 윗방향으로 증가하면, 자기 선속이 증가하는 것을 방해하는 방향인 a 방향으로 유도 전류가 흐른다.

수능 3점

본책 121쪽~123쪽

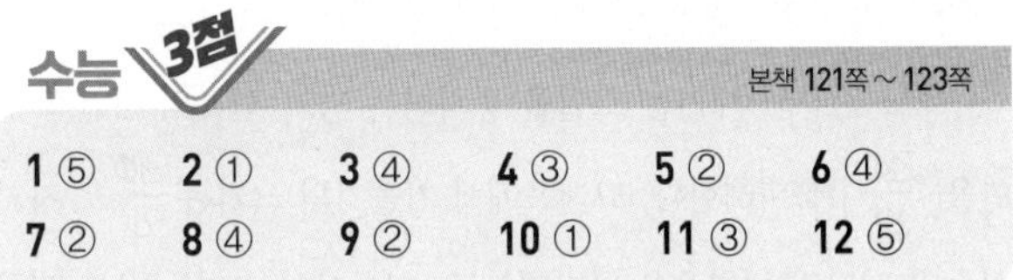

1 ⑤	2 ①	3 ④	4 ③	5 ②	6 ④
7 ②	8 ④	9 ②	10 ①	11 ③	12 ⑤

1 자성체의 특징

자료 분석

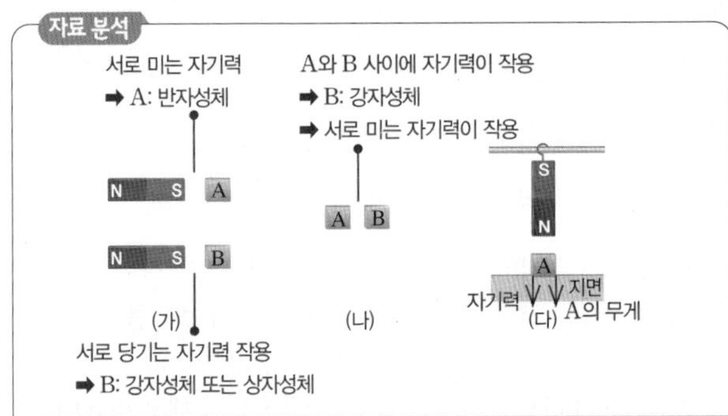

서로 미는 자기력
➡ A: 반자성체
A와 B 사이에 자기력이 작용
➡ B: 강자성체
➡ 서로 미는 자기력이 작용
N S A
N S B
A B
S
N
A
자기력
지면
A의 무게
(가)
(나)
(다)
서로 당기는 자기력 작용
➡ B: 강자성체 또는 상자성체

선택지 분석

ㄱ A는 외부 자기장과 같은 방향으로 자기화된다. (×) **반대 방향으로 약하게 자기화된다.**

ㄴ (나)에서 A와 B 사이에는 서로 미는 자기력이 작용한다. (○)

ㄷ (다)에서 지면이 A를 떠받치는 힘의 크기는 A의 무게보다 크다. (○)

ㄴ. (가)에서 자석과 서로 미는 자기력이 작용하는 A는 반자성체이다. 또, 자석과 서로 당기는 자기력이 작용하는 B는 강자성체이거나 상자성체인데, (나)에서 A와 B 사이에 자기력이 작용하는 것으로부터 B가 강자성체인 것을 알 수 있다. 따라서 (나)에서 반자성체인 A와 강자성체인 B 사이에는 서로 미는 자기력이 작용한다.

ㄷ. (다)에서 막대자석과 반자성체 A 사이에 서로 미는 자기력이 작용한다. 따라서 지면이 A를 떠받치는 힘의 크기는 A의 무게와 막대자석과 A 사이에 작용하는 자기력의 크기의 합과 같다.

바로알기 ㄱ. A와 자석 사이에는 서로 미는 자기력이 작용하므로 A는 반자성체이고, 반자성체는 외부 자기장의 방향과 반대 방향으로 약하게 자기화된다.

2 고정된 관을 통과하는 자석에 의한 전자기 유도

자료 분석

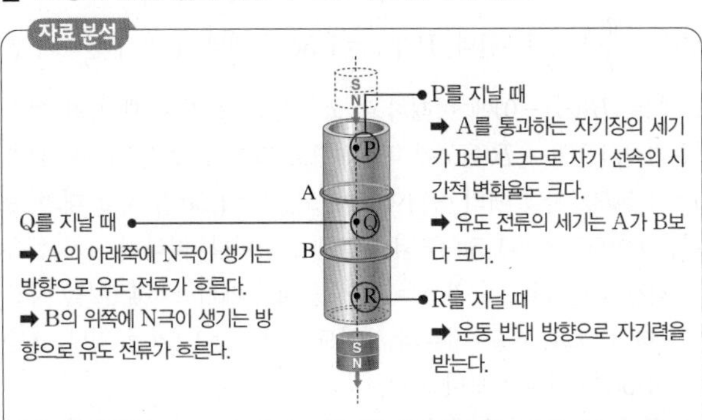

S
N
P를 지날 때
➡ A를 통과하는 자기장의 세기가 B보다 크므로 자기 선속의 시간적 변화율도 크다.
➡ 유도 전류의 세기는 A가 B보다 크다.
A
B
P
Q
R
Q를 지날 때
➡ A의 아래쪽에 N극이 생기는 방향으로 유도 전류가 흐른다.
➡ B의 위쪽에 N극이 생기는 방향으로 유도 전류가 흐른다.
R를 지날 때
➡ 운동 반대 방향으로 자기력을 받는다.

선택지 분석

ㄱ 자석의 중심이 P를 지나는 순간, 유도 전류의 세기는 A가 B보다 작다. (×) **크다.**

ㄴ 자석의 중심이 Q를 지나는 순간, 유도 전류의 방향은 A와 B가 반대이다. (○)

ㄷ 자석의 중심이 R를 지나는 순간, 자석의 가속도의 크기는 중력 가속도의 크기보다 크다. (×) **작다.**

ㄴ. 자석이 Q를 지나는 순간 A의 아래쪽에 N극이 생기는 방향으로 유도 전류가 흐르므로, 위에서 보았을 때 시계 방향으로 유도 전류가 흐른다. 한편 B의 위쪽에는 N극이 생기는 방향으로 유도 전류가 흐르므로 위에서 보았을 때 시계 반대 방향으로 유도 전류가 흐른다.

바로알기 ㄱ. 자석이 P를 지나는 순간 자석에 더 가까이 있는 A를 통과하는 자기장의 세기가 B보다 크므로 자기 선속의 시간적 변화율도 크다. 따라서 유도 전류의 세기는 A가 B보다 크다.

ㄷ. 자석이 R를 지나는 순간 A와 B에는 자기 선속의 변화를 방해하는 방향으로 유도 전류가 흐르게 되므로, 자석은 운동 방향과 반대 방향으로 자기력을 받게 된다. 따라서 자석의 가속도의 크기는 중력 가속도의 크기보다 작다.

3 자기장 영역에서 운동하는 금속 고리

자료 분석

$x=1.5d$를 지날 때
➡ ⊗ 방향 자기 선속 증가
➡ ⊙ 방향의 자기 선속이 생기도록 시계 반대 방향으로 유도 전류가 흐른다.
➡ P에서 유도 전류의 방향은 $+y$ 방향이다.

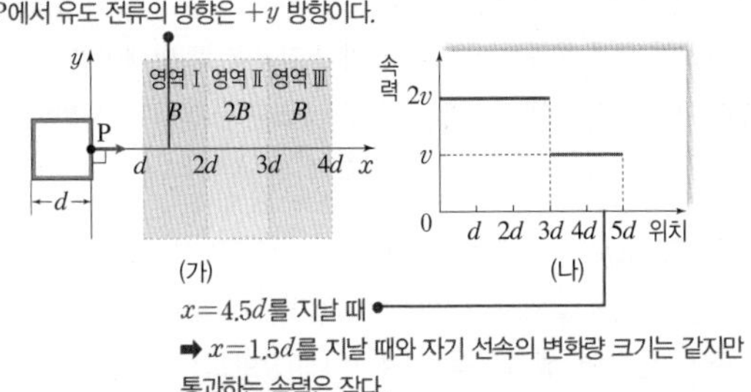

y
영역 Ⅰ 영역 Ⅱ 영역 Ⅲ
B 2B B
P
d 2d 3d 4d x
d
(가)
속력
2v
v
0
d 2d 3d 4d 5d 위치
(나)

$x=4.5d$를 지날 때
➡ $x=1.5d$를 지날 때와 자기 선속의 변화량 크기는 같지만 통과하는 속력은 작다.
➡ 유도 전류의 세기는 P가 $x=1.5d$를 지날 때가 더 크다.

선택지 분석

ㄱ P가 $x=1.5d$를 지날 때, P에서의 유도 전류의 방향은 $-y$ 방향이다. (×) **$+y$ 방향**

ㄴ 유도 전류의 세기는 P가 $x=1.5d$를 지날 때가 $x=4.5d$를 지날 때보다 크다. (○)

ㄷ 유도 전류의 방향은 P가 $x=2.5d$를 지날 때와 $x=3.5d$를 지날 때가 서로 반대 방향이다. (○)

ㄴ. 유도 전류의 세기는 코일을 통과하는 자기 선속의 시간적 변화율$\left(\frac{\Delta\Phi}{\Delta t}\right)$에 비례한다. P가 $x=1.5d$를 지날 때 자기 선속의 변화량은 $(B(\otimes)-0)$에 비례하고, $x=4.5d$를 지날 때 자기 선속의 변화량은 $(0-B(\otimes))$에 비례하므로 크기가 같다. 그러나 P가 $x=1.5d$를 지날 때의 속력이 $2v$이고, $x=4.5d$를 지날 때의 속력은 v이므로 $x=1.5d$를 더 빠르게 통과한다. 따라서 자기 선속의 시간적 변화율은 P가 $x=1.5d$를 지날 때가 $x=4.5d$를 지날 때보다 크므로, 유도 전류의 세기도 P가 $x=1.5d$를 지날 때가 $x=4.5d$를 지날 때보다 크다.

ㄷ. P가 $x=2.5d$를 지날 때 고리를 통과하는 자기 선속이 증가하므로, 이 증가를 방해하기 위해 반대 방향의 자기 선속이 생기도록 유도 전류가 시계 반대 방향으로 흐른다. 또, P가 $x=3.5d$를 지날 때는 고리를 통과하는 자기 선속이 감소하므로, 이 감소를 방해하기 위해 같은 방향의 자기 선속이 생기도록 유도 전류가 시계 방향으로 흐른다. 따라서 유도 전류의 방향은 P가 $x=2.5d$를 지날 때와 $x=3.5d$를 지날 때가 서로 반대이다.

바로알기 ㄱ. P가 $x=1.5d$를 지날 때 xy 평면에 수직으로 들어가는 방향의 자기 선속이 증가하므로, 이 증가를 방해하기 위해 반대 방향(xy 평면에서 수직으로 나오는 방향)의 자기 선속이 생기도록 유도 전류가 시계 반대 방향으로 흐른다. 이때 P에서의 유도 전류의 방향은 $+y$ 방향이다.

4 자기장 영역에서의 전자기 유도

자료 분석

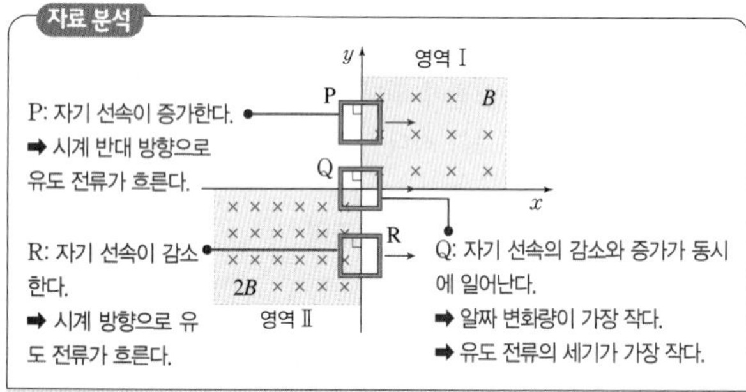

P: 자기 선속이 증가한다.
➡ 시계 반대 방향으로 유도 전류가 흐른다.
R: 자기 선속이 감소한다.
➡ 시계 방향으로 유도 전류가 흐른다.
Q: 자기 선속의 감소와 증가가 동시에 일어난다.
➡ 알짜 변화량이 가장 작다.
➡ 유도 전류의 세기가 가장 작다.
영역 I
영역 II
B
2B

선택지 분석

ㄱ P와 R에 흐르는 유도 전류의 방향은 서로 반대이다.

✕ Q에는 시계 반대 방향으로 유도 전류가 흐른다. **시계 방향**

ㄷ 유도 전류의 세기가 가장 작은 것은 Q이다.

ㄱ. P에는 xy 평면에 수직으로 들어가는 방향의 자기 선속이 증가하므로 이를 방해하기 위해 xy 평면에서 수직으로 나오는 방향의 자기 선속이 생기도록 시계 반대 방향으로 유도 전류가 흐른다. R에는 xy 평면에 수직으로 들어가는 방향의 자기 선속이 감소하므로 이를 방해하기 위해 xy 평면에 수직으로 들어가는 방향의 자기 선속이 생기도록 시계 방향으로 유도 전류가 흐른다. 따라서 P와 R에 흐르는 유도 전류의 방향은 서로 반대이다.

ㄷ. Q에는 시간에 따른 자기 선속의 증가량과 감소량이 동시에 존재하여 자기 선속의 변화가 가장 작으므로 유도 전류의 세기가 가장 작다.

바로알기 ㄴ. Q에는 xy 평면에 수직으로 들어가는 방향의 자기 선속의 증가량보다 감소량이 더 크므로, 이를 방해하기 위해 xy 평면에 수직으로 들어가는 방향의 자기 선속이 생기도록 시계 방향으로 유도 전류가 흐른다.

5 전자기 유도

자료 분석

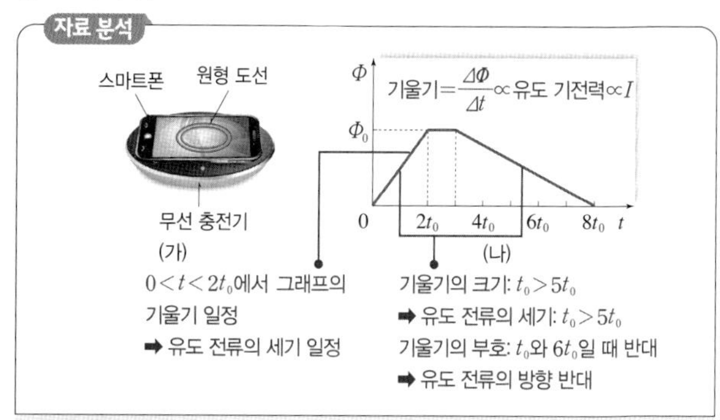

선택지 분석

✕ 유도 전류의 세기는 $0<t<2t_0$에서 증가한다. **일정하다.**

ㄴ 유도 전류의 세기는 t_0일 때가 $5t_0$일 때보다 크다.

✕ 유도 전류의 방향은 t_0일 때와 $6t_0$일 때가 서로 같다. **반대이다.**

ㄴ. 유도 전류의 세기는 코일을 통과하는 자기 선속의 시간적 변화율$\left(\frac{\Delta\Phi}{\Delta t}\right)$에 비례한다. 그래프에서 기울기의 크기는 $\frac{\Delta\Phi}{\Delta t}$로 자기 선속의 시간적 변화율을 나타내므로, 기울기의 크기는 유도 전류의 세기에 비례한다. 그래프의 기울기는 t_0일 때가 $5t_0$일 때보다 크므로, 유도 전류의 세기는 t_0일 때가 $5t_0$일 때보다 크다.

바로알기 ㄱ. 코일을 통과하는 자기 선속의 시간적 변화율$\left(\frac{\Delta\Phi}{\Delta t}\right)$이 일정하면 유도 전류의 세기도 일정하다. 그래프에서 기울기의 크기는 $\frac{\Delta\Phi}{\Delta t}$로 자기 선속의 시간적 변화율을 나타내는데, $0<t<2t_0$에서 기울기가 일정하므로 유도 전류의 세기도 일정하다.

ㄷ. 유도 전류는 코일을 통과하는 자기 선속의 변화를 방해하는 방향으로 흐른다. t_0일 때는 자기 선속이 증가하고 $6t_0$일 때는 자기 선속이 감소하므로, 유도 전류의 방향은 t_0일 때와 $6t_0$일 때가 서로 반대이다.(그래프에서 기울기의 부호는 유도 전류의 방향을 나타내므로, 유도 전류의 방향은 t_0일 때와 $6t_0$일 때가 서로 반대이다.)

6 균일한 자기장 영역에서의 전자기 유도

자료 분석

Q: 자기 선속이 증가한다.
➡ 유도 전류는 자기 선속의 변화를 방해하는 방향으로 흐른다.
➡ 시계 반대 방향으로 유도 전류가 흐른다.
➡ 자기력이 도선의 움직임을 방해하는 방향, 즉 $-x$ 방향으로 작용한다.

영역 II, 영역 I, P, Q, $2l$, l, v

빗금 친 부분: 자기 선속이 변하는 부분
➡ P와 Q가 같다.
➡ 유도 전류의 세기가 같다.

면에 수직으로 들어가는 방향의 자기 선속이 생기도록 시계 방향으로 유도 전류가 흐른다.

선택지 분석

ㄱ Q에 흐르는 유도 전류의 방향은 시계 반대 방향이다.

ㄴ 유도 전류의 세기는 P와 Q가 같다.

✕ Q에 작용하는 자기력의 합력은 0이다. $-x$ 방향이다.

ㄱ. Q에는 xy 평면에 수직으로 들어가는 방향의 자기 선속이 증가하므로, 이를 방해하기 위해 xy 평면에서 수직으로 나오는 방향의 자기 선속이 생기도록 유도 전류가 흐른다. 따라서 Q에는 시계 반대 방향의 유도 전류가 흐른다.

ㄴ. 유도 전류의 세기는 도선을 지나는 자기 선속의 시간적 변화율에 비례한다. P와 Q를 지나는 자기 선속의 시간적 변화율이 같으므로 유도 전류의 세기도 같다.

바로알기 ㄷ. Q에 시계 반대 방향으로 유도 전류가 흐를 때 위쪽 변에는 $-y$ 방향으로 자기력이 작용하고, 아래쪽 변에는 $+y$ 방향으로 자기력이 작용하므로 상쇄된다. 또, 오른쪽 변에는 $-x$ 방향으로 자기력이 작용하고 왼쪽 변에는 $+x$ 방향으로 자기력이 작용하는데, 자기장 속에 놓인 길이가 오른쪽 변이 더 길기 때문에 자기력이 오른쪽 변에 더 크게 작용한다. 따라서 Q에 작용하는 자기력의 합력은 $-x$ 방향이다. 유도 전류가 흐르는 도선에 작용하는 자기력의 방향은 도선이 움직이는 방향과 항상 반대이다.

7 코일과 전자기 유도

자료 분석

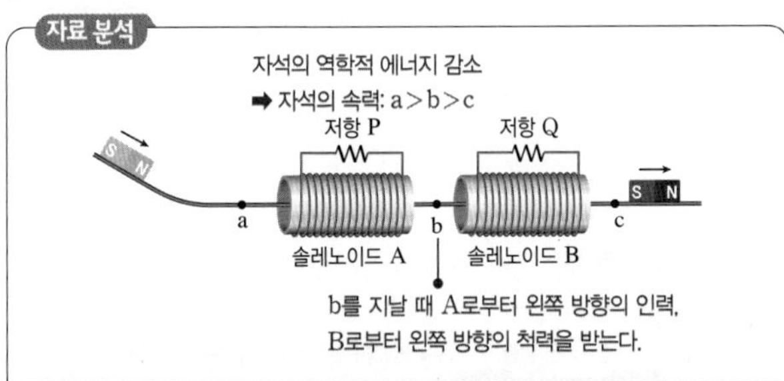

선택지 분석

✕ 자석의 속력은 c에서가 a에서보다 크다. 작다.

✕ b에서 자석에 작용하는 자기력의 방향은 자석의 운동 방향과 같다. 반대이다.

ㄷ P에 흐르는 전류의 최댓값은 Q에 흐르는 전류의 최댓값보다 크다.

ㄷ. 자석의 속력이 빠를수록 유도 전류의 세기가 크다. 자석이 A를 통과하는 동안 자석의 역학적 에너지가 감소하여 속력이 느려지므로, A를 통과하는 동안의 최대 속력은 B를 통과하는 동안의 최대 속력보다 크다. 따라서 P에 흐르는 전류의 최댓값은 Q에 흐르는 전류의 최댓값보다 크다.

바로알기 ㄱ. 자석이 빗면을 내려와 a, b, c를 지나는 동안 솔레노이드에 전자기 유도가 일어나 유도 전류가 흐르므로, 자석의 역학적 에너지의 일부가 전기 에너지로 전환된다. 따라서 자석의 운동 에너지는 점점 감소하므로, 자석의 속력은 c에서가 a에서보다 작다.

ㄴ. 자석이 b를 지나는 순간, A로부터 왼쪽 방향으로 인력을 받고 B로부터 왼쪽 방향으로 척력을 받는다. 따라서 b에서 자석에 작용하는 자기력의 방향은 왼쪽 방향으로 자석의 운동 방향과 반대 방향이다.

8 자기장 영역에서 운동하는 금속 고리

자료 분석

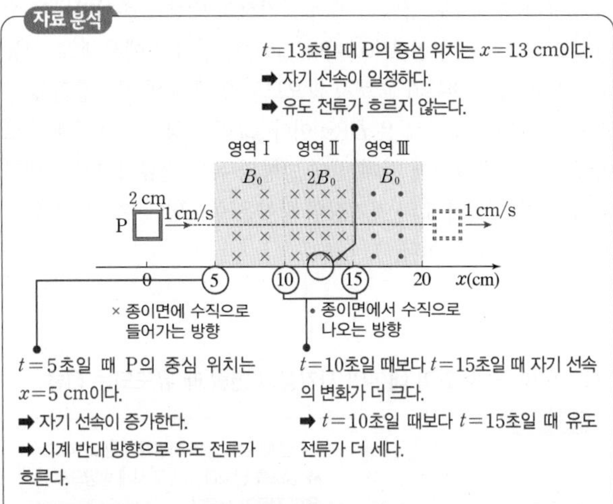

t=13초일 때 P의 중심 위치는 x=13 cm이다.
➡ 자기 선속이 일정하다.
➡ 유도 전류가 흐르지 않는다.
영역 Ⅰ
영역 Ⅱ
영역 Ⅲ
B_0
$2B_0$
B_0
2 cm
P
1 cm/s
1 cm/s
0
5
10
15
20
x(cm)
× 종이면에 수직으로 들어가는 방향
• 종이면에서 수직으로 나오는 방향
t=5초일 때 P의 중심 위치는 x=5 cm이다.
➡ 자기 선속이 증가한다.
➡ 시계 반대 방향으로 유도 전류가 흐른다.
t=10초일 때보다 t=15초일 때 자기 선속의 변화가 더 크다.
➡ t=10초일 때보다 t=15초일 때 유도 전류가 더 세다.

선택지 분석

✕ $t=5$초일 때, P에 흐르는 유도 전류의 방향은 시계 방향이다. 시계 반대 방향

ㄴ $t=13$초일 때, P에 흐르는 유도 전류는 0이다.

ㄷ P에 흐르는 유도 전류의 세기는 $t=10$초일 때가 $t=15$초일 때보다 작다.

ㄴ. $t=13$초일 때, P의 중심은 영역 Ⅱ의 $x=13$ cm인 위치에 있으므로 P를 지나는 자기 선속의 변화가 없어 P에 흐르는 유도 전류는 0이다.

ㄷ. 자기 선속의 시간적 변화율이 $t=10$초일 때에는 B_0에 비례하고 $t=15$초일 때에는 $3B_0$에 비례하므로, P에 흐르는 유도 전류의 세기는 $t=10$초일 때가 $t=15$초일 때보다 작다.

바로알기 ㄱ. $t=5$초일 때, P를 지나는 종이면에 수직으로 들어가는 방향의 자기 선속이 증가한다. 따라서 이를 방해하기 위해 종이면에서 수직으로 나오는 방향의 자기 선속이 생기도록 P에는 시계 반대 방향으로 유도 전류가 흐른다.

9 자기장 영역을 통과하는 금속 고리의 운동

자료 분석

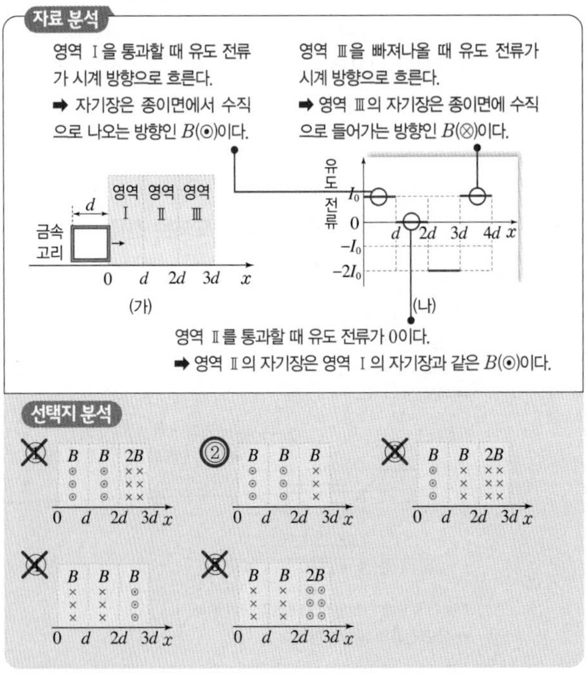

영역 Ⅰ을 통과할 때 유도 전류가 시계 방향으로 흐른다.
➡ 자기장은 종이면에서 수직으로 나오는 방향인 B(⊙)이다.
영역 Ⅲ을 빠져나올 때 유도 전류가 시계 방향으로 흐른다.
➡ 영역 Ⅲ의 자기장은 종이면에 수직으로 들어가는 방향인 B(⊗)이다.
영역 Ⅰ
영역 Ⅱ
영역 Ⅲ
금속 고리
(가)
(나)
유도 전류
영역 Ⅱ를 통과할 때 유도 전류가 0이다.
➡ 영역 Ⅱ의 자기장은 영역 Ⅰ의 자기장과 같은 B(⊙)이다.

선택지 분석

✕ ② ✕ ✕ ✕

② 금속 고리가 영역 Ⅰ로 들어가는 동안 고리에 시계 방향의 유도 전류가 흐르므로 영역 Ⅰ에서 자기장의 방향은 종이면에서 수직으로 나오는 방향인 $B(\odot)$이다. 고리가 영역 Ⅰ에서 Ⅱ로 이동하는 동안 유도 전류가 흐르지 않으므로 영역 Ⅱ의 자기장의 방향과 세기는 영역 Ⅰ과 같은 $B(\odot)$이다. 고리가 영역 Ⅱ에서 Ⅲ으로 이동하는 동안 고리에 시계 반대 방향의 유도 전류가 2배의 세기로 흐르므로, 영역 Ⅲ의 자기장의 방향은 종이면에 수직으로 들어가는 방향인 $B(\otimes)$이다.

10 사각형 금속 고리 내부의 자기장이 변할 때 유도되는 전류

자료 분석

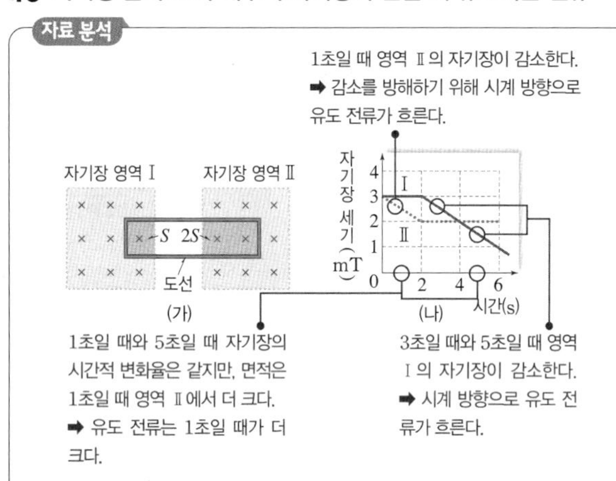

1초일 때 영역 Ⅱ의 자기장이 감소한다.
➡ 감소를 방해하기 위해 시계 방향으로 유도 전류가 흐른다.
자기장 영역 Ⅰ
자기장 영역 Ⅱ
S
2S
도선
(가)
자기장 세기 (mT)
시간(s)
(나)
1초일 때와 5초일 때 자기장의 시간적 변화율은 같지만, 면적은 1초일 때 영역 Ⅱ에서 더 크다.
➡ 유도 전류는 1초일 때가 더 크다.
3초일 때와 5초일 때 영역 Ⅰ의 자기장이 감소한다.
➡ 시계 방향으로 유도 전류가 흐른다.

선택지 분석

ㄱ 1초일 때 전류는 시계 방향으로 흐른다.
~~ㄴ~~ 전류의 방향은 3초일 때와 5초일 때가 서로 반대이다. 같다.
~~ㄷ~~ 전류의 세기는 1초일 때가 5초일 때보다 작다. 크다.

ㄱ. 0초부터 2초까지 영역 Ⅱ에서의 자기장의 세기만 감소하므로, 1초일 때 유도 전류는 시계 방향으로 흐른다.

바로알기 ㄴ. 2초 이후부터 영역 Ⅰ에서의 자기장의 세기만 일정하게 감소하므로, 전류의 방향은 3초일 때와 5초일 때가 같다.

ㄷ. 자기장 세기의 시간적 변화율이 1초일 때 영역 Ⅱ에서와 5초일 때 영역 Ⅰ에서가 같지만 자기장이 지나는 면적은 영역 Ⅱ에서가 Ⅰ에서의 2배이다. 따라서 자기 선속의 시간적 변화율이 1초일 때가 5초일 때보다 크므로, 유도 전류의 세기도 1초일 때가 5초일 때보다 크다.

11 금속 고리 내부의 자기장이 변할 때 유도되는 전류

자료 분석

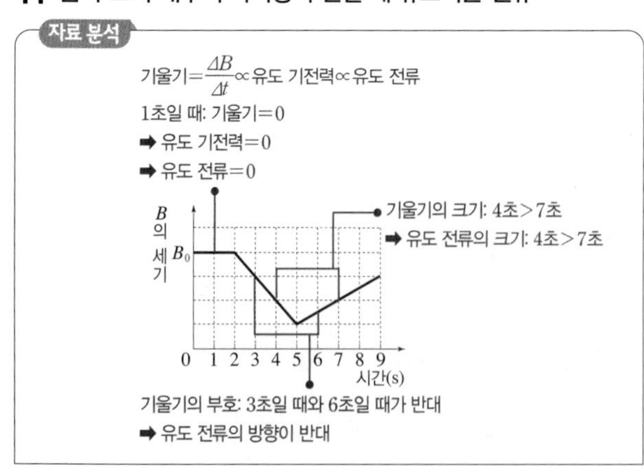

기울기$=\frac{\Delta B}{\Delta t}\propto$유도 기전력$\propto$유도 전류
1초일 때: 기울기=0
➡ 유도 기전력=0
➡ 유도 전류=0
기울기의 크기: 4초>7초
➡ 유도 전류의 크기: 4초>7초
B의 세기
B_0
시간(s)
기울기의 부호: 3초일 때와 6초일 때가 반대
➡ 유도 전류의 방향이 반대

선택지 분석

ㄱ 1초일 때 유도 전류는 흐르지 않는다.
ㄴ 유도 전류의 방향은 3초일 때와 6초일 때가 서로 반대이다.
~~ㄷ~~ 유도 전류의 세기는 7초일 때가 4초일 때보다 크다. 작다.

코일의 면적(A)이 일정할 때 코일을 통과하는 자기 선속의 시간적 변화율은 $\frac{\Delta\Phi}{\Delta t}=\frac{\Delta(BA)}{\Delta t}=\left(\frac{\Delta B}{\Delta t}\right)A$이므로 코일에 생기는 유도 기전력은 $V=\left(\frac{\Delta B}{\Delta t}\right)A$이다. B의 세기-시간 그래프에서 기울기는 $\frac{\Delta B}{\Delta t}$이고 $V\propto\frac{\Delta B}{\Delta t}$이므로, B의 세기-시간 그래프의 기울기는 유도 기전력에 비례한다.

ㄱ. 1초일 때 B의 세기-시간 그래프의 기울기가 0이므로 유도되는 기전력이 0이다. 따라서 1초일 때 금속 고리에 유도 전류가 흐르지 않는다.

ㄴ. B의 세기-시간 그래프의 기울기의 부호는 유도 기전력의 방향을 나타낸다. 그래프의 기울기의 부호는 3초일 때와 6초일 때가 서로 반대이므로 유도 기전력의 방향이 반대이다. 따라서 유도 전류의 방향은 3초일 때와 6초일 때가 서로 반대이다.

바로알기 ㄷ. B의 세기-시간 그래프에서 그래프의 기울기의 크기는 유도 기전력의 크기에 비례한다. 그래프의 기울기의 크기는 7초일 때가 4초일 때보다 작으므로, 유도 기전력의 크기는 7초일 때가 4초일 때보다 작다. 따라서 유도 전류의 세기도 7초일 때가 4초일 때보다 작다.

12 발전기의 원리

자료 분석

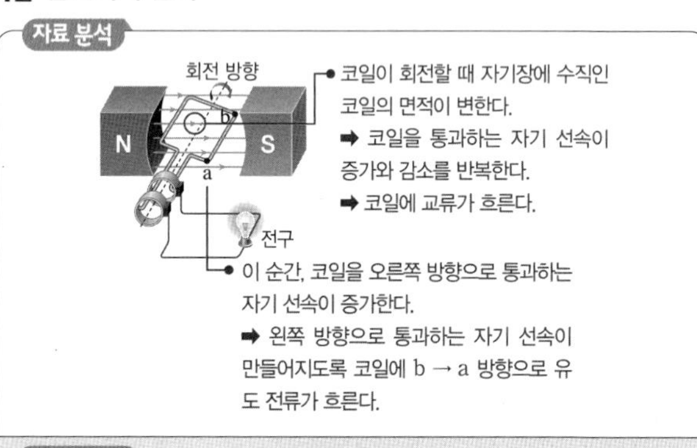

선택지 분석

~~ㄱ~~ 코일이 회전할 때 코일에 직류가 흐른다. 교류
ㄴ 코일이 회전할 때 코일을 통과하는 자기 선속이 변한다.
ㄷ 그림과 같은 순간에 코일에 b → a 방향으로 전류가 흐른다.

ㄴ. 코일이 회전할 때 자기장에 수직인 코일의 면적이 변하면서 자기 선속이 변한다.

ㄷ. 코일을 오른쪽 방향으로 통과하는 자기 선속이 증가하고 있으므로, 왼쪽 방향으로 통과하는 자기 선속이 만들어지도록 코일에 b → a 방향으로 유도 전류가 흐른다.

바로알기 ㄱ. 코일이 회전할 때 코일을 통과하는 자기 선속이 증가와 감소를 반복하여 유도 전류의 방향이 계속 바뀌므로 코일에 교류가 흐른다.

파동과 정보 통신

12. 파동의 진행과 굴절

개념 확인 본책 127쪽, 129쪽

(1) 매질 (2) 횡파, 종파 (3) 마루, 골 (4) 진폭 (5) 주기, s(초) (6) 1초, Hz(헤르츠) (7) 길 (8) 깊을, 높을 (9) 전파 속력 (10) 크다 (11) 굴절 (12) 짧다

수능 자료 본책 130쪽

자료❶ 1 × 2 ○ 3 × 4 ○
자료❷ 1 ○ 2 × 3 ○ 4 ○
자료❸ 1 × 2 ○ 3 × 4 ○
자료❹ 1 ○ 2 ○ 3 × 4 × 5 ○ 6 ○

자료❶ 파동의 발생과 전파

1 진폭은 진동 중심에서 마루까지의 거리이므로 A이다.

3 진동수는 주기의 역수이므로 $\frac{1}{T}$이다.

자료❷ 두 파동의 물리량 자료 해석

2 주기는 매질이 한 번 진동하는 데 걸린 시간이므로 Q가 P의 3배이다.

자료❸ 파동의 굴절

1 빛이 공기 중에서 A로 진행할 때 입사각이 굴절각보다 크다.
3 법선과 이루는 각이 클수록 두 광선의 간격은 좁다. 따라서 $d_1<d_2$이므로 $\theta_1>\theta_2$이다.
4 빛이 공기 중에서 A로 진행할 때 굴절각을 r라고 하면, $\sin\theta_1=n_A\sin r$, $n_B\sin r=\sin\theta_2$이다. $\theta_1>\theta_2$이므로 굴절률은 $n_A>n_B$이다.

자료❹ 굴절과 스넬 법칙

1, 3 A, B가 매질 Ⅱ에서 매질 Ⅰ로 진행할 때 굴절각이 입사각보다 크다.
4 매질 Ⅱ가 매질 Ⅰ보다 굴절률이 큰 매질이므로 속력은 매질 Ⅰ에서가 매질 Ⅱ에서보다 빠르다. 따라서 A의 파장은 Ⅰ에서가 Ⅱ에서보다 길다.
6 A의 입사각을 θ_1, B의 입사각을 θ_2라고 하면, $\frac{\sin\theta_A}{\sin\theta_1}=\frac{\sin\theta_B}{\sin\theta_2}$에서 $\sin\theta_1=\frac{3}{\sqrt{13}}$, $\sin\theta_2=\frac{2}{\sqrt{13}}$이므로 $\frac{\sin\theta_A}{\sin\theta_B}=\frac{\sin\theta_1}{\sin\theta_2}=\frac{3}{2}$이다.

수능 1점 본책 131쪽

1 (1) 횡 (2) 종 (3) 횡 (4) 횡 2 (1) 5 m (2) 4 m 3 0.5 Hz 4 >, < 5 ㄱ, ㄴ 6 680 Hz 7 (1) 액체 (2) 공기 8 ㄴ, ㄷ 9 (1) > (2)< (3) = 10 $\sqrt{2}\lambda$ 11 ㄴ

1 (1) 횡파는 파동의 진행 방향과 매질의 진동 방향이 수직한 파동이고, 종파는 파동의 진행 방향과 매질의 진동 방향이 나란한 파동이다.
(4) 지진파의 S파는 횡파이고, P파는 종파이다.

2 (1) 진폭은 진동 중심에서 마루나 골까지의 거리이므로 5 m이다.
(2) 파장은 마루에서 다음 마루까지 또는 골에서 다음 골까지의 거리이므로 4 m이다.

3 진동수 f와 주기 T는 반비례 관계이므로 $f=\frac{1}{T}$이다. 따라서 $f=\frac{1}{2}=0.5(\text{Hz})$이다.

4 진폭은 파동의 진동 중심에서 마루까지의 거리이므로 A가 B보다 크다.
두 파동의 속력이 같다고 했으므로 $v=\frac{\lambda}{T}$에서 주기는 파장과 비례 관계이다. 그림에서 A와 B의 파장의 비는 1 : 2이다. 따라서 주기의 비는 1 : 2로 B가 A의 2배이다.

5 ㄱ. 진폭은 파동의 진동 중심에서 마루 또는 골까지의 거리이므로 단위는 m이다.
ㄴ. 파장은 마루에서 이웃한 마루까지 또는 골에서 이웃한 골까지의 거리이므로 단위는 m이다.
바로알기 ㄷ. 진동수는 매질의 한 점이 1초 동안 진동한 횟수로 단위는 Hz이다.

6 $v=f\lambda$에서 $f=\frac{v}{\lambda}=\frac{340\text{ m/s}}{0.5\text{ m}}=680\text{ Hz}$

7 (1) 파동의 속력은 공기에서 빠르고, 액체에서 느리다.
(2) 파장이 큰 곳은 속력이 빠른 매질이다. 따라서 공기에서 파장이 더 크다.

8 ㄴ, ㄷ. 깊은 물은 얕은 물보다 물결파의 속력이 빠르다. 따라서 깊은 물에서 물결파의 파장도 길다.
바로알기 ㄱ. 주기는 깊은 물과 얕은 물에서 같은데, 그 까닭은 주기와 진동수는 파원이 결정하는 것이지 매질에 따라 달라지는 것이 아니기 때문이다.

9 • 속력: 파면의 간격이 A에서가 B에서보다 크다. A의 파장이 더 크므로 파동의 속력은 A가 더 빠르다.
• 파동의 속력이 빠른 매질은 굴절률이 작은 매질이다. 따라서 굴절률은 A가 B보다 작다.
• 파동의 진동수는 매질이 달라져도 변하지 않는다. 따라서 파동의 진동수는 A와 B가 같다.

10 입사각과 굴절각이 주어졌으므로 매질 2에서의 파장을 λ_2라고 하면, 다음과 같은 관계식을 얻을 수 있다.
$\frac{\sin30^\circ}{\sin45^\circ}=\frac{\lambda}{\lambda_2}$, $\frac{1}{\sqrt{2}}=\frac{\lambda}{\lambda_2}$, $\lambda_2=\sqrt{2}\lambda$

11 바로알기 ㄱ, ㄷ. 산에서 들리는 메아리는 소리의 반사이고, 비눗방울의 무지개 색은 빛의 간섭으로 인해 나타나는 현상이다.

수능 2점

본책 132쪽~133쪽

1 ② 2 ② 3 ② 4 ④ 5 ⑤ 6 ③
7 ④ 8 ②

1 파동의 진행

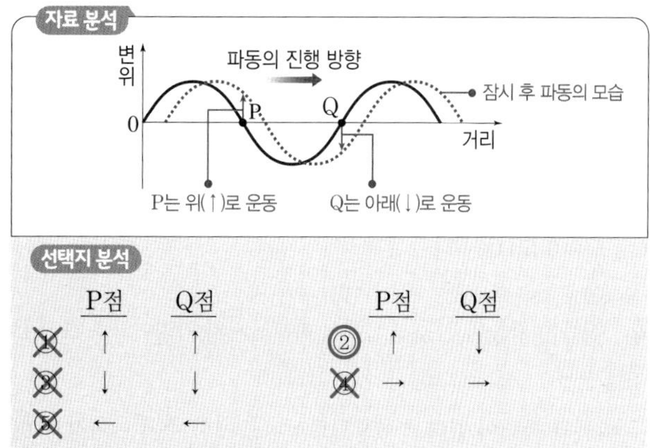

선택지 분석

	P점	Q점		P점	Q점
~~①~~	↑	↑	②	↑	↓
~~③~~	↓	↓	~~④~~	→	→
~~⑤~~	←	←			

② 제시한 파형을 파동의 진행 방향인 오른쪽으로 약간 이동시키면 P점은 위(↑)쪽으로, Q점은 아래(↓)쪽으로 이동하는 것을 알 수 있다.

2 파동의 전파 속력

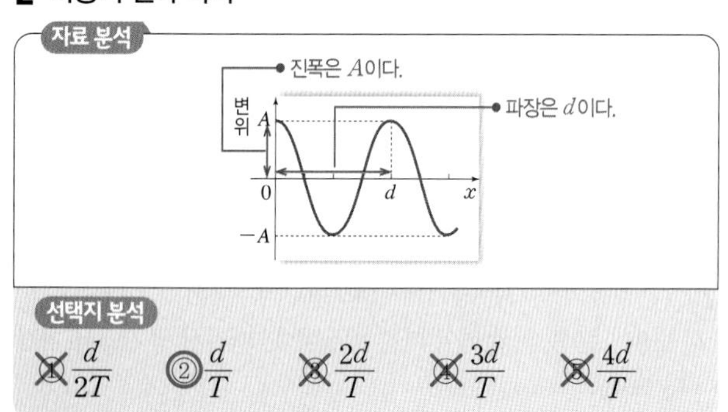

선택지 분석

~~①~~ $\frac{d}{2T}$ ② $\frac{d}{T}$ ~~③~~ $\frac{2d}{T}$ ~~④~~ $\frac{3d}{T}$ ~~⑤~~ $\frac{4d}{T}$

② 파동의 전파 속력 $v=\frac{\lambda}{T}$에서 파장(λ)은 d, 주기는 T라고 했으므로 $v=\frac{d}{T}$이다.

3 파동의 진행

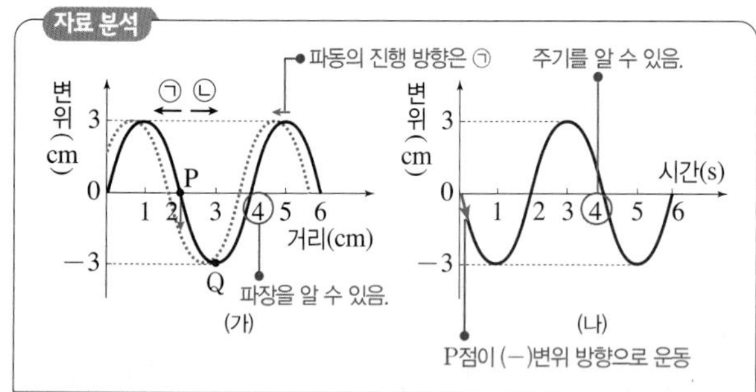

선택지 분석

~~ㄱ.~~ 파동의 진행 방향은 ~~㉡~~이다. ㉠

ㄴ. 파동의 진행 속력은 1 cm/s이다.

~~ㄷ.~~ (가)의 순간으로부터 3초 후 Q의 변위는 ~~3 cm~~이다. 0

ㄴ. 파동의 진행 속력은 $v=\frac{\lambda}{T}=\frac{4\text{ cm}}{4\text{ s}}=1\text{ cm/s}$이다.

바로알기 ㄱ. (나)에서 P점은 0초 직후 (−)변위 방향으로 운동한다. 따라서 ㉠ 방향으로 파동이 진행해야 한다. ㉡ 방향으로 파동이 진행하면 P점은 0초 직후 (+)변위 방향으로 운동할 것이다.
ㄷ. (가)의 순간으로부터 Q의 변위는 1초 때 0, 2초 때 +3 cm, 3초 때 0, 4초 때 −3 cm가 된다.

4 물결파의 굴절

선택지 분석

ㄱ. 물의 깊이는 Ⅰ에서가 Ⅱ에서보다 깊다.

~~ㄴ.~~ 진동수는 Ⅰ에서가 Ⅱ에서보다 ~~크다.~~ 같다.

ㄷ. Ⅰ에 대한 Ⅱ의 굴절률은 $\frac{\lambda_1}{\lambda_2}$이다.

ㄱ. 파동의 진동수는 일정하므로 파동의 속력은 파장에 비례한다. 파장은 $\lambda_1>\lambda_2$이므로 속력은 파장이 긴 Ⅰ에서가 Ⅱ에서보다 크다. 물결파의 속력은 수심이 깊을수록 빠르므로, 물의 깊이는 Ⅰ에서가 Ⅱ에서보다 깊다.
ㄷ. Ⅰ에 대한 Ⅱ의 굴절률은 Ⅰ에서의 속력을 Ⅱ에서의 속력으로 나눈 값이므로 파장의 비로 구할 수 있다. 따라서 $\frac{\lambda_1}{\lambda_2}$이다.

바로알기 ㄴ. 진동수는 파원에 의해 결정된다. 매질이 달라져도 진동수는 변하지 않으므로 Ⅰ에서와 Ⅱ에서 진동수가 같다.

5 반원통을 이용한 물의 굴절률 측정

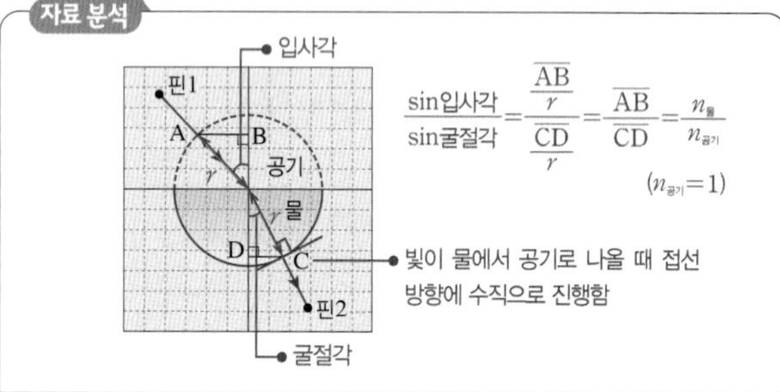

선택지 분석

ㄱ. 빛의 속력은 공기에서가 물에서보다 크다.

ㄴ. 공기에 대한 물의 굴절률은 $\frac{\overline{AB}}{\overline{CD}}$이다.

ㄷ. 반원통을 사용한 까닭은 점 C에서 빛이 물에서 공기로 나올 때 빛의 진행 방향이 꺾이는 것을 막기 위해서이다.

ㄱ. $\overline{AB}$의 길이가 $\overline{CD}$의 길이보다 길므로 입사각>굴절각이다. 따라서 빛의 속력은 공기에서가 물에서보다 크다.
ㄴ. 반원통의 반지름을 r라고 하면

$$\frac{\sin\text{입사각}}{\sin\text{굴절각}}=\frac{\frac{\overline{AB}}{r}}{\frac{\overline{CD}}{r}}=\frac{\overline{AB}}{\overline{CD}}=\frac{n_{물}}{n_{공기}}\text{이므로 } n_{물}=\frac{\overline{AB}}{\overline{CD}}\text{이다.}$$

ㄷ. 반원통을 사용하면 빛이 물에서 공기로 나올 때 반원통의 접선 방향에 수직으로 진행하므로 빛의 진행 방향이 꺾이지 않는다.

6 단색광의 굴절

자료 분석

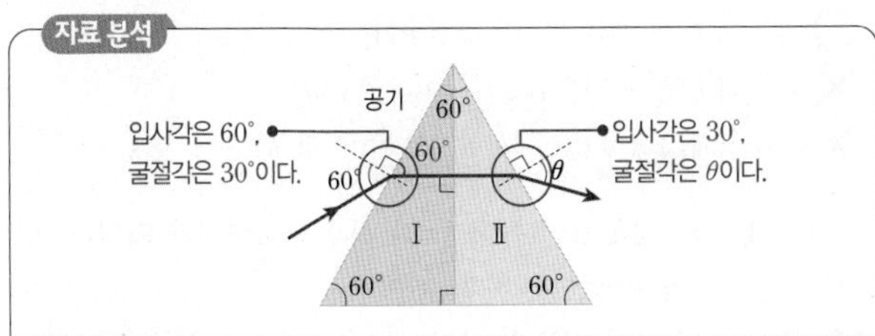

굴절각은 θ이다.

선택지 분석

ㄱ 공기에 대한 Ⅰ의 굴절률은 $\sqrt{3}$이다.

ㄴ $\theta=45°$이다.

✕ 단색광의 속력은 Ⅰ에서가 Ⅱ에서보다 크다. 작다.

ㄱ. 단색광이 공기에서 매질 Ⅰ로 진행할 때 입사각은 60°, 굴절각은 30°이다. 스넬 법칙에서 $n_{공기}\sin60°=n_{\mathrm{I}}\sin30°$이므로, 공기에 대한 Ⅰ의 굴절률 $\frac{n_{\mathrm{I}}}{n_{공기}}=\frac{\sin60°}{\sin30°}=\sqrt{3}$이다.

ㄴ. 공기에 대한 Ⅱ의 굴절률이 $\sqrt{2}$이고 단색광이 매질 Ⅱ에서 공기로 입사할 때 입사각은 30°, 굴절각은 θ이다.
스넬 법칙에서 $n_{\mathrm{II}}\sin30°=n_{공기}\sin\theta$이므로,
공기에 대한 Ⅱ의 굴절률 $\frac{n_{\mathrm{II}}}{n_{공기}}=\frac{\sin\theta}{\sin30°}=\sqrt{2}$이다.
따라서 $\sin\theta=\frac{1}{\sqrt{2}}$이므로 $\theta=45°$이다.

바로알기 ㄷ. 공기에 대한 Ⅰ과 Ⅱ의 굴절률은 각각 $\sqrt{3}$, $\sqrt{2}$이다. 굴절률이 큰 매질일수록 빛의 속력이 느리므로, 단색광의 속력은 Ⅰ에서가 Ⅱ에서보다 작다.

7 두 단색광의 굴절

자료 분석

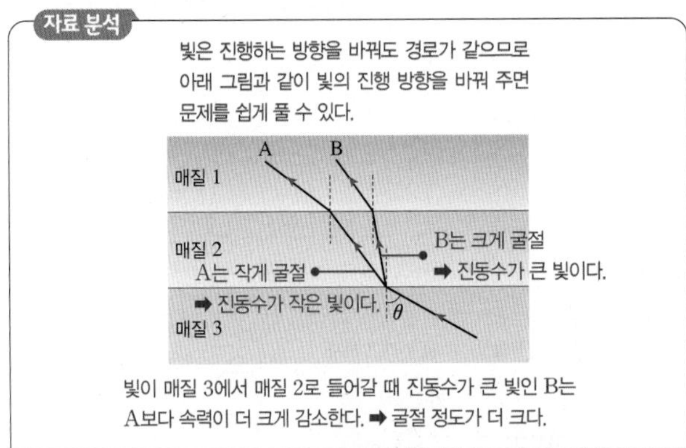

빛은 진행하는 방향을 바꿔도 경로가 같으므로
아래 그림과 같이 빛의 진행 방향을 바꿔 주면
문제를 쉽게 풀 수 있다.
A
B
매질 1
매질 2
A는 작게 굴절
➡ 진동수가 작은 빛이다.
B는 크게 굴절
➡ 진동수가 큰 빛이다.
매질 3
θ
빛이 매질 3에서 매질 2로 들어갈 때 진동수가 큰 빛인 B는
A보다 속력이 더 크게 감소한다. ➡ 굴절 정도가 더 크다.

선택지 분석

✕ 진동수는 A가 B보다 크다. 작다.

ㄴ 굴절률은 매질 1이 매질 2보다 작다.

ㄷ 매질 2에서의 속력은 A가 B보다 크다.

ㄴ. 두 빛 모두 매질 1에서 입사각보다 매질 2에서의 굴절각이 작다. 따라서 굴절률은 매질 1이 매질 2보다 작다.

ㄷ. 진동수는 B가 A보다 크다. 따라서 매질 2에서의 속력은 A가 B보다 빠르다.

바로알기 ㄱ. 매질 2에서 매질 3으로 진행할 때 굴절각은 같지만 입사각이 A가 더 크다. 이것으로 B가 더 크게 굴절했다는 것을 알 수 있다. 따라서 B의 진동수가 A의 진동수보다 크다.

8 소리의 굴절

자료 분석

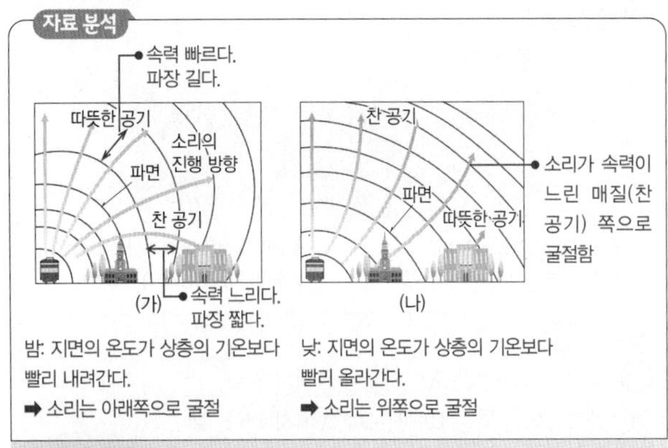

속력 빠르다.

속력 느리다.

소리가 속력이
느린 매질(찬
공기) 쪽으로

밤: 지면의 온도가 상층의 기온보다
빨리 내려간다.

낮: 지면의 온도가 상층의 기온보다
빨리 올라간다.

선택지 분석

✕ (가)는 낮에, (나)는 밤에 소리가 굴절하는 모습이다. (밤, 낮)

✕ (가)에서 소리의 속력은 지면에 가까울수록 빠르다. 느리다.

ㄷ 같은 매질에서도 매질의 특성이 달라져서 생기는 현상이다.

ㄷ. 지면과 상층의 공기의 온도가 달라 소리의 진행 속력에 차이가 생긴다. 즉, 같은 매질에서도 매질의 특성이 달라져서 소리가 굴절하여 나타나는 현상이다.

바로알기 ㄱ. (가)는 소리가 아래로 굴절하므로 밤에, (나)는 소리가 위로 굴절하므로 낮에 소리가 굴절하는 모습이다.

ㄴ. (가)에서는 지면에 가까울수록 공기의 온도가 낮아 소리의 속력이 느리므로 소리가 지면을 향해 굴절한다.

수능 3점

본책 134쪽~135쪽

1 ④ 2 ① 3 ③ 4 ① 5 ⑤ 6 ④
7 ④ 8 ④

1 파동의 진행

자료 분석

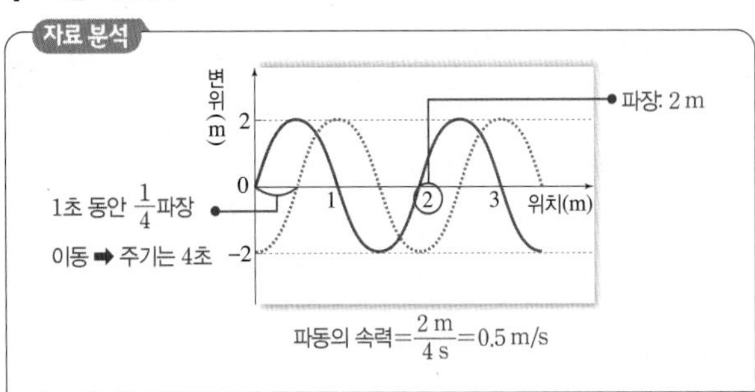

선택지 분석

✕ 주기는 2초이다. 4초

ㄴ 파장은 2 m이다.

ㄷ 파동의 진행 속력은 0.5 m/s이다.

ㄴ. 파장은 마루에서 다음 마루 또는 골에서 다음 골까지의 거리이므로 2 m이다.

ㄷ. 파동의 주기는 4초, 파장은 2 m이므로 속력은 $v=\frac{\lambda}{T}=\frac{2}{4}=0.5(\mathrm{m/s})$이다.

바로알기 ㄱ. 파동은 1초 동안 $\frac{1}{4}$파장 이동하였으므로 한 파장 이동하는 데 걸리는 시간인 주기는 4초이다.

2 물결파의 진행

자료 분석

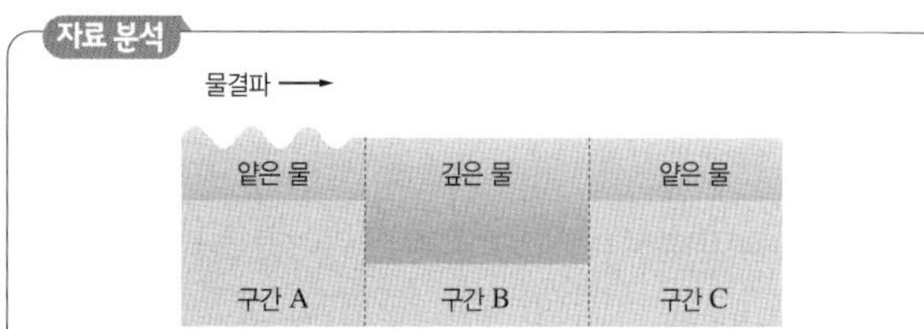

• 물의 깊이 비교: B>A=C
• 물결파의 속력 비교: B>A=C
• 물결파의 진동수 비교: A=B=C
• 물결파의 주기 비교: A=B=C

선택지 분석

ㄱ 물결파의 파장은 A에서보다 B에서 길다.
✕ 물결파의 주기는 B에서보다 A에서 길다. 같다.
✕ 물결파의 속력은 B에서보다 C에서 크다. 작다.

ㄱ. 물의 깊이가 다르면 물결파의 속력이 다르다. 깊이가 깊은 곳을 지나는 파동의 속력이 얕은 곳을 지날 때보다 빠르므로 파장은 B에서가 A에서보다 길다.

바로알기 ㄴ. 물의 깊이는 변하더라도 파동의 진동수는 파원에 의해 결정되므로 A, B, C에서 모두 같다. 주기는 진동수의 역수이므로 A, B, C에서 물결파의 주기도 모두 같다.

ㄷ. 물결파의 속력은 깊이가 깊은 B에서 가장 빠르고, 깊이가 같은 A와 C에서는 같다.

3 파동의 변위-위치 그래프

선택지 분석

ㄱ 진동수는 0.5 Hz이다.
✕ 1.5초 후 P점의 변위는 0이다. 0.2 m
ㄷ 2.3초 후 P점의 운동 방향은 아래 방향이다.

ㄱ. 이 파동은 파장이 1 m, 진행 속력이 0.5 m/s이다. 따라서 $v=f\lambda$에서 진동수 $f=\frac{v}{\lambda}=\frac{0.5}{1}=0.5(\text{Hz})$이다.

ㄷ. 2초일 때 P점의 변위는 0이고, 2.5초일 때 변위는 -0.2 m이다. 따라서 2.3초일 때 P점은 아래 방향으로 운동한다.

바로알기 ㄴ. 진동수가 0.5 Hz이므로 주기는 $\frac{1}{0.5\text{ Hz}}=2$초이다. 따라서 P점의 변위는 0.5초$\left(\frac{1}{4}\text{주기}\right)$일 때 -0.2 m, 1초$\left(\frac{1}{2}\text{주기}\right)$일 때 0, 1.5초$\left(\frac{3}{4}\text{주기}\right)$일 때 0.2 m이다.

4 파동의 변위-위치 그래프와 변위-시간 그래프

자료 분석

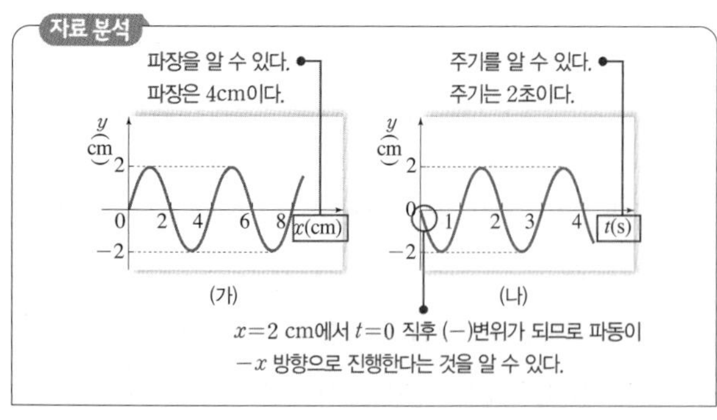

선택지 분석

ㄱ 파동의 진행 방향은 $-x$ 방향이다.
✕ 파동의 진행 속력은 8 cm/s이다. 2 cm/s
✕ 2초일 때, $x=4$ cm에서 y는 2 cm이다. y는 0

ㄱ. (나)에서 $x=2$ cm인 곳이 $t=0$ 직후 (−)변위가 되었다. 따라서 파동은 $-x$ 방향으로 진행하였다.

바로알기 ㄴ. (가)에서 파동의 파장이 4 cm이고, (나)에서 파동의 주기가 2초이므로 파동의 진행 속력은 $\frac{4\text{ cm}}{2\text{ s}}=2$ cm/s이다.

ㄷ. 주기가 2초이므로 매질의 한 점은 $t=0$과 $t=2$초일 때 변위가 같다. 따라서 2초일 때 $x=4$ cm에서 y는 0이다.

5 파동의 굴절 실험

자료 분석

파면에 수직하게 파동의 진행 방향을 먼저 그려 본다.

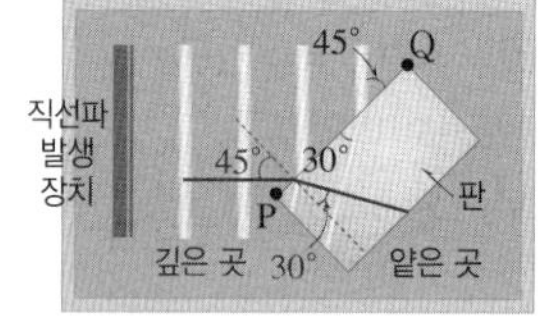

$\frac{\sin i}{\sin r}=\frac{v_1}{v_2}=\frac{\lambda_1}{\lambda_2}$
입사각: 45°
굴절각: 30°

선택지 분석

✕ $\frac{1}{\sqrt{2}}$ ✕ $\sqrt{\frac{2}{3}}$ ✕ 1
✕ $\sqrt{\frac{3}{2}}$ ⑤ $\sqrt{2}$

PQ와 파면이 교차하는 곳에 경계면 PQ에 수직으로 법선을 그린 다음, 파면에 수직으로 입사 광선과 굴절 광선을 그려 본다. 파동의 입사각, 굴절각은 PQ선에 수직인 법선과 입사 광선, 굴절 광선이 각각 이루는 각이므로, 입사각이 45°, 굴절각이 30°가 된다.

따라서 $\frac{v_1}{v_2}=\frac{\sin45^\circ}{\sin30^\circ}=\frac{\frac{\sqrt{2}}{2}}{\frac{1}{2}}=\sqrt{2}$이다.

6 굴절률

자료 분석

A의 입사각을 θ_1, B의 입사각을 θ_2라고 하자.

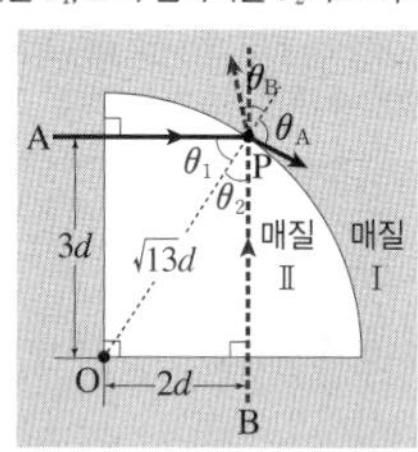

$\sqrt{(3d)^2+(2d)^2}=\sqrt{13}d$

선택지 분석

✕ A의 파장은 Ⅰ에서가 Ⅱ에서보다 짧다. 길다.
ㄴ B의 진동수는 Ⅰ에서와 Ⅱ에서가 같다.
ㄷ $\frac{\sin\theta_A}{\sin\theta_B}=\frac{3}{2}$이다.

ㄴ. 진동수는 파원이 결정한다. 매질이 달라져도 진동수는 일정하다.

ㄷ. A의 입사각을 θ_1, B의 입사각을 θ_2라고 하면 굴절률 공식을 다음과 같이 쓸 수 있다.

$$\frac{\sin\theta_1}{\sin\theta_A}=\frac{\sin\theta_2}{\sin\theta_B}$$

$\sin\theta_1=\frac{3}{\sqrt{13}}$, $\sin\theta_2=\frac{2}{\sqrt{13}}$이므로 $\frac{\sin\theta_A}{\sin\theta_B}=\frac{\sin\theta_1}{\sin\theta_2}=\frac{3}{2}$이다.

바로알기 ㄱ. $\theta_1<\theta_A$이므로 매질 Ⅰ에서가 매질 Ⅱ에서보다 빛의 속력이 빠르다. 따라서 파장도 매질 Ⅰ에서가 더 길다.

7 파동의 굴절

선택지 분석

ㄱ ○ Ⅰ과 Ⅲ은 같은 물질이다.

ㄴ ✕ θ가 2배가 되면 θ′도 2배가 된다. (θ → sinθ, θ′ → sinθ′)

ㄷ ○ 빛이 Ⅰ에서 Ⅱ로 진행할 때 속력은 감소한다.

ㄱ. Ⅱ에 대한 Ⅰ의 굴절률은 $\frac{\sin\theta'}{\sin\theta}$, Ⅱ에 대한 Ⅲ의 굴절률은 $\frac{\sin\theta'}{\sin\theta}$으로 서로 같다. 굴절률은 물질의 고유한 값이므로 Ⅰ과 Ⅲ은 같은 물질이다.

ㄷ. 빛이 Ⅰ에서 Ⅱ로 진행할 때 입사각>굴절각이므로 Ⅰ에서의 속력이 Ⅱ에서보다 크다.

바로알기 ㄴ. θ가 2배가 되면 θ'이 2배가 되는 것이 아니라 $\sin\theta$값이 2배가 되면 $\sin\theta'$값이 2배가 된다.

8 파동의 굴절

자료 분석

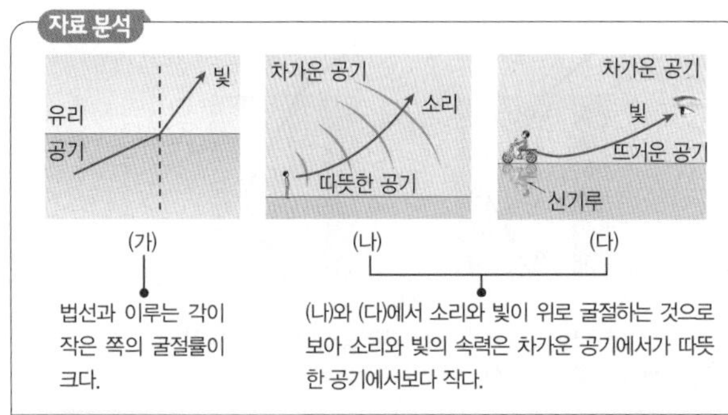

빛
유리
공기
차가운 공기
소리
따뜻한 공기
차가운 공기
빛
뜨거운 공기
신기루
(가)
(나)
(다)
법선과 이루는 각이 작은 쪽의 굴절률이 크다.
(나)와 (다)에서 소리와 빛이 위로 굴절하는 것으로 보아 소리와 빛의 속력은 차가운 공기에서가 따뜻한 공기에서보다 작다.

선택지 분석

ㄱ ○ (가)에서 굴절률은 유리가 공기보다 크다.

ㄴ ✕ (나)에서 소리의 속력은 차가운 공기에서가 따뜻한 공기에서보다 크다. → 작다.

ㄷ ○ (다)에서 빛의 속력은 뜨거운 공기에서가 차가운 공기에서보다 크다.

ㄱ. (가)에서 빛이 공기에서 유리로 입사할 때, 입사각이 굴절각보다 크므로 굴절률은 유리가 공기보다 크다.

ㄷ. (다)에서 빛의 속력이 뜨거운 공기에서가 차가운 공기에서보다 크기 때문에 신기루가 보이는 것이다.

바로알기 ㄴ. (나)에서 소리의 속력은 따뜻한 공기에서가 차가운 공기에서보다 크기 때문에 낮에 발생한 소리는 위쪽으로 굴절한다.

13 전반사와 전자기파

개념 확인 본책 137쪽, 139쪽

(1) 전반사 (2) 90° (3) 큰, 작은, 임계각 (4) 광통신 (5) 크다 (6) 전자기파 (7) 수직, 수직 (8) 자외선 (9) 적외선 (10) 마이크로파 (11) X선 (12) 감마(γ)선

수능 자료 본책 140쪽

자료❶	1 ○	2 ○	3 ○	4 ×		
자료❷	1 ○	2 ○	3 ×	4 ×	5 ○	6 ○
자료❸	1 ○	2 ○	3 ×	4 ×	5 ○	6 ×
자료❹	1 ○	2 ×	3 ○	4 ○	5 ×	

자료❶ 전반사

1 P가 A에서 B로 진행할 때 입사각이 굴절각보다 작다. 따라서 B의 굴절률이 A의 굴절률보다 작다.

2 P는 A와 C의 경계면에서 전반사하였으므로 A의 굴절률이 C의 굴절률보다 크다.

3 굴절률이 A가 B보다 크므로 P의 속력은 A에서가 B에서보다 작다.

4 매질에 따른 굴절률의 대소 관계는 밀한 매질부터 순서대로 A>B>C 순이다. 따라서 C를 코어로 사용하면 전반사가 일어나지 않는다.

자료❷ 전반사와 광통신의 원리

3 P는 A와 C의 경계면에서 전반사하므로 A의 굴절률이 C의 굴절률보다 크다.

4 P가 A에서 B로 진행할 때 입사각은 θ_A이다.

6 광섬유의 코어는 굴절률이 큰 매질로, 클래딩은 굴절률이 작은 매질로 구성되어 있다. A와 B 중 굴절률이 큰 것이 B이므로 B를 코어로, A를 클래딩으로 사용하면 된다.

자료❸ 전자기파의 분류

1 파장이 짧은 것부터 긴 것 순서대로 나열하면, 감마(γ)선-X선-자외선-가시광선-적외선-마이크로파-라디오파이다. A는 감마(γ)선이다.

3 B는 마이크로파이다.

4 C는 라디오파이다.

6 진공 중에서 모든 전자기파는 속력이 같다.

자료❹ 전자기파의 이용

2 A는 스피커를 통해 들리는 파동이므로 음파이다. 음파는 전자기파가 아니다.

5 C는 가시광선으로 매질에 따라 속력이 달라진다.

본책 141쪽

1 (1) 느리다 (2) A (3) 작다 **2** > **3** (1) 전반사 (2) 코어 (3) 크다 **4** 2 **5** 광섬유 **6** ㉠ 자기장 ㉡ 수직 ㉢ 횡파 **7** ㉠ 마이크로파 ㉡ 자외선 ㉢ 감마(γ)선 **8** 적외선 **9** (1) $2a$ (2) 최대 **10** 자외선

1 (1) 빛이 매질 A에서 B로 진행할 때 입사각이 굴절각보다 작다. 따라서 속력은 A에서가 느리므로 v_1이 v_2보다 느리다.
(2) 속력이 A에서가 느리므로 굴절률이 큰 매질은 A이다.
(3) 빛이 A에서 B로 진행하면서 굴절하였으므로 θ는 임계각보다 작다.

2 매질 A에서 진행한 빛이 B와의 경계면에서 전반사하였으므로 굴절률은 A가 B보다 크다.

3 (1) 코어를 진행하는 빛 신호가 클래딩으로 굴절하지 않고 전반사하고 있다.
(2) 빛이 코어와 클래딩의 경계면에서 전반사하므로 코어의 굴절률이 클래딩보다 크다.
(3) 전반사는 빛이 굴절률이 큰 매질에서 작은 매질로 임계각보다 큰 각으로 입사할 때 일어나므로 θ는 임계각보다 크다.

4 굴절각이 90°이므로 30°는 임계각이다. 매질 A의 굴절률을 n이라고 하면 $\sin\theta_c = \dfrac{1}{n}$이므로 $n = \dfrac{1}{\sin 30°} = 2$이다.

5 광섬유는 전반사를 이용해 빛을 멀리까지 전송시키는 관을 말한다.

6 전자기파는 전기장과 자기장이 시간에 따라 진동하면서 공간을 퍼져 나가는 파동을 말한다. 전기장과 자기장의 진동 방향은 서로 수직이고 각각의 진동 방향은 진행 방향에 수직이다.

7 ㉠ 라디오파보다 파장이 짧고 적외선보다 파장이 긴 것은 마이크로파이며 전자레인지에 이용된다. ㉡ 가시광선보다 파장이 짧고 X선보다 파장이 긴 것은 자외선이며 살균 소독에 이용된다. ㉢ 파장이 가장 짧은 것은 감마(γ)선이며 암치료 등에 이용된다.

8 열화상 카메라는 적외선을 이용하며, 적외선의 파장은 가시광선보다 길고, 마이크로파보다 짧다.

9 (1) 전자기파는 횡파이다. 파장은 위상이 같은 인접한 두 지점의 간격이므로 파장은 $2a$이다.
(2) 전자기파는 전기장의 세기와 자기장의 세기가 비례 관계이다. 전기장이 0이면 자기장도 0이고, 전기장이 최댓값이면 자기장도 최댓값이 된다.

수능 2점

본책 142쪽~143쪽

1 ② **2** ① **3** ③ **4** ③ **5** ④ **6** ④ **7** ② **8** ③

1 전반사와 굴절률

자료 분석

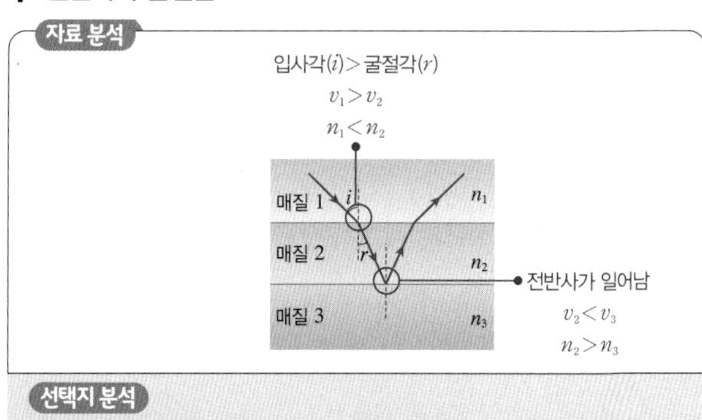

선택지 분석

~~① $v_1>v_2$, $n_1>n_2$~~
② $v_1>v_2$, $n_2>n_3$
~~③ $v_2>v_1$, $n_1>n_2$~~
~~④ $v_2>v_1$, $n_2>n_3$~~
~~⑤ $v_1=v_2$, $n_2>n_1$~~

② 매질 1에서 매질 2로 빛이 진행할 때 입사각이 굴절각보다 크므로 매질 1에서의 속력이 매질 2에서의 속력보다 빠르다. 따라서 $v_1>v_2$이고, 굴절률은 $n_1<n_2$이다. 또 매질 2와 매질 3의 경계면에서 전반사가 일어났으므로 매질 2의 굴절률이 매질 3의 굴절률보다 크다. 따라서 $n_2>n_3$이다.

2 광섬유에서의 전반사와 굴절률

자료 분석

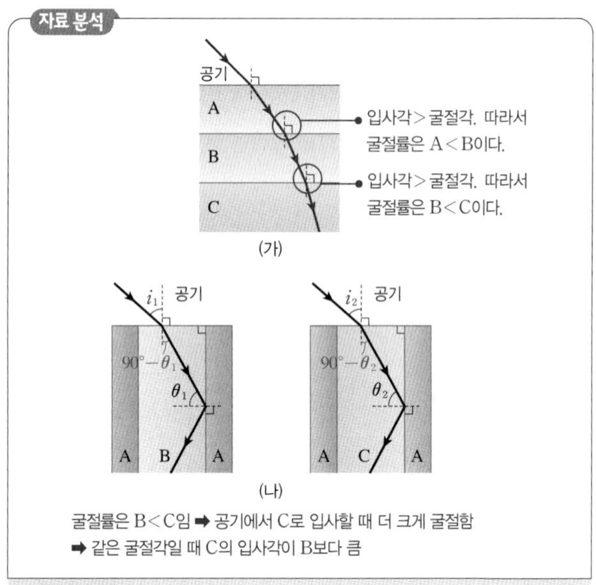

선택지 분석

㉠ 굴절률은 C가 A보다 크다.
~~ㄴ. $\theta_1<\theta_2$이다.~~ $\theta_1>\theta_2$
~~ㄷ. $i_1>i_2$이다.~~ $i_1<i_2$

ㄱ. 단색광이 A에서 B로 진행할 때 입사각이 굴절각보다 크다. 따라서 굴절률은 A가 B보다 작다. 또 단색광이 B에서 C로 진행할 때에도 입사각이 굴절각보다 크다. 따라서 굴절률은 B가 C보다 작다. 결국 굴절률은 $A<B<C$ 순이다.

바로알기 ㄴ. θ_1은 A와 B 사이의 임계각이고, θ_2는 A와 C 사이의 임계각이다. 굴절률 차이는 A와 B보다 A와 C에서 더 많이 나므로 임계각은 θ_2가 θ_1보다 작다.
ㄷ. 그림 (나)에서 입사각 i가 작을수록 굴절각이 작으므로 θ는 커진다. 즉 $\theta_1>\theta_2$이므로 $i_1<i_2$이다.

3 빛의 전반사와 광섬유

자료 분석

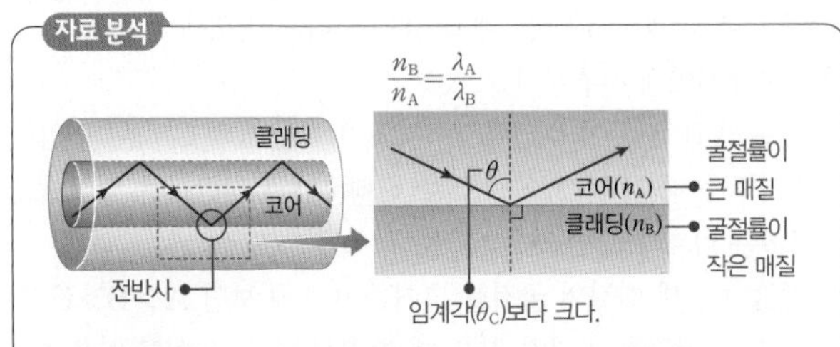

선택지 분석

ㄱ $n_A > n_B$이다.

ㄴ $\sin\theta > \frac{n_B}{n_A}$이다.

~~ㄷ~~ 이 레이저 빛을 클래딩에 입사시키면, 파장은 코어에서 진행할 때와 같다. 다르다.

ㄱ. 전반사가 일어나려면 빛이 굴절률이 큰 매질에서 작은 매질로 진행해야 하므로, 코어의 굴절률(n_A)이 클래딩의 굴절률(n_B)보다 크다.

ㄴ. 빛이 코어에서 클래딩으로 임계각으로 진행할 때 $\frac{n_B}{n_A}=\frac{\sin\theta_C}{\sin 90^\circ}=\sin\theta_C$이다. 한편 전반사가 일어나기 위해서는 $\theta>\theta_C$이어야 하므로, $\sin\theta>\frac{n_B}{n_A}$이다.

바로알기 ㄷ. 코어와 클래딩에서 레이저 빛의 파장을 각각 λ_A, λ_B라 하면, $\frac{n_B}{n_A}=\frac{\lambda_A}{\lambda_B}$이다. 이때 $n_A>n_B$이므로 $\lambda_A<\lambda_B$이다.

4 전반사와 광섬유

자료 분석

θ_0보다 입사각이 커지면 굴절각도 커지므로 X에서 Y로 진행하는 빛의 입사각 θ는 임계각인 θ_1보다 작아지게 되어 전반사하지 않는다.

Z의 굴절률이 X보다 크다. ➡ Z와 Y 사이의 임계각은 X와 Y 사이의 임계각보다 작다.

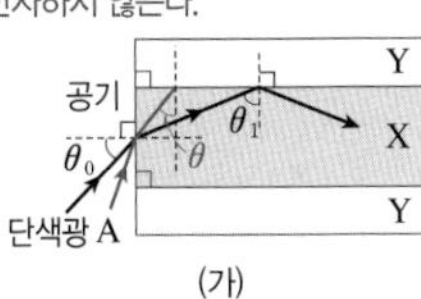

(가)

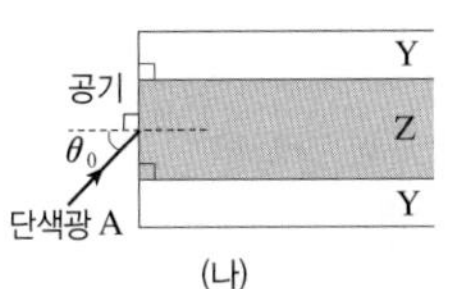

(나)

선택지 분석

ㄱ (가)에서 A를 θ_0보다 큰 입사각으로 X에 입사시키면 A는 X와 Y의 경계면에서 전반사하지 않는다.

~~ㄴ~~ (나)에서 Z와 Y 사이의 임계각은 θ_1보다 크다. 작다.

ㄷ (나)에서 A는 Z와 Y의 경계면에서 전반사한다.

ㄱ. (가)에서 공기에서 X로 진행하는 빛의 입사각이 θ_0보다 커지면 굴절각도 커진다. 따라서 X에서 Y로 진행하는 빛의 입사각을 θ라고 하면 θ는 임계각인 θ_1보다 작아진다. 입사각이 임계각보다 작아지므로 A는 X와 Y의 경계면에서 전반사하지 않는다.

ㄷ. (나)에서 단색광 A가 Z에서 Y로 진행할 때의 입사각은 θ_1보다 크다. 따라서 A는 Z와 Y의 경계면에서 전반사한다.

바로알기 ㄴ. Z의 굴절률이 X보다 크므로 (나)에서 Z와 Y 사이의 임계각은 θ_1보다 작다.

5 전자기파의 종류와 이용

자료 분석

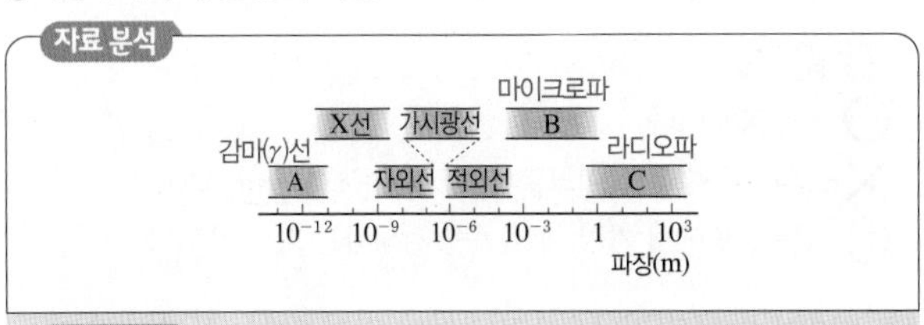

선택지 분석

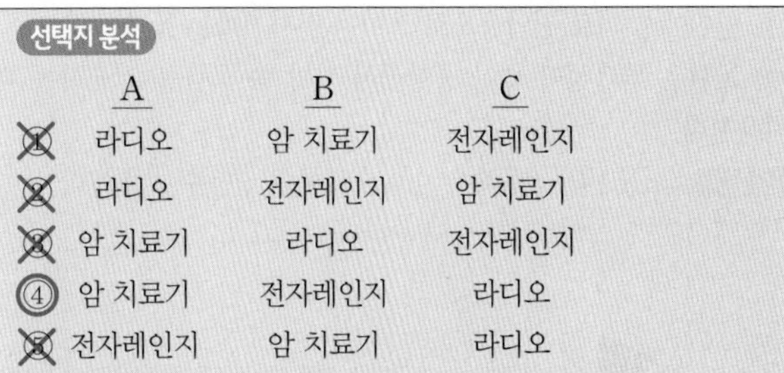

	A	B	C
~~①~~	라디오	암 치료기	전자레인지
~~②~~	라디오	전자레인지	암 치료기
~~③~~	암 치료기	라디오	전자레인지
④	암 치료기	전자레인지	라디오
~~⑤~~	전자레인지	암 치료기	라디오

• A: 파장이 가장 짧은 전자기파이므로 감마(γ)선이다. 감마(γ)선은 암을 치료하는 데 이용된다.

• B: 파장이 C보다는 짧고, 적외선보다는 길다. 따라서 마이크로파이다. 마이크로파는 전자레인지에 이용된다.

• C: 파장이 가장 긴 전자기파로 라디오파이다.

6 진동수에 따른 전자기파의 분류

자료 분석

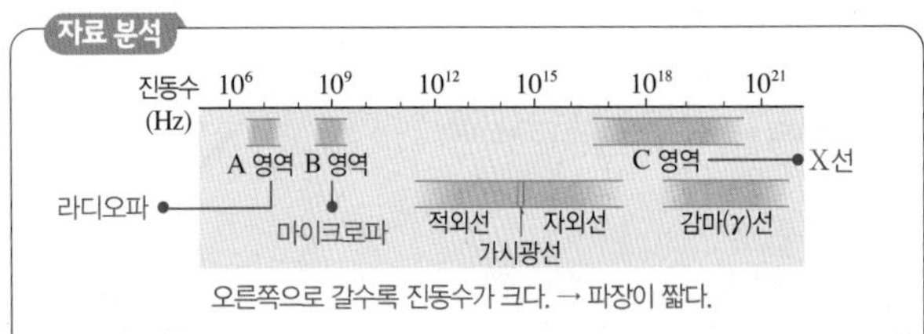

선택지 분석

~~ㄱ~~ 진공에서의 속력은 A보다 B가 크다. 같다.

ㄴ C는 의료 장비나 공항 검색대에서 이용된다.

ㄷ 전자기파는 전기장과 자기장의 진동으로 전파된다.

ㄴ. C는 X선으로, 의료 장비나 공항 검색대에서 이용된다.

ㄷ. 전자기파는 전기장과 자기장의 진동에 의해 퍼져 나간다.

바로알기 ㄱ. 진공에서 전자기파의 속력은 모두 같다.

7 전자기파의 종류와 특성

자료 분석

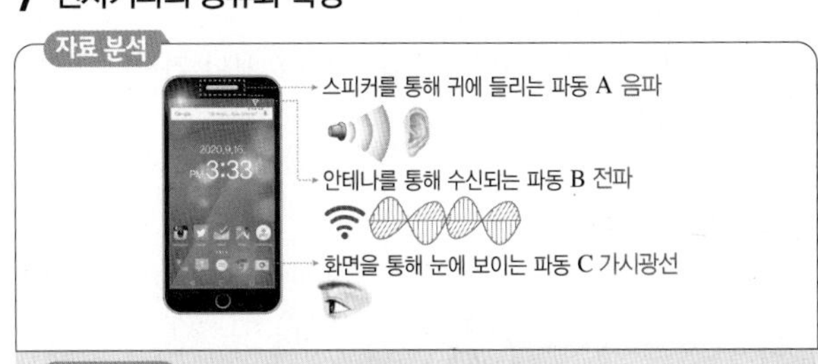

선택지 분석

~~ㄱ~~ A는 전자기파에 속한다. 음파

ㄴ 진동수는 B가 C보다 작다.

~~ㄷ~~ C는 매질에 관계없이 속력이 일정하다. 매질에 따라 속력이 변한다.

ㄴ. B는 전파, C는 가시광선이다. 따라서 진동수는 전파가 가시광선보다 작다.

바로알기 ㄱ. A는 음파이다. 음파는 전자기파가 아니다.

ㄷ. 가시광선은 매질에 따라 속력이 변한다.

8 전자기파의 활용

선택지 분석

㉠ A는 X선이다.

✕ A의 진동수는 마이크로파의 진동수보다 작다. **크다.**

㉢ A는 공항에서 가방 속 물품을 검색하는 데 사용된다.

ㄱ. 병원에서 의료 진단용으로 쓰이는 전자기파는 X선이다.

ㄷ. X선은 투과성이 좋아 공항에서 가방 속 물품을 검색하는 데 사용한다.

바로알기 ㄴ. X선의 진동수는 마이크로파의 진동수보다 크다.

수능 3점
본책 144쪽~145쪽
1 ② 2 ③ 3 ② 4 ③ 5 ③ 6 ①
7 ③ 8 ②

1 전반사

자료 분석

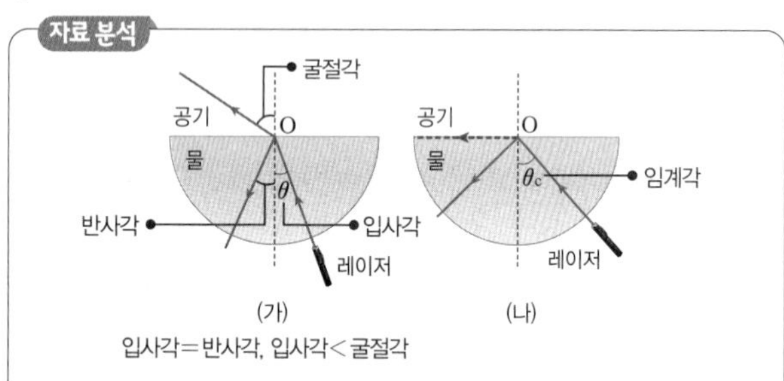

선택지 분석

✕ (가)에서 반사각은 굴절각과 같다. **보다 작다.**

✕ (나)에서 입사각을 θ_c보다 크게 하면 굴절각도 커진다. **굴절하는 빛이 없어진다.**

㉢ 물의 굴절률은 $\frac{1}{\sin\theta_c}$이다.

ㄷ. 물의 굴절률을 n이라고 하면 $\frac{\sin\theta_c}{\sin 90°}=\frac{1}{n}$, $\sin\theta_c=\frac{1}{n}$에서 $n=\frac{1}{\sin\theta_c}$이다.

바로알기 ㄱ. 반사각은 입사각과 같다. (가)에서 입사각은 굴절각보다 작으므로 반사각은 굴절각보다 작다.

ㄴ. (나)에서 θ_c는 임계각이므로 입사각이 θ_c보다 커지면 굴절하는 빛이 없어진다.

2 전반사와 굴절률

자료 분석

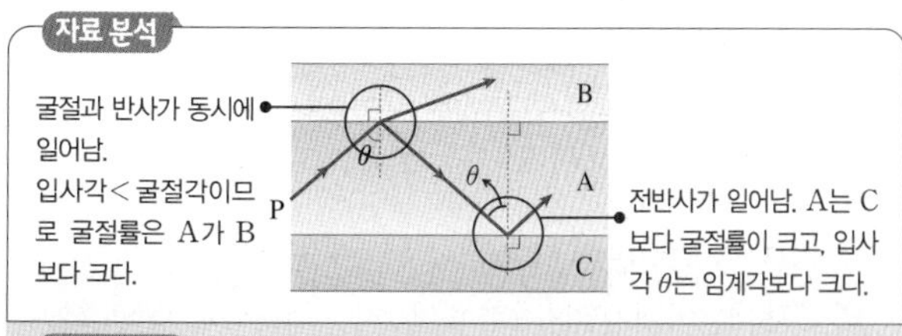

굴절과 반사가 동시에 일어남.
입사각<굴절각이므로 굴절률은 A가 B보다 크다.
P
θ
θ
B
A
C
전반사가 일어남. A는 C보다 굴절률이 크고, 입사각 θ는 임계각보다 크다.

선택지 분석

㉠ P의 속력은 A에서가 B에서보다 작다.

㉡ θ는 A와 C 사이의 임계각보다 크다.

✕ C를 코어로 사용한 광섬유에 B를 클래딩으로 사용할 수 있다. **없다.**

ㄱ. P가 A에서 B로 진행할 때 입사각보다 굴절각이 더 크므로 B는 A보다 굴절률이 작은 매질이다. 따라서 속력은 굴절률이 큰 A에서가 B에서보다 작다.

ㄴ. θ는 A와 B 사이의 입사각이기도 하지만 A와 C 사이의 입사각이기도 하다. P는 A에서 C로 진행하면서 전반사가 일어났으므로 θ는 임계각보다 크다.

바로알기 ㄷ. 세 매질의 굴절률 크기를 비교해 보면 A>B>C 순이다. C는 굴절률이 가장 작은 매질이므로 C를 코어로 사용하게 되면 전반사가 일어날 수 없다.

3 전반사와 굴절률

선택지 분석

✕ X의 속력은 B에서가 A에서보다 크다. **작다.**

㉡ X가 A에서 C로 입사할 때, 전반사가 일어나는 입사각은 θ보다 크다.

✕ 클래딩에 A를 사용한 광섬유의 코어로 C를 사용할 수 있다. **없다.**

ㄴ. 전반사는 굴절률이 큰 매질에서 작은 매질로 진행할 때 입사각이 임계각보다 큰 경우에 일어난다. X가 A에서 C로 입사할 때 전반사가 일어나지 않았으므로, θ는 임계각보다 작다. 따라서 전반사가 일어나는 입사각은 θ보다 크다.

바로알기 ㄱ. 빛이 A → C로 진행할 때 굴절 법칙 $\frac{\sin\theta}{\sin\theta_1}=\frac{v_A}{v_C}$가 성립하고, 빛이 B → C로 진행할 때 굴절 법칙 $\frac{\sin\theta}{\sin\theta_2}=\frac{v_B}{v_C}$가 성립한다. $\theta_1<\theta_2$일 때 $\frac{v_A}{v_C}>\frac{v_B}{v_C}$이므로, $v_A>v_B$이다. 따라서 X의 속력은 A에서가 B에서보다 크다.

ㄷ. 빛이 A → C로 진행할 때 입사각보다 굴절각이 크다. 법선과 이루는 각이 작은 매질에서의 굴절률이 더 크므로, 굴절률은 A가 C보다 크다. 광섬유에서 코어의 굴절률은 클래딩의 굴절률보다 커야 하므로, 클래딩에 A를 사용하면 A보다 굴절률이 작은 C를 코어로 사용할 수 없다.

4 전반사와 광섬유

자료 분석

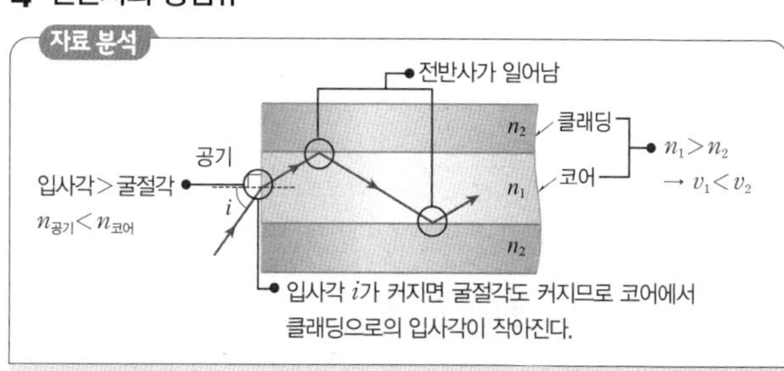

선택지 분석

㉠ $n_1>n_2$이다.

㉡ 단색광의 속력은 공기에서가 코어에서보다 크다.

✕ n_2를 작게 하면 i_m은 작아진다. **커진다.**

ㄱ. 코어에서 입사한 빛이 전반사하므로 코어는 굴절률이 큰 매질이고 클래딩은 굴절률이 작은 매질이다. 따라서 $n_1>n_2$이다.

ㄴ. 공기에서 코어로 입사할 때 입사각이 굴절각보다 크므로 공기에서의 속력이 코어에서의 속력보다 크다.

바로알기 ㄷ. 임계각을 i_c라고 할 때 굴절률 n_2를 작게 하면 $\sin i_c=\frac{n_2}{n_1}$에서 $\frac{n_2}{n_1}$가 작아진다. 따라서 임계각이 작아지므로 전반사가 일어날 수 있는 입사각의 범위가 증가한다. 즉, 코어와 클래딩 사이에서 전반사가 일어나는 i의 최댓값 i_m이 커진다.

5 전반사와 굴절률

자료 분석

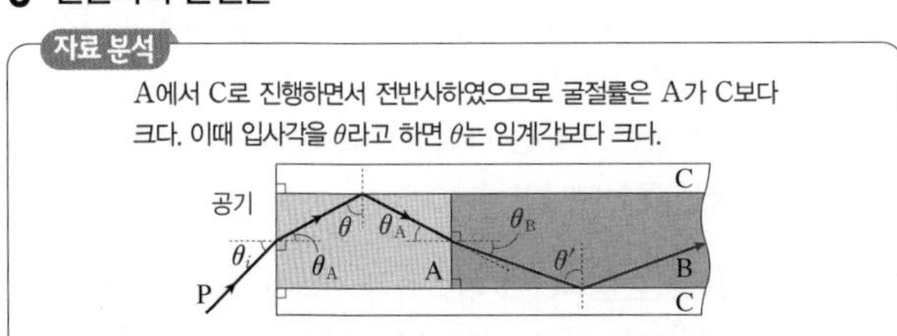

선택지 분석

ㄱ 굴절률은 A가 C보다 크다.

✕ $\theta_A<\theta_B$이다. $\theta_A>\theta_B$

ㄷ B와 C의 경계면에서 P는 전반사한다.

ㄱ. P가 A에서 C로 진행하면서 전반사하였으므로 굴절률은 A가 C보다 크다.

ㄷ. $\theta_A>\theta_B$이므로 $\theta'>\theta$이다. P가 A에서 C로 진행하면서 전반사하였으므로 굴절률 차이가 더 많이 나는 B에서 C로 더 큰 입사각으로 입사하면 B와 C의 경계면에서 전반사한다.

바로알기 ㄴ. A는 B보다 굴절률이 작으므로 $\theta_A>\theta_B$이다.

6 전자기파의 진행

자료 분석

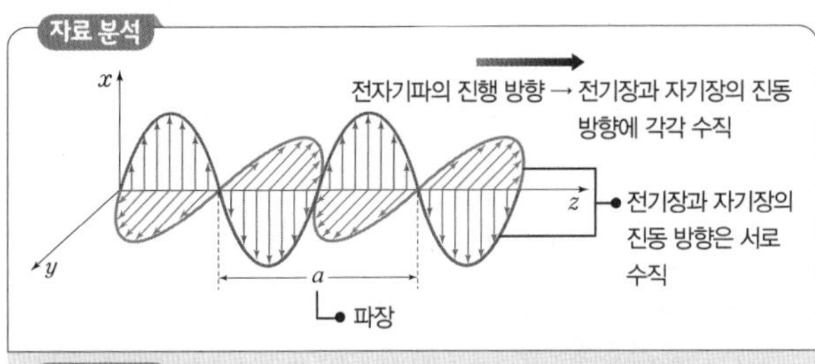

선택지 분석

ㄱ 전자기파의 파장은 a이다.

✕ 전기장과 자기장의 진동 방향은 같다. 서로 수직이다.

✕ 한 지점에서 전기장의 세기가 0일 때 자기장의 세기가 최대이다. 0

ㄱ. 전자기파의 파장은 전기장 또는 자기장의 파장과 같다.

바로알기 ㄴ. 전기장과 자기장은 x축 또는 y축 방향으로 진동하므로 진동 방향은 서로 수직이다.

ㄷ. 전기장의 세기가 0일 때 자기장의 세기도 0이다.

7 전자기파의 종류와 특성

자료 분석

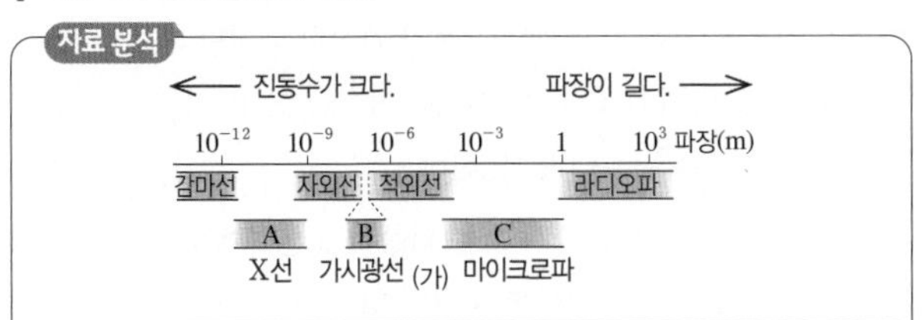

선택지 분석

ㄱ 진동수는 A가 C보다 크다.

ㄴ B는 가시광선이다.

✕ (나)의 장치에서 송수신하는 전자기파는 X선이다. 마이크로파

ㄱ. A는 X선이고, C는 마이크로파이다. 진동수는 X선이 마이크로파보다 크다.

ㄴ. B는 자외선보다 파장이 길고, 적외선보다 파장이 짧다. 따라서 B는 가시광선이다.

바로알기 ㄷ. C는 적외선보다 파장이 길고, 라디오파보다 파장이 짧으므로 마이크로파이다.

8 전자기파의 활용

자료 분석

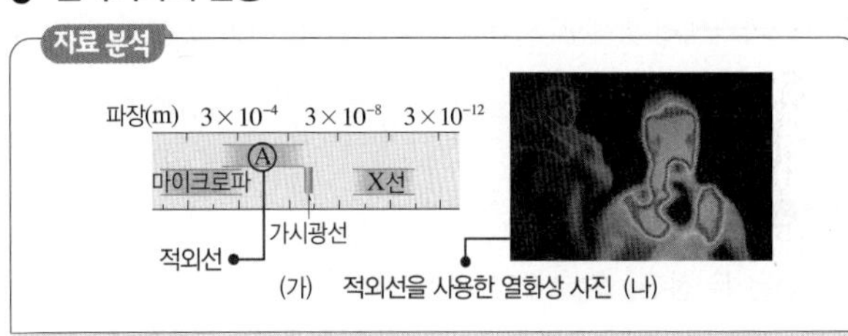

선택지 분석

✕ 감마(γ)선보다 파장이 짧다. 길다.

✕ 진공에서의 속력은 마이크로파보다 크다. 와 같다.

ㄷ 야간 투시경이나 TV 리모컨에 이용된다.

ㄷ. A는 적외선이다. 적외선은 열선으로, 야간 투시경이나 TV 리모컨 등에 이용된다.

바로알기 ㄱ. 전자기파 중 파장이 가장 짧은 것은 감마(γ)선이다. 따라서 A는 감마(γ)선보다 파장이 길다.

ㄴ. 진공에서 전자기파의 속력은 모두 같다.

14 파동의 간섭

개념 확인

본책 147쪽, 149쪽

(1) 중첩 (2) 합성파 (3) 독립성 (4) 보강 간섭 (5) 보강 간섭, 큰 (6) 상쇄 간섭, 작은 (7) 간섭 (8) 마루, 골 (9) 마디선 (10) 간섭 (11) 상쇄 간섭

수능 자료

본책 150쪽

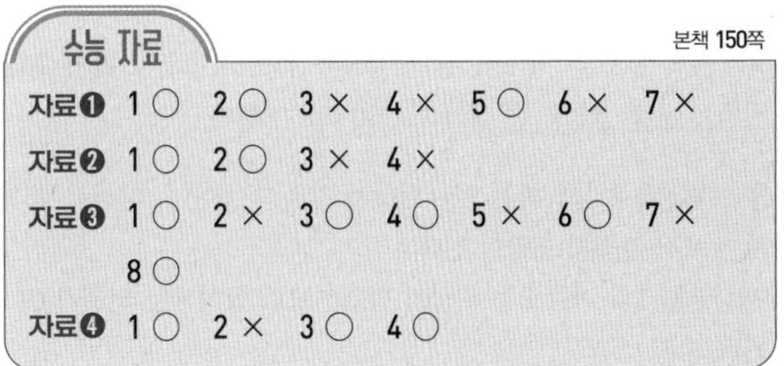

자료❶ 1 ○ 2 ○ 3 × 4 × 5 ○ 6 × 7 ×

자료❷ 1 ○ 2 ○ 3 × 4 ×

자료❸ 1 ○ 2 × 3 ○ 4 ○ 5 × 6 ○ 7 × 8 ○

자료❹ 1 ○ 2 × 3 ○ 4 ○

자료❶ 파동의 간섭

1 파장과 진폭, 진동수가 같은 두 파동이 반대 방향으로 진행하여 만나면 원래 파동과 파장이 같은 합성파가 생긴다. 원래 파동의 파장은 2 m이므로 합성파의 파장도 2 m이다.

3 파동의 진동수는 $\frac{1}{4\ \text{s}}=0.25\ \text{Hz}$이다.

4~7 $x=0$ 위치에서 파동의 변위가 최대와 최소를 가지므로 이곳은 보강 간섭하는 곳이다. $x=0$뿐만 아니라, $x=-1$ m, $x=1$ m 등에서도 보강 간섭한다. 그러므로 보강 간섭하는 곳 사이사이가 상쇄 간섭을 하는 곳이다.

자료❷ 소리의 간섭

3 Q에서 소리가 다시 크게 들렸으므로 보강 간섭을 하였고, 두 스피커에서 발생한 소리는 같은 위상으로 중첩된다.

4 스피커에서 발생한 소리의 파장이 10 m이고, P에서 처음 상쇄 간섭이 일어났으므로 경로차는 $\frac{\lambda}{2}=\frac{10\ \text{m}}{2}=5\ \text{m}$이다.

자료❸ 물결파의 간섭

2 P는 두 점 S_1, S_2로부터 같은 거리에 있는 점이다. 따라서 경로차는 0이고, 보강 간섭하는 곳이다.

5 S_1, S_2 사이의 거리는 2λ이므로 λ는 0.1 m이다.

7 P는 (가)의 순간에는 마루와 마루가 만났지만, 매질이 계속 진동하면서 다음 순간에는 골과 골이 만나는 곳으로 바뀐다. 따라서 P의 변위는 계속해서 변한다.

자료❹ 간섭의 활용

2 소음 제거 이어폰은 상쇄 간섭을 이용한 예이다.

4 타악기나 현악기는 보강 간섭을 이용해 소리가 커질 수 있도록 울림통을 둔다.

본책 151쪽

1 (1) 보 (2) 보 (3) 상 **2** 50 cm **3** (가) ㄱ (나) ㄷ **4** 상쇄 간섭 **5** ㄱ, ㄷ **6** (1) 보강 (2) 보강 (3) 상쇄 **7** (1) R (2) P, Q **8** ㄷ **9** 상쇄

1 (1) 마루와 마루가 만나면 진폭이 가장 커진다. 따라서 보강 간섭이다.
(2) 골과 골이 만나면 진폭은 (−) 방향으로 가장 커진다. 이때도 보강 간섭이다.
(3) 골과 마루가 만나면 진폭이 작아지므로 상쇄 간섭이다.

2 A의 진폭은 20 cm, B의 진폭은 30 cm이다. 따라서 최대 변위는 보강 간섭을 한 때이므로 50 cm가 된다.

3 (가) 파동 1과 파동 2는 위상이 같은 파동이다. 따라서 합성파는 보강 간섭의 모양이 된다.
(나) 파동 1과 파동 2는 위상이 반대이므로 합성파는 변위가 0이 된다.

4 O로부터 P와 Q는 같은 거리만큼 떨어져 있다. P에서 상쇄 간섭을 하면 P와 경로차가 같은 Q에서도 상쇄 간섭을 한다.

5 보강 간섭의 경로차는 반파장의 짝수 배(0 포함)이다. 따라서 0, λ가 해당된다.

6 (1) 물결파에서 가장 밝은 부분은 파동의 마루와 마루가 만난 곳이다. 따라서 보강 간섭이 일어나는 곳이다.
(2) 가장 어두운 부분은 파동의 골과 골이 만난 곳이다. 따라서 보강 간섭이 일어나는 곳이다.
(3) 밝기 변화가 없는 부분은 마디선으로, 골과 마루가 만나 상쇄 간섭이 일어나는 곳이다.

7 (1) 두 점파원으로부터의 경로차가 반파장의 홀수 배인 곳에서는 상쇄 간섭이 일어난다. 따라서 R이다.
(2) P에서는 마루와 마루, Q에서는 골과 골이 만나 보강 간섭이 일어난다.

8 ㄷ. 비눗방울과 같이 얇은 막에서는 위쪽과 아래쪽 막에서 반사한 두 빛이 서로 간섭하여 알록달록한 색깔의 무늬를 만든다.

9 상쇄 간섭은 빛의 세기를 감소시키거나 소리의 세기를 감소시키는 것에 많이 활용한다. 무반사 코팅 렌즈는 반사하는 빛의 세기를 감소시키고, 소음 제거 이어폰은 소음의 세기를 감소시킨다.

본책 152쪽 ~ 153쪽

1 ② **2** ② **3** ③ **4** ④ **5** ② **6** ①
7 ② **8** ①

1 파동의 중첩

자료 분석

두 파동이 서로 반대 방향으로 진행하다가 중첩할 때 3 m 위치와 4 m 위치에서의 간섭의 종류를 알 수 있다.

두 파동의 마루가 같은 시간에 도달

0.1 m/s 0.1 m/s

0 1 2 3 4 5 6 7 8 위치(m)

두 파동의 골이 같은 시간에 도달

선택지 분석

ㄱ. ✗ 두 파동의 진동수는 0.25 Hz이다. **0.05 Hz**
ㄴ. ⓛ 3 m 지점에서는 보강 간섭이 일어난다.
ㄷ. ✗ 4 m 지점에서는 상쇄 간섭이 일어난다. **보강**

ㄴ. 3 m인 곳에는 왼쪽에서 오는 파동과 오른쪽에서 오는 파동의 마루가 같은 시간에 도달하므로 보강 간섭이 일어난다.

바로알기 ㄱ. 속력이 0.1 m/s이고 파장은 2 m이므로 진동수 $f=\frac{v}{\lambda}=\frac{0.1\ \text{m/s}}{2\ \text{m}}=0.05\ \text{Hz}$이다.
ㄷ. 4 m인 곳에는 왼쪽에서 오는 파동과 오른쪽에서 오는 파동의 골이 같은 시간에 도달하므로 보강 간섭이 일어난다.

2 파동의 간섭

선택지 분석

~~ㄱ~~ $x=0$인 곳은 상쇄 간섭한다. 보강
ㄴ 파장은 2 m이다.
~~ㄷ~~ 진동수는 4 Hz이다. 0.25

ㄴ. (가)에서 각 파동의 파장은 2 m임을 알 수 있다. 두 파동이 만나 생긴 합성파도 원래 파동의 파장을 그대로 유지한다. 따라서 중첩된 파동의 파장은 2 m이다.

바로알기 ㄱ. (나)에서 $x=0$인 곳은 최대 변위를 갖는 곳이다. 따라서 보강 간섭한다.

ㄷ. (나)에서 변위 $y=0$인 곳이 같은 위상으로 다시 $y=0$으로 되는 데 걸리는 시간이 4초이며 이것이 주기이다. 진동수는 주기의 역수이므로 $\frac{1}{4}=0.25$(Hz)이다.

3 소리의 간섭

자료 분석

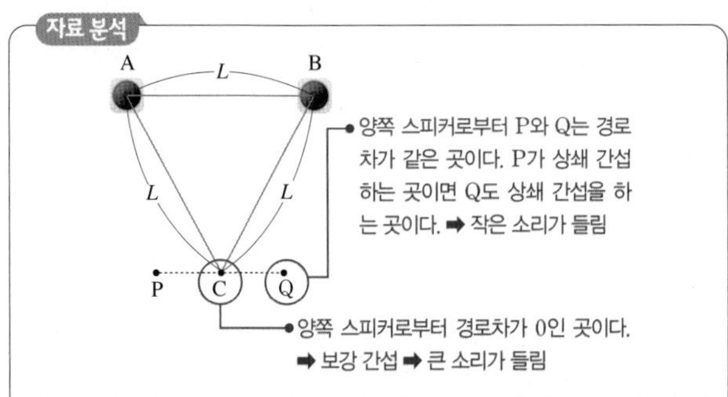

A
B
L
L
L
P
C
Q
양쪽 스피커로부터 P와 Q는 경로차가 같은 곳이다. P가 상쇄 간섭하는 곳이면 Q도 상쇄 간섭을 하는 곳이다. ➡ 작은 소리가 들림
양쪽 스피커로부터 경로차가 0인 곳이다. ➡ 보강 간섭 ➡ 큰 소리가 들림

선택지 분석

ㄱ C에서는 보강 간섭한다.
~~ㄴ~~ P에서 소리가 작게 들렸다면 Q에서는 큰 소리가 들린다. 작은
ㄷ C에서 P쪽으로 이동하면서 소리를 들었을 때 P에서 처음으로 소리가 작게 들렸다면 P에서 두 스피커 사이의 경로차는 5 m이다.

ㄱ. 점 C는 두 스피커로부터 경로차가 0인 곳이다. 따라서 보강 간섭한다.

ㄷ. 스피커에서 발생하는 소리의 파장이 10 m이고, P점은 첫 번째 상쇄 간섭하는 곳이므로 경로차는 $\frac{\lambda}{2}=\frac{10\text{ m}}{2}=5$ m이다.

바로알기 ㄴ. P와 Q는 C로부터 같은 거리만큼 떨어져 있으므로 두 스피커로부터 경로차가 같은 지점이다. 따라서 P에서 작은 소리가 들렸다면 Q에서도 작은 소리가 들려야 한다.

4 보강 간섭과 상쇄 간섭

자료 분석

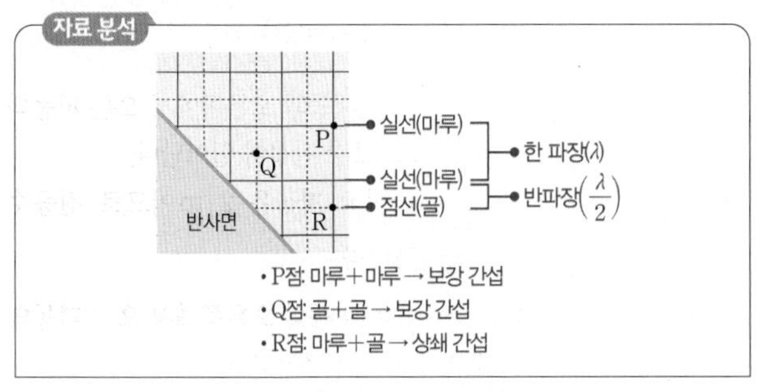

선택지 분석

ㄱ P에서 보강 간섭이 일어난다.
~~ㄴ~~ Q에서 상쇄 간섭이 일어난다. 보강
ㄷ P와 R 사이의 거리는 1.5λ이다.

ㄱ. P에서는 실선과 실선, 즉 마루와 마루가 만났으므로 보강 간섭이 일어난다.

ㄷ. 실선에서 이웃한 점선까지의 거리가 $\frac{\lambda}{2}$이므로 P와 R 사이의 거리는 $3\times\frac{\lambda}{2}=1.5\lambda$이다.

바로알기 ㄴ. Q에서는 점선과 점선, 즉 골과 골이 만났으므로 보강 간섭이 일어난다.

5 물결파의 간섭

자료 분석

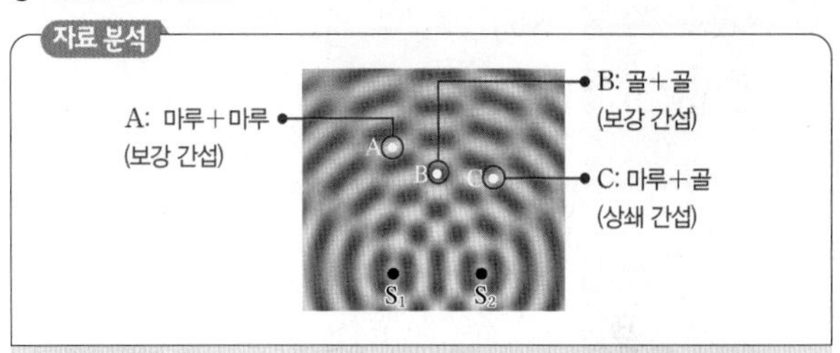

선택지 분석

~~ㄱ~~ A점은 항상 밝은 무늬를 만든다. 무늬의 밝기가 주기적으로 변한다.
~~ㄴ~~ B점은 상쇄 간섭을 일으키는 곳이다. 보강
ㄷ C점에서는 수면이 거의 진동하지 않는다.

ㄷ. C점은 마루와 골이 만나는 지점으로 진폭이 작아지는 상쇄 간섭이 일어나므로 수면이 거의 진동하지 않는다.

바로알기 ㄱ. A점은 마루와 마루 또는 골과 골이 만나 보강 간섭이 일어나는 지점으로 수면의 높이가 계속 변하므로 무늬의 밝기가 변한다. 따라서 밝은 무늬와 어두운 무늬가 주기적으로 반복해서 나타난다.

ㄴ. B점은 어두운 무늬이지만 골과 골이 만나 보강 간섭을 하는 곳이다.

6 물결파의 간섭

자료 분석

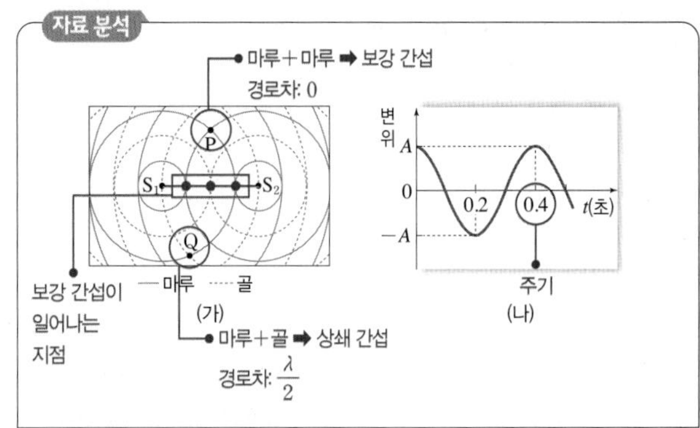

선택지 분석

ㄱ 선분 $\overline{S_1S_2}$에서 상쇄 간섭이 일어나는 지점의 개수는 4개이다.
~~ㄴ~~ $t=0.2$초일 때 Q에서 중첩된 수면파의 변위는 A이다. 0이다.
~~ㄷ~~ S_1에서 발생시킨 수면파의 속력은 0.2 m/s이다. 0.25

ㄱ. S_1과 S_2 사이의 거리가 0.2 m이다. 두 점 사이의 거리는 두 파장이므로 물결파의 파장은 0.1 m임을 알 수 있다. 또한 S_1과 S_2 사이에 보강 간섭이 3군데 생기므로 상쇄 간섭이 일어나는 지점은 4개라는 것을 알 수 있다.

바로알기 ㄴ. Q는 상쇄 간섭이 일어나는 곳이다. 상쇄 간섭이 일어나는 곳은 시간에 관계없이 늘 상쇄 간섭이 일어난다. 따라서 Q에서 중첩된 수면파의 변위는 0이다.

ㄷ. P의 주기는 0.4초, 파장이 0.1 m이므로 $v=\frac{\lambda}{T}=\frac{0.1}{0.4}=0.25$(m/s)이다.

7 간섭에 의한 현상

기름 막의 알록달록한 무늬는 기름 막의 위쪽에서 반사한 빛과 아래쪽에서 반사한 빛이 간섭을 일으켜 만든 것이다.

② 두 점파원에서 발생한 파동이 간섭하였다.

바로알기 ① 프리즘을 통과한 빛이 분산되었다.

③ 빛이 굴절되어 빨대가 꺾여 보인다.

④ 광섬유에서 빛이 전반사되고 있다.

⑤ 굴절과 분산에 의해 무지개가 보인다.

8 간섭의 활용

• A: 소음 제거 이어폰은 소음과 반대 위상의 파동을 만들어 상쇄 간섭으로 파동의 세기를 감소시킨다.

바로알기 • B: 돋보기는 볼록 렌즈에 의한 빛의 굴절을 이용해 상을 물체보다 크게 볼 수 있게 한다.

• C: 악기의 울림통은 북 가죽의 진동과 소리를 공명시켜 소리가 나게 하는 현상으로 보강 간섭을 이용한다.

수능 3점
본책 154쪽~155쪽
1 ⑤ 2 ① 3 ⑤ 4 ① 5 ③ 6 ④
7 ① 8 ①

1 파동의 중첩

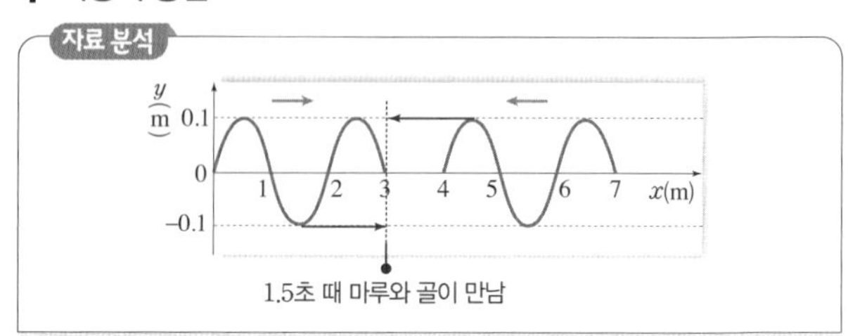

선택지 분석

ㄱ 파동의 속력은 1 m/s이다.

ㄴ 1.5초일 때, 3 m 지점에서 진폭은 0이다.

ㄷ 3.5 m 지점에서는 항상 보강 간섭이 일어난다.

ㄱ. 진동수가 0.5 Hz이고, 파장이 2 m이므로 파동의 속력은 $v=f\lambda=0.5\times2=1$(m/s)이다.

ㄴ. 1.5초일 때 3 m 지점에는 왼쪽에서 오는 파동의 첫 번째 골과 오른쪽에서 오는 파동의 첫 번째 마루가 도달하므로 합성파의 진폭은 0이다.

ㄷ. 두 파동은 3.5 m 지점을 중심으로 좌우에서 대칭이 되어 다가온다. 따라서 3.5 m 지점에서는 항상 보강 간섭이 일어난다.

2 파동의 중첩

선택지 분석

ㄱ A의 속력은 4 m/s이다.

✕ A의 주기는 2초이다. 1초

✕ t=2초일 때, 위치가 8 m인 지점에서 중첩된 파동의 변위는 2 cm이다. 0

ㄱ. A와 B 모두 1초 동안 4 m 이동하였으므로 속력은 4 m/s이다.

바로알기 ㄴ. 파동의 속력 $v=\frac{\lambda}{T}$에서 두 파동의 파장은 4 m, 파동의 속력은 4 m/s이므로 주기는 $\frac{4\text{ m}}{4\text{ m/s}}=1$초이다.

ㄷ. 2초 후 8 m인 지점에서는 두 파동의 변위가 0이므로 합성파의 변위도 0이다.

3 소리의 간섭

선택지 분석

ㄱ b에서 두 스피커에서 발생한 소리는 상쇄 간섭을 한다.

ㄴ c에서 두 스피커에서 발생한 소리는 보강 간섭을 한다.

ㄷ e에서 두 스피커에서 발생한 소리는 같은 위상으로 중첩된다.

ㄱ. b에서 소리가 작게 들렸으므로 두 스피커에서 발생한 소리는 상쇄 간섭을 한다.

ㄴ. c에서 소리가 크게 들렸으므로 두 스피커에서 발생한 소리는 보강 간섭을 한다.

ㄷ. e에서 소리가 크게 들렸으므로 보강 간섭을 하였고, 두 스피커에서 발생한 소리는 같은 위상으로 중첩된다.

4 소리의 간섭

자료 분석

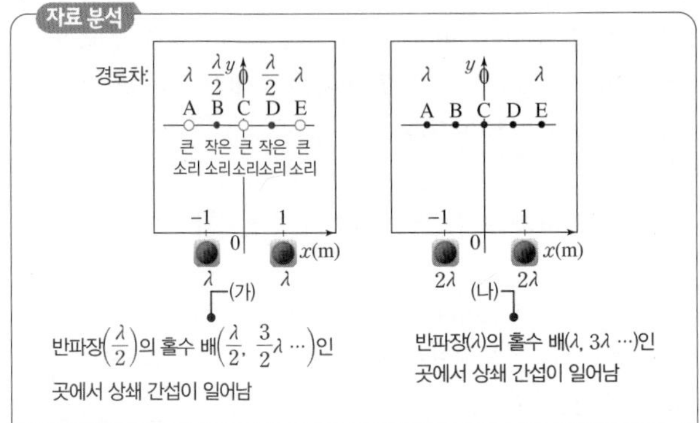

경로차:
A B C D E
큰 소리 작은 소리 큰 소리 작은 소리 큰 소리
(가)
(나)
반파장($\frac{\lambda}{2}$)의 홀수 배($\frac{\lambda}{2}$, $\frac{3}{2}\lambda$ …)인 곳에서 상쇄 간섭이 일어남
반파장(λ)의 홀수 배(λ, 3λ …)인 곳에서 상쇄 간섭이 일어남

선택지 분석

① A, E ✗B, D ✗A, C, E ✗A, B, D, E ✗A, B, C, D, E

진동수가 f일 때의 소리의 파장을 λ라고 하면, 큰 소리가 들린 곳에서의 소리의 경로차는 0, λ이다. 진동수가 $0.5f$가 되면 파장은 2λ가 되고, 경로차가 2λ의 반파장인 λ인 곳에서 상쇄 간섭이 일어난다. 따라서 소리가 작게 들리는 곳은 A와 E이다.

5 소리의 간섭

선택지 분석

ㄱ P에서는 소리의 보강 간섭이 일어난다.
ㄴ Q에서 L_1과 L_2의 차이는 반파장의 홀수 배이다.
✗ Q에서 소리의 진폭은 스피커 하나에서 발생한 소리의 진폭과 같다. **진폭보다 작다.**

ㄱ. P는 소리가 가장 크게 들리는 지점이므로, P에서 합성파의 진폭이 가장 크다. 따라서 P에서는 소리의 보강 간섭이 일어난다.
ㄴ. Q는 소리가 가장 작게 들리는 지점이므로, Q에서 합성파의 진폭이 가장 작다. 따라서 Q에서는 상쇄 간섭이 일어난다. 상쇄 간섭이 일어나는 지점은 두 파원으로부터의 경로차가 반파장의 홀수 배인 곳이다.

바로알기 ㄷ. Q에서는 상쇄 간섭이 일어나므로 합성파의 진폭이 원래 파동, 즉 스피커 하나에서 발생한 소리의 진폭보다 작다.

6 물결파의 간섭

자료 분석

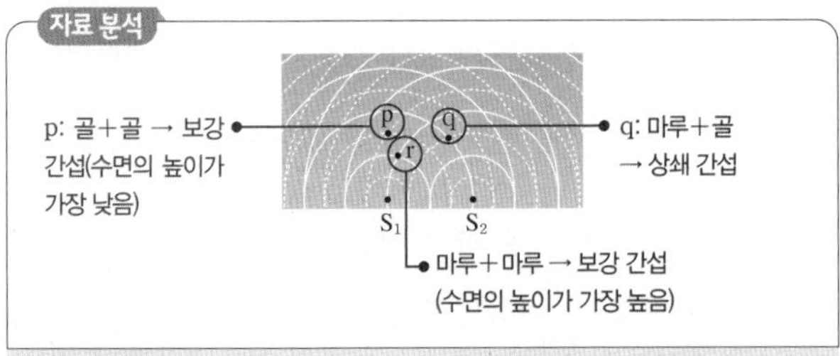

p: 골+골 → 보강 간섭(수면의 높이가 가장 낮음)
q: 마루+골 → 상쇄 간섭
마루+마루 → 보강 간섭 (수면의 높이가 가장 높음)

선택지 분석

ㄱ p에서 보강 간섭이 일어난다.
✗ p, q, r 중 수면의 높이가 가장 낮은 곳은 q이다. **p**
ㄷ S_1, S_2에서 r까지의 경로차는 λ이다.

ㄱ. p는 골과 골이 만난 지점이므로 보강 간섭이 일어난다.
ㄷ. S_1로부터 r까지의 거리는 한 파장(λ), S_2로부터 r까지의 거리는 두 파장(2λ)이므로 경로차는 $2\lambda-\lambda=\lambda$이다.

바로알기 ㄴ. 수면의 높이가 가장 높은 곳은 마루와 마루가 만난 r, 수면의 높이가 가장 낮은 곳은 골과 골이 만난 p이다

7 물결파의 간섭

자료 분석

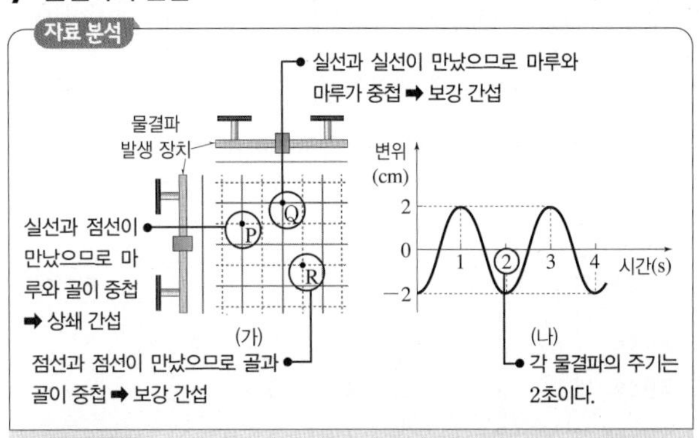

실선과 실선이 만났으므로 마루와 마루가 중첩 ➡ 보강 간섭
물결파 발생 장치
실선과 점선이 만났으므로 마루와 골이 중첩 ➡ 상쇄 간섭
점선과 점선이 만났으므로 골과 골이 중첩 ➡ 보강 간섭
(가)
변위 (cm)
시간(s)
(나)
각 물결파의 주기는 2초이다.

선택지 분석

ㄱ 두 물결파의 파장은 10 cm로 같다.
✗ 1초일 때, P에서 중첩된 물결파의 변위는 2 cm이다. **0**
✗ 2초일 때, Q에서 중첩된 물결파의 변위는 0이다. **2 cm**

ㄱ. 파동의 속력은 5 cm/s, 파동의 주기는 2 s이므로 파장 $\lambda=vT=5\text{ cm/s}\times2\text{ s}=10\text{ cm}$이다.

바로알기 ㄴ. (나)에서 1초일 때 R의 변위가 2 cm이므로 x 방향으로 진행하는 파동의 마루와 $-y$ 방향으로 진행하는 파동의 마루가 중첩된 것이다. 이때 P에서는 x 방향 파동의 골과 $-y$ 방향 파동의 마루가 중첩하므로 변위는 0이다.
ㄷ. 2초일 때 R의 변위가 -2 cm이므로 파동의 골과 골이 중첩된 것이다. 이때 Q에서는 파동의 마루와 마루가 중첩하므로 변위는 2 cm이다.

8 얇은 막에서의 간섭

자료 분석

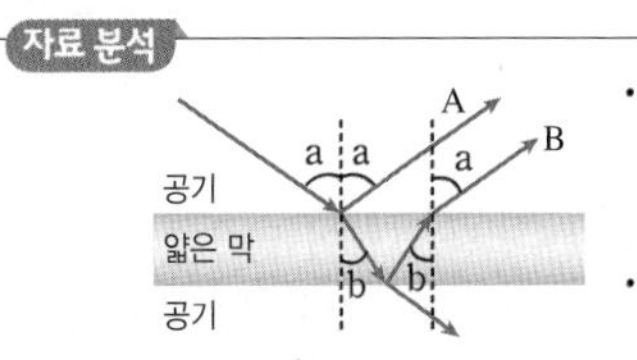

공기
얇은 막
공기

• 공기 → 얇은 막
입사각(a)=반사각(a)
입사각: a, 굴절각: b
• 얇은 막 → 공기
입사각: b, 굴절각: a

선택지 분석

ㄱ 두 빛 A, B는 공기 중에서 나란하다.
✗ 비누 막의 두께에 관계없이 A, B는 상쇄 간섭한다. **두께에 따라 상쇄 간섭 또는 보강 간섭한다.**
✗ 빛 B의 속력은 비눗방울 속에서가 공기에서보다 크다. **작다.**

ㄱ. 빛 A는 반사 법칙에 따라 입사각과 반사각이 같다. B가 비눗방울로 굴절하면서 각이 변하지만 비눗방울에서 공기로 나올 때 입사각은 공기에서 비눗방울로 들어갈 때의 굴절각과 같다. 따라서 A의 반사각과 같은 크기의 굴절각으로 공기를 빠져나오므로 A, B는 공기 중에서 나란히 진행한다.

바로알기 ㄴ. 막의 두께에 따라 두 빛 A, B의 경로차가 달라진다. 따라서 막의 두께에 따라 A, B는 보강 간섭을 하기도 하고, 상쇄 간섭을 하기도 한다.
ㄷ. B가 비눗방울에서 공기로 굴절할 때 입사각<굴절각이므로 속력은 비눗방울 속에서보다 공기에서 더 크다.

15 빛과 물질의 이중성

개념 확인 본책 157쪽, 159쪽

(1) 광전 효과 (2) 한계 (3) 진동수 (4) 세기 (5) CCD
(6) 드브로이, 파동 (7) 물질파, $\frac{h}{mv}$ (8) 물질파 (9) 짧아
(10) 투과 전자 현미경(TEM), 주사 전자 현미경(SEM)

수능 자료 본책 160쪽

자료❶	1 ○	2 ○	3 ○	4 ×	5 ○	6 ○	7 ×
자료❷	1 ○	2 ×	3 ○	4 ○	5 ×	6 ○	7 ×
자료❸	1 ×	2 ○	3 ×	4 ○	5 ○		
자료❹	1 ○	2 ○	3 ○	4 ○	5 ×	6 ○	7 ×

자료❶ 빛의 이중성

5 같은 빛을 비추었을 때 광전자의 최대 운동 에너지가 B가 더 크다는 것은 B의 일함수가 A보다 작기 때문이다.

7 Y를 B에 비추었을 때 B에서 방출한 전자가 있다는 것은 Y의 진동수가 B의 한계 진동수보다 크다는 것을 의미한다.

자료❷ 물질파

2 파장이 같을 때 속력과 질량이 반비례한다.

5 파장이 같을 때 속력은 A<B<C 순이다. 속력과 질량이 반비례하므로 질량은 A>B>C 순이다.

7 속력이 같을 때 질량은 A>B>C이다.

자료❸ 물질의 이중성

1 (가)에서 빛을 이중 슬릿에 통과시켰을 때, 스크린으로부터 이중 슬릿까지의 경로차에 따라 빛이 보강 간섭 또는 상쇄 간섭을 일으키는 현상은 빛의 파동성에 의한 것이다.

2 (나)에서 스크린에 도달하는 전자의 양이 많은 지점과 적은 지점이 번갈아 가면서 나타나는 현상은 (가)의 이중 슬릿을 통과한 빛의 간섭 실험에서와 같이 전자가 파동으로서 보강 간섭 또는 상쇄 간섭을 한 것으로 설명할 수 있다.

3 전자가 물질파의 형태로 스크린에 도달하여 전자의 양이 많은 지점과 적은 지점이 번갈아 가면서 나타나는 현상을 만들 때, 각 전자가 어느 쪽 슬릿을 통과했는지는 알 수 없다.

4 빛의 파장에 따라서 간섭무늬의 간격이 달라지듯이, 전자의 속력이 달라지면 전자의 물질파 파장이 달라지므로 전자 분포의 간격이 달라진다.

5 전자와 같은 입자도 빛과 마찬가지로 파동과 입자의 성질을 모두 가지고 있음을 알 수 있다.

자료❹ 전자 현미경

5 전자 현미경은 광학 현미경과 다르게 전자선을 자기렌즈로 조절해 초점을 맺게 한다. 따라서 빛이 없어도 볼 수 있다.

7 전자의 속력이 빨라야 물질파 파장이 짧아지고, 그래야 분해능이 좋아서 더 작은 구조를 구분하여 관찰할 수 있다.

본책 161쪽

1 (1) ㄷ (2) ㄱ (3) ㄹ (4) ㄴ **2** hf **3** ㄴ, ㄷ **4** (1) f_0 (2) hf_0
5 ㄱ, ㄴ **6** 3 : 2 **7** 파동성 **8** (1) 파동 (2) 반비례
9 (1) 주사 (2) 투과 (3) 투과

1 (1) 광전 효과는 금속에 빛을 비추면 전자가 튀어나오는 현상이다.
(2) 광전 효과에서 튀어나오는 전자를 광전자라고 한다.
(3) 한계 진동수는 금속에서 광전자를 방출할 수 있게 하는 빛의 최소한의 진동수이다.
(4) 아인슈타인은 빛이 진동수에 비례하는 에너지를 갖는 입자의 흐름이라는 광양자설을 발표하여 광전 효과의 해석에 성공한다.

2 플랑크 상수를 h, 진동수를 f라고 하면 광자 한 개는 hf만큼의 에너지를 갖는다.

3 ㄴ, ㄷ. 광전자를 방출시킬 수 있는 방법은 빛의 진동수를 증가시키거나 일함수가 작은 금속으로 바꿔 주는 것이다.
바로알기 ㄱ. 광전 효과가 일어날 때 빛의 세기를 증가시키면 더 많은 광전자가 방출되지만, 쪼여 준 빛의 진동수가 한계 진동수보다 작아 광전자가 방출되지 않은 금속에서는 빛의 세기를 증가시켜도 광전자가 나오지 않는다.

4 (1) (나)에서 한계 진동수는 f_0이다.
(2) 금속의 일함수는 플랑크 상수와 한계 진동수의 곱이다. 따라서 hf_0이다.

5 ㄱ. CCD(전하 결합 소자)에는 광 다이오드가 들어 있으므로 광전 효과를 이용하여 영상을 기록한다.
ㄴ. 광 다이오드는 빛 신호를 전기 신호로 전환시키므로 CCD는 빛에너지를 전기 에너지로 전환시킨다.
바로알기 ㄷ. CCD는 광전 효과를 이용하여 영상을 기록하는 장치로, 빛의 입자성을 이용한다.

6 드브로이 파장은 $\lambda=\frac{h}{mv}$이므로 파장의 비는 다음과 같다.

$$\lambda_A : \lambda_B=\frac{1}{2m\times v} : \frac{1}{m\times 3v}=3 : 2$$

7 전자선이 X선의 회절 실험과 같은 무늬를 만들었으므로 전자의 파동성을 확인할 수 있다. 간섭과 회절은 파동에서만 일어날 수 있는 특성이다.

8 (1) 전자를 이중 슬릿에 입사시켰을 때 간섭무늬가 나타난다는 것으로 전자의 파동성을 알 수 있다.
(2) 물질파 파장 $\lambda=\frac{h}{mv}$이다. 따라서 전자의 물질파 파장은 전자의 운동량과 반비례 관계이다.

9 (1) 주사 전자 현미경은 시료 표면을 스캔하여 시료의 입체적 모양을 관찰할 수 있다.
(2) 투과 전자 현미경은 시료 내부를 지나므로 시료의 내부 구조를 관찰할 수 있다.
(3) 투과 전자 현미경은 시료를 매우 얇게 만들어야 회절이 일어나지 않아 시료를 잘 관찰할 수 있다.

수능 2점

본책 162쪽~164쪽

1 ②	2 ①	3 ①	4 ④	5 ①	6 ③
7 ⑤	8 ①	9 ②	10 ②	11 ⑤	12 ⑤

1 광전 효과

선택지 분석

✗ 금속판의 일함수가 2배가 된다. **변함 없다.**
ⓛ 방출되는 광전자의 개수가 2배가 된다.
✗ 방출되는 광전자의 최대 운동 에너지가 2배가 된다. **변함 없다.**

ㄴ. 광자의 수를 2배로 하면 빛의 세기가 2배가 된다. 따라서 방출되는 광전자의 개수도 2배가 된다.

바로알기 ㄱ. 금속판의 일함수는 금속의 고유한 성질이므로 쪼여 주는 빛의 세기나 진동수와는 무관하다.
ㄷ. 방출되는 광전자의 최대 운동 에너지가 2배가 되기 위해서는 쪼여 주는 빛의 진동수를 증가시켜야 한다.

2 광전자의 최대 운동 에너지와 진동수의 관계

자료 분석

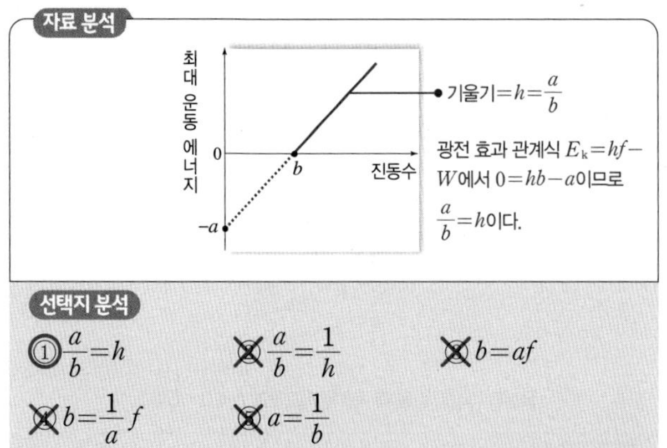

선택지 분석

① $\frac{a}{b}=h$　　✗ $\frac{a}{b}=\frac{1}{h}$　　✗ $b=af$
✗ $b=\frac{1}{a}f$　　✗ $a=\frac{1}{b}$

① 최대 운동 에너지 E_k와 진동수 f, 일함수 W의 관계식 $E_k=hf-W$에서 그래프의 기울기는 h이다. 따라서 기울기 $\frac{a}{b}=h$이다.

3 광전 효과와 광전자의 최대 운동 에너지

자료 분석

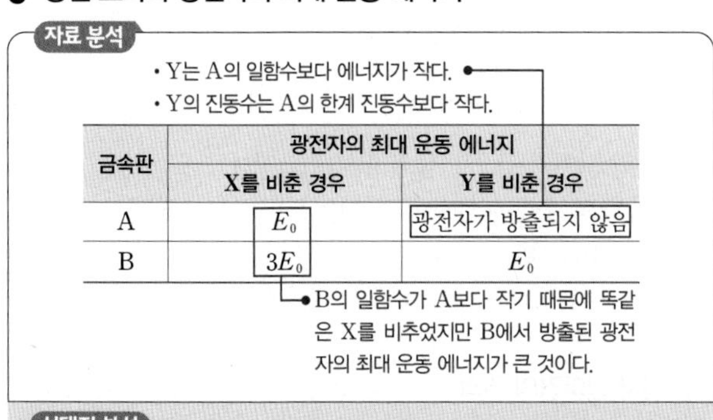

• Y는 A의 일함수보다 에너지가 작다.
• Y의 진동수는 A의 한계 진동수보다 작다.

금속판	광전자의 최대 운동 에너지	
	X를 비춘 경우	Y를 비춘 경우
A	E_0	광전자가 방출되지 않음
B	$3E_0$	E_0

B의 일함수가 A보다 작기 때문에 똑같은 X를 비추었지만 B에서 방출된 광전자의 최대 운동 에너지가 큰 것이다.

선택지 분석

ⓖ $f_X>f_Y$이다.
✗ $E_0=hf_X$이다. $E_0=hf_X-W$
✗ Y의 세기를 증가시켜 A에 비추면 광전자가 방출된다. **방출되지 않는다.**

ㄱ. 같은 금속 A에 X와 Y를 비추었을 때 X를 비추었을 때는 광전자가 방출되었지만, Y를 비추었을 때는 광전자가 방출되지 않았다. 즉 X의 진동수가 Y의 진동수보다 크다는 것을 알 수 있다.

바로알기 ㄴ. 금속에 쪼여 준 빛에너지는 금속의 일함수와 금속에서 방출된 광전자의 최대 운동 에너지의 합과 같다. 즉, A의 일함수를 W라고 하면, $hf_X=W+E_0$이다. 따라서 $E_0=hf_X-W$이다.
ㄷ. Y를 A에 비추었을 때 광전자가 방출되지 않았다. 이때 Y의 세기만 증가시키면 광전자가 나오지 않는다.

4 광전 효과와 빛의 세기 및 진동수의 관계

자료 분석

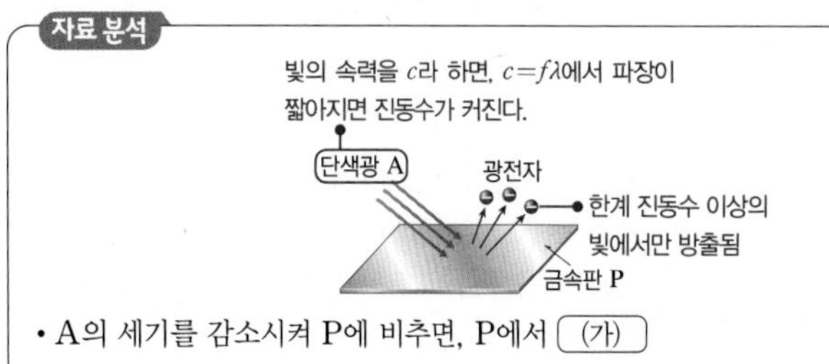

• A의 세기를 감소시켜 P에 비추면, P에서 (가)
• 파장이 A보다 짧고, 세기가 A와 같은 단색광 B를 P에 비추면, P에서 (나)

선택지 분석

✗ 광전자가 방출되지 않는다.
ⓛ 방출되는 광전자의 개수가 감소한다. (가)
ⓒ 방출되는 광전자의 최대 운동 에너지가 더 커진다. (나)

ㄴ. (가) 단색광 A를 비추었을 때 광전자가 방출되므로, A의 진동수는 한계 진동수보다 크다. 따라서 단색광 A의 세기가 약해져도 광전자가 방출되지만, 방출되는 광전자의 개수는 감소한다.
ㄷ. (나) 광자의 에너지는 빛의 진동수에 비례하므로, 빛의 파장이 짧을수록 광자의 에너지가 크다. 금속에 비춘 빛의 에너지 중 일부는 전자를 금속에서 떼어 내는 일로 전환되고, 나머지는 광전자의 운동 에너지로 전환된다. 따라서 파장이 짧은 빛 B는 A보다 에너지가 커서, B를 비출 때 방출된 광전자가 가지는 최대 운동 에너지는 A의 경우보다 크다.

바로알기 ㄱ. (가)와 (나)는 모두 광전자가 방출된다.

5 빛의 이중성

자료 분석

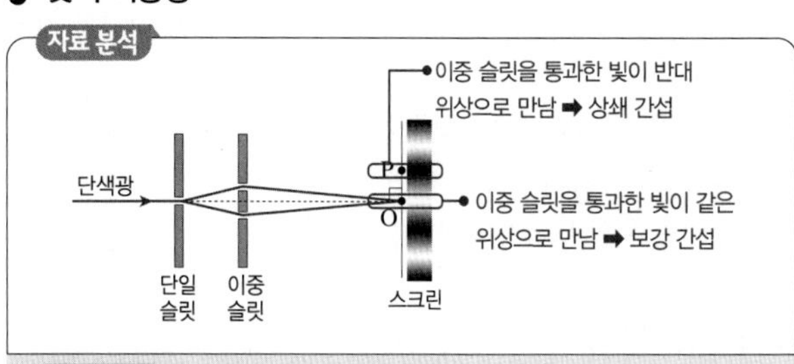

선택지 분석

ⓖ O에서는 보강 간섭이 일어난다.
✗ 이중 슬릿을 통과하여 P에서 간섭한 빛의 위상은 서로 같다. **반대이다.**
✗ 간섭은 빛의 입자성을 보여 주는 현상이다. **파동성**

ㄱ. 스크린상의 점 O는 밝은 무늬의 중심이므로, 이중 슬릿을 통과한 빛이 스크린에서 같은 위상으로 만나 보강 간섭이 일어나는 지점이다.

바로알기 ㄴ. 점 P는 어두운 무늬의 중심이므로 이중 슬릿의 두 틈에서 나온 빛이 상쇄 간섭한 지점이다. 따라서 이중 슬릿을 통과하여 P에서 간섭한 빛의 위상은 서로 반대이다.
ㄷ. 빛의 간섭 현상은 빛의 파동성을 보여 주는 현상이다.

6 디지털카메라의 원리

선택지 분석

ㄱ 디지털카메라에 있는 CCD가 필름 카메라의 필름 역할을 한다.
ㄴ 디지털카메라에 있는 CCD에 저장되는 전자의 수는 화소에 도달하는 빛의 세기에 비례한다.
✕ 디지털카메라에서는 렌즈가 필요 없다. **필요하다.**

ㄱ. 디지털카메라에서는 필름 대신 이미지 센서인 CCD를 이용하여 영상을 저장한다.
ㄴ. 화소에서 발생하는 광전자의 수는 입사하는 광자의 수에 비례하므로 화소에 도달하는 빛의 세기에 비례한다.
바로알기 ㄷ. 디지털카메라에서 렌즈는 빛을 굴절시켜 CCD에 상을 맺게 하므로 필요하다.

7 빛의 이중성

자료 분석

간섭은 파동만의 특성이다. ➡ 빛의 파동성
파동은 매질에 따라 속도가 달라진다. ➡ 빛의 파동성

오랫동안 과학자들 사이에 빛이 파동인지 입자인지에 관한 논쟁이 있어 왔다. 19세기에 빛의 간섭 실험과 매질 내에서 빛의 속력 측정 실험 등으로 빛의 파동성이 인정받게 되었다. 그러나 빛의 파동성으로 설명할 수 없는 (㉠)을/를 아인슈타인이 광자(광양자)의 개념을 도입하여 설명한 이후, 여러 과학자들의 연구를 통해 빛의 입자성도 인정받게 되었다.

선택지 분석

ㄱ 광전 효과는 ㉠에 해당된다.
ㄴ 전하 결합 소자(CCD)는 빛의 입자성을 이용한다.
ㄷ 비눗방울에서 다양한 색의 무늬가 보이는 현상은 빛의 파동성으로 설명할 수 있다.

ㄱ. 광전 효과는 빛의 입자성으로 설명할 수 있다.
ㄴ. 빛의 세기에 대한 영상 정보를 기록하는 방법은 렌즈를 통해 들어온 빛이 CCD의 화소에 닿으면 광전 효과 때문에 전자가 발생하며 이때 전자의 양을 전기 신호로 변환하여 영상 정보를 기록한다.
ㄷ. 비눗방울과 같이 얇은 막에서는 막의 표면에서 반사한 빛과 막을 통과한 후 막의 내부 경계면에서 반사해 나온 빛의 간섭에 의해 다양한 색의 무늬가 보인다.

8 물질의 이중성

자료 분석

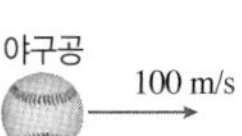

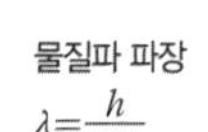

물질파 파장 $\lambda=\frac{h}{mv}$

• 질량: 전자<야구공
• 속력: 전자=야구공
] 운동량: 전자<야구공
• 물질파 파장: 전자>야구공

선택지 분석

ㄱ 운동량의 크기는 야구공이 전자보다 크다.
✕ 야구공의 물질파 파장은 전자의 물질파 파장보다 길다. **짧다.**
✕ 야구공의 물질파 파장은 너무 길어서 측정하기 어렵다. **짧아서**

ㄱ. 야구공의 질량이 전자의 질량보다 크고, 속력은 같으므로 운동량의 크기는 야구공이 전자보다 크다.

바로알기 ㄴ. 물질파 파장 $\lambda=\frac{h}{mv}$에서 야구공과 전자의 속력은 같으므로 물질파 파장은 질량에 반비례한다. 따라서 질량이 작은 전자의 물질파 파장이 길다.
ㄷ. 야구공은 질량이 크기 때문에 물질파 파장이 너무 짧아서 측정하기 어렵다.

9 전자선과 X선에 의한 회절 무늬

선택지 분석

✕ X선은 전자들로 이루어져 있다. **결과만으로는 알 수 없다.**
✕ 전자선과 X선의 속력은 서로 같다. **같지 않다.**
ㄷ 전자선은 X선과 마찬가지로 파동성을 가지고 있다.

ㄷ. 전자선도 X선과 마찬가지로 회절 무늬를 나타내므로 전자선이 파동성을 가진다는 것을 알 수 있다.
바로알기 ㄱ. 주어진 실험 결과만으로는 X선이 전자로 이루어져 있다는 것을 알 수 없다.
ㄴ. X선은 전자기파이므로 빛의 속력과 같다. 따라서 전자선과 X선의 속력은 서로 같지 않다.

10 운동량과 물질파 파장의 관계

자료 분석

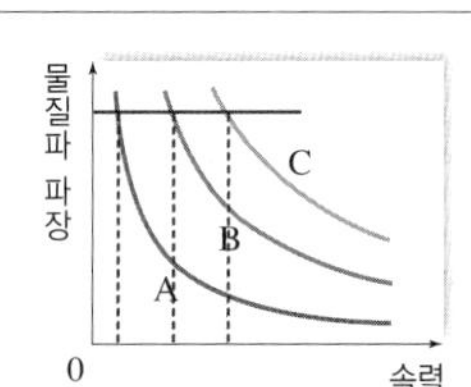

물질파 파장이 같을 때 속력을 비교하면 A<B<C이다.

선택지 분석

✕ A, B의 운동량 크기가 같을 때, 물질파 파장은 A가 B보다 짧다. **같다.**
ㄴ A, C의 물질파 파장이 같을 때, 속력은 A가 C보다 작다.
✕ 질량은 B가 C보다 작다. **크다.**

ㄴ. 그래프에서 파장이 같으면 속력은 C가 A보다 크다.
바로알기 ㄱ. 운동량 p와 물질파 파장 λ의 관계는 $p=\frac{h}{\lambda}$이다. 따라서 운동량 크기가 같으면 물질파 파장도 같다.
ㄷ. B와 C의 물질파 파장이 같으면 운동량 크기도 같다. 그런데 속력이 C가 B보다 크므로 입자의 질량은 B가 C보다 크다.

11 전자 현미경의 원리

선택지 분석

✕ 빛의 이중성 ✕ 빛의 입자성 ✕ 빛의 파동성
✕ 전자의 입자성 ⑤ 전자의 파동성

⑤ 광학 현미경에서 사용하는 빛의 파장은 한정되어 있다. 전자 현미경은 빛의 파장보다 더 작은 물체를 관찰하기 위해서 전자선으로 파장이 훨씬 짧은 파동을 만들어 사용한다. 전자 현미경은 전자의 파동성, 즉 물질파를 이용한 예이다.

12 주사 전자 현미경

선택지 분석

ㄱ 자기장을 이용하여 전자선을 제어하고 초점을 맞춘다.
ㄴ 전자의 속력이 클수록 전자의 물질파 파장은 짧아진다.
ㄷ 전자의 속력이 클수록 더 작은 구조를 구분하여 관찰할 수 있다.

ㄱ. 전자 현미경은 광학 현미경과는 달리 자기렌즈로 초점을 맞춘다.

ㄴ. $\lambda=\frac{h}{mv}$에서 전자의 속력과 물질파 파장은 반비례 관계이다. 따라서 전자의 속력이 클수록 물질파 파장은 짧아진다.

ㄷ. 파장이 짧으면 회절이 잘 일어나지 않아 분해능이 좋고 더 작은 구조까지 관찰이 가능하다.

수능 3점

본책 165쪽~167쪽

1 ①	2 ①	3 ⑤	4 ③	5 ④	6 ①
7 ②	8 ⑤	9 ③	10 ①	11 ④	12 ③

1 광전 효과 실험

선택지 분석

ㄱ 진동수는 A가 B보다 작다.
✕ 방출되는 광전자의 최대 운동 에너지는 t_2일 때가 t_3일 때보다 작다. **t_2일 때와 t_3일 때가 같다.**
✕ t_4일 때 광전자가 방출된다. **되지 않는다.**

ㄱ. t_1일 때에는 A만 비추었는데 광전자가 방출되지 않았으므로 광전 효과가 일어나지 않았고, 이때 A의 진동수 f_A는 금속의 문턱 진동수(f_0)보다 작다. t_2일 때에는 A와 B를 동시에 비춘 경우이고 광전자가 방출되었다. A에 의해서는 광전 효과가 일어나지 않으므로 단색광 B에 의해 광전 효과가 일어난다는 것을 알 수 있다. 이때 B의 진동수 f_B는 금속의 문턱 진동수(f_0)보다 크므로 $f_A<f_0<f_B$이다. 따라서 진동수는 A가 B보다 작다.

바로알기 ㄴ. t_2일 때와 t_3일 때 A와 B를 비췄고 B의 빛의 세기가 달라졌지만 광전자의 최대 운동 에너지는 B의 진동수에 의해서만 결정되므로 t_2일 때와 t_3일 때 방출되는 광전자의 최대 운동 에너지는 같다.

ㄷ. t_4일 때는 B는 비추지 않고, A만 비춘 경우이므로 광전자는 방출되지 않는다.

2 광전자의 최대 운동 에너지와 진동수의 관계

자료 분석

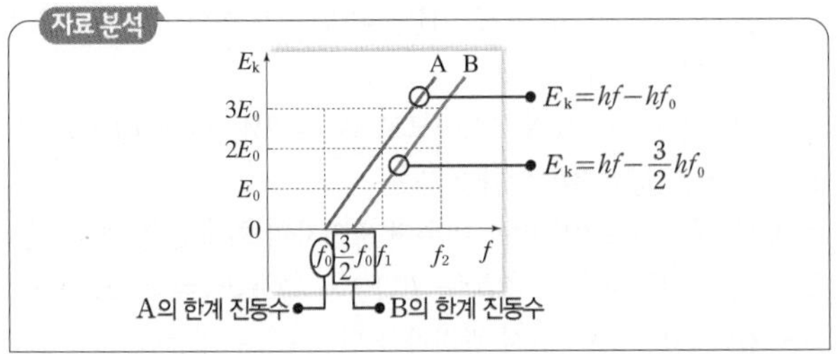

선택지 분석

ㄱ $f_1=2f_0$이다.
✕ B의 일함수는 $2E_0$이다. $\boldsymbol{3E_0}$
✕ A에 진동수가 f_2인 빛을 비추었을 때 방출되는 전자의 최대 운동 에너지는 $5E_0$이다. $\boldsymbol{4E_0}$

ㄱ. A에서 $2E_0=hf_1-hf_0$이고, B에서 $E_0=hf_1-\frac{3}{2}hf_0$이다. 두 식으로부터 $E_0=\frac{1}{2}hf_0$이다. 이것을 위 식에 대입하면 $hf_0=hf_1-hf_0$이므로 $f_1=2f_0$이다.

바로알기 ㄴ. $E_0=\frac{1}{2}hf_0$이므로 A의 일함수는 $hf_0=2E_0$이고, B의 일함수는 $\frac{3}{2}hf_0=3E_0$이다.

ㄷ. B의 일함수는 $\frac{3}{2}hf_0=3E_0$이고, 그래프 B에서 $3E_0=hf_2-\frac{3}{2}hf_0$이므로 두 식에서 $f_2=3f_0$이다. 따라서 A에 진동수가 f_2인 빛을 비추었을 때 방출되는 전자의 최대 운동 에너지는 $3hf_0-hf_0=2hf_0=4E_0$이다.

3 광전자의 최대 운동 에너지와 진동수의 관계

자료 분석

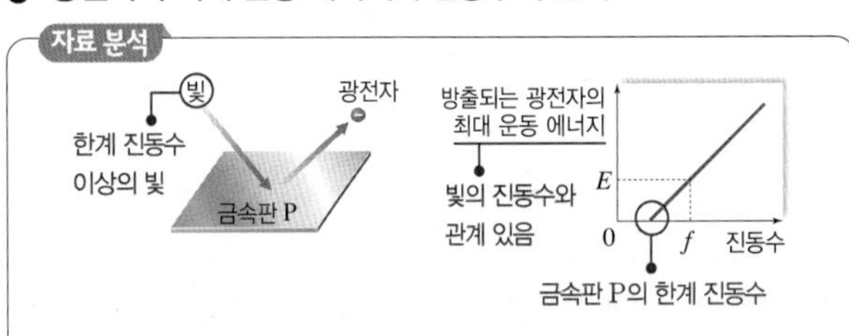

선택지 분석

ㄱ 진동수가 f이고 세기가 $2I$인 빛을 P에 비추면, 방출되는 광전자의 최대 운동 에너지는 E이다.
ㄴ 진동수가 $2f$이고 세기가 I인 빛을 P에 비추면, 방출되는 광전자의 최대 운동 에너지는 E보다 크다.
ㄷ 빛의 입자성을 보여 주는 현상이다.

ㄱ. 방출되는 광전자의 최대 운동 에너지는 비춰 준 빛의 진동수에 의해 결정된다. 진동수가 f로 변하지 않았으므로 광전자의 최대 운동 에너지는 E이다. 이때 빛의 세기는 광전자의 최대 운동 에너지에 영향을 주지 않는다.

ㄴ. 진동수가 $2f$인 빛을 비추면 광전자의 최대 운동 에너지는 E보다 커진다.

ㄷ. 광전 효과는 빛을 입자들의 흐름으로 설명하므로, 빛의 입자성을 입증하는 현상이다.

4 광전 효과의 해석

자료 분석

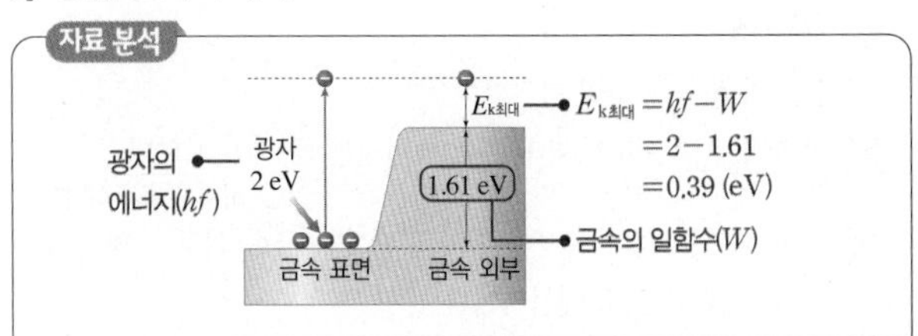

선택지 분석

ㄱ 금속의 일함수는 1.61 eV이다.

ㄴ 방출된 광전자의 최대 운동 에너지는 0.39 eV이다.

✕ 이 빛을 일함수가 3.21 eV인 금속에 비추면 전자가 방출된다. 방출되지 않는다.

ㄱ. 1.61 eV 이상에서 전자의 운동 에너지가 생기므로 이 금속의 일함수는 1.61 eV이다.

ㄴ. 금속 표면의 전자에 2 eV에 해당하는 에너지가 공급되므로 방출되는 전자의 최대 운동 에너지는 2 eV−1.61 eV=0.39 eV이다.

바로알기 ㄷ. 일함수가 광자의 에너지보다 크므로 전자가 방출되지 않는다.

5 광전 효과 실험의 해석

자료 분석

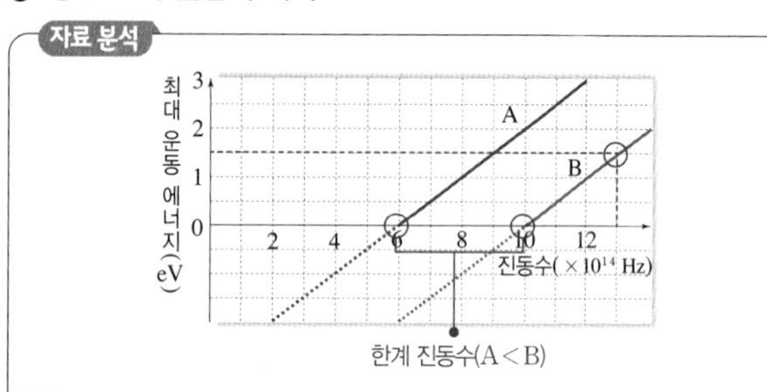

선택지 분석

ㄱ 금속 A에서 광전자를 방출시키는 데 필요한 빛의 최소 진동수는 6×10^{14} Hz이다.

✕ 빛의 진동수가 같으면 금속 A와 B에서 방출되는 광전자의 최대 운동 에너지는 같다. A>B이다.

ㄷ 금속 B에서 나오는 광전자의 최대 운동 에너지가 1.5 eV가 되도록 하려면 진동수 1.3×10^{15} Hz인 빛을 쪼여 주어야 한다.

ㄱ. 금속 A의 한계 진동수는 6×10^{14} Hz이다. 따라서 A에서 광전자를 방출시키는 데 필요한 빛의 최소 진동수는 6×10^{14} Hz이다.

ㄷ. 그래프를 보면 B에서 방출되는 광전자의 최대 운동 에너지가 1.5 eV가 되는 빛의 진동수는 1.3×10^{15} Hz이다.

바로알기 ㄴ. 한계 진동수는 B가 A보다 크므로 금속의 일함수(W)는 B가 A보다 크다. 최대 운동 에너지 $E_k=hf-W$에서 같은 진동수의 빛을 쪼여 주었을 때 W가 클수록 E_k가 작다. 따라서 B에서 방출되는 광전자의 최대 운동 에너지가 A에서 방출되는 광전자의 최대 운동 에너지보다 작다.

6 광전 효과

선택지 분석

ㄱ 금속의 종류에 따라 다르다.

✕ 방출되는 광전자의 최대 운동 에너지는 W에 비례한다. 비례 관계가 아니다.

✕ 금속 내 원자의 바닥상태에 있는 전자를 금속 외부로 방출하는 데 필요한 최소 에너지이다. 자유 전자

ㄱ. W는 전자를 떼어 내는 데 필요한 최소한의 에너지이므로, 일함수이다. 일함수는 금속의 종류에 따라 다르다.

바로알기 ㄴ. 방출되는 광전자의 최대 운동 에너지는 $E_k=hf-W$에서 W가 작을수록 크다. 따라서 E_k와 W는 비례 관계가 아니다.

ㄷ. 일함수는 금속 내 원자의 바닥상태에 있는 전자가 아닌 자유 전자를 금속 외부로 방출하는 데 필요한 최소 에너지이다.

7 빛의 세기, 진동수와 광전 효과

자료 분석

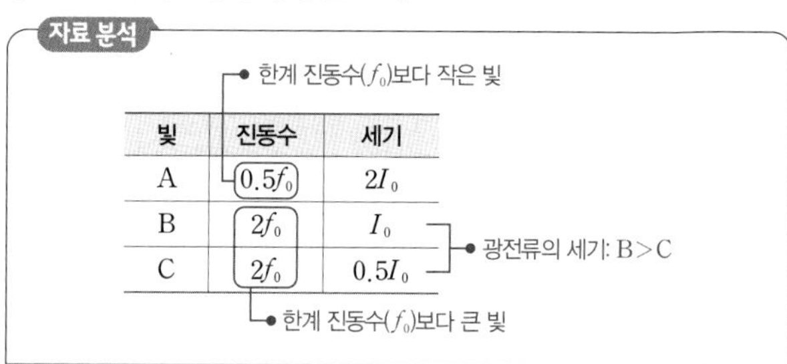

빛	진동수	세기
A	$0.5f_0$	$2I_0$
B	$2f_0$	I_0
C	$2f_0$	$0.5I_0$

선택지 분석

✕ 광전류는 A, B, C에서 모두 흐른다. B, C에서만

✕ 광전류의 세기는 B에서가 C에서보다 작다. 크다.

ㄷ 광전자의 최대 운동 에너지는 B와 C가 같다.

ㄷ. 금속판의 일함수는 같으므로 광전자의 최대 운동 에너지는 빛의 진동수가 클수록 커진다. 따라서 B와 C에서 광전자의 최대 운동 에너지는 같다.

바로알기 ㄱ. A는 진동수가 한계 진동수보다 작으므로 광전 효과가 일어나지 않아 광전류가 흐르지 않는다.

ㄴ. 광전류의 세기는 빛의 세기가 셀수록 크므로 B에서가 C에서보다 크다.

8 광전자의 최대 운동 에너지와 진동수의 관계

자료 분석

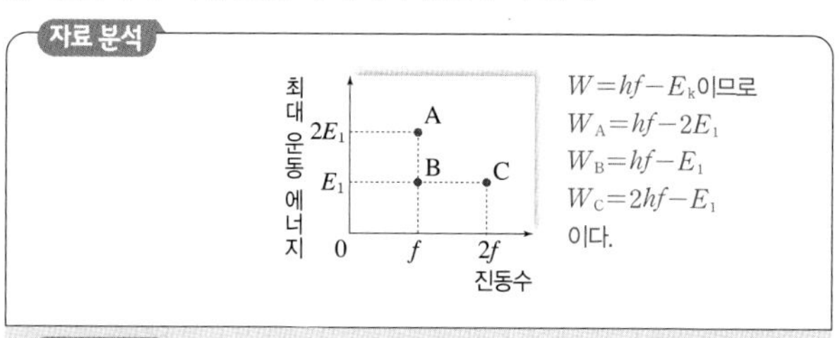

선택지 분석

ㄱ C의 일함수가 가장 크다.

ㄴ $hf=3E_1$이다.

ㄷ C에 진동수가 f인 빛을 비추면 광전자가 튀어나오지 않는다.

ㄱ. 금속 A, B, C의 일함수를 각각 W_A, W_B, W_C라고 하면 $W_A=hf-2E_1$, $W_B=hf-E_1$, $W_C=2hf-E_1$이다. 따라서 C의 일함수가 가장 크다.

ㄴ. B의 일함수는 A의 2배이므로 $W_B=2W_A$에서 $hf-E_1=2(hf-2E_1)$, $hf=3E_1$이다.

ㄷ. C에 진동수가 f인 빛을 비추면 광전자의 최대 운동 에너지는 $E_k=hf-W_C=hf-(2hf-E_1)=-hf+E_1=-3E_1+E_1=-2E_1<0$이다. 따라서 광전자가 튀어나오지 않는다.

9 전자선 회절 실험

선택지 분석

ㄱ 전자들은 서로 간섭을 한다.
ㄴ 전자선의 파동성을 나타내고 있다.
~~ㄷ~~ 전자선의 속력은 빛의 속력과 같다. 알 수 없다.

ㄱ. 스크린에 나타나는 무늬의 형태는 전자들이 서로 간섭하여 만든 무늬로 해석할 수 있다.

ㄴ. 간섭은 파동의 특성이므로 전자들이 서로 간섭한 것으로부터 전자선이 파동성을 나타내고 있음을 알 수 있다.

바로알기 ㄷ. 전자선의 속력은 이 실험으로는 확인할 수 없다.

10 전자선 회절 실험

자료 분석

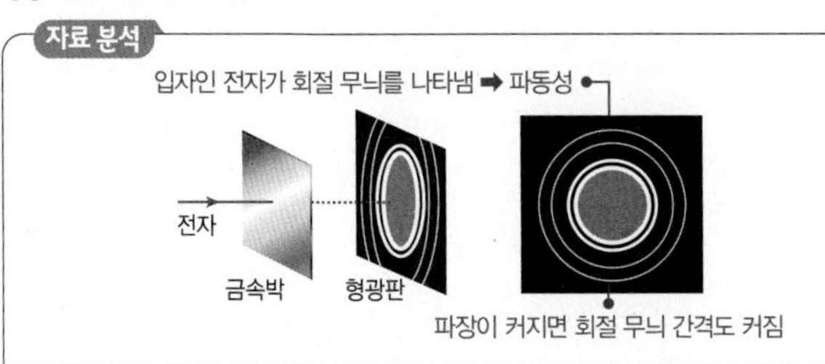

선택지 분석

ㄱ. 전자가 파동의 성질을 갖는다는 것을 알 수 있다.
~~ㄴ~~. 전자의 속력을 증가시키면 무늬의 간격이 커진다. 작아진다.
~~ㄷ~~. 무늬가 생긴 까닭을 광전 효과의 원리로 설명할 수 있다. 없다.

ㄱ. 회절은 파동만의 특성이므로 전자가 파동성을 갖는다는 것을 알 수 있다.

바로알기 ㄴ. 물질파의 파장 $\lambda=\dfrac{h}{mv}$이므로 전자의 속력이 증가하면 파장이 짧아진다. 따라서 회절이 좁은 범위에서 일어나므로 무늬의 간격도 작아진다.

ㄷ. 이 실험에서 생긴 무늬는 전자의 회절 무늬로 전자의 파동성을 보여 준다. 광전 효과는 빛의 입자성의 증거이다.

11 전자 현미경

선택지 분석

ㄱ 전자의 물질파 파장은 가시광선의 파장보다 짧다.
~~ㄴ~~ 분해능을 증가시키기 위해서는 전자의 속력을 감소시켜야 한다. 증가
ㄷ 전압 V로 가속된 전자의 드브로이 파장은 $\dfrac{h}{\sqrt{2meV}}$이다.

ㄱ. 전자 현미경의 분해능이 광학 현미경보다 좋고, 파장이 짧을수록 분해능이 좋다고 하였으므로 전자 현미경에서 사용하는 전자의 드브로이 파장은 광학 현미경에서 사용하는 가시광선의 파장보다 짧다.

ㄷ. $eV=\dfrac{1}{2}mv^2$에서 $\dfrac{(mv)^2}{2m}=eV$이다. 따라서 전자의 드브로이 파장은 $\lambda=\dfrac{h}{mv}=\dfrac{h}{\sqrt{2meV}}$이다.

바로알기 ㄴ. 분해능은 파장이 짧아야 증가하므로 $\lambda=\dfrac{h}{mv}$에서 속력 v를 증가시켜야 물질파 파장이 짧아진다.

12 전자 현미경

자료 분석

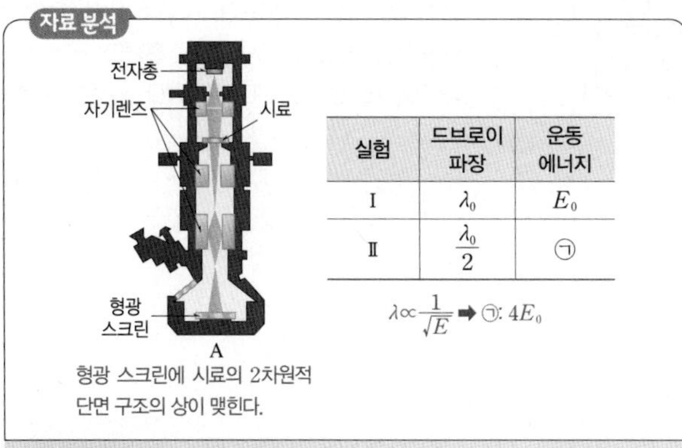

실험	드브로이 파장	운동 에너지
Ⅰ	λ_0	E_0
Ⅱ	$\frac{\lambda_0}{2}$	㉠

형광 스크린에 시료의 2차원적 단면 구조의 상이 맺힌다.

선택지 분석

ㄱ 전자는 물체를 통과하면서 회절한다.
ㄴ 전자의 파동성을 이용하여 시료를 관찰한다.
~~ㄷ~~ ㉠은 $2E_0$이다. $4E_0$

ㄱ. 전자가 파동의 성질을 나타내므로 물체를 통과한 후 회절한다.

ㄴ. 전자 현미경은 전자의 물질파를 이용하므로, 전자의 파동성을 이용하여 시료를 관찰한다.

바로알기 ㄷ. 전자의 운동 에너지 $E=\dfrac{1}{2}mv^2=\dfrac{(mv)^2}{2m}$에서 $mv=\sqrt{2mE}$이므로, 전자의 드브로이 파장 $\lambda=\dfrac{h}{mv}=\dfrac{h}{\sqrt{2mE}}$이다.

즉, 드브로이 파장 $\lambda\propto\dfrac{1}{\sqrt{E}}$로 운동 에너지의 제곱근에 반비례한다. 전자의 드브로이 파장이 λ_0일 때 운동 에너지가 E_0이므로, 드브로이 파장이 $\dfrac{\lambda_0}{2}$일 때 운동 에너지는 $4E_0$이다.

오투와 오답노트 만들기

틀린 까닭

❶ 착각이나 실수로 틀렸다. ➡ 실수가 발생한 원인이 무엇인지 구체적으로 적고 방법을 정리한다.

❷ 모르는 개념이나 공식이 나와 틀렸다. ➡ 실수한 문제에 올바른 공식과 개념을 적는다.

❸ 처음부터 손도 못 대고 포기했다. ➡ 풀이 과정을 읽어보고, 풀지 못한 까닭을 적는다.

단원명 : 쪽수 : 틀린 까닭 ❶ ❷ ❸

문제

기억해야 할 것

단원명 : 쪽수 : 틀린 까닭 ❶ ❷ ❸

문제

기억해야 할 것

오투와 오답노트 만들기

단원명 :

쪽수 :

틀린 까닭 ❶ ❷ ❸

문제

기억해야 할 것

단원명 :

쪽수 :

틀린 까닭 ❶ ❷ ❸

문제

기억해야 할 것

오투와 오답노트 만들기

단원명 : 쪽수 : 틀린 까닭 ❶ ❷ ❸

문제

기억해야 할 것

단원명 : 쪽수 : 틀린 까닭 ❶ ❷ ❸

문제

기억해야 할 것

오투와 오답노트 만들기

단원명 : 쪽수 : 틀린 까닭 ❶ ❷ ❸

문제

기억해야 할 것

단원명 : 쪽수 : 틀린 까닭 ❶ ❷ ❸

문제

기억해야 할 것

오투와 오답노트 만들기

단원명 : 쪽수 : 틀린 까닭 ❶ ❷ ❸

문제

기억해야 할 것

단원명 : 쪽수 : 틀린 까닭 ❶ ❷ ❸

문제

기억해야 할 것

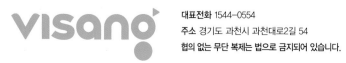

대표전화 1544-0554
주소 경기도 과천시 과천대로2길 54